Veränderung von Böden durch anthropogene Einflüsse

Springer
*Berlin
Heidelberg
New York
Barcelona
Budapest
Hongkong
London
Mailand
Paris
Santa Clara
Singapur
Tokio*

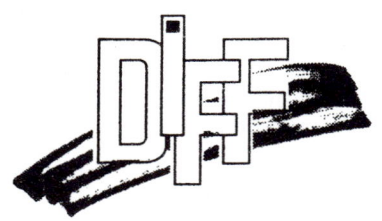

Veränderung von Böden durch anthropogene Einflüsse

Ein interdisziplinäres Studienbuch

Herausgegeben vom
Deutschen Institut für Fernstudienforschung
an der Universität Tübingen

Mit 122 Abbildungen und 39 Tabellen

Springer

Deutsches Institut für Fernstudienforschung an der Universität Tübingen
Konrad-Adenauer-Straße 40, D-72072 Tübingen

Dieses Studienbuch entstand im Rahmen des Forschungs- und Entwicklungsprojekts „Interdisziplinäre Kommunikation in der wissenschaftlichen Weiterbildung" des Deutschen Instituts für Fernstudienforschung an der Universität Tübingen.

Konzeption, Entwicklung, Evaluation und Organisation:
Dipl.-Psych. Steffen-Peter Ballstaedt
Dr. rer. nat. Petra Reinhard
Dr. phil. Michael Rentschler
Dr. rer. nat. Elke Rottländer
Deutsches Institut für Fernstudienforschung an der Universität Tübingen
Konrad-Adenauer-Straße 40, D-72072 Tübingen

Entwicklung und Evaluation der Studieneinheiten erfolgten in Kooperation mit dem weiterbildenden Studiengang „Umweltwissenschaften" der Universität Bielefeld.

Die Deutsche Bibliothek – CIP-Einheitsaufnahme
Veränderung von Böden durch anthropogene Einflüsse: Ein interdisziplinäres Studienbuch / Hrsg.: Deutsches Institut für Fernstudienforschung an der Universität Tübingen. – Berlin; Heidelberg; New York; Barcelona; Budapest; Hongkong; London; Mailand; Paris; Santa Clara; Singapur; Tokio: Springer, 1997
ISBN 3-540-61556-3
NE: Deutsches Institut für Fernstudienforschung <Tübingen>

ISBN 3-540-61556-3 Springer-Verlag Berlin Heidelberg New York

Dieses Werk ist urheberrechtlich geschützt. Die dadurch begründeten Rechte, insbesondere die der Übersetzung, des Nachdrucks, des Vortrags, der Entnahme von Abbildungen und Tabellen, der Funksendung, der Mikroverfilmung oder der Vervielfältigung auf anderen Wegen und der Speicherung in Datenverarbeitungsanlagen, bleiben, auch bei nur auszugsweiser Verwertung, vorbehalten. Eine Vervielfältigung dieses Werkes oder von Teilen dieses Werkes ist auch im Einzelfall nur in den Grenzen der gesetzlichen Bestimmungen des Urheberrechtsgesetzes der Bundesrepublik Deutschland vom 9. September 1965 in der jeweils geltenden Fassung zulässig. Sie ist grundsätzlich vergütungspflichtig. Zuwiderhandlungen unterliegen den Strafbestimmungen des Urheberrechtsgesetzes.

© Springer-Verlag Berlin Heidelberg 1997
Printed in Germany

Die Wiedergabe von Gebrauchsnamen, Handelsnamen, Warenbezeichnungen usw. in diesem Werk berechtigt auch ohne besondere Kennzeichnung nicht zu der Annahme, daß solche Namen im Sinne der Warenzeichen- und Markenschutz-Gesetzgebung als frei zu betrachten wären und daher von jedermann benutzt werden dürften.

Einbandgestaltung: E. Kirchner, Heidelberg
Satz: Reproduktionsfertige Vorlagen erstellt durch Deutsches Institut für Fernstudienforschung

SPIN: 10476863   30/3136 - 5 4 3 2 1 0 - Gedruckt auf säurefreiem Papier

Beitragsautoren

Prof. Dr. A. Andreas Bodenstedt
Institut für Agrarsoziologie
der Universität Gießen
Eichgärtenallee 3, D-35394 Gießen

Dr. Detlef Briesen
Franziskanerstraße 17, D-51491 Overath

PD Dr. Alfred Bruckhaus
Institut für landwirtschaftliche Zoologie und
Bienenkunde der Universität Bonn
Melbweg 42, D-53127 Bonn

Dr. Jürgen Büschenfeld
Fakultät für Geschichtswissenschaften
und Philosophie der Universität Bielefeld
Universitätsstraße 25, D-33615 Bielefeld

Dr. Andreas Hauptmann
Deutsches Bergbau-Museum Bochum
Am Bergbaumuseum 28, D-44791 Bochum

Dr. Dieter A. Hiller
Fachbereich Architektur, Bio- und Geowissenschaften
Universität/Gesamthochschule Essen
Universitätsstraße 5, D-45141 Essen

Prof. Dr. Giselher Kaule
Institut für Landschaftsplanung und Ökologie
Universität Stuttgart
Keplerstraße 11, D-70174 Stuttgart

Dipl.-Oec. Achim Lerch
Fachbereich Wirtschaftswissenschaften
Universität/Gesamthochschule Kassel
Nora-Platiel-Straße 4, D-34127 Kassel

Dr. Jürgen Mayer
Institut für die Pädagogik
der Naturwissenschaften
an der Universität Kiel
Olshausenstraße 62, D-24098 Kiel

Dr. Petra Reinhard
Deutsches Institut für Fernstudienforschung
an der Universität Tübingen
Konrad-Adenauer-Straße 40, D-72072 Tübingen

Dr. Michael Rentschler
Deutsches Institut für Fernstudienforschung
an der Universität Tübingen
Konrad-Adenauer-Straße 40, D-72072 Tübingen

Dipl.-Biol. Ute Röder
Biologische Station Lippe
Pyrmonter Straße 13,
D-32816 Schieder-Schwalenberg

Dr. Elke Rottländer
Deutsches Institut für Fernstudienforschung
an der Universität Tübingen
Konrad-Adenauer-Straße 40, D-72072 Tübingen

Vorwort zum interdisziplinären Studienbuch

Veränderung von Böden durch anthropogene Einflüsse

M. Rentschler

Vorüberlegungen

Das Wissen um die Bedeutung und Komplexität der Mensch-Umwelt-Beziehungen ist seit etwa 2 Jahrzehnten rapide gewachsen. Aus Politik, Wirtschaft und Alltag sind ökologische Fragestellungen und Probleme nicht mehr wegzudenken. Fast schon ein jedes Kind weiß heute, daß unser Umgang mit der Natur zu einer Frage des Überlebens geworden ist.

Das Mensch-Umwelt-Verhältnis kann als ein sich wechselseitig bedingendes Ineinanderwirken natürlicher und kultureller Systeme verstanden werden. Der Komplexität dieses Zusammenhangs vermag eine Einzelwissenschaft nicht gerecht zu werden. Zudem fügen sich die Probleme unserer modernen Industriegesellschaft nicht in die Grenzen traditioneller Disziplinen, sondern erfordern interdisziplinäre Lösungsstrategien. Daher sind interdisziplinäre Kommunikation und Kooperation gerade im ökologischen Kontext heute eine unbestrittene Notwendigkeit; sie sind eben nicht nur „Desiderat theoretischer Vernunft, sondern Bestandteil einer Überlebensstrategie" (MOHR 1990, S. 103).

Die 6 Studieneinheiten des vorliegenden Studienbuchs entstanden im Zusammenhang von Untersuchungen zur Rolle der Interdisziplinarität in der wissenschaftlichen Weiterbildung; sie wurden im Rahmen von Aufbaustudiengängen im Bereich der Umweltwissenschaften konzipiert und vor der endgültigen Fertigstellung mehrfach erprobt und evaluiert. Studierende und Interessenten an solchen Studien verfügen also bereits über eine Erstausbildung in unterschiedlichen Fachgebieten. Sachverhalte und Denkweisen aus verschiedenen Disziplinen müssen demnach so dargestellt und in Beziehung gesetzt werden, daß sie Vertretern ganz unterschiedlicher Disziplinen verständlich sind. Deshalb sollen im folgenden kurz 3 Aspekte näher betrachtet werden, nämlich der interdisziplinäre Ansatz, der thematische Schwerpunkt und die Struktur der Studieneinheiten.

Der interdisziplinäre Ansatz

So sehr die Notwendigkeit „interdisziplinärer Lösungsstrategien" aufgrund eines aktuellen gesellschaftlichen Erklärungsbedarfs heute allgemein akzeptiert wird, so wenig selbstverständlich ist allerdings deren Verwirklichung. Schuld daran ist v. a. ein strukturelles Problem: Die Spezialisierung der Einzelwissenschaften stellt häufig eine institutionelle Hürde dar, die kaum überwunden werden kann, denn die einzelnen Wissenschaften neigen dazu, nur solche Fragen für beantwortenswert zu halten, die gleichsam im Innern ihrer jeweiligen Disziplin entstanden sind und zu deren Bearbeitung sie über ein geeignet erscheinendes methodisches Instrumentarium verfügen. Da es aber „in den unterschiedlichen Forschungsgemeinschaften recht verschiedene Vorverständnisse davon gibt, was überhaupt untersuchenswert ist und welche Ergebnisse den jeweiligen Regeln entsprechen, stehen Kommunikationsprozessen fast unüberwindliche Schwierigkeiten entgegen" (SIEFERLE 1988, S. 348).

Vielleicht können solche Schwierigkeiten ehestens mit einer Art wissenschaftlicher Bescheidenheit angegangen werden, die nicht so sehr eine Verwirklichung von Interdisziplinarität *behauptet* als vielmehr im Sinne „multidisziplinären Herantastens" (KAUFMANN 1987, S. 69) Wege des Gesprächs über eine gemeinsam interessierende Sache *sucht*; wie ja überhaupt die „wissenschaftliche Erkenntnisgewinnung durch und durch und von Anfang an ein kommunikativer Prozeß ist" (WEINRICH 1993, S. 118). Viele Gespräche über ein gemeinsam interessierendes Thema – die Umweltproblematik – ermöglichten das Zustandekommen der vorliegenden Studienmaterialien. Zugleich beschäftigte die Frage, welche Aspekte dieser Sache so wichtig sind, daß sie in ein Studienangebot *beispielhaft* Eingang finden sollten.

Beteiligt an diesen Gesprächen waren Vertreter und Vertreterinnen der Biologie, Psychologie und Geschichtswissenschaft, die sich bei allen Kontroversen darin einig wußten, daß die je eigene Disziplin alleine dem Thema nicht gerecht werden kann. Selbst die Schwerpunktsetzung auf den Zusammenhang biologisch-chemischer und historisch-sozialwissenschaftlicher Aspekte des Themas bedeutete zugleich eine Vernachlässigung vieler anderer Disziplinen, die gleichfalls einschlägige Beiträge liefern könnten (wie z. B. die Theologie oder die Physik). Aber zum einen sollte gerade nicht die Illusion eines rundum perfekten „Gesamtkunstwerks" erweckt werden und zum anderen hat *diese* Fächerverbindung die Verwirklichung 2er Hauptanliegen der Projektgruppe durchaus ermöglicht:

- Erstens kam es uns darauf an, 2 Fächer, nämlich die Biologie und die Geschichte, zueinander in Beziehung zu setzen, die über hinreichend viele Bezugspunkte verfügen, um eine Kommunikation zu ermöglichen oder sogar zu erfordern. Zugleich sollte es sich aber um Fächer handeln, die so angemessen kontrastieren, daß Verständnisunterschiede deutlich benannt werden können.

Tatsächlich wird die Biologie gerne als eine Naturwissenschaft bezeichnet, die an der Schwelle zu den Geisteswissenschaften steht. Unbestreitbar gibt es biologische Teildisziplinen wie die Verhaltensforschung, deren Denkweisen den eher interpretierenden Geisteswissenschaften näherstehen als z. B. die stark von biochemischem und biophysikalischem Denken beherrschte Molekularbiologie. Biologisches Denken charakterisiert – und darin unterscheidet es sich von der ausschließlich nomothetischen Physik (vgl. VOLLMER 1984, S. 311) –, daß *auch* das Individuelle, Besondere, durch seine spezifischen Randbedingungen Festgelegte, Gegenstand der Forschung ist (vgl. auch MAYR 1984, S. 38f., 390ff.). Die historisch-hermeneutischen Wissenschaften ihrerseits sind zunächst den „einmaligen Individualitäten" als Erkenntnisziel verpflichtet (vgl. KRÜGER 1987, S. 113), aus deren vergleichender Untersuchung Theoriebildung als Voraussetzung struktureller Betrachtungsweisen erst erwachsen konnte und kann. Und mit der historischen Umweltforschung erschließt sich die Geschichtswissenschaft derzeit ein neues Forschungsfeld, das „Bestandteil der Debatten darüber (ist), welche Umwelt wir besitzen, wie diese sich entwickelt hat und welche Umwelt wir haben wollen" (BRÜGGEMEIER 1992, S. 17).

- Zweitens erschien es uns bedeutsam, die Herangehensweise der je anderen Wissenschaft kennenzulernen, die nicht die eigene „Heimatwissenschaft" ist. Berührungspunkte zwischen Geschichte und Teilen der Biologie liegen, wie oben angedeutet, in der Methode der Beschreibung von Individuellem und der interpretativen Faktenverknüpfung. Ebenso unbestritten gibt es aber gravierende Unterschiede in der Methodologie und Forschungspraxis. Und auch dies soll anhand des vorliegenden Materials deutlich werden: Naturwissenschaftliches und geisteswissenschaftliches Denken sind unterschiedlichen Methoden verpflichtet, und unterschiedliche Methoden ermöglichen unterschiedliche Perspektiven auf einen Sachverhalt.

Thematischer Schwerpunkt: Das Umweltmedium „Boden"

Die Bedeutung von Interdependenzen, das Denken in interdisziplinären Zusammenhängen, die Einsicht in die historische Bedingtheit der komplexen Gegenwart, die Kenntnis methodisch unterschiedlicher Vorgehens- und Frageweisen – all dies wird hier am Beispiel des Umweltmediums „Boden" aufgezeigt.

Der Boden ist ein komplexes, vom Ausgangsgestein sowie von klimatischen, physikalischen, chemischen und biologischen Bedingungen abhängiges System. In seinen anthropologischen Grundfunktionen dient er dem Menschen als Ernährungsgrundlage, Rohstoffquelle und Siedlungsfläche. Die dadurch bedingten menschlichen Eingriffe und Nutzungen beeinflussen seine wichtigen ökologischen Funktionen als Lebensraum für Tiere und Pflanzen sowie als Filter-, Puffer- und Speichersystem und führen zu Veränderungen und Beeinträchtigungen, die wiederum auf den Menschen zurückwirken. Diese wechselseitigen Bedingtheiten begünstigen das Vorhaben, interdisziplinäre Ansätze exemplarisch aufzuzeigen.

Dennoch könnte Vergleichbares selbstverständlich auch über die Umweltmedien „Wasser" oder „Luft" gesagt werden. Wenn hier der „Boden" in den Mittelpunkt des Interesses gerückt wurde, so deshalb, weil mit ihm das aufgrund seiner Komplexität am wenigsten bekannte Umweltmedium vorgestellt werden kann. Diese relative Vernachlässigung des komplexesten der Umweltmedien drückt sich nicht zuletzt auch in seiner vergleichsweise späten Berücksichtigung durch den Gesetzgeber, aber auch in der Tatsache aus, daß die historische Umweltforschung sich seiner bislang fast gar nicht angenommen hat. Die Gesamtheit der Beiträge in diesen Materialien ist also durchaus auch als innovativer Impuls zu verstehen – womit zugleich eine gewisse Vorläufigkeit zum Ausdruck gebracht ist.

Zur Struktur der Studienmaterialien

Daß „alles mit allem zusammenhängt", aber nicht alles gleichzeitig dargestellt werden kann, ist ein Problem, vor das sich nicht nur solche wissenschaftlichen Arbeiten gestellt sehen, die explizit interdisziplinär angelegt sind; hier jedoch stellt sich das Problem mit besonderer Dringlichkeit. Übersichtlichkeit zu gewährleisten und Zusammenhänge deutlich zu machen, war ein wichtiges Anliegen. Die Binnenstruktur der Studieneinheiten versucht, verschiedene naturwissenschaftliche und sozialhistorische Aspekte des jeweiligen Themas zu beleuchten. Um dabei unterschiedliche Perspektiven zu gewährleisten, wurde bewußt eine Vielzahl von Autoren aus unterschiedlichen wissenschaftlichen Disziplinen verpflichtet. Gerade die Form des über Medien vermittelten Fernstudiums kann die interdisziplinären Verknüpfungen besonders deutlich machen – im Direktstudium sind jeweils zeitraubende Absprachen und Detaildiskussionen zwischen den Lehrenden der verschiedenen Fächer erforderlich.

Durch den interdisziplinären Ansatz ergibt sich eine derartige Fülle an Aspekten, daß bei der Stoffauswahl stark exemplarisch vorgegangen werden mußte. Lediglich die erste Studieneinheit vermittelt einen gerafften Überblick über die Bodenkunde, da sie die Grundlage zum Verständnis der Einzelaspekte liefert. Die Schwerpunkte liegen bei den Einflüssen, die Landwirtschaft und Rohstoffabbau auf den Boden haben. Ein großer Themenbereich, nämlich die Auswirkungen der Siedlungsaktivitäten, wird nur am Rande gestreift. Es ist also nicht das Ziel dieser Studienmaterialien, einen umfassenden Überblick, sondern vielmehr einen Einblick in die Problematik sowie Anregungen und Hilfen zum weiteren interdisziplinären Studium zu geben. Im Mittelpunkt unseres Konzeptes steht also das Aufzeigen möglicher interdisziplinärer Bezüge, nicht die umfassende Stoffvermittlung.

Die inhaltlichen Interdependenzen zwischen den verschiedenen Beiträgen des Studienmaterials sind häufig im Text selbst aufgezeigt; darüber hinaus aber geben Marginalien Hinweise auf andere, verwandte Passagen des Materials. – Der Text enthält eine Reihe von Anregungen, die sich direkt an Sie, die Leser und Leserinnen, richten. Diese Anregungen wollen Ihre Erfahrungen aktivieren, interdisziplinäre Bezüge stiften und zur aktiven Verarbeitung der Informationen motivieren. Die genannten Aktivitäten sind, einschließlich der Antworten, vom fortlaufenden Text durch einen Doppelstrich getrennt und mit einem Raster unterlegt. – Die in den Text eingestreuten Begriffsnetze sollen dem leichteren Einprägen der wichtigsten Begriffe und Zusammenhänge dienen. Sie können nur eine Grobstruktur anbieten, in die dann gedanklich Details eingeordnet werden können. Solche Begriffsnetze vereinfachen stark und werden der tatsächlichen Komplexität nicht gerecht. – Eine andere Lernhilfe sind die Selbsttestaufgaben, vielfach Wiederholungsaufgaben, die Ihnen erlauben, das Gelesene zu festigen bzw. Ihren Lernfortschritt selbst zu überprüfen. Natürlich können wir nicht wissen, welche Thematik und welche Einzelheiten Ihnen besonders wichtig sind. Deshalb sind die hier vorgeschlagenen Aktivitäten oder Aufgaben als ein *Lernangebot* aufzufassen, das zum Verständnis des gesamten Textes nicht unbedingt wahrgenommen werden muß. In jedem Falle sollten die Aufgaben und Aktivitäten Sie aber dazu anregen, selbst Fragen an den Stellen des Textes zu formulieren und zu beantworten, die für Ihre Studienziele bedeutend sind.

Im Anhang sind einige grundlegende Informationen aus verschiedenen Fächern zusammengestellt, die den Fachleuten geläufig, den im Fach nicht Bewanderten jedoch möglicherweise fremd sind; andere Texte des Anhangs geben Gelegenheit, sich vertiefend mit der Thematik zu befassen. Ihre Kenntnis ist zum besseren Verständnis der im Haupttext geschilderten Zusammenhänge wichtig, dort würden sie den Gedankengang jedoch stören. Alle Fachwörter sind in einem Glossar zusammengestellt und erläutert. Im Text sind sie beim ersten Vorkommen eingeführt, später wird durch ein dem Fachwort vorangestelltes „>" auf das Glossar verwiesen. – Die Fußnoten enthalten etymologische Erläuterungen wichtiger Fachbegriffe. – Eine Literaturliste ermöglicht Ihnen darüber hinaus ein zielgerichtetes weitergehendes Studium.

Literatur

BRÜGGEMEIER F-J (1992) Umweltgeschichte – warum, wozu und wie? Überlegungen zum Stellenwert einer neuen Disziplin. In: Thomas-Morus-Akademie Bensberg (Hrsg.) Historische Umweltforschung. Bensberger Protokolle 71, Bergisch Gladbach, S. 9 – 26

KAUFMANN F - X (1987) Interdisziplinäre Wissenschaftspraxis. Erfahrungen und Kriterien. In: J KOCKA (Hrsg.) Interdisziplinarität. Praxis – Herausforderung – Ideologie. Suhrkamp, Frankfurt a. M., S. 63 – 81

KLEIN J Th (1990) Interdisciplinarity. History, Theory, and Practice. Wayne State University Press, Detroit

KRÜGER L (1987) Einheit der Welt – Vielheit der Wissenschaft. In: J KOCKA (Hrsg.) Interdisziplinarität. Praxis – Herausforderung – Ideologie. Suhrkamp, Frankfurt a. M., S. 106 – 125

MAYR E (1984) Die Entwicklung der biologischen Gedankenwelt. Springer, Berlin Heidelberg New York Tokio

MOHR H (1990) Biologie und Ökonomik – Chancen für eine Interdisziplinarität. In: K MAINZER (Hrsg.) Natur- und Geisteswissenschaften. Perspektiven und Erfahrungen mit fächerübergreifenden Ausbildungsinhalten. Ladenburger Diskurs. Springer, Berlin Heidelberg New York Tokio

SIEFERLE R P (1988) Perspektiven einer historischen Umweltforschung. In: R P SIEFERLE (Hrsg.) Fortschritte der Naturzerstörung. Suhrkamp, Frankfurt a. M., S. 307 – 368

VOLLMER G (1984) Die Unvollständigkeit der Evolutionstheorie. In: B KANITSCHEIDER (Hrsg.) Moderne Naturphilosophie. Königshausen & Neumann, Würzburg, S. 285 – 316

WEINRICH H (1993) Wissenschaftssprache, Sprachkultur und die Einheit der Wissenschaft. In: H MAINUSCH, R TOELLNER R (Hrsg.) Einheit der Wissenschaft. Westdeutscher Verlag, Opladen, S. 111 – 127

Hinweis

Für Leser, die dieses Studienbuch zur wissenschaftlichen Weiterbildung im Selbststudium nutzen möchten, hat der Herausgeber einen Studienführer erstellt, der gegen eine Schutzgebühr zu beziehen ist bei:

Deutsches Institut für Fernstudienforschung
an der Universität Tübingen
Postfach 1569
D-72005 Tübingen

Telefon 07071/979-244/246
Telefax 07071/979-100
E-mail: f.heine@diff.uni-tuebingen.de

Aufbau des Studienbuches

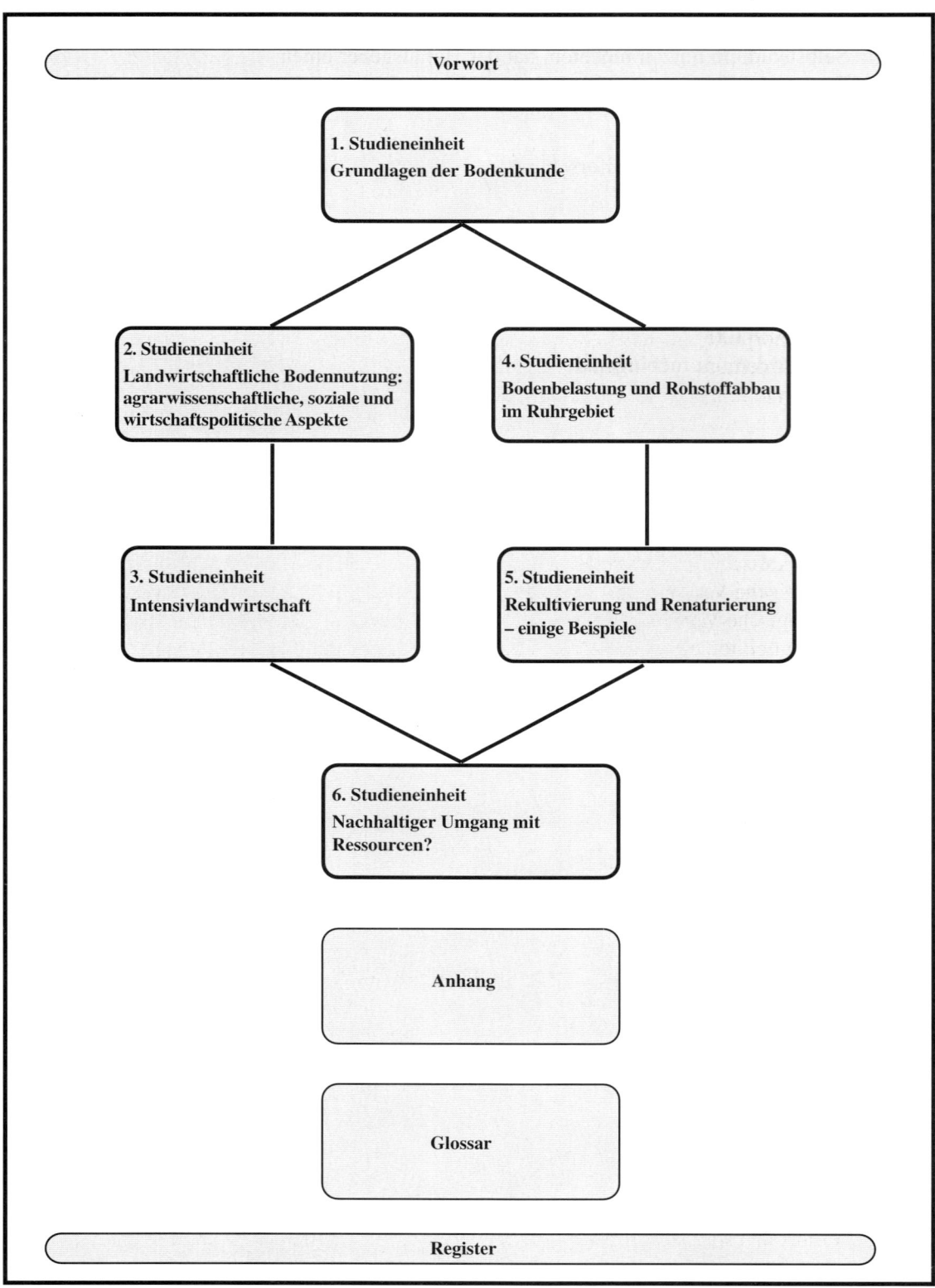

Inhalt

1. Studieneinheit: Grundlagen der Bodenkunde

1	*Einführung*	5
2	*Bedeutung des Bodens für das Leben*	7
3	*Mineralische Bodenbestandteile*	13
3.1	Gesteine	14
3.1.1	Magmatite	14
3.1.2	Sedimente	17
3.1.3	Metamorphite	20
3.1.4	Zusammenfassender Überblick	20
3.2	Minerale	23
3.2.1	Quarz	23
3.2.2	Feldspat	24
3.2.3	Glimmer	26
3.2.4	Zusammenfassender Überblick	27
3.3	Verwitterung	28
3.3.1	Physikalische Verwitterung	28
3.3.2	Chemische Verwitterung	29
3.3.3	Biologische Verwitterung	32
3.4	Tonminerale	35
3.4.1	Ton und Tonminerale	35
3.4.2	Zweischicht-Tonminerale	36
3.4.3	Dreischicht-Tonminerale	37
3.5	Körnung und Bodenart	38
3.5.1	Körnung oder Textur	38
3.5.2	Bodenart	39
3.6	Zusammenfassung	40
4	*Organische Bestandteile des Bodens*	47
4.1	Organische Bodensubstanz	48
4.1.1	Abbau toter Lebewesen und Mineralisierung	48
4.1.2	Umwandlung der organischen Substanz durch Humifizierung	51
4.2	Bodenorganismen	54
4.2.1	Überblick	54
4.2.2	Bodenflora	57
4.2.3	Bodenfauna	58
4.3	Zusammenfassung	61
5	*Flüssige und gasförmige Bestandteile des Bodens*	65
5.1	Bodenwasser	65
5.1.1	Wasserspeichervermögen des Bodens	65
5.1.2	Pflanzenverfügbares Wasser	69

5.2	Bodenluft	72
5.3	Zusammenfassung	74
6	*Bodengefüge*	77
6.1	Gefügemorphologie	77
6.2	Porenvolumen	79
6.3	Zusammenfassender Rückblick	80
7	*Physikalisch-chemische Eigenschaften*	83
7.1	Kationenaustausch	83
7.2	Bodenreaktion (pH-Wert)	85
7.3	Zusammenfassung	90
8	*Bodenentwicklung und Bodensystematik*	93
8.1	Entwicklung der Böden	93
8.1.1	Faktoren der Bodenentwicklung	93
8.1.2	Vorgänge bei der Bodenentwicklung	95
8.2	Bodensystematik	96
8.2.1	Bodenprofil und Bodenhorizonte	96
8.2.2	Bodentypen	99
8.3	Zusammenfassung	104
9	*Belastungen und Schutz von Böden*	107
9.1	Bodenerosion	107
9.2	Bodenverdichtung	108
9.3	Überdüngung der Böden	109
9.4	Schadstoffe	111
9.5	Zusammenfassung	113
10	*Ausblick*	115
11	*Literatur und Quellennachweis*	117

2. Studieneinheit: Landwirtschaftliche Bodennutzung: agrarwissenschaftliche, soziale und wirtschaftspolitische Aspekte

1	*Einführung zu den Studieneinheiten 2 und 3*	125
2	*Fruchtbarkeit des Bodens*	127
2.1	Bodeneigenschaften und Bodenfruchtbarkeit	128
2.2	Bodenbewertung	130
2.3	Erhalt der Bodenfruchtbarkeit durch verschiedene Nutzungsformen	133
2.3.1	Anbauflächenwechsel	135
2.3.2	Feld-Gras-Wirtschaft	136
2.3.3	Zwei- und Dreifelderwirtschaft	138
2.3.4	Verbesserte Dreifelderwirtschaft	139
2.3.5	Intensivbewirtschaftung	140
2.4	Rückblick	141

3	*Verschiedene landwirtschaftliche Nutzungsformen und ihre sozialen Kontexte*	143
3.1	Verschiedene Funktionen des Bodens	143
3.2	Frühe Formen der Bodennutzung und ihr gesellschaftlicher Hintergrund	145
3.2.1	Grundformen landwirtschaftlicher Bodennutzung	145
3.2.2	Knollenkultur versus Getreidekultur	147
3.2.3	Soziale Bedingungen von Knollen- und Getreidekultur	151
3.2.4	Innovation und Tradition	152
3.2.5	Die Bauern und die Stadt	153
3.3	Rechtlich-soziale Ordnung der landwirtschaftlichen Produktion	157
3.3.1	Soziale Organisationsformen	158
3.3.2	Bodenrecht und Bodenmobilität	159
3.3.3	Geräteeinsatz als Beispiel für technische Aspekte der Bodennutzung	160
3.4	Rückblick	162
4	*Vernetzung der Umweltmedien Boden und Wasser: Kaliindustrie und Umwelt in der Geschichte*	165
4.1	Zum historischen Kontext	166
4.2	Aufstieg der Kaliindustrie	167
4.3	Kaliindustrie und Umwelt	170
4.3.1	Trinkwassergefährdung	171
4.3.2	Veränderung von Flora und Fauna der Gewässer	175
4.3.3	Kaliabwässer und Landwirtschaft	177
4.3.4	Maßnahmen der Problemlösung	179
4.4	Historisches Beispiel und aktuelle Probleme	181
4.5	Rückblick	184
5	*Literatur und Quellennachweis*	187

3. Studieneinheit: Intensivlandwirtschaft

1	*Veränderungen der landwirtschaftlichen Produktionsweise nach dem 2. Weltkrieg*	199
1.1	Vorgeschichte: Entwicklungen in der Landwirtschaft vom 17. Jahrhundert bis zur Mitte des 19. Jahrhunderts	199
1.2	Der große Umbruch und seine Folgen	201
1.2.1	Rationalisierung der Arbeit und ihre Folgen für die Bauern	202
1.2.2	Folgen des Maschineneinsatzes für Boden und Landschaft	206
1.2.3	Folgen des Einsatzes von Pflanzenschutzmitteln	210
1.2.4	Folgen verstärkter Düngung	213
1.3	Neuorientierung der Agrarpolitik	220
1.4	Zusammenfassung	221
2	*Ansätze zur Vermeidung ökologischer Schäden*	225
2.1	Kontingentierung	225
2.2	Flächenstillegung und nachwachsende Rohstoffe	226
2.3	Extensivierung	235
2.4	Umstellung auf ökologischen Landbau	239

2.5	Programme zur Erhaltung der natürlichen Lebensräume und der Kulturlandschaft	243
2.6	Rückblick	246
3	*Zum Konflikt Landwirtschaft – Naturschutz*	249
4	*Literatur und Quellennachweis*	255

4. Studieneinheit: Bodenbelastung und Rohstoffabbau im Ruhrgebiet

1	*Einführung*	267
2	*Bedingungen für das heute bedrohliche Ausmaß der Bodenbelastung*	269
2.1	Einleitung	269
2.2	Aufstieg des Ruhrgebietes zum bedeutendsten Industriegebiet Europas	272
2.2.1	Grund 1: Steinkohle als Motor der Industrialisierung	276
2.2.2	Grund 2: Zentrale Lage des Ruhrgebietes in Europa	278
2.2.3	Grund 3: Technische Entwicklung seit dem 18. Jahrhundert	279
2.2.4	Grund 4: Interessen des (Preußisch-) Deutschen Staates am Ruhrgebiet	281
2.3	Entfaltung der Industriewirtschaft des Ruhrgebietes	285
2.4	Das Ruhrgebiet heute	287
2.5	Das Wissen um die Bodenbelastungen im Ruhrgebiet	290
2.6	Rückblick	291
3	*Auswirkungen der Industrialisierung des Ruhrgebietes auf den Boden*	295
3.1	Freiflächenverbrauch im Ballungsraum Ruhrgebiet	295
3.2	Versiegelung	300
3.3	Halden und Bergsenkungen	304
3.4	Bodenbelastungen durch industrielle Reststoffe und Eintrag von Luftschadstoffen	309
3.5	Industriebrachen und Stadtentwicklung	315
3.6	Erfassung von Bodenbelastungen	316
3.7	Rückblick	319
4	*Grundsätzliche Möglichkeiten des Umgangs mit den Bodenbelastungen*	323
4.1	Administrative Einflußmöglichkeiten	323
4.1.1	Gesetzliche Möglichkeiten	323
4.1.2	Grenz-, Richt- und Orientierungswerte	324
4.2	Zunehmende Versiegelung und Bemühungen um eine Verminderung	329
4.3	Sanierung belasteter Flächen	334
4.3.1	Chemisch-physikalische Verfahren	337
4.3.2	Biologische Verfahren	338
4.3.3	Thermische Verfahren	344
4.4	Renaturierung und Rekultivierung	346
4.4.1	Ziele von Renaturierung und Rekultivierung	346
4.4.2	Maßnahmen zur Neubesiedlung von Brachen und Halden	347
4.4.3	Folgenutzung und Interessenkonflikte	349

4.4.4	Vorgehen bei der Renaturierung oder Rekultivierung industriell überformter Flächen	350
4.5	Rückblick	352
5	*Literatur und Quellennachweis*	359

5. Studieneinheit: Rekultivierung und Renaturierung – einige Beispiele

1	*Einführung*	371
2	*Renaturierung oder Rekultivierung?*	373
2.1	Renaturierung	374
2.2	Rekultivierung	375
2.3	Kombination von Renaturierung und Rekultivierung	377
2.3.1	Natürliche Sukzession und Folgenutzung	377
2.3.2	Gelenkte Renaturierung	379
2.4	Fazit: Ableitung eines Entwicklungszieles	380
3	*Rekultivierung von Bergematerialhalden des Steinkohlenbergbaues*	383
3.1	Einführung und Problemstellung	383
3.2	Derzeitige Vorgehensweise bei der Rekultivierung von Bergematerialhalden	385
3.3	Versuchsergebnisse von der Halde „Waltrop"	387
3.4	Zusammenfassung	390
4	*Rekultivierung einer Industriebrache*	393
4.1	Einführung und Problemstellung	393
4.2	Reinigung des Bodens	393
4.3	Anlage des Feldversuches	395
4.4	Ergebnisse der Labor- und Felduntersuchungen	397
4.4.1	Bodenphysikalische Eigenschaften	397
4.4.2	Bodenmikrobiologische Ergebnisse	399
4.4.3	Physikochemische und chemische Eigenschaften	400
4.5	Zusammenfassung	402
5	*Renaturierung eines Moores in einen oligotrophen Zustand*	405
5.1	Nutzung der Moore	405
5.2	Entwicklung eines Hochmoores und die Wirkung menschlicher Eingriffe	407
5.3	Maßnahmen zur Renaturierung eines Moores	411
5.3.1	Überblick: frühere Nutzung und Wiedervernässungsmaßnahmen	411
5.3.2	Bauliche Maßnahmen	412
5.3.3	Mahd	414
5.3.4	Beweidung	415
5.3.5	Abholzen der Birken	415
5.3.6	Abbrennen	416
5.3.7	Kombination von Verfahren	417
5.3.8	Untersuchungen zur Nährstoffsituation des Moores	417
5.4	Zusammenfassung	418
6	*Literatur und Quellennachweis*	421

6. Studieneinheit: Nachhaltiger Umgang mit Ressourcen?

1	*Einführung: Nachhaltigkeit – ein moderner Begriff mit Geschichte*	427
2	*Zum Spannungsfeld von Ökologie und Ökonomie am Beispiel des Bodens*	431
2.1	Ökonomischer Ansatz	431
2.2	Konflikt zwischen Ökonomie und Ökologie	431
2.3	Von der Umweltökonomie zur ökologischen Ökonomie: Neubestimmung ökonomischer Theorie unter ökologischen und ethischen Gesichtspunkten	433
2.4	Ökonomie des Bodens – ein kurzer historischer Überblick	434
2.5	Ökonomisch-ökologische Bewertungsansätze	437
2.6	Schlußbetrachtung	440
2.7	Rückblick	440
3	*Nachhaltige Entwicklung – ein Leitbild zum Umgang mit natürlichen Ressourcen*	443
3.1	Was ist nachhaltige Entwicklung?	444
3.2	Umweltethische Dimensionen nachhaltiger Entwicklung	446
3.3	Umweltpolitische Ziele nachhaltiger Entwicklung	449
3.4	Management des Naturkapitals	451
3.5	Umsetzungsstrategien nachhaltiger Entwicklung	456
3.6	Instrumente zur Förderung nachhaltiger Entwicklung	459
3.7	Sustainability-Ethos individuellen Handelns	459
3.8	Resümee	461
3.9	Rückblick	462
4	*Zum Rohstoffverbrauch bei der Eisengewinnung in der Eisenzeit*	463
4.1	Einführung: Bedeutung des Eisens zur Zeit der Römer	463
4.2	Bergbau: Kontinuierlicher Abbau von Ressourcen seit Jahrtausenden	464
4.3	Verhüttung von Eisenerzen	468
4.4	Schmiedearbeit: komplexe Technologie bei der Weiterverarbeitung des Eisens	470
4.5	Möglichkeiten zur Rekonstruktion früher metallurgischer Prozesse	470
4.6	Brennstoffproblem: Umweltbelastung zur Zeit der Römer	472
4.7	Rückblick	474
5	*Ein historisches Beispiel nachhaltigen Wirtschaftens: Siegerländer Haubergwirtschaft*	475
5.1	„Wenn es dem Menschen gut geht, geht es dem Wald schlecht"	475
5.2	Entstehung des Niederwaldes im Siegerland	477
5.3	Boden- und Waldnutzung im Siegerland	480
5.4	Organisation der Haubergwirtschaft	484
5.5	Gründe für den Niedergang der Haubergwirtschaft	485
5.6	Heutige Situation	488
5.7	Zusammenfassung	489
6	*Literatur und Quellennachweis*	491

Anhang: Materialiensammlung

Nährstoffe von Pflanzen 505
Zum chemischen Aufbau von Silikaten 508
Bestimmungstabelle zum Einschätzen der Bodenart 511
Plattenkulturverfahren 512
pH-Wert 514
Verschiedene Zweige der Landwirtschaft 516
Bodenbearbeitung bei der Pflugkultur 517
Methoden der Bodenbearbeitung 518
Knollenkulturen 521
Getreidekulturen 525
Sukzession von Ökosystemen 529
Physiokraten 531
Salzlagerstätten 532
Wasserhärte 534
Zur ökologischen Funktion der Brache 535
Agrarpolitik der Europäischen Gemeinschaft 537
Bäuerlichkeit – eine Chance für die Zukunft? 540
Funktion, Anlage und Pflege von Feldhecken 542
Biotopverbundsysteme 546
Flurbereinigung 550
Anwendung der Gentechnik in der Landwirtschaft 554
Auswirkungen der Intensivierung auf Acker- und Grünlandlebensgemeinschaften 556
Klärschlammanwendung in der Landwirtschaft 559
Auswirkungen von biologischem und konventionellem Ackerbau auf Flora und Fauna ... 561
Verschiedene Kohlenarten: Entstehung, Eigenschaften und Verwendung 564
Häufige Bodenschadstoffe: Herkunft und toxikologische Daten 566
Festlegung von Richt- und MAK-Werten 570
Festlegung von Grenzwerten: Entscheidungsprozesse im interdisziplinären
Zusammenhang und beteiligte Gruppen 571
Rückbau der Stembergstraße in Bochum-Riemke 572
Industriebrachen als Refugien für seltene Arten 573
Natürliche Sukzession nach Beendigung anthropogener Eingriffe 577
Praxisnaher Begrünungsversuch auf einer Bergematerialhalde 580
Zur Folgenutzung von Altlasten: Standort einer ehemaligen Kokerei 584
Nachhaltiger Umgang mit Rohstoffen 588
Nachwachsende Rohstoffe 591
Empfehlungen für eine nachhaltige Landwirtschaft 594
Vorkommen und Gewinnung des Eisens 599
Der moderne Hochofenprozeß und seine Produkte 601
Literatur und Quellennachweis 603

Glossar 609

Register 639

1.

Studieneinheit

Grundlagen der Bodenkunde

1

Autorin:
Dipl.-Biol. Ute Röder, Biologische Station Lippe, Detmold

bearbeitet von
Dr. rer. nat. Elke Rottländer, Deutsches Institut für Fernstudienforschung an der
Universität Tübingen

Inhalt

1	*Einführung*	5
2	*Bedeutung des Bodens für das Leben*	7
3	*Mineralische Bodenbestandteile*	13
3.1	Gesteine	14
3.1.1	Magmatite	14
3.1.2	Sedimente	17
3.1.3	Metamorphite	20
3.1.4	Zusammenfassender Überblick	20
3.2	Minerale	23
3.2.1	Quarz	23
3.2.2	Feldspat	24
3.2.3	Glimmer	26
3.2.4	Zusammenfassender Überblick	27
3.3	Verwitterung	28
3.3.1	Physikalische Verwitterung	28
3.3.2	Chemische Verwitterung	29
3.3.3	Biologische Verwitterung	32
3.4	Tonminerale	35
3.4.1	Ton und Tonminerale	35
3.4.2	Zweischicht-Tonminerale	36
3.4.3	Dreischicht-Tonminerale	37
3.5	Körnung und Bodenart	38
3.5.1	Körnung oder Textur	38
3.5.2	Bodenart	39
3.6	Zusammenfassung	40
4	*Organische Bestandteile des Bodens*	47
4.1	Organische Bodensubstanz	48
4.1.1	Abbau toter Lebewesen und Mineralisierung	48
4.1.2	Umwandlung der organischen Substanz durch Humifizierung	51
4.2	Bodenorganismen	54
4.2.1	Überblick	54
4.2.2	Bodenflora	57
4.2.3	Bodenfauna	58
4.3	Zusammenfassung	61
5	*Flüssige und gasförmige Bestandteile des Bodens*	65
5.1	Bodenwasser	65
5.1.1	Wasserspeichervermögen des Bodens	65
5.1.2	Pflanzenverfügbares Wasser	69
5.2	Bodenluft	72
5.3	Zusammenfassung	74

6	*Bodengefüge*	77
6.1	Gefügemorphologie	77
6.2	Porenvolumen	79
6.3	Zusammenfassender Rückblick	80
7	*Physikalisch-chemische Eigenschaften*	83
7.1	Kationenaustausch	83
7.2	Bodenreaktion (pH-Wert)	85
7.3	Zusammenfassung	90
8	*Bodenentwicklung und Bodensystematik*	93
8.1	Entwicklung der Böden	93
8.1.1	Faktoren der Bodenentwicklung	93
8.1.2	Vorgänge bei der Bodenentwicklung	95
8.2	Bodensystematik	96
8.2.1	Bodenprofil und Bodenhorizonte	96
8.2.2	Bodentypen	99
8.3	Zusammenfassung	104
9	*Belastungen und Schutz von Böden*	107
9.1	Bodenerosion	107
9.2	Bodenverdichtung	108
9.3	Überdüngung der Böden	109
9.4	Schadstoffe	111
9.5	Zusammenfassung	113
10	*Ausblick*	115
11	*Literatur und Quellennachweis*	117

1 Einführung

Innerhalb der > Ökosphäre stellt der Boden neben Wasser und Luft die wichtigste Grundlage allen Lebens dar. Erst die Folgen massiver Bodenverunreinigung und -zerstörung durch menschliche Tätigkeiten in vielen Teilen der Erde haben in den letzten Jahren die Bedeutung des Bodens als existentielle Grundlage von Lebewesen auch in das Bewußtsein der Gesellschaft rücken lassen. Dies hat dazu geführt, daß Bodenschutz inzwischen als eine der vordringlichsten Aufgaben des Umweltschutzes gesehen wird. Um die Folgen der anthropogenen[1] Bodennutzung in historischer und heutiger Zeit sowie Maßnahmen zum Schutz des Bodens oder zur Minderung von Schäden verstehen zu können, sind Kenntnisse über Struktur und Funktion des Bodens notwendig. Diese 1. Studieneinheit befaßt sich daher in einem kurzen Überblick mit den wichtigsten Grundlagen der Bodenkunde.

Übersicht: Der Boden setzt sich aus anorganischen und organischen Bestandteilen zusammen. Die anorganischen bilden sich aus Gestein durch Verwitterungsprozesse physikalischer, chemischer und biologischer Art. Anorganische Bestandteile sind Minerale und Tonminerale. Die organischen Bestandteile, zu denen der Humus gehört, entstehen durch den Abbau organischer Substanz. Durch Verwitterung bilden sich Böden einer bestimmten Korngröße, wie Sand- oder Tonböden. Im Porensystem ihres Gefüges sind Wasser und Luft eingeschlossen. Aufgrund von Zusammensetzung und Struktur wirkt der Boden als Filter, indem er Schadstoffteilchen zurückhält und als Puffer, indem er den Säuregrad stabilisiert und Ionen austauscht. Der Boden ist ein dynamisches System. Er entwickelt sich in langen Zeiträumen und ist ständigen Veränderungen unterworfen, da einzelne Bestandteile dauernd abgebaut, umgebaut sowie neue aufgebaut werden. In Abhängigkeit von Klima, Ausgangsgestein, Lebewesen und anderen Faktoren bilden sich unterschiedliche Bodentypen mit charakteristischem horizontalem Aufbau.

Vor allem unsere heutigen Lebensverhältnisse führen zu einer starken Belastung der Böden. Erosion, Überdüngung, Versiegelung und Schadstoffeintrag beeinträchtigen seine lebensnotwendigen Funktionen in bedenklichem Ausmaß.

Dem hier kurz angerissenen Gedankengang folgt der Darstellungsweg in dieser Studieneinheit:

– Bedeutung des Bodens für das Leben (Kap. 2),

---

1   Griech. anthropos = der Mensch; griech. genos = Abstammung, Geschlecht.

- Mineralische Bodenbestandteile (Kap. 3),
- Organische Bestandteile des Bodens (Kap. 4),
- Flüssige und gasförmige Bodenbestandteile (Kap. 5),
- Bodengefüge (Kap. 6),
- physikalisch-chemische Eigenschaften (Kap. 7),
- Bodenentwicklung und Bodensystematik (Kap. 8),
- Belastungen und Schutz von Böden (Kap. 9).

Es schließt sich ein Ausblick auf die folgenden Studieneinheiten an, in denen die Thematik der anthropogen verursachten Bodenbelastungen an einzelnen Beispielen vertieft wird.

Im Anhang sind – auch dies wieder exemplarisch – einzelne Themen, die in einem speziellen Fach von grundlegender Bedeutung sind, aufgegriffen und im interdisziplinären Kontext für Lernende, die mit diesem Fach weniger vertraut sind, ausführlicher erläutert.

Die Wissenschaft, die sich mit Boden befaßt, ist die Bodenkunde. Sie definiert den Boden folgendermaßen:

„**Boden** *ist das mit Wasser, Luft und Lebewesen durchsetzte, unter dem Einfluß der Umweltfaktoren an der Erdoberfläche entstandene und im Ablauf der Zeit sich weiterentwickelnde Umwandlungsprodukt organischer und mineralischer Substanzen mit eigener morphologischer Organisation, das in der Lage ist, höheren Pflanzen als Standort zu dienen, und die Lebensgrundlage für Tiere und Menschen bildet*" (SCHROEDER u. BLUM 1992).

Die Bodenkunde ist im wesentlichen eine beobachtende, experimentierende und beschreibende Wissenschaft, also eine Naturwissenschaft. Sie betreibt sowohl Grundlagen- als auch angewandte Forschung. Sie ist in hohem Maße interdisziplinär: *Physik, Chemie, Biologie* und *Mineralogie* liefern ebenso notwendiges Grundwissen wie *Geologie, Erdgeschichte, Geomorphologie, Meteorologie* oder *Agrarwissenschaften*. Ihre Bedeutung reicht weit in den sozial- und geisteswissenschaftlichen sowie den politischen Bereich, etwa wenn es um Entscheidungen über den vorsorglichen oder sanierenden Umgang mit Boden geht oder um die Frage, was denn Boden wert sei.

Die vorliegende Darstellung beruht, auch wenn dies nicht immer im einzelnen erwähnt ist, im wesentlichen auf den Lehrbüchern von GISI (1990), KUNTZE et al. (1988), SCHEFFER u. SCHACHTSCHABEL (1992) und SCHROEDER u. BLUM (1992).

2 Bedeutung des Bodens für das Leben

Von den 3 Umweltmedien Wasser, Luft und Boden ist der Boden das komplexeste, sowohl was seine chemische Zusammensetzung anbelangt als auch hinsichtlich seiner Struktur und seines Aufbaus. Die feste Substanz des Bodens ist durchdrungen von Wasser und Luft. Zudem wird die Beschaffenheit des Bodens durch die Aktivität der Organismen geprägt, die in und auf ihm leben. Dieses Leben hängt seinerseits vom Boden ab: Boden ist die Basis, auf oder in ihm gedeiht das heutige pflanzliche, tierische und menschliche Leben.

Sehen Sie sich die informationsreiche Definition für Boden in Kap. 1 noch einmal an, bevor Sie weiterlesen, und stellen Sie mit eigenen Worten seine wichtigsten Eigenschaften zusammen. Worin drückt sich die zentrale Bedeutung des Bodens aus?

•••••

Die Definition besagt:

– Boden ist ein Ergebnis der Umwandlung mineralischer und organischer Substanz.
– Boden entstand in langen Zeiträumen an der Erdoberfläche durch die Einwirkung von Umweltfaktoren.
– Boden entwickelt sich weiter.
– Boden hat eine besondere morphologische Struktur.
– Boden ist durchsetzt von Wasser, Luft und Lebewesen.
– Boden dient den Pflanzen als Standort.
– Boden bildet die Lebensgrundlage für Tiere und Menschen.

Die Bedeutung des Bodens besteht darin, daß er die Basis pflanzlichen, tierischen und menschlichen Lebens ist. „Basis" ist durchaus in zweierlei Sinn gemeint: einmal wörtlich, weil Lebewesen *in* oder *auf* dem Boden leben, zum anderen übertragen, weil die Lebewesen *vom* Boden leben.

Boden ist eine Art „Durchdringungssystem" von festen, flüssigen und gasförmigen Substanzen mit lebenden Organismen. Ein Grünlandboden z. B. besteht zu 45 % (Volumenprozent) aus festen mineralischen Bestandteilen, zu 23 % aus Wasser, zu 25 % aus Luft und zu 7 % aus (lebender und toter) > organischer Substanz. Boden wird oft als eine Art Grenzphänomen beschrieben, in dem sich der Gesteinsmantel der Erde, ihre Wasser- und Gashülle sowie die Gesamtheit der Lebewesen überlagern und durchdringen (Abb. 1.1).

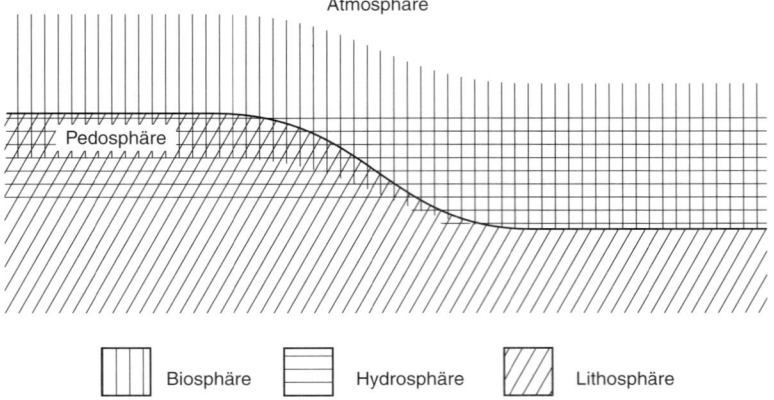

Abb. 1.1. Die Pedosphäre. Sie ist die Schicht der Erdoberfläche, in der sich Biosphäre, Hydrosphäre, Lithosphäre und Atmosphäre durchdringen. (Nach SCHROEDER u. BLUM 1992)

Man nennt

den Boden	*Pedosphäre[2]*,
die Gesteinsschicht	*Lithosphäre[3]*,
die Wasserhülle	*Hydrosphäre[4]*,
die Gashülle	*Atmosphäre[5]* und
die Gesamtheit der Lebewesen	*Biosphäre[6]*.

Das „Grenzphänomen" Boden erlaubt, daß Pflanzen in ihm wurzeln und lebensnotwendige Nährstoffe, Wasser und Sauerstoff entnehmen. Mit deren Hilfe sowie dem Kohlendioxid (CO_2) der Luft synthetisieren Pflanzen alle organischen Verbindungen, die sie benötigen, sei es für ihren Aufbau, sei es für ihre Lebensfunktionen. Unbedingt notwendig ist dazu allerdings die Energie der Sonne, die nur die grünen Pflanzen, nicht etwa Pilze, nutzen können, denn grüne Pflanzen besitzen > Chlorophyll[7], das Blattgrün. Diese chemische Verbindung fängt das Licht der Sonne ein und wandelt es in eine solche Energieform um, die die Pflanzen nutzen können. Die grünen Pflanzen produzieren also aus einfachen anorganischen Stoffen mit Hilfe von Sonnenenergie komplexe organische Verbindungen (Photosynthese). Sie werden deshalb > *Produzenten* genannt.

---

2   Griech. pedon = Boden; griech. sphaira = Kugel.
3   Griech. lithos = Stein.
4   Griech. hydor = Wasser.
5   Griech. atmos = Dunst.
6   Griech. bios = Leben.
7   Griech. chloros = grün; griech. phyllon = Blatt.

Die anderen Organismen sind auf diese Leistungen angewiesen. Pflanzenfressende Tiere gewinnen aus dem Abbau der pflanzlichen Substanz sowohl Bausteine für den Aufbau der eigenen Substanz als auch die notwendige Energie für ihren Stoffwechsel. Pflanzenfresser dienen anderen Tieren als Nahrung, diese ihrerseits werden wieder von anderen Tieren gefressen. Man bezeichnet die Tiere, die direkt oder indirekt von den Syntheseleistungen der Pflanzen abhängen, insgesamt als > *Konsumenten*. Man unterscheidet solche 1., 2. und 3. Ordnung. Konsumenten 1. Ordnung sind die Pflanzenfresser, von denen die Konsumenten 2. Ordnung leben usw. Dabei wird von Stufe zu Stufe mehr von der durch die Produzenten gebundenen Energie verbraucht. Im Boden wurzelnde Pflanzen stellen also die Grundlage der Nahrungskette dar.

Abgestorbene Pflanzen, Tierkot und Aas bilden die Nahrungsgrundlage vieler Pilze und Mikroorganismen. Als > *Destruenten* (auch Reduzenten genannt) bauen sie die organischen Substanzen (unter Baustein- und Energiegewinnung für den eigenen Stoffwechsel) letztlich zu einfachen anorganischen ab. Diese „Abfallstoffe" dienen den Produzenten wiederum als Nahrung. Damit wird der hier nur sehr grob skizzierte *Stoffkreislauf* geschlossen (Abb. 1.2).

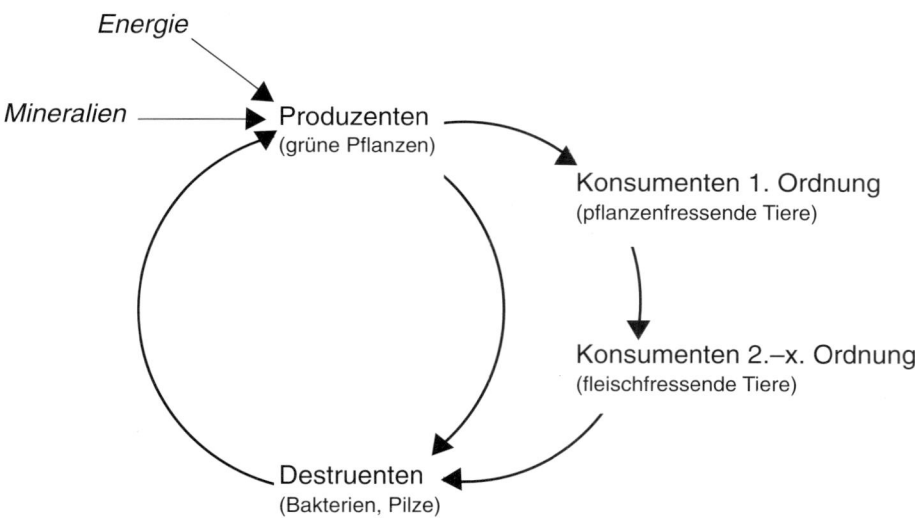

Abb. 1.2. Der Stoffkreislauf über Produzenten, Konsumenten und Destruenten

In diesem Zusammenhang spielt ein weiteres Begriffspaar eine wichtige Rolle: autotroph und heterotroph.

> **Autotroph**[8] nennt man alle Organismen (so alle grünen Pflanzen, viele Mikroorganismen), die aus > anorganischen Substanzen und einer Energiequelle organische Substanz aufbauen können.

> **Heterotroph**[9] nennt man alle Organismen (so alle Tiere, Pilze, viele Bakterien), die auf die organische Substanz, welche die autotrophen Organismen synthetisiert haben, angewiesen sind.

Während die Begriffe Konsument, Produzent, Destruent sich auf die Stellung der Organismen im Ökosystem beziehen, beschreibt das Begriffspaar autotroph – heterotroph ernährungsphysiologische Charakteristika.

Auch innerhalb des *Wasserkreislaufs* spielt der Boden eine zentrale Rolle: er wirkt regulierend. Er *speichert* das auftretende Niederschlagswasser. Langsam gibt er es an die Oberflächengewässer und das Grundwasser ab (Abb. 1.3). Deshalb hat die Zerstörung des Bodens, wie sie z. B. durch Entfernen der schützenden Vegetationsdecke verursacht wird, verheerende Auswirkungen auf den Wasserhaushalt.

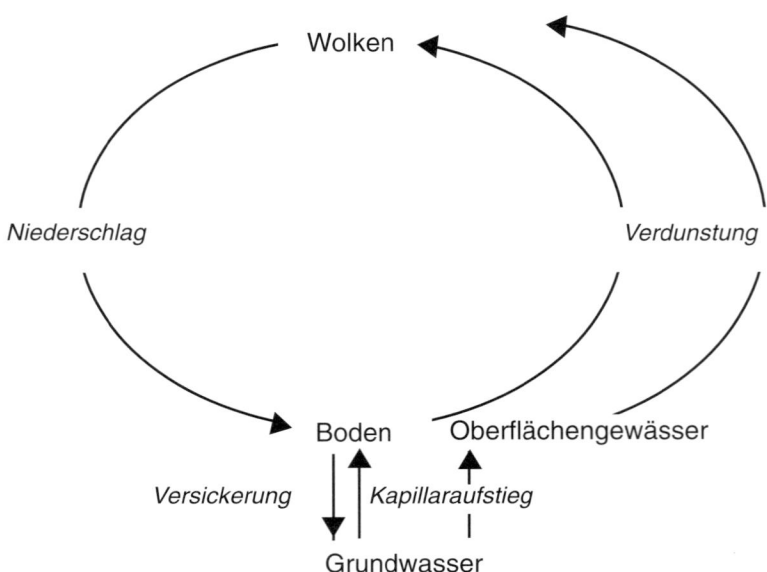

Abb. 1.3. Wasserkreislauf in terrestrischen[10] Systemen

---

8 Griech. autos = selbst, derselbe; griech. trophe = Nahrung.
9 Griech. heteros = verschieden, anders.
10 Lat. terra = Erde.

2 Bedeutung des Bodens für das Leben

Ein historisches Beispiel für die Folgen, die die Zerstörung der Vegetation hat, ist die Entwaldung im Mittelmeerraum: Ursprünglich war der Appenin dicht mit Wald bestanden. Seit der Zeit der Römer hat man jahrhundertelang mehr Holz entnommen als nachwachsen konnte. Man benötigte es zum Bau von Häusern, Schiffen, Brücken, Bergwerksstollen u. v. a. sowie zur Energiegewinnung. Durch das Abholzen wurde die Pflanzendecke zerstört. Der freiliegende Boden wurde fortgeschwemmt (> Erosion). Niederschlagswasser versickert daher rasch im kalkigen Gestein. Es enthält Kohlendioxid (CO_2), das aus der Luft stammt (die Atmosphäre enthält ca. 0,03 % CO_2). Dieses wiederum löst zusammen mit Wasser den Kalk. Spalten und Hohlräume entstehen im Gestein, es verkarstet (> Karst). Erosion und Verkarstung bewirken, daß das Niederschlagswasser nicht mehr gespeichert werden kann. Das Wasser wird knapp.

Auf S. 30 wird näher auf die Verkarstung und die zugrundeliegenden Prozesse eingegangen.

Indem das Wasser den Boden durchdringt (Bodenpassage), wird es gleichzeitig *gefiltert* (> Filterwirkung des Bodens). Schadstoffe, die mit dem Niederschlagswasser in den Boden gespült werden, werden im Boden festgehalten.

Außerdem besitzt der Boden die Fähigkeit, Säureverhältnisse zu regulieren, d. h., er wirkt als > *Puffer*.

Durch Filtern und Puffern gelangt gereinigtes Wasser in das Grundwasser. Dies macht man sich bei der Wassergewinnung zunutze. Man richtet Wasserschutzgebiete ein, um die Filter- und Pufferfunktion des Bodens zu erhalten. Allerdings ist seine Belastbarkeit nicht unbegrenzt. Vermutlich kennen Sie selbst Beispiele dafür, daß Trinkwasserbrunnen wegen zu hoher Schadstoffkonzentrationen geschlossen werden mußten. Auch die Fähigkeit des Bodens, Säuren zu neutralisieren, ist begrenzt, so daß Böden versauern können.

Zusammenfassend sei festgehalten:

Im Stoff- und Wasserhaushalt der > Ökosphäre bilden Böden:

– die Basis des Lebensraumes von Pflanzen, Tieren und Mensch,
– den Standort für Pflanzen und die Grundlage der Nahrungsmittelproduktion,
– den Speicherraum für Niederschlagswasser und die Grundlage für die Regulation des Wasserhaushaltes sowie
– ein wirkungsvolles Filter- und Puffersystem gegenüber Umwelteinflüssen.

(Verändert nach BRÜMMER 1985)

1

Versuchen Sie, die Begriffe Produzent, Konsument, Destruent, autotroph und heterotroph zu definieren. Sie können Ihre Definitionen mit denen im Glossar vergleichen.

3 Mineralische Bodenbestandteile

Ein Szenario: Ein Haufen heißer, gasförmiger, wirbelnder Materie kühlte langsam ab. Die schweren Bestandteile zog es nach innen, die leichten drehten sich weiter außen. Langsam formte sich ein glutflüssiges Gebilde, das Magma, heraus. Es begann, an der Oberfläche allmählich zu erstarren. Feste Gesteine formten sich. Leichtflüchtige Gase bildeten eine Hülle um die entstehende Erde. Der Wasserdampf kondensierte als Regen heraus. Wasser, Temperatur und Wind wirkten auf die Gesteine ein, zerkleinerten diese, lösten sie auf, schafften sie fort und lagerten sie an anderen Stellen wieder ab. Als sich dann noch Leben auf der Erde zu entwickeln begann, das feste Land eroberte und den Gesteinsstaub als Nahrungsquelle nutzte, kamen neuartige, noch kompliziertere Verwitterungsprozesse hinzu. Boden bildete sich. Auf ihm konnten die Pflanzen besser gedeihen als auf dem nackten Gestein. Die Mannigfaltigkeit der Organismen entstand.

Übersicht: In diesem Kapitel wird die Entstehung der verschiedenen Gesteinstypen: Magmatite, Sedimente und Metamorphite, erläutert. Die Grundbestandteile der Gesteine, die Minerale, werden vorgestellt. Als Beispiel dienen die Hauptbestandteile des Granits: Quarz, Feldspat und Glimmer. Anschließend wird ein Überblick über physikalische, chemische und biologische Verwitterungsprozesse und über die Entstehung und Bedeutung der Tonminerale gegeben. Zum Abschluß wird die sich aus den Verwitterungsvorgängen ergebende Körnung des Bodens behandelt, die zusammen mit dem Mineralangebot einen wesentlichen Beitrag zur Fruchtbarkeit des Bodens liefert.

Die wichtigsten Begriffe dieses Kapitels sind im folgenden Strukturnetz zueinander in Beziehung gesetzt:

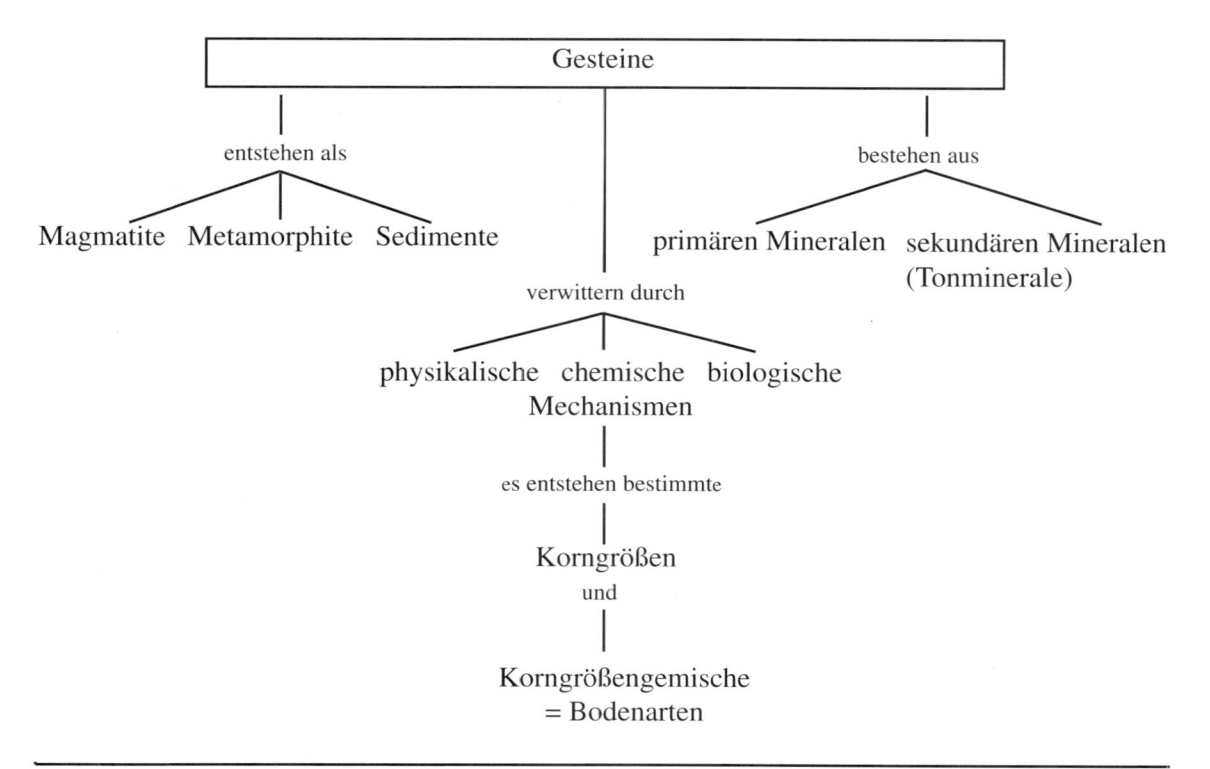

```
                            Gesteine
                   |                        |
              entstehen als              bestehen aus
          /        |        \           /            \
    Magmatite Metamorphite Sedimente  primären    sekundären
                    |                 Mineralen   Mineralen
              verwittern durch                    (Tonminerale)
          /         |         \
    physikalische chemische biologische
              Mechanismen
                    |
            es entstehen bestimmte
                    |
                Korngrößen
                   und
                    |
              Korngrößengemische
              = Bodenarten
```

3.1 Gesteine

Gesteine entstehen, verwittern, werden umgewandelt. Nach ihrer Entstehungsart unterscheidet man zwischen:

– Erstarrungsgesteinen oder Magmatiten[11],

– Absatzgesteinen oder Sedimenten[12] und

– Umwandlungsgesteinen oder Metamorphiten[13].

Diese Gesteinstypen werden in den folgenden 3 Unterabschnitten behandelt.

3.1.1 Magmatite

Man nimmt an, daß vor ca. 4,6 Mrd. Jahren unser Planetensystem aus einer sich drehenden und sich abflachenden heißen Gas- und Staubwolke des Weltalls entstand. Während sich durch Zusammenballen der Materie aus der Hauptmasse die Sonne bildete, entstanden in „kühleren" Außenbezirken der Wolke Planeten und Monde, so auch unsere Erde. Im Laufe ihrer Abkühlung sanken die dichteren (also schweren) > Elemente Eisen und Nickel vorzugsweise in den inneren Kern der Erde ab. Um ihn bildeten sich Schichten mit viel Eisen und Magnesium. Die leichten Anteile, unter ihnen viel Silicium und Aluminium, bildeten die äußere Schale, die bald zu erstarren begann (Abb. 1.4).

Silicium bildet in der Hitze mit anderen Elementen relativ leichte Gemische, sog. Silicatschmelzen. Sie legen sich wegen ihrer geringen Dichte (= g/cm³) über die Schmelzen dichterer Metalle. Derartige Silicatschmelzen spielen auch bei der technischen Gewinnung von Eisen als Schlacken eine wichtige Rolle (vgl. 6. Studieneinheit, Kap. 2, S. 463ff.).

Abb. 1.4.
Schalenaufbau der Erde:
1: Ober- und Unterkruste,
2: Mantel, 3: Kernschale,
4: Kern (aus MÜCKENHAUSEN 1993)
Die Dichte (D) der verschiedenen Schalen nimmt zum Erdinneren hin zu. Die Gesamtdichte der Erde beträgt 5,5 g/cm³

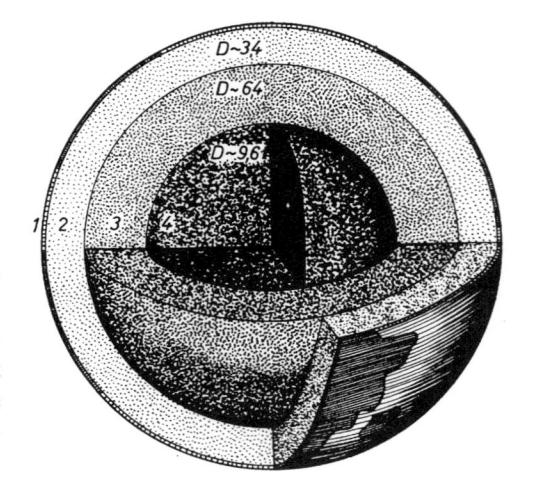

---

11 Der Gesteinsname leitet sich ab von Magma, der Gesteinsschmelze im Erdinneren. Griech. massein = kneten, Magma = geknetete Masse, Schmiere.
12 Lat. sedimentum = Ablagerung, Niederschlag, Bodensatz.
13 Griech. metamorphosis = Umwandlung.

3.1 Gesteine

Die untere Schicht der Erdkruste wird wegen ihres hohen Gehaltes an Silicium und Magnesium > *Sima* genannt, die obere, in der Silicium und Aluminium vorherrschen, > *Sial*. Dementsprechend sind Silicium und Aluminium (neben Sauerstoff) die häufigsten Elemente in den Gesteinen, die sich aus der heißen Schmelze, dem Magma, bildeten. Diese Gesteine nennt man > *Erstarrungsgesteine* oder > *Magmatite*. Tabelle 1.1 zeigt die prozentualen Anteile der häufigsten Elemente in der Erdkruste und in magmatischen Gesteinen. Viele dieser Elemente dienen Pflanzen als Nährstoffe. Kalium, Calcium, Magnesium, Schwefel und Phosphor sind Hauptnährelemente und in Tabelle 1.1 fett hervorgehoben. Ein weiteres Hauptnährelement ist Stickstoff, der in der Gesteinschicht zwar nur in Spuren vorkommt, in der Erdatmosphäre jedoch Hauptbestandteil ist. Andere Elemente brauchen Pflanzen in nur sehr geringen Mengen als Mikronährstoffe, nämlich Eisen, Mangan, Bor, Zink u. a.

Zur Bedeutung der Nährelemente für das Wachstum von Pflanzen vgl. Anhang

Tabelle 1.1. Mittlere chemische Zusammensetzung der festen Erdkruste (bis zu ca. 16 km Tiefe) und der Magmatite. Die häufigsten Elemente sind in Gewichtsprozenten angegeben, die Hauptnährelemente wurden fett hervorgehoben. (Aus MÜCKENHAUSEN 1993)

	Erdrinde	**Magmatite**
Sauerstoff (O)	46,46	46,42
Silicium (Si)	27,6	27,59
Aluminium (Al)	8,07	8,08
Eisen (Fe)	5,06	5,08
Calcium (Ca)	**3,64**	**3,61**
Natrium (Na)	2,75	2,83
Kalium (K)	**2,58**	**2,58**
Magnesium (Mg)	**2,07**	**2,09**
Titan (Ti)	0,62	0,721
Wasserstoff (H)	0,14	0,13
Phosphor (P)	**0,13**	**0,158**
Kohlenstoff (C)	0,09	0,051
Mangan (Mn)	0,09	0,125
Schwefel (S)	**0,06**	**0,08**

Ursprünglich waren alle Gesteine der Erde *Magmatite*. Später, nachdem die Erde weiter abgekühlt war, sich verfestigt hatte und schon Verwitterungs- und Umwandlungsprozesse an den Magmatiten eingesetzt hatten, entstanden und entstehen bis heute Magmatite nur noch lokal durch die Verlagerungen von Massen in und unter der Erdkruste. Bricht die Schmelze durch die Erdoberfläche, spricht man von *Vulkanismus*[14]. An der kühlen Atmosphäre erstarrt die Schmelze relativ

---

14 Nach dem römischen Gott des Feuers, Vulkanus, benannt.

rasch, so daß für die Ausbildung von Kristallen wenig Zeit bleibt. Die entstehenden Gesteine, > *Ergußgesteine* oder > *Vulkanite* genannt, sind feinkörnig und enthalten, wenn überhaupt, nur vereinzelt sichtbare Kristalle (sog. Einsprenglinge). Sie verwittern wegen ihrer dichten Struktur nur langsam. Ein Beispiel dafür ist der Basalt (Abb. 1.5, links).

Dringt die magmatische Schmelze nicht bis zur Erdoberfläche vor, sondern erstarrt langsam tief in der Erdkruste, reicht die Zeit zur Bildung teilweise großer Kristalle. Es entstehen die > *Tiefengesteine* oder > *Plutonite*[15]. Später gelangen sie durch Hebungs- und Abtragungsvorgänge an die Erdoberfläche. Wegen ihrer groben Struktur sind sie der Verwitterung leichter zugänglich als die Vulkanite. Ein Beispiel für einen Plutonit ist der Granit (Abb. 1.5 rechts). Ein anderes Beispiel ist Diorit, der ebenso grobkörnig ist wie Granit, sich von diesem aber in seinem Mineralbestand unterscheidet.

Die Verwitterung wird auf S. 28ff. ausführlicher behandelt.

Abb. 1.5. Gegenüberstellung des feinkristallinen Vulkanits Basalt (*links*) und des grobkristallinen Plutonits Granit (*rechts*). (Aus SCHUMANN 1973)

---

15 Nach dem griechischen Gott der Unterwelt, Pluto, benannt.

Möglicherweise haben Sie die Gesteinsarten Basalt und Granit schon einmal gesehen. Besonders auffällig ist der dunkle bis schwarze Basalt, wenn er in langen Säulen erstarrt ist. So kann man ihn z. B. in der Eifel bewundern. Granit ist ein weit verbreitetes Tiefengestein, das man z. B. im Harz (Brocken), Odenwald oder Schwarzwald leicht finden kann. Oft erkennt man schon mit bloßem Auge die grobkristalline Struktur. Die Kristalle sind größtenteils die Minerale Feldspat, Quarz und Glimmer, auf die im Abschn. 3.2, näher eingegangen wird.

3.1.2 Sedimente

Ihren Entstehungsprozessen entsprechend kann man die > Sedimente einteilen in:

– klastische[16] Sedimente,

– chemische Sedimente und

– biogene[17] Sedimente.

Klastische Sedimente. Bei der Verwitterung z. B. der > Magmatite durch den Einfluß von Temperatur und Wasser entstehen zunächst Gesteinstrümmer. Diese Materialreste bleiben entweder an Ort und Stelle liegen oder sie werden verfrachtet: feinere Teilchen durch Wind und Wasser, grobe durch Gletschereis. Oft weit entfernt von ihrem Ursprungsort werden sie abgelagert. Es entstehen die *klastischen Sedimente*, auch Trümmergesteine genannt. Je nach Größe der Teilchen kommt es zur Bildung von steinig-kiesigen Sedimenten, die wie Flußschotter unverfestigt oder wie die Konglomerate[18] durch > Ton oder andere Bindemittel verfestigt sind, oder es kommt zur Bildung von Sandsteinen oder von Ton- und Schluffgesteinen (> Schluff).

Auf die hier genannten Korngrößen wird auf S. 38 näher eingegangen.

Als Beispiel sei die Entstehung des > Löß näher beschrieben: Der Wind transportiert nur Teilchen geringer Korngröße wie Sand (Korngöße 2000 – 63 µm[19]) und den noch feineren Schluff (63 – 2 µm). Sie werden als Flugsand oder Löß bevorzugt im Windschatten von Gebirgen abgelagert. Der Löß, den wir in Deutschland z. B. am Nordrand der Mittelgebirge finden, entstand durch Flugsandablagerungen während der Eiszeiten des > Quartärs. Weite vegetationsarme Gebiete in Europa und Asien lagen damals bloß und

---

16 Griech. klastos = zerbrochen.
17 Griech. bios = Leben; griech. genos = Abstammung, Geschlecht.
18 Lat. conglomeratio = Anhäufung.
19 Ein µm (Mikrometer) ist der millionste Teil eines Meters.

1

Eine Kurzbeschreibung von Schwarzerde und Parabraunerde finden Sie auf S. 101 und 102.

waren intensiver Verwitterung durch Temperatur und Wasser ausgesetzt. Das feinkörnige Material wurde fortgeweht und im Windschatten von Gebirgen abgelagert. Der braungelbe Löß ist schluffreich und enthält meist viel Calcium. Aus Löß entwickelten sich besonders fruchtbare, humusreiche (> Humus) Böden (Schwarzerden und Parabraunerden). Da er zudem leicht zu bearbeiten ist, wundert es nicht, daß die ersten Ackerbauern der jüngeren Steinzeit in Mitteleuropa, die Bandkeramiker[20], gerade in Lößgebieten siedelten (Abb. 1.6). Hier wird die enge Verzahnung von naturräumlichen Gegebenheiten und kultureller Entwicklung sichtbar.

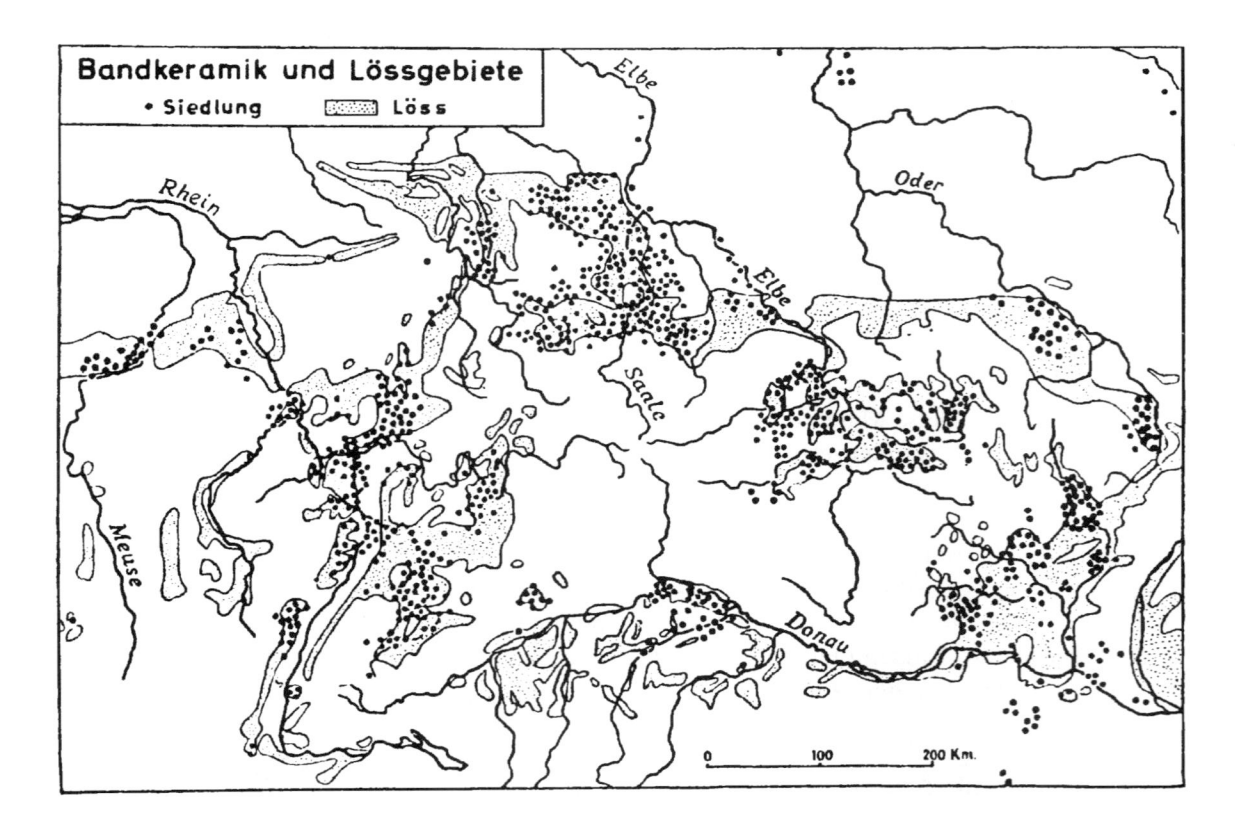

Abb. 1.6. Bandkeramische Siedlungen in Lößgebieten. (Aus ELLENBERG 1986)

Chemische Sedimente. Bei der Verwitterung fällt auch Material an, das in Wasser löslich ist. Das Material ist bis in seine chemischen > Elemente bzw. > Ionen oder deren Verbindungen (Moleküle) gespalten, z. B. in Kalium- (K^+), Natrium- (Na^+), Carbonat- (CO_3^{2-}),

---

20 Die Bandkeramiker sind benannt nach den bandförmigen Mustern auf ihrer Keramik. Die Gruppe erschien, vom Balkan her kommend, ab dem späten 6. Jahrtausend vor Chr. in Mitteleuropa.

Chlorid- (Cl⁻), Sulfationen (SO_4^{2-}) oder Siliciumdioxid (SiO_2). Die gelösten Stoffe werden mit den Flüssen in Seen oder ins Meer transportiert. Wenn sich die Löslichkeitsverhältnisse ändern, z. B. nach Erwärmen oder Verdunsten von Wasser, so werden diese Stoffe wieder als Festsubstanzen ausgefällt. Es bilden sich mächtige Schichten am Meeresboden, die durch Hebungs- und Gebirgsbildungsvorgänge in der Erdkruste zu Festland werden. Zu diesen *chemischen Sedimenten* gehören Gips (Calciumsulfat, $CaSO_4$), Dolomit (ein Calcium-Magnesium-Carbonat, $CaMg(CO_3)_2$), Kalkstein (Calciumcarbonat, $CaCO_3$) oder die Salzlagerstätten.

Biogene Sedimente. Ein Teil der im Meerwasser gelösten Substanzen dient dem Aufbau der Schalen und Skelette von verschiedenen Organismen (z. B. Korallen oder Schwämmen). Nach dem Absterben der Organismen sinken die Hartteile zu Boden, es entstehen die *biogenen Sedimente*. Viele Kalkgesteine, in denen wir heute vielfach noch die versteinerten Überreste der früheren Organismen finden, sind auf diese Weise entstanden.

Die Schönheit der Hartteile, selbst winziger Meeresorganismen, hat schon den Zoologen Ernst HAECKEL (1834 – 1919), den ersten und auch heftigen Verfechter der Evolutionstheorie von DARWIN in Deutschland, begeistert. Die Kalkschwämme in Abb. 1.7 sind von HAECKEL selbst dargestellt.

In den Salzlagerstätten Nord- und Mitteldeutschlands haben sich u. a. Kaliumsalze abgelagert. Kalisalze werden zur Düngung benötigt (Kalium als Makronährstoff). In der 2. Studieneinheit, Kap. 3, wird aus historischer Perspektive die Belastung von Boden und Wasser durch den Kalibergbau diskutiert. Näheres über Salzlagerstätten erfahren Sie im Anhang.

Abb. 1.7. Kalkschwämme. (AUS HAECKEL 1899)

Entstehung und Eigenschaften von Torf und Kohle werden ausführlich in der 4. Studieneinheit im Zusammenhang mit den Bodenbelastungen im Ruhrgebiet behandelt.

Da Kohle in den späteren Studieneinheiten noch eine wichtige Rolle spielen wird, sei hier kurz auf ihre Entstehung eingegangen. Sie entsteht aus Torf, einem Sediment biogenen Ursprungs. Torf bildet sich aus abgestorbenen Pflanzen- und Tierresten in nasser Umgebung unter zunehmendem Luftabschluß. Durch die fortdauernde Überlagerung mit weiterem Material sinken die älteren Schichten allmählich in die Tiefe, wo Druck und Temperatur steigen. Weitere Umsetzungen des Materials finden statt: Wasserstoff und Sauerstoff entweichen, Kohlenstoff reichert sich an. Aus dem Torf entwickelt sich allmählich Braunkohle, aus dieser Steinkohle, zuletzt bildet sich Anthrazit. Unsere Braunkohle entstand aus Wäldern, die vor 65 – 2,5 Mio. Jahren (im Tertiär) wuchsen, die Steinkohle aus solchen, die vor 325 – 280 Mio. Jahren (im Oberkarbon) existierten.

3.1.3 Metamorphite

Durch die ständigen Bewegungen und Massenverschiebungen in der Erdkruste (z. B. Gebirgsbildungen) verlagern sich die Gesteine, > Magmatite und > Sedimente. Sie gelangen wieder in die Tiefe. Dort sind sie veränderten Bedingungen, wie zunehmendem Druck, zunehmender Temperatur und damit anderen chemischen Verhältnissen ausgesetzt. Die Struktur wandelt sich, die > Minerale richten sich unter dem Einfluß des erhöhten Drucks aus. Es entstehen geschieferte Gesteine. Auch der Mineralbestand kann sich ändern. Elemente können sich umlagern und so neue Minerale bilden. Durch solche Umwandlungsprozesse entstandene Gesteine nennt man *Metamorphite*. Zwei einfache Beispiele: Bei Temperaturen zwischen 300 und 500 °C lagern sich die Atome in den winzigen Kriställchen des Kalksteins um. Da der Prozeß langsam erfolgt, entstehen größere Kristalle. Es bildet sich Marmor. Bei hohen Drücken und Temperaturen bis zu 1700 °C entstehen aus grobkristallinen, granitischen Gesteinen schiefrige Gneise, indem sich die Kristalle des Granits unter dem Druck ausrichten.

3.1.4 Zusammenfassender Überblick

Magmatite und Metamorphite sind zu ca. 95 % an der Zusammensetzung der Erdkruste beteiligt (vgl. auch Tabelle 1.2), an derjenigen der Erdoberfläche aber nur zu 25 %. Die Sedimente dagegen machen nur etwa 5 % der Erdkruste aus, bilden aber 75 % der Erdoberfläche. Daher sind sie als Ausgangsmaterial der Böden weit bedeutungsvoller als Magmatite und Metamorphite (vgl. Abb. 1.8).

3.1 Gesteine

Sedimente

locker:
- Ton
- Sand u. Kies
- Mergel u. Lehm
- Löss

verfestigt:
- Schieferton
- Sandstein
- Mergel- u. Tonstein
- Kalkstein

Magmatite
- Granit u. ä.
- Basalt u. ä.

Metamorphite
- Gneis u. ä.
- Schiefer u. ä.

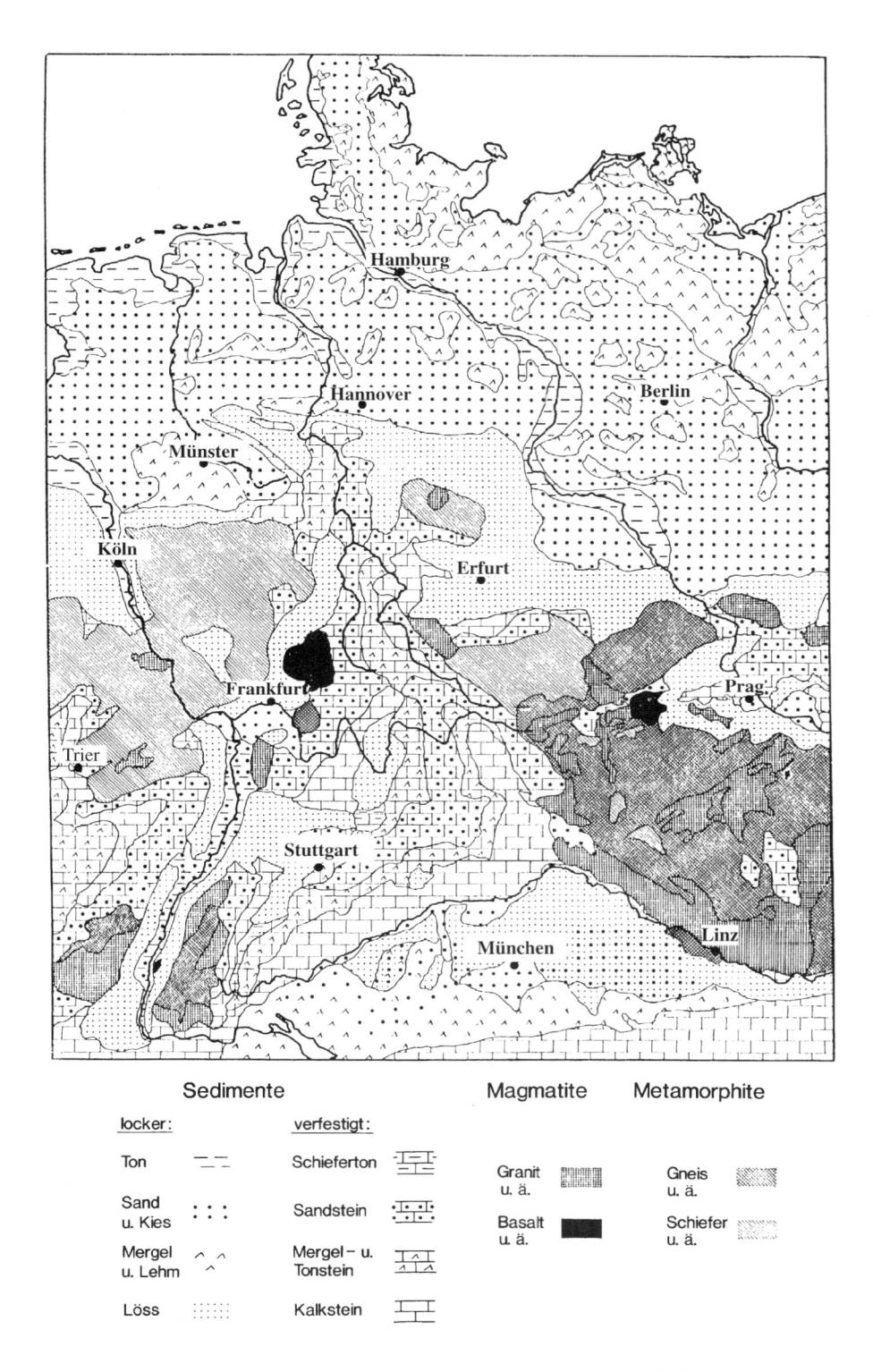

Abb. 1.8. Verbreitung von Magmatiten, Metamorphiten und Sedimenten in Mitteleuropa. (Aus SCHEFFER u. SCHACHTSCHABEL 1992)

3 Mineralische Bodenbestandteile

> **1** Welche der in Tabelle 1.2 aufgeführten Gesteine gehören zu den Magmatiten, den Sedimenten und den Metamorphiten? Eine Antwort können Sie Abb. 1.8 entnehmen.

Tabelle 1.2. Mittlerer Gesteinsbestand der Erdkruste. (Nach SCHEFFER u. SCHACHTSCHABEL 1992)

Gestein	Volumenprozent
Basalte u. a. basische Magmatite	42,6
Gneise	21,4
Granodiorite, Diorite u. a.	11,6
Granite	10,4
Kristalline Schiefer	5,1
Tone und Tonschiefer	4,2
Kalkgesteine	2,0
Sande und Sandsteine	1,7
Marmor	0,9

Als Zusammenfassung des Abschn. 3.1 mag Abb. 1.9 dienen.

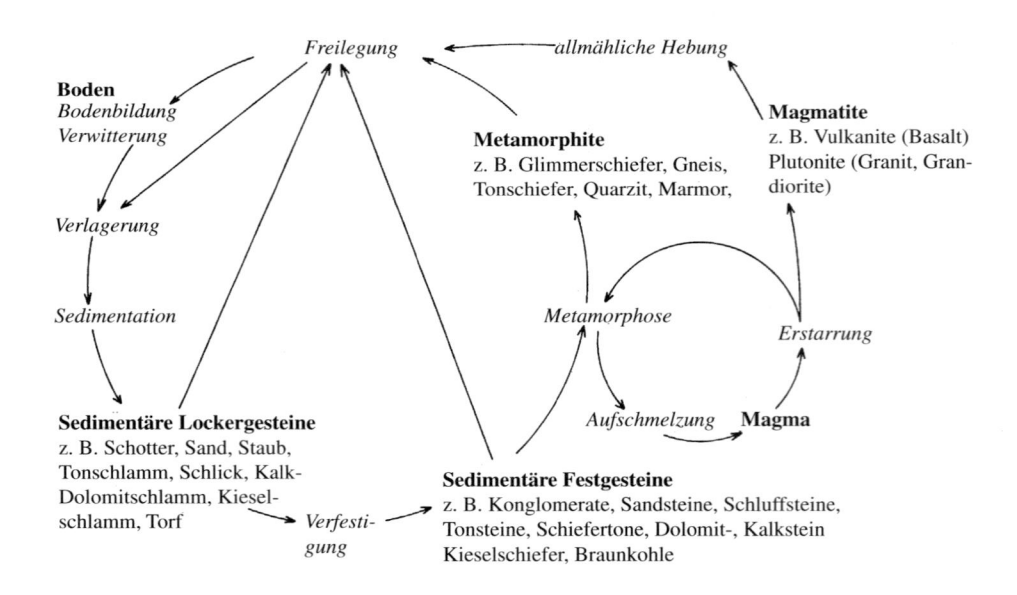

Abb. 1.9. Der geologische Kreislauf. (Aus KUNTZE et al. 1988, leicht verändert) Tonschiefer und Schieferton sind Tone mit schiefriger Struktur, ersterer ist jedoch stärker verfestigt als letzterer

3.2 Minerale

Die Gesteine sind chemisch uneinheitlich, d. h. heterogen[21]. Sie setzen sich aus Mineralen zusammen.

Minerale *sind natürliche, physikalisch und chemisch einheitliche, d. h. homogene*[22] *Festkörper. Meistens sind sie kristallisiert.*

In Zusammenhang mit Bodenfunktionen, deren Verständnis in dieser Studieneinheit im Mittelpunkt steht, sind weniger die physikalischen Eigenschaften der Minerale, wie Dichte, Lichtbrechung oder Spaltbarkeit interessant als vielmehr ihre *chemische* Zusammensetzung. Die > Elemente, aus denen die Minerale aufgebaut sind, werden nämlich bei der Verwitterung der Minerale freigesetzt und stehen den Pflanzen potentiell als Nährstoffe zur Verfügung (vgl. Abb. 1.2). Aber nicht nur die Art der Minerale, auch ihre Verwitterungsrate (Verwitterung pro Zeiteinheit) sind wichtige Voraussetzungen für die Fruchtbarkeit eines Bodens.

3.2.1 Quarz

Ein häufiges Mineral ist der Quarz. Mit 12 % (Tabelle 1.3) ist er am Aufbau der Erdkruste beteiligt. Wie oben schon erwähnt, stellt er einen Hauptbestandteil des Granits dar (Abb. 1.5 und 1.10).

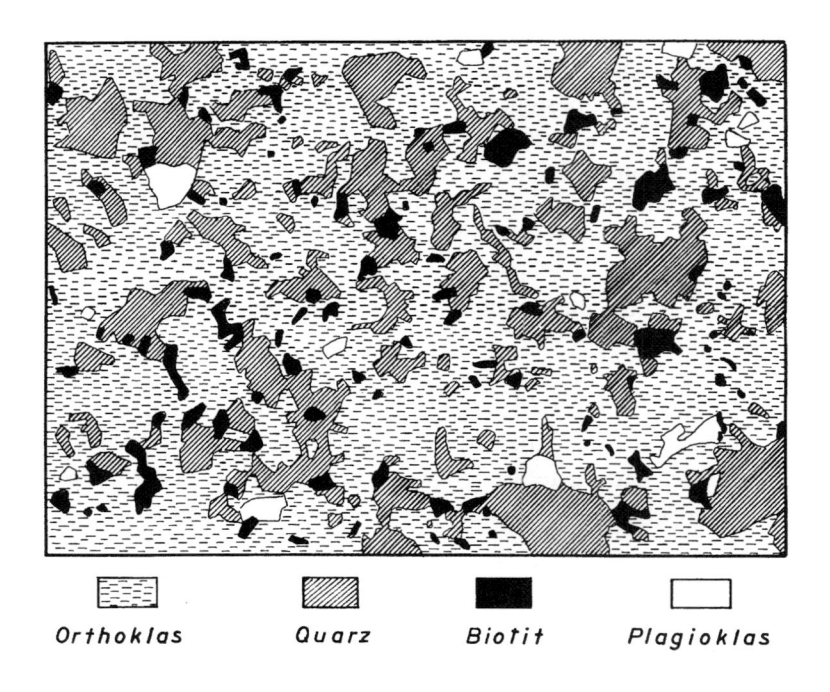

Abb. 1.10.
Gefüge eines Granits, d. h. Anteile, Form und Verteilung der Hauptgemengeteile Feldspat (Orthoklas), Quarz und Glimmer (Biotit), untergeordnet der Feldspat Plagioklas. Gezeichnet nach einem Anschliff. (Aus MÜCKENHAUSEN 1993)

---

21 Griech. heteros = verschieden, anders.
22 Griech. homos = gleich, entsprechend.

Chemisch gesehen ist Quarz eine Verbindung von Silicium und Sauerstoff: Siliciumdioxid, SiO_2. Wegen seiner hohen Härte und seiner chemischen Widerstandsfähigkeit verwittert Quarz nur langsam. Bei Verwitterungsprozessen und Umlagerungen von Gesteinsmaterial reichert er sich deshalb gegenüber anderen Mineralen an. Es entstehen > Sande. Herrscht Quarz vor, bilden sich minderwertige Böden, die nicht genügend Nährelemente, wie die positiv geladenen Ionen (> Kationen) des Kaliums (K^+) oder des Magnesiums (Mg^{2+}), enthalten.

In Abschn. 3.1.1 wurde behauptet, daß Granit leicht verwittere. Hier wird gesagt, Quarz, ein Bestandteil des Granits, verwittere nur langsam. Widersprechen sich diese Aussagen? Bitte begründen Sie Ihre Meinung.

•••••

Die beiden Aussagen widersprechen sich nicht. Granit zerfällt leicht in seine mineralischen Bestandteile, u. a. in Quarz. Wie diese Bestandteile dann weiter verwittern, hängt von deren Struktur ab.

3.2.2 Feldspat

Neben Quarz enthält Granit auch Feldspäte, die die häufigste Mineralgruppe ausmachen (vgl. Tabelle 1.3: Plagioklase und Kalifeldspäte). Sie lassen sich relativ gut spalten, daher ihr Name. Sie sind chemisch komplizierter zusammengesetzt als Quarz. Kalifeldspat, auch Orthoklas[23] genannt, besteht aus Kalium, Aluminium, Silicium und Sauerstoff. Seine chemische Formel lautet: $K[AlSi_3O_8]$, es ist ein Kalium-Aluminium-Silicat. Kalknatronfeldspäte, Plagioklase[24], sind Mischungen aus Natrium-Aluminium-Silicat $Na[AlSi_3O_8]$ und Calcium-Aluminium-Silicat $Ca[Al_2Si_2O_8]$, die in verschiedenen Mischungsverhältnissen vorkommen können. Wenn also Feldspäte verwittern, werden auch wichtige Pflanzennährstoffe, wie Kalium und Calcium, frei.

Die Feldspäte gehören zu den *Silicaten*, sind also Verbindungen mit Silicium (Si). Silicate sind, wie schon erwähnt, die häufigsten Verbindungen der Erdkruste. Sehen wir uns das Prinzip ihres chemischen Aufbaus an.

---

23 Griech. orthos = gerade, richtig; griech. klastos = zerbrochen. Frei übersetzt: gerade spaltend, denn Orthoklas liefert Spaltstücke mit rechtem Winkel.
24 Griech. plagios = schief, quer, schräg; griech. klastos = zerbrochen. Frei übersetzt: schief spaltend.

> Dem einen oder anderen von Ihnen mag die folgende – aus der Sicht eines Fachfremden vielleicht zu detailliert wirkende – Schilderung der chemischen Struktur von Silicaten zu weit gehen. Prinzipiell hängen Struktur und Funktion aber eng miteinander zusammen: Aufgrund einer bestimmten Struktur sind bestimmte Funktionen und Wirkungen möglich. Im Rahmen dieses Textes sind wir weniger am Aufbau eines Feldspates interessiert als vielmehr an dem von Tonmineralen (die wir erst in Abschn. 3.4 näher behandeln können), deren Funktionen – wie Quellungsvermögen oder Bindung und Austausch von Nährstoffen – von entscheidender Bedeutung für die Bodenfruchtbarkeit sind. Diese Funktionen werden verständlich, wenn man die Struktur betrachtet. Nun können diese Tonminerale als Verwitterungsprodukte aus Feldspäten entstehen. Dabei bleiben Grundprinzipien des Aufbaus gleich. Da der Aufbau insgesamt recht kompliziert ist, ist es aus didaktischen Gründen sinnvoll, erst den vergleichsweise einfachen der Feldspäte, anschließend den komplexeren der Glimmer und darauf aufbauend später den der Tonminerale zu erläutern.

Die oben dargestellten Formeln sind Ausdruck dafür, daß der Aufbau der Feldspäte, und damit allgemein der Silicate nicht einfach ist. Grundgerüst ist ein Tetraeder (4flächig), in dessen Mitte sich ein Siliciumion befindet. An den 4 Ecken sitzen O^{2-}- oder OH^--Ionen (Abb. 1.11).

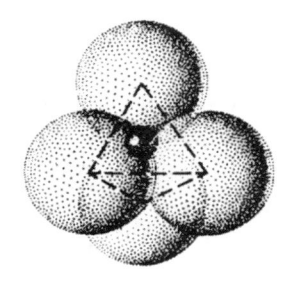

Abb. 1.11.
Strukturmodell eines SiO_4-Tetraeders. Die großen Kugeln stellen die O^{2-}- und OH^--Ionen, die kleine das Zentralkation Si^{4+} dar. (Aus SCHEFFER u. SCHACHTSCHABEL 1992)

Diese Tetraeder können sich zusammenlagern, Ketten, Bänder und sogar dreidimensionale Netze bilden. Zudem kann das zentrale Si^{4+}-Ion durch ein Aluminiumion (Al^{3+}) ersetzt werden. Dann fehlt allerdings eine positive Ladung. Dies kann durch die Einlagerung eines positiven Kalium- oder Natriumions (K^+ oder Na^+) kompensiert werden. Auf diese Weise kommt eine Formel wie die für Kalifeldspat, $K[AlSi_3O_8]$, zustande.

Die Grundstruktur der Silikate, die für ein vertieftes Verständnis der Eigenschaften von Boden wichtig ist, ist etwas ausführlicher im Anhang dargestellt.

> Versuchen Sie, nach dem gleichen Prinzip die Formel für Calcium-Aluminium-Silicat $Ca[Al_2Si_2O_8]$, das ein Bestandteil der Plagioklase ist (s. o.), zu erklären.

> •••••
> Im Calcium-Aluminium-Silicat sind 2 Siliciumionen durch 2 Aluminiumionen ersetzt. Dadurch fehlen 2 positive Ladungen. Ausgeglichen werden sie durch ein Ion des 2wertigen Calciums (Ca^{2+}).

Kalifeldspat verwittert leichter als Quarz. Das liegt u. a. daran, daß ein Teil der zentralen Siliciumatome durch das ein wenig größere Aluminium ersetzt ist, wodurch die Sauerstoffionen in den Tetraederecken etwas auseinandergedrängt werden, d. h., die Struktur ist nicht ganz so stabil wie die des Quarzes.

3.2.3 Glimmer

Als 3. Mineralgruppe des Granits wurde oben der Glimmer genannt. An seinem Beispiel können weitere Struktureigenschaften, die zum Verständnis der Tonminerale wichtig sind, erläutert werden. Glimmer bestehen aus Schichtpaketen, jedes Paket aus 3 Schichten: 2 Schichten bilden die schon vorgestellten Silicium-Tetraeder, in denen ein Teil des Siliciums durch Aluminium ersetzt ist. Zwischen diesen Tetraederschichten liegt eine Schicht aus Oktaedern (8flächig). In der Mitte eines Oktaeders befindet sich ein Aluminiumion, das von 6 O^{2-}- oder OH^--Ionen umgeben ist (Abb. 1.12 und 1.13).

Abb. 1.12.
Strukturmodell eines $Al(O,OH)_6$-Oktaeders (vgl. Abb. 1.10, aus SCHEFFER u. SCHACHTSCHABEL 1992)

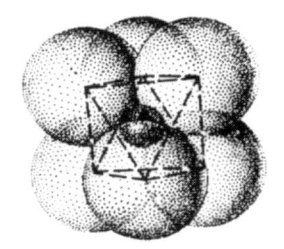

Abb. 1.13.
Anordnung der Tetraeder- und Oktaederschichten in Dreischichtmineralen. Die O^{2-}- und OH^--Ionen wurden stark verkleinert, um die Tetraeder und Oktaeder sichtbar zu machen. In Wirklichkeit sind sie so groß, daß sie die Zentralkationen vollständig verdecken. (Aus SCHEFFER u. SCHACHTSCHABEL 1992)

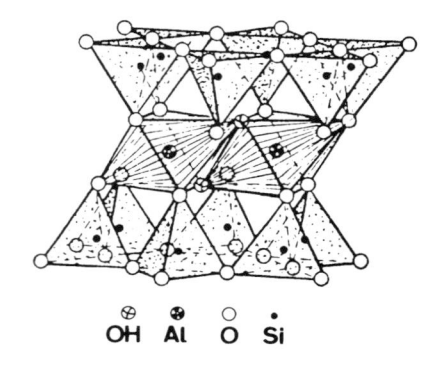

Das zentrale Aluminiumion kann durch Magnesiumionen (Mg^{2+}) oder durch Eisenionen (Fe^{2+}) ersetzt werden, wie z. B. im Glimmer Biotit. Selbstverständlich entsteht dadurch wieder ein Mangel an positiver Ladung, der durch Einlagerung von positiv geladenen Ionen ausgeglichen wird.

> Die Glimmer beeindrucken durch ihre außerordentlich dünne Spaltbarkeit in Blättchen. Diese schillern wie Seifenblasen, sind elastisch-biegsam und schwimmen auf Wasser. Vielleicht gelingt es Ihnen, mit Hilfe einer Nadel von einem Glimmerkristall in einem Granit ein solches Blättchen abzuspalten. Den Glimmer im Granit erkennt man an dem Perlmutterglanz der Spaltflächen. Im übrigen: Große Spalttafeln von Glimmer nutzt man zur thermischen und elektrischen Isolation, z. B. bei Ofenfenstern.

Der gut spaltbare Glimmer verwittert noch etwas leichter als Kalifeldspat, wenn auch insgesamt die Verwitterung von Quarz, Feldspat und Glimmer viel langsamer vor sich geht als z. B. die des Sedimentgesteins Dolomit. Bei der Verwitterung des Glimmers Biotit wird u. a. das wichtige Nährelement Magnesium (Mg) freigesetzt.

3.2.4 Zusammenfassender Überblick

Die bisher vorgestellten Minerale Feldspat, Quarz und Glimmer gehören zu den *primären Mineralen*, aus denen sich durch Verwitterung, insbesondere durch chemische Umsetzungen, die *sekundären Minerale* bilden. Zu diesen gehören Carbonate (Dolomit, $CaMg(CO_3)_2$ und Kalkspat = Calcit, $CaCO_3$), > Oxide und > Hydroxide, z. B. die von Silicium, Eisen, Aluminium und Mangan, sowie die schon erwähnten und später noch ausführlich behandelten Tonminerale.

Tabelle 1.3 gibt einen Überblick über die wichtigsten in der Erdkruste vorkommenden Minerale. In dieser Studieneinheit wurden die Feldspäte: Plagioklase und Kalifeldspäte sowie Quarz und Glimmer behandelt. In Abschn. 3.4, wenn die Verwitterungsvorgänge bekannt sind, werden auch die Tonminerale beschrieben, die durch Verwitterung z. B. des Kalifeldspates entstehen. In diesem Abschnitt sollte deutlich werden, daß das Nährstoffangebot für Pflanzen von dem Mineralbestand und der Verwitterungsgeschwindigkeit abhängt, und es sollte ein erster Einblick in die strukturellen Verhältnisse der Bodenbestandteile gegeben werden, die für die Fruchtbarkeit des Bodens ebenfalls von großer Bedeutung sind, wie noch deutlicher werden wird.

Tabelle 1.3. Mineralbestand der Erdkruste (Masse $28,5 \cdot 10^{24}$ g) geordnet nach der Häufigkeit. (Nach Scheffer u. Schachtschabel 1992)

Mineralart	Volumenprozent
Plagioklase	39,0
Quarz	12,0
Kalifeldspäte	12,0
Pyroxene[a]	11,0
Glimmer	5,0
Amphibole[a]	5,0
Tonminerale	4,6
Olivine[b]	3,0
Calcit und Dolomit	2,0
Magnetit	1,5
andere	4,9

a Pyroxene (griech. pyr = Feuer; griech. xenos = fremd) und Amphibole (griech. amphibolos = zweideutig) sind dunkle Minerale aus parallel angeordneten Silicium-Tetraedern, deren Ketten v. a. durch Eisen-, Calcium- und Magnesium-Ionen miteinander verbunden sind.
b Olivine sind grün gefärbte Minerale, deren Silicium-Tetraeder über Eisen- und Magnesium-Ionen miteinander verbunden sind.

3.3 Verwitterung

Alle, an der Oberfläche oder in geringer Tiefe anstehenden Gesteine und Minerale unterliegen dem Einfluß des Klimas, sie verwittern. Aus bodenkundlicher Sicht unterscheidet man zwischen der

– physikalischen,

– chemischen und

– biologischen Verwitterung.

3.3.1 Physikalische Verwitterung

Bei der physikalischen Verwitterung kommt es zu einer mechanischen Zerkleinerung der Gesteine. Man kennt folgende Vorgänge:

Druckentlastung: Durch die Bewegungen in der Erdkruste werden Gesteinsmassen nach oben geschoben. Der auf ihnen lastende Druck nimmt ab. Sie dehnen sich aus, es entstehen Spalten und Risse. Das gleiche passiert, wenn durch Abtragung von Oberflächengestein tieferliegende Schichten entlastet werden.

Thermische Verwitterung: Infolge häufigen Wechsels zwischen Erwärmung und Abkühlung kommt es im Gestein zu Spannungen. Erwärmung hat eine Ausdehnung, Abkühlung ein Zusammenziehen von Material zur Folge. Nicht nur die äußeren und inneren Gesteinsschichten erwärmen sich unterschiedlich schnell, sondern auch die Minerale aufgrund ihrer unterschiedlichen Färbung. Die Spannungen führen schließlich zum Verfall des Gesteinsverbandes. Starke Temperaturunterschiede zwischen Tag und Nacht herrschen z. B. in subtropischen und tropischen Wüsten.

Frostverwitterung: Wasser hat die bemerkenswerte Eigenschaft, seine geringste Ausdehnung bei + 4 °C zu haben. Wird es fest, dehnt es sich aus. Bei - 5 °C schon übt es einen Druck von 60 MPa (Megapascal) aus, bei - 22 °C jedoch erreicht es seine größte Ausdehnung mit einem Druck von 220 MPa [neue SI-Einheit (Système International d'Unités) für den Druck]. Anschaulicher ist vielleicht die alte Einheitsbezeichnung: bei - 5 °C beträgt der Druck 600 kg pro cm^2, bei - 22 °C 2200 kg/cm^2. In Spalten und Rissen befindliches Wasser dehnt sich also beim Gefrieren aus (Spaltenfrost), es weitet die Hohlräume aus und sprengt das Gestein (Kryoklastik[25]).

Salzverwitterung: Sie wirkt ähnlich wie die Frostverwitterung. In trockenen Gebieten werden aus dem Stein gelöste Salze nicht weggeschwemmt. Beim Verdunsten des Lösungswassers reichern sich die Salze an. Aus der mit Salz > übersättigten Lösung kristallisieren die Salze aus. Da die Kristalle und die verbleibende (> gesättigte) Lösung zusammen ein größeres Volumen beanspruchen als die übersättigte Lösung, wird der Stein gesprengt (nach SCHEFFER u. SCHACHTSCHABEL 1992).

Diese Salzverwitterung trägt auch wesentlich zur Zerstörung unserer Denkmäler bei.

Die physikalische Verwitterung ist die Voraussetzung für die chemische und biologische Verwitterung, die an dem zerkleinerten Material angreifen können.

3.3.2 Chemische Verwitterung

Im Gegensatz zur physikalischen Verwitterung werden bei der chemischen Verwitterung die Mineralien mit Wasser (H_2O), Kohlendioxid (CO_2), Sauerstoff (O_2) und Wasserstoffionen (H^+) *umgesetzt*. Die Vorgänge im einzelnen sind sehr komplex. Einige, weit verbreitete Prozesse seien genannt:

– *Umsetzungen mit Wasser*, die hydrolytische Verwitterung (> Hydrolyse) oder mit Wasser und Kohlendioxid.
– > *Oxidationen*, z. B. Eisen bildet rote Sauerstoff-Verbindungen (Eisenoxide), den Rost, der viele Böden rot färbt.
– *Komplexbildungen*: Viele Metalle können mit organischen Verbindungen stabile komplexe Moleküle bilden.

---

25 Griech. kryos = Frost; griech. klastos = zerbrochen.

3 Mineralische Bodenbestandteile

Mit 2 Beispielen wollen wir näher auf die chemische Verwitterung eingehen:

Verkarstung. Regenwasser enthält u. a. Kohlendioxid, (CO_2). Dieses löst Carbonatgestein ($CaCO_3$) auf.

> Im Zusammenhang mit der Entstehung chemischer Sedimente wurden die Carbonatgesteine erwähnt. Erinnern Sie sich noch, welche es waren? Sie können auf S. 19 nachsehen.

Der chemische Mechanismus, nach dem die Auflösung verläuft, ist folgender:

$$CaCO_3 + CO_2 + H_2O \longrightarrow Ca(HCO_3)_2$$

(Calciumcarbonat, Kohlendioxid und Wasser reagieren zu Calciumhydrogencarbonat)

Der Einfachheit halber wurde in dieser chemischen Reaktionsgleichung nur ein Pfeil verwendet. Das ist aber chemisch nicht korrekt. Chemische Reaktionen laufen immer in beiden Richtungen ab, wenn auch das Schwergewicht auf einer Seite, hier auf der rechten, liegen kann.

Das bedeutet, daß Calciumcarbonat durch Kohlendioxid und Wasser in Calciumhydrogencarbonat überführt wird. Dieses ist jedoch in Wasser löslich und wird von ihm fortgeschwemmt. Es entstehen Spalten, Höhlen und andere charakteristische Verwitterungsformen im Kalkgestein, die im Blockdiagramm (Abb. 1.14) dargestellt sind.

Solche Karsterscheinungen (> Karst) kann man z. B. gut auf der Schwäbischen Alb beobachten. Wie schon auf S. 11 bemerkt, spielt die „Verkarstung" weiter Landstriche im Mittelmeergebiet eine große Rolle.

Abb. 1.14.
Schematische Darstellung der Verkarstung eines Carbonatgesteins (Kalkstein und Dolomit, aber auch im Gipsgestein möglich). Durch kohlensäurehaltiges Wasser sind Spalten und eine Tropfsteinhöhle mit Stalaktiten (an der Höhlendecke) und Stalakmiten (auf dem Höhlenboden) entstanden. Auf dem Gestein hat die Verwitterung nur eine dünne Verwitterungsschicht zurückgelassen. Auf der Oberfläche sieht man einige rundliche Vertiefungen, Karsttrichter oder Dolinen genannt. (Aus MÜCKENHAUSEN 1993)

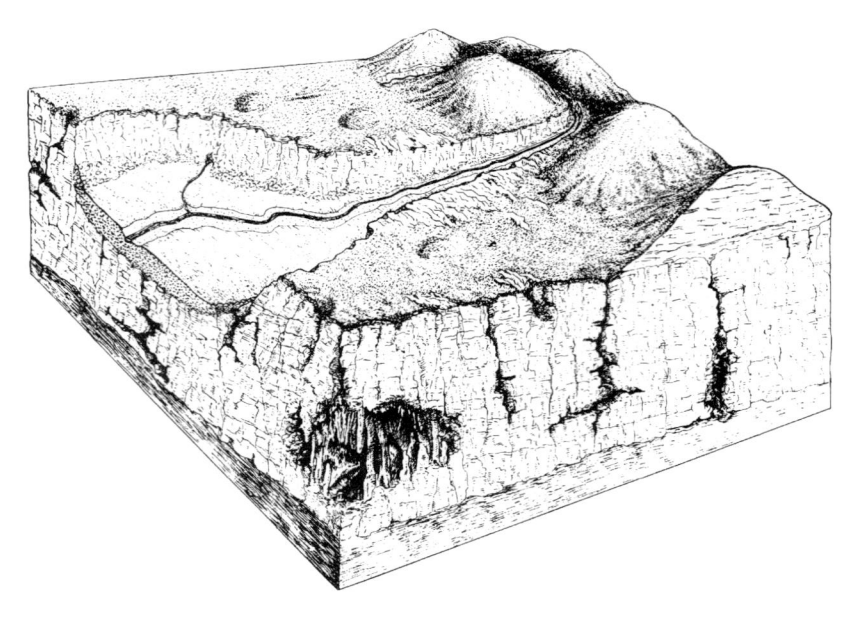

3.3 Verwitterung

Hydrolytische Verwitterung von Silicaten. Die > Hydrolyse tritt u. a. häufig bei primären Silicatmineralen auf.

> Erinnern Sie sich noch, was primäre Minerale sind? Nennen Sie einige primäre Silicatminerale, bevor Sie auf S. 27 nachschlagen.
>
> •••••
>
> Zu den primären Silicatmineralien gehören die Bestandteile des Granits. Ein bekannter Merkspruch für diese ist: „Feldspat, Quarz und Glimmer, die vergeß ich nimmer".

Man spricht von einer Silicatverwitterung, welche am Beispiel des Kalifeldspates in Abb. 1.15 dargestellt ist. Der Verwitterung des Feldspates schließt sich ein Aufbau von Tonmineralen an.

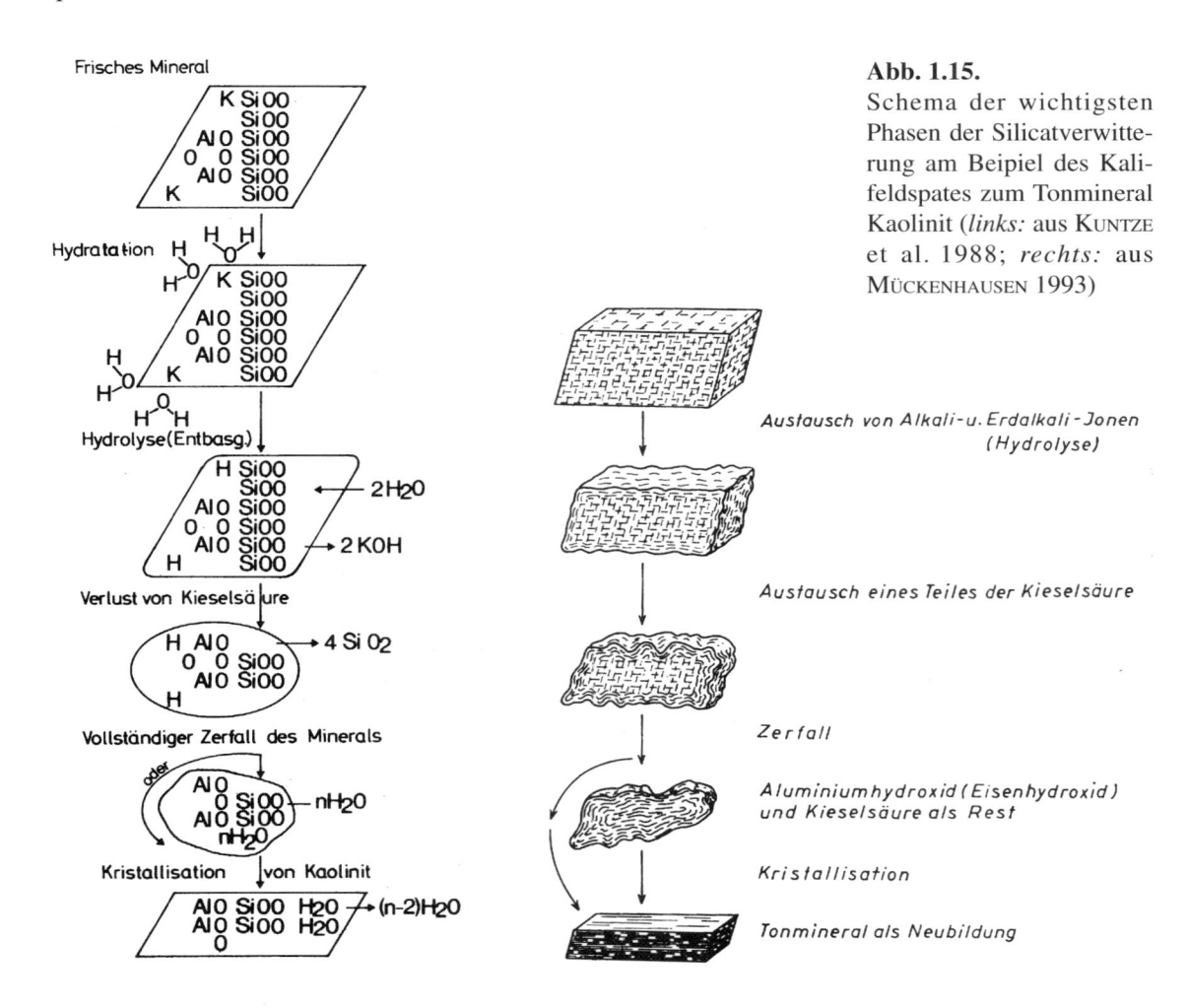

Abb. 1.15. Schema der wichtigsten Phasen der Silicatverwitterung am Beipiel des Kalifeldspates zum Tonmineral Kaolinit (*links:* aus KUNTZE et al. 1988; *rechts:* aus MÜCKENHAUSEN 1993)

Zunächst lagert sich Wasser an den Kalifeldspat an (Hydratation). Es dringt in das Gerüst des Minerals ein. Die H$^+$-Ionen des Wassers ersetzen die dort befindlichen K$^+$-Ionen. Sie verbinden sich mit den OH$^-$-Ionen des Wassers zu Kalilauge (KOH), die den Kristallverband verläßt (Hydrolyse). Weitere H$_2$O-Moleküle greifen an den Si-Si-Bindungen bzw. den Si-Al-Bindungen an und lösen sie. Das Kalifeldspatgerüst zerfällt. Die Endprodukte lagern sich um, sie kristallisieren erneut in einem nun anderen Kristallgefüge zum Tonmineral Kaolinit.

3.3.3 Biologische Verwitterung

Unter biologischer Verwitterung versteht man alle, durch die *Lebenstätigkeit* von Pflanzen, Tieren und Mikroorganismen ausgelösten (und dann nach physikalischen oder chemischen Mechanismen ablaufenden) Verwitterungsprozesse der Gesteine:

Sprengwirkung von Pflanzenwurzeln infolge ihres Dickenwachstums in Spalten (Abb. 1.16),

Abb. 1.16. In Gesteinsspalten vordringende Wurzeln, die beim Wachstum die Gesteinswände auseinanderdrücken. (Aus Mückenhausen 1993)

Ausscheidung von Säuren (z. B. Kohlensäure, organische Säuren wie Oxal- oder Weinsäure) durch Organismen und folgende Zersetzung der Gesteine,

> **Oxidation** von 2wertigem Schwefel (S^{2-}), Eisen (Fe^{2+}), Mangan (Mn^{2+}) und anderen Elementen durch die Stoffwechselprozesse von Mikroorganismen.

Die biologische Verwitterung spielt v. a. in feuchten (humiden) Gebieten eine große Rolle.

*Durch die **Verwitterung** werden Ionen und chemische Verbindungen frei und relativ leicht löslich.*

Wärme und Wasser fördern die Beweglichkeit (Mobilisation) und Verlagerung der Stoffe. In sehr warmen, stark humiden Klimaräumen (Tropen) dringt die Verwitterung deshalb tief in das Gestein vor. In trockenen (ariden) Gebieten hingegen ist die Verwitterungszone nur dünn (Fachausdruck: geringmächtig), da die notwendige Menge Wasser fehlt. Zwischen diesen beiden Extremen gibt es kontinuierlich verlaufende Übergänge hinsichtlich der Mobilisation von Stoffen (Abb. 1.17).

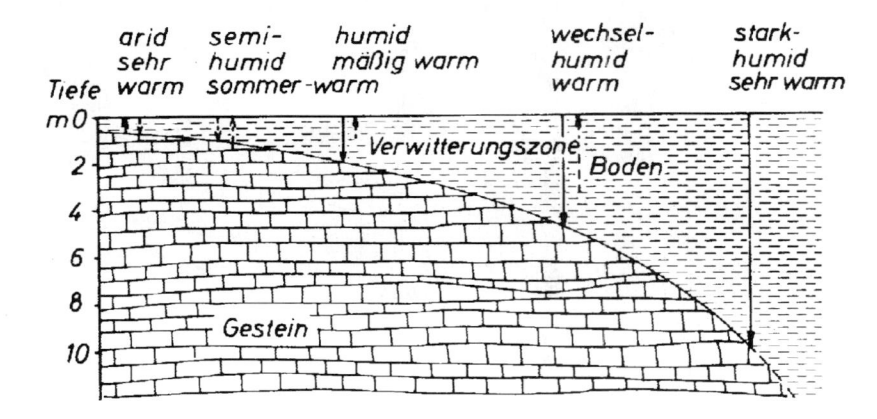

Abb. 1.17. Schematische Veranschaulichung der Mobilisation und Verlagerung von Stoffen im Boden. (Aus MÜCKENHAUSEN 1993). Vom sehr warmen, ariden zum sehr warmen, stark humiden Klima verstärkt sich die Mobilisation der Stoffe (aus dem Gestein); das zeigt sich an der Tiefe der Verwitterungszone. Die durchgezogenen Pfeile geben die Hauptrichtung der Stoffverlagerung an, die gestrichelten Pfeile eine schwache Verlagerungstendenz

3 Mineralische Bodenbestandteile

> Bodenzerstörungen haben immer schwerwiegende Folgen. Trotzdem gibt es Unterschiede: Wo, glauben Sie, ist die Bodenzerstörung schwerer „rückgängig" zu machen, unter den Verwitterungsbedingungen warmer oder kalter Regionen?
>
> •••••
>
> Bei niedrigen Temperaturen verläuft die Verwitterung sehr langsam. Deshalb sind Bodenzerstörungen in kalten Regionen von Gebirgen oder im Norden Europas noch folgenschwerer als in anderen Gebieten, da dort der Boden nur in extrem langen Zeiträumen neu gebildet wird.

Abb. 1.18.   Blockmeer. (Aus MÜCKENHAUSEN 1993)

> Betrachten Sie Abb. 1.18. Man kann solche Blockmeere z. B. im Odenwald oder dem Fichtelgebirge bewundern. Welche Art von Verwitterung hat dieses verursacht?
>
> •••••
>
> Es handelt sich um physikalische Verwitterung. Durch Frostsprengung wurden die Blöcke aus dem Gestein gelöst. Auf dem gleitfähigen Boden rutschten sie hangabwärts.

3.4 Tonminerale

3.4.1 Ton und Tonminerale

Schon mehrfach wurden die Tonminerale erwähnt. Sie können sich aus den Verwitterungsprodukten des Kalifeldspates bilden (Abb. 1.15). Sie sind also *sekundäre* Minerale. Als Aluminiumsilicate bestehen sie größtenteils aus Silicium und Aluminium.

Ton ist Ihnen bekannt. In welchen Zusammenhängen ist er Ihnen begegnet? Welche Eigenschaften zeichnen ihn aus?

•••••

Sie kennen Ton als vielseitigen Grundstoff für Keramik: für feines chinesisches Porzellan, für Steinzeug, Fliesen oder Dachziegel. Er ist deswegen zur Keramikproduktion geeignet, weil er in feuchtem Zustand plastisch und leicht formbar ist, in trockenem dagegen wird er hart und schrumpft. Ton haben Sie sicher auch bei Wanderungen kennengelernt. Bei nassem Boden rutscht man leicht aus, Pfützen bleiben lange stehen, weil das Wasser nicht versickert. Ist es trocken, fallen die großen Trockenrisse im Boden auf.

Damit sind schon einige Eigenschaften angesprochen, die Ton charakterisieren: Ton nimmt leicht Wasser auf, er quillt. Da er dann leicht formbar ist und man auf ihm ausrutschen kann, kann man vermuten, daß er vielleicht auch aus Schichtpaketen aufgebaut ist wie Feldspat oder Glimmer, diese aber im feuchten Zustand nicht so fest zusammenhalten. Im Boden wirkt Ton als wasserundurchlässige Schicht.

An dieser Stelle ist eine Begriffsklärung nötig: *Ton* bedeutet in der Bodenkunde zunächst einmal eine Bodenfraktion (Bodenanteil) von einer bestimmten, nämlich sehr feinen Korngröße – im folgenden Abschnitt werden die verschieden Korngrößenklassen näher beschrieben. Die Hauptmasse der Fraktion Ton machen die Tonminerale, die Aluminiumsilicate, aus. Deswegen versteht man häufig, besonders im chemischen Zusammenhang, unter Ton nur die Tonminerale. Es gehören aber auch noch andere Mineralarten zur Tonfraktion.

Tonminerale sind nicht nur in der Lage, Wasser aufzunehmen und wieder abzugeben. Sie können auch Moleküle und > Ionen anderer Elemente anlagern. Diese werden *adsorbiert* (> Adsorption), wie der Fachausdruck heißt. Sie können auch leicht wieder freigesetzt oder gegen andere ausgetauscht werden. Dieses Adsorptionsvermögen der Tonminerale und die Möglichkeit des Austauschs von Elementen

Auf die Prozesse, die diesen Austauschvorgängen zugrundeliegen, werden wir in Kap. 7 eingehen.

ist außerordentlich wichtig für die Verfügbarkeit von Pflanzennährstoffen, d. h. für die Bodenfruchtbarkeit. Hier soll zunächst danach gefragt werden, wie die Grundstruktur dieser Tonminerale aussieht, auf der diese Eigenschaften beruhen.

Wie schon vermutet, sind Tonminerale aus Schichten aufgebaut. Man unterscheidet zwischen Zweischicht- und Dreischicht-Mineralen. Auch Vierschicht-Minerale sind bekannt, aber selten. Hier werden die beiden ersten Gruppen vorgestellt.

3.4.2 Zweischicht-Tonminerale

Sie setzen sich aus einer regelmäßigen Abfolge von je einer Oktaeder- und einer Tetraederschicht zusammen (vgl. Abb. 1.11 und 1.12 sowie Abb. 1.19 links). Diese Tonminerale werden auch 1:1-Minerale genannt. Das wichtigste Tonmineral dieser Gruppe ist das Kaolinit[26] $Al_2(OH)_4Si_2O_5$. Kaolinit ist Hauptbestandteil des Kaolins, ein besonders wertvoller Ton für die Keramikherstellung („Porzellanerde"). In jedem Schichtpaket ist die Zahl der negativen Ladungen gleich der der positiven, so daß keine Zwischenschichtionen zum Ladungsausgleich erforderlich sind, wie dies beim Glimmer beschrieben wurde. Der Zusammenhalt zwischen den Schichten ist eng. Er erfolgt über sog. Wasserstoffbrücken. Die Wasserstoffbrückenbindung ist eine Bindungsart zwischen dem Sauerstoff eines Moleküls und dem Wasserstoff einer OH-Gruppe eines anderen Moleküls (OH⋯O). Diese Bindung verhindert, daß sich in den Zwischenschichten positiv geladene Ionen, > Kationen (z. B. von Nährelementen), einlagern. Die Fähigkeit des Kaolinit, Kationen zu binden und auszutauschen,

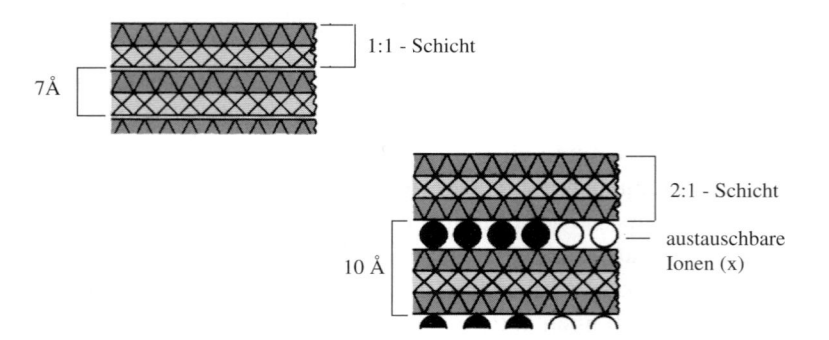

Abb. 1.19. Anordnung der Schichten in Zweischicht-Mineralen (*links*) und in Dreischicht-Mineralen (*rechts*). (Aus SCHROEDER u. BLUM 1992). 1 Å (Ångström) = 10^{-7} mm

---

26 Abgeleitet vom Namen des Kaolin = Hohes Gebirge, der sich in der chinesischen Provinz Kiangsi befindet und an dem sich berühmte Porzellanerdevorkommen befinden.

seine Kationenbindungs- und > Kationenaustauschkapazität, ist also gering. Kaolinit ist typisch für tropische und subtropische Böden.

3.4.3 Dreischicht-Tonminerale

Ihre Grundstruktur besteht aus 2 Schichten von SiO_4-Tetraedern, die eine $Al(OH)_6$-Oktaederschicht einschließen (2:1-Mineral, Abb. 1.19 rechts). Schon bei der Entstehung dieser Tonminerale kommt es zum Ersatz der zentralen Ionen, wie dies für Kalifeldspat und Glimmer beschrieben wurde. In der Regel werden Atome höherer Wertigkeit durch solche niederer Wertigkeit ersetzt, z. B. Si^{4+} gegen Al^{3+} oder Al^{3+} gegen Mg^{2+}. Der Fehlbetrag an positiver Ladung wird durch Kationen, die in das Kristallgefüge eingebaut werden, ausgeglichen. Ein Teil dieser Kationen kann gegen andere ausgetauscht werden. Diese reversible Adsorption von Kationen (hohe Bindungs- und Austauschkapazität) hat für die Nährstoffversorgung der Pflanzen eine große Bedeutung. Viele Dreischicht-Tonminerale lagern so viele Wassermoleküle zwischen die Schichten ein, daß sie sich aufweiten, d. h., der Abstand zwischen den Schichten ist variabel. Dies findet man z. B. bei dem Tonmineral mit dem wohlklingenden Namen Montmorillonit[27].

Welche Tonminerale gebildet werden, ist u. a. vom Ausgangsgestein und dem Säuregrad (dem > pH-Wert) abhängig. Einmal entstandene Tonminerale unterliegen selbstverständlich auch der Verwitterung, sie wandeln sich weiter um.

Die Bedeutung des pH-Wertes für den Boden und seine Fruchtbarkeit wird in Kap. 7 erläutert, seine chemische Bedeutung ist im Anhang dargestellt.

Tropische Böden sind charakterisiert durch einen hohen Anteil an Kaolinit. Welche Konsequenzen hat dies für den Nährstoffhaushalt der Böden nach Abholzen von Regenwäldern?

•••••

Kaolinite besitzen kaum die Fähigkeit, Kationen zu binden und auszutauschen. Nährstoffe, die nach dem Abholzen tropischer Wälder nicht mehr durch die Vegetation gebunden werden, werden wegen der geringen Bindungskapazität der Böden sehr schnell ausgewaschen. Die Nährstoffe werden irreversibel aus dem System weggeführt. Landwirtschaft ist deshalb nach solchen Rodungen nur für sehr kurze Zeit möglich. Der scheinbare Widerspruch zwischen der üppigen Vegetation der Tropenwälder und der Nährstoffarmut der Böden beruht darauf, daß der gesamte Vorrat an Nährstoffen in der Pflanzenmasse selbst gespeichert ist und der Stoffkreislauf sehr rasch erfolgt.

---

27 Nach der Stadt Montmorillon in Frankreich, wo das Mineral entdeckt wurde.

3.5 Körnung und Bodenart

3.5.1 Körnung oder Textur

Durch Verwitterung und Verlagerung werden die Steine in Bruchstücke sehr verschiedener Größe zerlegt. Insgesamt bilden die Feststoffe der Böden ein Gemisch aus Gesteinsresten, Mineralkörnern und neu gebildeten Mineralen von unterschiedlicher Form und Größe. Ihrer Größe entsprechend unterteilt man sie in verschiedene Fraktionen[28] (Tabelle 1.4).

*Den jeweiligen Mengenanteil der verschiedenen Korngrößenfraktionen in einem Boden bezeichnet man als dessen **Korngrößenverteilung**, **Körnung** oder auch **Textur**.*

Tabelle 1.4. Korngrößenfraktionen

Fraktion	Äquivalentdurchmesser[a]
Grobboden (Bodenskelett)	> 2 mm
Feinboden	< 2 mm
Sand (S)	2000 µm – 63 µm [b]
Schluff (U)	63 µm – 2 µm
Ton (T)	< 2 µm

a Der Durchmesser wird mit Hilfe der Sinkgeschwindigkeit der Teilchen in Wasser bestimmt, wobei man davon ausgeht, daß bei runden Teilchen gleicher Dichte und bei gleicher Temperatur die Sinkgeschwindigkeit nur vom Korndurchmesser abhängt. Da die Bodenteilchen meistens nicht rund sind, kann nicht der wirkliche Durchmesser, sondern nur ein Äquivalentdurchmesser bestimmt werden, der dem Durchmesser vollkommen runder Teilchen mit der gleichen Fallgeschwindigkeit entspricht.
b 1 µm (Mikrometer) ist ein millionstel (= 10^{-6}) Meter.

Wasser- und Lufthaushalt werden ausführlich in Kap. 5, behandelt.

Die Körnung ist eine außerordentlich wichtige Eigenschaft der Böden. Da die Größe und Verteilung der Bodenporen von ihr abhängt, wirkt sie sich direkt auf den Wasser- und Lufthaushalt des Bodens aus. Die Körnung beeinflußt nicht nur die Bodenentwicklung, sondern auch Fruchtbarkeit, > Puffer- und Filterfähigkeit des Bodens. Viele ertragbestimmende Faktoren, wie Durchwurzelbarkeit, Temperatur, Wasser-, Sauerstoff- und Nährstoffangebot hängen von der Körnung ab. Auch die Neigung eines Bodens zur Verdichtung und damit seine Erosionsgefährdung (> Erosion) lassen sich auf die Körnung zurückführen: Feinkörnige, tonreiche Böden sind besonders verdichtungsgefährdet.

---

28 Lat. fractio = zerbrechen.

3.5.2 Bodenart

Böden bestehen nicht nur aus einer Korngröße, sondern sie sind Gemische aus mehreren Korngrößen.

Ein solches Gemisch wird **Bodenart** *(Körnungs- oder Texturklasse) genannt. Sie wird vom Anteil der Kornfraktionen Sand (S), Schluff (U) und Ton (T) am Feinboden bestimmt.*

Die Benennung erfolgt nach der vorherrschenden Kornfraktion im Boden. So spricht man von „Sand", wenn hauptsächlich Partikel einer Größe zwischen 2000 und 63 µm vorliegen. Eine weitere Untergliederung erfolgt mit Adjektiven, die diejenige Fraktion kennzeichnen, die weniger stark vertreten ist. Damit geht auch die Fraktion mit dem zweitgrößten Mengenanteil in die Bezeichnung ein, und zwar mit einem Kleinbuchstaben. Schluffiger Ton (Tu) enthält hauptsächlich die sehr feinen Tonanteile und zudem, in geringerem, aber nennenswerten Ausmaß auch den weniger feinen Schluff (nach SCHEFFER und SCHACHTSCHABEL 1992). Außerdem gibt es noch die Bodenart „Lehm", die alle 3 Fraktionen des Feinbodens, Sand, Schluff und Ton, in nennenswerten Anteilen enthält.

Unter Berücksichtigung der Tatsache, daß die Bodenfruchtbarkeit auch von anderen Faktoren, wie > Gefüge, Humusgehalt (> Humus), Mineralart und Säureverhältnisse (Acidität) des Bodens sowie von Klima und Verwitterung, abhängig sein kann, mögen die folgenden allgemeinen Beziehungen zwischen Bodenart und Bodenfruchtbarkeit zur Orientierung dienen:

Hoher Sandanteil: Sandböden sind unabhängig vom Feuchtezustand leicht zu bearbeiten. Ein hoher Anteil von weiten Hohlräumen (groben Poren) führt zu einer intensiven Durchlüftung, jedoch auch zu einem geringen Wasserhaltevermögen. Auch der Nährstoffgehalt ist niedrig und die Nährstoffbindefähigkeit schwach ausgeprägt. Insgesamt sind Sandböden wenig ertragfähig (Abb. 1.20).

Hoher Tonanteil: Der Anteil an weiträumigen Poren ist gering. Dies führt zu einer schlechten Durchlüftung. Infolge der ebenfalls schlechten Wasserführung sind Tonböden im > humiden Klima häufig durchnäßt. Trotz eines meist hohen Nährstoffgehaltes und hohen Adsorptionsvermögens (> Adsorption) wird nur ein mäßiger Ertrag erzielt (Abb. 1.20). Sowohl im nassen als auch im trockenen Zustand sind Tonböden schwer zu bearbeiten. Nur ein ganz eng begrenzter Feuchtezustand („Minutenböden") läßt eine gute Bearbeitung zu. Man bezeichnet solche Böden mit einem hohen Tonanteil auch als *schwere Böden*. Sie werden häufig als Grünland genutzt.

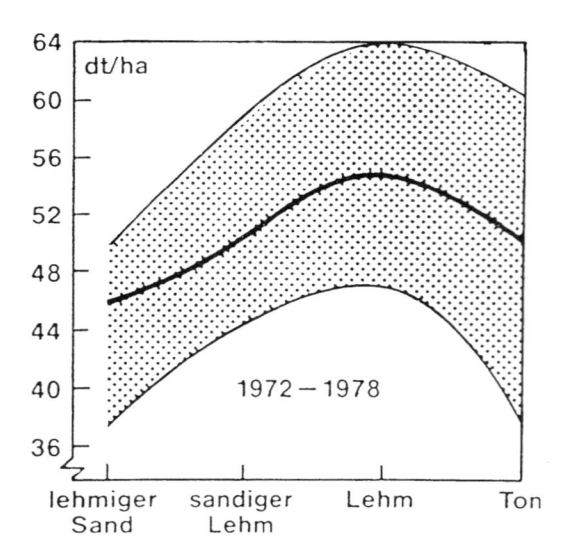

Abb. 1.20. Einfluß der Bodenart auf die Kornerträge beim Winterweizen in Hessen. (Aus SCHEFFER u. SCHACHTSCHABEL 1992)

Lehmböden/Schluffböden: Diese Böden gehören zu den ertragreichsten Böden, da sie sowohl ausreichend durchlüftet sind als auch nutzbares Wasser gut speichern und mittlere bis hohe Nährstoffreserven haben. Allerdings ist das Gefüge von Böden mit hohem Schluffanteil wenig stabil, so daß sie zur Verschlämmung, Verdichtung und > Erosion neigen.

> Im Anhang finden Sie eine Tabelle, die Ihnen ohne weitere Hilfsmittel, aber mit „Fingerspitzengefühl", erlaubt, die Bodenart einzuschätzen. Versuchen Sie es doch einmal bei der nächsten Gelegenheit.

3.6 Zusammenfassung

Diese Zusammenfassung können Sie anhand der folgenden Fragen bzw. Aufgaben selbst erstellen:

1. Warum enthalten wichtige primäre und sekundäre Minerale viel Silicium und Aluminium?

2. Nennen Sie wenigstens 3 Haupt- und 3 Mikronährelemente von Pflanzen.

3. Füllen Sie bitte als Zusammenfassung des Abschn. 3.1 die Kästchen im folgenden Schema aus und nennen Sie ein oder 2 Beispiele für die verschiedenen Gesteinsarten.

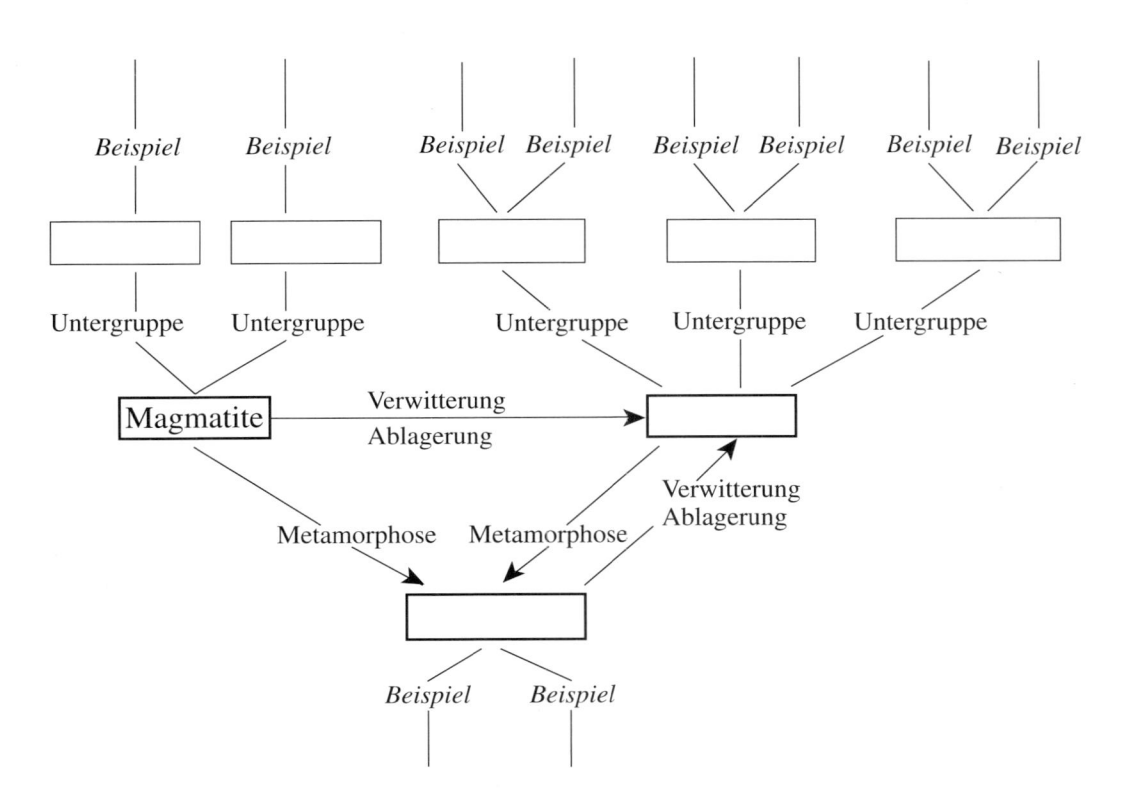

4. Beschreiben Sie die Grundstruktur einer Einheit des Feldspats. Welche Atome sind daran beteiligt und welche Austauschvorgänge können stattfinden?

5. Aus welchen strukturellen Grundeinheiten besteht Glimmer? Welches sind die zentralen Atome?

6. Im Handel kann man „Urgesteinsmehl" (zerriebene magmatische oder metamorphe Gesteine) als Dünger kaufen. Worauf beruht seine Düngewirkung?

7. Auf welchem Grundprinzip beruht die physikalische Verwitterung? Welche Formen der physikalischen Verwitterung gibt es? Beschreiben Sie diese näher.

8. Nennen Sie einige typische Karsterscheinungen. Wie entstehen sie?

9. Welche chemische Verbindung spielt bei der Entstehung von Kaolinit aus Feldspat die entscheidende Rolle?

10. Worauf beruht das Grundprinzip der chemischen Verwitterung?

11. Was unterscheidet die biologische Verwitterung von physikalischer und chemischer?

12. Erläutern Sie den Aufbau von Zwei- und Dreischicht-Tonmineralen.

13. Tonige Böden haben hohe Nährstoffreserven, die durch Niederschlag kaum ausgewaschen werden. Sie nehmen viel Wasser auf, neigen aber zu Staunässe. Wie erklären Sie diese Eigenschaften?

14. In den Kurven der Abb. 1.21 ist für 4 verschiedene Böden die Korngrößenverteilung dargestellt, und zwar derart, daß die Korngrößen der aufeinander folgenden Fraktionen jeweils addiert werden. Beispiel: Löß (Ul) enthält knapp 20 % Teilchen einer Korngröße bis zu 6,3 μm (= Ton plus Feinschluff), knapp 40 % bis zu einer Korngröße von 20 μm (= Ton plus Feinschluff plus Mittelschluff). Das sind ca. 20 % Teilchen einer Korngröße zwischen 6,3 und 20 μm (= Mittelschluff). Rechnet man noch etwas mehr als 40 % Grobschluff hinzu, so beträgt der Anteil an Ton und Schluff zusammen gut 80 %. Der Rest bis 100 % besteht aus Sand. Eine derartige Auftragungsweise nennt man Summenkurve.

Vergleichen Sie nun die Summenkurven für den tonreichen Schlick (Tu) und für Sand (S): Schätzen Sie den Anteil an Schluff im Schlick und im Sand ab.

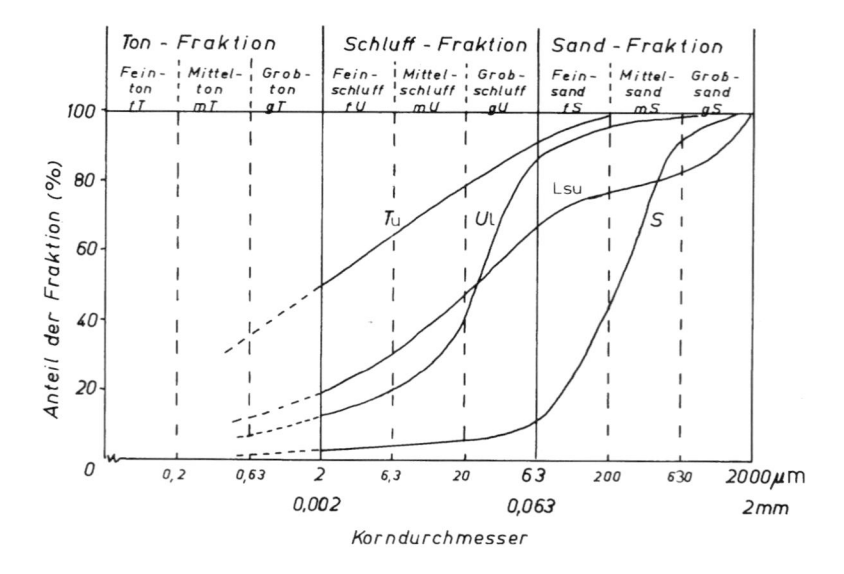

Abb. 1.21. Körnungs-Summenkurve von Feinböden aus Sand (S), Löß (Ul), Geschiebelehm (Lsu) und tonreichem Schlick (Tu). (Aus SCHEFFER u. SCHACHTSCHABEL 1992)

15. Abbildung 1.22 zeigt ein ungewöhnliches Koordinatensystem. Statt 2 sind 3 Koordinaten gezeichnet. Auf der Horizontalen ist

der Prozentsatz an Schluff, links der an Sand, rechts der an Ton aufgetragen. In einem solchen Koordinatensystem kann man also die Prozentsätze von 3 Komponenten eines Systems eintragen bzw. ablesen. Ein Beispiel ist in der Bildunterschrift angegeben.

In dem Koordinatensystem ist ein Feld mit Tu, tonreicher Schlick, bezeichnet. Der Lage dieses Feldes kann man entnehmen, wieviel Ton/Schluff/Sand ein tonreicher Schlick enthalten kann. Bestimmen Sie dazu die Prozentsätze an den Ecken des Dreiecks (eingekreist). In welchem Rahmen bewegen sich die Anteile von Ton, Schluff und Sand in einem tonreichen Schlick?

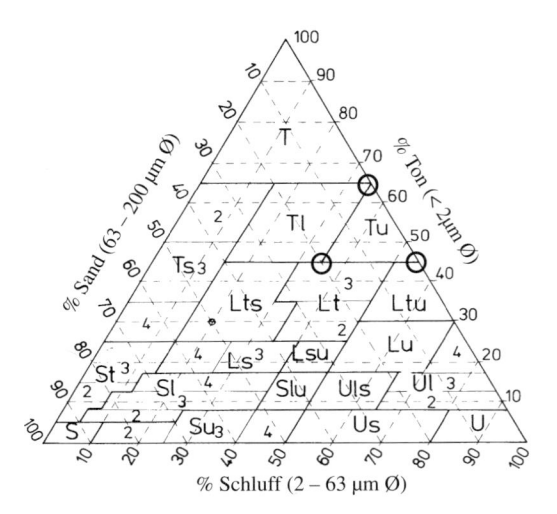

Abb. 1.22. Bodenarten des Feinbodens nach DIN 4220 (Teil 1+2: bodenkundliche Standortbeurteilung, 1987) im Dreieckskoordinatensystem (S = Sand, s = sandig, U = Schluff, u = schluffig, L = Lehm, l = lehmig, T = Ton, t = tonig). Beispiel: Der Punkt entspricht Anteilen von 50 % Sand, 20 % Schluff und 30 % Ton. (Aus Scheffer u. Schachtschabel 1992)

Antworten:

1. Als die Erde entstand, reicherten sich die leichteren Elemente an der Oberfläche an, während die schweren hauptsächlich in den Kern absanken. Zu den leichteren Elementen gehören Silicium und Aluminium.

2. Makronährstoffe sind: Stickstoff, Schwefel, Phosphor, Kalium, Calcium, Magnesium.
   Zu den Mikronährstoffen zählen u. a.: Eisen, Mangan, Bor, Zink.

3. Lösungsschema:

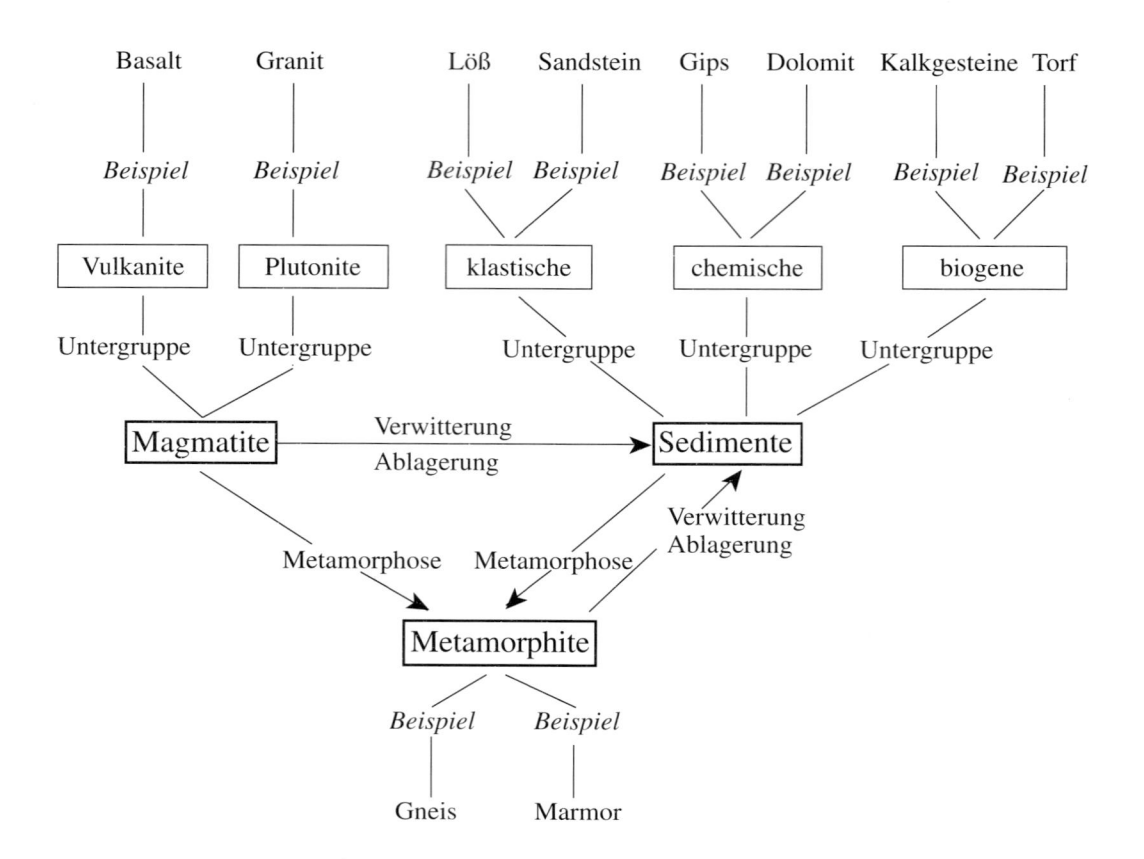

```
   Basalt      Granit         Löß    Sandstein    Gips    Dolomit   Kalkgesteine  Torf
     |           |              |        |          |        |           |         |
  Beispiel   Beispiel       Beispiel Beispiel   Beispiel Beispiel    Beispiel  Beispiel
     |           |              \      /            \     /             \       /
  [Vulkanite] [Plutonite]      [klastische]       [chemische]          [biogene]
       \         /                   \                 |                   /
   Untergruppe Untergruppe        Untergruppe     Untergruppe         Untergruppe
          \   /                           \           |              /
       [Magmatite]  ──Verwitterung──→   [Sedimente]
                     Ablagerung
            \                                ↑
             \        Metamorphose       Verwitterung
              \       Metamorphose       Ablagerung
               ↘         ↙              ↙
                  [Metamorphite]
                    /         \
                Beispiel    Beispiel
                   |           |
                 Gneis       Marmor
```

4. Feldspat setzt sich aus Tetraedern zusammen, in deren Mitte sich jeweils ein Siliciumion befindet. An den Ecken sitzen Sauerstoffionen. Das Siliciumion kann durch ein Aluminiumion ersetzt sein. Das hat zur Folge, daß zum Ladungsausgleich andere Ionen wie K^+ oder Ca^{2+} angelagert werden.

5. Glimmer besteht aus Schichten von Silicium-Tetraedern und Aluminium-Oktaedern, deren zentrale Atome ebenfalls durch andere ersetzt sein können. Wieder muß ein Ladungsaustausch stattfinden.

6. Urgesteinsmehl enthält in feiner Verteilung viel Feldspat und Glimmer, aus denen die Nährelemente (Kalium, Magnesium, Calcium) langsam freigesetzt werden.

7. Das Grundprinzip der physikalischen Verwitterung ist die mechanische Zerkleinerung der Gesteine. Dies kann durch Druckentlastung, Temperaturunterschiede, Frost- oder Salzeinwirkung geschehen. Die einzelnen Vorgänge sind auf S. 28f. näher beschrieben.

8. Typische Karsterscheinungen sind Spalten, Höhlen, Dolinen (Abb. 1.14). Die Entstehung ist auf S. 30 dargestellt.

9. Wasser

10. Das Grundprinzip der chemischen Verwitterung ist die *Umsetzung* der Minerale mit Wasser, Kohlendioxid, Säure.

11. Der Unterschied liegt lediglich in der Beteiligung von Pflanzen, Tieren und Mikroorganismen, die sowohl physikalisch-mechanische Prozesse (Sprengwirkung von Pflanzenwurzeln) auslösen als auch v. a. chemische (Ausscheidung von Substanzen, die Mineralien angreifen).

12. Vgl. Abschn. 3.4.2 und 3.4.3.

13. Tonige Böden enthalten einen hohen Anteil an Dreischicht-Tonmineralen. Diese besitzen eine hohe Bindungs- und Austauschfähigkeit für Kationen, die als Nährstoffe dienen. Zudem kann sich viel Wasser zwischen die Schichten einlagern, die Tonminerale quellen, aber die Wasserleitfähigkeit ist sehr gering.

14. Tonreicher Schlick enthält ca. 40 % Schluff, Sand höchstens 10 %.

15.

	oberer Kreis	linker Kreis	rechter Kreis
Sand	0 %	20 %	0 %
Ton	65 %	45 %	45 %
Schluff	35 %	35 %	55 %

Ein tonreicher Schlick kann bis zu 20 % Sand, 45 – 65 % Ton und 35 – 55 % Schluff enthalten.

1

4   Organische Bestandteile des Bodens

Was gehört zu den „organischen Bestandteilen" des Bodens? Lebewesen, wie die nützlichen Regenwürmer oder die > Destruenten, die auf S. 9 eingeführt wurden? Oder handelt es sich eher um leblose organische Substanz, wie abgestorbene Mikroorganismen oder > Humus?

In diesem Kapitel werden beide, die Lebewesen im Boden und die unbelebte organische Substanz, dargestellt. Zum einen entsteht die organische Substanz sowohl durch die Aktivitäten lebender Organismen als auch durch den Abbau abgestorbener Organismen. Zum anderen sind Organismen auf eben diese organische Substanz als Nahrung angewiesen. Man kann praktisch das eine ohne das andere nicht erklären. Wir entschieden uns dafür, zunächst die unbelebte organische Substanz zu beschreiben, danach erst die Organismen, obwohl wir schon im ersten Teil einige Lebewesen einführen müssen. Das Problem des Vorgriffs würde umgekehrt aber auch bestehen. Die gewählte Reihenfolge hat den Vorteil, daß der Anschluß an das vorhergehende Kapitel gegeben ist, wir bleiben zunächst im Bereich der leblosen Materie.

Übersicht: Am Beispiel eines verrottenden Blattes werden die Prozesse erläutert, die eine völlige Zersetzung in die einfachen Moleküle Wasser und Kohlendioxid und in die Nährelemente zur Folge haben. Es werden Bedingungen genannt, die diese Vorgänge beeinflussen. Andere Prozesse werden beschrieben, die zu einem nur teilweisen Abbau der organischen Verbindungen führen. Man findet Bruchstücke solcher Verbindungen zu neuen Komplexen verknüpft und an Tonminerale gebunden im Humus wieder. Die Bedeutung des Humus für die Bodenfruchtbarkeit und für die Bindung von Schadstoffen wird dargestellt. Anschließend werden die Bodenorganismen, die die vollständige Zersetzung und die Humusbildung bewirken, vorgestellt, angefangen bei den in unglaublichen Mengen vorkommenden Mikroorganismen bis hin zu den die Böden durchwühlenden Regenwürmern.

Die feste Bodensubstanz besteht aus mineralischen und aus organischen Bestandteilen (Abb. 1.23). Die organischen Substanzen sind als Gefügebildner, Stickstoffquelle und Lieferant für weitere Nährstoffe – besonders von Schwefel und Phosphor – für den Wasser-, Luft- und Wärmehaushalt des Bodens, und damit für seine Fruchtbarkeit, wichtig. Mengenmäßig verhalten sich anorganische zu organischen Bestandteilen in einem Ackerboden wie 9 : 1.

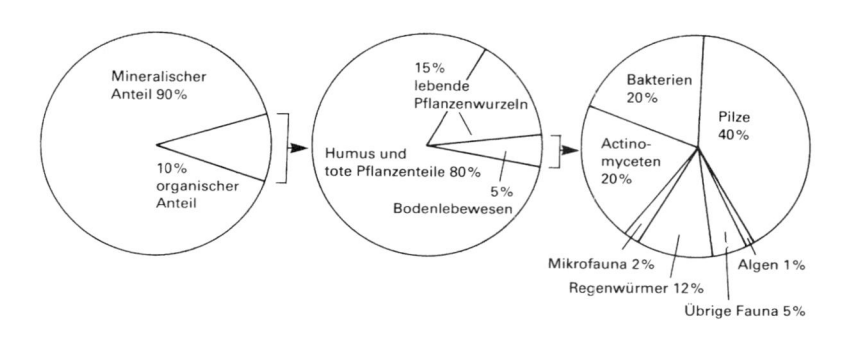

Abb. 1.23.
Feste Bestandteile des Bodens. (Aus JOGER 1989).
Die verschiedenen Bodenorganismen werden genauer in Abschn. 4.2 behandelt

4.1 Organische Bodensubstanz

4.1.1 Abbau toter Lebewesen und Mineralisierung

Phase des Absterbens. Es gibt wohl kaum jemanden, der sich nicht am bunten Herbstwald erfreute. Und doch zeigt seine Schönheit den Beginn des Laubfalls an.

Es sind Produkte von beginnenden Abbauprozessen, die die Färbung verursachen. Umsetzungen mit Wasser (> Hydrolyse) und Sauerstoff (> Oxidationen) setzen diese Prozesse in Gang. > Enzyme, die biologischen Katalysatoren, sind dabei unentbehrliche Helfer. Komplexe Moleküle wie > Chlorophyll werden angegriffen. Durch den Abbau des Chlorophylls überwiegen nun andere Farbstoffe, z. B. die gelben bis roten Carotinoide in der Zelle, so daß die Blätter bunt erscheinen. Große Moleküle (> Polymere) werden in ihre Bausteine zerlegt: Stärke in Zucker, > Proteine in Aminosäuren. Viele dieser Abbauprodukte werden vor dem Laubfall aus den Blättern in die Stämme transportiert und dort bis zum nächsten Frühjahr gespeichert. Dann werden sie zum Aufbau neuer Blatt- oder Knospensubstanz gebraucht. Diese Vorgänge sind äußerlich nur an der Verfärbung zu erkennen, die Zellverbände bleiben zunächst noch intakt.

Phase der mechanischen Zerkleinerung. Nach dem Blattfall setzt die mechanische Zerstörung durch Regenwürmer (Lumbricidae), Borstenwürmer (Enchytraeidae) und andere Bodenlebewesen ein (Abb. 1.24). Einige Tiere fressen Fenster in die Blätter, d. h., sie verzehren nur die zarten Teile zwischen den Blattrippen (Fensterfraß). Das kann so weit gehen, daß nur die Blattrippen übrigbleiben, das Skelett des Blattes wird sichtbar. Andere Tiere zerstören die Blätter, indem sie Löcher ohne Rücksicht auf die Rippen fressen (Lochfraß).

*Die Gesamtheit der mehr oder weniger stark angegriffenen Ausgangssubstanz bildet die **Streustoffe**, mit teilweise noch morphologisch sichtbaren Gewebestrukturen.*

Schauen Sie sich während eines Waldspaziergangs einmal die verschiedenen verrottenden Blätter sowie die unterschiedlichen Stadien der Zersetzung von Blättern einer Baumart an.

Phase des mikrobiellen Abbaus. Zerkleinert bieten die Blattreste eine hervorragende Angriffsfläche für Mikroorganismen. Wie schon auf S. 9 erwähnt, setzen sie als > Destruenten die Reste weiter um. Sie benötigen die chemischen Verbindungen aus den Blättern zum Aufbau ihrer eigenen Körpersubstanz (Baustoffwechsel) und zur

Energiegewinnung (Betriebsstoffwechsel). Im letzteren Fall werden die Verbindungen vollständig zu Wasser und Kohlendioxid abgebaut. Die dabei freiwerdenen Nährelemente wie Stickstoff, Schwefel, Eisen, Phosphor werden entweder von den Mikroorganismen direkt selbst genutzt, oder sie werden durch die mikrobiellen Tätigkeiten zu anorganischen Verbindungen umgebaut. Stickstoff (N) z. B. wird durch Bakterien zunächst in das Ammonium-Ion, NH_4^+, eingebaut (Ammonifikation), andere Bakterien setzen dieses wieder um, bis in einem mehrstufigen Prozeß der Stickstoff im Nitrat-Ion, NO_3^-, eingebunden ist (Nitrifikation). Stickstoff wird von Pflanzen, den > autotrophen Organismen, als NH_4^+ oder NO_3^- wieder aufgenommen (vgl. auch Stoffkreislauf S. 9).

Den Abbau der organischen Substanz nennt man **Zersetzung** *oder* **Verwesung**.

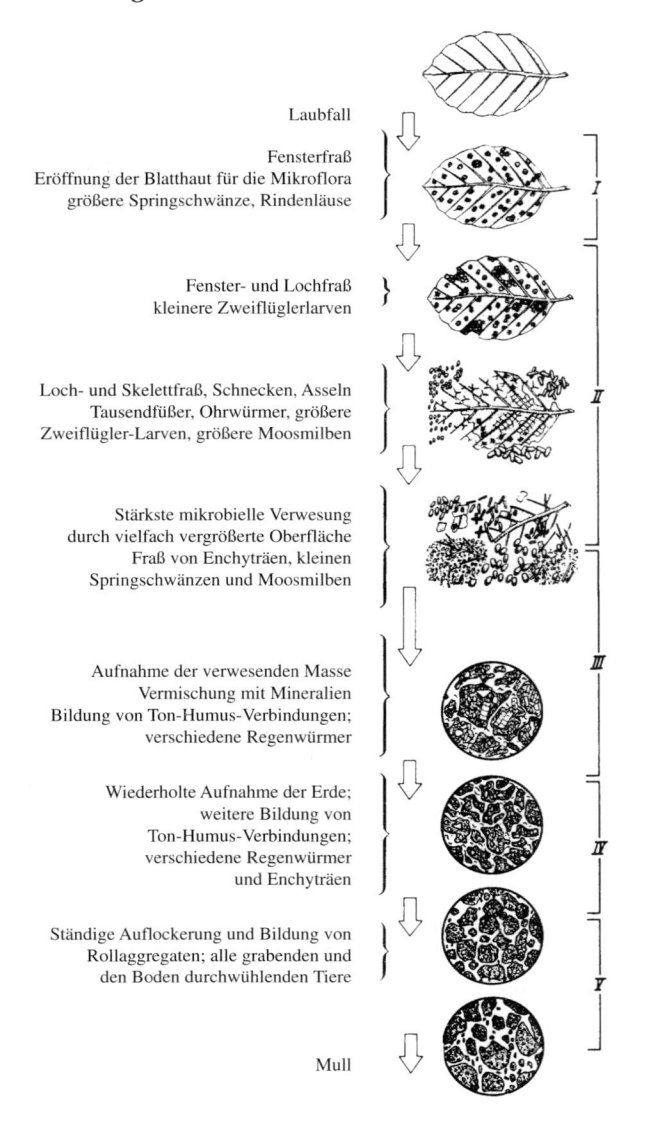

Abb. 1.24.
Abbau der Buchenstreu mit verschiedenen Zersetzungsphasen. (Aus WALTER u. BRECKLE 1986).
Diese Zersetzungsvorgänge, die hier der Einfachheit halber in einzelnen, nacheinander ablaufenden Schritten dargestellt wurden, greifen ineinander und laufen teilweise parallel ab. So beginnt z. B. der Abbau durch die allgegenwärtigen Mikroorganismen, sobald das Zellgefüge verwundet ist

Die Abbauintensität ist abhängig von Temperatur, Feuchte, Durchlüftung und der Art des Ausgangsmaterials. Hinsichtlich des Ausgangsmaterials ist der Gehalt von Stickstoff im Verhältnis zu Kohlenstoff eine wichtige Größe: Die Abbautätigkeit der Mikroorganismen nämlich ist gehemmt, wenn ihnen nicht genügend Stickstoff, gebunden in > Protein, für den Aufbau ihrer Körpersubstanz zur Verfügung steht. Damit entscheidet der Stickstoffgehalt im Ausgangsmaterial darüber, wie gut es zu zersetzen ist. Ein Maß für die Zersetzbarkeit organischen Materials ist deshalb das Kohlenstoff-/Stickstoff-Verhältnis, abgekürzt: C-/N-Verhältnis (g/g). Pflanzen, deren Blätter ein relativ niedriges C-/N-Verhältnis (ca. 15 bis 30) besitzen, gelten als „Bodenverbesserer", da ihr Fallaub eine Stickstoffdüngung bewirkt (z. B. Robinie, Erle, Ulme, Esche und viele Gräser).

Den Endprozeß der Verwesung, bei dem mit Hilfe von Mikroorganismen eine vollständige Zersetzung der organischen Substanz zu Kohlendioxid, Wasser und Nährelementen erfolgt, nennt man **Mineralisierung**.

Abbildung 1.25 zeigt die beobachtbare Zersetzungsdauer von Blättern verschiedener Laub- und Nadelbäume. Diese Dauer wurde zum C-/N-Verhältnis und Säuregrad (> pH-Wert) in Beziehung gesetzt. Welche Tendenzen lassen sich aus der Beziehung zwischen C-/N-Verhältnis und Dauer bzw. zwischen Dauer und pH-Wert herauslesen?

●●●●●

Als allgemeine Tendenzen lassen sich herauslesen, daß bei höherem C-/N-Verhältnis und bei fallendem pH-Wert die Zersetzungsdauer zunimmt. Am langsamsten geht die Zersetzung in Nadelwäldern vor sich.

Abbildung 1.25 zeigt auch, daß es in vielen Einzelfällen Ausreißer aus dem Trend gibt: Robinienblätter zersetzen sich langsamer als Ulmenblätter, obwohl ihr C-/N-Verhältnis nur halb so hoch ist. Man könnte nun meinen, daß bei einem höheren C-/N-Wert ein hoher pH-Wert zu rascherer Zersetzung führe. Dann müßten aber die Blätter der Schwarzerle langsamer verrotten als die der Robinie. Es ist also im Einzelfall nicht möglich, einfache Beziehungen herzustellen. Dies beruht darauf, daß noch andere Faktoren bei der Laubzersetzung eine Rolle spielen (z. B. das Verhältnis von Kohlenstoff zu Phosphor). Biologische Vorgänge sind sehr komplex – nicht nur im Falle der Laubzersetzung – und ihre Analyse und deren Interpretation bedürfen genauer Kenntnisse (welche weiteren Faktoren könnten eine Rolle spielen?) und großer Sorgfalt (in welchen Grenzen ist eine Aussage möglich?).

4.1 Organische Bodensubstanz

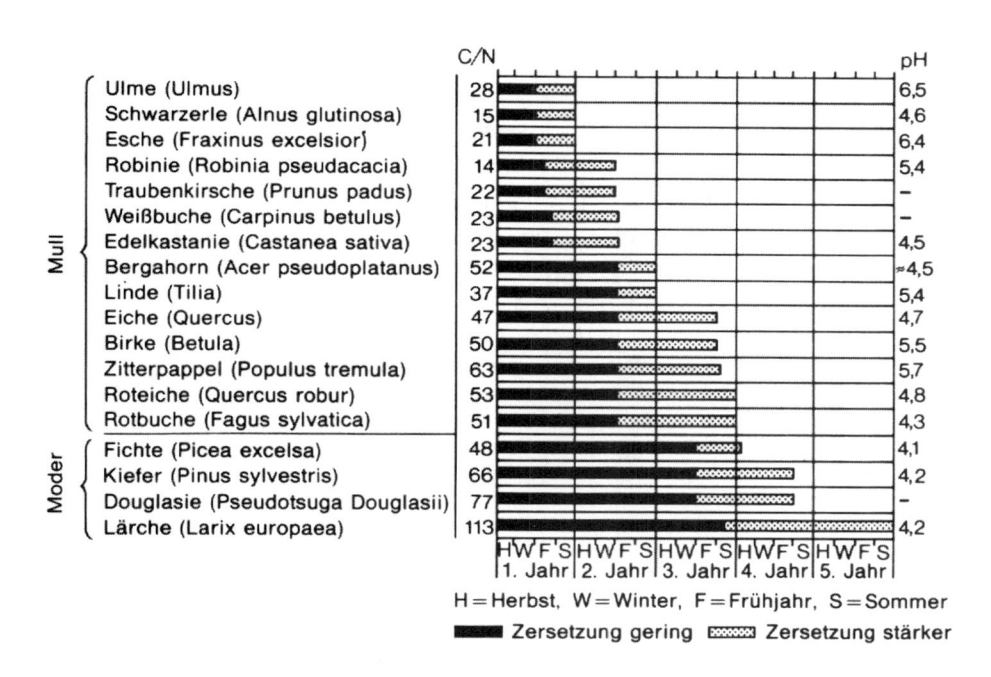

Abb. 1.25. Die Zersetzung von Streu bei verschiedenen C-/N- und pH-Werten. (Nach ELLENBERG 1986, aus ESCHENHAGEN et al. 1991)

4.1.2 Umwandlung der organischen Substanz durch Humifizierung

Neben der Mineralisierung findet noch ein ganz anderer Prozeß statt, der nicht zum Zerfall der komplexen Molekülstrukturen führt. Vielmehr kommt es zunächst zu einer Umwandlung organischer Substanz in Zwischenprodukte, die direkt als Pflanzennährstoffe genutzt werden oder auch so reaktionsfähig sind, daß sie zu neuen, höher > polymeren Komplexen zusammentreten können. Diese sind ca. 2 µm groß (in der Größenordnung vergleichbar den Bakterien) und dunkel gefärbt. Man nennt sie Huminstoffe. Je nach Polymerisationsgrad, Farbe, Kohlenstoff- und Stickstoffgehalt unterscheidet man verschiedene Huminstoffe: Fulvosäuren, Huminsäuren und Humine. Entsprechend der chemischen Zusammensetzung des Ausgangsmaterials – abgestorbene Pflanzen, tote Tiere – findet man in den Huminstoffen Molekülbruchstücke von > Ligninen, > Pektinen, > Cellulose, > Hemicellulose, > Proteinen (kurze Ketten von Aminosäuren nennt man Peptide), > Polysacchariden wieder (vgl. Abb. 1.26).

*Den Endprozeß der Verwesung, bei dem mit Hilfe von Organismen eine Umwandlung der organischen Substanz in Huminstoffe erfolgt, nennt man **Humifizierung**.*

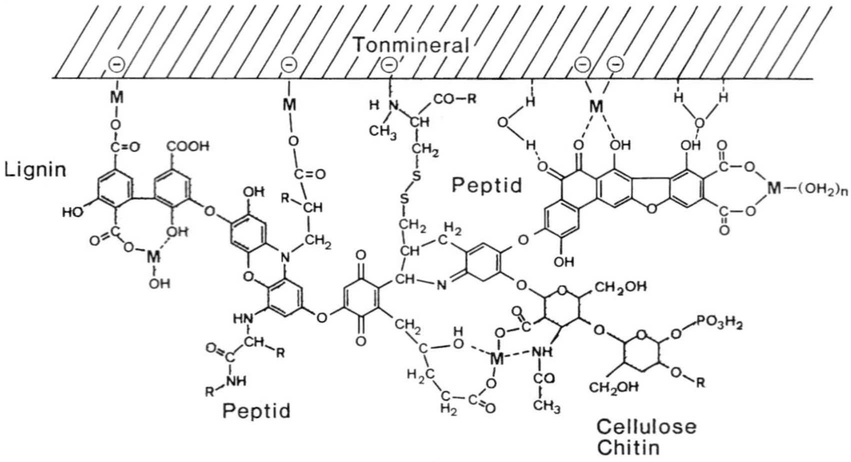

Abb. 1.26. Modell der Struktur eines Huminstoffmoleküls und seiner Bindung an die Oberfläche eines Tonminerals. Wegen der im Einzelfall unterschiedlichen Entstehung eines Huminstoffmoleküls und seiner daraus folgenden unterschiedlichen Zusammensetzung aus Molekülbruchstücken und deren verschiedener Verknüpfung gibt es keine allgemein zutreffende Strukturformel für Huminstoff. Einige Reststücke größerer Moleküle sind erkennbar. M = Metallkationen. (Aus Scheffer u. Schachtschabel 1992)

Die –OH- und –COOH-Gruppen des Huminstoffmoleküls geben das Wasserstoffion H^+ ab, was im Falle der letztgenannten Gruppe durch die Formel: –COOH $\longrightarrow$ –COO$^-$ + H^+ beschrieben wird. An die frei werdenden Plätze können Nährstoffionen angelagert werden, nämlich > Kationen wie K^+, Mg^{2+} u. a. Der Vorgang läuft auch in umgekehrter Richtung ab. Huminstoffe können also nicht nur Ionen sehr gut adsorbieren (Nährstoffe speichern), sondern sich auch am Kationenaustausch beteiligen. Dies spielt bei tonarmen Böden eine große Rolle. In tonreichen Böden sind es die Tonteilchen, an die die Nährstoffe austauschbar gebunden werden, wodurch eine Auswaschung verhindert wird. Bei tonarmen Böden übernehmen Huminstoffe diese Funktion. Sie stellen so den Pflanzen langfristig Nährstoffe zur Verfügung.

Metallkationen können in die organischen Moleküle eingebaut sein. Das ist ein verbreitetes Phänomen. So können organische Säuren, wie Zitronensäure, Weinsäure, Oxalsäure, Komplexe mit Metallionen bilden. Da in diesen recht stabilen Komplexen die Metallionen scherenartig von den organischen Gruppen (z. B. Carboxylgruppen, –COOH, Hydroxylgruppen, –OH, und Iminogruppen, =NH, vgl.

Abb. 1.26) umfaßt werden, nennt man sie Chelate[29]. So haben viele Huminstoffe die Fähigkeit, auch toxisch wirkende Ionen, wie diejenigen von Quecksilber (Hg), Blei (Pb), Cadmium (Cd) u. a., fest an sich zu binden, so daß diese nicht für die Pflanzen verfügbar werden.

Zur Belastung des Bodens mit Schadstoffen, insbesondere mit Schwermetallen, vgl. Abschn. 9.4 sowie die 4. Studieneinheit.

Ein großer Anteil an Huminstoffen ist fest an Tonminerale gebunden (vgl. Abb. 1.26). Diese Ton-Humus-Komplexe verleihen der organischen Substanz eine hohe Widerstandsfestigkeit gegen mikrobiellen Abbau und tragen zur stabilen Strukturbildung des Bodens bei. Trotzdem können die relativ stabilen Endprodukte bei Veränderung der Umweltbedingungen wieder zersetzt werden. Sie werden mineralisiert, allerdings sehr langsam. Die Komplexe speichern also organische Substanz im Boden. Sie haben ein sehr hohes Wasserhaltevermögen, was besonders bei Sandböden wichtig ist.

Diese Bindung bewirken z. B. Regenwürmer – dazu mehr im folgenden Abschnitt.

Wie Abbau und > Humifizierung im einzelnen verlaufen und wie intensiv sie sind, hängt von den jeweiligen Standortfaktoren ab: von der Art der Streu, den Klimaverhältnissen, den Wasser-, Nährstoff- und Säureverhältnissen im Boden. Der Humusgehalt der einzelnen Bodenlagen (= Horizonte) sowie die mittleren Gehalte verschiedener Böden variieren daher sehr stark.

Man unterscheidet zwischen verschiedenen Humusformen. Sie lassen sich u. a. in ihrer morphologischen Ausbildung und in ihrer Tiefenverteilung voneinander abgrenzen:

Rohhumus entsteht bei tiefen Temperaturen und hohen Niederschlägen aus Streu, die sich nur schwer zersetzt, z. B. solche von Nadelhölzern. Er ist sauer und, da die Nährstoffkationen rasch ausgewaschen werden, nährstoffarm. Bodentiere, die die Streuauflage mit dem darunterliegenden Mineralboden vermischen könnten, fehlen weitgehend. Rohhumus bildet eine Auflage, z. B. beim Podsol (vgl. Abb. 1.44 und 1.45).

Mull mit seinem frischen Erdgeruch entwickelt sich aus leicht abbaubarer Streu von z. B. krautreichen Laubwäldern, aber auch in Wiesen und Äckern unter klimatisch günstigen Bedingungen. Wühlende und erdfressende Bodentiere bewirken eine enge Vermischung von Tonmineralen und Feinhumus. Mull ist nährstoffreich, schwach sauer oder schwach alkalisch.

Über die Bedeutung der Begriffe sauer und alkalisch vgl. im Anhang.

Moder (Modergeruch), der meist aus Streu von Laubwäldern entsteht, nimmt eine Mittelstellung zwischen Rohhumus und Mull ein.

Da die organische Substanz die Lebensgrundlage für die > heterotrophen Organismen darstellt, gibt es eine enge Beziehung zwischen

---

29 Griech. chele = Schere.

organischer Substanz und Aktivität der Bodenorganismen. Dies wiederum hat unterschiedliche Auswirkungen auf die Stabilisierung des Gefüges, Bindung von Luftstickstoff (N_2) u. a.

4.2 Bodenorganismen

4.2.1 Überblick

Im Grunde genommen ist es verwunderlich, daß in dem dunklen, kompakt aussehenden Boden überhaupt eine nennenswerte Zahl von Lebewesen wohnt. Die Bodenorganismen machen 5 % der organischen Bodenbestandteile aus (Abb. 1.23). Eindrucksvoller ist es, ihre absoluten Zahlen zu betrachten (Tabelle 1.5):

Tabelle 1.5. Menge und Gewicht (g) der Kleinlebewesen je m² bis 30 cm Tiefe. (Nach KUNTZE et al. 1988)

	Anzahl		Gewicht	
	Mittel	Optimum	Mittel	Optimum
Mikroflora			200	2000
Bakterien	10^{12}	10^{14}	50	500
Strahlenpilze (Aktinomyceten)	10^{10}	10^{13}	50	500
Pilze	10^{8}	10^{12}	100	1000
Algen	10^{6}	10^{10}	1	15
Mikrofauna			10	100
Geißeltierchen (Flagellaten)	$5 \cdot 10^{11}$	10^{12}		
Wurzelfüßer (Rhizopoden)	10^{11}	$5 \cdot 10^{11}$		
Wimpertierchen (Ciliaten)	10^{6}	10^{8}		
Mesofauna			2,5	50
Fadenwürmer (Nematoden)	10^{6}	$2 \cdot 10^{7}$	1	20
Milben	10^{5}	$4 \cdot 10^{5}$	1	20
Springschwänze	10^{4}	$4 \cdot 10^{5}$	0,5	10
Makrofauna			50	500
Borstenwürmer (Enchytraeiden)	10^{4}	$2 \cdot 10^{5}$	2	25
Weichtiere (Mollusken)	$5 \cdot 10$	10^{3}	1	30
Asseln und Spinnen	10^{2}	$5 \cdot 10^{2}$	1	2
Insekten mit Larven	10^{3}	$2 \cdot 10^{4}$	4	35
Regenwürmer	10^{2}	10^{3}	40	400
Wirbeltiere	10^{-3}	10^{-1}	2	8

10^6 = 1 Million; 10^9 = 1 Milliarde; 10^{12} = 1 Billion; 10^{15} = 1 Billiarde

4.2 Bodenorganismen

Es sind also unvorstellbare Mengen (Billionen!) an Kleinstlebewesen, deren Lebensraum der Boden ist. Eine Million Fadenwürmer und immerhin noch 100 – 1000 Regenwürmer bevölkern einen Bodenblock von 1 m² Fläche und 30 cm Höhe.

Wie kann man die ungeheure Zahl von 1 Billion Bakterien ermitteln? Welches Vorgehen schlagen Sie vor?

Man ermittelt die Bakterienzahl nach einem statistischen Verfahren. Was bedeutet dieses Vorgehen für die Aussage, daß es in einem bestimmten Bodenausschnitt eine Billion Bakterien gibt?

●●●●●

Man nimmt eine kleine Bodenprobe von definiertem Volumen, z. B. 1 cm³, schlämmt sie in einer definierten Menge Wasser (z. B. 9 cm³) auf und zählt die Bakterien in einem bekannten Volumen dieser Aufschlämmung unter dem Mikroskop aus. Aus dem Zahlenwert, den man erhält, kann man die in der Probe von 1 cm³ enthaltenen Bakterien berechnen. Dieses Vorgehen wird für mehrere Bodenproben, die man an verschiedenen Stellen nimmt, durchgeführt. Man erhält so einen Mittelwert für die Bakterienzahl in einem bestimmten größeren Bodenausschnitt.

Diese Methode ist eine statistische Methode, d. h., man untersucht Stichproben. Man nimmt verschiedene Bodenproben und man zählt auch nur einen Teil der Aufschlämmung nach Bakterien aus. Diese Methode führt zu *richtigen* Werten, so daß man z. B. verschiedenartige Böden vergleichen kann. Allerdings ist die Messung mit einem statistischen „Fehler" behaftet. Dies ist eine Rechengröße, nämlich die Abweichung vom Sollwert, hier dem Mittelwert, die notwendigerweise bei *jeder* Messung auftritt. Es wäre also unsinnig, eine exakte Zahl für die Menge Bakterien in einem Boden anzugeben: z. B. 2 123 543 678 987, oder abgekürzt 2,123... · 10¹² oder zu erwarten, daß in einer konkreten Probe, die man untersucht, genau dieser Wert von 2,123... · 10¹² ermittelt werden muß. Er kann in bestimmten, rechnerisch festzulegenden Grenzen abweichen. Für kleine Zahlen gilt die gleiche Aussage.

Die hier beschriebene Methode zur Bestimmung der Bakterienzahl durch Auszählen unter dem Mikroskop hat den großen Nachteil, daß man den Bakterien nicht ansieht, ob sie leben oder nicht. Eine etwas aufwendigere, aber sehr gängige Methode, Bakterien zu zählen, ist das Plattenkulturverfahren. Es erlaubt auch gleichzeitig, einzelne Bakterien zu isolieren und dann z. B. ihre physiologischen Funktionen zu untersuchen. Dieses Verfahren ist von zentraler Bedeutung. Im vorigen Jahrhundert wurde es von dem Arzt Robert KOCH entwickelt. Damit wurde mikrobiologisches Arbeiten, die Wissenschaften der Mikrobiologie und der Hygiene, erst möglich.
Im Anhang ist das Prinzip der Plattenkultur erläutert.

Verständlicherweise sind es kleine oder kleinste Lebewesen, die in den Poren des Bodens ihr Auskommen finden. Die Mikroorganismen überziehen die Bodenpartikel oder schwimmen im Bodenwasser, die größeren Tiere bewegen sich schlängelnd, wühlend oder grabend durch den Boden. Abbildung 1.27 vermittelt einen Eindruck von der Größe der Bodenlebewesen im Vergleich zur Größe der Bodenpartikel und der Porendurchmesser.

Die Bodenorganismen beteiligen sich an der Bodenentwicklung durch die biologische Verwitterung der Gesteine (vgl. Abschn. 3.3.3), sie bilden organische Substanz, spielen also eine entscheidende Rolle bei der Humus- und Nährstoffversorgung, und sie durchmischen den Boden, sorgen also für eine gleichmäßige Nährstoffverteilung. Sie verbessern das Bodengefüge (vgl. Abschn. 6.1), damit den Luft-, Wasser- und Wärmehaushalt des Bodens.

*Die Gesamtheit der Bodenorganismen nennt man das **Edaphon**[30].*

Das Edaphon wird unterteilt in:

Bodenflora: Bakterien, Pilze, Algen, unterirdische Pflanzenorgane

Bodenfauna: Einzeller (Protozoen), Fadenwürmer (Nematoden), Weichtiere (Mollusken), Ringelwürmer (Anneliden) und Gliederfüßer (Arthropoden).

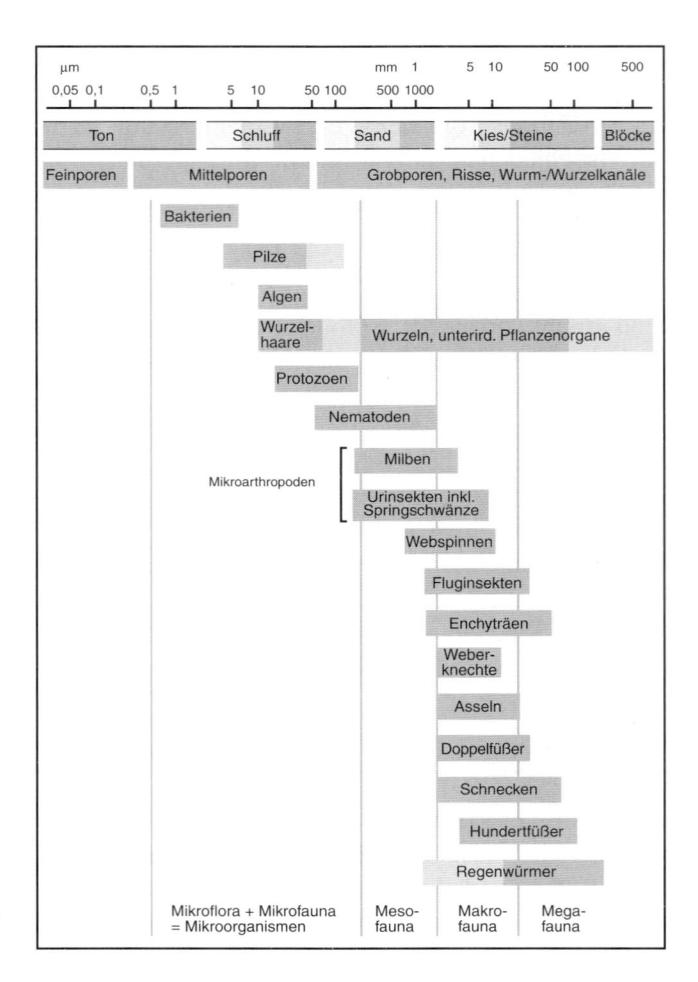

Abb. 1.27.
Klassifikation von Bodenorganismen aufgrund ihrer Körpergröße sowie Poren- und Partikeldurchmesser. (Aus Gisi 1990)

---

30 Griech. edaphos = Boden.

4.2.2 Bodenflora

Bakterien sind die wichtigste Organismengruppe des Bodens. Als > Destruenten spielen sie eine Hauptrolle bei den im Boden ablaufenden Umsetzungsprozessen. Ihr Stoffwechsel ist von Art zu Art sehr unterschiedlich. Die Mehrzahl der Bakterien setzt Zucker, Stärke, > Cellulose und andere, leicht abbaubare Kohlenstoffquellen um (Kohlenhydrate abbauende Bakterien). > Proteine und > Aminosäuren dienen als Stickstoffquellen (Protein abbauende Bakterien). Daneben gibt es besondere Spezialisten, die an spezielle Substrate angepaßt sind, so Vertreter der Strahlenpilze (Aktinomyceten[31]). Der deutsche Name dieser Bakterien erklärt sich aus ihrem an Pilzfäden erinnernden Aussehen. Sie tragen übrigens wesentlich zum typischen Erdgeruch bei. Diese > heterotroph und > saprophytisch lebenden Bakterien können schwer zersetzbare Kohlenstoffquellen wie > Lignin oder > Chitin verwerten und haben so einen wichtigen Anteil an Zersetzung und > Humifizierung (vgl. Abb. 1.26).

Pilze bestehen entweder aus Einzelzellen (Hefen) oder aus verzweigten Zellfäden, den > Hyphen[32], welche ein typisches Geflecht, ein > Mycel[33], bilden. Mit ihren Hyphen durchdringen sie den Boden und erschließen sich neue Nährstoffquellen. Sie leben meist saprophytisch. Die saprophytischen Pilze sind wesentlich am Abbau der organischen Substanz des Bodens beteiligt, da ihnen als Energie- und Kohlenstoffquelle vorwiegend > Pektin, > Hemicellulose, > Cellulose und > Lignin dienen. Pilze können mit Pflanzenwurzeln eine > Symbiose eingehen, die sog. Mykorrhiza[34]. Dabei verbessert der Pilz mit Hilfe seines Hyphengeflechts die Wasser- und Nährstoffaufnahme der Pflanze, während er seinerseits wichtige Kohlenhydrate von der Pflanze bekommt.

Algen leben wegen ihres Lichtbedarfs an der Bodenoberfläche oder in der obersten Bodenschicht. Sie sind bezüglich der chemischen Umsetzungen und der den Boden betreffenden Prozesse von wesentlich geringerer Bedeutung als Bakterien und Pilze.

Flechten sind eine Organismengruppe, die durch eine lebensnotwendige Symbiose von Pilzen (meist aus der Gruppe der Askomyceten) und Grünalgen oder Cyanobakterien (früher Blaualgen genannt) ausgezeichnet ist. Sie sind wichtig als Erstbesiedler von organischen und besonders anorganischen Substraten.

---

31 Griech. aktis = Strahl; griech. mykes = Pilz.
32 Griech. hyphe = Gewebe.
33 Griech. mykes = Pilz.
34 Griech. mykes = Pilz; griech. rhiza = Wurzel.

Abbildung 1.28 zeigt einige Vertreter der Bodenflora.

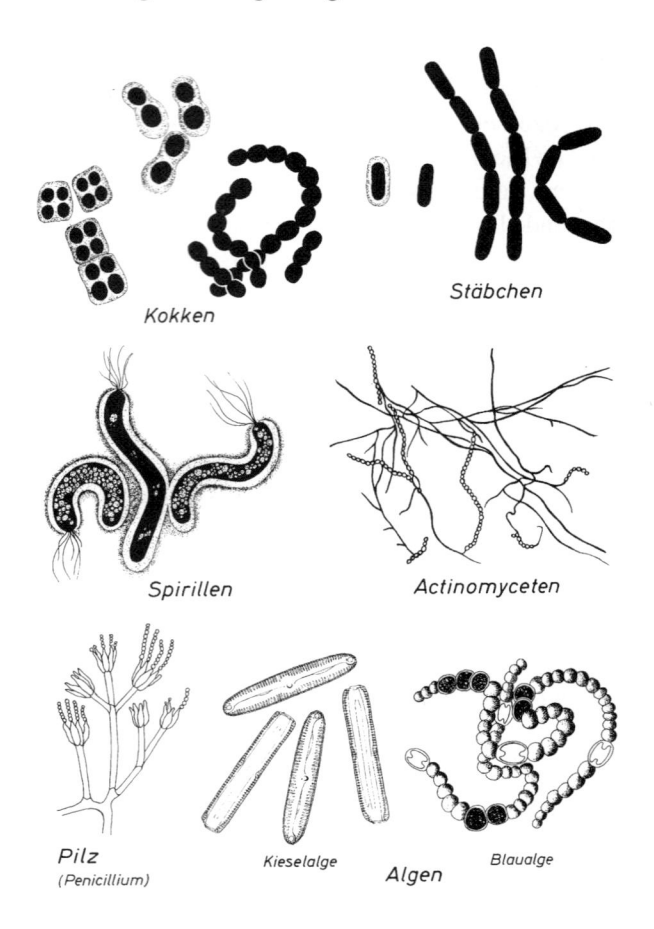

Abb. 1.28. Wichtige Vertreter der Bodenflora. (Aus MÜCKENHAUSEN 1993)

Unterirdische Pflanzenorgane spielen eine wichtige Rolle. Die Wurzeln scheiden Substanzen aus, die auf Mikroorganismen und Bodenpartikel einwirken. Außerdem kommt es beim Wurzelwachstum zu einer allmählichen Auflockerung des Bodens, was besonders für die Gefügebildung (> Gefüge) von großer Bedeutung ist.

4.2.3 Bodenfauna

Je nach Größe der Organismen wird die Bodenfauna in Mikro-, Meso- und Makrofauna unterteilt (Abb. 1.29).

Die **Mikrofauna** (Größe: 0,002 – 0,2 mm) stellt zahlenmäßig die meisten Organismen. Es handelt sich um Einzeller: Geißeltierchen (Flagellaten), Wurzelfüßer (Rhizopoden, z. B. die Amöbe) oder Wimpertiere (Ciliaten). Sie ernähren sich > saprophytisch von gelösten organischen Stoffen oder auch von Bakterien.

Das Bodengefüge wird ausführlich in Kap. 6 behandelt.

4.2 Bodenorganismen

Die wichtigsten Bodentiere

Mikrofauna (0,002 bis 0,2 mm): Amöbe, Flagellate, Schal-Amöbe, Ciliate

Mesofauna (0,2 bis 2,0 mm): Bärtierchen, Fadenwurm (Nematode), Hornmilbe, Springschwanz (Collembole), Rädertierchen

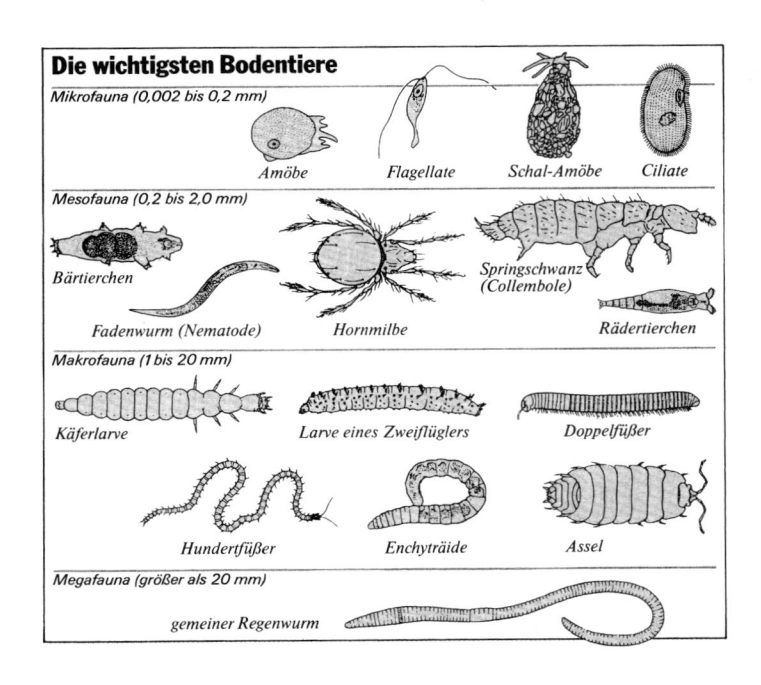

Makrofauna (1 bis 20 mm): Käferlarve, Larve eines Zweiflüglers, Doppelfüßer, Hundertfüßer, Enchyträide, Assel

Megafauna (größer als 20 mm): gemeiner Regenwurm

Abb. 1.29. Beispiele der Bodenfauna. (OTTOW, aus SCHEFFER u. SCHACHTSCHABEL 1992)

Zur **Mesofauna** (Größe: 0,2 – 2 mm) gehören die Rädertierchen (Rotatorien) und die Bärtierchen (Tardigraden), die unter den Mehrzellern nur eine untergeordnete Rolle bei der Zersetzung des organischen Materials spielen. Die Fadenwürmer (Nematoden) dagegen treten in großer Zahl auf (10 – 1000 Individuen pro Gramm Boden). Teilweise zählen sie noch zur Mikrofauna. Häufig sind sie Pflanzenparasiten[35] (Schmarotzer). Zur Mesofauna gehören besonders die Gliederfüßer (Arthropoden) mit den Milben (Acarinen) und Springschwänzen (Collembolen) als wichtigste Vertreter sowie den kleinen Borstenwürmern (Enchytraeiden) und Vertretern der Ringelwürmer (Anneliden). Im allgemeinen herrscht die saprophytische Lebensweise vor, bei den Gliederfüßern (Arthropoden) kommen auch Räuber der Mikrofauna und -flora vor.

Zur **Makrofauna** (Größe: 1 – 20 mm) gehören v. a. viele Vertreter des Tierstammes der Gliederfüßer (Arthropoden). Bei den Asseln (Isopoden), den Doppelfüßern (Diplopoden), bei den Larven[36] und > Imagines[37] von Insekten (Käfern, Zweiflüglern) handelt es sich um wichtige Streuzersetzer. Zu diesen zählen auch die Ameisen.

---

35 Griech. parasitos = Mitesser bei Tisch.
36 Lat. larva = Gespenst, Maske.
37 Lat. imago = Bild, Erscheinung.

4 Organische Bestandteile des Bodens

Als die wichtigsten Bodenwühler der Makrofauna sind die Regenwürmer (Lumbriciden) anzuführen. Diese Vertreter der Ringelwürmer (Anneliden) sind auf feuchte Umgebung angewiesen. Sie ernähren sich vorwiegend von frischem Laubfall. Sie bohren und fressen sich durch den Boden und hinterlassen mit „Losungstapeten" versehene Wurmröhren. Dadurch verbessern sich Struktur, Durchlüftung und Entwässerung des Bodens. Da sie mit ihrer Nahrung nicht nur Streu, sondern auch Mineralstoffe aufnehmen, kommen organische und anorganische Substanzen in engsten Kontakt. Ton-Humus-Komplexe entstehen. Weiterhin findet im Boden eine Verlagerung und Durchmischung der mineralischen und organischen Bestandteile des Bodens statt, da die Regenwürmer große Mengen an Streu, besonders stickstoffreiches Blattmaterial, aufnehmen und in tiefere Bodenschichten transportieren, während sie umgekehrt Mineralboden aus der Tiefe an die Oberfläche bringen und dort in Form von Wurmhaufen ablagern (> Bioturbation). Bis zu 70 kg/m^2 können in Wiesen auf diese Weise jährlich an die Oberfläche gelangen (Gisi 1990). Die Leistung der Regenwürmer zeigt eindrucksvoll Abb. 1.30. Die Bioturbation fördert die Bildung von Ton-Humus-Komplexen, die zur Stabilität des Bodens wesentlich beitragen.

Abb. 1.30. Kiesschicht, die von Regenwürmern im Laufe von 11 Jahren mit Boden überdeckt wurde. (Aufn. O. Graff, aus Scheffer u. Schachtschabel 1992)

Abbildung 1.31 gibt einen zusammenfassenden Einblick in das komplexe Zusammenwirken der anorganischen und der belebten sowie unbelebten organischen Bodenbestandteile.

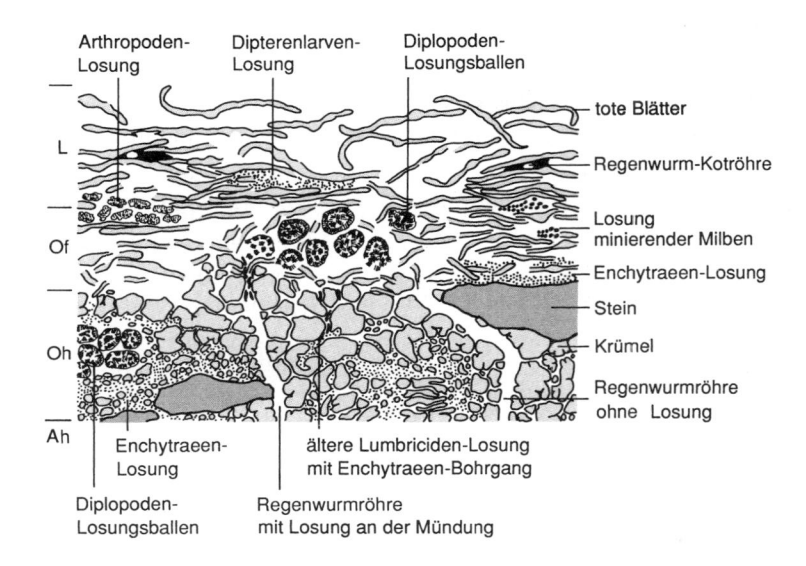

Abb. 1.31. Schnitt durch die obersten Schichten (Streuauflage und organische Auflage) eines Waldbodens. (Aus GISI 1990);
L, *Of*, *Oh* und *Ah* = verschiedene Bodenhorizonte, L-Horizont mit wenig zersetzten Laubblättern; Of- und Oh-Horizonte mit Tierlosung (Kot) und mineralischen Partikeln

---

Vielleicht interessiert es Sie jetzt, nachdem Sie von der Bedeutung der Bodenorganismen gelesen haben, diese Organismen kennenzulernen. Für den Anfang können wir empfehlen, beim nächsten Waldspaziergang eine Lupe und ein größeres, weißes Blatt Papier mitzunehmen. Legen Sie etwas Streu auf das Papier, suchen und beobachten Sie die darin lebenden Tiere. Für die kleineren brauchen Sie die Lupe. Vielleicht können Sie mit Hilfe der Abb. 1.29 auch den Namen des einen oder anderen Tieres herausfinden. Wie man die Bodenfauna systematisch entnimmt, bestimmt und untersucht, wird in Fachbüchern beschrieben, wie z. B. in BRUCKER und KALUSCHE 1976 und JOGER 1989.

4.3 Zusammenfassung

Fragen:

1. Was sind Streustoffe?

2. Was versteht man unter Mineralisierung, was unter Humifizierung? Welches ist der entscheidende Unterschied?

3. Welche Organismen spielen zu Beginn des Mineralisierungsprozesses, welche am Ende eine wichtige Rolle?

4. Von welchen Bedingungen hängt die Mineralisierung ab?

5. Warum ist das C-/N-Verhältnis für die Mineralisierungsgeschwindigkeit wichtig?

6. Welches sind wichtige Eigenschaften eines Huminstoffmoleküls?

7. Warum ist das in Abb. 1.25 dargestellte Huminstoffmolekül ein Modell?

8. Wie entstehen Ton-Humus-Komplexe und welche Aufgabe haben diese im Boden?

9. Das Edaphon ist entscheidend für die Bodenfruchtbarkeit. Welche Aufgaben hat es?

10. Wie unterscheiden sich Rohhumus, Mull und Moder?

11. Nennen Sie die wichtigsten Bodenorganismen und ordnen Sie diese der Bodenflora bzw. -fauna zu.

Antworten:

1. Definition vgl. Abschn. 4.1.1

2. Definitionen vgl. Abschn. 4.1.1 und Abschn. 4.1.2. Der Unterschied besteht darin, daß die Mineralisierung zu einfachen anorganischen Endprodukten führt, die Humifizierung zu komplexen organischen Huminstoffen.

3. Zu Beginn des Mineralisierungsprozesses spielen Bodenlebewesen, welche die Streu mechanisch zerkleinern, die wichtigste Rolle, z. B. Regenwürmer, Borstenwürmer. Die endgültige Zersetzung in die anorganischen chemischen Verbindungen, Wasser, Kohlendioxid und Mineralstoffe (u. a. pflanzenverfügbare Nährstoffe) wird durch Mikroorganismen bewirkt. Allerdings laufen mechanischer und mikrobieller Abbau nicht schrittweise nacheinander, sondern nebeneinander ab.

4. Die Mineralisierung hängt von der Art des Ausgangsmaterials (insbesondere dessen C/N-Verhältnis), der Temperatur, Feuchtigkeit, Durchlüftung (Sauerstoffangebot), dem pH-Wert ab.

5. Stickstoff ist ein lebenswichtiges Element, das im Baustoffwechsel für die Synthese von Proteinen und Nukleinsäuren not-

wendig ist. Steht im Verhältnis zum Kohlenstoff nicht genügend Stickstoff zur Verfügung, können sich die Mikroorganismen nicht optimal vermehren, die Umsetzung der Streustoffe geht langsam vonstatten.

6. Kationenaustausch, Nährstoffreservoir, Bindung von Schwermetallen.

7. Jedes Huminstoffmolekül ist individuell zusammengesetzt; es unterscheidet sich in Größe und Struktur sowie Verknüpfung der „Restmoleküle" von anderen Huminstoffmolekülen. Man kann nur ein idealisiertes Molekül zeichnen.

8. Ton-Humus-Komplexe entstehen durch intensive Vermischung organischer und mineralischer Substanz, z. B. im Darm von Regenwürmern. Durch die Bindung an Ton werden die komplexen organischen Moleküle stabilisiert, was sowohl vor mikrobiellem Abbau schützt als auch der Stabilität des Bodengefüges und der Wasserspeicherfähigkeit des Bodens dient.

9. Das Edaphon ist an der biologischen Verwitterung beteiligt, es spielt die entscheidende Rolle bei der Mineralisierung und Humifizierung; es bewirkt die gleichmäßige Verteilung des Nährstoffangebots durch Vermischung des Bodens, es verbessert das Bodengefüge, damit Luft-, Wasser- und Wärmehaushalt.

10. vgl. Abschn. 4.1.2

11. Bodenflora: Bakterien, Pilze, Algen, Flechten. Bodenfauna: Einzeller, Fadenwürmer, Weichtiere, Ringelwürmer, Gliederfüßer.

5 Flüssige und gasförmige Bestandteile des Bodens

Daß Wasser eine Grundvoraussetzung allen Lebens ist, war schon „den Alten" bewußt. Dieses Bewußtsein findet beispielsweise seinen Ausdruck in zahllosen Mythen und Märchen oder in der Rolle, die Wasser in der Kunst spielt. Doch Wasser ist nicht nur „Lebenselixier", es ist Grundstoff allen irdischen Seins. Diesen Gedanken finden wir z. B. in der „Vier-Elementen-Lehre" der Antike: Feuer, Wasser, Luft und Erde (also, abgesehen vom Feuer, unsere 3 Umweltmedien!) sind danach die Urstoffe, aus denen die Welt aufgebaut ist und aus deren Mischung alle anderen Stoffe entstehen. Auch das Wasser im Boden ist unter beiden Aspekten zu sehen: Als wichtiger *ökologischer Faktor* dient es den Lebewesen in und auf dem Boden zur Deckung ihres Wasserbedarfs und als Träger wichtiger Nährelemente; als *bodenbildender Faktor* spielt es eine große Rolle bei der Bodenentwicklung, da es die Voraussetzungen für die Verwitterung der Gesteine, für die Stoffverlagerung und für den Umsatz der organischen Substanz schafft.

Während es sich beim Bodenwasser um die flüssige Komponente des Dreiphasensystems „Boden" (vgl. Abb. 1.1) handelt, stellt die Bodenluft die gasförmige Komponente des Bodens dar. Der in der Luft enthaltene Sauerstoff ist so notwendig für die Lebensprozesse, wie es das Wasser ist. Und auch bei Bodenbildungsprozessen ist Sauerstoff unentbehrlich. Die Luft befindet sich in den nicht vom Wasser eingenommenen Hohlräumen des Bodens. Deshalb ist sie in gewisser Weise der Gegenspieler des Bodenwassers, so daß der Lufthaushalt mit dem des Wassers eng gekoppelt ist.

5.1 Bodenwasser

5.1.1 Wasserspeichervermögen des Bodens

Das Bodenwasser entstammt den Niederschlägen, dem Grundwasser und zum kleinen Teil der Kondensation von Wasserdampf in Bodennähe (Tau). Es ist in den Wasserkreislauf der Natur eingebunden (in Abb. 1.32 detaillierter dargestellt als in der einführenden Abb. 1.3). Ein Teil des Niederschlagswassers läuft an der Bodenoberfläche als *Oberflächenwasser* ab und sammelt sich in Gräben, Bächen und Flüssen. Je ton- und schluffreicher (> Ton, > Schluff) oder je stärker verdichtet der Boden ist, um so mehr Wasser fließt oberflächlich ab. Ein anderer Teil dringt, der Schwerkraft folgend, in den Boden ein. Er kann als sog. *Sickerwasser* durch den Boden dringen, bis es auf schwer oder nicht durchlässige Gesteinsschichten trifft. Über solchen Schichten entsteht das *Grundwasser*, das sich, wenn die nicht durchlässigen Schichten geneigt sind, weiterhin der Schwerkraft folgend bewegt und z. B. als Quelle an der Bodenoberfläche austritt. Ein Teil des in den Boden eintretenden Niederschlagswassers aber wird im Boden festgehalten. Man nennt es das *Haftwasser*. Hauptsächlich dieses steht für das Pflanzenwachstum zur Verfügung, denn das Sickerwasser ver-

> Die Bodenverdichtung wird ausführlicher in Abschn. 9.2 behandelt.

schwindet mehr oder weniger schnell aus dem für Pflanzenwurzeln erreichbaren Raum. Deshalb soll hier näher auf das Haftwasser eingegangen werden.

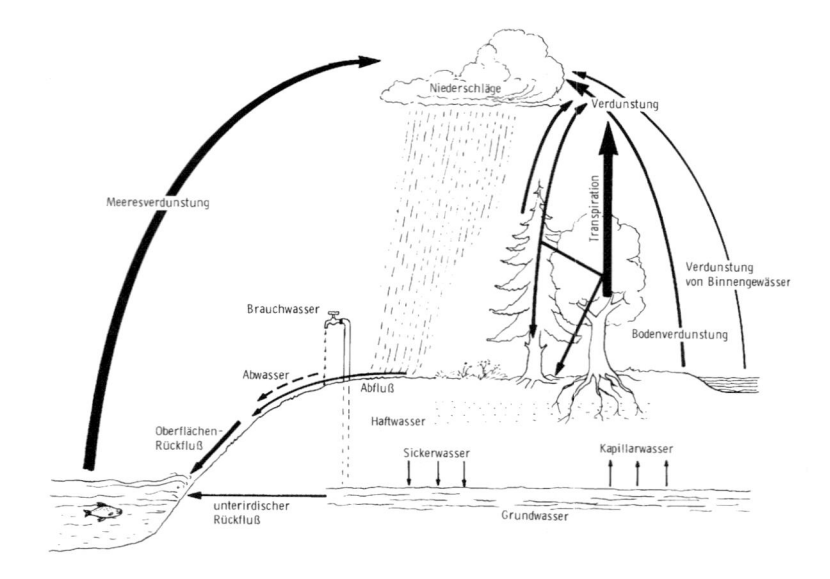

Abb. 1.32. Schematische Darstellung des Wasserkreislaufs. (Aus GÖBEL 1984)

Wenn Wasser im Boden festgehalten wird, erfordert dies Kräfte, die der Schwerkraft entgegenwirken. Solche Kräfte gibt es tatsächlich im Boden.

Wassertropfen haften an Glas, sie benetzen es. Wie kommt es dazu? Was hält sie fest?

Betrachten wir die Oberfläche eines Glases auf molekularer Ebene. Es gibt dort negative Ladungen. Von diesen werden Moleküle mit positiven Ladungen angezogen, denn entgegengesetzte Ladungen ziehen sich an. Das Wassermolekül H_2O wird angezogen, weil es nicht, wie man der Formel H_2O entnehmen könnte, elektrisch neutral ist, vielmehr die Ladungen im Molekül ungleich verteilt sind. Der Schwerpunkt negativer Ladung liegt beim Sauerstoff, während bei beiden Wasserstoffatomen positive Ladungsschwerpunkte liegen (Abb. 1.33, Einsatzbild links). Es gibt also 2 Pole im Molekül, es ist ein *Dipol*. Mit seiner positiv geladenen Seite kann sich das Wassermolekül an die negativ geladene Glasoberfläche anlagern. Vergleichbares geschieht im Boden. Viele Bodenteilchen (> Ton, > Humus) tragen negative Ladungen. Um sie legt sich eine Schicht von Wassermolekülen (Abb. 1.33), deren positive Ladungsschwerpunkte nach innen gerichtet sind, wodurch sich nach außen wieder eine Schicht mit negativen Ladungsschwerpunkten bildet. So kann sich eine weitere Schicht von Wassermolekülen anlagern und so fort. Man spricht von Hydratation. Die Stärke der Bindung nimmt allerdings ab, je weiter weg vom Bodenpartikel sich die Wassermoleküle befinden. In einiger Entfernung vom Bodenteilchen sind die Wassermoleküle dann nicht mehr streng ausgerichtet.

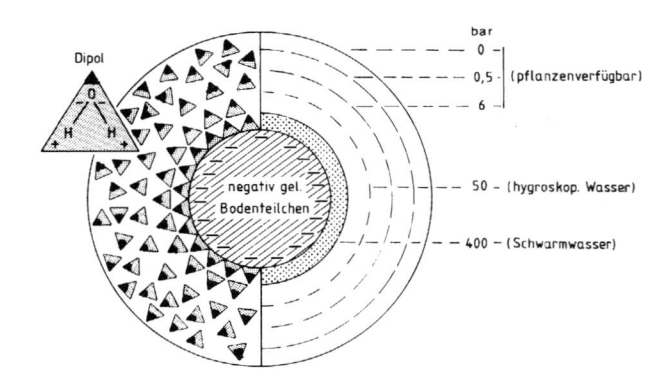

Abb. 1.33. Wasserhülle um ein Bodenteilchen. (Aus KUNTZE et al. 1988)

*Das Haftwasser ist also an die Bodenpartikel adsorbiertes[38] Wasser. Man nennt es deshalb **Adsorptionswasser**.*

Der Boden ist von mehr oder weniger weiten Poren durchsetzt. In sehr engen Röhren, in denen die Grenzflächen der Bodenpartikel nahe beieinander liegen, wird Wasser sehr stark festgehalten, ja, es kriecht sogar aufgrund der Anziehung, die die negative Ladung der Porenwände auf die Wassermoleküle ausübt, in den Poren hoch. Der Innenraum dieser engen Poren kann weitgehend mit Wasser gefüllt sein. Anders in weiten Poren, dort läßt, je weiter weg sich die Wassermoleküle von der Porenwand befinden, die Anziehungskraft nach, das Wasser sickert nach unten durch.

Ein kleiner Versuch mag dies veranschaulichen: Man taucht 3 Glasröhrchen mit einem Durchmesser von 1 cm, 1/10 und 1/100 cm nebeneinander in ein mit Wasser gefülltes Gefäß. Man beobachtet die Höhe des Wasserspiegels, der sich in den Röhrchen einstellt: In dem weiten Röhrchen bleibt der Wasserspiegel auf der Höhe des Wasserspiegels im Gefäß, in dem Röhrchen mit 1/10 cm Durchmesser steigt er 3 cm höher, und in dem sehr dünnen Röhrchen, der feinen Kapil-

---

38 Lat. ad = an, bei, neben, zu; lat. sorbere = saugen.

lare[39], steigt er sogar 30 cm höher an – Ausdruck der starken Anziehungskräfte, die in den Kapillaren wirken. Selbst wenn man die Röhrchen miteinander verbindet – eine Situation, die der im Boden am nächsten kommt – stellen sich diese Verhältnisse ein (Abb. 1.34).

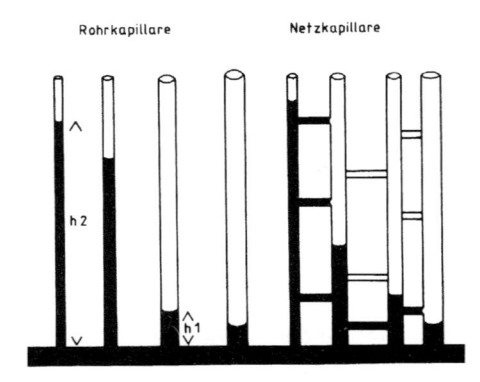

Abb. 1.34. Kapillarsysteme im Boden. (Aus Kuntze et al. 1988)

Das Haftwasser in den Kapillaren des Bodens nennt man **Kapillarwasser**.

Abbildung 1.35 zeigt schematisch die räumliche Verteilung von Haftwasser (Adsorptions- und Kapillarwasser) und von Grundwasser.

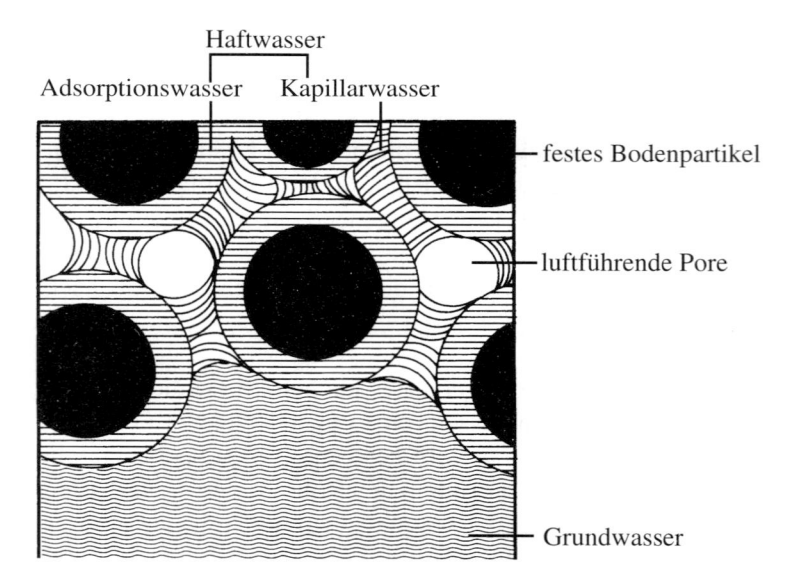

Abb. 1.35. Die Bindung des Wassers im Boden. (Aus Göbel 1984; Schriften eingefügt)

---

39 Lat. capillus = Haar.

Nun wird verständlich, daß ein Boden mit vielen Kapillaren und feinen Körnern, der also sehr viel Oberfläche pro Volumen Bodenpartikel aufweist, mehr Wasser speichern kann als ein grobporiger und grobkörniger Boden, bei dem das Verhältnis von Oberfläche zu Volumen geringer ist. In einem derartigen Boden sickert das meiste Wasser rasch durch. Verallgemeinernd kann man sagen, daß > Sande weniger Wasser binden als > Lehme, diese weniger als > Tone. Als Anhaltspunkte seien Zahlen genannt: Sande nehmen ca. 10 Vol.% Haftwasser auf, Lehme ca. 35 % und Tone ca. 45 %.

Die Menge Haftwasser, die ein Boden maximal aufnehmen kann, bezeichnet man als **Feldkapazität** *(FK).*

Wie würden Sie durch ein kleines Experiment die Feldkapazität eines Bodens bestimmen? Gefragt ist hier nur nach dem Prinzip des Experiments, nicht nach seiner genauen Durchführung, wie z. B. den zu verwendenden Gefäßen, Dauer von Manipulationen o. ä. Es ist methodisch sinnvoll, zuerst zu überlegen, wie man die Menge an Wasser, die in einem bestimmten Volumen Boden ist, feststellt und wie man daraus den prozentualen Anteil Wasser (Gewichtsprozent) berechnet. Dann erst überlegt man, wie die maximal mögliche Menge, also die Feldkapazität, zu ermitteln ist.

•••••

1. Man entnimmt eine Bodenprobe eines bestimmten Volumens und stellt ihr Gewicht fest. Sie wird so lange getrocknet, bis kein Wasser mehr entweicht. Man stellt dies daran fest, daß das Gewicht nicht mehr abnimmt. Der Unterschied zwischen dem Gewicht des frischen und des getrockneten Bodens gibt das Gewicht des ausgetriebenen Wassers an. Man teilt dieses durch das Gewicht der Bodenprobe und multipliziert mit 100, um den Prozentanteil Wasser im Boden zu erhalten.

2. Nach 1. ermittelt man den aktuellen Wassergehalt des Bodens. Um die Feldkapazität zu finden, muß der Boden vor der ersten Messung mit Wasser gesättigt werden, d. h., alle Poren müssen mit Haftwasser gefüllt sein. Dazu stellt man die Probe für längere Zeit ins Wasser. Dann läßt man sie abtropfen, damit das Sickerwasser verschwindet. Anschließend bestimmt man den Wassergehalt wie bei 1. (Genaueres bei BRUCKER und KALUSCHE 1976).

5.1.2 Pflanzenverfügbares Wasser

Bedingt durch die Kräfte, die auf es einwirken, steht das Wasser im Boden unter einer Spannung.

*Die **Wasserspannung** ist diejenige Spannung, unter der das Bodenwasser aufgrund der Kräfte, die von den festen Bodenpartikeln ausgehen, steht.*

Diese ist, wie sich aus dem oben Gesagten ergibt, am höchsten in sehr engen Kapillaren und in dünnen Filmen an der Oberfläche der Bodenpartikel. Man mißt die Wasserspannung in bar[40] oder in cm Wassersäule (WS), wobei 1 bar 1000 cm Wassersäule entspricht. Die Unterschiede in verschiedenen Bodenproben sind erheblich: Sie reichen von 0 – 10 Mio. (10^7) bar bzw. 10^{10} cm Wassersäule. Deshalb gibt man für die Wasserspannung die Hochzahl, also den Logarithmus, an und nennt ihn pF-Wert. Also:

pF = lg cm WS

Demnach ist pF = 3 = 10^3 (1000) cm Wassersäule = 1 bar. Einer Wasserspannung von 100 bar entspricht ein pF-Wert von 5. Auch wenn 2 verschiedene Böden den gleichen Wassergehalt aufweisen, können sie unter verschiedenen Wasserspannungen stehen, je nachdem, wie fest sie das Wasser binden. Ein Lehmboden, der das Wasser gut bindet, ist bei 20 Vol.% H_2O trocken, ein Sandboden dagegen bei gleichem Wassergehalt feucht bis naß.

Pflanzen saugen mit ihren Wurzeln das Wasser aus dem Boden (Abb. 1.36). Dabei müssen sie die Kräfte, die das Wasser im Boden festhalten,

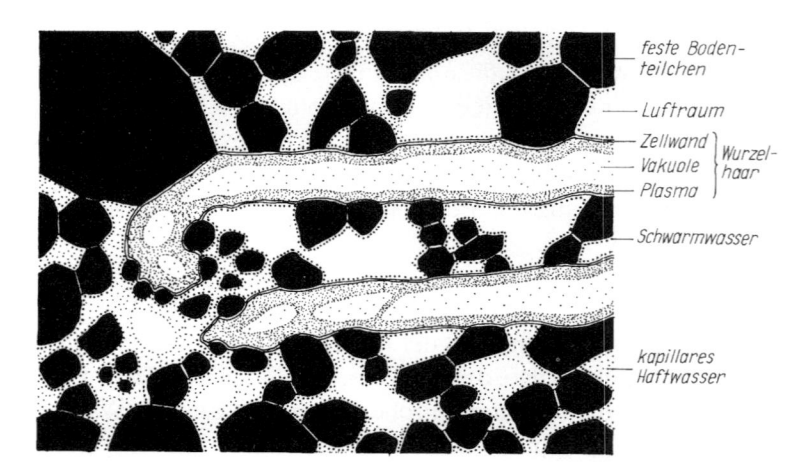

Abb. 1.36. Wurzelhaare und Wasserverhältnisse im Boden. (Aus LERCH 1991)

---

40 Griech. baros = Schwere, Gewicht. Physikalische Einheit des Drucks. Ein bar entspricht ungefähr einer Atmosphäre (atm). Die SI-Einheit des Druckes ist 1 Pascal (Pa). 1Pa = 10^{-5} bar.

überwinden. Das gelingt nur mit dem Teil des Wassers, der nicht zu fest an den Bodenpartikeln haftet. Wasser, das mit einer Saugspannung von 15 oder mehr bar (entsprechend 15 000 = $10^{4,2}$ cm Wassersäule) oder anders ausgedrückt einem pF-Wert von 4,2 oder höher gebunden ist, können die Pflanzenwurzeln nicht ansaugen. Obwohl also noch Haftwasser im Boden ist, welken die Pflanzen.

*Der **Welkepunkt** ist der Wassergehalt des Bodens, bei dem die meisten Pflanzen permanent welken.*

Auf der anderen Seite ist das Wasser unterhalb der > Feldkapazität des Bodens so locker gebunden, daß es versickert. Die Feldkapazität eines Bodens liegt bei einer Wasserspannung von pF = 2,5. Das pflanzenverfügbare Haftwasser wird also durch Welkepunkt und Feldkapazität begrenzt (Abb. 1.37). Hinzu kommt jedoch, daß solches Sickerwasser, das sich nur langsam im Boden bewegt, für Pflanzenwurzeln zeitweise erreichbar ist.

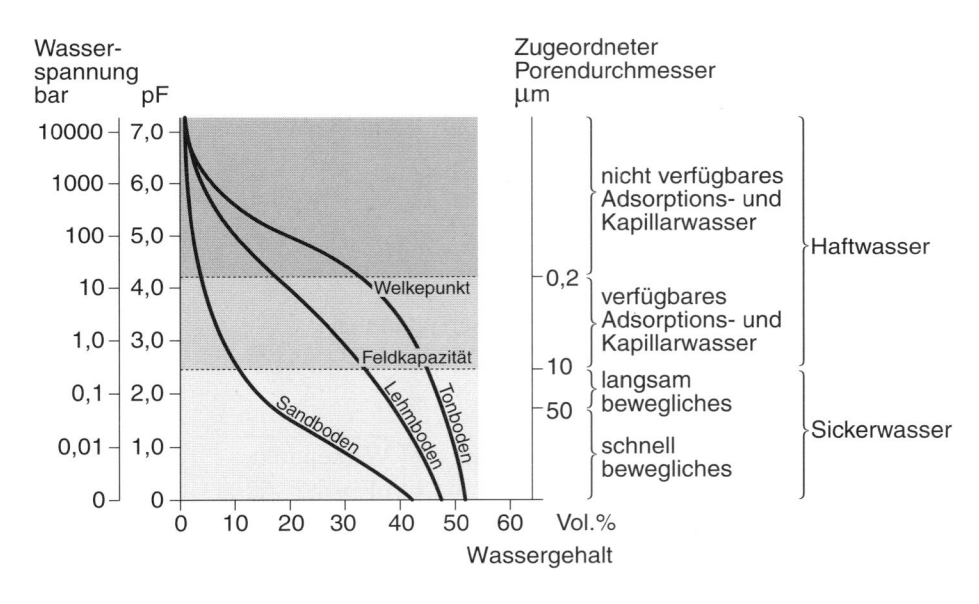

Abb. 1.37. Wasserspannungskurven eines Sandbodens, eines Lehmbodens und eines Tonbodens. (Nach SCHROEDER u. BLUM 1992)

Betrachten Sie Abb. 1.37. Dort ist die Wasserspannung verschiedener Böden in Abhängigkeit von deren Wassergehalt (in Prozent) aufgetragen. In welchem Prozentbereich liegt diejenige Haftwassermenge, die in einem Sandboden bzw. in einem Lehmboden pflanzenverfügbar ist? Wodurch sind die Unterschiede bedingt?

5 Flüssige und gasförmige Bestandteile des Bodens

> **1** Die pflanzenverfügbare Haftwassermenge in einem Sandboden liegt ungefähr zwischen 5 und 10 % Wasser, in einem Lehmboden zwischen ungefähr 18 und 35 %, also in einem viel breiteren Bereich. Der pflanzenverfügbare Wassergehalt ist abhängig von > Körnung, Art und Anzahl der Poren, Gehalt an organischer Substanz, alles Faktoren, in denen sich Sand- und Lehmböden unterscheiden.

Die in diesem Abschnitt erläuterten Begriffe sind in folgenden Begriffsnetzen zusammengestellt:

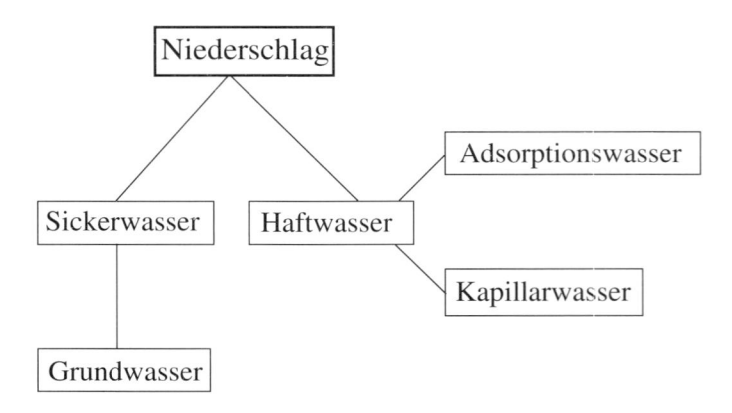

```
            Niederschlag
           /           \
                        Adsorptionswasser
   Sickerwasser   Haftwasser
                        Kapillarwasser
   Grundwasser
```

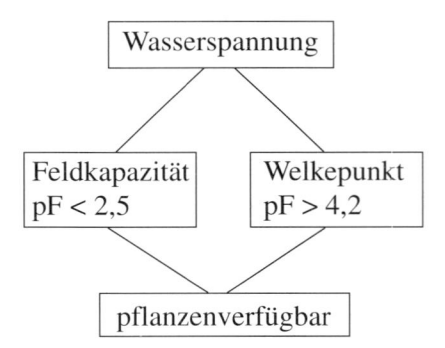

```
            Wasserspannung
           /              \
   Feldkapazität        Welkepunkt
   pF < 2,5             pF > 4,2
           \              /
            pflanzenverfügbar
```

5.2 Bodenluft

Alle Hohlräume des Bodens, die nicht mit Wasser gefüllt sind, enthalten Luft. Wenn das Wasser den gesamten Porenraum des Bodens erfüllt, wenn also volle > Wassersättigung erreicht ist, ist der Luftgehalt des Bodens gleich Null, abgesehen von der im Wasser gelösten Luft.

5.2 Bodenluft

Die Luft im Boden ist ein ebenso wichtiger Wachstumsfaktor für die Pflanzen wie das Wasser. Der in ihr vorhandene Sauerstoff ist Voraussetzung für die > Atmung vieler Mikroorganismen und die der Pflanzenwurzeln. Flach wurzelnde Gräser stellen einen geringeren Anspruch an den Luftgehalt des Bodens (6 – 10 Vol.%) als Hackfrüchte, deren Wurzeln stark atmen (Kartoffeln: 20 – 25 Vol.%). Auch der größte Teil der Mikroorganismen ist auf Luftsauerstoff angewiesen (man nennt sie Aerobier, vgl. > aerob). Mangelt es an Luft, dann können sich solche Mikroorganismen vermehren, die keinen Luftsauerstoff brauchen (Anaerobier, vgl. > anaerob). So sind also in einem ausreichend mit Sauerstoff versorgten Boden diejenigen Bakterien aktiv, die den im Ammoniumion (NH_4^+) gebundenen Stickstoff (N), in das Nitration (NO_3^-), überführen. Dieser Prozeß, bei dem NH_4^+ zu NO_3^- oxidiert (> Oxidation) wird, wird *Nitrifikation* genannt. Nitrat ist die wichtigste Stickstoffquelle der höheren Pflanzen. Bei Sauerstoffmangel hingegen sind solche Mikroorganismen aktiv, die NO_3^- als Sauerstoffquelle nutzen und den Stickstoff in molekularen Stickstoff N_2 überführen, d. h. solche, die das Nitration reduzieren (> Reduktion). Dieser Prozeß wird *Denitrifikation* genannt. Der gasförmige Stickstoff kann nur von wenigen Mikroorganismen genutzt werden.

NH_4^+ entsteht durch den Abbau organischer Substanz.

$$NH_4^+ \xrightarrow{\textit{Nitrifikation}} NO_3^- \xrightarrow{\textit{Denitrifikation}} N_2$$

Weiterhin sind die chemischen Prozesse (> Oxidationen und > Reduktionen) im Boden abhängig vom Sauerstoff der Bodenluft, wodurch die Bodenentwicklung beeinflußt wird.

Durch die Atmungsaktivität der Wurzeln und der (Mikro-)Organismen wird der Sauerstoff im Boden verbraucht, während sich gleichzeitig Kohlendioxid (CO_2) anreichert. Der *Sauerstoffgehalt* ist in der Bodenluft deshalb regelmäßig geringer als in der Atmosphäre (mittlere Werte: in der Atmosphäre 21, in der Bodenluft 20,6 Vol.%). Der *CO_2-Gehalt* der Bodenluft ist meist höher als der der Atmosphäre (mittlere Werte: in der Atmosphäre 0,03, in der Bodenluft 0,3 Vol.%). Ein hoher CO_2-Gehalt geht einher mit einem niedrigen O_2-Gehalt.

Diese unterschiedlichen > Partialdrücke von O_2 und CO_2 in der Atmosphäre und in der Bodenluft streben nach einem Ausgleich. Da der O_2-Partialdruck in der Atmosphäre höher und der CO_2-Partialdruck niedriger als in der Bodenluft ist, diffundiert[41] O_2 aus der Atmosphäre in den Boden, CO_2 aus dem Boden in die Atmosphäre. Ein großer Teil des aus dem Boden entweichenden CO_2 kann direkt von dem Pflanzenbewuchs für die > Photosynthese eingesetzt werden. Der Gasaustausch zwischen Boden und Atmosphäre ist abhängig von der Luft-

---

41 Lat. diffusio = Ausbreitung.

durchlässigkeit des Bodens, die durch die Anzahl und Kontinuität der Poren, durch > Körnung, > Gefüge, Wassergehalt und Beschaffenheit der Bodenoberfläche bestimmt wird. Ist der Gasaustausch durch Verschlämmung oder Verkrustung des Bodens behindert, dann reichert sich CO_2 an, während O_2 abnimmt, so daß das Pflanzenwachstum behindert wird.

5.3 Zusammenfassung

Fragen:

1. Beschreiben Sie mehrere verschiedene Wege, die das Niederschlagwasser innerhalb des gesamten Wasserkreislaufs nehmen kann.

2. Was ist der Grund dafür, daß nicht alles Wasser, das in den Boden eindringt, versickert, sondern daß ein Teil entgegen der Schwerkraft im Boden als Haftwasser festgehalten wird?

3. Wie unterscheiden sich Adsorptions- und Kapillarwasser, was ist ihnen gemeinsam?

4. Wie sind die Begriffe Feldkapazität, Wasserspannung und Welkepunkt definiert?

5. Wieviel bar entsprechen einem pF-Wert von 4? Ist Wasser mit diesem pF-Wert von Pflanzen nutzbar?

6. Im überfluteten Boden kommt es zu einem Abbau des für Pflanzen nutzbaren Nitrats (NO_3^-). Was ist der Grund?

7. Wintersaaten können nach der Schneeschmelze im Frühjahr zu gilben beginnen, ein Zeichen für gestörten Stoffwechsel der Pflanzen (Verminderung des Blattgrüns). Eggt man den Boden, erholen sich die Pflanzen. Wie ist dies zu erklären?

Antworten:

1. – Niederschlag – Oberflächenwasser – Abfluß über Flüsse – Meer – Wolkenbildung – Niederschlag

   – Niederschlag – Bodenwasser – Sickerwasser – Grundwasser – Quelle – Flüsse – Meer – Wolkenbildung – Niederschlag

   – Niederschlag – Bodenwasser – Haftwasser – Bodenverdunstung – Wolkenbildung – Niederschlag

- Niederschlag – Bodenwasser – Haftwasser – Aufnahme durch Pflanze – Verdunstung an Blattoberfläche (Transpiration) – Wolkenbildung – Niederschlag

2. Der Grund sind Kräfte an der Oberfläche von Bodenpartikeln in Form von negativen Ladungen, welche die dipolaren Wassermoleküle anziehen. Das Wasser haftet im Boden.

3. Adsorptionswasser ist das Haftwasser an festen Bodenpartikeln (die nicht an der Bildung einer Kapillare beteiligt sind); Kapillarwasser ist das Haftwasser in Kapillaren. Gemeinsam ist ihnen die Ursache der Bindung an den Boden, die Oberflächenkräfte an den Bodenteilchen.

4. Definitionen vgl. Abschn. 5.1.1 und 5.1.2

5. Ein pF-Wert von 4 bedeutet, daß das Bodenwasser einer Spannung von 10 bar unterliegt. Es ist so locker gebunden, daß Pflanzen es nutzen können.

6. Der Grund ist mangelnder Sauerstoff. Unter dieser Bedingung reduzieren > anaerobe Mikroorganismen NO_3^- zu gasförmigem N_2.

7. Durch Eggen wird der verschlämmte Boden wieder durchlässig für Gase gemacht. Mit der Luft dringt Sauerstoff in den Boden, CO_2 kann entweichen. Die Wurzelatmung und damit der Stoffwechsel normalisieren sich.

6 Bodengefüge

In Kap. 5 war indirekt vom Gefüge des Bodens die Rede, ohne daß dieser Ausdruck bisher erläutert worden wäre. Die Anordnung der Bodenpartikel und die Existenz von Kapillaren spielen nämlich zum Verständnis der im Boden wirkenden Oberflächenkräfte, und damit zum Verständnis des Wasser- und Lufthaushalts, eine grundlegende Rolle. Die Art des Bodengefüges ist wichtig für die Fruchtbarkeit eines Bodens. In diesem Kapitel soll nun ein kurzer zusammenhängender Überblick über das Bodengefüge vermittelt werden.

*Unter **Bodengefüge** (synonym: Bodenstruktur) versteht man die Art der räumlichen Anordnung der festen mineralischen und organischen Bestandteile des Bodens, durch die das gesamte Bodenvolumen in das Volumen der festen Bestandteile und in das von den Hohlräumen gebildete Porenvolumen aufgeteilt ist.*

Der Begriff Gefüge ist nicht zu verwechseln mit dem der Körnung (= Textur: *Mengenzusammensetzung* der festen Bestandteile nach ihren *Korngrößen*), wie er in Abschn. 3.5.1 beschrieben ist.

6.1 Gefügemorphologie

Das grobe Gefüge des Bodens erkennt man schon mit bloßem Auge. Fallen die Körner leicht aus dem Gefügeverband heraus, spricht man von *Einzelkorngefüge* (Abb. 1.38). Die einzelnen Bodenpartikel sind nicht untereinander verklebt. Nur bei mittleren Wassergehalten werden sie durch die im Kap. 5 behandelten Oberflächenkräfte zusammengehalten. Bei Trockenheit oder bei zu hoher Feuchtigkeit fallen sie auseinander, wie man an steilen Sandböschungen leicht beobachten kann. Die Böschung rutscht ab, bis sie bei einem bestimmten Böschungswinkel stabil wird. Beim *Kohärentgefüge*[42] hingegen sind die Oberflächenkräfte so groß, daß sie die Bodenpartikel aneinander binden. Dies ist bei sehr feinkörnigen Böden wie > Schluff-, > Ton- und > Lehmböden der Fall. Aber auch Sandböden können Kohärentgefüge bilden, dann nämlich, wenn die einzelnen Sandkörner von z. B. Eisenoxid umhüllt und dadurch miteinander verklebt werden (Kittgefüge). Wie auch immer die Partikel zusammengehalten werden, das Kohärentgefüge sieht aus wie eine ungegliederte Masse, ganz im Gegensatz zum *Aggregatgefüge*[43]. Dieses zeichnet sich dadurch aus, daß in der Bodenmasse deutlich abgegrenzte Bereiche fest mit-

---

42 Lat. cohaerentia = Zusammenhang.
43 Lat. aggregere = beigesellen.

einander verkitteter Partikel liegen, sog. Aggregate. Je nachdem, auf welche Weise diese Aggregate entstanden sind, kann man verschiedene Formen von Aggregatgefügen unterscheiden. Als Beispiel sei hier nur das Krümelgefüge (Abb. 1.39) genannt, das sich im humosen Oberboden z. B. unter Grünland befindet. Es bildet sich durch eine intensive biologische Aktivität, z. B. Vermischen der Bodenpartikel beim Durchgang durch den Verdauungsapparat der Bodentiere, Verkleben durch Pilzhyphen (> Hyphen), Bakterienkolonien und Schleimstoffe, die die Wurzeln ausscheiden. Das Aggregatgefüge ist durch einen hohen Anteil an Poren sowie rundliche, unregelmäßig begrenzte Krümel gekennzeichnet.

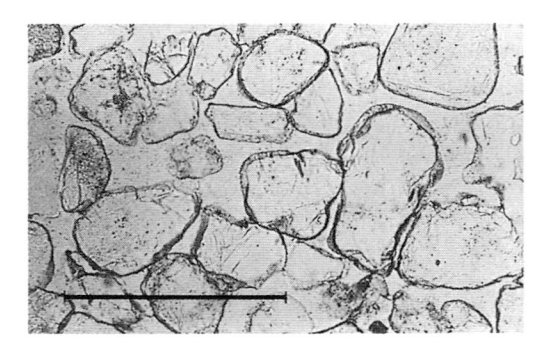

Abb. 1.38. Einzelkorngefüge aus Sand. Die Länge des Balkens entspricht 1 mm. (Aufn. H.J. ALTEMÜLLER, aus SCHEFFER u. SCHACHTSCHABEL 1992)

Abb. 1.39. Krümelgefüge. Die Länge des Balkens entspricht 1 cm. (Aufn. R. TIPPKÖTTER, aus SCHEFFER u. SCHACHTSCHABEL 1992)

Über die hier genannten Ursachen der Gefügebildung hinaus – Verkittung durch anorganische Substanzen, biologische Prozesse – gibt es eine ganze Reihe weiterer Vorgänge, die an der Gefügebildung mitwirken: Quellung, Schrumpfung, Flockung, Verkittung, Verklebung und Zertrümmerung. Auch das Wurzelwachstum trägt zur

Gefügebildung bei. Die Wurzeln folgen bei ihrem Wachstum nicht nur primär bereits vorhandenen Poren und Röhren, um neue Ressourcen zu erschließen, sondern sie verdrängen Bodenteilchen durch ihren Eigendruck und verändern dabei das Gefüge (= *Durchwurzelung*).

> Eine weitere Veränderung erfährt das Gefüge durch den Eingriff des Menschen, der zum Gefügeaufbau oder zur Gefügezerstörung führen kann. – Nennen Sie Beispiele für Gefügezerstörung und -aufbau durch die menschliche Tätigkeit. Mit welchen Maßnahmen kann der Gefügezerstörung entgegengewirkt werden?
>
> •••••
>
> Zerstörung durch Belastung bei Betreten und Befahren: besonders deutlich z. B. bei Zufahrten zu Baustellen, Begehen feuchter Wiesen, Feldbearbeitung oder forstwirtschaftliche Arbeiten mit schweren Maschinen. Der Gefügezerstörung wirken entgegen: Bodenlockerung durch Pflügen, Aufbrechen von Verschlämmungskrusten beim Eggen, Mulchen.

Die Verdichtung des Bodens, die die Gefügeänderung verursacht, wird ausführlicher in Abschn. 9.2 behandelt.

6.2 Porenvolumen

Ein wichtiger Faktor, der das Gefüge beeinflußt, ist die Korngrößenverteilung (= Körnung oder Textur) eines Bodens (vgl. Abschn. 3.5). Ein hoher Anteil an groben Partikeln bedingt zwar viele und v. a. weite Hohlräume, insgesamt ist das Volumen dieser Poren jedoch geringer als bei einem Boden mit feinsten Partikeln, die von einer außerordentlich großen Anzahl enger Poren begleitet sind. Das *Porenvolumen* besteht aufgrund der unterschiedlichen Größe und Lagerung der Bodenbestandteile aus einem vielgegliederten System von Poren unterschiedlicher Größe und Gestalt:

– *Grobporen:* mittlerer Durchmessser > 10 µm; Sickerwasser führend, nach Abzug des Wassers mit Luft gefüllt

– *Mittelporen:* 10 – 0,2 µm; pflanzenverfügbares Haftwasser haltend, nach Austrocknung luftgefüllt

– *Feinporen*: < 0,2 µm; nicht verfügbares Haftwasser haltend, nur bei sehr starker Austrocknung luftgefüllt.

Der Wasserhaushalt verschiedener Bodenarten (vgl. Abschn. 5.1) hängt also entscheidend vom Porenvolumen und dem Anteil der Poren bestimmter Größenbereiche ab. Es lassen sich Tendenzen bzgl. des Porenvolumens und der Porengröße in Abhängigkeit von der Bodenart beobachten: Das Porenvolumen des > Tons ist größer als das des > Schluffs, dessen Porenvolumen wiederum größer ist als das des > Lehms, und das geringste Porenvolumen hat > Sand. Ganz entsprechend verhält es sich mit dem Anteil an Feinporen oder Kapillaren: Ton hat die meisten, Sand die wenigsten. Umgekehrt ist das Verhältnis bei den Grobporen: Sand hat die meisten, Ton die wenigsten. Zusammenfassend kann man diese Verhältnisse folgendermaßen beschreiben:

Porenvolumen: Ton > Schluff > Lehm > Sand,

Grobporen: Sand > Lehm, Schluff > Ton,

Mittelporen: Lehm, Schluff > Ton > Sand,

Feinporen: Ton > Schluff > Lehm > Sand,

(nach SCHROEDER u. BLUM 1992).

Durch die Energie, mit der Regentropfen auf dem nicht durch Pflanzen bedeckten Boden aufschlagen, werden Bodenaggregate zertrümmert. Überlegen Sie, was die Folge ist und was geschieht, wenn der Boden auch nur etwas geneigt ist?

•••••

Durch den Aufprall der Regentropfen werden Bodenpartikel zerschlagen, und es entsteht sehr feines Bodenmaterial. Es wird durch das Wasser wegtransportiert und verstopft die Poren. Dadurch wird die Wasseraufnahme des Bodens behindert. Weiteres Wasser dringt nur schwer in den Boden ein, es fließt entsprechend der Hangneigung als Oberflächenwasser ab und nimmt dabei die feinen Bodenteilchen mit. Es kommt zur > Erosion des Bodens durch Wasser, die je nach ihrer Intensität mehr oder weniger rasch die Ertragsfähigkeit der Böden mindert.

Die Bodenerosion wird ausführlicher in Abschn. 9.1 behandelt.

6.3 Zusammenfassender Rückblick

Das *Bodengefüge* wirkt sich entscheidend auf die Bodenfruchtbarkeit aus, weil wichtige Eigenschaften des Bodens wie die Porengrößenverteilung, die Durchwurzelbarkeit, die Durchlüftung, das Wasserspeichervermögen u. a. von ihm abhängen. So bietet z. B. das Krümelgefüge eine optimale Porengrößenverteilung mit den besten Eigenschaften für einen ausgeglichenen Luft- und Wasserhaushalt, für die Mikroorganismentätigkeit, für die Durchwurzelbarkeit und für die Ernährung der Pflanzen über die Wurzeln.

6.3 Zusammenfassender Rückblick

Als Zusammenfassung dieses Kapitels ergänzen Sie bitte das folgende Begriffsnetz, ausgehend vom Bodengefüge.

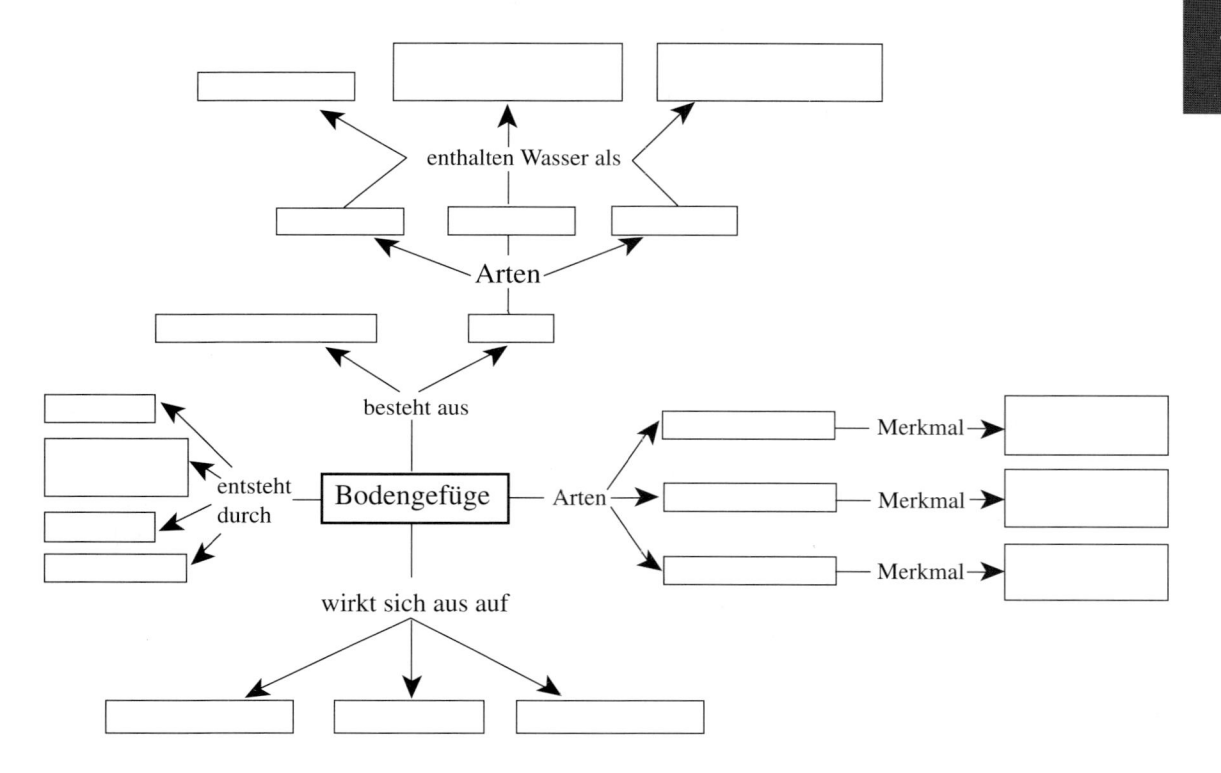

6 Bodengefüge

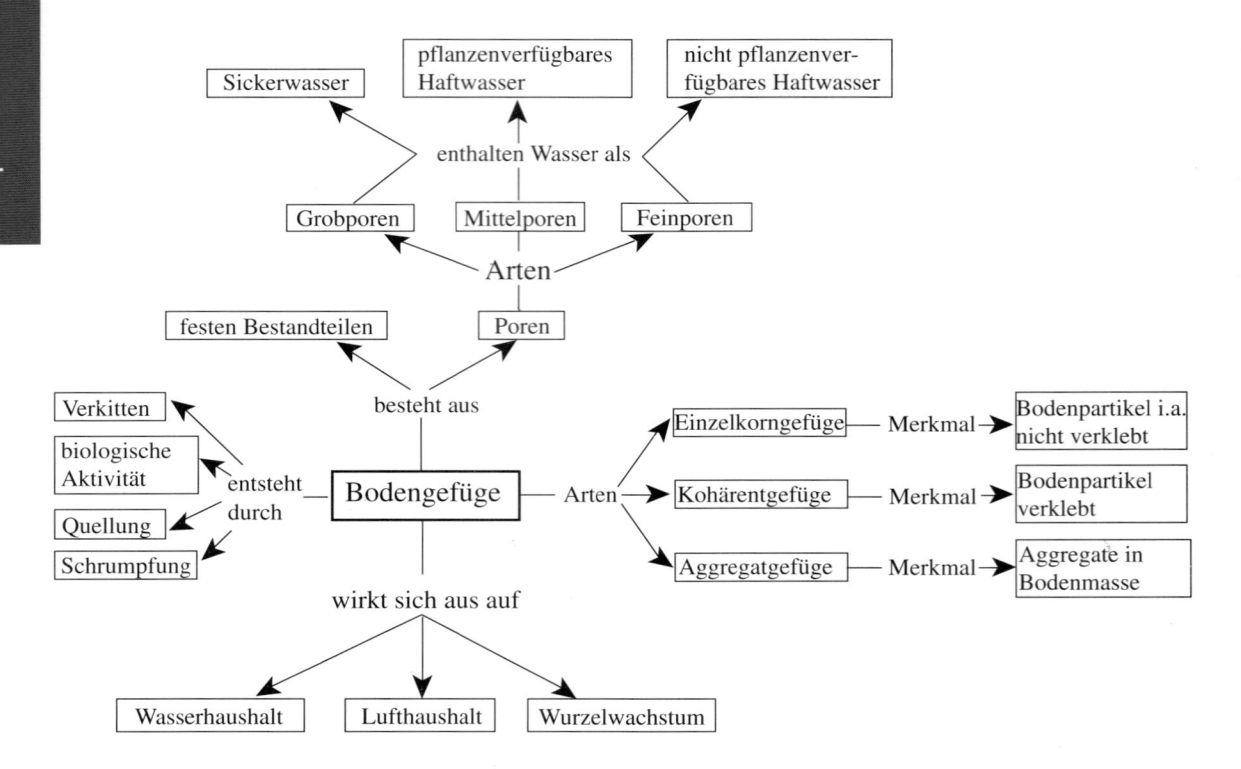

1

```
                    pflanzenverfügbares      nicht pflanzenver-
   Sickerwasser         Haftwasser           fügbares Haftwasser
         ↖              ↑                    ↗
              enthalten Wasser als
         Grobporen   Mittelporen    Feinporen
                ↖       ↑       ↗
                      Arten
                       ↑
    festen Bestandteilen   Poren
              ↖       ↗
              besteht aus
```

- Verkitten
- biologische Aktivität   entsteht
- Quellung   durch
- Schrumpfung

Bodengefüge — Arten →
- Einzelkorngefüge — Merkmal → Bodenpartikel i.a. nicht verklebt
- Kohärentgefüge — Merkmal → Bodenpartikel verklebt
- Aggregatgefüge — Merkmal → Aggregate in Bodenmasse

wirkt sich aus auf
- Wasserhaushalt
- Lufthaushalt
- Wurzelwachstum

82

7 Physikalisch-chemische Eigenschaften

Im Abschn. 5.1 über das Bodenwasser wurden die physikalisch-chemischen Vorgänge beschrieben, die Wasser an der Grenzfläche von Bodenpartikeln festhalten. Sie spielen damit eine wichtige Rolle bei der Pflanzenverfügbarkeit von Wasser, also für die Bodenfruchtbarkeit. In diesem Kapitel sollen einige der anderen physikalisch-chemischen Bodeneigenschaften beschrieben werden, die ähnlich weitreichende Konsequenzen haben: der Kationenaustausch, auf den schon mehrfach hingewiesen wurde, und die Säureverhältnisse im Boden, die Bodenreaktion. Andere physikalisch-chemischen Vorgänge, die im Boden ablaufen, wie der Austausch von Anionen oder die Reduktions-/Oxidationsreaktionen, können hier nicht behandelt werden.

Bei der Darstellung der Tonminerale (s. Abschn. 3.4) und der Huminstoffe (s. Abschn. 4.1.2) wurde der Kationenaustausch schon kurz als Vorgang, der für die Nährstoffversorgung der Pflanzen wichtig ist, angesprochen. Indirekt wurde auch die Bodenreaktion einige Male erwähnt: Die Säureverhältnisse im Boden beeinflussen die Pufferfähigkeit des Bodens (S. 11), die Verwitterung zu Tonmineralen (S. 31), die Humifizierung (S. 51) und die Bodenfruchtbarkeit. Ihre Auswirkungen sind so umfassend, daß auch ein wichtiger Teil des Kationenaustausches von den Säureverhältnissen abhängt. Vom Kationenaustausch hängt die Nährstoffversorgung der Pflanzen ab. Im folgenden Kapitel werden wir zuerst den Kationenaustausch darstellen, da dabei auf schon bekannte Prinzipien zurückgegriffen werden kann.

7.1 Kationenaustausch

Bei der Beschreibung der Entstehung von Haftwasser (S. 67) wurde erläutert, daß Kräfte – es wurden die negativen Ladungen hervorgehoben – an der Oberfläche der Bodenteilchen maßgebend für die Bodeneigenschaften sind. Dort war es die Fähigkeit, mit Hilfe der negativen Oberflächenladung Wasser zu binden und einen Teil davon langsam wieder abzugeben. Diese negative Ladung der Bodenpartikel ist auch die Grundlage des Kationenaustauschs (> Kationen).

Unter **Kationenaustausch** *versteht man den Austausch von an der Oberfläche von Bodenpartikeln (= Austauscher) adsorbierten Kationen gegen andere Kationen aus der Bodenlösung.*

> Wiederholen Sie das in Abschn. 3.4 über die Dreischicht-Tonminerale Gesagte. Wie entstehen negative Ladungen bei diesen Tonmineralen? Welche der durch sie gebundenen Kationen können gegen andere Kationen ausgetauscht und in die Bodenlösung abgegeben werden?
>
> •••••

7 Physikalisch-chemische Eigenschaften

> In Tonmineralen entstehen negative Ladungen dadurch, daß (während der Bildung der Tonminerale) im Gitter höherwertige Kationen (Si^{4+} bzw. Al^{3+}) durch niederwertige (Al^{3+} bzw. Mg^{2+}) ersetzt werden. Zum Ladungsausgleich lagern sich Kationen an. Ausgetauscht werden können diese aber nur dann, wenn sie sich an Oberflächen befinden, also anderen Kationen aus der Bodenlösung zugänglich sind. Solche Dreischicht-Tonminerale, die aufweitbar sind (deren Schichten also auseinanderweichen), haben große innere Oberflächen und damit viele austauschbare Kationen.

Negative Ladungen an Bodenpartikeln entstehen also zum einen durch Ersatz höherwertiger durch niederwertigere Kationen im Gitter der Tonminerale. Zum anderen treten Wasserstoffionen (= Protonen) aus oberflächennahen –OH-Gruppen der Huminstoffe oder Tonminerale in die Bodenlösung über. Dabei lassen sie negative Ladungen zurück. Die Wasserstoffionen ihrerseits verändern den Säuregrad der Bodenlösung. Je mehr Wasserstoffionen in einer Lösung sind, um so saurer ist sie. Die Konzentration der Wasserstoffionen, die eine entscheidende Rolle bei vielen chemischen Reaktionen spielt, ist der pH-Wert.

Näheres über den pH-Wert und seine Ableitung können Sie im Anhang nachlesen. Der pH-Wert des Bodens wird ausführlicher im folgenden Abschnitt behandelt.

Die Unterscheidung der negativen Ladungen ist für den Kationenaustausch wichtig:

Die negativen Ladungen, die durch Ersatz von Kationen im Kristallgitter verursacht werden, werden *permanente* genannt, da sie unabhängig von äußeren Bedingungen sind. Im Gegensatz dazu sind die negativen Ladungen, die durch Übertritt von H^+-Ionen in die Bodenlösung bedingt sind und die deshalb von der Konzentration der H^+-Ionen der Bodenlösung abhängen, *variabel* oder pH-abhängig.

Abbildung 1.40 zeigt das Prinzip des Kationenaustauschs. Calcium und Kalium sind an ein Bodenpartikel gebunden, sie werden durch Aluminium ersetzt. Der Austausch erfolgt dabei immer in äquivalenten Mengen, d. h. unter Berücksichtigung der Wertigkeit der beteiligten Kationen. So werden z. B. zwei der einfach positiv geladenen H^+-Ionen gegen ein Ca^{2+}-Ion ausgetauscht.

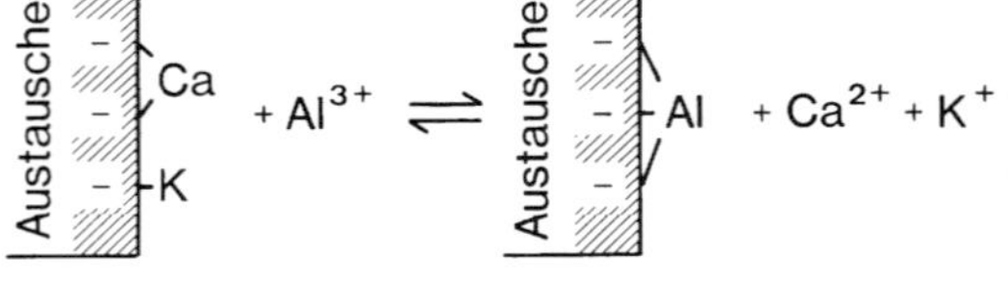

$$\text{Austauscher}\begin{Bmatrix} - \\ - \\ - \end{Bmatrix}\begin{matrix} Ca \\ K \end{matrix} + Al^{3+} \rightleftharpoons \text{Austauscher}\begin{Bmatrix} - \\ - \\ - \end{Bmatrix} Al + Ca^{2+} + K^+$$

Abb. 1.40. Skizze eines Kationenaustausches. (Aus Scheffer u. Schachtschabel 1992)

Ca^{2+}-, Mg^{2+}-, K^+-, Na^+-, H^+-, Al^{3+}-, NH_4^+- und Fe^{2+}-Ionen sind die wichtigsten austauschbaren Kationen. Hinzu kommen in Spuren Schwermetalle wie Mn (Mangan), Zn (Zink), Cu (Kupfer) und Pb (Blei), Cd (Cadmium), Hg (Quecksilber), Cr (Chrom), Sr (Strontium) u. a. sowie positiv geladene organische (Schad-)Stoffe.

Der Kationenaustausch spielt im Stoffhaushalt des Ökosystems Boden eine große Rolle. Er betrifft unmittelbar die Nährstoffversorgung der Pflanzen. Die im Boden festgehaltenen Kationen gelangen nur im Austausch gegen andere in die Bodenlösung. Erst aus dieser können sie von den Pflanzenwurzeln aufgenommen werden. Durch die Bindung von Kationen an immobile Oberflächen wird ihre zu rasche Auswaschung aus dem Wurzelraum verhindert. Die Fähigkeit des Kationenaustauschs bestimmt demnach auch die Filtereigenschaften des Bodens, die hinsichtlich Gewässerschutz, Schadstoffakkumulation, Nährstoffauswaschung u. a. von großer ökologischer Bedeutung sind. Darüber hinaus beeinflussen die austauschbaren Kationen viele Bodeneigenschaften, wie die Bodenreaktion, die Pufferung, den Wasser- und Lufthaushalt und damit die Bodenentwicklung sowie die Gefügebildung.

Diese austauschbaren Kationen bilden den Kationenbelag des Bodens. Man bezeichnet die Summe der adsorbierten bzw. austauschfähigen Kationen als > **Kationenaustauschkapazität** *(= KAK; gemessen in Milliequivalent pro Gramm Boden = meq/g Boden oder meq/100g Boden).*

Die Höhe der Kationenaustauschkapazität ist nicht nur vom pH-Wert, sondern auch von der Bodenart abhängig. Der Gehalt der Böden an Tonmineralen und Huminstoffen spielt in diesem Zusammenhang eine wesentliche Rolle, denn diese sind die wichtigsten Kationenaustauscher.

Auch von vielen weiteren Faktoren wird der Austausch von Kationen beeinflußt. Zum Teil sind sie durch die Eigenschaften der Kationen selbst begründet oder durch diejenigen der Austauscher bedingt (z. B. Wertigkeit der Ionen und deren Konzentration in der Bodenlösung).

7.2 Bodenreaktion (pH-Wert)

Unter **Bodenreaktion** *versteht man die saure, neutrale oder basische (= alkalische) Reaktion des Bodens.*

Diese hängt von der Konzentration der H^+-Ionen (= Protonen) im Boden ab. Genau genommen liegen in wäßriger Lösung keine freien H^+-Ionen vor, da sich ein freies Proton sofort an ein Wassermolekül

7 Physikalisch-chemische Eigenschaften

anlagert und damit H_3O^+ entsteht. Der Kürze halber spricht man aber von H^+. Als Maß für die Konzentration der H^+-Ionen gilt der *pH-Wert*, d. h. der negative dekadische Logarithmus der Wasserstoffionenkonzentration:

$$pH = - \lg C_{H^+}$$

Je nach Konzentration der H^+-Ionen spricht man von der *Bodenacidität* (saure Wirkung, pH < 7) oder *Bodenalkalität* (alkalische Wirkung, pH > 7).

Der *pH-Wert* ist eine der wichtigsten Kenngrößen des Bodens, welche alle chemischen, biologischen und viele physikalischen Bodeneigenschaften bestimmt und damit das Pflanzenwachstum beeinflußt. Zudem ist er leicht meßbar. Er wirkt sich auf das Bodengefüge und damit auch auf den Wasser- und Lufthaushalt, die Lebensbedingungen der Bodenorganismen und die Verfügbarkeit von Nähr- und Schadstoffen aus. In Abb. 1.41 sind die Einflüsse des pH-Wertes schematisch und vereinfacht zusammengestellt.

> Was steckt hinter dem Begriff pH-Wert? Wie leitet er sich chemisch ab? Was bedeutet ein „hoher" pH-Wert? Näheres dazu erfahren Sie im Anhang. Wenn Sie dies durcharbeiten, gewinnen Sie auch einen Einblick in die quantifizierende Denkweise der Chemie.

> pH ($CaCl_2$) bedeutet, daß der pH-Wert in einer Calciumchlorid ($CaCl_2$)-Lösung gemessen wurde. Man kann eine Bodenprobe in Wasser aufschlämmen, warten, bis die Bodenteilchen sich abgesetzt haben, und im mehr oder weniger klaren Überstand den pH-Wert bestimmen. Damit erfaßt man alle H^+-Ionen, die sich im Wasser befinden. Diejenigen H^+-Ionen, die an Bodenpartikel austauschbar gebunden sind, gehen in diese Messung nicht ein. Schlämmt man die Bodenprobe nun nicht in Wasser, sondern in einer $CaCl_2$-Lösung auf, dann werden nahezu alle austauschbaren H^+-Ionen durch Ca^{2+} ersetzt und gehen in Lösung. Man mißt dann weitgehend den Gesamtgehalt an H^+-Ionen. Der Unterschied beträgt ca. 0,6 Einheiten.

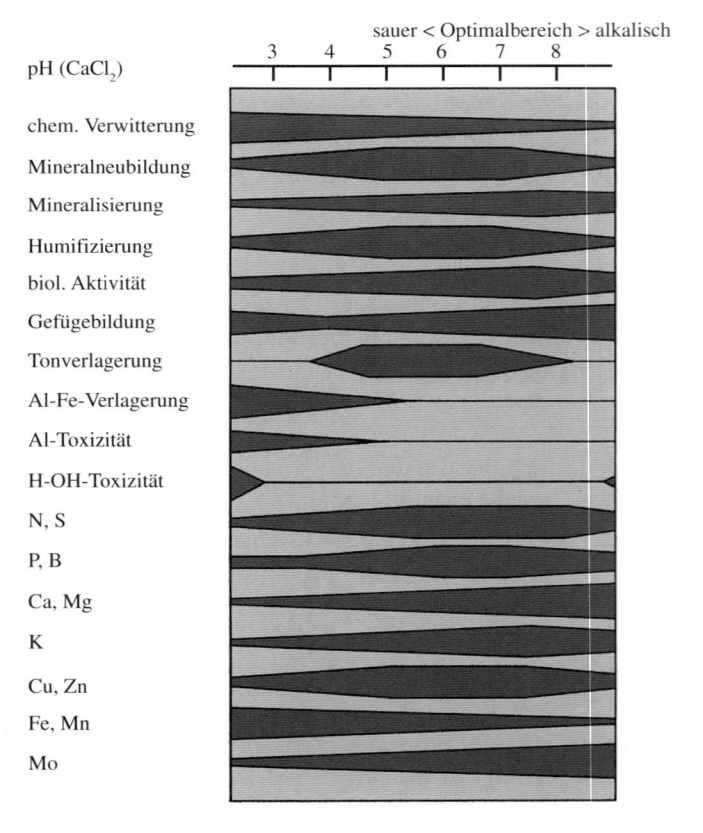

Abb. 1.41. Beziehung zwischen pH-Wert und verschiedenen ökologischen und pedologischen Faktoren. Je breiter das dunkle Band, desto intensiver ist der Vorgang bzw. die Verfügbarkeit der Elemente. (Nach SCHROEDER, aus GISI 1990)

Während Böden in trockenen Gebieten der Erde, in denen die Auswaschung der positiv geladenen Kationen gering ist, stark alkalisch sein können (Salz- und Natriumböden), haben die Böden in Mitteleuropa meist einen leicht sauren Charakter. Die häufigsten pH-Werte liegen zwischen 5,0 und 6,5.

Die Stärke der Bodenreaktion wird zum einen von den Wasserstoffionen in der Bodenlösung bestimmt. Diese gibt die sog. *aktuelle Bodenacidität* wieder. Außerdem tragen noch die an Austauschern adsorbierten H^+-Ionen zur Acidität bei sowie Al^{3+}-Ionen. Ein Aluminiumion zieht nämlich 6 Wassermoleküle an. Da Al^{3+} stark positiv ist, richten die Wasserdipole sich mit ihrem negativen Pol zum Aluminium aus, während die positiven Ladungsschwerpunkte außen liegen und weniger fest gebunden sind. Deshalb können H^+-Ionen von dem $Al(H_2O)_6$-Komplex dissoziieren. Die an Austauschern adsorbierten sowie vom $Al(H_2O)_6$-Komplex freigesetzten H^+-Ionen bedingen die *potentielle* Acidität. Potentiell, weil diese erst nach dem Austausch bzw. der Freisetzung wirksam wird. Aktuelle und potentielle Acidität bilden die *Gesamtacidität* des Bodens (vgl. auch die Erklärung neben Abb. 1.41).

Die die Bodenacidität verursachenden H^+-Ionen stammen aus vielen Quellen, einige seien genannt:

– Bei der Atmung der Wurzeln und beim Abbau organischer Substanzen durch Mikroorganismen entsteht CO_2. Dieses reagiert mit Bodenwasser zu Kohlensäure (H_2CO_3), die zu H^+ und HCO_3^- dissoziiert;

– Durch örtliche und zeitliche Trennung zwischen Mineralisierung, > Nitrifikation und Aufnahme der Mineralstoffe durch die Pflanze entstehen H^+-Ionen.

– Wenn Pflanzen durch ihre Wurzeln Nährstoffkationen aufnehmen, geben sie dafür H^+-Ionen ab.

– Bei der Bildung von Huminstoffen entstehen organische Säuren.

– Im Boden findet die > Oxidation von Fe^{2+}-(Eisen-) und Mn^{2+}-Ionen (Manganionen) zu Fe^{3+}- und Mn^{3+}-Ionen statt. Dabei werden zwar zunächst H^+-Ionen verbraucht, aber die Produkte setzen sich sofort mit Wasser um, jedenfalls bei den normalerweise im Boden vorherrschenden pH-Werten, und dabei werden H^+-Ionen freigesetzt.

– Mineraldünger, wie schwefelsaures Ammoniak und alle Volldünger wirken physiologisch sauer, da die Pflanzen bevorzugt die Kationen des Düngers aufnehmen.

– H^+-Ionen stammen nicht zuletzt aus den durch anthropogene Immission stark versauerten Niederschlägen.

Die Dipolbildung von Wassermolekülen wurde in Zusammenhang mit der Entstehung des Haftwassers im Boden erklärt, vgl. S. 67.

Huminstoffe und ihre chemische Struktur wurden in Abschn. 4.1.2 dargestellt.

Bei einer erhöhten anthropogen verursachten Versauerung der Böden wird durch Austausch von Ionen, welche die Mineralien zusammenhalten, gegen Protonen das Gefüge in größerem als dem natürlichen Maß zerstört. Die Folge ist ein „Zerfall" in kleine Ton- und Schluffteilchen, die über Klüfte und Poren in tiefere Horizonte geschwemmt werden und den Boden dort verdichten. Mit den feinen Bodenteilchen werden auch die daran adsorbierten Nährstoffe aus dem Oberboden ausgewaschen. Es kommt dort zu einem Mangel an Nährstoffen. Der Mangel z. B. an Stickstoff kann noch verstärkt werden durch eine im sauren Boden gehemmte > Nitrifikation. Des weiteren erhöht sich die Löslichkeit von toxischen Schwermetallen und Aluminium bei niedrigem pH-Wert.

Es kommt zu einer erhöhten Versauerung des Bodens, wenn durch fortdauernde Zufuhr von Protonen die *Pufferkapazität* des Bodens erschöpft ist.

*Ein **Puffer** ist eine Substanz, die den pH-Wert innerhalb eines begrenzten Bereiches selbst dann konstant hält, wenn (nicht zu große Mengen) Säuren oder Basen hinzugefügt werden.*

In der Bodenkunde versteht man unter *Pufferkapazität* das Vermögen von 1 kg Boden, eine bestimmte Protonenanzahl zu neutralisieren. Im Boden sind insgesamt 4 unterschiedliche Puffersysteme wirksam: Carbonatpuffer, Silicatpuffer, Pufferung durch variable Ladung (vgl. Abschn. 7.1) und Pufferung durch Aluminium- und Eisenoxide. Sie können die anfallenden H^+-Ionen reversibel und irreversibel binden und so den pH-Wert annähernd konstant halten.

Im folgenden werden 2 Aspekte der Bedeutung des pH-Wertes näher betrachtet:

Kalkung. Unter den feuchten Klimabedingungen Mitteleuropas mit den entsprechenden Sickerwassermengen wird der Kalk ($CaCO_3$) aus dem Boden ausgeschwemmt. Dadurch fehlt der Carbonatpuffer, der die Ionen nach der Formel $CaCO_3 + H^+ \longrightarrow Ca^{2+} + HCO_3^-$ bindet. Infolgedessen sinkt der pH-Wert des Bodens ab. Deshalb führt man bei landwirtschaftlichen Böden regelmäßige *Erhaltungskalkungen* durch. Bei Wäldern werden wegen der anthropogen verursachten Versauerung inzwischen ebenso Kalkungen, sog. *Gesundungskalkungen*, durchgeführt. Dadurch wird der pH-Wert des Oberbodens wieder angehoben und viele vorher lösliche Schwermetalle und Aluminium werden immobilisiert (vgl. Abb. 1.41). Kritiker der Gesundungskalkung argumentieren, daß die Kalkung nur eine Symptombekämpfung sei und außerdem eine schnelle Mineralisierung der unter sauren Verhältnissen aufgestauten organischen Substanz zur Folge habe, die über den Bedarf der Pflanzen an Nährstoffen

Die Lösung des Kalks erfolgt nach dem gleichen chemischen Prozeß, der auch bei der Verkarstung eine Rolle spielt.

hinausgehe. Eine Auswaschung z. B. von Nitrat in das Grundwasser wird befürchtet.

Zeigerwerte. Die meisten Pflanzen wachsen am besten in einem pH-Bereich von 5,0 – 7,5. In tonreichen Böden liegt dieses Wachstumsoptimum mehr bei höheren pH-Werten, da im neutralen Bereich die Struktur dieser Böden stabiler ist als in sauren (s. o.). Je humusreicher allerdings ein Boden ist, um so mehr verschiebt sich das Optimum zum niedrigeren pH, da dort auch Spurenelemente leichter in Lösung gehen, also pflanzenverfügbar werden. Bei welchem pH-Wert die Pflanzen besonders gut gedeihen, hängt allerdings nicht nur vom Tongehalt und der organischen Substanz des Bodens, sondern auch von der Pflanzenart selbst ab. Es besteht eine Korrelation zwischen dem Auftreten oder Fehlen solcher Pflanzenarten, die sehr empfindlich auf Veränderungen des pH-Wertes reagieren, und dem pH-Wert des Bodens. Man kann die Wachstumsfähigkeit einer Pflanze bei verschiedenen pH-Werten experimentell feststellen. Man erhält dann das physiologische Reaktionsvermögen der Pflanze und ihr *physiologisches pH-Optimum*. Solche Versuche finden allerdings nicht in Gegenwart anderer Pflanzenarten statt. Unter natürlichen Bedingungen leben die Pflanzen in Pflanzengemeinschaften, die Pflanzen konkurrieren also miteinander. Weniger durchsetzungsfähige Arten wachsen dann auch unter Bedingungen, die nicht optimal sind. So haben durch die Konkurrenz manche ihr *ökologisches Optimum* auf sauren Böden gefunden, andere auf alkalischen, auch wenn ihr physiologisches Wuchsoptimum eher im neutralen Bereich liegt (vgl. Abb. 1.42). Das Auftreten bestimmter Artengemeinschaften erlaubt so Rückschlüsse auf den pH-Wert des Bodens (Bioindikation).

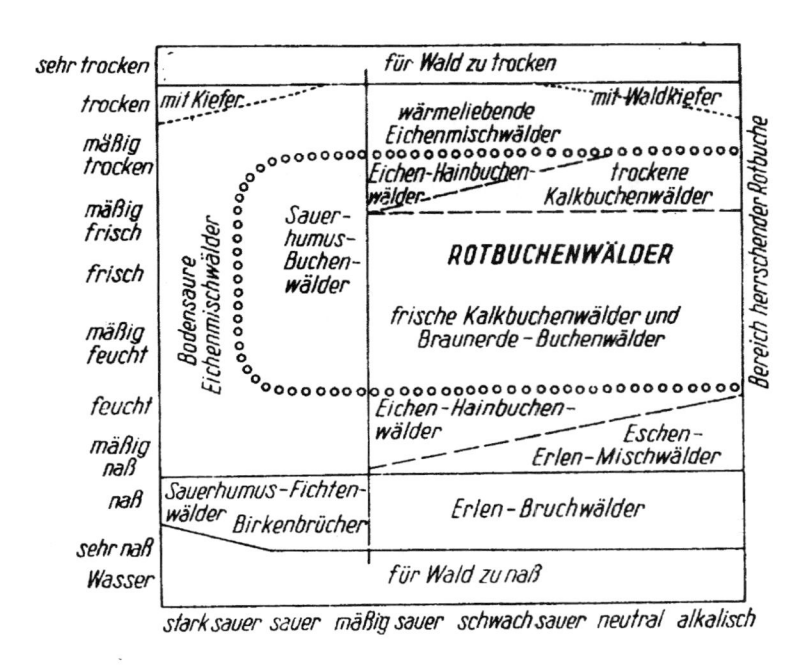

Abb. 1.42. Feuchtigkeits- und Säurebereich mitteleuropäischer Laubwaldverbände. (Nach ELLENBERG 1963, aus LERCH 1991)

1

> Rotbuche, Esche, Stieleiche, Schwarzerle, Moorbirke und Waldkiefer wachsen innerhalb weiter pH- und Feuchtigkeitsgrenzen, bei mittleren pH- und mittleren Feuchtigkeitswerten gedeihen sie am besten (physiologische Optima). Vergleichen Sie mit diesen Befunden die Aufzeichnungen in Abb. 1.42, die die tatsächlichen Verhältnisse in mitteleuropäischen Laubwaldverbänden wiedergeben: Wie verhalten sich physiologisches und ökologisches Optimum der einzelnen Baumarten?
>
> •••••
>
> Die Rotbuche setzt sich durch, bei ihr stimmen physiologischer und ökologischer Optimalbereich im wesentlichen überein. Alle anderen Baumarten sind in weniger günstige pH- und/oder Feuchtigkeitsbereiche abgedrängt.

7.3 Zusammenfassung

Fragen:

1. Was versteht man unter Kationenaustausch?

2. Was ist der Unterschied zwischen permanenter und variabler Ladung?

3. Beschreiben Sie das Prinzip des Kationenaustauschs.

4. Nennen Sie einige wichtige austauschbare Kationen sowie Schadstoffe, die sich am Kationenaustausch beteiligen können.

5. Welche Bedeutung hat der Kationenaustausch?

6. Wie ist die Kationenaustauschkapazität definiert?

7. Wie ist die Bodenreaktion definiert?

8. Welche pH-Werte zeigen saure, neutrale und alkalische Bodenreaktion?

9. Auf welche Bodeneigenschaften wirkt sich der pH-Wert aus?

10. Wie unterscheiden sich potentielle und aktuelle Bodenacidität?

11. Nennen Sie einige Prozesse, durch die H^+-Ionen im Boden entstehen.

12. Was ist ein Puffer, was versteht man unter Pufferkapazität?

13. Warum ist Kalk zur Erhaltung des Boden-pH-Wertes erforderlich?

14. Was ist ein physiologisches, was ein ökologisches pH-Optimum bei Pflanzen?

15. Was ist Bioindikation?

Antworten:

1. Definition vgl. Abschn. 7.1

2. Die permanente Ladung, die durch Ersatz höherwertiger Kationen durch niederwertigere im Gitter von Tonmineralen entsteht, ist unabhängig vom pH-Wert. Variable Ladung, die durch Dissoziation von Protonen entsteht, ist pH-abhängig.

3. Kationen, die an der Oberfläche von Bodenpartikeln gebunden sind, werden durch andere Kationen in äquivalenten Mengen ersetzt.

4. Ca^{2+}-, Mg^{2+}-, K^+-, Na^+-, H^+-, Al^{3+}-, NH_4^+-, Fe^{2+}-, Fe^{3+}-Ionen, Pb, Cd, Hg, Cr, Sr

5. Gleichmäßige Nährstoffversorgung, Einfluß auf Filter- und Puffereigenschaften, auf die Bodenreaktion, endlich auf Gefügebildung und Bodenentwicklung.

6. Definition vgl. Abschn. 7.2

7. Definition vgl. Abschn. 7.2

8. Bei saurer Bodenreaktion ist der pH-Wert < 7, bei neutraler > 7 und bei basischer (alkalischer) > 7.

9. Der pH-Wert wirkt sich auf das Bodengefüge (damit Luft- und Wasserhaushalt), auf die Verfügbarkeit der Pflanzennährstoffe, allgemein auf die Lebensbedingungen der Organismen aus.

10. Die potentielle Bodenacidität umfaßt die an Austauschern adsorbierten H^+-Ionen und diejenigen, die aus $Al(H_2O)_6$-Komplexen freigesetzt werden. Die aktuelle Acidität umfaßt die H^+-Ionen der Bodenlösung.

11. H^+-Ionen entstehen im Boden durch Wurzelatmung, Nährstoffaufnahme durch Wurzeln, Bildung organischer Säuren bei der

Humifizierung, Oxidation von Eisen- und Manganverbindungen, Düngung, saure Niederschläge.

12. Definition vgl. Abschn. 7.2

13. In Mitteleuropa fallen reichlich Niederschläge, die mit dem Sikkerwasser den Kalk aus dem Boden ausschwemmen. Dies hat ein Absinken des pH-Wertes zur Folge.

14. Das physiologische pH-Optimum gibt den pH-Wert wieder, bei dem die Pflanze – ohne Anwesenheit anderer Arten – am besten gedeiht. Das ökologische pH-Optimum gibt den pH-Wert wieder, bei dem die Pflanze in Gegenwart anderer, konkurrierender Arten wächst.

15. Bioindikation ist eine Methode, bei der aus dem Auftreten bestimmter Arten auf die Bodenreaktion geschlossen wird.

8 Bodenentwicklung und Bodensystematik

Ein Rückblick auf die bisherigen Ausführungen zeigt, daß Boden ein außerordentlich dynamisches System ist. Chemische und biologische Prozesse unterschiedlicher Art bewirken nicht nur, daß Boden entsteht, sondern auch, daß er sich weiterentwickelt. Es bilden sich verschiedene *Bodentypen* heraus. Diese stellen charakteristische Stadien der Bodenentwicklung dar. Wie diese Bodenentwicklung abläuft, hängt von den an einem Standort wirksamen äußeren Bedingungen ab.

Im folgenden Kapitel werden wir zunächst auf diese Faktoren eingehen, deren Wirken im einzelnen schon in den vorhergehenden Kapiteln behandelt wurde, so daß es sich hier um eine Art Zusammenfassung unter dem Aspekt der Bodenentwicklung handelt. Anschließend werden wir kurz auf einige wichtige Prozesse der Bodenentwicklung zu sprechen kommen. Dann wird das Ergebnis solcher Prozesse behandelt: die Ausbildung von Bodenhorizonten. Zuletzt werden verschiedene Bodentypen vorgestellt sowie Angaben über ihre Fruchtbarkeit und Nutzung gemacht.

8.1 Entwicklung der Böden

8.1.1 Faktoren der Bodenentwicklung

Entstehung und Weiterentwicklung von Böden faßt man unter dem Begriff **Pedogenese**[44] *zusammen.*

> Überlegen Sie, bevor Sie weiterlesen, welche äußeren Bedingungen die Pedogenese beeinflussen?
>
> •••••
>
> Die Pedogenese wird beeinflußt durch: Ausgangsgestein, Klima, Schwerkraft/Relief, Fauna und Flora sowie menschliche Tätigkeit.

Ausgangsgestein. Neben der Streu (abgeworfene Blätter, Nadeln, Holzteilchen etc.) stellt das Ausgangsgestein das Substrat der Bodenbildung dar. Es liefert die mineralischen Bestandteile. Je weniger weit die Bodenentwicklung fortgeschritten ist, desto stärker beeinflußt die Eigenart des Gesteins Bodenbildung und -eigenschaften. In den Tropen, wo die Verwitterung (hohe Temperaturen, große Regenmengen) rasch voranschreitet und tiefgründige Böden erzeugt, ist das sehr tiefliegende Gestein ohne großen Einfluß auf den Pflanzenstandort. In Mitteleuropa (gemäßigtes Klima) beeinflußt das Gestein auch in späteren Stadien der Bodenbildung den Pflanzenstandort.

---

44 Griech. pedon = Boden; griech. genesis = Entstehung, Werden, Schöpfung.

Klima. Das Klima wirkt direkt auf die Bodenentwicklung durch *Temperatur* und *Niederschlagwasser*, die die chemischen Umsetzungen beeinflussen sowie indirekt über die von Temperatur und Wasser abhängigen Bodenlebewesen und die Vegetation. Weiterhin kommt es zur Abtragung von Material durch den W*ind* (= Deflation[45]) und/ oder *Oberflächenwasser* (> Erosion).

Neben dem Niederschlagwasser spielt auch das *Grundwasser* eine Rolle. Es verdrängt die Bodenluft und erzeugt somit > anaerobe Verhältnisse, die zu einer Hemmung der > aeroben mikrobiellen Zersetzung führen. Auf diese Art und Weise können z. B. Moore entstehen.

Schwerkraft/Relief. Auch die Schwerkraft wirkt sich auf die Bodenentwicklung aus, da unter ihrem Einfluß das Bodenwasser versickert und überlagernde Bodenschichten Druck auf tiefere ausüben. Das *Relief* der Bodenoberfläche beeinflußt hauptsächlich in Hanglagen die Bodenentwicklung: Durch abfließendes Wasser wird Bodenmaterial hangabwärts verlagert. Fehlt die Vegetationsdecke, besteht die Gefahr einer Bodenabschwemmung.

Fauna und Flora. Zusammenfassend lassen sich folgende Einflüsse des > Edaphons auf die Bodenentwicklung anführen:

– Die Vegetation liefert mit der Streu das organische Ausgangsmaterial. Bei dessen > Humifizierung entstehen in Abhängigkeit von den Pflanzengesellschaften verschiedene Humusformen (vgl. Abschn. 4.1.2).

– Die Vegetationsdecke bildet eine Deckschicht über der Bodenoberfläche und schützt damit den Boden vor Erosion und Deflation sowie vor Nährstoffauswaschung durch Festlegung in der Biomasse.

– Wurzeln und Mikroben scheiden Säuren (vgl. S. 87) und Komplexbildner aus und tragen so zur Verwitterung bei.

– Bodentiere schaffen Aggregate (vgl. S. 60), die Verlagerungs- und Abbauvorgänge erschweren.

– Wühlende Bodentiere (wie Regenwürmer) mischen und verlagern Bodenmaterial (vgl. S. 60), was einem abwärts gerichteten Stoffstrom entgegenwirkt,

(nach SCHEFFER u. SCHACHTSCHABEL 1992 sowie SCHROEDER u. BLUM 1992).

Menschliche Tätigkeit. Der Mensch beeinflußt die Geschwindigkeit und Richtung der Bodenentwicklung direkt durch Kultur-

---

45 Lat. de = weg, ent...; lat. flare = blasen.

maßnahmen oder indirekt über Beeinflussung von Gestein, Klima und Vegetation. Die Einflüsse sind mannigfaltig:

- Rodung des Waldes führt zu Nährstoffauswaschung und Umlagerung von Bodenmaterial (Bodenerosion).
- Beim Ackerbau schafft die Pflugarbeit einen künstlichen Bodenaufbau, den Horizont Ap. Der Abbau organischer Substanz wird durch Belüftung des Bodens intensiviert.

Näheres über die verschiedenen Horizonte erfahren Sie in Abschn. 8.2.1.

- Durch Düngung werden die Nährstoffgehalte des Bodens erhöht; durch Kalkung die pH-Werte. Kalkung wirkt der natürlichen Versauerung entgegen und verlangsamt die Verwitterung.
- Nadelholzaufforstungen fördern die Neigung nährstoffarmer Böden zur Rohhumusbildung und Podsolierung (S. 96) infolge der schwer zersetzbaren Streu.
- Durch Grundwassererhöhung und Bewässerung in ariden Gebieten kommt es (wegen der erhöhten Wasserverdunstung und Zurückbleiben der darin gelösten Salze) zu einer Versalzung.
- Anthropogene Immission (SO_2, NO_x, die nach Reaktion mit Wasser starke Säuren bilden) fördert die Versauerung des Bodens u. a.

(nach SCHEFFER u. SCHACHTSCHABEL 1992).

Ein weiterer wesentlicher Faktor ist die *Zeit*, d. h. die Dauer der Bodenentwicklung. Die Böden der Tropen und Subtropen bezeichnet man als *„alte Böden"*. Dort kann man die Bodenentwicklung bis ins Erdmittelalter (vor 250 – 65 Mio. Jahren) verfolgen. Im Gegensatz dazu wurde in Europa und Nordamerika die Bodenentwicklung durch die Eiszeiten (Beginn vor 2,5 Mio. Jahren, > Quartär) unterbrochen, damals vorhandene Böden wurden auch z. T. zerstört. Unsere Böden entwickelten sich erst in der Nacheiszeit, sind also junge Böden.

8.1.2 Vorgänge bei der Bodenentwicklung

Bei der Pedogenese werden Stoffe umgewandelt (transformiert): ***Transformation***[46] *oder verlagert (transloziert):* ***Translokation***[47].

Transformationsprozesse haben Sie schon kennengelernt. Welche sind es?

•••••

---

46 Lat. transformatio = Veränderung.
47 Lat. trans = hinüber, durch, über, jenseits; lat. locus = Ort.

1

> Bei den Transformationsprozessen finden Umformungen durch Verwitterung (vgl. Abschn. 3.3), Humifizierung (vgl. Abschn. 4.1.2), Gefügebildung (vgl. Abschn. 6.1) oder Mineralneubildung (vgl. Abschn. 3.3.2) statt.

Translokationsprozesse umfassen alle solche Verlagerungs-, Verteilungs- und Durchmischungsvorgänge im Boden, die zur *Differenzierung* der Bodenschichten führen. Nicht dazu gehören solche Umlagerungsprozesse, die eine Durchmischung des Bodens, also die Zerstörung des Schichtaufbaus bewirken, wie die Tätigkeit bodenwühlender Tiere.

Transformations- und Translokationsprozesse laufen nicht isoliert voneinander ab, sondern beeinflussen sich gegenseitig. Erst ihr Zusammenwirken führt zu einem „reifen" Boden, dessen Eigenschaften sich nichtsdestoweniger mit fortschreitender Zeit ändern. Ein Boden ist um so weiter entwickelt, je länger die Prozesse andauern. Es kann aber auch, wie schon erwähnt, zu einem Abbruch der Bodenentwicklung kommen, z. B. in den Eiszeiten, in denen der Boden zudem häufig auch noch abgetragen wurde. Nach dem Ende der Eiszeiten setzte die Bodenentwicklung erneut ein bzw. begann erst auf dem während der Kaltzeiten angewehten > Löß.

Ein wichtiger Translokationsprozeß ist die *Podsolierung*. Dieser Prozeß findet bei saurer Bodenreaktion, also mangelhafter Nährstoffversorgung und kühlfeuchtem Klima statt. Unter diesen Bedingungen wird die Aktivität der Mikroorganismen gehemmt, die die kleineren (niedermolekularen) organischen Verbindungen weiter zerlegen. Da unter den gleichen Bedingungen auch Aluminium und Eisen in höherer Konzentration gelöst vorliegen, werden die gelösten organischen Stoffe in der Regel zusammen mit Aluminium und Eisen von oben nach unten transportiert. In tieferen Schichten werden die gelösten Stoffe wieder ausgefällt. Sie reichern sich dort an. Die Podsolierung findet v. a. unter Nadelhölzern und in der Heidelandschaft statt, wo die Streu besonders nährstoffarm und schwer zersetzbar ist. Podsolierung ist die Ursache für die Entstehung eines bestimmten Bodentyps, des *Podsols*.

Ein häufiger, durch Podsolierung entstehender Bodentyp, der Podsol, wird auf S. 102 näher beschrieben.

8.2 Bodensystematik

8.2.1 Bodenprofil und Bodenhorizonte

Die verschiedenen Faktoren und Prozesse der Pedogenese bewirken, daß in den unterschiedlichen Tiefen des Bodens Lagen entstehen, die zur Bodenoberfläche ungefähr parallel verlaufen. Diese Lagen werden *Bodenhorizonte* genannt. (Die im Laufe der geologischen Entwicklung entstandenen Gesteinslagen werden im Unterschied zu den Bodenhorizonten als Schichten bezeichnet.) Die unterschiedliche Art und Abfolge der Horizonte wird zur morphologischen Unterscheidung von verschiedenen Bodentypen herangezogen.

Man bezeichnet den senkrechten zweidimensionalen Schnitt durch einen Boden, der die Abfolge der Horizonte in flächenhafter Ansicht zeigt, als *Bodenprofil* (Abb. 1.43, links). Zur Darstellung eines Bodenprofils bedient man sich standardisierter Zeichen (Abb. 1.43, rechts und Tabelle 1.6). Die Hauptbodenhorizonte werden durch Großbuchstaben gekennzeichnet, wodurch u. a. die Lage der Horizonte beschrieben wird. Zur weiteren Charakterisierung werden Kleinbuchstaben, die die spezifische Wirkung bodenbildender Prozesse charakterisieren, nachgestellt.

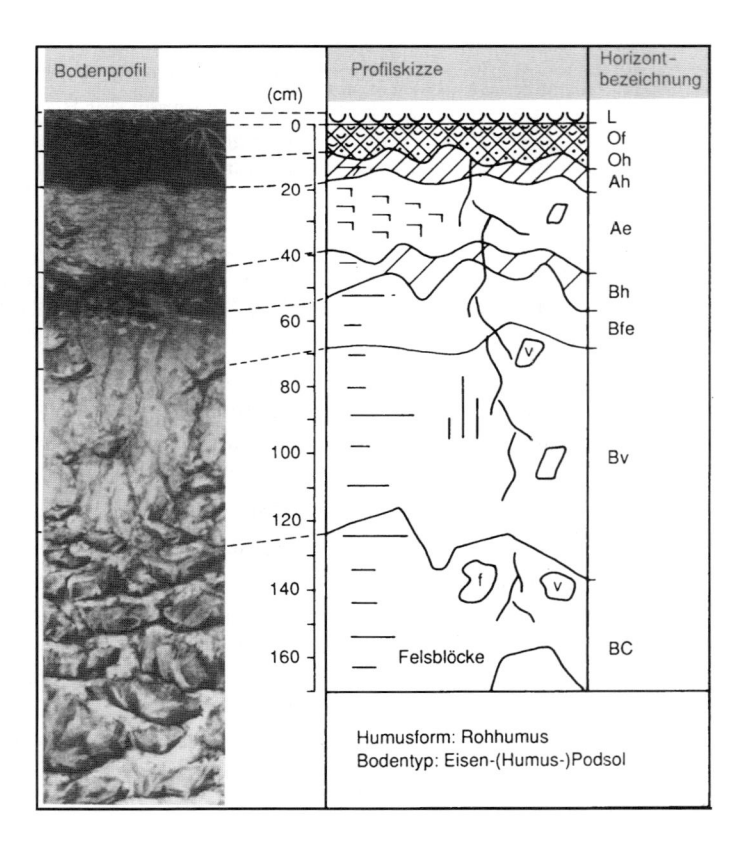

Abb. 1.43. Bodenprofil (*links*) und schematische Profilskizze (*rechts*) mit Bezeichnung und Signaturen der Horizonte (vgl. auch Tabelle 1.6). (Aus Gisi 1990)

8 Bodenentwicklung und Bodensystematik

Tabelle 1.6. Kurzcharakterisierung der Haupthorizonte und wichtiger Subhorizonte. (Nach Kartieranleitung BRD, aus Gisi 1990)

L	Streuauflage, Organischer Horizont an der Bodenoberfläche von nicht oder wenig zersetzter Pflanzensubstanz mit weniger als 10 % Feinsubstanz; auch als O1 bezeichnet.
O	Organischer Horizont über dem Mineralboden aus Humusansammlung mit mehr als 10 % Feinsubstanz.
Of	Organischer (Fermentations-)Horizont, in dem neben Pflanzenresten bereits organische Feinsubstanz deutlich hervortritt, auch als F-Horizont bezeichnet.
Oh	Organischer Horizont, in dem die Feinsubstanz stark überwiegt (mehr als 70 %); auch als H-Horizont bezeichnet.
A	Mineralischer Oberbodenhorizont mit Akkumulation zersetzter organischer Substanz und/oder Verarmung an mineralischer Substanz.
Ah	A-Horizont mit bis zu 15 % akkumuliertem Humus (Mull).
Ap	Pflügehorizont, durch regelmäßige Bodenbearbeitung geprägt.
Al	A-Horizont, der durch Tonverlagerung an Ton verarmt und aufgehellt ist gegenüber Ah und Bt.
Ae	A-Horizont, sauergebleicht. Auch als Haupthorizont mit dem Symbol E gekennzeichnet, Eluvialhorizont (ausgewaschener Horizont), an organischer Substanz, Ton und Eisen verarmt und deshalb aufgehellt.
B	Mineralischer Unterbodenhorizont. Farbe und Stoffbestand des Ausgangsgesteins verändert durch Akkumulation von eingelagerten Stoffen aus dem Oberboden und/oder durch Verwitterung in situ.
Bv	B-Horizont, durch Verwitterung in situ verbraunt und verlehmt.
Bt	B-Horizont, durch Einwaschung mit Ton angereichert.
Bh	B-Horizont, durch Einwaschung humushaltig (Illuvialhorizont).
Bs	B-Horizont, durch Einwaschung mit Sesquioxiden angereichert, auch als Bfe bezeichnet (Illuvialhorizont).
C	Mineralischer Untergrundhorizont; in der Regel Ausgangsgestein, aus dem der Boden entstanden ist.
Cv	C-Horizont, schwach angewittert, Übergang zu frischem Gestein.
Cc	C-Horizont, mit sekundärem Kalk angereichert.
D	Mineralischer Untergrundhorizont, aus dem der Boden nicht entstanden ist.
G	Mineralbodenhorizont mit Grundwassereinfluß und dadurch verursachten hydromorphen Merkmalen.
Go	G-Horizont, oxidiert, rostfleckig, im Schwankungsbereich des Grundwassers entstanden.
Gr	G-Horizont, reduziert, fahlblau, mindestens 300 Tage im Jahr im Grundwasserbereich.
S	Mineralbodenhorizont mit Stauwassereinfluß; infolge gehemmter Wassersickerung zeitweise oder ständig luftarm, oft marmoriert.
Sw	S-Horizont, stauwasserleitend, mit höherer Wasserdurchlässigkeit als der darunterliegende Sd-Horizont.
Sd	S-Horizont, wasserstauend, meist marmoriert oder rostfleckig.

Die wichtigsten *Haupthorizonte* seien kurz erläutert:

A-Horizont: *Oberste Bodenschicht*, i. allg. reich an zersetzten organischen, humosen Substanzen, jedoch wegen der stetigen Auswaschung arm an Ton, Eisen und Aluminium.

B-Horizont: *„Unterboden"*, zusammengesetzt aus akkumulierten Substanzen, welche einerseits vom Auslaugen der oberen Schichten und andererseits vom Abbau des darunterliegenden Ausgangsgesteins stammen. Er ist durch Eisen oft rostfarben gefärbt. Der B-Horizont kann ebenfalls in verschiedene Unterschichten (B1, B2) unterteilt werden.

C-Horizont: *Anstehendes Gestein* in mehr oder weniger fortgeschrittenem Verwitterungszustand.

Über dem A-Horizont findet sich häufig ein Auflagehorizont (O) mit einem hohen Anteil organischen Materials und darüber eine Streuauflage (L) aus wenig zersetzter Pflanzensubstanz.

8.2.2 Bodentypen

Je nach Abfolge und Ausbildung der verschiedenen Horizonte unterscheidet man verschiedene *Bodentypen* (vgl. Abb. 1.45). Sie entstehen in Abhängigkeit vom Ausgangsgestein, dem Klima und der topographischen Lage. So können Bodentypen unterschiedliche Entwicklungsstadien eines Bodens unter bestimmten Bedingungen darstellen (Abb. 1.44). Hinsichtlich ihrer Fruchtbarkeit und damit Nutzung sind die Bodentypen sehr unterschiedlich.

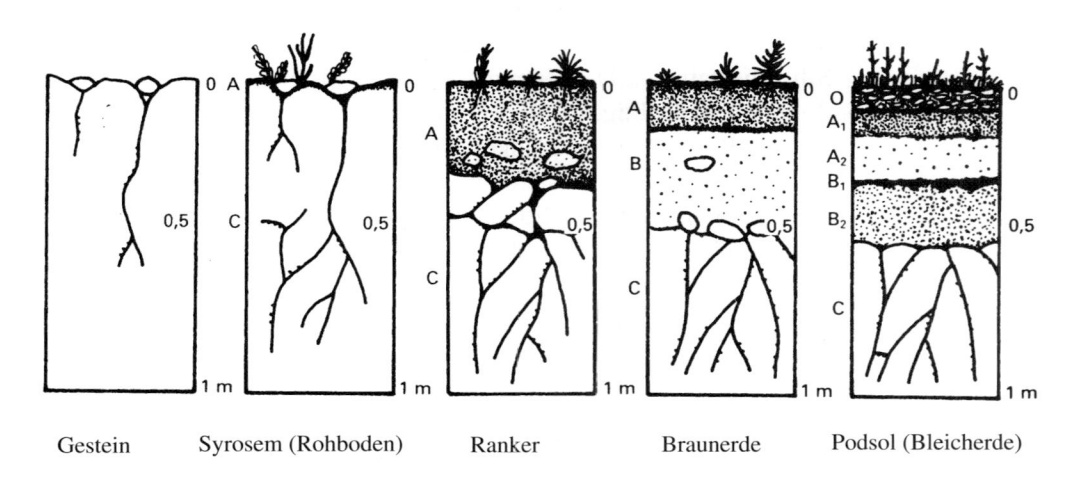

Abb. 1.44. Entwicklung eines Podsols aus Silikatgestein im humiden Klima. (Aus JOGER 1989)

Tabelle 1.7 gibt einen groben Überblick über die wichtigsten Böden Mitteleuropas.

Tabelle 1.7. Die wichtigsten Böden Mitteleuropas. (Klassifikation von KUBIENA/MÜCKENHAUSEN, aus JOGER 1989)

Bodentyp	Profil	Verbreitung
Gesteinsrohboden	A – C	Hochlagen der Gebirge
Braunerde	$A_h - B_v - C$	Ebenen, Becken
Parabraunerde	$A_h - B_l - B_t - C$	Mittelgebirge
Podsol	$O - A_h - A_e - B_h - B_{al,fe} - C$	Norddeutsches Tiefland
Pseudogley	$A_h - S - C$	Stauwasserbereich
Gley	$A_h - G_{ox} - G_{red} - C$	Grundwasserbereich
Brauner Auenboden	$A_h - B_v - G_{ox} - C$	Flußniederungen
Moorböden	T – C	

h	=	humusreich
v	=	verwittert (verbraunt)
ox	=	chemisch oxidiert
red	=	chemisch reduziert
e	=	gebleicht durch Auswaschen des Humus
al, fe	=	Anreicherung von Aluminium- und Eisenverbindungen
l	=	ausgewaschen, aufgehellt durch Tonverlagerung
t	=	mit Ton angereichert
T	=	Torf
S	=	Staunässeboden
G	=	Boden unterhalb der Grundwasserlinie

Je nach Profilausprägung lassen sich verschiedene Bodentypen klassifizieren (nach GÖBEL 1984):

Rohboden und **Ranker** (A–C-Profil, Abb. 1.44). Rohböden stellen den Beginn der Bodenentwicklung aus carbonatfreiem bzw. -armem Silicatgestein dar. Der Humushorizont ist oft lückig und erst wenige Zentimeter mächtig. Auf kieselsäurereichem Untergrund entwickelt sich der Rohboden zum Ranker. Hier liegt direkt über dem Ausgangsgestein auch nur ein 10 – 20 cm mächtiger humushaltiger und meist steiniger Horizont. In Mitteleuropa sind diese Böden besonders an steilen Hängen zu finden. Der Name Ranker bedeutet im Österreichischen Steilhang.
Fruchtbarkeit: abhängig vom Ausgangsgestein. Bei lehmhaltigem Ausgangsgestein beackerbar, bei sandigem und quarzhaltigem Gestein wenig fruchtbar;
Nutzung: je nach Ausgangsgestein, oft Waldstandorte.

Rendzina (Ah–C-Profil, Abb. 1.45). Unter braunschwarzem bis schwarzem, ca. 10 – 20 cm dicken humosen Oberboden beginnt das feste, meist hellgraue Carbonatgestein. Der Humushorizont enthält

i. allg. viele Steine, die beim Pflügen ein Rauschen durch das Kratzen am Pflug verursachen (poln. rzednic = rauschen). Er bildet sich auf Kalkstein, Dolomit und anderen Carbonatgesteinen.
Fruchtbarkeit: Wegen des oft klüftigen Untergrundes besteht die Gefahr des Austrocknens;
Nutzung: da meist flachgründig, genutzt als > Hutung oder Forst; wenn tiefgründiger, auch Ackerbau möglich.

Schwarzerde (Ah–C-Profil, Abb. 1.45). Schwarzerden (russisch: Tschernosem) bestehen aus einem humusreichen Bodenhorizont, der

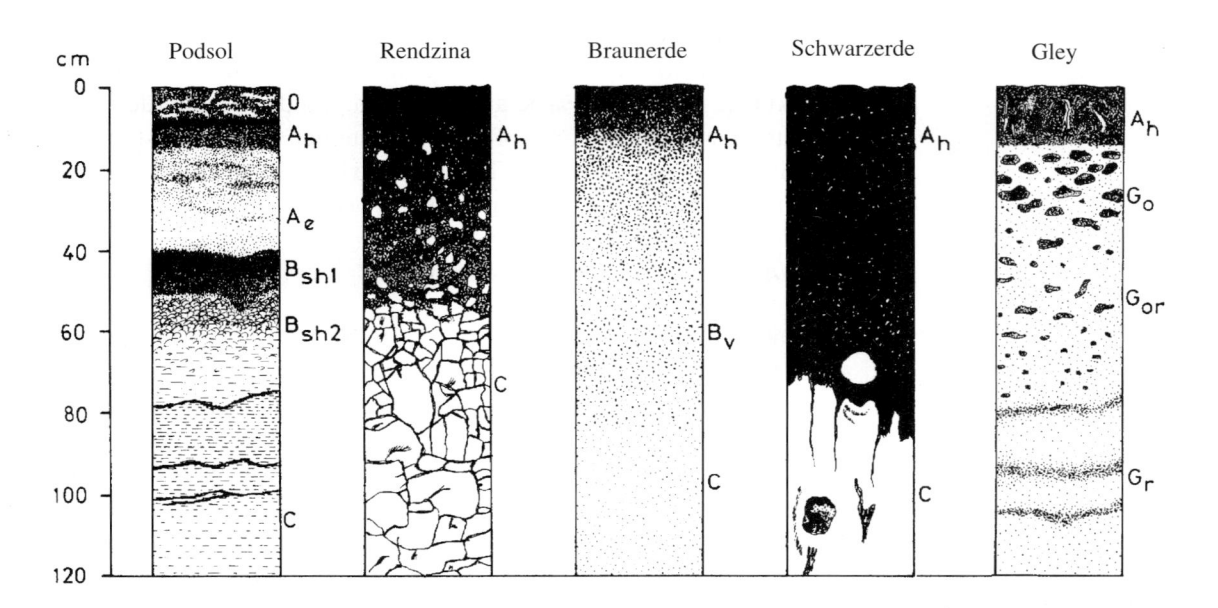

Abb. 1.45. Terrestische Bodentypen. (Aus BAUMEISTER u. ERNST 1978)

durchschnittlich 50 – 80 cm dick ist und in feuchtem Zustand eine dunkelgraue bis schwarze Farbe hat. Das meist gelblichbraune Ausgangsgestein (> Löß, Geschiebemergel o. a. kalkhaltiges Lockergestein) beginnt unmittelbar unter dem Humushorizont. Am Grenzsaum zwischen Boden und dem Gestein zieht sich häufig ein durch Kalkausscheidungen hellgrau gefärbtes Band entlang.
Fruchtbarkeit: sehr hoch;
Nutzung: ausgezeichnete Ackerböden; wichtigste Weizenböden.

Braunerde (Ah–Bv–C-Profil, Abb. 1.44 und 1.45). Der Name Braunerde kommt von dem durch feinverteilte Eisenoxide ocker- bis kaffeebraunen, bei sandigen Braunerden auch rostbraunen, im Durchschnitt 30 – 60 cm dicken Bv-Horizont, der über dem schwach verwitterten Gestein liegt. Die obersten 10 – 20 cm des Verbraunungshorizontes sind durch Humus schwarzbraun gefärbt. Die Braunerden entwik-

keln sich auf unterschiedlichen Gesteinen. Im Tiefland sind sie meist aus sandigen Ablagerungen hervorgegangen. Je nach Ausgangsgestein ist deren Nährstoffgehalt sehr unterschiedlich.
Fruchtbarkeit: durchschnittlich, stark schwankend, je nach Ausgangsgestein;
Nutzung: meist Waldstandorte; nur bei Zufuhr von Dünger und Wasser gut ackerbaulich nutzbar.

Parabraunerde (Ah–Al–Bt–C-Profil). Sie ist der häufigste Bodentyp in Deutschland. Die Parabraunerde ist gekennzeichnet durch einen fahlbraunen, ca. 50 cm mächtigen Horizont, der unter einer dünnen, schwarzbraunen Humuszone liegt. An den hellen Oberboden schließt sich oft ein mehrere Meter dicker Horizont an, der durch eine kräftig rotbraune Farbe auffällt. Während die Braunerde meist in Mittelgebirgen mit nährstoffarmen Gesteinen zu finden ist, bildet sich die Parabraunerde oft im Tiefland und in Gebieten mit Kalk und nährstoffreichen Ablagerungen (Löß).
Fruchtbarkeit: hoch;
Nutzung: i. allg. günstige Ackerstandorte.

Podsol ((L)–Of–Oh–Ah–Ae–B(sh)1–B(sh)2–C-Profil, Bleicherde, Abb. 1.44 und 1.45). Bei sandigen, wasserdurchlässigen Bodenarten und feuchtkühlem Klima werden Humusstoffe und andere färbende Bodenbestandteile durch das Sickerwasser aus dem Oberboden ausgewaschen. So entsteht ein Bleichsand mit einem hellgrauen, holzaschefarbenen Auswaschungshorizont. Darüber befindet sich ein schwarzgrau gefärbter Humushorizont. Nach unten grenzt die gebleichte Zone an eine Schicht, in der die ausgewaschenen Stoffe wieder ausgefällt werden und sich ablagern. Diese Schicht ist im oberen Teil meist durch Humusbestandteile, im unteren durch Eisenoxide rotbraun gefärbt. Oft sind die unteren Horizonte steinhart zu sog. „Ortstein" verfestigt, die Durchwurzelbarkeit ist hier eingeschränkt.
Fruchtbarkeit: gering;
Nutzung: durch künstliche Bewässerung und starke Düngung hohe ackerbauliche Erträge erzielbar.

Gley (Ah–Go–Gor–Gr-Profil, Abb. 1.45). Gleyböden sind in 2 Horizonte gegliedert: einen oberen, meist hell- bis dunkelgrau gefärbten Horizont mit vielen rostbraunen und orangeroten Flecken sowie einen unteren grau- bis graugrün gefärbten. Gleye entstehen in Tälern und Niederungen, wo der Grundwasserspiegel in geringer Tiefe (40 – 80 cm) unter der Geländeoberfläche liegt (z. B. Flußauen). Sie bilden sich häufig auf unbefestigten Sand-, Kies- und Geschiebeablagerungen.
Fruchtbarkeit: je nach Grundwasserstand verschieden, bei hohem Grundwasserstand Gefahr von Sauerstoffmangel;

Nutzung: natürliche Standorte nässevertragender Pflanzengesellschaften wie Bruchwälder. Geeignet für forstlichen Anbau von Baumarten mit hohem Wasserverbrauch wie z. B. Pappeln, Eschen, Erlen. Bei niedrigen Grundwasserstand als Wiesen und Weiden nutzbar.

Pseudogley (Ah–Sw–Sd-Profil). Anders als beim Gley sind beim Pseudogley die oberen Horizonte fleckig braun und grau gefärbt. Er bildet sich in der Regel weit oberhalb des Grundwasserspiegels an Stellen, wo das im Boden versickernde Regenwasser durch wasserundurchlässige Schichten im Unterboden gestaut wird (Stauwasser- bzw. Staunässeboden). Der Boden ist zeitweise vernäßt, der Wechsel von Trocken- und Naßphase oft schroff. Auffällig sind die Rostflecken der oberen Horizonte und ihr Gehalt an stecknadelkopf- bis erbsengroßen rostroten bis schwarzen Flecken aus Eisen- und Manganoxiden.
Fruchtbarkeit: gering, da starke Wasserstandsschwankungen;
Nutzung: vielfach gute Wiesen- und auch Waldstandorte; erschwerte Ackernutzung.

Moorböden. Moore sind gekennzeichnet durch Böden aus Torf. Ihre Torfschicht ist mindestens 30 cm bis mehrere Meter dick und besteht zu mehr als einem Drittel aus organischer Substanz. Unterschieden wird zwischen > Niedermooren, die im Einflußbereich des Grundwassers liegen, und > Hochmooren, die sich unabhängig vom Grundwasser in Gebieten mit hohen Niederschlägen und hoher Luftfeuchtigkeit entwickeln. Während der Niedermoortorf aus unzersetzten Resten von Schilf, Rohrkolben, Riedgräsern und Erlen besteht, ist der Hochmoortorf vorwiegend aus Torfmoosen entstanden.
Fruchtbarkeit: nicht beackerbar;
Nutzung: früher genutzt durch Torfstich zur Gewinnung von Brenntorf oder als extensive Moorbrandkultur; später systematische Kultivierung; heute über Naturschutzgesetzgebung Versuch zur Erhaltung der Reste und Renaturierung entwässerter Moore.

8 Bodenentwicklung und Bodensystematik

8.3 Zusammenfassung

Fassen Sie selbst die wichtigsten Aussagen dieses Kapitels zusammen, indem Sie die folgenden Begriffsnetze ergänzen.

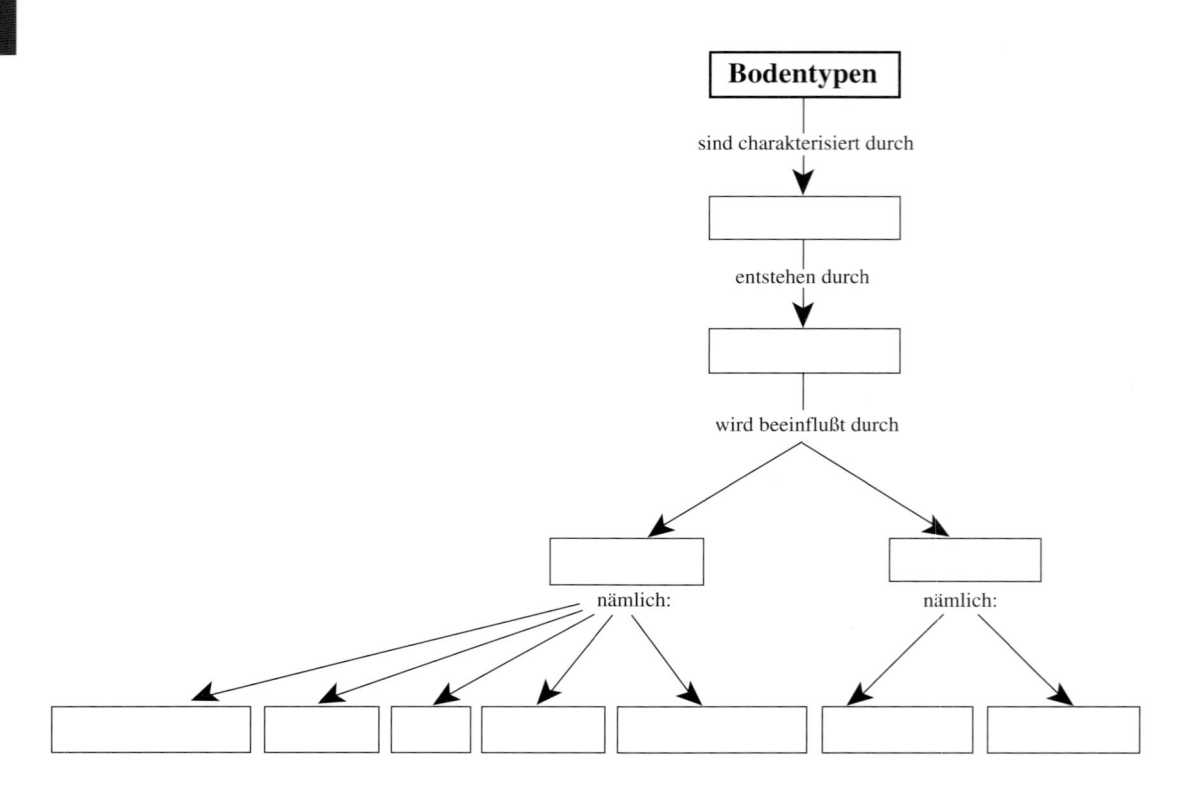

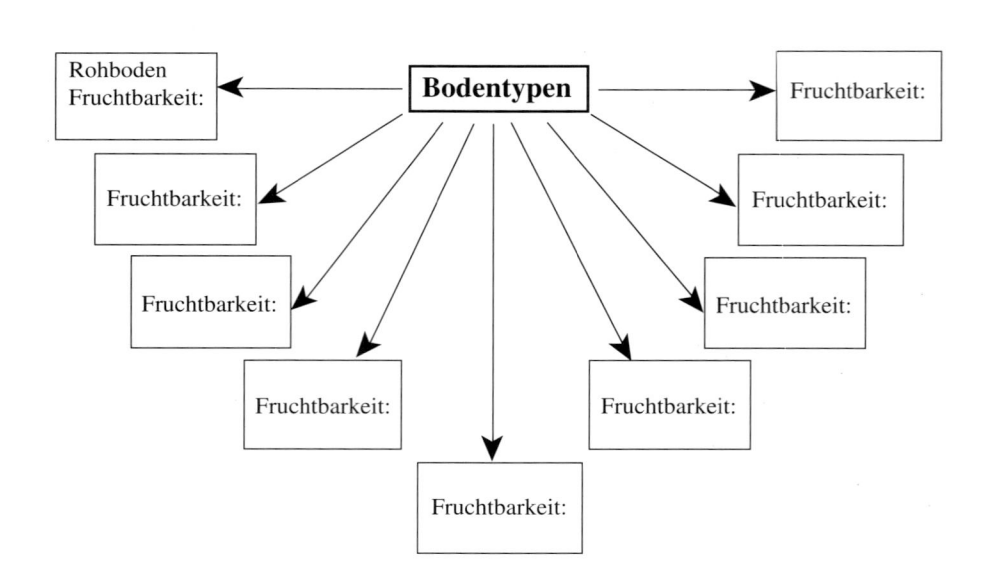

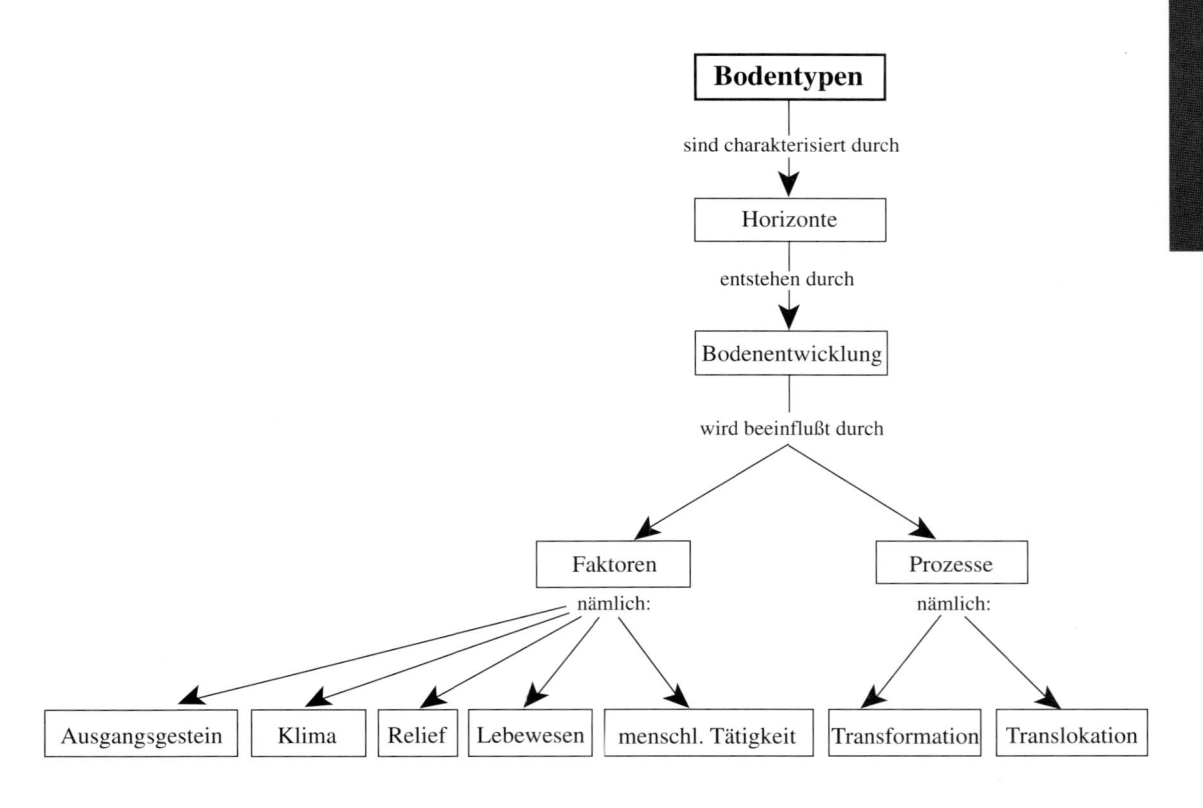

8.3 Zusammenfassung

Bodentypen
sind charakterisiert durch
↓
Horizonte
entstehen durch
↓
Bodenentwicklung
wird beeinflußt durch

- **Faktoren** nämlich:
  - Ausgangsgestein
  - Klima
  - Relief
  - Lebewesen
  - menschl. Tätigkeit
- **Prozesse** nämlich:
  - Transformation
  - Translokation

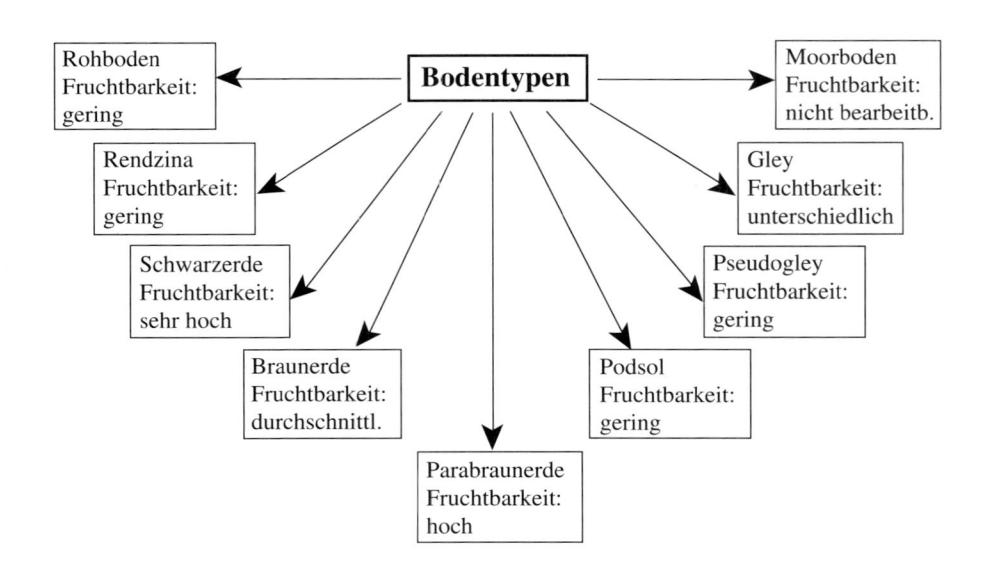

Bodentypen

- Rohboden — Fruchtbarkeit: gering
- Rendzina — Fruchtbarkeit: gering
- Schwarzerde — Fruchtbarkeit: sehr hoch
- Braunerde — Fruchtbarkeit: durchschnittl.
- Parabraunerde — Fruchtbarkeit: hoch
- Podsol — Fruchtbarkeit: gering
- Pseudogley — Fruchtbarkeit: gering
- Gley — Fruchtbarkeit: unterschiedlich
- Moorboden — Fruchtbarkeit: nicht bearbeitb.

I

9 Belastungen und Schutz von Böden

An dieser Stelle wird ein erster aber nicht vollständiger Überblick über Belastungen des Bodens, wie Bodenerosion, Bodenverdichtung, Überdüngung und Schadstoffeintrag, gegeben. Weitere anthropogene Beeinträchtigungen, die zwar auch von gravierender Bedeutung für das Ökosystem Boden sind, wie z. B. die Versiegelung des Bodens, werden hierbei nicht berücksichtigt. Wesentlich ausführlicher werden die verschiedenen Bodenbelastungen an Beispielen in den folgenden Studieneinheiten behandelt.

9.1 Bodenerosion

Die Bodenerosion zählt heute weltweit zu einem der größten Bodenprobleme.

*Unter **Bodenerosion** versteht man den Abtrag von festem Bodenmaterial durch oberflächenparallele Wasser- und Windströmungen.*

Dieser Prozeß ist in erster Linie ein natürlicher Prozeß. Er spielt in der Bodenentwicklung eine große Rolle. Durch die Nutzung des Bodens wurde jedoch die Erosionsgefahr beträchtlich erhöht bzw. stellenweise sogar erst ausgelöst.

Man unterscheidet zwischen Wasser- und Winderosion. Die Bodenerosion durch *Wasser* tritt nur bei Böden mit *Gefälle* auf. Durch das Aufschlagen der Regentropfen werden die Bodenaggregate an der freiliegenden Oberfläche zerstört und die Grobporen eingedrückt. Dieses ist besonders drastisch bei ausgetrockneten Böden ausgeprägt. Die abgeschlagenen Feinpartikel bewirken eine Verschlämmung der Bodenoberfläche, so daß das Niederschlagwasser sehr schlecht in den Boden eindringen kann; es kommt zu einem Wasserstau und zu einem Oberflächenablauf an Hanglagen.

Die Bodenerosion durch *Wind*, auch > Deflation genannt, gefährdet besonders Böden mit einer vegetationsfreien, trockenen und *ebenen* Oberfläche: Feinsandböden mit Einzelkorngefüge, Schluffböden und feinkrümelige organische Böden.

Erosionsschutz: Der beste Schutz ist eine *geschlossene Vegetationsdecke*, um die Bodenoberfläche den Einwirkungen der Niederschläge und des Windes zu entziehen. Eine *gute Durchwurzelung* des Bodens trägt weiterhin zu seiner Befestigung bei. Lange Windangriffstrecken können auch durch *Windschutzhecken* unterbrochen werden.

In vielstufigen Wäldern findet die geringste Erosion statt; offene Ackerflächen sind am stärksten gefährdet. Starke Erosion findet z. B. durch Anbau von Mais statt, da dieser wegen der langsamen Entwicklung seiner Jungpflanzen den Boden lange unbedeckt läßt und zwar gerade in der Zeit des Jahres, in der besonders heftige Regenfälle niedergehen. Hinzu kommt, daß infolge der Hochwüchsigkeit der Pflanzen dem Boden kein genügender Schutz vor den Niederschlägen geboten wird.

Auf die durch landwirtschaftliche Nutzung bedingte Bodenerosion wird in der 2. und 3. Studieneinheit näher eingegangen.

Als Beispiele für das Ausmaß der Bodenerosion seien angeführt: Der Phosphoreintrag in die Gewässer der BRD (alte Bundesländer) durch Erosion beträgt 7%, was einer Menge von 61 000 t/Jahr entspricht (FIRK u. GEGENMANTEL, aus SRU 1987). In Bayern werden im Durchschnitt jährlich 2,2 t/ha Boden durch Erosion abgetragen (aus UMWELTBUNDESAMT 1989). Abtragungen von 50 – 100 t /ha und Jahr sind auf Äckern nicht unüblich. Dieses entspricht einer Abtragung von jährlich 4 – 8 mm Bodenkrume im Vergleich zu einer Neubildungsrate von 0,1 mm.

9.2 Bodenverdichtung

Ein Boden, auf den durch eine über ihm liegende Last ein Druck ausgeübt wird, ist verdichtet. Insofern ist jeder Bodenhorizont verdichtet, da er unter der Last der darüberliegenden Schichten sowie des Luftdruckes steht (nach GISI 1990).

Auf landwirtschaftlichen Nutzflächen und Baustellen treten jedoch zusätzlich Probleme durch das Befahren mit immer größer und schwerer gewordenen Maschinen auf. Auch die Nutzung von Skipisten führt zu stark verdichteten Böden. Die Böden sind i. allg. überverdichtet. Selbst das Begehen v. a. feuchten Bodens kann zu mehr oder weniger starker Verdichtung führen.

Außer durch die Bearbeitung des Bodens werden Bodenverdichtungen auch durch Kalk- und Humusmangel verursacht. Unter diesen Bedingungen entstehen durch Versauerung sowie Ton- und Humusverlagerungen im Bodenprofil Einlagerungsverdichtungen, z. B. bei der Podsolbildung.

Von der Verdichtung sind besonders die *Grobporen* betroffen, deren Anzahl und Volumen sehr stark abnehmen, während sich der Umfang der Mittel- und Feinporen kaum verändert. Dadurch leidet v. a. die Entwässerungsfähigkeit, d. h., eine geringere Versickerungsrate des Niederschlagwassers führt zu *Stauwasser*. Dieses wiederum hat eine erhöhte Wassererosion zur Folge. Der verminderte Grobporenanteil führt zu einem geringeren Luft- und Sauerstoffgehalt, zu

Flachgründigkeit und zu einer schlechten Durchwurzelbarkeit, da die Pflanzenwurzeln beim Eindringen in den Boden auf einen höheren Widerstand treffen. Insgesamt ergibt sich daraus ein erhöhter Bearbeitungsaufwand und eine Beeinträchtigung der Grundwasserneubildung.

Die Verdichtbarkeit eines Bodens ist abhängig von der > *Textur* und dem *Wassergehalt*. Der Boden kann teilweise durch Bodenbearbeitungsmaßnahmen wie *Pflügen* wieder aufgelockert werden. Jedoch werden hierbei nur die Hohlräume zwischen den Aggregaten vergrößert, während unterhalb des gepflügten Bodens dieser sogar unter ungünstigen Bedingungen weiter verdichtet wird (= *Pflugsohle*). Diese verdichtete Zone ist in vielen Bodenprofilen unter Ackernutzung bei wiederholtem Pflügen in ca. 28 cm Tiefe zu finden.

> Die Bodenbearbeitung durch Pflügen ist genauer im Anhang dargestellt.

Zur Auflockerung der Bodenoberfläche und damit verbundener Erleichterung des Gasaustausches reicht häufig eine leichte Bodenbearbeitung, z. B. *Eggen* oder der Einsatz von *Zwischensaaten* mit tiefwurzelnden Pflanzen aus. Auch Bodenfrost und die Grab- und Wühlaktivität der Bodenorganismen tragen zur Auflockerung bei (nach GISI 1990).

9.3 Überdüngung der Böden

Man versteht unter dem Begriff „Düngung" die Zufuhr von mineralischen und/oder organischen Stoffen zu Boden und Pflanzen über das natürliche Angebot hinaus (nach GISI 1990).

In den meisten landwirtschaftlichen Betrieben ist der Nährstoffkreislauf unterbrochen, da die erzeugten pflanzlichen und tierischen Produkte exportiert werden und die Abfälle (Kompost, Klärschlämme) aufgrund ihrer Schadstoffbelastung nicht wieder in den Betriebskreislauf zurückgeführt werden. Die fehlenden Nährstoffe werden durch Zufuhr von Handelsdünger oder Gülle ersetzt. Heute geht der Trend dahin, die biologischen Abfälle aus dem Hausmüll getrennt zu sammeln, zu kompostieren und wieder auf den Feldern auszubringen. Damit wäre der Kreislauf wieder geschlossen.

Bei der Bemessung der Düngemittel stellt die *Düngung mit Stickstoff* (N) ein großes Problem dar. Durch Berechnungen (N-Zufuhren und N-Entzüge) wurde ermittelt, daß die N-Bilanz im Durchschnitt für die Jahre 1979 – 1983 ungefähr 100 kg N-Überschuß pro landwirtschaftlich genutzter Grundfläche (ha) betrug (aus Umweltbundesamt 1989). Der Überschuß gelangt zum Teil ins Grundwasser, woraus sich Gesundheitsprobleme für den Menschen und die Tiere ergeben.

> Auf das Problem des hohen Stickstoffdüngereinsatzes wird in der 3. Studieneinheit im Zusammenhang mit der Intensivierung der Landwirtschaft näher eingegangen.

Die Stickstoff-Auswaschung steht in enger Beziehung zum Verlauf des Sickerwasserflusses. Sie erfolgt daher besonders in den Monaten von Oktober bis April in Form des Nitrations (NO_3^-) und bei leichten Sandböden auch als Ammoniumion (NH_4^+). Einen großen Einfluß auf die N-Auswaschung haben Art und Dauer des Pflanzenbestandes. So zeigten Untersuchungen in der BRD und in den Niederlanden eine Stickstoffauswaschung auf Äckern bei mittlerem Düngereinsatz von durchschnittlich 90 kg/ha, bei Grünland von nur 13 kg/ha. Ursache hierfür ist die vegetationsfreie Zeit, in der auf Ackerflächen zwar der Stickstoff mineralisiert wird, aber keine Aufnahme durch Pflanzen erfolgt. Auch die Art des Bodens ist bei der Stickstoff-Auswaschung von großer Bedeutung. So ist die N-Auswaschung bei leicht durchlässigen Sandböden aufgrund ihrer geringen Adsorptionskraft für Ionen am höchsten (ca. 55 kg/ha und Jahr), während sie bei tonreichen Böden weitaus geringer ist (ca. 21 – 26 kg/ha und Jahr). Wo intensiver Ackerbau mit intensiver Viehhaltung auf sandigen Böden vorgenommen wird, ist die Gefahr der Stickstoff-Auswaschung und Verseuchung des oberflächennahen Grundwassers am höchsten. Da in solchen landwirtschaftlich genutzten Gebieten die Trinkwasserversorgung oft noch dezentral über eigene Hausbrunnen in geringer Tiefe erfolgt, ist die Belastung hier besonders hoch.

Weiterhin wird bei dem Einsatz von künstlich hergestellten Mineraldüngern oder bei Klärschlamm die Problematik des Aufbringens von Fremdstoffen (z. B. Schwermetallen) diskutiert. So wurde festgestellt, daß im Phosphatdünger Spuren des giftigen Schwermetalls Cadmium enthalten sein können (nach FELLENBERG 1985; s. weiter unten, S. 111: Anorganische Schadstoffe).

Die flächenhafte intensive Landwirtschaft mit der entsprechenden Nährstoffüberlastung der Böden wird mittlerweile auch auf von Natur aus nährstoffarmen Standorten betrieben. Dort angepaßte Pflanzenarten sterben aus.

Aus den genannten Gründen ist die Ermittlung der geeigneten Düngermenge ein zentrales Problem der angewandten Pflanzenernährungslehre. Der *Düngerbedarf* wird nach allgemeinen Erfahrungswerten, nach speziellen Untersuchungsverfahren (visuelle Diagnose von Mangel- und Überschußsymptomen, quantitative Pflanzenanalyse, quantitative Bodenuntersuchung, Indikatorpflanzen als Nährstoffzeiger u. a.) und aus der nährstoffabhängigen Ertragsleistung ermittelt.

Angepaßte Düngung und Wiedereinführung des Kreislaufsystems in die landwirtschaftliche Produktion sind die zu ergreifenden Maßnahmen.

9.4 Schadstoffe

Schadstoffe sind Substanzen, für welche ab einer bestimmten, meist sehr geringen Konzentration toxische Wirkungen auf Gesundheit oder Umwelt zu beobachten sind.

Viele Elemente, wie die Spurenelemente B (Bor), Mn (Mangan), Cu (Kupfer), Zn (Zink) und Mo (Molybdän), sind für die Ernährung der Pflanzen unentbehrlich; eine zu geringe Aufnahme führt zu Mangelerscheinungen. Bei einem geringen Überschuß jedoch können sie bereits toxisch wirken.

Die Elemente Hg (Quecksilber), Cd (Cadmium), Cr (Chrom) und Pb (Blei) weisen keinerlei ernährungsphysiologische Funktion auf. Diese beeinträchtigen das Wachstum in geringen Konzentrationen nicht (*No-Observed-Effect-Level*, NOEL). Bei Überschreitung einer bestimmten Grenzkonzentration kommt es jedoch zu Schadwirkungen.

Zur Vermeidung von Gesundheitsschäden durch langfristige Aufnahme eines Schadstoffs wurden u. a. in der BRD und im Rahmen der EU eine Reihe von Grenzwerten für „tolerierbare" Schadstoffgehalte in den Lebensmitteln und im Trinkwasser gesetzlich festgelegt (nach SCHEFFER und SCHACHTSCHABEL 1992; Tabelle 83).

Näheres über Grenzwerte, Richtwerte u. a. erfahren Sie in der 4. Studieneinheit. In der 2. Studieneinheit ist die Grenzwertproblematik aus historischer Perspektive behandelt.

Derartige Toxizitätsgrenzwerte zu ermitteln, ist sehr schwierig, da die Grenzwerte für Pflanze, Tier und Mensch unterschiedlich sind und zahlreiche Nebenfaktoren diese Grenzwerte beeinflussen.

Man unterteilt die Schadstoffe nach verschiedenen Kriterien: nach ihrer Herkunft, Art der Wirkung und ihren chemischen Charakteristika. Nach dem letzten Kriterium unterscheidet man bei den pflanzentoxischen Stoffen zwischen *anorganischen* Schadstoffen und *organischen* Schadstoffen. Anorganische und organische Schadstoffe werden in das System Boden/Pflanze über die *Luft*, durch *Klärschlämme*, durch *Komposte* und durch *Agrochemikalien* eingetragen.

Die historischen Ursachen der starken Bodenbelastungen durch industrielle Reststoffe, die Art dieser Belastungen und Sanierungsmöglichkeiten werden in der 4. Studieneinheit diskutiert.

Anorganische Schadstoffe. Von großer Bedeutung für die Auswirkung auf den Boden sind gasförmige Stickstoff-Sauerstoff-Verbindungen (Stickoxide, NO_x) und Schwefeldioxid (SO_2), die mit Wasser Säuren bilden. In der Atmosphäre werden sie zu Säuren (z. B. HNO_3, H_2SO_4 u. a.) oxidiert und senken somit den pH-Wert des Niederschlages (= saurer Regen). Der Eintrag von H^+-Ionen in den Boden verursacht nicht unmittelbar eine *Versauerung* des Bodens im Sinne einer Senkung des pH-Wertes, sondern die Auswirkung ist abhängig von dem vorliegenden *Puffersystem* (> Puffer). In einem basenreichen Boden mit hoher Pufferkapazität sind die Folgen nur sehr gering. Bei Böden, die sich jedoch im Pufferbereich von pH 5 – 4,2 befinden, werden z. B. durch die Zufuhr von H$^+$-Ionen *Aluminiumionen* in Form von Al^{3+}- und Al(OH)$^{2+}$-Ionen in die Bodenlösung freigesetzt. Diese schädigen die Pflanzenwurzeln, was die Wasser- und Nährstoffaufnahme beeinträchtigt.

Ebenso kommt es mit dem sinkenden pH-Wert zu einer *Mobilisierung der Schwermetalle* (Cd^{2+}, Ni^{2+} und Zn^{2+}), die dann pflanzenverfügbar werden und zum Teil durch Auswaschung in das Grundwasser gelangen.

Wenn auch die Folgen emittierter Schadstoffe auf den Boden noch nicht vollständig bekannt sind, seien doch wichtige Zusammenhänge nach dem heutigen Erkenntnisstand durch Abb. 1.46 wiedergegeben.

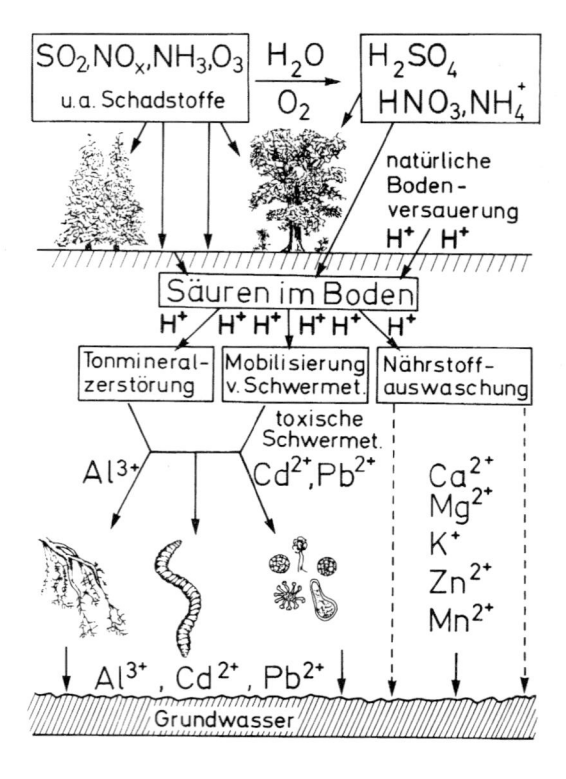

Abb. 1.46. Direkte und indirekte Wirkungen der emittierten Schadstoffe auf Wälder und Böden. (Aus SCHEFFER u. SCHACHTSCHABEL 1992)

Organische Schadstoffe. Zu dieser Gruppe gehören z. B. die Pestizide oder auch Schadstoffe aus industrieller Produktion. Der Einsatz von Pflanzenschutzmitteln hat in den letzten Jahren sehr stark zugenommen. Heute wird ein Viertel der Gesamtfläche der BRD (= 85 %

der Ackerfläche) regelmäßig mit Pflanzenschutzmitteln behandelt (aus Umweltbundesamt 1989). Meist beeinflussen die Pflanzenschutzmittel die Böden nur indirekt, da sie ihre Wirkung in der Vegetationsdecke, also oberhalb der Bodenoberfläche ausüben. Die Auswirkungen auf die Bodenorganismen sind bisher kaum untersucht.

Genaueres über die Belastung von Boden, Wasser und Nahrungsmitteln durch Pestizide finden Sie in der 3. Studieneinheit.

Die in den Boden gelangten Schadstoffe können – je nach Eigenschaften des Schadstoffs und des Bodens – in unterschiedlichem Ausmaß *ausgefiltert*, *abgepuffert* und *umgewandelt* (transformiert) werden. Die Schadstoffe werden somit zeitweise festgelegt und teilweise im Boden umgewandelt. Das Filter-, Puffer- und Transformationsvermögen der Böden ist jedoch *begrenzt*. Ein Zeichen dafür ist, daß zunehmend mehr Pflanzenschutzmittel im Grundwasser gefunden werden, da der Boden sie weder speichern noch abbauen kann. Überlastete Böden sind jedoch kaum regenerierbar.

9.5 Zusammenfassung

Auch bei der vorangegangenen kurzen Darstellung der Grundlagen der Bodenkunde sollte deutlich geworden sein, wie komplex das Ökosystem Boden ist und welche grundlegende Bedeutung es für die gesamte > Ökosphäre hat. Mit zunehmender Belastung und Zerstörung sind die Bodenfunktionen immer stärker gefährdet, denn eine Regeneration dieses Systems ist in historischen Zeiträumen nicht möglich. Es muß bewußt werden, daß Boden nicht unbegrenzt verfügbar und ein schonender, nachhaltiger Umgang mit dieser lebensnotwendigen Ressource dringend geboten ist.

Fragen:

1. Welche Ursachen liegen der Bodenerosion zugrunde, welche Folgen hat sie und welche Maßnahmen zum Schutz des Bodens sind möglich?

2. Welche Ursachen hat die *Über*verdichtung der Böden, wie wirkt sie sich aus, und welche Gegenmaßnahmen kann man ergreifen?

3. Welche Ursachen hat die Überdüngung, wie wirkt sie sich aus, und welche Gegenmaßnahmen sind möglich?

4. Abgesehen von der spezifischen Wirkung, die ein Stoff auf lebende Systeme ausübt: Wovon hängt es ab, ob er giftig wirkt oder nicht?

5. Welche Auswirkungen haben die gasförmigen Emissionen Stickoxide und Schwefeldioxid auf den Boden?

6. Welche Folgen haben organische Schadstoffe im Boden?

Antworten:

1. Ursachen: Wasser- und Windwirkung auf vegetationsarme oder -freie Böden;
   Folgen: Abtragung der Bodenoberfläche;
   Schutz: geschlossene Vegetationsdecke, Windschutzhecken.

2. Ursache der Überverdichtung: Befahren mit (insbesondere schweren) Maschinen, Skitourismus, u. U. auch Begehen;
   Wirkung: Zerstören der Grobporen, Wasserstau, schlechtes Pflanzenwachstum, erhöhte Erosion, Beeinträchtigung der Grundwasserneubildung;
   Gegenmaßnahmen: leichte Bodenbearbeitung, Pflügen (aber u. U. Entstehen einer schwer wasserdurchlässigen Pflugsohle), Zwischensaaten mit tiefwurzelnden Pflanzen. Tätigkeit bodenwühlender Tiere (ggf. Frostwirkung).

3. Ursachen: übermäßige Zufuhr von Düngemitteln, Öffnen des Nährstoffkreislaufs in der Landwirtschaft;
   Wirkung: Übergang der Düngemittel, v. a. von Stickstoff, ins Grundwasser, insbesondere während der vegetationsfreien Jahreszeit, Höhe des Austrags von Boden und Vegetation abhängig;
   Gegenmaßnahmen: Anpassen der Düngermenge, Schließen des Nährstoffkreislaufs.

4. Wichtig für die Giftwirkung eines Stoffes sind Konzentration und Einwirkungsdauer.

5. Stickoxide und Schwefeldioxid bilden mit (Regen-)Wasser Säuren. Ist das Puffersystem des Bodens nicht ausreichend, kommt es zur Erhöhung der H^+-Ionenkonzentration (Erniedrigung des pH-Wertes) im Boden. Die Versauerung hat u. a. eine Freisetzung von Aluminium und Schwermetallen zur Folge. Aluminium schädigt die Pflanzenwurzeln, Schwermetalle werden pflanzenverfügbar und können u. U. ins Grundwasser gelangen.

6. Organische Schadstoffe werden zunächst im Boden festgehalten, evtl. gepuffert und umgewandelt. Bei Überlastung des Bodens gelangen diese ins Grundwasser.

10 Ausblick

Die in dieser Studieneinheit dargestellten Grundlagen der Bodenkunde sind Voraussetzung zum Verständnis der folgenden Studieneinheiten. Dort wird es anhand vieler Beispiele aus dem Bereich der landwirtschaftlichen und industriellen Bodennutzung um die anthropogen verursachten Belastungen des Bodens gehen. Dabei werden den naturwissenschaftlichen auch nicht-naturwissenschaftliche Aspekte zur Seite gestellt, denn Ursachen und Folgen der Umweltbelastungen lassen sich nur durch eine integrative Betrachtungsweise verstehen.

Die 2. Studieneinheit befaßt sich mit Formen und Auswirkungen landwirtschaftlicher Bodennutzung zu verschiedenen Zeiten und unter verschiedenen klimatischen, sozialen und wirtschaftlichen Verhältnissen. Dabei werden in Kap. 4 auch die Wechselwirkungen zwischen den Umweltmedien Boden und Wasser thematisiert.

Die 3. Studieneinheit stellt die Entwicklung der Intensivlandwirtschaft in Deutschland nach dem Zweiten Weltkrieg in ihrem landwirtschaftspolitischen Zusammenhang dar und diskutiert Ansätze zur Vermeidung ökologischer Schäden.

Die 4. Studieneinheit hat die Bodenbelastung durch industrielle Entwicklung am Beispiel des Ruhrgebiets zum Thema. Im Anschluß an die wirtschaftspolitische Entwicklung des Ruhrgebiets zum Industriestandort werden die Folgen dieser Industrialisierung für den Boden und grundsätzliche Möglichkeiten erörtert, mit den Bodenbelastungen umzugehen.

In der 5. Studieneinheit werden Rekultivierungs- und Renaturierungsmaßnahmen ausführlicher an einigen Beispielen dargestellt und erörtert: Rekultivierung von Bergematerialhalden des Steinkohlebergbaus, einer Industriebrache, Renaturierung eines Moores.

In der 6. Studieneinheit wird – auch wieder an Beispielen – die Frage nach dem nachhaltigen Umgang mit der natürlichen, begrenzten Ressource Boden gestellt: Wie gingen die Menschen früher, in der Antike, im Mittelalter mit Boden um? Wie sehen wir heute das Verhältnis von Ökonomie und Ökologie? Was bedeutet Nachhaltigkeit?

1

11 Literatur und Quellennachweis

Wir möchten an dieser Stelle Autoren und Verlagen für die Erlaubnis zur Übernahme der Abbildungen bzw. Texte danken.

BAUMEISTER W, ERNST W H O (1978) Mineralstoffe und Pflanzenwachstum. Fischer, Stuttgart

BRUCKER G, KALUSCHE D (1976) Bodenbiologisches Praktikum. Quelle und Meyer, Heidelberg

BRÜMMER G (1985) Bodenfunktion und Bodenschutz. In: (Hrsg.) Loccumer Protokolle, Schutz des Umweltmediums Boden. Evangelische Akademie Loccum, S. 7 – 24

ELLENBERG H (1986) Vegetation Mitteleuropas mit den Alpen in ökologischer Sicht. Ulmer, Stuttgart

ESCHENHAGEN D, KATTMANN U, RODI D (1991) Handbuch des Biologieunterrichts. Sekundarbereich I. Bd. 8: Umwelt. Aulis Deubner & Co KG, Köln

FELLENBERG G (1985) Ökologische Probleme der Umweltbelastung. Springer, Berlin Heidelberg New York Tokio

FREY E, PEYER K (1991) Boden – Agrarpedologie. Eigenschaften, Entstehung, Verbreitung, Klassifizierung, Kartierung des Bodens und Nutzung im Pflanzenbau. Paul Haupt, Bern Stuttgart

GANSSEN R (1965) Grundsätze der Bodenbildung. B.I.-Hochschultaschenbücher 327. Bibliographisches Institut AG, Mannheim

GISI U (1990) Bodenökologie. Thieme, Stuttgart New York

GÖBEL P (1984) Alles über Gartenböden. Kosmos Franckhsche Verlagshandlung, Stuttgart

HAECKEL E (1899) Kunstformen der Natur, erste Sammlung. Leipzig und Wien

HOLLEMAN A F, WIBERG E (1964) Lehrbuch der anorganischen Chemie. Walter de Gruyter, Berlin New York

HOLLEMAN A F, E WIBERG (1985) Lehrbuch der anorganischen Chemie. Walter de Gruyter, Berlin New York

11 Literatur und Quellennachweis

Holleman A F, Wiberg E (1995) Lehrbuch der anorganischen Chemie. Walter de Gruyter, Berlin New York

Joger U (Hrsg.) (1989) Praktische Ökologie. Diesterweg, Sauerländer, Frankfurt Salzburg

Kuntze H, Roeschmann G, Schwerdtfeger G (1988) Bodenkunde. Ulmer, Stuttgart

Lerch G (1991) Pflanzenökologie. Akademie-Verlag, Berlin

Matthes S (1993) Mineralogie. Springer, Berlin Heidelberg New York Tokio

Mückenhausen E (1993) Die Bodenkunde. DLG-Verlag, Frankfurt

Müller G (Federführung) (1989) Bodenkunde. VEB Deutscher Landwirtschaftsverlag, Berlin

Rosenkranz D, Bachmann G, Einsele G, Harress H-M (Hrsg.) (1988) Bodenschutz. Ergänzbares Handbuch der Maßnahmen und Empfehlungen für Schutz, Pflege und Sanierung von Böden, Landschaft und Grundwasser. Erich Schmidt, Berlin

Scheffer F, Schachtschabel P (1992) Lehrbuch der Bodenkunde. Enke, Stuttgart

Schlichting E (1986) Einführung in die Bodenkunde. Parey, Hamburg Berlin

Schroeder D, Blum W (1992) Bodenkunde in Stichworten. Ferdinand Hirt, Zug, Schweiz

Schumann W (1973) Steine und Mineralien. BLV Verlagsgesellschaft, München Wien Berlin

SRU (der Rat von Sachverständigen für Umweltfragen) (1987) Umweltgutachten 1987. Kohlhammer, Stuttgart Mainz

Strasburger E, Noll F, Schenk H, Schimper A F W (^{33}1991) Lehrbuch der Botanik für Hochschulen. Begründet von E. Strasburger. Neubearbeitet von P Sitte, H Ziegler, F Ehrendorfer und A Bresinsky. Fischer, Stuttgart Jena New York

Umweltbundesamt (1989) Daten zur Umwelt 1988/89. Erich Schmidt, Berlin

Walter H, Breckle S W (1986) Ökologie der Erde, Bd. 3. UTB Fischer, Stuttgart

Wild A (1995) Umweltorientierte Bodenkunde. Eine Einführung. Aus dem Englischen übersetzt von Pause A. Spektrum Akademischer Verlag, Heidelberg Berlin Oxford

2.

Studieneinheit

Landwirtschaftliche Bodennutzung: agrarwissenschaftliche, soziale und wirtschaftspolitische Aspekte

2

Autoren und Autorinnen:
Prof. Dr. A. Andreas Bodenstedt, Institut für Agrarsoziologie, Universität Gießen
PD Dr. Alfred Bruckhaus, Institut für landwirtschaftliche Zoologie und Bienenkunde, Universität Bonn
Dr. Jürgen Büschenfeld, Fakultät für Geschichtswissenschaften und Philosophie der Universität Bielefeld
Dipl.-Biol. Dr. Petra Reinhard, Deutsches Institut für Fernstudienforschung an der Universität Tübingen
Dipl.-Biol. Ute Röder, Biologische Station Lippe, Detmold

bearbeitet von
Dipl.-Biol. Dr. Petra Reinhard, Deutsches Institut für Fernstudienforschung an der Universität Tübingen

Inhalt

1	*Einführung zu den Studieneinheiten 2 und 3*	125
2	*Fruchtbarkeit des Bodens*	127
2.1	Bodeneigenschaften und Bodenfruchtbarkeit	128
2.2	Bodenbewertung	130
2.3	Erhalt der Bodenfruchtbarkeit durch verschiedene Nutzungsformen	133
2.3.1	Anbauflächenwechsel	135
2.3.2	Feld-Gras-Wirtschaft	136
2.3.3	Zwei- und Dreifelderwirtschaft	138
2.3.4	Verbesserte Dreifelderwirtschaft	139
2.3.5	Intensivbewirtschaftung	140
2.4	Rückblick	141
3	*Verschiedene landwirtschaftliche Nutzungsformen und ihre sozialen Kontexte*	143
3.1	Verschiedene Funktionen des Bodens	143
3.2	Frühe Formen der Bodennutzung und ihr gesellschaftlicher Hintergrund	145
3.2.1	Grundformen landwirtschaftlicher Bodennutzung	145
3.2.2	Knollenkultur versus Getreidekultur	147
3.2.3	Soziale Bedingungen von Knollen- und Getreidekultur	151
3.2.4	Innovation und Tradition	152
3.2.5	Die Bauern und die Stadt	153
3.3	Rechtlich-soziale Ordnung der landwirtschaftlichen Produktion	157
3.3.1	Soziale Organisationsformen	158
3.3.2	Bodenrecht und Bodenmobilität	159
3.3.3	Geräteeinsatz als Beispiel für technische Aspekte der Bodennutzung	160
3.4	Rückblick	162
4	*Vernetzung der Umweltmedien Boden und Wasser: Kaliindustrie und Umwelt in der Geschichte*	165
4.1	Zum historischen Kontext	166
4.2	Aufstieg der Kaliindustrie	167
4.3	Kaliindustrie und Umwelt	170
4.3.1	Trinkwassergefährdung	171
4.3.2	Veränderung von Flora und Fauna der Gewässer	175
4.3.3	Kaliabwässer und Landwirtschaft	177
4.3.4	Maßnahmen der Problemlösung	179
4.4	Historisches Beispiel und aktuelle Probleme	181
4.5	Rückblick	184
5	*Literatur und Quellennachweis*	187

1 Einführung zu den Studieneinheiten 2 und 3

In unserer industrialisierten Gesellschaft, in der Nahrungsmittel bevorzugt im Supermarkt gekauft werden, ist uns das Bewußtsein dafür verlorengegangen, wie stark wir eigentlich von der Funktionstüchtigkeit der oberen 25 – 35 cm der Erdoberfläche abhängig sind. Die Zeiten der Hungersnöte in unseren Breiten sind lange vorbei: Unser Selbstversorgungsgrad, zumindest was die Grundnahrungsmittel angeht, liegt bei über 100 %.

Es sind primär naturgeographische Gegebenheiten, wie Oberflächenform, Klima, Boden, die zusammen das Potential für eine landwirtschaftliche Nutzung bilden. Wie mit diesem Potential umgegangen wird, entscheidet dann der Mensch, indem er sich bestimmte Produktionsziele setzt und entsprechende Techniken anwendet. Die ökologischen Grundlagen stehen also in Beziehung zu ökonomischen Faktoren und Zielen. Diese bedingen wiederum Wechselwirkungen mit sozialen Faktoren, wie der Sozialstruktur und Lebensform der Landbevölkerung. Alle genannten Faktoren müssen außerdem vor dem Hintergrund des agrarpolitischen Systems gesehen werden.

Übersicht: Nachdem in der ersten Studieneinheit der Boden aus einer Perspektive betrachtet wurde, die verschiedene naturwissenschaftliche Fachgebiete integriert, werden in den folgenden Studieneinheiten, die sich mit der Nutzung des Bodens durch den Menschen befassen, auch vielfach nichtnaturwissenschaftliche Disziplinen zur Sprache kommen. Die Studieneinheiten 2 und 3 befassen sich mit den anthropogen verursachten Veränderungen von Böden aufgrund landwirtschaftlicher Nutzung. In der vorliegenden 2. Studieneinheit werden zunächst im 2. Kapitel, anknüpfend an die 1. Studieneinheit, die naturgegebenen Faktoren der Bodenfruchtbarkeit zusammengefaßt und anschließend die Bewertung von Böden sowie der Erhalt der Bodenfruchtbarkeit durch verschiedene Nutzungsformen behandelt. Im 3. Kapitel wird aus der Sicht der Soziologie ausführlich der Zusammenhang zwischen ökologischen und sozialen Faktoren am Beispiel der Entstehung und der Frühzeit des Landbaus herausgearbeitet. Das 4. historisch orientierte Kapitel thematisiert am Beispiel der Kaliindustrie nicht nur die Gewinnung und den Einsatz von Mineraldünger und dessen Folgen, sondern auch die enge Vernetzung der Umweltmedien Boden und Wasser. Dabei stehen die zeitgenössische Betrachtung und kontroverse Bewertung der Abfälle dieses Wirtschaftszweiges im Vordergrund.

In der 3. Studieneinheit steht die Entwicklung nach dem 2. Weltkrieg zur Debatte. Zunächst wird die Intensivierung der landwirtschaftlichen Produktion behandelt. Dabei werden ihre sozialen Folgen sowie ihre Auswirkungen auf die Umwelt beleuchtet und die Forderung nach einer Neuorientierung der Agrarpolitik formuliert.

Von verschiedenen Seiten, EG-Kommission, Agraropposition, Umweltschützern etc., wurden Vorschläge für Maßnahmen unterbreitet, die aus der Misere von Überschußproduktion und Höfesterben führen sollen. Einige dieser Vorschläge werden vorgestellt und ihre Konsequenzen diskutiert. Aufgrund der unterschiedlichen Interessen, die es zu berücksichtigen gilt, und der Zustimmungspflicht aller EG-Partner wird es schwer sein, in absehbarer Zeit eine Kompromißlösung zu finden.

2 Fruchtbarkeit des Bodens

P. Reinhard

Nur etwa ein knappes Viertel der gesamten Landoberfläche kann überhaupt landwirtschaftlich genutzt werden, etwa ein Zehntel eignet sich für den Ackerbau. Die ganze Weltbevölkerung ernährt sich heute von dem, was auf einem Sechstel des Festlandes angebaut wird. Entscheidend für den Ertrag eines Bodens sind seine Fruchtbarkeit und die Nutzungsformen, die den Erhalt der Fruchtbarkeit gewährleisten.

Übersicht: Ob sich ein Raum zur agrarischen Nutzung eignet oder nicht, hängt zunächst einmal von seinen naturgeographischen Gegebenheiten ab, wie Oberflächenform, Klima und Boden. Die Fruchtbarkeit des Bodens wird durch seine physikalisch-chemisch-biologischen Eigenschaften bedingt. Je fruchtbarer ein Boden ist, um so höher wird er bewertet. Für die Bewertung wurden Kriterien entwickelt. Fruchtbarkeit und Ertragsleistung eines Bodens sind nicht gleichbedeutend, da die Ertragsleistung auch eines fruchtbaren Bodens durch die Nutzung abnimmt. Zur Stabilisierung des Ertrags wurden unterschiedliche Nutzungsformen entwickelt.

Die landwirtschaftliche Nutzung der Böden hängt von mehreren Faktoren ab:

– der Oberflächenform (Relief),

– dem Klima und

– der Fruchtbarkeit des Bodens.

Am besten geeignet für die landwirtschaftliche Nutzung sind Böden in großen Ebenen, Berghänge dagegen weniger. Ein Anbau in Hanglage ist nur bis zu einer Neigung von 25° möglich, ohne daß Terrassen angelegt werden, die das Wegschwemmen der Krume verhindern.

Wesentliche Klimafaktoren sind Temperatur und Niederschläge. Ausschlaggebend sind nicht nur Temperaturmittel und Niederschlagsmenge. Auch die zeitliche Dimension spielt eine Rolle: Der jährliche Witterungsablauf bestimmt die Art der Nutzung und den Anbaurhythmus.

Auf die Eigenschaften des Bodens gehen wir im folgenden Abschnitt ein.

2.1 Bodeneigenschaften und Bodenfruchtbarkeit

Die chemischen, physikalischen und biologischen Eigenschaften eines Bodens liefern Kenngrößen, anhand derer die Ausprägung der Bodenfruchtbarkeit bestimmt werden kann. Entsprechend lautet eine Definition von Bodenfruchtbarkeit:

*Als **Bodenfruchtbarkeit** im landbaulichen Sinne bezeichnet man die auf seinen chemischen, physikalischen und biologischen Eigenschaften beruhende Fähigkeit des Bodens, den darauf wachsenden Pflanzen als Standort zu dienen und ihnen durch Vermittlung von Wasser, Nährstoffen und Luft die erforderlichen Lebensbedingungen zu verschaffen (*nach SAUERBECK 1985*).*

> Versuchen Sie, aufgrund des in der 1. Studieneinheit Dargestellten einige Eigenschaften des Bodens, die für seine Fruchtbarkeit maßgeblich sind, genauer zu benennen.
>
> •••••
>
> Als Antwort geben wir hier die Zusammenstellung des Rats von Sachverständigen für Umweltfragen (1985) und verweisen gleichzeitig auf die entsprechenden Abschnitte in der 1. Studieneinheit:
>
> – Bodengefüge (1. Studieneinheit, Kap. 6),
>
> – Bodentextur (1. Studieneinheit, Abschn. 3.5.1),
>
> – Bodenfeuchtigkeit, Wasserhaltevermögen, Grundwasserspiegel (1. Studieneinheit, Abschn. 5.1),
>
> – Temperatur (Erwärmung, Wärmespeicherung und -leitung),
>
> – Gehalt an organischer Substanz (1. Studieneinheit, Abschn. 4.1),
>
> – Nährstoffgehalt und -verfügbarkeit (1. Studieneinheit, Kap. 7 sowie im Anhang) und
>
> – Basensättigung und Austauschvermögen (1. Studieneinheit, Kap. 7).

Nach der oben wiedergegebenen Definition wird die Bodenfruchtbarkeit allein nach den Bodeneigenschaften beurteilt ohne Bezug zur Ertragsfähigkeit des Bodens. Unabhängig von dieser ist aber eine Bestimmung der Bodenfruchtbarkeit kaum möglich. Für die Ertragsfähigkeit spielen neben den Standortfaktoren (z. B. Boden, Klima) auch die landwirtschaftlichen Nutzungssysteme (z. B. Fruchtfolge, Bodenbearbeitung, Düngung) eine wesentliche Rolle. In weitergehenden Definitionen von Bodenfruchtbarkeit wird daher der Bezug zu dem komplexen Wirkungsgefüge zwischen Boden, Klima und landwirtschaftlichem Nutzungssystem hergestellt:

Bodenfruchtbarkeit *ist das jeweilige Gleichgewicht eines dynamischen Wirkungssystems von Boden, Klima und Pflanze, das auf der Grundlage des ursprünglichen Zusammenwirkens dieser Faktoren unter Mitwirkung des Standortklimas, der angebauten Kulturpflanzen und aller Kulturmaßnahmen die Ertragsfähigkeit bewirkt* (nach v. BOGUSLAWSKI 1954).

Das Zusammenspiel dieser Faktoren in bezug auf die für unsere Breiten charakteristischen Böden – in Deutschland sind > Parabraunerden und > Braunerden vorherrschend – soll etwas näher betrachtet werden:

> Eine Beschreibung von Parabraunerde und Braunerde finden Sie in der 1. Studieneinheit, Abschn. 8.2.2.

Für die kühlgemäßigten Zonen sind mäßige Niederschläge und Temperaturen (Jahresmitteltemperaturen 3 – 12 °C) typisch. Daher ist die chemische und physikalische > Verwitterung der Böden nicht stark ausgeprägt und nicht so tiefgründig wie beispielsweise in den Tropen. Das bedeutet, daß die Böden einen hohen Restmineralgehalt und Nährstoffvorrat aufweisen. Die oberste Bodenschicht ist relativ mächtig und humusreich, da der Stoffumsatz, bedingt durch die im Vergleich zu den Tropen niedrigen Temperaturen, nur langsam erfolgt.

> Die verschiedenen Prozesse der Verwitterung und ihre Wirkung in humiden und ariden Klimaten sind in der 1. Studieneinheit, Abschn. 3.3.

Die für die kühlgemäßigten Zonen typischen > Tonminerale (z. B. Illit, Montmorillonit) besitzen eine hohe Austauschkapazität: Mineralstoffe werden deswegen im Boden angereichert und langsam in den Kreislauf abgegeben. Die Zufuhr von Mineralstoffen durch künstliche Düngung kann dort daher stärker wirken als in einem Boden mit geringerer Austauschkapazität.

> Die Tonminerale werden in der 1. Studieneinheit, Abschn. 3.4, der Kationenaustausch in der 1. Studieneinheit, Abschn. 7.1 ausführlich vorgestellt.

Die Fruchtbarkeit verändert sich im Verlauf der Bodenentstehung (Abb. 2.1). Wird der Boden nicht genutzt, nähert sie sich in Abhängigkeit vom vorliegenden Bodentyp asymptotisch an einen bestimmten Wert an. Bei agrarischer Nutzung nimmt die Fruchtbarkeit wegen des Nährstoffentzugs ab, durch Düngung kann sie gesteigert werden. Dabei wird die Höhe der Zunahme vom Ausgangszustand des Bodens bestimmt. Der Grad der Fruchtbarkeit ist maßgebend für die Art der Nutzung. Auf fruchtbaren Böden können Getreide, Futterpflanzen und Gemüse angebaut werden, wenig fruchtbare Böden eignen sich nur als Viehweiden, da sich der Aufwand für eine Umwandlung in Ackerland meist nicht lohnt.

Als ein Fazit dieses Abschnitts sei festgehalten:

Bodenfruchtbarkeit ist nicht gleichbedeutend mit der Ertragsleistung, da die Erträge eines fruchtbaren Bodens durch Witterungseinflüsse

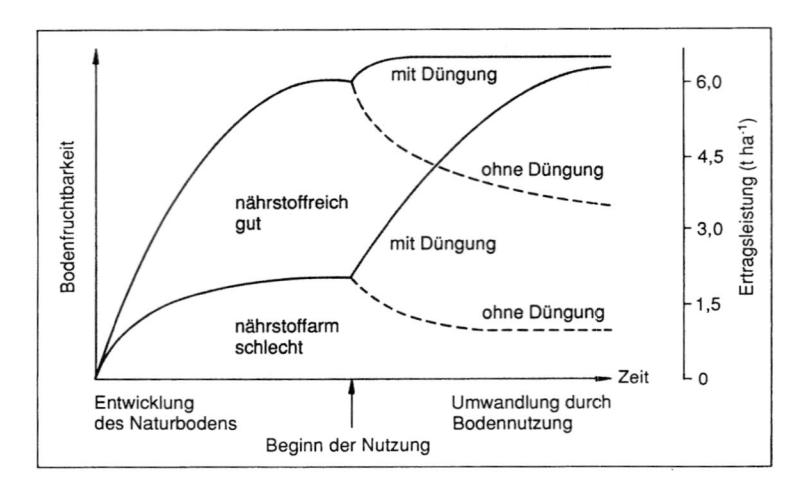

Abb. 2.1. Bedeutung von Standort, Bodenentwicklung und Bewirtschaftung (Düngung) für die Fruchtbarkeit und Ertragsleistung eines Bodens. Die Graphik gibt keinen Aufschluß darüber, wie hoch der jeweilige Aufwand zur Erzielung eines Ertrages war. (Aus Gisi 1990, nach Sauerbeck 1985)

oder mangelnde Bodenbearbeitung stark vermindert sein können. Entscheidend für den Ertrag ist die Art der Nutzung des Bodens, auf die wir im Abschn. 2.3 zurückkommen.

2.2 Bodenbewertung

U. Röder

Die Bewertung von Böden in der Bundesrepublik Deutschland erfolgt nach dem „Gesetz über die Schätzung des Kulturbodens" von 1934 (ergänzt 1965). Die Bewertung stellt die Grundlage für die Besteuerung sowie für Käufe, Enteignung etc. dar. Sie ist auch im Zusammenhang mit dem Naturschutz von Bedeutung, beispielsweise wenn Landwirte für Nutzungsausfälle von naturschutzwürdigen und daher extensiv zu bewirtschaftenden Flächen entschädigt werden.

Aufgrund der Bewertung wird jedem Boden eine sog. > *Bodenzahl* zugeordnet, die ein relatives Maß für die Ertragsfähigkeit darstellt. Bezogen wird die Ertragsfähigkeit auf den in der Magdeburger Börde gelegenen Musterboden (Löß), den fruchtbarsten Boden in Deutschland. Ihm wurde die Bodenzahl 100 zugewiesen. Um eine Vergleichbarkeit der Böden zu gewährleisten, werden gleiche äußere Bedingungen zugrundegelegt: 8 °C Jahresmitteltemperatur, 600 mm Niederschlag und ebene Lage.

Die Bodenzahl wird von 3 Faktoren bestimmt: Bodenart (Texturklasse), Entstehungsart und Zustandsstufe des Bodens. Die Ermittlung der maßgebenden Eigenschaften des Bodens, wie Durchwurzelbarkeit, Luft-, Wasser-, Wärme- und Nährstoffhaushalt, setzt pflanzensoziologische Beobachtungen, biologische Feldversuche und chemische Bodenuntersuchungen voraus. Die 3 Faktoren lassen sich wie folgt näher charakterisieren:

Bodenart (Texturklasse). Die Einordnung erfolgt nach dem Gehalt an der Korngrößenfraktion von 0,01 mm (Schluff), z. B. hat Sand weniger als 10 % Schluff, Lehm 30 – 44 % Schluff, Ton mehr als 60 % Schluff.

> Die Bestimmung der Bodenart wird im Anhang beschrieben.

Entstehungsart des Bodens. Die Böden werden nach dem geologischen Alter des Ausgangsgesteins in 5 Gruppen eingeteilt: > Diluvialböden (z. B. Geschiebelehm, Schmelzwassersand), Lößböden (> Löß), > Alluvialböden oder Schwemmlandböden (z. B. Talsand, Schlick), > Verwitterungsböden (z. B. Sandstein, Kalkstein, Granit) und Gesteinsböden.

Zustandsstufe des Bodens. Bei der Einordnung von Böden in die Zustandsstufen werden möglichst viele Bodeneigenschaften sowie der Wasserhaushalt, die Gründigkeit, die Hangneigung und die Klimazone berücksichtigt. Man ordnet Ackerböden 7 Zustandsstufen zu (Abb. 2.2). Zustandsstufe 1 kennzeichnet einen reichen, humosen, tiefgründigen, nicht entkalkten Boden und damit den günstigsten Zustand. Zustandsstufe 7 steht für einen sehr schwach entwickelten flachgründigen, rohen Boden bzw. für einen stark verarmten und versauerten Boden und damit für den schlechtesten Zustand.

> Näheres über die Bodenentwicklung finden Sie in der 1. Studieneinheit, Kap. 8.

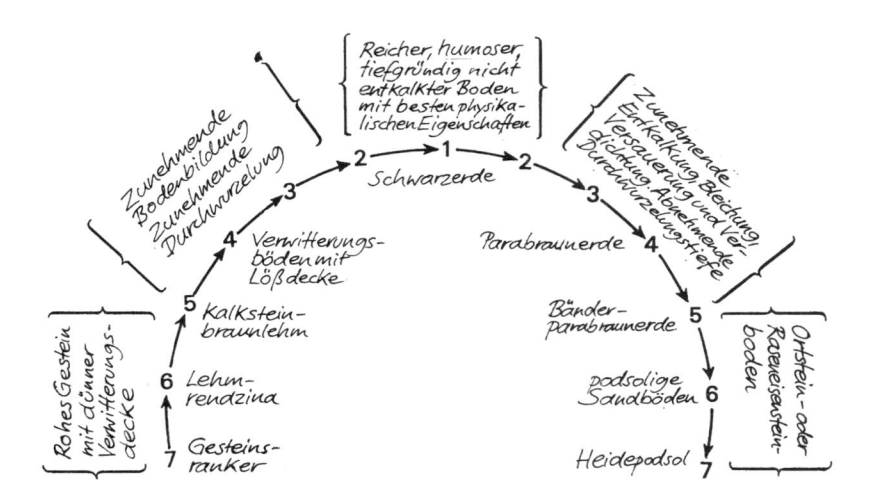

Abb. 2.2. Schema der Zustandsstufen. Bei den einzelnen Zustandsstufen sind Bodentypen angegeben, die bei diesem Entwicklungsgrad eines Bodens häufig auftreten. (Aus SCHILKE 1992)

Die aus der Bodenart, der Entstehungsart und der Zustandsstufe eines Ackerbodens ermittelten Bodenzahlen sind im > *Ackerschätzungsrahmen* eingetragen (Tabelle 2.1).

Tabelle 2.1. Bodenzahlen des Ackerschätzungsrahmens. (Aus SCHROEDER 1984)

Bodenart	Geologische Entstehung	Zustandsstufe						
		1	2	3	4	5	6	7
Sand	Diluvialböden[a]		41 – 34	33 – 27	26 – 21	20 – 16	15 – 12	11 – 7
	Alluvialböden[b]		44 – 37	36 – 30	29 – 24	23 – 19	18 – 14	13 – 9
	Verwitterungsböden		41 – 34	33 – 27	26 – 21	20 – 16	15 – 12	11 – 7
Lehm	Diluvialböden	90 – 82	81 – 74	73 – 66	65 – 58	57 – 50	49 – 43	42 – 34
	Lößböden	100 – 92	91 – 83	82 – 74	73 – 65	64 – 56	55 – 46	45 – 36
	Alluvialböden	100 – 90	89 – 80	79 – 71	70 – 62	61 – 54	53 – 45	44 – 35
	Verwitterungsböden	91 – 83	82 – 74	73 – 65	64 – 56	55 – 47	46 – 39	38 – 30
Ton	Diluvialböden		71 – 64	63 – 56	55 – 48	47 – 40	39 – 30	29 – 18
	Alluvialböden		74 – 66	65 – 58	57 – 50	49 – 41	40 – 31	30 – 18
	Verwitterungsböden		71 – 63	62 – 54	53 – 45	44 – 36	35 – 26	25 – 14
Moor				45 – 37	36 – 29	28 – 22	21 – 16	15 – 10

a Aus eiszeitlichen Ablagerungen entstandene Schwemmlandböden.
b Nacheiszeitliche Schwemmlandböden, die aus Sedimenten in den Auen von Flüssen entstanden sind.

Bei Grünland unterscheidet man 3 Zustandsstufen. Für die Bewertung des Grünlandes wurde ein besonderer > *Grünlandschätzungsrahmen* erstellt. Für die Ertragsleistung eines Grünlandes sind weniger das Ausgangsmaterial als die Temperatur- und Wasserverhältnisse des Bodens ausschlaggebend. Die > *Grünlandgrundzahlen*, die den Bodenzahlen entsprechen, werden von 4 Faktoren bestimmt: der Bodenart, der Zustandsstufe des Bodens, den Wasserverhältnissen und dem Klima. Man unterscheidet 4 Bodenarten, 3 Zustandsstufen, 5 Stufen bezüglich der Wasserverhältnisse (Stufe 1 = beste = frisch; Stufe 5 = schlechteste = naß bis sumpfig) und 3 Klimastufen (nach der Jahresmitteltemperatur: a = 8,0 °C; b = 7,9 – 7,0 °C, c = 6,9 – 5,7 °C).

Berücksichtigt man bei der Bewertung eines Ackerbodens außerdem das Klima, bei der Bewertung von Grünland auch das Relief des Bodens, so müssen die Boden- und Grünlandgrundzahlen noch durch Zu- oder Abschläge korrigiert werden. Man erhält dann die Acker- oder Grünlandzahlen, die auf den Reinertrag bezogene, für die Flächenbesteuerung gültige Verhältniszahlen darstellen. Die Daten für das ganze Bundesgebiet liegen in Schätzungsbüchern und -karten bei den zuständigen Finanzämtern vor.

2.3 Erhalt der Bodenfruchtbarkeit durch verschiedene Nutzungsformen

A. Bruckhaus

Die landwirtschaftlichen Nutzungsformen haben sich in Mitteleuropa im Verlauf der Jahrhunderte verändert. Dieser Wandel geschah in Abhängigkeit von den wirtschaftlichen und sozialen Rahmenbedingungen. Ziel des Landbaus war die Erwirtschaftung eines langfristig hohen Ertrages, weshalb die Anbaumethoden stets Maßnahmen zum Erhalt bzw. zur Regeneration der > Bodenfruchtbarkeit miteinschlossen. Zur Darstellung und Erläuterung dieser Maßnahmen eignet sich besonders eine Betrachtung auf der Ebene von > *Ökosystemen*, da dieser Ansatz den Zusammenhängen und Wechselwirkungen zwischen den einzelnen Faktoren gerecht wird.

> Die verschiedenen Zweige der Landwirtschaft sind im Anhang dargestellt.

Natürliche Ökosysteme sind dynamische Gebilde, die als Ganzes betrachtet über lange Zeiträume stabil bleiben. Die Aufrechterhaltung eines Gleichgewichts wird durch eine hohe Artenvielfalt und ein entsprechend komplexes Beziehungsgefüge gewährleistet. Die durch die Produktion von Biomasse gebundenen und dem Boden entzogenen Stoffe werden durch den Abbau toter Organismen(teile) dem Nährstoffkreislauf wieder zugeführt.

In vom Menschen beeinflußten Ökosystemen ist deren Selbstregulationsfähigkeit gestört. Dies wird am Beispiel des Ackerbaus deutlich:

Voraussetzung für eine Nutzung ist die „Entfernung" des natürlichen Ökosystems, des Waldes. Für unsere Breiten stellt der Laubmischwald die natürliche Vegetation dar, die bereits im Mittelalter ausgedehnten Rodungen zum Opfer fiel.

Welche Folgen hat die Rodung des Waldes und dauernde Bodenbearbeitung für den Boden?

•••••

Durch die Abholzung der Bäume ist der Boden stärker den Einflüssen des Klimas ausgesetzt, was zu > Erosion, stärkerer Stoffverlagerung und Verwitterung führt. Bei der Bodenbearbeitung werden die Bodenorganismen gestört und die Pflanzenwurzeln vernichtet, die in unbeeinflußten Ökosystemen das Bodengefüge stabilisieren.

> Die Bodenorganismen werden ausführlich in der 1. Studieneinheit, Abschn. 4.2 beschrieben.

Durch den Nutzpflanzenanbau findet man statt der ursprünglichen ausgewogenen natürlichen Tier- und Pflanzengesellschaften *eine* Pflanzenart mit wenigen Pflanzen und Tieren als Begleitorganismen. Da einige dieser Organismen in den > Monokulturen optimale Lebensbedingungen vorfinden, können sie sich stark vermehren. Beeinträchtigen sie dabei das Wachstum der Nutzpflanzen, bezeichnet man sie als Schädlinge bzw. Unkräuter. Bei der Ernte wird fast die gesamte Biomasse entfernt, die Stoffkreisläufe werden unterbrochen. Die dadurch entzogenen Stoffe müssen durch Düngung wieder zugeführt werden. Man spricht daher vom Ackerbau auch als einer „*naturwidrigen*" Nutzung des Bodens.

So werden die ursprünglich vorhandenen Wirkungsgefüge der natürlichen Ökosysteme durch die menschlichen Eingriffe bei landwirtschaftlicher Tätigkeit stark verändert und überformt.

*Alle Ökosysteme, die einer landwirtschaftlichen Nutzung unterliegen, werden als **Agrarökosysteme** bezeichnet.*

Die Untersuchung der > Agrarökosysteme ist Aufgabe der Agrarökologie, welche die unbelebten Umweltelemente, die > Biozönosen, also die Lebensgemeinschaften von Tier- und Pflanzenarten, sowie das Wirkungsgefüge zwischen den unbelebten und den belebten Umweltelementen analysiert. Dazu gehört auch eine Betrachtung des Stoff- und Energiehaushaltes der Agrarökosysteme.

Die Unterschiede zwischen natürlichen und Agrarökosystemen verdeutlicht Tabelle 2.2, in der charakteristische Merkmale des (natürlichen) Waldökosystems den entsprechenden Merkmalen von Extensivgrünland und intensiv genutztem Acker gegenübergestellt sind. Dabei ist an einen Laubmischwald gedacht, wie er früher in Mitteleuropa verbreitet war und seit einigen Jahrzehnten auch wieder bewußt angesiedelt wird.

Die Untergliederung der Agrarökosysteme wird im folgenden noch weiter differenziert, da Landwirtschaft früher und heute regional sehr unterschiedlich betrieben wurde und wird. Auch innerhalb einer Region findet man häufig Grünland und Äcker direkt aneinandergrenzend, die durch ganz unterschiedliche Biozönosen und damit Unterschiede im Stoffhaushalt und anderen ökologischen Kenngrößen charakterisiert sind.

Die verschiedenen Methoden der Bodenbearbeitung sind im Anhang zusammengestellt.

Bevor nun auf einzelne Nutzungsformen eingegangen wird, werden zwei häufig nicht einheitlich gebrauchte Begriffe erläutert.

*Der Begriff „**Bewirtschaftungsintensität**" beschreibt die Höhe der Aufwendungen, die bis zur Ernte eines Kulturpflanzenbestandes eingesetzt worden sind.*

Tabelle 2.2. Übersicht über einige ökologisch wesentliche Unterschiede zwischen Waldökosystemen und verschiedenen Agrarökosystemen

Waldökosystem	Agrarökosysteme	
	Extensivgrünland	Intensiv genutzter Acker
Absterben der Biomasse	Biomasseentzug (Mahd/Weide)	Ernte, Abtransport des Erntegutes
Pflanzenwachstum ohne menschliche Eingriffe	Pflanzenwachstum bei geringem menschlichen Eingriff	Pflanzenbehandlungsmaßnahmen (Einsatz von Herbiziden etc.)
Nährstofffreisetzungen aus der toten organischen Substanz (Mineralisierung)		Düngungsmaßnahmen (organisch/anorganisch)
Natürliches Pflanzenvorkommen	Bedingt natürliches Pflanzenvorkommen	Kulturpflanzen Aussaat/Pflanzung
Bodenruhe	Bodenruhe	Bodenbearbeitung

Dafür zwei Beispiele: *Grünlandwirtschaft* ist stets von geringerer Intensität als der Ackerbau, da bei Grünland keine jährlich wiederkehrenden Pflugarbeiten und Neuaussaaten durchgeführt werden und somit nur Düngung und Ernte notwendig sind. Aus dem gleichen Grund ist der auf Acker betriebene, mehrjährige *Grasanbau* extensiver als der Getreide- oder Hackfruchtanbau.

Der allgemeine Begriff „landwirtschaftliche Nutzungsform" umfaßt eine Vielzahl möglicher Formen der Grünland- bzw. Ackernutzung.

Als Beispiel für unterschiedliche Grünlandnutzungsformen seien hier die *Mahdnutzung* und die *Weidenutzung* genannt. Die Mahdnutzung läßt sich nach der Häufigkeit des Mähens in Ein-, Zwei- und Mehrschnittnutzungen sowie nach anderen Gesichtspunkten der Bewirtschaftungsintensität weiter differenzieren.

2.3.1 Anbauflächenwechsel

Die Maßnahme, die zuerst zur Regeneration des Bodens angewendet wurde, war der > *Anbauflächenwechsel*. Das gerodete Land wurde 1 – 2 Jahre bebaut. Dann hatte die Bodenfruchtbarkeit so weit abgenommen, daß man neues Land roden mußte und das zuvor bebaute für Jahre brachliegen ließ, bis sich die Bodenfruchtbarkeit regeneriert hatte (Abb. 2.3). Da diese Art des Anbaus große Flächen beansprucht, konnte und kann sie nur bei geringer Bevölkerungsdichte betrieben werden.

2 Fruchtbarkeit des Bodens

Abb. 2.3. Veränderung der Bodenstruktur bei Anbau mit Flächenwechsel. Durch ackerbauliche Nutzung nimmt die Fruchtbarkeit ab, hier dargestellt durch die zunehmende Instabilität der Bodenstruktur. Durch Brache regeneriert sich der Boden und kann wieder genutzt werden. (Aus Sick 1983)

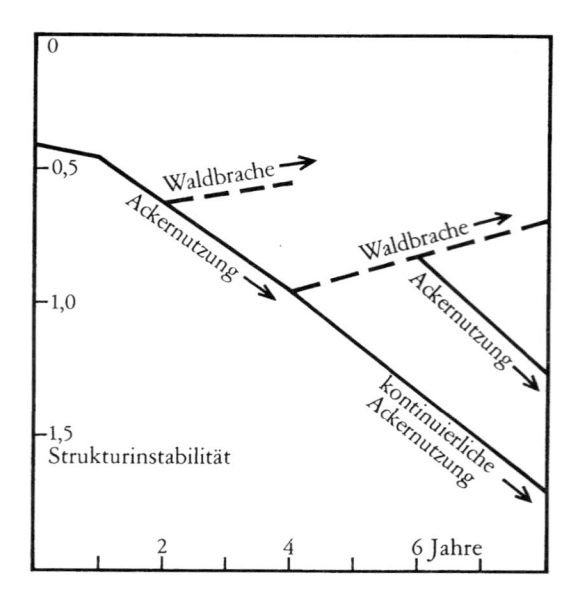

Eine besondere Form des Anbauflächenwechsels wird in der 6. Studieneinheit, Kap. 5 mit der Siegerländer Haubergwirtschaft beschrieben.

2.3.2 Feld-Gras-Wirtschaft

Sie war in Mitteleuropa bis ins Mittelalter hinein verbreitet. Die Flächen wurden dabei nicht einer ausschließlichen Nutzung als Grün- oder Ackerland unterzogen, sondern Grün- und Ackerlandnutzung wechselten einander ab, z. B. in einem 20jährigen Rhythmus (Abb. 2.4).

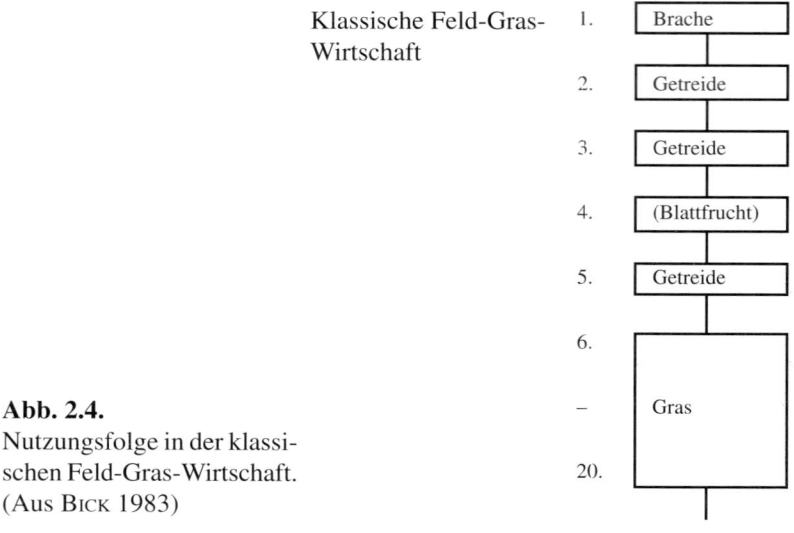

Klassische Feld-Gras-Wirtschaft

1. Brache
2. Getreide
3. Getreide
4. (Blattfrucht)
5. Getreide
6. –
   Gras
20.

Abb. 2.4. Nutzungsfolge in der klassischen Feld-Gras-Wirtschaft. (Aus Bick 1983)

Jedes Jahr wurde ein bestimmter Teil des Landes umgepflügt. Nach einem Jahr Brache wurden dann auf diesem Stück Kulturpflanzen angebaut: 2 Jahre Getreide, 1 Jahr > Blattfrucht, 1 weiteres Jahr Getreide. Dann folgten 15 Jahre Brache als Erholungsphase für den Boden, bevor er wieder umgepflügt wurde. Das Verhältnis von ackerbaulichen und nichtackerbaulichen Nutzungsphasen lag damit bei 1 : 4.

Näheres über verschiedene Getreidearten erfahren Sie im Anhang.

Die langandauernde Grasbrache brachte dem Boden eine hohe Fruchtbarkeit, die den Anbau von nährstoffzehrenden Pflanzen wieder möglich machte. Das Gras siedelte sich auf den Flächen von selber an, die dann zur Mahd oder als Viehweide genutzt werden konnten. Dadurch verhinderte man die Wiederansiedlung von Bäumen, die für unsere Breiten natürliche Folgegesellschaften sind.

Die Eingriffe in den Boden durch Pflügen sind im Anhang beschrieben.

> Leguminosen (Hülsenfrüchtler, z. B. Erbsen) fanden während der nichtackerbaulichen Nutzung gute Wachstumsbedingungen vor. Diese Pflanzen leben in Symbiose mit luftstickstoffixierenden > Knöllchenbakterien und tragen so zur besseren Stickstoffversorgung des Bodens bei (Stickstoffdüngung). Gleichzeitig ermöglichte die Anbauruhe eine intensivere Durchwurzelung des Bodens, wodurch die biologische Verfügbarkeit von weiteren Pflanzennährstoffen verbessert wurde. Auch ließ die Bodenruhe eine kontinuierliche Mineralisierung der anfallenden toten Biomasse zu. Dies trug zu einer höheren biologischen Aktivität des Bodenlebens und damit der Entstehung eines optimalen Krümelgefüges bei. Vorteile ergaben sich überdies auch im Hinblick auf den Pflanzenschutz in den ackerbaulichen Nutzungsphasen. Typische > Ackerwildkräuter konnten mit der langjährigen Grasbrache direkt bekämpft werden.

Weiterhin war der Entwicklungsgang von spezialisierten tierischen und pflanzlichen Kulturpflanzenschädlingen unterbrochen und damit der Schadbefall gemindert.

Neben diesen wirtschaftlich gezielt eingesetzten Steuermechanismen stellte die > Feld-Gras-Wirtschaft ungewollt die Basis für ein vielseitiges Vorkommen von Pflanzen- und Tierarten dar. Die Anwesenheit einer einzelnen Art war zwar wirtschaftlich von untergeordneter Bedeutung, aber nach unseren heutigen Kenntnissen trug die Vielfalt zu einer ökologischen Stabilität des Agrarökosystems bei. Letztlich besaß die Feld-Gras-Wirtschaft aus all den genannten Gründen nach unseren heutigen Naturschutzgesichtspunkten einen hohen Stellenwert.

Eine weitere verwandte Nutzungsform ist die Wald-Feld-Weidewirtschaft. Als ein Beispiel hierfür wird in der 6. Studieneinheit, Kap. 5 ausführlich die Siegerländer Haubergwirtschaft vorgestellt.

2.3.3 Zwei- und Dreifelderwirtschaft

Im Mittelalter konnte durch die bis etwa 1300 andauernde Klimaverbesserung – es wurde wärmer und trockener – der Getreideanbau in Höhenlagen und bodenfeuchte Niederungen ausgedehnt werden. Die Zunahme der Bevölkerung und ihre vermehrte Siedlung in Städten erforderten eine höhere Überschußproduktion der Landwirtschaft. Dies machte die Entwicklung intensiverer Anbaumethoden notwendig. Bei der > *Zweifelderwirtschaft* wechselt ein einjähriger Getreideanbau (Roggen oder Dinkel), bei der > *Dreifelderwirtschaft* ein 2jähriger Getreideanbau (Wintergetreide: Roggen oder Weizen, Sommergetreide: Hafer oder Gerste) jeweils mit *einem* Jahr Brache (gegenüber 16 Jahren bei der Feld-Gras-Wirtschaft) ab. Das Verhältnis von ackerbaulicher zu nichtackerbaulicher Nutzung lag hier bei 1 : 1 bzw. bei 2 : 1.

Zum Ausgleich für die geringere flächeneigene Stickstoffversorgung und Freisetzung anderer Pflanzennährstoffe sowie um einer stärkeren Nährstoffverarmung der Böden entgegenzuwirken, mußten nun verstärkt Düngemittel eingesetzt werden. Dies geschah vornehmlich mittels der im Stall anfallenden kot- und urinhaltigen Einstreu. Einstreu wurde außerdem nicht selten in benachbarten Wäldern gewonnen (Fallaub), womit die Nährstoffreserven der Ackerflächen auf Kosten der Wälder ersetzt wurden. Darüber hinaus wurden regional verschieden auch andere düngende oder die Bodenfruchtbarkeit verbessernde Stoffe ausgebracht.

> Bitte überlegen Sie, um welche Stoffe es sich dabei gehandelt haben könnte.
>
> •••••
>
> Dies sind z. B. Holzasche, Heide- und > *Grünplaggen* oder > *Mergel*. (Die Entstehung der Lüneburger Heide wird im wesentlichen auf die regelmäßige Entnahme der Grasplaggen zur Düngung von Feldern zurückgeführt.)

Vielerorts konnte aber durch diese Düngemaßnahmen der Nährstoffverarmung der Ackerflächen nicht ausreichend begegnet werden. Auch hatte die kürzere Brachezeit eine geringere Wirkung bei der Dezimierung von Ackerwildkräutern und Kulturpflanzenschädlingen.

Die geschilderte Intensivierung des Ackerbaus führte zu einem schleichenden Raubbau an den Nährstoffreserven der Felder und zu höherem Schädlings- und Unkrautbefall. Durch die häufigeren (Getreide-)Ernten wurde wohl mittelfristig dennoch ein insgesamt höherer Flächenertrag erzielt. Nicht nur aus agrarökologischen Gesichtspunkten scheinen diese Nutzungsformen aber recht bedenklich gewesen zu sein.

2.3.4 Verbesserte Dreifelderwirtschaft

Ein weiterer Wandel zu intensiveren Anbaumethoden vollzog sich im 18. Jahrhundert. Er wurde erst durch Agrarreformen ermöglicht, da eine ganze Reihe von verbindlichen Ordnungen und Rechten für die Bauern an das alte System der > Dreifelderwirtschaft geknüpft war.

In der > *verbesserten Dreifelderwirtschaft* (Abb. 2.5) wurde das Brachejahr durch den Anbau einer > Hackfrucht (erst Futterrüben, später Kartoffeln und Zuckerrüben) ersetzt. In manchen Regionen bildete sich eine > *Vier-* bzw. > *Fünffelderwirtschaft* (Abb. 2.5) heraus, bei denen ein unterschiedlich häufiger Wechsel von Getreide zu Hackfrucht betrieben wurde.

Näheres über verschiedene Knollenfrüchte finden Sie im Anhang.

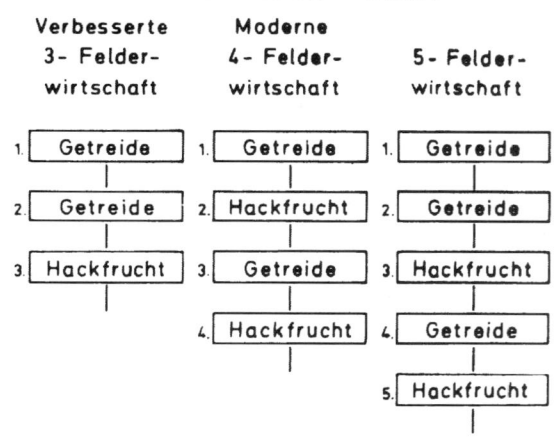

Abb. 2.5. Nutzungsfolge der verschiedenen Fruchtwechselwirtschaften. (Aus BICK 1983)

Bis ins 19. Jahrhundert hinein entstand die moderne > *Fruchtwechselwirtschaft,* die auf einem regelmäßigen Wechsel von „Halmfrucht" (Getreide) und „Blattfrucht" beruht. Zu den Blattfrüchten zählen: Hackfrüchte, Ölpflanzen (z. B. Raps), Faserpflanzen (Hanf, Lein), Erbsen, Mohn, Tabak.

Der Hackfruchtanbau bot gute Möglichkeiten zur Bekämpfung der Ackerwildkräuter mittels Hacke und unterbrach die Entwicklungsgänge vieler spezialisierter Schadorganismen. Hacken fördert zudem den Humusabbau. Da die Brache nun aber wegfiel und beim Anbau von Hackfrüchten nach der Ernte nur wenig organisches Material im Boden bleibt – beim Getreideanbau bleiben Wurzeln und Stoppeln als organische Substanz zur Bildung von > Humus im Boden erhalten –, wurde eine verstärkte Düngung notwendig. Der höhere Bedarf an Düngemitteln wurde zunächst aus der intensiver betriebenen Viehhaltung gedeckt.

2.3.5 Intensivbewirtschaftung

Auf der Grundlage von > v. Liebigs Mineralstofftheorie (1840) wurden dann durch die aufblühende chemische Industrie > mineralische Dünger produziert, die in den landwirtschaftlichen Betrieben eingesetzt werden konnten. Die mitteleuropäische Landwirtschaft konnte nun fast unabhängig von den natürlich vorkommenden bodeneigenen Nährstoffen intensiver betrieben werden.

Auf den Einsatz von Mineraldünger in der Intensivlandwirtschaft und die daraus erwachsenden Folgen wird im 4. Kap. am Beispiel des Kalidüngers genauer eingegangen.

Der Nährstoffraubbau der Vergangenheit wurde damit nicht nur ausgeglichen, sondern auch der Nährstoffgehalt der Böden künstlich angehoben; die Böden wurden aufgedüngt. Die *natürliche* Bodenfruchtbarkeit blieb nun nicht länger der wichtigste ertragsbegrenzende Faktor. In der Folge ging die Bedeutung der Tierhaltung für die Nährstoffversorgung der Ackerflächen verloren. Aufgrund höherer Rentabilität im Ackerbau wurden Grünlandflächen jetzt vermehrt in Ackerflächen umgewandelt. Das mit der intensiveren Düngung gleichzeitig angestiegene Wachstum des Unkrautes sowie tierische und pilzliche Schädlinge begrenzten nun wesentlich stärker die Ernteerträge als früher. Doch auch hier boten weitere neue technische Entwicklungen bald Abhilfe durch ein immer weiter anwachsendes Angebot an > Pflanzenschutzmitteln. In der Landwirtschaft trat eine weitere Intensivierung ein; sie ist durch den verstärkten Zukauf von Dünge- und Pflanzenschutzmitteln, Einsatz von > Hochertragssorten, einen immer einseitiger werdenden Kulturpflanzenbestand sowie stark angestiegene Feldgrößen zu kennzeichnen.

Der Einsatz von Pflanzenschutzmitteln und seine Folgen werden in der 3. Studieneinheit, Abschn. 1.2.3 ausführlich dargestellt.

Der wenig aufwendige Einsatz zugekaufter Pflanzennährstoffe und Pflanzenschutzmittel bei der modernen landwirtschaftlichen Nutzung hatte verschiedene nachteilige Nebeneffekte. Vielfach sorglos und unbedacht eingesetzte Düngemittelmengen führten zu erheblichen Austrägen von Pflanzennährstoffen aus den Agrarökosystemen beispielsweise in Grund- und Oberflächengewässer. Ähnliches gilt darüber hinaus auch für Pflanzenschutzmittel. Weithin ging das Bewußtsein für Nährstoffkreisläufe und früher übliche Methoden der Begrenzung von Schäden durch tierische und pflanzliche Organismen verloren. Die sehr einseitige Kulturpflanzenauswahl und die daran ausgerichteten Bewirtschaftungsmaßnahmen in den heutigen großflächigen Ackerbauregionen bieten nur noch wenigen Tier- und Pflanzenarten einen geeigneten Lebensraum.

2.4 Rückblick

Fragen:

Mit Hilfe der folgenden Fragen können Sie die Zusammenfassung des Kapitels selbst erarbeiten.

1. Beschreiben Sie, wie sich das kühlgemäßigte Klima unserer Breiten auf die Beschaffenheit unserer Böden auswirkt.

2. Nennen Sie die Faktoren, die bei der Berechnung der Bodenzahlen und der Grünlandgrundzahlen berücksichtigt werden.

3. Zählen Sie die Vor- und Nachteile der verschiedenen Nutzungsformen auf, die zum Erhalt der Bodenfruchtbarkeit entwickelt wurden.

Antworten:

1. Die Böden weisen einen hohen Restmineralgehalt und Nährstoffvorrat auf, da – aufgrund der mäßigen Niederschläge und Temperaturen – die Verwitterungszone der Böden im Vergleich zu tropischen Böden relativ geringmächtig ist und die Verlagerung von Stoffen verhältnismäßig langsam erfolgt.

2. Bei der Berechnung der Bodenzahlen werden die Bodenart, die Entstehungsart und die Zustandsstufe des Bodens berücksichtigt, bei der Berechnung der Grünlandgrundzahlen die Bodenart, die Zustandsstufe des Bodens sowie die Wasserverhältnisse und das Klima. Wird bei der Bewertung des Ackerbodens das Klima, beim Grünland auch das Relief des Bodens miteinbezogen, so erhält man die Acker- bzw. Grünlandzahlen, die bei der Flächenbesteuerung zugrundegelegt werden.

3. Vor- und Nachteile verschiedener Nutzungsformen sind:

Feld-Gras-Wirtschaft

Vorteile: hohe Fruchtbarkeit durch lange Grasbrache (bessere Stickstoffversorgung durch Anbau von Leguminosen, intensive Durchwurzelung des Bodens, hohe biologische Aktivität des Bodens),
hohe Artenvielfalt,
geringer Schädlingsbefall,

Nachteil: großer Flächenverbrauch durch langjährige Brache.

Zwei-, Dreifelderwirtschaft

Vorteil: höherer Flächenertrag aufgrund kürzerer Brachezeit,

Nachteile: stärkere Nährstoffverarmung,
vermehrter Schädlingsbefall durch kürzere Brachezeit.

Verbesserte Dreifelderwirtschaft/Fruchtwechselwirtschaft

Vorteile: verbesserte Bekämpfung von Unkräutern und Schädlingen,
Förderung des Humusabbaus durch Hackfruchtanbau,

Nachteil: erhöhte Nährstoffverarmung.

Intensivbewirtschaftung

Vorteile: Zunahme der für Ackerbau nutzbaren Flächen,
Aufdüngung der Böden durch Mineralstoffdünger,
Steigerung der Erträge durch Einsatz von Pflanzenschutzmitteln und Hochertragssorten,

Nachteile: Austrag von Pflanzennährstoffen und Pflanzenschutzmitteln in Grund- und Oberflächengewässer,
Rückgang der Artenvielfalt,
Ausräumung der Landschaft.

3. Verschiedene landwirtschaftliche Nutzungsformen und ihre sozialen Kontexte

A. A. Bodenstedt

Um denjenigen Bestandteil unserer Umwelt zu bezeichnen, der Wasser, Vegetation, Tier- und Menschenwelt sozusagen „trägt", bietet die deutsche Sprache mehrere Begriffe an: Boden, Grund, Grundstück, Land, Fläche, Raum.

Die Begriffe *Grund und Boden* erscheinen uns selbstverständlich, da wir ihn ständig unter unseren Füßen fühlen. Mit den anderen genannten Begriffen verbinden wir bestimmte Aspekte der Nutzung. Mit dem Wortgebrauch *Grund* und *Grundstück* spricht man besonders rechtliche Aspekte, den Besitz von Boden an. Das Wort *Land* dagegen weist auf den Gesichtspunkt der wirtschaftlichen Nutzung, der Bewirtschaftung, hin und verbindet diesen mit der politischen Grenzziehung: Land und Volk. Unter dem Blickwinkel von Verwaltungsbelangen wird von *Flächen-* oder *Raum*nutzung gesprochen.

Mit den unterschiedlichen Aspekten der Nutzung von Boden bzw. Land befassen sich verschiedene Disziplinen. Mit dem Boden bzw. Land als Fläche, Raum oder Region beschäftigen sich die Rechts-, Wirtschafts- und Sozialwissenschaften. Interesse am Boden als Tiefenraum haben Geologie und andere Naturwissenschaften. Boden als Materie bzw. als Teil der obersten Erdkruste wird von der Bodenkunde, der Agrochemie und -biologie untersucht.

Bei der Beschäftigung mit dem Thema Boden ist es wichtig, diese unterschiedlichen Aspekte, die sich in der sprachlichen Vielfalt widerspiegeln, zu berücksichtigen und außerdem zu beachten, daß Inhalt und Normen von Land- oder Bodennutzung häufig parallel laufen oder sich sogar überschneiden. Daher ist eine differenzierte Betrachtung dieses Themas notwendig.

Übersicht: Unter einer ganzheitlichen Perspektive ist der Boden also nicht nur von solchen Funktionen wie Regelung des Wasser- und Nährstoffhaushalts, Lebensraum für Pflanzen und Tiere, die in der 1. Studieneinheit behandelt wurden, her zu betrachten, sondern auch in seinen Funktionen für den Menschen, wie dies in Kap. 2 schon geschah. In diesem Kapitel werden die verschiedenen Funktionen zunächst kurz systematisch zusammengestellt. Anschließend werden Formen vorindustrieller Landnutzung, die während des Prozesses der „neolithischen Revolution" ihren Anfang nahm, im Verhältnis zu den sich herausbildenden Sozialformen beschrieben. Die sozialen Organisationsformen werden durch rechtliche Ordnungen stabilisiert, auf die im Abschn. 3.3 eingegangen wird.

3.1 Verschiedene Funktionen des Bodens

Jede Gesellschaft – auch unsere heutige Industriegesellschaft – erkennt bestimmte Normen an, nach denen sich die Nutzung von Boden, Land bzw. Raum richtet. Dazu gehören beispielsweise das Recht auf Privateigentum an Boden, verbunden mit der > Sozialpflichtigkeit

3. Verschiedene landwirtschaftliche Nutzungsformen und ihre sozialen Kontexte

dieses Eigentums sowie das Kriterium der Effizienz oder Rentabilität. Die heute gültigen Grundsätze lassen sich aus der Geschichte ableiten.

Ihnen liegen 4 verschiedene Bodenfunktionen zugrunde, die im folgenden näher beschrieben werden: Regelungsfunktion, Lebensraumfunktion, Standortfunktion, Produktionsfunktion.

Diese Eigenschaften des Bodens sind ausführlich in der 1. Studieneinheit dargestellt.

Regelungsfunktion. Sie kann in 2 Teilfunktionen – die physikalisch-mechanische und die chemisch-biologische – unterteilt werden. Zur physikalisch-mechanischen Teilfunktion gehören die Regelung von Bodentemperatur und Wasserhaushalt sowie die mechanische Filterung von Stoffen. Zur chemisch-biologischen Teilfunktion zählen Bindung, Ein- bzw. Abbau von Stoffen im Boden.

Verschiedene Bodenorganismen sind in der 1. Studieneinheit, Abschn. 4.2 vorgestellt.

Lebensraumfunktion. Der Boden selbst bildet den Lebensraum für die Pflanzenwurzeln, über welche die auf ihm wachsenden Pflanzen mit Wasser und Nährstoffen versorgt werden, und außerdem für die bodenlebenden Organismen, das > Edaphon, die im ökologischen System die Rolle der > Destruenten übernehmen.

Auf dem Boden bestehen Lebensräume für die verschiedenen Pflanzen- und Tierarten, die an bestimmte ökologische Bedingungen angepaßt sind. Der Mensch ist dagegen in der Lage, sehr unterschiedliche Lebensräume zu besiedeln und sich auf ganz verschiedene Bedingungen einzustellen. Auf der Grundlage von Erfahrung sowie durch Denken und Handeln schafft der Mensch Kultur und definiert für diese den Boden unter seinen Füßen als Lebensraum (und zwar zunächst in kollektiver Form, vgl. dazu Abschn. 3.3.2).

Standortfunktion. Indem die Menschen darauf angewiesen sind, den Boden bewußt zu nutzen, erlegen oder gar zwingen sie ihm neue Funktionen auf. Seitdem der Mensch durch den Landbau seßhaft wurde und Städte baute, wird der Boden bewußt als Standort bestimmt – z. B. für Agrarproduktion, Lagerstättenabbau, Gewerbe, Wohnstätten, Erholung und Infrastruktur.

Produktionsfunktion. Diese 4. Funktion ist die Folge eines in besonderer Weise entwickelten und industriell beeinflußten ökonomischen Denkens. Der Mensch weist dem Boden diese Funktion erst seit dem Prozeß der Industrialisierung des Gewerbes und seit dessen Ausdehnung auf die Landwirtschaft zu. Die Funktion beruht vor allem auf der naturwissenschaftlichen Analytik und der ökonomischen Produktionstheorie sowie deren Zusammenwirken.

Neben diesen generativen bzw. produktiven Funktionen hat der Mensch dem Boden eine weitere zugewiesen, die **Ordnungsfunktion,** die sich aus der Lebensraumfunktion ableitet. Da der Mensch nicht von bestimmten Standortbedingungen abhängig ist, kann er die räumlichen Dimensionen seines Lebensraumes selbst festlegen. Er zieht Grenzen und definiert durch Inanspruchnahme sog. Regionen.

Die Ordnungsfunktion ist dem Menschen offenbar stets sehr wesentlich erschienen, denn sie ist in allen Kulturen mit ideologischen Systemen verknüpft. Diese gehen im Grundsatz davon aus, daß die Verfügung über den Boden dem Wirken jenseitiger Kräfte zuzuordnen sei. Bestimmte Zonen werden als Tabuzonen von der Nutzung ausgenommen, z. B. Standorte „heiliger" Bäume oder Uferzonen.

Die Vielschichtigkeit der Funktionen und ihrer Rückwirkungen auf den Menschen machen deutlich, daß für eine umfassende Beleuchtung des Themas die Zusammenarbeit der verschiedenen Disziplinen notwendig ist. Dies gilt selbstverständlich auch für die folgenden Ausführungen, in denen der Zusammenhang zwischen der agrarischen Nutzung des Bodens und ihren sozialen Bedingungen dargestellt wird.

3.2 Frühe Formen der Bodennutzung und ihr gesellschaftlicher Hintergrund

3.2.1 Grundformen landwirtschaftlicher Bodennutzung

Unsere Kenntnisse darüber, wie die Bodennutzung zu ur- und frühgeschichtlicher Zeit ausgesehen haben mag, leiten sich aus unterschiedlichen Quellen ab. Hinweise geben u. a. Mahlzeitenreste alter Lagerplätze, Funde von Steinwerkzeugen und Knochen sowie steinzeitliche Felszeichnungen. Auch aus der Beobachtung von heute noch „auf Steinzeitniveau" lebenden Gruppen (auf den Philippinen, auf Neuguinea) können Schlüsse auf die Lebensweise in frühen Zeiten gezogen werden. Hier ist v. a. auf die Arbeiten von M. SAHLINS hinzuweisen, der in seinem Buch „Stone age economics" (1972) eine Analyse verschiedener Kulturen vorgelegt hat.

Die sog. > Wildbeuter lebten als Jäger, Fischer und Sammler. Sie sammelten Beeren, Nüsse, Wurzeln, aber auch fruchtende Gräser. Von *heutigen* Kulturen, die auf der Ebene voragrarischer Nutzung leben, wissen wir, daß sie ein Gruppenrevier mit einem Durchmesser von etwa 40 km beanspruchen. Diese Strecke entspricht der Tagesleistung eines laufenden Menschen. Beispiele für solche Kulturen sind die !Ko-Buschleute der Kalahari (EIBL-EIBESFELDT 1972) und die Eipo Neuguineas.

Das Verhältnis von Wildbeutern zum Boden wurde bzw. wird v. a. durch die folgenden Aspekte bestimmt:

- das Wandern,
- die Kenntnis genießbarer Nahrungsbestandteile aus Tier- und Pflanzenwelt,
- die Beherrschung des Feuers und
- die Werkzeugtechnologie von Stein, Knochen und Holz.

2

Die verschiedenen Methoden der Bodenbearbeitung sind im Anhang beschrieben.

Dieselben Aspekte kennzeichnen die älteste Form der agrarischen Bodennutzung, den > Anbauflächenwechsel (vgl. Abschnitt 2.3.1), der auch als > Urwechselwirtschaft bezeichnet wird. Sie wurde bzw. wird vorzugsweise als > Brandrodungswirtschaft betrieben (RUTHENBERG u. ANDREAE 1982). Dabei wird die zum Anbau vorgesehene Fläche zunächst durch Abbrennen gerodet, anschließend wird der Boden mit hölzernen Grabstöcken ritzend bearbeitet, um ihn dann mit Knollen, Stecklingen oder Körnern zu bestellen. Der Anbau auf einer Fläche erfolgt, bis der Boden erschöpft ist. Dann läßt man ihn brachfallen und bearbeitet eine andere Fläche bzw. zieht sogar weiter zu einer anderen günstig erscheinenden Stelle (> Wanderfeldbau, shifting cultivation).

Anbauflächenwechsel ist typisch für den Landbau in den subtropischen und tropischen Regenwaldzonen, wo der Nährstoffvorrat im Boden gering und daher bald erschöpft ist. – Er wird heute noch von etwa 200 Mio. Menschen betrieben.

In der 1. Studieneinheit wurden die Gründe dafür genannt, warum der Nährstoffvorrat im Boden der Tropen gering ist. Erinnern Sie sich noch daran?

•••••

Sie finden die entsprechende Stelle auf S. 37 der 1. Studieneinheit.

Der Innovationsprozeß, der vom Wildbeutertum zum gezielten Anbau führte, wird nach V. G. CHILDE (1936) als > „neolithische[1] Revolution" bezeichnet. Der Prozeß lief sicher – wie viele andere Innovationsprozesse – unzählige Male an verschiedenen Orten innerhalb eines langen Zeitraumes ab, bevor sich daraus der Landbau mit seßhafter Siedlungsweise entwickelte. Wahrscheinlich gingen die Menschen auch nach der Einführung des Anbaus noch lange Zeit nebenher der herkömmlichen Sammeltätigkeit nach (vgl. Abschn. 3.2.4).

---

1 Griech. neos = neu, jung; griech. lithos = Stein; Neolithikum = Jungsteinzeit.

Die Gewohnheit des Weiterziehens ist – außer beim Wanderfeldbau – auch bei jenen Gruppen stark ausgeprägt, die pflanzenfressende Tiere wie Schafe und Ziegen domestiziert haben. Sie wandern auf der Suche nach ausreichenden Weidegründen für ihre Tiere weiter (Wanderviehzucht). Man unterscheidet zwischen der halbnomadischen > *Transhumanz*[2] und dem > *Nomadismus*[3]. Im Falle der Transhumanz leben die Besitzer der Viehherden seßhaft und betreiben Ackerbau. Die Herden wechseln, von Hirten begleitet, zwischen verschiedenen Weidegebieten, die in jahreszeitlichem Rhythmus genutzt werden können. Bei Nomaden zieht dagegen die gesamte Bevölkerung mit den Herden in Abhängigkeit von der Jahreszeit zu bestimmten Weidegründen. Die pflanzliche Nahrung wird in der Regel bei ackerbaubetreibenden Bevölkerungsgruppen eingekauft oder getauscht. Anbau kann nur in geringem Umfang und nur dann betrieben werden, wenn die Gruppe ergiebige Weidegründe gefunden hat und längere Zeit an einem Ort bleibt.

Diese Lebensweisen sind typisch für aride[4] und semiaride[5] Gebiete (Wüste, Steppe, Savanne), wo die Vegetation karg ist. Sie nötigen den Menschen verhältnismäßg strenge Lebensregeln und eine straffe hierarchische Ordnung auf. So kommt es zu fest gefügten und schlagkräftig organisierten Gruppengebilden, die bei Zusammenstößen mit Lebensraumkonkurrenten Vorteile haben. Als Reitervölker besitzen solche Gruppen die Möglichkeit zu einem beweglicheren, schnelleren und geschickteren Operieren. Als Beispiel sei an das Hirten- und Reitervolk der Hunnen erinnert, das im Verlauf der Geschichte mehrmals in andere Gebiete einfiel und sich seßhafte Pflanzer- und Bauerngruppen untertan machte.

3.2.2 Knollenkultur versus Getreidekultur

Zu den Hauptbestandteilen der pflanzlichen Nahrung gehören Knollen und Getreide-(Gras-)Samen. Auf der Basis unseres heutigen Wissens kann nicht entschieden werden, ob zuerst Pflanzen aus der Gruppe der vegetativ (also durch Stecklinge oder Knollen) vermehrbaren oder aus der Gruppe der samentragenden Pflanzen in Kultur genommen wurden. Die Anfänge der tropischen Hackbaukultur, die mit dem Anbau von Knollenfrüchten in Beziehung steht, werden auf die Zeit zwischen 15 000 und 10 000 v. Chr. (HEICHELHEIM 1938), von WERTH (1954) auf etwa 13 000 v. Chr. datiert. Erste Funde von Kulturgetreide stammen je nach Region aus den Zeiten zwischen 10 000 und 5000 v. Chr. (RUDORF 1969) (Abb. 2.6).

---

2 Lat. trans = jenseits; lat. humus = Erde; jenseits der bebauten Erde.
3 Griech. nomas = weidend.
4 Lat. aridus = trocken.
5 Lat. semi = halb.

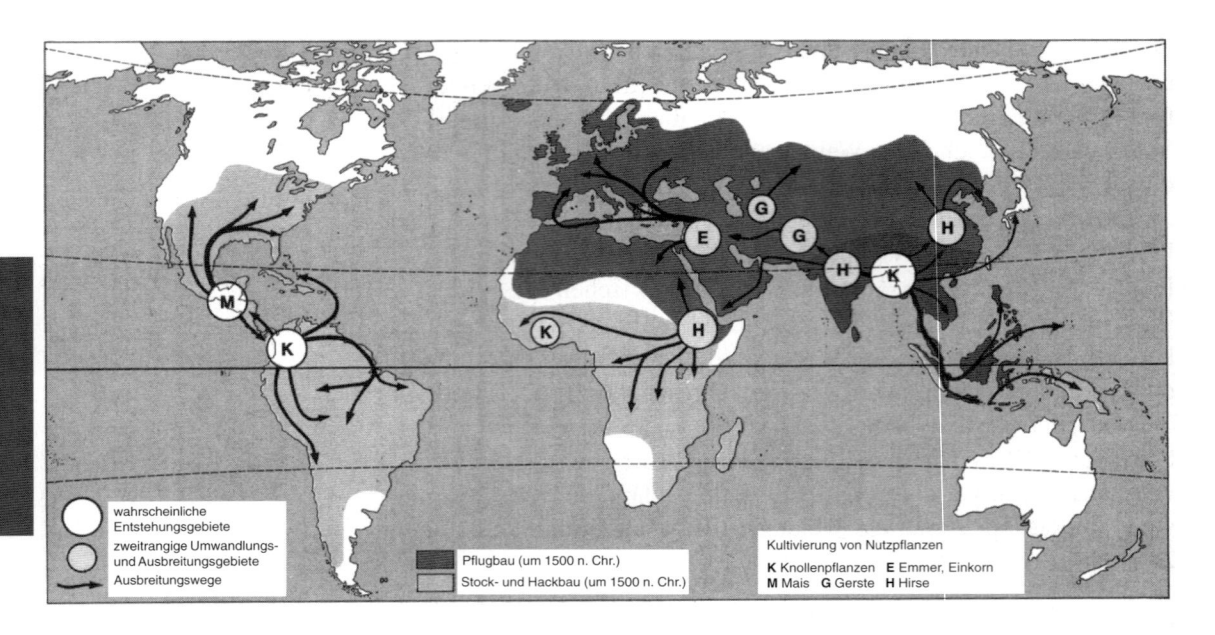

Abb. 2.6. Entstehung und Ausbreitung des Landbaus. (Aus Sick 1983)

> Näheres über die verschiedenen Knollenfrüchte erfahren Sie im Anhang.

Zu den *Knollenfrüchten,* für deren Anbau neben dem Grabstock nur die Hacke benötigt wird, gehören Maniok (Cassava, Yucca), Yams, Taro, Kartoffel und Süßkartoffel (Franke 1986). Für ein höheres Alter der Knollenkultur gegenüber der Getreidekultur sprechen die folgenden Gründe:

– Grabstockpflanzermethoden und Formen des Wanderfeldbaus stellen vergleichsweise geringe Eingriffe in natürliche > Ökosysteme mit hoher Artenvielfalt dar. Knollen werden vorwiegend in Mischkultur angebaut, also mit anderen Pflanzen gemeinsam in einem Beet. Getreidekulturen sind dagegen meist Monokulturen. In Knollenkulturen kommt es kaum zu > Erosion, da der Boden dort fast während des ganzen Jahres mit Pflanzen bedeckt ist.

– Der Anbau von Knollen ist mit einer stark positiven Energiebilanz verbunden, da ausschließlich menschliche Arbeitskraft eingesetzt wird und die Bodenfruchtbarkeit sich in langen Bracheperioden erneuert.

– Knollenkulturen sind ökologisch stabiler als Saatkulturen. Da Knollenpflanzen im Vergleich zu Getreide überwiegend Stärke und wenig Eiweiß produzieren, sind ihre Ansprüche an die Nährstoffversorgung geringer. Daher entziehen sie dem Boden auch weniger Nährstoffe als Getreidekulturen.

In der Alten wie in der Neuen Welt findet man neben dem Knollenfruchtanbau *Getreidekulturen,* z. B. Weizen, Reis, Mais und Hirse. Für den mittelmeerisch-europäischen Raum hat die Kultivierung von

3.2 Frühe Formen der Bodennutzung und ihr gesellschaftlicher Hintergrund

Gerste und Weizen ihren Ausgang vom > „Fruchtbaren Halbmond" (Abb. 2.7) genommen, d. h. von den Flanken von Taurus- und Zagros-Gebirge im Norden des Zweistromlandes (Mesopotamien). Dort waren an Getreidewildformen wahrscheinlich der Wilde Emmer und die zweizeilige Gerste bekannt.

Näheres über die verschiedenen Getreidearten erfahren Sie im Anhang.

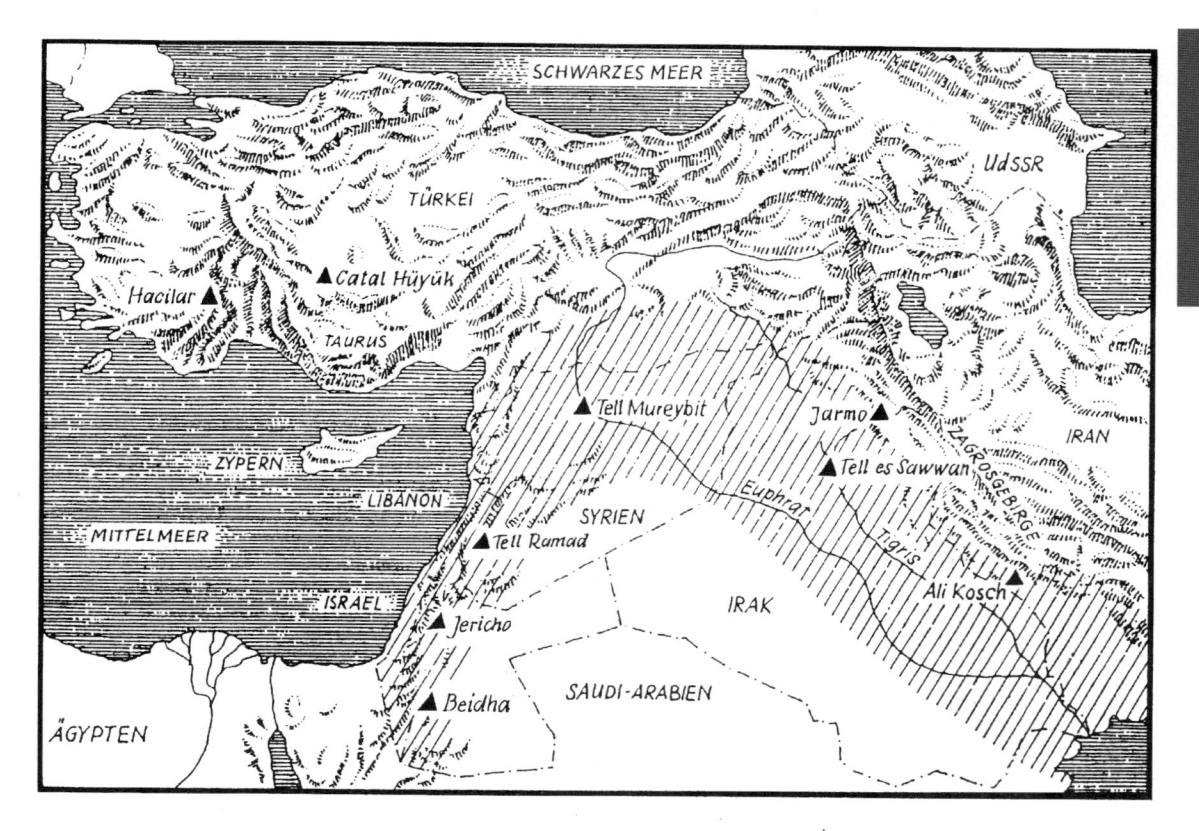

Abb. 2.7. Gebiet des „Fruchtbaren Halbmondes" mit einigen wichtigen frühen neolithischen Siedlungen (vor 5000 v. Chr.). (Nach RENFREW 1973 u. SIMON 1980)

Den Menschen in der Neuen Welt (Mexiko, Andenregion) sind Zucht und Anbau von Vorformen des Mais gelungen. Es ist bis heute nicht geklärt, aus welchen Formen der moderne Mais entstanden ist. Die zwischen 60 000 und 80 000 Jahre alten Pollenproben, die in Bohrkernen bei Mexiko City gefunden wurden, können nicht eindeutig Mais, Teosinte oder deren gemeinsamem Vorläufer zugeordnet werden; sie belegen aber, daß es einen Vorläufer gegeben hat (GOODMAN 1984).

Der Mais wurde während der Kolonisierung Afrikas dorthin überführt und hat als Sklavennahrung eine unheilvolle Rolle bei der kolonisatorischen Ausbeutungspolitik gespielt. Für den Transport der afrikanischen Sklaven nach Lateinamerika wurde ein Nahrungsmittel gebraucht, das während der etwa 3 Monate dauernden Fahrt die Ernährung der Sklaven sicherstellen konnte (IMFELD 1986).

Wenn man alle teils belegbaren, teils hypothetisch erschlossenen Umstände zusammenfaßt, die den Übergang zum und die Anfänge des Landbaus als der dominierenden Form der Bodennutzung kennzeichnen, so ergibt sich folgendes Bild.

Unter der Voraussetzung einer extrem geringen Bevölkerungsdichte haben die genannten Formen der Bodennutzung

– ein günstiges Verhältnis von eingesetzter (manueller) zu gewonnener (Nahrungs-)Energie ermöglicht,

– trotz „naturschädigender" Verhaltensweisen unterhalb der Regenerationsschwelle der Natur operiert, d. h. die Umwelt nicht nachhaltig beeinträchtigt, und

– ein zwiespältiges Verhältnis des Menschen zur „Natur" entstehen lassen.

> Inwiefern konnten die Menschen die Natur als zwiespältig empfinden? Wie mögen sie mit ihrem Verhältnis zur Natur umgegangen sein?
>
> •••••
>
> Natur wurde einerseits als mütterlicher Hort, als Quelle der Nahrung und als Möglichkeit des Lebens, andererseits aber auch als ständige Ursache von Gefahr und Verunsicherung angesehen.
>
> Die Zwiespältigkeit spiegelt sich in den kultischen Regeln des menschlichen Umgangs mit dem Boden und der von ihm getragenen Flora und Fauna, in ihrer Beseelung mit jenseitsbürtigen Geistern und Dämonen, im Umgang mit Zeit und Raum und der „freien Zeit" wider.

Genaueres über Sukzession erfahren Sie im Anhang und in der 5. Studieneinheit, Kap. 2.

Auch wenn der Mensch als früher Bodennutzer noch nicht so weit geht, in großflächiger Weise in die > natürliche Sukzession einzugreifen, wie dies heute geschieht, bewirkt seine agrarische Tätigkeit doch Entscheidendes: natürliche > Ökosysteme werden in > *Agrarökosysteme* (vgl. Abschnitt 2.3) umgewandelt. Diese besitzen die für natürliche Ökosysteme charakteristische Selbstregulationsfähigkeit nicht mehr oder nur noch in geringem Maße. Vielmehr hat der wirtschaftende Mensch die Steuerungsfunktion übernommen, indem er in den Organismenbestand, den Energiefluß und den Stoffkreislauf eingreift. Die Folgen solchen Tuns werden erst nach vielen Generationen erfahrbar, so daß sie den Schluß auf den kausalen Zusammenhang mit diesem Tun so gut wie unmöglich machen.

3.2.3 Soziale Bedingungen von Knollen- und Getreidekultur

Die unterschiedlichen Rahmenbedingungen von Knollen- und Getreidekultur sind maßgeblich für die Unterschiede in den Sozialstrukturen und in der Einstellung zu Zeit und Raum von Knollen- und Getreideanbauern. Grundlegend für diese Unterschiede ist, meine ich, daß Knollenanbauer keine *Vorratswirtschaft* zu betreiben brauchen. In dauerwarmen Klimaten können die reifen Knollen beliebig lange in der Erde verbleiben (Maniok) oder zu unterschiedlichen Zeiten zur Reife gebracht (Yams) und nach Bedarf entnommen werden. Diese natürliche Lagermethode wird in Zusammenhang gebracht mit der Beobachtung, daß knollenfruchtanbauende Gruppen es einzelnen Personen oder Personengruppen in viel geringerem Maße ermöglichen, Verfügungsrechte über andere zu erlangen, sprich: (politische) Macht auszuüben, als dies bei Getreideanbauern der Fall ist. Beim Anbau von Knollen ist es kaum möglich, sich einen Nahrungs-„Überschuß" als materielle Grundlage von Besitz und Macht anzueignen. Statt dessen werden in den knollenanbauenden Gruppen „natürliche" Autoritäten nach Alter, Abstammung und Besitz von magischen Kräften anerkannt, und es wird bei ihnen ein hohes Maß an berechneter Zusammenarbeit geleistet.

Da Pflanz- und Erntearbeiten fast parallel ausgeführt werden, mißt der Anbauer dem Faktor Zeit eine verhältnismäßig geringe Bedeutung zu. Er ist stärker räumlich orientiert, beobachtet Einteilungen und Begrenzungen von Lebens- und Handlungsräumen. Die Zeit wird eher in zyklisch wiederkehrender Weise als in linear zielgerichteter Abfolge in der Daseinsplanung berücksichtigt. Die Vorstellung von „Zeit" bringt Ordnung in beobachtbare Abläufe (vorher, während, nachher usw.). *Wir* betrachten Zeit als meßbare und zuteilbare Menge; afrikanische und asiatische Gesellschaften verstehen unter Zeit etwas, was seit bestimmten erinnerbaren Ereignissen verlaufen ist. Zukünftige Ereignisse sind, streng genommen, nicht vorhersagbar. Es ist also durchaus logisch, wenn Menschen in diesen Gesellschaften der „Blick in die Zukunft" lediglich die Wiederkehr von bereits abgelaufenen Ereignissen enthüllt: die Rückkehr von verstorbenen oder verschwundenen Geistern, Göttern, Helden, Königen, die Wiedererrichtung untergegangener Herrschaftssysteme, das „Goldene Zeitalter" u. ä. Solche Gedanken tauchen auch in der christlichen Erwartung des „Jüngsten Gerichts" auf. Wichtigster Erfahrungsansatz ist der Verlauf des menschlichen Lebens: (Wieder-)Geburt – Tod – (Wieder-)Geburt neuer Gruppenmitglieder; Keimen – Wachsen – Vergehen; Roden – Anbauen – Weiterziehen – periodische Rückkehr. Ausschließlich Knollenfruchtanbau betreibende Gesellschaften haben eine Organisations-, Denk- und Lebensweise, die stärker raum- als zeitorientiert ist und die Ordnung des Zusammenlebens nach der Analogie der Naturbeobachtung auslegt. Solche (zyklischen) Denkmodelle stehen zwar dem „industrialisierten" Menschen fern, das bedeutet aber keineswegs, daß wir uns darüber erhaben zu dünken hätten – die Geschichte zeigt, daß sie die Menschen davor bewahrt haben, allzu rasch die Ressourcen ihrer eigenen Existenz aufzubrauchen.

Die Zeitorientierung, die als unverzichtbares Planungsinstrument für den „Wachstums"-Gedanken gilt, ist im großen und ganzen erst mit dem *Anbau von Getreidesorten* und den dazu erforderlichen Geräten ins Spiel gekommen. In erster Linie ist an die Entwicklung des Hakenstocks zum Hakenpflug und weiter zum Scharpflug zu denken: Handlungsbestimmende Vorstellung ist nicht mehr das (räumliche!) Nebeneinander von Nahrungspflanzen unterschiedlicher Reifeform, sondern das (zeitlich!) periodische Abräumen von Feldern, Abwarten des geeigneten Wiederbestelltermins, ganzflächige Bearbeitung. Allerdings behalten auch die Pflugkulturen noch wesentliche Merkmale (jahreszeitlich!) zyklischen Denkens und Handelns. Aber das ganzflächige „Bearbeiten" kann als eine Stufe in einer Entwicklung angesehen werden, die letztlich zur künstlichen Dosierung des Tageslichts und der jahreszeitlich bedingten Wärme, zum Ersatz des Bodens durch Substrat, zur künstlichen Ernährung der Pflanzen – also zum industriellen Herstellen von Biomasse – führte.

> **2** Die verschiedenen Methoden der Bodenbearbeitung sind im Anhang erläutert.

Eßbare Samen sind im Unterschied zu Blättern (z. B. bei Gemüsearten wie Salatgemüse, Lauch- und Kohlarten) oder Knollen nur zu bestimmten Zeiten verfügbar, können also nur zeitweilig genossen oder müssen bevorratet werden. Letzteres ist nur möglich, wenn die Samenschale hart ist wie bei Nüssen und Getreidekörnern. Vorratswirtschaft war auch den Sammlern schon bekannt. Zur Vorratshaltung werden geeignete Speicherplätze benötigt. Wer immer nun aufgrund größerer Sammeltätigkeit oder besseren Wissens um ein gutes Revier mehr Körner gespeichert hatte als seine Nachbarn, der besaß einen Vorteil, den er in eine wirksame Voraussetzung für das umwandeln konnte, was in Max WEBERS klassischer Formulierung heißt: „die Chance, bei angebbaren Personen für einen Befehl Gehorsam zu finden" – also für Herrschaft. Er beginnt, Einfluß auszuüben.

3.2.4 Innovation und Tradition

Der Übergang zum Landbau mit seßhafter Siedlungsweise erfolgte an verschiedenen Orten zu unterschiedlichen Zeiten.

Beispielsweise gilt der > „Fruchtbare Halbmond" (vgl. Abb. 2.7) als Entstehungsraum für die europäische Pflugkultur. Weitere Zentren sind in China und Indien anzunehmen. Auch die entlang der Küstenkordillere von Nord- nach Südamerika wandernden Indios gingen allmählich zur seßhaften Lebensweise über.

Um 10 000 v. Chr. sind in Mexiko die ältesten Jäger-Sammler-Gesellschaften nachgewiesen. Zwischen 5000 und 3000 v. Chr. findet man dort bereits den Anbau von Bohnen, Kürbis, Chilipfeffer und Amaranthus (eine mit unserem Fuchsschwanz verwandte Pflanze, von der man die Körner erntete) gemeinsam mit dem Anbau von Mais. In Peru ist der Anbau von Mais gemeinsam mit dem von Kartoffeln für eine etwas spätere Zeit nachgewiesen. Das Hinzutreten von Mais zum Kartoffelanbau bedeutete: für den Nahrungserwerb ist mehr gesellschaftliche Energie (d. h. mehr Arbeitskräfte, v. a. aber ein höherer Grad an Organisiertheit, Absprache, Konvention) notwendig. Folglich müssen neue, dem erreichten Grad an Komplexität angemessene Formen der sozialen Organisation gefunden werden. Macht als Ordnungsfaktor wird wichtiger und wird möglich – denn sie läßt sich auf dem Prinzip der Speicherung von Körnerfrüchten errichten.

So hat der Maisanbau die Einstellung und die sozialen Strukturen der indianischen Bevölkerung nachhaltig beeinflußt: Sie haben Vorräte angelegt, Überschüsse und Abgaben definiert und die soziale Differenzierung in Form einer hierarchischen Ordnung vorangetrieben, wie sie beispielsweise die Inkaherrschaft zur Zeit des spanischen Einfalls in die Andenregion aufwies.

Archäologische Funde weisen daraufhin, daß in der frühen Anbauzeit auch noch viel Wildmais gesammelt wurde (BUSHNELL 1976). Diese Beobachtung paßt sehr gut zu den Ergebnissen heutiger Innovationsforschung. Sie deutet hin auf eine soziale Differenzierung in solche Gruppenmitglieder, die „fortschrittlichen" Anbau betrieben, und solche, die diese Neuerung zugunsten herkömmlicher Sammeltätigkeit ablehnten. Erstere waren „Neuerer" und „frühe Übernehmer" (ROGERS u. SHOEMAKER 1971), deren Motivation darin bestand, ihre Abhängigkeit von den „Speicherherrschern" zu verringern. Die anderen hingegen sahen keinen Grund, die bisher erfolgreiche Methode des Sammelns aufzugeben.

3.2.5 Die Bauern und die Stadt

Die folgenden Aussagen fassen die Anfänge des Landbaus kurz zusammen:

– Nur etwa 200 Pflanzenarten (das sind 0,1 % der 200 000 Blütenpflanzenarten) wurden in Kultur genommen.

– Dieser Prozeß zog sich über einen langen Zeitraum hin.

– Sammel- und Landwirtschaft bestanden längere Zeit nebeneinander.

– Der seßhafte Landbau führte zur Bildung von Städten und Hochkulturen.

Die Folgerung aus diesen Aussagen ist auch aktuell von Bedeutung: Die eigentlichen Erfinder grundlegender Verbesserungen in der Nahrungsversorgung waren die „Bauern", die in der sozialen Organisation Gefolgsleute ihrer Führer waren. Mit der Verlagerung von Macht und Traditionsbewußtsein in die städtischen Siedlungen zogen die Führer ihren Gewinn nicht mehr aus ihrer Gefolgschaft, sondern aus der Kapitalgrundrente.

Die Eigenschaft des Bodens, „immobil"[6] zu sein, wird nun zu seinem entscheidenden Kennzeichen erhoben. Die bäuerliche Wirtschaft wird als ordnungserhaltende, stabilisierende Nutzungsform zum Zwecke der Selbstversorgung angesehen (und zwar von Bauern und Nichtbauern gleichermaßen). Die veränderte Einschätzung des Bodens vollzieht sich im Übergang von der Vorherrschaft der *Lebensraum-* zu derjenigen der *Standortfunktion* (vgl. Abschnitt 3.1): Die Stadt definiert sich im Prozeß des Entstehens selbst; Land wird also zu einem Restbegriff und existiert nun als „Umland" der städtischen Zentren. Von diesen beanspruchte Nahrungsmengen werden als „Überschüsse" definiert und sind der städtischen Bevölkerung in Form von Tribut, Steuer, Abgabe, Pacht, Wegnahme oder über Marktvorherrschaft abzutreten.

Die Ökonomie des Bodens wird in der 6. Studieneinheit, Kap. 2 behandelt.

Die Stadt-Umland-Beziehung wird zum gesellschaftlichen Grundfaktor, abzulesen von den ältesten syrischen Zeugnissen (Keilschrifttontäfelchen zur Registrierung der vom Land in die Stadt transferierten Gütermengen aus Ninive, Babylon, Ur etc.) über die römische Villa-Kultur bis zu den Auffassungen der > Physiokraten im 18. Jahrhundert und v. Thünens Theorie (1826) der die Stadt umgebenden konzentrischen agrarischen Erzeugnisringe (Abb. 2.8). Es entsteht eine Art von „widerstreitender Stabilität"; Land und Stadt folgen von nun an unterschiedlichen Grundsätzen: das „Land" will teilhaben an der natürlichen Fruchtbarkeit (bzw. will diese beeinflussen); die „Stadt" gründet sich auf das Prinzip, teilzuhaben an der Macht, d. h., sie will (andere) Menschen lenken, beeinflussen, beherrschen.

Näheres über die Physiokraten können Sie im Anhang nachlesen.

Doch fühlen sich beide Seiten – bis zum Einsetzen der marktwirtschaftlich-industriellen Expansion – einer gemeinschaftlichen „Agrarkultur" verpflichtet. Damit gemeint ist eine Kultur der „Pflege" des Bodens und der „tätigen Verehrung göttlicher Gewalten". Diese Kultur hält die Antagonisten Stadt und Land so lange zusammen, wie sie an der Erhaltung des Bestehenden (Fruchtbarkeit, Macht) und nicht notwendigerweise an deren Vermehrung bzw. Vergrößerung orientiert sind.

---

6 Lat. immobilis = unbeweglich.

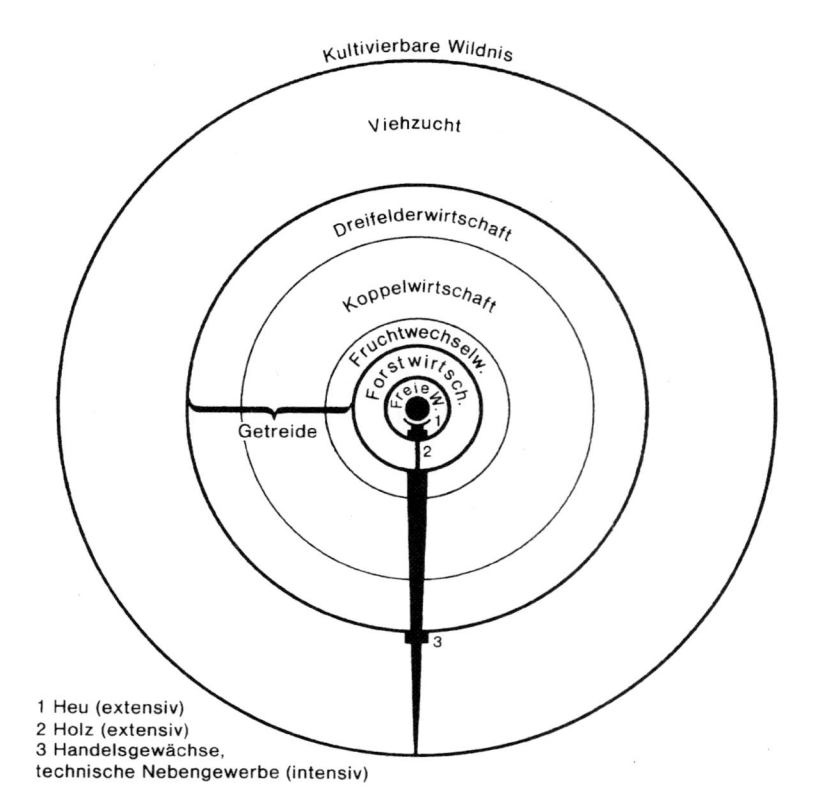

3.2 Frühe Formen der Bodennutzung und ihr gesellschaftlicher Hintergrund

1 Heu (extensiv)
2 Holz (extensiv)
3 Handelsgewächse, technische Nebengewerbe (intensiv)

Abb. 2.8. v. Thünens Modell der optimalen Ordnung für eine Bodennutzung. Im Mittelpunkt des Modells steht die Stadt als Marktzentrum. Die Anordnung der verschiedenen Nutzungsarten orientiert sich an den mit zunehmender Entfernung vom Zentrum steigenden Transportkosten, die den erzielbaren Reinertrag wesentlich bestimmen. Im innersten Ring mit den niedrigsten Transportkosten ist eine durch höheren Kapital- und Arbeitseinsatz intensivere Produktionsweise möglich (Gemüse, Blumen etc.). In den äußeren Standortbereichen muß aufgrund der höheren Transportkosten zunehmend extensiver gewirtschaftet werden. (Aus Sick 1983)

Trotzdem ist die Entwicklung nicht frei von auseinanderstrebenden Kräften: Die Zunahme des Anteils von Körnerfrüchten an der Nahrungsversorgung wird begleitet von einem entsprechenden Zuwachs an Prestige und leitet einen ebenfalls in sich widersprüchlichen Vorgang ein: Einerseits werden der Hang zur Seßhaftigkeit und die Einsicht in ihre Vorteile vertieft durch die Notwendigkeit, die Speicher der Herrschenden zu füllen. Andererseits gehen die engen räumlich-sozialen Bindungen der Kulturen zurück, die auf dem Anbau der vegetativ vermehrten Pflanzen basierten. Die vergleichsweise geringere ökologische Stabilität der Saatkulturen gibt Anlaß zum Expansionsdrang dieser Kulturen. (Da die Getreidekulturen den Boden stärker auslaugen als die Knollenkulturen, ist ein Wechsel der Anbaufläche bei Getreidekulturen häufiger notwendig. Daraus folgt ein höherer Landverbrauch von Saatkulturen gegenüber Knollenkulturen.)

Der Expansionsdrang äußert sich in Wanderungen, Besetzungen und Eroberungen. HARRIS (1969) nennt als Beispiele die *milpa*-(Mais-)- (Saatkultur mit Mais, Bohnen, Kürbis) und die *conuco*-(Yukka-)Kultur (Knollenfrüchte in Mischkultur) in Südamerika. Die weniger stabile *milpa*-Kultur war in Südamerika zur Zeit seiner Eroberung vorherrschend.

Das als „Landhunger" bezeichnete Phänomen zeigt sich auch in der Ausbreitung des ackerbaulichen Agrarsystems, das sich beispielsweise von Syrocilicien (Südanatolien unter syrischem Einfluß bzw. Herrschaft) ins Rheintal mit einer Geschwindigkeit von ca. 1 km/Jahr ausbreitete; ähnlich ist die Ausbreitungsgeschwindigkeit von Mexiko aus nordwärts: 1,3 km/Jahr.

Auch heute noch ist das Wort „Landhunger" aktuell: in überbevölkerten Regionen Südasiens ebenso wie in Latifundiengebieten[7] Südamerikas und in bäuerlichen Gebieten Mitteleuropas, wo der Zwang zum Wachsen oder Weichen besteht.

Viele der Selektionsvorgänge, die den Entwicklungsprozeß in Gang setzten, geschahen ohne menschliche Absicht. Der entscheidende Schritt aber wurde durch soziale Ereignisse bestimmt: durch die Verbindung von Anbauwilligkeit, Seßhaftigkeit und Stadtgesinnung – kurz, durch das, was die Anthropologie und Kulturgeschichte die Gesittung einer Hochkultur nennen. Die Menschen fühlten sich veranlaßt, ihre Erkenntnisse weiterzugeben und die Erfüllung ihrer Erwartungen zu kontrollieren.

LENSKI (1973) hat einen Gliederungsvorschlag für die soziopolitischen Formen dieser Art von Agrarkultur gemacht. Er bezeichnet die ältesten seßhaften Kulturen als einfache und fortgeschrittene *Gartenbaugesellschaften*. Letztere kennen bereits Bewässerung, Terrassierung und den Protopflug und legen schon städtische Siedlungen an (vorkolumbisches Mexiko, Benin im 15. Jahrhundert n. Chr.). Ausgeprägte soziale Unterschiede kennzeichnen sie, v. a. gibt es militärische Führungsschichten. In diesem Entwicklungsstadium kommen die erwähnten Verbindungen von Mais (oder Weizen bzw. Hirse) mit Knollenfruchtanbau zum Tragen.

Die nächste Stufe ist die der *agrarischen Gesellschaften*. In ihnen sind Städte weit verbreitet, und die berufliche Arbeitsteilung ist fort-

---

7 Lat. latus = weit, ausgedehnt; lat. fundus = Grund, Boden, Grundstück; Latifundium = Großgrundbesitz über 500 ha.

geschritten. Die innerstädtischen Organisationsformen kontrollieren und beschränken die Bewegungsfreiheit des einzelnen ebenso wirksam, wie es die Hörigkeit auf dem Lande oder die Sklaverei tun.

In diesem Zusammenhang ist auch der Ansatz WITTFOGELS (1978) zu nennen, der die orientalischen Gesellschaften, in denen Bewässerungskultur betrieben wurde, als *„hydraulische" Gesellschaften* klassifizierte. In diesen waren die Verfügungsrechte über das Wasser von größerer Bedeutung als diejenigen über den Boden. In Mitteleuropa hingegen gab der Besitz von Zugtieren eher den Ausschlag für wirtschaftlichen Subsistenzerfolg als der reichlich vorhandene Boden. In der Folge wird der Boden in dem Maße zum Kriterium für Besitz und sozialen Rang, wie er knapper wird (BODENSTEDT 1986).

3.3 Rechtlich-soziale Ordnung der landwirtschaftlichen Produktion

Die Gesamtheit der rechtlich-sozialen Ordnungen bildet die > *Agrarverfassung*, die Arbeits- und Grundbesitzverfassung umfaßt (KUHNEN 1982). Diese vermitteln zwischen den sozialen Organisationsformen (Abschn. 3.3.1) und den technisch bestimmten Formen der agrarischen Bodennutzung (z. B. Geräteeinsatz, Abschn. 3.3.3), die sich gegenseitig bedingen.

Bezogen auf die Herrschaftsform klassifizieren PLANCK und ZICHE (1979) eine Reihe von > *Agrarsystemen*, die durch eine unterschiedliche Arbeitsverfassung sowie unterschiedliche Grundeigentums- und Besitzverhältnisse gekennzeichnet sind (Tabelle 2.3).

Tabelle 2.3. Agrarsysteme. (Nach PLANCK u. ZICHE 1979)

Sozialorganisatorischer Rahmen	Agrarsysteme
Stammverbände	Wanderwirtschaft, -feldbau; Landwechselwirtschaft, traditionelle Bewässerungswirtschaft
Verbandsfamilien	Bäuerliche und Farmerlandwirtschaft
Grundherrschaft	Lebens-, fiskalische und Pfründengrundherrschaft
Kolonialmacht	Haziendalandwirtschaft
Kapitalgesellschaften	Rentenkapitalistische, Guts-, Plantagen-, Pächter-, Vertragslandwirtschaft
Kollektive	Genossenschaftliche (Typ der französischen „GAEC[a]"), Kolchos-, Sowchos-, kommunalistische[b] Landwirtschaft

a Groupement d'Agriculture en Commun (= überbetriebliche Zusammenarbeit).
b Ethisch-religiöse Kommunen.

3.3.1 Soziale Organisationsformen

Die Lebensweise der Wildbeuter ist in Abschn. 3.2.1 beschrieben.

Wildbeuter- und Pflanzergesellschaften eignen sich Nahrungsmittel tierischer Herkunft vorwiegend durch Jagen an. Daher können sie nur in kleinen Arbeits- und Konsumgruppen existieren, die wir als „Horde" oder auch – mit gebotener Vorsicht – als „Familie" bezeichnen. Ihre Größe wird auf 20 – 30 Individuen geschätzt. Dabei verweist der Begriff „Horde" auf die Einheit des Unterhaltserwerbs, während „Familie" an den Tatbestand der Fortpflanzung, Aufzucht und Fürsorge anknüpft.

Auch seßhafte Pflanzer und später die eigentlichen Bauern siedeln und arbeiten in größeren Einheiten als die heute in Industriegesellschaften verbreitete Zweigenerationenfamilie. Die Fürsorge für die nicht mehr arbeitsfähigen Alten erzwingt in der Regel den Verband von 3 Generationen (sog. „Altenteil"). Aus Gründen der Versorgung verbleiben z. T. auch unverheiratete, ja sogar verheiratete Vater- bzw. Mutter-Geschwister in der sozialen Organisationseinheit. Richtiger als von „Familie" ist es daher von „*Haushalt*" zu reden.

Das griechische Wort „oikos[8]" für den Umgang mit den wirtschaftlichen Mitteln des Haushalts hat sowohl der Ökonomie wie der Ökologie den Namen gegeben.

Nördlich der Alpen siedelten auch die Germanen zur Zeit der Landnahme und Rodung in hierarchisch geordneten Gruppen, die aus mehreren „Familien" bestanden. Diese soziale Einheit hat O. BRUNNER das „*ganze Haus*" genannt. Der Unterschied des damaligen zum heutigen Familienbegriff liegt darin, daß der (Arbeits-)Beitrag zum und die rechtlich gesicherte Teilhabe am Gesamthaushaltseinkommen in Form des Subsistenzunterhalts auch nichtverwandte Personen einbezieht, insbesondere das Gesinde. Die soziale Grundform ist also eine Einheit, die – mit heutigen Worten sprechend – den Betrieb, den Haushalt und die Familie umfaßt. Unter dem Einfluß von Marktorientierung und Industrialisierung löste sich diese Einheit zunehmend auf.

Neben der selbstverständlichen Beachtung der Ziel-Mittel-Relation weisen alle bäuerlichen Kulturen als wichtigsten Grundsatz den der Risikovermeidung auf. Das gilt nicht nur für die (z. B. in der sog. 3. Welt noch vergleichsweise wenig beherrschbaren) natürlichen Risiken, sondern auch für die Risiken soziokultureller Verbotsübertretungen und die Risiken, die sich aus dem Versorgungsanspruch aller Familienangehörigen bei Arbeitsunfähigkeit, Alter, Krankheit, Arbeitslosigkeit ergeben. Die Bodennutzung erscheint dadurch als multifaktorielles Zentrum der Lebensweise.

---

8 Griech. oikos = Haus, Heimat, Wohnsitz.

3.3.2 Bodenrecht und Bodenmobilität

Das Verhältnis der Menschen zum Boden wird u. a. durch die > Bodenordnung bestimmt. Sie regelt die Aufteilung und Nutzung des Bodens, die Verfügungsrechte über den Boden und die Weitergabe der Verfügungsrechte an andere, auf die im folgenden näher eingegangen wird.

Recht auf Bodennutzung: Die älteste Form des Bodenrechts ist die faktische Inbesitznahme durch Eroberung (KUHNEN 1982) oder Urbarmachung, der Gruppenanspruch auf Heimat (v. WEIZSÄCKER 1983). Dieser Anspruch ergibt sich aus der Lebensraumfunktion und ist häufig daran gebunden, die Bebauung und die Kultivierung auch tatsächlich aufrechtzuerhalten. Wer die Kultur aufgibt, gibt auch das Recht auf Bodennutzung auf, so z. B. in islamischen Gesellschaften Nordafrikas. Neben individuellen bestehen kollektive Rechtsansprüche – entweder an nicht aufgeteilten Ländereien (Anspruch des Herrschers), in Form eines kollektiven Vorrechts (deutsche Allmende) oder als Anspruch eines kollektiven Organs (arabisches Stiftungsland). In Südasien wies die Dorfgemeinschaft Land zur individuellen Nutzung zu; bei den Luo am Victoriasee (Kenia) wird die individuelle Nutzung periodisch (alle 2 Jahre) aufgehoben und neu verteilt; in islamischen Ländern gilt der Boden zunächst und im Grundsatz als Allah gehörend und dem Menschen nur zur leihweisen Nutzung überlassen. Eine ähnliche Vorstellung entstand auch aus der Regelung, nach welcher der politisch-militärische Führer seinen Anspruch auf alles eroberte (und nicht individuell aufgeteilte) Land zum Zwecke der Erhebung öffentlicher Abgaben (Steuern) an Steuereinnehmer, Priester, Beamte und ähnliche Funktionäre verpachtete. Die Vorstellung eines individuellen Eigentums am Boden mit vollem *Verfügungsrecht* zur Weitergabe und Beleihung hat sich nur in Europa entwickelt.

Weitergabe der Verfügungsrechte: Die Verfügungsrechte werden durch Vererbung oder durch Verpachtung weitergegeben.

Vererbung: In Nordafrika können auf jede Parzelle eines Erbgrundstücks je nach Grad der Verwandtschaft mehrere hundert Erbteilansprüche entfallen. Real in Anspruch genommen werden jedoch nur die entsprechenden Anteile am Ertrag, die Bewirtschaftung bleibt in einer Hand. In Mitteleuropa kommt dieser Auffassung die sog. > *Realteilung* nahe: Einer jedoch viel enger begrenzten Zahl von Erbberechtigten steht im Erbfall jeweils ein Teil des Bodens zu. Folge dieser beispielsweise in Süddeutschland verbreiteten Erbsitte ist, daß die Betriebsgrößen immer kleiner werden, so daß die Erben auf Zu- oder Nebenerwerb ausweichen müssen (sog. Arbeiterbauern), daß am Ende aber Mobilität und Neuerungsbereitschaft höher sind. Die in Norddeutschland stärker verbreitete > *Anerbenregelung* beläßt den gesamten Boden in der Verfügungsberechtigung eines einzigen Erben (Erstgeborener, Sohn), der den übrigen „weichenden" Erben eine anteilige Entschädigung zu zahlen hat. Auf diese Weise erhalten sich größere Betriebseinheiten, allerdings oft unter beträchtlicher Schuldenlast.

Verpachtung: Neben der Vererbung ist die Weitergabe von Nutzungsrechten an größeren Landeinheiten in kleineren Parzellen, die sog. Verpachtung, das wichtigste Rechtsinstitut zur Regelung der Bodennutzung. Als ältere Form findet man die > *Naturalpacht*: Der vom Pächter auf Pachtland erwirtschaftete Ertrag wird zwischen ihm und dem Bodeneigentümer aufgeteilt. Der Anteil des Verpächters reicht von 1 Zehntel über 50 % (engl. half share) bis zu 4 Fünfteln (arab. khammes = 1/5-Pächter). Zwar hat der Verpächter ein Interesse daran, daß die Existenz von Pächtern nicht durch die Höhe der Pacht gefährdet wird, aber beim Übergang von Natural- zu > G*eldpacht* und von anteiligen zu festen Pachtsummen werden Gewinne für den modernisierenden und investierenden Pächter und seine Rechtssicherheit überhaupt sehr fragwürdig. Auf dem indischen Subkontinent gibt es die Beispiele der Pächter mit „gutem Recht" und derjenigen „nach Willkür" (engl. at will).

Die Zielstrebigkeit bei der Entwicklung ertragssteigernder Anbautechnologien, der Verringerung von Kosten und Energieaufwand sind am größten, wenn der Bodenbebauer selber über die Früchte vermehrten Einsatzes verfügen kann, also selbst Landbesitzer ist.

3.3.3 Geräteeinsatz als Beispiel für technische Aspekte der Bodennutzung

Ein für das Verständnis der Industrialisierung wichtiger Aspekt ist die Anwendung der mechanischen Gesetze in der Bodenbearbeitung. Im Altertum stand die Lehre von der Natur – die Physik – im Gegensatz zu der Kunst, die Natur zu überlisten – die Mechanik –, etwa um Sklavenarbeit effizienter zu machen. Diese ältere Auffassung wurde überwunden durch die soziale Anerkennung der Handarbeit im Gefolge des Christentums und durch die wissenschaftliche Erforschung der Gesetze der Mechanik seit Beginn der Neuzeit (GALILEI, NEWTON u. a.). Die bis dahin vollzogene Technisierung der Bodennutzung beruhte auf den Prinzipien

– der Übersetzung: Hebel, Rollen, Rad,

– der tierischen Zugkraft: Zug- und Drehbewegungen sowie

– der stationären Wind- und Wasserkraft.

Es hatte sich gezeigt, daß mit dem Einsatz solcher Hilfsmittel der Bodenertrag schrittweise gesteigert, eine langsam wachsende Bevölkerung ernährt und ein bescheidener sozialer Aufstieg erreicht werden konnte. Trotz dieser allgemeinen Erfahrung wurde das erzielte Gleichgewicht als naturabhängig und labil eingeschätzt (Seuchen, Dürre u. ä.). Der Bevölkerungsanstieg des 18. Jahrhunderts erschütterte dann den Glauben an eine Absicherung durch den technischen Fortschritt nachhaltig und führte zur These von MALTHUS (1798), die besagt, daß die Nahrungsmittelversorgung zusammenbrechen müsse, wenn die Bevölkerung weiterhin anwachsen würde.

Größere Maschinen in großen Betrieben einzusetzen, um bei geringeren Kosten mehr und bessere Produkte zu erzeugen, war schon um 1760 eine Idee der > Physiokraten (GIEDION 1982). Aber solche Maschinen gab es damals noch nicht. Der Transport großer Mengen von Agrarprodukten konnte erst mit Hilfe von Eisenbahn (in England ab 1825, in Deutschland ab 1835) und Dampfschiff bewältigt werden.

Näheres über die Physiokraten können Sie im Anhang nachlesen.

In England entwickelte sich ein Gutsunternehmertum, das auf den zu intensiver Landbewirtschaftung übergehenden „gentleman farmers" beruhte. Frühindustrielle Experimentatoren feudaler Herkunft machten Erfindungen, welche die Verbreitung von Landmaschinen förderten: einen Durchbruch industrieller Methoden in der Bodenbearbeitung gab es aber nicht. In Deutschland riefen die sog. Ökonomen („Klee-Apostel") zur Besömmerung der Brache (Bepflanzung der Brache mit Futterpflanzen oder Hackfrüchten) innerhalb der Dreifelderwirtschaft auf.

Die Dreifelderwirtschaft ist eingehender im Abschn. 2.3.3 dargestellt.

Zu Beginn des 19. Jahrhunderts wurden Kapital und Konkurrenz durch sozialstrukturelle Veränderungen im Gefolge der politischen Umwälzungen wirksam, wozu auch die preußischen Reformen, die sog. > Bauernbefreiung, beitrugen. Das Kapital strömte in die urbangewerbliche Industrialisierung. Investitions- und Konsumgüter wurden zunehmend und endlich ausschließlich nicht mehr für den Eigenbedarf, sondern als Waren für den Handel produziert und – genauso wie Dienstleistungen – in dieser Form auf anonymen Märkten angeboten.

Ein Beispiel für diesen tiefgreifenden Wandel ist im Kap. 4 dargestellt.

Maschinen zur Bodenbearbeitung, Bestellung und Ernte kommen seit der Mitte des 19. Jahrhunderts aus den USA, der erst mit Eisen- (in England 1902), dann mit Luftreifen ausgestattete Traktor zu Beginn des 20. Jahrhunderts. Groß- und kleinbetriebliche Agrarproduktion bleiben in Deutschland bis zum Beginn der Nachkriegszeit nebeneinander bestehen. Erst der neuerliche Industrialisierungsschub der 50er Jahre führte zur beschleunigten Mechanisierung in allen Betriebsgrößen, zu der auf J. V. LIEBIGS Forschungen zur Agrikulturchemie zurückgehenden Chemisierung (Nährstoffrückführung, Pflanzenschutz), schließlich zu den biologischen und gentechnischen Neuerungen (Züchtung). Dies bringt die nunmehr unabänderliche Wende. Konzentration und Spezialisierung bewirken den sog. Agrarstruktur-

Die Entwicklung nach dem 2. Weltkrieg ist Thema der 3. Studieneinheit.

wandel: mehr Konkurrenz, mehr Produktion, mehr umweltschädigende Folgewirkungen durch agrarische Bodennutzung.

3.4 Rückblick

> Bevor Sie die folgende Zusammenfassung lesen, versuchen Sie bitte selbst, die Grundgedanken dieses Kapitels in Worte zu fassen.

Der Boden erfüllt lebenswichtige Funktionen. Neben der durch die physikalischen, chemischen und biologischen Eigenschaften des Bodens begründeten Regelungsfunktion dient der Boden als Lebensraum und als Standort sowie zur Produktion. Auch eine den Raum ordnende Funktion ist ihm zugewiesen. Daraus folgt, daß Boden bzw. seine Nutzung auch zur Entwicklung von gesellschaftlichen Strukturen in Beziehung gesetzt werden kann, wie in diesem Kapitel näher ausgeführt wurde.

Schlüsse über die Lebensweise der Menschen zu Beginn der Agrarwirtschaft und zu späteren Zeiten, für die schriftliche Quellen fehlen, lassen sich aus der Interpretation von Funden und Befunden sowie aus dem Vergleich mit heute noch auf einem vorindustriellen Niveau lebenden Kulturen ziehen.

Der Prozeß, der vom ursprünglichen Wildbeutertum u. a. zur landwirtschaftlichen Bodennutzung und damit zur Seßhaftigkeit führte, wird als „neolithische Revolution" bezeichnet. Er erfolgte an verschiedenen Orten zu unterschiedlichen Zeiten; Sammel- und Landwirtschaft bestanden längere Zeit auch nebeneinander. Die älteste Form der agrarischen Bodennutzung ist der Anbauflächenwechsel, wie er heute noch teilweise in tropischen und subtropischen Gebieten praktiziert wird. Daneben gibt es Transhumanz und Nomadismus bei solchen Gruppen, deren Existenzgrundlage auf Viehherden beruht. Derartige wenig- oder halbseßhafte Gruppen wurden durch strenge Umgangsregeln und eine hierarchische Gesellschaftsordnung zusammengehalten.

Man findet sowohl in der Alten als auch in der Neuen Welt Knollenfruchtanbau und Getreidekulturen. Sie haben sehr unterschiedlichen Einfluß auf die Strukturen und das Lebensgefühl der Gesellschaften, in denen diese Anbaukulturen betrieben werden. Das folgende Schema verdeutlicht die Zusammenhänge in wenigen Stichworten:

3.4 Rückblick

```
Knollenkulturen  <  ( Mischkulturen              )  >  „natürliche Autoritäten"
                    ( positive Energiebilanz     )
                    ( ökologische Stabilität     )     zyklische Zeitwahrnehmung
                    ( keine Vorratswirtschaft    )

Getreidekulturen <  ( Monokulturen               )  >  hierarchische Gesellschaftsordnung
                    ( geringe ökolog. Stabilität )
                    ( Vorratswirtschaft          )     lineare Zeitwahrnehmung
```

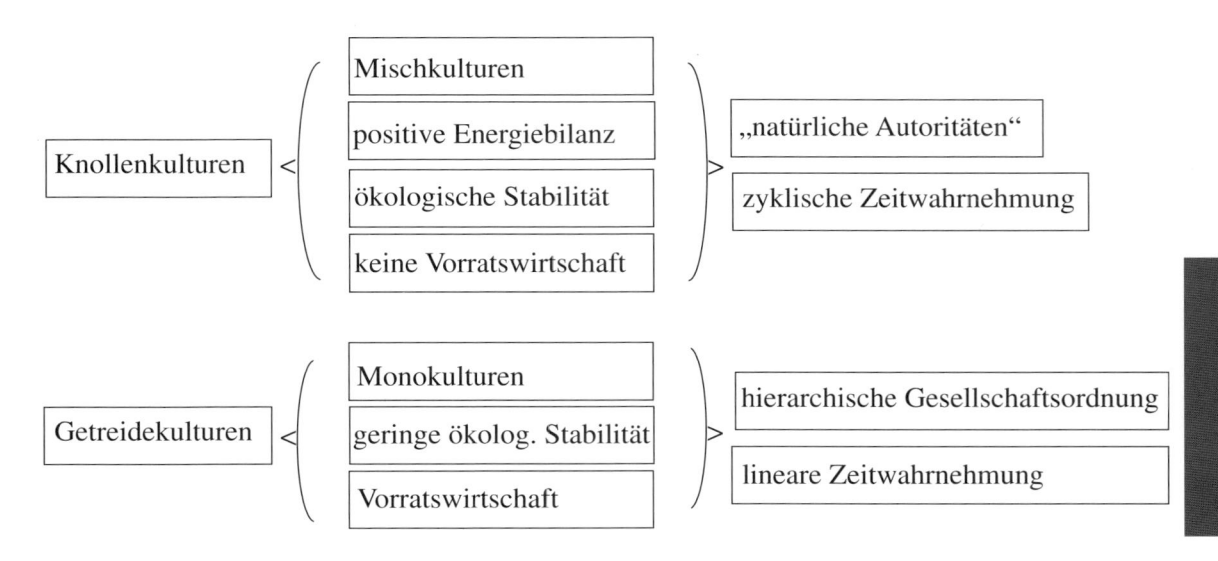

Der seßhafte Landbau führte zur Bildung von Städten, in die sich die Macht verlagerte, während das Umland für ihre Versorgung mit Nahrungsmitteln zuständig war. So entwickelten sich Stadt und Land zu Antagonisten. Einerseits war beiden das Interesse an der Erhaltung des Bestehenden gemeinsam, andererseits strebten die städtischen Kulturen, die auf Getreideanbau basierten, nach Expansion („Landhunger").

Die „Agrarverfassung" vermittelt rechtlich-politisch zwischen der sozialen Organisation, wie dem „Haushalt" oder der „Familie", und den technisch bedingten Formen der agrarischen Bodennutzung, wie dem Einsatz der verschiedenen mechanischen Hilfsmittel. Mit der Bodenordnung werden die individuellen und kollektiven Verfügungsrechte über den Boden und deren Weitergabe durch Vererbung oder Verpachtung geregelt.

4. Vernetzung der Umweltmedien Boden und Wasser: Kaliindustrie und Umwelt in der Geschichte

J. Büschenfeld

Umweltprobleme in historischer Perspektive: Die Themen der Geschichtsschreibung werden zu einem maßgeblichen Teil von den gesellschaftlichen Bedingungen der Gegenwart vorgegeben, in der Historiker/-innen jeweils leben. Insofern ist die Historikerzunft stets ein Kind ihrer Zeit, und das Interesse an Umweltgeschichte ist ohne die gegenwärtigen Umweltprobleme nicht denkbar (TROITZSCH 1981), oder umgekehrt: Eine Geschichtsschreibung, die sich mit Umwelten vergangener Zeiten beschäftigt, nimmt unvermeidlich auch die aktuelle Umweltdiskussion mit in den Blick. Wenn sie dabei den Akteuren in der Vergangenheit gerecht werden will, darf sie jedoch das historische Beispiel nicht an den Erkenntnissen und dem Problembewußtsein der Gegenwart messen. Vielmehr sind die Rahmenbedingungen der untersuchten Zeit zu berücksichtigen. „Dabei gilt die spezifische Aufmerksamkeit der Umweltgeschichte unbeabsichtigten Langzeitwirkungen menschlichen Handelns, bei denen synergetische Effekte und Kettenreaktionen mit Naturprozessen zum Tragen kommen" (RADKAU 1991, S. 45).

Die Geschichtsschreibung muß deshalb einen Perspektivenwechsel vollziehen und sich bemühen, die Sachverhalte aus der Beobachterposition in einer „vergangenen Gegenwart" zu beurteilen. Der nachfolgende Beitrag steht dementsprechend nicht unter der Frageperspektive „Wie konnten sie nur ...?", sondern behandelt vor allem Fragen nach der industriellen Dynamik der Kaliindustrie, den damaligen technischen Möglichkeiten der Abfallvermeidung und -verwertung und nach dem naturwissenschaftlichen Wissen zu Fragen der Boden- und Gewässerversalzung.

Das Beispiel „Kali" ist ein früher und noch aktueller Beleg für die enge Vernetzung der Umweltmedien Boden und Wasser. Es steht exemplarisch für die Ambivalenz ökonomischer Vorteile, für die auch schon in der Vergangenheit ein hoher ökologischer Preis zu zahlen war. Die Wahrnehmung und die Bewertung durch die Zeitgenossen kann darüber hinaus den Blick auf die Strategien zur Problemlösung lenken. Dieser Blick ist um so lohnender, als wir es hier mit Sachverhalten zu tun haben, die von den zeitgenössischen Naturwissenschaften früh untersucht und von den beteiligten Interessengruppen überaus kontrovers diskutiert worden waren.

Übersicht: Nach einem Überblick zur wirtschaftlichen Entwicklung der Kaliindustrie und ihrer Bedeutung für die Landwirtschaft sollen in Kap. 4 die negativen Auswirkungen dieser Industrie für die städtischen und ländlichen Umwelten thematisiert werden. Es steht dabei aber nicht die Diskussion um die langfristige Verschlechterung der Bodenqualität durch dauernden Kunstdüngereinsatz im Vordergrund, sondern die zeitgenössische Beobachtung und kontroverse Bewertung der Abfälle dieses Wirtschaftszweiges.

4.1 Zum historischen Kontext

Als der Chemiker Justus v. LIEBIG (1803 – 1873) in den 1860er Jahren seine schon 1840 formulierten Thesen von der „Raubwirtschaft" (> Raubbautheorie) an den landwirtschaftlich genutzten Böden neu aufgriff, trat er u. a. für die weitgehende Nutzung von natürlichem Dünger in der Landwirtschaft ein. Hierbei dachte er v. a. auch an die in den Städten gesammelten Fäkalien: Dem Boden müsse zurückgegeben werden, was ihm durch die Ernten entzogen würde.

> Ähnliche Klagen finden sich auch bei dem römischen Schriftsteller PLINIUS d. Ä., vgl. 6. Studieneinheit, Kap. 1.

Justus v. LIEBIG begleitete seine Theorie mit düsteren Warnungen vor dem Niedergang der Nationen: Schon das römische und das spanische Weltreich seien durch den Raubbau an der Natur zugrundegegangen, und wenn man die Naturgesetze mißachte, würden schließlich Hunderttausende auf den Straßen sterben; wenn ein Krieg dazukomme, würden die Mütter – wie im Dreißigjährigen Krieg – die Leiber der erschlagenen Feinde nach Hause schleppen, um den Hunger zu stillen, aber letztlich würde dies die Agonie nur verlängern. Von der Entscheidung der städtischen „Kloakenfrage" seien die Erhaltung des Reichtums, die Wohlfahrt der Staaten und die Fortschritte der Kultur und Zivilisation abhängig (v. LIEBIG 1840; v. SIMSON 1983).

Den heutigen Leser verleitet das zeittypische Pathos dazu, die Gedanken v. LIEBIGS – gelinde gesagt – nicht ganz ernst zu nehmen. Hinter den chauvinistischen Tönen des begnadeten Propagandisten verbarg sich gleichwohl der ernste Hintergrund der gesellschaftlichen Entwicklung im 19. Jahrhundert: Der Wandlungs- und Umformungsprozeß der Städte, die Urbanisierung als Teilprozeß der allgemeinen Modernisierung des 19. Jahrhunderts, stand in Zusammenhang mit der Bevölkerungsexplosion seit dem Ende des 18. und der – phasenverschoben einsetzenden – Industrialisierung seit der Mitte des 19. Jahrhunderts. Kommunalhistoriker beschreiben diesen Vorgang als „Umschichtung von einer ländlichen zur städtischen Bevölkerungskonzentration, ohne daß sich die ländliche Einwohnerschaft fühlbar vermindert hätte" (KRABBE 1989, S. 68ff.). Um 1900 lebten im Deutschen Reich etwa 56 Mio. Menschen. Die Bevölkerung hatte sich in den vergangenen 100 Jahren knapp verdreifacht.

> Die Entwicklung während der Industrialisierung ist am Beispiel des Ruhrgebiets in der 4. Studieneinheit, Kap. 2 näher beschrieben.

In der Folge dieser Konzentrationsbewegung wurden die städtischen und landwirtschaftlichen Räume neu wahrgenommen: Landwirtschaftlich genutzter Boden mußte eine überproportional gestiegene Bevölkerungszahl versorgen, und auf städtischem Boden konzentrierten sich hygienische Probleme.

Für die *Theoretiker der > Städtehygiene* in der 2. Hälfte des 19. Jahrhunderts galt der städtische Boden als Krankheitsherd schlechthin, und die zeitgenössischen Vorstellungen zu den Verbreitungswegen der Infektionskrankheiten maßen den Bodenverunreinigungen durch häusliche Abfälle und Fäkalien eine besondere Bedeutung zu. Die Dringlichkeit der Frage läßt sich ermessen, wenn man bedenkt, daß die letzte Choleraepidemie Deutschland noch im Jahre 1892 heimsuchte. Die „Städtereinigungsfrage" erhielt deshalb ein besonderes Gewicht, und die Reinhaltung des städtischen Bodens galt als die wichtigste Herausforderung der modernen Wohnungshygiene. Die Antwort auf diese Herausforderung war die Kanalisation, die die Fäkalien so schnell wie möglich aus der Stadt herausschwemmen sollte. Den „unterirdischen Sümpfen", so der Hygieniker Max v. PETTENKOFER (1818 – 1901), müsse der „Krieg bis aufs Messer" erklärt werden.

Interessenvertreter der Landwirtschaft werteten die Möglichkeit der Abschwemmung der Abwässer, einschließlich der Fäkalien, durch ein unterirdisches Kanalsystem dagegen als Verschwendung. Sie befürworteten ein städtisches Abfuhrsystem, das die Dungstoffe erhalten konnte. Galten die Fäkalien in Verbindung mit städtischen Böden als krankheits- oder gar epidemieauslösend, wurden sie auf landwirtschaftlich genutzten Flächen zur Unterstützung der Stoffkreisläufe dringend benötigt. Die Position v. LIEBIGS wurde deshalb bei den Gegnern der Kanalisation populär, obwohl er selbst nie für die ausschließliche Nutzung natürlichen Düngers plädiert hatte. Im Prinzip war es ihm gleichgültig, in welcher Form der Boden die Nährstoffe erhalten sollte, und in prophetischen Worten sah er die Entwicklung zum Kunstdünger voraus: „Es wird eine Zeit kommen, wo man den Acker ... mit Salzen düngen wird, die man in chemischen Fabriken bereitet, ..." (zit. nach HEUSS 1942, S. 57).

Tatsächlich hatte sich bis zur Jahrhundertwende die > Schwemmkanalisation zumindest in den größeren Städten durchgesetzt mit dem Ergebnis, daß die städtischen Abfallstoffe bestenfalls auf Rieselfeldern ausgebreitet wurden, ansonsten aber für die Landwirtschaft nicht mehr nutzbar waren. Inzwischen waren die von Justus v. LIEBIG vorausgeahnten Fabriken Realität und die Düngemittelproduktion ein wichtiger Zweig der Kaliindustrie.

4.2 Aufstieg der Kaliindustrie

Für die 2. Phase der Agrarindustrialisierung (ca. 1850 – 1890) ist neben der Mechanisierung der Feldbestellung und Ernte, neben dem Ausbau von Straßen und Eisenbahnlinien nicht zuletzt der Einsatz von Mineraldünger charakteristisch. Der Ursprung des Kalibergbaus ging allerdings nicht auf zielgerichtete Planungen zurück, sondern

Warum Stein- und Kalisalz zusammen vorkommen, ist durch die erdgeschichtliche Entwicklung der Salzlagerstätten und das chemische Verhalten der Salze bedingt. Näheres dazu erfahren Sie im Anhang.

Zu den Nährstoffen der Pflanzen, zu denen auch Kalium gehört, vgl. Anhang.

war eine zunächst eher zufällige Folge der Förderung von Steinsalz, aus dem Kochsalz gewonnen wurde. Für die in geringerer Tiefe über dem Steinsalz lagernden Mineralien interessierte man sich noch nicht. Sie galten zunächst als „Abraumsalze" und als wirtschaftlich nicht verwertbar.

Diese Bewertung änderte sich 1857, als in dem Abraum ein hoher Gehalt an Kali und Magnesium festgestellt werden konnte, deren industrielle Nutzbarkeit in verschiedenen Zusammenhängen im Prinzip bekannt war (z. B. für die Seifenproduktion oder für die Farbstoffsynthese). Erste Versuche, die unbehandelten Salze in der Landwirtschaft zu verwenden, scheiterten jedoch, so daß sich der Absatzmarkt für Kali zunächst weitgehend auf die chemische Industrie (z. B. für die Farbstoffsynthese) beschränkte. Der Markt für den landwirtschaftlichen Sektor entwickelte sich in den 1860er Jahren nur langsam.

Erst nach einer langen Phase des Experimentierens, der Entwicklung neuer Veredelungsmethoden, der Standardisierung der Produkte, v. a. aber nach der Verbilligung des komplementären > Stickstoff- und Phosphatdüngers konnte der Absatz seit etwa 1880 drastisch gesteigert werden. Vor allem die Gegend um Staßfurt im Saale-Elbe-Gebiet, die man wegen der Dynamik des neuen Wirtschaftszweiges auch als das „europäische Kalifornien" bezeichnete, wurde nun für die Kaliindustrie erschlossen. Aber bis zum 1. Weltkrieg wurden auch in ganz Mittel- und Norddeutschland, im Nord- und Südharz, um Hannover, im Werragebiet und in Mecklenburg sowie (seit 1905) im Elsaß Schachtanlagen und > Chlorkaliumfabriken errichtet (vgl. Abb. 2.9).

Ursprünglich hatte sich die Kaliförderung auf 2 staatseigene Anlagen Preußens und des Herzogtums Anhalts beschränkt. Die Aufhebung des staatlichen Salzmonopols 1868 führte dann aber zu zahlreichen privaten Gründungen. Bis zum 1. Weltkrieg waren außerhalb Deutschlands nirgendwo Kalilager in nennenswertem Umfang bekannt, so daß Deutschland bis dahin faktisch ein Monopol auf Kaliprodukte besaß.

Diese Monopolstellung drückte sich schon früh in der Organisationsstruktur der Industrie aus, die seit 1880 in Syndikaten (Verkaufskartellen) zusammengefaßt war. Unter den Bedingungen einer ständig steigenden Nachfrage garantierten diese Verkaufskartelle auch den neugegründeten Werken gute Absatzquoten und Preise. Zwischen 1861 und 1912 stieg die Förderung an Kalisalzen von 2000 auf über 11 Mio. Tonnen im Jahr an (Tabelle 2.4).

Die Förderquoten und Verkaufszahlen entsprachen den geradezu euphorischen Meldungen aus der Landwirtschaft: Während beispielsweise in Preußen 1890 bei einer Anbaufläche von 23 Mio. Hektar nur etwa 22 000 t reines Kali verwendet worden waren, hatte sich diese Menge bis 1913 auf 450 000 t erhöht. War noch 1890 in 172 von 787 Kreisen des Deutschen Reiches ganz auf die Kalidüngung verzichtet worden, hatten schon 1906 alle Landkreise dieses neue Düngemittel zum Einsatz gebracht. Auf einer Verbandstagung der Kaliindustrie hieß es 1928 denn auch: die Flagge des Deutschen Kalisyndikats vereinige „Schlegel und Eisen", das uralte Sinnbild des Bergbaus, mit einem goldenen Ährenbündel. Die volle Bedeutung der Industrie verkörpere sich am besten in den vielen Tonnen Mehrernte, die der deutsche Landbau der Kalidüngung verdanke (ECKSTEIN 1928).

Tabelle 2.4. Förderung deutscher Kalisalze und Anzahl der Werke zwischen 1861 und 1928. (Aus Enzyklopädie der technischen Chemie 1930)

Jahr	1000 t	Werke	Jahr	1000 t	Werke	Jahr	1000 t	Werke
1861	2	1	1906	5 311	39	1919	7 772[b]	198
1865	89	2	1908	6 014	53	1920	11 386	201
1870	288	2	1910	8 160	69	1922	13 100	135
1875	522	3	1911	9 706	76	1924	8 072	135
1880	668	4	1912	11 070	116	1925	12 044	71
1885	929	4	1913	11 607	164	1926	9 406	66
1890	1 279	8	1914	8 171	194	1927	11 069	60
1895	1 531	9	1915	6 879	206	1928	12 499	etwa 67
1900	3 037	15	1916	8 642	207			
1902	3 251	24	1917	8 938[a]	209			
1904	4 053	28	1918	9 438	210			

a Mit 88 Kalifabriken. b Infolge Ausscheidens der elsässischen Werke.

Mit anderen Worten: Die industrielle Dynamik, die im 19. und frühen 20. Jahrhundert häufig genug noch im Gegensatz zu den alten agrarstaatlichen Strukturen gestanden hatte, war mit Kaliproduktion und Landwirtschaft eine Allianz zum beiderseitigen Nutzen eingegangen. Der überwiegende Teil der Landwirtschaft hatte einerseits deutlichen Nutzen und blieb andererseits von den Abwässern der Kaliindustrie verschont, wenngleich sich in den Entwässerungsgebieten von Elbe und Weser die Klagen der Landwirte häuften.

Diese enge Verknüpfung von landwirtschaftlichen und industriellen Interessen muß mitbedacht werden, wenn es darum geht, andererseits die Negativfolgen der Kaliproduktion für die Umwelt zu untersuchen bzw. die zeitgenössische Diskussion über das Für und Wider der Kalidüngung zu verstehen und die Erfolgsaussichten für eine Schadensregulierung abschätzen zu können. Auch politische Interessen im weiteren Sinne haben in diesen Auseinandersetzungen eine Rolle gespielt: Ein *allgemeiner Faktor* war die staatliche Wirtschaftsförderung, *besondere Faktoren* waren die Autarkiebestrebungen in den Zeiten vor und während der Weltkriege.

4.3 Kaliindustrie und Umwelt

Welche Schäden aber verursachte die Kaliindustrie, wie wurden die Schäden wahrgenommen, welche Lösungsmuster wurden diskutiert, und welche Chancen hatten der Boden- und Gewässerschutz unter den wirtschaftlichen und politischen Rahmenbedingungen?

Kalirohstoffe müssen verschiedene Veredelungsprozesse durchlaufen, ehe sie in der Landwirtschaft oder der chemischen Industrie verwendet werden können. Als Rohstoffe werden > Hartsalze, > Kainit und > Karnallit verarbeitet. Bei der Aufarbeitung entstehen Abwässer, sog. „Endlaugen". Dies sind 40- bis 43prozentige Salzlösungen, deren Härtegrad zwischen 21 000 und 27 000 °dH schwankt. Wesentliche Bestandteile sind Magnesium mit ca. 90 – 115 g/l und Chlor mit etwa 260 – 300 g/l. In geringerer Menge sind Schwefelsäure, Brom, Natrium und Kalium sowie Spuren von Calcium, Aluminium und Eisen vertreten.

Näheres über Wasserhärte erfahren Sie im Anhang.

Zunächst wurden die sog. „Endlaugen" der Kaliproduktion zum großen Teil in die Flüsse eingeleitet. Dieser Praxis folgte, gemessen an den vorhergehenden Erfahrungen, eine drastische Verschlechterung der Trinkwasserqualität in den Salzabbaugebieten und weit darüber hinaus. Es folgten Schädigungen für Flora und Fauna der Gewässer und schließlich – über den Umweg des Wassers – Schäden für die Landwirtschaft bei Überschwemmungen oder beim Einsatz des Flußwassers zur Wiesenbewässerung und zur Viehtränke. War die Landwirtschaft seit den 1880er Jahren einerseits Nutznießerin der Kaliindustrie, so gehörte sie andererseits also zum Kreis der Geschädigten.

Um 1900 wurden etwa 825 000 m^3/Jahr in die Flüsse eingeleitet. Das entsprach einer Menge von ca. 320 000 t Magnesiumchlorid, 250 000 t Chlor und etwa 30 000 t Magnesiumsulfat. Um 1910 hatten sich die jährlichen Einleitungsmengen bereits verdoppelt, obwohl technische Möglichkeiten der Abwasservermeidung vorhanden waren, so z. B. durch Eindampfung der Flüssigkeiten. Auch sollten die verfestigten Rückstände als „Bergeversatz" die Hohlräume in abgebauten Salzstrecken der Bergwerke füllen. Der Widerstand der Industrie richtete sich aber gegen die Kosten dieses Verfahrens, die pro m^3 mit etwa 3 – 4 Mark angegeben wurden. Für ein Werk mit durchschnittlicher Produktion hätten sich tägliche Mehrkosten von ca. 300 –

400 Mark ergeben. „Die Werke", so der preußische Gewerberat SCHÜLER, „suchen natürlich diese Kosten zu sparen und sich die Flußläufe zur Ableitung ihrer Endlaugen in thunlichst weitem Umfange zu Nutzen zu machen" (Quelle 1). Die durch „Endlaugen" verursachten Schäden führten zu unterschiedlichen Reaktionen bei Betroffenen und Vertretern der Kaliindustrie, zu unterschiedlichen Bewertungen durch die Naturwissenschaften und zu uneinheitlichen staatlichen Reaktionen.

4.3.1 Trinkwassergefährdung

Zu Konflikten mit der Industrie kam es überall dort, wo Kommunen ihre Wasserwerke mit dem Oberflächenwasser aus Flüssen betrieben, die als „Vorfluter" für Kaliabwässer dienten. Das Trinkwasserproblem der Stadt Magdeburg steht hier als Beispiel für solche Auseinandersetzungen, die oft jahrzehntelang andauerten.

Das im Falle der Kaliindustrie wohl früheste Zeugnis von Gutachtertätigkeit führte 1876 zu einem kuriosen Streit innerhalb der preußischen Verwaltung. Der preußische Regierungspräsident (> Regierungspräsidien) in Magdeburg hatte preußischen Staatsbetrieben auferlegt, die Einleitung von Kaliabwässern in die Nebenflüsse der Elbe zu stoppen, andernfalls müßten die Betriebe stillgelegt werden. Der Gutachter konnte 1875 nachweisen, daß sich der Salzgehalt der Bode seit Bestehen der Salzindustrie um das 8fache erhöht hatte. Zu den Folgen führte er aus: „Zum Tränken des Viehs, ... zum Kochen der meisten Nahrungsmittel, ist das Bodewasser ohne Gefahr nicht mehr verwendbar." Darüber hinaus verändere sich die gesamte Landschaft: „... Die Flora wird geradezu eine andere werden müssen und vielfach die Gewächse des Seestrandes produciren" (Quelle 2).

Die preußische Regierung reagierte scharf auf das Vorgehen ihres Regierungspräsidenten: Die Anordnungen seien unerwünscht, da sie unter Umständen von eminentem Einfluß auf den Kalisalzbergbau sein würden. Der Regierungspräsident könne nicht „nach großartiger Entwicklung der Industrie" Maßregeln treffen, die ihre Fortexistenz in Frage stellen würde (Quelle 3).

Die Bewertungsmuster der Exekutive im Umgang mit neuen Umweltgefährdungen, das wird hier deutlich, waren uneinheitlich: Die staatlichen Mittelinstanzen reagierten zunächst durchaus im Sinne der vorgebrachten Klagen. Sie berücksichtigten die örtliche Situation stärker als das Ministerium für Handel und Gewerbe, das, schon ganz dem ökonomischen Wandel verpflichtet, den ökonomischen Vorteil als entscheidendes Kriterium für die Toleranz im Umgang mit Emissionen anerkannte. Gleichzeitig war man auf der Suche nach wissen-

Was die Industrie 1876 und danach als schlechten Witz eines Außenseiters beurteilte, ist heute von großer Aktualität: Im Nachrichtenmagazin DER SPIEGEL erschien vor einiger Zeit ein Artikel, der sich mit den „Meerespflanzen im Bergland" auseinandersetzte (DER SPIEGEL, Nr. 45 v. 4.11.1992).

schaftlich eindeutigen Erkenntnissen zu den Höchstgrenzen der erlaubten Wasserversalzung und -härte.

Vertreter der Industrie beurteilten fast ausschließlich die *organischen* Abwässer der Städte als gesundheitsschädigend. Dies wird verständlich, wenn man bedenkt, daß zu jener Zeit Mikroorganismen als Krankheitserreger gerade entdeckt worden waren. Industrieabwässer dagegen, so eine weitverbreitete Ansicht, könnten überhaupt keine Krankheitskeime enthalten, stellten somit auch keine Gefahr für die Gesundheit dar. Speziell zu Kaliabwässern hieß es noch 1910, es sei der überzeugende Beweis erbracht, daß ein chlor- und magnesiumreiches Wasser noch nicht das schlechteste Wasser sei und daß seine Bekömmlichkeit selbst bei dauerndem Genuß außer Zweifel stehe. Das eigentliche Problem, nämlich die *Quantität* der Schadstoffe, blieb dabei freilich unerwähnt.

Umfassendere Gutachten liegen seit den 1880er Jahren vor. Im Jahre 1881 waren Kalifabriken in das Verzeichnis der genehmigungspflichtigen Anlagen nach §16 der Gewerbeordnung für das Deutsche Reich aufgenommen worden. Für den Betrieb von Fabriken, die durch ihre „örtliche Lage" oder die „Beschaffenheit der Betriebsstätte" für die Anlieger „erhebliche Nachtheile, Gefahren oder Belästigungen" herbeiführen konnten, war nun eine besondere staatliche Konzession erforderlich (KOLISCH 1898/1900). Das Genehmigungsverfahren forderte von den Betreibern der Anlagen umfassende Stellungnahmen und bot Einspruchsmöglichkeiten für die Anlieger.

Schon seit 1882 hatte die Stadt Magdeburg regelmäßig Einspruch gegen die Errichtung neuer Kaliwerke eingelegt und stets das Trinkwasserproblem für die Stadt dargestellt. Ebenso regelmäßig wurden diese Stellungnahmen von den Kaliwerken zu entkräften versucht. Der Streitpunkt zwischen den Gutachtern, in der Regel Hochschulprofessoren der Chemie, war die wechselseitige Unterstellung, daß die Gegenseite mit viel zu „extremen Zahlen" operiere und somit zu unhaltbaren Schlußfolgerungen gelange. Als exakte Entscheidungshilfe kamen die Stellungnahmen für die Genehmigungsbehörden deshalb kaum in Frage. Dieser unbefriedigende Zustand änderte sich nur geringfügig, als seit Ende der 1880er Jahre auch staatliche Institutionen wie das „Kaiserliche Gesundheitsamt" als Reichsbehörde und verschiedene preußische Institutionen in die Debatte einbezogen und gewissermaßen als Obergutachter tätig wurden. Hatten die privaten Gutachter der Konfliktparteien bereits entsprechende Grenzwerte vorgeschlagen, wurde nun versucht, die Trinkwassergefahr amtlich „einzugrenzen" und Schadensgrenzwerte für Abwässer der Kaliindustrie u. a. über Geschmackstests festzulegen. Eine eindeutige Aussage darüber, *welche Konzentrationen gesundheitsschädlich wirkten*, konnte damals allerdings nicht gemacht

4.3 Kaliindustrie und Umwelt

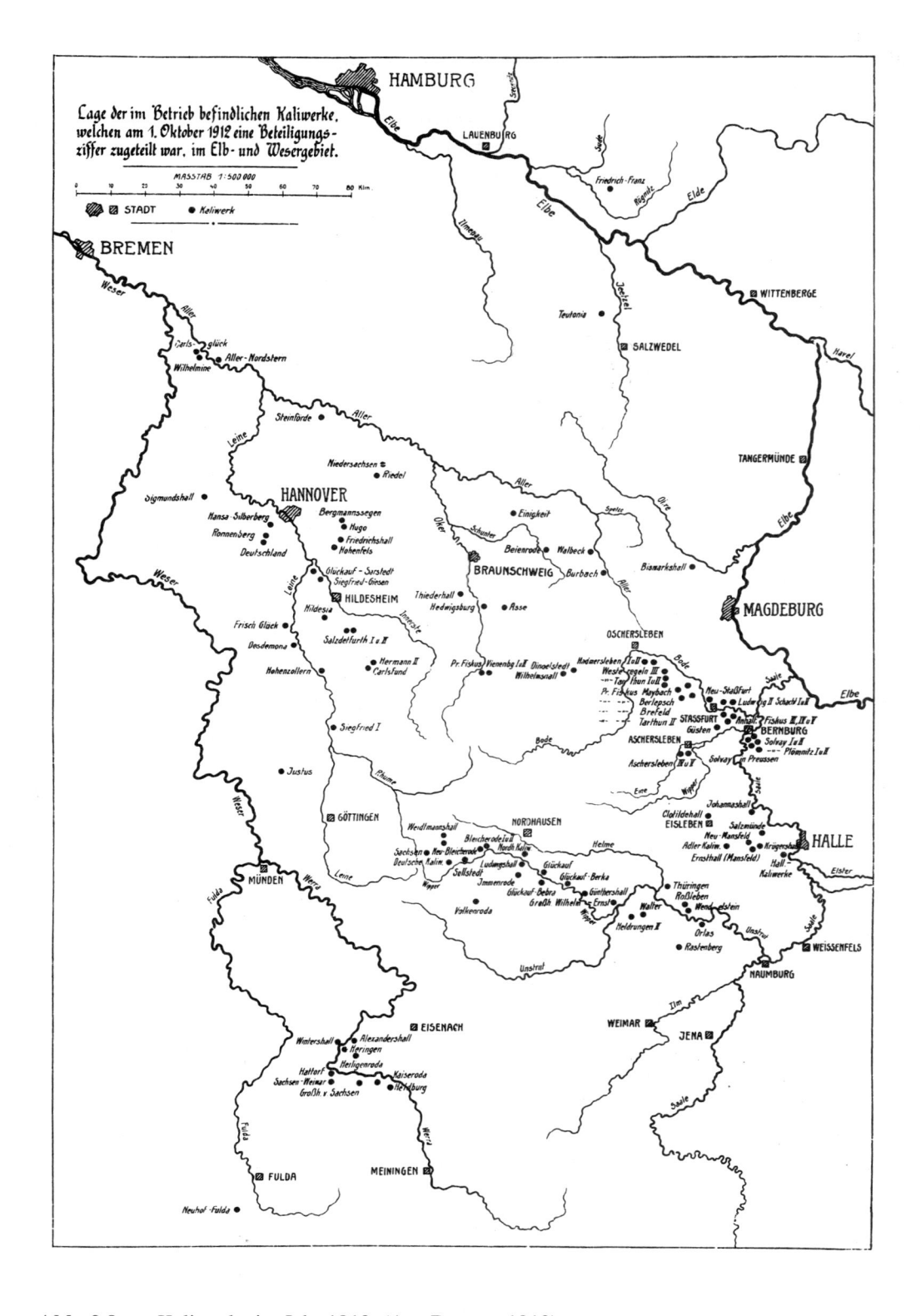

Abb. 2.9. Kaliwerke im Jahr 1912. (Aus Dunbar 1913)

werden, so daß sich der Magdeburger Wasserkonflikt von der Diskussion um die Elbe zur Diskussion um ein Feuchtgebiet zur Grundwassergewinnung verlagerte. Hier mußte sich die Stadt Magdeburg mit der Landwirtschaft auseinandersetzen, die schon im Vorfeld der Planungen mit hohen Schadenersatzforderungen gedroht hatte. Eine Verkettung von Problemlagen, an deren Ende die Kaliindustrie als eigentlicher Verursacher überhaupt nicht mehr unmittelbar beteiligt war, wurde hier bereits deutlich.

Auf dem Höhepunkt des Konflikts hatte im März 1893 ein Magdeburger Bürgerkomitee eine Eingabe an den preußischen Minister für Handel und Gewerbe gerichtet. Die Dringlichkeit wurde durch eine Resolution bekräftigt, die von – für diese Zeit absolut ungewöhnlich – 45 000 Bürgern unterzeichnet war: „Die Versammlung protestiert aber energisch gegen die fortgesetzte Verunreinigung der Elbe und ihrer Zuflüsse, welche ungesetzlich und gemeingefährlich ist. Das Wasser der Elbe, seit Jahrhunderten von unserer Bürgerschaft als Genußwasser benutzt, ist jetzt für den menschlichen Genuß unbrauchbar geworden; ... Demgegenüber müssen die Interessen der Kaliindustrie ... zurücktreten, um so mehr, als unsere heimische ebenfalls bedeutsame Industrie schon längere Zeit durch verunreinigtes Elbwasser leidet und mancher Betrieb kaum noch zu erhalten ist" (Quelle 4).

Was die Elbe betraf, kennzeichnen die folgenden Stellungnahmen der preußischen Regierung aus dem Jahre 1893 die Bandbreite der Meinungen, die hier für sich sprechen sollen: Der Minister für Handel und Gewerbe erklärte: „Das Wasser der Elbe ist nicht mehr zu verbessern und kaum noch zu verschlechtern. Einen so verunreinigten Fluß darf man anders behandeln als einen noch rein zu erhaltenden. Man kann vielen Industriezweigen die Abwässerung in die Flüsse nicht verbieten, ohne die Existenz dieser Industrie zu gefährden. ... Die Abwässer müssen den Flußläufen zugeführt werden, denn sie sind die einzigen Rezipienten, die für diesen Zweck zur Verfügung stehen."

Die Gegenpositionen vertraten die Minister für Landwirtschaft und für Medizinalangelegenheiten: „Der Staat ist berechtigt, schädliche Entwässerungen in öffentliche Wasserläufe zu untersagen und von diesem Recht soll man gewerblichen Anlagen gegenüber Gebrauch machen. Wenn dergleichen Zuflüsse nicht energisch gesteuert werden, gibt es bald gar kein brauchbares Wasser mehr in den öffentlichen Wasserläufen."

Ein sehr weitsichtiges, aber auch Ratlosigkeit andeutendes Schlußwort gab der Ministerpräsident: „Der Staat ist berechtigt und auch verpflichtet, gemeinschädliche Verunreinigungen öffentlicher Wasserläufe zu untersagen. Nun wird aber davon ausgegangen, daß er sie zulassen soll. Die Schäden lassen sich für die Zukunft nicht übersehen, am wenigsten, wie sie sich auf einzelne vertheilen" (Quelle 5).

Trotz der Bedenken des Ministerpräsidenten gab das Votum des Handelsministers den Ausschlag. Die Elbe und ihre Nebenflüsse wurden nun mehr und mehr für industrielle Abwassereinleitungen „freigegeben". Einschränkende Bedingungen wurden dabei von Zeit zu Zeit, das zeigen Gutachten und Betriebsgenehmigungen, zugunsten der Kaliindustrie korrigiert und den Förder- und Absatzquoten für Kaliprodukte angepaßt.

Im Jahre 1918 schließlich urteilte das Oberlandesgericht Naumburg im Sinne der Kaliindustrie und sprach alle Fabriken vom Vorwurf der Gewässerverunreinigung frei. Rückblickend beurteilte das Gericht die Situation in den 1890er Jahren: „... und aufgeregt und irregeleitet durch die seit Jahren in der Öffentlichkeit gegen die anorganischen Zuführungen erhobenen Vorwürfe, hat die Bevölkerung Magdeburgs damals der Steigerung der Versalzung offenbar eine ganz übertriebene Bedeutung beigemessen" (Quelle 6).

War man nun in Magdeburg tatsächlich „aufgeregt" und „irregeleitet"? Die unterschiedlichen Urteile belegen, daß es schon seit Ende des 19. Jahrhunderts bei Konflikten dieser Art längst nicht nur „eine Wahrheit" gab, sondern daß die Komplexität der Sachverhalte – je nach Interessenlage – unterschiedliche Bewertungen zuließ. Die politischen Entscheidungsträger waren überfordert; daran änderte auch das „Expertenwissen" von Gutachtern wenig.

4.3.2 Veränderung von Flora und Fauna der Gewässer

Der wissenschaftliche Dissens zu den Grenzen der Verhärtung und Versalzung der Gewässer spiegelte sich seit der Jahrhundertwende auch in gewässerökologischen Fragen. Bis dahin war die Hydrobiologie noch weitgehend ein „weißer Fleck" im System der Naturwissenschaften. Gleichwohl gab es seit etwa 1880 Hinweise auf qualitative und quantitative Wirkungen des Salzgehaltes auf die Lebensgemeinschaften der Flüsse.

Während sich frühe Bewertungen des Wassers (etwa das erwähnte „Bode-Gutachten" von 1876) auf die *chemische* Analyse beschränken mußten, wurden seit den 1880er Jahren zunehmend auch *biologische* Faktoren einbezogen: Nach dem Botaniker COHN, der bestimmte pflanzliche Organismen als Verunreinigungsindikatoren identifizieren konnte, führte sein Schüler MEZ auch einzellige tierische Organismen als Indikatoren einer Gewässerverunreinigung ein. Bei den Untersuchungen ging man von der belebten Umwelt der Gewässer aus, um auf die Wasserbeschaffenheit rückschließen zu können. Auf diese Ergebnisse konnten KOLKWITZ und MARSSON, Mitarbeiter der preußischen „Versuchs- und Prüfungsanstalt für Wasserversorgung und Abwasserbeseitigung", aufbauen. Sie entwickelten das sog. *Saprobiensystem* und fanden damit bis heute in Kombination mit anderen Verfahren gültige Indikatoren zur Bestimmung der Gewässergüte.

Die ersten experimentellen Untersuchungen zu den Einflüssen von Abwässern aus Chlorkaliumfabriken auf limnische Organismen liegen in einem Gutachten des Reichsgesundheitsrates aus dem Jahre 1907 vor (XX. Gutachten, 1907).

Die Innenpolitik (Gesundheits-, Landwirtschafts-, Wirtschaftspolitik etc. und damit auch die Genehmigungspraxis für Industriebetriebe nach der Gewerbeordnung) der Staaten des Deutschen Reiches war nicht einheitlich geregelt. Besonders die kleinen Bundesstaaten verfolgten im Vergleich zum Flächenstaat Preußen z. B. eine sehr liberale Gewerbepolitik. Die einschränkenden Bedingungen für die Kaliindustrie konnten deshalb z. B. im Herzogtum Anhalt wesentlich großzügiger gefaßt sein als im direkt angrenzenden Preußen. Kaliwerke, die oft nur wenige Kilometer voneinander entfernt am gleichen Fluß lagen, wurden nach unterschiedlichem Landesrecht beurteilt. Die uneinheitlichen Beurteilungskriterien waren u. U. mit negativen Einflüssen auf die Gesundheit der Anlieger verknüpft (Trinkwasserversorgung). Der Reichsgesundheitsrat, alle Bundesstaaten waren durch führende Medizinalbeamte vertreten, war 1901 gegründet worden, um bei diesen und vergleichbaren Auseinandersetzungen zwischen den Bundesstaaten vermittelnd tätig zu werden.

Danach konnten bei einer Wasserhärte von 50 °dH und einem $MgCl_2$-Anteil von 450 mg/l keine Schäden für den Fischbestand festgestellt werden. Allerdings ging der Gutachter von möglichen schweren indirekten Schäden aus, da durch den „Rückgang der niederen Tierwelt" das Nahrungsangebot der Fische reduziert sei. Diese Bewertung war nicht unumstritten, zumal spätere Untersuchungen zur Selbstreinigungskraft der Gewässer eine Schädlichkeitsgrenze von 4 g/l ermittelt haben wollten. Die Kaliindustrie stützte sich auf diese Gutachten und sah ihre eigenen Ermittlungen bestätigt: Die Endlaugeneinleitung in die Flüsse übe keine ungünstigen Einflüsse auf die Fische, ihre Brut und das Plankton aus. Selbst deutliche Überschreitungen der bisher üblichen Einleitungsmengen würden sich nicht nachteilig auswirken (VOGEL 1913).

Aus heutiger Sicht müssen sicherlich die Versuchsmethoden kritisch betrachtet werden. Die Analyse konzentrierte sich zunächst auf Laborversuche, die insbesondere die Wechselwirkungen zwischen organischen und anorganischen Verunreinigungen und ihre Einflüsse auf die Lebensgemeinschaften der Flüsse unberücksichtigt ließen. Die Erkenntnis über die geringe Aussagekraft von Laborwerten, die stets nur die Wirkung *eines* Parameters, wie z. B. $MgCl_2$, untersuchten, setzte sich zwar langsam durch, es gelang aber nicht, entsprechende mehrdimensionale Versuchsmethoden zu entwickeln. Auch auf Langzeituntersuchungen wurde weitgehend verzichtet, so daß große Fehlerbreiten in der Beurteilung der Salzbelastung von vornherein angelegt waren.

Zwar lagen schon 1910 Arbeiten vor, in denen die Existenz typischer Brackwasserformen nachgewiesen wurde. In der Saale und im Plankton der Elbe hatte man verstärkt Kieselalgen gefunden, und eine 1915 veröffentlichte Studie setzte sich mit diesem Phänomen auseinander und folgerte: „Die Kaliabwässer wirken besonders auf die Diathomeen (Kieselalgen, d. Verf.) stark wachstumsfördernd." Das Auftreten dieser Arten wurde nun aber nicht etwa als Warnsignal für den Beginn einer dauerhaften Veränderung des Lebensraumes für Süßwasserformen bewertet, sondern als eine Bereicherung: „Der Einfluß der Kaliabwässer auf die Zusammensetzung der Flora ist also, ... ganz bedeutend, und zwar äußert er sich in einer sehr günstigen Beeinflussung" (v. ALTEN, zit. nach TJADEN 1915, S. 222f.). Nur eine Minderheit der Hydrobiologen folgerte aus diesem Befund einen schädlichen Einfluß für Süßwasserarten. An ein fast völliges Verschwinden der bekannten Flora und Fauna in bestimmten Flußgebieten – wie es für heute beschrieben werden muß – mochte zu diesem Zeitpunkt aber noch niemand glauben.

4.3.3 Kaliabwässer und Landwirtschaft

Nachdem wir die nichtverwertbaren Substanzen der aus dem Boden gewonnenen Kalisalze in ihrer Wirkung auf das Umweltmedium Wasser angesprochen haben, schließt sich der Kreis: Sie treten wieder in den Boden ein und wirken, anders als die zu Düngemitteln veredelten Produkte, schädlich.

Die Tatsache, daß hohe Chloridmengen die Verwendbarkeit des Wassers für die Bewässerung landwirtschaftlicher Flächen ausschließen, war schon um 1900 bekannt, und der Effekt, daß Kaliabwässer dem Boden quasi im „Austauschverfahren" Kalium und Kalk entziehen, war oft beschrieben und von den Landwirten an den Ernteerträgen meßbar. Allein der Grenzwert war der Streitpunkt.

Erste Vorschläge zu Grenzwerten machte der Münsteraner Agrikulturchemiker Joseph KÖNIG schon in den 1890er Jahren. In der 2. Auflage seines allgemeinen Überblicks zur Verunreinigung der Gewässer (hier werden alle damals bekannten Abwasserarten in ihrer Zusammensetzung und Wirkung auf Boden und Pflanze beschrieben) gab er den heute noch aktuellen Grenzwert von 500 mg/l Cl^- an. Für größere Mengen beschrieb er eine „bodenauswaschende" und somit ertragsmindernde Wirkung (KÖNIG 1899; ALBRECHT 1983). Der „Verein der Kaliinteressenten" stützte sich auf andere Wissenschaftler, die „mit aller Schärfe" nachgewiesen hätten, daß zeitweilige Überschreitungen dieses Wertes um das 3- bis 4fache ohne Schäden toleriert werden könnten. Der Reichsgesundheitsrat war einmal mehr gefragt, eine „verbindliche" Entscheidung zu treffen. An einer vorbereitenden Sitzung im Kaiserlichen Gesundheitsamt nahmen neben Vertretern der Reichs- und preußischen Ministerialbürokratie auch Sprecher der Kaliindustrie und der Deutschen Landwirtschaftsgesellschaft teil. Trotz der eingangs erwähnten „Verbindung von Boden und Eisen" standen sie sich hier als Kontrahenten gegenüber. Auf der Tagesordnung standen die landwirtschaftlichen Schäden und die Möglichkeiten ihrer Untersuchung. Obwohl die Frage der Schädlichkeit hoher Salzkonzentrationen hinlänglich geklärt schien und auch die Kaliindustrie lediglich den Grenzwert von 500 mg/l anzweifelte, forcierten v. a. die Industrievertreter, aber auch Regierungsbeamte die weitere Grundlagenforschung. Der eindeutige Beweis für einen noch zu ermittelnden, zweifelsfreieren Grenzwert wurde eingefordert. Dabei war man sich der Tatsache bewußt, daß entsprechende Bewässerungsversuche über einen langen Zeitraum durchgeführt werden mußten. Für die Kaliindustrie bedeuteten diese Versuche Zeitgewinn, für die Landwirtschaft die Vertagung längst fälliger Einschränkungen.

Einen interessanten Hinweis auf die zeittypische Bewertung des Nährstoffentzugs durch Kaliabwässer gab ein mit der Autorität des Naturwissenschaftlers versehener Vertreter der „Kaiserlichen Biologischen Anstalt für Land- und Forstwirtschaft": Die Schäden seien zwar erwiesen und gut untersucht, es sei aber auch erwiesen, daß die negative Wirkung durch einen stärkeren Düngemitteleinsatz wieder ausgeglichen werden könne. Eine Schädigung der Landwirtschaft liege nur insofern vor, als die zusätzlichen Düngemittel Kosten verursachten (Quelle 7). Diese Beurteilung beinhaltete die Vorstellung von einer unbegrenzten Manipulierbarkeit landwirtschaftlich genutzter Böden. Nur die Kosten der Kaliprodukte schienen der begrenzende Faktor zu sein.

Die Versuchsergebnisse, die nach 6 Jahren vorgelegt wurden, waren wenig aussagekräftig. Im wesentlichen bestätigten sie die längst bekannten Ergebnisse, und eindeutige Aussagen fehlten auch in diesem Gutachten: „Jedenfalls ist die Endlaugenwirkung auf den Boden durchaus weitgehender und nicht im geringsten mit dem Einfluß einer Düngung mit Kalirohsalzen auf die gleiche Stufe zu stellen. Generell über sie zu urteilen, wird kaum angängig sein. Doch ebenso, wie man sie in keinem Falle unterschätzen darf, ist auch eine Überschätzung nicht am Platze" (EHRENBERG et al. 1925 S. 577). Mit dieser eher dürftigen Stellungnahme war das Abwasserproblem für die Landwirtschaft einmal mehr vertagt worden.

Im Hinblick auf die Viehtränke hatten landwirtschaftliche Untersuchungsämter seit der Jahrhundertwende zahlreiche Berichte abgegeben, die belegen konnten, daß die Chlorionenbelastung an vielen Stellen den Richtwert von 500 mg/l Cl^- um ein Vielfaches übertraf und in einem unmittelbaren Zusammenhang zu Vieherkrankungen und Rindersterben stand. Belastungen zwischen 8 und 9 g/l Cl^- waren offenbar keine Seltenheit.

4.3.4 Maßnahmen der Problemlösung

„Exakte" Grenzwerte sind naturwissenschaftlich nicht zu ermitteln, denn sie beruhen ja auf einer bewertenden Übereinkunft hinsichtlich dessen, was man zu tolerieren bereit ist. Dennoch wurde lange an der Vorstellung eines „objektiven" Grenzwerts festgehalten und die Forschung besonders in diese Richtung forciert. Die Diskussion der Grenzwertphilosophie verlief offenbar parallel zur industriellen Ausdifferenzierung.

Hatte die preußische Regierung noch bis in die 1870er Jahre eine vorsichtige Gewässerpolitik verfolgt und in bezug auf kommunale Abwässer 1877 einen „Reinigungsvorbehalt" formuliert, so zeigen die 1880er Jahre bereits ein anderes Bild. Nach den kommunalen Abwässern mußten nun auch die industriellen Einleitungen berücksichtigt werden. Aus wirtschaftlichen Gründen wurden Einleitungs-*verbote* auf den staatlichen Ebenen nicht mehr diskutiert, so daß die industrielle Dynamik die beteiligten Natur- und Technikwissenschaften direkt und folgerichtig auf den Weg der *Eingrenzungs*strategien führte. Daß Grenzwertbestimmungen aber nicht die Lösung des Umweltproblems schlechthin sein konnten, war inzwischen evident. Ihre Aussagekraft und ihre praktische Bedeutung war allein schon dadurch in Frage gestellt, daß > Abwassergrenzwerte für die einzelnen Bundesstaaten und innerhalb der Bundesstaaten für die einzelnen Flüsse festgelegt worden waren (Tabelle 2.5).

Neben den Überlegungen zu Grenzwerten verfolgte man daher rein technische, räumliche Verlagerungsstrategien horizontaler wie vertikaler Art.

Außer der Diskussion zur Verlagerung der kaliverarbeitenden Industrie an die Küsten waren immer wieder sog. „Laugenkanäle" zur *horizontalen* Verlagerung im Gespräch, die die Abwässer der Betriebe aufnehmen und an den besonders belasteten landwirtschaftlichen und städtischen Problemzonen vorbei, in geeignetere Flußabschnitte oder direkt in die Nordsee einleiten sollten. Aus Kostengründen ist allerdings keines dieser Projekte realisiert worden. Während sich erste Planungen im Elbegebiet nur auf eine kleine Anzahl von Betrieben beschränkte, waren die späteren Konzepte für das Wesergebiet weitaus ehrgeiziger. Sie sahen den Anschluß der gesamten Kaliindustrie vor. Wären die Pläne in die Tat umgesetzt worden, würde sich heute ein Netzwerk von Laugenkanälen über 540 km Länge bis an die Elb- und Wesermündung erstrecken. Abgesehen von der Frage, ob diese Lösung ökologisch sinnvoll gewesen wäre, da in den Brackwasserzonen der Flußmündungen neue Problembereiche entstanden wären, glaubten Gutachter der Kaliindustrie noch 1913, die Laugenkanäle gerade aus ökologischen Gründen ablehnen zu müssen: Die Endlaugen müßten den Flüssen erhalten bleiben, da sie sich positiv auf die Selbstreinigungskraft der Gewässer auswirken würden (Vogel 1913). Daß diese heftig umstrittene Bewertung als anerkannte Lehrmeinung präsentiert worden war, zeigt einmal mehr, wie naturwissenschaftliche Fragen für die interessenabhängige Diskussion instrumentalisiert werden konnten.

Tabelle 2.5. Festgelegte Grenzen der zulässigen Verhärtung und Versalzung der Flußläufe sowie festgestellte Überschreitungen dieser Grenzen[a]. (Aus Dunbar 1913)

Fluß	Festgesetzt in	Gesamthärte ° d. H.		Chlorgehalt mg im Liter	
		zulässige Grenze	tatsächl. Befunde*) (+ = Erhöhung)	zulässige Grenze	tatsächl. Befunde*) (+ = Erhöhung)
Elbgebiet					
Lossa	Sachsen-Weimar	55[1]	—	400[1]	—
Ilm	Sachsen-Weimar	65[1]	—	450[1]	—
Wipper	Preußen	45[2]	111,4	—	1340
	Schwarzburg-Rudolstadt	45[2], +35[3]	144	+700[3]	1940
	Schwarzburg-Sondershausen	45[3]	—	—	—
Helme	Sachsen-Weimar	42–45[4]	—	—	—
	Preußen	37,5[4]	—	—	—
Unstrut	Schwarzburg-Rudolstadt	+25[5]	—	+500[5]	—
	Sachsen-Weimar	60[6]	—	—	—
	Preußen	37,5[6]	72,4	—	700
Bode	—	unbeschränkt	153	—	3600
Saale	Preußen	30[7]	47,8**)	—	—
Elbe	Preußen	30–35[8]	29,9	—	928
Wesergebiet					
Werra	Sachsen-Meiningen	—	—	{+50 mg Salze*)}	—
	Sachsen-Weimar	{unbeschränkt bzw. 55[10]}	—	unbeschränkt[10])	—
	Preußen	+10[10]	48,9	550[10]	1560
Ulster	Preußen	+15[10]	—	400[10]	—
	Sachsen-Weimar	55[10]	—	550[10]	—
Fulda	Preußen	40[9]	—	400[9]	—
Schunter	Braunschweig	55[11]	359,4	450[11]	5200
Oker	Braunschweig	45[11]	59,9	450[11]	825,4
Innerste	Preußen	30[12]	34,0	—	—
Leine	Preußen	29–30[13]	51,7	450[13]	744
Aller	Preußen	45[14], 35[15]	48,3	410[15]	710

a Die mit einem +-Zeichen versehenen Werte bezeichnen die zugelassene Erhöhung einer schon bestehenden Versalzung um diesen Wert.

Die *vertikale* Variante der räumlichen „Problemverlagerung" ist die Versenkung der Endlaugen in tiefere Gesteinsschichten: Nachdem die Rohstoffe aus dem Boden gefördert worden waren, sollten die Abfälle der Produktion wieder in ihn zurückkehren.

Schon vor der Jahrhundertwende hatte man im Wesergebiet mit der Versenktechnik experimentiert: Abwässer eines preußischen Staatsbetriebes waren offenbar ohne ausreichende geologische Voruntersuchungen in den Untergrund gepreßt worden mit der Folge einer Versalzung der Innerste, einem kleinen Nebenfluß im Wesergebiet. Trotz dieser Negativerfahrungen folgten weitere Versuche, denn die Kaliindustrie werde, so das Urteil der Ministerialbürokratie, wegen des steigenden Kalibedarfs künftig wesentlich größere Mengen fördern und verarbeiten. Wolle man nicht die Trinkwasserversorgung Bremens gefährden, sei die Endlaugenversenkung die einzige Möglichkeit (Quelle 8). In einen stillgelegten Salzschacht des Kaliwerkes Beienrode im Allergebiet waren innerhalb von 12 Jahren etwa 1 Mio. m^3 Endlaugen eingeleitet worden. Ein geologisches Gutachten fehlte auch in diesem Fall. Erst 1921 befaßte sich die Geologische Landesanstalt mit der Versenktechnik an der Aller. Auf die entscheidende Frage indes, ob die versenkten Endlaugen einen negativen Einfluß auf den Grundwasserstrom ausüben könnten, blieb auch die Landesanstalt eine Antwort schuldig. Die Stellungnahme konnte nur von Vermutungen ausgehen und von der Tatsache, daß bisher keine nachteiligen Wirkungen bekannt geworden waren. Auch die Frage der geologischen Begrenzung des Versenkungsgebietes konnte nicht beantwortet werden. Es mußte also die Möglichkeit einkalkuliert werden, daß die Abwässer auch in diesem Fall wieder auftauchen würden. Aber: „Nach den dargelegten theoretischen Erwägungen ist auch für die Zukunft der Eintritt eines Schadens nicht zu erwarten" (Quelle 9), befand die Geologische Landesanstalt. Daß die „theoretischen Erwägungen" auf zu optimistischen Annahmen beruhten, zeigt sich heute.

4.4 Historisches Beispiel und aktuelle Probleme

In den 1950er und 1960er Jahren ist zum Problem der Kaliabwässer breit publiziert worden. Die Themen und Fragen hatten sich nicht verändert, und alle wesentlichen, in der Vergangenheit vorgebrachten Bedenken gegen den Umgang mit Kaliabwässern haben sich mittlerweile als begründet herausgestellt.

Nachdem der Reichsgesundheitsrat in Absprache mit preußischen Behörden die Versalzungsgrenze je nach Flußgebiet zwischen 300 und 450 mg/l Cl$^-$ gezogen hatte, war dieser Wert für das Werragebiet 1942 auf 2,5 g/l Cl$^-$ festgesetzt worden. 1976 erreichten die Konzentrationen einen Mittelwert von ca. 17 g/l, vereinzelt wurden sogar Werte bis 40 g/l erreicht. Die noch gültige Grenze von 1942 wurde also um das 15fache überschritten. Zum Vergleich: Die Chlorionenkonzentration der Nordsee beträgt nur 19 g/l (WROZ 1982).

Der Gutachter des Jahres 1876 würde heute feststellen müssen, daß die Flora tatsächlich eine andere geworden ist und „Gewächse des Seestrandes" produziert hat (Quelle 3). Die nur unscharf und z. T. als erfreuliche Bereicherung des Artenbestandes wahrgenommene Besiedlung der Werra mit Brack- und Salzwasserformen ist heute der Normalfall, so daß schon 1966 von der Werra als einem „salinaren Binnengewässer" die Rede war (HEUSS 1966). Aber auch die Frage, wie eine solche Biotopveränderung heute ökologisch zu bewerten ist, läßt keine einfachen Antworten zu. Umweltprogramme von Bund und Ländern sehen für die Weser eine erhebliche Reduzierung der Chloridbelastung vor, die mit dem wirtschaftlichen Niedergang der Kaliindustrie auf dem Gebiet der ehemaligen DDR auch erreicht werden kann. Angesichts der Pläne zur Gewässerentsalzung warnen (!) Gewässerökologen vor einer zu schnellen „Aussüßung" der belasteten Weserstrecken und appellieren an die Politik, für neue Entsalzungsprogramme größere Zeiträume vorzusehen. Im Laufe der Jahrzehnte habe sich die Natur an das Salzwasser derart angepaßt, daß z. B. verschiedenen Zugvogel- und auch heimischen Vogelarten im Weserwasser eine zwar nach Arten reduzierte, aber in der Individuenzahl massenhaft auftretende Nährfauna geboten war. Wenn nun der Salzgehalt zu schnell und zu drastisch reduziert würde, hätte dies für den Wasservogelbestand und das ökologische Gleichgewicht der Salzwasserbiozönose katastrophale Folgen. (Gespräch mit Mitarbeitern der Biologischen Station des Kreises Minden-Lübbecke am 23. August 1994.) Der Reiherentenbesatz zeige sich seit 1989 bereits deutlich rückläufig. Rigoroser Gewässerschutz kann unter diesen Vorzeichen nicht das politische Ziel sein. Es scheint paradox: Die von der Kaliindustrie über Jahrzehnte erzwungene Biotopveränderung muß heute von der Gewässerökologie aus Gründen des aktuellen Naturschutzes bis zu einem gewissen Grade verteidigt werden. Dabei bleibt abzuwarten, welche Ökosysteme sich unter den Bedingungen verminderter und womöglich auf einem niedrigeren Niveau stabilisierter Salzeinträge etablieren können und ob sich die Umgestaltung in ähnlich langen Zeiträumen vollziehen wird wie vordem der Wandel des Süßwasserbiotops.

Die Versenktechnik in tiefe Gesteinsschichten hat sich heute als Bumerang erwiesen, nachdem eine unterirdische Salzblase mit einer Ausdehnung von 300 km^2, so DER SPIEGEL, über 400 Trinkwasserbrunnen gefährde. In 400 m Tiefe sei somit das nach dem Bodensee zweitgrößte deutsche Binnengewässer mit etwa 900 Mio. m^3 Salzlauge entstanden. Die von Geologen als „im Prinzip dicht" bezeichneten Gesteinsschichten hatten sich in Thüringen offenbar schon in den 1970er Jahren als undicht erwiesen, so daß versenkte Abwässer plötzlich aus den Feldern gequollen seien und Weideland und Äcker zerstört hätten (DER SPIEGEL Nr. 45/1992). Die unbeabsichtigten Nebenwirkungen der Kaliproduktion beeinträchtigen heute verstärkt diejenigen Flächen, zu deren Vorteil Kunstdünger überhaupt erst entwickelt worden war.

Das historische Beispiel läßt erkennen, daß Naturwissenschaftler mit den an sie herangetragenen Fragen zur Lösung der Folgeprobleme industrieller Produktion oft überfordert waren und sind. Denn es scheint bis heute eine „Grundkonstante" zu sein, daß zwischen wissenschaftlich-technischer Machbarkeit und der Vorabbewertung von Risiken eine kaum zu schließende Lücke besteht – oder anders: daß Grenzwerte keine „objektiven" Größen sind. Dennoch können Industriegesellschaften ohne die Richtschnur „Grenzwerte" nicht existieren. Obwohl damit keine langfristige Abhilfe der Schäden garantiert ist, müssen sie als Notlösung akzeptiert werden.

Das Verhalten von Abfallstoffen, die z. B. in der Chemieindustrie nach klar definierten Regeln der Produktion entstehen, ist, wenn sie an die Umweltmedien Boden, Wasser und Luft abgegeben werden, oft unkalkulierbar. Sie sind deswegen unkalkulierbar, weil Abfallstoffe anderer Produktionszweige hinzukommen, Wirkungen sich ergänzen, verstärken und addieren, mithin mehrdimensionale Schadensprofile entstehen. Die ohnehin schon bestehende Komplexität des Ökosystems Boden nimmt dadurch noch um ein Vielfaches zu. Das Grenzwertkonzept, das als historische Lösung nicht in Frage kam, scheint auch heute nicht der Ausweg zu sein, weil es i. allg. nur für den Kausalzusammenhang einer einzigen Substanz mit dem Organismus oder einem Ökosystem eine Aussage treffen kann: Das Modell entspricht nur sehr begrenzt den Bedingungen der Realität. Kritiker des Grenzwertkonzeptes gehen z. Z. von etwa 8 Mio. definierter chemischer Substanzen aus, zu denen jährlich weltweit etwa 300 000 neue Stoffe hinzukommen. Es ist evident, daß die Toxikologie unter diesen Bedingungen nur unzureichende Erkenntnisse liefern könne, denn je exakter eindimensionale Experimente toxikologisch ausgeführt würden, um so realitätsfremder beschrieben sie die Zusammenhänge (DÜRRSCHMIDT 1989).

Heinrich v. LERSNER, Präsident des Umweltbundesamtes, sprach 1976 vom „Kuhhandel um Grenzwerte", der dann einsetze, wenn der Schutz vor möglichen Gefahren einschneidende ökonomische Konsequenzen fordere. Diesen „Kuhhandel" hat schon das historische Beispiel aufgezeigt. v. LERSNER wendet sich damit gegen die Praxis des

Aushandlungsprozesses in Politik und Wissenschaft, die selbst noch die unzureichenden toxikologischen Ergebnisse politisch-ökonomischen Interessenlagen unterwirft, und sie so weiter verwässert.

Das Grenzwertkonzept ist in der 2. Hälfte des 19. Jahrhunderts entstanden, als die Naturwissenschaft vom „philosophischen" in das „naturwissenschaftliche Zeitalter" eingetreten war und voller Optimismus annahm, in der Zukunft das „Naturbedürfnis des Menschen" allein über „Maß, Zahl und Gewicht" definieren zu können (RECLAM 1869).

Rudolf VIRCHOW beschrieb die „Zeitalter" der Naturwissenschaft in einer Gedenkrede an den preußischen König FRIEDRICH WILHELM III. Als „philosophisches Zeitalter" klassifizierte er die Phase, in der in den philosophischen Fakultäten der Universitäten neben den klassischen philologischen Fächern, der Geschichte und der Mathematik auch ein Teil der Naturwissenschaften verankert war. Die Herauslösung der Naturwissenschaften aus diesem Zusammenhang wertete er als Emanzipation der Naturwissenschaften von der Philosophie. Die Naturwissenschaften sollten sich künftig allein auf exakte Methoden der Naturbeobachtung beziehen.

Zur Überwindung einer Grenzwertphilosophie, die der Komplexität unserer Realität nicht gerecht wird und schon in der Geschichte ihre Kritiker fand, wird die Naturwissenschaft selbst einen Beitrag leisten müssen. Strategien der Abfallvermeidung, Methoden der Technikfolgenabschätzung und einer interdisziplinären Ökosystemforschung können als Beiträge zu einer solchen naturwissenschaftlichen Selbstreflexion gelten, die weiterer Entwicklung bedarf. Vielleicht können wir dann in ein neues, Naturwissenschaft und Philosophie überwölbendes Zeitalter eintreten.

4.5 Rückblick

An diesem historischen Beispiel lassen sich vielfältige Zusammenhänge überblicken:

Fragen:

1. Welche gesellschaftlichen Entwicklungen im 19. Jahrhundert führen zu einem steigenden Bedarf an Düngemitteln? Nennen Sie einige Stichworte.

2. Inwiefern hing die „Städtereinigungsfrage", die von großer hygienischer Bedeutung war, mit den Interessen der Vertreter der Landwirtschaft zusammen?

3. Was hat der Kaliabbau mit der Gewinnung von Steinsalz zu tun?

4. Warum konnte der Einsatz von Kali als Düngemittel sich anfangs nur langsam durchsetzen?

5. Durch Gewinnung und Nutzung der Kaliumsalze waren die Interessen von Bergbau und Landwirtschaft miteinander verknüpft. Welche politischen Interessen kamen hinzu?

6. Bei der Gewinnung und Aufarbeitung der Kalisalze entstehen „Endlaugen". Diese Salzlösungen wurden in die Flüsse eingeleitet. Diese Praxis wirkte sich auf die Umwelt aus und provozierte Interessenkonflikte. Nennen Sie Beispiele für solche Interessenkonflikte.

7. Welche Strategien verfolgte man zur Lösung der Konflikte? Welche Schwierigkeiten bestehen dabei?

Antworten:

1. Industrialisierung, Bevölkerungsexplosion, Urbanisierung.

2. Die städtischen Abwässer sollten in der Landwirtschaft als Dünger eingesetzt werden.

3. Kalisalze finden sich als Abraum der Steinsalzgewinnung.

4. Kalium ist nur einer der Pflanzennährstoffe, die durch Düngung ersetzt werden mußten. Stickstoff- und Phosphatdünger sind ebenfalls notwendig, so daß erst nach deren Verbilligung auch Kaliumdünger in großer Menge abgesetzt wurde.

5. Hinzu kamen die staatliche Wirtschaftsförderung allgemein und die Autarkiebestrebungen vor und während der Weltkriege.

6. Das Trinkwasser, das den Flüssen entnommen wurde, enthielt zu hohe Salzmengen. So befanden sich die politischen Vertreter und die Bürger der Stadt Magdeburg im Konflikt mit Industrie, Landwirtschaft und dem für Handel und Gewerbe zuständigen Ministerium.

Die in den Flüssen lebenden, an Süßwasser angepaßten Lebensgemeinschaften änderten sich, typische Brackwasserformen wurden gefunden, was aber zu Beginn dieses Jahrhunderts nur von wenigen Hydrobiologen als Warnsignal gewertet wurde.

Bei Überschwemmungen wurden die Böden durch die hohe Salzfracht geschädigt. Bei dieser Art der Umweltbelastung standen sich Vertreter der Industrie und solche der Landwirtschaft in ihren Aussagen und Bewertungen möglicher Grenzwerte gegenüber.

7. Maßnahmen zur Lösung waren Versuche, Grenzwerte zu definieren. Da durch naturwissenschaftliche Analysen aber nur gesagt werden kann, welche Folgen unter definierten Rahmenbedingungen auftreten und zudem synergistische Effekte wegen der hohen Komplexität der geschädigten Systeme (z. B. Boden) oft nur schwer erkennbar oder gar quantifizierbar sind, sind die Begründung und die Festlegung von Grenzwerten, die eine Bewertung dessen ist, was man dulden will, umstritten.

Weitere Maßnahmen waren, die Laugen durch Kanäle direkt in die See zu leiten, was aus Kostengründen nicht verwirklicht wurde, und die Endlaugen zu versenken, was das Grundwasser gefährdet.

5 Literatur und Quellennachweis

Wir möchten an dieser Stelle Autoren und Verlagen für die Erlaubnis zur Übernahme der Abbildungen bzw. Texte danken.

ALBRECHT J (1983) Salzbelastung und Ciliatenbesiedlung (Protozoa: Ciliophora) im Weser-Flußsystem (Fulda, Werra, Weser, Leine, Innerste). Dissertation, Universität Bonn

ANDREAE B (1977) Agrargeographie. Strukturformen und Betriebsformen in der Weltlandwirtschaft. Walter de Gruyter, Berlin New York

BAUR V (1926) Entwicklung und gegenwärtiger Stand der Bodennutzungs- und Fruchtfolgesysteme in der Eifel und ihren Randgebieten. Inaugural-Dissertation, Universität Bonn

BICK H (1983) Zur Geschichte des Landbaus und seiner ökologischen Auswirkungen. In: Fernlehrgang „Ökologie und ihre biologischen Grundlagen". 7b, Bevölkerungsentwicklung und Welternährung II. Universität Tübingen

BICK H (1989) Ökologie. Gustav Fischer, Stuttgart New York

v. BLANCKENBURG P (^{2}1982) Sozialökonomie der ländlichen Entwicklung. Eugen Ulmer, Stuttgart

BODENSTEDT A A (1986) Die Entwicklung agrarkultureller Wesenszüge in Europa. In: B GLAESER (Hrsg) Die Krise der Landwirtschaft. Campus, Frankfurt a. M. New York. S 49 – 64

v. BOGUSLAWSKI E (1954) Das Zusammenwirken der Wachstumsfaktoren bei der Ertragsbildung. Z Acker- und Pflanzenbau **98**: 145 – 186

BORN M (1974) Die Entwicklung der Deutschen Agrarlandschaft. Erträge der Forschung, Bd 29. Wissenschaftliche Buchgesellschaft, Darmstadt

BRAIDWOOD R J (1952) The near east and the foundations for civilization. Oregon State System of Higher Education, Eugene

BRÜGGEMEIER F-J, ROMMELSPACHER T (1987) Besiegte Natur: Geschichte der Umwelt im 19. und 20. Jh. Beck, München

F-J Brüggemeier, Rommelspacher T (1992) Blauer Himmel über der Ruhr, Geschichte der Umwelt im Ruhrgebiet 1840 – 1990. Klartext, Essen

W Bungard, Lenk H (Hrsg) (1988) Technikbewertung: Philosophische und psychologische Perspektive. Suhrkamp, Frankfurt a. M.

Bushnell G H S (1976) The beginning and growth of agriculture in Mexico. In: The early history of agriculture. Phil Trans Royal Soc **275**: 117 – 128

Calliess J et al. (Hrsg) (1989) Mensch und Umwelt in der Geschichte. Centaurus, Pfaffenweiler

Childe V G (1936) Man makes himself. Watts, London

v. Delhaes-Günther K (1974) Kali in Deutschland. Boehlau, Köln Wien

DER SPIEGEL (1992) Nr 45 vom 4.11.1992

Dunbar W P (1913) Die Abwässer der Kaliindustrie. Oldenbourg, München Berlin

Dürrschmidt W (1989) Das Konzept der mittleren Technologie: Von der Begrenzung zur Vermeidung der Schadstoffe. In: A Kortenkamp et al. (Hrsg) Die Grenzenlosigkeit der Grenzwerte. Müller, Kaiserslautern

Eckstein O (1928) Zum siebten Kalitag. Z Angewandte Chemie **41**, 4: 97 – 98

Ehrenberg P et al. (1925) Über die Wirkung der Kaliendlaugen auf Boden und Pflanze. In: Landwirtschaftliche Jahrbücher **61**: 473 – 608

Eibl-Eibesfeldt I (1972) Die !Ko-Buschmann-Gesellschaft. Piper, München

Ennen E, Janssen W (1979) Deutsche Agrargeschichte. Vom Neolithikum bis zur Schwelle des Industriezeitalters. In: Wissenschaftliche Paperbacks 12. Sozial- und Wirtschaftsgeschichte. Pohl H (Hrsg) Franz Steiner, Wiesbaden

Enzyklopädie der technischen Chemie (^{2}1930) 6. Bd. Urban & Schwarzenberg, Berlin Wien

Franke M (1986) Maniok zwischen Agrarkultur und Welthandel. In: B Glaeser (Hrsg) Die Krise der Landwirtschaft. Campus, Frankfurt a. M. New York. S 151 – 162

Giedion S (1982) Die Herrschaft der Mechanisierung. Ein Beitrag zur anonymen Geschichte. Europäische Verlags-Anstalt, Frankfurt a. M.

Gisi U (1990) Bodenökologie. Georg Thieme, Stuttgart New York

Glaeser B (Hrsg) (1986) Die Krise der Landwirtschaft. Campus, Frankfurt a. M. New York

Goodman M M (^{3}1984) Maize. In: Simmonds N W (ed) Evolution of crop plants. Longman, London New York. pp 128 – 136

XX. Gutachten des Reichsgesundheitsrates über den Einfluß der Ableitung von Abwässern aus Chlorkaliumfabriken auf die Schunter, Oker und Aller (1907) In: Arbeiten aus dem Kaiserlichen Gesundheitsamte, Bd **25**. Berlin

Haber W, Salzwedel J (1992) Umweltprobleme der Landwirtschaft – Sachbuch Ökologie. Metzler – Poeschel, Stuttgart

Harris D R (1969) Agricultural systems, ecosystems and the origins of agriculture. In: PJ Ucko, GW Dimbley (eds) The domestication and exploitation of plants and animals. Duckworth, London. pp 3 – 15

Hawkes J G (1969) The ecological background of plant domestication. In: Ucko P J, Dimbley G W (eds) The domestication and exploitation of plants and animals. Duckworth, London. pp 17 – 29

Heichelheim F M (1938) Wirtschaftsgeschichte des Altertums vom Paläolithikum bis zur Völkerwanderung der Germanen, Slawen und Araber, Bd 1 und 2. Sijthoff, Leiden

Heuss K (1966) Beitrag zur Fauna der Werra, einem salinaren Binnengewässer. In: Gewässer und Abwässer, Bd **43**: 48 – 64

Heuss T (1942) Justus von Liebig. Vom Genius der Forschung. Hoffmann & Campe, Hamburg

Imfeld A (1986) Die Entkolonialisierung des Mais in Afrika. In: B Glaeser (Hrsg) Die Krise der Landwirtschaft. Campus, Frankfurt a. M. New York. S 141 – 150

Kolisch O (1898/1900) Gewerbeordnung für das Deutsche Reich mit Ausführungsbestimmungen. Bände 1 und 2. Hannover

König J (^{2}1899) Die Verunreinigung der Gewässer, deren schädliche Folgen sowie die Reinhaltung von Trink- und Schmutzwässern. 2 Bände. Springer, Berlin

Körber-Stiftung (Hrsg) (1986) Von „Abwasser" bis „Wandern". Ein Wegweiser zur Umweltgeschichte. Hamburg

Kortenkamp A et al. (Hrsg) (1989) Die Grenzenlosigkeit der Grenzwerte. Müller, Karlsruhe

Krabbe W R (1989) Die deutsche Stadt im 19. und 20. Jahrhundert. Vandenhoeck & Ruprecht, Göttingen

Kuhnen F (^{2}1982) Agrarverfassungen. In: v. Blanckenburg P (Hrsg) Sozialökonomie der ländlichen Entwicklung. Eugen Ulmer, Stuttgart. S 69 – 85

Lenski G (1973) Macht und Privileg. Eine Theorie der sozialen Schichtung. Suhrkamp, Frankfurt a. M.

v. Liebig J (1840) Die organische Chemie in ihrer Anwendung auf Agricultur und Physiologie. Vieweg, Braunschweig

Malthus T R (1798) An essay on the principle of population, as it affects the future improvement of society with remarks on the speculations of Mr. Godwin, M. Condarcet and other writers. Murray, London

Mohseninia H (1979) Biotopveränderung durch die Abwässer der Kaliindustrie in der Werra und Ober-Weser. Dissertation, Universität Göttingen

Planck U, Ziche J (1979) Land- und Agrarsoziologie. Eine Einführung in die Soziologie des ländlichen Siedlungsraumes. Eugen Ulmer, Stuttgart

Radkau J (1989) Technik in Deutschland. Vom 18. Jahrhundert bis zur Gegenwart. Suhrkamp, Frankfurt a. M.

Radkau J (1991) Unausdiskutiertes in der Umweltgeschichte. In: M Hettling et al. (Hrsg) Was ist Gesellschaftsgeschichte? Positionen, Themen, Analysen. Beck, München

RECLAM C (1869) Die heutige Gesundheitspflege und ihre Aufgaben. In: Deutsche Vierteljahrsschrift für öffentliche Gesundheitspflege, Bd 1. Braunschweig. S 1 – 5

REINBOTHE H, WASTERNACK C (1986) Mensch und Pflanze. Quelle & Meyer, Heidelberg Wiesbaden

RENFREW J M (1973) Palaeoethnobotany. The prehistoric food plants of the near east and europe. Methuen, London

RIBEIRO D (1971) Der zivilisatorische Prozeß. Suhrkamp, Frankfurt a. M.

ROGERS E M, SHOEMAKER F (1971) Communication of innovations. Free Press, New York

RUDORF W (1969) Zur Geschichte und Geographie alteuropäischer Kulturpflanzen. Parey Buchverlag, Berlin Hamburg

RUTHENBERG H, ANDREAE B (^{2}1982) Landwirtschaftliche Betriebssysteme in den Tropen und Subtropen. In: v. BLANCKENBURG P (Hrsg) Sozialökonomie der ländlichen Entwicklung. Eugen Ulmer, Stuttgart

SAHLINS M (1972) Stone age economics. Tavistock, London

SAUERBECK (1985) Funktionen, Güte und Belastbarkeit des Bodens aus agrikulturchemischer Sicht. Kohlhammer, Stuttgart Mainz

SCHILKE K (Hrsg) (1992) Agrarökologie. Schroedel Schulbuchverlag GmbH, Hannover

SCHROEDER D (1984) Bodenkunde in Stichworten. Ferdinand Hirt, Kiel

SCHULTZ-KLINKEN K-R (1981) Haken, Pflug und Ackerbau. August Verlag Lax GmbH & Co, Andreas-Passage 1, Hildesheim

SICK W-D (1983) Agrargeographie. Westermann, Braunschweig

SIMON K H (1980) Nutzpflanzenzüchtung. Studienbücher Biologie. Moritz Diesterweg / Otto Salle, Frankfurt a. M. Berlin München; Sauerländer, Aarau Frankfurt a. M. Salzburg

v. SIMSON J (1983) Kanalisation und Städtehygiene im 19. Jahrhundert. VDI, Düsseldorf

SRU (der Rat von Sachverständigen für Umweltfragen) (Hrsg) (1985) Umweltprobleme der Landwirtschaft, Sondergutachten März 1985. Kohlhammer, Stuttgart Mainz

THOMAS-MORUS-AKADEMIE BENSBERG (Hrsg) (1992) Historische Umweltforschung. Wissenschaftliche Neuorientierung – Aktuelle Fragestellungen. Bensberger Protokolle 71

TJADEN (1915) Die Kaliindustrie und ihre Abwässer. Borntraeger, Berlin.

TROITZSCH U (1981) Historische Umweltforschung: Einleitende Bemerkungen über Forschungsstand und Forschungsaufgabe. In: Technikgeschichte, Bd **48**: 178 – 190

UMWELTMINISTERIUM NIEDERSACHSEN (Hrsg) (1990) Natur und Geschichte. Naturwissenschaftliche und historische Beiträge zu einer ökologischen Grundbildung. o.O.

VOGEL J H (1913) Die Abwässer aus der Kaliindustrie, ihre Beseitigung sowie ihre Einwirkung in und an den Wasserläufen. Borntraeger, Berlin

WEBER M (1956) Wirtschaft und Gesellschaft, Bd 1. Mohr, Tübingen

v. WEIZSÄCKER C-F (1983) Der Garten des Menschlichen. Beiträge zur geschichtlichen Anthropologie. Hanser, München

WERTH E (1954) Grabstock, Hacke und Pflug. Eugen Ulmer, Stuttgart

WEY K G (1982) Umweltpolitik in Deutschland. Westdeutscher, Opladen

WITTFOGEL K A (1978) Oriental despotism. A comparative study of total power. New Haven, London

WROZ W (1982) Die Salzbelastung von Werra, Weser und Rhein. Aulis/Deubner, Köln

Zitierte ungedruckte Quellen:

Quelle 1: Bundesarchiv Koblenz, Reichsgesundheitsamt, R 86 Nr 3353, Bd 1. Die Kaliabwasserfrage 1912 – 1914

Quelle 2: B WACKENRODER (1876) Die Effluvien der chemischen Fabriken zu Staßfurt-Leopoldshall. Ein Wort, geredet im Sinne der Anwohner des Bodeflusses zwischen Staßfurt und Nienburg a.

d. Saale, Bernburg 1876. In: GStA Merseburg, Ministerium für Handel und Gewerbe, Rep 120 BB IIa 2/85, Errichtung von Kalifabriken und die Verunreinigung der Gewässer durch dieselben, Vol 1, Blatt 17(RS)

Quelle 3: GStA Merseburg, Ministerium für Handel und Gewerbe, Rep 120 BB IIa 2/85, Vol 1, Blatt 40

Quelle 4: GStA Merseburg, Ministerium für Handel und Gewerbe, Rep 120 BB IIa 2/85, Vol 3, Blatt 47

Quelle 5: GStA Merseburg, Ministerium für Handel und Gewerbe, Rep 120 BB IIa 2/85, Vol 3, Blatt 80

Quelle 6: Bundesarchiv Koblenz, Aktenbestand „Wasser – Boden – Luft", R 154, Nr 12.413

Quelle 7: Bundesarchiv Koblenz, Reichsgesundheitsamt R 86 2521, Bd 2. Kaliabwässer (Einwirkung auf den landwirtschaftlichen Betrieb)

Quelle 8: GStA Merseburg, Ministerium für Landwirtschaft, Domänen und Forsten, Rep 1019, Blatt 154

Quelle 9: Bundesarchiv Koblenz, R 154, Nr 457, Bd 1. Versenkung von Endlaugen 1920 – 1930, Blatt 42

3.

Studieneinheit

Intensivlandwirtschaft

3

Autorin:
Dipl.-Biol. Dr. Petra Reinhard, Deutsches Institut für Fernstudienforschung an der Universität Tübingen

Inhalt

1	*Veränderungen der landwirtschaftlichen Produktionsweise nach dem 2. Weltkrieg*	199
1.1	Vorgeschichte: Entwicklungen in der Landwirtschaft vom 17. Jahrhundert bis zur Mitte des 19. Jahrhunderts	199
1.2	Der große Umbruch und seine Folgen	201
1.2.1	Rationalisierung der Arbeit und ihre Folgen für die Bauern	202
1.2.2	Folgen des Maschineneinsatzes für Boden und Landschaft	206
1.2.3	Folgen des Einsatzes von Pflanzenschutzmitteln	210
1.2.4	Folgen verstärkter Düngung	213
1.3	Neuorientierung der Agrarpolitik	220
1.4	Zusammenfassung	221
2	*Ansätze zur Vermeidung ökologischer Schäden*	225
2.1	Kontingentierung	225
2.2	Flächenstillegung und nachwachsende Rohstoffe	226
2.3	Extensivierung	235
2.4	Umstellung auf ökologischen Landbau	239
2.5	Programme zur Erhaltung der natürlichen Lebensräume und der Kulturlandschaft	243
2.6	Rückblick	246
3	*Zum Konflikt Landwirtschaft – Naturschutz*	249
4	*Literatur und Quellennachweis*	255

1 Veränderungen der landwirtschaftlichen Produktionsweise nach dem 2. Weltkrieg

P. Reinhard[1]

Noch bis nach dem 2. Weltkrieg war in Deutschland die traditionelle Landwirtschaft verbreitet. Sie basierte weitgehend auf menschlicher und tierischer Muskelkraft. In Erinnerung an die während des Krieges herrschende Not wurde die Agrarproduktion massiv gefördert, um die Selbstversorgung sicherzustellen. Dies geschah um so mehr nach Abschluß des EWG-Vertrages 1957, in dem die agrarpolitischen Ziele der Europäischen Wirtschaftsgemeinschaft festgelegt wurden.

Durch die Förderung der Agrarproduktion begannen sich bereits in den 50er Jahren Agrartechnik und Wirtschaftsweise schnell zu verändern. Dies führte in wenigen Jahrzehnten zu einer Umkehr der Problemstellungen. Während früher die Menschen in Sorge um ein ausreichendes Nahrungsangebot bei naturgemäß betriebener Landwirtschaft lebten, entstand nun eine Produktionssteigerung, die zu gewaltigen Überschüssen führte. Der Preis dafür war eine zunehmende Zerstörung der natürlichen Lebensgrundlagen.

Die Agrarpolitik hat ihre Ziele den neuen Bedingungen kaum angepaßt und vergrößert damit nicht nur die Verschwendung volkswirtschaftlicher Mittel, sondern beschleunigt auch den Prozeß der Naturzerstörung.

1.1 Vorgeschichte: Entwicklungen in der Landwirtschaft vom 17. Jahrhundert bis zur Mitte des 19. Jahrhunderts

Nach dem 30jährigen Krieg war ein gezielter Wiederaufbau der Landwirtschaft notwendig, um die Bevölkerung ausreichend mit Nahrungsmitteln zu versorgen und den Außenhandel zu fördern. Der Wiederaufbau der landwirtschaftlichen Produktion wurde von den deutschen Fürsten massiv gefördert, beispielsweise durch die Einführung neuer Kulturpflanzen und Bodennutzungssysteme, eine Rationalisierung der Bodenverteilung u. ä. Zu den Neuerungen gehörte auch die > verbesserte Dreifelderwirtschaft, bei der das Brachejahr durch den Anbau einer Blattfrucht (z. B. Hackfrüchte oder Klee) ersetzt wird. Gerade der Anbau von Klee als Futterpflanze war von großer Bedeutung. Die bessere Fütterung ermöglichte wachsende Viehbestände. Bei der verbesserten Dreifelderwirtschaft entfiel zwar die Brache und

Die verschiedenen Anbauformen werden in der 2. Studieneinheit, Abschn. 2.3 vorgestellt.

---

[1] Unter Verwendung von Arbeiten von Prof. Dr. H. Priebe, Institut für ländliche Strukturforschung, Universität Frankfurt a. M.

damit die Möglichkeit der Beweidung, aber durch die größere Zahl von Tieren (die auch während des Sommers im Stall gehalten wurden) konnten die Äcker vermehrt mit Mist gedüngt werden. So kam es zur Verstärkung der organischen Stoffkreisläufe und zur Förderung der Bodenfruchtbarkeit. Wie hoch angesehen eine Steigerung der landwirtschaftlichen Produktion war, läßt sich beispielsweise an der Erhebung des schlesischen Bauern Christian SCHUBART in den erblichen Adelsstand ablesen. SCHUBART, der sich nun Ritter SCHUBART VOM KLEEFELD nennen durfte, hatte sich vehement für die Einführung des Kleeanbaus eingesetzt.

Ausführlicher wird die ökologische Bedeutung der Brache im Anhang behandelt.

> In der 2. Studieneinheit, Abschn. 2.3 werden die verschiedenen landwirtschaftlichen Nutzungsformen mit ihren Vor- und Nachteilen vorgestellt. Dabei wurde auch auf die positiven Auswirkungen der Brache eingegangen. Erinnern Sie sich noch daran?
>
> •••••
>
> Aufgrund der fehlenden mechanischen Belastung des Bodens bleibt die Aktivität der Regenwürmer ungestört. Der Boden wird bis in tiefere Schichten gelockert. Dadurch verbessert sich die Aufnahme- und Ableitungsfähigkeit für Niederschläge. Gleichzeitig werden die Umsetzungsprozesse im Boden gefördert. Diese Prozesse werden auch durch die stärkere Durchwurzelung des Bodens unterstützt. Die sich ansiedelnden Pflanzen binden die verfügbaren Nährstoffe und wirken damit einer Auswaschung entgegen.

Die > Fruchtwechselwirtschaft (sie wurde im Breisgau beispielsweise um 1760 eingeführt) stellt eine Weiterentwicklung der Anbaumethoden dar, die eine intensivere Nutzung der landwirtschaftlichen Böden ermöglicht. Dabei wechselt der Anbau von Getreide regelmäßig mit dem Anbau einer Blattfrucht, neben den Hackfrüchten Rüben und Kartoffeln auch Hopfen, Flachs, Lupinen, Tabak etc., ab.

Neben der Intensivierung des Anbaus wurde zur Steigerung der landwirtschaftlichen Produktion nach dem 30jährigen Krieg auch eine gezielte innere Erschließung des Landes betrieben. Diese erfolgte beispielsweise in Form von Rodungen oder Entwässerung der Bruch- und Moorlandschaften. In den neu erschlossenen Gebieten wurden gezielt Zuwanderer (z. B. Hugenotten) angesiedelt, die durch die Einräumung von Sonderrechten und -vergünstigungen angeworben wurden (> Peuplierungspolitik).

Am Anfang des 19. Jahrhunderts leitete die > Bauernbefreiung durch die Reformen von STEIN und HARDENBERG eine neue Entwicklung ein. In den Reformen von 1807 – 1850 wurden zum einen die Freiheitsrechte verwirklicht (Aufhebung der personalen Bindungen wie Leibherrschaft, Erbuntertänigkeit etc.; Abschaffung von Hand- und Spanndiensten, Naturalleistungen etc.; Aufhebung der Polizei- und Gerichtsherrschaft) und zum anderen den Bauern das freie Eigentum an Grund und Boden verliehen (Landeskultur- und Regulierungsedikt des preußischen Staatskanzlers VON HARDENBERG 1811). Die Eigentumsverteilung am bewirtschafteten Boden war verbunden mit der Ablösung der Frondienste, die durch Geldzahlung oder Landabtretung erfolgen konnte. Die Ablösungsleistungen bedeuteten für viele Bauern den Ruin. Diese waren gezwungen, sich bei den früheren Guts- oder Grundherren als landwirtschaftliche Lohnarbeiter zu verdingen, oder sie wanderten in die Städte in die neu entstehende gewerbliche Wirtschaft ab. Im Zuge der Agrarreformen wurde auch die alte Flurverfassung abgeschafft. Mit der Neuaufteilung des Nutzlandes, mit dem Wegfall des > Flurzwanges und der alten Hut- und Wegerechte wurde der Einsatz intensiverer und rationellerer Produktionsmethoden möglich, so daß auch dadurch Arbeitskräfte aus der Landwirtschaft freigesetzt wurden.

Die aufkommende Technik wirkte zunächst mehr von außen: Die gewerbliche Wirtschaft übernahm frühere Aufgaben der Landwirtschaft wie Spinnen und Weben, die Beschaffung von Material für Heizung und Beleuchtung, später auch die Verarbeitung ihrer Produkte in Brauereien, Molkereien und Zuckerfabriken (bereits 1839 gab es in Preußen 105 Zuckerfabriken). In der Landwirtschaft selbst gewann die Maschinentechnik erst viel später an Bedeutung, mit einer langen zeitlichen Verzögerung gegenüber der Industrie. Bis nach dem 2. Weltkrieg basierte die bäuerliche Landwirtschaft weitgehend auf menschlicher und tierischer Muskelkraft, und der Mann hinter dem Pflug und Pferdegespann blieb ihr Kennzeichen.

Dampfpflüge (Abb. 3.1) wurden beispielsweise in den 1860er Jahren im Deutschen Reich eingeführt. Sie konnten sich aber nicht durchsetzen, da ihr Einsatz erstens ein ebenes Gelände voraussetzte und zweitens teurer war als der Einsatz von Zugtieren.

> Dampfpflüge wurden auch zum Tiefpflügen von Hochmooren eingesetzt, um zusätzliche landwirtschaftliche Nutzflächen zu gewinnen, vgl. hierzu in der 5. Studieneinheit, Abschn. 5.1.

1.2 Der große Umbruch und seine Folgen

In den 50er Jahren begann eine schnelle Veränderung von Agrartechnik und Wirtschaftsweise. Die Entwicklung führte in wenigen Jahrzehnten zu einer völligen Umkehr der Problemstellungen:

– Eine früher ungeahnte Produktionssteigerung hat uns von den Sorgen um eine ausreichende Nahrungsmittelversorgung befreit.

– Der Preis dafür ist allerdings eine zunehmende Zerstörung unserer natürlichen Lebensgrundlagen.

1 Veränderungen der landwirtschaftlichen Produktionsweise nach dem 2. Weltkrieg

Abb. 3.1. Dampfpflug in Betrieb bei Regensburg. Die Aufnahme stammt aus dem Jahr 1961. Es handelt sich hier um ein Dampfpflugsystem, bei welchem der Pflug zwischen 2 am Feldrain auf Schienen laufenden Lokomotiven hin- und hergezogen wird. Dieses System wurde bereits in den 1850er Jahren, also mehr als 100 Jahre zuvor, in England entwickelt. (Aus HAUSHOFER 1963)

Entwicklung und Grundzüge der EG-Agrarpolitik sind im Anhang dargelegt.

Das ist eine ganz neue Situation in der Menschheitsgeschichte. Sie wird uns in ihren weitreichenden Wirkungen erst langsam bewußt, so daß die Agrarpolitik in umfangreichem Maße noch nach den alten Prinzipien fortgeführt wird. Damit vergrößert sie nicht allein die Verschwendung volkswirtschaftlicher Mittel, sondern beschleunigt auch den Prozeß der Naturzerstörung.

1.2.1 Rationalisierung der Arbeit und ihre Folgen für die Bauern

Die ersten agrartechnischen Neuerungen, deren schnelle Verbreitung nach dem 2. Weltkrieg begann, waren vielversprechend. Die Zahl der Schlepper, welche die tierische Zugkraft ersetzten, nahm rasch zu. Anfang der 50er Jahre gab es etwa 75 000 Schlepper[2]. Bis 1970 stieg ihre Zahl auf 1,35 Mio. an; gleichzeitig nahm die Anzahl der Pferde von 1,6 Mio. auf 253 000 ab (Zahlen aus PRIEBE 1988; Bundesministerium für Ernährung, Landwirtschaft und Forsten 1994). Durch den Rückgang der Viehbestände wurden erhebliche Flächen für die Nahrungsmittelproduktion frei, die bis dahin für den Anbau

---

[2] Falls nicht näher bezeichnet, beziehen sich die folgenden Angaben auf das frühere Bundesgebiet.

von Futterpflanzen erforderlich waren. Mit der Nahrungsmittelproduktion stiegen die Markterlöse und die Einkommen der Bauern (Tabelle 3.1). Gleichzeitig erhöhten sich aber auch die Aufwendungen für die sog. Vorleistungen, das sind Dünger und Pflanzenschutzmittel, technische Hilfsmittel, Treibstoff etc. (vgl. Tabelle 3.2).

Tabelle 3.1. Entwicklung des Betriebseinkommens in DM/Vollarbeitskraft bzw. des Gewinns der landwirtschaftlichen Vollerwerbsbetriebe in DM/Familienarbeitskraft (FAK) im früheren Bundesgebiet. (Zahlen aus Bericht der Bundesregierung 1966[a], Bundesminister für Ernährung, Landwirtschaft und Forsten 1993[b] und 1995[c])

Wirtschaftsjahr	DM/FAK
1956/57	3 772[ad]
1960/61	5 583[ad]
1964/65	8 290[ad]
1971/72	17 914[b]
1975/76	25 979[b]
1980/81	21 596[b]
1985/86	25 774[b]
1990/91	31 966[b]
1993/94	29 152[c]

d Betriebseinkommen in DM/Vollarbeitskraft (Betriebseinkommen = Wertschöpfung des Betriebes: Arbeitsentgelte + Zinsansatz für das Aktivkapital + Unternehmergewinn).

Tabelle 3.2. Veränderung der Vorleistungen in der Landwirtschaft im früheren Bundesgebiet zwischen 1960/61 und 1993/94 in Mio. DM. (Zahlen aus Bericht der Bundesregierung 1966[a], Bundesminister für Ernährung, Landwirtschaft und Forsten 1982[b], 1993[c] und 1995[d])

Vorleistungen	1960/61[a]	1970/71[b]	1980/81[c]	1990/91[c]	1993/94[de]
Handelsdünger	1 350	2 320	4 746	2 918	2 552
Pflanzenschutzmittel	160	318	975	1 500	1 550
Futtermittel	2 937	6 445	12 222	8 395	9 243
Energie	866	1 993	5 110	4 687	5 715
Insgesamt	11 415	16 114	32 116	29 306	33 102

e Zahlen beziehen sich auf das gesamte Bundesgebiet.

Mit dem vermehrten Einsatz von Fremdenergie (Treibstoff) und der Intensivierung ihrer Betriebe verloren die Bauern einen Teil ihrer früheren Unabhängigkeit. Dies wird auch an der zunehmenden Verschuldung der Betriebe deutlich. 1960 betrug im früheren Bundesgebiet das Fremdkapital in der Landwirtschaft 11,981 Mrd. DM (Bericht der Bundesregierung 1966); 1993 war die Zahl auf 44,125 Mrd DM angewachsen (Statistisches Bundesamt 1995). Um die starke Zunahme der Belastung des einzelnen Betriebs einschätzen zu können, muß

Was unter bäuerlicher Landwirtschaft zu verstehen ist, vermittelt der Anhang.

man beim Vergleich dieser Zahlen berücksichtigen, daß sich im gleichen Zeitraum die Zahl der landwirtschaftlichen Betriebe drastisch reduzierte (s. u.).

Bei zunehmenden Umsätzen wurde so die Einkommensbildung immer mehr von äußeren wirtschaftlichen Faktoren bestimmt, und die eigene Tüchtigkeit und andere Eigenschaften wie Umsicht und Sparsamkeit reichten immer weniger aus, um die Existenz zu sichern. Wesentliche Merkmale einer bäuerlichen Landwirtschaft gingen so verloren.

Neben den Nachteilen brachte die mit der Umstellung verbundene *Motorisierung* allerdings auch Erleichterungen für die Arbeit in der Landwirtschaft, die früher kaum vorstellbar waren. Die mechanischen Antriebskräfte des Schleppers machten es möglich, für bisher mühevolle Arbeiten Maschinen einzusetzen. Dadurch verringerte sich beispielsweise die für die Getreideernte notwendige Arbeitszeit um 2 Zehnerpotenzen auf etwa 1 % des früheren Umfangs. An die Stelle harter, eintöniger Arbeit bei gebeugtem Rücken traten vielseitige, leichtere Tätigkeiten, ohne daß der Bauer dadurch zum Handlanger der Maschinen wurde wie mancher Arbeiter im industriellen Großbetrieb. Der Bauer behielt – relativ gesehen – mehr Selbständigkeit und konnte nun mit weniger körperlicher Mühe wirtschaften, vielleicht auch mit mehr Freude.

Insgesamt hatten die Rationalisierung und die andere Produktionsweise der Betriebe einen *Strukturwandel* zur Folge, wie das „Wachsen- oder Weichen-Problem" in der Landwirtschaft auch genannt wird. Die kleinen, vielseitig wirtschaftenden Betriebe konnten sich nicht halten (Abb. 3.2):

– Die Zahl der landwirtschaftlichen Betriebe sank im früheren Bundesgebiet von 2 Mio. (1949) auf 567 300 (1993). Im gleichen Zeitraum sank der Anteil der kleinen Betriebe mit einer landwirtschaftlichen Nutzfläche von weniger als 20 ha von 92 % auf 65 %. Gleichzeitig nahm der Anteil der mittleren Betriebe (20 – 30 ha) von 5 % auf 12 % und der Anteil der großen Betriebe mit mehr als 30 ha von 3 % auf 23 % zu.

– Die Zahl der ständigen Arbeitskräfte in der Landwirtschaft nahm im früheren Bundesgebiet von 5,87 Mio. (1949) auf 1,308 Mio. (1993) ab.

– Gleichzeitig nahm die Durchschnittsgröße landwirtschaftlicher Betriebe zu. Die durchschnittliche landwirtschaftliche Nutzfläche stieg von 8,05 ha (1949) auf 20,71 ha (1993), bei Vollerwerbsbetrieben auf 33,35 ha (1993, früheres Bundesgebiet). In diesem Zeitraum nahm der Anteil an der gesamten landwirtschaftlichen Nutzfläche von kleinen Betrieben mit weniger als 20 ha von 65 % auf 23 %

ab, während der Anteil der mittleren Betriebe (20 – 30 ha) an der landwirtschaftlichen Nutzfläche unverändert blieb und sich der Anteil der Großbetriebe (mehr als 30 ha) von 21 % auf 63 % erhöhte (PRIEBE 1988; Bundesminister für Ernährung, Landwirtschaft und Forsten 1995).

Anteil an der Gesamtzahl landwirtschaftlicher Betriebe

1949: 5 %, 3 %, 92 %
1993: 23 %, 12 %, 65 %

Anteil an der gesamten landwirtschaftlichen Nutzfläche

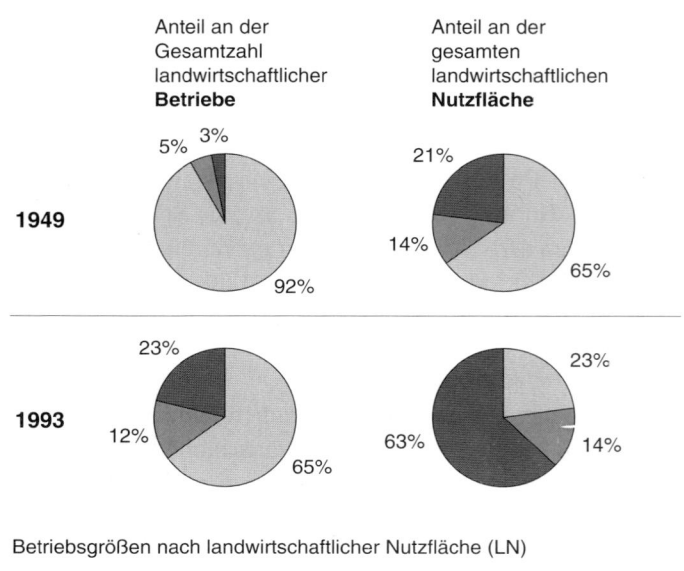

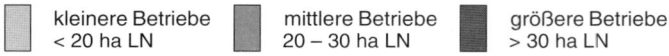

1949: 21 %, 14 %, 65 %
1993: 23 %, 63 %, 14 %

Betriebsgrößen nach landwirtschaftlicher Nutzfläche (LN)
- kleinere Betriebe < 20 ha LN
- mittlere Betriebe 20 – 30 ha LN
- größere Betriebe > 30 ha LN

Abb. 3.2. Strukturwandel in der Landwirtschaft. Beim Vergleich der verschiedenen Anteile wird deutlich, daß der Strukturwandel nur den Großbetrieben nützt: Nur 23 % der Betriebe sind größer als 30 ha, bewirtschaften aber 63 % der landwirtschaftlichen Nutzfläche. (Nach THOMAS u. VÖGEL 1989; ergänzt nach Bundesminister für Ernährung, Landwirtschaft und Forsten 1995)

Der Strukturwandel in der Landwirtschaft läßt sich auch anhand einer Verteilung der landwirtschaftlichen Betriebe nach ihrem Erwerbscharakter nachvollziehen. Die Analyse macht deutlich, daß der Ausstieg aus der Landwirtschaft schrittweise erfolgt. In der Regel erfolgt zunächst ein Übergang von einem Vollerwerbs- zu einem Nebenerwerbsbetrieb; die Betriebsaufgabe wird erst in einem nächsten Schritt vollzogen. Beispielsweise wechselten im früheren Bundesgebiet zwischen 1979 und 1991 93 207 Betriebe (11,1 %) vom Haupt- in den Nebenerwerb, während im gleichen Zeitraum 181 793 (21,6 %) Nebenerwerbslandwirte ihren Betrieb ganz aufgaben. Die Analyse des Strukturwandels zeigt auch eine Zunahme der landwirtschaftlichen Nutzfläche v. a. bei den Haupterwerbsbetrieben (zwischen 1979 und 1991 bei 44,8 % gegenüber 7,2 % der Nebenerwerbsbetriebe). Eine Abnahme der landwirtschaftlichen Nutzfläche wurde dagegen

v. a. bei den Nebenerwerbsbetrieben (16,3 %) gefunden und weniger bei den Haupterwerbsbetrieben (9,7 %; alle Zahlen aus Agrarbericht 1995).

1.2.2 Folgen des Maschineneinsatzes für Boden und Landschaft

Um den Ausbau einer leistungsfähigen Landwirtschaft zu beschleunigen, wurden von den Landwirtschaftsämtern Berater – Techniker und Betriebswirte – eingesetzt, die die Bauern hinsichtlich betriebswirtschaftlicher Gesichtspunkte beraten sollten. Die Betriebe sollten in höherem Maße auf Produktivitäts- und Gewinnsteigerung ausgerichtet werden. Die Berater rieten den Bauern zur Spezialisierung ihrer Betriebe, um den *Maschineneinsatz auf größeren Flächen* rentabler zu gestalten. Bald kamen auch leistungsfähigere Maschinen, die den Prozeß der Vergrößerung und Spezialisierung weiter vorantrieben.

Die Maschinen, mit denen die größeren Flächen bearbeitet werden können, sind nicht nur leistungsfähiger, sondern auch schwerer. Das Gewicht von Ackerwagen, die beispielsweise dem Erntetransport dienen, nahm von 3 – 6 t (1956) auf maximal 16 t (1981) zu (HABER u. SALZWEDEL 1992). Beim Befahren der Ackerböden mit diesen schweren Maschinen werden die *Böden stark verdichtet*, d. h. der Anteil der Poren im Boden nimmt ab. Dadurch werden der Luft- und Wasserhaushalt des Bodens gestört: Bei Niederschlägen kommt es zum oberflächlichen Abfluß des Wassers, wobei Bodenteilchen mitgetragen werden. Die Verdichtung macht eine tiefere und häufigere Bodenbearbeitung notwendig.

> Im Anhang wurde die Bodenbearbeitung bei der Pflugkultur beschrieben, durch welche der Boden optimal für die Aussaat vorbereitet wird. Im vorliegenden Zusammenhang wird Bodenbearbeitung als ein negativer Eingriff dargestellt. Überlegen Sie, was der Grund dafür sein könnte.
>
> •••••
>
> Eine tiefere und häufigere Bodenbearbeitung führt zu weiteren Störungen der natürlichen Vorgänge im Boden und erfordert als Folge davon einen höheren Düngereinsatz. Ebenso kommt es zur grundlegenden Veränderung der Bodenfauna: Es werden v. a. kleinere Arten gefördert, die durch die mechanische Belastung weniger beeinträchtigt werden.

3

Das Problem der Bodenverdichtung wird ausführlicher in der 1. Studieneinheit, Abschn. 9.2 behandelt.

Mit der Vergrößerung der Ackerflächen begann die *Ausräumung der Landschaft*. Hecken, Raine und viele kleine unauffällige Standorte, wie feuchte Senken, kleine Böschungen oder auch Trockenmauern, fielen der technischen Rationalisierung zum Opfer. Dadurch wurden die Lebensräume vieler Wildpflanzen und Tiere zerstört, und durchaus nicht nur die der Schädlinge. Ein wesentliches Problem in diesem Zusammenhang ist die Nivellierung der Wasserverhältnisse (HAMPICKE 1991). Für die Nutzung sind Standorte erforderlich, die weder zu naß noch zu trocken sind. Deshalb wurden solche extremen Standorte durch entsprechende Maßnahmen an die Bedürfnisse der Kulturpflanzen angepaßt. Vergleichbares gilt in bezug auf die Nährstoffverhältnisse. Gerade in > Biotopen mit von Natur aus geringem Angebot an Pflanzennährstoffen haben sich Lebensgemeinschaften mit hohem Artenreichtum entwickelt. Für die Kulturpflanzen wird zur Erreichung hoher Erträge ein hohes Nährstoffangebot zur Verfügung gestellt. Damit fielen die an Nährstoffknappheit angepaßten Lebensgemeinschaften weg.

Funktion, Anlage und Pflege von Hecken sind ausführlich im Anhang beschrieben.

Die Zerstörung der Lebensräume ist der Hauptgrund für die *Abnahme der Artenvielfalt* und die Verlängerung der „Roten Liste". Die Rote Liste enthält alle Tier- und Pflanzenarten in der Bundesrepublik Deutschland, die den Kategorien „gefährdet", „stark gefährdet", „vom Aussterben bedroht" sowie „ausgestorben oder verschollen" zugeordnet werden müssen. In der aktuellen Roten Liste sind beispielsweise 32 % aller heimischen Farn- und Blütenpflanzen, 36 % der Großschmetterlinge, 49 % der Libellen, 31 % der Vögel und 40 % der Wirbeltiere zu finden (BLAB et al. 1984; KORNECK u. SUKOPP 1988). Als Ursache für den Rückgang etwa der Vogelarten werden die folgenden Veränderungen von Biotopen genannt: Entwässerung von Feuchtgebieten, Intensivierung der Grünlandnutzung, Umwandlung von Grünland- in Ackernutzung, Vergrößerung der Felder und Anwendung von Unkraut- und Schädlingsbekämpfungsmitteln (vgl. Abschnitt 1.2.3). Auch für den Rückgang der bedrohten Pflanzenarten sind die Eingriffe durch die landwirtschaftliche Nutzung von entscheidender Bedeutung: Bei 456 von 711 untersuchten Pflanzenarten werden „Beseitigung von Sonderstandorten" und „Entwässerung" als Gründe angeführt. Abb. 3.3 zeigt, in welchem Maße diese einzelnen Veränderungen zum Aussterben von Farn- und Blütenpflanzen beitragen.

Eine Ursache für den Rückgang der > Ackerwildkräuter liegt auch in der Einengung der Fruchtfolge. Sowohl die Anzahl als auch der Anteil der verschiedenen Kulturpflanzen am Anbau hat sich seit dem 2. Weltkrieg stark verändert. Mit den Kulturen, die aufgegeben wurden, verschwanden auch die charakteristischen Ackerwildkräuter.

305	Änderung der Nutzung
284	Aufgabe der Nutzung
255	Beseitigung von Sonderstandorten
247	Auffüllung, Bebauung
201	Entwässerung
176	Bodeneutrophierung
163	Abbau und Abgrabung
123	Mechanische Einwirkungen
115	Eingriffe wie Entkrautung, Rodung, Brand
103	Sammeln
68	Gewässerausbau und -unterhaltung
59	Aufhören von Bodenverwundungen
43	Einführung von Exoten
38	Luft- und Bodenverunreinigung
36	Gewässereutrophierung
35	Gewässerverunreinigung
27	Schaffung künstlicher Gewässer
26	Herbizidanwendung, Saatgutreinigung
22	Verstädterung von Dörfern
8	Aufgabe bestimmter Feldfrüchte

Abb. 3.3. Ursachen des Rückgangs von Farn- und Blütenpflanzen, geordnet nach der Zahl der betroffenen Arten der Roten Liste. Infolge der Mehrfachnennung der Arten, die durch mehrere Faktoren gefährdet sind, liegt die Summe der angegebenen Zahlen höher als die Gesamtzahl (= 711) der untersuchten Arten. (Aus KORNECK u. SUKOPP 1988)

Eine Bestandsaufnahme aus dem Landkreis Osnabrück dokumentiert den langfristigen Trend des Artenrückgangs. In verschiedenen Untersuchungen wurden zwischen 1870 und 1950 in diesem Landkreis insgesamt 993 wildwachsende Pflanzenarten gefunden, von denen in späteren Erhebungen innerhalb dieses Zeitraumes 14 Arten nicht mehr nachgewiesen werden konnten. Zwischen 1950 und 1978 verschwanden weitere 131 Arten. Außerdem wurden bei der Untersuchung im Jahr 1978 50 Arten als „unmittelbar bedroht", 74 Arten als „stark gefährdet" und 108 Arten als „in rascher Abnahme" eingestuft (HABER u. SALZWEDEL 1992).

Nicht nur das Verschwinden, sondern auch die Schrumpfung von Biotopen wirkt sich negativ aus. Die Biotope bilden dann einzelne kleine „Inseln", die durch Äcker oder Straßen getrennt sind. Die umgebenden Agrarökosysteme stellen für die in den Biotopen lebenden Lebewesen eine feindliche Umwelt dar, die durch plötzliche Veränderungen wie Pflügen, Mähen etc. gekennzeichnet sind. Meist nur ein kleinflächiger Innenraum der Biotope bildet einen ungestörten

Lebensraum, in dem nur eine begrenzte Anzahl von Arten existieren kann. Durch die Fragmentierung der einzelnen Biotope kann der Bestand von > Populationen gefährdet sein, weil Kleintiere meistens nur einen begrenzten Aktionsradius haben, so daß sie Schwierigkeiten haben können, andere „Biotopinseln" zu erreichen. Auch für Pflanzen, die bei der Verbreitung ihrer Pollen bzw. Samen auf Tiere angewiesen sind, kann sich die Isolation der Biotope bestandsgefährdend auswirken. Verbindungen zwischen lokalen Populationen sind notwendig, da durch Inzucht und genetische Veränderungen im Laufe mehrerer Generationen die Anpassungsfähigkeit von kleinen Populationen herabgesetzt werden kann. Dadurch erhöht sich ihre Aussterbewahrscheinlichkeit. Aus diesem Grund darf auch eine bestimmte artspezifische Mindestgröße einer Population nicht unterschritten werden.

Um den Folgen der Fragmentierung von Biotopen entgegenzuwirken, werden im Rahmen von Naturschutzprogrammen Biotopverbundsysteme angelegt. Diese werden ausführlich im Anhang beschrieben.

Die Anpassung der Feldgröße an die Kapazitäten der Maschinen verwandelte vielfältige Kulturlandschaften in monotone Produktionsgebiete (Abb. 3.4). Durch die Flurbereinigung wurde dies mit staatlichen Mitteln noch kräftig unterstützt.

Maßnahmen und Folgen der Flurbereinigung werden im Anhang dargestellt.

Abb. 3.4. Ausgeräumte Agrarlandschaft im nördlichen Harzvorland. (Aus Hofmeister u. Garve 1986)

Eine weitere Folge dieser Entwicklung war die zunehmende *Bodenerosion* (> Erosion). Der Bodenabtrag beruht auf der Einwirkung von Wind bzw. Wasser, die verstärkt angreifen können, da die natürliche Pflanzendecke des Bodens entfernt worden ist. Winderosion tritt v. a. in flachen Gebieten auf, wo bei starkem Wind und trockener Witterung der Bodenabtrag in Form von Staubwolken direkt beobachtet werden kann. Wassererosion ist typisch für geneigte Flächen. Durch

Auf das Problem der Bodenerosion wird auch in der 1. Studieneinheit, Abschn. 9.1 eingegangen.

Einen Überblick über die verschiedenen Pflanzennährstoffe finden Sie im Anhang.

den Aufprall von Regentropfen auf den „nackten" Boden werden die Grobporen zusammengedrückt, wodurch die Wasseraufnahmefähigkeit verschlechtert wird. Das oberflächlich abfließende Wasser trägt dann Bodenpartikel, die beim Aufprall weggeschleudert wurden, mit sich. Erosion bedeutet den Verlust von wertvollem Ackerboden mit Humus und Nährstoffen. Mit jeder Bodenschicht von 1 mm gehen pro ha 10 kg Phosphat, 20 kg Stickstoff und 100 – 200 kg Kohlenstoff verloren (HABER u. SALZWEDEL 1992). Die durch Wind und Wasser verfrachteten Nährstoffe tragen dann zur Eutrophierung (> eutroph) der Gewässer sowie zur Nährstoffanreicherung anderer Flächen bei.

Die verschiedenen Korngrößenfraktionen in einem Boden werden in der 1. Studieneinheit, Abschn. 3.5 vorgestellt,

Untersuchungen im Kraichgau, dem Gebiet zwischen Odenwald im Norden und Schwarzwald im Süden, dokumentieren die besorgniserregenden Ausmaße der Bodenerosion (QUIST 1985). Im Kraichgau ist Lößboden vorherrschend, der aufgrund seines hohen Anteils an feinkörnigem Material (> Schluff) besonders erosionsanfällig ist. Seit 1978 wurden die Bodenverluste in diesem Gebiet registriert. Der jährliche Durchschnittswert liegt bei 300 t/ha; es wurden Maximalwerte von 420 t/ha erreicht. Das entspricht etwa 2,8 cm Ackerboden (1 mm Krume = ca. 15 t/ha). Die Bildung von 2,5 cm Ackerboden benötigt ungefähr 100 Jahre.

Die Ursachen für diesen starken Bodenverlust sind v. a. in den modernen Bewirtschaftungsmethoden zu sehen. Durch die Vergrößerung der Felder entstanden große Angriffsflächen für Wind und Wasser. Verstärkt wurde dies durch die Entfernung von Hecken sowie Weg- und Feldrainen, die hemmend auf Wind und Wasser wirken. Im Zuge der Entwicklung wurde zudem Grünland, das durch den permanenten Pflanzenbewuchs besser geschützt ist, in Ackerland umgewandelt. Der weitverbreitete Anbau von Zuckerrüben und Mais fördert die Erosion, da die Felder nur während einer kurzen Zeit Pflanzen tragen – die maximale Bodenbedeckung wird bei diesen Nutzpflanzen erst Anfang Juni bzw. Juli erreicht, bei Sommerweizen beispielsweise dagegen bereits Anfang Mai. Auch die auf den schweren Maschinen beruhende Verdichtung des Bodens, die eine geringere Wasserdurchlässigkeit und -aufnahmekapazität zur Folge hat, trägt zur Erosionsanfälligkeit bei.

1.2.3 Folgen des Einsatzes von Pflanzenschutzmitteln

Die Intensivierung wurde auch gefördert durch das vielfältige Angebot an chemischen Hilfsmitteln. „Unkräuter" oder eigentlich Ackerwildkräuter, die etwa 300 Pflanzenarten umfassen, werden heute nicht mehr durch mühseliges Hacken oder Eggen bekämpft. Die Wildkräuter konkurrieren mit den Nutzpflanzen um Nährstoffe, Wasser und Licht und stören bei der vollmechanisierten Ernte. Heute stehen den Bauern etwa 250 zugelassene *Herbizide*[3] gegen die Wildkräuter zur Verfügung. Herbizide werden bevorzugt im Getreideanbau, aber auch im Anbau von Mais, Rüben und Kartoffeln eingesetzt. Sie wirken hemmend auf bestimmte physiologische Vorgänge, wie Photosynthese, Atmung, Keimung oder Wachstum, und führen so zur Schädigung oder zum Absterben der Wildkräuter. Eine Schädigung der Nutzpflanzen kann dabei beispielsweise durch den Zeitpunkt des Herbizideinsatzes, etwa eine Spritzung vor dem Auflaufen der Saat, verhindert werden. Zudem macht man sich stoffwechselphysiologische Unterschiede zwischen Pflanzen zunutze. So werden z. B. von Maispflanzen manche Herbizidwirkstoffe inaktiviert, so daß diese zur Unkrautbekämpfung auf Maisäckern geeignet sind. Man unterscheidet Blatt- und Bodenherbizide, die über die Blätter bzw. die Wurzeln aufgenommen werden.

Auch zur Bekämpfung von tierischen Schädlingen wie Milben und Insekten wurden eine Reihe von Mitteln entwickelt, sog. *Akarizide*[4] und *Insektizide*. Nach ihrer Wirkungsweise unterscheidet man Fraß-, Atem- und Kontaktgifte. Ihre Wirkstoffe stammen aus Stoffklassen wie > chlorierte Kohlenwasserstoffe, > Phosphorsäureester, > Carbamate oder > Pyrethroide.

Pflanzenkrankheiten, die von Pilzen hervorgerufen werden, behandelte man früher mit kupfer- oder schwefel-, teilweise auch arsen- und quecksilberhaltigen Mitteln. Heute werden organische *Fungizide*[5] eingesetzt, die als Oberflächenmittel durch Spritzen ausgebracht werden. Fungizide hemmen das Wachstum von Pilzen oder töten diese ab. Eine Reihe von Fungiziden wird auch als > Beizmittel für Saat- oder Pflanzgut verwendet.

Viele dieser allgemein als *Pestizide*[6] bezeichneten Pflanzenschutzmittel werden vorsorglich schematisch eingesetzt, ohne daß ein Befall mit Schädlingen oder Krankheitserregern vorliegt. Im Vertrauen auf die Wirksamkeit dieser Mittel glauben viele Bauern, auf einen Fruchtwechsel weitgehend verzichten zu können, wie er für die biologische Regenerationsfähigkeit des Bodens erforderlich ist. Dies macht erhöhte Düngergaben notwendig, besonders wenn ertragreiche Sorten, sog. > Hochertragssorten, angebaut werden. So folgen im Jahresverlauf viele Gaben von chemischen Mitteln zur Bekämpfung von „Unkräutern", tierischen Schädlingen und Pflanzenkrankheiten sowie Gaben von Mineraldünger. Die Beratungsstellen der chemischen Industrie halten feinabgestimmte Terminkalender für

Eine weitere Intensivierung der landwirtschaftlichen Produktion wird durch die Anwendung der Gentechnik im Agrarbereich befürchtet. Eine ausführliche Darstellung dieses Problems würde den Rahmen der Studieneinheit sprengen. Im Anhang wird ein kurzer Einblick in die verschiedenen Anwendungsbereiche der Gentechnik in der Landwirtschaft gegeben.

---

3 Lat. herba = Kraut; -zid abgeleitet von lat. caedere = schneiden, töten.
4 Griech. akari = Milbe.
5 Lat. fungi = echte Pilze.
6 Lat. pestis = Pest.

den Einsatz der Mittel bereit. Zudem ist davon auszugehen, daß nicht alle Bauern, Gartenbaubetriebe, Wohnungsgesellschaften etc. die Mittel in der korrekten Dosierung anwenden.

Dieser massive Einsatz – im Jahr 1993 wurden in Deutschland 28 930 t Pflanzenschutzmittel, davon allein 12 700 t Herbizide abgesetzt (Statistisches Jahrbuch 1995; Agrarbericht 1994) – kann nicht ohne Folgen bleiben. Problematisch sind hierbei die Verdampfung und die Abdrift der Spritzmittel beim Ausbringen auf den Feldern; durch Abdrift können Untersuchungen zufolge bis zu 25 % der ausgebrachten Pestizidmenge weiträumig verteilt werden (MANTHEY 1992). Außerdem kommt es zu einer Anreicherung von Pestizidwirkstoffen in landwirtschaftlichen Böden; man findet diese Wirkstoffe heute in einer Konzentration von 1 – 3 kg/ha. Die Pestizide im Boden wirken sich v. a. negativ auf die Bodenfauna aus, so daß die natürlichen Abbauprozesse massiv gestört werden, was weitere Eingriffe durch Bodenbearbeitung nach sich zieht.

Ein weiteres Probem ist der *Eintrag der Pestizide ins Grundwasser*, und damit auch ins Trinkwasser. Die in der BRD gültige Trinkwasserverordnung[7] hat einen Grenzwert von 0,1µg/l für einzelne Pflanzenschutzmittelwirkstoffe und einen Summengrenzwert von 0,5 µg/l festgelegt. Bei einer bundesweiten Untersuchung im Jahr 1990 wurden im Auftrag des Umweltbundesamtes Wasserproben auf Pflanzenschutzmittelrückstände hin untersucht. Dabei konnten in 1394 der 14 000 Einzelbestimmungen (= 9,96 %) von Wasserversorgungsunternehmen und 3800 der 30 000 Einzelbestimmungen (= 12,67 %) von Landesbehörden Pflanzenschutzmittelrückstände nachgewiesen werden (Umweltbundesamt 1992). In 75 % der positiven Proben handelte es sich bei den nachgewiesenen Rückständen um Herbizide aus der Gruppe der > Triazine, v. a. um > Atrazin und seine Abbauprodukte. Daraufhin wurde die Zulassung von Atrazin, das im Verdacht steht, Krebs zu erregen, zum 1. April 1991 aufgehoben. Es darf weder verkauft noch angewandt werden. Nach neueren Untersuchungen aus Bayern, Baden-Württemberg, NRW und Hamburg übersteigt die Konzentration der Pflanzenschutzmittelrückstände in mehr als 10 % der Grundwassermeßstellen den zulässigen Grenzwert (HANACK 1995). Bei diesen Angaben ist zu berücksichtigen, daß das Trinkwasser in Deutschland zu 84,5 % aus dem Grundwasser gewonnen wird.

Pflanzenschutzmittelrückstände werden auch immer wieder in *Nahrungsmitteln*, v. a. Frischgemüse und -obst gefunden. Nach dem Bericht der Chemischen Landesuntersuchungsanstalt Baden-Württem-

3

Definitionen von Grenz- und Richtwert finden Sie in der 4. Studieneinheit, Abschn. 4.1.2. Die Problematik der Grenzwertbestimmung wird an einem historischen Beispiel (Abwässer der Kaliindustrie) in der 2. Studieneinheit, Kap. 4 behandelt.

---

7 TrinkwV vom 22.5.1986 BGBl. I S. 760 (Neufassung vom 5.12.1990 BGBl. I S. 2612, 1991 I S. 227).

berg von 1992 lassen sich etwa in einem Drittel der untersuchten Obst- und Gemüsesorten Pestizidspuren nachweisen. Eine Überschreitung der Einzelgrenzwerte ist dabei zwar nicht häufig, allerdings nimmt die Zahl der Lebensmittel mit Rückständen von mehreren Wirkstoffen zu, hier sind v. a. Zitrusfrüchte, Erdbeeren und Kopfsalat zu nennen.

1.2.4 Folgen verstärkter Düngung

Mit der Intensivierung des Anbaus wurde vermehrt Mineraldünger auf die Felder ausgebracht (Tabelle 3.3). Die seit 1950 erzielte Ertragssteigerung ist zu 40 – 60 % auf den Einsatz von Mineraldünger zurückzuführen.

> Die Auswirkungen der Intensivierung auf die Lebensgemeinschaften des Acker- und Grünlandes sind im Anhang genauer beschrieben.

Tabelle 3.3. Mineraldüngerverbrauch in kg/ha landwirtschaftliche Nutzfläche im früheren Bundesgebiet. (Aus Bundesminister für Ernährung, Landwirtschaft und Forsten 1993)

Nährstoff	1950/51	1960/61	1970/71	1980/81	1990/91
Stickstoff	25,6	43,4	83,3	126,6	115,3
Phosphat	29,6	46,4	67,2	68,4	42,9
Kalium	46,7	70,6	87,2	93,4	62,3

Mineraldünger hat gegenüber dem zuvor meist verwendeten Stallmist die Eigenschaft, daß die Nährstoffe praktisch direkt pflanzenverfügbar sind. Beim Stallmist werden die Nährstoffe erst durch die Tätigkeit der Bodenorganismen langsam nach und nach freigesetzt, und zwar nur zu 60 – 70 %. Die restlichen 30 – 40 % sind schwer abbaubare Humusbestandteile, die für längere Zeit im Boden gebunden bleiben, dort aber eine wichtige Funktion erfüllen.

Über Humusbestandteile haben Sie Näheres in der 1. Studieneinheit, Abschnitt 4.1.2 erfahren. Was sind diese Humusbestandteile? Welche wichtige Funktion haben sie?

•••••

Bei diesen Humusbestandteilen handelt es sich um Huminstoffe, zu denen Fulvosäuren, Huminsäuren und Humine gehören. An die Huminstoffe können Nährstoffionen angelagert werden – die Huminstoffe wirken als Nährstoffspeicher. Die Ionen können durch Kationenaustausch wieder abgegeben und von den Pflanzen aufgenommen werden.

Kennt man den aktuellen Nährstoffgehalt (Menge und Zusammensetzung) des Bodens, so kann, ausgehend von den zu erzielenden Erträgen, berechnet werden, welche Nährstoffmengen zur Produktion der gewünschten Biomasse notwendig sind. In Form von Mineraldünger können die Nährstoffe dann gezielt zugeführt werden. Sind die Pflanzen aufgrund ungünstiger Witterungsbedingungen jedoch nicht in der Lage, die optimale Nährstoffmenge aufzunehmen, liegt ein Nährstoffüberschuß im Boden vor. Dies ist besonders kritisch bei den Nährstoffen, die nicht im Boden festgehalten werden, wie beispielsweise beim Nitratdünger.

Stickstoff (N) wird von den Pflanzenwurzeln als Nitrat- (NO_3^-) oder Ammoniumion (NH_4^+) aufgenommen. Nitratdünger wird bei Böden mit höherem pH-Wert verwendet für Pflanzen wie Zuckerrüben, Weizen oder Gerste, Ammoniumdünger dagegen bei schwach sauren Böden für Kartoffeln, Roggen oder Hafer. Das Nitration geht direkt in die Bodenlösung über. Es ist daher sofort pflanzenverfügbar. Ammoniumstickstoff wird im Boden vor der Aufnahme durch die Wurzeln erst adsorbiert und dann nitrifiziert (> Nitrifikation). Er ist daher langsamer und nachhaltiger verfügbar. Ammoniumionen können auch direkt aufgenommen werden; da diese Aufnahme über eine Austauschadsorption abläuft (NH_4^+ gegen H^+), führt sie zu einer Ansäuerung des Bodenmilieus.

Das nicht unmittelbar aufgenommene Nitrat kann in tiefere Bodenschichten bzw. ins Grundwasser ausgewaschen werden. (Dies kann umgangen werden, wenn die gleiche Menge Nitratdünger in mehrere Gaben aufgeteilt wird.) Bodenuntersuchungen in Baden-Württemberg ergaben, daß die Stickstoffbelastung des Bodens 1994 nach Einführung der Vorschriften für Wasserschutzgebiete abgenommen hat, und zwar auf 22 kg/ha gegenüber 42 kg im Jahr 1991. In 13 % der Proben lagen die Werte allerdings oberhalb des Grenzwertes von 45 kg/ha (Schwäbisches Tagblatt vom 1.8.1995). Die Entwicklung der Stickstoffbilanzen landwirtschaftlich genutzter Flächen in Bayern zeigt Abb. 3.5.

> Auf das Problem der Nitratauswaschung wird auch in der 1. Studieneinheit, Abschn. 9.3 eingegangen.

Auf den Eintrag von Nitrat ins Grundwasser und in Nahrungsmittel wird im Zusammenhang mit der Ausbringung von > Gülle aus der Massentierhaltung (vgl. unten) eingegangen.

Daß auf eine übermäßige Stickstoffdüngung aus Kostengründen nicht verzichtet wird, läßt sich dadurch erklären, daß Stickstoff für die meisten Böden als Begrenzungsfaktor wirkt. Das heißt, daß die Pflanzenbestände auf diesen Böden sehr empfindlich auf eine Unterversorgung mit Stickstoff reagieren und sich dann die Erträge reduzieren. Bei dem heutigen engen finanziellen Rahmen in der Landwirtschaft kann man verstehen, daß die Landwirte lieber eine Überdüngung des Bodens als einen Minderertrag in Kauf nehmen.

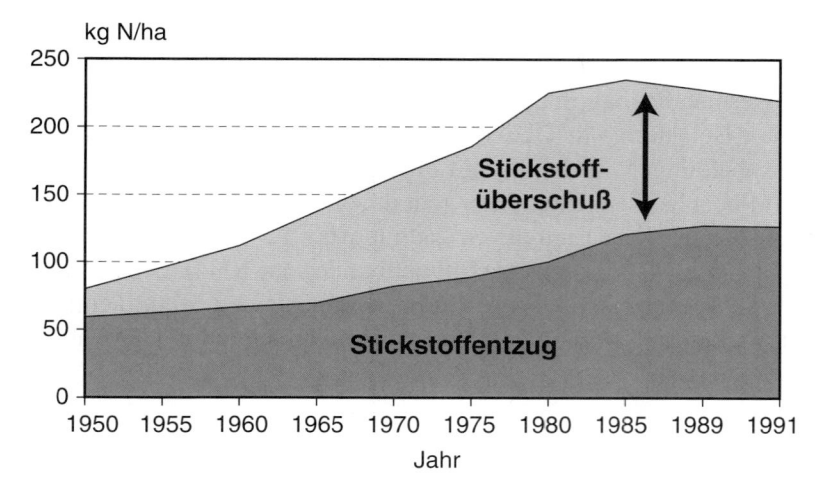

Abb. 3.5. Entwicklung der Stickstoffbilanzen landwirtschaftlich genutzter Flächen in Bayern. In die Graphik ist die insgesamt ausgebrachte Stickstoffmenge in kg/ha eingetragen. Die untere, stark gerasterte Fläche entspricht der von den Kulturpflanzen aufgenommenen Stickstoffmenge (Stickstoffentzug), während die darüberliegende Fläche den Stickstoffüberschuß kennzeichnet. (Aus Heissenhuber u. Ring 1994)

Im Gegensatz zu Stickstoff wird *Phosphat* in Form von Mineralphosphaten im Boden festgelegt, so daß die ausgebrachten Phosphatmengen nur zu etwa 60 % von den Pflanzen verwertet werden können, während bis zu 40 % im Boden gebunden bleiben. Dadurch erhöht sich der Phosphatgehalt des Bodens jedes Jahr um etwa 1 % des Gesamtbodenvorrats, ohne daß man die langfristigen Folgen dieser Anreicherung abschätzen könnte (Haber u. Salzwedel 1992). Bekannt sind jedoch die Probleme, die dadurch entstehen, daß die Phosphate durch Bodenerosion verfrachtet werden und in Oberflächengewässern zur Eutrophierung bzw. an nährstoffarmen Standorten zur Aufdüngung beitragen.

Die Bestimmung der Phosphatmenge im Boden erfolgt durch die Doppellactatmethode, die in der 5. Studieneinheit, Abschn. 3.3 näher beschrieben wird.

Wie wirkt sich diese Aufdüngung von nährstoffarmen Standorten auf die Pflanzen- und Tierwelt aus?

•••••

Dadurch werden Pflanzen gefördert, die an ein hohes Nährstoffangebot angepaßt sind. Die ursprünglich ansässigen Pflanzengemeinschaften, die durch einen besonders hohen Artenreichtum gekennzeichnet sind, werden verdrängt. Damit verschwindet auch die mit ihnen vergesellschaftete artenreiche Tierwelt, besonders die Insekten (vgl. hierzu Abschn. 1.2.2 und Anhang).

Nicht zu vernachlässigen ist außerdem die Belastung der Böden durch Schwermetalle, die mit dem Phosphatdünger eingebracht werden. Der Schwermetallgehalt in den Phosphatdüngern beruht auf einer natürlichen Belastung. In Deutschland haben sich die Hersteller von Phosphatdüngern freiwillig auf einen Grenzwert von 90 g Cadmium/t Phosphat festgelegt. Man geht davon aus, daß in der Bundesrepublik der jährliche Eintrag von Cadmium etwa 3 – 5 g/ha, von Chrom sogar etwa 100 g/ha beträgt (Umweltbundesamt 1994). Die Schwermetalle können die Aktivität der Bodenorganismen beeinträchtigen und wirken sich negativ auf den Ertrag und die Qualität der Anbauprodukte aus.

> Als organischer Dünger wird teilweise auch Klärschlamm auf die Felder ausgebracht. Die damit verbundenen Probleme werden im Anhang dargestellt.

Der Nährstoff *Kalium* (K) wird in Form der wasserlöslichen Salze Kaliumchlorid oder -sulfat ausgebracht. Die Anwendung von Kalidünger ist in der Regel unproblematisch. Eine etwa bestehende Chloridempfindlichkeit der Kulturpflanzen muß allerdings berücksichtigt werden. Die Kalidüngergaben können normalerweise voll von den Pflanzen ausgenutzt werden. In illitreichen Böden wird Kalium jedoch an dieses Tonmineral gebunden, so daß die Düngung wirkungslos bleibt (HABER u. SALZWEDEL 1992).

> Auf Kalidüngung wird auch in der 2. Studieneinheit, Kap. 4 eingegangen.

Im Zuge der Veränderungen der landwirtschaftlichen Produktionsweise kam es zu einer fortschreitenden *Spezialisierung der Betriebe*. Viele der zuvor auf Ackerbau und Viehzucht basierenden Betriebe schränkten die Tierhaltung ein oder gaben sie sogar ganz auf. Das war möglich, da durch die neuen Produktionsmethoden auch weniger gute Böden, die sich vorher nur für Futteranbau oder Weidewirtschaft eigneten, nun für den Getreideanbau genutzt werden konnten. Andere Betriebe dagegen weiteten die Viehhaltung aus bis zu Großbeständen, die weitgehend mit industriellem Zukaufsfutter und weniger aus eigenen Ressourcen ernährt werden. Damit war der Kreislauf: Viehhaltung – Dünger – Ackerbau – Futterpflanzen – Viehhaltung unterbrochen, der im Zusammenhang mit der verbesserten Dreifelderwirtschaft (vgl. Abschn. 1.1) beschrieben wird.

> Die Kreislaufwirtschaft ist eine wichtige Grundlage des ökologischen Landbaus. Verschiedene Formen dieser Landbewirtschaftung werden im Abschn. 2.4 kurz vorgestellt.

Extreme der Entwicklung sind die *Massentierhaltungen* mit Tausenden von Schweinen oder Hühnern (Abb. 3.6). Weil alles auf Gewinnmaximierung ausgerichtet ist, werden die Tiere bei moderner Technik auf engstem Raum gehalten und dabei in ihrer Bewegungsfreiheit so weit wie möglich eingeschränkt. Die unnatürlichen Haltungsbedingungen erfordern u. a. auch ständige Beigaben von Beruhigungsmitteln. Wachstumsfördernde Mittel und andere Pharmaka, z. B. Antibiotika wegen der erhöhten Ansteckungsgefahr in den dichten Beständen, kommen hinzu. Die Folgen dieser permanenten Medikamentengabe auch für unsere Gesundheit sind nicht absehbar.

Abb. 3.6. Käfighaltung von Hühnern in Legebatterien. (Bildagentur Schuster)

Der Einsatz der Arzneimittel und Futterzusätze unterliegt zwar arzneimittel-, futtermittel- und lebensmittelrechtlichen Vorschriften, welche die Auswahl und Dosierung der Mittel und die zeitliche Gabe vor Schlachtung der Tiere betreffen. Trotzdem sind immer wieder Fälle von Mißbrauch aufgedeckt worden, wie die Kälbermastskandale von 1980, 1985 und 1988 zeigen. Eine Überwachung kann nicht flächendeckend, sondern nur stichprobenmäßig durchgeführt werden. Zudem sind Rückstände in Lebensmitteln häufig kaum auffindbar, weil die Nachweisverfahren nicht empfindlich genug sind.

Ein weiteres Problem, das die Massentierhaltung mit sich bringt, ist die „Entsorgung" der anfallenden Exkremente. Früher waren diese – in der Form des gut gepflegten Stallmistes – das wichtigste Mittel zur Verbesserung der Bodenfruchtbarkeit. In den einstreuarmen oder sogar einstreulosen Ställen der Massentierhaltung werden die Exkremente in Wasser abgeführt, so daß fast ausschließlich Flüssigmist, also Gülle, anfällt. Im Landkreis Südoldenburg mit der höchsten Nutztierkonzentration sind das jährlich 52 000 l Gülle/ha landwirtschaftliche Nutzfläche.

Die Gülle muß gelagert werden, was zu Geruchsbelästigungen und Bildung von > Aerosolen führt, mit welchen die Gülle durch Wind verfrachtet werden kann. Bei unsachgemäßem Umgang mit Gülle wird gasförmiges Ammoniak abgegeben, welches die Atmosphäre belastet. Nach Schätzungen der Schutzgemeinschaft Deutscher Wald werden durch die Landwirtschaft pro Jahr etwa 543 000 t Ammoniak freigesetzt (Schwäbisches Tagblatt vom 16.2.1995). Ist die Lagerkapazität der Betriebe erschöpft, muß die Gülle ausgebracht werden. Dies wird zum Problem, da die auf Massentierhaltung spezialisierten Betriebe meist wenig Acker- oder Grünland besitzen. – Sie dekken ihren Futtermittelbedarf zumeist aus billigen Importen: 1993 wurden 3,4 Mio. t Getreidesubstitute (Tapioka, Maiskleberfutter, Zitruspellets etc.) importiert (Bundesminister für Ernährung, Landwirtschaft und Forsten 1995). – So werden mit der Gülle auf den wenigen Flächen viel mehr Nährstoffe ausgebracht, als der Boden bzw. die darauf wachsenden Pflanzen verwenden können. Die in einigen Bundesländern geltenden Gülleverordnungen, in denen zeitliche Vorgaben für das Ausbringen von Gülle festgelegt wurden, haben dazu geführt, daß Gülle im Herbst noch bis zum letzten zulässigen Termin ausgefahren wird. Im Herbst wird Gülle jedoch nur zu 25 – 30 % ausgenutzt, da die Stoffwechseltätigkeit der Bodenorganismen bzw. der Pflanzen aufgrund der niedrigen Temperaturen stark verlangsamt ist. Allerdings wird ein Teil der Stickstoffverbindungen noch zu Nitrat abgebaut, das dann während des Winters ausgewaschen werden kann. Auch im Frühjahr wird nur ein Ausnutzungsgrad von 60 – 70 % erreicht. So kommt es zur Nährstoffanreicherung und -auswaschung.

Probleme sind die Phosphatanreicherung (s. o.) im Boden und die Auswaschung von Nitrat ins Grund- und Oberflächenwasser.

Durch die neue Trinkwasserverordnung wurde der Grenzwert für Nitrat von 90 mg/l auf 50 mg/l heruntergesetzt. Es gilt ein empfohlener Richtwert von 25 mg/l. Viele Brunnen in immer mehr Regionen der Bundesrepublik Deutschland genügen diesen Werten nicht mehr. Es sind v. a. oberflächennahe Brunnen in Gebieten mit Intensivkulturen (z. B. Feldgemüse, Zuckerrüben) oder hohem Viehbestand betroffen. In bis zu 8 % des Trinkwassers der öffentlichen Versorgung ist die Nitratkonzentration höher als 50 mg/l.

Bei einer Untersuchung von 6000 Brunnen in Nordrhein-Westfalen wiesen 1 Drittel der Brunnen eine Belastung mit Nitrat von über 90 mg/l (Maximum 280 mg/l), ein weiteres Drittel zwischen 50 und 90 mg/l und nur 1 Drittel unter 50 mg/l auf. Die Nitrateinträge in Oberflächengewässern stammen zu 80 % aus der Landwirtschaft (Umweltbundesamt 1992). In Baden-Württemberg wurde 1994 der Grenzwert bei etwa 5 % der für die Trinkwassergewinnung genutzten Rohwassermeßstellen und bei 27 % der anderen Meßstellen (z. B. der Landwirtschaft) überschritten (Schwäbisches Tagblatt vom 1.8.1995).

Nitrat kann nicht nur über das Trinkwasser, sondern auch über die Nahrung aufgenommen werden, da beim Gemüseanbau hohe Gaben von Stickstoffdünger eingesetzt werden. Verschiedene Salat- und Gemüsesorten weisen hohe Nitratwerte auf, besonders in der lichtarmen Jahreszeit sowie beim Anbau unter Glas (Tabelle 3.4). Die große Schwankungsbreite beruht darauf, daß die Nitratgehalte von Pflanzen im Winter generell viel höher liegen als im Sommer. Auch wenn der Nitratgehalt von alternativ erzeugtem Gemüse im Winter höher ist als der von konventionellen Produkten im Sommer, liegt er doch wesentlich niedriger als der von konventionell erzeugtem Gemüse im Winter.

Tabelle 3.4. Nitratgehalt verschiedener Salat- und Gemüsesorten in mg/kg Frischgewicht aus unterschiedlichen Anbauarten; K Gemüse aus konventionellem Feldanbau, G Glashausgemüse, A Gemüse aus alternativem Feldanbau. (Aus THOMAS 1990)

Gemüse	Durchschnittlicher Gehalt		Schwankungsbreite
Kopfsalat	K	1560	230 – 3290
	A	1190	60 – 2310
	G	3680	1570 – 6610
Endivie	K	1060	70 – 2590
	A	490	70 – 1120
Feldsalat	K	1170	180 – 2980
	A	710	10 – 1950
	G	3200	2250 – 4330
Spinat	K	840	20 – 2720
	A	970	20 – 2730
Kohlrabi	K	1330	360 – 2720
	A	1120	390 – 2330
	G	2500	900 – 4380
Radieschen	K	1530	80 – 3830
	A	1310	270 – 3370
	G	2860	1080 – 4530

Liegen im Trinkwasser und der daraus zubereiteten Nahrung hohe Nitratmengen vor, besteht besonders für Säuglinge Gefahr. Nitrat (NO_3^-) wird nach der Aufnahme im Verdauungstrakt zu Nitrit (NO_2^-) umgewandelt. Das Nitrit wird dann wieder zu Nitrat oxidiert, wobei der vom Molekül aufgenommene Sauerstoff vom > Hämoglobin stammt, das gerade mit Sauerstoff beladen ist. Bei dieser Reaktion wandelt sich Hämoglobin in die reduzierte Form, das > Methämoglobin, um, das die Fähigkeit zur Sauerstoffaufnahme verloren hat. Es entsteht die *Blausucht*, eine Sauerstoffunterversorgung mit Symptomen, die einer Kohlenmonoxidvergiftung entsprechen. Bei Erwachsenen gibt es ein Enzymsystem, das Methämoglobin wieder in normales Hämoglobin zurückverwandelt; im Säuglingsalter existiert dieser Mechanismus noch nicht. Nitrit ist außerdem giftig: etwas mehr als 2 g sind für Erwachsene tödlich. Diese Menge kann allerdings durch eine Wasser- und Nahrungsaufnahme nicht zugeführt werden. In geringen Mengen wirkt Nitrit gefäßerweiternd und blutdrucksenkend.

Eine weitere Gefahr, die bei hohem Nitratgehalt im Trinkwasser besteht, ist die Bildung von Nitrosaminen im Magen. Dort reagiert das Nitrat mit Aminen, die mit der Nahrung (z. B. Käse) aufgenommen werden. Nitrosamine gehören zu den stärksten krebsauslösenden Stoffen, die man kennt.

Der Konflikt zwischen Ökonomie und Ökologie wird ausführlich in der 6. Studieneinheit, Kap. 2 behandelt.

Fazit: Betrachtet man die Folgen unserer heutigen, stark industrialisierten Agrarproduktion insgesamt, so ergibt sich eine negative Bilanz: von den Belastungen des Bodens und Wassers, über die Vernichtung vieler Tier- und Pflanzenarten, zur Zerstörung großer kultureller Werte unserer Landschaft und ländlichen Sozialstruktur bis hin zu den Bedrohungen unserer Gesundheit. In der Bevölkerung wächst das Bewußtsein für eine ökologische Neuorientierung. Ihr Gelingen ist eine Überlebensfrage, für die Landwirte selbst und auch für die Gesamtgesellschaft.

1.3 Neuorientierung der Agrarpolitik

Eine Neuorientierung der Agrarpolitik ist möglich, wenn der politische Wille dafür besteht. Diese Neuorientierung müßte für die Volkswirtschaft nicht teurer werden als die bisherigen Ausgaben für die Agrarwirtschaft. Aufgabe der neuen Politik wäre eine Verminderung der Überschüsse und eine gerechtere und sinnvollere Verteilung der Mittel, die bisher für die Verwaltung und Vermarktung dieser Überschüsse vergeudet werden.

Der Konflikt Landwirtschaft – Naturschutz wird ausführlicher im 3. Kap. dargestellt.

Eine neue Agrarpolitik muß darauf hinwirken, daß eine Verbindung von Landbewirtschaftung und Umweltgestaltung hergestellt wird, d. h., daß durch eine entsprechende Wirtschaftsweise die wirtschaftlichen und ökologischen Leistungen der Landwirtschaft integriert werden. Die bisherige Funktionstrennung, die einerseits in der Herausbildung einer Intensivlandwirtschaft mit höchster Technik und Spezialisierung, andererseits in einer Schaffung besonders ausgewiesener Naturschutzgebiete besteht, führte zur Verschärfung der Umweltbelastungen und zur Zerstörung des großen Erbes unserer Agrar- und Landschaftskultur.

Voraussetzung für eine Neugestaltung ist die Entwicklung eines *Ordnungsrahmens für naturgerechte Wirtschaftsformen*, dessen Vorgaben alle relevanten Aspekte erfassen sollten. So sind *Änderungen im deutschen Naturschutzgesetz* notwendig, die über die derzeit diskutierten hinausgehen. Die Formulierungen der heute gültigen Gesetzesfassung (von 1987) sind völlig überholt. So heißt es in § 1 Abs. 3 des Bundesnaturschutzgesetzes: „Der ordnungsgemäßen Land- und Forstwirtschaft kommt für die Erhaltung der Kultur- und Erholungslandschaft eine zentrale Bedeutung zu; sie dient in der Regel den Zielen dieses Gesetzes." Die Landwirte brauchen *klare Leitbilder* für ihre Wirtschaftsweise und müssen dabei – wie alle anderen – auf ihre Sozialpflicht hingewiesen werden. Zur Verhütung grober Umweltschäden sind *Verbote* unverzichtbar. Für eine ökologisch bessere Wirtschaftsweise sind *marktwirtschaftliche Anreize* vorzuziehen, die den Landwirten auch mehr Entscheidungsfreiheit erhalten. Konkrete Vorgaben innerhalb der Rahmenrichtlinien müssen beispielsweise die Obergrenzen für Viehbestände und für den Stickstoffeinsatz sowie die Einrichtung vielfältiger Fruchtfolgen betreffen.

Angesichts des anhaltenden Marktdruckes durch die großen Produktionsreserven wird es nicht möglich sein, Betriebe mit umweltgerechten Wirtschaftsformen über die Erzeugerpreise ausreichend abzusichern. Für Betriebe, die innerhalb eines solchen Ordnungsrahmens wirtschaften, sollten dann zusätzlich produktionsneutrale Grundvergütungen auf die Fläche bezogen gewährt werden, welche die Leistung der Bauern in der Pflege von Natur und Landschaft honorieren. Für die Verwirklichung einer neuen Agrarwirtschaft wird also eine solche *kombinierte Einkommenspolitik*, die Erzeugerpreise und Vergütungen für Landschaftspflege berücksichtigt, zur Schlüsselfrage.

1.4 Zusammenfassung

Die wesentlichen Folgen der Entwicklung seit 1950 sind hier kurz zusammengestellt (Zahlen aus PRIEBE 1988; Agrarbericht 1995):

– Die *Zahl landwirtschaftlicher Betriebe* sank von 2 Mio. (1949) auf 567 300 (1993, alte Bundesländer). Nur etwa die Hälfte davon wird im Vollerwerb bewirtschaftet.

– Die *Zahl der ständigen Arbeitskräfte* in der Landwirtschaft nahm von 5,87 Mio. (1949) auf 1,308 Mio. ab (1993, alte Bundesländer).

– Die *Durchschnittsgröße landwirtschaftlicher Betriebe* stieg von 8,05 ha (1949) auf 20,71 ha (1993, alte Bundesländer) landwirtschaftlicher Nutzfläche, bei Vollerwerbsbetrieben sogar auf 33,35 ha (1993, früheres Bundesgebiet). Im gleichen Zeitraum nahm die gesamte landwirtschaftlich genutzte Fläche von 13,3 Mio. ha auf 11,75 Mio. ha ab.

- Die *Höhe der Vorleistungen* (Ausgaben für Dünger, Futtermittel, Maschinen etc.) stieg von 11,4 Mrd. DM (1960) auf 33,1 Mrd. DM (1993/94).
- Das *Fremdkapital in der Landwirtschaft* nahm von 11,981 Mrd. DM (1960) auf 44,125 Mrd. DM (1993) zu.
- Während 1956/57 der Betriebsertrag je Vollarbeitskraft bei 8472 DM lag, betrug 1993/94 der pro Familienarbeitskraft erwirtschaftete Gewinn 29 152 DM.

Die Rationalisierung und Umstrukturierung der Betriebe zog eine starke Produktivitätssteigerung nach sich, die sich auch an der Höhe des Selbstversorgungsgrades und der Überschüsse ablesen läßt.

- Die *durchschnittlichen Getreideerträge* stiegen in Deutschland von 22 dt[8]/ha (1935/38) auf 58,3 dt/ha (1994). Die jährliche *Milchleistung* einer Kuh erhöhte sich von rund 2500 kg (1950) auf heute 5000 – 6000 kg.
- Der *Selbstversorgungsgrad* lag 1993/94 in der BRD für Getreide bei 102 % (EU 117 %), für Zucker bei 156 % (EU 135 %), für Rind- und Kalbfleisch bei 106 % (EU 104 %), für Milch bei 101 % (EU 108 %) und für Magermilchpulver bei 404 % (EU 116 %).
- Die durch Überschußproduktion erwirtschafteten *Lagerbestände* betrugen 1993 in Deutschland 9,877 Mio. t Getreide, 17 000 t Rindfleisch und 32 000 t Butter, in der EU 22,443 Mrd. t Getreide, 327 000 t Rindfleisch und 190 000 t Butter.
- Der *Anteil der Marktordnungsausgaben* am gesamten EG-Haushalt stieg von 39 % (1975) auf 48,1 % (1994), in absoluten Zahlen von 3,8 Mrd. ECU auf 32,9 Mrd. ECU bei einem Gesamthaushalt 1994 von 68,4 Mrd. ECU (1 ECU = 1,95 DM).

Die Intensivierung der Landwirtschaft bringt zwar höhere, mit hohem Einsatz erwirtschaftete Erträge, ist aber mit negativen Folgen für die Umwelt verbunden.

- Der Einsatz größerer und leistungsfähigerer Maschinen erforderte größere Felder, denen Hecken, Feldgehölze etc. zum Opfer fielen. Der *Biotopverlust* zog das Aussterben bzw. eine *Gefährdung vieler Tier- und Pflanzenarten* nach sich.
- Durch die Zunahme der Feldgröße und die Ausräumung der Landschaft erhöhte sich die Angriffsfläche für Wasser und Wind und damit die Gefahr der *Bodenerosion*.

---

8   dt = Dezitonnen = Doppelzentner (100 kg).

- Durch den Einsatz der schwereren Maschinen wurden die *Böden stark verdichtet* und machten weitere störende Eingriffe in den Bodenhaushalt notwendig.
- Die Produktionssteigerung war nur durch einen vermehrten Einsatz von Handelsdünger (Stickstoff-, Phosphat-, Kalidünger) zu erreichen. Die Folgen sind eine Nährstoffanreicherung im Boden, der *Eintrag von Nitrat ins Grund- und* damit auch ins *Trinkwasser* sowie *in Nahrungsmittel*.
- Die großen > Monokulturen und der starke Einsatz von Stickstoffdünger machen einen vermehrten *Einsatz von Pflanzenschutzmitteln* notwendig. Die Rückstände belasten Boden, Wasser und Nahrung.
- Folge der Spezialisierung sind neben Betrieben mit reinen Getreidemonokulturen Betriebe mit Massentierhaltung. Diese setzt den *Einsatz von verschiedenen Pharmaka* voraus, Beruhigungsmitteln, Antibiotika u. a. Die Rückstände dieser Futterzusätze finden sich in der Nahrung wieder.
- Die bei Massentierhaltung in Form von Gülle anfallenden Exkremente stellen eine weitere Belastung der Umwelt dar. Da Gülle auch zu Zeiten ausgebracht werden muß, in denen die darin enthaltenen Nährstoffe nicht von den Pflanzen aufgenommen werden können, gelangen dann große Mengen *Nitrat ins Grundwasser*.

2 Ansätze zur Vermeidung ökologischer Schäden

P. Reinhard

Die seit den 50er Jahren vorangetriebene Rationalisierung und Intensivierung der Landwirtschaft haben weitreichende Folgen gehabt, die im Kap. 1 ausführlich dargestellt wurden. Überschußproduktion, hohe EG-Agrarausgaben, Höfesterben, Bodenerosion, Trinkwassergefährdung durch Überdüngung und Pestizideinsatz sind nur einige Stichworte, welche die Entwicklung kennzeichnen.

Mit der Reform der EG-Agrarpolitik, die zum 1.7.1993 in Kraft trat, wurde versucht, die Überschüsse abzubauen und weitere Umweltschäden zu vermeiden. Die neuen Richtlinien werden von vielen Kritikern als ein nicht ausreichendes Instrumentarium angesehen, welches zudem eine weitere Intensivierung der Produktion nach sich ziehen kann. Es sind eine ganze Reihe anderer Maßnahmen im Gespräch, durch welche Produktion und ökologische Schäden vermindert werden können. Einige dieser Maßnahmen werden im folgenden vorgestellt, und ihre positiven und negativen Auswirkungen werden beleuchtet.

Wegen der Zunahme der Überschüsse und den dadurch bedingten hohen Marktordnungskosten (> Marktordnung) wurde innerhalb der EG vermehrt nach Möglichkeiten gesucht, die jährlich anfallenden Überschüsse zu begrenzen.

Es wurden verschiedene Programme entwickelt und finanziert, durch welche die Überschüsse begrenzt werden sollen und welche – allerdings erst in zweiter Linie – Entlastungen in ökologischer Hinsicht bringen sollten. Dazu gehören Kontingentierung, Flächenstillegung, Extensivierung des Anbaus, Umstellung der Produktion. Diese Maßnahmen werden im folgenden genauer betrachtet und ihre Auswirkungen in sozialer und ökologischer Hinsicht untersucht.

Entwicklung und Grundzüge der EG-Agrarpolitik sind im Anhang dargelegt.

2.1 Kontingentierung

1984 wurde die Garantiemengenbegrenzung für Milch, die Milchkontingentierung, eingeführt. Für jeden Hof mit Milchviehhaltung wurde die in einem bestimmten Bemessungszeitraum produzierte Milchmenge als Quote festgesetzt, als maximale Menge, die zum Garantiepreis von den Molkereien aufgekauft wurde. Bei höherer Abgabe wurden für die überzählige Menge nur extrem niedrige Preise bezahlt.

Diese Maßnahme führte zur Verminderung der Milchproduktion. Im Jahr nach Inkrafttreten der Regelung sank die Produktion um 8 %. Viele kleinere Betriebe mußten allerdings die Milchviehhaltung aufgeben, weil sie sich nicht mehr lohnte. Sie stiegen auf andere Produkte um und vergrößerten nun dort die Überschüsse. Inzwischen wurden die Quoten mehrmals gesenkt (von 23,487 Mio. t 1984/85 auf 22,051 Mio. t 1991/92). Gleichzeitig sank der Milchpreis (Erzeugerpreise: 1984 62,55 Pfg., 1991 60,28 Pfg./l), da der Verbrauch stark zurückging, unter die Menge vor Einführung der Quote (POPPINGA u. THOMAS 1993). Die Zahl der milchviehhaltenden Betriebe ging von 1984 – 1993 von 377 000 auf etwa 220 000 zurück. Die Zahl der Milchkühe nahm aber nur von 5,5 Mio. (1980) auf 4,3 Mio. Tiere (1993) ab (Bundesministerium für Ernährung, Landwirtschaft und Forsten 1994; Bundesminister für Ernährung, Landwirtschaft und Forsten 1995).

Trotz der Quotenregelung, die mit einem hohen Verwaltungsaufwand verbunden ist, lag der Selbstversorgungsgrad bei Milch sowohl in der BRD als auch in der EU auch 1993 noch über 100 %: BRD 101 %, EU 108 % (Bundesminister für Ernährung, Landwirtschaft und Forsten 1995). Daher wurde eine Weiterführung der Quotenregelung bis zum Jahr 2000 beschlossen.

Um die Getreideüberschüsse, die bis 1992 die zweithöchsten Kosten der verschiedenen Marktordnungsbereiche verursachten, zu begrenzen, kam eine Kontingentierung nicht in Frage. Bei einer solchen Regelung wäre – so war zu befürchten – auf den Anbau anderer Feldfrüchte, die ebenfalls der Marktordnung unterliegen, sog. Marktordnungsprodukte, ausgewichen worden. Dies hätte weitere Kontingentierungsmaßnahmen nach sich gezogen.

2.2 Flächenstillegung und nachwachsende Rohstoffe

Bereits im Jahr 1988 wurde EG-weit eine Verordnung herausgegeben, nach welcher die freiwillige Stillegung von Ackerflächen durch Ausgleichszahlungen gefördert wird. Dabei wurde vorrangig das Ziel verfolgt, die Überschüsse zu begrenzen bzw. zurückzuführen; ökologische Gesichtspunkte spielten eine geringere Rolle. Die Regelung sah für die teilnehmenden Betriebe eine 5jährige Stillegung von mindestens 20 % der Flächen vor, auf denen sie zuvor Marktordnungsprodukte angebaut hatten. Es bestand die Möglichkeit, eine Fläche für den gesamten Zeitraum brachzulegen (Dauerbrache) oder jedes Jahr eine andere Fläche entsprechender Größe zur Stillegung auszuweisen (Rotationsbrache). Brachliegende Flächen mußten begrünt und 1mal pro Jahr gemäht werden. Der durch die Stillegung verursachte Verlust wurde durch eine Prämie, deren Höhe sich nach der durchschnittlichen > Bodenzahl richtete, ausgeglichen. Der Höchstbetrag lag bei 1416 DM/ha, der bereits bei einer Bodenzahl von ca. 70 erreicht wurde (HEISSENHUBER u. RING 1994).

Wie Bodenzahlen ermittelt werden, ist ausführlich in der 2. Studieneinheit, Abschn. 2.2 beschrieben.

Im Jahr 1991/92 wurden im Rahmen dieses Programmes etwa 180 000 ha landwirtschaftliche Nutzfläche in der Bundesrepublik Deutschland (gesamt) aus der Produktion genommen. Etwa 2 Drittel davon machte die Dauerbrache aus. Bei diesem Programm konnten von den Landwirten auch ertragsschwache Böden aus der Produktion genommen werden, wovon auch weitgehend Gebrauch gemacht wurde. Im 1. Geltungsjahr des Programms wurde in den Gegenden mit den fruchtbarsten Böden kein einziger Quadratmeter stillgelegt (OSWALD 1989).

Das EG-weite Programm wurde v. a. in der BRD angenommen. In anderen Mitgliedsstaaten, in deren Programmen unterschiedliche Prämien für die Flächenstillegung vorgesehen waren, wurden weitaus geringere Flächenanteile stillgelegt; es beteiligten sich nicht einmal alle EG-Staaten.

Aufgrund der unterschiedlichen Resonanz wurde 1991/92 EG-weit ein weiteres 1jähriges Flächenstillegungsprogramm angeboten. Die Flächenstillegung der einzelnen Betriebe sollte mindestens 15 % der Anbaufläche betragen, auf der sie 1991 Marktordnungsprodukte angebaut hatten. Die maximale Prämie innerhalb dieses Programms betrug für deutsche Landwirte 1059 DM/ha und wurde ebenfalls etwa bei einer Bodenzahl von 70 erreicht. In der Bundesrepublik Deutschland (gesamt) wurden im Rahmen dieses Programms noch einmal zusätzlich etwa 300 000 ha landwirtschaftliche Nutzfläche stillgelegt.

Seit Inkrafttreten der EG-Agrarreform 1993 sind Flächenstillegungen verbindlich vorgeschrieben. Jeder Betrieb muß von den mit Getreide, Ölsaaten (z. B. Raps, Sonnenblumen, Öllein) und > Leguminosen (Erbsen, Bohnen, Lupinen) bestellten Ackerflächen 15 % (Rotationsbrache) stillegen (BMELF 1992). Um zu verhindern, daß ausschließlich ertragsarme Flächen stillgelegt werden, wurde zunächst die Rotationsbrache verbindlich vorgeschrieben. Die Flächen durften erst nach 3 Jahren wieder brachgelegt werden. Seit 1995 gibt es auch Regelungen, nach denen – bei 20 % Stillegungsanteil – auf, je nach Bedingung, höchstens 1 Drittel bzw. dieser gesamten Fläche eine 5jährige Dauerbrache eingerichtet werden kann. Die Stillegung der Flächen ist Voraussetzung für Ausgleichszahlungen, mit denen die auf der Senkung der Interventionspreise beruhenden Verluste (z. B. von 27,54 DM/dt Getreide auf 23,54 DM/dt innerhalb von 3 Jahren) aufgefangen werden sollen. Die Höhe der Ausgleichszahlungen wurde von den Durchschnittserträgen der jeweiligen Region abgeleitet; der Bundesdurchschnitt liegt bei 750 DM/ha. Von der Stillegungspflicht ausgenommen sind Betriebe, die weniger als 92 t Getreide pro Jahr produzieren können (das entspricht etwa 16 ha landwirtschaftlicher Nutzfläche; Kleinerzeugerregelung). Vorschrift ist es, die stillgelegten

Flächen zu begrünen (Selbstbegrünung ist zugelassen). Die auf den Flächen wachsenden Pflanzenbestände dürfen nicht verfüttert werden (HEISSENHUBER 1994). Die neue Regelung setzt ein aufwendiges Antragsverfahren voraus verbunden mit einer Jahreserklärung, der Katasterauszüge und Anbaupläne etc. beigelegt werden müssen. Die Überwachung erfolgt mittels Satellitenaufnahmen 3mal pro Jahr, wobei etwa 20 % der Betriebe erfaßt werden.

In der Bundesrepublik Deutschland wurden im Wirtschaftsjahr 1993/94 1,47 Mio. ha stillgelegt; dafür wurden 1,1 Mrd. DM an Ausgleichszahlungen geleistet (WEINS 1995).

Trotzdem brachte dieses Programm – entgegen den Erwartungen der Politiker – bisher keine spürbare Marktentlastung. Ein Vergleich der Produktionszahlen in der Bundesrepublik Deutschland von 1992 und 1994 zeigt zudem, daß in diesem Zeitraum zwar die Getreideanbaufläche um 4,5 % zurückgegangen, der Gesamtertrag an Getreide aber um 5 % gestiegen ist. Demnach hat sich der durchschnittliche Hektarertrag um etwa 10 % erhöht (VÖLKEL 1995).

Gerade in der Bundesrepublik Deutschland gibt es viele kleine Betriebe, die unter die Kleinerzeugerregelung fallen. Diese kleinen Betriebe haben häufig einen entsprechenden Viehbesatz und können auf eine Nutzung der ohnehin geringen Fläche, auf der z. T. auch Futter angebaut und der anfallende Wirtschaftsdünger ausgebracht wird, nicht verzichten. Gerade bei den kleinen Betrieben zeichnet sich als eine Folge der EG-Agrarreform zudem eine Änderung der Fruchtfolge ab. Da die Gewinne aufgrund der niedrigen Preise für Raps und Körnerleguminosen (> Leguminosen) sehr viel geringer sind als die durch den Anbau von Getreide erzielbaren Gewinne, stellen viele der kleinen Betriebe auf Daueranbau von Getreide um.

Wie sich die Flächenstillegungen auf ökologische Faktoren, wie Boden, Pflanzen- und Tierwelt, auswirken, zeigen die folgenden Überlegungen:

– Auf den stillgelegten Flächen dürfen weder Dünger noch Pflanzenschutzmittel ausgebracht werden. Aber in den Böden der stillgelegten Äcker befinden sich in der Regel hohe Düngerreserven, die durch Mineralisierung freigesetzt werden. Werden diese Nährstoffe nicht sofort von Pflanzen aufgenommen (z. B. bei der langsamer ablaufenden Selbstbegrünung), gelangen sie über das Sickerwasser ins Grundwasser (vgl. Abschn. 1.2.4). – Bei Rotationsbrache ist mit einem erhöhten Herbizideinsatz zu rechnen, wenn die Flächen nach 1 Jahr Brache wieder genutzt werden. Diese negativen Folgen waren schon bei den vorausgegangenen Flächenstillegungsprogrammen zu beobachten gewesen.

- Die Begrünung der Flächen trägt zum Schutz vor Erosion bei, da die Durchwurzelung und Bodenbedeckung auf den begrünten Flächen besser ist als auf genutzten Ackerflächen.
- Unter Naturschutzgesichtspunkten ist die bei der Rotationsregelung eher zufällige Verteilung der stillgelegten Flächen in der Landschaft als Nachteil anzusehen. Eine genauere Planung zur Herstellung eines Flächenverbundes wäre weitaus sinnvoller.

> Auf die Anlage von Biotopverbundsystemen wird im Anhang eingegangen.

Insgesamt erweist sich ein solches Programm unter ökologischen Gesichtspunkten nur dann als sinnvoll, wenn v. a. nährstoffarme Böden längerfristig stillgelegt würden und darauf geachtet wird, daß die Brachflächen einen Biotopverbund bilden.

Das Flächenstillegungsprogramm sieht eine Regelung vor, durch welche der *Anbau nachwachsender Rohstoffe* gefördert wird. Diese dürfen nämlich auf den stillgelegten Flächen produziert werden, ohne daß die Ausgleichszahlung für die Stillegung verlorengeht. Das Verbot, Dünger und Pflanzenschutzmittel auf den Flächen auszubringen, gilt dann nicht. Innerhalb des Flächenstillegungsprogramms wurden 1994 insgesamt 160 000 ha für den Anbau nachwachsender Rohstoffe genutzt.

*Als **nachwachsende Rohstoffe** werden Pflanzen bezeichnet, die nicht für Ernährungszwecke, sondern als Rohstoff für die industrielle Verwertung und zur Energiegewinnung angebaut werden.*

Einen Überblick über die wichtigsten nachwachsenden Rohstoffe und ihre Nutzung gibt Tabelle 3.5.

Nach ihrem Verwendungszweck können sie in 2 Gruppen aufgeteilt werden: Industriepflanzen und Energiepflanzen.

Industriepflanzen *liefern industriell verwertbare Inhaltsstoffe, wie Stärke, Zucker, Öle, Farb- und Gerbstoffe, Fasern etc.*

> Die Zusammensetzung von Kartoffeln und verschiedenen Getreidearten können Sie dem Anhang entnehmen.

Den größten Anteil nachwachsender Rohstoffe machen Pflanzen aus, die zur Stärkegewinnung für den Nichtnahrungsbereich angebaut werden. Die gewonnene Stärke wird zu etwa 45 % zur Papier- und Pappeherstellung verwendet.

Der Bedarf der Industrie an pflanzlichen Ölen und Fetten in der Bundesrepublik Deutschland liegt bei etwa 350 000 t/Jahr. Nur etwa 10 000 t dieses Bedarfs können durch Rapsöl gedeckt werden. Etwa 25 % der pflanzlichen Öle wird in der Lack- und Farbenindustrie verwertet (KÄCHELE 1992).

Tabelle 3.5. Nachwachsende Rohstoffe und die daraus in verschiedenen Industriezweigen erzeugten Produkte. (Nach MEIER 1986, zit. in KÄCHELE 1992; nach HEISSENHUBER u. RING 1994)

	Pflanzenarten	Rohstoff	Produkt
Industriepflanzen	Zuckerrübe Wurzelzichorie Topinambur Zuckerhirse Möhre	**Zucker**	Waschmittel Klebstoffe Kunststoffe Farbstoffe
	Kartoffel Weizen Mais Bohnen/Erbsen	**Stärke**	Papier/Pappe Folien Kunststoffe Waschmittel Klebstoffe Farben Faserplatten
	Raps Senf Sonnenblume Ringelblume Leindotter Wolfsmilch Lein	**Öle**	Waschmittel Seifen Kunststoffe Lacke Schmiermittel Kosmetika Pharmazeutika
	Lein (Flachs) Brennessel (Hanf)[a]	**Fasern**	Kleidung, Säcke Taue, Stricke Polstermaterial Pharmazeutika Dämmplatten Bremsbeläge, Innenausstattung von PKW
Energiepflanzen	Weizen Mais Rüben	**Ethanol**	Benzinersatz bzw. -zusatz
	Raps	**Rapsöl, Rapsölmethylester**	Dieselersatz
	Chinaschilf Getreide Holz	**Biomasse**	Festbrennstoff

[a] Angabe in Klammern, da der Anbau erst ab Frühjahr 1996 wieder erlaubt ist.

Als aussichtsreich wird der Anbau der Faserpflanzen Flachs und Hanf angesehen (Abb. 3.7).

Abb. 3.7. Die Faserpflanzen Flachs (*links*) und Hanf (*rechts*). (Aus Körber-Grohne 1988 u. Herer 1994)

Der Anbau von Flachs (*Linum usitatissimum*), der mit 1200 – 2000 DM/ha subventioniert wird, wurde in den letzten Jahren ständig ausgeweitet. Für 1995 rechnet man in der Bundesrepublik Deutschland mit einer Anbaufläche von 2000 ha. Bei der Flachsernte fallen zu 2 Dritteln Langfasern an, die in der Textilindustrie zu Leinen verarbeitet werden. Die Kurzfasern finden heute vielfach in der Automobilindustrie Verwendung: als Polstermaterial für die Sitze, in Verbindung mit Sisal als Innenverkleidung von Autokarosserien und als Ersatz für Asbest in Bremsbelägen.

Als noch zukunftsträchtiger wird der Anbau von Hanf (*Cannabis sativa*, Abb. 3.7 *rechts*) angesehen. Der Anbau dieser zu den Maulbeergewächsen gehörenden Pflanze war seit 1981 verboten. Durch die Änderung des Betäubungsmittelgesetzes im Frühjahr 1996 ist nun ein kontrollierter Anbau von Hanfsorten mit einem Gehalt an Tetrahydrocannabinol (THC) von maximal 0,3 % zugelassen. (Als

Rauschmittel genutzte Sorten weisen einen THC-Gehalt von 5 – 12 % auf.)

Hanf ist eine äußerst vielfältig nutzbare Pflanze (Abb. 3.8). Derzeit wird auf einer Reihe von Versuchsfeldern der Anbau von Hanf, der zu den ältesten Kulturpflanzen gehört, wieder „gelernt". Die Hanfpflanze stellt wenig Ansprüche an die Bodenqualität und braucht weniger Stickstoffdünger als beispielsweise Getreide. Da sie sehr schnell wächst (2 – 4 m in 100 Tagen), wird das Wachstum von Unkräutern unterdrückt. Aufgrund seiner Unempfindlichkeit kann Hanf ohne Schädlingsbekämpfungsmittel und im Gegensatz zu vielen anderen Kulturpflanzen viele Jahre nacheinander auf derselben Fläche angebaut werden.

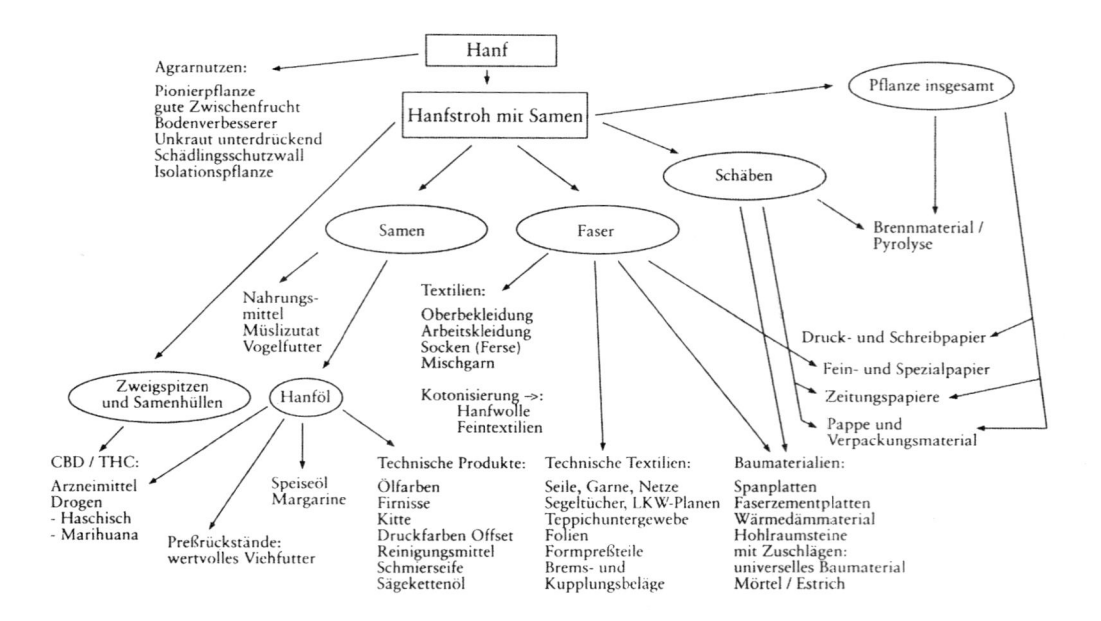

Abb. 3.8. Übersicht über die verschiedenen Verwertungsmöglichkeiten der Hanfpflanze. Schäben ist der bei der Verarbeitung der Hanffasern anfallende Reststoff. (Katalyse-Institut für angewandte Umweltforschung 1993, zit. in HERER 1994)

Energiepflanzen *sind ein- oder mehrjährig angebaute Pflanzen, die auf verschiedene Weise zur Energiegewinnung genutzt werden können.*

Wichtigste Pflanze dieser Gruppe ist der Raps (*Brassica napus*, Abb. 3.9), aus dessen Öl Dieselersatz hergestellt wird. Stärkehaltige Pflanzen können zu Bioethanol weiterverarbeitet werden, das u. a. als Benzinzusatz Verwendung findet. Eine weitere Möglichkeit der

Energiegewinnung stellt die Verbrennung von Ganzpflanzen (Getreide, Chinaschilf) und Holz (als Hackschnitzel) dar.

Auch wenn dem Raps die größte Bedeutung unter den Energiepflanzen zukommt, ist der Marktanteil des daraus produzierten Biodiesels gering (die Anbaufläche zur Produktion von Biodiesel betrug 1994 ca. 100 000 ha). Biodiesel oder Rapsölmethylester (RME) wird aus Rapsöl hergestellt, indem das Glycerin der Fettsäure durch Methanol ersetzt wird. Bevor RME anstelle von Diesel eingesetzt werden kann, muß der Motor umgerüstet werden, da RME auf Gummi- und Kunststoffteile wie ein Lösungsmittel wirkt (WITT 1994).

Biodiesel ist der erste nachwachsende Rohstoff, für den das Umweltbundesamt eine Ökobilanz aufgestellt hat (UBA 1993). Diese ist allerdings nicht unumstritten. Nach dieser Ökobilanz weist die Nutzung von Biodiesel eine positive Energiebilanz auf: Wenn außer dem Rapsöl auch das anfallende Rapsschrot (als Viehfutter), das Stroh (als Brennmaterial) sowie das bei der Veresterung freiwerdende Glycerin verwertet werden, beträgt das Verhältnis von Energieinput zu -output 1 : 4. Als negativ wurde v. a. die Umweltbelastung durch die Stickstoffdüngung (Nitratauswaschung) und durch die Freisetzung von Lachgas (Verstärkung des Treibhauseffekts) bewertet. (Gerade die letztgenannte Folge des Rapsanbaus ist sehr umstritten.)

Auf das Problem der Nitratauswaschung wird im Abschn. 1.2.4 sowie in der 1. Studieneinheit, Abschn. 9.3 eingegangen.

Bei der Verbrennung von Biodiesel werden weniger Schadstoffe, wie unverbrannte Kohlenwasserstoffe oder > PAK, als bei normalem Diesel frei. Auch der Schwefelgehalt ist sehr gering. Allerdings unterliegt die Zusammensetzung von Biodiesel keiner Normung wie Benzin oder normales Diesel. Vorteil von Biodiesel ist auch, daß es CO_2-neutral verbrannt wird, d. h. es wird nur so viel CO_2 frei, wie vorher von der Pflanze gebunden wurde. Berücksichtigt man bei der Rechnung auch die CO_2-Freisetzung durch Anbau, Ernte, Transport und Verarbeitung, so kommt man immer noch auf eine Einsparung bis zu 65 % gegenüber der Verbrennung von Diesel auf Erdölbasis.

Ein wesentlicher Punkt bei der Beurteilung von Biodiesel durch das Umweltbundesamt war die überhaupt mögliche Verfügbarkeit dieses Produkts. Die gesamte deutsche Rapsernte könnte nur 0,65 % des Dieselverbrauchs decken. Um den gesamten jährlichen Dieselverbrauch – 25 Mio. t – mit Rapsdiesel abzudecken, wäre eine Anbaufläche von 250 000 km^2, das sind 70 % der gesamten bundesrepublikanischen *Landesfläche*, notwendig.

Als ein weiteres Problem ist der Preis anzusehen. Trotz des subventionierten Anbaus und des Verzichts auf die Mineralölsteuer – hierzu war ein Sonderantrag an die EU notwendig – ist Biodiesel immer noch teurer als normales Diesel. Hier könnte allerdings eine Erhö-

Abb. 3.9.
Rapspflanze. (Aus SCHAUER u. CASPARI 1978)

hung der Mineralölsteuer und damit eine Verteuerung des Dieselkraftstoffes Abhilfe schaffen.

Rapsöl kann auch direkt (ohne Umwandlung zu RME) als Treibstoff in den sog. Elsbett-Motoren verwendet werden. Der von Ludwig ELSBETT entwickelte Motor arbeitet ölgekühlt und daher bei höheren Betriebstemperaturen als konventionelle Motoren. Er erreicht fast die Leistung von Dieselmotoren. Bei der Verbrennung entsteht kein Ruß, auch Schwefelverbindungen werden nicht freigesetzt. Zudem ist die Verbrennung wie beim Biodiesel CO_2-neutral.

Rapsöl ist besonders gut geeignet als Ersatz für Mineral- und Hydrauliköle von Maschinen. Von diesen Ölen werden pro Jahr etwa 200 000 t benötigt (allein hierfür bräuchte man schon eine landwirtschaftliche Nutzfläche von 200 000 ha für den Anbau von Raps; DER SPIEGEL 1995). Schätzungen zufolge gelangt etwa die Hälfte dieser Mineral- und Hydrauliköle pro Jahr durch unsachgemäße Entsorgung oder „Verlust" in Boden und Wasser, was eine erhebliche Umweltbelastung bedeutet. Rapsöl hätte diesen Ölen gegenüber den Vorteil, daß es schnell biologisch abbaubar ist.

Eine weitere Energiepflanze, die seit einigen Jahren im Gespräch ist, ist das Chinaschilf (*Miscanthus sinensis giganteus*). Das Chinaschilf eignet sich zur Herstellung von Isolier- und Verpackungsmaterial sowie zur Verbrennung. 2,5 kg Schilf entsprechen etwa 1 kg Heizöl. Durch Anbau von 1 ha Chinaschilf ließen sich etwa 12 000 l Heizöl einsparen. Allerdings ist über die Kultivierung dieser Pflanze, die ursprünglich aus Ostasien stammt, viel zuwenig bekannt. Bisher wurde nur festgestellt, daß sie einen enormen Wasserbedarf hat. Da es sich um eine nichteinheimische Pflanze handelt, weiß man wenig über mögliche Schädlinge oder den Bedarf an Dünger. Die Pflanze braucht etwa 3 Jahre, bis sie den maximalen Ertrag liefert. Da sie etwa 20 Jahre auf der gleichen Fläche stehen muß, läßt sie sich nur schlecht in Fruchtfolgen einpassen.

Fazit: Insgesamtist festzuhalten, daß der Anbau von nachwachsenden Rohstoffen sehr differenziert betrachtet werden muß. Mengenmäßig spielt er (bisher) nur eine geringe Rolle. Nachwachsende Rohstoffe wurden 1995 auf einer Fläche von 500 000 ha von insgesamt 17 Mio. ha Ackerland angebaut. Dies mag z. T. daran liegen, daß Landwirte diese Pflanzen nur dann anbauen dürfen, wenn sie nachweisen können, daß die gesamte Ernte auch industriell verwertet wird. Zudem ist der Flächenbedarf für die nachwachsenden Rohstoffe, wenn sie zu erheblichen Entlastungen beitragen sollen, sehr hoch.

Auch vom Preis her sind sie heute in den meisten Fällen nicht konkurrenzfähig, wie am Beispiel Biodiesel aufgezeigt wurde. Was heute auch noch fehlt, sind neue Technologien, die eine Verarbeitung der nachwachsenden Rohstoffe zu neuen Produkten oder eine Nutzung als Brennstoffe ermöglichen könnten.

Ebenfalls unter ökologischen Gesichtspunkten ist der Anbau problematisch, da er – bis auf wenige Ausnahmen (z. B. Hanf) – einen vergleichbaren Einsatz von Dünger und Pflanzenschutzmitteln erfordert wie der Anbau von Pflanzen für die Ernährung. Der Vorteil der CO_2-Neutralität, die im Zusammenhang mit Energiepflanzen stets in die Diskussion gebracht wird, ist letztendlich nicht stichhaltig, da wie bei jeder intensiven landwirtschaftlichen Produktion auch hier Dünger und Pestizide sowie Treibstoff für die Landmaschinen eingesetzt werden, die bei der Energie- und auch der Ökobilanz berücksichtigt werden müssen.

2.3 Extensivierung

Parallel zum Flächenstillegungsprogramm trat im Rahmen der „Förderung einer markt- und standortangepaßten Landbewirtschaftung" 1989/90 ein EG-weit gültiges Sonderprogramm zur Extensivierung der Agrarproduktion in Kraft. Extensivierung wird hier definiert als Verringerung der Produktion von Überschußerzeugnissen. Landwirte konnten sich für 5 Jahre verpflichten, die Produktion von Marktordnungsfrüchten um mindestens 20 % zu verringern. Die Verluste sollten durch Prämienzahlungen ausgeglichen werden. Die Verringerung war auf 2 verschiedenen Wegen durchführbar.

Nach der *quantitativen Methode* genügte der Nachweis, daß die produzierte Menge einer Marktordnungsfrucht um 20 % gegenüber dem Vorjahr verringert wurde. Wie diese Verringerung erreicht werden sollte, war nicht vorgegeben. So konnte sie auf einer Herausnahme von Produktionsflächen (Brache) oder auf dem Anbau von anderen Produkten auf 20 % der zuvor genutzten Fläche beruhen.

Bei der *produktionstechnischen Methode* standen 3 Alternativen zur Auswahl: a) ein Verzicht auf chemisch-synthetische Produktionsmittel, b) der Ersatz von Winterweizen und Wintergerste in der Fruchtfolge durch Roggen, Sommergerste, Hafer oder Dinkel, c) die Umstellung der Wirtschaftsweise auf ökologischen Landbau. Ein Nachweis über die Reduktion mußte bei diesem Weg nicht erbracht werden, da man allein aufgrund der veränderten Produktionsbedingungen von einer 20 %igen Verminderung des Ertrags ausgehen kann.

Die verschiedenen Formen des ökologischen Landbaus werden im Abschn. 2.4, beschrieben.

Von 1989 – 1991 wurden aufgrund dieses Programms 5450 ha Ackerbaukulturen, 26 517 GVE[9] Fleisch und 5393 ha Dauerkulturen extensiviert sowie 72 599 ha auf ökologischen Landbau umgestellt (SCHULZE-WESLARN 1991).

Das Extensivierungsprogramm wurde als flankierende Maßnahme der EG-Agrarreform durch eine EG-Verordnung[10] zur Förderung umweltgerechter landwirtschaftlicher Produktionsverfahren weitergeführt. Die folgenden Vorgehensweisen waren bei dem auf Bundesebene umgesetzen Programm vorgesehen:

– Förderung extensiver Produktionsverfahren im Ackerbau und bei Dauerkulturen,

– Förderung extensiver Grünlandnutzung (einschließlich Förderung der Umwandlung von Ackerflächen in extensiv zu nutzendes Grünland) und

– Förderung ökologischer Anbauverfahren (nach SRU 1994).

An der Extensivierung der landwirtschaftlichen Erzeugung beteiligten sich 1993/94 etwa 17 900 Betriebe. Ca. 11 260 dieser Betriebe mit 392 653 ha gingen dabei nach der produktionstechnischen Methode vor, durch den Verzicht auf chemisch-synthetische Produktionsmittel. Ein Teil dieser Betriebe geht nach den Regeln des ökologischen Landbaus vor (Bundesminister für Ernährung, Landwirtschaft und Forsten 1995).

An diesen EG-Programmen wird von verschiedenen Seiten Kritik geübt. So wurde eingewandt, daß es bei einer derartigen Organisation der Maßnahmen zu einer fortschreitenden Polarisierung bei der landwirtschaftlichen Produktion kommt. Auf der einen Seite wird die Produktion in den Intensivgebieten weiter gesteigert, da durch die niedrigeren Preise die Gewinnspanne verringert wird. Auf der anderen Seite wird in weniger ertragreichen Gebieten die landwirtschaftliche Nutzung ganz aufgegeben, da die Produktion nicht mehr lohnt. Die Folge sind Programme zum Erhalt der Kulturlandschaft; die Bauern werden zum „Pflegepersonal" der Landschaft.

Nach Meinung der Kritiker sollte sich die Extensivierung nicht in der Stillegung oder veränderten Bearbeitungsweise einzelner Flächen erschöpfen, sondern eine Extensivierung soll die gesamte Landwirtschaft mit allen Produktionszweigen erfassen. „Das Ziel ist eine umweltfreundliche, sozialverträgliche, regionspezifische Landwirtschaft, die qualitativ hochwertige Lebensmittel erzeugt" (SASSEN 1989). Eine

---

9 1 GVE, Großvieheinheit = 500 kg Lebendgewicht.
10 VO 2078/92/EWG des Rates für umweltgerechte und den natürlichen Lebensraum schützenden landwirtschaftlichen Produktionsverfahren.

Extensivierung der Bewirtschaftungsweise bedeutet für die bisherigen Intensivgebiete eine „Rücknahme der Bewirtschaftungsintensität und Wiederherstellung einer vielfältigen Kulturlandschaft". In den benachteiligten Gebieten, in denen schon immer nur eine extensive Nutzung möglich war, könnte die Landwirtschaft dann langfristig erhalten bleiben.

Was unter Extensivierung zu verstehen ist, hat der Kieler Ökologe N. KNAUER in einem Band der Schriftenreihe *agrarspectrum* zur „Extensivierung der Landnutzung" (1987) erläutert:

„Aus betriebswirtschaftlicher und pflanzenbaulicher Sicht wird Extensivierung mit quantitativer Verringerung des Einsatzes von Produktionsfaktoren gleichgesetzt. Verfahrenstechnisch ist das nicht zwingend eine Rücknahme von Technik, sondern in vielen Fällen eher ein anderer Einsatz der Technik.

In der tierischen Produktion geht es um die Verwertung des Futters extensiv bewirtschafteter Flächen und besonderer Biotope durch verschiedene Tierarten, wozu auch die Züchtung von Tierpopulationen mit besonderer Eignung für die Nutzung pflanzenbaulich extensiv bewirtschafteter Standorte wichtig sein kann.

Aus ökologischer Sicht wird mit der Extensivierung zunächst eine Unterbrechung – auf längere Sicht auch eine Umkehr – jener negativen Entwicklung erwartet, die mit der Intensivierung der Landnutzung verbunden ist, also eine Wiederentwicklung ausreichend großer Populationen von jetzt noch gefährdeten Pflanzen- und Tierarten.

Dagegen verbindet die Agrarpolitik mit der Extensivierung der Landnutzung v. a. die Hoffnung auf eine Entlastung der durch Überschußproduktion gekennzeichneten Agrarmärkte, wobei insbesondere die Einkommenssicherung problematisch bleibt" (KNAUER 1987).

Um eine flächendeckende Extensivierung zu gewährleisten, ist ein ganzes Maßnahmenpaket mit den unterschiedlichsten Ansätzen notwendig. Dazu gehören auch Verbote von Wachstumsregulatoren oder bestimmten Pestiziden und die Festlegung von Bestandesobergrenzen bei der Tierhaltung (Anzahl Tiere pro Fläche).

Als zentrales Instrument fordern die Kritiker eine *Stickstoffabgabe*, die eine drastische Verteuerung des Stickstoffdüngers mit sich brächte, von derzeit 1,50 DM/kg auf etwa 4,50 – 6,00 DM/kg. Zum Ausgleich wären Erhöhungen der Produktpreise bzw. flächenbezogene Prämienzahlungen notwendig. Bei Betrieben mit Viehhaltung müßte berücksichtigt werden, daß dort Wirtschaftsdünger vorhanden ist, die Ausgleichszahlungen also entsprechend reduziert werden könnten.

> Die negativen Folgen der intensiven Bewirtschaftung werden ausführlich im Abschn. 1.2 dargestellt.

Überflüssiger Wirtschaftsdünger könnte dann sogar an andere Betriebe weiterverkauft werden.

Von einer Stickstoffabgabe erwartet man die folgenden Auswirkungen (SASSEN-REMPEN 1988):

– Verringerung des Stickstoffaufwandes,

– Verringerung der Erträge und damit der Überschußproduktion,

– Verringerung des Aufwandes an Pflanzenschutzmitteln,

– Verringerung der Nitratauswaschung,

– Verbesserung der Fruchtfolge,

– Förderung einer flächengebundenen Tierhaltung,

– Begünstigung eines umweltverträglichen Einsatzes von organischem Dünger,

– Begünstigung des ökologischen Landbaus.

Wie sich die Verteuerung des Stickstoffdüngers auf die eingesetzten Mengen, den Ertrag und Gewinn aus der Produktion auswirken würde, verdeutlichen die Schaubilder in Abb. 3.10. Die Einführung einer Stickstoffabgabe konnte auf EG-Ebene bisher nicht durchgesetzt werden. Erfahrungen wurden bisher nur in Österreich und Schweden gesammelt, wo eine Düngersteuer eingeführt wurde. In Österreich wurde seit April 1986 eine Abgabe von etwa 0,70 DM/kg Stickstoff im Mineraldünger erhoben. Damit wurde der Stickstoff um etwa die Hälfte teurer; der Verbrauch nahm um ca. 20 % ab (STREIT et al. 1989, zit. in SRU 1994). Als Folge davon konnte eine deutliche Entlastung der Gewässer beobachtet werden (SCHULTE 1995).

Seit 1996 gibt es eine bundesweite Düngeverordnung[11], die das Ausbringen von Dünger auf Ackerflächen regelt. Für den Einsatz von Mineraldünger gibt die Verordnung nur allgemeine Empfehlungen: Düngemittel sind so auszubringen, daß die Pflanzen die Nährstoffe „weitestgehend" ausnutzen können, sie also für die Pflanzen „wesentlich" während des Wachstums verfügbar werden (SCHULTE 1995). Stickstoffhaltiger Dünger darf nicht ausgebracht werden, wenn der Boden wassergesättigt, tief gefroren oder stark schneebedeckt ist. Genauere Angaben werden für das Ausbringen von Wirtschaftsdüngern tierischer Herkunft gemacht: Als Obergrenze für Ackerland wurde eine Menge von 210 kg, ab Juli 1997 170 kg Gesamtstickstoff pro ha und Jahr festgelegt. Für die Zeit vom 15. November bis zum 15. Januar wurde außerdem ein Ausbringungsverbot von Jauche, Gülle und flüssigem Vogelkot erlassen.

---

11 Verordnung über die Grundsätze der guten fachlichen Praxis beim Düngen, erlassen am 26. Januar 1996.

Bei billigem Stickstoff wird der höchste Gewinn bei intensiver Düngung erzielt

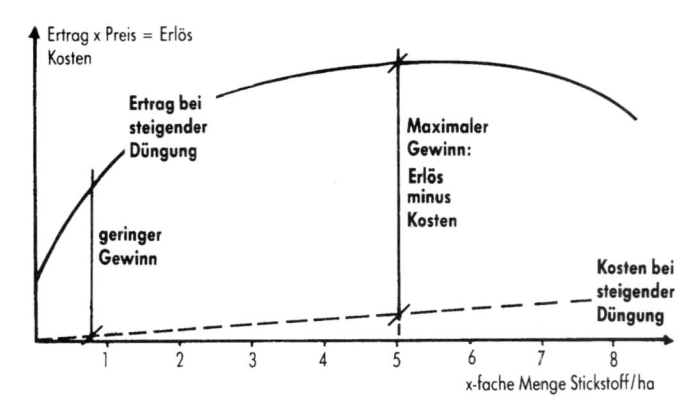

Begrenzung der Düngung bei teurem Stickstoff

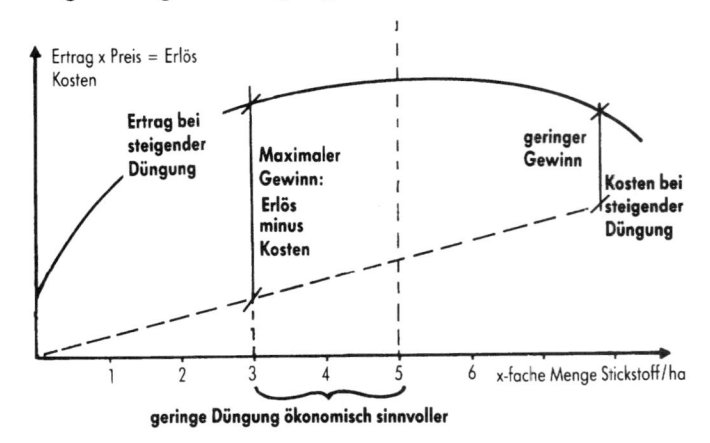

Abb. 3.10. Erwartete Begrenzung der Düngung durch die Einführung einer Stickstoffabgabe. Im Schaubild oben sind die heutigen Bedingungen dargestellt. Der maximale Gewinn wird bei relativ hohem Stickstoffeinsatz erzielt, da die Kosten dafür niedrig sind. Das Schaubild unten geht von einem höheren Preis für Stickstoffdünger aus. Der maximale Gewinn wird bei einem niedrigeren Stickstoffeinsatz als oben erzielt. (Aus Thomas u. Vögel 1989)

2.4 Umstellung auf ökologischen Landbau

In der Bundesrepublik Deutschland gab es 1994 etwa 4941 anerkannte Betriebe mit insgesamt 161 726 ha landwirtschaftlicher Nutzfläche, die nach den Rahmenrichtlinien der Arbeitsgemeinschaft Ökologischer Landbau (AGÖL) wirtschafteten (Bundesminister für Ernährung, Landwirtschaft und Forsten 1995). Weitere Betriebe befanden sich in der Umstellungsphase von konventionellem auf ökologischen

Landbau. Seitdem die Umstellung durch das Extensivierungsprogramm der EG gefördert wird, haben sich vermehrt Landwirte entschlossen, ökologisch zu wirtschaften (LÜNZER 1993).

In der AGÖL sind verschiedene Verbände zusammengeschlossen, die auf der Grundlage unterschiedlicher Verfahren wirtschaften. Diesen Verfahren gemeinsam ist das Ziel, die landwirtschaftlichen Betriebe als Kreislaufwirtschaft zu führen, in der Pflanzenbau und Tierhaltung integriert sind. Besonderes Gewicht wird auf die Pflege des Bodenlebens gelegt. Stickstoffeintrag durch Leguminosenanbau, Kompostdüngung, Gründüngung und Anbau von Mischkulturen sind hierbei wichtige Elemente der Bewirtschaftung.

Die im DEMETER-Bund organisierten Landwirte gehen nach der *biologisch-dynamischen Wirtschaftsweise* vor, die von dem Anthroposophen Rudolf STEINER (1861 – 1925) begründet wurde. Nach seiner Lehre wird der Betrieb als ein Organismus mit geschlossenem Kreislauf angesehen. Die Zeitpunkte für Aussaat, Auspflanzen sowie für bestimmte Pflegemaßnahmen werden an kosmische Rhythmen angepaßt, um das Pflanzenwachstum durch die kosmischen Kräfte zu unterstützen. Zur Förderung der Bodenprozesse werden spezielle Pflanzenpräparate eingesetzt.

Die Landwirte des Bioland-Verbandes praktizieren den *organisch-biologischen Landbau*. Auch bei diesem Verfahren ist der Einsatz von organischer Substanz, wie Stallmist, Kompost, Horn-, Knochen- oder Blutmehl, von großer Bedeutung. Pflanzenschutz wird mit Pflanzenauszügen betrieben. Nur in Notfällen werden Schwefel- oder Kupferpräparate eingesetzt.

Naturnaher Anbau wird von der Arbeitsgemeinschaft für naturnahen Obst-, Gemüse- und Feldfruchtanbau e. V. (ANOG) betrieben. Hierzu gehört v. a. eine optimale Humuswirtschaft; die Verwendung von Mineraldünger ist nur in geringem Umfang erlaubt. Der Pflanzenschutz erfolgt vorbeugend und v. a. auf natürlicher Basis.

Bei allen Unterschieden in der Vorgehensweise haben sich die der AGÖL angehörenden Verbände 1984 auf gemeinsame Rahmenrichtlinien festgelegt, deren Einhaltung regelmäßig überprüft wird.

Die positiven Auswirkungen des ökologischen Anbaus auf Flora und Fauna – im Verhältnis zum konventionellen Anbau – dokumentiert die im Anhang dargestellte Untersuchung.

„Ziel des ökologischen Landbaus ist es, Pflanzen so anzubauen, daß ein Befall durch Schädlinge und Krankheiten keine oder nur geringe wirtschaftliche Bedeutung erlangt. Entsprechende Maßnahmen hierzu sind ausgewogene Fruchtfolge, geeignete Sortenwahl, standort- und zeitgerechte Bodenbearbeitung, mengenmäßig und qualitativ angepaßte Düngung, Gründüngung etc.. Außerdem ist durch geeignete Vorrichtungen und Maßnahmen, wie z. B. Anlage von Hecken,

Nistplätzen, Feuchtbiotopen, die Ansiedlung von Nützlingen zu fördern" (AGÖL 1990).

Obligatorisch ist der Verzicht auf synthetische Stickstoffverbindungen, leichtlösliche Phosphate sowie hochprozentige und chlorhaltige Kalisalze als Düngemittel sowie auf Pestizide und Wachstumsregulatoren.

Da in jedem Betrieb die Erhaltung und Steigerung der eigenständigen Bodenfruchtbarkeit als Ziel im Vordergrund steht, handelt es sich im ökologischen Landbau meist um Mischbetriebe mit eigener Viehhaltung. Der dadurch anfallende Wirtschaftsdünger bildet die Grundlage der Bodenpflegemaßnahmen. Auch für die Tierhaltung gelten strenge Richtlinien, die sich an einer artgerechten Haltung mit Auslauf und dem Ausleben natürlicher Verhaltensgewohnheiten orientieren. So sind beispielsweise die in der Massentierhaltung verbreiteten einstreulosen Vollspaltenböden verboten. Auslauf und Ställe mit Einstreu sind obligatorisch.

> Bodenfruchtbarkeit ist das Thema des 2. Kap. der 2. Studieneinheit.

Aufgrund des Verzichts auf hochwertige Mineraldünger und Pestizide liegen die Erträge beim ökologischen Landbau niedriger als beim konventionellen (Tabelle 3.6). Allerdings gibt es auch innerhalb der Gruppe ökologisch wirtschaftender Betriebe große Unterschiede bezüglich der Erträge.

Die Umstellung auf ökologischen Anbau bedeutet für die Landwirte trotz der geringeren Erträge aber keine finanziellen Einbußen. Zum einen sind die Preise für Produkte der anerkannten Betriebe höher als für Produkte aus konventionellem Anbau. Zum anderen haben Biobauern einen geringeren Aufwand an Betriebsmitteln. Vor allem bei Düngemitteln, Pestiziden, Futtermitteln und Tierarztkosten wird kräftig eingespart, während Aufwendungen für Maschinen, Energie, Löhne etc. höher liegen. Dieser Vorteil macht sich auch beim Unternehmensgewinn insgesamt bemerkbar. Vergleicht man den pro Familienarbeitskraft (FAK) erwirtschafteten Unternehmensgewinn in konventionellem und ökologischem Landbau, so schneiden die ökologischen Betriebe seit 1985/86 besser ab. Dort lag der Gewinn 1994 bei 29 570 DM/FAK gegenüber 26 226 DM/FAK bei konventionell bewirtschafteten Betrieben (Bundesminister für Ernährung, Landwirtschaft und Forsten 1995).

> Auf die Entwicklung der Kosten für Vorleistungen wird in Abschn. 1.2.1 eingegangen.

Die im folgenden zusammengestellte Tabelle beruht auf einem Vergleich der Betriebsergebnisse ausgewählter Haupterwerbsbetriebe des ökologischen und des konventionellen Landbaus. Dabei wurden Betriebe mit vergleichbaren Standorten, etwa gleicher Ackerfläche und ungefähr gleichem Getreideanteil ausgewählt. Die Betriebe des ökologischen Landbaus sind gegenüber den konventionellen Betrieben durch eine höhere Produktion von Ackerfutter, den Einsatz von Wirtschaftsdünger und Leguminosen als Stickstoffdünger, einen geringeren Zukauf an Futtermitteln sowie mechanische Unkraut- und Schädlingsbekämpfung charakterisiert.

Tabelle 3.6. Vergleich der Buchführungsergebnisse von ausgewählten Haupterwerbsbetrieben des ökologischen und des konventionellen Landbaus. (Zahlen aus Bundesminister für Ernährung, Landwirtschaft und Forsten 1995)

	Ökologischer Landbau	Konventioneller Landbau
Erträge		
Getreide	38,3 dt/ha	61,0 dt/ha
Kartoffeln	171 dt/ha	324 dt/ha
Preise		
Weizen	85,84 DM/dt	26,24 DM/dt
Kartoffeln	62,63 DM/dt	16,59 DM/dt
Vorleistungen		
Dünger	29 DM/ha LF	151 DM/ha LF
Futtermittel	195 DM/ha LF	320 DM/ha LF
Löhne	289 DM/ha LF	97 DM/ha LF
Gewinn		
je Unternehmen	39 648 DM	38 097 DM
je FAK	29 570 DM	26 226 DM
je ha LF	1 133 DM	1 084 DM

Nicht zu vernachlässigen ist auch die Tatsache, daß durch ökologischen Landbau qualitativ hochwertigere Nahrungsmittel produziert werden. Das betrifft zum einen die Rückstände von Pestiziden, die in ökologisch erzeugtem Obst und Gemüse in etwa 2 % der Proben nachgewiesen wurden, in konventionell erzeugten Produkten dagegen in 50 % der Proben, davon bei 2 % in Konzentrationen über dem gesetzlichen Höchstwert (Thomas u. Vögel 1989). Auf die geringeren Nitratwerte wurde bereits im Zusammenhang mit der Nitratbelastung von Lebensmitteln (Tabelle 3.4, Abschn. 1.2.4) eingegangen. Die Verbesserung der Produktqualität zeigt sich auch in dem höheren Anteil von wertgebenden Inhaltsstoffen in ökologisch angebauten Produkten sowie in deren besserer Haltbarkeit (Abb. 3.11).

Da sowohl der Anteil der ökologisch wirtschaftenden Betriebe an der Gesamtzahl der Betriebe als auch ihr Anteil an der landwirtschaftlich genutzten Fläche unter 1 % liegt, ist der Beitrag dieser Betriebe zur Landbewirtschaftung insgesamt sehr gering.

2.5 Programme zur Erhaltung der natürlichen Lebensräume und der Kulturlandschaft

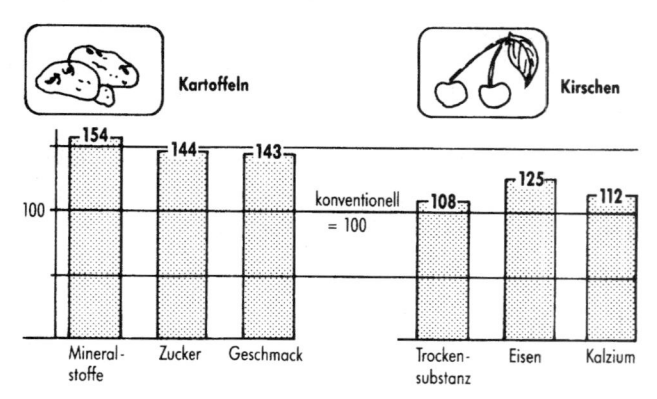

Wertgebende Inhaltsstoffe in Erzeugnissen aus ökologischem Anbau

Kartoffeln: Mineralstoffe 154, Zucker 144, Geschmack 143 (konventionell = 100)
Kirschen: Trockensubstanz 108, Eisen 125, Kalzium 112

Bessere Haltbarkeit bei Bioprodukten (Lagerverluste in %)

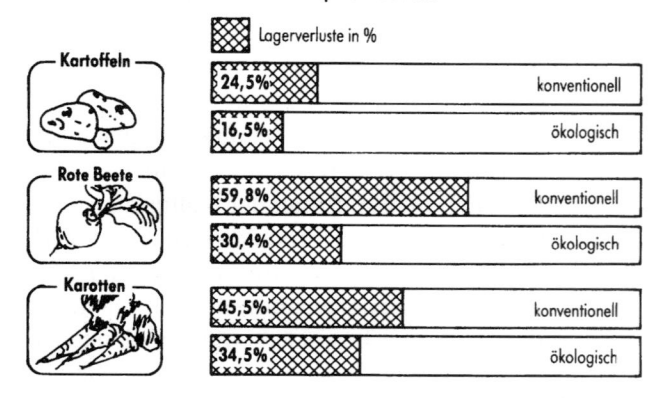

Kartoffeln: konventionell 24,5 %; ökologisch 16,5 %
Rote Beete: konventionell 59,8 %; ökologisch 30,4 %
Karotten: konventionell 45,5 %; ökologisch 34,5 %

Abb. 3.11. Anteil wertgebender Inhaltsstoffe in ökologisch erzeugten Produkten im Verhältnis zu konventionell erzeugten Produkten (= 100 %) (*oben*) und Vergleich der Haltbarkeit von Bio- und von konventionell erzeugten Produkten (*unten*). (Aus Thomas u. Vögel 1989)

2.5 Programme zur Erhaltung der natürlichen Lebensräume und der Kulturlandschaft

Solche Programme gab es bereits vor der EG-Agrarreform; sie basierten auf einer 1985 verabschiedeten EG-Verordnung: „Beihilfen in Gebieten mit besonderer Notwendigkeit des Schutzes der Umwelt und der natürlichen Ressourcen sowie der Erhaltung des natürlichen Lebensraumes und der Landschaft".

Ziel dieser Programme ist (neben einer Begrenzung der Überschüsse) v. a. der Erhalt der durch eine vielfältige Nutzung gestalteten Kulturlandschaft und der natürlichen Ressourcen. Voraussetzung dafür ist die Erhaltung einer bäuerlich strukturierten Landwirtschaft im ländlichen Raum. Diesen Zwecken diente bereits das 1975 eingeführte Bergbauernprogramm, mit dem schwierig zu bewirtschaftende Regionen unterstützt werden (in Baden-Württemberg 1990 mit 136 Mio. DM).

Im Rahmen der o.g. Verordnung wurden in einigen Bundesländern flächendeckende Programme entwickelt, die sehr unterschiedlich ausgestaltet waren. Diese Maßnahmen wurden als Modellversuche konzipiert. Das „Bayerische Kulturlandschaftsprogramm" (KULAP) unterstützte seit 1988 besonders empfindliche Regionen (darunter fallen in Bayern etwa 50 % der Landesfläche) jährlich mit 70 Mio. DM. Dabei handelte es sich um relativ ertragsschwache Standorte, die schon immer nur extensiv bewirtschaftet werden konnten. Im Rahmen des Programmes wurden Leistungen wie die Einhaltung einer bestimmten Fruchtfolge, der Verzicht auf ertragssteigernde Produktionsmittel, die Haltung gefährdeter Tierrassen oder der Streuobstbau durch Ausgleichszahlungen honoriert.

In Baden-Württemberg stellt das „Marktentlastungs- und Kulturlandschaftsausgleichsprogramm" (MEKA) mit einem Etat von 140 Mio. DM seit 1992 Prämien für den Erhalt der Kulturlandschaft und für marktentlastende und ökologische Produktionen bereit, z. B. für „die Sicherung landschaftspflegender, besonders gefährdeter Nutzungen, Extensivierung der Pflanzenerzeugung, umweltschonende Produktionstechniken, die Erhaltung besonders wertvoller natürlicher Lebensräume, Schutz des Bodens vor Erosion oder der Schutz des Grundwassers in besonders sensiblen Bereichen. Schließlich soll die Erhaltung und Pflege der Kulturlandschaft dadurch sichergestellt werden" (REDDEMANN 1991).

Die Honorierung der Leistungen erfolgt nach einem Punktesystem. Ein Punkt entspricht einer Prämie von 20 DM (max. 550 DM/ha). Vorgesehen ist z. B. bei der Grünlandnutzung ein gestaffelter Ausgleich: bis zu 1,2 GVE[12]/ha Futterfläche gibt es 5 Punkte, bei 1,3 – 1,8 GVE/ha 3 Punkte und darüber 2 Punkte. Bei einer Hangneigung der Flächen von über 50 % werden 5 Punkte zuerkannt. Zur Förderung des Streuobstbaus (30 – 200 Bäume/ha) werden pro ha 10 Punkte gewährt. Auch die Erhaltung regionaler Nutztierrassen wird honoriert (10 Punkte). Ebenso sind umweltschonende Anbaumaßnahmen, wie Mulchsaat im Maisanbau, in das System einbezogen.

An diesen Programmen wurde v. a. deshalb Kritik geübt, weil die Förderbeträge nicht zur Abdeckung der Mindereinnahmen ausreichten und weil ein sehr hoher Kontrollaufwand damit verbunden war.

---

12 1 GVE, Großvieheinheit = 500 kg Lebendgewicht.

Bundesweit wurden seit einigen Jahren auch weniger umfangreiche Programme durchgeführt. Dazu gehören das *Wiesenbrüter-* und das seit 1984 geförderte *Ackerrandstreifenprogramm*. Das Wiesenbrüterprogramm umfaßte die Auflage, die Wiesen während der Brutzeit der Vögel nicht zu mähen, also erst nach dem 1. Juli. Nur in wenigen Fällen konnte aufgrund dieser Maßnahme eine Bestandserholung wiesenbrütender Vögel beobachet werden. Das Ackerrandstreifenprogramm brachte demgegenüber bessere Erfolge. Im Rahmen dieses Programms verpflichten sich die Landwirte einen Ackerrandstreifen von 3 – 5 m Breite von der Düngung und Herbizidbehandlung auszunehmen. In einem Modellversuch war gezeigt worden (SCHUMACHER 1984), daß allein der Verzicht auf den Herbizideinsatz auf den Ackerrainen zur Wiederansiedlung von Pflanzengesellschaften der Ackerbegleitflora führt. Diese entstehen aus den im Boden befindlichen Samen, die teilweise über Jahrzehnte keimfähig bleiben. (Bei Untersuchungen wurden bis zu 100 000 Samen/m^2 gefunden.) Auf den Versuchsflächen wurden etwa 180 Arten nachgewiesen, von denen ca. 75 % zur Ackerbegleitflora i. e. S. gehören. Auf gespritzten Ackerrandstreifen findet man nur 1 Drittel bis 1 Viertel dieser Arten. In welchem Umfang eine Wiederansiedlung der Ackerbegleitflora möglich ist, hängt allerdings davon ab, wie intensiv die betreffende Fläche zuvor bewirtschaftet wurde. In vielen Fällen erwies sich ein Ackerrandstreifen von 5 m Breite als zu schmal, um eine langfristige Wiederansiedlung zu gewährleisten.

Auf die Gefährdung der Wiesenbrüter wird im Anhang im Zusammenhang mit den Auswirkungen der Intensivierung eingegangen.

Im Zuge der EG-Agrarreform wurde die „Verordnung für umweltgerechte und den natürlichen Lebensraum schützende landwirtschaftliche Produktionsverfahren" verabschiedet (vgl. Abschnitt 2.3), die nun die Grundlage von Umwelt- und Naturschutzprogrammen darstellt. Die auf Bundeslandebene umgesetzten Programme werden von der EG mitfinanziert. Im Gegensatz zum EG-Extensivierungsprogramm (vgl. Abschnitt 2.3) ist hier die Förderung auf Langfristigkeit angelegt, indem nicht die Umstellung auf andere Produktionsverfahren honoriert wird, sondern ihre Beibehaltung. Auf der Basis dieser Verordnung werden das bayerische und das baden-württembergische Kulturlandschaftsprogramm weitergeführt. Sie wurden um die Möglichkeit erweitert, Leistungen der Landwirte zur Erhaltung von Natur und Umwelt zu honorieren.

Im Umweltgutachten 1994 des Rats von Sachverständigen für Umweltfragen wurde, basierend auf einer Analyse und Effizienzkontrolle (V. HAAREN u. MÜLLER-BARTUSCH 1991), eine Reihe von Defiziten der bereits bestehenden Programme aufgelistet:

„– geringe finanzielle Ausstattung sowie fehlender finanzieller Anreiz, mangelnde Akzeptanz bei den Landwirten und geringer Flächenumfang,

- unübersichtliche Programmvielfalt, unterschiedliche Zuständigkeiten, hoher administrativer Aufwand,
- mangelhafte Orientierung der Nutzungsauflagen an naturschutzfachlichen Zielen, z. T. sogar konterkarierende Wirkung der Nutzungsauflagen,
- unzureichende Beratung und Kontrolle der Landwirte,
- unzureichende Ausrichtung der Gebiets- und Flächenauswahl anhand von ökologischen Kriterien (Naturraumpotential) und naturschutzfachlichen Plänen (Landschaftsplan, Biotopverbundplan) und
- zu kurze Vertragsdauer, fehlende ökologische und ökonomische Perspektiven für die Folgenutzung.

Die bisherige Analyse der Länderprogramme läßt ... hinsichtlich der Wirksamkeit und des Flächenumfangs keine spürbare Trendwende erwarten. Grundsätzlich fehlt der finanzielle Anreiz zur Erbringung von effektiven ökologischen Leistungen im Rahmen dieser Programme. Auch die unübersichtliche Programmvielfalt und der hohe administrative Aufwand bleiben" (SRU 1994, S. 317, Textauszug aus Ziffer 935).

2.6 Rückblick

Fragen:

1. Wie wirkte sich die Quotenregelung auf die Milchproduktion aus? Wurde das Ziel der Überschußvermeidung erreicht?

2. Wie sind Rotations- und Dauerbrache unter ökologischen Gesichtspunkten zu beurteilen?

3. Was versteht man unter nachwachsenden Rohstoffen?

4. Welche Gruppen von nachwachsenden Rohstoffen unterscheidet man? Nennen Sie Beispiele.

5. Welche Argumente sprechen für einen Einsatz von Rapsölmethylester (Biodiesel) als Dieselersatz?

6. Aus welchen Gründen ist der Anbau von Raps zur Energiegewinnung kritisch zu beurteilen?

7. Was versteht man unter einer Extensivierung der Landbewirtschaftung? Welche verschiedenen Methoden zur Erreichung eines solchen Ziels gibt es?

8. Durch welche Bewirtschaftungsmethoden unterscheidet sich der ökologische vom konventionellen Landbau?

9. Welches sind die Ziele der Kulturlandschaftsprogramme? Nennen Sie Beispiele für Maßnahmen, die im Rahmen solcher Programme honoriert wurden.

Antworten:

1. Nach Einführung der Quotenregelung, nach der für die über eine festgelegte Quote hinaus produzierte Milchmenge nur ein geringer Preis bezahlt wurde, ging die Milchproduktion zurück. Allerdings lag auch 1993 – sowohl in Deutschland als auch in der EU – der Selbstversorgungsgrad bei Milch über 100 %.

2. Unter ökologischen Gesichtspunkten ist eine Dauerbrache der Rotationsbrache vorzuziehen. Aufgrund der in bewirtschafteten Böden vorliegenden Düngerreserven besteht auf Brachflächen die Gefahr, daß freigesetzte Nährstoffe nicht von Pflanzen aufgenommen und daher ins Grundwasser ausgewaschen werden. Bei der Wiederaufnahme der Bewirtschaftung ist mit einem erhöhten Herbizideinsatz zur Bekämpfung der wiederangesiedelten Ackerwildkräuter zu rechnen. Stabile Pflanzengesellschaften der Ackerbegleitflora mit einer hohen Artenvielfalt können sich erst nach mehrjähriger Brache entwickeln.

3. Als nachwachsende Rohstoffe werden Pflanzen bezeichnet, die nicht für Ernährungszwecke, sondern als Rohstoff für die industrielle Verwertung oder zur Energiegewinnung angebaut werden.

4. Man unterscheidet zwischen Industrie- und Energiepflanzen. Zu den Industriepflanzen gehören z. B. Zuckerrüben, Kartoffeln, Sonnenblumen und Flachs. Zu den Energiepflanzen zählen Weizen, Raps und Chinaschilf.

5. Der Einsatz von Biodiesel weist eine positive Energiebilanz auf: Bei der vollständigen Verwertung der Rapspflanzen beträgt das Verhältnis von Energieinput zu -output 1 : 4. Bei der Verbrennung werden weniger Schadstoffe freigesetzt. Die Verbrennung von Biodiesel erfolgt CO_2-neutral, da nur so viel CO_2 freigesetzt wird, wie vorher von den Pflanzen gebunden wurde.

6. Der Anbau von Raps erfordert eine intensive Bewirtschaftung mit hohem Dünger- und Pestizideinsatz. Problematisch ist die geringe Verfügbarkeit des Biodiesels. Trotz subventionierten Anbaus und Verzichts auf die Mineralsteuer ist Biodiesel teurer als normales Diesel.

7. Je nach Sichtweise gibt es für diesen Begriff unterschiedliche Definitionen. Aus agrarpolitischer Sicht versteht man darunter eine Verringerung der Produktion von Überschußerzeugnissen. Unter ökologischen Gesichtspunkten bedeutet Extensivierung eine Unterbrechung bzw. Umkehr der Entwicklung, die mit der Intensivierung der Landnutzung – Ausräumung der Landschaft, hoher Einsatz von Mineraldünger und Pestiziden etc. – verbunden ist. Methoden zur Erreichung dieses Ziels sind: Verringerung des Einsatzes chemisch-synthetischer Produktionsmittel, u. a. durch Einführung einer Stickstoffabgabe, Umstellung auf ökologischen Landbau, Förderung einer bäuerlich strukturierten Landwirtschaft.

8. Zum Beispiel: Bewirtschaftung von Betrieben mit Pflanzenbau und Viehhaltung, Verzicht auf hochwertige Mineraldünger und Pestizide, biologische bzw. mechanische Schädlingsbekämpfung, Anlage von strukturreichen Agrarflächen zur Ansiedlung von Nützlingen, artgerechte Tierhaltung.

9. Ziele der Kulturlandschaftsprogramme sind der Erhalt der durch vielfältige Nutzung gestalteten Kulturlandschaft sowie der natürlichen Ressourcen. Beispiele für honorierte Leistungen sind: Einhaltung von bestimmten Fruchtfolgen, Verzicht auf ertragssteigernde Produktionsmittel, Haltung gefährdeter Nutztierrassen, Erhaltung von Streuobstwiesen.

3 Zum Konflikt Landwirtschaft – Naturschutz

P. Reinhard

Wie im 1. Kap. dargelegt, ist die heutige intensive Landbewirtschaftung eine der Hauptursachen für den Rückgang von Arten und Biotopen. Um deren Schutz zu gewährleisten, werden Flächen aus der Produktion herausgenommen und unter Naturschutz gestellt, während gleichzeitig auf den übrigen Flächen intensiver weitergewirtschaftet wird.

In Kap. 3 soll betrachtet werden, welche Möglichkeiten es gibt, einen Ausgleich zwischen den Anforderungen von Landwirtschaft und Naturschutz zu finden. Durch welche Maßnahmen und Strategien ist bei einer ausreichenden Produktion der Erhalt einer vielfältigen Kulturlandschaft sowie der bedrohten Arten und Lebensgemeinschaften zu erreichen?

Im Laufe der Jahrhunderte ist eine vielfältig gestaltete > Kulturlandschaft entstanden. Die standortspezifische Vegetation, der Laubmischwald, wurde durch die agrarische Nutzung zurückgedrängt. Vor etwa 200 Jahren bestand die Landschaft aus einem Mosaik aus natürlichen Ökosystemen wie Wald, Mooren, Dünen, Gewässern und aus kleineren Flächen extensiver und intensiver Nutzung. Die vom Menschen geschaffenen Ökosysteme boten Lebensmöglichkeiten für viele wildlebenden Tier- und Pflanzenarten. Es entwickelten sich Lebensgemeinschaften, die auf die Bewirtschaftung der Flächen angewiesen sind. Etwa die Hälfte der einheimischen Tier- und Pflanzenarten ist von der Nutzung abhängig.

Durch die Intensivierung und Rationalisierung des Ackerbaus entstanden große Flächen ohne Feldraine, Feldgehölze etc. Auch die Grünlandnutzung wurde durch Entwässerung, Düngung und häufigere Mahd intensiviert. Dadurch kam es zu einem bedeutenden Rückgang der Biotope, die auf extensiver Nutzung (z. B. > Niederwald, > Streuobstwiesen, > Halbtrockenrasen, > Feuchtwiesen, > Heide) bzw. intensiver Nutzung beruhen. Der Rückgang von Biotopen war verbunden mit dem Verschwinden bzw. dem Rückgang der Arten, die diese Biotope besiedeln.

Dieser Entwicklung versucht der Naturschutz entgegenzuwirken. Ziele des Naturschutzes sind:

– die Erhaltung und Förderung der natürlichen Lebensgrundlagen von Pflanzen und Tieren sowie deren Lebensgemeinschaften und damit der Artenvielfalt,

– die Erhaltung und Förderung der wildlebenden Pflanzen- und Tierarten und ihren Lebensräumen (Artenschutz) sowie

– die Sicherung von Landschaften und Landschaftsteilen in ihrer Vielfalt und Eigenart.

Zur Erreichung dieser unterschiedlichen Ziele stehen verschiedene Methoden zur Verfügung, nach denen man einen konservierenden, einen regenerierenden und einen kreativen Naturschutz unterscheidet. Beim *konservierenden* Naturschutz geht es um die Erhaltung von Lebewesen und Lebensräumen durch Biotoppflege und die direkte Beeinflussung von Beständen. Methoden des *regenerierenden* Naturschutzes sind beispielsweise die Wiedereinbürgerung von bei uns ausgestorbenen Arten oder die Wiederherstellung von extremen Standortbedingungen, etwa die Wiedervernässung trockengelegter Moore. Die Gestaltung neuer Lebensräume gehört zu den Aufgaben des *kreativen* Naturschutzes (KNAUER 1993). Von Vertretern des Naturschutzes wird gefordert, daß mindestens 10 % der landwirtschaftlichen Flächen (und auch der Waldfläche) aus der Nutzung herausgenommen und für Arten- und Biotopschutz zur Verfügung gestellt werden sollen (SRU 1985).

> Ein Beispiel für regenerierenden Naturschutz – die Renaturierung eines Moores – ist in der 5. Studieneinheit, Kap. 5 dargestellt.

Heute werden Flächen unter Naturschutz gestellt und dadurch jeglicher Nutzung entzogen, während auf der anderen Seite die Nutzung auf landwirtschaftlichen Flächen immer weiter intensiviert wird. Damit ist noch nichts für die Erhaltung von extensiv genutzten Standorten getan, die für den Artenschutz erforderlich wären. Denn gerade *die* Arten und Lebensgemeinschaften sind gefährdet und stehen daher auf der Roten Liste (KORNECK u. SUKOPP 1988; BLAB et al. 1984), die an extensiv genutzte Standorte angepaßt sind. Für deren Erhaltung wäre eine weiträumige *starke* Extensivierung der Nutzung notwendig. Aber auch dies scheint keine ausreichende Lösung zu sein. Eine Wiederherstellung der mittelalterlichen „Halbkulturlandschaft" (WILMANNS 1973) würde eine sehr geringe Produktivität mit sich bringen, die nicht einmal damals zur gesicherten Ernährung der weitaus geringeren Bevölkerung ausreichte (HAMPICKE 1988).

Es müssen also Lösungen gefunden werden, die den verschiedenen Anforderungen genügen und gleichzeitig die Gegebenheiten berücksichtigen. Zur Befriedigung all dieser Bedürfnisse müssen verschiedene Strategien verfolgt werden, die auf unterschiedlichen räumlichen Konzepten beruhen. HAMPICKE (1988) unterscheidet zwischen „Kombination", „Vernetzung", die beide auf dem Prinzip „Integration" beruhen, und „Segregation" (Abb. 3.12).

Eine Lösung nach dem *Kombinationsprinzip* versucht, Landwirtschaft und Naturschutz auf einer Fläche zu vereinen. Voraussetzung ist eine Extensivierung der bisherigen Nutzung. Dieses Konzept ist nur schwer in die Praxis umzusetzen, da für den Erhalt von gefährdeten Arten bzw. für die Artenvielfalt eine Extensivierung von 10 – 20 %, also

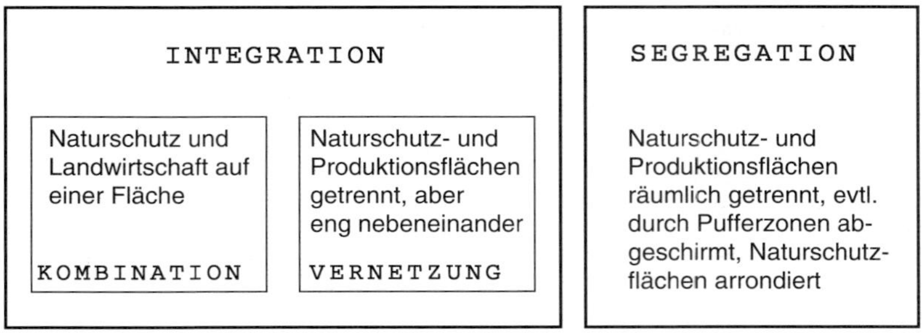

INTEGRATION		SEGREGATION
Naturschutz und Landwirtschaft auf einer Fläche KOMBINATION	Naturschutz- und Produktionsflächen getrennt, aber eng nebeneinander VERNETZUNG	Naturschutz- und Produktionsflächen räumlich getrennt, evtl. durch Pufferzonen abgeschirmt, Naturschutzflächen arrondiert

Abb. 3.12. Die unterschiedlichen räumlichen Konzepte „Kombination", „Vernetzung" und „Segregation". (Aus HAMPICKE 1988)

eine Reduzierung der Flächenproduktivität um diesen Betrag, nicht viel bringt. „Milde Extensivierungen heutiger Standardflächennutzungsverfahren (Getreide-, Ackerfutterbau, Intensivgrünland) sind für den Naturschutz i. allg. nahezu wirkungslos. Eine Ertragssenkung beim Mais von 6000 auf 4500 kStE/ha[13] oder beim Weizen von 80 auf 60 dt/ha (beides sind schon 25 %!) bringt allein kein Ackerwildkraut zurück" (HAMPICKE 1988). Die Umstellung einer Nutzung von Silomaisanbau auf Intensivgrünland entspricht beispielsweise einer Reduktion der Intensität um 50 %. Die Umwandlung dieses intensiv genutzten Grünlandes in eine traditionelle blütenreiche Wiese bedeutet eine weitere Reduktion auf die Hälfte, also auf 25 % der ursprünglichen Intensität. Erst die Umwandlung in einen Halbtrockenrasen mit Kleinseggenriedern wäre für die Erhaltung und Förderung von bedrohten Arten von Bedeutung. Dies wäre aber gleichbedeutend mit einem Rückgang der Flächenleistung auf 17 % des ursprünglichen Wertes. Die damit verbundenen Ertragseinbußen sind bei der derzeitigen Lage der Landwirtschaft nicht tolerierbar. Den Zusammenhang zwischen Flächenertrag und Naturschutzwert beim Rauhfutterbau verdeutlicht die Abb. 3.13.

Eine bessere Lösung als die Kombination bietet das Prinzip *Vernetzung* an, nach dem agrarisch genutzte Flächen und Biotope zwar getrennt, aber eng benachbart sind. „Wird der Flächenertrag eines Maisackers um 20 % von 6000 kStE/ha auf 4800 kStE/ha reduziert, so ist dies mit dem bloßen Auge kaum feststellbar. Wird die Produktivität bei 6000 kStE/ha belassen und werden 20 % des Ackers als Strukturelemente („Vernetzungsbiotope", „ökologische Zellen", „Ausgleichsflächen" oder wie immer man sie nennen will) abgezweigt, so ist der ökologische Erfolg unvergleichlich höher" (HAMPICKE 1988). Voraussetzung dafür ist allerdings, daß dabei die räumlichen Gegeben-

---

[13] kStE = Kilostärkeeinheit, in der Rindermast gültiges Nettoenergiemaß zur vergleichenden Bewertung verschiedener Futtermittel.

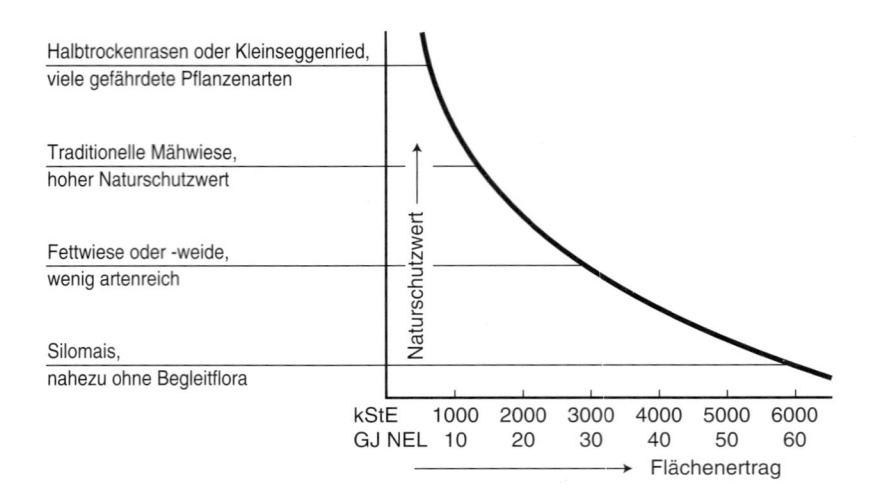

```
Halbtrockenrasen oder Kleinseggenried,
viele gefährdete Pflanzenarten

Traditionelle Mähwiese,
hoher Naturschutzwert

Fettwiese oder -weide,
wenig artenreich

Silomais,
nahezu ohne Begleitflora

                kStE   1000  2000  3000  4000  5000  6000
                GJ NEL  10    20    30    40    50    60
                                                   Flächenertrag
```

Abb. 3.13. Zusammenhang zwischen Flächenertrag und Naturschutzwert beim Rauhfutterbau. kStE und GJ NEL[14] sind Nettoenergiemaße, die auch den Wert des Futters berücksichtigen. Bei gleichem Brennwert enthält 1 kg gutes Heu mehr kStE bzw. GJ NEL als 1 kg schlechtes Heu. (Aus HAMPICKE 1988)

heiten ausreichend berücksichtigt werden, wie z. B. die Einbeziehung flächenhafter Elemente oder der Kontakt mit Resten alter Strukturelemente. Solche nach dem Vernetzungsprinzip durchgeführten Maßnahmen erhöhen die allgemeine ökologische Vielfalt und gleichzeitig auch die ästhetische Qualität der Agrarlandschaft. Sie dienen den Zielen des Naturschutzes weitaus mehr als die nach dem Kombinationsprinzip durchgeführten Maßnahmen.

Diesen beiden auf Integration beruhenden Prinzipien – Kombination und Vernetzung – steht ein drittes gegenüber, das mehr auf das Ziel „Artenschutz" ausgerichtet ist: das Prinzip *Segregation*. Nach diesem Prinzip werden Biotopflächen und Nutzflächen streng voneinander getrennt, die Biotopflächen sogar möglichst durch Pufferzonen von den übrigen Flächen abgegrenzt, um sie vor negativen Einflüssen abzuschirmen. Solche Gebiete sind für den Erhalt der bedrohten Arten unerläßlich, da für deren Überleben auch eine starke Extensivierung nicht ausreicht. Die Gebiete müssen eine bestimmte Mindestgröße aufweisen, da es für das langfristige Überleben von Arten bestimmte Mindestpopulationsgrößen gibt.

Einen Überblick darüber, inwieweit sich die einzelnen Strategien für die Erreichung einzelner Naturschutzziele eignen, gibt Tabelle 3.7.

---

14 Gigajoule Nettoenergie Laktation, gültig in der Milchkuhfütterung.

Tabelle 3.7. Tauglichkeit verschiedener räumlicher Strategien für die Umsetzung einzelner wichtiger Naturschutzziele;
K Kombination, V Vernetzung; S Segregation; ++ gut geeignet, + bedingt geeignet, – wenig oder nicht geeignet. (Aus PLACHTER 1991)

Naturschutzziel	K	V	S
Reduktion intensivster, stark umweltbelastender Nutzungsformen	++	–	–
Nachhaltiger Schutz von Boden, Wasser und Luft	++	+	–
Stärkung natürlicher Regulationsmechanismen in der Agrarlandschaft	+	++	–
Verminderung von Isolationseffekten	+	++	–
Schutz halbnatürlicher Agrarbiotope	–	+	+
Schutz linearer und punktueller Habitate	–	++	–
Schutz natürlicher und naturnaher „Großflächenökosysteme"	–	–	++
Schutz natürlicher dynamischer Prozesse	–	–	++
Schutz und Förderung „nutzungstoleranter" Arten	++	++	–
Schutz mäßig anspruchsvoller Arten der Kulturlandschaft	+	++	+
Schutz bedrohter Arten mit hohen Umweltansprüchen	–	–	++

Aus diesen Überlegungen heraus wird deutlich, daß die Ziele des Naturschutzes nur mit einer Kombination von allen 3 Strategien erreicht werden können.

– Die Intensität der Nutzung muß insgesamt reduziert werden, um die Belastung der Umwelt (v. a. Boden, Wasser) zurückzunehmen. Es müssen wieder extrem extensiv genutzte Gebiete entstehen, die großflächig Lebensmöglichkeiten für entsprechend angepaßte Arten bieten (Kombinationsprinzip).

– Eine möglichst vielfältige Kulturlandschaft mit unterschiedlichen Nutzungen und zahlreichen vernetzten Kleinstrukturen muß erhalten bleiben bzw. wiederhergestellt werden (Vernetzungsprinzip).

– Alle wertvollen Reste von alter Kulturlandschaft müssen erhalten und ausgedehnt werden, um von dort aus eine Wiederausbreitung seltener Arten zu ermöglichen (Segregationsprinzip).

Die beiden ersten Maßnahmen sind mit Nutzung verbunden, so daß eine Bewirtschaftung möglich bzw. Pflege notwendig ist. Zur Durchführung der Maßnahmen ist man dabei auf die Mithilfe der Landwirte, die ja zumeist auch Besitzer dieser Flächen sind, angewiesen. Bei der Planung der Maßnahmen sollten diese daher miteinbezogen und kein Vorgehen über deren Köpfe hinweg entschieden werden, wie das häufig bei der Ausweisung von Naturschutzflächen im Rahmen der Landschaftsplanung der Fall ist.

Rückblickend beantworten Sie bitte folgende Fragen:

Fragen:

1. Welches sind die Ziele des Naturschutzes?

2. Mit welchen Methoden können diese Ziele erreicht werden?

3. Was versteht man unter den räumlichen Konzepten: Kombination, Vernetzung und Segregation?

4. Bei welchen dieser Strategien müssen Landwirte einbezogen werden und warum?

Antworten:

1. Erhaltung und Förderung der natürlichen Lebensgrundlagen von Pflanzen und Tieren, deren Lebensgemeinschaften, damit der Artenvielfalt sowie die Erhaltung und Förderung der wildlebenden Pflanzen- und Tierarten mit ihren Lebensräumen (Artenschutz) und die Sicherung von Landschaften und Landschaftsteilen in ihrer Vielfalt und Eigenart.

2. Biotoppflege, direkte Beeinflussung von Beständen (konservierender Umweltschutz),
Wiederansiedlung von bei uns ausgestorbenen Arten oder Wiederherstellung von extremen Standortbedingungen (regenerierender Umweltschutz),
Gestaltung neuer Lebensräume (kreativer Umweltschutz).

3. Kombination: Naturschutz und Landwirtschaft sind auf einer Fläche vereint.
Vernetzung: Naturschutz- und Agrarflächen sind getrennt, aber eng benachbart.
Segregation: Biotopflächen sind von Produktionsflächen räumlich getrennt, möglichst durch Pufferzonen abgeschirmt. Die Naturschutzflächen müssen eine bestimmte Mindestfläche aufweisen, da für das langfristige Überleben von Arten Mindestpopulationsgrößen erforderlich sind.

4. Sowohl bei der Kombinations- als auch bei der Vernetzungsstrategie ist der Naturschutz auf die Mithilfe der Landwirte angewiesen. Beide Maßnahmen erfordern eine Nutzung der Flächen, so daß eine Bewirtschaftung möglich bzw. eine Pflege notwendig ist.

4. Literatur und Quellennachweis

Wir möchten an dieser Stelle Autoren und Verlagen für die Erlaubnis zur Übernahme der Abbildungen bzw. Texte danken.

ABELE U (1973) Vergleichende Untersuchungen zum konventionellen und biologisch-dynamischen Pflanzenbau unter besonderer Berücksichtigung von Saatzeit und Entitäten. Inaugural-Dissertation. Justus-Liebig-Universität, Gießen

AGÖL (Arbeitsgemeinschaft Ökologischer Landbau) (Hrsg) (^{12}1990) Rahmenrichtlinien zum ökologischen Landbau. SÖL-Sonderausgabe 17

Bericht der Bundesregierung über die Lage der Landwirtschaft gemäß § 4 des Landwirtschaftsgesetzes (1966) (Grüner Bericht 1966) Maßnahmen der Bundesregierung gemäß § 5 des Landwirtschaftsgesetzes (Grüner Plan 1966). Bonn

BLAB J, NOWAK E, TRAUTMANN W, SUKOPP H (Hrsg) (^{4}1984) Rote Liste der gefährdeten Tiere und Pflanzen in der BRD. Kilda, Greven

BMELF (Bundesministerium für Ernährung, Landwirtschaft und Forsten) (1992) Die Agrarreform der EG. Regelungen für pflanzliche Produkte – Rahmenbeschlüsse für die anderen Bereiche. Bonn

BOLLMANN K C (1990) Agrarpolitik. Entwicklungen und Wandlungen zwischen Mittelalter und Zweitem Weltkrieg. Peter Lang, Frankfurt a. M. Bern New York Paris

BORCHERT J (1993) Pack den Zucker in den Tank: Nachwachsende Rohstoffe – neuer Hoffnungsträger der Landwirtschaft? In: Agrarbündnis e.V. Arbeitsgemeinschaft bäuerliche Landwirtschaft Bauernblatt e.V. (Hrsg) Der kritische Agrarbericht. Landwirtschaft 1993. Rheda-Wiedenbrück. S 70 – 75

BORN M (1974) Die Entwicklung der Deutschen Agrarlandschaft. Erträge der Forschung, Bd 29. Wissenschaftliche Buchgesellschaft, Darmstadt

BUNDESMINISTER FÜR ERNÄHRUNG, LANDWIRTSCHAFT UND FORSTEN (Hrsg) (1982) Agrarbericht der Bundesregierung 1982. Bonn

BUNDESMINISTER FÜR ERNÄHRUNG, LANDWIRTSCHAFT UND FORSTEN (Hrsg) (1993) Agrarbericht der Bundesregierung 1993. Bonn

BUNDESMINISTER FÜR ERNÄHRUNG, LANDWIRTSCHAFT UND FORSTEN (Hrsg) (1994) Agrarbericht der Bundesregierung 1994. Bonn

BUNDESMINISTER FÜR ERNÄHRUNG, LANDWIRTSCHAFT UND FORSTEN (Hrsg) (1995) Agrarbericht der Bundesregierung 1995. Bonn

BUNDESMINISTERIUM FÜR ERNÄHRUNG, LANDWIRTSCHAFT UND FORSTEN (Hrsg) (1994) Statistisches Jahrbuch über Ernährung, Landwirtschaft und Forsten. Landwirtschaftsverlag, Münster-Hiltrup

ENNEN E, JANSSEN W (1979) Deutsche Agrargeschichte. Vom Neolithikum bis zur Schwelle des Industriezeitalters. In: H POHL (Hrsg) Wissenschaftliche Paperbacks 12. Sozial- und Wirtschaftsgeschichte. Franz Steiner, Wiesbaden

DER SPIEGEL (1995) Gelbe Pracht. 22: 50 – 51

DIERCKS R (^{2}1986) Alternativen im Landbau. Eugen Ulmer, Stuttgart

FLAIG H, MOHR H (Hrsg) (1993) Energie aus Biomasse – eine Chance für die Landwirtschaft. Springer, Berlin Heidelberg New York Tokyo

GANZERT C (1991) Der Einfluß der Agrarstruktur auf die Umweltentwicklung in Feuchtgebieten – Konflikte, agrarpolitische Ursachen und Lösungsansätze. Dissertation, TUM, Weihenstephan

GLAESER B (Hrsg) (1986) Die Krise der Landwirtschaft. Campus, Frankfurt a. M. New York

v. HAAREN C, MÜLLER-BARTUSCH C (1991) Programme zur Flächenstillegung und Extensivierung. Naturschutz und Landschaftsplanung. 3: 100 – 106

HABER W (1985) Anforderungen des Arten- und Biotopschutzes an die Land- und Forstwirtschaft. In: R WILDENMANN (Hrsg) Umwelt, Wirtschaft Gesellschaft – Wege zu einem neuen Grundverständnis. Kongreß der Landesregierung „Zukunftschancen eines Industrielandes". S 115 – 118

HABER W, SALZWEDEL J (1992) Umweltprobleme der Landwirtschaft – Sachbuch Ökologie. Metzler-Poeschel, Stuttgart

HÄUSSLER G (1989) Die Entwicklung der EG-Agrarpolitik. In: Landwirtschaft: zwischen Stillegung und Agrarfabrik. Öko-Mitteilungen **12**(4): 32 – 33

HAMPICKE U (1988) Extensivierung der Landwirtschaft für den Naturschutz – Ziele, Rahmenbedingungen und Maßnahmen. Schriftenreihe Bayer. Landesamt für Umweltschutz. 84: 9 – 35

HAMPICKE U (1991) Naturschutz-Ökonomie. Eugen Ulmer, Stuttgart

HANACK P (1995) In der Tiefe vergiften Pflanzenschutzmittel das einst so saubere Naß. Frankfurter Rundschau vom 17.3.1995

HAUSHOFER H (1963) Die deutsche Landwirtschaft im technischen Zeitalter. Eugen Ulmer, Stuttgart

HEINRICH B (1991) Bauernfamilien ohne Arbeit? – Folgen der Extensivierung für die bäuerlichen Familien. In: Agrarsoziale Gesellschaft e.V. (Hrsg) Extensivierung der Landbewirtschaftung. Schriftenreihe für Ländliche Sozialfragen. 113: 67 – 76

HEISSENHUBER A (1994) Landwirtschaft in Deutschland. In: A HEISSENHUBER, J KATZEK, F MEUSEL, H RING (Hrsg) Landwirtschaft und Umwelt. Bd 9 der Reihe: Umweltschutz – Grundlagen und Praxis. Economica, Bonn. S 1 – 37

HEISSENHUBER A, RING H (1994) Landwirtschaft und Umweltschutz. In: A HEISSENHUBER, J KATZEK, F MEUSEL, H RING (Hrsg) Landwirtschaft und Umwelt. Bd. 9 der Reihe: Umweltschutz – Grundlagen und Praxis. Economica, Bonn. S 38 – 137

HENNING F-W (^{5}1994) Das vorindustrielle Deutschland 800 bis 1800. Schöningh, Paderborn München Wien Zürich. UTB für Wissenschaft 398

HERER J (^{17}1994) Die Wiederentdeckung der Nutzpflanze Hanf, Cannabis Marihuana. Zweitausendeins, Frankfurt a. M.

HIRN G (1993) Instrumente deutscher Agrarpolitik. In: Agrarbündnis e.V. Arbeitsgemeinschaft bäuerliche Landwirtschaft Bauernblatt e.V. (Hrsg) Rheda-Wiedenbrück. S 20 – 29

HOFMEISTER H, GARVE E (1986) Lebensraum Acker. Parey Buchverlag, Hamburg Berlin

KÄCHELE H (1992) BUND-Argumente: Nachwachsende Rohstoffe. Bund für Umwelt und Naturschutz Deutschland (Hrsg) Bonn

KNAUER N (1987) Vorwort. In: Vorstand des Dachverbandes Wissenschaftlicher Gesellschaften der Agrar-, Forst-, Ernährungs-, Veterinär- und Umweltforschung e. V. (Hrsg) Extensivierung der

Landnutzung – Wege zur Sicherung von Naturpotentialen und zur Begrenzung des Mengenwachstums. Bd 13 der Schriftenreihe Agrarspectrum, Verlagsunion Agrar

KNAUER N (1993) Ökologie und Landwirtschaft. Situation, Konflikte, Lösungen. Eugen Ulmer, Stuttgart

KÖRBER-GROHNE U (^{2}1988) Nutzpflanzen in Deutschland. Kulturgeschichte und Biologie. Konrad Theiss, Stuttgart

KORNECK D, SUKOPP H (1988) Rote Liste der in der Bundesrepublik Deutschland ausgestorbenen, verschollenen und gefährdeten Farn- und Blütenpflanzen und ihre Auswertung für den Arten- und Biotopschutz. Schriftenreihe für Vegetationskunde 19. Bonn – Bad Godesberg

LANDESAMT FÜR FLURBEREINIGUNG UND SIEDLUNG BADEN-WÜRTTEMBERG (Hrsg) Flurbereinigung und Landespflege. Fachtagung der höheren Beamten der Flurbereinigungsverwaltung Baden-Württemberg, Freudenstadt, 4. – 6. Mai 1971. Ludwigsburg

LÜNZER I (1993) Entwicklung der Rahmenrichtlinien für den ökologischen Landbau in Deutschland. In: Agrarbündnis e.V. Arbeitsgemeinschaft bäuerliche Landwirtschaft Bauernblatt e.V. (Hrsg) Der kritische Agrarbericht. Landwirtschaft 1993. Rheda-Wiedenbrück. S 131 – 135

MAHN E-G (1992) Auswirkungen der Einführung herbizidresistenter Kulturpflanzen auf Ökosysteme. Gutachten für das Wissenschaftszentrum für Sozialforschung. Berlin

MANTHEY M (1992) Pestizide in der Umwelt. In: Lexikon der Biologie, Bd 10. Biologie im Überblick. Herder, Freiburg Basel Wien. S 454 – 458

MEIER S (1986) Ökologiefolgen der Erzeugung nachwachsender Rohstoffe. Seminararbeit, Universität Hohenheim Stuttgart

MEISEL K (1984) Landwirtschaft und „Rote Liste"-Pflanzenarten. Natur Landschaft **59**: 301 – 307

MINISTER FÜR ERNÄHRUNG, LANDWIRTSCHAFT UND UMWELT BADEN-WÜRTTEMBERG (Hrsg) (1976) Flurbereinigung und Sonderkulturen. Fachtagung der höheren Beamten der Flurbereinigungsverwaltung Baden-Württemberg, Mannheim, 30.6. – 2.7.1975. Stuttgart

MÜLLER W H (1992) Landschaftswandel und Umweltbelastungen in Mitteleuropa. In: Lexikon der Biologie, Bd 10. Biologie im Überblick. Herder, Freiburg Basel Wien. S 416 – 430

OSWALD R (1989) Das EG-Flächenstillegungsprogramm. In: Landwirtschaft: zwischen Stillegung und Agrarfabrik. Öko-Mitteilungen **12**(4): 20 – 21

OTTE A, ZWINGEL W, NAAB M, PFADENHAUER J (1988) Ergebnisse der Erfolgskontrollen zum Ackerrandstreifenprogramm aus den Regierungsbezirken Oberbayern und Schwaben in den Jahren 1986 und 1987. Schriftenreihe Bayer. Landesamt f. Umweltschutz **84**: 161 – 205

PLACHTER H (1991) Naturschutz. Gustav Fischer, Stuttgart. UTB für Wissenschaft 1563

POPPINGA O, THOMAS F (1993) Milcherzeugung und Milchmarkt. In: Agrarbündnis e.V. Arbeitsgemeinschaft bäuerliche Landwirtschaft Bauernblatt e.V. (Hrsg) Der kritische Agrarbericht. Landwirtschaft 1993. Rheda-Wiedenbrück. S 35 – 50

PRIEBE H (^{3}1988) Die subventionierte Unvernunft. Siedler, Berlin

PRIEBE H (1990) Die subventionierte Naturzerstörung. Goldmann, München

PRIEBE H (1993) Der Agrarbericht der deutschen Bundesregierung: Absichten, Erfahrungen, kritische Beurteilung. In: Agrarbündnis e.V. Arbeitsgemeinschaft bäuerliche Landwirtschaft Bauernblatt e.V. (Hrsg) Der kritische Agrarbericht. Landwirtschaft 1993. Rheda-Wiedenbrück. S 256 – 264

QUIST D (1985) Erosion – Gefahr für unsere Böden. In: Bedrohte Lebenselemente. Kohlhammer, Stuttgart Mainz

REDDEMANN L (1991) Extensivierung – verwildert die Heimat? – Folgen für die Kulturlandschaft. In: Agrarsoziale Gesellschaft e.V. (Hrsg.): Extensivierung der Landbewirtschaftung. Schriftenreihe für Ländliche Sozialfragen. 113: 59 – 66

SASSEN B (1989) Extensivierung der Landwirtschaft. In: Landwirtschaft: zwischen Stillegung und Agrarfabrik. Öko-Mitteilungen **12** (4): 22 – 24

SASSEN-REMPEN B (1988) Stickstoff-Abgabe – Ein Weg zu einer umweltverträglichen Landwirtschaft. In: Sonderheft „Landwirtschaft Wasserwirtschaft". Öko-Mitteilungen **11**(3): 16 – 18

Schauer T, Caspari C (1978) Pflanzenführer. BLV, München

Schilke K (Hrsg) (1992) Agrarökologie. Schroedel Schulbuchverlag GmbH, Hannover

Scholz H (1991) Die EG-Agrarpolitik vor der Wende – Probleme und Lösungswege. In: Agrarsoziale Gesellschaft e.V. (Hrsg) Extensivierung der Landbewirtschaftung. Schriftenreihe für Ländliche Sozialfragen 113: 9 – 20

Schulte M (1995) Zuviel des Guten. DIE ZEIT Nr 48, vom 24. November 1995, S 43

Schulze-Weslarn K-W (1991) Zielsetzungen, Umfang und Probleme der Extensivierung der Landbewirtschaft in Europa. In: Agrarsoziale Gesellschaft e.V. (Hrsg) Extensivierung der Landbewirtschaftung. Schriftenreihe für Ländliche Sozialfragen 113: 29 – 58

Schumacher W (1984) Gefährdete Ackerwildkräuter können auf ungespritzten Feldrändern erhalten werden. Mitteilungen der LÖLF **9** (1): 14 – 20

Schwäbisches Tagblatt (1995) Auch Landwirte belasten den Wald. Vom 16.2.1995

Schwäbisches Tagblatt (1995) Zu viel Nitrat im Grundwasser. Vom 1.8.1995

SRU (Rat von Sachverständigen für Umweltfragen) (1985): Umweltprobleme der Landwirtschaft, Sondergutachten März 1985. Verlag Kohlhammer, Stuttgart Mainz

SRU (Rat von Sachverständigen für Umweltfragen) (1994) Umweltgutachten 1994. Metzler-Poeschel, Stuttgart

Statistisches Bundesamt (Hrsg) (1995) Statistisches Jahrbuch für die Bundesrepublik Deutschland. 1995. Metzler-Poeschel, Stuttgart

Streit M E, Wildenmann R, Jesinghaus J (Hrsg) (1989) Landwirtschaft und Umwelt: Wege aus der Krise. Nomos, Baden-Baden

Thomas F (1990) Analyse der Situation der Landwirtschaft. Werkstattreihe 63. Öko-Institut e.V., Freiburg

Thomas F, Vögel R (1989) Gute Argumente: Ökologische Landwirtschaft. Beck Reihe 378. C.H. Beck, München

UBA (Umweltbundesamt) (1993) Ökologische Bilanz von Rapsöl bzw. Rapsölmethylester als Ersatz von Dieselkraftstoff (Ökobilanz Rapsöl). Texte 4/93. Berlin

UMWELTBUNDESAMT (1992) Daten zur Umwelt 1990/91. Erich Schmidt, Berlin

UMWELTBUNDESAMT (1994) Daten zur Umwelt 1992/93. Erich Schmidt, Berlin

VÖLKEL G (1995) Die Flächenstillegung im Rahmen der EG-Agrarreform. In: Agrarbündnis e.V. Arbeitsgemeinschaft bäuerliche Landwirtschaft Bauernblatt e.V. (Hrsg) Der kritische Agrarbericht. Landwirtschaft 1995. Rheda-Wiedenbrück. S 21 – 26

WEINSCHENCK G (1987) Flächenstillegung und Extensivierung – Beiträge zur Marktentlastung. In: Agrarsoziale Gesellschaft e.V. (Hrsg) Flächenstillegung und Extensivierung – Beiträge zur Marktentlastung. Schriftenreihe für Ländliche Sozialfragen 99. Göttingen. 18 – 33

WEINS C (1995) Flächenstillegung – Mehr Natur? In: Agrarbündnis e.V. Arbeitsgemeinschaft bäuerliche Landwirtschaft Bauernblatt e.V. (Hrsg) Der kritische Agrarbericht. Landwirtschaft 1995. Rheda-Wiedenbrück. S 171 – 176

WILMANNS O (1973) Ökologische Pflanzensoziologie. Quelle & Meyer, Heidelberg

WITT A (1994) Grüne Hoffnung oder gelbe Gefahr. fairkehr 4: 27 –30

4.

Studieneinheit

Bodenbelastung und Rohstoffabbau im Ruhrgebiet

4

Autoren:
Dr. Detlef Briesen, Institut für Europäische Regionalforschungen (IFER),
Universität/Gesamthochschule Siegen
Dr. Dieter A. Hiller, Fachbereich Architektur, Bio- und Geowissenschaften,
Universität/Gesamthochschule Essen

bearbeitet von
Dr. rer. nat. Elke Rottländer, Deutsches Institut für Fernstudienforschung an der
Universität Tübingen

Inhalt

1	*Einführung*	267
2	*Bedingungen für das heute bedrohliche Ausmaß der Bodenbelastung*	269
2.1	Einleitung	269
2.2	Aufstieg des Ruhrgebietes zum bedeutendsten Industriegebiet Europas	272
2.2.1	Grund 1: Steinkohle als Motor der Industrialisierung	276
2.2.2	Grund 2: Zentrale Lage des Ruhrgebietes in Europa	278
2.2.3	Grund 3: Technische Entwicklung seit dem 18. Jahrhundert	279
2.2.4	Grund 4: Interessen des (Preußisch-) Deutschen Staates am Ruhrgebiet	281
2.3	Entfaltung der Industriewirtschaft des Ruhrgebietes	285
2.4	Das Ruhrgebiet heute	287
2.5	Das Wissen um die Bodenbelastungen im Ruhrgebiet	290
2.6	Rückblick	291
3	*Auswirkungen der Industrialisierung des Ruhrgebietes auf den Boden*	295
3.1	Freiflächenverbrauch im Ballungsraum Ruhrgebiet	295
3.2	Versiegelung	300
3.3	Halden und Bergsenkungen	304
3.4	Bodenbelastungen durch industrielle Reststoffe und Eintrag von Luftschadstoffen	309
3.5	Industriebrachen und Stadtentwicklung	315
3.6	Erfassung von Bodenbelastungen	316
3.7	Rückblick	319
4	*Grundsätzliche Möglichkeiten des Umgangs mit den Bodenbelastungen*	323
4.1	Administrative Einflußmöglichkeiten	323
4.1.1	Gesetzliche Möglichkeiten	323
4.1.2	Grenz-, Richt- und Orientierungswerte	324
4.2	Zunehmende Versiegelung und Bemühungen um eine Verminderung	329
4.3	Sanierung belasteter Flächen	334
4.3.1	Chemisch-physikalische Verfahren	337
4.3.2	Biologische Verfahren	338
4.3.3	Thermische Verfahren	344
4.4	Renaturierung und Rekultivierung	346
4.4.1	Ziele von Renaturierung und Rekultivierung	346
4.4.2	Maßnahmen zur Neubesiedlung von Brachen und Halden	347
4.4.3	Folgenutzung und Interessenkonflikte	349
4.4.4	Vorgehen bei der Renaturierung oder Rekultivierung industriell überformter Flächen	350
4.5	Rückblick	352
5	*Literatur und Quellennachweis*	359

1 Einführung

Die Belastung des Bodens durch den Abbau und die Verarbeitung von Rohstoffen sowie Maßnahmen, diese Belastungen zu mindern, zu beheben oder gar von vornherein zu vermeiden, sind Themen unerschöpflicher Breite. Man denke nur an die Vielfalt der Rohstoffe, die wir aus der Erde holen: an Metalle, Kies, Sand und Gestein, an Torf, Kohle und Erdöl, an die Salze. Man vergegenwärtige sich zudem die unterschiedlichen Prozesse der Gewinnung der Rohstoffe und ihrer Weiterverarbeitung bis zum fertigen Produkt; denn es ist ja nicht nur der unmittelbare Eingriff durch den Abbau und die Bodenversiegelung, wodurch der Boden geschädigt wird, auch die Gewinnungsmethoden tragen ihren Teil bei. Hinzu kommen die Verkehrswege und -mittel zum Transport von Rohstoffen, Produkten und Baumaterialien, die Industrieanlagen sowie die menschlichen Siedlungen, die in der Nähe der Abbau- und Verarbeitungsstätten entstehen. Außerdem muß die zum Betrieb notwendige Energie sichergestellt werden – in früheren Zeiten war dies neben menschlicher und tierischer Muskelkraft sowie Wasserkraft v. a. Holzkohle –, später, zur Zeit der industriellen Revolution, Kohle und Koks. Die Gewinnung von Holzkohle und Kohle bringt stets erhebliche Umwelt-, speziell auch Bodenbelastungen mit sich.

Besonders schwerwiegend sind die Schädigungen, die durch die festen, flüssigen und gasförmigen Abfallprodukte der Industrieproduktion verursacht werden. Luftschadstoffe (z. B. Rauch, Säure) waren zwar schon vor dem vorigen Jahrhundert als die menschliche Gesundheit und die Vegetation gefährdende Faktoren bekannt. Die Belastung des Bodens und vor allen Dingen ihr Ausmaß sind aber erst in den letzten anderthalb Jahrzehnten in das Bewußtsein einer breiteren Öffentlichkeit gerückt. So gibt es nun zunehmend Versuche, die Störungen der Bodenfunktionen zu mildern oder, wenn möglich, rückgängig zu machen. Maßnahmen, Bodenbelastungen von vornherein zu begrenzen oder zu vermeiden, sind nicht nur aus ökologischen, sondern auch aus ökonomischen Gründen geboten.

Es ist unmöglich, alle diese Aspekte, zu deren Beschreibung das Wissen einer Vielzahl verschiedener Disziplinen herangezogen werden muß, hier auszuführen. Deshalb wird im folgenden exemplarisch vorgegangen. Als Rohstoffe wurden Eisen und Kohle ausgewählt. Eisen ist der am weitesten verbreitete Werkstoff. Die Entdeckung der Gewinnung und Herstellung von Eisen bzw. von gehärtetem Eisen, Stahl, prägte die kulturelle Entwicklung seit dem 1. Jahrtausend vor Christus (vgl. die Bezeichnung der kulturellen Epoche: Eisenzeit). Die Gewinnung von Eisen ist ohne Kohle – in vorindustrieller Zeit Holzkohle – unmöglich. Motor der industriellen Revolution (wenn auch nicht Anstoß, das war die englische Textilindustrie) waren Eisen und Kohle. Kohle war der Energielieferant, der die sich stark beschleunigende industrielle Entwicklung ermöglichte. Und ebenso wie Eisengewinnung und -verarbeitung auf Kohle angewiesen sind, hängt umgekehrt die Gewinnung und Verwertung der Kohle von den Produkten der Eisenindustrie, z. B. bei Transport und Vermarktung (Eisenbahn!), ab.

Exemplarisch wird in dieser Studieneinheit nicht nur hinsichtlich der Auswahl der Rohstoffe vorgegangen. Auch bezüglich Zeit und Ort mußten Schwerpunkte gesetzt werden. Wir konzentrieren uns auf das Ruhrgebiet: Es war ein Zentrum der Industrialisierung Deutschlands. Deshalb lassen sich an diesem Beispiel besonders gut Fragen aufrollen, die die naturgegebenen geologischen und geographischen sowie die wirtschaftshistorischen und -politischen Gründe der Industrialisierung einer Region und die Folgen dieser Entwicklung für den Boden betreffen.

So werden im 2. Kap. die Gründe dafür geschildert, warum gerade dieses Gebiet zu einer führenden Wirtschaftsregion während der industriellen Revolution wurde. Mit dem wirtschaftlichen Aufschwung waren schwerwiegende Belastungen des Bodens (natürlich auch der Luft und der Gewässer) verbunden, die in diesem Ausmaß und in dieser Art keine Vorläufer in früheren Jahrhunderten finden und uns noch heute beschäftigen.

Im 3. Kap. werden die für das Ruhrgebiet typischen Bodenbelastungen dargestellt, die aus der Art des industriellen Wachstums und der Geschwindigkeit des Wandels folgten.

Das 4. Kap. befaßt sich allgemein mit Möglichkeiten administrativer und technischer Art, wie man mit den Bodenbelastungen umgehen kann und welche Chancen zur Minderung von Schäden heute gegeben sind oder entwickelt werden.

Im Anhang sind einige Themen aus verschiedenen Fachgebieten ausführlicher dargestellt.

2 Bedingungen für das heute bedrohliche Ausmaß der Bodenbelastung

D. Briesen

Im folgenden Kapitel wird die Entwicklung des Ruhrgebiets dargestellt. Sie war ein ambivalenter Prozeß, der einerseits zu großem wirtschaftlichen Erfolg führte, andererseits starke Belastungen insbesondere für die Umwelt mit sich brachte. Dabei wird hier keineswegs eine auch nur annähernd vollständige Geschichte dieses Ballungsgebietes von mehreren Millionen Menschen behandelt. Die soziale Entwicklung des Ruhrgebiets beispielsweise, seine Funktion als deutscher Schmelztiegel, der Millionen Menschen aufnahm und integrierte, wird nicht berücksichtigt. Vielmehr werden nur einige besonders wichtige Grundzüge der Entwicklung des Ruhrgebietes thesenartig dargestellt. Im Mittelpunkt stehen die Dynamik, mit der sich das Ruhrgebiet entwickelte, und die Fragen, warum es zur Stagnation kam. Die Dynamik verdeutlichen 2 Tabellen in Abschn. 2.2 über die Entwicklung von Kohleförderung und Stahlproduktion sowie der Bevölkerung. Mit den Gründen für die rasante Entwicklung des Ruhrgebietes befassen sich die Abschn. 2.2.1 – 2.2.4. Dies sind die Energie- und Rohstoffressource Kohle, die zentrale Lage des Ruhrgebits, die technische Entwicklung insbesondere zur Tiefbauzeche und die starke Förderung der Wirtschaft des Ruhrgebiets durch die Politik der Berliner Zentralregierung. In Abschn. 2.3 werden Grundlinien der Geschichte des Reviers aufgezeigt. Die beiden letzten Abschnitte dieses Kapitels skizzieren einige aktuelle Probleme des Reviers, die seine wirtschaftliche Umstrukturierung begleiten.

2.1 Einleitung

Vielleicht erinnern Sie sich noch an den Film „Jede Menge Kohle" von Adolf WINKELMANN (1981). In ihm beschließt die Hauptfigur des Films – ein junger Kumpel –, untertage zu verschwinden. Damit will er sich – nach seiner Meinung ungerechtfertigten – Unterhaltsansprüchen seiner Frau entziehen. Wer aber nun glaubt, dieses Verschwinden in einem Bergwerkschacht sei für den Helden damit verbunden, sich dauerhaft in einem unterirdischen Verlies aufhalten zu müssen, sieht sich getäuscht. WINKELMANNS Kumpel weiß nämlich: Dem Gewirr der Häuser und Straßen im Ruhrgebiet übertage entspricht ein schon fast vergessenes, ebensolches unterirdisches Netz von Gängen und Schächten. Der Boden unter dem Ruhrgebiet ist beschaffen, „wie son durchlöcherten schwarzen Käse", wie der Kumpel hervorhebt. Dieser „schwarze Käse" ist durch die Arbeit von mehreren Generationen von Bergleuten entstanden. Daher bedeutet der Abstieg in den vielfach „durchlöcherten" Boden unter dem Ruhrgebiet für den jungen Bergmann keineswegs Haft in einem engen Bergwerksstollen. Der Abstieg wird vielmehr zum Ausstieg, zum Beginn einer abenteuerlichen Reise durch das heutige Revier.

Der von WINKELMANN metaphorisch gemeinte Ausstieg „nach unten" soll hier als Einstieg dienen. Es geht im weiteren darum, *geschichtswissenschaftlich* zu erklären, warum die Bodenbelastung heute zu einem so großen Problem geworden ist.

Was bedeutet „geschichtswissenschaftlich" oder „historisch" zu erklären"? Es heißt in diesem Zusammenhang:

Aktuelle Zustände oder Ereignisse werden in ihrer heutigen Ausprägung durch vergangenes menschliches Handeln (oder Unterlassen) kausal abgeleitet oder plausibel gemacht.

Denn es ist ja offensichtlich, daß man heutige Umweltprobleme nicht allein durch aktuelle Belastungen erklären kann. Kontaminierte Böden im Ruhrgebiet, tote Gewässer in Brandenburg, Muren (Schlammströme) in den Alpen, Giftgranaten auf dem Boden der Weltmeere oder Stollensysteme – wie im Beispiel oben –: sie verweisen alle immer auch auf die Vergangenheit. Heutige Umweltschäden sind auch deshalb entstanden, weil Menschen früher durch ihr Handeln die Umwelt belastet haben. Vergangenes menschliches Handeln und damit auch seine heutigen Auswirkungen können aber nur dann angemessen verstanden werden, wenn die Gründe und Ursachen dieses Handelns (oder Unterlassens) in der Vergangenheit mit berücksichtigt werden.

Aus der Vergangenheit überkommene Umweltschäden kann man nicht durch die „Bösartigkeit" oder „Ignoranz" unserer Vorfahren erklären. Das wäre gänzlich unhistorisch. Die „historischen" Ursachen für das Verhalten unserer Vorfahren verweisen vielmehr auf Nöte, Zwangslagen, Wertvorstellungen und auch – das ist ganz wichtig – auf Lebenschancen der Menschen früher. Daß heute überall in Industriegebieten belastete Böden vorhanden sind, läßt sich also nicht auf eine „Verschmutzer- oder Vergifter-Ideologie" reduzieren. Heutige Bodenbelastung resultiert vielmehr aus einem komplexen System von Zwangslagen, Lebenschancen und Wertvorstellungen in der Vergangenheit. Aus einer „historischen" Perspektive ist also die Bodenbelastung, die man heute überall trifft, ein ambivalentes, ein mehrdeutiges Phänomen.

Wie schon durch den Film „Jede Menge Kohle" angedeutet, zeigt sich diese Ambivalenz besonders deutlich beim Ruhrgebiet. Für WINKELMANNS Ruhrkumpel etwa bietet das unterirdische System von Gängen und Schächten unter dem Revier – so störend es heute für Umwelt und Investitionen im Ruhrgebiet sein mag – eine Lebenschance. Der Film stellt eine fiktive Situation dar. Eine tatsächliche Lebensperspektive hingegen hat dieses System den Menschen geboten, die es früher gegraben haben: den Bergarbeitern, ihren Familien und ihren Nachfahren nämlich, die seit den 80er Jahren des 19. Jahrhunderts v. a. aus den rückständigen Gebieten östlich von Berlin in den modernen Westen Deutschlands kamen, um dort zu leben und zu arbeiten. Ihre Arbeit hat dazu geführt, daß das Ruhrgebiet zu dem wurde, was es heute ist: das bedeutendste Industriegebiet Europas und die größte Stadtregion Deutschlands. Seine Entwicklung und sein Ausbau haben jedoch Spuren hinterlassen. Sie erlauben es uns, die Geschichte des Ruhrgebietes aus zumindest 2 Perspektiven zu schreiben:

Zum einen kann man diesen Aufstieg des Ruhrgebietes als eine (wenn auch in den vergangenen Jahrzehnten etwas getrübte) *Erfolgsgeschichte* betrachten. Man kann zeigen, welche Funktion in einem historischen Zusammenhang dem Boden als Ressource zukommt.

Zum anderen kann man nachweisen, welche *ökologisch negativen Folgen* die Ausbeutung des Bodens haben kann. Auch dafür eignet sich das Ruhrgebiet besonders gut. Denn hier kommen mehrere Formen von Bodenbelastungen zusammen. Sie alle stammen aus der Vergangenheit. Neben dem Verbrauch an Boden durch Wohnsiedlungen, Industrie und Verkehrswege und den Schäden, welche der inzwischen weitgehend stillgelegte Bergbau bis heute verursacht hat (Bergschäden an Gebäuden, Straßen, Grundwassersenkung), treten hier die Schadstoffeinträge aus der Luft und die zahllosen größeren und kleineren Abfallhaufen, Deponien und Halden. Sie sind in den letzten 150 Jahren zumeist unkontrolliert angelegt worden. 1989 bestand allein bei 1327 ha der mittlerweile ungenutzten Gewerbefläche im Ruhrgebiet der Verdacht auf Altlasten (BRÜGGEMEIER u. ROMMELSPACHER 1992, S. 88).

Eine genauere Darstellung dieser verschiedenen Bodenbelastungen im Revier soll hier nicht gebracht werden. Sie erfolgt im 3. Kap. Vielmehr interessiert hier, warum das Ruhrgebiet in der Vergangenheit zu den besonders stark belasteten Gebieten gehört hat. Dies ist ja der Grund für die große Zahl belasteter Flächen. Denn diese – in ihrer ruhrgebietsspezifischen Ausprägung, d. h. Verschmutzung durch Montanindustrie, inzwischen überwundene – hohe Belastung des Ruhrgebietes ist aus Gründen, die noch erläutert werden, tatsächlich eine Besonderheit: Natürlich gibt es überall kontaminierte Böden, in Oberbayern genauso wie in Hamburg und Hessen und erst recht in den Neuen Bundesländern. Umweltbelastung im Ruhrgebiet resultierte selbstverständlich nicht aus einer spezifischen, regionalen „Verschmutzermentalität". Entscheidend für die im Ruhrgebiet über das übliche Maß hinausgehende Umweltzerstörung war vielmehr, daß ihm während der Industrialisierung Deutschlands eine Vorreiterrolle zufiel. Von dieser hat das Revier profitiert, aber auch an ihr gelitten. Denn sein großes wirtschaftliches Potential wurde vom Berliner

Machtzentrum, das Deutschland zwischen 1866 und 1945 beherrschte, mit staatlichen, politischen und militärischen Interessen belegt. (Als Folge des „Deutschen Krieges" 1866, in dem es um die Vorherrschaft Preußens in Deutschland ging, konnte Preußen sein Territorium noch um das heutige Niedersachsen, um Hessen-Nassau und Frankfurt erweitern – das Ruhrgebiet und die Rheinlande gehörten schon seit 1815 zu ihm –, so daß Preußen eine dominierende Stellung im Deutschen Reich gewann.) Diese staatlichen, imperialen Interessen verbanden sich mit dem Streben der Ruhrunternehmer nach Profitmaximierung zu einer „Ausplünderungsgemeinschaft" des Reviers. Gegen sie gab es nur sehr wenig lokale und regionale Gegenmacht, da die Industrialisierung mit dem Ruhrgebiet eine Region erfaßte, die vordem fast rein ländlich geprägt war. So blieb es bei vereinzelten Klagen von Landwirten, Fischern und Grundstückseigentümern. Auch eine gebildete oder wohlhabende Schicht (etwa Großbürger, Intellektuelle etc.), die Sprachrohr einer frühen Interessenvertretung hätte werden können, fehlte im Revier bis in die 50er Jahre. Nicht umsonst wußte schon der letzte deutsche Kaiser, WILHELM II., dort die Gründung einer Universität zu verhindern.

2.2 Aufstieg des Ruhrgebietes zum bedeutendsten Industriegebiet Europas

Das Ruhrgebiet, Europas größtes geschlossenes Industrierevier, ist noch eine junge Region: Sowohl sein Name als auch seine regionale Besonderheit sind erst während der Hochindustrialisierung Ende des 19. Jahrhunderts entstanden. Naturräumlich betrachtet umfaßt es im Süden Teile des Rheinischen Schiefergebirges, im Westen Teile des Niederrheinischen Tieflandes, im Norden Teile der westfälischen Tieflandsbucht. Im Westen dehnt es sich über den Rhein hinaus aus (Abb. 4.1).

> Sehen Sie sich die Karte der Abb. 4.1 näher an: Welche Flüsse durchfließen das Ruhrgebiet von Ost nach West?
>
> •••••
>
> Im Süden ist es die Ruhr, nördlich von ihr sind es Emscher und Lippe.

Die Dynamik der wirtschaftlichen Entwicklung, der das Revier in den beiden letzten Jahrhunderten unterlag, zeigen die beiden Tabellen 4.1 und 4.2.

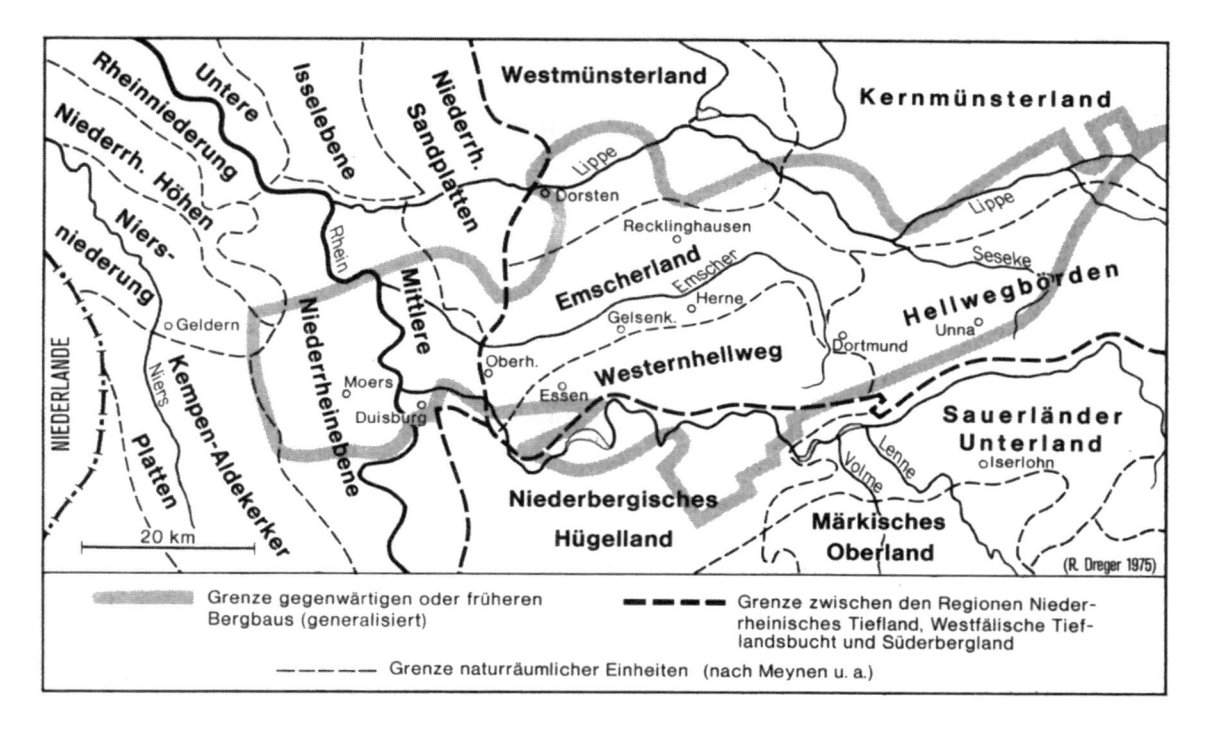

Abb. 4.1. Das Ruhrgebiet in der naturräumlichen Gliederung. (Aus Dege u. Dege 1980)

Betrachten Sie Tabelle 4.1. Um wieviel hat die Bevölkerung in den ca. 150 Jahren von 1816 – 1970 zugenommen?

In welchen Zeiträumen sind die höchsten jährlichen Zuwachsraten der Bevölkerung zu beobachten? Stellen Sie erste Vermutungen darüber an, worauf die Zuwachsraten zurückzuführen sind.

Wie entwickelt sich die Bevölkerung seit 1961? Welchen Schluß ziehen Sie daraus?

•••••

In den Zahlen spiegelt sich ein zeitweise enormes Bevölkerungswachstum wider. Während 1816 auf einer Fläche von knapp 3300 km² nur 221 000 Menschen lebten, waren es 1970 weit über fünf Mio. In etwas mehr als 150 Jahren hat also die Bevölkerung des Ruhrgebietes um mehr als das 23fache zugenommen.

Die höchsten Zuwachsraten liegen zwischen 1858 und 1905 (Grund war das industrielle Wachstum) und zwischen 1950 und 1960 (Grund war der Aufbau nach dem 2. Weltkrieg).

> Allerdings zeigt die Tabelle auch, daß die Bevölkerung zwischen 1961 und 1987 um rund 400 000 Menschen abnahm, ein Hinweis auf eine Krise, in die das Ruhrgebiet geraten war (vgl. Abschn. 2.4). Die heutige Einwohnerdichte liegt bei über 1400 Menschen pro km².

Tabelle 4.1. Bevölkerung und Siedlungsdichte im Ruhrgebiet 1816 – 1987, Zahlen wurden ab- bzw. aufgerundet. (Aus KÖLLMANN et al. 1990)

	Bevölkerung	Einwohner je km²	Durchschnittliche Zuwachsrate pro Jahr in ⁰/oo
1816/18	221 000	67	
			18,6
1858	474 000	144	
			32,5
1871	724 000	219	
			37,8
1905	2 614 000	791	
			15,2
1933	3 996 000	1 209	
			- 0,4
1939	3 986 000	1 206	
			3,9
1950	4 160 000	1 258	
			19,3
1961	5 142 000	1 552	
			- 0,4
1970	5 124 000	1 550	
			- 4,7
1987	4 731 000	1 431	

Die Bevölkerungszunahme im Ruhrgebiet lag weit über dem Bevölkerungswachstum im gesamten Deutschen Reich. Sie betrug dort im Zeitraum zwischen 1871 und 1905, in dem sich die Bevölkerung an der Ruhr mehr als verdreifachte, lediglich 50 % (von rund 40 auf 60 Mio.).

Grund für die starke Bevölkerungszunahme war die Industrialisierung des Reviers durch 2 wirtschaftliche Leitsektoren: Kohle und Stahl. Ihre expandierende Produktion ließ Hunderttausende von Arbeitsplätzen entstehen. Die Steinkohlenförderung nahm zwischen 1810 und 1940 um das 350fache zu, die Produktion von Rohstahl expandierte zwischen 1860 und 1970 um das 186fache, wie Tabelle 4.2 zeigt.

Tabelle 4.2. Kohlenförderung und Stahlproduktion im Revier. (Zusammengestellt aus ABELSHAUSER 1990, HUSKE 1987, PETZINA 1990, WEBER 1990)

	Steinkohlenförderung in 1000 t	Stahlproduktion in 1000 t
1810	369	
1830	571	
1850	1 665	
1860	4 276	157
1870	11 571	550
1880	22 364	1 131
1890	35 517	2 043
1900	60 119	4 250
1910	89 089	6 566
1920	88 097	6 162
1930	107 179	9 324
1940	129 189	
1950	103 329	9 700
1960	115 441	
1970	91 073	29 250
1980	69 134	33 870
1986*	62 760	29 020

* vorläufige Zahl

Die Tabellen 4.1 und 4.2 verdeutlichen also den beeindruckenden wirtschaftlichen Aufstieg des Ruhrgebietes zwischen 1810 und 1960. Ein solcher Aufschwung ist mit einer starken Nutzung von Bodenflächen verbunden, nicht nur für die Förderanlagen, Halden, Industriegebäude der in der Tabelle 4.2 aufgeführten Schlüsselindustrien. In ihrem Sog entwickelten sich eine Vielzahl weiterer Betriebe. Verkehrswege wurden geschaffen. Wohnstätten, insbesondere ausgedehnte Werkskolonien entstanden. Folge ist, „daß sich die Landwirtschaft im Ruhrgebiet langfristig zwar in beachtlichem Umfang behauptet hat, zusammenhängende, vorwiegend landwirtschaftlich geprägte Flächen aber nur noch in den südlichen und nördlichen Randzonen und in den westlichen (Moers) wie östlichen (Hamm) Landkreisen erhalten geblieben sind. In der Kernzone des Reviers dagegen sind zusammenhängende Äcker und Wälder schon früh zu einer Seltenheit geworden" (REIF 1990, S. 343). Auch wenn noch genauere Angaben über den Freiflächenverbrauch fehlen, dieser auch regional sehr unterschiedlich ist, so gibt Tabelle 4.3 doch einen Eindruck von der Größenordnung.

Die Folge dieses Wachstums war eine großflächige Versiegelung des Bodens, vgl. Abschn. 3.2.

Ergänzend zeigt Tabelle 4.5 den Rückgang an forstwirtschaftlicher Nutzfläche und die Zunahme an Siedlungsfläche.

Tabelle 4.3. Bebaute Fläche und Verkehrsfläche in Prozent der Gesamtfläche des Ruhrgebiets. (Aus BRÜGGEMEIER u. ROMMELSPACHER 1990)

1820	3,6
1865	6,9
1900	11,6
1913	17,7
1927	21,2
1937	24,8
1956	34,3

Welche Gründe sind dafür verantwortlich, daß gerade das Revier zwischen 1810 und 1960 so eindrucksvoll und weit über den Durchschnitt Deutschlands gewachsen ist? Und welche dafür, daß es nach 1960 zu einer Strukturkrise kam?

Diese Fragen verlangen nach einer ausführlichen Antwort. Sie verweisen auf Besonderheiten des Ruhrgebietes. Die allgemeinen Faktoren, mit denen die industrielle Revolution heute erklärt wird (etwa rechtlicher Wandel, technische Neuerungen, Bevölkerungswachstum), reichen im Fall eines derart extremen Wachstums als Gründe nicht aus. Diese Faktoren erklären auch nicht, wieso das Revier nach 1960 offenkundig stark an Bedeutung verloren hat. Im folgenden wird gezeigt, daß es im wesentlichen die gleichen Faktoren sind, die sowohl für den Aufstieg wie für die Krise des Ruhrgebietes maßgebend sind. Außerdem wird sich erweisen: einer der hier vorgestellten Faktoren spielte auch eine wichtige Rolle dabei, daß dem Revier der Sturz ins Bodenlose, den so viele andere Montanregionen erleiden mußten – etwa West-Virginia oder das Baskenland –, erspart blieb.

2.2.1 Grund 1: Steinkohle als Motor der Industrialisierung

Unter „industrieller Revolution" verstehen Historiker den Übergang einer Volkswirtschaft von einer überwiegend agrarischen zu einer überwiegend industriellen Produktionsweise.

Dieser Prozeß vollzog sich in Europa seit etwa 1780. Er besaß deutliche regionale Schwerpunkte. Zuerst wurde Mittelengland industrialisiert, ihm folgte schon bald das heutige Belgien. Die Industrialisierung wurde früher von den Historikern als Vorgang im nationalen Maßstab interpretiert; heute herrscht weitgehend Einigkeit darüber, Industrialisierung eher als einen regionalen Prozeß aufzufassen. Innerhalb des Systems der europäischen bzw. weltwirtschaftlichen Ökonomie haben bestimmte Gebiete die Rolle von Führungsregionen übernommen. In ihnen setzten sich zuerst die modernen Formen der Warenproduktion durch.

Führungsregion für die Industrialisierung Deutschlands war v. a. das Rheinland. Es profitierte frühzeitig von den neuen technischen Errungenschaften, die von Belgien und England her besonders über Aachen und Köln nach Deutschland „importiert" wurden. Schon Ende des 18. Jahrhunderts war das Rheinland daher die wichtigste deutsche Gewerberegion. Ihre Zentren lagen noch nicht im späteren Ruhrgebiet, sondern um Aachen, Krefeld und im Bergischen Land. Von diesen „primären" Führungsregionen ging das wirtschaftliche Interesse an der Kohle des Ruhrgebietes aus.

Die Nachfrage nach Kohle als einer neuen Energiequelle begann sich in Europa in der letzten Hälfte des 18. Jahrhunderts zu verstärken.

Überlegen Sie bitte, bevor Sie weiterlesen, welches der wichtigste Grund für die verstärkte Nachfrage nach Kohle gewesen sein mag.

•••••

Der Grund war zunächst die durch steigende Nachfrage zunehmende Verknappung des traditionellen Brennstoffes Holz bzw. Holzkohle.

Zum einen verbrauchte die stark wachsende Bevölkerung Europas seit 1750 immer mehr Brennholz, zum anderen konnte der Bedarf der expandierenden Eisen- und Glashütten an Holzkohle nicht mehr gedeckt werden. Ein Teil der Wälder war schon stark dezimiert. Bei einem anderen Teil reichte auch bei sorgfältiger Niederwaldwirtschaft (> Niederwald) die Regenerationsfähigkeit des Waldes nicht mehr aus. Holz wurde zu einem so knappen und teuren Energieträger, daß es wirtschaftlich wurde, Kohle in größeren Mengen auch unterirdisch abzubauen, zu transportieren und als Brennmaterial zu verwenden. Der Kohlebergbau erhielt also entscheidende Impulse durch eine vorangehende ökologische und ökonomische Krise.

Möglichkeiten eines nachhaltigen Umgangs mit der knappen Rohstoffressource Holz sind in der 6. Studieneinheit, Kap. 5 am Beispiel der Siegerländer Haubergwirtschaft geschildert.

Kohle schien dagegen zunächst in beinahe unerschöpflichen Mengen zur Verfügung zu stehen. Sie wurde deshalb auch als Energiequelle z. B. für die seit Mitte des 18. Jahrhunderts zunehmend eingesetzten Dampfmaschinen verwendet. Darüber hinaus entwickelte sie sich zur Rohstoffquelle: Nachdem technische Verfahren entwickelt worden waren, bestimmte Steinkohlensorten zu verkoken – in England seit 1735 (OSTEROTH 1989, S. 63), im Ruhrgebiet seit 1839 (vgl. Abschn. 2.2.3) –, konnte die Kohle im Hochofenprozeß der Gewinnung von Eisen dienen. In der 2. Hälfte des 19. Jahrhunderts begann man im Ruhrgebiet nach und nach, auch die bei der Verkokung entstehenden Teere und Gase industriell zu verwerten. Abfallprodukte dieser Kohlechemie gehören heute zu den besonders problematischen Altlasten.

Das Prinzip der Gewinnung von Eisen, die Kokserzeugung und der moderne Hochofenprozeß sind im Anhang kurz zusammengefaßt.

Diese Verlagerung der Eisenproduktion aus dem Siegerland nach Norden war ein wesentlicher Grund für den Niedergang der Siegerländer Haubergwirtschaft, ein, wie in der Marginalie auf der vorigen Seite angedeutet, jahrhundertelang funktionierendes Wirtschaftssystem.

Der Steinkohle als Energie- und Rohstofflieferant kam während der industriellen Revolution also eine Bedeutung als Zentralressource zu, die in etwa derjenigen des Erdöls heute entspricht. Daher hatten solche Gebiete besondere Vorteile, in denen die zentrale Ressource „Steinkohle" gefördert werden konnte. Von diesem Standortvorteil profitierte das Ruhrgebiet in mehrfacher Hinsicht. Es entstand im Ruhrgebiet der in Europa bedeutsamste Steinkohlenbergbau; Kohle als Energieträger und als Rohstoff wurde im Ruhrgebiet selbst Basis für sich dort ansiedelnde Industrien. Deshalb entstand dort nach 1850 eine prosperierende Eisen- und Stahlindustrie. Die Produktion aus älteren Montanregionen, etwa dem Siegerland, begann sich ins Ruhrgebiet zu verlagern, weil es billiger war, das Eisen zur Kohle zu transportieren als umgekehrt die Kohle zum Eisen. Man brauchte dem damaligen Stand der Hochofentechnik entsprechend nämlich auf 1 t Erz 2 t Kohle.

2.2.2 Grund 2: Zentrale Lage des Ruhrgebietes in Europa

Grundstoffindustrien, wie etwa der Steinkohlenbergbau oder die Stahlherstellung, sind nicht nur für die zu verarbeitenden Rohstoffe, sondern auch für die Endprodukte auf billige Transportmöglichkeiten angewiesen. Das Ruhrgebiet lag und liegt im mittleren Teil eines ausgedehnten, europäischen Verstädterungsfeldes. Dieses reicht von Mittelengland über London und das Rheinmündungsgebiet den Rhein entlang über die Alpen bis in die norditalienische Poebene. Diese zentrale europäische Achse wird im Jargon der Regionalplaner auch > „Blaue Banane" genannt (Bundesministerium für Raumordnung, Bauwesen und Städtebau 1992). Solch große Ballungsgebiete verfügen über eine längere Geschichte. Die Infrastruktur für die zentrale europäische Achse wurde im Grunde bereits in der Römerzeit gelegt, und sie sollte sich spätestens in der karolingischen Zeit wiederherstellen (BRAUDEL 1985, S. 22ff.)

Innerhalb dieser „Blauen Banane" zu liegen, bedeutete besonders in vor- und frühindustriellen Zeiten einen großen Standortvorteil: Man war nahe bei den Endverbrauchern. So ist es auch kein Zufall, daß die entscheidenden Impulse für die Industrialisierung Europas von diesem Gebiet ausgingen. Deshalb hat das Rheinland insgesamt die Vorreiterrolle der Industrialisierung in Deutschland übernommen.

Doch nicht allein die Kohlevorkommen und die zentrale Lage des Reviers waren entscheidende Voraussetzungen für seine Industrialisierung, ein weiterer wichtiger Faktor kam hinzu. Welcher?

•••••

> Für die Nähe zu den Endverbrauchern spielte es eine wichtige Rolle, daß mit Rhein und Ruhr hervorragende Wasserwege für das Ruhrgebiet nutzbar waren.

Hinsichtlich der Wasserwege unterschied sich das Ruhrgebiet etwa von Oberschlesien, wo sich Steinkohlenbergbau und Hüttenindustrie früher als im Ruhrgebiet ansiedelten. Rhein und Ruhr ermöglichten es – im Gegensatz zur durch unregelmäßige Wasserstände gekennzeichneten Oder –, die im Ruhrgebiet geförderte Kohle schnell und preiswert zu transportieren. Daher markiert der Ausbau der Ruhr nach 1770 zur damals belebtesten deutschen Wasserstraße den Beginn des Aufschwungs für das Ruhrgebiet. In den folgenden Jahrzehnten sollten diese hervorragenden Verkehrsanbindungen des Ruhrgebietes durch Kanäle, Eisen- und schließlich Autobahnen noch weiter verbessert werden. Zwischen Bonn, Moers und Hamm findet man daher heute ein einziges Knäuel von Autobahnen, Straßen, Kanälen und Bahnlinien.

Zur Belastung des Bodens durch den Ausbau der Verkehrswege vgl. Abschn. 3.2.

2.2.3 Grund 3: Technische Entwicklung seit dem 18. Jahrhundert

Der frühe Bergbau im Revier – urkundlich seit 1298 belegt – konnte nur einen Bruchteil der Kohlenlagerstätten erschließen. Er konzentrierte sich noch ganz auf das eigentliche „Ruhrgebiet", d. h. das Tal der Ruhr. Hier lagen die kohlenführenden Flöze so nahe an der Erdoberfläche, daß Kohle entweder offen zutage trat oder, unmittelbar unter der Erdoberfläche liegend, durch Pflügen, den Auswurf von Maulwürfen u. a. nach oben befördert wurde. An solchen Stellen grub man Löcher (sog. „Pingen") oder Gräben. Füllten sie sich mit Wasser, konnte nicht weiter abgebaut werden. Später, seit Mitte des 15. Jahrhunderts, grub man auch wenige Meter tiefe Schächte. Ein solcher brunnenartiger Schacht hieß „Putt"[1]. Heute erinnern noch die Bezeichnungen „Pütt" für Zeche oder „Kohlenpott" für Ruhrgebiet an diese alte Abbauweise. Seit Mitte des 16. Jahrhunderts gewann man die Kohle in Stollen, die von Hängen aus in den Berg getrieben wurden. Die Stollen stiegen leicht an, so daß das Grubenwasser abfließen konnte. Man legte auch Stollen an (Erbstollen), die die Wasser aufnahmen und deren Mündung direkt oberhalb eines Baches oder der Ruhr lagen, so daß das Wasser ungehindert abfließen konnte. Mit dieser Technik war es jedoch nicht möglich, tiefer in den Berg zu gelangen, als es der Lage der Bäche entsprach. Das änderte sich mit dem Einsatz der Dampfmaschine ab 1799 zur Hebung des Grubenwassers.

---

1 Lat. puteus = Brunnen.

Menge und Umfang der Kohlenförderung waren also lange Zeit beschränkt. Allerdings wußte man zu Beginn des 19. Jahrhunderts auch noch nicht, ob die Flöze, die beiderseits der Ruhr zutage traten, sich überhaupt unter den Kreidebergen nördlich der Ruhrberge fortsetzen würden. Ein entscheidender Impuls für den Entwicklungsschub (das > „Take Off") im Ruhrgebiet ist den Pionierleistungen des Essener Unternehmers Franz HANIEL zu verdanken. HANIEL erbrachte 1832 den Nachweis, daß im Ruhrgebiet auch in größeren Tiefen und nördlich der Ruhrzone Kohle lagert. Außerdem stieß HANIEL bei weiteren Bohrungen in den Jahren 1838/39 auf Fettkohle und damit auf eine Kohle, die sich wie die englische oder oberschlesische zur Herstellung von Koks eignet. Damit schuf HANIEL die Voraussetzung für die moderne Eisengewinnung „auf der Kohle" im Ruhrgebiet. 1849 wurde im Ruhrgebiet erstmals Eisen erfolgreich mit Koks aus Ruhrkohle verhüttet. Der von HANIEL finanzierte Durchbruch unter das wasserführende Deckgebirge revolutionierte den Bergbau im Revier: In rascher Folge entstanden nun zahlreiche > Tiefbauzechen; bis Anfang der 80er Jahre unseres Jahrhunderts wurden im Ruhrgebiet insgesamt 600 derartige Zechen angelegt. Sie industrialisierten die alte Kohlengräberei. Diese modernen Tiefbauzechen waren alle „großtechnische" Lösungen mit einem umfangreichen Maschinenpark, mit dampfgetriebenen Wasserpumpen und Förderanlagen, mit Fördertürmen. Aus technischen Gründen und zur höheren Sicherheit baute man zwei Fördergerüste nebeneinander, sog. Doppelschachtanlagen. Durch mit Ventilatoren versehene Luftschächte wurde Luft in das Stollensystem gepreßt. Dadurch war es möglich, weitaus größere Grubenfelder zu erschließen als früher. Deshalb entstanden nach 1850 dann auch große, fabrikartige oberirdische Zechenanlagen. Tausende von Arbeitern strömten v. a. aus dem rückständigen Osten in das sich nun mit großer Dynamik entfaltende Revier.

Zur wirtschaftlichen Blüte, aber auch zur starken Umweltbelastung im Ruhrgebiet trug nicht allein die Montanindustrie bei. Einen wesentlichen Anteil an beiden haben auch die Industriezweige, die sich auf den ursprünglich als Abfall-, dann als Nebenprodukte der Kokserzeugung bezeichneten Grundstoffen aufbauen. Das bei der Kokserzeugung entstehende Rohgas wurde anfangs teilweise zur Feuerung der Koksöfen verwendet, teilweise abgefackelt. Später setzte man es für weitere Heizzwecke in der Industrie ein; 1856 wurde die erste Straßenbeleuchtung mit gereinigtem Koksofengas eingerichtet. Seit 1900 bestehen zecheneigene Anlagen zur Destillation des Steinkohlenteers. 480 verschiedene chemische Verbindungen sind im Teer nachgewiesen, mehr als die Hälfte davon wird wirtschaftlich in der chemischen und pharmazeutischen Industrie genutzt (vgl. Abb. 4.2). Es sind gerade die Nebenprodukte der Kokserzeugung, auf die ein erheblicher Teil der heutigen Schadstoffbelastung zurückgeht.

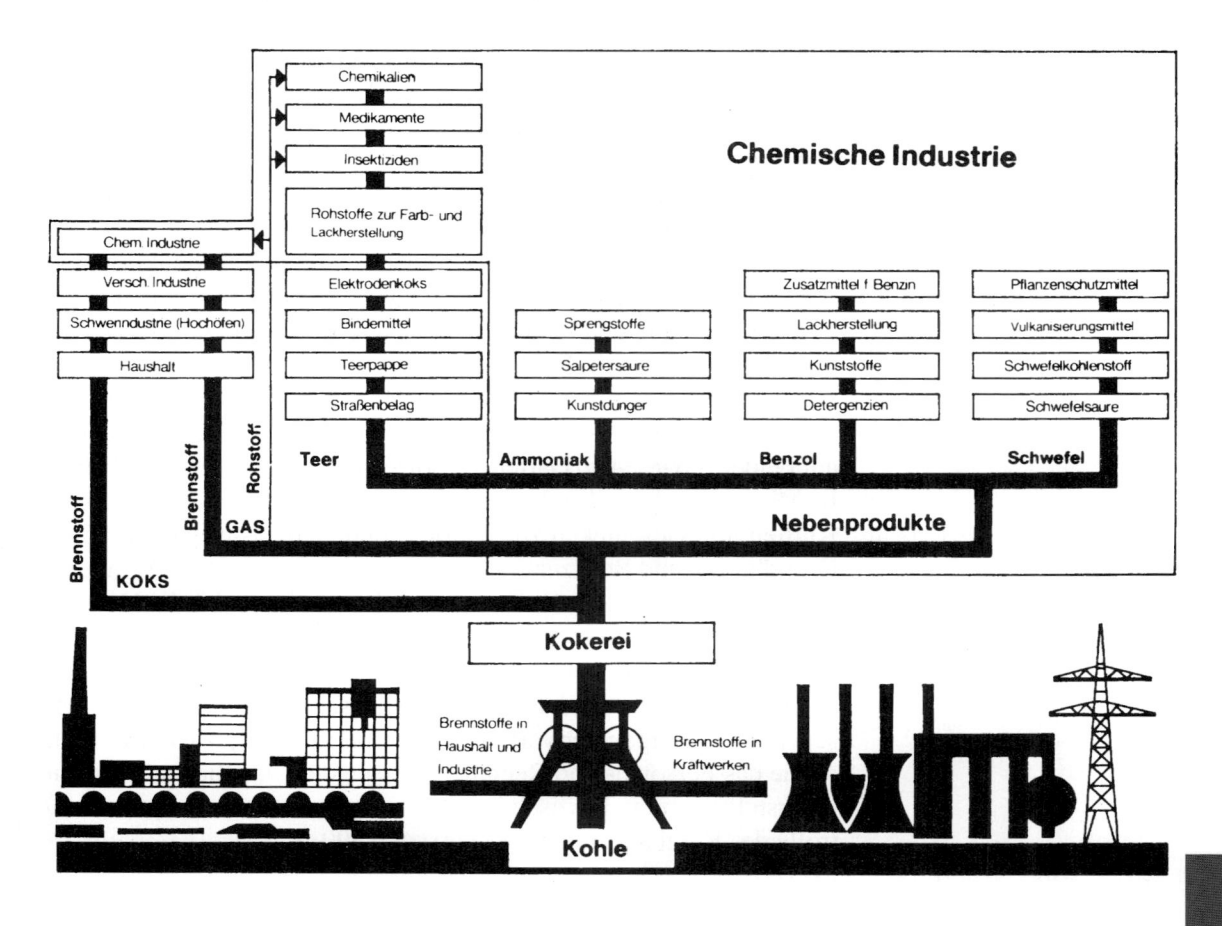

Abb. 4.2. Die Kohle und ihre Verwendung. (Aus DEGE u. DEGE 1980)

2.2.4 Grund 4: Interessen des (Preußisch-) Deutschen Staates am Ruhrgebiet

Der zu Beginn des Abschn. 2.2.3 beschriebene Kohlenabbau in Pingen, Brunnen und Stollen geschah zunächst recht unsystematisch. Zwar war der Territorialherr im Besitz des > Bergregals, also des Verfügungsrechts über alle im Boden befindlichen Minerale und Kohle, aber die Eigentümer, auf deren Grund und Boden Kohle gefunden wurde, beachteten das Bergregal kaum. Im Rahmen der merkantilistischen (> Merkantilismus) Wirtschaftspolitik FRIEDRICH WILHELMS I. (1713 – 1740) wurde dem Kohleabbau jedoch von staatlicher Seite mehr Aufmerksamkeit gewidmet, denn ein Ziel dieses Wirtschaftssystems war, die nationalen Ressourcen zu nutzen. In einem in den 30er Jahren des 18. Jahrhunderts von der preußischen Finanzbehörde in Auftrag gegebenen Gutachten über den Kohlebergbau in dem damals zu Preußen gehörenden Teil des heutigen Ruhrgebiets kam der preußische Kriegs- und Domänenrat RICHTER zu dem Schluß, daß Kohle offensichtlich vor allem im Nebenerwerb oder für den Eigenbedarf gegraben werde; es werde Raubbau betrieben; angesichts des reichen Kohlensegens sei dies nur zu bedauern (KÖLLMANN 1990, S. 24).

Durch Erlaß einer Bergordnung suchte Preußen den Einfluß des Staates auf den Bergbau zu erhöhen und unterstellte den Kohleabbau dem neu gegründeten Bergamt in Bochum: Die Abbaugebiete wurden neu vermessen und neu verliehen; technischer Bereich, Produktion und Verkauf wurden kontrolliert. Der preußische Staat setzte dann nach 1815 in allen ihm gehörenden Gebieten in Rheinland und Westfalen die > Bergbaufreiheit durch. Sie besagte, wie eine Bergordnung des 18. Jahrhunderts vermerkte, daß „jedweden Liebhaber und Bergmann ... hiermit nachgelassen sein [sollte], in gedachten Unseren Landen auf Feldern, Wiesen, in Gärten, Gehölzen und anderen Orten auf allerlei Mineralien, Metalle oder Fossilien, nach Gängen, Flözen, Bänken, Klüften und Geschicken zu schürfen, ohne daß deswegen von dem Grundherren und Besitzer der Güter Einhalt oder Hinderung geschehen möge" (Kap. 1, § 1 der Revidierten Bergordnung für das Herzogtum Cleve, Fürstentum Meurs und für die Grafschaft Mark vom 29. April 1766; zitiert nach KÖLLMANN 1990, S. 26). Voraussetzung für den freien Bergbau war nur, daß der Interessent einen gültigen Schürfschein beim Bergamt erwarb. Damit verbunden war, daß der Betrieb sowie das Personal- und Rechnungswesen dem staatlichen Bergamt unterstellt wurden. Faktisch lief dies auf eine starke staatliche Kontrolle des Bergbaus hinaus (KÖLLMANN 1990, S. 26).

Hatte der Bergbauunternehmer in der 1. Hälfte des 19. Jahrhunderts noch wenig Einfluß auf die Leitung seines Betriebes, so änderte sich das durch die Reformen der Berggesetzgebung zwischen 1851 und 1865 grundlegend: Wie schon zuvor das Hüttenwesen wurde auch der Steinkohlenbergbau liberalisiert (> Liberalisierung), d. h. der direkten Kontrolle durch den Staat entzogen. Diese Liberalisierung des Bergbaus und der Hüttenindustrie führte allerdings keineswegs zum Rückzug des Staates aus der Montanindustrie. Sie war eher eine Optimierungsstrategie. Es bildete sich nämlich eine Allianz der Interessen zwischen der militärisch-politischen Elite in Berlin und den nun freier agierenden Ruhrunternehmern heraus. Die Montanindustrie wurde mehr und mehr als deutsche Rüstungsschmiede politisch und militärisch funktionalisiert. „Blut und Eisen" (mit denen nach einem Ausspruch BISMARCKS die deutsche Reichseinheit hergestellt worden sein soll) bestimmten von nun an die Geschichte des Reviers: Im Ruhrgebiet wurde, neben Berlin, ein großer Teil des deutschen Rüstungspotentials bis zum 1. Weltkrieg produziert – und das war viel, da Deutschland nach Rußland das größte Heer der Welt unterhielt.

Diese politische Inbeschlagnahme der Ruhrindustrie läßt sich v. a. seit dem Regierungsantritt von Kaiser WILHELM II. (1888) beobachten.

(Vielleicht kennen Sie Bilder, die WILHELM II. beim Besuch der Kruppwerke in Essen zeigen.) In dieser Zeit bildete sich der sog. > „organisierte Kapitalismus" im Deutschen Reich heraus. Darunter verstehen Historiker folgendes: Großunternehmer und die herrschende politisch-militärische Klasse des Kaiserreiches glichen sich in ihren Interessen an. Die Unternehmer lieferten die wirtschaftliche Basis für die steigende Macht des preußisch-deutschen militärischen Kartells. Dafür förderten die regierenden Politiker die Unternehmer durch Zölle, Subventionen und Absatzgarantien und nicht zuletzt durch Rüstungsaufträge: Die großen Kohle- und Stahlunternehmen des Reviers wurden in die kaiserliche Rüstungspolitik eingespannt. Die parlamentarische Kontrolle der Regierenden wurde de facto durch ein System der indirekten Einflußnahme durch die Unternehmerverbände unterlaufen.

Dieses System des „organisierten Kapitalismus" wurde in der nachfolgenden Periode zwischen dem Beginn des 1. Weltkrieges und der Zeit nach dem 2. Weltkrieg durch einen eher noch stärker eingreifenden Staat weiter stabilisiert. Denn mit dem 1. Weltkrieg begann eine Epoche, in der Deutschland 2 schreckliche Kriege führte und die Folgen dieser Kriege zu bewältigen hatte. Dieser „Kampf gegen den Rest der Welt" (so könnte man die Zeit zwischen 1914 und 1945 ironisch nennen, da das Reich sich etwa Anfang 1945 mit fast allen Staaten der Welt im Kriegszustand befunden hatte), den Kaiserreich, frühe Weimarer Republik und Nazi-Deutschland, wenn auch in unterschiedlicher Weise, führten, maß der Montanindustrie eine zentrale Bedeutung zu. Die starke Stellung Deutschlands im Montansektor ermöglichte eine Rüstungswirtschaft, die zu großen Teilen unabhängig vom Weltmarkt operieren konnte. Dieser Kampf fand erst durch die Kapitulation 1945 bzw. durch die Adenauersche Politik der Westintegration sein Ende. Das Industriepotential des Ruhrgebietes gestattete es, den 1. und 2. Weltkrieg sowie den Wirtschaftskrieg der 20er Jahre zu führen, der allgemein als > Hyperinflation bezeichnet wird. Die Strategie, die starke Stellung insbesondere auch der Montan- und Rüstungswirtschaft zu nutzen, um Kampfpreise auf dem Weltmarkt durchzusetzen, sowie durch die Inflation die wahren wirtschaftlichen Möglichkeiten des Reiches zur Zahlung von Reparationen zu verschleiern, beantworteten die Franzosen 1923 mit der Besetzung eben des deutschen wirtschaftlichen Kerngebietes, des Reviers (HOLTFRERICH 1980). Gerade dadurch brachen die Exporterlöse zusammen, die dem Reich über die Kohleausfuhr seine aggressive Nachkriegspolitik ermöglichten. Deutschland kapitulierte daher 1923 nach 1918 ein 2. Mal, diesmal an der Ruhr (KOLB 1988, S. 35ff.). Auch die nationalsozialistische Rüstungspolitik nach 1933, die auf die wirtschaftliche und militärisch-technische Autarkie des Reiches setzte, wäre ohne das Energiemonopol an der Ruhr kaum möglich gewesen. Besonders in diesem Zeitraum wurde das Revier allerdings bereits bei neuen Investitionen benachteiligt. Seit der nationalsozialistischen Machtergreifung stand die gesamte Wirtschaftspolitik zwar stärker als jemals zuvor unter dem Primat der militärischen Rüstung. Das Revier jedoch war für eine erneuerte Rüstungsindustrie nur bedingt geeignet: Es lag im Aktionsradius der britischen Luftflotte. Neue Rüstungsbetriebe wurden daher v. a. in Süd- und Mitteldeutschland errichtet. Das Revier hingegen wurde aus militärstrategischen Gründen auf die Grundstoffproduktion festgelegt. Diese Rolle sollte sich nochmals zwischen 1945 und 1950 positiv für das Ruhrgebiet auswirken: In dieser Zeit fungierte die Kohle von der Ruhr als Motor für den wirtschaftlichen Wiederaufbau: v. a. durch Verkaufserlöse im Ausland, mit denen die Besatzungskosten sowie die notwendigen Kredite für den Wiederaufbau gedeckt wurden. Dieses System für die Bewirtschaftung der Energie mündete schließlich in die europäische Gemeinschaft für Kohle und Stahl, dem Vorläufer der heutigen Europäischen Union. In der Umfunktionalisierung des Ruhrgebietes liegt daher eine wichtige Quelle für die heutige europäische Integration (ABELSHAUSER 1984).

Diese politische Funktionalisierung des Reviers und ihr Gleichklang mit den regionalen Kapitalinteressen waren ein wesentlicher Grund, daß bis in die 60er Jahre Versuche, mit der Umwelt im Revier schonender umzugehen, keine wirklichen Chancen hatten. Dies galt insbesondere auch für die Ressource Boden. Bereits seit der Gründung des Siedlungsverbandes Ruhrkohlenbezirk (SVR) 1920 gab es Versuche, Flächen bewußt industriefrei zu halten bzw. sogar in Landschaftsparks umzuwandeln. Unter dem Druck der Zechenunternehmen und staatlichen Autarkiebestrebungen wurde diese Politik schließlich so stark verbogen, daß Landschaftsschützer für die Sicherung von Industriestandorten und künftigen Abbaugebieten sorgten (siehe dazu insgesamt die Ausführungen von BRÜGGEMEIER u. ROMMELSPACHER 1992, S. 42ff.). Landschafts- und Bodenschutz dienten im Ruhrgebiet daher bis nach 1945 auch dazu, Industrieflächen zu reservieren! Zu stark lasteten die militärisch-politischen Interessen auf dem Revier. Besonders im 2. Weltkrieg wurde regelrechter Raubbau betrieben. Das führte zu der extrem starken Belastung der Umwelt, wie man sie Ende der 50er Jahre konstatieren mußte. Möglichkeiten und Chancen für eine Verbesserung bestanden erst, als die politische Inbeschlagnahme des Reviers mit der > Montanunion zu Beginn der 50er Jahre ein Ende fand. Zu diesem Zeitpunkt waren allerdings die Technologie des Ruhrgebietes und seine Wirtschaftsform bereits hoffnungslos veraltet. Das machte den Strukturwandel an der Ruhr dann ökologisch so notwendig und ökonomisch so schwierig.

2.3 Entfaltung der Industriewirtschaft des Ruhrgebietes

Der beeindruckende Aufstieg des Ruhrgebietes zur bedeutendsten Industrieregion Europas erklärt sich also durch das Zusammenwirken von 4 für das Revier ausschlaggebenden Faktoren: der Ressource Steinkohle, der zentralen Lage in Europa, den technischen Innovationen, zunächst im Bereich der Steinkohlenförderung, und der politischen Funktionalisierung des Reviers. Diese 4 Faktoren bestimmten bis in Einzelheiten die Entwicklung des Reviers: Siedlungs-, Wirtschafts-, Verkehrs- und Sozialstruktur des Ruhrgebiets sind bis heute davon geprägt, wie und auf welche Weise diese Faktoren in den jeweiligen Zonen des Reviers zusammenwirkten. Dabei entstand eine vielfältige und unübersichtliche Stadtregion (Abb. 4.3).

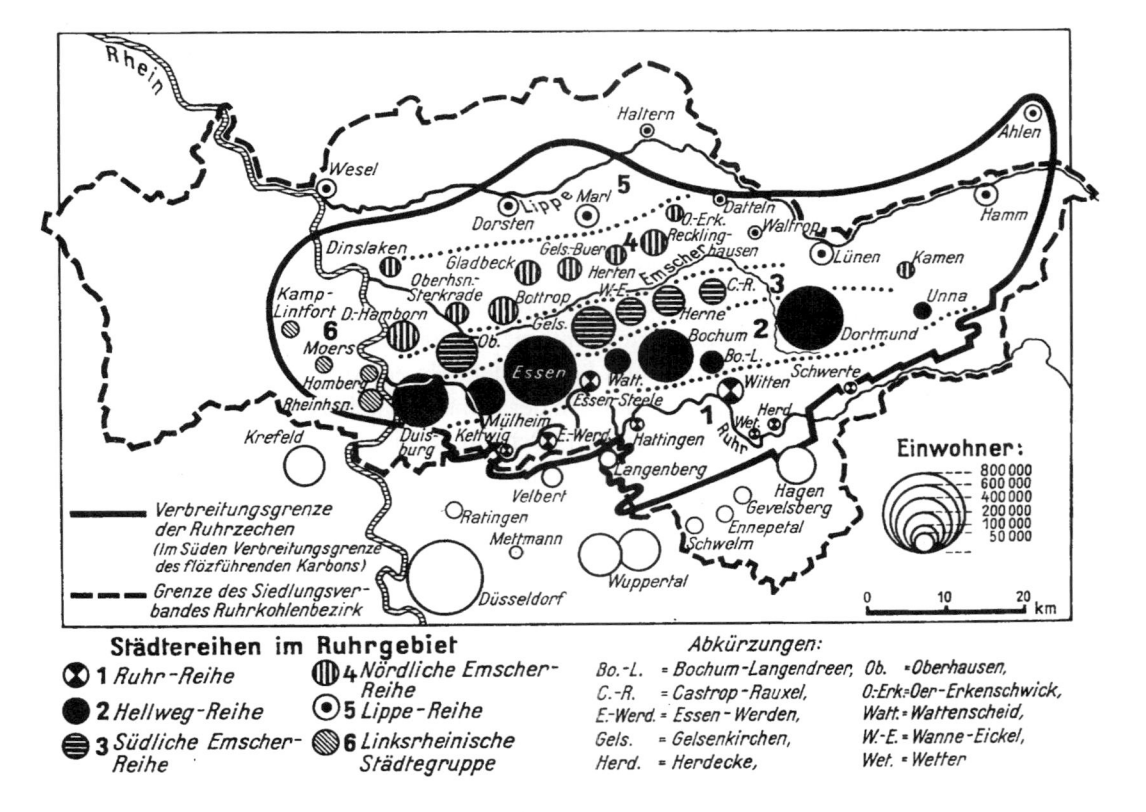

Abb. 4.3. Die Gliederung des Ruhrgebiets um 1960 nach traditionellen Kriterien. (Aus BIRKENHAUER 1984)

Betrachten Sie Abb. 4.3, bevor Sie weiterlesen, und machen Sie sich Gedanken zu den folgenden Fragen:

2 Bedingungen für das heute bedrohliche Ausmaß der Bodenbelastungen

> – Gibt es ein städtisches Zentrum des Reviers?
>
> – Von wo aus begann die Entwicklung des Ruhrgebiets zum Industrierevier? (Beziehen Sie Ihre Kenntnisse aus Abschn. 2.2.3 mit ein.)
>
> – In welche Richtung setzte sich die Entwicklung fort?
>
> – Welche Entwicklungszonen kann man unterscheiden, welche Städte charakterisieren sie?
>
> •••••
>
> Die Antworten gibt der folgende Text.

Das Ruhrgebiet ist bis heute ein > polyzentrischer Ballungsraum. Es entstand nicht durch das Anwachsen einer einzigen Großstadt, sondern durch die Ausdehnung vorindustrieller Städte und die Entstehung von verdichteten Siedlungsbereichen auf industrieller Basis. Das Ruhrgebiet entwickelte sich vom alten Zentrum Ruhrtal ausgreifend und in verschiedenen Etappen nach Norden. Dadurch entstanden 5 von Süd nach Nord aufeinanderfolgende Zonen des Reviers, die nacheinander erschlossen und besiedelt wurden und die bis heute die Morphologie des Reviers bestimmen.

Die älteste Zone des Reviers ist das Gebiet beiderseits der mittleren und unteren Ruhr, die *Ruhrzone*. Von ihr nahm – wie schon in Abschn. 2.2.3 beschrieben – die Industrialisierung des späteren Reviers ihren Anfang. Hier traten Anthrazit- und Magerkohle zutage, die sich gut als Hausbrand- und Schmiedekohle eignen, nicht aber zur Koksherstellung. Heute findet in der Ruhrzone kein Abbau mehr statt. Dieses Gebiet konnte seit den 50er Jahren in eine großzügige Freizeit- und Wohnlandschaft umgestaltet werden. Sie ist heute die Schauseite des Reviers mit der höchsten Lebensqualität.

Diese südlichste Zone des Ruhrgebiets trat dann in der wirtschaftlichen Bedeutung schon bald hinter der wenige Kilometer weiter nördlich gelegenen *Hellwegzone* zurück. Der Hellweg ist ein alter Handelsweg, der vermutlich seit 3000 – 4000 Jahren die Verbindung zwischen Westeuropa und Osteuropa herstellt. In der Hellwegzone finden sich unter dem wasserführenden Deckgebirge Eß- und Fettkohlen.

> Mit der Hellwegzone verbindet sich das industrielle > „Take Off" des Reviers (vgl. Abschn. 2.2.3). Welche Faktoren gaben den Anstoß für den industriellen Aufschwung des Reviers?
>
> •••••

4 Zu der Eignung verschiedener Kohlearten für unterschiedliche Zwecke vgl. im Anhang.

> Eß- und Fettkohlen eignen sich hervorragend zur Koksherstellung. Mit der technischen Möglichkeit, diese Kohle zu gewinnen (vgl. Abschn. 2.2.3), sowie der Nachfrage nach Stahl, insbesondere durch den Eisenbahnbau nach 1840, war der Anstoß zu dem gewaltigen industriellen „Take Off" im Ruhrgebiet gegeben.

Auf der „Hellwegachse" entwickelten sich aus kleineren Bürgerstädten des 19. Jahrhunderts auch die urbanen Zentren des Reviers: v. a. Essen, daneben Dortmund, Duisburg und Bochum mit so bedeutenden Unternehmen der Eisen- und Stahlverarbeitung wie die von HOESCH, KRUPP und THYSSEN.

Der Bergbau drang zwischen 1850 und 1870 in die Feuchtgebiete der Emscher vor. In dieser *Emscherzone* wurden die Bergwerke abseits der bestehenden Dörfer und Städtchen angelegt. In der Nähe der Bergwerke entwickelten sich eigene Bergarbeitersiedlungen mit der zugehörigen Infrastruktur. So entstand eine intensive Durchmischung von Zechen und Stahlwerken, Arbeiterkolonien und engen Wohnsiedlungen sowie alten dörflichen Siedlungskernen. Das Bild vom „häßlichen" Kohlenpott, das mitunter immer noch das Image des Ruhrgebiets bestimmt, ist auf diese mittlere Zone zwischen Hellweg und Emscher fixiert. In der Emscherzone lagern Gas-, Gasflamm- und Flammkohlen, die wertvollsten Kohlearten. Auf ihrer Basis entstand eine Industriezone mit Kohleverarbeitung und Kohlechemie im Norden des Reviers. Sie verursachten auch die schwersten Umweltbelastungen. Daher ist die Emscherzone in der Gegenwart das eigentliche Problemgebiet des Reviers. Denn hier sind nicht nur die technisch-ökonomischen Altlasten zu beseitigen, sondern auch große soziale Probleme zu bewältigen.

Dagegen wurden die 4. Zone, die sog. „*Vestische Zone*" zwischen Emscher und Lippe, mit Städten wie Oberhausen-Sterkrade, Gladbeck, Bottrop, Gelsenkirchen-Buer, Recklinghausen, und erst recht die im 1. Drittel des 20. Jahrhunderts erreichte 5. Ausbauzone um die Lippe, die *Lippezone*, nicht mehr einseitig durch das industrielle Wachstum bestimmt. Die Anlagen der Zechen erfolgten planvoller und unter Berücksichtigung der vorhandenen agrarischen und städtischen Strukturen und Traditionen. Hier gibt es einen fließenden Übergang ins nördlich anschließende Münsterland.

2.4 Das Ruhrgebiet heute

Das Ruhrgebiet hatte seine wesentliche Prägung in den Jahrzehnten von 1860 bis 1914 durch das Prosperieren von Industrien erfahren, die unmittelbar von der Kohle abhingen. Das hatte zu einer wirtschaftlichen Monostruktur im Revier geführt: 1913 waren über 60 % seiner Beschäftigten im Kohle- und Stahlbereich tätig. Im Schatten des Aufschwungs in der Montanindustrie zeichnete sich aber schon seit der Jahrhundertwende ein Führungswechsel ab: Der > Leitsektor („leading sector") der Industrialisierung verschob sich von der Montanindustrie zu den neuen Industrien Elektroindustrie, Maschinenbau und Chemieindustrie. Wirtschaftshistoriker nennen eine solche langfristige Entwicklung einen > säkularen Trend. Die Standortvorteile des Ruhrgebietes begannen sich also schon vor 1914 deutlich zu verringern: Weder die Ressource Steinkohle noch die Montantechnik hatten nach 1914 ein großes Zukunftspotential, wie z. B. der Aufstieg der Elektroindustrie, der späteren IG Farben oder der amerikanischen und russischen Erdölindustrie zeigt. Die neuen Wachstumsindustrien waren im Ruhrgebiet vor dem 1. Weltkrieg deutlich unterproportional vertreten: Der technologische Wandel vollzog sich bis in die 80er Jahre außerhalb des Reviers.

Lange Zeit war es allerdings kaum möglich, die Gefahren zu erkennen, die dem Ruhrgebiet wegen seiner Monostruktur und den langfristigen Trends der Wirtschaftsentwicklung drohten. Im Gegenteil, die politische Entwicklung seit 1914 verschob die Anpassung des Ruhrgebietes an den säkularen Trend um 50 Jahre: Für jedermann offensichtlich wurde die Krise des Reviers erst in den späten 50er Jahren. Bis zu diesem Zeitpunkt wurde das tatsächliche, langfristige Potential der Montanindustrie durch die beiden Weltkriege verschleiert, wie dies oben bereits beschrieben wurde.

An Umstrukturierung und Neuorientierung des Reviers konnte daher erst gedacht werden, als die Montanunion zu Beginn der 50er Jahre die politische Funktionalisierung des Reviers beendete: bezeichnend im übrigen, daß die Einigung Europas ihren Anfang mit der Eingliederung und „Zähmung" der deutschen Montanindustrie nahm. Nachteil dieser Entwicklung war für das Ruhrgebiet allerdings, daß nun der deutsche und europäische Markt für andere Energieträger, v. a. Rohöl, geöffnet wurden. Die Produktion im Revier wurde dadurch zu teuer und unrentabel. Die schubweise Stillegung von Zechen und die Krisen der Stahlindustrie machten dann seit Ende der 1960er Jahre das Ruhrgebiet zu einer besonders hart betroffenen Problemregion. Zwischen 1950 und 1986 gingen im Montansektor über 300 000 Arbeitsplätze verloren. Die Krise verschärfte sich dabei seit Mitte der 70er Jahre, als auch die Stahlindustrie massiv mit dem Abbau von Arbeitsplätzen begann: Der Kohle- folgte nun auch eine Stahlkrise. Das Ruhrgebiet verlor den Anschluß an das Wirtschaftswachstum in der übrigen Bundesrepublik. Tabelle 4.4 verdeutlicht, wie sehr sich das Ruhrgebiet aus der Wachstumsdynamik der gesamten Bundesrepublik abzukoppeln begann.

Tabelle 4.4. Regionale Unterschiede in der Entwicklung der Nettoproduktion des verarbeitenden Gewerbes und Bergbaus in der Bundesrepublik, Nordrhein-Westfalen und im Ruhrgebiet 1971 – 1981 in Mrd. DM. (Aus PETZINA 1990)

Jahr	Bund*	N W	Ruhr	N W ohne Ruhr
1971	409,4	131,5	38,3	93,2
1976	436,2	136,0	39,4	96,5
1981	471,6	140,0	38,8	101,3

*Die Angaben für den Bund beziehen sich auf die Bruttowertschöpfung, die geringfügig vom Nettoproduktionswert abweicht.

Betrachten Sie Tabelle 4.4 genau: Um wieviel Prozent der Bruttowertschöpfung der Bundesrepublik gingen in dem Jahrzehnt von 1971 – 1981 die Bruttowertschöpfung von Nordrhein-Westfalen und die des Reviers zurück?

•••••

Innerhalb nur 1 Jahrzehntes sank der Anteil Nordrhein-Westfalens an der gesamten Bruttowertschöpfung der Bundesrepublik von fast ein Drittel (32,1 %) auf unter 30 % (29,6 %), der des Reviers von 9,3 auf 8,2 %.

In den 80er Jahren wurde dieses Zurückbleiben als > „Nord-Süd-Gefälle" bezeichnet.

Diese doppelte Krise (von Kohle und Stahl) förderte jedoch gleichzeitig vielfältige Lösungsinitiativen und Versuche, die Monostruktur der Reviers aufzugeben und neue Fundamente zu legen. Großflächige Sanierungen von Industriebrachen, gezielte Ansiedlungen neuer Branchen, Ausbau des Hochschulwesens, von kulturellen und Bildungseinrichtungen haben inzwischen das Revier erheblich verändert. Hing vor 30 Jahren noch jeder 4. Arbeitsplatz im Revier direkt von Steinkohle und Stahl ab, so ist es heute nur noch jeder 8. (Die folgenden Angaben nach Frankfurter Rundschau Nr. 225 vom 26. 9. 1992.) Zwischen 1984 und heute sind alleine im Revier über 500 000 neue Arbeitsplätze entstanden. Es bleibt abzuwarten, ob die sich zur Zeit mehrenden Stimmen recht behalten werden, die heute vom gelungenen Strukturwandel an der Ruhr sprechen. Das Potential für diesen Strukturwandel besitzt das Ruhrgebiet: Denn abgesehen von den vielfältigen Bemühungen besonders der nordrhein-westfälischen Landesregierung, hat sich bei der Stabilisierung des Reviers nach 1960 doch v. a. sein Standortpotential im Zentrum Europas ausgewirkt. Dieses besondere Merkmal des Reviers – das es von den meisten anderen Montanregionen unterscheidet – ist im Grunde als einziges von den oben diskutierten Faktoren, die den Aufstieg des Ruhrgebiets im wesentlichen bestimmt hatten, übriggeblieben. Dem europäischen Binnenmarkt kann das Ruhrgebiet daher mit vorsichtigem Optimismus entgegensehen: Wahrscheinlich wird es mit dem Ballungsgebiet um Köln, Düsseldorf und Bonn zu einer einzigen Stadtregion zusammenwachsen. Schäden und Belastungen aus seiner Vergangenheit wird es aber sicherlich weiterhin zu bewältigen haben.

2.5 Das Wissen um die Bodenbelastungen im Ruhrgebiet

An verschiedenen Stellen in Kap. 2 wurden die Folgen der Kohle- und Stahlindustrie für den Boden schon angedeutet. Sie werden in den folgenden Kapiteln eingehender behandelt. Hier sei nur darauf aufmerksam gemacht, daß man den Bodenbelastungen lange Zeit keine Aufmerksamkeit schenkte, teilweise auch nicht schenken konnte. Sicher wurde der Rückgang an Wald und landwirtschaftlicher Nutzfläche, die Folgen von Bergsenkungen, die Grundwasseränderungen bemerkt, aber sie wurden als im wesentlichen unvermeidbar eingeschätzt; der Gewinn durch die Industrialisierung war höher. Lange vor den Bodenschäden wurde die Luftverunreinigung als bedrohlich empfunden. Neben den direkt sichtbaren Verunreinigungen durch Rauch und Staub machten sich auch indirekte Schäden in der Landwirtschaft bemerkbar. Klagen gab es schon seit 1838 (BRÜGGEMEIER u. ROMMELSPACHER 1990, S. 513f.). Als Hauptursache für die Pflanzenschäden stellte der Agrarchemiker A. STÖCKHARDT (Forstakademie Tharandt) Säure fest. Sie entsteht u. a. bei der Verbrennung von Kohle und dem Schmelzen von Erzen. Obwohl STÖCKHARDT bereits Mitte des vorigen Jahrhunderts vorschlug, durch eine Art Filterverfahren die Luftschadstoffe aus den Abgasen zu entfernen, versuchte man, durch den Bau immer höherer Schornsteine des Problems Herr zu werden: Je höher in die Luft die Gase entlassen wurden, um so weiter verteilten sie sich und um so geringer war ihre Konzentration. Aber: „Die Schadstoffe von Industrie, Kommunen und Haushalten sind nicht wie erhofft im unendlichen Meer der Lüfte ... verschwunden, sie haben sich vielmehr im Boden abgelagert und diesen zunehmend belastet. Die Luft besitzt kaum Puffer- oder Speicherkapazität, und die des Wassers ist eng begrenzt, so daß viele Schadstoffe schließlich in den Boden gelangen. Hier können sie gepuffert oder auch abgebaut werden, doch zu einem großen Teil wurden sie nur abgelagert: Der Boden hat in den letzten Jahrzehnten als eine riesige Abfallgrube gedient. Die enorme Menge der Schadstoffe, deren allmähliche Akkumulation und das gehäufte Auftreten schwer bzw. nicht

> Die Folgen von Bergsenkungen, und wie man ihnen begegnet, sind in Abschn. 3.3 näher geschildert.

> Auf die Verunreinigung des Bodens durch Luftschadstoffe wird in Abschn. 3.4 eingegangen.

abbaubarer Stoffe ließen den Boden zum heute wohl wichtigsten Umweltproblem werden. ... Diese Erkenntnis ist sehr jung. Noch in den 70er Jahren scheiterten Bemühungen, den Begriff 'Boden' in das Immissionsschutzgesetz aufzunehmen, und erst am 6.2.1985 beschloß die Bundesregierung eine Bodenschutzkonzeption.

Das späte Erwachen hat mehrere Gründe. Der Boden erwies sich als äußerst belastbar, er konnte große Schadstoffmengen aufnehmen und sie zunächst weitgehend verkraften; neue Meßverfahren bzw. -geräte, die kleinste Konzentrationen nachweisen, stehen noch nicht lange zur Verfügung, und erst die neuere Diskussion erkannte die Bedeutung ökologischer Kreisläufe, für die der Boden eine entscheidende Zwischenstufe ist. Hinzu kommt, daß Boden sich im Gegensatz zu Luft und Wasser im Privatbesitz befindet und damit öffentlicher Einflußnahme weitgehend entzogen ist.

> Die Filter- und Pufferwirkung des Bodens ist in der 1. Studieneinheit, Kap. 2 und im Abschn. 7.2 beschrieben.

Die Entwicklung im Ruhrgebiet unterstützt dieses Argument. Hier gab es zwar eine Diskussion um Belastungen des Bodens, doch diese konzentrierte sich auf Bodensenkungen im Gefolge des Bergbaus bzw. die deshalb zu zahlenden Entschädigungen. Darüber hinaus wurden noch die zunehmende Besiedlung und insbesondere der Verlust von Wäldern beklagt, doch gerade der Boden galt als unantastbares Privateigentum, mit dem die Besitzer nahezu nach Belieben umgehen konnten. Das folgenreichste Erbe dieses Umgangs sind die kontaminierten Böden bzw. Altlasten ..." (BRÜGGEMEIER u. ROMMELSPACHER 1990, S. 526).

> Weiteres zur Ökonomie des Bodens finden Sie in der 6. Studieneinheit, Kap. 2.

2.6 Rückblick

Fragen:

Mit Hilfe der folgenden Fragen können Sie die Zusammenfassung des Kapitels selbst erarbeiten.

1. Versuchen Sie mit eigenen Worten zu erläutern, was „historisch erklären" bedeutet.

2. Bei Betrachtung der Bodenbelastung unter historischer Perspektive werden Ambivalenz und Mehrdeutigkeit sichtbar. Wie äußern sich diese?

3. Der wirtschaftliche Aufschwung des Ruhrgebietes von 1810 bis in die Mitte dieses Jahrhunderts wirkte sich in hohem Maße auf die Nutzung des Bodens aus. Nennen Sie einige der in Zusammenhang mit der Industrialisierung stehenden Aktivitäten, die die Bodennutzung veränderten.

4. Es wurden 4 Faktoren als Ursache für die Entwicklung des Ruhrgebietes zum größten Industriezentrum Europas genannt. Beschreiben Sie diese kurz.

5. Die Entwicklung des Ruhrgebietes erfolgte von Süden nach Norden. Man unterscheidet heute 5 Zonen. Charakterisieren Sie diese.

6. Zu Beginn dieses Jahrhunderts verschob sich der Leitsektor der Industrialisierung von der Montanindustrie zur Elektroindustrie, zum Maschinenbau und zur Chemie. Warum machte das Ruhrgebiet diese Entwicklung nicht mit, sondern behielt seine auf Kohle und Stahl beruhende wirtschaftliche Monostruktur bei?

7. Welche Folge hatte die verspätete Anpassung des Ruhrgebietes an den säkularen Trend?

8. Von den 4 Faktoren, die den industriellen Aufschwung des Ruhrgebiets bewirkten, bot einer die Voraussetzung für die Umstellung von einer wirtschaftlichen Monostruktur zu einer vielfältig strukturierten Wirtschaftslandschaft. Welcher Faktor ist dies?

9. Schon 1838 gab es erste Klagen der Landwirtschaft im Gebiet der Ruhr über Luftverunreinigungen, die sich schädlich auf die Pflanzen auswirkten. Der Agrarchemiker STÖCKHARDT erkannte als eine der Ursachen Säuren in Industrieabgasen und schlug Maßnahmen zur Vermeidung vor. Wie lauteten diese? Was wurde tatsächlich getan? Welche Folgen traten auf?

10. Warum wurden Bodenbelastungen (außer den direkten Bergbauschäden) erst wesentlich später als Luft- und Wasserverunreinigung erkannt?

Antworten:

1. Vgl. Abschn. 2.1.

2. Versucht man, die heutigen Phänomene aus dem Handeln oder Nichthandeln unserer Vorfahren abzuleiten, zeigt sich, daß das, was heute mit beträchtlichem negativen Potential belastet ist, mit Lebenschancen, Wertvorstellungen und Zwangslagen der damals lebenden Menschen verknüpft ist.

3. Bodennutzung wurde verändert z. B. durch den Bau von Industrieanlagen, das Aufschütten der Halden, die Anlage von Verkehrswegen, den Bau von Wohnsiedlungen.

4. Die 4 Faktoren sind:
   - Bedarf an der Energie- und Rohstoffquelle Kohle, nachdem die Zentralressource Holz zunehmend knapper wurde.
   - Die wirtschaftlich zentrale Lage des Ruhrgebiets (innerhalb der „Blauen Banane") und der günstige Verlauf der Wasserwege.
   - Die wissenschaftlich-technische Entwicklung: Hebung des Grubenwassers, Entwicklung des Tiefbaus, Verkokung von Kohle, Nutzbarmachung der Kokereinebenprodukte Kokereigas und Steinkohlenteer.
   - Das Zusammenwirken wirtschaftlicher Interessen der Unternehmer mit wirtschaftspolitisch-militärischen Interessen des Staates, beginnend im Kaiserreich bis zu Beginn der 50er Jahre dieses Jahrhunderts. Ein Ende dieses Zusammenspieles brachte erst die Strategie der Westintegration ADENAUERS mit der Entwicklung der Montanunion.

5. Man unterscheidet die folgenden 5 Zonen:
   - Ruhrzone: frühestes Gebiet der Industrialisierung, Kohle für Hausbrand und Schmiede geeignet; heute Wohn- und Freizeitlandschaft.
   - Hellwegzone: nördlich der Ruhr, verkokbare Eß- und Fettkohle, deren Abbau wesentlich zum „Take Off" des Ruhrgebietes beitrug, Entwicklung der städtischen Zentren aus kleinen Bürgerstädten (Essen, Dortmund).
   - Emscherzone: wertvolle Gas- und Gasflammkohlen, auf deren Basis sich die Kohleverarbeitungs- und Chemieindustrie entwickelte. Planlose Entstehung von Industrieanlagen und Wohnsiedlungen abseits bestehender Siedlungen, ökologisch und sozial problematischste Zone.
   - Vestische Zone und
   - Lippezone: planvoller Ausbau des industriellen Wachstums unter Berücksichtigung vorhandener Siedlungsstrukturen und Traditionen.

6. Die Entwicklung des Reviers wurde wesentlich durch die politisch-militärischen Interessen bis in die 50er Jahre unseres Jahrhunderts geprägt.

7. Die verspätete Anpassung an den säkularen Trend hatte einen massiven Verlust von Arbeitsplätzen und die Abkopplung von der Wirtschaftsentwicklung der Bundesrepublik zur Folge.

8. Die Umstrukturierung des Ruhrgebietes war hauptsächlich durch seine zentrale Lage begünstigt.

9. STÖCKHARDT schlug vor, die Säure durch Filter aus den Abgasen zu entfernen. Statt dessen wurden aber nur höhere Kamine gebaut, die die Luftschadstoffe weiter verteilten, sie insgesamt aber nicht reduzierten. Vielmehr sammelten sie sich im Laufe der Zeit im Boden an.

10. Während Luft und Wasser kaum Puffer- oder Speicherkapazität besitzen, kann der Boden Schadstoffe, die auch über Luft oder Wasser in ihn gelangen, bis zu einem gewissen Grade abpuffern und/oder filtern, teilweise auch abbauen. Die Menge der in den Boden gelangten Schadstoffe überforderte jedoch seine Puffer-, Filter- und Abbaufähigkeit, so daß Bodenbelastungen ein zwar spät erkanntes, jedoch besonders gravierendes Problem geworden sind.

3 Auswirkungen der Industrialisierung des Ruhrgebietes auf den Boden

D. A. Hiller

Als Folge des im 19. Jahrhundert beginnenden, langfristigen industriellen Aufschwunges wurde das Ruhrgebiet von einem einschneidenden Strukturwandel erfaßt, wodurch sich eine vorwiegend agrarisch geprägte Landschaft zu einem Agglomerat aus Montan- und Schwerindustrie entwickelte, wie in Kap. 2 beschrieben. Die Gewinnung hochwertiger Kohle in Tiefbauzechen war ein entscheidender Faktor dieser Entwicklung. Technische Neuerungen v. a. im Bereich der Eisengewinnung und -verarbeitung führten zur Gründung von Eisenhütten, stahlerzeugenden Fabriken sowie Weiterverarbeitungsbetrieben. Neue Verfahren der Verkokung der Ruhrkohle machten es möglich, daß meist direkt auf den Zechengeländen Verarbeitungsanlagen zur Veredlung der Kohle – Kokereien, Benzolfabriken, Gaswerke, Teerverarbeitungsbetriebe u. a. – angegliedert wurden.

Mit dem stürmischen wirtschaftlichen Aufschwung ging ein gewaltiger Bedarf an Arbeitskräften einher. Die Einwohnerzahlen um die neuen expandierenden Industriezentren wuchsen durch Zuwanderung arbeitsuchender Menschen innerhalb weniger Jahre um mehr als 100 %.

In Kap. 3 werden die Folgen des raschen Wandels beschrieben: die ökologischen Probleme, die durch Freiflächenverbrauch und Versiegelung der Böden, durch Halden und Bergsenkungen, durch Abfall- und Reststoffe der Industrien entstehen. Es wird auf die Verwendung der Industriebrachen im Rahmen der Stadtentwicklung eingegangen. Am Schluß wird ein Überblick über Methoden zur Erfassung der Schadstoffbelastung von Böden gegeben.

3.1 Freiflächenverbrauch im Ballungsraum Ruhrgebiet

Ein Vergleich unterschiedlich alter historischer Karten und Stadtpläne verdeutlicht, daß Industrialisierung, Urbanisierung und Verkehrsausbauten Flächen beanspruchten, die vormals der Erzeugung landwirtschaftlicher Produkte – Getreide und Vieh – dienten. Besonders stark war der Rückgang der land- und forstwirtschaftlichen Flächen im Ruhrgebiet (vgl. Tabelle 4.5).

Der größte Teil der Flächen wurde für die Anlage der *Industriegelände* und den erforderlichen *Wohnraum* der ins Land strömenden Menschen gebraucht. Durch die Standortgebundenheit des Bergbaues entstanden an den Stellen der Abteufungen – so nennt der Bergmann das Graben eines Schachtes – Großzechen mit ausgedehnten Werkskolonien. Dabei beanspruchten Großschachtanlagen mit 4000 – 6000 Beschäftigten einschließlich ihrer Werkssiedlungen Flächen bis zu 200 ha und mehr. Der Standort wurde dabei nur von den geologischen Gegebenheiten und nicht nach dem land- oder forstwirtschaftlichen Wert bestimmt.

Tabelle 4.5. Wandel des Waldanteils und der besiedelten Fläche im Ruhrgebiet in den Jahren von 1883 – 1989. (Aus KOMMUNALVERBAND Ruhrgebiet 1990)

Jahr	Waldanteil		Siedlungsfläche	
	%	km²	%	km²
1883	20,3	900	6,9	306
1927	18,6	824	14,0	620
1952	15,5	687	19,8	878
1960	15,0	665	23,2	1028
1970	15,9	705	27,1	1201
1989	17,1	758	34,7	1538

Auch im Umfeld der eisen- und metallverarbeitenden Industrien mußte für die zuwandernden Arbeitermassen Wohnraum geschaffen werden. Das Wachstum führte häufig zu baulich extrem verdichteten Stadtkernen. Der Stadtkern von Essen beispielsweise ließ in den 1860er Jahren keine Neubautätigkeit mehr zu, und es mußten neue Wohnviertel geschaffen werden, wobei allerdings häufig Produktions- und Wohngebiete ohne genauere Planungsvorgaben miteinander verschmolzen. In den Jahren zwischen 1860 und 1873 wuchs z. B. die Bevölkerung in Essen von 18 435 auf 56 369 Einwohner um über das Dreifache an (BAJOHR u. GAIALAT 1991). Auch in anderen Ruhrgebietsstädten zeigte der wirtschaftliche Aufschwung ähnliche Ausmaße. Ein eindrucksvolles Zeugnis über das „Zusammenrücken" der Bevölkerung und die Flächeninanspruchnahme durch Industrie- und Wohnanlagen vermittelt ein Vergleich der Abb. 4.4a – 4.4c. Hier sieht man am Beispiel der „Stadt" Oberhausen, welche heute eine Gesamtfläche von 77 km² und etwa 224 000 Einwohner aufweist (2909 pro km²), die Entwicklung zu einer der dichtest besiedelten Städte in der Bundesrepublik. Bei Gründung der „Gemeinde" Oberhausen 1862 war dies eine Zusammenfassung aus einzelnen Bauerschaften und den Gemeinden Meiderich, Altstaden, Dümpten sowie Buschhausen, wobei sich die 5590 Einwohner auf 1301 ha verteilten (430 pro km²).

Abb. 4.4a–c. Siedlungsentwicklung auf dem Gebiet der Stadt Oberhausen 1840, 1925 und 1970. (Aus SPÖRHASE u. WULFF 1991) ➤

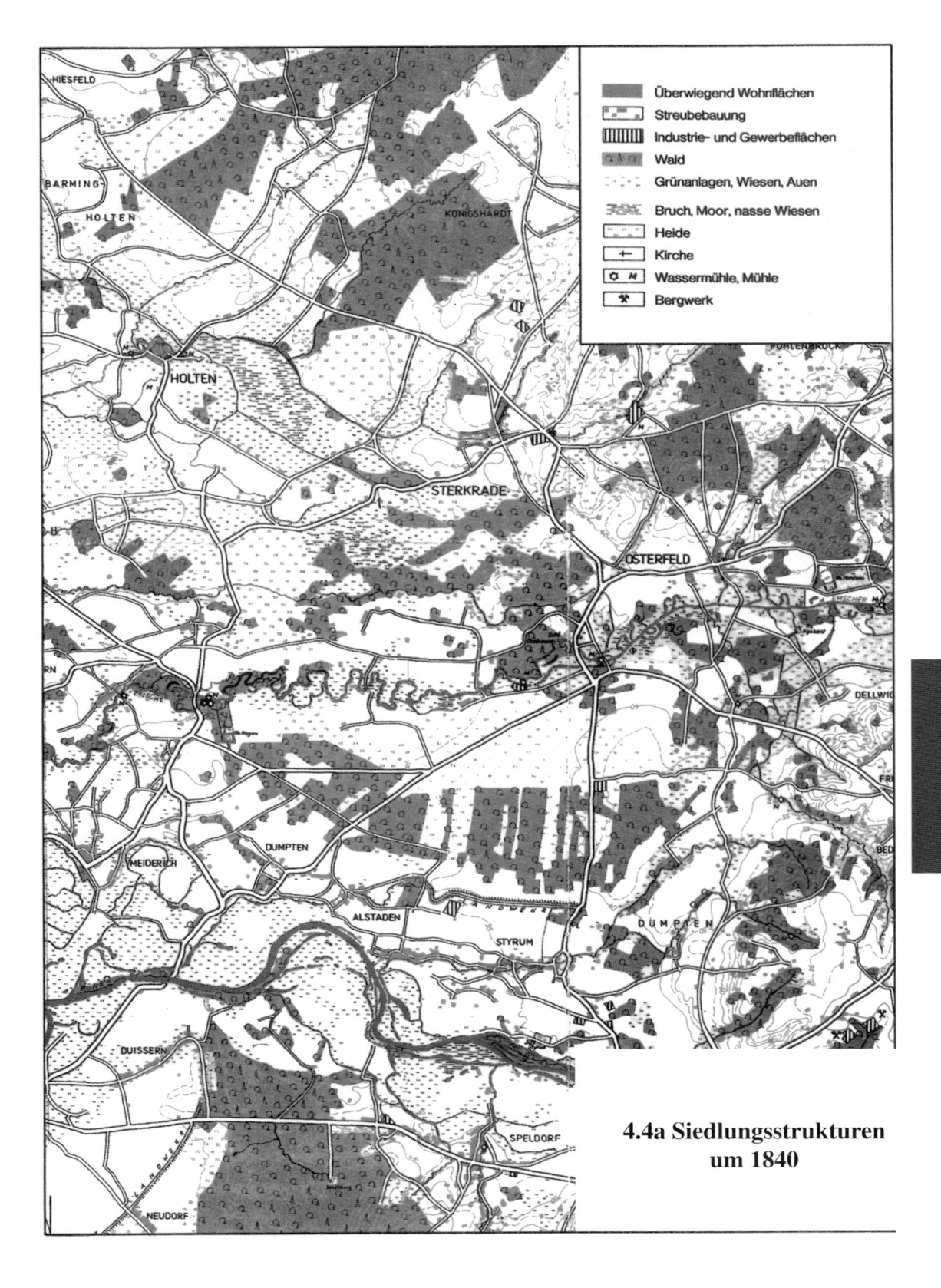

3.1 Freiflächenverbrauch im Ballungsraum Ruhrgebiet

Legende:
- Überwiegend Wohnflächen
- Streubebauung
- Industrie- und Gewerbeflächen
- Wald
- Grünanlagen, Wiesen, Auen
- Bruch, Moor, nasse Wiesen
- Heide
- Kirche
- Wassermühle, Mühle
- Bergwerk

4.4a Siedlungsstrukturen um 1840

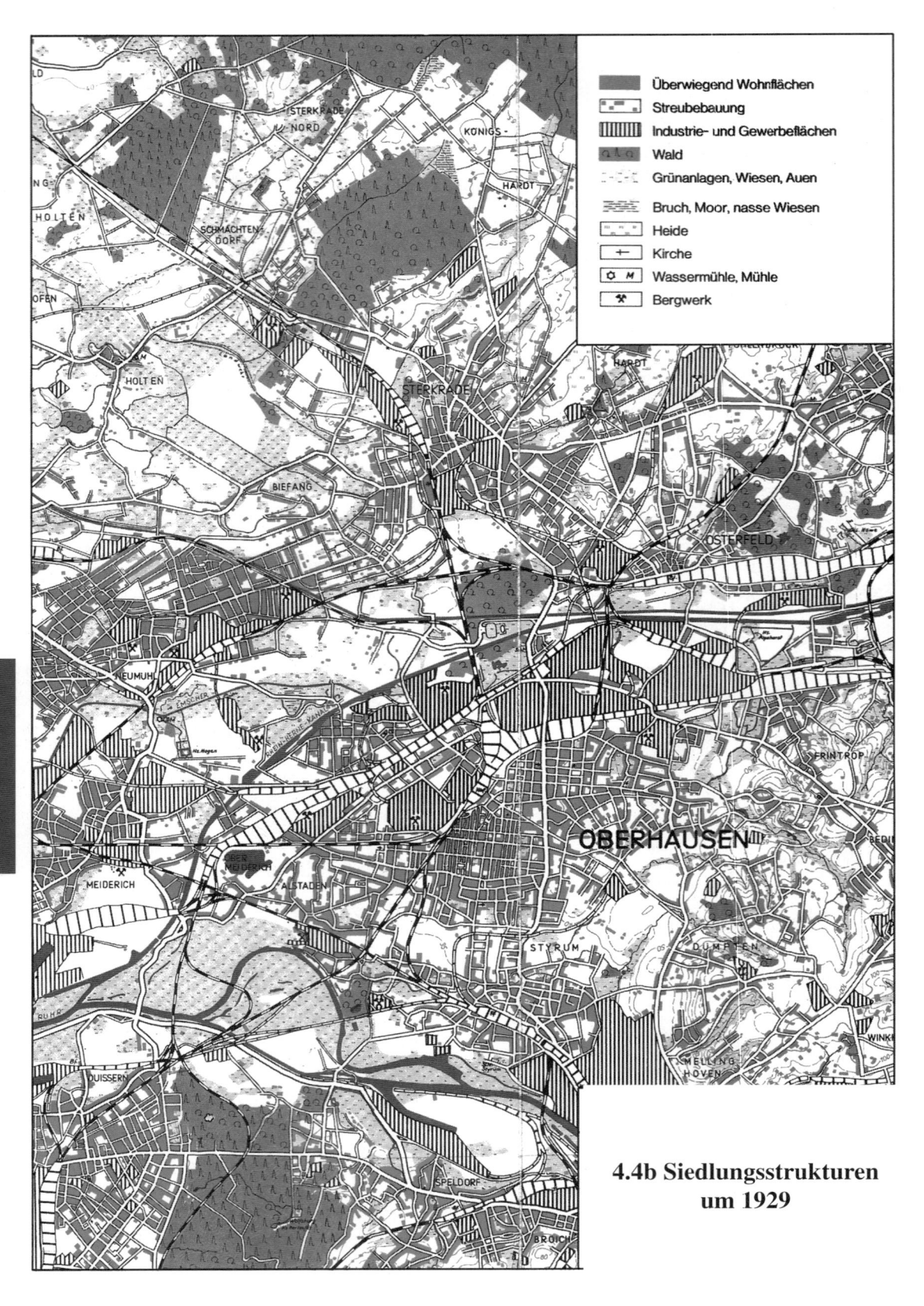

3 Auswirkungen der Industrialisierung des Ruhrgebietes auf den Boden

	Überwiegend Wohnflächen
	Streubebauung
	Industrie- und Gewerbeflächen
	Wald
	Grünanlagen, Wiesen, Auen
	Bruch, Moor, nasse Wiesen
	Heide
	Kirche
	Wassermühle, Mühle
	Bergwerk

4.4b Siedlungsstrukturen um 1929

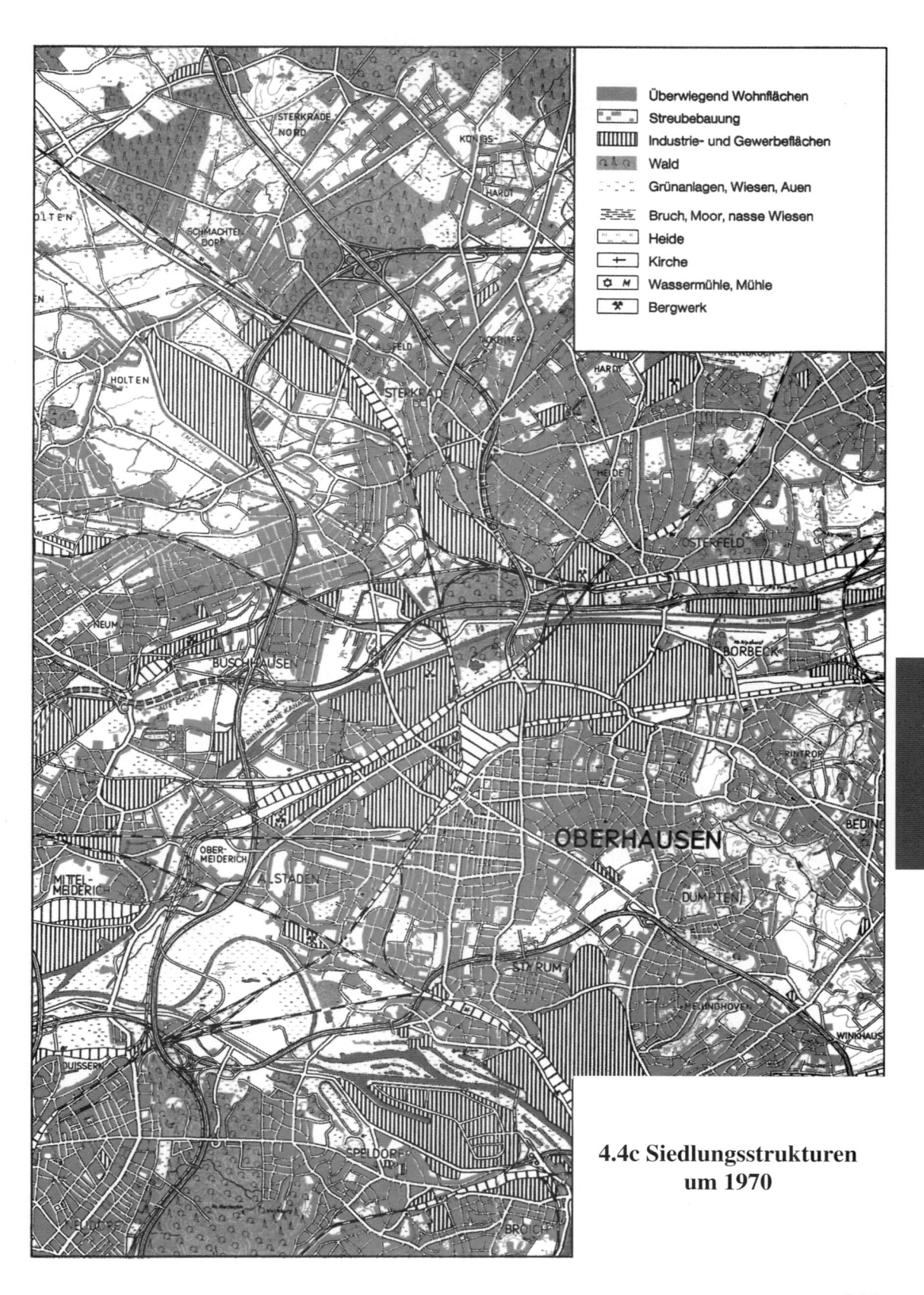

3.1 Freiflächenverbrauch im Ballungsraum Ruhrgebiet

Legende:
- Überwiegend Wohnflächen
- Streubebauung
- Industrie- und Gewerbeflächen
- Wald
- Grünanlagen, Wiesen, Auen
- Bruch, Moor, nasse Wiesen
- Heide
- Kirche
- Wassermühle, Mühle
- Bergwerk

4.4c Siedlungsstrukturen um 1970

299

3 Auswirkungen der Industrialisierung des Ruhrgebietes auf den Boden

> Verbrauch von Freiflächen geschieht nicht allein durch die Errichtung von Wohn- und Industrieanlagen. Beides zieht notwendigerweise weiteren Flächenbedarf nach sich. Wofür?
>
> •••••
>
> Einen weiteren Bodenverbrauch zog die Anlage des Verkehrsnetzes zur Erschließung der Wohn- und Industriegebiete (z. B. Ab- und Antransport von Kohle, Erz, Eisen und anderen Wirtschaftsgütern) mit sich.

Neben der Verbesserung und der Erweiterung des *Straßennetzes* wurden die *Wasserwege* ausgebaut: Die Ruhr wurde schiffbar gemacht, der Dortmund–Ems-Kanal, der Rhein–Herne-Kanal und der Lippe-Seitenkanal wurden angelegt. Darüber hinaus erlebte die Eisenbahn ab 1847 zum An- und Abtransport von Massengütern eine stürmische Entwicklung. Durch den Bau der Köln–Mindener-Bahn (1847), der Märkischen Bahn von Elberfeld nach Dortmund (1849) und der Siegtal-Bahn vom Ruhrgebiet ins erzreiche Siegerland (1861) erfolgte eine rasche Ausweitung des lokalen Zechen- und Werkbahnnetzes. Straßen, Kanäle und Schienenstränge zerschnitten die Landschaft stark. Außer dem direkten Bodenverbrauch sind auch häufig die angrenzenden Böden ökologisch in Mitleidenschaft gezogen. Grund hierfür ist, daß für Straßen- bzw. Gleisunterbau, Dammschüttungen oder Schotterungen eine Vielzahl von unterschiedlichen – teilweise stark schadstoffhaltigen – Schlacken, Aschen, Bergematerial (= Rückstände des Nebengesteins von Kohleflözen) und anderen „Baumaterialien" verwendet wurden (Abb. 4.5). Durch herausgelöste Schadstoffe kann auch das Grundwasser belastet werden.

Als Beispiel für die Bedeutung der Verkehrserschließung für die Wirtschaft einer Region sei auf Kap. 4 in der 6. Studieneinheit verwiesen.

Zur Funktion von Böden vgl. 1. Studieneinheit, Kap. 2.

Als Folge dieser Flächeninanspruchnahme sind die Böden im Ruhrgebiet zu einem großen Teil versiegelt, in ihrer biologischen Aktivität und Vielfalt reduziert sowie mit Schadstoffen angereichert.

3.2 Versiegelung

Versiegelung bedeutet, daß durch Baumaßnahmen die ursprünglichen Böden oder Bereiche von Böden mit wasser- und/oder luftundurchlässigen Materialien abgedeckt werden.

Je nach Ausprägung der Versiegelung unterscheidet man dabei:

– **Vollversiegelung:** Horizontale und vertikale Bodenabdeckung durch Gebäude, Straßen, Plätze, Fußgängerzonen.

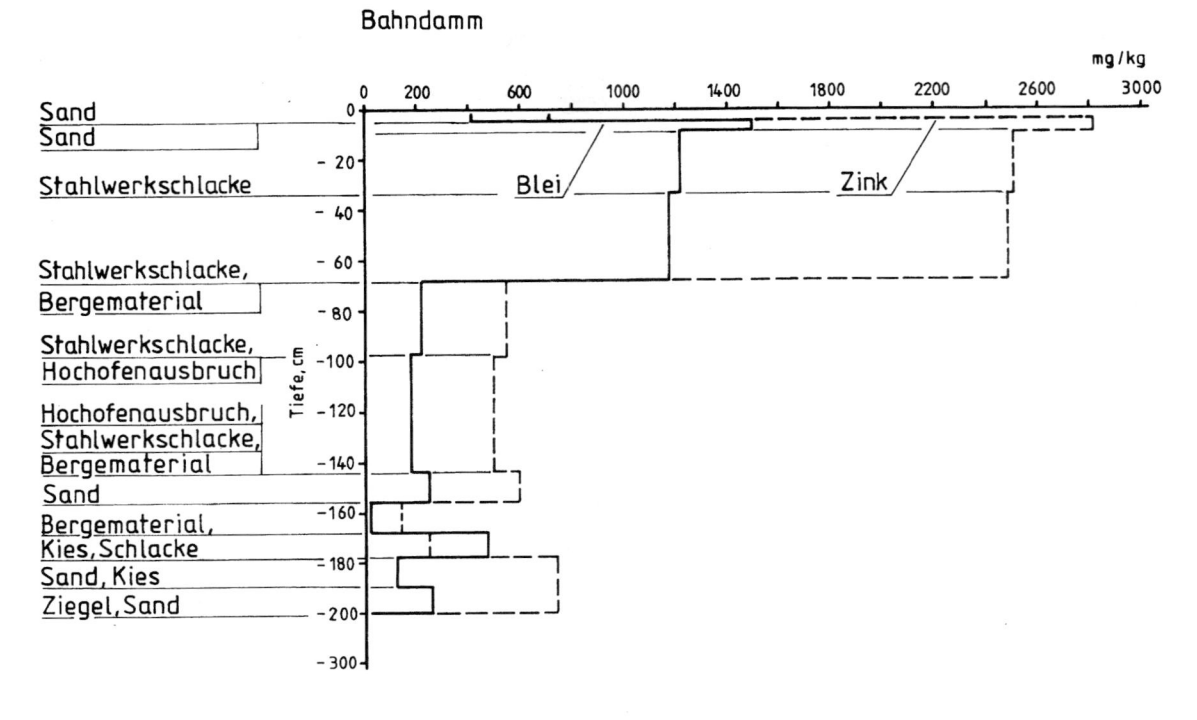

Abb. 4.5. Blei- und Zinkgesamtgehalte von zur Bahndammschüttung verwendeten Baumaterialien der Köln–Mindener-Bahn aus einem Teilsegment in Oberhausen. (HILLER unveröffentlicht)

Blei und Zink und ihre Auswirkungen auf den Menschen sind im Anhang kurz beschrieben.

– **Teilversiegelung:** Pflasterungen, Verbundsteine.

– **Unterflurversiegelung:** Kellerbauten, Schächte, Tunnel, Sperrschichten von Deponien u. a. (vgl. Abb. 4.6).

Die Versiegelung bedeutet, daß der Boden mit seinem komplexen Gefüge und seinen Lebewesen unwiederbringlich zerstört wird, daß die Grünflächen der Stadt vernichtet bzw. Neuanpflanzungen unmöglich werden, daß die Versickerungsflächen für Niederschlagswasser vermindert werden. Die Folgen können vielfältiger Natur sein; am auffälligsten sind jedoch die Auswirkungen auf das Stadtklima und den Bodenwasserhaushalt.

Das *Stadtklima* ist durch höhere Temperatur, Luftverunreinigungen, Luft- und Bodentrockenheit sowie niedrigere Sonneneinstrahlung und Windschwäche gegenüber dem Landklima charakterisiert. Zu diesen Verhältnissen trägt die Versiegelung wesentlich bei. Sie verhindert die Verdunstung von Niederschlagwasser. Dies hat nicht nur eine höhere Trockenheit der Luft zur Folge, sondern, da Verdunstung Wärme verbraucht, auch eine höhere Temperatur. Hinzu kommt, daß versiegelte Flächen – Asphalt oder Beton – sich stark aufheizen. Begrünte Flächen sind tagsüber 3 – 4 °C kühler als Ziegelflächen oder Beton. Darüber hinaus kühlen sie nachts stark ab. So bewirken

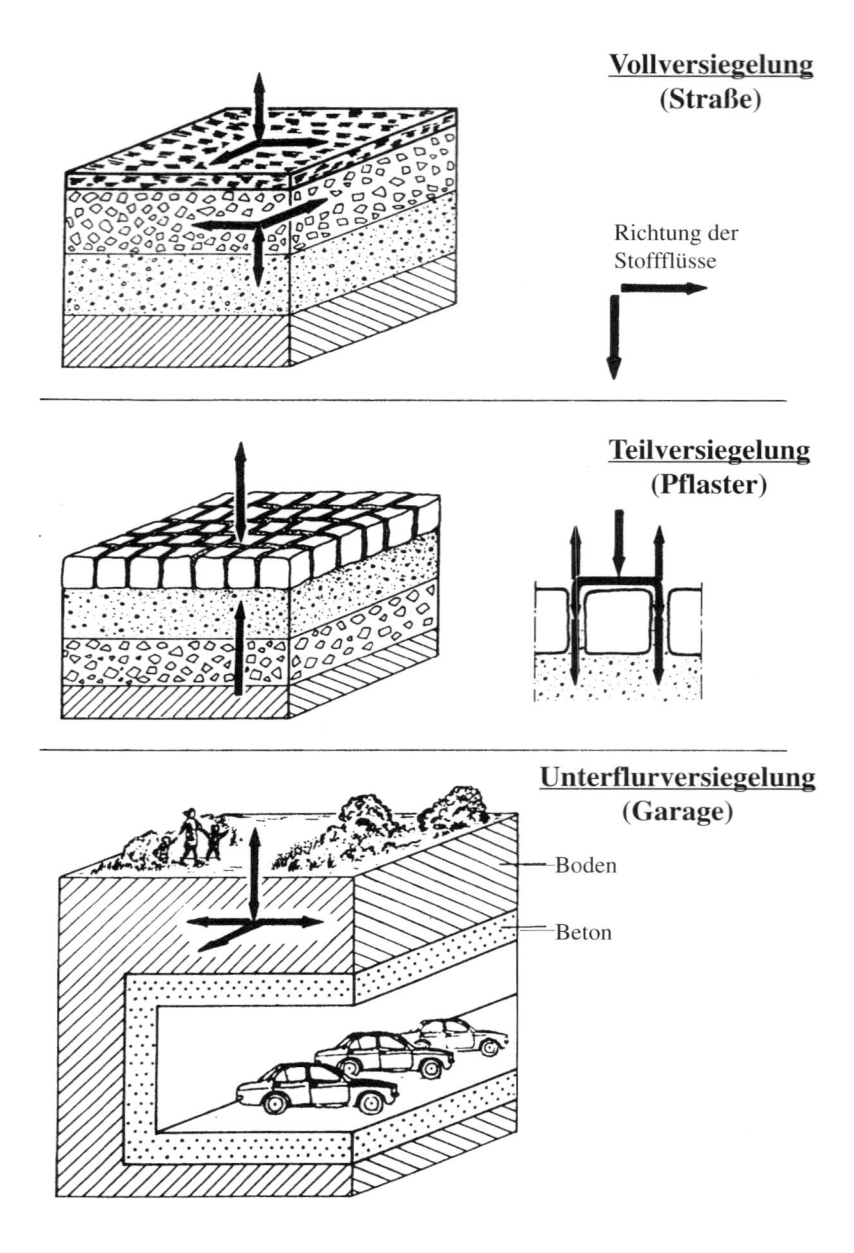

Abb. 4.6. Versiegelungsformen von Böden. (Aus BURGHARDT 1993)

sie auch noch in 200 m Entfernung Abkühlung. Andere Untersuchungen zeigten, daß baumbestandene Straßen im Hochsommer bis zu 10 °C kühler sein können als baumlose Straßen. Außerdem wird wegen des fehlenden Pflanzenwuchses die Luft nicht gefiltert, eine erhöhte Luftverschmutzung ist die Folge. Durch Entsiegelung von Flächen können diese Verhältnisse erheblich gebessert werden.

Auch der *Wasserhaushalt* ist durch die Versiegelung beeinträchtigt.

3.2 Versiegelung

> Bitte erinnern Sie sich an den Wasserkreislauf, der in der 1. Studieneinheit, Abschn. 5.1.1 geschildert wurde. Was geschieht, wenn Regenwasser auf versiegelte Flächen trifft?
>
> •••••
>
> Das Wasser kann nicht in den Boden eindringen, es wird nicht gespeichert bzw. gefiltert und dem Grundwasser zugeführt. Der Wasserhaushalt ist massiv gestört.

Vor allem in den dichtbesiedelten Ballungsgebieten wird das Niederschlagwasser auf kurzen Wegen über verrohrte bzw. offene Kanäle oder Bachläufe den als > Vorflutern dienenden Flüssen (Emscher, Lippe, Ruhr) zugeleitet (Abb. 4.7). Dadurch wird weniger Wasser gespeichert und zurückgehalten. Es treten gehäuft Hochwasser auf, deren Auswirkungen durch aufwendige technische Anlagen (Dammbauten, Rückhaltebecken) gemindert werden müssen.

Maßnahmen, wie man heute dem Problem der Bodenversiegelung begegnet, werden in Abschn. 4.2 behandelt.

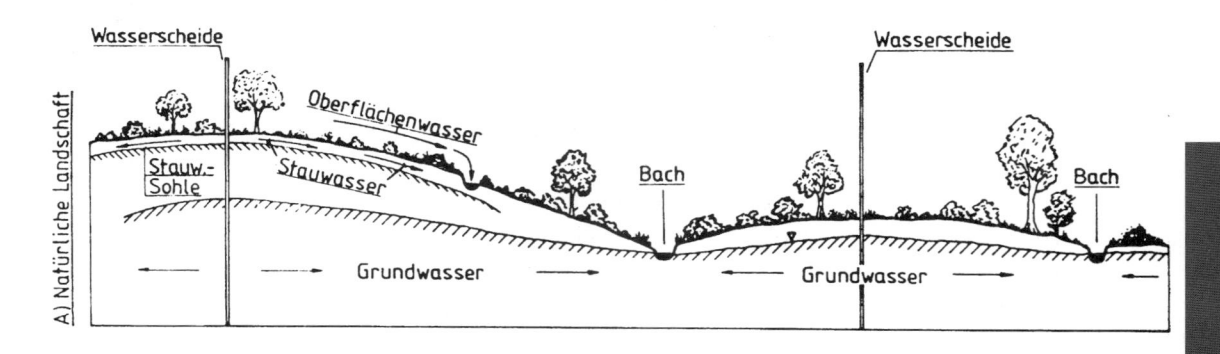

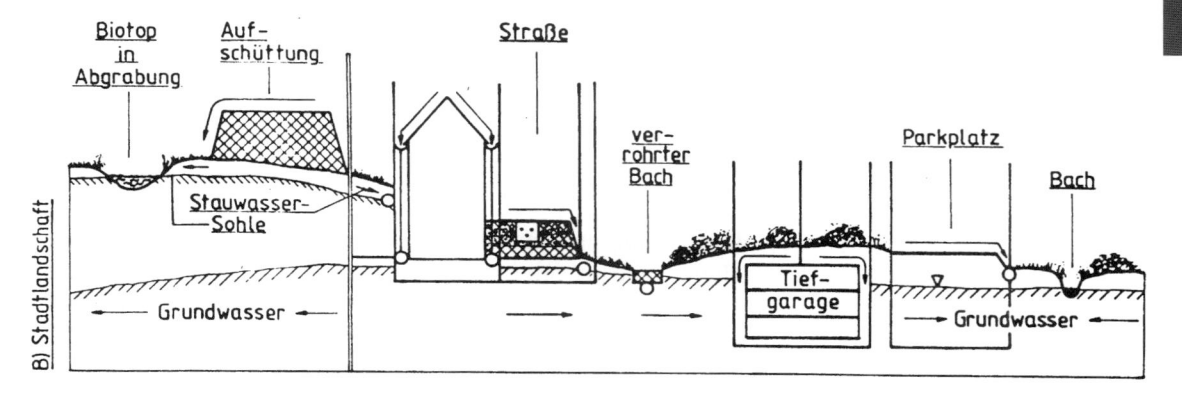

Abb. 4.7. Veränderung natürlicher Wassereinzugsgebiete durch verdichtete Siedlungsformen. (Aus BURGHARDT 1993)

Ein typisches Beispiel für das Ruhrgebiet ist die Emscher mit ihren Nebenflüssen. 60 % des Emschergebietes sind bebaut. Zur Ableitung der rapide anwachsenden Gruben-, Industrie- und Stadtabwässer sowie des Regenwassers von den bebauten Flächen wurden die Emscher und ihre Nebenbäche Ende des 19. bzw. Anfang des 20. Jahrhunderts als Schmutzwasserläufe begradigt, verschalt und eingedeicht. Besonders zu Beginn des Regenabflusses treten infolge der Spülwirkung hohe Schmutzfrachten auf. Die Emscher galt lange Zeit als schmutzigster „Fluß" der Welt.

3.3 Halden und Bergsenkungen

Beim Abbau der Steinkohle fällt das Nebengestein von Kohleflözen als nicht verwertbarer Rückstand, als sog. Bergematerial an. Das Bergematerial setzt sich vorwiegend aus Ton-, Schluff- und Sandsteinen zusammen, die mit mehr oder weniger großen Anteilen von Kohleresten durchsetzt sind. Der Bergeabfall nahm – bedingt durch die Technik der Kohlegewinnung, so z. B. die Verlagerung des Abbaus in größere Teufen – in den letzten Jahrzehnten erheblich zu: Waren es 1940 noch 18 %, die der Anteil des Bergematerials an der Rohförderung ausmachte, so betrug der Anteil 1980 47 %; seit der Zeit ist er nicht weiter gestiegen. 1989 wurden 55,7 Mio. t verwertbare Kohle und 50,3 Mio. t Bergematerial gefördert. 6 % wurden wieder untertage zum Verfüllen der Hohlräume (bergmännisch: als Versatzmaterial) benutzt. 23 % konnten anderweitig (z. B. im Tiefbau, Auffüllung von Gelände an der Küste) abgesetzt werden, 71 %, d. h. ca. 36 Mio. t mußten aufgehaldet werden. Zu Beginn der 80er Jahre wurden jährlich 43 Mio. t auf Halde genommen (SCHULZ u. WIGGERING 1991).

Das Bergematerial wurde und wird oberirdisch gelagert. Lange Zeit geschah dies auf dem jeweiligen Zechengelände. Auf Stadtplänen von Ruhrgebietsstädten kann man erkennen, daß auf den alten Zechengeländen viele „kleine" Halden eingezeichnet sind, die häufig geringe Grundflächen zwischen 5 und 10 ha aufweisen.

Gestalt der Halden. Typisch für das ausgehende 19. und beginnende 20. Jahrhundert waren die sog. *Spitzkegelhalden* (vgl. Abb. 4.8 und 4.9 oben), die auf dem Zechengelände mittels Förderbändern aufgeschüttet wurden. Diese Halden dienten dabei gleichzeitig als Ablagerungsstätten für alle anderen anfallenden Abfallstoffe wie Hausmüll, Aschen, Schlacken, Harze, Bauschutt, Holz, Gummi u. a. Die Spitzkegelhalden hatten beträchtliche Nachteile. Die Flächenausnutzung (= m^2 Bergematerial/Flächeneinheit) war sehr gering. Wegen des hohen Anteils an Kohlenstoff (durch Reste von Kohle) und des hohen Eintrags an Sauerstoff durch Luft und Niederschlagwasser entzündeten sich die Halden häufig, was zu Schadstoffemissionen (> Emissionen) und Geruchsbelästigung führte. Die steilen Kegelflanken ließen sich schwer begrünen.

Welche Folge hat der fehlende Pflanzenbewuchs?

•••••

Die Oberfläche der Kegel ist starker Erosion ausgesetzt.

Die Halden wirkten nicht nur wegen ihrer in der Landschaft unnatürlichen Kegelform, sondern auch wegen ihres kahlen Aussehens als Fremdkörper.

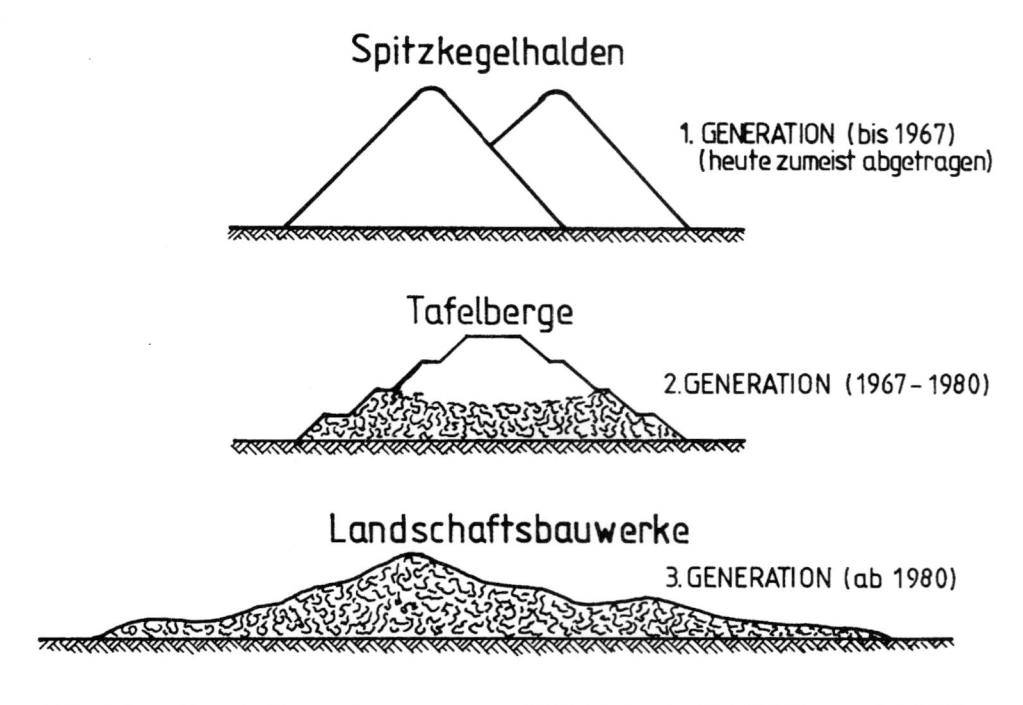

Abb. 4.8. Bergehaldenausformungen von 1800 bis heute. Bei Tafelbergen ist infolge von Rutschungen der obere Teil oft weniger begrünt als der untere

In den 1967 erlassenen „Richtlinien für die Zulassung von Bergehalden im Bereich der Bergaufsicht" wurden neue Vorgaben für Schütttechnik, Böschungsneigung und Begrünung festgelegt. Halden sollten als *Tafelberge mit terrassierter Böschung* (Abb. 4.9 unten) angeschüttet werden. Solche Tafelberge bedeckten gelegentlich mehr als 100 ha bei einer Höhe bis zu 90 m (z. B. Halde Haniel in Bottrop). Es gab jedoch Bürgerproteste, v. a. wegen der mangelnden Integration solcher Tafelberge in die Landschaft – das Gebiet zwischen Ruhr und Lippe ist ursprünglich Flachland gewesen. Daraufhin wurden neue Konzeptionen für Bergehalden entwickelt. Dabei arbeiteten Bergbauindustrie, Kommunalverband Ruhrgebiet (KVR), Bergbehörde, Regionalplaner in den Regierungspräsidien sowie das Ministerium für Landes- und Stadtentwicklung und das Wirtschaftsministerium NRW zusammen. Die neuen Ideen schlugen sich in einem Rahmenvertrag zwischen dem Land NRW und der Ruhrkohle AG nieder (MINISTERIUM FÜR LANDES- UND STADTENTWICKLUNG NRW 1982). In ihm werden die Bergbaugesellschaften verpflichtet, für Rekultivierung und Folgenutzung Sorge zu tragen, einen möglichst umweltschonenden Transport des Materials zu gewährleisten u. a. m. Neben diesen Planungsverfahren wurde, insbesondere durch Landschaftsarchitekten in Abstimmung mit den Gemeinden, das Konzept der *Landschaftsbauwerke* (HOFMANN u. WINTER 1991) entwickelt. Ihm liegt u. a. der Gedanke zugrunde, daß durch Verringerung der Zahl von Bergehalden und damit durch Vergrößerung der Fläche einer einzelnen Halde mehr Gestaltungsmöglichkeiten gegeben sind als bei einem Tafelberg. Die Halde kann besser in die vorhandene Landschaft eingebunden werden, und starre Formen werden aufgelöst. Diese Halden der 3. Generation werden dezentral angelegt und von mehreren Zechen genutzt. Zur Zeit werden die etwa 36 Mio. t Bergematerial jährlich auf 22 Bergehalden im Ruhrgebiet aufgehaldet.

Abb. 4.9.
Bergehalden
oben Spitzkegelhalde (Photo: Ministerium für Umwelt, Raumordnung und Landwirtschaft des Landes Nordrhein-Westfalen 1991),
unten Tafelberg mit terrassierter Böschung (Photo: Kommunalverband Ruhrgebiet, aus Geologisches Landesamt Nordrhein-Westfalen 1993)

Trotz der Großaufhaldungen wird mit einem zusätzlichen Flächenbedarf bis zum Jahr 2000 von etwa 10 km² gerechnet (MEYER u. WIGGERING 1991).

Beeinträchtigung des Grundwassers. Eine nicht sichtbare, aber gravierende Auswirkung haben die Bergehalden auf das Grundwasser. Auf den Halden verwittert das Bergematerial, und es werden mit den Sickerwässern in einer *1. Phase* leichtlösliche Salze herausgelöst. Im Sickerwasser erscheinen vornehmlich Natriumionen (Na^+), Calciumionen (Ca^{2+}), Chlorionen (Cl^-) und Sulfationen (SO_4^{2-}) (nach SCHÖPEL u. THEIN 1991, S. 118ff.). In einer *2. Phase* werden dann die im Verlauf der chemischen und biologischen Umsetzungen im Bergematerial gebildeten Schwefelverbindungen (v. a. das Eisensulfid Pyrit = FeS_2) oxidiert. Bei diesem Vorgang bildet sich Schwefelsäure, H_2SO_4. Die durch Haldensickerwässer beeinflußten Böden versauern. Das Grundwasser wird stark mit Sulfat- und anderen Ionen (Cl^-, Ca^{2+}, Mg^{2+} und Na^+) angereichert. Zudem werden besonders in einer *3. Phase* Schwermetalle (wie Eisen, Zink, Cadmium, Kupfer, Blei) ausgespült. Im weiteren Bereich von Bergehalden ist es dabei schon zum Ausfall ganzer Trinkwassereinzugsgebiete gekommen, oder die Trinkwasserqualität muß durch kostenintensive technische Aufbereitungsmaßnahmen sichergestellt werden. Abb. 4.10 gibt einen Gesamtüberblick über die Auswirkungen von Halden auf die Umwelt.

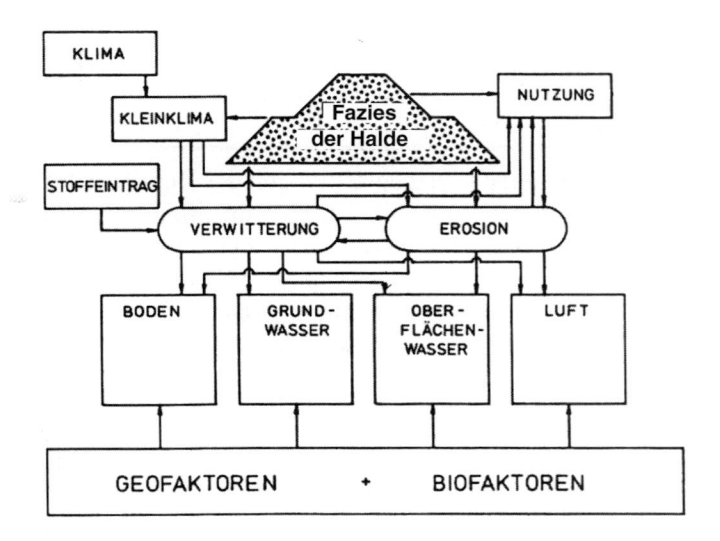

Abb. 4.10. Faktoren, die die Auswirkungen von Halden auf die Umwelt beeinflussen.
Unter der Haldenfazies versteht man die Summe aller Eigenschaften der Halde. Sie erklären sich einerseits durch die Eigenschaften der ursprünglichen Lagerstätte, andererseits durch die technischen Bedingungen der Halde. (Aus KERTH u. WIGGERING 1991)

3 Auswirkungen der Industrialisierung des Ruhrgebietes auf den Boden

> Wodurch wird nach Abb. 4.10 die Erosion der Halde beeinflußt? Worauf wirkt sich die Erosion aus?
>
> •••••
>
> Die Erosion der Halde wird durch die Verwitterung, die Haldenfazies, ihre Nutzung und das Kleinklima (das seinerseits von dem Gesamtklima und der Haldenfazies abhängt) beeinflußt. Sie wirkt sich auf Boden, Oberflächenwasser, Luft und Verwitterungsvorgänge aus.

Bergsenkungen. Folgen der Steinkohlenförderung sind neben den Bergehalden auch großflächige Bergsenkungen im Ruhrgebiet. Im Zeitraum von 1800 – 1990 wurden etwa 9,5 Mrd. t Steinkohle abgebaut, was einschließlich des ebenfalls geförderten Bergematerials zu einem untertägigen Massendefizit von mehr als 7 km³ führte (MEYER u. WIGGERING 1991). Solche massiven Aushöhlungen des Untergrundes haben durch das Nachsinken der darüberliegenden Gesteinsschichten Bodensenkungen, Risse, horizontale Pressungen und Zerrungen zur Folge. Selbst wenn die ausgehöhlten Flöze wieder mit Bergematerial verfüllt werden, kommt es aufgrund der vergleichsweise geringen Verdichtung des Versatzmaterials immer noch zu Senkungen, die 40 – 50 % der abgebauten Flözmächtigkeit ausmachen. Entsprechend dem „Verursacherprinzip" muß der Betreiber, z. B. die Ruhrkohle AG, für die Schäden aufkommen. Zur Abwicklung der Bergschäden gibt es eine eigene Abteilung, welche überprüft, ob ohne jeden Zweifel(!) ein Bergschaden vorliegt. Trifft dies zu, wird die Kostenabwicklung durch diese Abteilung durchgeführt.

Zu diesen Angaben vgl. auch das anschauliche Bild vom „durchlöcherten schwarzen Käse" aus dem Film WINKELMANNS (Abschn. 2.1).

> Wenn Sie durch die ehemaligen Zechensiedlungen des Ruhrgebietes gehen und alte Häuser betrachten, wird Ihnen auffallen, daß die Außenmauern – als Folge der Bergsenkung – häufig von großen Rissen durchzogen sind (Abb. 4.11). Vereinzelt gibt es noch Häuser, die derartig abgesenkt sind, daß die Gardinen in den Fenstern schräg zu hängen scheinen. In Essen-Katernberg gab es eine Gaststätte, die so schief stand, daß der Wirt die Gläser nicht bis zum Eichstrich füllen konnte. In einem derart gefüllten Glas wäre das Bier über den Rand gelaufen, hätte man das Glas auf den Tisch gestellt.

Die Bergsenkungen, die nicht gleichmäßig, sondern meist in sehr unterschiedlichem Ausmaß erfolgten, führten zu einer irreversiblen Störung der Entwässerungs- und Grundwasserverhältnisse. Als Folge der Bergsenkungen kann ein großer Teil der Landschaft nicht mehr über das natürliche freie Gefälle entwässert werden. Um einer künftigen Versumpfung dieser Gebiete vorzubeugen, müssen im Emscher-

und Lippegebiet heute fast 1000 km² künstlich durch Pumpen entwässert werden. Wie in Holland wird ebenfalls in Teilen des Ruhrgebiets eine ausgeklügelte Polderwirtschaft betrieben, d. h., Bäche und Flüsse werden eingedeicht, und das teilweise um 20 m abgesunkene Umland wird über Pumpwerke entwässert, um zu verhindern, daß ganze Landschaften in Senkungsseen verschwinden. In einzelnen Fällen läßt man die überfluteten Gebiete als Seen bestehen.

Abb. 4.11. Bergschäden an einem Wohnhaus. (Aus KROKER 1990)

3.4 Bodenbelastungen durch industrielle Reststoffe und Eintrag von Luftschadstoffen

Insbesondere die alten Zechen- und Industriestandorte sind aufgrund ihrer industriellen Vorgeschichte häufig mit Schadstoffen belastet. Für die Städte sowie Kommunen des Ruhrgebietes sind sie erst nach einer Sanierung zur Schaffung von Wohnraum, Erholungsgebieten sowie zur Ansiedlung von Industrie und Gewerbe ausweisbar.

Altlasten sind Altablagerungen und Altstandorte, von denen Gefährdungen für die Umwelt, insbesondere für die Gesundheit des Menschen, ausgehen oder zu erwarten sind.

Auftragsschichten von Abfallstoffen aus der Produktion. Ein besonderes Problem bei der Sanierung gewerblich-industriell überformter Flächen stellen dabei häufig alte Kokerei- und Gaswerkstandorte dar. Bodenprofilaufnahmen ehemaliger Kokereistandorte zeigen, daß die ursprüngliche Bodenoberfläche meist durch Auftragsschichten technogener Substrate wie Bauschutt, Aschen, Schlacken und Schlämmen überdeckt ist. Solche Schichten sind zwischen wenigen Dezimetern bis zu mehr als 10 m mächtig. Sie führten zu teilweise sehr tiefreichenden Kontaminationen mit organischen Schadstoffen, vorwiegend polyzyklischen aromatischen Kohlenwasserstoffen (PAK), Benzol, Toluol, Xylol, polychlorierten Biphenylen (PCB) oder Mineral- und Teerölschlammgemischen, und mit anorganischen Schadstoffen, v. a. Schwermetallen wie Blei, Zink, Cadmium. In der Regel ist auch der ursprüngliche Boden dadurch belastet, daß auf solchen Standorten Schadstoffe in Klüfte, das Porensystem oder in fossile Regenwurmgänge bis in große Tiefe vordringen konnten.

Die hier genannten Stoffe sind im Anhang näher beschrieben.

Überlegen Sie zunächst selber, wodurch diese Schadstoffe auf Industrie- und Zechengelände in den Boden gelangen konnten.

·····

– Deponierung von eigenen und fremden Produktionsrückständen auf dem Betriebsgelände während des Betriebes und danach,

– Verunreinigungen durch Leckagen oder Handhabungsverluste während des Betriebes,

– Zerstörung oder bewußte Leerung von Tankanlagen als Folge der Kriegseinwirkung,

– zurückgelassenes Material in den Anlagen nach Stillegung und

– Verlagerung bzw. Ausbreitung kontaminierender Substanzen durch Abriß und Planierungsmaßnahmen.

Zu berücksichtigen ist, daß die gesundheitsschädliche Wirkung mancher Substanzen früher nicht bekannt war.

Bodenschädigung durch Luftschadstoffe. Neben der tiefgründigen Bodenbelastung durch Auftragsschichten kam es durch den Ausstoß von schadstoffbefrachtetem Staub und Ruß aus den Kaminen der Kokereien, den Schloten und Schornsteinen der metallverarbeitenden Industrie zu einer zunächst unbemerkten Belastung mit Schadstoffen in den Oberböden der Ballungsräume. Erste Hinweise auf die drohende Gefahr war die steigende Luftverschmutzung im Revier. Beispielhaft für viele andere > Emittenten und Städte mag die KRUPP-Fabrik in Essen stehen. Durch den Ruß- und Staubausstoß der Fabrik war die Luftqualität im angrenzenden Segerothviertel so beeinträchtigt, daß der Essener Schularzt Dr. FISCHER 1913 den Schulkindern des Segeroth den schlechtesten Gesundheitszustand aller Essener

Gründe dafür, daß die Bodenbelastung erst viel später erkannt wurde als die Verschmutzung der Luft, sind in Abschn. 2.5 genannt.

Kinder attestierte, „da die eingeatmete Luft nicht genügend Sauerstoffzufuhr zum Blute gewährleistet" (Arbeiterzeitung 6.7.1914, zitiert in BAJOHR u. GAIALAT 1991). Mit fortschreitendem Eintrag reichern sich durch die > Emissionen Schwermetalle, aber auch organische Schadstoffe lokal, regional oder weltweit in Böden an.

Betrachten Sie die Abb. 4.12 und 4.13. (Die dort gemessenen Schadstoffe sind im Anhang näher charakterisiert, Benzo[a]pyren und Pyren finden Sie unter dem Stichwort polyzyklische aromatische Kohlenwasserstoffe.) Wie verteilt sich die Konzentration der Schadstoffe im Boden?

•••••

Typisches Kennzeichen für eine durch Emissionen hervorgerufene Belastung unserer Böden ist, daß die Schadstoffkonzentration im Oberboden am höchsten ist und mit fortschreitender Tiefe bis auf die natürlichen Gehalte – den sog. geogenen Ausgangsgehalten – abnimmt.

Sicherlich haben Sie schon davon gehört, daß sogar im Schnee der Antarktis oder in Moosen auf Island erhöhte Schwermetallgehalte gemessen wurden, obwohl in diesen Regionen keinerlei Schadstoffemittenten angesiedelt sind. Schadstoffverbreitung in die Umwelt durch menschliche Tätigkeiten sind nicht erst ein Produkt dieses oder des letzten Jahrhunderts. Gerade bei der Gewinnung von Metallen wurden erhebliche Schwermetallmengen in die Umwelt und über die Atmosphäre letztendlich wieder in die Böden eingetragen. Bei der Gewinnung von Blei beispielsweise gelangten erhebliche Mengen an Bleioxid in die Atmosphäre. Ein Zeitdokument mit besonderem Wert sind die Holz- und Kupferstiche von Georg AGRICOLA, von dem eine Abbildung (Abb. 4.14) aus dem Jahre 1556 wiedergegeben ist. Sie zeigt eine Flugstaubkammer. Diese war im erzgebirgischen Berg- und Hüttenwesen entwickelt worden, um Metallstäube für die Wiederverwendung aufzufangen. Gleichzeitig diente sie damals auch dem Schutz der Nachbarn. Die böhmischen Könige und die Kurfürsten von Meißen verlangten bei den Erzbergwerken solche Rauchfänge und Flugstaubkammern, damit den anliegenden Feldern und Viehweiden kein Schaden mehr zugefügt werde.

Bei genauer Betrachtung anderer Holzschnitte von AGRICOLA erkennt man, daß in der Umgebung von Bergwerken fast nur noch Baumstümpfe vorhanden sind, die auf den gewaltigen Holzbedarf der Gruben und der Verhüttung hinweisen. Darüber hinaus zeigen noch vorhandene Bäume stark herabhängende blattlose Äste und Zweige – im heutigen Sprachgebrauch oft „Lamettaeffekt" genannt –, die durch

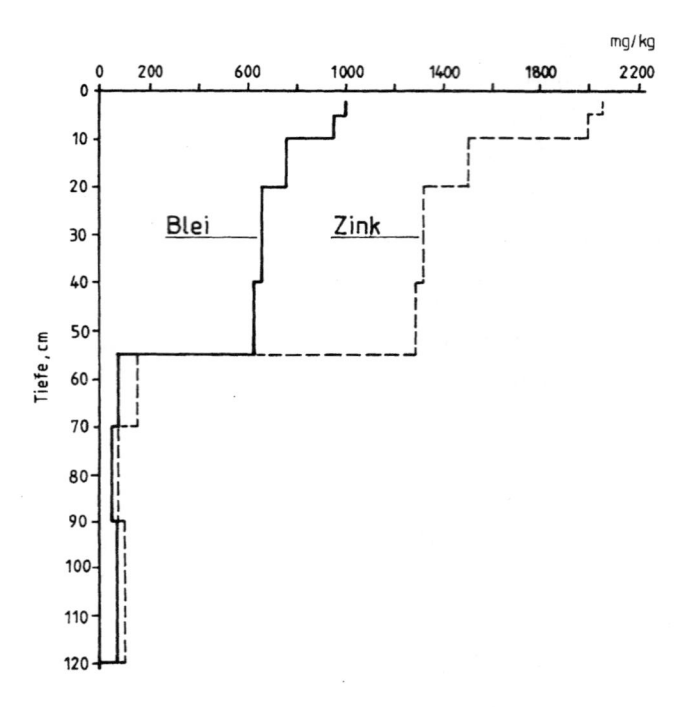

Abb. 4.12. Blei- und Zinkbelastung im Oberboden durch Emissionen einer Schwerindustrieanlage in Oberhausen. (HILLER unveröffentlicht)

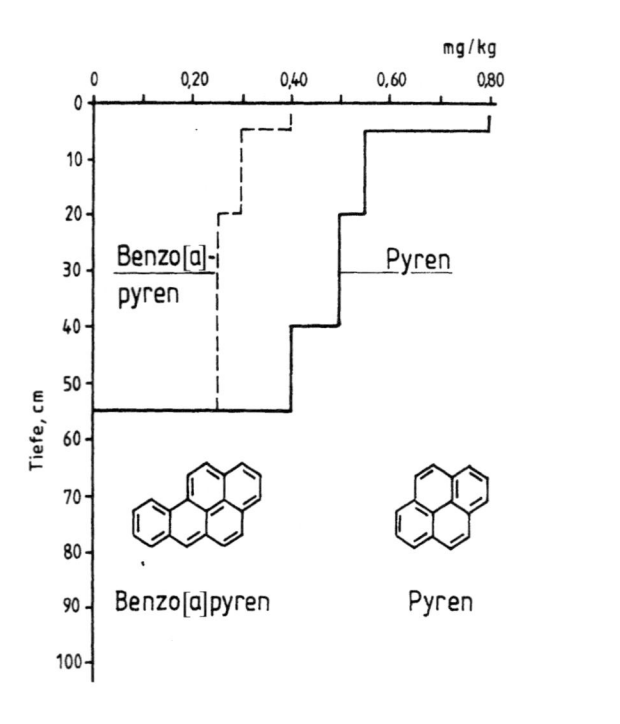

Abb. 4.13. PAK-Belastung im Oberboden durch Emissionen einer Schwerindustrieanlage in Oberhausen. (HILLER unveröffentlicht)

A Öfen
B Gewölbe
C Pfeiler
D Flugstaubkammer
E Öffnung
F Rauchfang
G Fenster
I Kanal
H Tür

Abb. 4.14. Abluftreinigung vor mehr als 400 Jahren. (Aus AGRICOLA 1556/1928)

Schädigungen von Boden und durch Rauchgaseinwirkungen hervorgerufen sind.

Mit unbelastetem Boden überdeckte Schuttablagerungen. Ein weiteres Problem stellen die unkontrollierten Transporte und Ablagerungen von Abbruchstoffen sowie Erdaushub dar, die im Rahmen von Um- und Neubauten sowie Wartungs- oder Abrißarbeiten von Bauwerken, Straßen bzw. nicht bebauten Flächen durchgeführt wurden. Insbesondere nach dem Krieg wurde bei der Trümmerbeseitigung schadstoffbefrachtetes Material in Bombentrichtern oder natürlichen Mulden, kleinen Tälchen oder Bachauen verkippt und mit einer mehr oder weniger mächtigen Bodenschicht abgedeckt. So ist es insbesondere in den Städten und deren unmittelbarer Umgebung nicht selten, daß unter einer unbelasteten Bodenschicht eine mit Schwermetallen oder organischen Schadstoffen befrachtete (Bau-) Schuttablagerung vorgefunden wird.

Warum sind diese, oberflächlicher Betrachtung verborgenen, schadstoffbefrachteten Bodenschichten bedenklich?

•••••

> Diese Schadstoffe können im Laufe der Zeit durch versickerndes Niederschlagwasser gelöst und in tiefere Bodenschichten bis hin in die Grundwasserbereiche getragen werden. Hierdurch kommt es zu einer diffusen Schadstoffanreicherung, deren Herkunft kaum mehr lokalisiert werden kann.

Zur Mobilisation von Stoffen im Boden vgl. 1. Studieneinheit, Abschn. 3.3.3.

Insbesondere lösliche organische Verbindungen, die aus dem natürlichen Ab- und Umbau von Bodenhumusstoffen oder von Wurzelausscheidungen der Pflanzen stammen, wirken häufig schadstoffmobilisierend. Aber nicht nur nach „unten", auch nach „oben" können sich Schadstoffe bewegen. Vor allem organische Schadstoffe, die einen niedrigen Dampfdruck besitzen, wie z. B. Benzol oder Naphthalin (Substanz, die aus zwei aneinander gelagerten Benzolringen aufgebaut ist, aus Steinkohlenteer gewonnen wird, früher als Mottenschutzmittel benutzt wurde), können über die Leitbahnen der luftführenden Bodenporen in die Atmosphäre – oder in die Keller auf den Schuttablagerungen gebauter Häuser – vordringen.

Einen Eindruck von den Mengen an Schadstoffen, die im Boden enthalten sein können, gibt Tabelle 4.6.

Tabelle 4.6. Schadstoffgehalte in landwirtschaftlich und gärtnerisch genutzten Böden in der Bundesrepublik Deutschland (Angaben in mg/kg Boden). Datenbasis aus den vorliegenden Untersuchungen über die Verbreitung von persistenten Schadstoffen in der Bundesrepublik Deutschland. (Aus KÖNIG 1990)

Schadstoffart	Allgemein verbreitete Gehalte		
	in Böden landwirtschaftlicher Flächen in überwiegend ländlichen Gebieten	vorrangig in Gartenböden großstädtischer Verdichtungsgebiete	Gehalte in Böden mit Schadstoffanreicherung aus spezifischer Ursache
Zn (Zink)	20 – 120	80 – 300	800 – >3000
Pb (Blei)	10 – 60	50 – 150	500 – >2000
Cu (Kupfer)	5 – 25	20 – 40	>200
As (Arsen)	2 – 20	10 – 30	>80
Cd (Cadmium)	0,2 – 1,0	0,5 – 1,5	4 – >30
Benzo[a]pyren als Leitparameter der PAK	(0,01 – 0,1)[*]	(0,1 – 1)[*]	>3
Cr (Chrom)	10 – 50	>200	
Ni (Nickel)	5 – 50	>100	
Tl (Thallium)	0,1 – 0,5	>2	
Hg (Quecksilber)	0,1 – 0,4	>2	
PCB (der 6 Kongemere Nr. 28, 52, 101, 138, 153 und 180 nach Ballschmiter-Nomenklatur)	(0,005 – 0,02)[*]		>0,5

[*] bisher noch schwache Datengrundlage

Die Erfassung und Sanierung belasteter Böden erfordert einen erheblichen Aufwand an Forschung, Technologie, Finanzen und Zeit.

3.5 Industriebrachen und Stadtentwicklung

In dem seit 150 Jahren stark industriell überformten Ruhrgebiet liegen heute als Folge besonders der Krisen im Montansektor (Abbau der Beschäftigtenzahl im Bergbau seit 1958, in der Stahlindustrie seit 1974) und der damit verbundenen Umstrukturierung und Neuorientierung der Montan- und Stahlindustrie große ungenutzte Flächen an Zechen-, Industrie- und Verkehrsbrachen vor. Nach Schätzungen des Kommunalverbandes Ruhrgebiet gibt es im Ruhrgebiet rund 6000 ha Brachflächen, wobei zusammenhängende brachliegende Industrieflächen mit bis zu 200 ha und mehr existieren. Der wirtschaftliche Strukturwandel ist jedoch noch nicht abgeschlossen. Vorausschauende Schätzungen gehen von 8000 – 10 000 ha Brachflächen in den nächsten 10 Jahren aus (MINISTERIUM FÜR STADTENTWICKLUNG UND VERKEHR des Landes Nordrhein-Westfalen 1992a, S. 58). Die Industriebrachen sind häufig dadurch gekennzeichnet, daß sie in zentraler sowie verkehrstechnisch gut erschlossener Lage im Revier liegen und durch nicht mehr nutzbare Gebäude und Anlagen sowie durch Bodenverunreinigungen erheblich belastet sind.

> Zum Strukturwandel im Ruhrgebiet vgl. insbesondere Abschn. 2.3.

> Ein Beispiel für eine Industriebrache und Überlegungen, Planungen und Maßnahmen hinsichtlich ihrer Folgenutzung sind in der 5. Studieneinheit, Kap. 4 und im Anhang dargestellt.

In jüngster Zeit wurden verstärkt Anstrengungen unternommen, diese Flächenpotentiale für die Nutzungen Erholung, Gewerbe und Wohnen wieder herzurichten und damit die Inanspruchnahme bisher noch weitgehend unverbauter Landschaft zu verhindern. So wurde ein „Grundstücksfonds NRW" eingerichtet. Seine Bewirtschaftung obliegt der Landesentwicklungsgesellschaft Nordrhein-Westfalen für Städtebau, Wohnungswesen und Agrarordnung GmbH (LEG NW). Im Auftrag des Landes werden Brachen aufgekauft, untersucht, ggf. saniert und baureif gemacht. Für die betroffene Kommune bedeutet dies, daß nicht sie, sondern die LEG sich mit den Verursachern der Bodenschäden auseinanderzusetzen hat. Unter dem Stichwort „Flächenrecycling" wurden in NRW durch den „Grundstückfonds NRW" seit 1980 insgesamt 150 Brachflächen mit etwa 1900 ha Fläche erworben, wovon bis Ende 1991 etwa 406 ha nach Sanierung und Baureifmachung wieder veräußert wurden. Von den 406 ha werden heute etwa 222 ha als Grün-, Freizeit- und Erholungsflächen, rund 170 ha als Industrie- und Gewerbeflächen und rund 14 ha für die Schaffung neuen Wohnraums genutzt (Ministerium für Stadtentwicklung und Verkehr 1992a). Das heißt, daß nur gut 1 Fünftel der sanierten Flächen wiederverkauft wurde, mehr als die Hälfte davon für Freizeitzwecke und nur 3 % für neuen Wohnraum. In diesen Zahlen bestätigt sich die Aussage der LEG, daß „das Problem der Altlasten ... sich im Laufe der Tätigkeit des Grundstücksfonds als das größte Hemmnis bei der Wiedernutzbarmachung von Brachflächen erwiesen hat" (WIEGANDT 1991).

Ausdruck für die Bemühungen der Wiedereingliederung aufgelassener Industriestandorte dokumentieren sich auch in den Programmen der „Zukunftsinitiative Montanregionen (ZIM)", „Initiative Ruhrgebiet", „Internationale Bauausstellung IBA Emscher Park" u. a. Als Beispiel für die Dimension solcher Projekte sei die Umgestaltung einer Brachfläche zum „Landschaftspark Duisburg-Nord" genannt. Hier wird eine rund 200 ha große Industriebrache mit stillgelegten Zechenanlagen, erloschenen Hochöfen, alten Bergehalden und Aufschüttungen, Gleisstrassen, Gebäude(resten) zur Verbesserung der Lebensverhältnisse im Duisburger Norden zu einem Landschaftspark umgestaltet (STADT DUISBURG UND PLANUNGSGEMEINSCHAFT LANDSCHAFTSPARK DUISBURG-NORD 1992).

3.6 Erfassung von Bodenbelastungen

Seit 1980 werden durch einen Ministerialerlaß in NRW von verschiedenen Ämtern systematisch Altlasten erfaßt. Als charakteristische Daten einer Altlastenverdachtsfläche werden u. a. ermittelt (LAGA, Länderarbeitsgemeinschaft Abfall, 1990):

– Art der Altlastenverdachtsfläche,

– räumliche Lage,

– Eigenschaften der Fläche,

– Verunreinigungspotential und

– die aktuelle Nutzung.

Bei der Erhebung und Auswertung derartiger Daten sind historische Vorgehensweisen erforderlich.

Als Information zur Erhebung der Daten werden Archive, Akten, Luftbilder, Stadtpläne, Branchenbücher, Ortsbegehungen, Messungen und Befragungen ausgewertet. Die stets aktualisierten Daten werden in Katastern gesammelt und auf Karten übertragen. Beispielhaft hierfür steht die Stadt Essen, wo auf einem Stadtplan Altstandorte und Altablagerungen eingezeichnet sind (vgl. Abb. 4.15). Die Legende gibt Aufschluß darüber, ob dies ein Montan- oder Industriestandort war, ob eine Aufhaldung oder Verfüllung vorliegt sowie über die Art der Ablagerungen (Schlacken, Aschen, Schlämme u. a. m.), welche teilweise schon Rückschlüsse auf die Art der Schadstoffbelastung zulassen. Nach der ersten Erhebung und Erfassung möglicher Problemstandorte schließt sich in der Regel ein abgestuftes Verfahren zur Gefährdungsabschätzung und Behandlung der Flächen an, wobei nach jedem Schritt entschieden wird, ob der nächste durchgeführt werden muß.

3.6 Erfassung von Bodenbelastungen

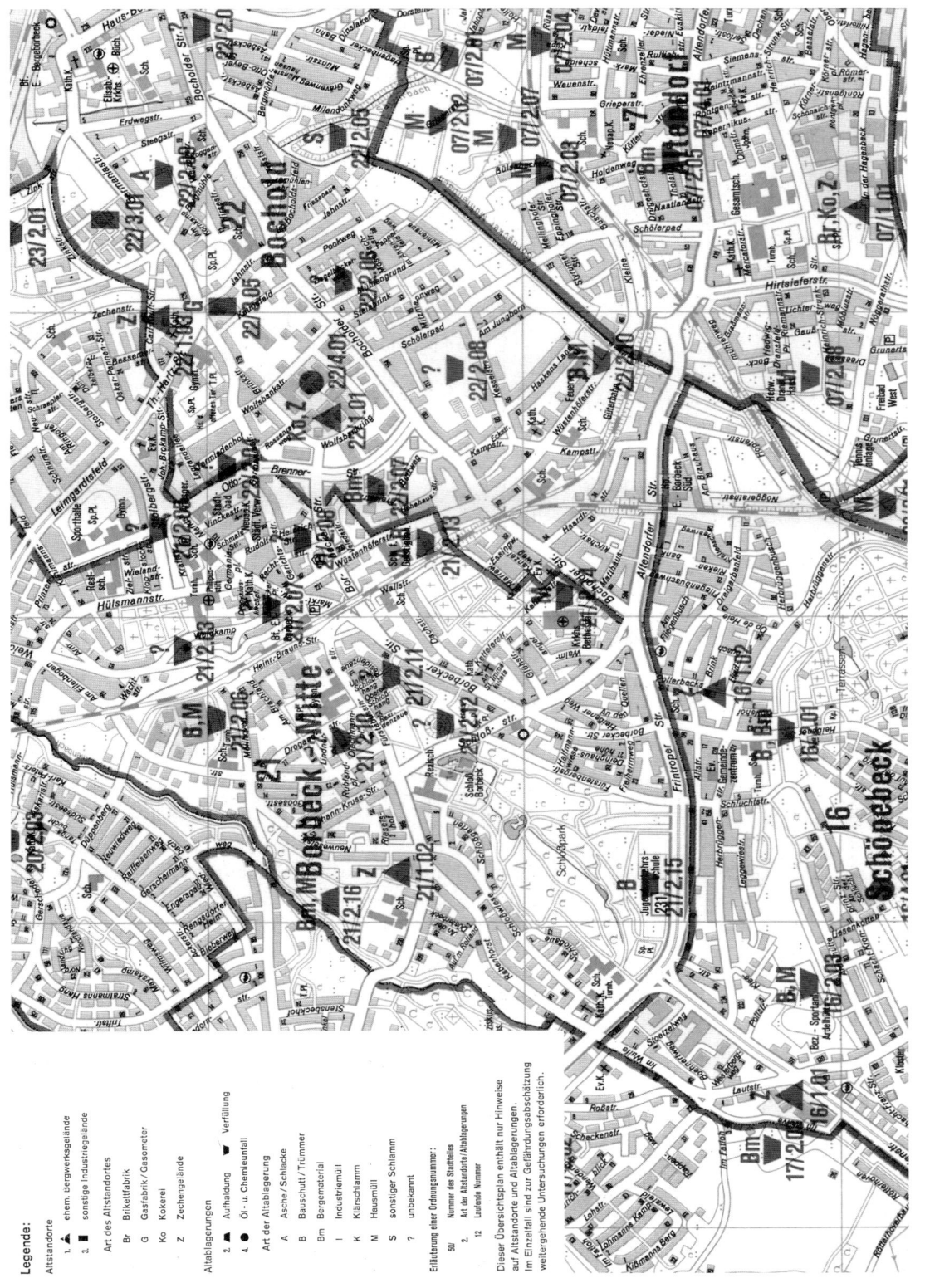

Abb. 4.15. Ausschnitt aus dem Stadtplan der Stadt Essen mit Altstandorten und Altlasten, Stand September 1988. (STADT ESSEN 1988)

Als Beispiel für das Prinzip einer solchen Untersuchung sei das Untersuchungsprogramm für eine Fläche wiedergegeben, die als Pflanzenstandort dient bzw. dienen soll, also landwirtschaftlich oder gärtnerisch genutzt werden soll. Im Ruhrgebiet wird dazu das „Mindestuntersuchungsprogramm Kulturboden" (LÖLF 1988) herangezogen. Dies schreibt ein Ablaufschema (vgl. Abb. 4.16) vor.

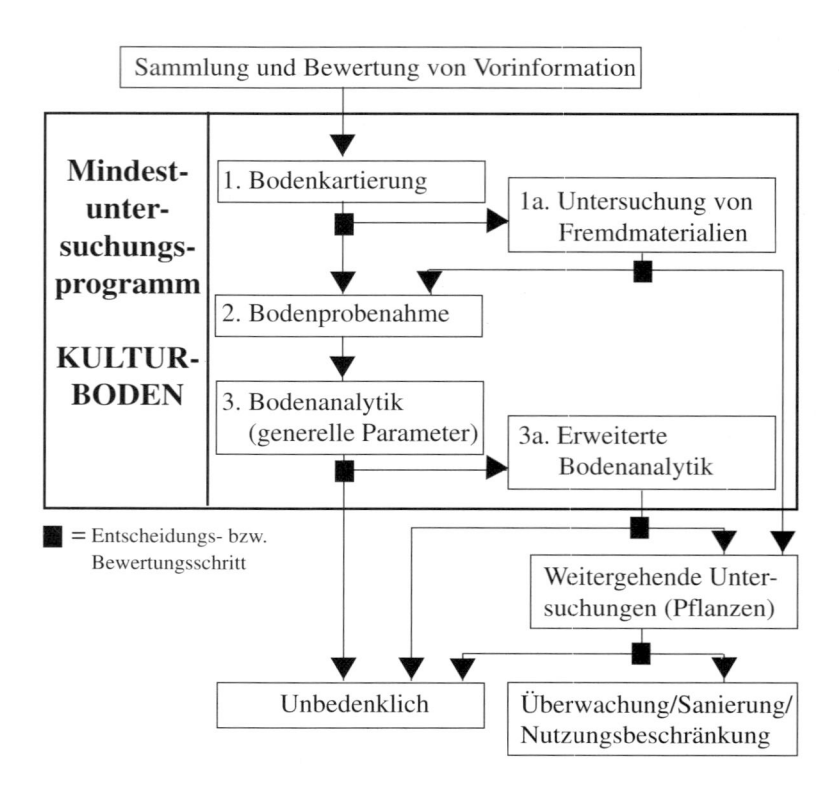

Abb. 4.16. Vereinfachtes Schema zur Gefährdungsabschätzung von Kulturböden auf altlastverdächtigen Standorten. (Aus DELSCHEN u. KÖNIG 1991)

Sehen Sie sich Abb. 4.16 an und nennen Sie die wichtigsten Schritte zur Gefährdungsabschätzung von Kulturboden.

•••••

Nach einer Sammlung und Bewertung von Vorinformationen werden eine Bodenkartierung (Schritt 1), eine Bodenprobenahme (Schritt 2) und eine Bodenanalytik auf generelle Parameter (Schritt 3) vorgenommen. In weitergehenden Analysen werden auch Untersuchungen an Nutzpflanzen mit einbezogen.

Für die Städte und Kommunen reichen diese Informationen jedoch häufig nicht aus; es mangelt an flächendeckenden Übersichten über nicht oder nur geringfügig belastete Böden. Es fehlen Grundlagen für den Bodenschutz in der Flächen-, Bebauungs- und Landschaftsplanung sowie für die Vorbereitung von Bodenverbesserung und Sanierung. Zur Behebung dieser Informationsdefizite hat sich die *Stadtbodenkartierung* als neue Methode etabliert. Hierbei werden die Ergebnisse von Feldkartierungen (Aufnahme der Bodenmerkmale) und Laboruntersuchungen (zur Beschreibung physikochemischer Parameter, welche eine Aussage über die jeweiligen Bodeneigenschaften als Filter und Pflanzenstandort zulassen) erfaßt. Dies führt zu einer Stadtbodenkarte, die Informationen liefert über:

– Naturraumpotentiale, Bodenfunktionen und Bodennutzbarkeit,
– Ausschlußkriterien für bestimmte Nutzungen bzw. deren Einschränkungen,
– sonstige Vorgaben hinsichtlich Standorteigenschaften z. B. für die Einrichtungen der technischen Infrastruktur.

3.7 Rückblick

Fragen:

1. Welche negativen Auswirkungen hat die Industrialisierung auf den Boden?
2. Welche verschiedenen Ursachen hat der Freiflächenverbrauch?
3. Welche Formen der Versiegelung unterscheidet man?
4. Welche Auswirkungen hat die Versiegelung auf das Stadtklima, auf den Wasserhaushalt?
5. Was geschieht mit dem Bergematerial?
6. Wie haben sich Form und Aussehen der Halden entwickelt? Warum fand diese Entwicklung statt?
7. Welche Auswirkungen können Halden auf das Grundwasser haben?
8. Wer haftet bei Schäden durch Bergsenkungen?
9. Wie begegnet man den durch Bergsenkungen verursachten Störungen der Entwässerung?

10. Wie ist der Begriff der Altlasten definiert?

11. Welche Arten der Deponierung von Schadstoffen im Boden kann man grob unterscheiden?

12. Welches sind die wichtigsten Schadstoffe, die Böden von Kokerei- und Gaswerkstandorten kontaminieren?

13. Wieviel ha industrielle Brachfläche gibt es augenblicklich nach Schätzungen der KVR im Ruhrgebiet?

14. Warum ist man bestrebt, die industriellen Brachflächen wieder zu nutzen?

15. In wessen Händen liegt die Organisation des „Flächenrecycling" im Ruhrgebiet?

16. Nennen Sie einige Initiativen im Ruhrgebiet, die sich um die großflächige Wiedereingliederung von Industriebrachen kümmern.

17. Welche Daten erhebt man zur Beurteilung einer Altlastenverdachtsfläche?

18. Welche Methoden nutzt man, um die Daten zu gewinnen?

19. Welches Programm beschreibt ein Ablaufschema zur Untersuchung von Verdachtsflächen?

20. Durch welche Methode versucht man, die verschiedenen Ergebnisse der Bodenuntersuchungen eines Gebietes zusammenzuführen und als Informationssammlung für die Planung und Durchführung weiterer Maßnahmen bereitzustellen?

Antworten:

1. Negative Auswirkungen der Industrialisierung auf den Boden sind: Freiflächenverbrauch, Versiegelung, Bergsenkungen, Aufhaldungen, Belastung durch Reststoffe, Industriebrachen.

2. Gründe für den Freiflächenverbrauch sind: Industrieansiedlung, Anlage von Wohnsiedlungen, Errichtung und Ausbau von Verkehrswegen.

3. Man unterscheidet Vollversiegelung, Teilversiegelung, Unterpflasterversiegelung.

4. Die Versiegelung trägt in der Stadt zu höherer Temperatur, Trockenheit, Luftverschmutzung bei. Sie stört den Wasserkreislauf, so daß das Wasserspeichervermögen des Bodens und damit die vielfältigen Funktionen des Bodens (Filter, Puffer, Grundwasserbildung u. a.) nicht genutzt, sondern ge- und zerstört werden.

5. Das Bergematerial kann als Versatz im Bergbau oder im Tiefbau, z. B. zum Auffüllen von Gelände, genutzt werden. Der größte Teil wird jedoch aufgehaldet.

6. Zunächst schüttete man das Bergematerial in Kegelform auf, Nachteile waren die schlechte Flächenausnutzung, schlechte Begrünbarkeit, leichte Entzündlichkeit, unnatürliche Form. Die Halden der 2. Generation bildeten terrassierte Tafelberge, Nachteil war insbesondere ihre landschaftsuntypische Gestalt. Heute legt man vielfältig strukturierte Landschaftsbauwerke an.

7. Es werden zuerst Ionen leicht löslicher Salze ausgewaschen und ins Grundwasser transportiert, dann entwickelt sich zunehmend Schwefelsäure, die den pH-Wert von Boden und Grundwasser erniedrigt, anschließend werden Schwermetalle mobilisiert und ausgespült.

8. Die Betreiber haften für Schäden durch Bergsenkungen.

9. Man betreibt Polderwirtschaft.

10. Vgl. S. 309.

11. Schadstoffe können folgendermaßen im Boden deponiert sein: als Auftragsschichten belasteter Böden im Bereich von Altstandorten, als Eintrag von Luftschadstoffen, als Schuttablagerungen, die mit unbelastetem Boden überdeckt sind.

12. Derartige Schadstoffe sind: polyzyklische aromatische Kohlenwasserstoffe (PAK, besonders gefährlich ist Benzo[a]pyren), Benzol, Toluol, Xylol, polychlorierte Biphenyle (PCB), Mineral- und Teerölschlammgemische mit anorganischen Schadstoffen, v. a. Schwermetallen wie Blei, Zink, Cadmium.

13. Der Kommunalverband Ruhrgebiet schätzt die heutige Fläche von Industriebrachen im Ruhrgebiet auf ca. 6000 ha.

14. Die Industriebrachen liegen heute oft in zentraler, verkehrstechnisch gut erschlossener Lage; ihre Nutzung mindert auch die Inanspruchnahme noch unverbauter Flächen.

15. Die Landesentwicklungsgesellschaft Nordrhein-Westfalen für Städtebau, Wohnungswesen und Agrarordnung GmbH (LEG NW) bewirtschaftet den „Grundstücksfonds NRW", aus dessen Mitteln das Flächenrecycling finanziert wird. Sie setzt sich auch mit den Verursachern der Schäden auseinander.

16. Derartige Initiativen sind u. a.: „Zukunftsinitiative Montanregionen (ZIM)", „Initiative Ruhrgebiet", „Internationale Bauausstellung IBA Emscher Park", „Landschaftspark Duisburg-Nord".

17. Man erhebt die Art der Altlastenverdachtsfläche, ihre räumliche Lage, die Eigenschaften der Fläche, das Verunreinigungspotential und die aktuelle Nutzung.

18. Zur Erhebung der Daten werden Archive, Akten, Luftbilder, Stadtpläne, Branchenbücher, Ortsbegehungen, Messungen und Befragungen ausgewertet. Die stets aktualisierten Daten werden in Katastern gesammelt und auf Karten übertragen.

19. Das „Mindestuntersuchungsprogramm Kulturboden" stellt ein Ablaufschema bereit.

20. Mit Hilfe der Stadtbodenkartierung versucht man, Karten zu erstellen, die vielfältige Informationen über Eigenschaften und vergangene und mögliche zukünftige Nutzungen der Böden bereitstellen.

4 Grundsätzliche Möglichkeiten des Umgangs mit den Bodenbelastungen

D. A. Hiller

Im Stoffhaushalt der Ökosphäre sind die Böden Standort und Lebensgrundlage für Menschen, Tiere, Pflanzen und Mikroorganismen. Der Boden – als knappes und nicht vermehrbares Gut – steht als Produktionsfaktor neben Arbeit und Kapital seit jeher im Zentrum des wirtschaftlichen Interesses. Durch die Konsum- und Lebensgewohnheiten sowie die Produktionsprozesse heutiger und vergangener Gesellschaften sind die Böden in starkem Maße in ihrer Multifunktionalität beeinträchtigt. Aufgrund des Filter- und Puffervermögens des Bodens blieben schädliche Veränderungen im Boden häufig zunächst unbemerkt. Bodenbelastungen in Form von Schadstoffeinträgen, Versiegelung oder Landverbrauch schränken aber die Funktionen des Bodens als Naturkörper und Lebensgrundlage für Mensch, Tier und Pflanze immer weiter ein. Besonders schwerwiegend ist, daß sich viele Bodenbelastungen nicht mehr oder nur mit sehr großem Aufwand beheben lassen. Weitgehend irreversibel ist nicht nur die Zerstörung durch Versiegelung oder Abtrag, sondern v. a. auch der Eintrag nicht oder schwer abbaubarer Schadstoffe. Neben einer „Aufarbeitung" bereits eingetretener Schädigungen ist deshalb ein präventives Vorgehen, also das *Vermeiden* von Bodenbelastungen, dringend notwendig.

Im Kap. 4 werden Möglichkeiten und Maßnahmen zur Behebung schon vorhandener Schäden vorgestellt. Zunächst werden die administrativen Einflußmöglichkeiten aufgrund der Gesetzeslage und der Grenz-, Richt- und Orientierungswerte behandelt. Anschließend werden Maßnahmen zur Rücknahme von Versiegelung bzw. Minderung der Folgen dargestellt. Breiten Raum nehmen verschiedene chemisch-physikalische, biologische und thermische Verfahren zur Sanierung belasteten Bodens ein. Den Schluß bildet ein Überblick über Möglichkeiten von Renaturierung und Rekultivierung. In der 5. Studieneinheit werden dann die in Kap. 4 mehr allgemein gehaltenen Ausführungen an einzelnen Beispielen vertieft.

4.1 Administrative Einflußmöglichkeiten

4.1.1 Gesetzliche Möglichkeiten

In der Vergangenheit wurde den Bodenbelastungen nur geringe Aufmerksamkeit geschenkt. Lange Zeit ging man davon aus, daß mit den Verbesserungen im Rahmen der Luftreinhaltung, des Gewässerschutzes, der Abfallbeseitigung auch der Boden miteinbezogen sei. Obwohl jedoch Schadstoffemissionen an den Quellen verringert, Abfälle und Abwässer nun überwiegend geordnet entsorgt und Schutzzonen ausgewiesen wurden, zeigte sich, daß ein gesonderter Bodenschutz notwendig ist, um auch künftig die Bedürfnisse der Gesellschaft zu erfüllen. Diese Erkenntnis fand ihren Niederschlag in der 1985 von der Bundesregierung beschlossenen *Bodenschutzkonzeption*. Darüber hinaus ist der Bodenschutz – als Bestandteil des Umweltschutzes – bereits in einer Anzahl von Landesverfassungen (Bayern, Bremen, Hessen, Nordrhein-Westfalen, Rheinland-Pfalz, Saarland) festgeschrieben. In einzelnen Bundesländern (Baden-Württemberg, Sachsen) gibt es bereits verabschiedete Bodenschutzgesetze. Nach § 9 des Gesetzes zur Abfallwirtschaft und zum Bodenschutz im Freistaat Sachsen können die Behörden (das Staatsministerium für Umwelt und Landesentwicklung, die Regierungspräsidien, in den Landkreisen das Landratsamt und in den kreisfreien Städten der Oberbürgermeister) zum Schutz des Bodens folgende Maßnahmen treffen:

– Untersuchungs- und Sicherungsmaßnahmen anordnen,

– Erstellung von Sanierungsplänen verlangen,

– Maßnahmen zur Beseitigung, Verminderung und Überwachung von Bodenbelastungen anordnen,

– Maßnahmen zur Verhütung, Verminderung oder Beseitigung von Beeinträchtigungen des Wohls der Allgemeinheit, die durch Bodenbelastung hervorgerufen werden, anordnen,

– bestimmte Arten der Bodennutzung und den Einsatz bestimmter Stoffe bei der Bodennutzung verhindern oder beschränken.

Zur Durchführung der verhängten Maßnahmen sind der Verursacher bzw. der Eigentümer und der Inhaber der tatsächlichen Gewalt über das Grundstück verpflichtet. Über die Bodenschutzgesetze der Länder hinaus sind auch in einer Anzahl von anderen Gesetzestexten des Bundes Vorschriften für den Umgang mit dem Boden festgelegt (Abfallgesetz, Baugesetzbuch, Bundesberggesetz, Bundesbahngesetz, Bundesimmissionsschutzgesetz, Bundesnaturschutzgesetz, Bundeswasserstraßengesetz, Chemikaliengesetz, Gesetz zur Umweltverträglichkeitsprüfung, Raumordnungsgesetz, Pflanzenschutzgesetz, Umwelthaftungsgesetz u. a.).

4.1.2 Grenz-, Richt- und Orientierungswerte

Die menschliche Gesundheit ist bei allen umweltpolitischen Fragestellungen das entscheidende Schutzgut. Bei den Risiken durch Schadstoffbelastungen für die menschliche Gesundheit handelt es sich im wesentlichen um die Auswirkungen von Gefahrstoffen, die entweder direkt oder über den Umweg Lebensmittel auf den Menschen einwirken. Die Frage, ob die Aufnahme eines Stoffes oder einer chemischen Verbindung ein gesundheitliches Risiko darstellt, ist auch eine Frage der *Dosis*. Dies wurde bereits von Theophrast von Hohenheim, genannt Paracelsus (1493 – 1541), formuliert, der fand: „Dosis facit venenum: Die Dosis macht, daß ein Ding ein Gift ist."

> Neben der Schadstoffmenge (exakterweise auf das Gewicht des Organismus bezogen) spielen weitere wichtige Faktoren bei der Giftwirkung eine Rolle. Welche?
>
> •••••
>
> Dies sind die *Einwirkdauer* eines Stoffes, aber auch die *Empfindlichkeit des Individuums*.

Besonders gefährdet sind die sog. *Risikogruppen*, dies sind Personen,

– die aufgrund besonderer Expositionsbedingungen einer erhöhten Schadstoffzufuhr ausgesetzt sind (z. B. an bestimmten Arbeitsplätzen),

– die einer bestimmten Altersgruppe (Kinder, alte Menschen) angehören oder spezielle Dispositionen haben (Allergiker, chronisch Kranke) und daher besonders empfindlich auf Schadstoffe reagieren und

– die aufgrund einer physiologischen Situation (z. B. Schwangere, Vorschädigung) einen Schadstoff leichter resorbieren als andere Personen (SRU 1987).

Um eine Bewertung von Bodenuntersuchungsergebnissen zu ermöglichen, wurden und werden für viele organische und anorganische Substanzen von den zuständigen Behörden (z. B. Bundesgesundheitsamt, Bundesumweltministerium u. a. sowie auf Länder- und Kreisebene Umweltministerien, Regierungspräsidien, Landratsämter, Stadträte) Grenz- bzw. Richtwerte erlassen. Da die Begriffe *Normalgehalt, Grenzwert, Richtwert, Anreicherung, Belastung* und *Orientierungswert* häufig mit unterschiedlichen Bedeutungen gebraucht werden, ist eine Abgrenzung erforderlich. Nach den Vorschlägen des Verbandes Deutscher Ingenieure, VDI, werden folgende Definitionen gegeben (KÖSTER u. MERKEL 1982):

Normalgehalt ist der Gehalt, der unter Berücksichtigung standörtlicher Gegebenheiten als natürlich angesehen werden kann.

Grenzwerte sind tolerierbare Höchstgehalte, die durch Verordnungen festgelegt worden sind. Bei Überschreiten sind besondere *Vorkehrungen erforderlich*.

Richtwerte sind tolerierbare Höchstgehalte, die von verschiedenen Gremien für Stoffe und Elemente vorgeschlagen werden, für die es zur Zeit noch keine Grenzwerte gibt. Beim Überschreiten werden *Vorkehrungen empfohlen*.

Anreicherungen liegen vor, wenn Gehalte aufgrund menschlicher Einflüsse höher sind als diejenigen, die unter Berücksichtigung standörtlicher Gegebenheiten in Vergleichsobjekten desselben Raumes als normal angesehen werden, aber bestehende Grenz- oder Richtwerte nicht erreichen.

Belastungen liegen bei Überschreitungen bestehender Grenz- oder Richtwerte vor.

Orientierungswerte sind unverbindliche Werte für einen Parameter, die zur Entscheidungsfindung herangezogen werden können.

Um auch bei langfristiger Aufnahme eines Schadstoffs Gesundheitsschäden zu vermeiden, wurden durch eine Reihe von Gesetzen und Verordnungen *Grenzwerte* für „tolerierbare" Schadstoffhöchstgehalte in Lebensmitteln und im Grundwasser festgesetzt. Auch für Rückstände in tierischen Futtermitteln, für Luftverunreinigungen und für Schadstoffkonzentrationen am Arbeitsplatz wurden Grenzwerte erlassen. Grenz- und auch Richtwerte sind keine durch die Natur vorgegebenen Größen, sie beruhen vielmehr auf Entscheidungen darüber, welche Mengen noch toleriert werden. Zur Entscheidungsfindung sind Meßdaten unerläßlich. Die Ermittlung der Daten für die Festsetzung von Grenzwerten ist mit Problemen behaftet. In der Regel greift man auf die Ergebnisse von Dosis-Wirkung-Messungen in Tierversuchen zurück. Bei diesen Versuchen wird verschiedenen Versuchstiergruppen eine Substanz in zunehmender Menge in den Magen, auf die Haut oder über die Atemwege verabreicht. Dann wird beobachtet, ob bzw. wieviele Tiere bei welcher Menge innerhalb von 14 Tagen sterben. Die Dosis, bei der die Hälfte der behandelten Tiere sterben, wird als LD_{50} bezeichnet. LD bedeutet letale (tödliche) Dosis. Die Dosis, bei der keine signifikant höhere Sterberate zu beobachten ist als bei Kontrollgruppen ohne Schadstoffütterung, wird als „No-Effect-Level" bezeichnet. Bei der Ableitung von Höchstmengen, welche die Grundlage für Grenz-, Richt- oder Orientierungswerte sein können, wird zunächst untersucht, wieviel Schadstoff im Erntegut nach einer festgelegten Wartezeit enthalten ist. Dieser Wert – mg Schadstoff/kg Erntegut – wird mit der für den Menschen toxikologisch duldbaren Rückstandsmenge verglichen. Dabei teilt man den No-Effect-Level aus Langzeitversuchen durch 100. Man geht nämlich davon aus, daß gesunde Menschen etwa 10mal empfindlicher reagieren als das Versuchstier und alte bzw. kranke Menschen und Kinder wiederum 10mal empfindlicher. Hieraus erhält man die höchste duldbare Tagesdosis – in mg Schadstoff je kg Körpergewicht – (Fachterminus: ADI-Wert = Acceptable Daily Intake), die ein Mensch bei täglicher Aufnahme über die gesamte Lebenszeit ohne Wirkung zu sich nehmen kann. Diese Dosis muß mit dem durchschnittlichen Körpergewicht des Menschen (60 kg) multipliziert werden und durch die Verzehr-

Zur Festlegung von Richt- und MAK-Werten vgl. Anhang.

menge der möglicherweise mit dem Schadstoff belasteten Erntegüter dividiert werden. Hieraus ergibt sich die für den Menschen toxikologisch duldbare Schadstoffmenge in rohen Ernteprodukten.

Die biologischen Grundlagen der Festlegung eines Schwellenwerts für eine Dosiswirkung sind jedoch nicht eindeutig klar (vgl. GRIMME et al. 1986). Vor allem die Schwermetall-*Richtwerte*, die vom Bundesgesundheitsamt für verschiedene Lebensmittel veröffentlicht wurden, besitzen keine toxikologisch gesicherte Grundlage. Sie haben mehr eine „orientierende Wirkung" für die Lebensmittelproduktion und -überwachung. Für die amtliche Lebensmittelkontrolle gilt, daß bei Überschreiten der Richtwerte um das Doppelte die betroffenen Lebensmittel nicht mehr zu diesem Zweck in Verkehr gebracht werden dürfen. Übersteigt z. B. der Cadmiumgehalt im Weizenkorn den festgelegten Richtwert von 0,1 mg/kg Frischmasse (dies entspricht einem Richtwert von 0,12 mg/kg in der Trockenmasse) um das Doppelte, darf das Getreide nicht mehr zur Mehlherstellung verarbeitet werden. Der 2fache Richtwert wird somit als Grenzwert verwendet. Kornchargen, die Cd-Gehalte oberhalb von 0,24 mg/kg aufweisen, werden dann vorwiegend als Viehfutter verwendet, wobei hierfür nach der Futtermittelverordnung (FMVO) als Grenzwert noch 1,14 mg Cd/kg (pro Einzelfuttermittel) gilt. Durch die Verfütterung von Getreidechargen, die aufgrund erhöhter Schwermetallgehalte nicht zu Mehlprodukten verarbeitet werden dürfen und die die Futtermittelgrenzwerte nicht überschreiten, soll gewährleistet werden, daß sich die Schadstoffe nicht in der Nahrungskette anreichern. Die Resorption der Schwermetalle erfolgt nämlich nur zu einem Teil im tierischen Gewebe (dort wiederum konzentriert in den Innereien Leber und Niere; ein beachtlicher Anteil der Schwermetalle wird ausgeschieden). Die Schwermetallaufnahme des Menschen über derartig produzierte tierische Lebensmittel ist, sofern die Verzehrgewohnheiten nicht extrem sind, als gering anzusehen (vgl. auch HAPKE 1983).

In bezug auf Böden sind im Rahmen der Klärschlammverordnung von 1992 zur Regelung der Klärschlammausbringung Grenzwerte für einige Elemente erlassen worden. So ist eine Klärschlammausbringung untersagt, wenn in den Böden der Gehalt (in mg/kg) von einem der in Tabelle 4.7 aufgeführten Schwermetalle überschritten wird:

Tabelle 4.7. Grenzwerte für verschiedene Elemente in Böden (in mg/kg)

Element	Wert
Blei	100
Cadmium	1,5
Chrom	100
Kupfer	60
Nickel	50
Quecksilber	1
Zink	200

Zur vielperspektivischen historischen Diskussion um Grenzwerte am Beispiel der Versalzung durch Endlaugen der Kaliindustrie vgl. 2. Studieneinheit, Kap. 4.

Näheres über die heutigen Entscheidungsprozesse bei der Festlegung von Grenzwerten finden Sie im Anhang.

Festzustellen ist, daß mit der Zahl der Schadstoffe, für die Grenz- und Richtwerte angegeben werden, bei weitem noch nicht alle Schadstoffe erfaßt sind.

Zur Bewertung des Gefährdungspotentials belasteter Standorte gibt es bisher in der Bundesrepublik nur ansatzweise für wenige Bereiche allgemein anerkannte Grenz- und Richtwerte. In Ermangelung solcher Regelwerke bedienen sich häufig Gutachter und Kommunen der Richtwerte des „Niederländischen Leitfadens zur Bodensanierung" (Ministerie van Volkshuisvestning, Ruimtelijke Ordening en Milieubeheer 1988) oder anderer Listen, wie der Kloke-Liste (KLOKE 1980), der Hamburger-Liste (FREIE UND HANSESTADT HAMBURG 1985), der LÖLF-Liste (Landesanstalt für Ökologie, Landschaftsentwicklung und Forstplanung in NRW; LÖLF 1988) u. a. Bei der Niederländischen Liste werden zur Bestimmung des Belastungsgrades des Bodens sowie zur Abschätzung der damit verbundenen Risiken 3 Konzentrationsniveaus unterschieden:

A-Werte. Diese entsprechen weitgehend der durchschnittlichen Hintergrundbelastung in den Niederlanden, unterhalb derer der Boden als unbelastet gilt. Bei darüberliegenden Gehalten wird eine vorläufige Standortuntersuchung erforderlich.

B-Werte. Oberhalb dieser wird eine weitere Untersuchung hinsichtlich des Umfangs der Belastung und der damit verbundenen Risiken notwendig.

C-Werte. Oberhalb dieser Werte wird eine allgemeine Sanierung, vorzugsweise bis zu den A-Werten, für erforderlich gehalten.

> Welche Konsequenzen hat der Mangel an allgemein anerkannten Regelungswerken?
>
> •••••
>
> Er führt konsequenterweise zu dem Problem, daß einige Gutachter eine Schadstoffanreicherung als noch tolerierbar, andere als schon sanierungsbedürftig einstufen können.

Als Beispiel sei ein Arsengehalt im Boden von 40 mg/kg angenommen. Nach der *Niederländischen Liste* ist der B-Wert (30 mg As/kg) überschritten, so daß weitere Untersuchungen hinsichtlich des Umfangs der Belastung und der damit verbundenen Risiken erforderlich werden. Oberhalb des C-Wertes – bei Arsen 50 mg/kg – wird eine Sanierung, möglichst bis auf weniger als 10 mg As/kg erforderlich. Die *Liste der LÖLF* sieht 40 mg As/kg als Schwellenwert an, bei dessen Überschreiten weitere Untersuchungen (Nutzpflanzen) veranlaßt werden. Nach der Hamburger-Liste ist erst ab 50 mg As/kg ein Schwellenwert erreicht, bei dem derartige Untersuchungen erforderlich sind. – Solche Untersuchungen werden an Gemüse durchgeführt. Dabei wird die Probenahme zum Erntezeitpunkt vom Untersuchungsinstitut vorgenommen. Nach der entsprechenden Vorbehandlung (z. B. Abwaschen von anhaftendem belastetem Staub, Trocknen) wird dann ein chemischer Gesamtaufschluß des Pflanzenmaterials durchgeführt und aus dem Aufschlußextrakt die (Schad-) Elementkonzentrationen ermittelt.

4.2 Zunehmende Versiegelung und Bemühungen um eine Verminderung

In der Bodenschutzkonzeption der Bundesregierung ist als zentraler Handlungsansatz eine Trendwende im Landverbrauch festgelegt. Derzeit ist die Entwicklung der Flächennutzung im wesentlichen aber noch dadurch geprägt, daß die Siedlungs- und Verkehrsflächen zu Lasten der Landwirtschaftsfläche stets zunehmen. Der Landschaftsverbrauch im Ruhrgebiet orientierte sich überwiegend an der Verfügbarkeit von Flächen oder an betriebswirtschaftlichen Notwendigkeiten der örtlichen Industrie- und Gewerbebetriebe sowie an Infrastruktureinrichtungen. Betrachtet man heutige Stadtpläne, so zeigt sich ein Muster der Flächenverteilung von Stadtlandschaft und freier Landschaft, bei dem die Stadt als Siedlungsfläche mit Bebauung, Infrastrukturflächen, Halden- und Deponiestandorten dominiert. Die ursprüngliche Landschaft als „Naturraum" ist weit in den Hintergrund gedrängt. Als Beispiel für diese anthropogenen Überformungen kann der Stadtplan von Herten – stellvertretend für viele andere Ruhrgebietsstädte – herangezogen werden. Seit 1872 durch das Abteufen des Schachtes „Hilger" auf der Zeche Ewald ist die Bergbaustadt Herten – sie liegt zwischen den Städten Gelsenkirchen, Recklinghausen, Herne und Marl – vom Glanz und Schatten des „Schwarzen Goldes" (Fördermenge ca. 6,8 Mio. t Kohle im Jahr) gezeichnet. Charakteristisch für die Stadt ist eine ausgesprochene Flächenknappheit, die beim Aufbau neuer Wirtschaftsstrukturen Probleme aufwirft. Neben alten Zechenflächen, die für Neuansiedlungen „wiedernutzbar" gemacht werden müssen, sind gigantische Aufhaldungen von Bergematerial für diesen Umstand mitverantwortlich. Im Hertener Süden vereinnahmen im ursprünglich flachen Emscherbruch (vor der Industrialisierung weideten hier noch Wildpferde) Bergehalden nahezu 160 ha Fläche. In diesem Bereich (vgl. Abb. 4.17) wird derzeit Europas größte Haldenlandschaft aufgeschüttet, der u. a. auch eine Kleingartensiedlung weichen mußte. Das „Landschaftsbauwerk" Hoheward reicht bis zu 100 m über den ursprünglichen Emscherbruch hinaus und besteht aus den Bergehalden Emscherbruch, Ewald und Hoppenbruch. Dabei ist vorgesehen, daß die Halde Hoppenbruch mit ca. 61 ha

Arten und Folgen von Versiegelungen sind in Abschn. 3.2 dargestellt.

Grundfläche, 70 m Höhe und 37 Mio. t Bergematerial die Halden Emscherbruch und Ewald bis zum Jahre 2002 verbinden soll. Aus verkehrstechnischen Gründen führt durch das Landschaftsbauwerk Hoheward ein 650 m langer Eisenbahntunnel, dessen 80 cm dicken Betonwände auf eine Auflast von 300 t/m^2 ausgelegt sind (SPOHR 1992).

Der als „Landschaftsverbrauch" bezeichnete Prozeß hat sich in den letzten Jahren abgeschwächt, ist aber mit nahezu 90 ha/Tag (altes Bundesgebiet) dennoch erheblich (UMWELTBUNDESAMT 1994). Die weitere Rückführung des Landverbrauches soll dadurch erreicht werden, daß Bodennutzungen stärker den natürlichen Standortbedingungen anzupassen sind. Das gilt auch für die landwirtschaftliche Bodennutzung, indem z. B. in Auengebieten, d. h. im Überschwemmungsbereich von Flüssen, kein Ackerbau betrieben werden sollte, sondern eine Wiesen- oder Weidenutzung. Laut Bodenschutzkonzeption sollen die Rohstoffvorkommen aus volkswirtschaftlicher und ökologischer Gesamtschau sparsam und effektiv genutzt werden, wobei vorhandene und naturnah genutzte Flächen grundsätzlich zu sichern sind. Priorität vor weiteren Baulandausweisungen und Erschließungsmaßnahmen haben Bestandserhaltung, flächensparendes Bauen und der Ausbau vorhandener Verkehrswege. Seit 1990 ist erstmals eine Obergrenze für die Versiegelung der Baugrundstücke festgelegt. Danach darf ein Grundstück durch Gebäude, Nebenanlagen, Garagen, Stellplätze, Zufahrten und bauliche Anlagen unterhalb der Geländeoberfläche i. d. R. bis zu höchstens 80 %, in den Wohngebieten nur bis zu 60 % versiegelt werden.

Die Wirkungen von Grünflächen auf das Stadtklima sind in Abschn. 3.2 dargestellt.

Trotz dieser Einschränkungen ist eine Rücknahme der Versiegelung nicht zu erwarten. Im Ruhrgebiet sind es v. a. die Kernbereiche der alten Städte, in denen zunehmend weiter versiegelt wird. In einem Stadtteil von Köln sind beispielsweise schon 75 % der Bodenfläche versiegelt. Die Versiegelung führt häufig zu unkoordiniertem Flächenverlust, zur Zerstörung von Grünflächen am Stadtrand und im angrenzenden Umland. Dies ist zum Teil historisch bedingt; gerade in den expandierenden Bauzonen des 19. Jahrhunderts sind heute kaum noch Frei- und Grünflächen erhalten. Diese Freiflächen sind jedoch besonders wichtig für das Stadtklima.

Ein weiterer Grund für die zunehmende Versiegelung ökologisch wertvoller Freiflächen war lange Zeit besonders im Ruhrgebiet die weitgehend fehlende Bereitschaft der Großindustrie und der Ruhrkohlegesellschaften, aus ihrem umfassenden Grundbesitz für die Stadtentwicklung Flächen zu verkaufen. Vor allem größere Areale – wie z. B. für die Ansiedlung von Opel in den 50er Jahren in Bochum – wurden nur in Einzelfällen freigegeben. Die Ansiedlung der Opelwerke erfolgte auf dem ehemaligen Zechengelände, das durch

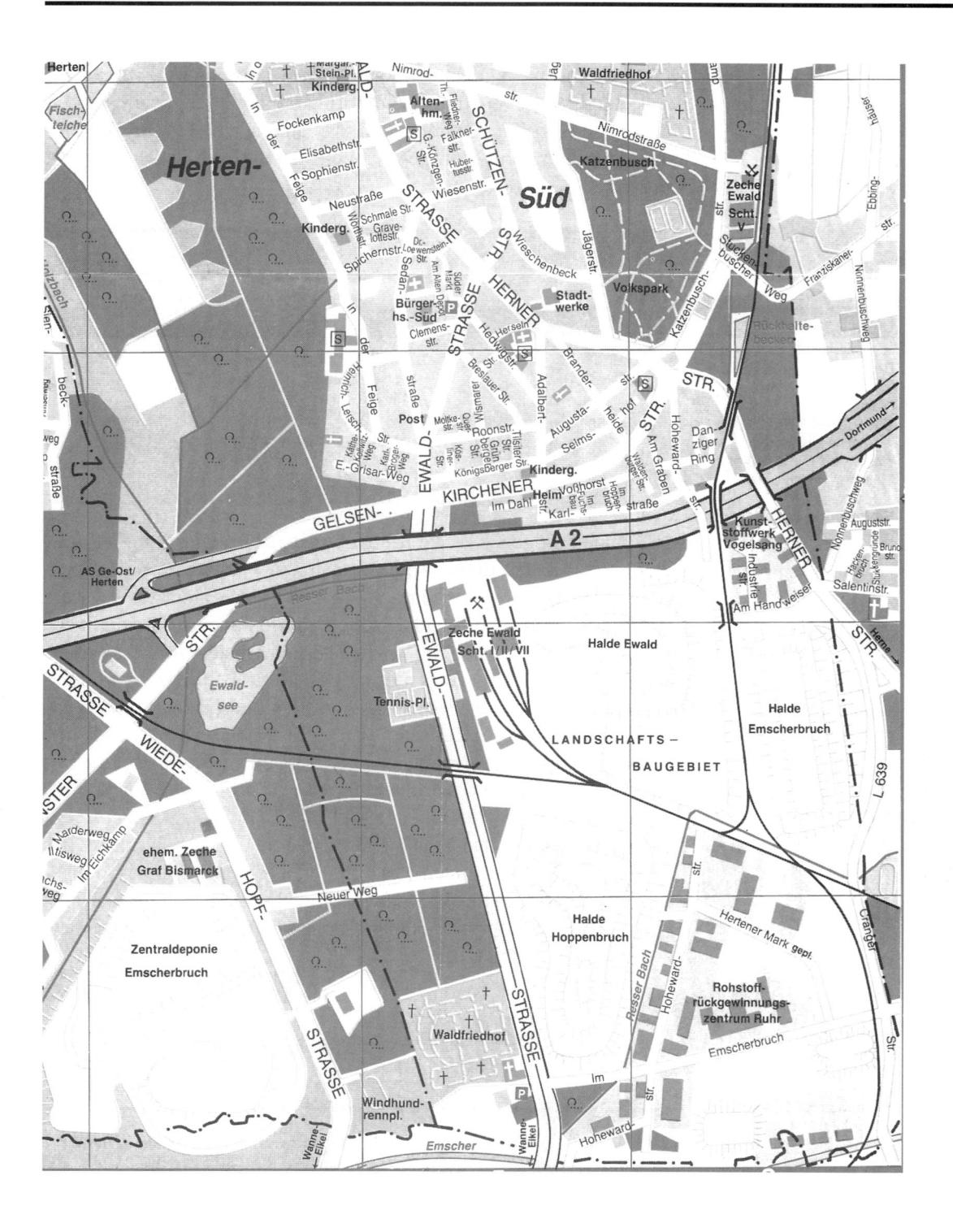

Abb. 4.17. Ausschnitt aus dem Stadtplan von Herten mit der im Text angesprochenen Haldenlandschaft

4 Grundsätzliche Möglichkeiten des Umgangs mit den Bodenbelastungen

Aufschüttungen technogener Substrate wie Bauschutt, Bergematerial, Aschen und Schlacken in seiner Multifunktionalität sehr beeinträchtigt war. Ein bedeutender Gesichtspunkt ist dabei auch, daß für die Neuansiedlung keine der wenigen „unbelasteten" Freiflächen benötigt wurden.

> Es bestehen jedoch Möglichkeiten, auf das Ausmaß der Versiegelung Einfluß zu nehmen. Überlegen Sie zunächst selbst, bevor Sie weiterlesen, was man machen kann.
>
> •••••

Ein Beispiel für die Entsiegelung einer Straße finden Sie im Anhang.

> Man kann ggf. Straßen um- oder zurückbauen, geteerte Innen- oder Hinterhöfe freilegen, nicht mehr genutztes Fabrikgelände entsiegeln u. v. m.

Als Beispiel mögen u. a. die Maßnahmen zur Entsiegelung und Begrünung in Städten dienen, die im Rahmen von Stadterneuerungsmaßnahmen seit 1980 in vielen Städten und Gemeinden des Reviers gefördert werden. Zahlreiche Flächen wurden auch im Zusammenhang mit dem Um- und Abbau von Straßen entsiegelt und begrünt. Auch private Flächen wurden umgestaltet und bepflanzt, vorrangig Innenhöfe, Hinterhöfe, Vorgärten, Fassaden und Dächer. In Düsseldorf konnten so in dem Zeitraum von 1980 – 1991 mehr als 454 Hof- und Dachbegrünungsvorhaben abgeschlossen werden. Dabei entsiegelte man etwa 81 000 m^2 unterschiedlich abgedeckte Flächen. In Bochum wurden seit 1983 mehr als 41 000 m^2 entsiegelt, umgestaltet und begrünt (MINISTERIUM FÜR STADTENTWICKLUNG UND VERKEHR des Landes Nordrhein-Westfalen 1992b). In den entsprechenden Wohnbereichen erreichte man mit einer stadtökologischen gleichzeitig auch eine soziale Verbesserung des Wohnumfelds (Schaffung freier Flächen als Sitzbereiche, Spielfläche u. a.).

Die Entsiegelung bedarf jedoch auch einer entsprechenden Planung und Beratung, denn auch ökologisch gutgemeinte Maßnahmen können negative Auswirkungen haben. Zwei Beispiele seien genannt:

> Hätte man das oben erwähnte Zechengelände in Bochum, auf dem Opel sich ansiedelte, nicht auch entsiegeln und als Grünfläche oder als Parkplatz mit Rasengittersteinen nutzen können, statt erneut einen Industriebetrieb anzusiedeln?
>
> •••••

> Durch die Bebauung des belasteten Zechengeländes wurde eine Oberflächenversiegelung erreicht, die nun verhindert, daß Sickerwasser in Bodenpartien mit Schadstoffen eindringt und diese dadurch in tiefere Bereiche verlagert. Anderenfalls hätte man den Boden sanieren müssen.

Wird eine Fläche entsiegelt und anschließend z. B. ein Parkplatz mit Rasengittersteinen auf ihr angelegt, so kann es zu einem erhöhten Schadstoffaustrag in tiefere Bodenschichten oder das Grundwasser kommen. Dies muß im Einzelfall überprüft werden.

Die negativen Auswirkungen der Versiegelung können durch gezielte Regenwasserversickerung in Stadtgebieten vermindert werden. Dieser sachlich richtige Ansatz birgt aber in der Umsetzung viele „Folgeprobleme" in sich, die zur Zeit nur teilweise gelöst sind. So wurde beispielsweise ein Verfahren erarbeitet, um das von den Dächern abfließende Wasser in einem Netz von flachen und begrünten Mulden, unter denen Kiesgräben verlaufen, versickern zu lassen. Es ist aber noch unbekannt, wie hoch dabei der Schadstoffeintrag in Boden und Grundwasser sein wird. Man weiß, daß das Regenabflußwasser aus verzinkten oder kupfernen Regenrinnen mit Schwermetallionen befrachtet ist. Zudem stellen sich auch nichtökologische Fragen. So müßte ein Großteil der Versickerungsstellen auf privaten Grundstücken angelegt werden. Noch ist aber rechtlich nicht geklärt, ob das versickernde Niederschlagswasser nun Wasser oder Abwasser ist. Wird es durch Definition zu Abwasser, dann können die Städte und Gemeinden Abwassergebühren verrechnen, deren Höhe sich u. a. nach der Dachfläche oder der insgesamt versiegelten Fläche richten könnte. Dann muß festgesetzt werden, ob und welche Gebühren erhoben werden, wer für die Instandhaltung der Anlagen verantwortlich ist. Weiterhin erweist sich die Akzeptanz durch die Bevölkerung als problematisch, die für das Versickerungsnetz die notwendigen Grün- oder Gartenflächen zur Verfügung stellen müßte.

> Ein weiteres, nicht auf den ersten Blick erkennbares Problem stellt auch noch das örtliche Kanalnetz dar, das nach Wegfall der Wassermengen aus dem Oberflächenabfluß zu groß dimensioniert und somit nicht mehr funktionsfähig sein wird. Warum ist es nicht mehr funktionsfähig?
>
> •••••
>
> Die Querschnitte der Abwasserrohre sind ursprünglich auf eine höhere Wasserablaufmenge pro Zeiteinheit ausgelegt worden, wobei (weitgehend) gewährleistet war, daß die Schleppkraft des ablaufenden

> Wassers hoch genug war, um die Schwebstoffe (Bodenmaterial, Laub u. a. m.) mitzunehmen. Sinkt die abzuführende Wassermenge, da ein großer Teil des Regenwassers nicht mehr über die Kanalisation abgeleitet wird, kommt es zu einem verstärkten Verschlammen der Rohre, welches letztendlich zum völligen Verstopfen führen kann.

4.3 Sanierung belasteter Flächen

Zur Wirkung von Schadstoffen auf die Funktionen des Bodens vgl. 1. Studieneinheit, Abschn. 9.4.

Auf vielen Altstandorten und Altablagerungen sind die Schadstoffeinträge in die Böden, den Untergrund und in das Grundwasser schon seit langem so hoch, daß das Reinigungs- und Puffervermögen der Böden überfordert ist. Der Stoffeintrag erfolgte im Zuge der Industrialisierung häufig bereits zu einer Zeit, in der die Umwelt und Gesundheit schädigende Wirkung der Stoffe nicht oder nur unzureichend bekannt war. Teilweise sind heute als belastet ausgewiesene Standorte durch Ablagerungen von vor 150 Jahren verseucht. Umweltschädliche Stoffe, die bereits in Böden oder Grundwasser gelangt sind oder ins Wasser auszutreten drohen, machen aus diesen Standorten > Altlasten. Zur Gefahrenabwehr einer latenten oder akuten Bedrohung der menschlichen Gesundheit sowie anderer Schutzgüter ist eine Sanierung kontaminierter Flächen dringend notwendig.

Zur Entstehung von Altlasten vgl. Kap. 2 und Abschn. 3.4.

Zur Erfassung von Altlasten vgl. Abschn. 3.6.

Allerdings steht die Boden- und Altlastensanierung erst am Anfang. Ein Problem ist, daß noch keine *gesetzliche Regelung* für Altlasten vorliegt. Trotz mannigfaltiger Regelungen und Vorschriften in den unterschiedlichsten Gesetzeswerken bestehen deutliche rechtliche Unsicherheiten.

Nennen Sie einige wichtige Gesetzeswerke, in denen Regelungen für Altlasten zu finden sind.

•••••

Abfallrecht, Wasserrecht, Ordnungsrecht, Bundes-Imissionsschutzgesetz, Baugesetz, Baurecht der Länder u. a. m.

So verpflichtet zwar das Baugesetzbuch Städte und Gemeinden mit umweltgefährdenden Stoffen erheblich belastete Böden in ihren Bauleitplänen zu kennzeichnen, es werden aber gleichzeitig Unsicherheiten durch das Verwenden unbestimmter Rechtsbegriffe erzeugt. Es ist beispielsweise nicht definiert, ab wann eine erhebliche Schadstoffkonzentration vorliegt bzw. welche Stoffe als umweltgefährdend anzusehen sind. Eine weitere Schwierigkeit besteht darin, daß bisher noch nicht auf einheitliche Methoden zur Gefährdungsabschätzung und Gefahrenabwehr zurückgegriffen werden kann (vgl. auch Abschn. 4.1.2).

Ziel von Sanierungsmaßnahmen muß sein, daß von der Altlast nach der Sanierung keine Gefährdung mehr für die belebte und unbelebte Umwelt ausgeht. In den meisten Fällen ist es aber technisch oder wirtschaftlich nicht möglich, durch die Sanierungsmaßnahmen den Ausgangszustand wiederherzustellen. In der Regel müssen für solche Standorte Nutzungseinschränkungen ausgesprochen werden, welche in ein planerisches Gesamtkonzept für die Fläche eingebettet sind (vgl. Tabelle 4.8).

Tabelle 4.8. Nutzungseinschränkungen für untersuchte Altlastenverdachtsflächen (n = 425) im Ruhrgebiet. (Aus HOLZAPFEL 1992)

Nutzungseinschränkungen	Anzahl
Vorsichtsmaßnahmen:	
Folgeuntersuchungen bei Umnutzung	41
Bauarbeiten nur mit Schutzmaßnahmen oder ganz vermeiden	11
Betonaggressivität bei Bau beachten	7
Tragfähigkeit des Bodens beachten	4
Auflagen und Einschränkungen:	
Nutzpflanzenbau einschränken	33
Wohnnutzung nur mit Auflagen	10
Einzäunen des Geländes	9
Kellerbau nur mit Gasdrainage	1
Nutzungsverbote:	
keine Grundwassernutzung	60
kein Nutzpflanzenanbau	38
keine Wohnbebauung	15
kein Bodenaushub, Bodengrabungen	9
keine Kellerbauten	8
keine Tierhaltung	2
keine geschlossenen Räume	1
Verbot der aktuellen Nutzung	1

Doch auch bei Nutzungseinschränkungen gibt es gesetzliche Regelungen zu beachten. So ist es beispielsweise nicht möglich, Flächen nur für eine Ziergartennutzung auszuweisen. Bei reiner Ziergartennutzung darf der Gartenbesitzer keine Nutzpflanzen anbauen. Da Gärten in den Städten mehr der Erholung als der Sicherung der Nahrungsgrundlage dienen, könnten viele nicht zu stark belastete Flächen, auf denen wegen der Schadstoffbelastung jedoch keine

Nutzpflanzen angebaut werden dürfen, als Ziergärten ausgewiesen werden. Abgesehen davon, daß diese Nutzungseinschränkung nicht oder nur schlecht kontrollierbar ist, kollidiert das Verbot des Nutzpflanzenanbaues mit § 1 des Bundeskleingartengesetzes (BKleinG): In diesem ist nämlich der Anbau von Nutzpflanzen explizit vorgeschrieben. Somit können Kleingärten nicht als reine Ziergärten genutzt werden. Diese Rechtslage veranlaßt häufig Städte und Gemeinden, auch gering belastete Kleingartenflächen in versiegelte Gebäude- und Verkehrsflächen umzuwandeln.

Auch die *Sanierungstechnologien* sind derzeit noch zum größten Teil in der Entwicklung und bedürfen noch mancher Verbesserung. Bis Mitte der 80er Jahre ging man davon aus, daß bautechnische Sicherungsmaßnahmen, z. B. Einkapselungen mittels Betonwänden, eine endgültige „Sanierung" darstellten. Heute hat sich jedoch die Erkenntnis durchgesetzt, daß dies nur ein zeitlich befristetes Verschieben des Problems um 50 – 100 Jahre darstellt.

Was mag der Grund für diese Erkenntnis sein?

•••••

Es ist bisher noch kein Dichtungssystem bekannt, das mehrere 100 Jahre lang gesicherten Bestand hat. Aufgrund von Dehnungen und Kluftbildung, physikalischer und chemischer Verwitterung im Boden unterliegen die Abdichtungssysteme einer Belastung, die letztendlich zur Durchlässigkeit des Systems führen.

Es müssen also zweckmäßigere Sanierungsverfahren entwickelt werden. Derzeit werden vorwiegend folgende Bodensanierungstechniken angewendet:

– chemisch-physikalische Verfahren,

– biologische Verfahren,

– thermische Verfahren.

Diese Verfahren werden einzeln oder auch kombiniert durchgeführt. Die Bodensanierung erfolgt entweder direkt im belasteten Bodenbereich (> „in situ") oder der Boden wird ausgehoben (= ausgekoffert > Auskoffern) und entweder an Ort und Stelle in transportablen Sanierungsanlagen behandelt (> „on site") oder in stationären Anlagen, zu denen der Boden dann transportiert werden muß (> „off site"). Das zum Teil noch heute angewendete „Sanierungsverfahren", bei dem der belastete Boden ausgegraben und anschließend unbehandelt auf Deponien gebracht wird, stellt keine Altlastsanierung dar. Vielmehr ist dies als Altlastenverschiebung anzusehen, da nur eine Umlagerung des schadstoffhaltigen Bodens stattfindet, aber keine Lösung des Problems erfolgt.

4.3.1 Chemisch-physikalische Verfahren

Nach dem vom Rat von Sachverständigen für Umweltfragen im Dezember 1989 vorgelegten Sondergutachten „Altlasten" (SRU 1990) sind alle Sanierungsverfahren, mit deren Hilfe Schadstoffe aus dem Boden entfernt, umgewandelt oder zerstört werden – außer den thermischen und biologischen Methoden – als chemisch-physikalische Verfahren definiert. Im üblichen Sprachgebrauch werden hierunter v. a. die Wasch- und Extraktionsverfahren bezeichnet, mit denen Schwermetalle und organische Stoffverbindungen aus belastetem Erdreich oder Abbruchmaterialien entfernt werden sollen. Dies geschieht normalerweise „on site" oder „off site". Die Verfahrensabläufe bei der Bodenwäsche kann man in 3 Prozeßgruppen gliedern:

– Bodenaufbereitung mit eigentlicher Bodenwäsche,

– Aufbereitung des Wasch- und Extraktionsmittels,

– Abluftbehandlung.

Bodenaufbereitung und -wäsche.

– Während der Vorbehandlung des kontaminierten Bodens werden grobe Bestandteile wie Steine oder Holz durch Sieben entfernt, oder sie werden zerkleinert.

– Anschließend wird Wasser mit Waschchemikalien zugegeben. Boden und Waschmittel werden intensiv durchmischt. Ggf. wird dieser Vorgang mechanisch unterstützt, z. B. durch Hochdruckwasserstrahlverfahren. Die Extraktion der Schadstoffe ist die wichtigste Reinigungsstufe. Je nach Art der Schadstoffbelastung kommen als Extraktionsmittel Säuren, Laugen, organische Lösemittel und > Komplexbildner sowie > Tenside zum Einsatz. So können z. B. Schwermetalle mit angesäuertem Wasser, eventuell auch zusammen mit Komplexbildnern, teilweise ausgewaschen werden. Diese Behandlung soll bewirken, daß die Bindungskräfte des Schadstoffs an die Bodenpartikel überwunden werden und die Schadstoffe in das flüssige Waschmittel übertreten.

– Die Trennung des Bodens vom Waschwasser erfordert einen großen apparativen Aufwand, um die Schadstoffe möglichst vollständig aus dem Gemisch abzutrennen. Hier liegt auch ein wichtiges technisches Problem, das die Grenzen dieses Verfahrens zeigt, wie unten näher ausgeführt wird.

– Der gereinigte Boden wird mit Frischwasser nachgespült, entwässert und dann aus dem Reinigungssystem ausgeschleust.

Waschmittelaufbereitung. Das Prozeßwasser wird entweder gereinigt – es kann dann erneut eingesetzt werden (Kreislaufführung) – oder es wird zur Verringerung der Salzkonzentration aus dem Prozeß entfernt. Die Abwasserreinigung sieht je nach Inhaltsstoffen eine Oxidation oder Reduktion mit anschließender Neutralisation und Sedimentation vor. Zumeist werden in nachgeschalteten (Bio-) Kies- und Aktivkohlefiltern die restlichen Verunreinigungen zurückgehalten. Das gereinigte, aber noch salzhaltige Wasser wird normalerweise in die Kanalisation eingeleitet. Zurück bleiben Schlämme, die entwässert und zur Entsorgung entweder deponiert oder verbrannt werden. Im gesamten Reinigungsprozeß findet eigentlich nur eine Verlagerung der Schadstoffe aus dem kontaminierten Boden in einen höchstbelasteten Rückstand (Schlamm) statt.

Abluft. Die Emissionsgefahren von Bodenwaschverfahren sind im Vergleich zu thermischen Anlagen als relativ gering einzustufen, da sich der Emissionsweg bei den naßarbeitenden Verfahren weitgehend auf den Wasserweg beschränkt. Während des Waschverfahrens können zwar auch flüchtige Verbindungen aus dem Boden bzw. dem Waschwasser in die Gasphase übertreten, die aber leicht über Abluftsysteme abgesaugt und zumeist an Aktivkohlefilter adsorbiert werden können. Die größte Gefahr der gasförmigen Emission von Schadstoffen ist eher im Vorfeld der Wäsche zu sehen, wo im Zuge der Erd- und Transportarbeiten die Möglichkeit einer Ausgasung gegeben ist.

Zusammengefaßt sind die Verfahrensabläufe im Fließschema in Abb. 4.18.

Zur Korngröße von Böden vgl. 1. Studieneinheit, Abschn. 3.5.

Das Problem bei den bisher auf dem Markt befindlichen Bodenwaschanlagen ist, daß die Reinigung im Fein- und Feinstkornbereich (Schluff < 60 µm Korndurchmesser und Ton < 2 µm Korndurchmesser), in dem der Großteil der Schadstoffe im Boden gebunden wird, nur ungenügend ist. Aus diesem Grund ist Bodenwäsche nur von sandig-kiesigen Ausgangsmaterialien sinnvoll durchführbar. Mit Böden, die wie im nördlichen und westlichen Ruhrgebiet einen hohen Schluff- und Tonanteil besitzen, können diese Verfahren nicht wirtschaftlich eingesetzt werden. Zum einen verstopfen durch die hohen Schluff- und Tongehalte häufig die Filter, zum anderen verbleibt ein mengenmäßig zu großer „Waschrückstand".

4.3.2 Biologische Verfahren

Für die Dekontamination von Altlasten mit Hilfe biologischer Methoden kommen im Prinzip 2 Organismengruppen in Frage:

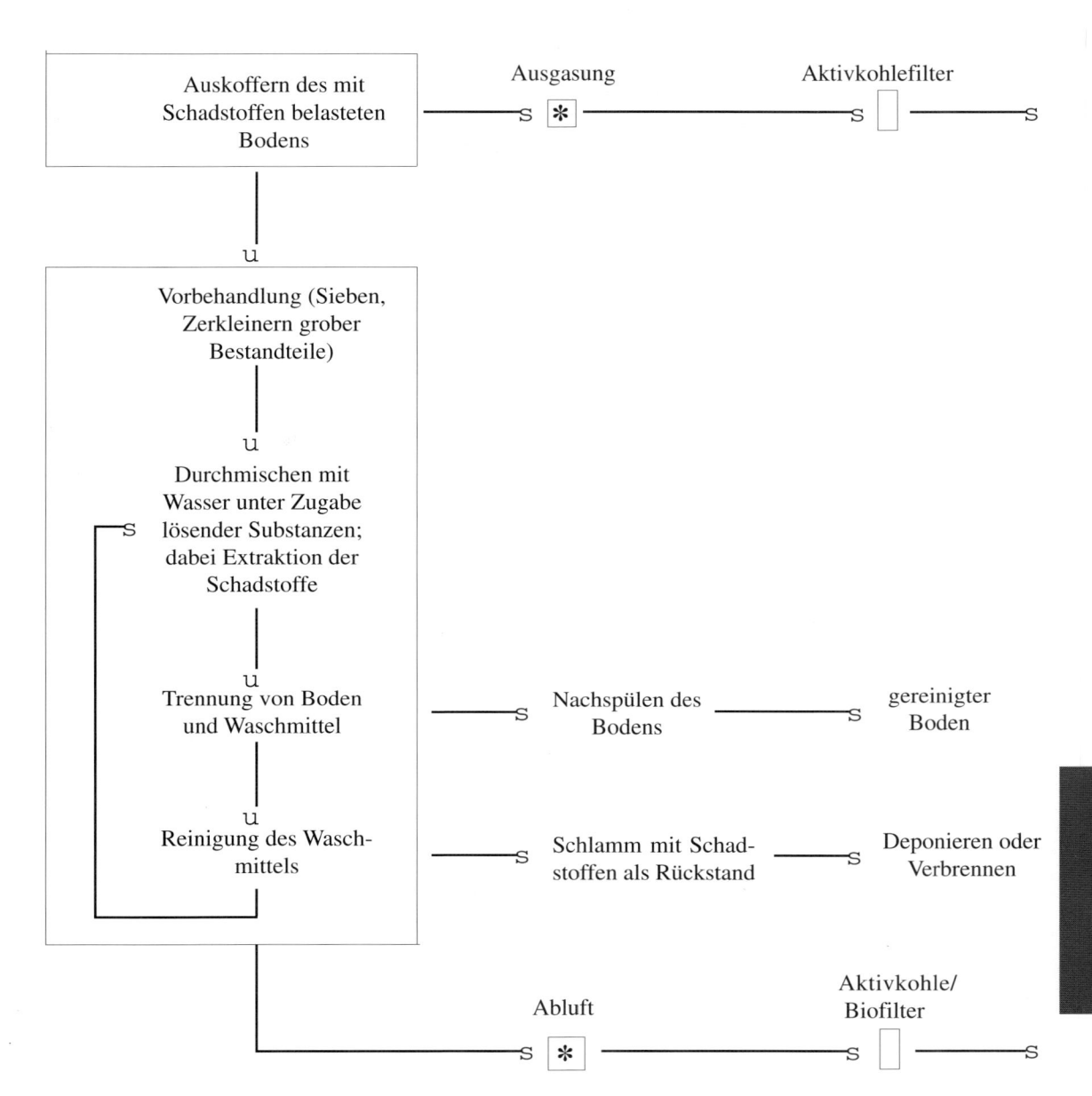

```
┌─────────────────────┐
│ Auskoffern des mit  │      Ausgasung           Aktivkohlefilter
│ Schadstoffen belas- │───s─[*]──────────────s─[ ]──────────s
│ teten Bodens        │
└─────────────────────┘
           │
           u
┌─────────────────────┐
│ Vorbehandlung       │
│ (Sieben, Zerkleinern│
│ grober Bestandteile)│
└─────────────────────┘
           │
           u
┌─────────────────────┐
│ Durchmischen mit    │
│ Wasser unter Zugabe │
┌s│ lösender Substanzen;│
│ │ dabei Extraktion   │
│ │ der Schadstoffe    │
│ └────────────────────┘
│          │
│          u
│ ┌────────────────────┐      Nachspülen des      gereinigter
│ │ Trennung von Boden │──s── Bodens ─────────s── Boden
│ │ und Waschmittel    │
│ └────────────────────┘
│          │
│          u
│ ┌────────────────────┐      Schlamm mit Schad-  Deponieren oder
│ │ Reinigung des      │──s── stoffen als ───────s── Verbrennen
│ │ Waschmittels       │      Rückstand
│ └────────────────────┘
                                                  Aktivkohle/
                           Abluft                 Biofilter
                      ───s─[*]──────────────s─[ ]──────────s
```

Abb. 4.18. Schematischer Prozeßablauf bei der Bodenwäsche.

Dekontamination durch höhere Pflanzen (Heavy Metal Harvesting). Hoffnungen, höhere Pflanzen einsetzen zu können, gründen auf Beobachtungen, daß Pflanzen Schwermetalle aus dem Boden aufnehmen.

Von den Pflanzen aufgenommene Schwermetalle reichern sich in den verschiedenen Teilen der Pflanze unterschiedlich stark an. Elementaranalysen an Wurzeldünnschnitten ergaben, daß die Anreicherung der Schwermetalle häufig zusammen mit Calcium v. a. in den äußeren Bereichen der Wurzel erfolgt (nämlich im Abschlußgewebe und in unmittelbar darunterliegenden Schichten), während Messungen nahe der Wurzelmitte wesentlich geringere bis nicht nachweisbare Mengen von Schwermetallen und Calcium zeigten. Die Höhe der Schwermetallanreicherung in den Pflanzenwurzeln (z. B. bis 61 200 mg Zink pro kg Trockengewicht und 4860 mg Blei pro kg Trockengewicht, vgl. auch Tabelle 4.10) ist bemerkenswert, da zwar die spezifische Retention (Zurückhaltung) von verschiedenen Schwermetallen bekannt ist, jedoch nur wenige Meßergebnisse vorliegen. Der Befund, daß v. a. die toxischen Schwermetalle in den oberflächennahen Bereichen festgehalten werden und ihr Transport in das Innere der Wurzel (und den Sproß) vermindert wird, deutet man als eine Folge von physiologischen Prozessen oder der Bildung organischer Metallkomplexe. Weitere Untersuchungen an Humusaggregaten in Bodenproben ergaben, daß von den Pflanzenwurzeln aufgenommene Schwermetalle nach Humifizierung der Pflanzenreste relativ gleichmäßig in den Huminstoffen angereichert werden und somit im humosen Bodenbereich erhalten bleiben (HILLER 1991).

Werden mit Schwermetallen belastete oberirdische Pflanzenteile abgeerntet und z. B. kompostiert, so kommt es auch in den Komposten zu einer Anreicherung von Schwermetallen, was Untersuchungen aus dem Ruhrgebiet belegen (BURGHARDT et al. 1990). Werden diese Komposte, wie in der Praxis üblich, im eigenen Garten verwendet, so werden die vormals entzogenen Schwermetalle dem Boden wieder zugeführt, wo sie wiederum von aufwachsenden Pflanzen aufgenommen werden können. Im etwas „überspitzten" Sinne könnte man hier von der Schadstoffkreislaufwirtschaft im System Kleingarten sprechen.

Mit weiteren Untersuchungen, die im Rahmen von Fragestellungen zur Schwermetallaufnahme des Menschen über Nahrungspflanzen durchgeführt wurden, konnten wichtige Faktoren für den Übertritt von Schwermetallen aus dem Boden in Pflanzen aufgeklärt werden. Der Schwermetalltransfer hängt von einer Vielzahl unterschiedlicher Standortbedingungen (z. B. vom pH-Wert des Bodens) und von den Pflanzen selbst (u. a. Sorteneigenschaften, Tabelle 4.9) ab.

Tabelle 4.9. Schwermetallaufnahme durch Nahrungspflanzen (USEPA, USFDA, USDA 1981)

Hoch	Mäßig	Gering	Sehr gering
Kopfsalat	Krauskohl	Kohl	Gurken
Spinat	Rote Rüben	Mais	Bohnen
Mangold	Kohlrüben	Spargelkohl	Erbsen
Endivie	Radieschen	Blumenkohl	Melonen
Kresse	Senf	Rosenkohl	Tomaten
Rübenblatt	Zwiebeln	Beerenobst	Aubergine
Karotten			Baumobst

Es lassen sich auch grundsätzliche Schlüsse über den Erfolg einer potentiellen Dekontamination schwermetallbelasteter Standorte durch gezielten Pflanzenanbau ableiten.

Die meisten der Schwermetalle sammelnden Pflanzen beschränken sich mit ihrem Hauptwurzelsystem auf wenige (1 – 3) Dezimeter, nur wenige einheimische Pflanzen bilden ein tiefreichendes Wurzelsystem aus. Was bedeutet diese Situation für die Akkumulation von Schwermetallen aus dem Boden?

•••••

Durch Pflanzen mit wenig tiefreichendem Wurzelsystem können nur oberflächennahe Schadstoffe erreicht und aufgenommen werden. Nur mit Hilfe von Pflanzen, die ein tiefgehendes Wurzelsystem entwickeln, gelingt es, Schadstoffe auch aus dem Unterboden zu akkumulieren.

Weiter konnte durch die Studien gezeigt werden, daß Pflanzen in unterschiedlichem Ausmaß und zudem in verschiedenen Pflanzenorganen in unterschiedlicher Höhe Schwermetalle aus dem Boden anreichern (Weizen z. B. akkumuliert Cadmium v. a. im Korn, die Erbse im Stroh, Feldsalat nimmt nahezu kein Cadmium auf). Eine Berechnung der durch Pflanzen entzogenen Schwermetallmengen pro ha und Jahr zeigt zudem, daß diese nur zwischen weniger als 1g und wenigen 100 g liegen. Wenig befriedigend ist darüber hinaus, daß gerade bei den besonders toxischen und häufig als Schadstoff vorkommenden Elementen wie Cadmium und Blei die Aufnahme durch Pflanzen sehr gering ist (Tabelle 4.10).

Um in Tabelle 4.10 die Menge der durch die Pflanzen entzogenen Schwermetalle beurteilen zu können, sei folgende Überlegung eingefügt. In der Regel werden Schadstoffbelastungen in der Konzentration mg Schadstoff/kg (bei Feststoffen) bzw. mg/l (bei Flüssigkeiten) oder ppm (millionstel Teil) angegeben. Eine Konzentration von 1 mg Schadstoff/kg Boden bedeutet für 1 ha (10 000 m^2) Boden von 20 cm Tiefe (= Hauptwurzelraum von Kulturpflanzen) eine Gesamtschadstoffmenge von 3 kg, da das durchschnittliche Raum- oder Volumgewicht von Mineralböden 1,5 g/cm^3 ist.

Wenn ein belasteter Boden 1 g Blei/kg enthält (vgl. Tabelle 4.6), wieviel Zeit benötigt man, um diese Menge über bleiakkumulierende Pflanzen dem Boden (1 ha, 20 cm tief) restlos zu entziehen?

•••••

> Pro ha und 20 cm Tiefe enthält der Boden 3000 kg Blei. Entzogen werden aber laut Tabelle 4.10 maximal nur 80 g pro ha und Jahr. Es würde also theoretisch 3750 Jahre dauern, bis alles Blei aus dem Boden entfernt ist.

Tabelle 4.10. Häufiger Gehalt von Spurenelementen in Pflanzen und Entzug pro Ernte und Hektar. (Aus El Bassam u. Bram 1982, zitiert in Sauerbeck 1989)

Element	Symbol	Gehalte im Pflanzenmaterial in mg/kg Trockenmasse	Entzug in g/ha und Jahr
Antimon	Sb	0,06	1 – 5
Arsen	As	0,1 – 1	1 – 55
Beryllium	Be	0,1	0,5 – 1
Blei	Pb	0,1 – 5	1 – 80
Bor	B	30 – 75	200 – 800
Brom	Br	15	50 – 150
Cadmium	Cd	0,05 – 2	0,3 – 8
Chrom	Cr	0,2 – 1	1 – 10
Fluor	F	2 – 20	20 – 200
Cobalt	Co	0,3 – 0,5	1 – 6
Kupfer	Cu	2 – 12	30 – 150
Molybdän	Mo	0,3 – 5	10 – 50
Nickel	Ni	0,4 – 3	10 – 30
Quecksilber	Hg	0,005 – 0,01	0,2 – 1
Selen	Se	0,02 – 2,0	1 – 15
Vanadium	V	0,1 – 10	1 – 100
Zink	Zn	15 – 100	100 – 500
Zinn	Sn	0,8 – 6	5 – 50

Solche Überlegungen machen deutlich, daß eine einmal erfolgte Bodenkontamination mit Schwermetallen durch gezielten Pflanzenanbau nicht mehr zu beheben ist. Wissenschaftliche Untersuchungen zeigten, daß z. B. eine Verminderung des Bodengehaltes bei Cadmium von 8 mg/kg auf 1 mg/kg Boden bei Gemüseanbau mindestens 200 – 300 Jahre, bei Gras sogar zwischen 400 und 800 Jahre dauern würde (Styperek 1986).

Bisher hat sich an diesen Verhältnissen nichts geändert. Gelegentlich auftauchende, in den Medien als „Schwermetallfresser" bezeichnete Wunderpflanzen haben ihre Leistungsfähigkeit noch nicht bewiesen. Es bleibt also festzustellen, daß wegen der begrenzten Schwermetallaufnahme und der langen Zeiträume höhere Pflanzen zur Dekontamination von Altlasten nur sehr begrenzt einsetzbar sind. Zur Zeit existiert noch kein Verfahren auf dem Markt, welches Schwermetalle aus Böden – von Schwermetallen mit hohen Dampfdrücken wie Quecksilber abgesehen – entfernt. Schon aus diesem Grund ist der *Vorsorge* oberste Priorität beizumessen.

Dekontamination durch Mikroorganismen. Größere Erwartungen werden an die mikrobiologischen Verfahren geknüpft, die aber nur zum Abbau von *organischen* Schadstoffen eingesetzt werden können, da Schwermetalle nicht abgebaut werden. Teilweise sind diese auch für Mikroorganismen giftig. Ziel der mikrobiologischen Verfahren ist es, die chemische Struktur der organischen Schadstoffe zu zerstören und diese weitgehend abzubauen, sie möglichst bis zu Kohlendioxid und Wasser zu zersetzen. Am leistungsfähigsten haben sich Verfahren mit Mikroorganismen erwiesen, die ihre Stoffwechselleistungen unter Sauerstoffverbrauch (unter sog. > aeroben Bedingungen) durchführen. In Spezialfällen können aber auch unter > anaeroben Bedingungen lebende Mikroorganismen genutzt werden, z. B. beim Abbau von DDT. Aufgrund einer Vielzahl von Untersuchungen lassen sich die nachfolgenden Stoffgruppen im wesentlichen auf dem aeroben Weg im Boden durch Bakterien abbauen:

– > Cyanide einfacher Struktur (Cyanide sind Salze der Blausäure),
– Nitrilverbindungen, z. B. Acetonitril (> Nitrile sind Verbindungen, welche die Gruppierung –C–N enthalten),
– kurzkettige n-Alkane (> Alkane, lineare Kohlenwasserstoffketten), z. B. n-Dekan mit 10 C-Atomen,
– einfache Cycloalkane, z. B. Cyclohexan (zyklische Kohlenwasserstoffketten, Cyclohexan enthält 6 C-Atome),
– > PAK mit bis zu 4 Ringen, z. B. Naphthalin, Fluoranthen (vgl. Anhang),
– einfache aromatische Kohlenwasserstoffe, z. B. Benzol, Toluol, Xylol (vgl. Anhang),
– einige einfache > chlorierte Kohlenwasserstoffe, z. B. Dichlormethan (ein Methan, CH_4, bei dem 2 der 4 H-Atome durch Chloratome ersetzt sind: CH_2Cl_2).

Mikrobiologische Sanierungsverfahren haben sich bei Mineralölschäden (Dieselöl, Heizöl) als sehr leistungsfähig erwiesen. Zumeist schüttet man den ausgegrabenen Boden > „on site", > „off site" oder teilweise auch in zentralen Sanierungsstationen zu Mieten auf. Zur Beschleunigung des Schadstoffabbaus wird der Boden mechanisch gelockert, mit Hilfs- und Nährstoffen sowie ggf. mit speziellen Bakterienkulturen versetzt.

Der Abbau der oben genannten Verbindungen kann jedoch durch die Anwesenheit von Schwermetallen behindert oder blockiert werden. Großer Forschungsbedarf besteht derzeit noch bei der Erfassung der Zwischenprodukte, den sog. Metaboliten, die beim mikrobiellen Schadstoffabbau entstehen. Zum einen können diese Metabolite für den Menschen weitaus toxischer als die Ursprungssubstanz sein, zum andern können mikrobiologisch nicht weiter abbaubare Verbindungen entstehen.

4.3.3 Thermische Verfahren

Ein besonderes Problem bei der Sanierung gewerblich-industriell überformter Flächen stellen häufig alte Kokerei- und Gaswerkstandorte dar, die Bodenkontaminationen mit organischen Schadstoffen – vorwiegend polyzyklischen aromatischen Kohlenwasserstoffen (PAK), Benzol, Toluol, Xylol, polychlorierten Biphenylen (PCB) oder Mineral- und Teerölschlammgemischen – aufweisen. Zur Sanierung solcher schadstoffbelasteter Böden setzt man auch chemisch-physikalische und mikrobiologische Verfahren ein. Böden, die mit diesen Verfahren nicht gereinigt werden können, weil sie einen zu hohen Ton- und Schluffanteil sowie mikrobiologisch noch nicht abbaubare organische Verbindungen (z. B. PAK mit mehr als 4 kondensierten Benzolringen) enthalten, werden in thermischen Reinigungsanlagen behandelt. Man unterscheidet hierbei zwischen Niedertemperatur- (350 – 600 °C) und Hochtemperaturverfahren (800 – 1200 °C). Die Wirkung der thermischen Reinigung beruht auf der Verdampfung und Zersetzung der organischen Substanzen bei hohen Temperaturen (vgl. Tabelle 4.11).

Die hier genannten Schadstoffe sind im Anhang näher beschrieben.

Zu den Korngrößen von Böden vgl. 1. Studieneinheit, Abschn. 3.5.

Tabelle 4.11. Verdampfungs- und Zersetzungstemperaturen organischer Schadstoffe. (Aus HILLER u. BURGHARDT 1993)

Schadstoff	Erforderliche Temperatur in °C zur:	
	Verdampfung	Zersetzung
Benzin, Dieselöl	200 – 300	750
Benzol, Toluol, Xylol, Naphthalin	200 – 300	800
PAK	450 – 500	850
Cyanide	450	950

Bei der thermischen Bodenreinigung wird der Ausgangsboden in seinen chemischen, physikalischen und biologischen Eigenschaften verändert. Die negativen Folgen der starken Hitzeeinwirkung v. a. bei den *Hochtemperaturverfahren* auf den Boden können beträchtlich sein:

> Überlegen Sie selber, bevor Sie weiterlesen, in welcher Weise die hohen Temperaturen den Boden verändern.

– irreversible Zerstörung der Tonminerale,

– extreme Alkalisierung der Bodenlösung (pH-Werte bis 12) durch Oxidation von Alkali- und Erdalkalielementen (optimaler pH-Bereich für viele Pflanzen bei 6,0 – 7,5),

– Verbacken des gereinigten Substrates zu größeren Aggregaten infolge Carbonatisierung von Oxiden im Freiland,

– Abtötung der Bodenmikroorganismen,

– Verlust von Pflanzennährelementen (v. a. Stickstoff, der, da an die organische Substanz gebunden, bei deren Zerstörung in die gasförmige Phase überführt wird und mit der Abluft entweicht),

– Humuszerstörung,

– Mobilisierung bzw. Festlegung von Schwermetallen.

Mobilisierung: Ehemals an der organischen Substanz als auch an anderen Bindungspartnern adsorptiv gebundene Schwermetalle werden ihres Bindungspartners beraubt bzw. werden durch die Temperatureinwirkung in Oxidform überführt. Die Schwermetalloxide werden später bei der Wiederbefeuchtung hydroxyliert, da die Oxidform thermodynamisch im Boden in der Regel nicht stabil ist. Diese hydroxylierten Formen sind gut wasserlöslich und können schnell aus dem gereinigten Bodenmaterial ausgewaschen werden.

Festlegung: Durch die thermische Behandlung können – sofern die Temperatur nicht zu hoch ist und zu lange einwirkt – durch Bodenverwitterungsprozesse aufgeweitete Tonminerale (z. B. Illite) wieder „zusammenklappen". In die Zwischenschichten eingewanderten Schwermetallen – vorwiegend Zink und Nickel – wird hierdurch eine Rückdiffusion oder ein Austauschprozeß durch andere Elemente vereitelt.

Die mangelnde öffentliche Akzeptanz der thermischen Bodenreinigung beruht häufig auf der Befürchtung, daß durch die Abluft toxische Gase in die Umgebung entweichen. Diese Ängste sind – zumindest in Deutschland – jedoch weitgehend unbegründet. Durch behördliche Auflagen muß nämlich in nachgeschalteten Reinigungsstufen auf der Abgasseite ein hoher Aufwand zur Zerstörung oder Konzentration infolge Fällung freigesetzter Schadstoffe bei der Nachverbrennung und mehrstufigen Gaswäsche betrieben werden.

Neben der Hochtemperaturbodenreinigung, welche die Bodeneigenschaften besonders stark verändert und aus dem Erdreich eine Art Schlacke entstehen läßt, stehen *Niedertemperaturverfahren* zur Verfügung. Mit ihnen kann ein gereinigtes Bodensubstrat erzeugt werden, das weitgehend die ursprünglichen chemischen und physikalischen

---

Zum geschichteten Aufbau der Tone vgl. 1. Studieneinheit, Abschn. 3.4.

Die Bedeutung des pH-Wertes für die Bodeneigenschaften ist in der 1. Studieneinheit, Abschn. 7.2 dargestellt.

Zur Art und Funktion der Bodenorganismen vgl. 1. Studieneinheit, Abschn. 4.2.

Zum Humus vgl. 1. Studieneinheit, Abschn. 4.1.2.

Bodeneigenschaften erhalten hat. Durch entsprechende kulturtechnische Maßnahmen kann dieses Bodensubstrat nach Wiedereinbringung in die Landschaft Bodenmikroorganismen, höheren Pflanzen, Tieren und Menschen als Lebensgrundlage und Standort dienen.

> Wenn Niedertemperaturverfahren den Boden so viel mehr schonen als Hochtemperaturverfahren, warum wird letzteres Verfahren überhaupt eingesetzt?
>
> •••••
>
> Bei niederen Temperaturen werden die Schadstoffe zunächst nur verdampft (vgl. Tabelle 4.11), und erst in einer nachfolgenden Stufe werden sie zerstört.

In der 5. Studieneinheit, Kap. 4 ist die thermische Reinigung eines kontaminierten Bodens und seine anschließende Bepflanzung beschrieben.

4.4 Renaturierung und Rekultivierung

4.4.1 Ziele von Renaturierung und Rekultivierung

Infolge des erneuten Strukturwandels im Ruhrgebiet, der zur Aufgabe einer Vielzahl von Standorten der Schwer- und Montanindustrie führte, hat man erkannt, daß notwendigerweise zur langfristigen Erhaltung des Wirtschaftsraumes die ökologischen Verhältnisse verbessert werden müssen. Dadurch werden auch die städtebaulichen und sozialen Lebensbedingungen des Reviers attraktiver. Diese Ziele bedingen, daß alte Industrieanlagen um- bzw. rückgebaut, die Industrialisierungsschäden rückgängig gemacht sowie überformte Landschaften erneuert werden.

Wichtige Maßnahmen sind hierbei Renaturierung und Rekultivierung. Die Begriffe wurden und werden zum Teil fälschlicherweise synonym verwendet, obwohl beide Begriffe in den DIN-Normen (DIN 4047) verbindlich definiert wurden.

*Unter **Renaturierung** versteht man die „Rückführung eines genutzten Landschaftsteiles in einen naturnahen Zustand" durch > natürliche Sukzession, also durch Selbstregeneration der Natur.*

Eine Renaturierung soll zu naturnahen oder sogar natürlichen Lebensräumen (Biotopen) hinführen. So sollen neue Lebens- und Entwicklungsmöglichkeiten für schützenswerte Organismen, insbesondere gefährdete Pflanzen und Tiere, entstehen. Eine Renaturierung soll die Landschaft ökologisch bereichern. Renaturierung ist damit ein mehr im Sinne des Naturschutzes liegender Ausgleich. Der Mensch kann auch in die Renaturierungsvorgänge eingreifen, z. B. durch die Art einer Böschungsgestaltung, um den Renaturierungsverlauf zu lenken. Im wesentlichen ist sie jedoch den „Selbstheilungskräften" der Natur überlassen.

Der Begriff **Rekultivierung** *wird verwendet, wenn es um das gezielte „Wiederherstellen eines zerstörten Kulturbodens als Kulturpflanzenstandort" und Lebensraum für Tiere geht.*

Beispiele sind die (Wieder-) Begrünung bzw. Wiedernutzbarmachung von Abraum- und Bergehalden, von Böschungen oder die Wiederinstandsetzung vormaliger Nutzflächen nach stärkeren Eingriffen.

4.4.2 Maßnahmen zur Neubesiedlung von Brachen und Halden

Eine gezielte Rekultivierung alter, aufgelassener Standorte der Montan- und Stahlindustrie im Ruhrgebiet war bis in die beginnenden 80er Jahre hinein eher eine Ausnahme. In der Regel ließ man die Flächen nach der Produktionseinstellung einfach liegen. Entsprechend den kleinräumigen Boden- und Klimaverhältnissen entwickelten sich dann im Laufe der Jahre Pflanzen- und Tiergemeinschaften durch > natürliche Sukzession.

Weiteres zum Thema Sukzession finden Sie in der 5. Studieneinheit, Abschn. 2.3.1 und im Anhang.

Der Verlauf der Erstbesiedlung von > Rohböden hängt von vielen Faktoren ab. Nennen Sie einige.

•••••

Faktoren, von denen der Verlauf der Erstbesiedlung von Rohböden abhängt, sind: Art des Bodens, Klima, Art der Keime, die sich im Boden befinden, und Art der Pflanzen bzw. Tiere in der Umgebung, die sich leicht ausbreiten.

Rohboden ist in der 1. Studieneinheit, Abschn. 8.2.2 beschrieben.

Anfangs dominieren > Pionierarten, weil diese aufgrund ihrer Anpassungsfähigkeit Rohböden besiedeln können. Auf den Rohböden im Ruhrgebiet findet man häufig Moose, Haselnußsträucher, Birken. Im Laufe der Zeit entsteht ein tiefergründiger Boden mit Humus. Auf den sich renaturierenden Flächen ändern sich langsam die Floren- und Faunenzusammensetzung.

Die Ergebnisse zahlreicher vegetationskundlicher Kartierungen und Aufnahmen der Tiergemeinschaften auf brachliegenden Industrieflächen haben in den letzten Jahren gezeigt, daß solche Flächen durchaus auch Rückzugsgebiete für gefährdete und seltene Tier- und Pflanzenarten sein können. Bahnanlagen sind beispielsweise wertvolle Er-

Ein Beispiel für ein solches Kartierungsergebnis finden Sie im Anhang.

satzbiotope für > Trockenrasen- und Magerstandorte, außerdem sind sie wichtige Wanderwege für Kreuzkröten. Auf Halden können sich Biotope für trockenheit- und wärmeliebende Arten ausbilden. Alte Gewerbe- und Industrieflächen, ehemalige Kies- und Sandgruben oder Steinbrüche können heute – neben alten Friedhöfen – für den Biotop- und Artenschutz zu den wertvollsten Flächen im Stadtbereich gehören, weil sie gefährdeten Arten Lebensräume bieten.

Durch gezielte Eingriffe des Menschen wird die Sukzession beeinflußt und der Wiederaufbau einzelner Vegetationskomplexe gesteuert.

> Nennen Sie einige Maßnahmen zur Steuerung der Vegetationsentwicklung.
>
> •••••
>
> Mögliche Maßnahmen sind u. a. Aussaat, Pflanzung von > Soden, Jungpflanzen oder Stecklingen zur Lenkung oder Beschleunigung der Sukzession. Andere wären beipielsweise Entbuschung, Mahd oder Wassereinstau, wie man sie bei der Moorregeneration durchführt.

Die Renaturierung eines Moores ist in der 5. Studieneinheit, Kap. 5 beschrieben.

So können also gezielt bei frühzeitiger, fachgerechter Planung und entsprechend ökologischer Herrichtung neue und wertvolle Sekundärbiotope geschaffen werden. Kiesgruben beispielsweise vermögen ökologischen Primärbiotopen sogar so ähnlich zu sein, daß sie die natürlichen Biotope „Sandstrand" (an Binnengewässern) bzw. „natürliche Abbruchkante" ersetzen können.

Ein Beispiel für die Renaturierung einer Bergematerialhalde finden Sie in der 5. Studieneinheit, Kap. 3.

Waren zu Beginn des Bergbaus bzw. des Lagerstättenabbaus die abgegrabenen oder aufgehaldeten Flächen weitgehend sich selbst überlassen, so ist seit dem Ende des 19. Jahrhunderts eine teilweise gezielte Renaturierung bzw. eine Rekultivierung durchgeführt worden. Erste Begrünungsmaßnahmen von Steinkohlenbergehalden sind für die Zeit um 1900 dokumentiert. Seit den 50er Jahren wird durch großangelegte Rekultivierungsmaßnahmen, die sich seit den 80er Jahren auch auf wissenschaftliche Erkenntnisse v. a. aus den Bereichen der Pflanzensoziologie, Bodenkunde, (Hydro-) Geologie und Klimatologie stützen, im Ruhrgebiet versucht, die Bergehalden weitgehend zu rekultivieren. Nach § 2 Abs. 1 Nr. 2 des Bundesberggesetzes (BBergG mit Wirkung vom 1.1.1982 gültig für das gesamte Bundesgebiet) sind die Betriebe jetzt auch zur Wiedernutzbarmachung der Oberfläche während und nach dem bergbaulichen Eingriff verpflichtet. Nach der Definition im BBergG wird unter der Wiedernutzbarmachung „die ordnungsgemäße Gestaltung der vom Bergbau in Anspruch genommenen Oberfläche unter Beachtung des öffentlichen Interesses" verstanden. Diese und weitere Regelungen im BBergG ergeben die Verpflichtung zur Rekultivierung.

4.4.3 Folgenutzung und Interessenkonflikte

Oftmals bestehen für brachliegende, ehemalige Produktions- und Förderstätten bereits weitgehend ausgearbeitete Bebauungspläne oder Flächennutzungsplanausweisungen. Teilweise geraten die geplanten Renaturierungs- oder Rekultivierungsmaßnahmen in harte Auseinandersetzungen zwischen verschiedenen Interessengruppen und auch mit dem Naturschutz selbst. Als Möglichkeiten der Folgenutzung bieten sich an, die jeweiligen Flächen als Acker- oder Grünland zu rekultivieren, sie aufzuforsten, Badeseen, Fischteiche oder Abfalldeponien anzulegen oder Erholungsflächen einzurichten. Dabei gewinnt der Naturschutz mit seiner Forderung, seltenen und gefährdeten Arten Schutzräume zu bieten, erst seit jüngster Zeit mehr Beachtung und Einflußmöglichkeit. Häufig liegt es am Mangel finanzieller Möglichkeiten sowie an Informationsdefiziten der beteiligten Parteien, daß ein gezielter Ausbau und die Gestaltung ökologisch wertvoller Lebensräume vernachlässigt wurde.

Primär entscheidet der Eigentümer der Fläche über die Art der Rekultivierung und somit der Folgenutzung. In der Regel streben Privateigentümer die vor dem Eingriff betriebene Nutzung an. In den meisten Fällen hat dies die Rekultivierung zu Acker- oder Grünland zur Folge. Größere Flächen (mehrere Hektar) werden oft auch – bei ausreichenden Boden- und Wasserverhältnissen – aufgeforstet. Sind Gemeinden, Stadt, Kreis oder Land die Grundeigentümer, treten häufig Interessenkonflikte hinsichtlich der verschiedenen Nutzungsmöglichkeiten auf. Im Rahmen der Regionalplanung, der Flächennutzungs- und Bebauungspläne, dienen Rekultivierungsmaßnahmen gerne dazu, die (Nah-) Erholungsqualität von Ballungsräumen zu verbessern.

Diese Konfliktsituationen, welche sich im Spannungsfeld zwischen irreversiblem Eingriff in den Naturhaushalt, ökologischem Verlust und anscheinenden gesellschaftlichen bzw. städtebaulichen Zwängen bewegen, erfordern eine Abkehr von den bisherigen städtebaulichen Planungskonzepten und Arbeitsmethoden. Erste Ansätze, die Differenzierung in Wohngebiete, Gewerbegebiete, Erholungszonen u. a. zu überwinden, finden sich – Beispiel Internationale Bauausstellung IBA Emscher-Park – im Leitbild „Arbeiten im Park", das mehr Flexibilität bei der Aufgabe, zwischen Ökonomie und Ökologie zu vermitteln, ermöglichen soll.

Ein Beispiel für die Probleme bei der Folgenutzung ist im Anhang ausgeführt.

4.4.4 Vorgehen bei der Renaturierung oder Rekultivierung industriell überformter Flächen

Problematisch erweisen sich bei Rekultivierung und Renaturierung zumeist die gegenüber dem ursprünglichen Ausgangszustand veränderten Umweltbedingungen. Die Hauptschwierigkeiten bereiten dabei in der Regel ein instabiler Wasser- und Nährstoffhaushalt sowie eine Veränderung des > Mikroklimas. In vielen Fällen ist zunächst eine Orientierung an der potentiell natürlichen Vegetation der Landschaft nicht möglich.

Aufgrund der oft erheblichen anthropogenen Überformung alter **Industriestandorte** ist für erfolgreiche Renaturierungs- bzw. Rekultivierungsmaßnahmen zunächst eine detaillierte Standorterkundung erforderlich. Nach einer Ermittlung und Gefährdungsabschätzung von Belastungen wird in einem 1. Schritt häufig eine *Biotopkartierung* durchgeführt.

> Was will man mit einer solchen Biotopkartierung im wesentlichen erreichen?
>
> •••••
>
> Damit sollen v. a. die naturschutzwürdigen Bereiche sowie das Vorkommen überregional, regional oder lokal gefährdeter Arten und Lebensgemeinschaften erfaßt werden, um diese gezielt in die Rekultivierungs- bzw. Renaturierungsmaßnahmen integrieren zu können.

Neben der Biotopkartierung ist eine *bodenkundliche Standortkartierung* eine nahezu unverzichtbare Voraussetzung für die Schaffung von „Sekundärbiotopen".

> Über welche Faktoren liefert eine bodenkundliche Kartierung Daten und wozu sind diese Daten erforderlich?
>
> •••••
>
> Sie erfaßt wichtige Standortfaktoren wie Wasser-, Nährstoffhaushalt, Bodenverdichtungen, Art und Zusammensetzung des Bodenmaterials und der industriespezifischen Bodenbeimengungen. Auf dieser Grundlage können dann z. B. standortangepaßte Begrünungsmaßnahmen eingeleitet werden.

Die Bodenkartierung zeigt darüber hinaus, ob und in welchen Tiefen alte Bodenoberflächen anstehen. Zur besseren Befahrbarkeit sowie besseren Wasserableitung wurden die Industriestandorte im Ruhrgebiet nämlich häufig mit wechselnd mächtigen grobkörnigen Aschen- und Schlackenschichten abgedeckt. Die darunter „begrabenen" Böden sind in der Regel wesentlich nährstoff- und schadstoffärmer als die derzeitigen Oberflächen. Nach dem Abräumen der „Deckschichten" können diese alten Böden wieder reaktiviert und auf ihnen gezielt Pflanzenarten angesiedelt werden, die > oligotrophe bis > mesotrophe Standorte bevorzugen.

Unter Mitwirkung von Landschaftsarchitekten werden im Rahmen der Landschaftsneugestaltung Acker- und Grünflächen sowie Forste angelegt.

Im Ruhrgebiet stellen die mit bis zu 100 m Höhe aufgetragenen **Bergehalden** den sichtbar gravierendsten Eingriff in die Landschaftsgestalt dar. Diese sind, je nach Alter, als Spitzkegelhalden, Tafelberge oder Landschaftsbauwerke ausgeformt. Zur besseren Einbindung in das Landschaftsbild erfolgt als Rekultivierungsmaßnahme hierbei v. a. eine Begrünung der Haldenflanken mit Büschen und Bäumen. Sie schützen gleichzeitig gegen Staubauswehung, Erosion, Austrocknung oder Überwärmung. Zur Verbesserung der Standorteigenschaften wird häufig in einer mehr oder weniger mächtigen (wenige cm bis 1 m) Schicht ein natürlicher Boden als Abdeckung aufgetragen. Die Haldenbetreiber gestalten die rekultivierten Flächen dabei teilweise zu öffentlich zugänglichen Erholungsbereichen.

Zu den verschiedenen Haldentypen vgl. Abschn. 3.3.

Ein Beispiel für die Renaturierung einer Bergematerialhalde finden Sie in der 5. Studieneinheit, Kap. 3.

Sichtbarste Auswirkungen der Boden- und Lagerstättennutzung auf die Landschaftsgestalt sind neben den Aufhaldungen die **Ausgrabungen**. Zu den gravierendsten Veränderungen führen dabei Tagebaubetriebe, bei denen zur Gewinnung von Kies, Sand, Ton und Braunkohle große Erdmassen bewegt werden. Insbesondere die Tagebaubetriebe für die Braunkohlengewinnung verändern die ursprüngliche Landschaftsgestalt zumeist grundlegend. Die über den Braunkohlenflözen lagernden Erdschichten, der sog. Abraum, werden abgebaggert. Sie werden außerhalb der Abgrabungsflächen aufgeschüttet und rekultiviert, wenn man sie nicht dazu nutzt, bereits ausgekohlte Tagebaubereiche zu verfüllen. Die sog. Restlöcher in den Braunkohlen- oder Kiesabbaugebieten, die durch den Materialentzug immer entstehen, werden als Seen oder Teiche in die Landschaft integriert.

In diesem Zusammenhang sind auch Anstaumaßnahmen für die gezielte Wiedervernässung zur (Hoch-) Moorregeneration, z. B. in ehemaligen Torfabbaugebieten, zu nennen. Diese Maßnahmen sind jedoch von sehr langfristiger Natur und insbesondere von der klimabedingten Wasserbilanz, dem Eutrophierungsgrad sowie dem Vorhandensein revitalisierbarer Torfmoose abhängig. Für eine vollständige Moorregeneration ist mit mehreren Jahrhunderten zu rechnen.

4.5 Rückblick

Fragen:

1. Welche gesetzlichen Regelungen gibt es hinsichtlich des Bodenschutzes, Stand Ende 1995?

2. Welche Faktoren, von denen die Giftwirkung eines Stoffes abhängt, wurden im Text genannt?

3. Wie sind die Begriffe Normalgehalt, Grenzwert, Richtwert, Anreicherung, Belastung und Orientierungswert definiert?

4. Welche Regelwerke kann man in Deutschland zur Bewertung des Gefährdungspotentials belasteter Standorte heranziehen?

5. Welche Maßnahmen zur Reduzierung des Flächenverbrauchs insbesondere durch Versiegelung sind möglich bzw. werden in der Bodenschutzkonzeption empfohlen?

6. Wie ist die rechtliche Situation hinsichtlich der Altlastensanierung?

7. Welches Ziel haben Sanierungsmaßnahmen?

8. Welche prinzipiellen technischen Möglichkeiten der Bodensanierung stehen zur Verfügung?

9. Wie verfährt man bei der Bodenwäsche und welcher Umstand schränkt die Anwendungsmöglichkeit des Verfahrens ein?

10. Es gibt Pflanzen, die Schwermetalle aufnehmen und in verschiedenen Organen speichern. Warum können diese Pflanzen nicht zur Säuberung von mit Schwermetall belasteten Böden eingesetzt werden?

11. Worauf beruht die Wirkung von Mikroorganismen bei der Sanierung mineralölverseuchter Böden?

12. Welche Arten von Schadstoffen können Mikroorganismen abbauen?

13. Welche Grenzen hat das Verfahren der mikrobiellen Dekontamination?

14. In welchen Temperaturbereichen arbeitet man bei dem Nieder- bzw. Hochtemperaturverfahren der Bodensanierung und worauf beruht deren Wirkung?

15. Welche Folge hat die starke Hitzeeinwirkung des Hochtemperaturverfahrens auf den Boden?

16. Wie sind die Begriffe Renaturierung und Rekultivierung definiert?

17. Was geschieht, wenn aufgelassene Produktionsstandorte ohne Eingriffe des Menschen sich selbst überlassen werden?

18. Auf Grund welcher Rechtsvorschrift sind die Bergbaubetriebe zur „ordnungsgemäßen Gestaltung der vom Bergbau in Anspruch genommenen Oberfläche unter Beachtung des öffentlichen Interesses" verpflichtet?

19. Wer entscheidet primär über die Art der Rekultivierung und die Folgenutzung der rekultivierten Fläche?

20. Worin bestehen erste Ansätze im Umdenken bei der städtebaulichen Konzeption? An welchem Beispiel wird dies umgesetzt?

21. Die Abb. 4.19 auf der folgenden Seite zeigt am Beispiel des Braunkohlentagebaus die Änderungen von einer Naturlandschaft bis zur Bergbaufolgelandschaft. – Welche Maßnahmen zur Gewinnung der Braunkohle und zur Wiedernutzbarmachung des Tagebaugebietes sind in den Teilabb. 4 – 8 dargestellt? Welche weiteren Möglichkeiten der Folgenutzung sind denkbar?

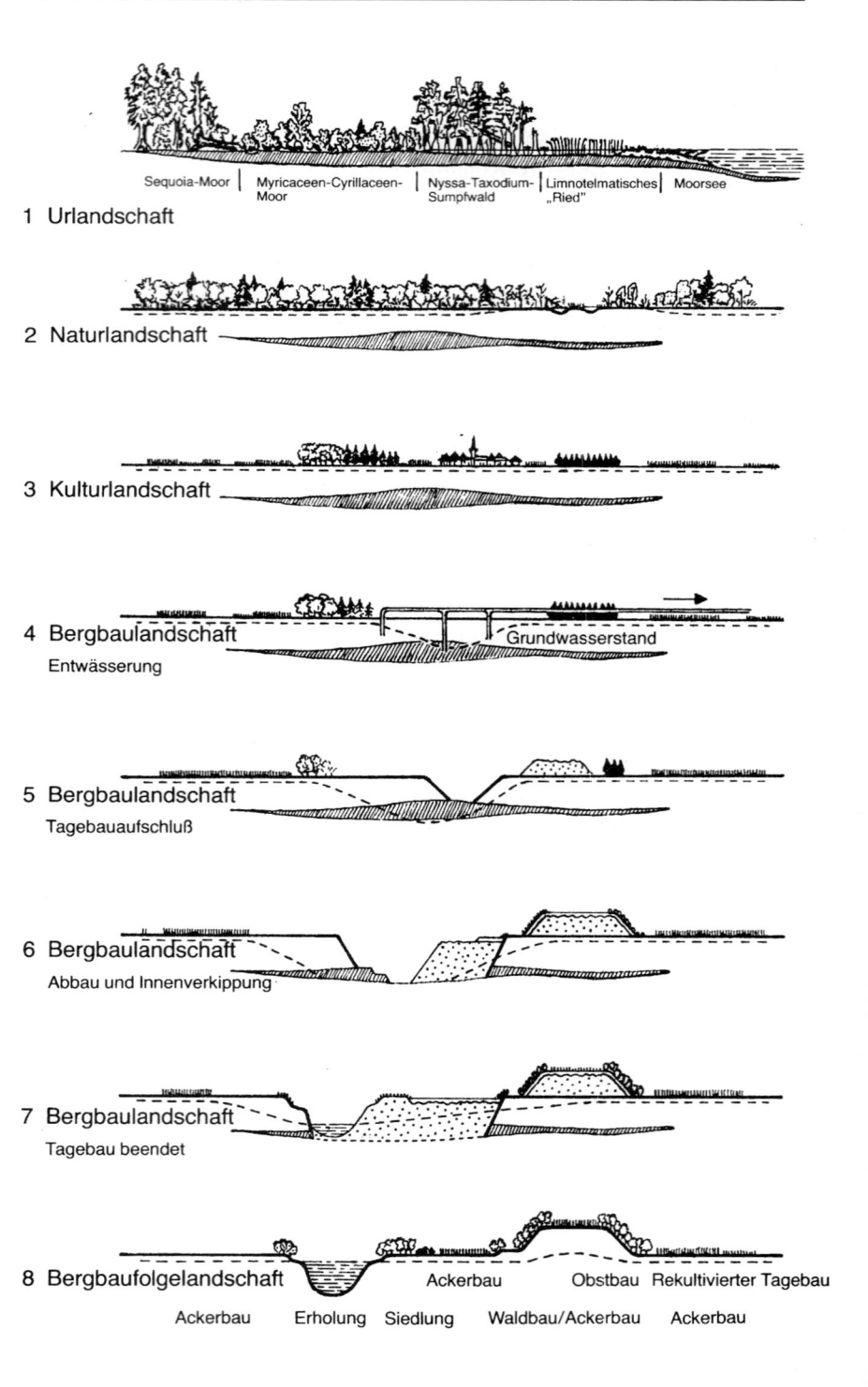

4 Grundsätzliche Möglichkeiten des Umgangs mit den Bodenbelastungen

| Sequoia-Moor | Myricaceen-Cyrillaceen-Moor | Nyssa-Taxodium-Sumpfwald | Limnotelmatisches „Ried" | Moorsee |

1 Urlandschaft

2 Naturlandschaft

3 Kulturlandschaft

4 Bergbaulandschaft
Entwässerung — Grundwasserstand

5 Bergbaulandschaft
Tagebauaufschluß

6 Bergbaulandschaft
Abbau und Innenverkippung

7 Bergbaulandschaft
Tagebau beendet

8 Bergbaufolgelandschaft — Ackerbau — Obstbau — Rekultivierter Tagebau
Ackerbau — Erholung — Siedlung — Waldbau/Ackerbau — Ackerbau

Abb. 4.19. Schema der Entwicklungsstufen von der Urlandschaft zur tagebaugeprägten Bergbaufolgelandschaft (nach TEICHMÜLLER u. KNABE 1964, aus DARMER 1980)

1 stellt schematisch die Urlandschaft dar, wie man sie für die Zeit des Tertiärs (vor 65 bis ca. 5 Mio. Jahren) im Bereich heutiger Braunkohlenvorkommen (Niederrhein) rekonstruiert. Es sind verschiedene Vegetationszonen dargestellt (*von rechts*): an den offenen Moorsee mit stehendem Wasser schließt sich ein Niederungsmoor mit Wasserpflanzen und Riedgräsern an. Dann folgt ein Sumpfwald mit großenteils Nadelbäumen wie Sumpfzypressen und Zedern (zu den Taxodiaceen gehörend) sowie der heute nur noch in Rückzugsgebieten vorkommenden Nyssa, die mit unserem Hartriegel und der Kornelkirsche verwandt ist. Es schließt sich ein feuchter vorwiegend buschiger Moorwald an mit dem namengebenden Gagelstrauch (Myrica) und mit Cyrilla (ausgestorbene zweikeimblättrige Pflanze). Den Abschluß bildet ein trockener Moorwald mit Mammutbäumen (Sequoia) und anderen Nadelhölzern.

2 Durch Zersetzung des abgestorbenen Pflanzenmaterials unter Luftabschluß (Überschwemmung) kam es zur Bildung zunächst von Torf, dann nach Sedimentation weiterer Ablagerungen (vgl. Abb. 1.9 in der 1. Studieneinheit: der geologische Kreislauf) und damit Erhöhung des auflastenden Drucks zu Braunkohle. Die landschaftliche Situation nach der Eiszeit, bevor die Menschen siedelten, zeigt die Naturlandschaft. Zu dieser Zeit liegt die Braunkohlenschicht weit unter der Erdoberfläche und dem Grundwasserspiegel (*gestrichelt*).

3 – 8 Die Kulturlandschaft entsteht durch die Einwirkung des Menschen.

Antworten:

1. Bundesweit geltende Bodenschutzkonzeption von 1985, Bodenschutzgesetze der Länder Baden-Württemberg und Sachsen, Festschreibung des Bodenschutzes in den Verfassungen der Länder Bayern, Bremen, Hessen, Nordrhein-Westfalen, Rheinland-Pfalz, Saarland. Vorschriften für den Umgang mit Boden gibt es darüber hinaus in einzelnen Gesetzeswerken: Abfallgesetz, Baugesetzbuch, Bundesberggesetz, Bundesbahngesetz, Bundesimmissionsschutzgesetz, Bundesnaturschutzgesetz, Bundeswasserstraßengesetz, Chemikaliengesetz, Gesetz zur Umweltverträglichkeitsprüfung, Raumordnungsgesetz, Pflanzenschutzgesetz, Umwelthaftungsgesetz u. a.

2. Dosis, Einwirkdauer und Empfindlichkeit des Individuums sind Faktoren, die die Giftwirkung eines Stoffes bestimmen (andere, hier nicht genannte, sind Konzentration im Organismus, Zufuhrweg).

3. Vgl. S. 325f.

4. Den „Niederländischen Leitfaden zur Bodensanierung", die Kloke-Liste, die Hamburger-Liste, die LÖLF-Liste.

5. Flächensparendes Bauen, Priorität der Bestandserhaltung vor neuen Baulandausweisungen, Wiedernutzung aufgelassener Grundstücke, Festlegung von Obergrenzen der Versiegelung für Baugrundstücke, Ausbau schon vorhandener Verkehrswege statt Neuanlage, Entsiegelung und Begrünung von Flächen (wobei mögliche Folgeprobleme zu beachten sind).

6. Es gibt zwar Regelungen in verschiedenen Gesetzeswerken, aber kein allein auf Altlasten bezogenes Gesetz, so daß noch erhebliche rechtliche Unsicherheiten bestehen, wie unklare Begrifflichkeit, uneinheitliche Methoden.

7. Von der Altlast soll nach der Sanierung keine Gefährdung mehr für die belebte und unbelebte Umwelt ausgehen. Oft kann jedoch der Ausgangszustand nicht wiederhergestellt werden. Es müssen Nutzungseinschränkungen ausgesprochen werden, bei denen gesetzliche Regelungen zu beachten sind.

8. Chemisch-physikalische, biologische und thermische Verfahren.

9. Verfahren bei der Bodenwäsche: Auskoffern des Bodens (evtl. Ausgasung), Entfernen grober Bestandteile, Zugabe von Wasser mit Waschmitteln zur Extraktion der Schadstoffe, Durchmischung, Trennung von Boden und Waschwasser, Nachspülen

des Bodens mit Frischwasser, Trocknen des Bodens, Waschwasserreinigung (ggf. Kreislaufführung), Deponieren oder Verbrennen des Schlammes, Abluftreinigung. Eine Hauptschwierigkeit besteht darin, daß Böden mit hohem Ton- oder Schluffanteil auf diese Weise nur ungenügend gereinigt werden.

10. Die Aufnahme der verschiedenen Schwermetalle durch Pflanzen ist gering (zwischen weniger als 1 g und wenigen 100 g pro ha und Jahr), und die meisten Pflanzen dringen mit ihrem Wurzelsystem nicht tief genug in den Boden ein. Die Dekontamination würde Jahrhunderte dauern.

11. Mikroorganismen können die chemische Struktur der Schadstoffe zerstören.

12. Cyanide, Nitrilverbindungen, kurzkettige n-Alkane, einfache Cycloalkane, PAK mit bis zu 4 Ringen.

13. Die Aktivität der Mikroorganismen kann durch Schwermetalle behindert werden. Zudem ist noch nicht im Einzelfall geklärt, welches die Abbauprodukte der Mikroorganismen sind und welche Wirkungen diese auf den Menschen haben.

14. Das Niedertemperaturverfahren arbeitet bei 350 – 600 °C, das Hochtemperaturverfahren bei 800 – 1200 °C. Die Wirkung der thermischen Reinigung beruht auf der Verdampfung bei „niederen" und der Zersetzung der organischen Substanzen bei sehr hohen Temperaturen.

15. Folgen sind: irreversible Zerstörung der Tonminerale, extreme Alkalisierung der Bodenlösung, Verbacken des gereinigten Substrates, Abtötung der Bodenmikroorganismen, Verlust von Pflanzennährelementen, Humuszerstörung, Mobilisierung bzw. Festlegung von Schwermetallen.

16. Vgl. S. 346f.

17. Es findet eine natürliche Sukzession statt, beginnend mit anpassungsfähigen Pionierarten (wie Moose, Hasel, Birke), die die Rohböden besiedeln und die Bodenentwicklung mit Humusbildung in Gang setzen, so daß weitere Pflanzen- und Tierarten einen Lebensraum finden. Die Floren- und Faunenzusammensetzung ändert sich im Laufe der Zeit. Derartige Flächen können seltenen und gefährdeten Arten Lebensraum bieten.

18. Nach § 2 Abs. 1 Nr. 2 des Bundesberggesetzes, mit Wirkung vom 1.1.1982 gültig für das gesamte Bundesgebiet.

19. Der Eigentümer entscheidet.

20. In einer Abkehr von der Differenzierung in Wohngebiete, Gewerbegebiete, Erholungszonen. Beispiel „Internationale Bauausstellung IBA Emscher-Park" – Leitbild „Arbeiten im Park".

21. Zur Gewinnung der Braunkohle werden Gruben ausgebaggert, eine Siedlung abgerissen (die Bewohner werden umgesiedelt), der Grundwasserstand abgesenkt (was sich weiträumig auswirkt), Abraumhalden aufgeschüttet, nicht mehr genutzte Teile der Grube mit Abraum aufgefüllt, Halden und Innenverkippung begrünt. Die rekultivierte Landschaft wird zum Acker-, Obst- oder Waldbau, als Siedlungsfläche, zur Freizeitgestaltung genutzt. Andere Nutzungsmöglichkeiten wären: Renaturierung im Sinne des Naturschutzes, Ansiedlung von Gewerbe und Industrie, Forschungsflächen (z. B. zur Erforschung der natürlichen oder gelenkten Sukzession).

5. Literatur und Quellennachweis

Wir möchten an dieser Stelle Autoren und Verlagen für die Erlaubnis zur Übernahme der Abbildungen bzw. Texte danken.

Abelshauser W (1984) Der Ruhrkohlenbergbau seit 1945: Wiederaufbau, Krise, Anpassung. Beck, München

Abelshauser W (1990) Wirtschaft und Arbeit 1914 – 1985. In: W Köllmann, H Korte, D Petzina, W Weber (Hrsg) Das Ruhrgebiet im Industriezeitalter. Geschichte und Entwicklung, Bd 1. Schwann, Düsseldorf. S 435 – 489

Agricola G (1928) Zwölf Bücher vom Berg- und Hüttenwesen. Nach der lateinischen Ausgabe „De Re Metallica" von 1556. VDI, Berlin

Bajohr F, Gaialat M (Hrsg) (^{2}1991) Segeroth – ein Viertel zwischen Mythos und Stigma. Ergebnisse, Hamburg

Birkenhauer J (1984) Das Rheinisch-Westfälische Industriegebiet. Regionen Genese – Funktionen. Ferdinand Schöningh, Paderborn München Wien Zürich

Blume H P (1990) Handbuch des Bodenschutzes: Bodenökologie und -belastung; vorbeugende und abwehrende Schutzmaßnahmen. ecomed, Landsberg

Böll H, Chargesheimer (1958) Im Ruhrgebiet. Kiepenheuer & Witsch, Köln

Braudel F (1985) Der Alltag. Kindler, München

Breyvogel W, Krüger H-H (1987) Land der Hoffnung – Land der Krise. Jugendkulturen im Ruhrgebiet 1900 – 1987. Dietz, Berlin

Brüggemeier F-J, Rommelspacher T (1990) Umwelt. In: W Köllmann, H Korte, D Petzina, W Weber (Hrsg) Das Ruhrgebiet im Industriezeitalter. Geschichte und Entwicklung, Bd 2. Schwann, Düsseldorf. S 509 – 559

Brüggemeier F-J, Rommelspacher T (1992) Blauer Himmel über der Ruhr. Geschichte der Umwelt im Ruhrgebiet 1840 – 1990. Klartext, Essen

BUNDESMINISTERIUM FÜR RAUMORDNUNG, BAUWESEN UND STÄDTEBAU (1992) Raumordnerische Aspekte des EG-Binnenmarktes. Schriftenreihe „Forschung" des Bundesministers für Raumordnung, Bauwesen und Städtebau, 488. Bonn

BURGHARDT W (1993) Formen und Wirkung der Versiegelung. In: W BARZ, H BONUS, B BRINKMANN, W HOPPE, K-F SCHREIBER (Hrsg) Bodenschutz. Symposium am 29. und 30. Juni 1992 in Münster. Zentrum für Umweltforschung der Westfälischen Wilhelms-Universität, Münster

BURGHARDT W, BAHMANI-YEKTA M, SCHNEIDER T (1990) Merkmale, Nähr- und Schadstoffgehalte von Kleingärten im nördlichen Ruhrgebiet. Mitteilungen der Deutschen Bodenkundlichen Gesellschaft **61**: 69 – 72

DARMER G (1980) Landschaftsplanung als Beitrag zur Rekultivierung am Beispiel des Braunkohletagebaus. In: K BUCHWALD, W ENGELHARDT (Hrsg) Handbuch für Planung und Gestaltung und Schutz der Umwelt, Bd 3: Die Bewertung und Planung der Umwelt. BLV, München Wien Zürich. S 230 – 240

DEGE W, DEGE W (^{3}1983) Das Ruhrgebiet. Geocolleg 3. W TIETZE (Hrsg) Ferdinand Hirt, Kiel

DELSCHEN T, KÖNIG W (1991) Kartierung und Probennahme im Mindestuntersuchungsprogramm Kulturboden. In: LWA-Materialien (Landesamt für Wasser und Abfall NRW) 1/91: Probennahme bei Altlasten. Düsseldorf. S 35 – 46

FRANKFURTER RUNDSCHAU (1992) 225 vom 26.9.1992

FREIE UND HANSESTADT HAMBURG, BAUBEHÖRDE (1985) Bestimmung des Gefährdungspotentials für das Grundwasser bei Altablagerungen, Altschäden und aktuellen Schadensfällen, vorläufiges Bewertungsverfahren (Stand 31.12.1985) (Amt für Wasserwirtschaft und Stadtentwässerung, Hauptabteilung Wasserwirtschaft, Abteilung für Wasserbehördliche Aufgaben, WSW 4) Hamburg

GEOLOGISCHES LANDESAMT NORDRHEIN-WESTFALEN (1993) Geowissenschaften und Umwelt. Sonderdruck aus Tätigkeitsbericht 1990 – 1991. Krefeld

GRIMME L H, FAUST M, ALTENBURGER R (1986) Die Begründung von Wirkungsschwellen in Pharmakologie und Toxikologie und ihre Bewertung aus biologischer Sicht. In: G WINTER (Hrsg) Grenzwerte. Interdisziplinäre Untersuchungen zu einer Rechtsfigur des Umwelt-, Arbeits- und Lebensmittelschutzes. Werner, Düsseldorf. S 35 – 48

HAPKE H-J (1983) Zivilisationsbedingte Verunreinigungen in tierischen Lebensmitteln: Risikobewertung. Dtsch Tierärztl Wschr **90**: 243 – 245

HILLER D A (1991) Elektronenmikrostrahlanalysen zur Erfassung der Schwermetallbindungsformen in Böden unterschiedlicher Schwermetallbelastung. Bonner Bodenkundliche Abhandlungen Bd **4**. S 173

HILLER D A, BURGHARDT W (1993) Neues Leben im toten Boden. Geowissenschaften **11**(1): 10 – 16

HOFMANN W, WINTER T (1991) Steinkohlenbergehalden als Landschaftsbauwerke. In: H WIGGERING, M KERTH (Hrsg) Bergehalden des Steinkohlenbergbaus. Vieweg, Braunschweig Wiesbaden. S 33 – 46

HOLTFRERICH C-L (1980) Die deutsche Inflation 1914 – 1923. de Gruyter, Berlin, New York

HOLZAPFEL A M (1992) Flächenrecycling bei Altlasten. Abfallwirtschaft in Forschung und Praxis, Bd **53**. Erich Schmidt, Berlin

HUSKE J (1987) Die Steinkohlenzechen im Ruhrrevier. Veröffentlichungen des Deutschen Bergbau-Museums Bochum, Nr 40. Bochum

KERTH M, H WIGGERING (1991) Steinkohlebergehalden als anthropogene geologische Körper. In: H WIGGERING, M KERTH (Hrsg) Bergehalden des Steinkohlenbergbaus. Vieweg, Braunschweig Wiesbaden. S 47 – 57

KLOKE A (1980) Richtwerte '80: Orientierungsdaten für tolerierbare Gesamtgehalte einiger Elemente in Kulturböden. Mitt. VDLUFA 1 – 3, 9 – 11

KOLB E (1988) Die Weimarer Republik. Oldenbourg, München

KÖLLMANN W (1990) Beginn der Industrialisierung. In: W KÖLLMANN, H KORTE, D PETZINA, W WEBER (Hrsg) Das Ruhrgebiet im Industriezeitalter. Geschichte und Entwicklung, Bd 1. Schwann, Düsseldorf, S 11 – 79

KÖLLMANN W, HOFFMANN F, MAUL A E (1990) Bevölkerungsgeschichte. In: W KÖLLMANN, H KORTE, D PETZINA, W WEBER (Hrsg) Das Ruhrgebiet im Industriezeitalter. Geschichte und Entwicklung, Bd 1. Schwann, Düsseldorf. S 111 – 197

KÖLLMANN W, KORTE H, PETZINA D, WEBER W (Hrsg) (1990) Das Ruhrgebiet im Industriezeitalter. Geschichte und Entwicklung, Bd 1 und 2. Schwann, Düsseldorf

KOMMUNALVERBAND RUHRGEBIET (KVR) (Hrsg) (1990) Das Ruhrgebiet. Essen

KÖNIG W (1990) Untersuchung und Beurteilung von Kulturböden bei der Gefährdungsabschätzung von Altlasten. In: D ROSENKRANZ, G EINSELE, H-M HARRESS (HRSG): Bodenschutz – Ergänzbares Handbuch der Maßnahmen und Empfehlungen für Schutz, Pflege und Sanierung von Böden, Landschaft und Grundwasser. Erich Schmidt, Berlin. 4. Lfg I/90, 3550

KÖSTER W, MERKEL D (1982) Schwermetalluntersuchungen landwirtschaftlich genutzter Böden und Pflanzen in Niedersachsen. Niedersächsischer Minister für Ernährung, Landwirtschaft und Forsten, Hannover

KROKER E (1990) Bruchbau kontra Vollersatz. Anschnitt **42**: 191 – 203

LAGA (Länderarbeitsgemeinschaft Abfall) (1988) Informationsschrift Ablagerungen und Altlasten. In: D ROSENKRANZ, G EINSELE und H-M HARRESS (Hrsg) Bodenschutz – Ergänzbares Handbuch der Maßnahmen und Empfehlungen für Schutz, Pflege und Sanierung von Böden, Landschaft und Grundwasser. Erich Schmidt, Berlin. 7. Lfg IV/91, 8810

LAGA (Länderarbeitsgemeinschaft Abfall, Hrsg) (1990) Erfassung, Gefahrenbeurteilung und Sanierung von Altlasten

LÖLF (1988) Mindestuntersuchungsprogramm Kulturboden – zur Gefährdungsabschätzung von Altablagerungen und Altstandorten im Hinblick auf eine landwirtschaftliche oder gärtnerische Nutzung. In: Landesanstalt für Ökologie, Landschaftsentwicklung und Forstplanung Nordrhein-Westfalen (LÖLF NRW) (Hrsg) Im Auftrag des Ministers für Umwelt, Raumordnung und Landwirtschaft des Landes Nordrhein-Westfalen, Recklinghausen

LÖLF Mindestuntersuchungsprogramm Kulturboden. W KÖNIG und A HEMBROCK (Berichterstatter) Düsseldorf

Meyer D E, Wiggering H (1991) Steinkohlenbergbau – ökologische Folgen, Risiken und Chancen. In: H Wiggering, M Kerth (Hrsg) Bergehalden des Steinkohlenbergbaus. Vieweg, Braunschweig Wiesbaden. S 1 – 8

Ministerie van Volkshuisvestning, Ruimtelijke Ordening en Milieubeheer (VROM) (Hrsg) (1988) Leitraad bodemsanering. s'Gravenhage (Deutsche Übersetzung: BMU Leitfaden Bodensanierung 1989)

Ministerium für Landes- und Stadtentwicklung NRW (1982) Bergehalden – Rahmenvertrag zwischen dem Land Nordrhein-Westfalen und der Ruhrkohle AG. Kurzinformation. Düsseldorf

Ministerium für Stadtentwicklung und Verkehr des Landes Nordrhein-Westfalen (MSV) (Hrsg) ^{2}1992a Rechenschaftsbericht Grundstücksfonds. Vertrieb: Ministerium für Stadtentwicklung und Verkehr des Landes Nordrhein-Westfalen, Düsseldorf

Ministerium für Stadtentwicklung und Verkehr des Landes Nordrhein-Westfalen (MSV) (Hrsg) (1992b) Stadtökologiebericht 1991; Natur in der Stadt – Stadt in der Natur. Vertrieb: Ministerium für Stadtentwicklung und Verkehr des Landes Nordrhein-Westfalen, Düsseldorf

Ministerium für Umwelt, Raumordnung und Landwirtschaft des Landes Nordrhein-Westfalen (Hrsg.) (1991) Bodenschutz in Nordrhein-Westfalen. Düsseldorf

Osteroth D (1989) Von der Kohle zur Biomasse. Chemierohstoffe und Energieträger im Wandel der Zeit. Springer, Berlin, Heidelberg, New York

Parent T (1987) Das Ruhrgebiet. Kultur und Geschichte im „Revier" zwischen Ruhr und Lippe. DuMont, Köln

Petzina D (1990) Wirtschaft und Arbeit 1945 – 1985. In: W Köllmann, H Korte, D Petzina, W Weber (Hrsg) Das Ruhrgebiet im Industriezeitalter. Geschichte und Entwicklung, Bd 1. Schwann, Düsseldorf. S 491 – 567

Reif H (1990) Landwirtschaft im industriellen Ballungsraum. In: W Köllmann, H Korte, D Petzina, W Weber (Hrsg) Das Ruhrgebiet im Industriezeitalter. Geschichte und Entwicklung, Bd 1. Schwann, Düsseldorf. S 337 – 393

REULECKE J (1990) Vom Kohlenpott zu Deutschlands „starkem Stück". Beiträge zur Sozialgeschichte des Ruhrgebietes. Bouvier, Bonn

SAUERBECK D (1989) Der Transfer von Schwermetallen in die Pflanze. In: D BEHRENS, J WIESNER (Hrsg) DECHEMA-Fachgespräche Umweltschutz: Beurteilung von Schwermetallkontaminationen im Boden. DECHEMA, Frankfurt a. M. S 281 – 316

SCHAEFER M, W TISCHLER (1983) Wörterbücher der Biologie: Ökologie. Gustav Fischer, Stuttgart

SCHEFFER F, SCHACHTSCHABEL P (^{2}1989) Lehrbuch der Bodenkunde. Ferdinand Enke, Stuttgart

SCHLIEPER A (1987) 150 Jahre Ruhrgebiet. Ein Kapitel deutscher Wirtschaftsgeschichte. Schwann, Düsseldorf

SCHÖPEL M, THEIN J (1991) Stoffaustrag aus Bergehalden. In: H WIGGERING, M KERTH (Hrsg) Bergehalden des Steinkohlenbergbaus. Vieweg, Braunschweig Wiesbaden. S 115 – 128

SCHUHMACHER H, THIESMEIER B (Hrsg) (1991) Urbane Gewässer. Westarp Wissenschaften, Essen

SCHULZ D, WIGGERING H (1991) Die industrielle Entwicklung des Steinkohlenbergbaus und der Anfall von Bergematerial. In: H WIGGERING, M KERTH (Hrsg) Bergehalden des Steinkohlenbergbaus. Vieweg, Braunschweig Wiesbaden. S 9 – 20

SPOHR G (1992) Herten. Verlag der Buchhandlungen Droste, Herten

SPÖRHASE R, WULFF D, WULFF I (1991) Kartenwerk Ruhrgebiet. Aus: Umweltbericht der Stadt Oberhausen. Selbstverlag der Stadt Oberhausen

SRU (Rat von Sachverständigen für Umweltfragen) (1987) Umweltgutachten 1987. Bundestags-Drucksache 11/1568. Dr. Hans Heger, Bonn

SRU (Rat von Sachverständigen für Umweltfragen) (1990) Sondergutachten „Altlasten". Bundestags-Drucksache 11/6191. Dr. Hans Heger, Bonn

STADT DUISBURG UND PLANUNGSGEMEINSCHAFT LANDSCHAFTSPARK DUISBURG-NORD (1992) Landschaftspark Duisburg-Nord. Ein Projekt im Rahmen der Internationalen Bauausstellung IBA Emscher Park. Das Projekt (Stand April 1992). Selbstvertrieb, Duisburg

STADT ESSEN (1988) Vermessungs- und Katasteramt, Abt. Geologie und Ordnungsamt: Karte Altstandorte und Altablagerungen. Essen

STEININGER R (1990) Ein neues Land an Rhein und Ruhr. Die Ruhrfrage 1945/46 und die Entstehung Nordrhein-Westfalens. Düsseldorf

STYREPEK P (1986) Die Cd-Aufnahme von Pflanzen aus verschiedenen Böden und Bindungsformen und ihre Prognose durch chemische Extraktionsverfahren. Umweltbundesamt. UBA-Texte 9/89

UMWELTBUNDESAMT (1994) Daten zur Umwelt 1992/93. Erich Schmidt, Berlin

USEPA, USFDA, USDA (1981) Land application of municipal sewage sludge for the production of foods and vegetables. A statement of federal policy and guidance. Joint Policy Statement, SW-905

VONDE D (1989) Revier der großen Dörfer. Industrialisierung und Stadtentwicklung im Ruhrgebiet. Klartext, Essen

WEBER W (1990) Entfaltung der Industriewirtschaft. In: W KÖLLMANN, H KORTE, D PETZINA, W WEBER (Hrsg) Das Ruhrgebiet im Industriezeitalter. Geschichte und Entwicklung, Bd 1. Schwann, Düsseldorf. S 199 – 336

WIEGANDT C-C (1988) Reaktivierung von Gewerbe- und Industriebrachen: Das Modell einer Fonds-Lösung am Beispiel des Grundstücksfonds in Nordrhein-Westfalen. In: D ROSENKRANZ, G Bachmann, G EINSELE und H-M HARRESS (Hrsg) Bodenschutz – Ergänzbares Handbuch der Maßnahmen und Empfehlungen für Schutz, Pflege und Sanierung von Böden, Landschaft und Grundwasser. Erich Schmidt, Berlin. 6. Lfg I/91, 6750

WIGGERING H, KERTH M (Hrsg) (1991) Bergehalden des Steinkohlenbergbaus. Vieweg, Braunschweig Wiesbaden

WORLD HEALTH ORGANIZATION (WHO) (1972) Technical Report Series 505: 9 – 24, 32

5.

Studieneinheit

**Rekultivierung und Renaturierung
– einige Beispiele**

Autoren:
Dr. Dieter A. Hiller, Fachbereich Architektur, Bio- und Geowissenschaften, Universität/Gesamthochschule Essen
Prof. Dr. Giselher Kaule, Institut für Landschaftsplanung und Ökologie, Universität Stuttgart

bearbeitet von
Dr. rer. nat. Elke Rottländer, Deutsches Institut für Fernstudienforschung an der Universität Tübingen

Inhalt

1	*Einführung*	371
2	*Renaturierung oder Rekultivierung?*	373
2.1	Renaturierung	374
2.2	Rekultivierung	375
2.3	Kombination von Renaturierung und Rekultivierung	377
2.3.1	Natürliche Sukzession und Folgenutzung	377
2.3.2	Gelenkte Renaturierung	379
2.4	Fazit: Ableitung eines Entwicklungszieles	380
3	*Rekultivierung von Bergematerialhalden des Steinkohlenbergbaues*	383
3.1	Einführung und Problemstellung	383
3.2	Derzeitige Vorgehensweise bei der Rekultivierung von Bergematerialhalden	385
3.3	Versuchsergebnisse von der Halde „Waltrop"	387
3.4	Zusammenfassung	390
4	*Rekultivierung einer Industriebrache*	393
4.1	Einführung und Problemstellung	393
4.2	Reinigung des Bodens	393
4.3	Anlage des Feldversuches	395
4.4	Ergebnisse der Labor- und Felduntersuchungen	397
4.4.1	Bodenphysikalische Eigenschaften	397
4.4.2	Bodenmikrobiologische Ergebnisse	399
4.4.3	Physikochemische und chemische Eigenschaften	400
4.5	Zusammenfassung	402
5	*Renaturierung eines Moores in einen oligotrophen Zustand*	405
5.1	Nutzung der Moore	405
5.2	Entwicklung eines Hochmoores und die Wirkung menschlicher Eingriffe	407
5.3	Maßnahmen zur Renaturierung eines Moores	411
5.3.1	Überblick: frühere Nutzung und Wiedervernässungsmaßnahmen	411
5.3.2	Bauliche Maßnahmen	412
5.3.3	Mahd	414
5.3.4	Beweidung	415
5.3.5	Abholzen der Birken	415
5.3.6	Abbrennen	416
5.3.7	Kombination von Verfahren	417
5.3.8	Untersuchungen zur Nährstoffsituation des Moores	417
5.4	Zusammenfassung	418
6	*Literatur und Quellennachweis*	421

1 Einführung

Im Anschluß an die 4.Studieneinheit, die sich mit industriell verursachten Bodenbelastungen und prinzipiellen Möglichkeiten befaßte, mit diesen heute umzugehen, werden in dieser Studieneinheit nun konkrete Untersuchungen und Forschungsergebnisse zu Renaturierung und Rekultivierung dargestellt. Im Hintergrund steht jedoch immer die Frage, inwieweit der Mensch auch hier, beim Ausgleich nachteiliger Folgen, eingreifen solle, könne oder müsse. Diese Frage nach Renaturierung oder Rekultivierung ist von grundsätzlicher Bedeutung weit über die hier beschriebenen Beispiele der Haldenbegrünung, Rekultivierung einer Industriebrache und der Regeneration eines abgetorften Hochmoores hinaus. Sie gilt auch für ausgebaggerte Kies-, Sand- und Tongruben, für Steinbrüche, für die weiträumig ausgebaggerten Flächen und die riesigen Halden des Braunkohlentagebaus, für Abfalldeponien, für Rieselfelder, für Böschungen an Autobahnen, Straßen, Kanälen, Bahndämmen u. v. a. Die Beantwortung hängt davon ab, ob und wie die Flächen wieder genutzt werden sollen und welche Bedingungen, wie Größe, Standort, Wasserverhältnisse etc., vorliegen. Deswegen wird in Kap. 2 zunächst kurz auf die Frage „Renaturierung oder Rekultivierung" eingegangen.

2 Renaturierung oder Rekultivierung?

G. Kaule

Wie soll man mit Flächen umgehen, die nicht mehr industriell genutzt werden? Soll man sie sich völlig selbst überlassen und warten, bis die Selbstheilungskräfte der Natur ihr Werk getan haben? Soll man versuchen, den Boden ggf. zu sanieren, ihn gezielt zu bebauen oder zu begrünen, um die Entwicklung zu beschleunigen und ihn nutzen zu können?

Wie in so vielen Bereichen des Natur- und Umweltschutzes haben sich auch unter den Schlagworten > Renaturierung und > Rekultivierung beinahe unversöhnliche „Lager" gebildet. In oft starren Fronten verkennen die Anhänger einer Richtung, daß es in der Natur selten global gültige Antworten oder pauschale Lösungen gibt. Die natürlichen Standortbedingungen und die vom Menschen mit seiner Kulturlandschaft geschaffenen Bedingungen (vgl. Abb. 5.1) sind so unterschiedlich, daß auch die künftige Nutzung und Entwicklung von Industrie- und Abbauflächen nicht einheitlich sein kann. Besonders in unseren dicht besiedelten Regionen Mitteleuropas ist jede sinnvolle Folgenutzung von Abbaustellen auch entscheidend von den gesellschaftlichen Bedingungen im Raum abhängig.

Die Begriffe Renaturierung und Rekultivierung sind in der 4. Studieneinheit, Abschn. 4.4 definiert.

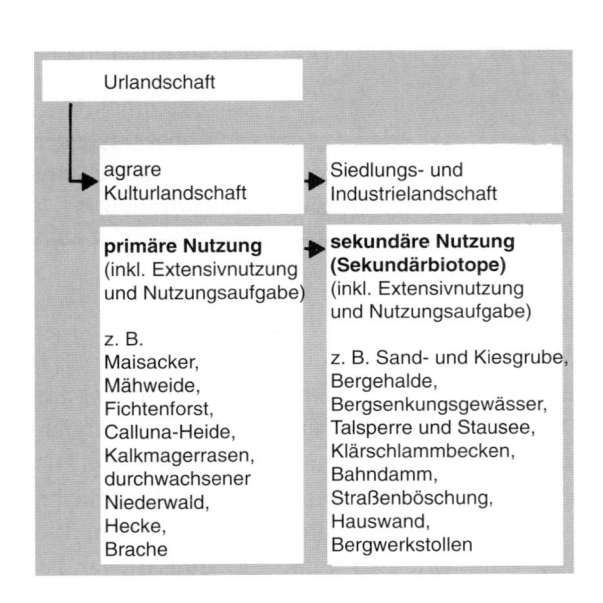

Abb. 5.1. Grad der anthropogenen Überformung von Biotopen. (Aus STICHMANN 1988)

Der Ablauf der natürlichen Sukzession ist im Anhang beschrieben.

Das Konzept der *Renaturierung*[1] geht von der Vorstellung aus, daß die sich selbst überlassene Natur Wunden heilt, indem die nicht mehr genutzten oder bewirtschafteten Flächen von Pflanzen und Tieren wiederbesiedelt werden. Diese Wiederbesiedlung erfolgt nach bestimmten Gesetzmäßigkeiten, wobei Pflanzen- und Tiergesellschaften, den Regeln der > natürlichen Sukzession folgend, sich im Laufe der Zeit ändern. Zahlreiche alte Abbaustellen, die jetzt hohen Naturschutzwert haben, belegen, daß die Vorgänge der Renaturierung unsere überkommene Kulturlandschaft geprägt haben. In Steinbrüchen mit Steilwänden nisten Wanderfalke oder Uhu, in Sandwänden ohne jegliche Rekultivierungsmaßnahme Uferschwalben. Flächen aus Kiesschürfungen, z. B. im Donaumoos, sind die letzten Rückzugsgebiete für Arten, die in > Niedermooren heimisch sind.

Das Konzept der *Rekultivierung*[2] geht davon aus, daß der moderne, meist großflächig in die Landschaft eingreifende Mensch diese bereits so stark verändert hat, daß er auch für eine „Wiedergutmachung" verantwortlich ist. Es sollte ein der Ausgangssituation möglichst ähnlicher Zustand wiederhergestellt werden. Der Verursacher sollte (auch finanziell) dafür verantwortlich sein, daß nach dem Abbau bzw. der Nutzung die alte Nutzung wieder ermöglicht wird, z. B. Ackerbau in den ländlichen Gebieten, in denen Braunkohle gewonnen wurde, oder daß neue Ziele der Gesellschaft verwirklicht werden können.

In diesem Sinne lassen sich Argumente für bzw. gegen eine Renaturierung und solche für bzw. gegen eine Rekultivierung zusammenfassen.

> Bevor Sie weiterlesen, versuchen Sie bitte selbst, Argumente für und gegen Renaturierung bzw. Rekultivierung zusammenzutragen.

2.1 Renaturierung

Argumente für Renaturierung. Es gibt kaum noch Flächen, auf denen Natur sich selbst regenerieren kann, auf denen sich ihre dynamischen Prozesse entfalten können. Renaturierung ist also aus Gründen des *Arten- und Biotopschutzes* notwendig. Begradigte Bäche und Flüsse, stabilisierte Böschungen und Prallufer, fest vermarkte Feld- und Waldgrenzen ohne breite Säume, gezielte Bestandsbegründungen und -entwicklungen im Forst sorgen dafür, daß kaum ein Quadratmeter sich selber überlassen bleibt. Selbst Naturschutzgebiete müssen gepflegt, bewirtschaftet, „gemanaged" werden, um

---

1 Lat. re = zurück..., wieder..., gegen...; lat. natura = Schöpfung, Welt.
2 Lat. re = zurück..., wieder..., gegen...; lat. cultura = Pflege.

sie zu erhalten. Wenigstens dort, wo wir neue Wunden in die Landschaft reißen, sollte eine Heilung *der natürlichen Dynamik überlassen* bleiben, die Einwanderung von Arten und ihr Erlöschen im Zuge der natürlichen Sukzession nicht manipuliert werden.

Vielfach bieten ausgediente Industrie- oder Abbauflächen auf engem Raum sehr unterschiedliche und auch extreme Lebensbedingungen, an die gerade *die selten gewordenen Arten der Roten Liste* angepaßt sind. So ist es sinnvoll, diesen wenigstens vorübergehend *Lebensraum* und Vermehrungsmöglichkeiten zu bieten.

Solche der natürlichen Sukzession überlassene Flächen ermöglichen die *Erforschung ökologischer Zusammenhänge* und sich selbst regulierender Entwicklungen, in Abhängigkeit von verschiedenen Bedingungen (des Standortes, Klimas etc.).

Gegenargumente. Die zurückgehenden Arten, die einen neuen Lebensraum besiedeln können, sind bereits auf so entfernte „Inseln" in der Kulturlandschaft zurückgedrängt, daß sie den neuen Lebensraum gar nicht so rasch erreichen können, bevor nicht *einige wenige „Allerweltsarten"* den Standort derart dicht besiedelt haben, daß weitere Arten kaum mehr Chancen haben.

Untersuchungen an alten, gut regenerierten Abbaustellen belegen, daß diese hinsichtlich der Artenzusammensetzung ein Spiegelbild ihrer direkten Umgebung zur Zeit des Nutzungsendes sind, also *nur Arten der angrenzenden Umgebung* eine Überlebenschance hatten.

Wenn diese Umgebung aus „Stadt" oder Intensivlandwirtschaft besteht, dann haben *nur wenige der gefährdeten Arten* eine Überlebenschance, die sie nutzen können.

Da die Renaturierung einer Fläche von menschlichen Einflüssen möglichst ungestört verlaufen muß, sind die entsprechenden Flächen *nicht direkt nutzbar*, auch nicht für Erholungszwecke.

2.2 Rekultivierung

Für eine Rekultivierung sprechen folgende Argumente: Ein Abbau von Bodenflächen erfolgt immer auf Kosten anderer Nutzungsmöglichkeiten. Neue Nutzflächen sind aber nicht einfach vermehrbar. Wenn man *Ersatz für verbrauchten Boden* schafft, gewinnt man wieder Raum für land- oder forstwirtschaftliche Nutzung (vgl. Abb. 5.2) oder für Besiedlung und städtebauliche Maßnahmen. Damit dient auch eine Rekultivierung dem Erhalt unentbehrlicher Bodenfunktionen, nicht zuletzt seiner Fähigkeit als Filter und Puffer für Schadstoffe.

Ein Beispiel dafür, wie ein städtebaulich wertvolles, lange Zeit industriell genutztes und belastetes Grundstück wieder nutzbar gemacht wurde, finden Sie im Anhang.

2 Renaturierung oder Rekultivierung?

Beim Abbau werden jedoch belebte Bodenschichten entfernt, die mit ihren Ton-Humus-Komplexen u. a. einen Beitrag zur diffusen Entsorgung von Emissionen unserer Industriegesellschaft leisten. Gewachsene, Jahrtausende alte Böden sind künstlich nicht wiederherstellbar.

> Gibt es trotzdem Möglichkeiten, Bodenbildungsprozesse wenigstens in der Anfangsphase zu beschleunigen?
>
> • • • • •
>
> Ja. Man kann zwischengelagerten Boden auftragen und dann für eine rasche Begrünung sorgen, möglichst Vorwaldbestände begründen.

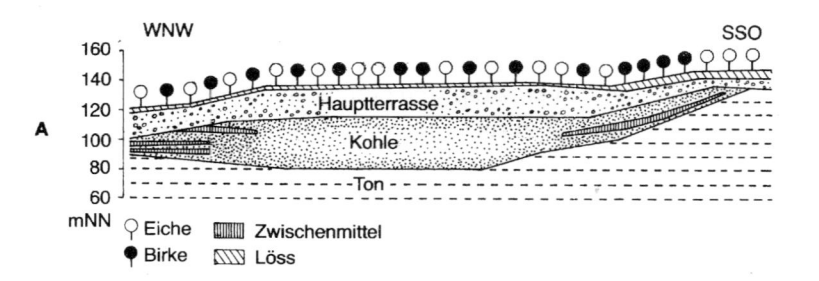

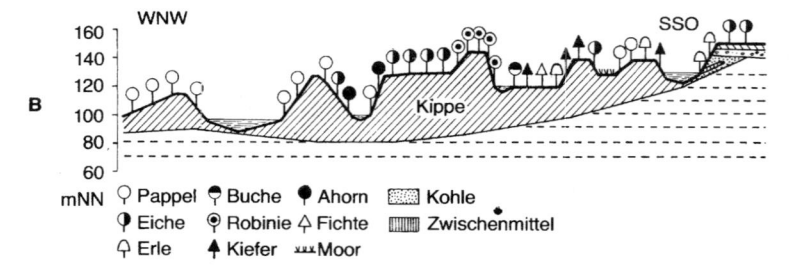

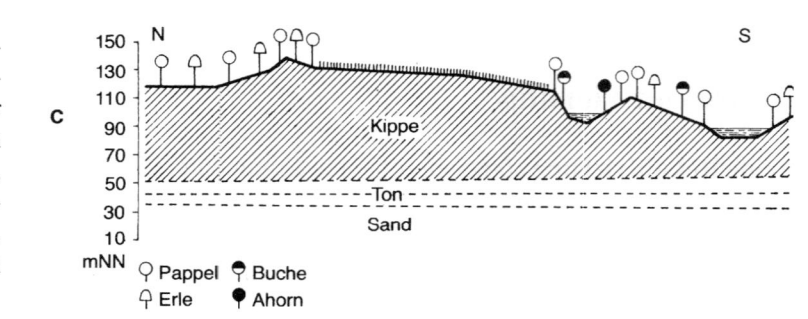

Abb. 5.2.
Relief- und Nutzungsänderung durch Braunkohlentagebau, *A* Geländeprofil vor dem Abbau, *B* nach dem Abbau, forstlich rekultiviert, *C* nach dem Abbau, landwirtschaftlich rekultiviert. (Nach Darmer u. Bauer 1969, aus Darmer 1980)

Mit einer gezielten Aufforstung kann zwar nicht der ökologische „Wert" von alten Wäldern erreicht werden, einen *Teil der Funktionen eines Waldes* können junge Forste jedoch übernehmen. So wurden durch den Braunkohlentagebau in der ehemaligen DDR wichtige Waldbestände zerstört, z. B. die vorher als grüne Lunge von Leipzig bezeichneten Forste nördlich der Stadt. Einen Teil der Klimaausgleichsfunktion können auch neu begründete Baumbestände erfüllen.

Erholungsflächen am Wasser sind überall hochfrequentiert, und die Übernutzung natürlicher Gewässer und Ufer ist deutlich. Uferökosysteme und gering belastete Gewässer gehören zu den bedrohtesten Lebensräumen überhaupt. Abbauflächen mit Wasseransammlung können wenigstens teilweise für Entlastung sorgen. Überall, wo dies möglich ist, insbesondere in der Nähe von Siedlungen, sollte direkt für *Erholungsnutzung* rekultiviert werden.

Eine Rekultivierung von Halden und Deponien, auf denen sich je nach ihrer Zusammensetzung natürlicherweise keine Vegetation ansiedelt oder nur mühsam eine dauerhafte Vegetationsdecke entwickelt, ist aus *Gründen der Ästhetik*, oft auch des *Gesundheitsschutzes* (rauchende Halden, Gefährdung des Grundwassers) angezeigt.

Die **Argumente gegen eine Rekultivierung** entsprechen im wesentlichen den Argumenten für eine Renaturierung.

2.3 Kombination von Renaturierung und Rekultivierung

Vielfach bietet es sich an, verschiedene Ziele gleichzeitig zu verfolgen und die natürlichen Funktionen und menschlichen Nutzungsansprüche miteinander zu verwirklichen. Einige Beispiele seien genannt.

2.3.1 Natürliche Sukzession und Folgenutzung

Bei der Wiederherrichtung großer Flächen ist es durchaus möglich, die Interessen z. B. der Erholungssuchenden und des Naturschutzes miteinander zu verbinden. Dazu müssen aber die Bereiche gut voneinander getrennt werden können, damit die natürliche Entwicklung ungestört verlaufen kann. Dies setzt auch eine gezielte Besucherlenkung voraus, im günstigsten Fall mit natürlich erscheinenden Barrieren (Abb. 5.3).

Klimaschutzwälder und Erholungsnutzung lassen sich ebenfalls kombinieren, auch wenn die Wälder (besser: Baumbestände) einige Jahrzehnte zur Entwicklung benötigen.

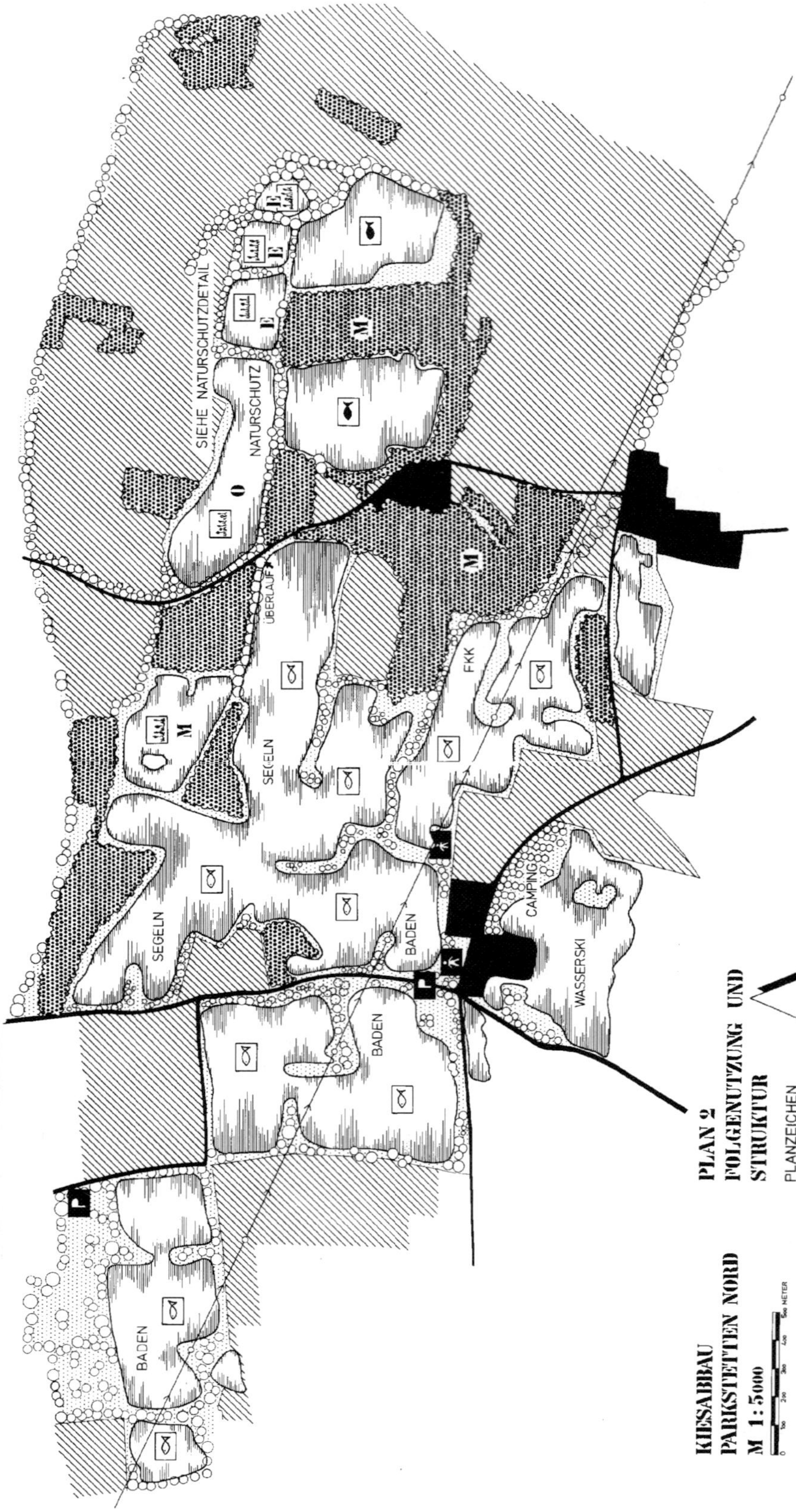

2 Renaturierung oder Rekultivierung?

Abb. 5.3. Beispiel für eine Kombination von renaturierten und rekultivierten Flächen. (Aus DINGETHAL et al. 1981)

2.3.2 Gelenkte Renaturierung

Insbesondere die Anfangsbedingungen für eine Besiedlung und die Initialstadien der natürlichen Sukzession können beeinflußt werden. Durch die vielfältige Gestaltung des Oberflächenreliefs eines ausgebaggerten Bereichs mit steilen Hängen, unterschiedlichen Böschungsneigungen oder durch eine Wasserstandsregulierung etc. können gezielt Erstbesiedler gefördert werden (als Beispiel vgl. Abb. 5.4).

> Viele erwünschte oder zurückgehende Pflanzenarten können Abbaustellen, die sich selbst überlassen werden, kaum mehr erreichen. Kann man hier steuernd eingreifen?
>
> •••••
>
> Man kann mit Samen aus dem *gleichen* Naturraum eine gezielte Erstbesiedlung erreichen.

Seit einigen Jahren gibt es Spezialbetriebe, die aus örtlich genau definiertem Basissaatgut Material zur Rekultivierung produzieren können. Dies setzt allerdings voraus, daß die etwas höheren Kosten akzeptiert und im Rekultivierungsplan möglichst vor Abbaubeginn festgeschrieben werden.

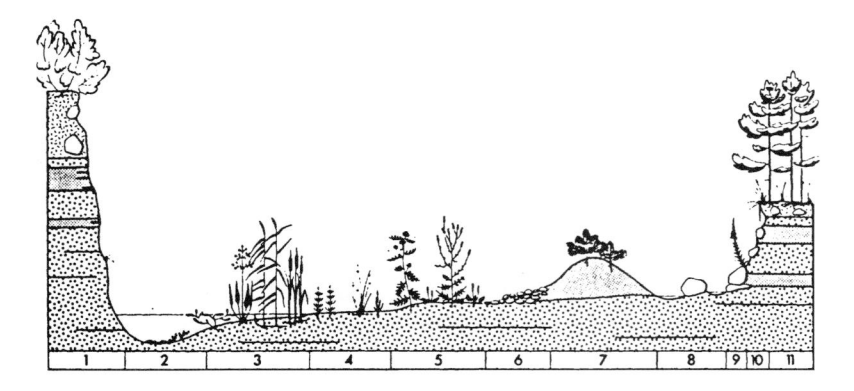

Abb. 5.4. Pionierhabitate in aufgelassener Kiesgrube.
1. Steilwand mit Höhlen der Uferschwalbe, 2. Baggerweiher mit tiefen Stellen, 3. Flachufer mit Verlandungspionieren, 4. wechselfeuchte Uferzone mit Pioniervegetation, 5. trockener Kiesboden mit Ödlandflora, 6. vegetationsloser Steinhaufen als Versteck für Reptilien und Kleinsäuger, 7. trockene Sandhaufen als Nistplatz für bodenbrütende Insekten, 8. periodische Kleingewässer (Tümpel): Laichplatz von Kreuzkröte und Gelbbauchunke, 9. Gesteinsblöcke, Brutplatz für Mörtelbiene, 10. südexponierter Steilhang mit regengeschützten Sandplätzen für Ameisenlöwen, 11. trockener Föhrenwald. (Aus BAUER 1987)

Ein Beipiel für diese Maßnahme werden Sie im Rahmen der Darstellung über die Moorrenaturierung, Abschn. 5.3.5 kennenlernen.

Auch während des Renaturierungsverlaufs kann eingegriffen werden, z. B. durch Entfernen von Pflanzen, die andere in ihrem Wachstum hindern.

In Tabelle 5.1 sind verschiedene Phasen von Renaturierung, gesteuerter Renaturierung und Rekultivierung einander gegenübergestellt.

Tabelle 5.1. Renaturierung oder Rekultivierung? Landschaftssukzession. (Aus BAUER 1987)

Natürliche Sukzession	**Gesteuerte Renaturierung**	**Rekultivierung**
Nur bei kleinflächigen Abgrabungen bzw. vom Bagger hinterlassenem vielfältigem Relief möglich	Gestaltung des Reliefs als Voraussetzung gesteuerter Renaturierung gemäß Biotopmanagement	Verfüllung, Abflachen der Böschungen, sonstige Reliefgestaltungen und Mutterbodenauftrag
Pionierstadium extrem trocken / mittelfeucht / Gewässer	*Pionierstadium* wie natürliche Sukzession	*Bepflanzung und Saat* Land-, Forstwirtschaft, Erholungssee
Übergangsstadium Trockenrasen / Naturwiesen / Gewässer u. Röhrichtbiotope	*Übergangsstadium* gesteuerte Stabilisierung von Sukzessionsstadien Wechsel zwischen allen Sukzessionsstadien der natürlichen Sukzession	*Ständige Pflege und Gestaltung* Gestaltung und Bewirtschaftung einer Kultur- und Erholungslandschaft
Endstadium vielfältiger, kleinräumiger Wechsel unterschiedlicher Biotope und Biozönosen	*Endstadium* durch gesteuerte Renaturierung vielfältige Biotope und ständige Biotoppflege mit reichhaltigen Biozönosen	*Endstadium* durch Rekultivierung nutzbare Kultur- oder Erholungslandschaft

2.4 Fazit: Ableitung eines Entwicklungszieles

Ein Beispiel für die Aufstellung verschiedener Ziele und ihre Verwirklichung finden Sie im Anhang.

In den vorigen Abschnitten waren schon implizit Kriterien zur Aufstellung von Zielen für die Entwicklung nicht mehr genutzter Flächen enthalten. Mögliche Ziele ergeben sich aus der Kombination der Voraussetzungen in einem Raum, dem Raumpotential. Kombiniert man diese mit dem „Bedarf", also den deutlichsten Defiziten und der Durchsetzbarkeit, so kristallisieren sich die realisierbaren Möglichkeiten heraus. Es sollte dann nicht passieren, daß naturnahe Flächen vergeblich gegen Erholungssuchende verteidigt werden müssen. Ein Übersichtsschema, das zeigt, welche Aspekte bei der Planung der Folgenutzung berücksichtigt werden müssen, zeigt Abb. 5.5.

Sehr wichtig ist es aber auch, so zu informieren, daß notwendige Einschränkungen für die Bevölkerung verstanden werden und daher eher akzeptiert werden können.

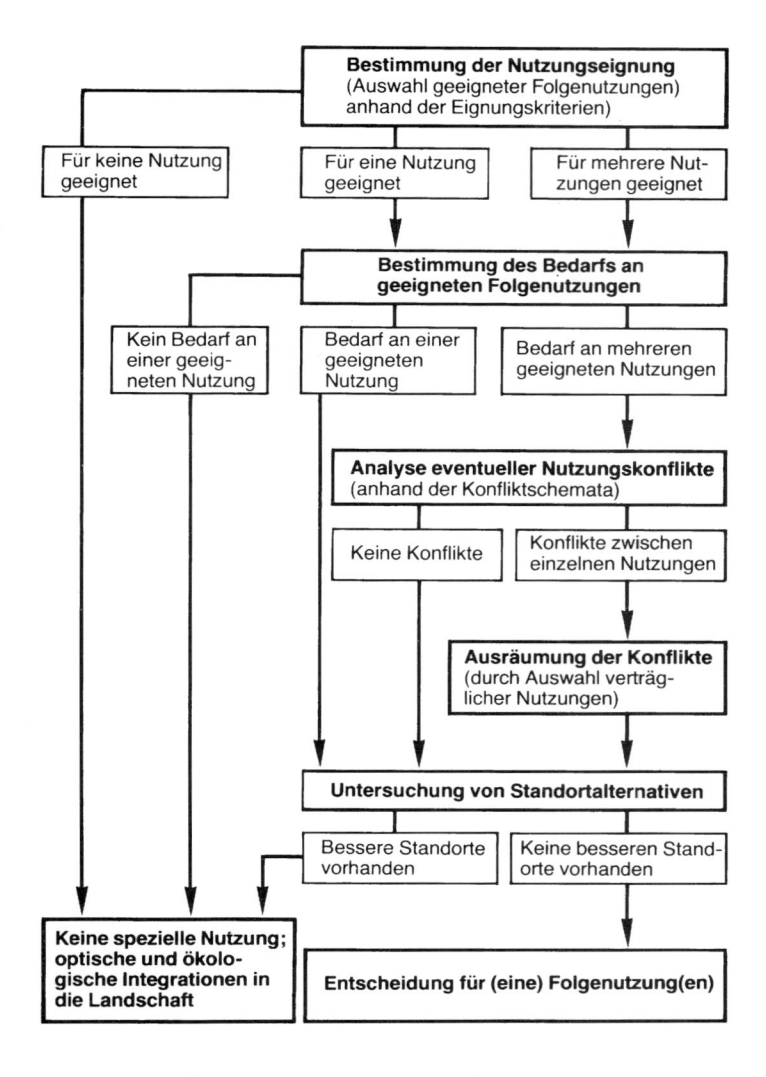

Abb. 5.5. Übersichtsschema: Methodisches Vorgehen bei der Auswahl von Folgenutzungen. (Aus Wöbse 1980)

3 Rekultivierung von Bergematerialhalden des Steinkohlenbergbaues

D. A. Hiller

Beim Abbau der Kohle fällt sehr viel nicht verwertbares Nebengestein an, das sog. Bergematerial. Es wird großenteils zu Halden aufgeschichtet. Wie in der 4. Studieneinheit beschrieben, wirken sie sich optisch und ökologisch negativ aus. In Kap. 3 wird auf die Bemühungen eingegangen, diese Fremdkörper zu integrieren. Die Grundsätze zur Rekultivierung der Bergehalden, die vom Oberbergamt in NRW erarbeitet wurden, sowie die ersten Ergebnisse von noch nicht abgeschlossenen Versuchen auf der Halde „Waltrop" werden geschildert.

3.1 Einführung und Problemstellung

Als Folge der Gewinnung und Nutzung der Steinkohle im dicht besiedelten Ruhrgebiet sind die Aufhaldungen der im Untertagebau anfallenden Nebengesteine, der Bergematerialien, zu einem teilweise landschaftsprägenden Bestandteil geworden. Um diese Aufhaldungen entwickelten sich zunehmend Interessenkonflikte zwischen der Stadt- und Landschaftsplanung, Land- und Forstwirtschaft, Wasserwirtschaft und Naturschutz. – So bedeckt z. B. das größte „Landschaftsbauwerk" Europas, Hoheward, im Süden des Stadtgebietes von Herten eine Fläche von 159 ha. Ursprünglich war hier eine arten- und biotopreiche Auenbruchlandschaft. Dem Haldenkörper mußte u. a. auch eine Kleingartensiedlung weichen. Es entstanden Konflikte zwischen Naturschutz, Stadt- und Landschaftsentwicklung sowie der Wasserwirtschaft. Auch die Bevölkerung wollte die kahlen, oft brennenden und qualmenden Halden nicht mehr einfach hinnehmen.

> Dieses Landschaftsbauwerk wurde in der 4. Studieneinheit, Abschn. 4.2 dargestellt.

Inwiefern ist die Wasserwirtschaft durch die Halden betroffen?

•••••

Die Halden belasten das Grundwasser.

> Auf die geochemischen Vorgänge bei der Grundwasserbelastung durch Halden wurde in der 4. Studieneinheit, Abschn. 3.3 eingegangen.

Wegen des gestiegenen Umweltbewußtseins der Bevölkerung und dem daraus erwachsenen Druck auf die Betreiber von Bergbau und Anlagen werden seit Anfang der 50er Jahre ernsthafte Bemühungen zur Rekultivierung der Steinkohlenbergehalden unternommen. Eine erste Bündelung der bis dahin gewonnenen Erfahrungen, der Probleme, Fragestellungen und Lösungsansätze fand 1972 auf einem Kongreß über Halden statt, auf dem das Thema „Haldenbegrünung/

Haldenrekultivierung" auf internationaler Ebene diskutiert wurde. Dem 1982 durchgeführten 2. Internationalen Haldenkongreß folgte ab 1983 eine „Haldenökologische Untersuchungsreihe" auf einer breit angelegten wissenschaftlichen Basis durch den Kommunalverband Ruhrgebiet (KVR). Ziel war die bessere Einbindung der Bergehalden in die Umwelt. Nach einer anfänglich mehr sektoralen Förderung von Untersuchungen, vorwiegend auf den Gebieten der Pflanzensoziologie, Pflanzenphysiologie, Geologie, Bodenkunde und Tierökologie, wurde 1986 ein Großversuch auf der Versuchshalde „Waltrop" bei Dortmund begonnen, den die genannten Fachdisziplinen nun gemeinsam betreuen.

Über die Ergebnisse des Versuchs auf der Halde „Waltrop" wird im Abschn. 3.3 berichtet.

Erste Bemühungen zur Haldenrekultivierung lassen sich aber schon um 1900 nachweisen. Damals versuchte man, mit Pflanzungen von Weißerlen, Birken und anderen Bäumen eine Haldenbegrünung durchzuführen. Die Anwuchserfolge und folglich die Rekultivierung waren meist jedoch nicht zufriedenstellend, da sich die Wachstumsbedingungen auf Bergehalden deutlich von denen natürlicher Böden unterscheiden. Eine ganze Reihe von *haldenspezifischen Standortfaktoren* erschwer(t)en eine Rekultivierung:

> Überlegen Sie zunächst selbst, bevor Sie weiterlesen, welche besonderen Bedingungen auf Haldenstandorten herrschen. Nachdem Sie die 4. Studieneinheit durchgearbeitet haben, werden Sie auf die eine oder andere kommen.

Zur Entwicklung der Haldenform vgl. 4. Studieneinheit, Abschn. 3.3.

Zur Oxidation von Pyrit vgl. 4. Studieneinheit, Abschn. 3.3.
Die Wasserhaltekapazität hängt von der Weite der Poren im Boden ab, vgl. 1. Studieneinheit, Abschn. 5.1 und 6.2.

Zur Korngröße von Böden vgl. 1. Studieneinheit, Abschn. 3.5.1.

– die Form der Halden: Spitzkegelhalden weisen durch die steilen Haldenflanken bedingt eine starke Erosion der Oberflächen auf,

– niedrige pH-Werte des Bergematerials um pH 3,0 – 3,5 verursacht durch die Oxidation von Pyrit (FeS_2) zu Schwefelsäure (H_2SO_4),

– geringe Wasserhaltekapazität zur Versorgung von Pflanzen mit Wasser während Trockenzeiten,

– lose Schüttung des Haldenmaterials in Verbindung mit Haldenbränden,

– geringer Anteil an Feinböden (Korngrößen < 2 mm Durchmesser), fehlender Humus, Nährstoffmangel,

– extreme Temperaturschwankungen an der Haldenoberfläche infolge ihrer dunklen Färbung.

Die Summe dieser ungünstigen Standortfaktoren bedingt, daß sich eine natürliche Begrünung durch eine auf den Standort angepaßte Vegetation erst im Verlauf von Jahrzehnten langsam entwickelt.

Aus der Ferne betrachtet, erscheinen alte Halden – deren Begrünung sich selbst überlassen wurde – dicht mit Bäumen bewachsen. Eine Begehung zeigt jedoch, daß die Baumvegetation vorwiegend aus der anspruchslosen > Pionierart Birke besteht und eine Krautschicht zur Bedeckung der Haldenoberfläche meist nahezu völlig fehlt. Die Haldenoberflächen sind deshalb durch ablaufendes Wasser stark zerfurcht. Die Vegetation tritt zuerst v. a. auf Geländekanten und an Rinnen auf. Aufgrund der fehlenden Krautschicht stellen diese Halden im Winter einen schwarzen Körper in der Landschaft dar.

3.2 Derzeitige Vorgehensweise bei der Rekultivierung von Bergematerialhalden

Zur Minderung der o. g. schlechten Standortfaktoren wurden die Bergehalden bis 1969 meist mit einer ca. 25 – 50 cm starken Schicht Bodenmaterial überdeckt und mit Gehölzen aus Baumschulen bepflanzt. Es zeigte sich jedoch bereits nach wenigen Jahren, daß diese Maßnahmen nicht ausreichten. Die Bestände wurden nicht alt, weil Trockenschäden und Windwurf sie ständig lichteten.

> Was mag die Ursache für Trockenschäden und Windwurf sein?
>
> •••••
>
> Die Pflanzenwurzeln breiteten sich hauptsächlich in der aufgebrachten Bodenschicht aus, deshalb haftete ihr Wurzelsystem nur oberflächlich und drang nicht tiefer in den Haldenkörper ein.

Auch die Versuche ab 1969, Baumpflanzungen direkt in das Haldenmaterial einzubringen, schlugen weitgehend fehl. Insbesondere wegen der steilen Böschungswinkel bildete sich nur langsam Humus; es entstand keine zusammenhängende Krautschicht. Die seit den 70er Jahren aus verschiedenen Forschungsvorhaben gewonnenen wissenschaftlichen Erkenntnisse führten schließlich dazu, daß 1985 vom Landesoberbergamt (LOBA) die ersten *Grundsätze für die Wiedernutzbarmachung von Bergehalden* in NRW in Kraft gesetzt (und 1990 modifiziert) wurden. Sie beschreiben einen Mindeststandard, den die Ruhrkohle AG bei Aufhaldungen erbringen muß. Vorgeschrieben ist auch die zeitliche Abfolge, in der Rekultivierungsmaßnahmen durchgeführt werden müssen. Die LOBA-Grundsätze schreiben vor, daß Haldenteile, die nicht mehr aufgeschüttet werden, unmittelbar nach Beendigung der Auftragung zu Begrünen sind. Man sät zunächst eine artenreiche Mischung von Kräutersamen in die Oberfläche der Halde ein. Zur Verbesserung der Boden- und Wasserverhältnisse werden die Halden meistens mit kulturfähigem Boden oder einer Mischung von Bergematerial und kulturfähigem Boden bedeckt. Zwei Jahre später sind geeignete Gehölzarten einzubringen, um waldähnliche Gegebenheiten zu erreichen. Die Auswahl geeigneter Pflanzen zur ersten Begrünung stellt eine wichtige Grundlage für die Rekultivierung einer Bergehalde dar.

> Welche Anforderungen müssen solche Pflanzen erfüllen, die auf frisch angelegten Haldenstandorten wachsen sollen?
>
> •••••
>
> Die Arten sollen fähig sein, auf trockenen, sauren und nährstoffarmen Standorten dauerhaft zu wachsen.

Um die geforderte schnelle Bekrautung zu erreichen, werden meist Klee-Gras-Mischungen landwirtschaftlich genutzter Sorten verwendet, deren Saatgut in ausreichenden Mengen kurzfristig und kostengünstig beschafft werden kann (vgl. Tabelle 5.2).

Tabelle 5.2. Bei der Begrünung von Bergehalden verwandte Gras-, Klee- und Wildkräuterarten und typische Mischungsanteile, getrennt nach Substrat: 1 reines Bergematerial, 2 Berge-Boden-Mischung. (Nach Campino u. Zentgraf 1991; Ergänzung der deutschen Namen – DIFF)

Art	1 (in %)	2 (in %)
Agrostis capillaris (Straußgras)	0 – 5	
Festuca ovina (Schafschwingel)	20 – 40	5 – 15
Festuca rubra (Roter Schwingel)	20 – 40	10 – 40
Lolium multiflorum (Italienisches Raygras)	0,5	
Lolium perenne (Englisches Raygras)	10 – 30	0 – 15
Poa compressa (Flaches Rispengras)	5 – 10	0 – 5
Coronilla varia (Bunte Kronwicke)	0 – 5	0 – 5
Lotus corniculatus (Gemeiner Hornklee)	5 – 15	10 – 30
Lupinus perennis (Ausdauernde Lupine)	0 – 5	0 – 5
Medicago dubium (Schneckenklee)	10 – 20	20 – 40
Trifolium dubium (Zwergklee)	0 – 5	10 – 20
Trifolium pratense (Wiesenklee)	0 – 5	0 – 10
Trifolium repens (Weißklee)	5 – 10	10 – 20
Achillea millefolium (Gemeine Schafgarbe)	0 – 1	0 – 2
Centaurea cyanus (Kornblume)	0 – 1	0 – 1
Chrysanthemum leucanthemum (Margarite)	0 – 1	0 – 1
Cichorium intybus (Gemeine Wegwarte)	0 – 1	0 – 1
Matricaria chamomilla (Echte Kamille)	0 – 1	0 – 1
Papaver rhoeas (Klatschmohn)	0 – 1	0 – 1
Sanguisorba minor (Kleiner Wiesenknopf)	0 – 3	0 – 5

Damit die Ansaaten rasch und dauerhaft wachsen, müssen Startdüngungen mit Pflanzennährstoffen – v. a. Phosphor (P), Stickstoff (N) und Kalium (K) – durchgeführt werden.

Problematisch ist v. a. die Begrünung älterer Halden wegen ihrer sehr steilen Schüttwinkel. Man wendet hier das sog. Naßsaatverfahren an: Pflanzensamen, Dünger sowie Mulchmaterial werden mit Wasser gemischt und unter Druck auf die zu begrünenden Flächen gespritzt. Auf weniger steilen Hangbereichen sät und düngt man vorwiegend wie in der Landwirtschaft mit den entsprechenden Maschinen.

Nach 2 Jahren müssen die Halden mit *Gehölzpflanzen* bestockt werden, um eine Bewaldung einzuleiten. Es werden Sträucher und Bäume angepflanzt (vgl. Tabelle 5.3).

Tabelle 5.3. Zur Bestockung von Bergehalden geeignete Gehölz- und Straucharten. (Aus CAMPINO u. ZENTGRAF 1991)

Straucharten:	
Sanddorn	*Hippophae rhamnoides*
Hundsrose	*Rosa canina*
Eberesche	*Sorbus aucuparia*
Ölweide	*Eleagnus angustifolium*
Baumarten:	
Winterlinde	*Tilia cordata*
Sommerlinde	*Tilia platyphyllos*
Feldahorn	*Acer campestre*
Bergahorn	*Acer pseudoplatanus*
Schwarzerle	*Alnus glutinosa*
Roterle	*Alnus rubra*
Stieleiche	*Quercus robur*
Österreichische Schwarzkiefer	*Pinus nigra var. austriaca*
Silberpappel	*Populus alba*
Roßkastanie	*Aesculus hippocastanum*

Zur Erhaltung der Vegetation auf dem Extremstandort Bergehalde sind regelmäßige Pflege und Betreuung erforderlich. Grundlage für die durchzuführenden Pflegemaßnahmen sind zumeist Bodenanalysen, die Hinweise darauf geben, wann und in welchem Umfang Kalkung zur pH-Regulierung oder Nachdüngung nötig werden.

3.3 Versuchsergebnisse von der Halde „Waltrop"

Um die bisher durchgeführten Maßnahmen zur Begrünung und Rekultivierung von Bergematerialhalden zu verbessern und zu stabilisieren, ist man seit wenigen Jahren bemüht, den ökologischen Gesetzmäßigkeiten einer > natürlichen Sukzession mehr zu entsprechen.

Dazu wurden zunächst mehrere Vorversuche auf verschiedenen Halden durchgeführt. Auf den dadurch gewonnenen Erkenntnissen aufbauend wurde dann auf der vom KVR angelegten Versuchshalde „Waltrop" systematisch die Vegetationsentwicklung in Abhängigkeit von Substrat, Einsaat und Düngen verfolgt (JOCHIMSEN 1991; BURGHARDT u. HILLER unveröffentlicht). Erste Ergebnisse liegen vor:

Im Laufe der natürlichen Sukzession werden Extremstandorte zunächst von einer anspruchslosen Pioniervegetation aus Gräsern und Kräutern besiedelt; Büsche und Bewaldung stehen erst am Ende einer Jahrzehnte langen Entwicklung. Die Ergebnisse zeigen, daß *Ansaaten* mit Pionierpflanzen die Vegetationsentwicklung beschleunigen, so daß sich die Oberfläche schnell bedeckt. Die Ansaat sollte möglichst schnell nach Beendigung der Haldenanschüttung erfolgen, weil dann die Versauerung des Bergematerials durch Verwitterung des Pyrits noch nicht so weit fortgeschritten ist und den Pflanzenwuchs noch nicht so sehr beeinträchtigt. Anfangs liegt der pH-Wert des Bergematerials zwischen 8 und 9. Die Pyritoxidation führt dann im Laufe der Zeit zu einer pH-Absenkung. So ergaben die Untersuchungen auf der Halde „Waltrop" von 1987, daß bereits 3 Jahre nach Aufschüttung auf Teilbereichen eine sehr starke Versauerung bis zu pH-Werten von 4,6 stattgefunden hat und z. T. Versuchsparzellen extrem – bis auf pH 2,6 – versauert sind. Die durch Sandüberdeckung bzw. eingemischten sandigen Lehmboden behandelten Versuchsflächen versauern teilweise schneller als das reine Bergematerial. Bodenmikrobiologische Untersuchungen ergaben darüber hinaus, daß die rasch voranschreitende Versauerung die Aktivität der Bodenmikroorganismen in starkem Maße hemmt.

> Die Vorgänge, die zur Pyritoxidation in Bergehaldenmaterial führen, und ihre Folgen sind in der 4. Studieneinheit, Abschn. 3.3 dargestellt.

Zur Unterstützung der Keimung von Samen, der angeflogen war, und der Ausbildung reproduktionsfähiger Samen von aufgewachsenen Pflanzen erwies sich eine *Düngung* als sinnvoll. Besondere Bedeutung kommt dabei dem Nährelement Phosphat (P) zu. Stickstoff (N) dagegen wird häufig in ausreichendem Maße über die Niederschläge eingetragen. Derzeit variiert der Stickstoffeintrag über die Atmosphäre meist zwischen 5 und 50 kg (in Form von Nitrat) pro ha und Jahr; in der Nähe von Industrieanlagen kann er bis zu 100 kg N/ha betragen. An Phosphat hingegen mangelt es. Man stellt in Deutschland meistens diejenige Phosphatmenge im Boden, die für die Pflanzen verfügbar ist, durch Extraktion des Phosphats mit Calciumlactat (ein Salz der Milchsäure) in salzsaurer Lösung fest (Doppellactatmethode). Auf den Haldenstandorten sind die Huminstoffe – die sich aus der zersetzten Vegetation gebildet haben – das wichtigste Reservoir, aus dem Phosphat in die Bodenlösung nachgeliefert werden kann. Teilweise liegen v. a. in den obersten 10 cm der Versuchsfläche mehr als 30 % des Gesamtphosphates in organischen Verbindungen eingebaut vor, die die Pflanzen aufnehmen können. Der größte Phosphatanteil

> Näheres zu den von Pflanzen benötigten Nährelementen können Sie im Anhang nachschlagen.

am Gesamtvorrat ist jedoch in Form von schwerlöslichen Eisen- und Aluminiumphosphatverbindungen nicht pflanzenverfügbar im Boden festgelegt.

Auf der Halde „Waltrop" erwies sich eine Phosphatdüngung als unumgänglich. Für eine mittlere Ernährung der Pflanzen an Phosphat müßten mindestens für einen Bereich bis 20 cm Tiefe ca. 800 kg P_2O_5/ha, bei einer Tiefe bis 50 cm Tiefe ca. 2 000 kg P_2O_5/ha zugeführt werden. Die Phosphatdüngung sollte dabei aufgeteilt werden: Um eine zügige Pflanzenentwicklung in Gang zu setzen, gibt man ca. 1/3 der Phosphatdüngung in Form eines sofort verfügbaren Düngers (z. B. Superphosphat oder Triplephosphat, s. u.). Die restliche Menge kann in Form eines Apatitdüngers (Hyperphos) zugeführt werden, der langsamer verfügbar ist. Phosphat in dieser Form geht im Laufe der durch die Verwitterung des Bergematerials sich absenkenden pH-Werte langsam in Lösung und kann dann von den Pflanzenwurzeln nach und nach aufgenommen werden. Der Apatitdünger sollte möglichst in den Wurzelraum eingemischt werden (Kreiselegge oder Grubber). Das Superphosphat hingegen sollte nur oberflächlich ausgebracht werden, da die Masse der Pflanzenwurzeln sich vorwiegend in den obersten 10 Zentimetern entwickelt.

Superphosphat ist ein Gemisch aus wasserlöslichem primärem Calciumphosphat [$Ca(H_2PO_4)_2$] und Gips ($CaSO_4$). Das Triplephosphat oder auch Triplesuperphosphat ist ein Phosphatdünger, der einen höheren wasserlöslichen Phosphatanteil (> 90 %) enthält, wodurch das Phosphat nahezu sofort den Pflanzen zur Verfügung steht. Der Name stammt noch aus der Anfangszeit der Mineraldüngung und sollte auf die Überlegenheit dieses Düngers gegenüber den Rohphosphaten (Apatitphosphate) hinweisen.

Der *Apatitdünger* ist ein Phosphatdünger, welcher vorwiegend aus feingemahlenem, natürlichem Rohphosphat, dem Phosphatmineral Apatit besteht. Dessen chemische Formel ist: $Ca_5(PO_4)_3OH$, es kommen auch Apatite mit Fluor, F, oder Chlor, Cl, statt der OH-Gruppe vor. (Apatit ist u.a. auch wesentlicher Bestandteil unserer Zähne). Die düngende Wirkung bzw. die Pflanzenverfügbarkeit dieser Phosphatform ist v. a. von den Mobilisierungseigenschaften der Böden abhängig. Rohphosphate wie die Apatitdünger werden in Böden um so stärker mobilisiert, je niedriger der pH-Wert, je besser die Durchfeuchtung und je höher die Temperatur ist. Hinsichtlich der Bodenreaktion liegt ihr Einsatzgebiet auf stark sauren Böden. Aufgrund der Zusammensetzung wirkt der Apatitdünger auch alkalisch.

Die bisherigen Ergebnisse des Begrünungsversuchs lassen sich wie folgt zusammenfassen:

Nähere Einzelheiten zu diesem Großversuch sind im Anhang dargestellt.

Um eine ausreichende Entwicklung flach (Gräser) bis mitteltief wurzelnder Pflanzen (Gebüsch) zu gewährleisten, ist es notwendig, die Phosphatdüngung in dem durchwurzelten Bereich (0 – 20 bzw. 20 – 50 cm) vorzunehmen. Für eine Verbesserung der Verfügbarkeit des

Phosphats für die Pflanzen erweist sich dabei die starke Neigung des Bergematerials zur Versauerung im Laufe der Verwitterung als besonderes Problem. Die Versauerung bewirkt eine schnelle Verwitterung des Bergematerials, wodurch zum einen geringe Mengen an Phosphat, aber auch Eisen- und Aluminiumionen aus dem Bergematerial freigesetzt werden. Da das Haldenmaterial nur wenig Calcium enthält, können sich keine – leicht löslichen – Calciumphosphate bilden, sondern es entstehen bei sinkenden pH-Werten Eisen- und Aluminiumoxihydrate, die spezifische Bindungsplätze für Phosphationen aufweisen. Die sich bildenden Eisen- und Aluminiumphosphate sind sehr stabile Phosphatverbindungen, die von den Pflanzen nur in geringem Maße genutzt werden können. Zur Verminderung dieser Immobilisierung von Phosphat sollte deshalb bei Neuanlage einer zur Begrünung anstehenden Bergehalde möglichst feinkörniges carbonathaltiges (Boden-) Material (Durchmesser ca. < 2 mm) mit eingemischt werden. Durch die zugeführten Carbonate würde dann zum einen die z. T. extrem schnelle Versauerung abgemildert, zum anderen können pflanzenverfügbare Calciumphosphate entstehen.

Weiterhin sollte in dem zu durchwurzelnden Bereich organische Substanz – am besten in Form von Kompost – eingebracht werden, da die aus den Komposten freigesetzten Huminsäuren Bindungspositionen an den Eisen- und Aluminiumoxiden besetzen können, an denen sonst Phosphat angelagert würde. Es kommt somit zu einer teilweisen Blockierung von spezifischen Adsorbentenplätzen für Phosphat durch organische Säuren. Darüber hinaus ist die organische Substanz in der Lage, in hohem Maße Phosphat zu adsorbieren. Gerade auf den stark zur Versauerung neigenden Bergematerialhalden wirkt die Eigenschaft der organischen Substanz, selbst bei niedrigen pH-Werten größere Phosphatmengen zu binden, besonders günstig, da in dieser Form das Phosphat besser pflanzenverfügbar ist.

3.4 Zusammenfassung

Indem Sie die folgenden Fragen beantworten, können Sie die Zusammenfassung selbst erstellen.

Fragen:

1. Nennen Sie stichwortartig Beeinträchtigungen und Gefährdungen, die von Bergematerialhalden ausgehen.

2. Welche Standortfaktoren sind für Bergematerialhalden charakteristisch?

3. Früher versuchte man, Bergematerialhalden mit einer 25 – 50 cm

dicken Bodenschicht zu bedecken und in diese Gehölze zur Begrünung einzusetzen. Wie wuchsen die Gehölze an, was waren die Folgen?

4. Das Landesoberbergamt hat Grundsätze zur Begrünung von Bergematerialhalden in NRW aufgestellt. Welches Vorgehen wird vorgeschrieben?

5. Fassen Sie kurz die bisherigen Ergebnisse und Folgerungen aus dem Rekultivierungsversuch auf der Halde „Waltrop" zusammen.

Antworten:

1. Störung des Landschaftsbildes, Flächeninanspruchnahme, Zerstörung ursprünglicher Biotope oder vom Menschen genutzter Flächen, Gefährdung durch Luftverschmutzung bei Haldenbränden und Grundwasserbelastung.

2. Steilhänge, lose Schüttung, Schwefelsäurebildung, geringe Wasserhaltekapazität, geringer Feinbodenanteil, extreme Temperaturschwankungen.

3. Die Pflanzenwurzeln breiten sich lediglich in der oberen Bodenschicht aus und verankern den Baum nicht in tieferen Bereichen. Bei auch nur oberflächlicher Trockenheit können sich die Pflanzen deshalb nicht mit Wasser aus tieferliegenden Schichten versorgen. Folgen sind Windbruch und Dürreschäden.

4. Beginn der Rekultivierungsmaßnahmen unmittelbar nach Beendigung der Aufschüttung; ggf. Bedeckung mit Kulturboden oder einer Mischung von Boden und Bergematerial; Einsaat geeigneter Kräuter, bei Steilhängen im Naßsaatverfahren; Startdüngung; nach 2 Jahren Anpflanzen geeigneter Bäume; Pflege durch Kalkung und Düngung.

5. Aussat von Pionierpflanzen beschleunigt den Begrünungsprozeß; innerhalb von 2 – 3 Jahren sinkt der anfängliche pH-Wert von 8 – 9 auf bis zu 2,6 ab; die Geschwindigkeit der Versauerung hängt von der Art des Materials ab; zur Abminderung der Versauerung wird carbonathaltige Bodensubstanz in die Oberfläche eingemischt; Düngung mit Phosphat ist dringend erforderlich; sinnvoll ist sowohl eine oberflächliche Düngung mit rasch pflanzenverfügbarem Phosphat (Superphosphat) als auch eine solche mit langsam verfügbarem Phosphat (Apatit), der tiefer eingearbeitet wird; zur Beschleunigung der Humusbildung ist Düngung mit organischem Material nötig.

4 Rekultivierung einer Industriebrache

D. A. Hiller

In dem seit 150 Jahren stark industriell überformten Ruhrgebiet sind heute als Folge der Umstrukturierung und Neuorientierung der Montan- und Stahlindustrie große Flächen an Zechen-, Industrie- und Verkehrsbrachen übriggeblieben. Ein besonderes Problem bei der Sanierung gewerblich-industriell überformter Flächen stellen dabei häufig alte Kokerei- und Gaswerkstandorte dar. Dort finden sich Böden, die mit organischen Schadstoffen (polyzyklische aromatische Kohlenwasserstoffe, Benzol, Toluol, Xylol oder Mineral- und Teerölschlammgemische) kontaminiert sind. Im folgenden ist an einem Beispiel ausgeführt, wie eine solche Altlast saniert wurde. Die sanierte Fläche wurde nach Abschluß der Dekontaminationsarbeiten in ein neues Gewerbegebiet umgewandelt, das seit Mitte 1993 bereits weitgehend bebaut ist.

4.1 Einführung und Problemstellung

> Erinnern Sie sich noch, was polyzyklische aromatische Kohlenwasserstoffe (PAK), Benzol, Toluol, Xylol für Substanzen sind und welche Wirkungen sie haben?
>
> •••••
>
> Ausführlich sind die Schadstoffe im Anhang dargestellt.

Da das Grundlagenwissen über die Rekultivierbarkeit von Böden, nachdem sie saniert wurden, noch sehr unvollständig ist, wurde ein wissenschaftlich betreuter Feldversuch auf dem ehemaligen Zechen- und Kokereigelände Mathias Stinnes in Essen durchgeführt (HILLER u. BURGHARDT 1993). Mit den Untersuchungen sollte festgestellt werden, welche zusätzlichen Maßnahmen erforderlich sind, um einen gereinigten Boden erfolgreich zu rekultivieren. Im Freiland sowie im Labor wurden bodenphysikalische, bodenmikrobiologische sowie chemische und physikochemische Parameter untersucht.

4.2 Reinigung des Bodens

Der Boden des ehemaligen Kokereigeländes war stark mit > PAK und > Cyanid belastet. Ursprünglich sollten etwa 29 000 t Boden und Bauschutt auf einer Deponie entsorgt werden. Nachdem bereits ca. 15 000 t abtransportiert waren, erkannte man diese Art der Sanierung als nur räumliche Verlagerung des Problems und suchte eine andere Sanierungsmöglichkeit. Zunächst installierte man eine Bodenwaschanlage zur chemisch-physikalischen Reinigung auf dem Kokereigelände. Nach 2 Jahren und mehreren Versuchen mußte man diese Art der Bodenreinigung ergebnislos aufgeben. Als letzte Möglichkeit versuchte man die thermische Bodenreinigung. Der Boden des Altlastenstandortes wurde ausgekoffert (> auskoffern) und per Schiff nach Utrecht und Rotterdam gebracht. Vor der Reinigung des Kokereibodens wurden großvolumige Bodenbestandteile auf Partikelgrößen < 50 mm Durchmesser gebrochen. Nun schwelte man in stationären Anlagen der Firmen RUT (Ruhrkohle Umwelttechnik) und Ecotechniec bei Temperaturen von 550 – 600 °C zunächst die organischen Schadstoffe aus. Die Reinigungsleistung zeigt Tabelle 5.4. In einer daran anschließenden 2. Stufe verbrannte man die Schadgase und Dämpfe unter Zufuhr von Sauerstoff bei einer Temperatur von 950 °C in einem Nachbrenner. Der gesamte Reinigungsvorgang ist in Abb. 5.6 schematisch dargestellt.

> Zum Prinzip der chemisch-physikalischen Bodenreinigung vgl. 4. Studieneinheit, Abschn. 4.3.1.
>
> Zum Prinzip der thermischen Bodenreinigung vgl. 4. Studieneinheit, Abschn. 4.3.3.
>
> Die Verdampfungs- und Zersetzungstemperaturen organischer Schadstoffe sind in der 4. Studieneinheit, Tabelle 4.11 zusammengestellt.

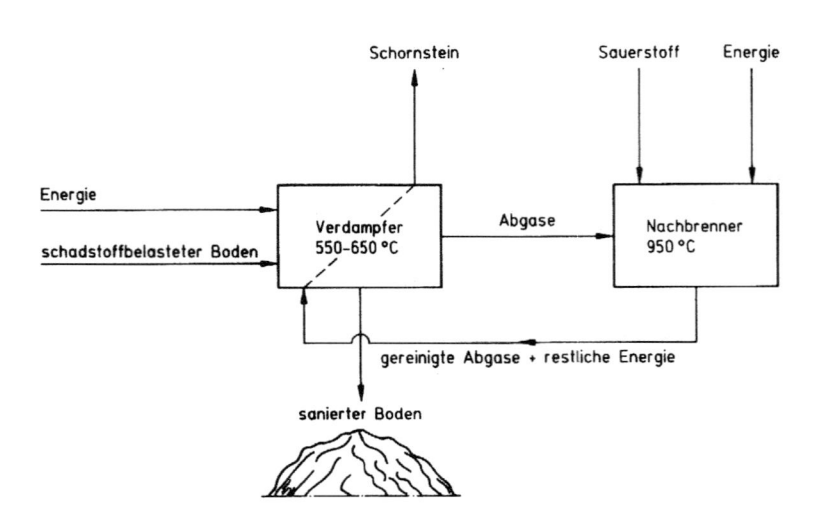

Abb. 5.6. Schemaschaubild des Niedertemperaturverfahrens zur Reinigung von mit organischen Schadstoffen belasteten Böden. (Aus HILLER u. BURGHARDT 1993)

Der gereinigte Boden wurde wieder auf dem alten Zechen- und Kokereigelände eingebracht und zu einem großen Teil mit Gebäuden und zugehörigen Stell- und Lagerplätzen überbaut. Ein Teil des Bodens wurde für einen Feldversuch verwendet.

Tabelle 5.4. PAK-Gehalte im verunreinigten und im thermisch gereinigten Boden des ehemaligen Kokereistandortes Mathias Stinnes in Essen (in mg/kg). (Aus HILLER u. BURGHARDT 1993)

Verbindung	Kontaminierter Boden	Gereinigter Boden
Naphthalin	1650	0,4
2-Methyl-Naphthalin	127	0,1
1-Methyl-Naphthalin	272	0,3
Fluoren	312	0,1
Phenanthren	1000	1,4
Anthracen	247	0,4
Fluoranthen	911	2,6
Pyren	621	2,3
Benz(a)anthracen	278	0,7
Chrysen	179	0,9
Benz(e)pyren	149	0,6
Benzo(b)fluoranthen	189	0,7
Benzo(k)fluoranthen	84,1	0,2
Benz(a)pyren	133	0,3
Dibenz(ah)anthracen	12,4	0,1
Benzo(ghi)perylen	39,9	0,3
Indeno(1,2,3,cd)pyren	44,1	0,2

Holland-Liste C-Wert* für PAK = 200 mg/kg

*vgl. 4. Studieneinheit, Abschn. 4.1.2

4.3 Anlage des Feldversuches

Zur Anlage des Feldversuches wurde das thermisch gereinigte Bodensubstrat im Juni 1989 etwa 1 m mächtig aufgeschüttet und mit einer Raupe planiert, was den Boden gleichzeitig verdichtete. Der Boden wurde in mehrere Parzellen eingeteilt, die unterschiedlich eingesät und gedüngt wurden (Abb. 5.7). Die 4 Vegetationsvarianten waren:

– Ansaat von Lupinen, L-Variante,

– Ansaat eines Klee-Gras-Gemisches, KG-Variante,

– Ansaat von Gras, G-Variante,

– Begrünung durch Anflug, 0-Variante.

Warum benutzt man für derartige Versuche Lupinen oder Klee?

•••••

> Lupinen und Klee gehören zu den Leguminosen (heute > Fabales), die mit Hilfe der Bakterien in ihren Wurzelknöllchen Luftstickstoff aufnehmen und verwerten können. Sie tragen so zur Stickstoffdüngung bei.

Die Vegetationsparzellen wurden weiter durch 3 Düngungsvarianten unterteilt:

– Kompostgabe (300 g/m^2), K-Variante,

– Mineraldüngung (Stickstoff 5 g/m^2, Phosphat 9 g/m^2), M-Variante,

– „unbehandelt", 0-Variante.

> Welche Wirkungen hat der Kompost auf den Boden?
>
> •••••
>
> Der Kompost dient der Verbesserung des Bodengefüges, der Erhöhung der Wasserspeicherkapazität und der Nährstoffversorgung.

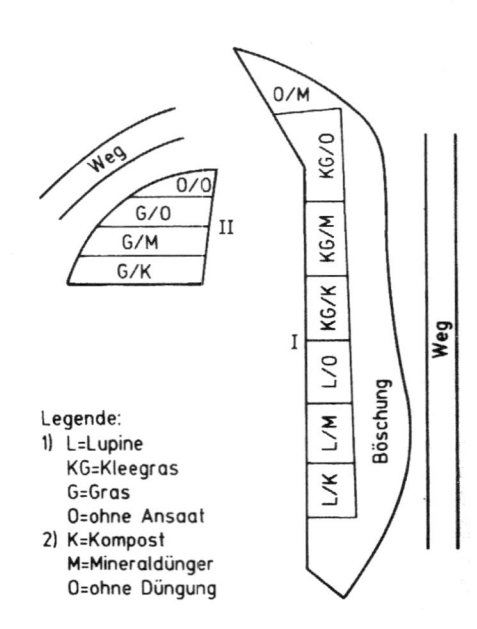

Abb. 5.7. Aufbau und Anlage des Feldversuches zur Rekultivierung nach dem Niedertemperaturverfahren thermisch behandelten Bodens in Essen. (Aus HILLER u. BURGHARDT 1993)

Da die Eigenschaften des gereinigten Bodenmaterials durch Düngung nicht überdeckt werden sollten, wurde die mineralische Düngung knapp bemessen, so daß diese den vorhandenen Nährstoff nur ergänzt. Der Kompost wurde vor der Bodenbearbeitung ausgestreut und anschließend eingefräst. Der grobe Zeitplan war folgender:

Juni 1989: Aufbringen des Bodensubstrats,

Sommer 1990: Einsaat von Lupinen und Klee-Gras-Mischung.

Anschließend wurden vielfache Messungen durchgeführt. Im folgenden sind die Meßergebnisse dargestellt für:

– Bodenart,

– Tonminerale,

– Porenbildung,

– Aktivität der Mikroorganismen,

– mikrobielle Biomasse,

– pH-Wert,

– elektrische Leitfähigkeit,

– Kationenaustauschkapazität,

– Gehalt an Huminstoffen und Kohlenstoff,

– Gehalt an Pflanzennährelementen.

4.4 Ergebnisse der Labor- und Felduntersuchungen

Wie haben sich die durch das Niedertemperaturverfahren thermisch gereinigten Böden verändert? Welche Eigenschaften haben sie? Zunächst vergleicht man die Analyseergebnisse des gereinigten Bodens mit natürlich vorkommenden Böden aus der Umgebung oder mit einem Gemenge von lehmigen Sanden mit Bauschutt- und Bergematerialbestandteilen. Solche Gemenge sind zumeist auf Kokereiflächen im nördlichen und westlichen Ruhrgebiet anzutreffen.

4.4.1 Bodenphysikalische Eigenschaften

Bodenart. Die physikalischen Eigenschaften von Böden werden v.a. durch die > Bodenart, d. h. durch die Zusammensetzung an Sand, Schluff und Ton, beeinflußt. Ein Vergleich des Substrats der Bodenreinigung mit mehreren örtlich natürlich vorkommenden Böden (Bodenart lehmiger Sand) zeigte, daß keine wesentliche Veränderung der Korngrößenzusammensetzung stattfand (Abb. 5.8). Der Gehalt an Skelettmaterial (Steine, Grus > 2 mm Durchmesser) ist durch Beimengungen von Bergematerial, Bauschutt und Aschen bedingt, infolgedessen ist auch der Grobsandanteil etwas erhöht. Diese Verhältnisse findet man jedoch in Stadt- und Industrieböden auch unabhängig von der thermischen Reinigung.

Die Kornfraktionen des Bodens sind in der 1. Studieneinheit, Abschn. 3.5.2 beschrieben.

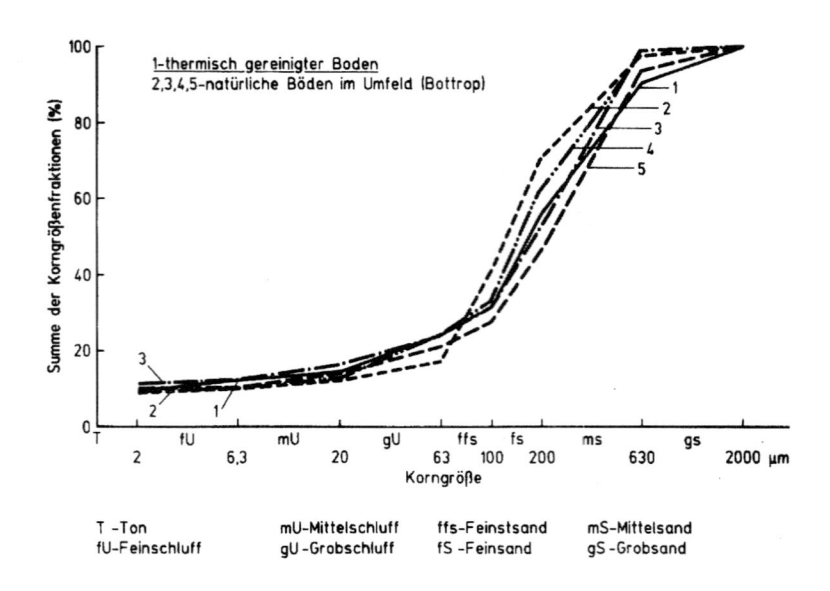

Abb. 5.8. Korngrößenzusammensetzung des thermisch gereinigten Bodens im Vergleich mit natürlichen Böden der benachbarten Stadt Bottrop. (Aus HILLER u. BURGHARDT 1993)

Der Aufbau der Tonminerale und ihre Bedeutung für die Ernährung der Pflanzen sind in der 1. Studieneinheit, Abschn. 3.4 geschildert.

Tonminerale. Das Niedertemperaturverfahren führte nur zu einer geringen Veränderung in der Ausprägung der charakteristischen röntgenographischen Spektren der verschiedenen Tonminerale. (Bei einem Hochtemperaturverfahren dagegen findet man keine Tonminerale in den gereinigten Materialien mehr.) Die halbquantitative Röntgenanalyse von nichtgereinigten und thermisch behandelten Bodenproben ergab, daß sich der Tonmineralbestand sowohl qualitativ als auch quantitativ nicht verändert hat.

Poren. Der Vegetationsversuch ergab, daß tiefwurzelnde Pflanzen die Ausbildung durchgehender Wurzelporen fördern.

Welche wichtigen Bodeneigenschaften werden durch Poren beeinflußt?

•••••

Sie beeinflussen den Wasser- und Lufthaushalt des Bodens. Sie erhöhen z. B. die Menge Haftwasser, die ein Boden maximal aufnehmen kann (> Feldkapazität).

Die Feldkapazität wurde in der 1. Studieneinheit, Abschn. 5.1.1 behandelt.

Wurzelporen wirken sich auch auf die Luftmenge, die pro Flächen- und Zeiteinheit den Boden durchtritt (geteilt durch das Druckgefälle), auf die sog. > Luftleitfähigkeit, und auf andere bodenphysikalische Parameter positiv aus.

Der Luftgehalt des thermisch gereinigten Bodens, genauer seine > Luftkapazität, ist als mittel einzustufen und liegt damit unter der von Sandböden. Die nutzbare Feldkapazität, d. h. die den Pflanzen zur Verfügung stehende Haftwassermenge, ist als sehr hoch zu bewerten. Bei ausreichender Luftkapazität ist somit der thermisch gereinigte Boden in der Lage, der Vegetation auch in Trockenzeiten reichlich Wasser zur Verfügung zu stellen. Das Substrat aus der Bodenreinigung entspricht also in seinen grundlegenden bodenphysikalischen Eigenschaften dem natürlich vorkommender Böden.

4.4.2 Bodenmikrobiologische Ergebnisse

Durch die thermische Behandlung des Bodens werden die Mikroorganismen im Boden abgetötet.

Aktivität der Mikroorganismen. Ein halbes Jahr nach Anlage der Feldversuchsfläche wurden Proben für bodenmikrobiologische Untersuchungen entnommen und untersucht. Die Nullparzelle ohne Ansaat und Düngung wies bereits eine deutliche Organismenaktivität auf. Diese wird gemessen als CO_2-Produktion. CO_2 wird bei der Atmung der Mikroorganismen ausgeschieden. Die Aktivität der Mikroorganismen wurde durch die Ansaat von Klee-Gras-Gemisch – wie auch durch Kompostgaben – stark gesteigert (vgl. Abb. 5.9).

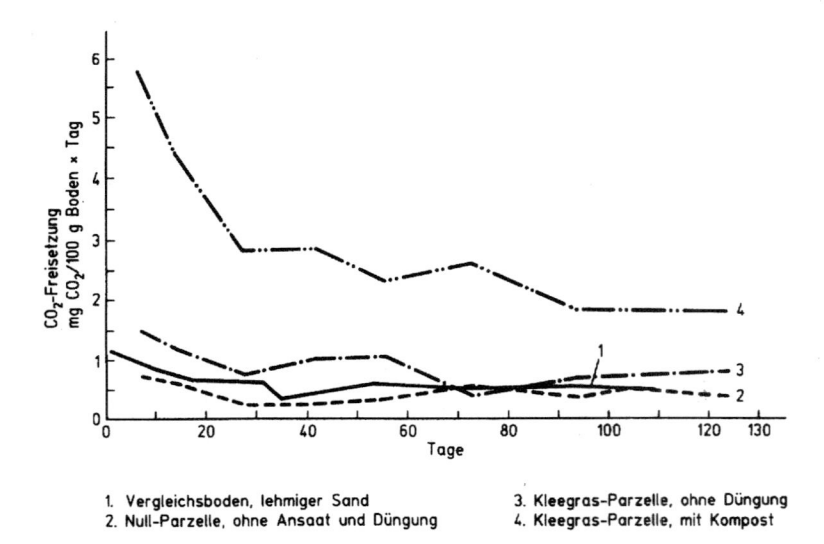

Abb. 5.9.
Raten der Freisetzung von CO_2 im Vergleich: verschiedene Versuchsvarianten auf den Flächen des thermisch gereinigten Bodens und eines Ackerstandortes bei Wesel. (Aus HILLER u. BURGHARDT 1993)

Produktion von mikrobieller Biomasse. Eine im September 1992 durchgeführte Untersuchung zur Bestimmung der mikrobiellen Biomasse (das Substrat war im Juni 1989 aufgeschüttet worden, die Einsaat von Lupine bzw. Klee-Gras-Gemisch im Sommer 1990 erfolgt) ergab in den intensiv durchwurzelten Oberbodenbereichen (bis 20 cm Tiefe) der verschiedenen Parzellen des Feldversuches zwischen 40 und 110 mg Biomassekohlenstoff (C) pro 100 g Boden. Diese Werte liegen in einem Bereich, der häufig in Oberböden von Getreideanbauflächen (10 – 60 mg Biomasse-C/100 g) bzw. unter natürlichem Grünland oder Weide (bis 150 mg Biomasse-C/100 g) gemessen wird. Innerhalb von 3 Jahren hat sich also eine Mikroorganismenpopulation in dem gereinigten Bodensubstrat aufgebaut, die in ihrer Größenordnung der Menge in unbelasteten und unbehandelten Kulturböden weitgehend entspricht.

4.4.3 Physikochemische und chemische Eigenschaften

Die Bedeutung des pH-Wertes für Boden und Pflanzenwuchs wurde in der 1. Studieneinheit, Abschnitt 7.2 dargestellt.

Bodenreaktion. Die pH-Werte des 1989 frisch ausgebrachten thermisch behandelten Bodens variierten anfangs im schwach alkalischen Bereich von 8,1 – 8,4. Bei städtischen Böden findet man diese Werte oft, sie lassen sich auf Bauschutt-, Aschen- und Schlackenbeimengungen zurückführen. Da der pH-Wert des unbehandelten Bodens bei 8,1 lag, führte die Bodenreinigung teilweise zu einer schwachen pH-Anhebung. Die etwas höheren pH-Werte in dem thermisch gereinigten Bodenmaterial sind wahrscheinlich auch auf den durch Natriumsulfat (Na_2SO_4) erhöhten Natriumanteil in dem Waschwasser des Rauchgases zurückzuführen. Mit diesen wurde nämlich das gereinigte Bodensubstrat befeuchtet, um eine übermäßige Staubentwicklung zu unterbinden.

Bei der Abgasbehandlung wurde u. a. eine Rauchgaswäsche mit Natronlauge (NaOH) durchgeführt, um das SO_4^{2-} als Na_2SO_4 zu fällen. Die Befeuchtung des Bodens mit dem Na_2SO_4-haltigen Rauchgaswaschwasser geschieht aus „Entsorgungsgründen". Die Anlage arbeitet dadurch weitgehend rückstandsfrei.

Die zugeführten Salze verursachen auch eine deutlich erhöhte elektrische Leitfähigkeit (s. u.), die in einem Bodenwasserextrakt (Verhältnis Boden : Wasser = 1 : 5) gemessen wird. Die Werte liegen bei über 1 Millisiemens(mS)/cm; normalerweise haben ländliche Böden eine Leitfähigkeit unter 0,1 mS/cm. Der Feldversuch zeigt, daß die leicht löslichen Salze durch die Niederschläge gelöst, in tiefere Bodenschichten verlagert und ausgewaschen werden. Bereits nach 1 Jahr ist nämlich in den obersten 15 cm des ausgebrachten thermisch gereinigten Bodens eine deutliche Abnahme des pH-Wertes bis z. T. unter pH 8 bei gleichzeitig abnehmender elektrischer Leitfähigkeit (z. T. bereits < 0,4 mS/cm) festzustellen. Nach 3 Jahren, im September 1992, wies der Oberboden in den verschiedenen Versuchsparzellen meist weiter gesunkene Werte von 0,4 – 0,05 mS/cm auf. Auch die pH-Werte variierten nur noch in dem Bereich von 6,8 – 7,2.

Die elektrische Leitfähigkeit eines Bodens ist eine Größe, die leicht zu ermitteln ist und schnell Rückschlüsse auf dessen Salzgehalt – v. a. den Na^+-Gehalt – zuläßt. Je höher der Salzgehalt im Boden, desto mehr Probleme ergeben sich mit dessen Stabilität. Natrium-Ionen z. B. umgeben sich nämlich mit einer großen Hydrathülle. Dadurch verhindern sie, daß die Tonteilchen zusammenflocken, sie verteilen sich vielmehr sehr fein (sie dispergieren). Tonreiche Böden mit hohen Natriumgehalten verschlämmen deshalb sehr schnell bzw. sind sehr stark erosionsgefährdet.

Darüber hinaus kann ein erhöhter Salzgehalt im Boden den Pflanzenwurzeln die Wasseraufnahme erschweren oder gar unmöglich machen, weil die Diffusion des Wassers durch die Zellmembran gestört ist.

Technische Verbesserungen beim Reinigungsverfahren, um die Anreicherung von Natriumsalzen zu verhindern, wurden bereits vorgenommen.

Kationenaustauschkapazität. Die KAK (> Kationenaustauschkapazität) des gereinigten Bodensubstrates liegt mit 9,4 meq (milliequivalent)/100 g um ca. 30 % unterhalb der KAK des ungereinigten Bodens mit 13,3 meq/100 g. Sie ist daher im thermisch gereinigten Boden als gering bis mittel zu bewerten.

Erläuterungen zum Zustandekommen der Kationenaustauschkapazität und ihre Auswirkung auf das Nährstoffangebot können Sie in der 1. Studieneinheit, Abschn. 7.1 nachschlagen.

> Was mag der Grund für die niedrige KAK sein?
>
> •••••
>
> Der Rückgang der KAK ist wohl überwiegend auf den Verlust der Huminstoffe zurückzuführen, die ebenfalls – wie die organischen Schadstoffe – durch die thermische Behandlung ausgetrieben wurden.

Trotzdem liegt die KAK des gereinigten Bodensubstrates in einem für huminstoffarme Unterböden aus Löß bzw. lehmigen Sand normalen Bereich. Bei der Austauscherbelegung ist in dem gereinigten Bodensubstrat der Natriumanteil von 9 % (ungereinigter Boden 5 %) an der KAK erhöht. Dies verändert nicht nur den pH-Wert zum Basischen, sondern destabilisiert auch das Bodengefüge. Dadurch wird die Verschlämmung des Oberbodens begünstigt. Dies ist ein weiterer Grund für die Erosionsanfälligkeit des gereinigten Bodenmaterials.

Huminstoffe. Durch die thermische Behandlung werden, wie gerade erwähnt, nicht nur die organischen Schadstoffe, sondern auch die natürlichen Huminstoffe aus dem Boden weitgehend entfernt. Im

Zur Bildung von Humus und seine Bedeutung für die Bodenfunktion vgl. der 1. Studieneinheit, Abschnitt 4.1.

kontaminierten Boden waren ursprünglich 5,9 % Kohlenstoff aus organischen Verbindungen nachweisbar; durch die Reinigung vermindert sich der Anteil auf ca. 2,2 %. Außerdem ist der Gehalt des gereinigten Bodens an Kohlenstoff in anorganischer Form hoch. Dieser Kohlenstoff stammt aus Carbonaten, Kohleresten im Bergematerial sowie aus in den Boden eingemischten Koksresten und Ruß.

Nährelemente. Für eine Rekultivierung ist der Gesamtgehalt wie auch die Verfügbarkeit von Pflanzennährstoffen, insbesondere Phosphor (P), Kalium (K) und Stickstoff (N) von besonderer Bedeutung. Zur Bestimmung der pflanzenverfügbaren Nährstoffe Phosphor und Kalium auf landwirtschaftlich oder gärtnerisch genutzten Böden wird als Standardmethode die schon auf in Abschn. 3.3 erwähnte Doppellactat-Extraktion verwendet. Der thermisch gereinigte Boden ist mit 7,5 mg P_2O_5/100 g mittelmäßig versorgt, so daß allenfalls eine verhaltene Phosphatdüngung notwendig ist. Hinsichtlich Kalium mit einer Konzentration von 20 mg K_2O/100 g besteht eine für die Bodenart hohe Versorgung, so daß eine zusätzliche K-Düngung nicht erforderlich ist.

Der Gesamtstickstoffgehalt des thermisch gereinigten Bodenmaterials variiert von 800 – 1600 mg N/kg und liegt somit in einer Größenordnung, die auch auf Ackerböden vorgefunden wird. Wie Vegetationsuntersuchungen zeigen, ist aber der Stickstoff nur in geringem Ausmaß pflanzenverfügbar, so daß die Menge für eine Begrünung nicht ausreicht. Dies kann durch eine Mineraldüngung oder durch Einmischung von Kompost ausgeglichen werden. Es ist aber auch möglich, Stickstoff aus der Luft über die stickstoffsammelnden Knöllchenbakterien von Leguminoseneinsaaten im Boden anzureichern. Den Erfolg solcher Maßnahmen dokumentieren die Pflanzenbedeckung und deren Wurzelentwicklung im Feldversuch.

4.5 Zusammenfassung

Fragen:

1. Welche Fragestellung liegt der Untersuchung zugrunde?

2. Beschreiben Sie kurz die Versuchsanlage.

3. Stellen Sie Versuchsergebnisse und Folgerungen zusammen.

Antworten:

1. Welche Maßnahmen sind erforderlich, um einen mit organischen Schadstoffen verunreinigten, im Niedertemperaturverfahren gereinigten Boden erfolgreich zu rekultivieren?

2. Der gereinigte Boden wurde in einer 1 m dicken Schicht aufgetragen und verdichtet. Er wurde in mehrere Parzellen eingeteilt, die unterschiedlich eingesät und gedüngt wurden, wobei jeweils auch Kontrollparzellen ohne Einsaat bzw. Düngung angelegt wurden. Im Verlauf von 3 Jahren wurden zu verschiedenen Zeiten Proben genommen, analysiert und mit unbelasteten und unbehandelten Böden verglichen.

3. Bei dem Niedertemperatur-Bodenreinigungsverfahren bleiben die physikalischen und chemischen Bodeneigenschaften (Bodenart, Tonminerale, Porenbildung, pH-Wert, elektrische Leitfähigkeit, Kationenaustauschkapazität, Gehalt an Huminstoffen und Kohlenstoff) weitgehend erhalten. Die mikrobiologischen Eigenschaften (Aktivität der Mikroorganismen, mikrobielle Biomasse) regenerieren im Laufe der Zeit. Zur Verwendung des gereinigten Bodensubstrates als Pflanzenstandort und zur Eingliederung in die Landschaft sind jedoch weitere Bodenverbesserungsmaßnahmen erforderlich. Zur Verminderung der Erosionsanfälligkeit, Verbesserung der Wasserhaltekapazität und Nährstoffversorgung für einen Pflanzenaufwuchs sowie zur Ansiedlung von Bodenmikroorganismen hat sich eine Einbringung organischer Substanz – in Form von Kompost – als notwendig erwiesen. Darüber hinaus sind bereits technische Verbesserungen beim Reinigungsverfahren nötig, um die Salzanreicherung im gereinigten Bodensubstrat zu unterbinden.

5 Renaturierung eines Moores in einen oligotrophen Zustand

D. A. Hiller

Moore gelten weithin als menschenfeindlich – wer kennt nicht die Geschichten von Wanderern, die sich im Moor verirrten und im „tückischen" Moorboden versanken. Im Vergleich zu anderen Böden erscheinen sie auch von geringem Nutzen: für Ackerbau oder Waldwirtschaft sind sie nicht geeignet. Allenfalls kann man Vieh, wie Moorschafe, weiden lassen oder Einstreu gewinnen. Es mag auch mit solchen Einstellungen zusammenhängen, daß – neben dem Steinkohlenbergbau und dem Braunkohlentagebau – v. a. der Torfabbau und mit ihm verbunden die Umwandlung von Mooren in landwirtschaftliche Nutzflächen das Bild ganzer Landschaften grundlegend veränderte. Ehemals waren Moore weit verbreitet. Heute sind sie bis auf wenige Reste (vorwiegend in Niedersachsen) verschwunden. Insbesondere die extrem nährstoffarmen Hochmoore beherbergen Pflanzen und Tiere, die nur dort gedeihen und mit dem Verschwinden der Moore unwiederbringlich verlorengehen.

In Kap. 5 werden zunächst die früheren Nutzungen eines Moores, das Ökosystem Moor sowie die Folgen der menschlichen Eingriffe dargestellt. Anschließend wird an einem Beispiel beschrieben, welche Maßnahmen zur Wiederherstellung solcher Ökosysteme getroffen werden.

5.1 Nutzung der Moore

Die ursprünglich großen Gebiete der > Hochmoore mit ihren angrenzenden Heideflächen und Randgewässern wurden seit dem 17. Jahrhundert – als man erkannte, daß man den extrem anspruchslosen Buchweizen im feuchten Hochmoor anbauen konnte – durch Entwässerung, Moorbrandkultur und danach durch Torfstich stets kleiner. Um Land für die Bevölkerung zu gewinnen, mußte die Urbarmachung der Moore beschleunigt werden. Der Staat förderte dies schon früh mit einschneidenden Maßnahmen. Am bekanntesten ist hierfür das Urbarmachungsedikt von 1765, welches FRIEDRICH DER GROSSE erließ, um die Kultivierung der Hochmoorgebiete voranzutreiben. In diesem Urbarmachungsedikt wurden alle Ödländereien wie Hochmoore und Heiden zu Staatseigentum erklärt. Anschließend erfolgte eine systematische und flächendeckende Kultivierung der Hochmoore. Frühe „Moorpioniere" waren hierbei u. a. eine Vielzahl ehemaliger Soldaten aus der „Abrüstung nicht mehr benötigter Armeen" von FRIEDRICH DEM GROSSEN.

Die Abbildung eines Dampfpfluges finden Sie in der 3. Studieneinheit, Abschn. 1.1.

Von ca. 1860 an konnte man tiefpflügen, anfänglich mit Dampfpflügen und einem Tiefgang von 35 – 40 cm, später mit maximalen Umbruchstiefen von etwa 2,5 m. Seit dieser Zeit wurden weit über 100.000 ha ehemaliger Hochmoorflächen in Deutschland zu landwirtschaftlichen Nutzflächen umgewandelt. Alleine zwischen 1938 und 1978 wurden in Nordwestdeutschland etwa 180 000 ha tiefgepflügt, davon 2/3 Podsole, 1/3 flachgründiges Hochmoor oder abgetorftes Hochmoor (vgl. EGGELSMANN 1979).

Viele Jahrhunderte lang wurde Torf v. a. von ärmeren Bauern als Brennmaterial und Einstreu für das Vieh verwendet. In der 2. Hälfte unseres Jahrhunderts werden große Mengen industriell abgebauten Torfs (Abb. 5.10) zur Bodenverbesserung in Gartenbau und Landwirtschaft verbraucht. Die bodenverbessernden Eigenschaften des Torfs sind allerdings – das sei hier nebenbei bemerkt – nicht unumstritten: Er führt leicht zur Versauerung des Bodens und seine Fähigkeit, den Boden zu lockern, läßt schnell nach, da der Torf durch den Luftsauerstoff schnell oxidiert wird (CO_2 entweicht) und der Boden dann wieder zusammenbackt. Nicht nur um der Schonung der Moore wegen wird deshalb aufbereiteter Rindenmulch (zerkleinerte Baumrinde) und Rindenhumus (zerkleinerte und fermentierte Baumrinde), die praktisch als Abfallprodukte im Sägewerk anfallen, empfohlen.

Abb. 5.10. Backers Torfstechmaschine „Steba 69". (Aus GÖTTLICH 1990)

Da es heute nicht mehr als politisch notwendig angesehen wird, neue landwirtschaftliche Nutzflächen zu gewinnen, haben Moorflächen wieder eine Chance. Ziele der heutigen Umwelt- und Naturschutzpolitik sind zum einen, weitgehend „intakte" Restmoorflächen unter Schutz zu stellen, und zum anderen, die abgetorften Hochmoorflächen zu regenerieren. Darunter versteht man die Wiederherstellung einer natürlichen, torfbildenden Hochmoorvegetation, soweit dies möglich ist. Wichtigste Maßnahmen in diesem Falle sind zunächst einmal die Wiederherstellung des charakteristischen Hochmoorwasserhaushalts sowie die Entfernung von Gehölzaufwuchs in dem von Natur aus baum- und strauchfreien Hochmoor.

5.2 Entwicklung eines Hochmoores und die Wirkung menschlicher Eingriffe

Grob gesehen unterscheidet man Nieder- und Hochmoore. > Niedermoore (im Bayrischen Moos, im Schwäbischen Ried) entstehen meist durch Verlandung von Seen. Da sie mit dem Grundwasser in Kontakt stehen, sind sie nährstoffreich. Darin unterscheiden sie sich grundlegend von den Hochmooren.

> Hochmoore (Abb. 5.11) können über wasserstauendem Untergrund, wie verlandeten Seen (also auch aus Niedermooren), durch bodenbildende Prozesse undurchlässig gewordenen Sandböden, oder direkt auf Fels bzw. Ton entstehen. Bedingung ist, daß die Niederschlagsmenge größer ist als die Menge Wasser, die durch Verdunstung abgegeben wird, und daß die Niederschläge sich im Jahresverlauf einigermaßen gleichmäßig verteilen.

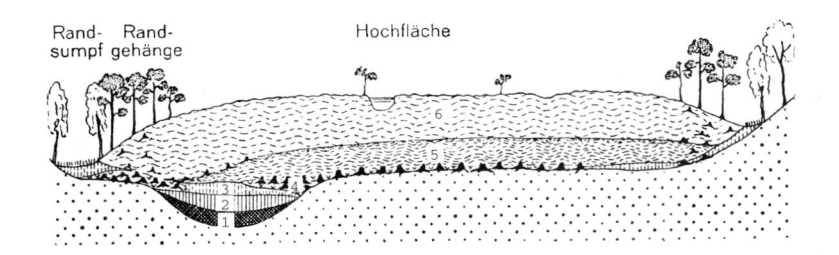

Abb. 5.11   Schema des Schichtbaues eines mitteleuropäischen Hochmoores (Schnittbild). Entstehung z.T. über einem verlandeten See: 1 = Mudde, 2 = Schilftorf, 3 = Seggentorf; z. T. durch Versumpfung eines Waldes: 4 = Waldtorf, 5 = älterer, 6 = jüngerer Sphagnum-Torf; in der Mitte der Hochfläche ein wassergefüllter Kolk („Moorauge"); mineralischer Untergrund punktiert. (Nach Firbas, aus Strasburger et al. 1991)

Es können sich Torfmoose (Sphagnen, Abb. 5.12) ansiedeln, die eine sehr große Wasserspeicherkapazität haben.

Der Blattaufbau des Torfmooses ist ungewöhnlich. Zwischen den schmalen Chlorophyllzellen liegen große Wasserzellen. Deren Wände sind mit Spiralverdickungen versteift und von Poren durchsetzt. Mit Hilfe der Wasserzellen können die Pflanzen bis zum 20fachen ihres Trockengewichtes an Wasser aufnehmen. Das Wasser kann auch ohne Schädigung der Wasserzellen wieder abgegeben werden.

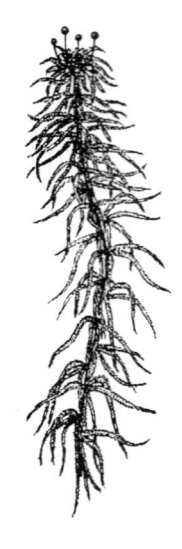

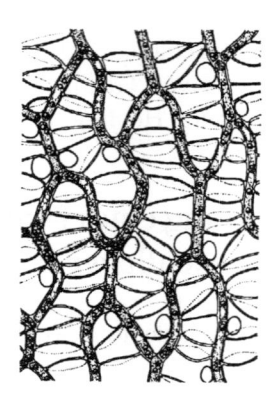

Abb. 5.12. Torfmoos (Sphagnum acutifolium), *links* Pflanze Gesamtansicht, *rechts* Ausschnittvergrößerung eines Blattes. (Aus STRASBURGER et al. 1991)

Bei einem Überschuß an Niederschlägen wachsen sie über den Grundwasserstand im mineralischen Boden hinaus. Es bildet sich ein eigener Moorwasserstand. Torfmoose zeichnen sich durch ein endloses Spitzenwachstum aus, indem sich unterhalb des Pflanzengipfels ein Zweig ebenso stark entwickelt wie die Mutterpflanze. Die unteren Pflanzenteile sterben ab. Sie werden wegen des Sauerstoffmangels infolge des hohen Wasserstandes nicht mineralisiert. Es kommt vielmehr zu einer Akkumulation humifizierter organischer Substanz. Torf entsteht. Die Torfschicht wird immer dicker. Das Moor erhebt sich („uhrglasförmig") über seine Umgebung.

Torf ist die 1. Stufe des Inkohlungsprozesses, der über Braunkohle und die verschiedenen Steinkohlenarten zum Anthrazit und Graphit führt. Näheres dazu ist im Anhang beschrieben.

Mit steigender Mächtigkeit der Torfschicht kommt es zu einer Trennung von nährstoffreichem mineralischen Grundwasser und dem aus Niederschlägen stammenden nährstoffarmen Moorwasser. Da ständig Nährstoffe im Torf (in den lebenden und abgestorbenen Organismen) gebunden werden, über die Niederschläge und Staubanwehung aber nur wenig Nährstoffe nachgeliefert werden, kommt es zu einer Oligotrophierung (> oligotroph) des Moores. Diese ist mit einer Veränderung der Vegetation verbunden. Es setzen sich nach und nach die Pflanzenarten durch, die an diese Nährstoffarmut sowie an die durch die Torfmoose hervorgerufene saure Reaktion des Milieus gut angepaßt sind, wie verschiedene Heidekrautgewächse (Ericaceae: Heidekraut, Heidelbeere, Rosmarinheide), Sauer- oder Riedgräser (Cyperaceae: Wollgras, Rasenhaarbinse) oder fleischfressende Pflanzen, wie die Sonnentauarten (Droseraceae), die durch Verdauung von Insekten zusätzliche Mineralstoffe (N, P, K u. a.) gewinnen. Typische Hochmoorpflanzen (Abb. 5.13) sind nicht nur hervorragend an die Standortverhältnisse angepaßt, sie tragen auch aktiv zu ihrer Entstehung und Erhaltung bei. Auf der Mooroberfläche entstehen kleine Hügel, die sog. > Bulten, auf denen meist Heidekraut wächst, und daneben feuchte bis nasse Vertiefungen, die > Schlenken. In Bulten und Schlenken wachsen verschiedene Torfmoosarten.

1 Rosmarinheide
Andromeda polifolia

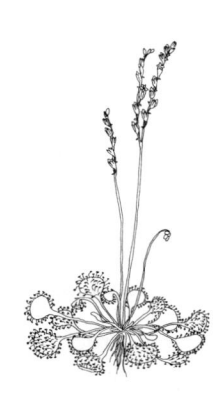

2 Rundblättriger Sonnentau
Drosera rotundifolia

3 Rasenhaarbinse, Spitzried
Trichophorum caespitosum

4 Scheidenwollgras
Eriophorum vaginatum

Abb. 5.13. Einige Pflanzen im Hochmoor. (*1* u. *2* aus GÖTTLICH 1990, *3* u. *4* aus AICHELE u. SCHWEGLER 1991)

Die Bildung von Hochmooren dauert eine lange Zeit. Die Entstehungsgeschichte unserer heutigen Hochmoore beginnt in der Nacheiszeit. Diese Dauer macht eine völlige Wiederherstellung des typischen Hochmoorbiotops, wenn es einmal gestört ist, in absehbaren Zeiträumen nahezu unmöglich.

Beim Abbau von Torf läßt man Stege, sog. > Bänke, bestehen, über welche die Transportwege führen. Die entstehenden, wassergefüllten Löcher, die bei der bäuerlichen Torfgewinnung meist nicht sehr ausgedehnt sind, werden > Pütten[3] genannt. Durch den Eingriff des Menschen kommt es zu einer Kette von Reaktionen im Hochmoor. Ein lebendes Hochmoor hat die Fähigkeit, sich verschieden hohen Wasserständen anzupassen. Sinkt der absolute Wasserstand, sacken die Torfmoose zusammen. Erhöht sich der Wasserstand, nehmen die Wasserzellen wieder Wasser auf, die Torfmoosschicht wird wieder dicker. Das Moor oszilliert. So wird ein oberflächennaher Wasserspiegel

Der völlige Sauerstoffmangel in den tieferen Moorschichten ist auch die Voraussetzung dafür, daß die Hochmoore zu wertvollen Archiven unserer Geschichte geworden sind. Wohlerhaltene Tier- und Menschenfunde aus nicht nur, aber v. a. den ersten nachchristlichen Jahrhunderten geben uns einen lebensnahen Einblick in die frühen Zeiten. Durch Untersuchung der Pollen können wir die nacheiszeitliche Wald- und Vegetationsgeschichte rekonstruieren.

---

3 Lat. puteus = Brunnen.

aufrechterhalten. Bedingt durch die Entnahme des Torfes treten heutzutage jedoch dichte, stark zersetzte Torfe (Schwarztorfe) an die Oberfläche. Diese besitzen im Gegensatz zu frischen, nur leicht zersetzten Torfen (Weißtorfe), wie sie in den oberen Schichten eines wachsenden Hochmoores vorkommen, nicht die Möglichkeit, bei Wasserverlust reversibel zu schrumpfen. Dies hat für das Moor mehrere weitreichende Konsequenzen. Im Sommer treten zu Zeiten negativer Wasserbilanzen zeitweise starke Wasserstandsabsenkungen auf. Die stark zersetzten Torfe werden belüftet; der Torf wird durch > aerobe Mikroorganismen mineralisiert.

Zur Mineralisierung oder Zersetzung organischer Substanz vgl. 1. Studieneinheit, Abschn. 4.1.1.

> Wie wirkt sich die Zersetzung des Torfs auf den Nährstoffhaushalt des Standortes aus? Welche Folge ergibt sich für die Vegetation?
>
> •••••
>
> Durch die Zersetzung werden die bei der Torfbildung festgelegten Nährstoffe frei. Sie führen zu einer Eutrophierung (> eutroph).

Außerdem siedeln sich in den Trockenphasen Birken an, die aufgrund ihrer > Transpiration (Verdunstung) den Prozeß der Austrocknung und Nährstofffreisetzung beschleunigen. Der wachsende Nährstoffreichtum und die trockeneren Bodenverhältnisse ermöglichen nun weiteren, hochmooruntypischen Arten die Ansiedelung, während die typischen Hochmoorarten verdrängt werden.

Es kommt zu einer Stagnation der Torfbildung. Das gesamte System Hochmoor ist ge- oder auch zerstört.

Eine Grundvoraussetzung, um diesen Prozeß wenigstens anzuhalten und umzukehren, ist die Wiederherstellung möglichst oberflächennaher Wasserstände. Damit wird die Möglichkeit der Wiederbesiedlung mit Torfmoosen gegeben. Das Moor kann sich neu bilden, indem Torf entsteht, der die Nährstoffe wieder festlegt. Der Zeitraum, der für diesen Prozeß benötigt wird, kann nur schwer abgeschätzt werden. Vermutlich dauert es Jahrzehnte bis Jahrhunderte, denn Wachstum und Produktivität der Hochmoore sind gering. Pro Jahr kann mit ca. 1 mm Torfzuwachs gerechnet werden. Zudem müssen die bei der Entwässerung von Mooren und bei der Torfmineralisation freigesetzten Nährstoffe, die den Einträgen über die Niederschläge aus den vergangenen Jahrzehnten entsprechen, wieder gebunden werden.

5.3 Maßnahmen zur Renaturierung eines Moores

5.3.1 Überblick: frühere Nutzung und Wiedervernässungsmaßnahmen

Das nachfolgend beschriebene Moor (nach BECKELMANN u. BURGHARDT 1991) liegt in der Westfälischen Bucht. Es gehört zu dem deutschen Teil eines die Grenzen von Deutschland und den Niederlanden übergreifenden Hochmoores. Die ältesten Torfschichten können anhand von Pollendiagrammen in die Eichenmischwald-Haselzeit datiert werden, die dem > Atlantikum (6000 – 3000 v. Chr.) zuzuordnen ist.

Das Moor wurde durch Nutzungseinflüsse in seinen ursprünglichen Eigenschaften stark verändert. Das Hochmoor wurde im 18. und 19. Jahrhundert überwiegend von Bauern zur Torfgewinnung für den Hausbrand und als Einstreumaterial im Viehstall genutzt. Randbereiche des Moores wurden entwässert und anschließend kultiviert. Bis zur Mitte der 20er Jahre unseres Jahrhunderts verringerte sich die Fläche von ursprünglich mehr als 250 ha auf die im Jahre 1937 unter Naturschutz gestellten 77 ha. Mitte der 60er Jahre wurden rings um das Moor zur Entwässerung der landwirtschaftlichen Flächen weitere tiefreichende Entwässerungsgräben gezogen sowie der Hauptentwässerungsgraben, der Teile des Moores durchzieht, ausgebaut. Dies führte zu einer starken Austrocknung des gesamten Moores. Die Folge war eine intensive Durchlüftung der oberen Torfschichten mit anschließender Mineralisation der Torfe und damit verbunden deren Eutrophierung. Das mit dem Hauptentwässerungsgraben aus den landwirtschaftlichen Flächen herangeführte Wasser brachte eine weitere Eutrophierung entlang des Grabens. Austrocknung und Eutrophierung hatten weitreichende Auswirkungen auf die Vegetation. Es kam zu verstärkter Ansiedlung von Kiefern und Birken, die wiederum die Austrocknung durch höhere Verdunstung steigerten. In großen Bereichen des Moores änderte sich die Vegetation von einer > oligotrophen Hochmoorvegetation zu einer > meso- bis eutrophen Bruchwaldvegetation (> Bruchwald).

Seit 1972 werden Naturschutzmaßnahmen durchgeführt, um diesen Prozeß zu unterbinden. Bis Mitte der 80er Jahre räumte man jährlich kleine Bereiche von Kiefern und Birken frei. Zur Wiedervernässung dichtete man 1977/78 im Moorgebiet mehrere Entwässerungsgräben ab. Ende 1978 verrohrte man den Hauptentwässerungsgraben im Bereich des Naturschutzgebietes. Im Jahre 1983 staute man das mooreigene Wasser durch eine Foliendichtung ein, die den größten Teil des Gebietes umfaßt. Die Ableitung überschüssigen Niederschlagwassers erfolgt über Ausläufe sowie über einen Überlauf vom westlichen in den östlichen Moorteil. Ziel der Wiedervernässungsmaßnahmen ist die Renaturierung und letztlich eine Regeneration des Moores im Sinne der Wiederherstellung einer hochmoortypischen torfbildenden Vegetation. Diese Maßnahmen wurden durch wissenschaftliche Untersuchungen begleitet.

Nachfolgend werden die bekannten Managementverfahren zur Hochmoorrenaturierung vorgestellt und, soweit möglich, ihre Anwendung für die Moorregeneration unter Berücksichtigung der Untersuchungsergebnisse diskutiert. Es werden bauliche Maßnahmen zur Wiedervernässung, Maßnahmen zum Nährstoffentzug und zur gelenkten Sukzession beschrieben. Sie beziehen sich auf relativ kleinflächige, im bäuerlichen Torfstichverfahren genutzte Moore. Zum Schluß werden die Ergebnisse zusammenfassend dargestellt.

5.3.2 Bauliche Maßnahmen

Wie schon mehrfach betont, ist die *Entwässerung* die Hauptursache für die Degeneration von Hochmooren. Die Austrocknung ermöglicht die Einwanderung von Pflanzen, die an trockenere Standorte angepaßt sind, wie Birke (Betula) und Gagelstrauch (Myrica), die wiederum durch erhöhte Transpirationsleistungen die Trockenheit verstärken und somit ihre Wachstumsbedingungen bessern. Zum anderen bewirkt die Trockenheit die Oxidation der oberen Torfschichten, dadurch findet eine Nährstoffanreicherung statt, die das Eindringen mesotropher, konkurrenzstarker Arten wie das Pfeifengras (auch Bentgras genannt, Molinia coerulea, Abb. 5.14) ermöglicht. Wiedervernässung ist daher eine der Voraussetzungen für die Hochmoorregeneration. Eine recht einfache, aber wirkungsvolle Methode besteht in einem Abdichten der Entwässerungsgräben. Diese Maßnahme wurde, wie oben beschrieben, auch in dem untersuchten Moor durchgeführt. Als Dichtungsmaterial hat sich Schwarztorf bewährt, der an Ort und Stelle entnommen werden kann, was einerseits den Umfang der Baumaßnahmen verringert und zum anderen nicht zu einer weiteren Eutrophierung führt.

Abb. 5.14.
Pfeifengras, Besenried
Molinia coerulea

Die Halme dieses stickstoffmeidenden, magere Böden und Grundwassernähe zeigenden Grases wurden als Pfeifenreiniger (sie sind ohne Knoten), Besen oder, wegen ihrer Geschmeidigkeit, zum Binden verwendet. (Aus AICHELE u. SCHWEGLER 1991)

Weiß- und Schwarztorfe sind aus den gleichen Pflanzenrückständen aufgebaut, wenngleich auch der Anteil der verschiedenen Pflanzenarten (Torfmoose, Woll-, Pfeifengräser und Heidekrautarten) bei den beiden Torfarten sehr unterschiedlich sein kann. Sie unterscheiden sich hauptsächlich durch den Grad der Zersetzung. Nach DIN 11 540 werden Torfe mit einem Zersetzungsgrad von H 1 – H 6 als Weißtorfe bezeichnet. Charakteristisch für diese Torfe ist die dominierend hellgelbliche bis braune Färbung. Außerdem ist im Weißtorf die Struktur der Pflanzen, die diesen aufbauen, noch gut erkennbar. Torfe mit einem Zersetzungsgrad von H 7 – H 10 sind stark zersetzt und werden als Schwarztorf bezeichnet. Er ist braun-schwarz gefärbt und die pflanzliche Struktur ist so weit zersetzt, daß allenfalls die sehr stabilen Blattscheiden (scheidenförmige Ausbildung des Blattgrundes) der Wollgräser noch erkennbar sind. Durch den starken Zersetzungsgrad der

Schwarztorfe bedingt, liegen in diesen vorwiegend nur Feinstporen (< 0,2 µm Durchmesser) vor, die nur eine sehr minimale Wasserleitfähigkeit zulassen. Diese minimale Wasserleitfähigkeit des Schwarztorfes ist u. a. auch Ursache dafür, daß der Wasserstand in wiedervernäßten Abgrabungsflächen, die nur durch eine 20 – 30 cm breite Torfbank getrennt sind, mehr als 20 cm Höhendifferenz betragen kann.

Die Anhebung der Wasserstände hat in Teilbereichen des Moores zu deutlichem Erfolg geführt. Neben einem Absterben von Birken, was eine Verminderung der Transpiration und damit einen verringerten Wasserverlust bedeutet, konnte auch das Absterben von Pfeifengrashorsten beobachtet werden, verbunden mit einer Ausbreitung von Torfmoosen.

Es gibt eine weitere Möglichkeit zur Wiedervernässung und zur Erhaltung ständig hoher Wasserstände im Moor. Im Zentrum gewölbter Hochmoorreste legt man einen künstlichen See an, der durch Zufluß von Wasser ständig gefüllt bleibt. Am Rande des Moores kann man ein Speicherbecken bauen, in dem das aus dem Moor austretende Wasser gesammelt und in den künstlichen See zurückgepumpt wird. Hierzu darf allerdings nur nährstoffarmes Wasser benutzt werden.

Mit baulichen Vorkehrungen können nicht nur die Wasserverhältnisse eines Moores beeinflußt werden, sondern auch seine *Nährstoffbedingungen*. Wie schon erwähnt, entstehen beim Torfabbau Pütten und Bänke oder Dämme. Vom Bewuchs der trockenen Bänke geht eine permanente Gefahr in Richtung Eutrophierung des Moores aus. Es wird daher meist empfohlen, die stehenden Torfbänke abzutragen und gleichzeitig Wasser zu stauen. Eine nicht ganz so radikale Methode besteht im Abschrägen der Torfstichkanten, um ein Überwachsen durch Torfmoos aus den Pütten zu ermöglichen. Auch ein Abtragen der Bänke kann sich auf die Nährstoffsituation auswirken. Die Kartierung der Torfmoosflora erbrachte u. a. das Ergebnis, daß die > oligotraphenten Arten nur in einem gewissen Abstand von Dämmen anzutreffen waren bzw. in Gebieten, wo überwiegend schmale, niedrige Torfdämme vorkommen. Diese werden dann auch von Torfmoos (Sphagnum papillosum oder magellanicum) besiedelt. Torfdämme wirken sich jedoch auch stark auf den Wasserrückstau aus, was beim Entfernen der Dämme berücksichtigt werden muß.

Eine weitere Möglichkeit zum Nährstoffentzug besteht darin, Moorflächen mit nährstoffarmem Wasser zu berieseln. Das Wasser wird auf die Moorflächen gepumpt und anschließend eingestaut. Der Überschuß wird abgeführt. Der Einstau bedingt eine Eutrophierung des Wassers („Stausee-Effekt"), so daß mit dem abgeleiteten Überschußwasser Nährstoffe aus dem System entfernt werden können. Ein positiver Nebeneffekt einer Berieselung wäre noch eine Verhinderung der Austrocknung von Torfdämmen und eine Verminderung der Mineralisation, wie sie im Gelände während der Trockenzeiten in einem Damm beobachtet wurde und im Laborversuch bei wechselnden Wasserständen nachgewiesen werden konnte.

5.3.3 Mahd

Die Mahd bietet eine weitere Möglichkeit zum Nährstoffentzug. Sie ist besonders effektiv zum Zeitpunkt des relativ höchsten Nährstoffgehaltes der Pflanzenteile, die abgemäht werden. Für das oben erwähnte Pfeifengras, Molinia, empfiehlt sich der August, da zu diesem Zeitpunkt die größten Nährstoffmengen in dem oberirdischen Pflanzenmaterial gespeichert sind. Diese können nach einer Mahd nicht in die Speicherorgane (Wurzeln) transportiert werden. Das Gras sollte möglichst unmittelbar nach der Mahd auch abtransportiert werden, denn aus dem abgestorbenen Material werden erhebliche Nährstoffmengen ausgewaschen, wie Untersuchungen an Molinia gezeigt haben. Dies weist allgemein auf die besondere Dringlichkeit des Abtransportes von Mähgut aus trockenen Moorflächen hin, um zumindest einen gewissen Ausgleich für die bei der Mineralisation der Torfe freigesetzten Nährstoffe zu schaffen.

Die Bekämpfung bzw. Zurückdrängung von Pfeifengras in Mooren durch Mahd zeigt unterschiedliche Erfolge. Teilweise führte die Mahd einer mit Molinia durchsetzten Feuchtheide zu einer Zurückdrängung der Molinia. Andere Arbeiten zeigen wiederum, daß auch mehrfache Mahd während einer Vegetationsperiode nicht immer zu einer Beseitigung von Molinia führen muß.

Ein anderer Aspekt der Mahd ist die Verjüngung der Heidekrautgewächse Besenheide (Calluna vulgaris) und Glockenheide (Erica tetralix). Normalerweise sterben sie nach ca. 25 – 30 Jahren ab und bieten dann anderen Pflanzenarten wie Pfeifengras (Molinia) oder Birke (Betula) die Möglichkeit zur Ansiedlung. Werden sie aber z. B. durch Beweiden von Moorschafen verbissen, regenerieren sie. Im untersuchten Moor sind viele der Torfdämme – ehemalige Wege des Torfabtransportes – mit diesen Heidekrautgewächsen bewachsen. Allerdings sind sie großenteils überaltert. Da eine Verjüngung durch Schafe nicht erfolgt, könnte dies durch eine Mahd geschehen. Dabei ist wiederum auf einen Abtransport des Mähgutes zu achten. Die Mahd sollte im Abstand von 10 – 20 Jahren wiederholt werden. Der günstigste Termin für die Mahd unter Berücksichtigung der Brutzeit der Vögel und der Heideblüte liegt zwischen dem 1. November und dem 15. März.

Das hier für das Moor Ausgeführte gilt sinngemäß auch für den Erhalt der Heidelandschaften in unseren Breiten. Sie sind durch jahrhundertelange Beweidung, durch > Abplaggen oder Nutzung der Streu für die Viehhaltung bzw. durch Fällen des Holzes entstanden. Bleiben Beweidung durch Heideschafe oder Abplaggen aus, bietet die Mahd eine gute Möglichkeit zur Verjüngung der Heide.

5.3.4 Beweidung

Die Beweidung von Hochmoorflächen wird am günstigsten mit an die Nässe angepaßten Schafen (Moorschafe) durchgeführt.

> Wie wirkt sich die Beweidung auf den Nährstoffhaushalt des Moores aus?
>
> •••••
>
> Zum einen kann bei konsequenter Hütehaltung (Abkoten außerhalb des Moores) ein Nährstoffexport stattfinden. Bei nicht konsequenter Hütehaltung findet eher eine Umverteilung als ein Abtransport der Nährstoffe statt.

Ein Problem der Beweidung sind die Trittschäden, die bei langandauernder Beweidung auftreten und zu schlecht wiederbesiedelbaren, freien Torfflächen führen. In besonders nassen, mit z. B. Scheiden-Wollgras (Eriophorum vaginatum) bewachsenen Flächen können diese Trittschäden jedoch auch positive Auswirkungen haben. Das Heruntertreten des Wollgrasfilzes unter den Wasserspiegel ermöglicht eine Wiederansiedelung von Torfmoos, teils durch Keimung, meist über Einschleppung von Sporen.

5.3.5 Abholzen der Birken

Birken schädigen das typische Hochmoorsystem: Durch starke Transpiration (780 mg H_2O pro dm^2 beidseitige Blattoberfläche und Stunde, STRASBURGER et al. 1991) entziehen sie dem Moor Wasser. Sie beschatten den Boden und verdrängen so die lichtbedürftigen Hochmoorpflanzen. Gründe genug, die Birken zu entfernen. Ein Abtransport der Birken hat zudem den Vorteil, daß Nährstoffe aus dem Hochmoor ausgetragen werden. Allerdings können Birken aus dem beim Fällen zurückbleibenden Wurzelstock wieder ausschlagen. Dieser Stockausschlag kann zu einer starken Verbuschung führen.

Der günstigste Zeitpunkt für das Abholzen der Birken ist die Vegetationsperiode, wenn sie also belaubt sind. Dann sind die Nährstoffe in den Blättern gebunden; ein Transport in die Wurzeln findet noch nicht

In der 6. Studieneinheit wird im Rahmen der Haubergwirtschaft eine Waldbewirtschaftungsform beschrieben, die Niederwaldwirtschaft, bei der gerade diese Fähigkeit des Stockausschlags von Birken und anderen Laubbäumen genutzt wird, den Wald zu regenerieren und damit nachhaltig zu nutzen.

statt. So kann durch Fällen zur rechten Zeit die Vitalität der Stümpfe vermindert werden, was zu einem verringerten Stockausschlag führt. Gleichzeitig ist der erreichbare Nährstoffentzug am höchsten. Problematisch ist der Anfall von belaubtem Reisig. Wird es nicht entfernt, werden die lichtbedürftigen Hochmoorpflanzen erheblich gestört. Die größten Probleme zeigen sich auf Mooren mit älterem Birkenbestand. Die Masse des anfallenden Reisigs ist besonders hoch, der Stockausschlag äußerst üppig und auf dem mit Birkenblättern bedeckten Boden ist die Ansiedelung hochmoortypischer Pflanzen stark erschwert. Der Anflug von Birkensamen läßt sich in regenerierenden Hochmoorflächen kaum vermeiden. Die neu wachsenden Pflänzchen sollten durch behutsames Ausreißen entfernt werden.

Die Birke hat sich in dem untersuchten und zu rekultivierenden Hochmoor in verschiedener Weise ausgebreitet. Neben Bereichen, in denen Birkenbruchwälder aus wenigen alten Exemplaren vorkommen, zeigen sich Bereiche von Neuanflug und starker Verbuschung durch Stockaustrieb bereits geschnittener Exemplare. Beim Abholzen von Altbeständen empfiehlt sich nicht, die Fläche kahl zu schlagen, weil dies die Keimung neu anfliegender Samen begünstigt. Vielmehr ist es sinnvoll, wiederholt Einzelbäume abzuschlagen oder kleine Flächen zu roden, um gleichermaßen den lichtliebenden Hochmoorpflanzen der Krautschicht Lebensraum zu bieten und einen Neuanflug von Birken zu verhindern.

5.3.6 Abbrennen

Brände wirken sich je nach Ausgangsvegetation unterschiedlich auf die Zusammensetzung der sich nach dem Brand entwickelnden Vegetation aus. Auf einheitlichen Wiesen mit Scheiden-Wollgras (Eriophorum vaginatum) führten sie dazu, daß der Boden zwischen den Grasbüscheln freigelegt wurde, was dort teilweise die Keimung von Besenheide (Calluna vulgaris), teilweise die Ausbreitung von Torfmoospolstern (Sphagnum magellanicum, Sphagnum papillosum, Sphagnum fallax und Sphagnum rubellum) mit Moosbeere (Vaccinium oxycoccus) förderte. Auf Pfeifengras-(Molinia-)Wiesen ändert sich die Artenzusammensetzung jedoch nicht nach dem Brand. Molinia treibt so schnell wieder aus – in den unterirdischen Pflanzenteilen sind große Mengen an Nährstoffen gespeichert –, daß für eine Ansiedlung von Torfmoosen keine Zeit bleibt. Gegenüber anderen Pflanzen wird Molinia durch Brand auch dadurch bevorzugt, daß die beim Abbrennen anfallende nährstoffreiche Asche die Ansiedlung von Molinia stark begünstigt. Beim geplanten Brennen von Hochmoorflächen ist daher darauf zu achten, ob Molinia vorhanden ist. Die hier aufgeführten Ergebnisse stammen aus der Untersuchung zufällig abgebrannter Flächen. Erfahrungsgemäß lassen sich Birken durch

Abbrennen nicht oder kaum reduzieren, da sie meist mit gesteigertem Wiederaustrieb reagieren.

5.3.7 Kombination von Verfahren

Einzelne Verfahren sind häufig nicht in der Lage, die erwünschten Ergebnisse zu liefern. Kombinationen mehrerer wirken wesentlich effektiver. So führt z. B. eine Kombination aus Brand von Moliniaflächen mit anschließender Beweidung zu recht guten Erfolgen bei der Zurückdrängung des Pfeifengrases. Die Beweidung ist so durchzuführen, daß innerhalb kurzer Zeit intensiver Beweidung die Moliniabulte nahezu kahlgefressen werden. Der Neuaustrieb wird nach ca. 1 Woche erneut kurzfristig intensiv beweidet. Diese Rotationsbeweidung wird so lange durchgeführt, bis die Moliniabulte abgestorben sind (sog. Totbeweidung).

Für das hier untersuchte Moor empfiehlt sich für einige Bereiche, insbesondere um Molinia zurückzudrängen, eine Kombination aus winterlichem Brand mit Beweidung durch Moorschnucken im anschließenden Frühjahr.

Zu den erfolgreichen Kombinationen verschiedener Verfahren zählt auch die Mahd im Zusammenhang mit einer Wiedervernässung.

5.3.8 Untersuchungen zur Nährstoffsituation des Moores

Von Stoffeintrag über die Niederschläge und Stoffentzug durch die Vegetation ergibt sich eine Anreicherung des Moores von 8,9 bzw. 7,3 kg Stickstoff pro ha und Jahr (Messungen aus 2 Jahren). Dieser Wert liegt in einer Größenordnung, die der jährlichen Festlegung in einer tpyischen Hochmoorvegetation entspricht. Die Stickstoffeinträge über die Niederschläge sind also nicht so hoch, daß die Möglichkeit zur Regeneration behindert wäre.

Dieser an Meßstationen im Moor ermittelte Stickstoffeintrag liegt etwas über der unteren N-Eintragsgrenze, die im Freiraum des mehr rural geprägten Raumes in den alten Bundesländern der Bundesrepublik Deutschland gemessen wurde. Nach BRECHTEL (1989) lag dort die minimale N-Deposition im Freiland bei ca. 3,5 kg Ammoniumstickstoff und 3,1 kg Nitratstickstoff pro ha und Jahr. Diese Werte liegen deutlich unterhalb der Stickstoffeinträge des Ruhrgebietes, wo von KUTTLER (1986) für Bochum eine atmosphärische Stickstoffdeposition von mindestens 20 kg N-Reinnährstoff pro ha und Jahr ermittelt wurde.

Die Analyse von Bodenwasser aus verschiedenen Tiefen an unterschiedlichen Standorten im Moor zeigt ebenso wie die Kartierung der im Moor vorkommenden Torfmoore, daß es sich größtenteils um > mesotrophe Standorte handelt. Die Analyse der Bodenwasserproben von Standorten unter verschiedenen Vegetationstypen läßt weiterhin die Aussage zu, daß sich die Nährstoffdynamik auf die obersten Dezimeter Torfschicht beschränkt. Es ist also auch nicht mit einer weiteren Eutrophierung durch den Transport von Nährstoffen aus tieferen Schichten zu rechnen.

Bodenwasseranalysen entlang eines Schnittes von einem Torfdamm in einen Torfstich zeigen deutlich, daß Nährstoffe durch Mineralisation der Torfe in den oberen, im Sommer austrocknenden Schichten des Dammes freigesetzt werden. Ein direkter Transport in den benachbarten Torfstich durch Auswaschung mit Niederschlägen konnte zwar nicht beobachtet werden, dieses wird jedoch auf die besondere klimatische Situation des Untersuchungsjahres zurückgeführt. Da die Nährstoffe in der Biomasse, also auch in den Blättern festgelegt sind, findet über den Laubfall jedoch eine Eutrophierung auch der Torfstiche statt.

Abschließend kann festgestellt werden, daß Managementverfahren die Gesamttrophie eines Moores nicht beeinflussen können. Kleinräumig kann aber eine zunehmende Eutrophierung verhindert werden. Durch weitere Verfahren kann der Gebietswasserhaushalt mit dem Ziel eines über das ganze Jahr konstant hohen Wasserspiegels verbessert werden. Durch den gleichbleibend hohen Wasserstand wird auch eine weitere Mineralisation von Torfen verhindert. Die Unterdrückung unerwünschter, der Hochmoorregeneration entgegenwirkender Pflanzenarten wie Birke und Molinia kann unterstützt werden. Bis eine Regeneration durch Ausbildung einer geschlossenen Torfmoosdecke eingesetzt hat, müssen regelmäßig Pflegemaßnahmen zur Zurückdrängung dieser Pflanzenarten durchgeführt werden.

5.4 Zusammenfassung

Fragen:

1. Welches sind die Charakteristika eines Hochmoores?

2. Zu welchem Zweck wurde früher und wird heute Torf abgebaut?

3. Welche Folgen hat der Torfabbau für das Biotop Hochmoor? Versuchen Sie, die Reaktionskette in einem Ablaufschema darzustellen.

4. Welche Maßnahmen kann man ergreifen, damit sich die hochmoortypischen Bedingungen wieder einstellen?

5.4 Zusammenfassung

Antworten:

1. Hochmoore bilden sich über wasserstauendem Untergrund in Gebieten, in denen mehr Niederschläge fallen, als Wasser verdunstet. Wichtigste Pflanzen sind die stark wasserspeichernden Torfmoose, die sich durch endloses Spitzenwachstum auszeichnen. Die abgestorbenen unteren Pflanzenteile werden wegen des im Wasser herrschenden Sauerstoffmangels humifiziert; es entsteht eine wachsende Torfschicht. Es kommt zur Trennung des Moorwassers vom nährstoffreichen Grundwasser. Das Hochmoor zeichnet sich durch extreme Nährstoffarmut aus, da es nur noch über die Niederschläge Nährstoffe erhält. An ein solches Biotop sind viele seltene Pflanzen angepaßt. Das Hochmoor ist kleinräumig gegliedert in Schlenken und Bulten, die von unterschiedlichen Pflanzenarten besiedelt werden.

2. Kultivierung der Moorgebiete, um landwirtschaftlich nutzbares Land zu gewinnen, Torfstich für Brennmaterial und Einstreu, Bodenverbesserung.

3. Eingriff des Menschen:
   m
   Entwässerung
   m
   k Durchlüftung der oberen Torfschichten
   m
   Mineralisation der organischen Substanz
   m
   Freisetzung der gebundenen Nährstoffe
   m
   Ansiedlung nährstoffbedürftiger Pflanzen
   m   Vertreibung oligotraphenter lichtbedürftiger
        k   Hochmoorpflanzen durch Erhöhung des Nährstoffangebots, Beschattung, Konkurrenz
   m
   Erhöhung der Verdunstung
   m
   weitere Zunahme der Trockenheit

4. Eine Minderung der Nährstoffgehalte ist nur durch Nährstofffestlegung über eine Torfneubildung zu erreichen, also den Prozeß, der einer erneuten Moorbildung entspricht. Alle Maßnahmen, die im Moor weiterhin durchgeführt werden, müssen der Förderung der Ausbreitung geschlossener Torfmoosdecken

dienen. Vorrangig kann dies durch die *Regulierung der Wasserstände* erreicht werden.

Da es aber Jahrzehnte bis Jahrhunderte dauern wird, bis sich eine das ganze Moor überdeckende Torfmoosschicht und darunter eine Schicht leicht zersetzten Torfes gebildet hat, wird die *Beseitigung von Birken* und Verhinderung von Birkenneuanflug eine der wichtigsten regelmäßigen Pflegemaßnahmen sein. Ein weiterer Grund, die Birken zu entfernen, ist, daß über Laubfall und Zersetzung die in den Birken gespeicherten Nährstoffe im System bleiben. Eine Entfernung der Birken verhindert diesen Kreislauf. Kleinräumig kann die Nährstofffreisetzung aus Torfdämmen eingeschränkt werden, indem der Baumbestand dieser Torfdämme beseitigt wird. Ein teilweiser *Abtrag der Torfdämme* führt zu einer Verringerung des Torfpotentials, das der Mineralisation ausgesetzt ist. Ein *Abschrägen der Torfdämme* erleichtert zudem den Bewuchs mit Torfmoosen aus den Torfstichen heraus. Durch *Mahd* und *Abtransport des Mähgutes* von Heide- und Moliniaflächen kann zum einen die Heidevegetation verjüngt und gefördert werden, zum anderen ein Nährstoffexport aus bestimmten Flächen erreicht werden. Um kleinräumig bestimmte, moliniadurchsetzte Flächen zu sanieren, könnten in einer aufwendigen (einmaligen) Aktion *ganze Moliniahorste entfernt* werden. Dies hätte einen doppelten Effekt, zum einen das Zurückdrängen der häufig sehr dominanten Molinia, zum anderen einen hohen Nährstoffentzug, da, wie erwähnt, die unterirdischen Organe des Pfeifengrases sehr nährstoffreich sind.

6. Literatur und Quellennachweis

Wir möchten an dieser Stelle Autoren und Verlagen für die Erlaubnis zur Übernahme der Abbildungen bzw. Texte danken.

Aichele D, Schwegler H-W ([10]1991) Unsere Gräser. Kosmos Naturführer. Franckh-Kosmos, Stuttgart

Bauer H J (1987) Renaturierung oder Rekultivierung von Abgrabungsbereichen? Illusion und Wirklichkeit. Seminarberichte des Naturschutzzentrums NW 1: 10 – 20

Beckelmann U, Burghardt W (1991) Moorregeneration am Beispiel des Burlo-Vardingholter Venns – Rückführung des Moores in einen oligotrophen Zustand. Abschlußbericht des v. g. Untersuchungsvorhabens im Auftrage des Ministers für Umwelt, Raumordnung und Landwirtschaft des Landes Nordrhein-Westfalen (unveröffentlicht)

Brechtel H-M (Hrsg) (1989) Immissionsbelastungen des Waldes und seiner Böden. Gefahr für die Gewässer? Mitteilungen des Deutschen Verbandes für Wasserwirtschaft- und Kulturbau e. V. 17

Burghardt W, Hiller D A Phosphatbindungsformen und Phosphatverfügbarkeit auf dem Bergehaldenversuch Waltrop. Bericht (unveröffentlicht)

Campino I, Zentgraf J (1991) Derzeitige Vorgehensweise bei der Begrünung von Bergehalden. In: H Wiggering, M Kerth (Hrsg) Bergehalden des Steinkohlenbergbaus. Vieweg, Braunschweig Wiesbaden. S 175 – 188

Darmer G (1980) Landschaftsplanung als Beitrag zur Rekultivierung am Beispiel des Braunkohletagebaus. In: K Buchwald, W Engelhardt (Hrsg) Handbuch für Planung, Gestaltung und Schutz der Umwelt. Bd 3: Die Bewertung und Planung der Umwelt. BLV, München Wien Zürich. S 230 – 240

Dingethal F J, Jürging P, Kaule G, Weinzierl W (1981) Kiesgrube und Landschaft. Parey Buchverlag, Hamburg Berlin

Eggelsmann R (1979) Vom Dampfpflug zum Tiefkulturpflug – Entwicklung und Einsatz. Z Kulturtechnik Flurbereinigung **20**: 99 – 112

Finck A (1979) Dünger und Düngung. VDH, Weinheim

6. Literatur und Quellennachweis

Fischer J, Ludescher S, Stolzenburg, M, Wiggering H (1993) Folgenutzung einer teilsanierten Altlast. Geowissenschaften **11**(1): 17 – 30

Göttlich K (Hrsg) (^{3}1990) Moor- und Torfkunde. E. Schweizerbart'sche (Nägele und Obermiller), Stuttgart

Hiller D A und Burghardt W (1993) Eigenschaften und Rekultivierbarkeit von Substraten aus der Bodenreinigung mit einem Niedertemperaturverfahren. Geowissenschaften **11**(1): 10 – 16

Jochimsen M (1991) Begrünung von Bergehalden auf der Grundlage der natürlichen Sukzession. In: H Wiggering, M Kerth (Hrsg) Bergehalden des Steinkohlenbergbaus. Vieweg, Braunschweig Wiesbaden. S 189 – 194

Kuttler W (1986) Raum-zeitliche Analyse atmosphärischer Spurenstoffeinträge in Mitteleuropa. Bochumer Geographische Arbeiten **47**

Stichmann W (1988) Biotope aus zweiter Hand. Unterricht Biologie **12**(135): 4 – 13

Strasburger E, Noll F, Schenk H, Schimper A F W (^{33}1991) Lehrbuch der Botanik für Hochschulen. Gustav Fischer, Stuttgart Jena New York

Wiggering H, Kerth M (Hrsg) (1991) Bergehalden des Steinkohlenbergbaus. Vieweg, Braunschweig Wiesbaden

Wöbse H H (1980) Landschaftsplanung bei Kiesabbauvorhaben. In: K Buchwald, W Engelhardt (Hrsg) Handbuch für Planung, Gestaltung und Schutz der Umwelt. Bd 3: Die Bewertung und Planung der Umwelt. BLV, München Wien Zürich. S 249 – 257

6.

Studieneinheit

Nachhaltiger Umgang mit Ressourcen?

Autoren und Autorin:
Dr. Andreas Hauptmann, Institut für Archäometallurgie, Deutsches Bergbau-Museum, Bochum
Dipl.-Oec. Achim Lerch, Fachbereich Wirtschaftswissenschaften, Universität Gesamthochschule Kassel
Dr. Jürgen Mayer, Institut für die Pädagogik der Naturwissenschaften an der Universität Kiel
Dr. Elke Rottländer, Deutsches Institut für Fernstudienforschung an der Universität Tübingen

bearbeitet von
Dr. rer. nat. Elke Rottländer, Deutsches Institut für Fernstudienforschung an der Universität Tübingen

Inhalt

1	Einführung: Nachhaltigkeit – ein moderner Begriff mit Geschichte	427
2	Zum Spannungsfeld von Ökologie und Ökonomie am Beispiel des Bodens	431
2.1	Ökonomischer Ansatz	431
2.2	Konflikt zwischen Ökonomie und Ökologie	431
2.3	Von der Umweltökonomie zur ökologischen Ökonomie: Neubestimmung ökonomischer Theorie unter ökologischen und ethischen Gesichtspunkten	433
2.4	Ökonomie des Bodens – ein kurzer historischer Überblick	434
2.5	Ökonomisch-ökologische Bewertungsansätze	437
2.6	Schlußbetrachtung	440
2.7	Rückblick	440
3	Nachhaltige Entwicklung – ein Leitbild zum Umgang mit natürlichen Ressourcen	443
3.1	Was ist nachhaltige Entwicklung?	444
3.2	Umweltethische Dimensionen nachhaltiger Entwicklung	446
3.3	Umweltpolitische Ziele nachhaltiger Entwicklung	449
3.4	Management des Naturkapitals	451
3.5	Umsetzungsstrategien nachhaltiger Entwicklung	456
3.6	Instrumente zur Förderung nachhaltiger Entwicklung	459
3.7	Sustainabilityethos individuellen Handelns	459
3.8	Resümee	461
3.9	Rückblick	462
4	Zum Rohstoffverbrauch bei der Eisengewinnung in der Eisenzeit	463
4.1	Einführung: Bedeutung des Eisens zur Zeit der Römer	463
4.2	Bergbau: kontinuierlicher Abbau von Ressourcen seit Jahrtausenden	464
4.3	Verhüttung von Eisenerzen	468
4.4	Schmiedearbeit: komplexe Technologie bei der Weiterverarbeitung des Eisens	470
4.5	Möglichkeiten zur Rekonstruktion früher metallurgischer Prozesse	470
4.6	Brennstoffproblem: Umweltbelastung zur Zeit der Römer	472
4.7	Rückblick	474
5	Ein historisches Beispiel nachhaltigen Wirtschaftens: Siegerländer Haubergwirtschaft	475
5.1	„Wenn es dem Menschen gut geht, geht es dem Wald schlecht"	475
5.2	Entstehung des Niederwaldes im Siegerland	477
5.3	Boden- und Waldnutzung im Siegerland	480
5.4	Organisation der Haubergwirtschaft	484
5.5	Gründe für den Niedergang der Haubergwirtschaft	485
5.6	Heutige Situation	488
5.7	Zusammenfassung	489
6	Literatur und Quellennachweis	491

1 Einführung: Nachhaltigkeit – ein moderner Begriff mit Geschichte

„Ich will nun von den Metallen, den Schätzen (der Erde) selbst und dem materiellen Werte der Dinge reden, denn der Mensch ist auf vielerlei Weise bemüht, das Innere der Erde zu durchforschen; hier nämlich gräbt er nach Reichtümern, Gold, Silber, Elektrum und Erz, dort sucht er Edelsteine zum Schmuck und farbige Zieraten für Wände und Finger, dort Eisen für seine Keckheit, und dieses letztere Metall wird bei Krieg und Mord sogar dem Golde vorgezogen. Wir verfolgen alle ihre Adern, wohnen auf einer ausgehöhlten Erde und wundern uns noch, daß sie zuweilen voneinanderspaltet und erzittert, wie wenn dergleichen Ereignisse etwas anderes wären als der Ausdruck des Unwillens der heiligen Mutter über unser Treiben. Wir steigen in ihr Inneres und spüren bei den Wohnsitzen der Verstorbenen nach Schätzen, als ob sie da, wo wir sie mit den Füßen berühren, nicht gütig, nicht fruchtbar genug wäre. Und diese Sucht ist am allerwenigsten von dem Wunsche, Arzneimittel zu sammeln, begleitet, denn der wievielte Mensch gräbt wohl um derentwillen? Doch auch diese Mittel spendet sie auf ihrer Oberfläche in reichlichem Maße, und alle heilsamen Dinge können wir uns leicht von ihr verschaffen. Jene Gegenstände aber, welche sie verborgen und in ihr Inneres versenkt hat, welche nicht jählings emporwachsen, drücken uns nieder und bringen uns zur Unterwelt. Möge der menschliche Geist, nach oben gerichtet, bedenken, welches Ende bevorsteht, wenn nach Jahrhunderten die Erde erschöpft ist, und wohin die Habsucht noch führen wird. Wie unschuldig, glückselig, ja wie prächtig wäre das Leben, wenn wir nichts anderes, als was über der Erde, kurz nichts, als was um uns ist, begehrten" (PLINIUS in BISCHOFF 1987, S. 238f.).

Dieses dem Inhalt nach sehr modern anmutende Zitat stammt von dem Römer GAIUS PLINIUS SECUNDUS. Er war Befehlshaber der kaiserlichen Flotte. Zur Zeit des Ausbruchs des Vesuvs 79 n. Chr., als u. a. Pompeji und Herculaneum verschüttet wurden, war er am Cap Miseum am Golf von Neapel stationiert. Um den bedrängten Menschen zu helfen, um seinen Untergebenen Mut für ihren Hilfseinsatz zu machen, aber auch, um das Naturereignis aus nächster Nähe beobachten zu können, begab PLINIUS sich zur Unglücksstelle. Er unterschätzte die Gefahren und starb an den giftigen Gasen, die bei dem Ausbruch frei wurden. Die Motive seines Aufbruchs werfen ein Licht auf das, was PLINIUS in seinem Leben bewegte: die Kenntnis der Dinge dieser Welt, und zwar nicht allein wegen des Sachwissens – wie wir es heute nennen würden –, sondern um aus dieser Kenntnis heraus Maßstäbe zu setzen, Orientierung zu geben. Ihn interessierte die naturgegebene Ordnung der Dinge in einer Zeit, in der er zunehmenden moralischen Verfall wahrnahm. PLINIUS sammelte das damalige Wissen, er las und systematisierte es unentwegt. Überkommen sind uns die 37 Bücher seiner „Naturalis historia", der der oben zitierte Text entnommen ist. Man sieht: PLINIUS legte nicht nur enzyklopädisch nieder, was zu seiner Zeit bekannt war; er nahm auch Stellung, er bewertete die Ambivalenz menschlichen Handelns, dessen Möglichkeiten mit seinen technischen Fähigkeiten wachsen. Er verurteilte die Anspruchsmentalität als Ursache der Ausbeutung von Mitmenschen und Natur. Er machte auf die Begrenztheit der Ressourcen aufmerksam. Er lenkte den Blick auf spätere Generationen. Er wurde kaum gehört.

Und heute? Was hat sich in den knapp 2000 Jahren geändert?

„Agrar- und Forsthistoriker betonen mit Recht, daß die Veränderung der Umwelt durch den Menschen bis in alte Zeiten zurückreiche, und die Vorstellung, daß der Mensch bis zur Industrialisierung in einer „natürlichen" Welt gelebt habe, historisch recht ahnungslos sei ... In mehrfacher Hinsicht hat die Umweltveränderung seither neue und bedrohliche Dimensionen bekommen. Die Umweltschäden früherer Zeiten waren – von ökologischen Aspekten der Seuchen abgesehen – in der Regel klar eingrenzbar; die Folgewirkungen waren leicht zu überschauen, der Zusammenhang von Ursache und Wirkung offenkundig, der Verursacher identifizierbar. Betroffen war i. allg. der soziale Verband selbst, dem der Verursacher angehörte, es waren nur in geringem Maße unbeteiligte Dritte; und v. a.: Die Umweltschäden waren wiedergutzumachen, wenn man es ernsthaft wollte. Die Artenvielfalt wurde durch die Umweltveränderungen im großen und ganzen eher erhöht. Alles das trifft auf viele heutige Umweltschäden nicht mehr zu. Manche ökologischen Probleme haben überregionale, ja globale Dimensionen angenommen; die langfristigen Folgewirkungen technisch-industrieller Neuentwicklungen werden immer unübersichtlicher; individuelle Verursacher sind vielfach nicht mehr exakt nachzuweisen; bei einem Großteil der Betroffenen handelt es sich um unbeteiligte Dritte, die mit den Verursachern in keinerlei Konnex stehen. Es mehren sich Umweltschäden, die praktisch irreversibel sind bzw. nur in Jahrtausenden oder Jahrzehntausenden wiedergutgemacht werden könnten, so die Bodenverseuchung durch Schwermetalle oder langlebige radioaktive Substanzen. Eine irreversible Verminderung der Pflanzen- und Tierarten schreitet erschreckend schnell voran ..." (RADKAU 1989, S. 163f.).

Die Problematik hat sich also dramatisch verschärft, und die Art und Weise, wie wir mit unseren Problemen umgehen, hat sich sehr verfeinert.

Die Studieneinheiten 1 – 5 zeigten uns dies am Beispiel der Nutzung des Bodens. Es wurden die natürlichen Funktionen des Bodens beschrieben, das in erdgeschichtlichen Zeiten gewachsene Zusammenspiel physikalischer und chemischer Mechanismen mit biologischen Prozessen. Es wurde exemplarisch gezeigt, wie der Boden durch Landwirtschaft und Bergbau geschädigt wird und wie man mit hohem Aufwand versucht, die Schäden wiedergutzumachen; doch diese Anstrengungen muten wie eine Sisyphusarbeit an.

Man hat auf breiter Ebene erkannt, daß vorbeugende Maßnahmen besser sind als heilende, daß es darum gehen muß, Umweltschäden so gut wie möglich zu vermeiden oder wenigstens zu begrenzen. So ist heute und insbesondere nach der Konferenz der Vereinten Nationen zu „Umwelt und Entwicklung" in Rio de Janeiro 1992 das Leitbild der nachhaltigen Entwicklung im Gespräch. Ziel dieser Vorstellungen ist es, die Lebensgrundlagen nicht nur aller heute lebenden Menschen zu sichern, sondern auch die der kommenden Generationen.

In der 6. Studieneinheit wird zunächst die Problematik anhand des Verhältnisses von Ökonomie und Ökologie aufgerissen. Anschließend wird das Leitbild der nachhaltigen Entwicklung vorgestellt: Neben den umweltpolitischen Zielen werden Umsetzungsstrategien und -instrumente erörtert sowie ethische Dimensionen aufgezeigt. Die beiden letzten Beiträge widmen sich wieder konkreten historischen Erfahrungen. Die Bedeutung, die Eisen zur Zeit der Römer hatte, wird thematisiert, und es wird der Versuch unternommen, das Ausmaß der durch die Eisengewinnung und -verarbeitung verursachten Umweltschäden zu bestimmen. Zuletzt wird die Siegerländer Haubergwirtschaft als historisches Beispiel für ein System nachhaltiger Wirtschaftsweise beschrieben.

2 Zum Spannungsfeld von Ökologie und Ökonomie am Beispiel des Bodens

A. Lerch

In Kap. 2 wird das Spannungsfeld zwischen Ökonomie und Ökologie als ein Problem fehlender Bewertung ökologischer Funktionen durch den Markt betrachtet. Der ökonomische Lösungsansatz, der in dem Versuch besteht, diese Bewertungslücke zu schließen, sowie Methoden der Bewertung werden vorgestellt.

2.1 Ökonomischer Ansatz

Die Ökonomie ist, vereinfacht ausgedrückt, die Wissenschaft vom optimalen Entscheiden über knappe Güter und deren Einsatz zur Verwirklichung sich wechselseitig ausschließender Handlungsalternativen. Jede Wahlsituation zwischen Alternativen ist dabei gekennzeichnet durch den *Nutzen*, der aus der gewählten Alternative gezogen wird, und durch die *Kosten*, die in dem entgangenen Nutzen der abgewählten Alternative bestehen (Alternativkosten). Rational im ökonomischen Sinne ist eine Entscheidung dann, wenn der Nutzen der gewählten Alternative ihre Kosten übersteigt oder, mit anderen Worten, wenn das gewünschte Ergebnis mit den geringsten Alternativkosten realisiert wird.

Für das einzelne Individuum ist eine rationale Entscheidung grundsätzlich möglich, ohne die verschiedenen Alternativen in Geldeinheiten bewerten zu müssen (ob man sich am Abend einen Heimatfilm oder einen Krimi ansieht, ist zwar auch eine ökonomische Entscheidung, hat aber zunächst nichts mit Geld zu tun). Wo aber der *Markt* als Regelungsmechanismus die individuellen Entscheidungen der Mitglieder einer Gesellschaft rational koordinieren soll, ist er auf einen Bewertungsmaßstab angewiesen – und dies ist in der Regel der Geldmaßstab. Das hier näher zu betrachtende Problem besteht nun darin, daß Kosten, die nicht im Marktmaßstab bewertet oder bewertbar sind, üblicherweise auf dem „Markt" auch nicht berücksichtigt werden.

2.2 Konflikt zwischen Ökonomie und Ökologie

Die Betrachtung typischer Konfliktfelder zwischen Ökonomie und Ökologie zeigt, daß sie zumeist durch das eben beschriebene Problem gekennzeichnet sind: Die Kosten des Schutzes von Natur sind im Geldmaßstab bewertet und am Markt wirksam, die Kosten der Naturschädigung sind es z. T. hingegen nicht, obwohl sie oft erheblich sind. Ein Beispiel: Ein Landwirt verzichtet auf die starke Düngung eines Stücks Boden und sichert damit einigen seltenen Ackerwildkräutern das Überleben.

> Wie sieht die Kosten-Nutzen-Rechnung für den Landwirt aus?
>
> •••••
>
> Die Kosten für schwache Düngung sind als Minderertrag meßbar und am Markt bewertet. Der Nutzen aus der schwachen Düngung (bzw. die Kosten der starken Düngung), nämlich der Nutzen, den die Ackerwildkräuter stiften (möglicherweise als Heilkräuter oder auch als Quelle ästhetischer Befriedigung), wird hingegen am Markt nicht gehandelt.

Die Anreizstruktur für den Landwirt, der seine Existenz sichern muß, ist also klar erkenntlich: Den Mehrertrag an landwirtschaftlichem Produkt durch starke Düngung bekommt er am Markt bezahlt, die Ackerwildkräuter nicht.

Maßnahmen zur Drosselung der Überschüsse und zum Erhalt von Arten und Biotopen werden in der 3. Studieneinheit, Kap. 2 beschrieben.

Die bisherigen Versuche, die Ackerwildkräuter dennoch zu erhalten, bestanden v. a. aus administrativen Regelungen (indem z. B. dem Landwirt Grenzen der Düngung vorgeschrieben werden). Vom Kontrollaufwand solcher Regelungen abgesehen, zeigt sich allerdings immer deutlicher, daß sie sich auf Dauer nicht oder nur sehr schwer *gegen* ökonomische Anreize durchsetzen lassen.

> Was ist die Folgerung aus diesem Verhalten?
>
> •••••
>
> Ein pragmatischer Lösungsvorschlag muß daher darauf abzielen, die bestehende *Bewertungslücke bei ökologischen Werten* zu schließen und damit *ökonomische Anreize* zum Naturerhalt zu aktivieren.

Genau dieser Ansatz spiegelt sich in den wesentlichen Konzepten der *Umweltökonomie* wider, die sich unter dem Problemdruck zunehmender Umweltverschmutzung etwa seit den 70er Jahren entwickelt hat, wobei sie allerdings auf Vorläufer aus früherer Zeit zurückgreifen konnte, wie etwa PIGOU (1932) oder KAPP (1950). Den damals im Vordergrund stehenden Problemen entsprechend beschäftigte sie sich v. a. mit Fragen der Luft- und Wasserverschmutzung, mit Lärmproblemen oder der Abfallvermeidung. Die Grundidee besteht darin, starre Auflagenlösungen durch ökonomische Anreizinstrumente, wie etwa schadstoffabhängige Abgaben oder Verschmutzungslizenzen, zu ersetzen, den knappen, bisher als „Freie Güter" behandelten Umweltgütern „Luft" und „Wasser" sozusagen einen Preis zu geben und damit den *Umweltschutz* effizient *durch den Markt* zu verwirklichen (vgl. zu den umweltökonomischen Instrumenten z. B. FREY et al. 1991, JAEGER 1993, WICKE 1991).

2.3 Von der Umweltökonomie zur ökologischen Ökonomie: Neubestimmung ökonomischer Theorie unter ökologischen und ethischen Gesichtspunkten

Daß sich die Umweltsituation nicht wesentlich verbessert hat, kann kaum der seit etwa 2 Jahrzehnten bestehenden Umweltökonomie zum Vorwurf gemacht werden. Die Situation wäre vermutlich eine bessere, wenn nur die wichtigsten umweltökonomischen Vorschläge und Konzepte konsequent in die Praxis umgesetzt worden wären – tatsächlich ist dies aber so gut wie nicht geschehen. Dort, wo es versucht wurde, wie etwa bei der Abwasserabgabe, konnten akzeptable Ergebnisse erreicht werden.

Dennoch stößt die „traditionelle" Umweltökonomie an ihre Grenzen, da mit ihrem Instrumentarium verschiedene Konfliktfelder nicht adäquat behandelt werden können.

> Überlegen Sie bitte selbst, bevor Sie weiterlesen, welcher wichtige Aspekt, der gerade heute die Diskussion beherrscht, durch die traditionelle Umweltökonomie nicht abgedeckt wird.

Es sind Fragen der *Verteilung* und damit der *Gerechtigkeit,* die nicht einbezogen sind. Gerade bei den drängenden globalen Problemen, wie Ozonloch, Klimaänderung oder Artenschwund, wird mehr und mehr deutlich, daß sie ohne Umverteilungen zwischen Industrie- und Entwicklungsländern nicht zu bewältigen sein werden. Die Umweltökonomie enthielt sich jedoch bisher nahezu jeglicher Aussagen über Verteilungsgerechtigkeit und beschränkte sich auf Fragen der Effizienz. Sie steht damit in der Tradition der Neoklassik.

Ein weiterer Konfliktpunkt ist, daß umweltökonomische Konzepte ganz in der neoklassischen Tradition vielfach die – zumindest teilweise – *Substituierbarkeit* der betrachteten Güter voraussetzen. Gerade aber die schwierige oder nicht gegebene Substituierbarkeit, sondern vielmehr die *Komplementarität* in Verbindung mit *Irreversibilität* von Entscheidungen kennzeichnet viele ökologische Ressourcen; augenscheinlichstes Beispiel hierfür ist die Artenschutzproblematik.

Im Zusammenhang mit dem vorgenannten Punkt wird deutlich, daß nicht nur *intra*generationelle Verteilungsgerechtigkeit, sondern aufgrund der Betroffenheit zukünftiger Generationen v. a. auch Fragen der *intergenerationellen* Verteilung von Belang sind, möglicherweise das Kernproblem überhaupt darstellen.

Vor dem Hintergrund der genannten Probleme entwickelte sich die *ökologische Ökonomie*, die sich von der „herkömmlichen" Umweltökonomie unterscheidet

– durch stärkere Berücksichtigung von Verteilungs- und Gerechtigkeitsfragen (und damit eine stärkere Auseinandersetzung mit Fragen der Ethik),

– durch Betrachtung komplexerer ökologischer Probleme und in Verbindung damit stärkerer Einbeziehung naturwissenschaftlicher (ökologischer) Forschungsergebnisse, z. B. in der stärkeren Berücksichtigung von Komplementaritäten und

– schließlich durch eine gewisse Skepsis gegenüber der Regelungsfähigkeit des Marktes in ökologischen Fragen (vgl. auch HAMPICKE 1992, S. 299ff.).

Ein wesentliches Merkmal der ökologischen Ökonomie ist die Anerkenntnis von *Grenzen des wirtschaftlichen Handelns*, die durch die Ansprüche künftiger Generationen auf einen intakten Lebensraum gesetzt sind. Diese Erkenntnis findet ihren Niederschlag in Konzepten wie dem des > *Safe Minimum Standard* (v. CIRIACY-WANTRUP 1952) oder dem des > *Sustainable Development* (nachhaltige Entwicklung), die grob besagen, daß die ökonomische Tätigkeit nur so weit gehen darf, daß die Biosphäre in ihrer ökologischen Substanz (Selbstregulationsfähigkeit, Artenausstattung etc.) für die Nachwelt erhalten bleibt. In dieser Betrachtung ist Boden dann kein substituierbarer Produktionsfaktor mehr, sondern ein komplexes, nicht ersetzbares Ökosystem, dessen Selbstregulationsfähigkeit es zu erhalten gilt.

2.4 Ökonomie des Bodens – ein kurzer historischer Überblick

Das Wirtschaftsmodell der Physiokraten wird genauer im Anhang vorgestellt.

Für die sog. >*Physiokraten* (vorwiegend im Frankreich des 18. Jahrhunderts), die zu den Begründern der wissenschaftlichen Ökonomie gezählt werden, war der Boden noch die einzige Quelle des Reichtums. Der Leitsatz ihrer Produktionstheorie lautete:

„Daß die Herrscher niemals die Tatsache aus den Augen verlieren, daß der Boden der alleinige Quell der Reichtümer ist und daß es die Landwirtschaft ist, welche diese vervielfältigt" (F. QUESNAY, Ökonomische Schriften, Bd. II, Berlin 1976, zit. nach IMMLER 1985, S. 318).

Diese Vorstellung, die letztlich in einer Lehre der Naturherrschaft gipfelte, paßte freilich nicht in die Sicht der sog. *Klassiker* (z. B. Adam SMITH, 1723 – 1790; David RICARDO, 1772 – 1823). Sie stellten nämlich den freien, nicht bevormundeten Bürger als treibende Kraft der Wirtschaft in den Vordergrund. Konsequenterweise erhielt der Boden damit seinen Platz als (mehr oder weniger gleichberechtigter) dritter Produktionsfaktor neben Kapital und Arbeit. Doch während RICARDO immerhin noch die „... ursprünglichen und unzerstörbaren Kräfte des Bodens" (RICARDO 1980 [1817], S. 64) betonte (womit er, was die Unzerstörbarkeit angeht, allerdings irrte), verlor dieser Faktor mit dem Wandel von der landwirtschaftlichen zur industriellen Produktion im Laufe der Zeit zunehmend an Bedeutung. Das sog. neoklassische ökonomische Denken unseres Jahrhunderts betonte schließlich noch stärker die Faktoren Arbeit und Kapital (vermutlich nicht zuletzt, weil auf diese Faktoren das die Neoklassik prägende Konzept der Substituierbarkeit sehr viel eher zutrifft als auf den Faktor Boden).

„Wiederentdeckt" wurde der Boden in einem anderen Zusammenhang insbesondere durch die Vertreter des > *Property-Rights-Ansatzes* (property rights sind Eigentumsrechte), die sich mit den ökonomischen Anreizwirkungen unterschiedlich ausgeprägter Eigentumsrechte beschäftigen. In ihrer Sicht ist nicht „Marktversagen" die Ursache von Umweltproblemen, sondern es sind unvollständige Eigentumsrechte. Der Property-Rights-Ansatz prognostiziert dabei die Übernutzung von Ressourcen, die sich in gemeinschaftlichem Eigentum befinden.

Aus welchen Gründen wird eine Übernutzung von gemeinschaftlichem Eigentum vorhergesagt?

•••••

Der einzelne kann den Gewinn aus der Nutzung vollständig privatisieren, die Kosten der Übernutzung aber auf die Gemeinschaft der Eigentümer abwälzen, so daß ein ständiger Anreiz zur Übernutzung besteht.

Im Rahmen dieses Property-Rights-Ansatzes wurden auch die Entwicklungen von Gemeineigentum zu Privateigentum beim Boden untersucht, etwa in der germanischen Agrarverfassung (vgl. MEYER

1983) oder bei den „Enclosures" (Einhegungen) in England im 15. Jahrhundert (vgl. WEISE et al. 1991).

Das grundsätzliche ökonomische Problem des Bodens besteht heute in dessen *Knappheit* bei unterschiedlichen, sich z. T. gegenseitig ausschließenden *Nutzungsansprüchen*.

> Um welche Nutzungsansprüche handelt es sich dabei?
>
> •••••
>
> Boden als komplexes Ökosystem, Boden als landwirtschaftliche Produktionsfläche, als Siedlungs- und Verkehrsfläche, als Raum für Naherholung und Freizeitaktivitäten, als Lebensraum für Pflanzen- und Tierarten, als Filter und Puffer für Schadstoffe etc.

Gekennzeichnet ist das Problem dabei durch die bereits eingangs erwähnte *Bewertungslücke*, die darin besteht, daß ein Teil der konkurrierenden Nutzungsansprüche mit Marktpreisen bewertet ist, ein anderer Teil dagegen nicht. Hinzu tritt ein weiteres Problem: Die Preise, mit denen alternative Bodennutzungen bewertet sind (also z. B. Pacht- oder Grundstückspreise, Preise für landwirtschaftliche Produkte) spiegeln häufig nicht die tatsächlichen Alternativkosten wider, sondern sind administrativ (z. B. durch EG-Subventionen) verzerrt, also keine echten *Knappheitspreise*. In einer ökonomischen Kosten-Nutzen-Analyse zur Vorbereitung rationaler Entscheidungen (vgl. Abschn. 2.1) sind dagegen nur wirkliche Alternativkosten zu berücksichtigen. Darüber hinaus vollzieht sich die Preisbildung in einem Umfeld weitreichender *staatlicher Mengenplanung* hinsichtlich der Einteilung des Bodens in verschiedene Nutzungsarten (Bauland, landwirtschaftliche Fläche oder Forstfläche), wodurch die Preise zusätzlich verzerrt werden.

Die Grundzüge der EG-Agrarpolitik sind im Anhang dargelegt.

Einen weiteren Aspekt macht der erwähnte Property-Rights-Ansatz deutlich: Selbst beim in *Privateigentum* befindlichen Boden sind die Eigentumsrechte nur unvollständig spezifiziert.

Auf das Bodenrecht wird im Zusammenhang mit der rechtlich-sozialen Ordnung der Landwirtschaft in der 2. Studieneinheit, Abschn. 3.3 eingegangen.

> Nennen Sie Beispiele für Rechte, die der Eigentümer am Boden hat bzw. die er nicht hat, und einen Fall, bei dem die Rechtslage ungeklärt ist.
>
> •••••

> Der Eigentümer eines Stücks Boden hat z. B. das Recht, andere am Betreten zu hindern oder sein Grundstück zu verpachten. Die Art der Bebauung z. B. ist unterschiedlich stark durch Bebauungspläne reglementiert. Bisher weitgehend ungeklärt ist die Frage des Eigentums an den auf einem Stück Boden vorkommenden Tier- und Pflanzenarten – hat der Landwirt aus unserem oben genannten Beispiel das Recht, die Ackerwildkräuter durch intensive Düngung auszurotten, oder hat er es nicht?

2.5 Ökonomisch-ökologische Bewertungsansätze

Ein wesentlicher Beitrag der ökologischen Ökonomie zur Überwindung des Konflikts zwischen Ökonomie und Ökologie besteht in dem Versuch, die in den Abschnitten 2.2 bzw. 2.4 als ein zentrales Problem ausgemachte Bewertungslücke bei ökologischen Werten zu schließen und damit möglichst *alle* Kosten und Nutzen einer Entscheidungssituation *aufzuzeigen*. Bei einer solchen Kosten-Nutzen-Analyse fragt der Ökonom in einer zunächst rein anthropozentrischen Sicht, welchen Wert die Natur für den Menschen hat, und nicht nach einem etwaigen Eigenwert (inhärenten Wert) der Natur. Dies bedeutet freilich nicht, daß Ökonomen letzteren grundsätzlich leugnen; die logischen Schwierigkeiten aber, die mit der Definition von Eigenwerten der Natur verbunden sind, rechtfertigen zunächst, sich in einer ökonomischen Analyse auf die Ermittlung ihres instrumentellen Wertes zu beschränken, denn „einen inhärenten Wert besitzt die Natur *vielleicht*, einen instrumentellen Wert für den Menschen besitzt sie aber auf jeden Fall" (HAMPICKE 1992, S. 55f., Hervorhebung im Original; vgl. zu nichtanthropozentrischen Artenschutzbegründungen auch HAMPICKE 1993).

Grundsätzlich besteht der ökonomische Wert ökologischer Ressourcen (wie etwa Wildtier- und Pflanzenarten) in ihren verschiedenen Nutzenstiftungen.

> Nennen Sie Beispiele für verschiedene Nutzenstiftungen.
>
> •••••
>
> Nutzen als genetische Ressource zur Sicherung der Nahrungsgrundlage, als Quelle medizinisch wirksamer Substanzen, als Bioindikatoren, als Stabilitätsfaktor im Ökosystem oder als Quelle emotionaler und ästhetischer Befriedigung (zu den verschiedenen Nutzenstiftungen von Tier- und Pflanzenarten vgl. EHRLICH u. EHRLICH 1983; MYERS 1983).

Während einem Teil dieser Nutzenstiftungen monetäre Werte zugeordnet werden können, indem z. B. ermittelt wird, daß in den OECD-Mitgliedsländern 1988 Medikamente auf pflanzlicher Basis für 100 Mrd. $ verkauft wurden (vgl. OECD 1987), ist dies bei einem anderen Teil, wie etwa dem ästhetischen Wert, weitaus schwieriger.

Dennoch versuchen Ökonomen, die Wertschätzung der Wirtschaftssubjekte von ökologischen Werten dadurch zu „objektivieren", daß sie deren zahlungskräftige Nachfrage oder Zahlungsbereitschaft für Natur zu ermitteln suchen. Dabei läßt sich differenzieren nach einem „egoistischen" *Erlebniswert*, den ein Wirtschaftssubjekt für sich selbst in einer ökologischen Ressource sieht (also beispielsweise der Genuß aus der Orchideenbetrachtung), und einer Wertkomponente, die nichts mit dem eigenen Erlebnis ökologischer Vielfalt zu tun hat. Hierfür sind verschiedene Motive denkbar, etwa der Wunsch, daß auch die Kinder und Enkel noch Libellen erleben sollen: *Vermächtniswert* die Tatsache, daß man bereits in der Existenz einer Art (z. B. eine seltene Schmetterlingsart im Tropenwald) einen Wert sieht, auch ohne sie jemals selbst zu erleben: *Existenzwert* oder weil man sich die Möglichkeit offenlassen will, sie später einmal zu erleben: *Optionswert* Da es zwischen Existenz-, Vermächtnis- und Optionswert logische Überschneidungen gibt und sie sich nur schwer voneinander abgrenzen lassen, neigt man inzwischen dazu, lediglich zwischen einer (egoistischen) Erlebnis- und einer Nichterlebniskomponente zu unterscheiden (vgl. OECD 1989).

Obwohl deutlich geworden sein sollte, daß es bei der ökonomischen Wertermittlung keineswegs nur um kurzfristige, egoistische Interessen geht, scheint noch eine Anmerkung angebracht: Der ökonomische Ansatz der Kosten-Nutzen-Analyse bedeutet keineswegs, daß die Zerstörung von Natur (oder die Ausrottung von Arten) bereits ökonomisch geboten wäre, wenn die Zahlungsbereitschaft der lebenden Wirtschaftssubjekte für ihren Erhalt nicht hinreichen würde (wie es scheinbar PFRIEM (1991, S. 20) unterstellt). Im Sinne intergenerationeller Gerechtigkeit ist dies vielmehr gerade die Situation, in der der > Safe Minimum Standard (vgl. Abschn. 2.3) im Sinne eines „Pflichtniveaus des Naturschutzes" (HAMPICKE 1991) zum Tragen kommt, das dann gegen den Willen der Wirtschaftssubjekte durchgesetzt werden müßte. Nichts spricht allerdings dagegen, diese Wertschätzung zunächst einmal zu ermitteln – so gut es die methodischen Schwierigkeiten zulassen. Erste Ergebnisse erwecken tatsächlich nicht den Eindruck, daß der Erhalt von Natur den Wirtschaftssubjekten zu teuer wäre – genau das Gegenteil scheint der Fall zu sein, daß nämlich die Zahlungsbereitschaft für ökologische Werte die Kosten ihres Erhalts deutlich übersteigt (vgl. HAMPICKE et al. 1991).

2.5 Ökonomisch-ökologische Bewertungsansätze

Methoden zur Ermittlung der Zahlungsbereitschaft: Bei der Ermittlung der Zahlungsbereitschaft lassen sich grundsätzlich 2 Methoden unterscheiden, die indirekte und die direkte Methode. Bei der *indirekten* Methode werden Schlüsse aus dem Verhalten der Wirtschaftssubjekte gezogen, wobei der Umstand genutzt wird, daß das „öffentliche Gut" Natur vielfach komplementär mit Privatgütern genutzt wird, deren Preise bekannt oder einfach zu ermitteln sind. Zu den indirekten Methoden gehört beispielsweise die sog. Reisekostenmethode: Ist ein Wirtschaftssubjekt bereit, für die Anreise zu einem interessanten Biotop Anfahrtskosten in bestimmter Höhe zu tragen, so liegt der Schluß nahe, daß es eine Wertschätzung für dieses Biotop in mindestens dieser Höhe besitzt. Ein anderer Ansatz ist der > *Hedonic-Price-Ansatz (die Marktpreismethode)*, bei dem beispielsweise aus den Mietdifferenzen zwischen ruhigen und lauten Wohnlagen auf die Zahlungsbereitschaft für „Ruhe" geschlossen wird. Wesentliches Merkmal der indirekten Methode ist, daß mit ihr nur der Erlebniswert (vgl. oben) ermittelt werden kann (vgl. POMMEREHNE u. RÖMER 1988).

Bei den *direkten* Methoden wird versucht, die Zahlungsbereitschaft von den Wirtschaftssubjekten zu erfragen; man will von ihnen wissen, wieviel sie für ökologische Vielfalt bezahlen würden, wenn sie am Markt käuflich wäre. Mit dieser > *Contingent Valuation Method* (contingent meint hier das mögliche Eintreffen von Ereignissen) kann man im Gegensatz zu den indirekten Methoden auch die Nichterlebniskomponente ökologischer Werte erfassen. Die Methode läßt sich durch Interviews, Marktsimulationsspiele oder schriftliche Befragungen durchführen.

> Es gibt allerdings Schwierigkeiten in der Methode und der Interpretation. Bitte überlegen Sie selbst, welche Probleme auftreten können, bevor Sie weiterlesen.

Zu den methodischen Schwierigkeiten zählen insbesondere das Problem des *strategischen Verhaltens* der Befragten *(Strategic Bias"* bias hier im Sinne von systematischer Verzerrung der Befragungsergebnisse zu verstehen) sowie das Problem, daß die Befragten sich die hypothetische Situation nicht angemessen vorstellen können, das sog. *Repräsentanzproblem (Hypothetical Bias)*, die allerdings bei entsprechender Sorgfalt der Untersuchung beherrschbar erscheinen. Ein weiteres Problem besteht im sog. *Embedding-Effekt*, dessen Bedeutung für die Relevanz der Contingent Valuation Method in jüngster Zeit kontrovers diskutiert wird (vgl. z. B. KAHNEMAN u. KNETSCH 1992, SMITH 1992, HARRISON 1992). Vereinfacht dargestellt, besteht der Embedding-Effekt darin, daß die Zahlungsbereitschaft für ein Gut, wenn es für sich bewertet wird, weit höher ist, als wenn man nach der Zahlungsbereitschaft für dasselbe Gut als Teil eines umfassenderen Gutes fragt. Beispielsweise ist die Zahlungsbereitschaft für den Erhalt *aller* Schmetterlinge nicht wesentlich größer als diejenige für *eine* einzelne Schmetterlingsart, wenn man nur nach dieser fragt. Daraus folgt u. a., daß sich ermittelte Zahlungsbereitschaften für einzelne Arten nicht einfach zu einer Gesamtzahlungsbereitschaft für „Artenschutz" addieren lassen.

2.6 Schlußbetrachtung

Ökonomen, so kann man gelegentlich hören, wüßten von allem den Preis, aber von nichts den wahren Wert. Ob es so etwas wie den „wahren Wert" der Natur überhaupt gibt, ist eine schwierige Frage, bestimmt aber gibt es einen relativen, subjektiven Wert, den Wert nämlich, den die Menschen der Natur beimessen. Mag dies auch nicht der einzige (oder „wahre") Wert sein, so bedeutet es, ihn zu kennen, doch mehr als gar nichts zu wissen.

Möglicherweise läßt sich in der Zukunft wissenschaftlich erhärten – und vieles deutet darauf hin –, daß die Zerstörung ökologischer Ressourcen eben nicht ökonomisch geboten, sondern durchaus unökonomisch ist, weil bereits die subjektive Wertschätzung der heute lebenden Menschen für Natur höher ist als der Nutzen aus naturzerstörenden Aktivitäten. Und möglicherweise kann der daraus resultierende ökonomische Anreiz zum Naturerhalt zur Entschärfung des Konflikts zwischen Ökonomie und Ökologie beitragen.

2.7 Rückblick

Fragen:

1. Worauf läßt sich das Grundproblem des Konfliktes zwischen Ökonomie und Ökologie reduzieren?

2. Die Umweltökonomie versuchte, durch ökonomische Anreizinstrumente die Bewertungslücke für viele Umweltgüter zu schließen. Dabei beachtete sie allerdings bestimmte Konfliktfelder nicht. Welche?

3. Boden ist knapp und unterliegt Nutzungsansprüchen, die sich teilweise ausschließen und deren Kosten z. T. nicht bewertet werden können. Der wirkliche Knappheitspreis ist dadurch nicht feststellbar. Der Preis des Bodens wird zudem durch besondere Maßnahmen verzerrt. Durch welche?

4. Ökonomen versuchen, auch den ökologischen Wert des Bodens zu „objektivieren", indem sie nach der Zahlungsbereitschaft für einzelne schützenswerte Umweltgüter fragen. Welches sind die Motive, die den Wert bestimmen?

5. Welche Methoden zur Ermittlung der Zahlungsbereitschaft wurden im Text erwähnt?

6. Welche Probleme birgt die Ermittlung der Zahlungsbereitschaft?

Antworten:

1. Die Kosten, die der Schutz der Natur verursacht, sind im Geldmaßstab bewertbar, die Kosten, die durch Schädigung der Natur entstehen, z. T. jedoch nicht.

2. Die Konfliktfelder der globalen Verteilungsgerechtigkeit innerhalb und zwischen den Generationen und der Komplementarität der Umweltgüter.

3. Der Preis für manche Bodennutzungsarten wird administrativ, z. B. durch Subventionen, gesteuert. Die Bodenfläche für einige Nutzungsarten wird staatlicherseits festgelegt.

4. Die Motive sind Erlebniswert und die Nichterlebniswerte: Vermächtniswert, Existenzwert und Optionswert.

5. Indirekte Methoden zur Feststellung des Erlebniswertes: Ermittlung der Bereitschaft zur Zahlung von Reisekosten oder die Marktpreismethode.

    Direkte Methoden: Fragen (durch Interviews, schriftliche Befragungen, Simulationsspiele) zur Feststellung des Preises, der bezahlt würde, wenn die Umweltgüter am Markt zu haben wären.

6. Die Befragten antworten nicht nach ihrer tatsächlichen Bereitschaft, sondern nach strategischen Aspekten, sie haben Probleme, sich die zukünftige Situation vorzustellen. Bei der Schlußfolgerung aus den Daten ist der Embedding-Effekt zu berücksichtigen.

3 Nachhaltige Entwicklung – ein Leitbild zum Umgang mit natürlichen Ressourcen

J. Mayer

Nachhaltige Entwicklung ist zum bestimmenden Leitbild der Umweltpolitik geworden. Einerseits werden überaus hohe Erwartungen an dieses Konzept geknüpft, andererseits herrscht große Unsicherheit, was nachhaltige Entwicklung konkret bedeutet und wie sie operationalisiert und umgesetzt werden kann. So wird das Leitbild nachhaltiger Entwicklung auf der einen Seite als Vision und wegweisende Programmatik, auf der anderen als Modebegriff, Mogelpackung und Worthülse bezeichnet.

In Kap. 3 soll ein Überblick über die verschiedenen Aspekte dieses Leitbildes (Dimensionen, Ziele, Umsetzungsstrategien und Instrumente) gegeben werden. Diese Strukturierung und Hierarchisierung soll dazu beitragen, die unterschiedlichen Ebenen des Nachhaltigkeitsdiskurses zu differenzieren, die Innovationen dieses Konzeptes zu identifizieren sowie die darin angelegten Konfliktpotentiale offenzulegen. Zum Schluß wird auf den humanwissenschaftlichen Aspekt nachhaltiger Entwicklungen eingegangen, indem notwendig zu entwickelnde Umweltkompetenzen des Menschen diskutiert werden.

Nachhaltige Entwicklung („Sustainable Development") ist weltweit zu einem Schlüsselbegriff der Umweltpolitik der 90er Jahre geworden. Ökonomen, Ökologen und Sozialwissenschaftler diskutieren gleichermaßen die Bedeutung und die Möglichkeiten der Umsetzung dieser Leitidee (Busch-Lüty et al. 1992, Fritz et al. 1995, ZAU 1994).

Insbesondere durch die Konferenz der Vereinten Nationen zu „Umwelt und Entwicklung" 1992 in Rio de Janeiro wurde dieses Konzept zur Leitlinie der Umweltpolitik, der sich mehr als 150 Regierungen verpflichtet haben. Mittlerweile haben sich nahezu alle politischen Gremien, von der Uno und der OECD, über die Enquête-Kommission des Bundestages (Enquête-Kommission 1994), den Rat von Sachverständigen für Umweltfragen (SRU 1994) bis zum Wissenschaftlichen Beirat der Bundesregierung Globale Umweltveränderungen (WBGU 1993), das Leitbild des Sustainable Development ausdrücklich zu eigen gemacht. Tabelle 6.1 zeigt einen Überblick über die verschiedenen Aspekte des Leitbildes.

Tabelle 6.1. Ebenen und Themen des Nachhaltigkeitsdiskurses

Leitbild	Nachhaltige Entwicklung
Umweltethische Dimensionen	Retinität Globalität Intergenerationalität
Umweltpolitische Ziele	Erhalt der Umweltfunktionen Gesellschaftliche Wohlfahrt Gerechte Ressourcenverteilung
Management des Naturkapitals	Nachhaltige Nutzung erneuerbarer Ressourcen Minimale Nutzung nichterneuerbarer Ressourcen Erhalt der Pufferkapazitäten der Natur
Umsetzungsstrategien	Effizienzstrategie Konsistenzstrategie Suffizienzstrategie Substitutionsstrategie
Instrumente	Umweltgesetzgebung Ökonomische Instrumente Technischer Umweltschutz Information, Bildung, Ausbildung

3.1 Was ist nachhaltige Entwicklung?

Geprägt wurde der Begriff „Sustainable Development" von der World Commission on Environment and Development (WCED) der Vereinten Nationen – nach ihrer Vorsitzenden, der norwegischen Politikerin, oft als Brundtland-Kommission bezeichnet. Im bereits 1987 vorgelegten Bericht „Our Common Future" der Kommission wurde Sustainable Development als Leitlinie für die zukünftige Umweltpolitik aller Länder der Erde verkündet (HAUFF 1987; GOODLAND et al. 1992).

Sustainable development *meint eine wirtschaftlich-gesellschaftliche Entwicklung, in der Ökonomie, Ökologie und soziale Ziele so in Einklang gebracht werden, daß die Bedürfnisse der heute lebenden Menschen befriedigt werden, ohne die Bedürfnisbefriedigung künftiger Generationen zu gefährden.*

Die Wurzeln dieses Begriffs reichen jedoch weiter zurück. Im Jahre 1972 veranstalteten die Vereinten Nationen eine erste internationale Umweltschutzkonferenz in Stockholm. Dort kam es zu einer Kontroverse darüber, wie weltweit zu ergreifende Umweltschutzmaßnahmen mit einer notwendigen wirtschaftlichen Entwicklung der

3. Welt in Einklang zu bringen seien. In der Arbeit der nachfolgenden Kommissionen wurden die ökologischen Erfordernisse (Ecological Sustainability) und die ökonomischen Erfordernisse (Economic Development) zum Begriff des Sustainable Development zusammengefaßt. Der Brundtland-Bericht gab den Anstoß zu der 2. internationalen Umweltkonferenz der Vereinten Nationen, der United Nations Conference on Environment and Development (UNCED) 1992 in Rio de Janeiro. Auf dieser Konferenz wurden eine „Klimakonvention", eine „Konvention über die biologische Vielfalt", eine „Rio-Deklaration", eine „Walderklärung" sowie eine sog. „Agenda 21" verabschiedet (BMU 1992 a – c). Letztere ist ein umfangreicher Aktionsplan für Sustainable Development. Zur Weiterführung dieser Arbeit wurde von der Uno eine „Commission on Sustainable Development" (CSD) eingerichtet.

Im deutschen Sprachraum stößt man auf eine Vielzahl von Übersetzungen des Begriffs, wie „dauerhafte Entwicklung" (HAUFF 1987; WBGU 1993), „tragfähige" oder „zukunftsfähige Entwicklung" (SIMONIS 1991), „nachhaltige Entwicklung" (WBGU 1993) und „dauerhaft-umweltgerechte Entwicklung" (SRU 1994). Oftmals sind damit auch unterschiedliche Konzeptionen oder Schwerpunkte verbunden, jedoch werden die unterschiedlichen Begriffe z. T. auch synonym benutzt.

Wie der Umweltrat betont, spricht einiges für eine Übersetzung als „nachhaltige Entwicklung", da der Begriff der „Nachhaltigkeit" über Jahrhunderte in der Forstwirtschaft als erhaltende Nutzung der natürlichen Lebensgrundlagen durch den Menschen im deutschen Sprachraum bereits eine eigene Tradition hat (HENNIG 1991).

Inwiefern geht jedoch das Leitbild der nachhaltigen Entwicklung über das traditionelle Verständnis ökologischer Nachhaltigkeit, etwa innerhalb der Forstwirtschaft, hinaus?

•••••

Nachhaltige Forstwirtschaft bezog sich auf die langfristige Sicherung der Nutzung lebenswichtiger Ressourcen in der Region. In dem Leitbild der nachhaltigen Entwicklung wird die überregionale bzw. globale Sicht notwendig miteinbezogen. Soziale Aspekte werden stärker betont.

3.2 Umweltethische Dimensionen nachhaltiger Entwicklung

Nachhaltige Entwicklung muß in seiner allgemeinen Formulierung als ein „umweltethischer Imperativ" verstanden werden, der den Wohlstand sowie die natürlichen Lebensgrundlagen der gegenwärtigen Menschheit – insbesondere unter Berücksichtigung der Entwicklungsländer – sowie künftiger Generationen sichern soll. Damit lassen sich 3 zentrale ethische Dimensionen dieses Leitbildes ausmachen, nämlich Retinität[1], Globalität[2] und Intergenerationalität[3] (Abb. 6.1).

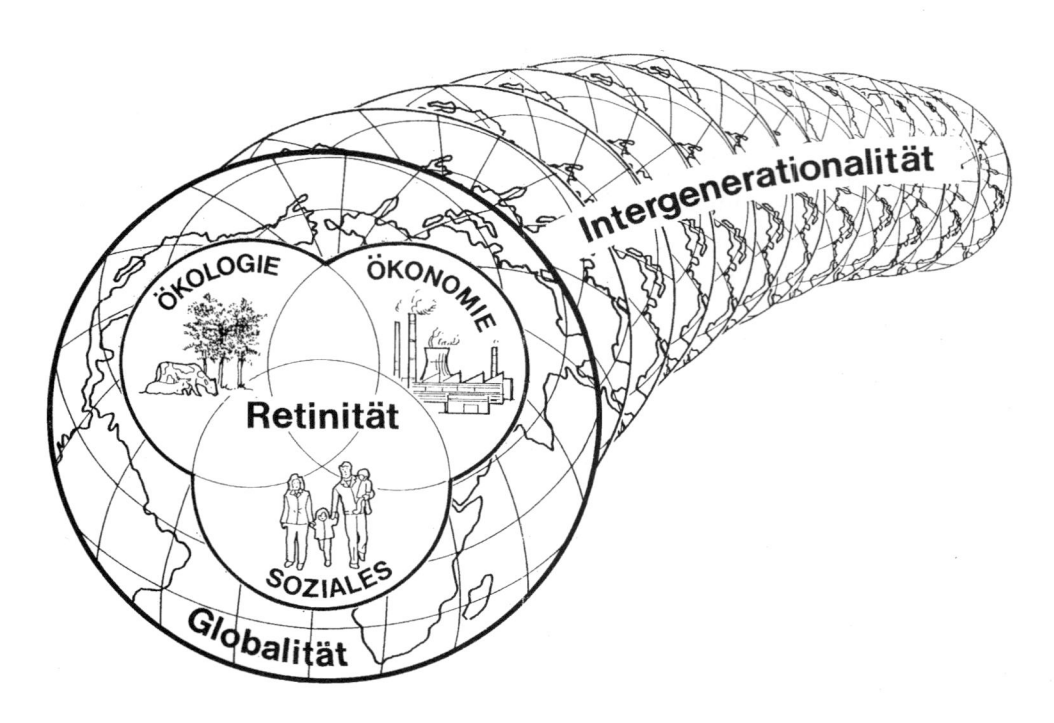

Abb. 6.1. Ethische Dimensionen des Leitbildes der nachhaltigen Entwicklung

Retinität. Nach Meinung des „Rates von Sachverständigen für Umweltfragen" besteht der entscheidende Erkenntnisfortschritt, der mit der Idee nachhaltiger Entwicklung erreicht wird, in der Einsicht, daß ökonomische, soziale und ökologische Entwicklung notwendig als eine innere Einheit zu sehen sind. Sie dürfen daher nicht voneinander abgespalten und gegeneinander ausgespielt werden (SRU 1994). Dieses Prinzip wird als Retinität, d. h. Gesamtvernetzung, bezeichnet.

---

1 Lat. reticulum = Netz.
2 Lat. globus = Kugel, Ball.
3 Lat. inter = zwischen.

Dauerhafte Entwicklung schließt damit eine umweltgerechte, an der Tragekapazität der ökologischen Systeme ausgerichtete Koordination ökonomischer Prozesse ebenso ein wie soziale Ausgleichsprozesse zur Minderung armutsbedingter Umweltzerstörung.

Bei der Operationalisierung des Leitbildes der nachhaltigen Entwicklung sind daher die 3 wesentlichen Aspekte der Ökologie-, Ökonomie- und Sozialverträglichkeit zu berücksichtigen. Dies darf jedoch nicht im Sinne eines Harmoniemodells verstanden werden, vielmehr handelt es sich um ein Verhältnis konfliktgeladener Spannungen. Nach Meinung des Rates von Sachverständigen für Umweltfragen wird das Schicksal der Menschheit davon abhängen, ob und inwieweit es ihr gelingt, der wechselseitigen Abhängigkeit dieser 3 Enwicklungskomponenten gerecht zu werden (SRU 1994).

Globalität und Intergenerationalität. Die derzeitigen Umweltprobleme zeigen in ihrer globalen Ausdehnung wie in ihrer zeitlichen Erstreckung eine neue Dimension, die als eine Erweiterung des Zeit- und Raumhorizontes beschrieben werden kann (JONAS 1984; HABER 1993). Während im Bereich lokaler und zeitlich überschaubarer Umweltprobleme durchaus Erfolge zu verzeichnen sind, spannen die globalen und langfristigen Umweltveränderungen einen Problemraum mit eigener Charakteristik auf (vgl. KRUSE 1995; LANTERMANN 1994; WBGU 1993). Die Folgen sind ein globaler Wandel (Global Change) und eine Verschiebung von Handlungsfolgen auf künftige Generationen in ökologischer, ökonomischer und sozialer Hinsicht.

Die Berücksichtigung des erweiterten Raum-Zeit-Horizontes bezieht sich nicht nur auf die Art und das Ausmaß der Umweltbeeinträchtigungen, sondern ebenso auf die Art und Weise des ökonomisch geregelten Austausches mit der Natur. Die zunehmende Internationalisierung der Wirtschaft, z. B. im europäischen Binnenmarkt, macht die Berücksichtigung weitreichender Folgewirkungen von Entscheidungen auf lokaler und nationaler Ebene notwendig. Werden z. B. durch nationale Maximierung des Wirtschaftswachstums die Umweltverschmutzung erhöht und natürliche Ressourcen in dritten Ländern ausgebeutet, so werden dadurch u. U. nicht nur die Wachstumsaussichten anderer Länder in Frage gestellt, sondern auch die eigenen mittel- und langfristigen Wachstumsaussichten gefährdet.

Damit korrespondiert auch eine soziale Dimension des Problemraumes, nämlich die soziale Distanz zwischen Verursachern und Betroffenen. Die Betroffenen heutiger Umweltveränderungen – verursacht durch die industrialisierten Länder – sind auch und gerade künftige Generationen oder Menschen, die an entfernten, außerhalb des Erfahrungshorizontes der Verursacher liegenden Orten an den Umweltfolgen leiden. Daher sind zukünftig Aufgaben wie Berücksichti-

3 Nachhaltige Entwicklung – ein Leitbild zum Umgang mit natürlichen Ressourcen

gung der Bedürfnisse der Länder der 3. Welt (intragenerative[4] Gerechtigkeit) und künftiger Generationen (intergenerationelle Verantwortung) zu bewältigen. Diesem Anspruch wird das Leitbild der nachhaltigen Entwicklung nach Meinung der Enquête-Kommission in hohem Maße gerecht (ENQUÊTE-KOMMISSION 1994; vgl. auch GETHMANN et al. 1993).

> Abbildung 6.2 zeigt einige Beispiele für Umweltveränderungen nach ihren räumlichen und zeitlichen Dimensionen. Wenn Sie versuchen, zusätzlich die in diesen Studieneinheiten behandelten Schädigungen des Bodens, wie > Erosion, Eintrag von Luftschadstoffen, Belastung durch industrielle Abfallstoffe, Verdichtung, Versiegelung, einzuordnen, werden Sie feststellen, daß es sich um lokale bis regionale Probleme handelt und daß die meisten langfristiger Natur sind.

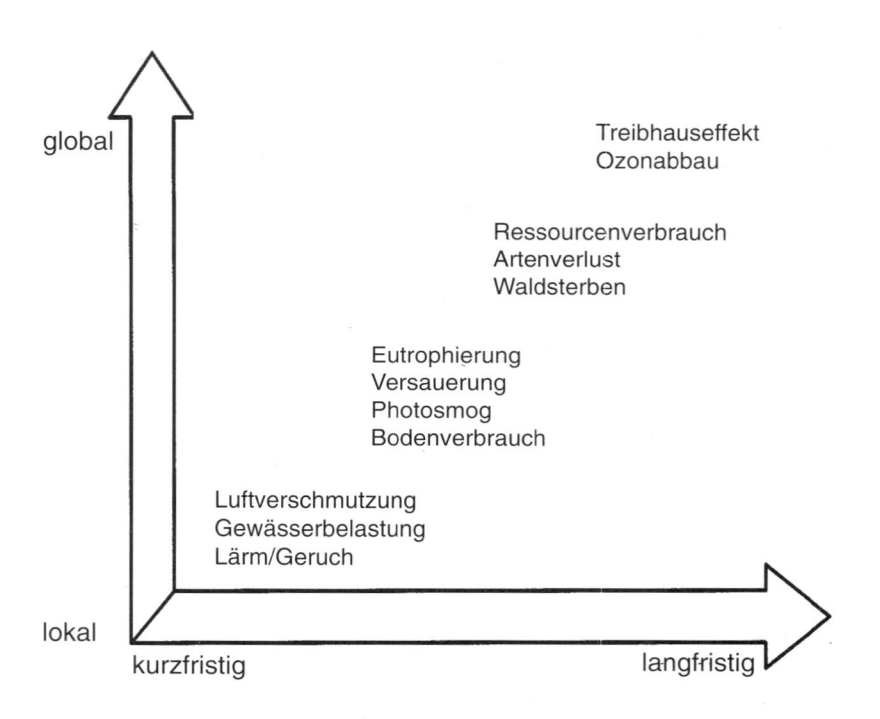

Abb. 6.2. Typisierung von Umweltproblemen nach Raum- und Zeitskalen

---

4   Lat. intra = innerhalb.

3.3 Umweltpolitische Ziele nachhaltiger Entwicklung

Auf der Ebene der ethischen Zielrichtung nachhaltiger Entwicklung herrscht weitgehender Konsens, obwohl auch Zweifel angemeldet werden, ob und inwieweit die verschiedenen ethischen Dimensionen der Retinität, Globalität und Intergenerationalität überhaupt zur Deckung gebracht werden können (Abb. 6.3). Die Bewertung der ethischen Dimensionen dieses Konzepts hängt jedoch auch davon ab, inwieweit sich diese in konkrete politische Ziele umsetzen lassen.

Ökologische Ziele:
Erhalt der Ökosysteme
– Struktur der Ökosysteme
– Funktion der Ökosysteme
– Regenerationsfähigkeit

Ökonomische Ziele:
Gesellschaftliche Wohlfahrt
– wirtschaftliche Entwicklung
– Umweltqualität
– Erhalt des Naturkapitals

Ökologisches System

Ökonomisches System

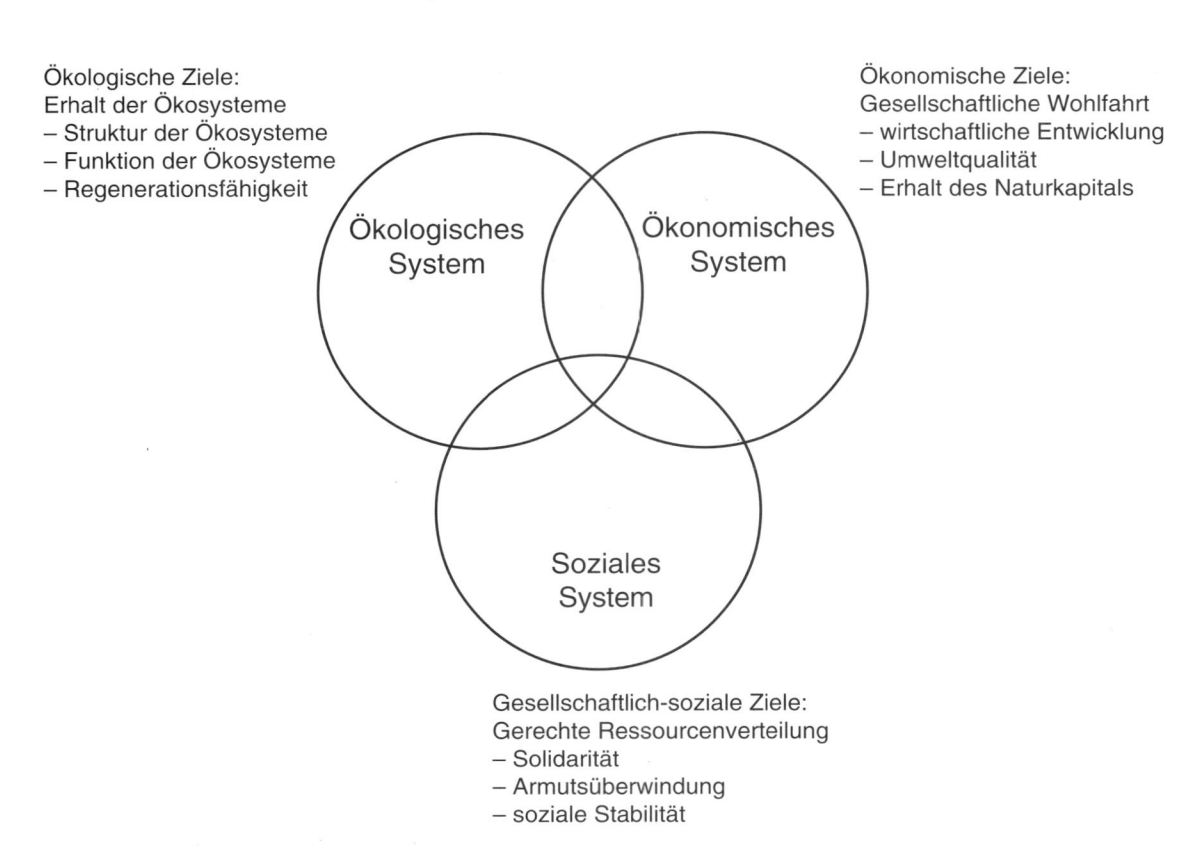

Soziales System

Gesellschaftlich-soziale Ziele:
Gerechte Ressourcenverteilung
– Solidarität
– Armutsüberwindung
– soziale Stabilität

Abb. 6.3   Vernetzung ökologischer, ökonomischer und sozialer Ziele nachhaltiger Entwicklung

Ökologische Ziele. Das grundlegende ökologische Ziel ist der Erhalt der Strukturen und Funktionen der > Ökosysteme (ENQUÊTE-KOMMISSION 1994). Die Struktur eines Ökosystems kann durch die abiotische Umwelt, Tiere und Pflanzen sowie deren Vielfalt, ihre Vernetzung und ihre Verteilung in Raum und Zeit beschrieben werden. Ökosystemare Funktionen sind im wesentlichen Primärproduktion, d. h. die Erzeugung von Biomasse durch Pflanzen, sowie Stoffkreisläufe und Energiefluß. Eine komplexere ökologische Funktion ist die

Regenerationsfähigkeit, die Leistungen wie Gleichgewicht, Stabilität und Belastbarkeit einschließt.

Ökonomische Ziele. Das allgemeine ökonomische Ziel ist die Herbeiführung und Sicherung gesellschaftlicher Wohlfahrt durch eine rationale Bewirtschaftung knapper Güter. Die Bedingungen dafür werden als sog. „magisches Viereck" beschrieben: wirtschaftliche Entwicklung, Geldwertstabilität, Außenhandelsbalance und Stabiliät der Beschäftigung.

Diese traditionellen Ziele werden im Rahmen nachhaltiger Entwicklung durch das Ziel der Erhaltung der Natur als natürliches Kapital des Wirtschaftens ergänzt. Dies bedeutet, daß der Produktionsfaktor Natur – neben den Faktoren Kapital und Arbeit – in die ökonomische Rechnung einbezogen werden muß.

Das natürliche Kapital entspricht im Prinzip unserer natürlichen Umwelt und wird als das Vermögen der Natur definiert, nützliche Güter und Leistungen zur Verfügung zu stellen (v. DIEREN 1995). Betrachtet man die Natur hinsichtlich ihrer wirtschaftlichen Bedeutung, erfüllt sie zahlreiche „Dienstleistungen" von hohem ökonomischen Wert. Diese „Dienstleistungen" drücken sich in den Funktionen aus, die die Natur für die menschliche Gesellschaft hat. Eine nicht umweltverträgliche Form des Wirtschaftens handelt letztlich ihrer eigenen Vernunft zuwider, indem sie das zerstört, wovon sie lebt.

Um eine Überbeanspruchung des für eine nachhaltige Entwicklung unabdingbaren Naturkapitals zu verhindern, müssen die umweltpolitischen Maßnahmen sowohl auf das Management der natürlichen Ressourcen als auch auf die Verringerung der Umweltbelastungen abzielen. Das bedeutet, daß die Natur in ihrer Fähigkeit, sowohl Rohstoffe zur Verfügung zu stellen als auch freigesetzte Stoffe aufzunehmen, dergestalt in die ökonomische Rechnung Eingang findet, daß beide Fähigkeiten dauerhaft Bestand haben.

Für die Wirtschaft bedeutet dies letztlich die Hinwendung zu einem Fortschritts- und Wachstumsmodell der Entkoppelung von wirtschaftlicher Entwicklung einerseits, Ressourcenverbrauch und Beeinträchtigungen der Umweltfunktionen andererseits. Dazu muß die Wirtschaft als zirkuläre Ökonomie ausgelegt werden (SRU 1994), indem die Produktionsprozesse von Anfang an in die natürlichen Kreisläufe eingebunden werden.

Umweltökonomische Ansätze, die allerdings kontrovers diskutiert werden, sind beispielsweise:

– Nichterneuerbare Ressourcen sollen nicht zu billig sein, damit schonend mit ihnen umgegangen wird.

– Umweltkosten eines Produktions- oder Dienstleistungsprozesses, z. B. für Entsorgungsmaßnahmen, die bislang von der Allgemeinheit getragen wurden (sog. externe Kosten), sollen „internalisiert" werden. Dies bedeutet, daß sie in die Betriebskosten eingehen und einen Anreiz bilden, umweltschonend zu produzieren.

– Abgaben und Subventionen sollen so konzipiert werden, daß sie Anreize bilden, Umweltbelastungen zu minimieren.

Soziale Ziele. Als soziales Ziel nachhaltiger Entwicklung läßt sich in erster Linie die Sicherung der Verteilungsgerechtigkeit bei der Nutzung der natürlichen Ressourcen formulieren. Dies bedeutet als intragenerative Gerechtigkeit eine Angleichung der Lebensbedingungen zwischen entwickelten und unterentwickelten Ländern. Um diese Leitlinie zu stützen, bedarf es zum einen der Bekämpfung der Armut und damit der armutsbedingten Umweltzerstörung in den Entwicklungsländern. Zum anderen wird dies auch eine Verringerung des quantitativen Lebensstandards in den Industrieländern zur Folge haben. Daher sind die sozialen Voraussetzungen für einen bruchlosen ökologischen Strukturwandel in den Industrieländern und die Sozialverträglichkeit entsprechender Umsetzungsinstrumente zu gewährleisten.

3.4 Management des Naturkapitals

Im Mittelpunkt der Beschreibung umweltpolitischer Ziele aus Sicht des Sustainable-Development-Ansatzes steht der Begriff der Funktionen des ökologischen Systems als natürliches Kapital ökonomischen Wirtschaftens (BRENCK 1992). Diese Funktionen stellen das Bindeglied zwischen dem ökologischen und ökonomischen System dar und bestimmen durch die Qualität des ökologischen Systems die Möglichkeit zur gesellschaftlichen und wirtschaftlichen Entwicklung. In Übereinstimmung mit dem ethischen Prinzip der Retinität müssen daher umweltpolitische Ziele nachhaltiger Entwicklung am ökologischen-ökonomischen-soziokulturellen Gesamtzusammenhang ansetzen (SRU 1994).

Ökologisches Kapital ist eine komplexe Kategorie. Die dazu gehörenden Güter (natürliche Ressourcen) und Leistungen können zu 3 **Funktionen von Ökosystemen**, nämlich Produktionsfunktion, Regelungsfunktion und Soziokulturfunktion, gebündelt werden.

Die *Produktionsfunktion* bezieht sich auf die Bedeutung der Natur als Quelle für erneuerbare und nichterneuerbare Ressourcen. Die von der Natur genutzten Stoffe und Leistungen dienen der Versorgung der Menschen und der von ihnen abhängigen Lebewesen mit Gütern,

Produkten und Leistungen aller Art. Die Produktion von Nahrungsmitteln durch Tier- und Pflanzenproduktion und die Gewinnung von mineralischen Rohstoffen sowie von Energieträgern gehören zu den basalen Leistungen in diesem Bereich. Daneben gewinnen der Anbau nachwachsender Rohstoffe (Energiepflanzen, Faserpflanzen, Färberpflanzen u. a.) und die Nutzung biologischer Systeme zur Herstellung von Stoffen mittels Biotechnik zunehmend an Bedeutung. Weiterhin sind Ressourcen wie Erze, Wasser und Baustoffe zu nennen (vgl. Tabelle 6.2).

Tabelle 6.2. Funktionen, Güter und Leistungen der Umwelt

Funktionen	Güter und Leistungen	Beispiele
Produktionsfunktion	Organische Stoffe	Nahrung, Futter, Pharmazeutika, nachwachsende Rohstoffe
	Anorganische Stoffe	Erze, Salze, Baustoffe, Wasser
	Energie	Wasser-, Sonnen-, Windenergie, fossile Energieträger
Regelungsfunktion	Aufnahme	Emissionen, Abfallstoffe
	Transport	Schadstofffrachten in Luft und Gewässern, Verlagerung von Schadstoffen
	Speicherung	Schadstoffsenken in Boden und Gewässern, Wasserspeicherung, Pufferung
	Reinigung	Abbau von Abfallstoffen, Wasserreinigung, Luftfilterung
Soziokulturfunktion	Information	Bioindikation von Umweltzuständen, Wissenschaft und Bildung
	Lebensraum	Flächennutzung, bioklimatische Wirkungen
	Wohlfahrt	Erholung, Freizeitgestaltung, Ästhetik, Ortsidentität („Heimat"), Kulturgut

Die *Regelungsfunktion* bezieht sich auf die Bedeutung der Umwelt als Aufnahmemedium für Reststoffe (> Emissionen und Abfälle). Dazu gehören die Assimilationsfunktion, d. h. die Aufnahme der Emissionen, die im Produktionsprozeß und/oder beim Konsum entstehen. Dabei erfolgt zum einen eine räumliche Verteilung (Transportfunktion) sowie eine Speicherung von Stoffen (Speicherfunktion) und z. T. ein Abbau von Schadstoffen (Reinigungsfunktion). Dadurch werden Folgen von menschlichen Eingriffen in Ökosysteme aufgefangen und z. T. ausgeglichen.

Die *Soziokulturfunktion* der Natur schließt ihre Bedeutung als Quelle von Information, als Lebensraum sowie ihre Wohlfahrtswirkung für den Menschen ein. Zur Informationsfunktion gehört z. B. die Anzeige des Umweltzustandes oder seiner Veränderung durch ökologische Indikatoren (> Bioindikatoren). Weiterhin gehört auch der Aufbau, die Konservierung und evolutionäre Optimierung genetischer Information in Form von ca. 30 Mio. Organismenarten dazu. Diese Informationen sind bisher kaum erschlossen, haben jedoch eine große Bedeutung, z. B. bei der Übernahme von Bauprinzipien der Natur (> Bionik) oder bei der Nutzbarmachung von physiologischen Prozessen (> Photosynthese, > Stickstoffixierung). Durch ihr Vermögen, durch physisch und psychisch positive Wirkungen der körperlich-geistigen Erholung des Menschen zu dienen, hat die Natur eine Wohlfahrtsfunktion. Dies schlägt sich in der Erholungsfunktion (Urlaub, Freizeitgestaltung) sowie in der affektiven Funktion nieder. Weiterhin kann zur Soziokulturfunktion die Lebensraumfunktion gerechnet werden.

Die Funktionen der Umwelt werden von Wirtschaftssystemen in verschiedener Weise genutzt (JUNKERNHEINRICH et al. 1995). Ausgehend von einem **Modell zur Beziehung wirtschaftlichen Handelns und der Umwelt** (Abb. 6.4) ergeben sich als grundlegende Elemente:

– Input von natürlichen Ressourcen (Rohstoffe, Wasser, Luft, Energie, Boden, Biodiversität),

– Output von Reststoffen (Abfälle und Emissionen),

– Recycling als Rückführung von Stoffen in das Wirtschaftssystem.

Zur nachhaltigen Nutzung des Naturkapitals wurden im Rahmen des Ansatzes des Sustainable Development sog. Managementregeln formuliert, die jeweils am Input und Output des Wirtschaftssystems ansetzen (ENQUÊTE-KOMMISSION 1994; SRU 1994; v. DIEREN 1995):

Inputregeln:

– Die Abbaurate erneuerbarer Ressourcen darf ihre Regenerationsrate nicht überschreiten.

– Die Abbaurate nichterneuerbarer Ressourcen muß sich an der Substitutionsrate durch erneuerbare Ressourcen orientieren.

Outputregel:

– Die Stoffeinträge in die Umwelt müssen an der Belastbarkeit der Umweltmedien ausgerichtet sein.

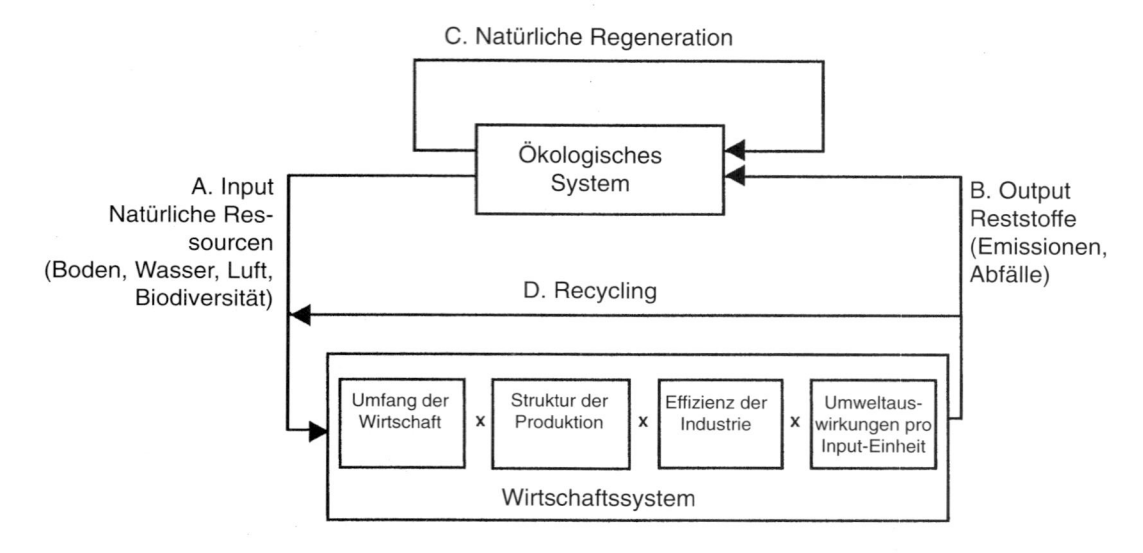

3 Nachhaltige Entwicklung – ein Leitbild zum Umgang mit natürlichen Ressourcen

Abb. 6.4. Wirtschaftliches Handeln und Umwelt. (Nach Wicke 1991 u. Weltbank 1992)

Der *Input* natürlicher Ressourcen (vgl. Abb. 6.4), d. h. von Rohstoffen, Energieträgern und Umweltmedien (Boden, Wasser, Luft), ist die Basis des ökologisch-ökonomischen Kreislaufes. Im Kontext nachhaltiger Entwicklung wird neben den klassischen Ressourcen (Erze, Energieträger) zunehmend die biologische Vielfalt (Biodiversität) als eine Ressource des Wirtschaftens erkannt, die es auf eine nachhaltige Weise zu Nutzen gilt (IUCN 1990; Wilson 1992; Primack 1995). Somit sind Nutzung und Schutz der biologischen Vielfalt integraler Bestandteil des Konzepts Sustainable Development – spätestens seit der Rio-Konferenz, in der eine „Konvention zum Schutz der biologischen Vielfalt" verabschiedet wurde. Das Konzept der Biodiversität geht dabei über das herkömmliche Verständnis von Artenvielfalt hinaus. Mit ihm wird die Vielfalt auf verschiedenen Ebenen des Lebendigen beschrieben, von den Molekülen bis zu Ökosystemen (Wilson 1992; Solbrig 1994). Auf jeder Ebene findet sich ein besonderer Aspekt der Vielfalt, wobei die intraspezifische Ebene, die Ebene der Arten sowie die ökologische Ebene als fundamental betont werden. Neben dem Eigenwert der biologischen Vielfalt wird deren unmittelbarer oder potentieller Nutzen für den Menschen hervorgehoben, und zwar in ökonomischer, ökologischer, wissenschaftlicher, erholungsbezogener, ästhetischer und psychisch-emotionaler Hinsicht (Tabelle 6.3). Damit wird bekräftigt, daß in der Vielfalt der Gene, der Arten und Ökosysteme ein ungeheures Nutzenpotential liegt und die biologische Vielfalt auch aus diesem Grund zu erhalten ist. Es muß betont werden, daß der tatsächliche Nutzen heute noch gar nicht erfaßt ist und sich deshalb eine Naturschutzstrategie auf die Gesamtheit der biologischen Vielfalt beziehen muß. Hinsichtlich der Nutzung biologischer Vielfalt ist wichtig, daß eine Ausbeutung natürlicher Ressourcen durch den Menschen nicht das Ziel wirtschaftlichen Handelns sein darf, sondern eine „nachhaltige" Nutzung angezeigt ist, die nicht zum langfristigen Rückgang biologischer Vielfalt führt.

Tabelle 6.3. Wertschätzung der Biodiversität

Wertschätzung	Kriterium	Beispiele
Ökonomischer Wert	Materieller Nutzen	Nahrung, Genußmittel, Arznei, Futterpflanzen, Rohstoffe
Ökologischer Wert	Ökologische Funktion	Stoffabbau, Wasserreinigung, Bodenbildung, Klimawirkung
Wissenschaftlicher Wert	Information	Erfindungsleistungen (Bionik), Bioindikatoren
Ästhetischer Wert	Schönheit	Zier- und Zimmerpflanzen, Blumenschmuck, Parks
Psychischer Wert und sensitive Vielfalt	Wohlbefinden	Phänologische Landschaftsgliederung
Rekreativer Wert	Erholungsfunktion	Städtische Freiräume, Gärten, Naherholungs- und Urlaubsgebiete

Reststoffe des Wirtschaftens, wie Abfälle und Emissionen (Abwasser, Abstrahlung, Lärm) werden als *Output* an die Natur abgegeben. Umweltpolitik konzentrierte sich lange Zeit allein auf diesen Zusammenhang von Wirtschafts- und Ökosystemen und versuchte, diesen durch sog. End-of-the-pipe-Maßnahmen zu regeln. Das bedeutet, daß emissions- und abfallmindernde Maßnahmen erst am Ende eines Produktionsprozesses ansetzten, z. B. Abluftfilter und Abwasserreinigung. Im Kontext nachhaltiger Entwicklung wurde als Alternative der integrierte Umweltschutz eingeführt, bei dem durch Wahl der verwendeten Grundstoffe, der Verfahren und Technologien umweltschädliche Einflüsse vermieden werden.

Unter *Recycling* versteht man die Rückführung der bei Produktion und Verbrauch anfallenden Nebenprodukte, Reststoffe und der Produkte selbst in einen Produktionskreislauf. Recycling dient zum einen der Minderung der Reststoffabgabe in die Umwelt, zum anderen der Ressourceneinsparung. Ein solcher Wiederverwendungskreislauf ist aber nie zu 100 % möglich, da viele Produkte nicht beliebig oft wiederverwertbar sind oder die für das Recycling aufgebrachte Energie unvertretbar hoch ist. Daher sollte Recycling den effektiveren Ansatzpunkt, nämlich das Anfallen von Reststoffen zu vermeiden, lediglich ergänzen. Die Möglichkeiten und die Effektivität des Recycling können jedoch gesteigert werden, wenn die Produkte im Sinne eines ökologischen Designs (HOPFENBECK u. JASCH 1995) von vornherein für ein Recycling geplant und produziert werden.

3.5 Umsetzungsstrategien nachhaltiger Entwicklung

Die Umsetzung des Leitbildes nachhaltiger Entwicklung in Strategien wird sehr viel kontroverser diskutiert als dessen ethische Ausrichtung oder die Formulierung von Leitlinien und Managementregeln.

Die unterschiedlichen Handlungsempfehlungen zur Umsetzung nachhaltiger Entwicklung kann man zu 4 Nachhaltigkeitsstrategien, nämlich Effizienz[5], Konsistenz[6], Suffizienz[7] und Substitution[8] bündeln (BUND/Misereor 1996; Huber 1995). Diese lassen sich jeweils mit den strategischen Ansatzpunkten wirtschaftlicher Aktivitäten (vgl. Abb. 6.4,) in Beziehung setzen, nach denen sich die Umweltauswirkungen wirtschaftlichen Handelns aus 4 Faktoren, nämlich dem Umfang, der Struktur und der Effizienz der wirtschaftlichen Aktivitäten sowie den spezifischen Umweltauswirkungen der verwendeten Ressourcen ergeben (Weltbank 1992).

Die *Effizienzstrategie* zielt darauf ab, durch eine ökologische Optimierung von Produkten, Produktionsprozessen und Dienstleistungen, d. h. durch eine Effizienzsteigerung, negative Umweltwirkungen zu minimieren. Dies soll zum einen durch eine Ressourcenökonomie erreicht werden, die die Natur neben Kapital und Arbeit als Produktionsfaktor überhaupt berücksichtigt (vgl. Immler 1993) und insbesondere der Endlichkeit der Ressourcen Rechnung trägt, zum anderen durch einen produkt- und produktionsintegrierten Umweltschutz, der Emissionen vermindert und damit der begrenzten Tragfähigkeit der Umweltmedien gerecht wird. Dem bislang vorherrschenden Konzept eines nachsorgenden, reparierenden Umweltschutzes wird damit das Konzept eines vorsorgenden Umweltschutzes entgegengesetzt. Ziel dieses Konzeptes ist weniger die Beseitigung bereits eingetretener Umweltschäden als vielmehr deren Vermeidung durch entsprechend ausgerichtete Produktionsprozesse.

Konkret bedeutet diese Strategie z. B. einen möglichst geringen Einsatz an Energie und Rohstoffen, eine Steigerung des Wirkungsgrades sowie ökologisches Design von Produkten, d. h. umweltorientierte Werkstoffauswahl, Altstoffeinsatz, recyclinggerechte Gestaltung sowie die Verwendung nachwachsender Rohstoffe (Hopfenbeck u. Jasch 1995).

---

5 Lat. efficere = hervorbringen, zustande bringen, vollenden. Effizienz: Wirksamkeit, Wirtschaftlichkeit.
6 Lat. consistere = zusammentreten, sich gemeinsam aufstellen. Konsistenz: Zusammenhang, Widerspruchslosigkeit.
7 Lat. sufficere = ausreichen, genügen.
8 Lat. substituere = an die Stelle setzen.

3.5 Umsetzungsstrategien nachhaltiger Entwicklung

Während die Effizienzstrategie auf eine Überwindung der Umweltprobleme mit den Mitteln herkömmlicher Ökonomie setzt, greift die *Konsistenzstrategie* tiefer an. Sie setzt bei der Struktur der wirtschaftlichen Aktivität an und zielt auf eine Vereinbarkeit der anthropogenen Stoff- und Energieströme mit den Stoffwechselprozessen der umgebenden Natur. Der ökonomische Haushalt soll in den ökologischen reintegriert und hinsichtlich seiner Organisations- und Wirkungsprinzipien an diesen angeglichen werden. Innerhalb dieser Strategie sind v. a. Konzepte nachhaltiger Naturbewirtschaftung, z. B. in der Forstwirtschaft (HENNIG 1991), der Landwirtschaft (GANZERT 1992, REGANOLD et al. 1995) oder der Fischereiwirtschaft besonders interessant. Innerhalb dieser Konzepte wird der ökonomisch-ökologische Grundgedanke der Nachhaltigkeit besonders deutlich, nämlich von der Natur, dem natürlichen Kapital, lediglich den Überschuß, die Zinsen, abzuschöpfen und die natürlichen Ressourcen als Kapitalstock zu erhalten.

> Ein solches Konzept nachhaltiger Forst- und Landwirtschaft ist im 5. Kap. mit der Haubergwirtschaft beschrieben.
> Unterschiedliche Konzepte zu einer nachhaltigen Landwirtschaft sind im Anhang einander gegenübergestellt.

Innerhalb der industriellen Produktion und Technik werden sog. „Strategien und Wirtschaftsprinzipien der Natur" thematisiert, die (beschreibende, nicht normative) Vorbildfunktion für technische Systeme und wirtschaftliche Abläufe haben können (ENQUÊTE-KOMMISSION 1993, 1994; LINDEN 1988; v. OSTEN 1991; STURM u. FLIEGE 1994; v. WEIZSÄCKER u. v. WEIZSÄCKER 1986). Ausgangspunkt der Überlegungen ist, daß Problemlösungen der Natur oftmals ökologischen Forderungen besser entsprechen als jene der heutigen Technik, da sie in einer langen evolutionären Entwicklung erprobt und auf die ökologischen Gesamtsysteme hin optimiert wurden. Solche Wirtschaftsprinzipien sind z. B. das Prinzip der Stoff- und Energieeffizienz, Prinzip der Kreislaufwirtschaft, Recycling und Abfallvermeidung, Prinzip der Vielfalt, Spezialisierung und Selektivität, Prinzip der Fehlerfreundlichkeit sowie das Prinzip der evolutiven Entwicklung.

Die *Suffizienzstrategie* setzt auf die Verminderung des Umfanges der wirtschaftlichen Aktivität durch Selbstbegrenzung; Suffizienz herstellen heißt Verzicht üben. Der Schwerpunkt wird damit von einer nachhaltigen Wirtschafts- auf eine nachhaltige Lebensweise (Sustainable Life) verlagert, die wiederum eine Umstellung von kulturell geprägten Konsummustern und Wertvorstellungen zur Voraussetzung hat. Ein wichtiger Gesichtspunkt innerhalb dieser Strategie ist die Entfaltung einer „Zeitökologie", d. h. die Verlangsamung von Stoff- und Energieströmen und ihre Einpassung in natürlich gegebene Zeitrhythmen (ENQUÊTE-KOMMISSION 1994; HELD u. GEISSLER 1993, 1995; SCHNEIDER et al. 1995). Die Fähigkeit der Natur, auf Veränderungen zu reagieren und zivilisatorische Störungen auszugleichen, ist begrenzt und an ihre eigenen Zeitrhythmen gebunden. Die anthropogene Beschleunigung ökologischer Prozesse und das Ausein-

> Zum Thema „Zeitökologie" gehört auch die Langlebigkeit von Produkten, die im Beitrag „Nachhaltiger Umgang mit Rohstoffen" im Anhang kurz diskutiert wird.
> Vgl. beispielsweise auch die Dauer der Bodenentwicklung 1. Studieneinheit, Abschn. 8.1.1.

anderfallen natürlicher und kulturell-gesellschaftlicher Rhythmen muß daher als eine Ursache der Umweltprobleme gesehen werden. Aus der Berücksichtigung der Zeitdimension der Umweltproblematik läßt sich folgern, daß das Zeitmaß anthropogener Einträge bzw. Eingriffe in die Umwelt im ausgewogenen Verhältnis zum Zeitmaß der natürlichen Prozesse stehen muß.

Mit der *Substitutionsstrategie* setzt man auf einen Austausch von Stoffen, Produkten und Dienstleistungen gegen ebensolche mit vergleichbaren Nutzungseigenschaften, aber geringeren negativen Umweltwirkungen.

Die Verwendung ressourcenschonender, nachwachsender Rohstoffe, die zumal in der Regel eine nur geringe Schadintensität aufweisen, sind ein wesentliches Element dieser Strategie. Darunter werden im wesentlichen aus landwirtschaftlicher Erzeugung gewonnene Pflanzen oder Pflanzenteile verstanden, die nicht zur Ernährung oder als Futtermittel dienen. Die oftmals geringere Schadintensität im vergleich zu synthetisch hergestellten Stoffen (z. B. Farben), die biologische Abbaubarkeit, die Schonung fossiler Rohstoffe, die günstige Kohlenstoffdioxidbilanz (bei entsprechendem Anbau und Verarbeitung) sowie nicht zuletzt die Suche nach Zukunftsperspektiven für die Agrarindustrie lassen die Verwendung nachwachsender Rohstoffe attraktiv erscheinen (EGGERSDORFER 1995). Im allgemeinen Bewußtsein sind als nachwachsende Rohstoffe v. a. die aus Zucker oder pflanzlichen Ölen gewonnenen Energieträger wie Methanol oder Rapsöl, die als Kraftstoffe genutzt werden. Daneben erlangen jedoch Pflanzenfasern zur Herstellung sehr unterschiedlicher Materialien, Stärke zur Produktion biologisch abbaubarer Verpackungsstoffe sowie Naturfarben für Kleidung, Kosmetik und Nahrungsmittel eine immer größer werdende Bedeutung (JOHN u. LUDWICHOWSKI 1996).

Als Beispiel für die oben angesprochene Kontroverse sei die Diskussion um die nachwachsenden Rohstoffe genannt. Sie wurden in der 3. Studieneinheit vorgestellt, Abschn. 2.2. Neben vielen Vorteilen gibt es auch Nachteile, so daß auch aus ökologischer Sicht Bedenken bestehen. Welches ist ein wesentlicher Einwand?

•••••

Es handelt sich um die mangelnde Verfügbarkeit nachwachsender Rohstoffe. Um nämlich eine spürbare Entlastung des Rohstoffverbrauchs zu erreichen, müßten sehr große Flächen angebaut werden, was eine Monostruktur mit ihren ökologischen Nachteilen zur Folge hätte.

Empfehlungen zu den nachwachsenden Rohstoffen aus dem Umweltgutachten sind im Anhang wiedergegeben.

3.6 Instrumente zur Förderung nachhaltiger Entwicklung

Die Breite des Sustainable-Development-Ansatzes mit seinen verschiedenen Dimensionen und Strategien bringt es mit sich, daß eine Vielzahl unterschiedlicher, sich z. T. ergänzender, aber auch konkurrierender Instrumente diskutiert werden. Diese betreffen in der Regel die Umweltgesetzgebung, ökonomische Maßnahmen, den technisch-planerischen Umweltschutz sowie den Bereich der Information, Bildung und Ausbildung der Bevölkerung (SRU 1994; ENQUÊTE-KOMMISSION 1993, 1994). Die größte Aufmerksamkeit wird dabei den ökonomischen Instrumenten geschenkt, z. B. den Ökosteuern. Die wirtschaftlichen Instrumente setzen v. a. bei dem Problem an, daß Umweltgüter zum Nulltarif genutzt und Kosten der Umweltnutzung auf Dritte abgewälzt werden können. Dies wird als „Externalisierung von Kosten", d. h. der Verlagerung von Kosten auf Dritte (auf die Allgemeinheit, auf künftige Generationen sowie auf die Natur), bezeichnet. Daher wird zur ökonomischen Umsetzung dieses Leitbildes die „Internalisierung der Umweltkosten" angestrebt, d. h., die Kosten zur Vermeidung von negativen Umweltveränderungen müssen in den Preisen der Produkte und Dienstleistungen enthalten sein. Dies bedeutet letztlich in einem umfassenden Sinn, daß die Natur – neben Kapital und Arbeit – in die ökonomische Rechnung einbezogen werden muß.

Instrumente zur Schonung der Rohstoffressourcen schlägt der Rat von Sachverständigen für Umweltfragen in seinem Gutachten von 1994 vor, vgl. Anhang.

Allein die Bewertung ökologischer Funktionen, die die Voraussetzung für eine Internalisierung ist, bereitet große Schwierigkeiten, vgl. Kap. 2.

3.7 Sustainabilityethos individuellen Handelns

Umweltpolitische Konzepte müssen von Menschen umgesetzt werden. Dies trifft in erster Linie Politiker und wirtschaftlich Handelnde, doch auch jeder einzelne muß das gesellschaftspolitische Handeln mitgestalten und tragen sowie im individuellen Bereich in verantwortbares Handeln umsetzen. Insofern ist die letztendliche Verwirklichung des Konzepts der nachhaltigen Entwicklung auf einen gesamtgesellschaftlichen Lern- und Wandlungsprozeß angewiesen, der einen mehr oder minder tiefgreifenden kulturellen Wandel zur Vorraussetzung hat (ENQUÊTE-KOMMISSION 1994; MICHELSEN 1994; SRU 1994). Die wohl zentrale Umweltkompetenz zur Sicherung nachhaltiger Entwicklung wird darin liegen, unterschiedliche, z. T. divergierende Umweltoptionen zu erkennen, zu bewerten und in verantwortbare Handlungsentscheidungen umzusetzen.

Die Notwendigkeit einer Abwägung divergierender Ziele ist z. B. schon im Bundesnaturschutzgesetz angelegt. Dort heißt es in § 1, daß (1) die Pflanzen- und Tierwelt, (2) Vielfalt, Eigenart und Schönheit von Natur und Landschaft, (3) die Leistungsfähigkeit des Naturhaushaltes sowie (4) die Nutzungsfähigkeit der Naturgüter erhalten werden soll.

Entscheidungskonflikte zwischen unterschiedlichen Zielen umweltrelevanter Entscheidungen versucht man nicht selten dadurch zu lösen, daß normative Handlungslinien aus der Natur selbst abgeleitet werden. Das heißt, daß die Natur *beschreibende* Begriffe wie Gleichgewicht, Stabilität, Diversität als *Normen* gesetzt werden, an denen sich das Handeln ausrichtet. Gegen dieses Unterfangen sprechen jedoch prinzipielle Überlegungen ethischer Reflexion. So können normative Fragen prinzipiell nicht durch einen Rekurs[9] auf die Natur oder auf das scheinbar „Natürliche" entschieden werden. Die Natur beschreibende Begriffe, wie Diversität, Gleichgewicht, Stabilität, sind nicht selbst schon Normen oder normative Kriterien, sondern für die Normbildung wichtige deskriptive[10] > Prämissen. Das Problem besteht darin, daß von deskriptiven Aussagen über einen „Ist-Zustand" nicht unmittelbar, ohne Hinzunahme weiterer Prämissen, präskriptiv[11] auf ein „Soll" geschlossen werden kann. Dies bedeutet, daß aus einem bestimmten Zustand der Natur nicht dessen Erhaltung geschlossen werden kann. Ein solcher Schluß wird seit MOORE (engl. Philosoph, 1873 – 1958), der an HUME (ebenfalls engl. Philosoph, 1711 – 1776) anknüpft, als > naturalistischer Fehlschluß bezeichnet.

So ist z. B. der häufig in normativer Absicht gebrauchte Begriff des ökologischen Gleichgewichts, der zumal wissenschaftlich nur schwer zu fassen ist, kein Wert an sich. Er stellt lediglich ein deskriptives und wertfreies ökologisches Konzept dar. Erst wenn man normative Prämissen hinzunimmt, etwa das Wohlergehen des Menschen oder einen Eigenwert der Natur, macht das Konzept des ökologischen Gleichgewichts im normativen Diskurs Sinn. Die nicht seltene Praxis, beschreibende Aussagen über Ökosystemzusammenhänge in normativer Absicht zu gebrauchen, ist ein problematischer und in sich widersprüchlicher naturalistischer Fehlschluß. Dieser wird in Anlehnung an den Begriff des „Biologismus" als Naturalismus (HONNEFELDER 1993) oder Ökologismus (HABER 1993) bezeichnet (vgl. auch SRU 1994). HABER (1993) merkt kritisch an, daß es sich bei 80 % dessen, was unter Ökologie gehandelt wird – und zwar bis in die wissenschaftlichen Gefilde hinein –, um einen solchen Ökologismus handelt.

Da also aus der Natur selbst keine Normen zu gewinnen sind und die zum Schutz der Natur gebotenen Teilziele miteinander in Konflikt geraten (können), ist die konkret zu schützende Natur stets ein Re-

---

9 Lat. recursus = Rückkehr, hier mit Berufung auf übersetzbar.
10 Lat. describere = beschreiben.
11 Lat. praescribere = voran-, vorherschreiben, vorschreiben.

sultat einer Güterabwegung. „Natürlichkeit" ist in der vom Menschen bewohnten Natur nicht ein vorgegebener, sondern ein aufgegebener Zustand (vgl. HONNEFELDER 1993). Natur in diesem Sinne ist zugleich Kulturaufgabe (MARKL 1986), die sog. Umweltkrise eigentlich eine Kulturkrise (GLAESER 1992) und Umweltstandards weniger Naturphänomene denn Konventionen sozialen Handelns (vgl. GETHMANN u. MITTELSTRASS 1992).

3.8 Resümee

Das Leitbild der nachhaltigen Entwicklung kann als „umweltethischer Imperativ" verstanden werden, der den Erhalt der natürlichen Lebensgrundlagen der gegenwärtigen Menschheit sowie künftiger Generationen sichern soll. Verwirklichung soll diese Idee in einer Wirtschafts- und Lebensweise finden, die gleichermaßen Wohlstand und Gesundheit der Menschen sowie den Erhalt der Natur als natürliche Lebensgrundlage sichert. Sustainable Development ist somit ein erweiterter, aufgeklärter utilitaristischer Ansatz (> Utilitarismus), der die Natur zum Wohle des Menschen erhalten und seine Handlungskompetenz ökologisch zu erweitern trachtet. Die Tatsache, daß sich Ökologen, Ökonomen und Politiker gleichermaßen für diese Idee einsetzen, macht sicherlich einen Großteil ihrer Attraktivität aus. Allerdings sollte auch deutlich gemacht werden, daß sich z. Z. noch sehr unterschiedliche Vorstellungen hinter dem Begriff „nachhaltige Entwicklung" verbergen.

Dennoch ist das Konzept der nachhaltigen Entwicklung aus 3 Gründen von Bedeutung:

– Es bietet einen konsensuellen Orientierungsrahmen für einen Diskurs zwischen Entscheidungsträgern unterschiedlicher Bereiche wie Politik, Wirtschaft, Wissenschaft und Umweltverbänden.
– Es integriert explizit wichtige Dimensionen des Mensch-Umwelt-Verhältnisses, wie Retinität, Globalität und Intergenerationalität.
– Es bietet einen Bezugsrahmen, innerhalb dessen die kulturellen, gesellschaftspolitischen, wirtschaftlichen und technologischen Faktoren in die ökologische Diskussion einbezogen werden können.

Nachhaltige Entwicklung im Sinne eines Leitbildes, das lediglich einen idealtypischen Orientierungsrahmen bietet, stellt zum gegenwärtigen Zeitpunkt mehr eine Zielbestimmung als eine Wegbeschreibung und noch weniger eine tatsächlich erreichte Verbesserung der Mensch-Umwelt-Beziehungen dar. Insofern kann nachhaltige Entwicklung als einzulösende Zukunftsaufgabe für den einzelnen und die Gesellschaft angesehen werden.

3.9 Rückblick

Fragen:

1. Was versteht man unter nachhaltiger Enwicklung?

2. Was ist mit den ethischen Dimensionen der Retinität, Globalität und Intergenerationalität gemeint?

3. Welches sind die Ziele nachhaltiger Entwicklung?

4. Wie lassen sich die Strategien zur Umsetzung nachhaltiger Entwicklung klassifizieren?

5. Welche Art von Instrumenten können für die Förderung nachhaltiger Entwicklung eingesetzt werden?

6. Welche Gefahr besteht bei der Entscheidungsfindung in Konfliktsituationen?

Antworten:

1. Vgl. Definition Abschn. 3.1.

2. Nachhaltige Entwicklung muß die Einheit von ökologischen, ökonomischen und sozialen Aspekten (Retinität), die Auswirkungen der Umweltveränderungen auf dem gesamten Erdball (Globalität) und die Betroffenheit aller heutigen Menschen sowie der zukünftigen Generation (Intergenerationalität) einschließen.

3. Zu den ökologischen Zielen zählt die Erhaltung der Produktions-, der Regelungs- und der Soziokulturfunktion der Natur, zu den ökonomischen Zielen gehört die Herbeiführung und die Sicherung des Wohlstandes aller, zu den sozialen Zielen die Verteilungsgerechtigkeit bei der Nutzung der Ressourcen.

4. Effizienzstrategie (Optimierung von Produkten, Prozessen und Dienstleistungen hinsichtlich ihrer ökologischen Wirkungen), Konsistenzstrategie (Vereinbarkeit der wirtschaftlichen Aktivitäten mit den Stoffwechselprozessen der Natur) und Suffizienzstrategie (Selbstbegrenzung wirtschaftlicher Aktivitäten).

5. Gesetzgebung, ökonomische Maßnahmen, technische und planerische Maßnahmen, Maßnahmen der Aus- und Weiterbildung.

6. Es besteht die Gefahr des naturalistischen Fehlschlusses.

4 Zum Rohstoffverbrauch bei der Eisengewinnung in der Eisenzeit

A. Hauptmann

In diesem Kapitel soll im historischen Rückblick deutlich werden, daß der hohe Verbrauch an Rohstoffen und damit die Belastung der Umwelt an den tatsächlichen und vermeintlichen Bedürfnissen sowie an den Ansprüchen des Menschen liegt. Eine andere Ursache ist in den Eigenschaften der Eisenerzvorkommen begründet und in der daraus sich zwangsläufig ergebenden Technologie. Diese Aspekte werden exemplarisch behandelt. Als Beispiel wurden Eisen (und Stahl) und der mit dessen Gewinnung und Verarbeitung einhergehende Ressourcenverbrauch gewählt. Damit werden die Ausführungen über das Ruhrgebiet in der 4. Studieneinheit um die technologiehistorische Komponente ergänzt und das folgende Kap. 4 wird vorbereitet. In diesem wird ein – historisches – Beispiel nachhaltigen Umgangs mit natürlichen Ressourcen beschrieben, der im Gegensatz zum sorglosen Umgang steht, der größtenteils üblich war. Das Ausmaß der Umweltbelastung zur Zeit der Römer ist nach heutiger Kenntnis kaum abzuschätzen, es gibt nur erste Ansatzpunkte. Trotzdem kann man nicht schließen – wie schon in der Einführung zur 6. Studieneinheit dargelegt –, daß die gegenwärtigen Umweltprobleme als bloße Verlängerung immer schon dagewesener Probleme verstanden werden dürfen.

4.1 Einführung: Bedeutung des Eisens zur Zeit der Römer

Aus dem in der Einleitung wiedergegebenen Zitat des PLINIUS geht hervor, welche Bedeutung das Eisen zur Zeit der Römer hatte. Neben den anderen bekannten Metallen Gold, Silber, Bronze, neben Holz, Stein und Glas war es gerade dieser Werkstoff, der universal in allen Bereichen des täglichen Lebens eingesetzt worden ist: Geräte aller Art für die Landwirtschaft und das Handwerk wurden aus Eisen hergestellt; sogar Baumaterial mit tonnenschwerem Gewicht, wie z. B. Eisenbalken für die Feuerungsräume von Thermen, wurden daraus geschmiedet. Unentbehrlich war es aber auch für kriegerische Zwecke: rund 50 Legionen waren mit Waffen aus Eisen ausgerüstet. Eine Legion war 5500 – 6000 Mann stark. Wir können also, gestützt auf die Geschichtsschreibung sowie auf den archäologischen Befund, davon ausgehen, daß in allen Teilen des römischen Imperiums Eisen in Massen verwendet worden ist.

Archäologischen Funden entsprechend hat die Eisenzeit in Europa rund 1000 Jahre vor PLINIUS begonnen. Der Begriff scheint allerdings für die Anfangsphase dieser Epoche etwas unglücklich gewählt, v. a. angesichts der Tatsache, daß zu Beginn der Eisenzeit dieses Metall so gut wie nicht genutzt worden ist. Vielmehr war es das Kupfer bzw. die Bronze, die in der Mitte des 1. Jahrtausends vorherrschte. PLINIUS lebte dagegen sicherlich im wahrsten Sinne des Wortes in einer „Eisenzeit".

Eisenerzlagerstätten sind weit verbreitet und viel häufiger als Kupfer- oder Zinnvorkommen. Trotzdem wurde Eisen erst später in Gebrauch genommen als Kupfer und Bronze.

> Überlegen Sie, bevor Sie weiterlesen, warum Eisen erst nach Kupfer und Bronze in Gebrauch kam.

Die technologischen Prozesse vom Erz bis zum gebrauchsfertigen Metall sind beim Eisen komplizierter als bei den anderen genannten Metallen. Für die Verhüttung von Eisen sind höhere Temperaturen erforderlich als für das Schmelzen von Kupfer und Zinn. Der entscheidende Grund für die Verdrängung der Bronze durch das Eisen war die Erfindung der Stahlherstellung, denn der harte Stahl ist als Werkstoff der Bronze weit überlegen. Dieser folgenreiche technologische Prozeß trug wesentlich dazu bei, daß sich die gesamte politische und kulturelle Konstellation im Mittelmeerraum durch die Entstehung und Ausdehnung des römischen Reiches mittels Waffengewalt wandelte, denn die römischen Stahlwaffen waren anderen, z. B. dem keltischen Schwert, weit überlegen. Auch auf anderen Gebieten, z. B. der Holzbearbeitung und der Landwirtschaft, eröffnete die Einführung von Stahlwerkzeugen grundlegende neue technische Möglichkeiten.

Als Geschichtsschreiber und Naturforscher hat PLINIUS nicht nur über Nutzen und Verhängnis dieses Metalls nachgedacht. Er war einer der wenigen, der sich kritisch mit Bergbau und Hüttenwesen auseinandergesetzt und uns wichtige Informationen zum Verständnis der römischen Gewinnungsmethoden übermittelt hat.

4.2 Bergbau: kontinuierlicher Abbau von Ressourcen seit Jahrtausenden

Als Grundlage zum eigentlichen Thema Bodenbelastung durch Rohstoffabbau müssen wir uns zunächst mit dem Weg vom > Erz zum > Metall befassen. Die Gewinnung des Eisens und seiner > Legierungen aus den natürlichen Erzen erfolgt durch verschiedene Verfahrensschritte, die aufeinander aufbauen. Sie werden in der Metallurgiekette zusammengefaßt. Der 1. Schritt umfaßt den *Bergbau*, durch den das Erz über- oder untertage aus der Lagerstätte *gefördert* wird. Danach wird in der Regel der reichhaltige Erzanteil z. B. durch Auslese per Hand oder mechanische *Aufbereitung* (Erzpochen) angereichert und vom > tauben Gestein getrennt. Enthält das

Erz Schwefel, etwa durch einen hohen Anteil an Pyrit (FeS$_2$), oder ist es sehr kompakt, wird es vor dem Schmelzen unter Luftzutritt erhitzt, *geröstet* (> Rösten). Der Schwefel entweicht dann als Schwefeldioxid (SO$_2$) bzw. das kompakte Gestein wird gelockert. Die eigentliche Gewinnung oder *Verhüttung des Eisens* erfolgt in *Schmelzöfen*. Das Metall wird schließlich in der *Schmiede* einer komplexen *Weiterverarbeitung* unterzogen, bis es zum Gebrauchsgegenstand geformt werden kann.

Im folgenden werden die Schritte des Bergbaus, der Eisengewinnung aus dem Erz und der Weiterverarbeitung zu Stahl näher geschildert. Die Förderung bzw. Herstellung der Rohstoffe, die bei diesen Prozessen benötigt werden, haben sich besonders auf den Boden ausgewirkt.

Förderung
Erzhaltiges Gestein

Aufbereitung (Anreichern, Rösten)

Erz   Großteil der Gangart

Verhüttung (Schmelzen)

Metall   Schlacke   Glas

Schmieden
Stahl

> Sowohl Technik als auch Ausmaß bergmännischer Eingriffe in die natürliche Umwelt hängen von der Beschaffenheit und Form der Erzlagerstätten ab. Welche konkreten Eigenschaften von Erzlagerstätten sind es v. a., die das Ausmaß des Eingriffs bestimmen?
>
> •••••
>
> Beispielsweise Reichhaltigkeit, räumliche Verteilung der Erze und Standfestigkeit des Nebengesteins.

In Mitteleuropa gibt es eine sehr große Zahl von Eisenerzlagerstätten, die aber, von wenigen Ausnahmen abgesehen, relativ klein sind. Meist handelt es sich um sedimentäre Eisenerzlagerstätten (> sedimentäre Lagerstätte). Als Allgemeingut ist unter den Bergleuten bekannt: „Deutschland ist reich an armen, aber arm an reichen Erzlagerstätten." Diese Feststellung über die Eisenerzvorräte enthält möglicherweise einen Hinweis, der zum Verständnis der Nutzung in früherer Zeit beiträgt. Denn die Spuren früheren Bergbaus sind gerade bei kleineren Vorkommen häufig verwischt. Aus den bisherigen Untersuchungen scheint sich allerdings eine wichtige Regel herauszukristallisieren: Lagerstätten sind, sofern sie jemals an der Erdoberfläche zugänglich gewesen sind, nicht erst seit der Neuzeit wirtschaftlich genutzt worden, sondern bereits in der Antike oder früher abgebaut worden. Wir können deshalb – mit einiger Vorsicht – annehmen, daß die frühe Eisengewinnung nicht nur an den wenigen Lokalitäten eingesetzt hat, die wir heute kennen, sondern daß der Rohstoff „flächendeckend" genutzt worden ist. Dies wird bestätigt durch historische Überlieferungen zum Bergwesen, in denen mit Regelmäßigkeit auf den „Alten Mann" hingewiesen wird, in dem der frühe Bergbau bereits umging. Mit „Alter Mann" bezeichnen die Bergleute alte, bereits abgebaute Lagerstätten.

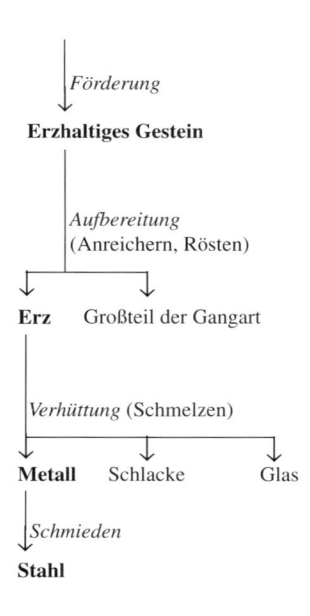

4 Zum Rohstoffverbrauch bei der Eisengewinnung in der Eisenzeit

Aus der Vielfalt verschiedener Lagerstätten seien nur einige Beispiele erläutert. In der gesamten norddeutschen Tiefebene, in Polen und in weiten Teilen Dänemarks finden sich direkt unter der Grasnarbe dezimeter- bis meterdicke Panzer, sog. > Raseneisenerze, die einen Eisengehalt von 40 – 60 % aufweisen, manchmal sogar 70 %. Der Abbau solcher Erze war technisch gesehen unkompliziert und konnte mit einfachen Mitteln durchgeführt werden. Die weitläufige Ausdehnung verursachte aber einen extensiven Eingriff in den Boden, der zwangsläufig mit einer Schädigung der Vegetationsdecke einherging. In Anbetracht der vielen tausend Schlackebrocken, die bei archäologischen Ausgrabungen gefunden worden sind, können wir davon ausgehen, daß diese in der Größenordnung von vielen Quadratkilometern lag.

Ein ähnliches Beispiel finden wir auf der Schwäbischen und Fränkischen Alb. Hier erforderte der Abbau von > Bohnerzen eine weit umfangreichere Bewegung von Gesteinsmassen, als wir im 1. Beispiel gehört haben. Der Abbau der oft spärlich im Verwitterungslehm verteilten Eisenerzbohnen aus > Dolinen und > Karstschlotten hinterließ die Spuren von Tausenden von Schächten, die dicht nebeneinander abgeteuft (> Teufe) worden sind. In den Wäldern bei Heidenheim und Kelheim sind solche „Trichtergruben" noch heute allenthalben zu finden.

Die Bedeutung, die die Eisengewinnung für das Siegerland hatte und hat, wird im 5. Kap. behandelt.

Reichhaltige Erzgänge, wie z. B. im Siegerland, konnten dagegen zumindest im oberflächennahen Bereich abgebaut werden, ohne extensive Schäden in der Umgebung zu hinterlassen. Drang der Bergbau jedoch in größere Tiefen (bergmännisch: Teufen) vor, mußten erhebliche Anstrengungen bezüglich der > Wasserhaltung unternommen werden. Zudem mußten, sofern die Standfestigkeit des Nebengesteins nicht ausreichend war, Stollen oder Schächte systematisch mit Holz ausgebaut werden. In Anbetracht des intensiven Abbaus, den wir aus römischer Zeit kennen, könnte dies, zumindest regional gesehen, schnell zu einer flächendeckenden Abholzung geführt haben. Es muß aber betont werden, daß über den Umfang der Abholzungen zu römischer Zeit keine Daten existieren – auch der Umfang römischer Verhüttung ist nicht bekannt.

Abholzung hat Bodenerosion zur Folge, vgl. 1. Studieneinheit, Abschn. 9.1.

Prinzipiell waren bereits die Römer mit einem Problem konfrontiert, das sie nur im Rahmen staatlicher Organisation, nämlich durch den Einsatz ausgebildeter Fachleute und durch Arbeit von Sklaven, lösen konnten: die Verknappung natürlicher Rohstoffe. Durch die archäologische Forschung ist uns bekannt, daß Eisen, v. a. aber Bronze, Gold, Blei, Silber und Kupfer in der Alten Welt lange Zeit vor den Römern weit verbreitet gewesen sind. In den Anfangsperioden der Metallnutzung wurden die reichhaltigsten Erzlagerstätten zuerst abgebaut, seien es Gold-, Silber-, Blei-, Kupfer- oder Eisenlagerstätten.

Zu Beginn der Eisenzeit wurden sicherlich noch hochwertige und reine Erze verarbeitet, die nahe der Oberfläche anstanden und deshalb ohne größeren Aufwand bergmännisch gewonnen werden konnten. Derartige reichhaltige Ressourcen waren natürlich begrenzt. Mit zunehmender Verbreitung der neuen Werkstoffe mußten sukzessive Erze mit niedrigeren Metallgehalten abgebaut werden. Dies bedeutete v. a., daß bergmännischer Aufwand und die Anforderungen an die Technik sich ständig erhöhten. Folgen waren nicht nur ein erhöhter Verbrauch an Holz zum Ausbau der Stollen oder an Holzkohle zur Gewinnung der Metalle sowie ein erhöhter Verbrauch an Boden, z. B. für die Betriebsgelände und Transportwege, sondern auch Auswirkungen auf das Sozialsystem: Es entwickelten sich auf den Bergbau spezialisierte Berufsgruppen. Sklaven wurden für die äußerst anstrengenden Arbeiten eingesetzt. Mit Muskelkraft wurde der Betrieb der Bergwerke aufrechterhalten. Die Arbeitsbedingungen im Bergbau waren nach heutigem Maßstab sehr schlecht, insbesondere für die Sklaven. Im Rahmen der vorliegenden Betrachtung über die Auswirkungen des Bergbaus auf die Umwelt kann darauf jedoch nicht näher eingegangen werden.

Es gibt interessante Beispiele, die das Ausmaß und das hohe technische Niveau des römischen Bergbaus zeigen. Sie stammen allerdings nicht aus dem Bereich des Eisenbergbaus. In den Silbergruben am Rio Tinto in Südwestspanien erreichte man z. B. eine Teufe von 200 m. In Fenan/Jordanien wurde in römischer Zeit Kupfer in über 100 Bergwerken abgebaut. Hier wurde die einzige noch vollständig erhaltene Grube des römischen Imperiums gefunden. Das wohl eindrucksvollste Beispiel bergtechnischen Aufwands von der Prähistorie bis zum Beginn unseres Jahrhunderts ist der Goldbergbau der Römer im Nordwesten der Iberischen Halbinsel. Er soll hier etwas genauer vorgestellt werden, um den ungeheuren Aufwand, aber auch die Förderergebnisse zu verdeutlichen, die auf der Suche nach Rohstoffen erzielt wurden. PLINIUS selbst hat über das gigantische Ausmaß dieser Goldgewinnung berichtet:

Nachdem die reichhaltigen Goldseifen (> Seife) in den spanischen Flüssen erschöpft waren, mußte man die geringen Goldgehalte aus den Gesteinsformationen am Oberlauf der Flüsse gewinnen. Aufgrund seiner sehr feinen Verteilung in den Schottern des > Quartärs bei Las Medulas wurde das Gold durch künstliche Erosion, sog. hydraulische Gewinnung, freigespült und ausgewaschen: Die Hänge mit den goldführenden Schotterschichten wurden unterhöhlt, bis sie zusammenstürzten. Zum Auswaschen des Goldes wurden große Wassermengen über Kanäle oft aus einer Entfernung von über 100 km oberhalb der Hänge in Speicherbecken geführt. Das Wasser ergoß sich in einer Sturzflut über das zertrümmerte Gestein und spülte Steine und Goldkörner weg. Weiter unten im Tal hatte man rosmarinartiges Gestrüpp ausgelegt, in dem sich die Goldkörner verfingen. Die durch diese Abbaumethode verursachte Veränderung ganzer Landschaftsstriche ist noch heute sichtbar: Bergmassive wurden abgetragen und Täler durch Gesteinsmassen so hoch aufgeschüttet, daß noch heute Stauseen existieren. Vorsichtige Schätzungen sprechen von 500 Mio. t Gestein, die bewegt wurden. Die Menge des geförderten Goldes könnte die Zahl von 100 000 kg weit überschreiten.

4.3 Verhüttung von Eisenerzen

Über das Vorkommen von Eisen sowie das chemische Prinzip der Gewinnung von Eisen und Stahl erfahren Sie Näheres im Anhang.

Der moderne Hochofenprozeß ist im Anhang dargestellt.

In der Alten Welt wurde Eisenerz seit dem Ende des 2. Jahrtausend v. Chr. (Eisenzeit) bis in die jüngste Vergangenheit nach dem Prinzip des *Rennfeuerverfahrens* geschmolzen, ein technisches Verfahren, das seine Bezeichnung von der dabei flüssigen (= rinnenden) > Schlacke erhalten hat. Das Schmelzen des Eisens geschah entweder in eingetieften Rennherden oder tonnenförmigen Öfen von etwa 1,50 m Höhe, die als Vorläufer der heutigen Schachtöfen gelten können (Abb. 6.5 und 6.6). Um das metallische Eisen aus den Erzen freisetzen zu können, mußten diese stufenweise reduziert (> Reduktion, > Oxidation) werden, d. h., der Sauerstoff mußte dem Erz entzogen werden. Dies geschah durch die Verbrennung von Holzkohle, die sowohl die Energie lieferte als auch als Reduktionsmittel wirkte. In den Öfen entstanden eine reduzierende Gasatmosphäre und Temperaturen von bis zu 1200 – 1400 °C. Gleichzeitig schmolzen die unbrauchbaren Bestandteile der Erze aus der > Gangart und bildeten mit einem Teil des Eisens aus dem Erz eine eisenreiche Silikatschlacke. Hierdurch kam es zu unvermeidlichen, hohen Verlusten an Metall: Historische Schlacken der Eisenverhüttung haben einen „Restgehalt" von 40 – 50 % Eisen! Unter modernen Gesichtspunkten ist das Rennfeuerverfahren deshalb völlig unwirtschaftlich. Die hohen Ofentemperaturen wurden meist unter Einsatz von Blasebälgen erzeugt, manchmal auch durch die Nutzung von > Hangwinden. Manchmal wurden auch > Zuschlagstoffe bei der Verhüttung zugesetzt, um eine bessere Schlackenbildung zu gewährleisten.

Das Eisen wurde, von seltenen Ausnahmen abgesehen, im festen Zustand als sog. > ferritisches Eisen abgeschieden, das einen Kohlenstoffgehalt von weniger als 0,5 % enthielt. Der Schmelzpunkt liegt nur geringfügig unter dem von reinem Eisen (1536 °C) und damit weit über den damals erreichbaren Ofentemperaturen. Das Eisen lag zunächst in Form einer Luppe vor (Abb. 6.7), d. h., es war von Schlacke, Erzresten und Holzkohle durchsetzt. Sie wurde nach dem Verhüttungsvorgang dem Ofen entnommen, wobei dieser zumindest teilweise zerstört werden mußte. Aus dem Umgang mit Eisen entwickelte sich daher eine Technologie, die sich in wesentlichen Punkten von der des Kupfers, der Bronze oder des Bleis unterschied, die im flüssigen Zustand erzeugt wurden.

4.3 Verhüttung von Eisenerzen

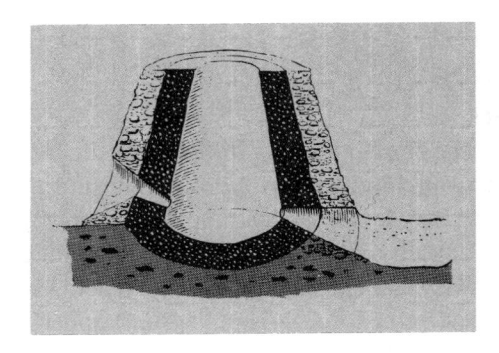

Abb. 6.5.
Römischer Schachtofen.
Dieser Ofentyp diente zur Gewinnung von Roheisen als „Luppe". Die Luftzufuhr erfolgte durch die links gezeichnete Öffnung mit Hilfe von Blasebälgen. Die rechte seitliche Öffnung ermöglichte den Abfluß der Schlacke in die Grube neben dem Ofen.
(Aus Henseling 1981)

Abb. 6.6.
Rekonstruierter Rennofen im Giebelwald, Siegen 1957. Die Siegerländer Rennöfen der Latènezeit waren kuppelförmige Bauten mit einem inneren Durchmesser von 1,2 m und einer Höhe bis 2 m, auf die noch ein Schacht mit einer Gichtöffnung von 0,3 – 0,4 m aufgesetzt war. Die Lage der Öfen an Berghängen gestattete den Betrieb mit natürlichem Zug, also ohne Blasebälge. Die Ofenbrust wölbte sich talwärts über einen Steinkanal von 0,5 m lichter Höhe und 0,8 m lichter Breite, der mit einer Lehmwand verschlossen war, in die die Düse mit einem Durchmesser von 5 – 7 cm eingestochen war. (Aus Henseling 1981)

Abb. 6.7.
Luppe aus einem Rennfeuerprozeß.
Das (kohlenstoffarme) Eisen ist von einem Schlackenkuchen umgeben. Breite des Stückes 8 cm, Fundort Heidenheim-Großkuchen, „Eisenbrunnen", 3./4. Jahrhundert n. Chr. (Foto: Deutsches Bergbau-Museum, Bochum)

4.4 Schmiedearbeit: komplexe Technologie bei der Weiterverarbeitung des Eisens

Die Weiterverarbeitung des Eisens im Sinne einer Rohstoffveredelung mußte mit dem festen Werkstoff durchgeführt werden. Die Formgebung konnte nicht durch Gießen des Eisens erfolgen, sondern nur durch Schmieden. Gußeisen enthält viel Kohlenstoff, in der Antike der Alten Welt war es vermutlich unbekannt. Es hat sich jedenfalls nicht durchgesetzt, im Gegensatz zu China, wo bereits Jahrhunderte vor Christi Geburt Gußeisen bei der Serienproduktion von Geräten verwendet wurde. Es standen damals auch keine Legierungsbestandteile (> Legierung) wie Mangan, Titan, Chrom u. a., die heute zur Stahlveredelung (> Stahl) eingesetzt werden, zur Verfügung. Das im Schmelzofen erzeugte ferritische Eisen war wegen seines niedrigen Kohlenstoffgehalts viel zu weich, um irgendeinen spürbaren Vorteil gegenüber einer Bronze aufzuweisen. Zunächst wurden daraus Barren geschmiedet, die verhandelt wurden. Die Barren wogen einige Kilogramm. Eine typische Form war die des an beiden Enden spitz zulaufenden „Spitzbarrens". Die Barren waren noch weniger hart als eine durch Hämmern gehärtete Zinnbronze, die ja seit der Bronzezeit weit verbreitet war. Die einzige Möglichkeit, Eisen nicht nur durch Hämmern, sondern effektiv durch Legierung zu härten, war die des Aufkohlens, also die Umwandlung zu Stahl. Hierbei wurde das ferritische Eisen bei Gelbglut, also bei etwa 1100 °C, in einem Holzkohlebett so lange behandelt, bis der Kohlenstoffgehalt zwischen 0,5 und 2 % lag. Anschließend mußte es sofort abgeschreckt werden. Dafür standen verschiedene Methoden zur Verfügung. Meist zog man das glühende Eisenstück durch feuchten Sand, auch in Öl konnte abgeschreckt werden, wie PLINIUS berichtet. Aus der metallographischen Untersuchung alter Objekte geht hervor, mit welch bewundernswerter Geschicklichkeit diese Arbeiten durchgeführt worden sind. Insgesamt erforderte die Weiterverarbeitung des ferritischen Eisens zu einem brauchbaren Werkstoff erhebliche Mengen an Holzkohle. Nur im Falle des berühmten „Ferrum Noricum" der Römer wissen wir heute, daß direkt bei der Verhüttung der Erze ein Eisenprodukt mit dem für Stahl charakteristischen Kohlenstoffgehalt gewonnen werden konnte.

Zum Zusammenhang zwischen Kohlenstoffgehalt des Eisens und seiner Bearbeitbarkeit vgl. im Anhang.

4.5 Möglichkeiten zur Rekonstruktion früher metallurgischer Prozesse

Quantitative Angaben über den Boden- und Rohstoffverbrauch von der bergbaulichen Gewinnung bis hin zur Verarbeitung in der Schmiede zur Zeit des PLINIUS sind weder regional noch überregional gesehen möglich. Das liegt v. a. darin begründet, daß es für diese

Epoche *kaum schriftliche Überlieferungen* zu diesem Thema gibt. Die erforderlichen Quellen müssen zuerst *archäologisch* erschlossen werden. Bislang ist aber nur ein winziger Bruchteil an alten Bergwerken und Hüttenplätzen ausgegraben und untersucht worden, und die Forschungen zur Technologie der frühen Metallgewinnung stehen noch im Anfangsstadium. Hier ist die interdisziplinäre Zusammenarbeit von Archäologen und Naturwissenschaftlern erforderlich – wir bezeichnen dieses Gebiet mit dem Terminus Archäometallurgie. Sie ist erst in den letzten Jahren ins Blickfeld gerückt. Die Überreste der frühen Metallgewinnung sind v. a. in unseren Breitengraden oft schwer zu erfassen. Spuren des Bergbaus sind durch Erosionsvorgänge zusedimentiert, Ofenreste sind meist bis auf die Fundamente zerstört. Gut erhalten sind dagegen in der Regel die *Schlacken* (Abb. 6.8), die als Abfallprodukte auf die Halde wanderten und auch in späterer Zeit nicht mehr verwendet wurden. Sie haben die Jahrtausende gut überstanden, da die Eisensilikate der Schlacke äußerst verwitterungsresistent sind. Schlacken sind somit für uns die wichtigsten Indikatoren von Hüttenprozessen, da sie alle chemisch-physikalischen Informationen des Schmelzvorganges „eingefroren" haben. Wir können durch die naturwissenschaftliche Analyse z. B. Anhaltspunkte über die Ofentemperaturen, die Gasatmosphäre und die Zusammensetzung der > Charge gewinnen.

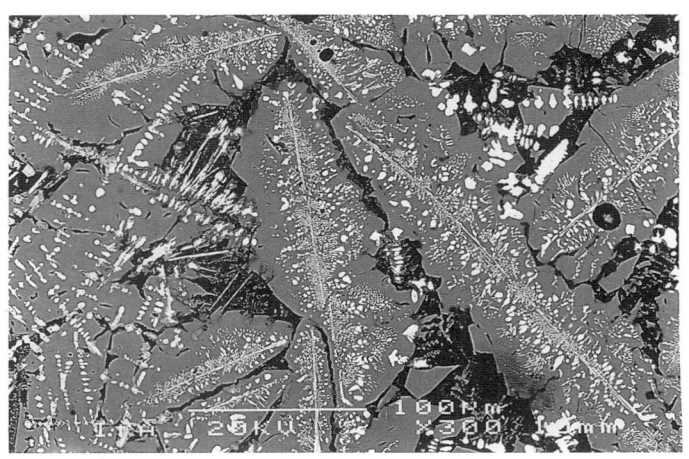

Abb. 6.8 Schlacken; *links* typisches Gefüge einer Fließschlacke aus einem Rennfeuerprozeß. Die Schlacke ist bei rund 1200 °C aus dem Ofen abgeflossen. Fundort Joldelund/Schleswig, 2. Jahrhundert n. Chr.;
rechts Mikrogefüge einer Rennfeuerschlacke. Sie besteht aus Fayalit (Fe_2SiO_4, große, mittelgraue Kristalle), Wüstit (FeO, weiß) und etwas Glas (schwarz). Die Schlacke hat die typische Zusammensetzung von 60 Gew.% FeO und 28 Gew.% SiO_2, etwas CaO und Al_2O_3. Fundort Lauchheim/Schwäbische Alb, ca. 2. Jahrhundert v. Chr. (Fotos: Deutsches Bergbau-Museum, Bochum)

Die Forschungen zur Wechselwirkung Metallgewinnung – Umwelt sind noch jünger. Sie bauen zwangsläufig auf den o.g. Arbeiten auf und setzen etwa mit der *Untersuchung von Holzkohleeinschlüssen* aus Schlacken ein. Man kann beispielsweise feststellen, welche Art von Hölzern bei der Verhüttung oder in der Schmiede als Brennstoff verwendet wurde. Indirekt lassen sich größere Eingriffe in den Naturhaushalt durch die sog. *Pollenanalyse* feststellen.

Durch die Mikroanalyse von Bohrkernen, die bevorzugt aus moorigen Böden genommen werden, können Menge und Verteilung von Pflanzenpollen bestimmt werden. Was läßt sich daraus schließen?

•••••

Es wird erkennbar, in welchen Zeitabschnitten bestimmte Vegetationsarten verschwinden oder andere besonders in den Vordergrund treten.

4.6 Brennstoffproblem: Umweltbelastung zur Zeit der Römer

Wir können die Intensität und Verbreitung der frühen Metallgewinnung und ihre Einwirkung auf die Umwelt also zum gegenwärtigen Zeitpunkt bestenfalls erahnen und uns anhand weniger Beispiele ein Bild davon machen, daß Berg- und Hüttenwesen, abgesehen von der direkten Nutzung der Erze, auch anderweitig Einfluß auf die Umwelt gehabt haben. In erster Linie war durch die Verwendung von Holzkohle für die Verhüttung und die Arbeit in der Schmiede mit dem wachsenden Bedarf an Metallen ein gewaltiger Holzverbrauch verbunden.

Bei einer Abschätzung des Holzkohleverbrauchs pro kg gewonnenen Eisens helfen uns 2 Aspekte weiter. Bis vor wenigen Jahren konnten in Afrika *ethnographische Studien* über die traditionelle Eisengewinnung und -verarbeitung durchgeführt werden, die vermutlich direkt mit der frühen Technologie vergleichbar sind. Anhand zahlreicher Beispiele konnten die einzelnen Verfahrensschritte der Verhüttung und in der Schmiede verfolgt und Beobachtungen z. B. zum Brennstoffbedarf gemacht werden. Die 2. wichtige Quelle sind *Experimente* zur Simulation alter Schmelzprozesse, deren Möglichkeiten einerseits durch den archäologischen Befund selbst eingegrenzt werden können, andererseits durch chemisch-physikalische Gesetzmäßigkeiten, die unabänderlich sind. Solche Experimente sind verschiedentlich durchgeführt worden.

Mit Hilfe der experimentellen Ergebnisse kann man in Übereinstimmung mit den Beobachtungen in Afrika den Rohstoffverbrauch eines Rennfeuerprozesses etwa wie folgt umreißen: Aus 10 kg Erz werden rund 2 kg Luppe erzeugt; es fallen 8 kg Schlacke an. Die Luppe muß in der Schmiede weiterverarbeitet werden. Bis zur Fertigstellung eines Barrens ist mit einem Substanzverlust von 60 % zu rechnen, bleiben also 800 g fertiges Eisen. Für die Verhüttung und die Arbeit in der Schmiede werden insgesamt 70 kg Holzkohle verbraucht. Das Verhältnis Holzkohle : Schlacke ist etwa 9 : 1 (CREW 1991). Wie diese grobe Rechnung zeigt, ist es zumindest theoretisch möglich, aus der Menge alter Schlacken auf den Brennstoffbedarf hochzurechnen. Dies setzt aber detaillierte Geländearbeit voraus, z. B. die Vermessung von Schlackenhalden und ihre exakte Datierung.

Nehmen wir als Fallbeispiel Populonia in der Toskana. Hier wurde in der 1. Hälfte des 1. Jahrtausends Eisen in industriellem Maßstab geschmolzen. Die Menge der dort liegenden Eisenschlacken wurde auf etwa 1,6 Mio. t geschätzt. Im ersten Moment erscheint diese Zahl gigantisch, v. a. wenn man die erforderliche Menge an Holzkohle kalkuliert, die für die Produktion notwendig ist. Auch wenn man berücksichtigt, daß sich die Eisenproduktion über einen Zeitraum von mindestens 500 Jahren hinzieht (wobei die Datierung eher vage ist), was gleichmäßige Eisenproduktion über den gesamten Zeitraum voraussetzt, ist dennoch eine irreversible Schädigung der Umwelt durch eine umfangreiche Rodung von Wäldern anzunehmen. Nicht einbezogen in die Überlegungen ist dabei der Holzbedarf für den Bergbau oder für eine Röstung der Erze sowie die Grundvoraussetzungen für die Erschließung der Region durch die Anlage von Straßen und Dörfern. Um abschätzen zu können, wie stark diese Maßnahmen die Umwelt belasteten, fehlen sogar die ersten Anhaltspunkte für weiterführende Folgerungen, wie sie mit den Schlackenhalden für die Abschätzung des Holzkohlebedarfs bei der eigentlichen Verhüttung vorliegen.

Was wir wissen, ist, daß weite Landstriche im Mittelmeerraum entwaldet waren, daß Bodenerosion die Folge war. Allerdings gehen die Entwaldungen nicht allein auf das Konto des Bergbaus. Große Mengen Holz wurden verbaut, insbesondere der Schiffsbau bei Griechen und Römern verschlang ganze Wälder.

Aber so stark die Eingriffe des Menschen in die Natur auch waren, so sehr einzelne der damals Lebenden die Zerstörung auch beklagten, sie hatte nicht den gefährlichen, die menschliche Existenz global bedrohenden Charakter wie die Umweltzerstörung, die wir heute erleben.

4.7 Rückblick

Eisen war viele Jahrhunderte lang ein derartig wichtiges und vielseitig verwendetes Material, daß es einem Zeitalter den Namen gab: Eisenzeit. Nach der bergbaulichen Förderung muß es aufbereitet, verhüttet und in der Schmiede weiterverarbeitet werden. Wie stark diese Prozeduren die Umwelt belasten, hängt von der Tiefe der Erze im Boden ab, von der Beschaffenheit des Nebengesteins, von der Höhe des Metallgehalts im Erz, vom technologischen Stand der Verhüttung und des Schmiedens. Über die Höhe des Ressourcenverbrauchs zur Zeit der Römer sind uns schriftliche Quellen nicht bekannt. Deshalb sind wir auf Hinterlassenschaften angewiesen, die archäologisch gedeutet werden müssen. Da alte Bergwerke und Hüttenplätze nur zu einem geringen Teil bekannt sind, ist man auf die Untersuchung von Schlacken einschließlich eingeschlossener Holzkohlereste angewiesen, die Aufschlüsse über die Verhüttungsprozesse geben. Auch pollenanalytische Untersuchungen und ethnographische Vergleichsstudien können weiterführen. Mit derartigen Arbeiten steht man jedoch erst am Anfang, so daß nur einzelne Abschätzungen möglich sind.

5 Ein historisches Beispiel nachhaltigen Wirtschaftens: Siegerländer Haubergwirtschaft

E. Rottländer*

In Kap. 5 wird die Siegerländer Haubergwirtschaft geschildert. Sie gilt als Paradebeispiel eines klugen Umgangs mit knappen Ressourcen und einer besonders sorgfältigen und überlegten Bodennutzung. Dabei zeigt sich, daß ein auf langfristige Nutzung angelegter Umgang mit der begrenzten, wenn auch nachwachsenden Ressource Holz einerseits in engen Wechselbeziehungen mit den natürlichen Gegebenheiten steht, andererseits mit wirtschaftlichen, sozialen und politischen Verhältnissen. Es wird auch deutlich: der schonende Umgang mit der Natur geschah nicht um der Natur selbst willen, sondern aus wirtschaftlichen Gründen, um das Überleben des Menschen in einer kargen Landschaft zu sichern.

Das System der Haubergwirtschaft hatte Bestand, bis als Folge der Industrialisierung eine Änderung der wirtschaftlichen Bedingungen das Gleichgewicht störte: Die Zentralressource Holz wurde durch die Zentralressource Kohle abgelöst.

Bevor die Haubergwirtschaft dargestellt wird, werden einige allgemeine Gedanken über das Verhältnis des Menschen zum Wald und zur Nutzung der Ressourcen vorangestellt.

5.1 „Wenn es dem Menschen gut geht, geht es dem Wald schlecht"

In Mitteleuropa war Holz als Rohstoff und als Energiequelle lebensnotwendig. GLEITSMANN (1989, S. 177) spricht davon, daß Holz bis weit ins 19. Jahrhundert hinein *die* gesellschaftliche Zentral- bzw. „Hauptressource" war. Der hohe Verbrauch an Holz hat immer wieder auch zur Übernutzung der Wälder und zu erheblichen – wie wir heute sagen – Umweltschäden geführt. Diese wurden als Versorgungskrisen wahrgenommen.

GLEITSMANN (1989) unterscheidet mehrere Phasen der Waldnutzung, in deren Verlauf es entweder den Menschen oder dem Wald „gut" ging: „Ging es den Menschen gut, d. h., prosperierte die Wirtschaft und bevölkerte sich das Land, so ging es dem Walde schlecht. Ging es hingegen den Menschen schlecht, so konnte sich der Wald regenerieren" (S. 182). So kam es infolge der intensiven Rodungsperiode zwischen dem 10. und 13. Jahrhundert zu einem spürbaren Mangel an Holz, „die Übernutzung von Boden und Vegetation machte sich

---

* Herrn Dr. Schawacht, Siegen, danke ich für wichtige Informationen.

in einer generellen Krise geltend" (SIEFERLE 1982, S. 117). Die nachfolgende demographische Entwicklung wurde jedoch nicht von einem wachsenden Ressourcenverbrauch bestimmt, sondern von 2 Ereignisketten, die unsägliches Leid über die Menschen brachten: die um 1300 beginnende Klimaverschlechterung, die zu schlimmsten Mißernten führte, und die Pestkatastrophen des 14. Jahrhunderts. Diese Zeit, in der sich die Bevölkerung Mitteleuropas durchschnittlich um die Hälfte verringerte, bedeutete für den Wald jedoch eine Phase der Erholung und Regeneration, die ca. 150 Jahre andauerte.

Ein ähnlicher Zyklus folgte vom Ende des 15. bis zur Mitte des 18. Jahrhunderts: Zunächst blühten Gewerbe und Bergbau, der Verbrauch an Holz stieg. Die Holznot wurde spürbar, mit häufigen Holzordnungen und Forstpolizeigesetzen suchte man ihr zu begegnen. Der Dreißigjährige Krieg (1618 – 1648) zerstörte den Wohlstand, dezimierte die Bevölkerung drastisch; das Land verödete. Bis zur Mitte des 18. Jahrhunderts hatte der Wald Zeit, wieder nachzuwachsen, wenn auch in veränderter Artenzusammensetzung. Dann aber begann wieder eine Phase zunehmender Bevölkerungszahl und des Wohlstands. Durch den > Merkantilismus wurden Wachstum und Produktivität gefördert. SCHWAPPACH charakterisiert den Zustand des Waldes zu Beginn des 19. Jahrhunderts in seinem 1888 erschienenen „Handbuch der Forst- und Jagdgeschichte Deutschlands" als den „einer erschreckenden Verwüstung und Verödung der Forsten, welche mit der Verbesserung der Kommunikationsmittel auch bis in die früher unzugänglichen und deshalb geschonten Gebiete vorgedrungen sei" (zitiert nach GLEITSMANN 1989, S. 188). Die Übernutzung fand ihr Ende erst mit dem raschen technischen und wirtschaftlichen Wandlungprozeß der Industrialisierung: Jetzt büßte das Holz seine Stellung als Zentralressource ein. Kohle ersetzte es und öffnete neue wirtschaftlich-industrielle Möglichkeiten. Systematische Pflegemaßnahmen und Aufforstungen – vornehmlich mit Nadelhölzern – zeigten in der Folgezeit ihre Wirkungen.

Wie oben erwähnt, waren die Zusammenhänge zwischen Übernutzung des Waldes und wirtschaftlichen Schwierigkeiten erkennbar, und man suchte, mit vielfältigen Verordnungen, Gesetzen und scharfen Strafandrohungen den Holzverbrauch zu steuern und der Regenerationsfähigkeit des Waldes anzupassen. Das System der Niederwaldbewirtschaftung (> Niederwald), bei dem die Bäume nicht zu voller Höhe auswachsen, sondern nach 20, maximal 40 Jahren geschlagen wurden, war eine Maßnahme. Als Sonderform der Niederwaldwirtschaft gilt die Haubergwirtschaft. Sie koppelt den Niederwaldbetrieb systematisch mit landwirtschaftlichen Nutzungen und weiteren Nebennutzungen, z. B. Gewinnung von Gerberlohe. Die Haubergwirtschaft war im Rheinischen Schiefergebirge, besonders im Siegerland, verbreitet und dort jahrhundertelanger Garant wirtschaftlicher Sicherheit.

> *Zur Entwicklung der Landwirtschaft nach dem Dreißigjährigen Krieg vgl. 3. Studieneinheit, Abschn. 1.1.*

5.2 Entstehung des Niederwaldes im Siegerland

Das Siegerland liegt im südlichen Westfalen und gehört zum Rheinischen Schiefergebirge. Der Oberlauf der Sieg und ihre Nebenflüsse haben eine morphologisch stark gegliederte Mittelgebirgsbeckenlandschaft geschaffen (Abb. 6.9), die im Osten durch das Rothaargebirge, im Süden durch den Westerwald begrenzt wird. Ungefähr im Mittelpunkt liegt die Stadt Siegen. Den Untergrund des Siegerlandes bilden größtenteils devonische Schichten (> Devon). Man findet hauptsächlich > Grauwacke, Quarzite und Tonschiefer. Sie verwittern zu schwach podsoligen Braunerden. Die Bodenart ist ein schwer wasserdurchlässiger, im Falle der Grauwacken kationenarmer, d. h. basenarmer, im Falle der Tonschiefer basenreicherer Lehmboden.

Zu den Gesteinen vgl. 1. Studieneinheit, Abschn. 3.1. Podsol und Braunerde sind in Abschn. 8.2 der 1. Studieneinheit beschrieben.

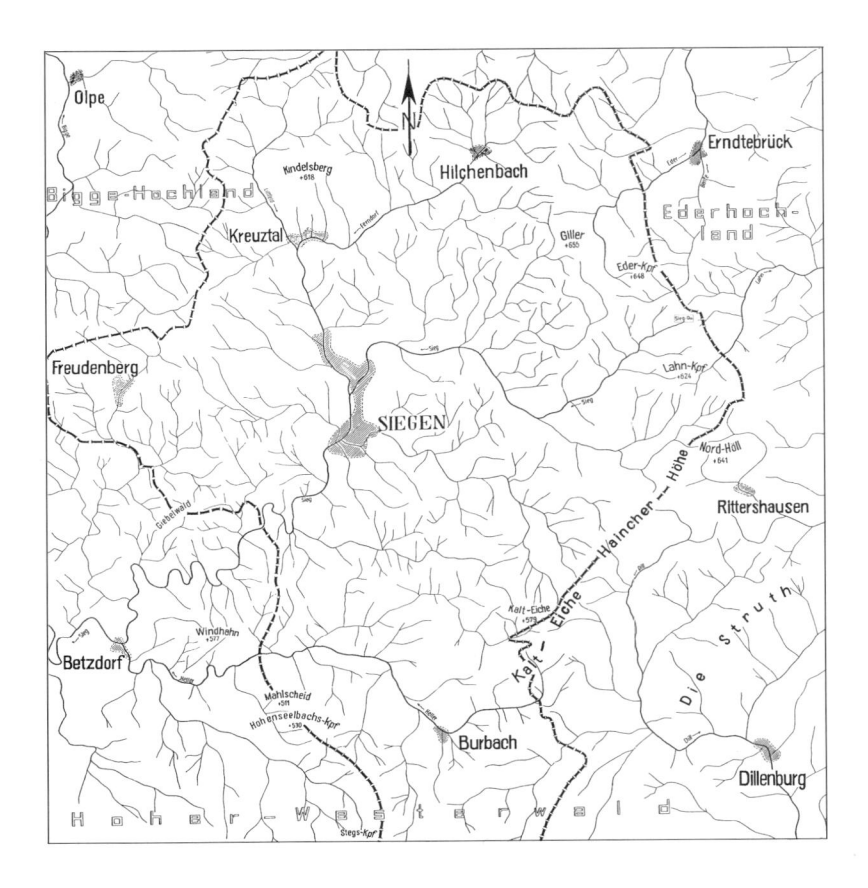

Abb. 6.9. Das Flußsystem des Siegerlandes. (verändert nach BECKER 1991)

Was bedeuten diese Bodencharakteristika für die Fruchtbarkeit der Böden?

•••••

Über den Zusammenhang zwischen Kationen (Basen) und Nährstoffgehalt vgl. 1. Studieneinheit, Kap. 7.

> Die über Grauwacke liegenden Böden sind nährstoffarm, also wenig fruchtbar, die über Tonschiefer liegenden sind fruchtbarer.

Das Klima ist subatlantisch geprägt mit hohen Niederschlägen und geringen Jahresmitteltemperaturen. Unter den gegebenen geologischen und klimatischen Verhältnissen hat sich im Laufe der nacheiszeitlichen Vegetationsentwicklung Sauerhumusbuchenwald (Luzulo-Fagetum) herausgebildet.

Es wundert nicht, daß das Siegerland wesentlich später von Menschen besiedelt wurde als die fruchtbaren Bördenlandschaften (> Börde) der Mittelgebirgsschwelle. In der Jülich-Zülpicher Börde ließen sich schon vor 7000 Jahren die Bandkeramiker nieder. Was die Menschen ins Siegerland zog, waren seine reichen Bodenschätze, in erster Linie Eisenerz. Nachdem man gelernt hatte, Eisen zu verhütten und zu verarbeiten, was – wie in Kap. 4 schon ausgeführt – weitaus mehr technisches Können erforderte als der Umgang mit Kupfer oder Silber, drangen Kelten während der späten Hallstattzeit in die waldreichen Gebiete vor. Ab der Mitte des 1. vorchristlichen Jahrtausends jedenfalls sind Schlackenhalden und Reste von einfachen Schmelzöfen (vgl. Abb. 6.6) nachweisbar. Die wirtschaftlichen Voraussetzungen waren nicht nur wegen des bodennah anstehenden, qualitativ hochwertigen Eisenerzes günstig, sondern auch, weil sich die zur Metallgewinnung und -verarbeitung notwendige Energiequelle in unmittelbarer Nähe befand. Der Wald lieferte das Holz, das man in Meilern zu Holzkohle verkohlte. Allerdings wurden dafür große Mengen Holz gebraucht. Darüber hinaus wurde Holz für viele andere Zwecke, wie Sicherung der Grubenanlagen, Bau der Verkehrswege und -mittel, Siedlungen, Heiz- und Kochzwecke u. v. a., gebraucht. Daß dies schon in der Antike zu sehr ernsten Übernutzungserscheinungen mit irreversiblen Folgen führen konnte, wurde in Kap. 4 geschildert. Da man im Siegerland eine auffallende Siedlungslücke zwischen ca. 200 und 800 n. Chr. feststellt, vermutet man, daß der Wald übernutzt und damit die Lebensgrundlage der Menschen entzogen war. Schon während der Latènezeit (5. – 1. Jh. v. Chr.) scheint der natürliche Buchenwald wegen des häufigen Kahlschlags niederwaldartigen Beständen mit vielen Eichen und Birken gewichen zu sein. Diese Baumarten vermehren sich wesentlich besser aus Stockausschlägen als Buchen. Jedenfalls ergaben Analysen von Holzkohle aus der Latènezeit, die von Stämmchen mit 5 – 21 Jahresringen gewonnen worden war, über 50 % Eichen, 30 % Birken und nur 5 % Buche (vgl. DOHRENBUSCH 1982, S. 14).

Zur Gewinnung und Verarbeitung von Eisen und den dazu benötigten Ressourcen vgl. Abschn. 4.2ff.

Im Gegensatz zum > Hochwald, der sich aus dem Samen der Bäume verjüngt (Kernwuchs, Abb. 6.10), verjüngt sich Niederwald aus dem Stockausschlag von Wurzelstümpfen. In einem Niederwald stehen die dünnen Stämmchen meist in Gruppen zusammen (Abb. 6.11). Da

Abb. 6.10. Hochwald aus Eichen: entstanden aus „Kernwüchsen" durch Nachpflanzen oder Saat. (Aus BECKER 1991)

Abb. 6.11. Niederwald aus Eichen: mehrstämmig aus der Wurzel herauswachsende Stockausschläge. (Aus BECKER 1991)

mit dem Alter der Bäume die Austriebsfähigkeit nachläßt, andererseits die jungen Stämme mit 15 – 20 Jahren brauchbares Stangenholz liefern, beträgt die Umtriebszeit im Niederwald normalerweise bis zu ca. 20 Jahren. Niederwaldnutzung verändert das Artenspektrum nicht nur der Bäume.

> Was mögen Gründe für diese Änderung sein?
>
> •••••
>
> Die jungen Bäume mit ihren lichteren Kronendächern beschatten den Boden weniger als ausgewachsene Rotbuchen. Zudem wird durch das wiederholte Fällen der Bäume die natürliche Sukzession immer wieder unterbrochen.

Näheres zum Ablauf der natürlichen Sukzession können Sie im Anhang nachlesen.

In der Krautschicht werden Schatten und Luftruhe liebende Pflanzen, wie z. B. Sauerklee und Farne, von mehr lichtbedürftigen, wie Wiesenwachtelweizen (*Melampyrum pratense*), Gamander (*Teucrium scorodonia*) und weiches Honiggras (*Holcus mollis*) u. a., verdrängt. Durch den periodisch sich wiederholenden Umtrieb des Hauberges stellt sich keine stabile Pflanzengesellschaft ein, er bleibt mehr oder weniger im Pionierstadium. Von den Veränderungen ist auch die Tierwelt betroffen. Da die jungen Laubbäume nicht nur hervorragende Nahrungspflanzen darstellen, sondern sich auch gut zur Deckung eignen, findet das Rehwild günstige Lebensbedingungen. Für Hasel- und Birkwild ist der Niederwald ein wichtiger Lebensraum.

5.3 Boden- und Waldnutzung im Siegerland

Niederwald entsteht also durch menschlichen Eingriff. Er liefert nicht nur Holz, er kann in sehr vielfältiger Weise genutzt werden. Eine besonders intensive und sehr vielfältige Nutzung brachte das sich im Mittelalter entwickelnde und zunehmend durch gesellschaftliche und rechtliche Rahmenbedingungen über Jahrhunderte gefestigte System der Haubergwirtschaft des Siegerlandes mit sich. Die Haubergbesitzer, häufig die Hofbesitzer eines Dorfes, waren in Genossenschaften zusammengeschlossen. Um trotz der Umtriebszeit von dort 15 – 18 Jahren eine kontinuierliche Holzversorgung zu gewährleisten, wurde der gesamte Waldbesitz in so viele Schläge oder Haue eingeteilt, daß ihre Zahl der Jahre der Umtriebszeit entsprach. So konnten in jedem Jahr die Bäume eines anderen Haues geschlagen werden. Vor Beginn der Waldarbeiten mußte das Areal eines Haues unter den Haubergenossen aufgeteilt werden. Da jedem gleichwertige (nicht unbedingt gleich große) Teile zur Verfügung gestellt werden mußten, ergab sich ein oft recht kompliziertes Teilungsverfahren. Nach Beendigung der

Nutzung fiel die vom einzelnen bewirtschaftete Fläche wieder dem Gesamteigentum der Genossenschaft zu. (Nutzungen wie Vieheintrieb erfolgten gemeinschaftlich.)

Der Arbeitsablauf im Hauberg sei kurz zusammengefaßt. Im April wurde das Reisig und dünne Astholz geschlagen und zu sog. Schanzen gebündelt. Es diente privaten Heizzwecken oder auch der Beheizung genossenschaftlich betriebener Backhäuser (Schanzenbrot gibt es auch heute noch). Anschließend fällte man die Birkenstämme. Von den Eichenstämmen gewann man zunächst die Lohrinde (Abb. 6.12). Zu Beginn der Vegetationszeit teilen sich die Zellen in der Wachstumszone des Holzes stark, so daß sich ein Zylinder aus dünnwandigen Zellen unterhalb der Rinde bildet. Dadurch kann die Rin-

Abb. 6.12. Geschälter Hauberg bei Grund. Die Lohe, die von den ca. 18-jährigen Eichen gelöste Rinde, war um die Jahrhundertwende das begehrteste, weil wertvollste Produkt der Haubergwirtschaft. Ende April/Anfang Mai, wenn frischer Saft in die jungen Eichen geschossen war, wurden die Rinden mit dem Schlitzmesser, dem „Schöbbel", abgeschält. (Foto: Dr. Paul FICKELER, 1943; zur Verfügung gestellt vom Siegerlandmuseum, Siegen)

5 Ein historisches Beispiel nachhaltigen Wirtschaftens: Siegerländer Haubergwirtschaft

de leicht vom Stamm abgetrennt werden. Sie wurde, häufig noch am Stamm hängend, getrocknet, bevor sie zu den Lohmühlen abtransportiert wurde. Eichenlohe war sehr begehrt, denn mit ihr gegerbte Häute sind besonders strapazierfähig (Großabnehmer war das Militär). Da der Brennstoffbedarf immer sehr hoch war, preßte man die ausgelaugte Lohrinde in Formen zum sog. „Lohkuchen", der als Heizmaterial diente. Nach der Ernte der Lohrinde wurden die Stämme der Eichen gefällt. Wenige Bäume ließ man stehen, so daß auch ein Nachwachsen aus Samen möglich wurde. Nach Bedarf wurde auch systematisch nachgesät oder nachgepflanzt. Die Stämme gingen größtenteils zum Köhler, der die für die Eisengewinnung erforderliche Holzkohle herstellte. Man brauchte Holz allerdings auch für andere Zwecke, z. B. zum Bauen – der Bauholzverbrauch mußte jedoch durch Verordnungen eingeschränkt werden – oder für Deichseln und Radspeichen, wofür sich das harte Eichenholz besonders eignete. Das Holz wurde abtransportiert, häufig indem man es über den Boden schleifte oder auf die sog. Haubergschlitten verlud. Beides bewirkte, daß beträchtliche Mengen an Boden ins Tal verlagert wurden. Nach dem Transport wurde der Waldboden gehackt, die abgelösten Grassoden und kleinteiliges Wurzelwerk getrocknet und verbrannt (Abb. 6.13). Die Asche verteilte man. Dadurch wurden dem Boden wieder Calcium, Kalium, Phosphate und Sulfate zugeführt.

Vom ökologischen Standpunkt war dieses Verfahren allerdings bedenklich. Warum?

•••••

Zum einen lag der Boden nun offen der Erosion zugänglich. Zum anderen ist durch die Mineralisierung der pflanzlichen Substanz beim Verbrennen keine optimale Düngung zu erreichen. Stickstoff z. B. ging verloren, Huminstoffe werden nicht gebildet.

Zur Bedeutung der Huminstoffe für die Bodenfruchtbarkeit vgl. 1. Studieneinheit, Abschn. 4.1.

Zum Zusammenhang von Bodenfruchtbarkeit und Bodennutzung vgl. 2. Studieneinheit, Abschn. 2.3 und insbesondere Abb. 2.3 in der Bodenstruktur und Waldbrache in Beziehung zueinander gesetzt sind.

Es folgte – im 19. Jh. – die Einsaat von Roggen. Früher wurde viel Buchweizen angebaut. Die Ernte durfte nur mit der Sichel erfolgen (Abb. 6.14), um die an den Wurzelstöcken frisch ausschlagenden Triebe nicht zu verletzen. Das Abbrennen hatte den Vorteil, daß der Boden von unerwünschten Samen „gereinigt" wurde, so daß man die Körner auch sehr gut als Saatgut verkaufen konnte. 1 – 2 Jahre lang wurde der Boden landwirtschaftlich genutzt. Mehrere Jahre ließ man den Wald ungestört nachwachsen, dann war er so weit, daß ihm weidendes Vieh durch Verbiß nicht mehr schaden konnte. Ab dem 4. oder 5. Jahr durften Schafe, ab dem 5. oder 6. Jahr Kühe eingetrieben werden – den genauen Zeitpunkt legten Forstsachverständige fest. Das Vieh führte dem kargen Boden organischen Dünger zu.

Abb. 6.13.
Verbrennen der im Hauberg abgeschälten Grassoden, bei Salchendorf. Die getrockneten Grassoden werden verbrannt, die Asche anschließend als Dünger verstreut. Diese Arbeit wurde vorwiegend von Frauen und Kindern verrichtet. (Foto: Dr. Paul FICKELER, 1946; zur Verfügung gestellt vom Siegerlandmuseum, Siegen)

Abb. 6.14. Roggenernte im Hauberg. Der auf relativ langem Halm stehende Roggen wird mit der Sichel geschnitten und zu Garben gebunden. Diese Erntearbeiten wurden vorwiegend von Frauen, älteren Männern und Kindern verrichtet. (Foto: Dr. Paul FICKELER, 1947; zur Verfügung gestellt vom Siegerlandmuseum, Siegen)

> Allerdings brachte die Viehweide auch Nachteile. Welche?
>
> •••••
>
> Nachteile waren z. B. Bodenverdichtung, selektiver Verbiß.

Der Dorfhirte hatte ein verantwortungsvolles und sehr angesehenes Amt. Nach ca. 18 Jahren waren die Bäume so weit nachgewachsen, daß sie wieder brauchbares Stangenholz lieferten. Der sich regenerierende Niederwald lieferte überdies Ginster, dessen harte Samenschale durch die Hitze des Brandes aufgebrochen wurde, so daß er keimen konnte. Wie alle > Fabales (= Leguminosen) vermag Ginster mit Hilfe luftstickstoffbindender Bakterien Stickstoff aufzunehmen, der letztendlich dem Boden zugute kommt. Ginster wurde außerdem in vielfacher Weise genutzt, z. B. zu Besen gebunden. Das Laub des Waldes diente als Streu für den Viehstall, sein Gras als Viehfutter und zur Grassamenzucht, seine Beeren, v. a. die Heidelbeere, und sein Wild der menschlichen Ernährung.

Näheres zur Luftstickstoffbindung in der 2. Studieneinheit, Abschn. 2.3.2.

Die gleichzeitige Nutzung von Wald und Boden als Kohl-, Schäl-, Hack- und Weidewald und für landwirtschaftliche Zwecke beanspruchten die Menschen (Haubergsarbeit teilten sich Männer und Frauen, Junge und Alte) bis an die Grenze der Belastbarkeit. Sie sicherte ihnen aber auch, zusammen mit der Erzgewinnung und -verarbeitung, den Gerbereien u. a. über Jahrhunderte das Auskommen. Haubergland des Siegerlandes wurde sehr hoch bewertet: Im Schätzungsregister der Stadt Siegen von 1599 erhält es 10- bis 25mal höhere Werte als Ackerland (vgl. DOHRENBUSCH 1982, S. 2).

5.4 Organisation der Haubergwirtschaft

Die eng miteinander verzahnten Nutzungsformen des Haubergs mußten aufeinander abgestimmt sein. Die Arbeiten waren streng geregelt. Dies erforderte besondere organisatorische Maßnahmen, denen die Gemeinschaft der Haubergbesitzer unterworfen war. Diese waren insbesondere deshalb notwendig, weil die Nutzungsarten im Hauberg teilweise konkurrierten. So führte eine erhöhte Nutzung eines Teilsystems – z. B. eine zu hohe Holzentnahme für die Köhlerei oder eine zu intensive Viehhaltung – zur Störung des Systems. Die Konsequenz war teilweise schwerwiegender Holzmangel. Ohnehin reichte die im Siegerland gewinnbare Holzkohle nicht aus für die Eisenproduktion, es mußte aus benachbarten Gebieten zusätzliche importiert werden. So wundert es nicht, daß eine Fülle von Wald- und Holzordnungen den ordnungsgemäßen Haubergbetrieb sichern mußten. Die 1562 vom nassauischen Grafen JOHANN erlassene, auf älteren

Holzordnungen beruhende 1. Haubergordnung wird damit begründet, daß Hauberge und Gehölze schwinden und daß, wenn nicht beizeiten etwas dagegen unternommen wird, für die gegenwärtigen Untertanen und „sonderlich den Nachkommenden"(!) ein schädlicher Holzmangel entstehen wird, der auch den Eisen-, Stahl-, Blei- und Kupferhandel des Landes zum Erliegen bringen wird. Die Verordnung regelte u. a. die Umtriebszeit, die Aufteilung der Hauberge, die gemeinsame Bearbeitung, Schonung der ausgeschlagenen Stöcke, das Rodeverbot, Brennen des Grases, Vieheintrieb, Abschaffung von Ziegen u. v. m. Immer wieder wurden Neufassungen derartiger Forstvorschriften notwendig. Besonders beeindruckend ist die Klage des Siegerländers JUNG-STILLING (1740 – 1817), Schriftsteller, Lehrer, Professor für Ökonomie-, Finanz- und Kameralwissenschaften, der u. a. Schriften zur Kameralistik verfaßte. Er schreibt 1775:

„Man bauet immer fort, der Menschen werden mehr, und die Bauart nach der Mode zehrt zu einem Hause von eben dem Raume dreimal mehr Holz weg, als zu eben dem Zwecke vor ein paar hundert Jahren nötig war. ... Man macht die schönsten Forstordnungen dagegen, schlägt allerhand Wege vor, wie das Holz zu ersparen ist, und wie andere Mittel, das Küchen- und Ofenfeuer zu unterhalten, brauchbar gemacht werden können. Alles dieses hat auch seinen grossen unläugbaren Nutzen; allein es ist nichts durchgehends brauchbar, und man mag dem Bauer, der nahe bei dem herrschaftlichen Gehölze wohnt, lang befehlen, er solle Torf oder Steinkohlen brennen, er könne beides nützlicher und wohlfeiler brauchen als das Holz, er wird dazu lachen, seine Väters habens ja auch nicht gethan, er will keine neue Dinge anfangen, er lauert, bis der Förster den Rücken gewendet hat, und nun geht er, hauet das Nächste und Beste, und schleppt es in seine Schlupfwinkel, und lacht dazu. So ist wirklich der größte Theil der Landleute beschaffen" (Siegener Heimatkalender 1935, S. 67; zit. nach KOHL 1978, S. 28).

5.5 Gründe für den Niedergang der Haubergwirtschaft

Diese letzte Bemerkung mag übertrieben sein, denn sie widerspricht dem Bild einer Bevölkerung, die nicht nur durch schwere körperliche Arbeit, sondern auch durch die intelligente Nutzung der nicht gerade reichlichen natürlichen Ressourcen ihren Unterhalt sicherte. Aber die Klage JUNG-STILLINGS wirft doch einen Blick auf ein – keineswegs auf die damalige Zeit beschränkte – allzu menschliches Verhalten. Es deutet sich zudem darin auch schon eine Entwicklung an, die letzendlich zur Aufgabe der Haubergwirtschaft führte, nämlich der Einsatz von Steinkohle. Steinkohle selbst ist für den Hochofen-

5 Ein historisches Beispiel nachhaltigen Wirtschaftens: Siegerländer Haubergwirtschaft

Zum Hochofenprozeß vgl. Anhang.

prozeß ungeeignet, da der in ihr enthaltene Teer beim Erhitzen zu einer ölig-zähen Masse wird, die den Hochofen verstopft. Deshalb wird die Steinkohle verkokt. Im 18. Jahrhundert wurde in England Koks zur Roheisenerzeugung eingesetzt. In Deutschland gelang der Durchbruch erst, nachdem man im Ruhrgebiet 1838 Fettkohle entdeckte, die sich besonders gut zur Koksherstellung eignet.

Exemplarisch für die Industrialisierung sind die in der 4. Studieneinheit, Kap. 2 geschilderten Entwicklungen im Ruhrgebiet, die auch die wirtschaftliche Entwicklung im Siegerland stark beeinflußten.

Die – hier nur am Beispiel des Hochofenprozesses angedeuteten – technisch-wissenschaftlichen Veränderungen und die damit in Gang gesetzte rasche Industrialisierung mit ihrem steigenden Rohstoffbedarf waren Ursachen dafür, daß die immer in nur begrenztem Umfang zur Verfügung stehende und in ihrer Herstellung teure Holzkohle langsam vom Markt verdrängt wurde, und damit die Haubergwirtschaft ihre Rentabilität verlor. Brachte ein Wagen Holzkohle (1,2 – 1,4 t) zwischen 1800 und 1850 20 Taler, so waren es nach dem Bau der Siegtalbahn 1861, die das Siegerland mit dem expandierenden Ruhrgebiet verband, nur noch 15 Taler, was unterhalb der Rentabilitätsschwelle lag. Umbrüche im politischen, wirtschaftlichen und gesellschaftlichen Bereich gingen mit dieser Entwicklung einher. Das Siegerland wurde nach Beendigung der napoleonischen Zeit mit ihren erheblichen Eingriffen in die territorialen Gliederungen, die u. a. alte Handelsbeziehungen zerrissen, Teil der preußischen Provinz Westfalen. Das preußische Zollgesetz von 1818, das zwar die Absatzmärkte in den preußischen Norden eröffnete, die Handelsbeziehungen nach Süden aber sehr erschwerte, hatte erhebliche Auswirkungen auf die Wirtschaft. Hinzu kam, daß die Einfuhr von Eisen zollfrei blieb und damit billiges englisches und belgisches Kokseisen zu einer bedrückenden Konkurrenz wurde. Die aufstrebende Industrie im rheinisch-westfälischen Wirtschaftsraum hatte einen hohen Bedarf an Eisen, der durch das Siegerland gar nicht gedeckt werden konnte. Der Industrialisierungsprozeß wurde von einem starken Ausbau der Verkehrswege, v. a. des Eisenbahnnetzes (dessen Aufbau seinerseits viel Eisen verbrauchte) zum Transport von Massengütern begleitet. Im Siegerland wehrte man sich zeitweise gegen den Anschluß an das Fernverkehrsnetz, da man den Niedergang der Haubergwirtschaft und damit Armut bei Köhlern und Bauern befürchtete. Tatsächlich trug der Ausbau der Transportwege zur Entwertung der Hauberge bei. Die Hauberggenossen suchten den Preisverfall der Holzkohle durch Erhöhung der Eichenbestände gegenüber der Birke und damit verstärkte Lohegewinnung und -verarbeitung auszugleichen. Stangenholz konnten sie in die Bergbaubetriebe des Ruhrgebietes liefern. Der Ausgleich gelang für kurze Zeit, bis auch die Strukturkrise im Gerbereigewerbe den Lohepreis sinken ließ: Ein gestiegener Bedarf an Leder in Deutschland führte zur Einfuhr billiger ausländischer Eichenrinde und anderer Gerbstoffe; es wurden chemische Schnellgerbverfahren entwickelt. Um die Jahrhundertwende wurden dann auch die Eichenniederwälder unrentabel. Parallel zu dieser Entwicklung machte sich zunehmend ein Arbeitskräftemangel in den Haubergen bemerkbar. Dies, obwohl die Bevölkerung zunahm; aber der Aufschwung der Industrie, v. a. des Ruhrgebietes, zog viele Arbeitskräfte an. So wurde die Pflege der Hauberge auch aus diesem Grund vernachlässigt.

Die ökonomischen Zwänge führten schließlich dazu, daß weite Teile der ehemaligen Hauberge mit Fichtenmonokulturen aufgeforstet wurden. Der finanzielle Ertrag pro ha ist bei Fichten 3–4mal höher als bei Niederwaldbetrieb. Der Fichtenhochwald veränderte nicht nur das Landschaftsbild (Abb. 6.15).

Abb. 6.15. Hauberg in Hochwald umgewandelt (Dillbrecht). Laubholzschutzstreifen tragen zur Auflockerung des Landschaftsbildes bei – Aufnahme 1974. (Aus KOHL 1978).

Welche Probleme treten bei solchen Monokulturen auf?

> Schwerwiegende Nachteile sind erhöhter Schädlingsbefall, erhöhte Gefahr von Windbruch, Schneebruch und Dürreschäden.

Deshalb ist man in den letzten Jahrzehnten dazu übergegangen, vermehrt Laub- und Mischwald anzulegen bzw. noch vorhandenen Niederwald in Hochwald zu überführen.

5.6 Heutige Situation

Heute (um 1990) bestehen nur noch ca. 6200 ha echter, d. h. mehrstämmiger Niederwald im Siegerland; 1850 waren es 33 700 ha Hauberg (vgl. BECKER 1991, S. 94). Von der ehemals vielfältigen Nutzung ist nur noch die Gewinnung von Holzkohle geblieben. Geblieben ist auch die genossenschaftliche Teilhabe am Wald. Die Siegerländer Haubergwirtschaft wurde im April 1975 durch das Gesetz über den Gemeinschaftswald im Lande Nordrhein-Westfalen abgelöst.

Man diskutiert, inwieweit aus ökologischen (Biotoperhaltung), gesellschaftlichen (Erholungsfunktion; Abb. 6.16), aber auch aus kulturhistorischen Gründen die historische Waldform zu erhalten ist (bei Fellinghausen ist heute ein „Historischer Hauberg" zu besichtigen, in dem die Haubergarbeiten nach altem Vorbild durchgeführt werden). Alle diese Aspekte spielten jedoch zur Blütezeit der Haubergwirtschaft keine Rolle. Motiv war das ökonomische Interesse verbunden mit der Einsicht, daß die Lebensgrundlage nur dann auf Dauer erhalten bleibt, wenn die Ressourcen zwar ge-, aber nicht übernutzt werden.

Schon im Jahre 1965 war der Erzbergbau stillgelegt worden, so daß – so scheint es auf den ersten Blick – das Siegerland die Grundpfeiler seiner wirtschaftlichen Existenz verloren hatte. Trotzdem liegt die Arbeitslosenzahl heute, Anfang der 90er Jahre, unter dem Landesdurchschnitt, obwohl das Siegerland zu den strukturell benachteiligten Regionen gehört (EICHHOLZ 1993). Eine Erklärung bietet die geschichtliche Entwicklung: Da das Siegerland schon um die Jahrhundertwende unter dem von außen kommenden Konkurrenzdruck zu leiden hatte, war es früh einem industriellen Anpassungsdruck ausgesetzt. Der Strukturwandel vollzog sich hauptsächlich innerhalb klein- und mittelständischer Familienunternehmen, indem die Produktionsprogramme durch eine „innovative Unternehmerschaft" (EICHHOLZ 1993) spezifiziert und diversifiziert wurden. Nach wie vor orientieren sich die Branchen vornehmlich an der Eisen- und Stahlerzeugung.

Abb. 6.16. Haubergslandschaft bei Ruckersfeld. (Aus BECKER 1991)

5.7 Zusammenfassung

Die folgende Abb. 6.17 zeigt zusammenfassend, was in das „System Haubergwirtschaft" investiert wurde und welchen Nutzen man daraus zog. Dieses System, das letztendlich auf den geologischen, geographischen und klimatischen Verhältnissen beruhte, hatte Bestand, solange sich die wirtschaftlichen und wirtschaftspolitischen Rahmenbedingungen, gestützt durch die rechtlichen Vorschriften, nicht änderten.

5 Ein historisches Beispiel nachhaltigen Wirtschaftens: Siegerländer Haubergwirtschaft

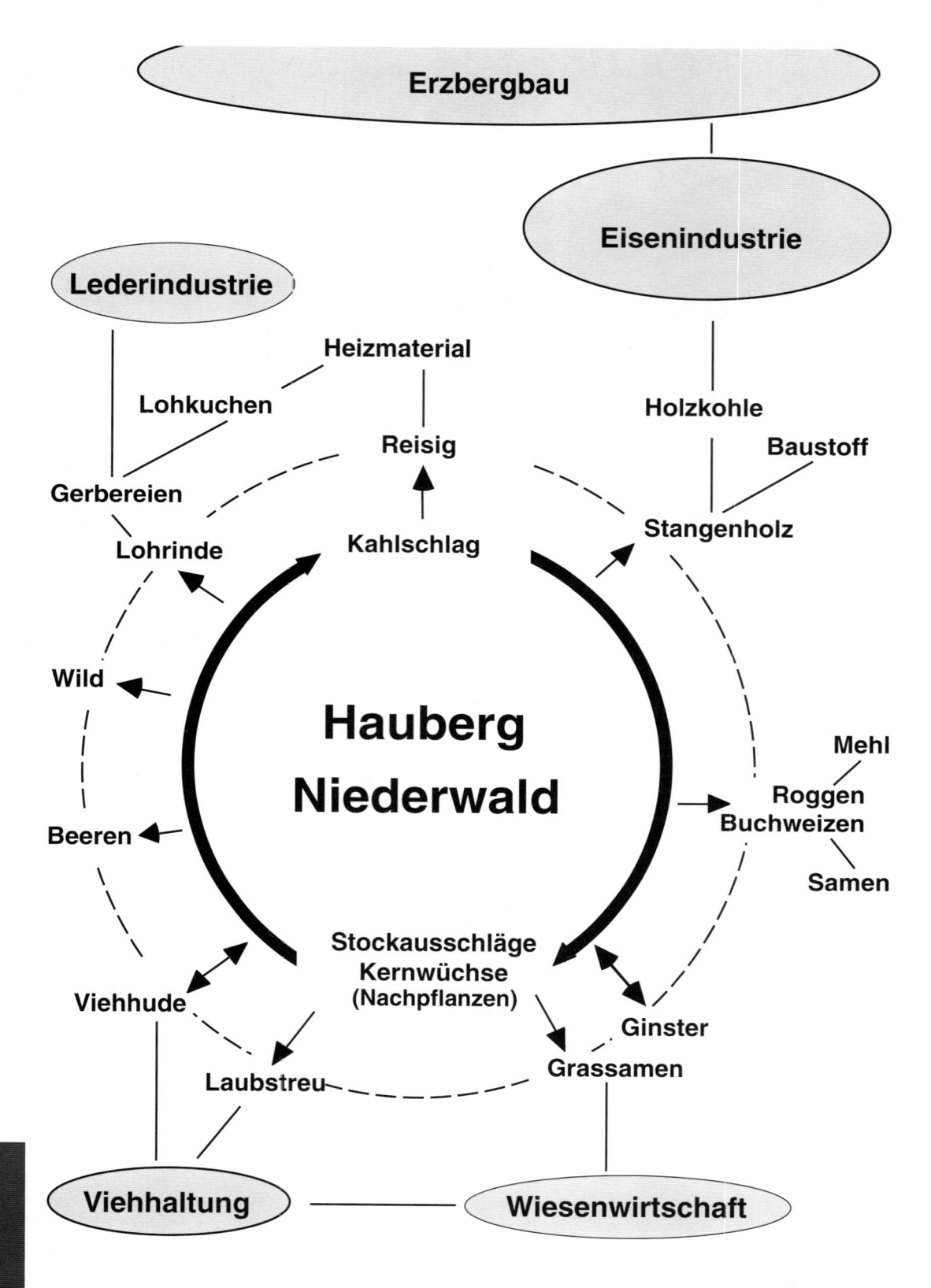

Abb. 6.17. Das System Haubergwirtschaft

6 Literatur und Quellennachweis

Wir möchten an dieser Stelle Autoren und Verlagen für die Erlaubnis zur Übernahme der Abbildungen bzw. Texte danken.

BARDE J-P, PEARCE D W (eds.) (1991) Valuing the environment. Earthscan, London

BAYERL G (1989) Das Umweltproblem und seine Wahrnehmung in der Geschichte. In: J CALLIESS, J RÜSEN, M STRIEGNITZ (Hrsg) Mensch und Umwelt in der Geschichte. Centaurus, Pfaffenweiler. S 47 – 96

BECK U (1986) Risikogesellschaft. Auf dem Weg in eine andere Moderne. Suhrkamp, Frankfurt a. M.

BECKER A (1991) Der Siegerländer Hauberg. Vergangenheit, Gegenwart und Zukunft einer Waldwirtschaftsform. Die Wielandschmiede, Kreuztal.

BISCHOFF M (Hrsg) (1987) PLINIUS der Ältere: Historia Naturalis. Buch 33. Eine Auswahl aus der „Naturgeschichte". Nach der kommentierten Übersetzung von G C WITTSTEIN. Greno, Nördlingen

BMU (Bundesministerium für Umwelt, Naturschutz und Reaktorsicherheit) (1992a) Umweltpolitik: Bericht der Bundesregierung über die Konferenz der Vereinten Nationen für Umwelt und Entwicklung im Juni 1992 in Rio de Janeiro. Bonn

BMU (Bundesministerium für Umwelt, Naturschutz und Reaktorsicherheit) (1992b) Umweltpolitik: Konferenz der Vereinten Nationen für Umwelt und Entwicklung im Juni 1992 in Rio de Janeiro – Dokumente/Agenda 21. Bonn

BMU (Bundesministerium für Umwelt, Naturschutz und Reaktorsicherheit) (1992c) Konferenz der Vereinten Nationen für Umwelt und Entwicklung im Juni 1992 in Rio de Janeiro – Dokumente/Konvention über die biologische Vielfalt u. a. Bonn

BRENCK A (1992) Moderne umweltpolitische Konzepte: Sustainable Development und ökologisch-soziale Marktwirtschaft. Z Umweltpolitik **4**: 379 – 413

BUND / MISEREOR (Hrsg) (1996) Zukunftsfähiges Deutschland. Ein Beitrag zu einer nachhaltigen Entwicklung. Studie des Wuppertal Institutes für Klima, Umwelt, Energie. Birkhäuser, Berlin

BUSCH-LÜTY Ch, DÜRR H-P, LANGER H (Hrsg) (1992) Ökologisch nachhaltige Entwicklung von Regionen. Beiträge, Reflexionen und Nachträge. Tutzinger Tagung 1992. „Sustainable Development – aber wie?" Politische Ökologie. Sonderheft 4

v. CIRIACY-WANTRUP S (1952) Resource conservation economics and politics. Berkely and Los Angeles (University of California Div. of Agricult. Sciences), 1952

CREW P (1991) The experimental production of prehistoric bar iron. J Historical Metallurg Soc **25** (1): 21 – 36

DEUTSCHER BUNDESTAG (Hrsg) (1998) Schutz der Erdatmosphäre: Eine internationale Herausforderung; Zwischenbericht der Enquête-Kommission des 11. Deutschen Bundestages: Vorsorge zum Schutz der Erdatmosphäre. Bonn

v. DIEREN W (1995) Mit der Natur rechnen. Der neue Club-of-Rome-Bericht. Birkhäuser, Berlin

DOHRENBUSCH A (1982) Waldbauliche Untersuchungen an Eichenniederwäldern im Siegerland. Dissertation, Universität Göttingen

EGGERSDORFER M (1995) Perspektiven nachwachsender Rohstoffe in Energiewirtschaft und Chemie. In: E U v. WEIZSÄCKER (Hrsg) Mensch, Umwelt, Wirtschaft. Spektrum, Heidelberg

EHRLICH P, EHRLICH A (1983) Der lautlose Tod. Fischer, Frankfurt a. M.

EICHHOLZ S (1993) Wirtschaftlicher Strukturwandel im Siegerland seit 1950. Kölner Forschungen zur Wirtschafts- und Sozialgeographie. In: E GLÄSSER, G VOPPEL (Hrsg) Band **40**. Selbstverlag im Wirtschafts- und Sozialgeographischen Institut der Universität zu Köln

ENQUÊTE-KOMMISSION „Schutz des Menschen und der Umwelt" des Deutschen Bundestages (Hrsg) (1993) Verantwortung für die Zukunft: Wege zum nachhaltigen Umgang mit Stoff- und Materialströmen. Economica, Bonn

ENQUÊTE-KOMMISSION „Schutz des Menschen und der Umwelt" des Deutschen Bundestages (Hrsg) (1994) Die Industriegesellschaft gestalten: Perspektiven für einen nachhaltigen Umgang mit Stoff- und Materialströmen. Economica, Bonn

FICKELER P (1954) Das Siegerland als Beispiel wirtschaftsgeschichtlicher und wirtschaftsgeographischer Harmonie. In: Erdkunde, Archiv für wissenschaftliche Geographie, Bd VIII. Bonn

FREY R L, STAEHLIN-WITT E, BLÖCHLIGER H (Hrsg) (1991) Mit Ökonomie zur Ökologie. Analyse und Lösungen des Umweltproblems aus ökonomischer Sicht. Helbing und Lichtenhahn, Basel Frankfurt a. M.

FRITZ P, HUBER J, LEVI H W (Hrsg) (1995) Nachhaltigkeit in naturwissenschaftlicher und sozialwissenschaftlicher Perspektive. Hirzel, Stuttgart

GANZERT Ch (1992) Eine intelligente, energie- und nährstoffeffiziente Naturnutzung. Zum Leitbild einer nachhaltigen Landwirtschaft. In: Ch GANZERT (Hrsg) Lebensräume. Vielfalt der Natur durch Agrikultur. Dokumentation einer Tagung in der Ev. Akademie Bad Boll. Beiheft zum Naturschutzforum. Kornwestheim. S 53 – 66

GETHMANN C F, KLOEPFER M, NUTZINGER H G (1993) Langzeitverantwortung im Umweltstaat. Economica, Bonn

GETHMANN C F, MITTELSTRASS J (1992) Maße für die Umwelt. GAIA **1**(1): 16 – 25

GLAESER B (1992) Natur in der Krise? Ein kulturelles Mißverständnis. GAIA **1**(4): 195 – 203

GLEITSMANN R-J (1989) Und immer wieder sterben die Wälder: Ökosystem Wald, Waldnutzung und Energiewirtschaft in der Geschichte. In: J CALLIEß, J RÜSEN, M STRIEGNITZ (Hrsg) Mensch und Umwelt in der Geschichte. Centaurus, Pfaffenweiler. S 175 – 204

GOODLAND R, DALY, H, EL SERAFY S, DROSTE B v. (Hrsg) (1992) Brundtland-Bericht: Umweltverträgliche wirtschaftliche Entwicklung. UNESCO-Kommission, Bonn

HABER W (1993) Ökologische Grundlagen des Umweltschutzes. Umweltschutz Grundlagen und Praxis, Bd 1. Economica, Bonn

HABER W (1994a) Ist „Nachhaltigkeit" (sustainability) ein tragfähiges ökologisches Konzept? Verhandlungen der Gesellschaft für Ökologie **23**

HABER W (1994b) Nachhaltige Entwicklung aus ökologischer Sicht. Z Angewandte Umweltforsch **7**(1): 9 – 13

HAMPICKE U (1991) Naturschutzökonomie. UTB 1650, Ulmer, Stuttgart

HAMPICKE U (1992) Ökologische Ökonomie. Individuum und Natur in der Neoklassik. Natur in der ökonomischen Theorie: Teil 4. Westdeutscher Verlag, Opladen

HAMPICKE U (1993) Naturschutz und Ethik. Rückblick auf eine 20jährige Diskussion, 1973 – 1993, und politische Folgerungen. Z Öko Naturschutz **3**: 7 – 17

HAMPICKE U, HORLITZ T, KIEMSTEDT H, TAMPE K, TIMP D, WALTERS M (1991) Kosten und Wertschätzung des Arten- und Biotopschutzes. Erich Schmidt, Berlin. UBA Berichte 3/91

HANLEY N D (1989) Valuing non-market goods using contingent valuation. J Economic Surv **3**: 235 – 252

HARRISON G W (1992) Valuing public goods with the contingent valuation method: a critique of Kahneman and Knetsch. J Environm Economics Management **23**: 248 – 257

HAUFF V (Hrsg) (1987) Unsere gemeinsame Zukunft. Der Brundtland-Bericht der Weltkommission für Umwelt und Entwicklung. Greven

HELD M, GEISSLER K A (Hrsg) (1993) Ökologie der Zeit. Hirzel, Stuttgart

HELD M, GEISSLER K A (Hrsg) (1995) Von Rhythmen und Eigenzeiten. Perspektiven einer Ökologie der Zeit. Hirzel, Stuttgart

HENNIG R (1991) Nachhaltswirtschaft. Der Schlüssel für Naturerhaltung und menschliches Überleben. Schriften zur Organik, Nr 2. Braun & Behrmann, Quickborn

HENSELING K O (1981) Bronze, Eisen, Stahl. Bedeutung der Metalle in der Geschichte. Rowohlt Taschenbuch, Reinbek bei Hamburg

HONNEFELDER L (1993) Welche Natur sollen wir schützen? GAIA **2**(5): 253 – 264

HONNEFELDER L (1995) Die Verantwortung der Philosophie für Mensch und Umwelt. In: K-H ERDMANN, H G KASTENHOLZ (Hrsg) Umwelt und Naturschutz am Ende des 20. Jahrhunderts. Springer, Berlin Heidelberg New York Tokyo. S 133 – 153

HOPFENBECK W, JASCH C (1995) Öko-Design: umweltorientierte Produktpolitik. Moderne Industrie, Landsberg/Lech

HUBER J (1995) Nachhaltige Entwicklung durch Suffizienz, Effizienz und Konsistenz. In: P FRITZ, J HUBER, H W LEVI (Hrsg) Nachhaltigkeit in naturwissenschaftlicher und sozialwissenschaftlicher Perspektive. Hirzel, Stuttgart. S 31 – 58

IMMLER H (1985) Natur in der ökonomischen Theorie. Teil 1: Vorklassik, Klassik, Marx. Teil 2: Physiokratie – Herrschaft der Natur. Westdeutscher Verlag, Opladen

IMMLER H (1989) Vom Wert der Natur. Zur ökologischen Reform von Wirtschaft und Gesellschaft. Westdeutscher Verlag, Opladen

IMMLER H (1993) Welche Wirtschaft braucht die Natur? Mit Ökonomie die Ökokrise lösen. S. Fischer, Frankfurt a. M.

IUCN (International Union for the Conservation of Nature), United Nations Development Programme (UNEP), World Wide Fund of Nature (WWF) (1990) Caring for the Earth. Unsere Verantwortung für die Erde. Kurzfassung. NLB Hannover/FBE

JAEGER F (1993) Natur und Wirtschaft. Ökonomische Grundlagen einer Politik des qualitativen Wachstums. Rüegger, Chur Zürich

JOHN S, LUDWICHOWSKI I (1996) Naturfarbstoffe im Unterricht. Aulis, Köln

JONAS H (1984) Das Prinzip Verantwortung. Versuch einer Ethik für die technologische Zivilisation. Suhrkamp, Frankfurt a. M.

JUNKERNHEINRICH M, KLEMMER P, WAGNER G R (1995) Handbuch zur Umweltökonomie. Analytica, Berlin

KAHNEMAN D, KNETSCH J L (1992) Valuing public goods: The purchase of moral satisfaction. J Environm Economics Management **22:** 57 – 70

KAPP K W (1988) Soziale Kosten der Marktwirtschaft. Fischer Taschenbuch, Frankfurt a. M. (Engl. Original: The Social Costs of Private Enterprise, 1950)

KELLENBENZ H, SCHAWACHT J H (1974) Schicksal eines Eisenlandes. Industrie- und Handelskammer, Siegen

Kempa M (1989) Die vor- und frühgeschichtliche Eisengewinnung und -verarbeitung auf der östlichen schwäbischen Alb. Archäologische Ausgrabungen in Baden-Württemberg. S 242 – 246

Klutmann A (1905) Die Haubergwirtschaft. Ihr Wesen, ihre geschichtliche Entwicklung und ihre Reformbedürftigkeit. Auf Grund der Verhältnisse im Kreise Olpe i. W. Fischer, Jena

Kohl M (1978) Die Dynamik der Kulturlandschaft im oberen Lahn-Dillkreis. Wandlungen von Haubergswirtschaft und Ackerbau zu neuen Formen der Landnutzung in der modernen Regionalentwicklung. Hochschullehrer d. Geogr. Instituts der Justus-Liebig-Universität Gießen (Hrsg) Gießener Geograph Schriften

Kruse L (1995) Globale Umweltveränderungen: Eine Herausforderung für die Psychologie. Psychol Rundsch **46**: 81 – 92

Lantermann E-D (1994) Psychische Ressourcen und Strategien im Umgang mit globalen Umweltveränderungen. Naturwissenschaften **81**: 521 – 527

Linden W (1988) Produzieren mit der Natur. In: M Held (Hrsg) Chemiepolitik: Gespräch über eine neue Kontroverse. VCH, Weinheim

Lorsbach J (1956) Hauberge und Hauberggenossenschaften des Siegerlandes. C F Müller, Karlsruhe

Lübbe H (1993) Akzeptanz und Risikoerfahrung. Kulturelle und politische Folgen naturwissenschaftlich-technischer Entwicklung. Mitteilungen d. VdBiol 1: 6 – 10

Markl H (1986) Natur als Kulturaufgabe. Über die Beziehung des Menschen zur lebendigen Natur. Deutsche Verlagsanstalt, Stuttgart

Mayer J (1992) Formenvielfalt im Biologieunterricht. Ein Vorschlag zur Neubewertung der Formenkunde. (IPN 132) IPN, Kiel

Mayer J (1994) Biodiversität – ein biologisches Konzept und seine Bedeutung für den Biologieunterricht. In: L Jäkel, M Schallies, I Venter, U Zimmermann (Hrsg) Der Wandel im Lehren und Lernen von Mathematik und Naturwissenschaften. Tagungsband. Deutscher Studienverlag, Heidelberg. S 161 – 169

Mayer J (1995) Nachhaltige Entwicklung – ein Leitbild zur Neuorientierung der Umwelterziehung? DGU-Nachrichten **12**: 31 – 43

Mayer J (Hrsg) (1997) Zeit. Themenheft Unterricht Biologie. Friedrich Velber Verlag, Hannover. **20**(223) (in Vorb.)

Meyer W (1983) Entwicklung und Bedeutung des Property-Rights-Ansatzes in der Nationalökonomie. In: A. Schüller (Hrsg) Property Rights und ökonomische Theorie. Vahlen, München. S 1 – 44

Michelsen G (1994) Bildungspolitische Instrumentarien einer dauerhaft-umweltgerechten Entwicklung. Metzler-Poeschel, Stuttgart

Myers N (1983) A wealth of wild species. Westview Press, Boulder

OECD (1987) The economic value of biological diversity among medicinal plants. Environment Directorate ENV/ECO/87.8. Prep by P Principe, Paris

OECD (1989) Environmental policy benefits: monetary evaluation. Prep by D Pearce, A Markandya, Paris

v. Osten W (1991) Zielrichtung der Chemiepolitischen Diskussion: Orientierung am Leitbild „Strategien und Wirtschaftsprinzipien der Natur". In: M Held (Hrsg) Leitbilder der Chemiepolitik. Stoffökologische Perspektiven der Industriegesellschaften. Campus, Frankfurt a. M., New York. S 236 – 252

Pearce D W (ed) (1991) Blueprint 2. Greening the world economy. Earthscan, London

Pearce D W, Markandya A, Barbier E B (1989) Blueprint for a green economy. Earthscan, London

Pfriem R (1991) Ökologisch-ökonomische Bewertung in der Stadtentwicklung. Deutsches Institut für Fernstudien an der Universität Tübingen: Ökologie und Ökonomie in der Stadt. Bausteine zur Humanökologie, Studienbrief 2. Tübingen

Pigou A C (1932) The Economics of welfare. McMillan, London

Plachter H (1991) Naturschutz. G. Fischer, Stuttgart

Plachter H (1995) Der Beitrag des Naturschutzes zu Schutz und Entwicklung der Umwelt. In: K-H Erdmann, H G Kastenholz (Hrsg) Umwelt und Naturschutz am Ende des 20. Jahrhunderts. Springer, Berlin Heidelberg New York Tokyo. S 197 – 254

Pommerehne W W (1987) Präferenzen für öffentliche Güter. Ansätze zu ihrer Erfassung. Mohr, Tübingen

POMMEREHNE W W, RÖMER A U (1988): Ansätze zur Erfassung der Präferenzen für öffentliche Güter. Wirtschaftswissenschaftliches Studium **17**: 222 – 228

PRIMACK R B (1995) Naturschutzbiologie. Spektrum Akademischer Verlag, Heidelberg

RADKAU J (1989) Wald- und Wasserzeiten, oder: Der Mensch als Makroparasit? Epochen und Handlungsimpulse einer humanen Umweltgeschichte. In: J CALLIESS, J RÜSEN, M STRIEGNITZ (Hrsg) Mensch und Umwelt in der Geschichte. Centaurus, Pfaffenweiler

RANKE W, KORFF G (1980) Hauberg und Eisen. Landwirtschaft und Industrie im Siegerland um 1900. Rheinisches Freilichtmuseum, Landesmuseum für Volkskunde, Kommern. Schirmer/Mosel, München

REGANOLD J P, PAPENDIECK R J, PARR J F P (1995) Nachhaltige Landwirtschaft – das Beispiel USA. Spektrum der Wissenschaft. Digest: Umwelt – Wirtschaft

RICARDO D (1980) Grundsätze der politischen Ökonomie und der Besteuerung. Europäische Verlagsanstalt, Frankfurt a. M.

RÖMER A U (1991) Der kontingente Bewertungsansatz: eine geeignete Methode zur Bewertung umweltverbessernder Maßnahmen? Z Umweltpolitik Umweltrecht **14**: 411 – 456

SCHAWACHT J H (1991) Die Siegerländer Haubergswirtschaft. (Westfalen im Bild, eine Bildmediensammlung zur westfälischen Landeskunde, Reihe: Westfälische Wirtschafts- und Sozialgeschichte, H 7) Landschaftsverband Westfalen-Lippe – Landesbildstelle Westfalen, Münster

SCHNEIDER M, GEISSLER K A, HELD M (1995) Zeit-Fraß. Zur Ökologie der Zeit in der Landwirtschaft und Ernährung. Politische Ökologie, Sonderheft 8

SIEFERLE R P (1982) Der unterirdische Wald. Energiekrise und industrielle Revolution. C H Beck, München

SIMONIS U E (1991) Drei Bedingungen zukunftsfähiger Entwicklung. In: H DAHNCKE, H-H HATLAPA (Hrsg) Umweltschutz und Bildungswissenschaften. Julius Klinkhardt, Bad Heilbrunn. S 128 – 150

SMITH V K (1992) Arbitrary values, good causes, and premature verdicts. J Environm Economics Management **22**: 71 – 89

SRU (Der Rat von Sachverständigen für Umweltfragen) (1994) Umweltgutachten 1994. Metzler-Poeschel, Stuttgart

Solbrig O T (1994) Biodiversität. Wissenschaftliche Fragen und Vorschläge für die internationale Forschung. Deutsche Unesco-Kommission, Bonn

Sturm K-D, Fliege E R L (1994) Orientierung an den Strategien und Wirtschaftsprinzipien der Natur im Umgang mit Stoffen und Energie. Umweltwissenschaften und Schadstoff-Forschung **6**(4): 213 – 218

Tylecote R F (1992) A history of metallurgy. The Institute of Materials, London

UBA (Umweltbundesamt) (Hrsg) (1993) Studienführer Umweltschutz, Bd. I und II. Berlin

UBA (Umweltbundesamt) (1993) Ökologische Bilanz von Rapsöl bzw. Rapsölmethylester als Ersatz von Dieselkraftstoff (Ökobilanz Rapsöl). UBA-Texte 4/93, Berlin

UNCED (1992) Konvention über die Biologische Vielfalt. In: Bundesminister für Umwelt, Naturschutz und Reaktorsicherheit (Hrsg) Umweltpolitik. Konferenz der Vereinten Nationen für Umwelt und Entwicklung im Juni 1992 in Rio de Janeiro. Bonn

WBGU (Wissenschaftlicher Beirat der Bundesregierung Globale Umweltveränderungen) (1993) Welt im Wandel: Grundstruktur globaler Mensch-Umwelt-Beziehungen. Jahresgutachten. Economica, Bonn

Weise P, Brandes W, Eger T, Kraft M (^{2}1991) Neue Mikroökonomie. Physica, Heidelberg

Weisgerber G (1978) Eisen und Archäologie: Eisenerzbergbau und -verhüttung vor 2000 Jahren in der Volksrepublik Polen. Veröffentlichungen aus dem Deutschen Bergbau-Museum, Nr 14. Bochum

Weisgerber G (1987) Montanarchäologie – ein Weg zum Verständnis früher Rohstoffversorgung. In: R Pörtner, H G Niemeyer (Hrsg) Die großen Abenteuer der Archäologie, Bd 9. K Müller, Salzburg

v. Weizsäcker C, v. Weizsäcker E U (1986) Fehlerfreundlichkeit als Evolutionsprinzip und Kriterium der Technikbewertung. Universitas **41**: 791 – 799

WELTBANK (1992) Weltentwicklungsbericht 1992, Entwicklung und Umwelt. Weltbank Washington, D.C., USA

WERTIME T A, MUHLY J D (Hrsg) The coming of the age of iron. Yale University Press, New Haven London

WICKE L ((1986) Die ökologischen Milliarden. Kösel, München

WICKE L (^{3}1991) Umweltökonomie und Umweltpolitik. Beck, München

WIGGERING H (Hrsg) (1993) Steinkohlenbergbau. Steinkohle als Grundstoff, Energieträger und Umweltfaktor. Ernst & Sohn, Berlin

WILLIS K G (1990) Valuing non-market wildlife commodities: an evaluation and comparison of benefits and costs. Applied Economics **22**: 13 – 30

WILSON E O (Hrsg) (1992) Ende der biologischen Vielfalt? Der Verlust an Arten, Genen und Lebensräumen und Chancen für eine Umkehr. Spektrum Akademischer Verlag, Heidelberg

ZAU (Z Angewandte Umweltforsch) (1994) Umweltdiskussion: Sustainable Development. **7**(1)

Anhang

Materialiensammlung

zusammengestellt von
Dipl.-Biol. Dr. Petra Reinhard, Deutsches Institut für Fernstudienforschung an der Universität Tübingen
Dr. rer. nat. Elke Rottländer, Deutsches Institut für Fernstudienforschung an der Universität Tübingen

Inhalt

Nährstoffe von Pflanzen 505
Zum chemischen Aufbau von Silikaten 508
Bestimmungstabelle zum Einschätzen der Bodenart 511
Plattenkulturverfahren 512
pH-Wert 514
Verschiedene Zweige der Landwirtschaft 516
Bodenbearbeitung bei der Pflugkultur 517
Methoden der Bodenbearbeitung 518
Knollenkulturen 521
Getreidekulturen 525
Sukzession von Ökosystemen 529
Physiokraten 531
Salzlagerstätten 532
Wasserhärte 534
Zur ökologischen Funktion der Brache 535
Agrarpolitik der Europäischen Gemeinschaft 537
Bäuerlichkeit – eine Chance für die Zukunft? 540
Funktion, Anlage und Pflege von Feldhecken 542
Biotopverbundsysteme 546
Flurbereinigung 550
Anwendung der Gentechnik in der Landwirtschaft 554
Auswirkungen der Intensivierung auf Acker- und Grünlandlebensgemeinschaften 556
Klärschlammanwendung in der Landwirtschaft 559
Auswirkungen von biologischem und konventionellem Ackerbau auf Flora und Fauna 561
Verschiedene Kohlenarten: Entstehung, Eigenschaften und Verwendung 564
Häufige Bodenschadstoffe: Herkunft und toxikologische Daten 566
Zur Festlegung von Richt- und MAK-Werten 570
Festlegung von Grenzwerten: Entscheidungsprozesse im interdisziplinären Zusammenhang und beteiligte Gruppen 571
Rückbau der Stembergstraße in Bochum-Riemke 572
Industriebrachen als Refugien für seltene Arten 573
Natürliche Sukzession nach Beendigung anthropogener Eingriffe 577
Praxisnaher Begrünungsversuch auf einer Bergematerialhalde 580
Zur Folgenutzung von Altlasten: Standort einer ehemaligen Kokerei 584
Nachhaltiger Umgang mit Rohstoffen 588
Nachwachsende Rohstoffe 591
Empfehlungen für eine nachhaltige Landwirtschaft 594
Vorkommen und Gewinnung des Eisens 599
Der moderne Hochofenprozeß und seine Produkte 601
Literatur und Quellennachweis 603

Nährstoffe von Pflanzen

Die *grünen* Pflanzen benötigen zum Wachstum nur *anorganische* Stoffe, sie sind autotroph (von griech. autos = selbst und trophein = ernähren; Gegensatz heterotroph von griech. heteros = der andere, womit gemeint ist, daß diese Organismen (Tiere, Pilze) auf *organische* Stoffe angewiesen sind).

Die grüne Pflanze nimmt Kohlendioxid (CO_2) aus der Luft auf. Bei höheren Pflanzen dienen dazu die Spaltöffnungen der Blätter. Aus CO_2 und Wasser (H_2O), das die höheren Pflanzen über die Wurzeln aufnehmen, wird mit Hilfe der Sonnenenergie in komplizierten chemischen Prozessen (Photosynthese) organische Substanz aufgebaut, nämlich das Kohlenhydrat Glukose (Traubenzucker $C_6H_{12}O_6$). Alle Bausteine und Funktionsmoleküle von der Erbsubstanz bis zu den Zellwandbestandteilen vermag die Pflanze in ihrem Stoffwechsel selbst zu synthetisieren. Allerdings muß sie noch bestimmte Nährstoffe aufnehmen, da sie Bestandteile wichtiger Zellmoleküle sind. Außer Kohlenstoff (C), Wasserstoff (H) und Sauerstoff (O) benötigt die Pflanze noch in größeren Mengen als *Makronährstoffe:*

Stickstoff (N): z. B. für Bau und Funktion der Bausteine (Nukleotide) der Erbsubstanz (Desoxyribonukleinsäure, DNS) oder der Bausteine (Aminosäuren) der Proteine.

Schwefel (S): z. B. für Bau und Funktion der Proteine.

Phosphor (P): z. B. als Bestandteil der Nukleinsäuren oder von Enzymen.

Kalium (K): notwendig z. B. für die Aktivität vieler Enzyme (= biologische Katalysatoren) oder für Transportprozesse an Zellmembranen.

Calcium (Ca): wichtig für Funktion der Membranen oder bei Enzymaktivitäten.

Magnesium (Mg): z. B. als Bestandteil des Blattgrüns (Chlorophylls), mit dessen Hilfe die Energie des Sonnenlichts aufgenommen wird.

In geringeren Mengen wird Eisen benötigt:

Eisen (Fe): als Bestandteil vieler Enzyme.

In noch geringeren Mengen, als Spurenelemente, sind die *Mikronährstoffe* für das Pflanzenwachstum erforderlich (in höheren Konzentrationen sind sie toxisch):

Mangan (Mn): als Bestandteil mancher Enzyme.

Bor (B): spielt z. B. eine Rolle bei der Strukturbildung der Zellwand.

Zink (Zn): Zinkmangel führt zu Zwergwuchs und Chlorophylldefekten.

Kupfer (Cu): als Bestandteil mancher Proteine.

Molybdän (Mo): als Bestandteil mancher Enzyme.

Chlor (Cl): befindet sich in Zellflüssigkeiten.

Diese Makro- und Mikronährelemente nehmen die Pflanzen normalerweise aus dem Boden auf (Schwefel kann z. B. auch aus der Luft aufgenommen werden). Sie stammen aus der Verwitterung von Mineralien. Sie werden allerdings nicht als Elemente, sondern als Ionen aufgenommen, d. h. als positiv oder negativ geladene Teilchen.

Als negativ geladene Ionen = *Anionen* werden aufgenommen:

Stickstoff	als Nitrat NO_3^- (Stickstoff auch als NH_4^+, s. u., und selten als Gas N_2),
Schwefel	als Sulfat SO_4^{2-},
Phosphor	als Phosphat PO_4^{3-},
Chlor	als Chlorid Cl^-.

Als positiv geladene Ionen = *Kationen* werden aufgenommen:

Stickstoff	als Ammoniumion NH_4^+,
Kalium	K^+,
Calcium	Ca^{2+},
Magnesium	Mg^{2+},
Eisen meist als Fe^{2+}	(3wertiges Eisen, Fe^{3+}, wird an der Wurzeloberfläche zu 2wertigem Fe^{2+} reduziert),
Mangan	Mn^{2+},
Zink	Zn^{2+},
Kupfer	Cu^{2+}.

Welche Art von Element und in welcher Konzentration es benötigt wird, kann man durch Ernährungsversuche mit Nährlösungen feststellen. Fehlt einer Nährlösung eine lebensnotwendige Substanz oder ist sie in zu geringer Konzentration vorhanden, so treten Mangelerscheinungen auf, wie die Abb. A.1 drastisch zeigt:

Abb. A.1.
Buchweizen in Nährlösung (A) ohne und (B) mit Kalium. (Aus STRASBURGER et al. 1991)

Zum chemischen Aufbau von Silikaten

Da erst die Kenntnis ihrer chemischen Struktur wichtige Eigenschaften von Tonmineralen, die aus Silikaten bestehen, und damit wichtige Bodenfunktionen, wie Quellungsvermögen oder Pufferkapazität, verständlich machen, werden im folgenden kurz die grundlegenden Strukturprinzipien erläutert. Die Silikate leiten sich von der Monokieselsäure $Si(OH)_4$ ab. Diese ist unbeständig. Sie kondensiert unter Wasserabspaltung nach folgendem Schema:

Kondensation zweier Moleküle Monokieselsäure zur Dikieselsäure. (Aus HOLLEMAN u. WIBERG 1985)

Weitere Monokieselsäuremoleküle können ankondensieren:

Mehrgliedrige Kieselsäureketten. (Aus HOLLEMAN u. WIBERG 1985)

Es entstehen lange Ketten. Jedes Siliciumion ist von 4 Sauerstoffionen umgeben. Aus räumlichen Gründen stehen sie an den Ecken eines Tetraeders, in dessen Mitte sich das Silicium befindet.

Die Ketten stellen also eine Abfolge von Tetraedern dar.

Raumstruktur einer Kieselsäurekette. (Aus HOLLEMAN u. WIBERG 1985)

Nun enthält die Kieselsäurekette noch OH-Gruppen, die aus der Kette herausragen. Nach dem gleichen Prinzip der Kondensation, d. h. unter Wasserabspaltung, können sich 2 Ketten zu einem Band zusammenlagern, mehrere Ketten können ein Blatt bilden.

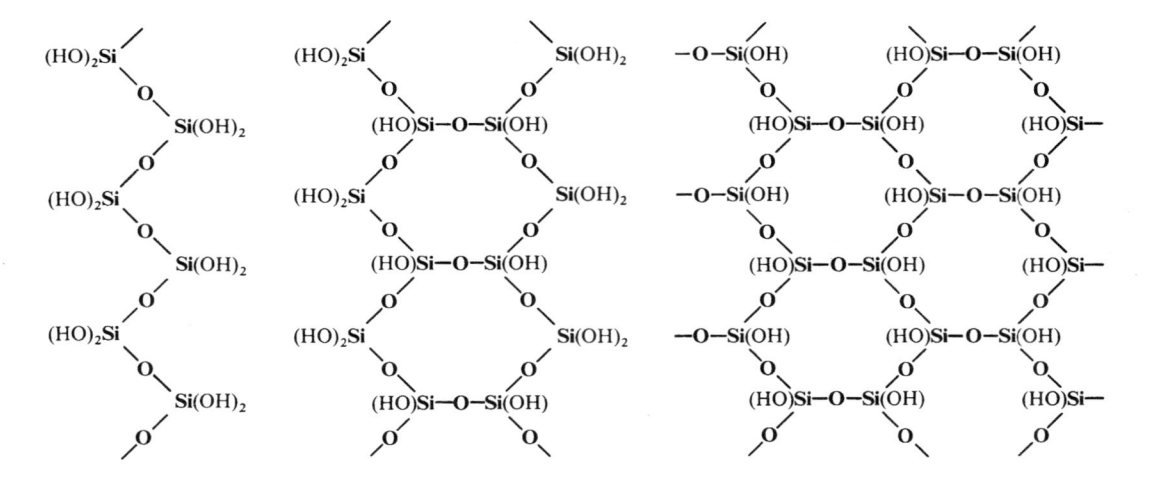

Zusammenlagerung von Siliciumketten. (Aus HOLLEMAN u. WIBERG 1985)

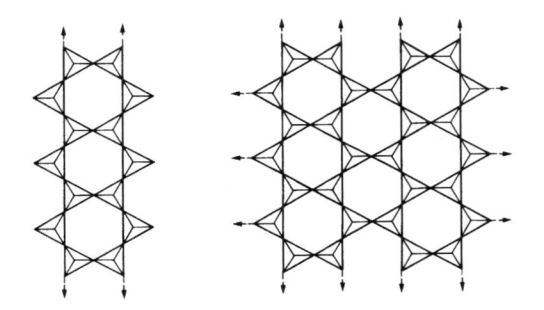

Tetraedermodell der Band- (*links*) und der Blattstruktur (*rechts*) von Kieselsäure. (Aus HOLLEMAN u. WIBERG 1985)

Wie aus der Abbildung ersichtlich, stehen auch im Blatt noch freie OH-Gruppen zur Verfügung, so daß sich unter weiterer Wasserabspaltung Raumnetze, also Gerüste, bilden können. Der Kalifeldspat gehört zu den Gerüstsilikaten.

Eine weitere Eigenschaft dieser kompliziert gebauten Silikate ist die, daß Siliciumionen durch die in ihrer Größe (genauer: in ihrem Ionenradius) ähnlichen Aluminiumionen ersetzt werden können. So ist im oben genannten Kalifeldspat Orthoklas jedes 4. Siliciumion durch 1 Aluminiumion ersetzt: $K[AlSi_3O_8]$. Da das Aluminiumion Al^{3+} eine positive Ladung weniger hat als das Siliciumion Si^{4+}, muß, um die negative Ladung der umgebenden Ionen in den Tetraederecken zu kompensieren, ein Ausgleich geschaffen werden. Es werden positiv geladene Ionen in das Kristallgefüge eingelagert, im Falle des Kalifeldspates ist es Kalium als K^+. Die Feldspäte bestehen aus einem von Hohlräumen und Kanälen durchzogenen Gerüst, in dem nicht

In älteren Ausgaben (Auflagen von 1963 und 1971) des in jeder Fachbibliothek stehenden Lehrbuchs der anorganischen Chemie von HOLLEMAN und WIBERG befindet sich ein kleines Begleitheft mit Molekül- und Gitterstrukturen in *stereoskopischer* Darstellung. U. a. ist dort die Blattstruktur von Kieselsäure *räumlich* zu sehen.

nur Alkaliionen, wie Kaliumionen, und Erdalkaliionen liegen, sondern auch Wassermoleküle.

Bei bestimmten Gerüstsilikaten, den Zeolithen, sind diese Hohlräume besonders groß. Die eingelagerten Wassermoleküle und Ionen können leicht abgegeben oder neue aufgenommen werden. Dabei ändert sich die Gerüststruktur nicht. Ionen können auch gegeneinander ausgetauscht werden. Technisch dienen Zeolithe deshalb als Ionenaustauscher. Sie nehmen z. B. aus Wasser, das viel Calciumionen enthält (= hartes Wasser), Calciumionen auf und geben dafür Natriumionen, die einen ähnlichen Ionenradius haben wie die Calciumionen, ab. Sie enthärten das Wasser. Der Vorgang läßt sich rückgängig machen: mit Hilfe von natriumionenreichen Lösungen können Zeolithe regeneriert werden. Derartige Austauschvorgänge spielen eine wichtige Rolle im Boden.

Bestimmungstabelle zum Einschätzen der Bodenart

(nach SCHLICHTING und BLUME, aus JOGER 1989, S. 148)

Diagnostische Merkmale		Bodenart
1. Versuch, die Probe zwischen den Handtellern schnell zu einer bleistiftdicken Wurst auszurollen		
a. nicht rollbar: Gruppe der Sande,	»2.	
b. ausrollbar: Gruppe der sandigen Lehme, Lehme und Tone.	»4.	
2. Prüfen der Bindigkeit zwischen Daumen und Zeigefinger		
a. nicht bindig: Sand,	»3.	
b. bindig.		**lehmiger Sand**
3. Zerreiben auf der Handfläche		
a. in den Handlinien kein toniges Material sichtbar,		**Sand**
b. in den Handlinien toniges Material sichtbar.		**anlehmiger Sand**
4. Versuch, die Probe zu einer Wurst von halber Bleistiftstärke auszurollen		
a. nicht ausrollbar,		**stark sandiger Lehm**
b. ausrollbar: sandiger Lehm, Lehm oder Ton.	»5.	
5. Quetschen der Probe zwischen Daumen und Zeigefinger in Ohrnähe		
a. starkes Knirschen,		**sandiger Lehm**
b. kein oder schwaches Knirschen: Lehm oder Ton.	»6.	
6. Beurteilen der Gleitfläche bei der Quetschprobe		
a. Gleitfläche stumpf,		**Lehm**
b. Gleitfläche glänzend: Tone.	»7.	
7. Prüfen zwischen den Zähnen		
a. Knirschen,		**lehmiger Ton**
b. butterartige Konsistenz.		**Ton**

Plattenkulturverfahren

Dies ist ein Verfahren, sowohl die Anzahl lebender Mikroorganismen festzustellen als auch einzelne Bakterien zu isolieren. Entwickelt wurde es von dem Arzt Robert KOCH (1843 – 1910) in den 70er Jahren des vorigen Jahrhunderts, zu einer Zeit, als noch umstritten war, ob Bakterien die Ursache von Infektionskrankheiten sind oder nur eine ihrer Folgeerscheinungen. Die Möglichkeit, Bakterien zu isolieren, damit also auch verschiedene Typen unterscheiden zu können, und sie zu quantifizieren, damit ihren Vermehrungsverlauf verfolgen zu können, war die grundlegende technische Voraussetzung für die Entwicklung der medizinischen und biologischen Mikrobiologie und damit letztendlich auch für die moderne Molekulargenetik. Das Plattenkulturverfahren ist auch heute unentbehrlich.

Dem Verfahren liegt folgender Gedankengang zugrunde: Man will die Zahl lebender Bakterien bestimmen sowie einzelne lebende Bakterien isolieren. Lebende Bakterien vermehren sich. Damit das geschieht, muß man ihnen die notwendigen Nährstoffe anbieten. Dazu kann man eine Flüssigkeit mit den Nährstoffen, eine sog. Nährbrühe, bereiten und einige Bakterien (z. B. ein wenig Boden, in dem sich immer Bakterien befinden), hineingeben. War die Nährbrühe anfangs klar, weil sich nur „wenige" Bakterien darin befanden (z. B. 10^6/ml), so wird sie nach einiger Zeit trübe, weil die Bakterien sich vermehrt haben (z. B. auf 10^8 oder 10^9/ml). Wieviele Bakterien zu Beginn in der Flüssigkeit waren, erfährt man so allerdings nicht, man kann auch nicht einzelne Bakterien herausfischen, um sie zu untersuchen. Der Trick Robert KOCHs war nun der, die Bakterien nicht in Flüssigkeit, sondern auf einem festen Nährboden zu vermehren. Einen solchen Nährboden stellt man her, indem man zu der Nährbrühe ein Festigungsmittel (wie Gelatine) gibt, das erwärmt flüssig, bei Raumtemperatur fest ist. Man verwendet dazu Agar-Agar. Dies ist eine Trockensubstanz, die aus bestimmten Algen mit pektinartigen Zellwandbestandteilen gewonnen wird und nach Aufkochen und Abkühlen eine steife Gallerte ergibt. Auf einem solchen festen Nährboden, den man in eine kleine Schale mit Deckel (= Petrischale) gegossen hat, verstreicht man nun etwas der bakterienhaltigen Flüssigkeit. Während die Flüssigkeit in den Boden eindringt, bleiben die Bakterien oben liegen. Man sieht allerdings nichts weiter auf der Oberfläche. Jedes lebensfähige Bakterium beginnt nun mit der Vermehrung, d. h. es teilt sich wiederholte Male. Es entstehen 2, 4, 8, ... 256, ... 1024, ... Nachkommenbakterien aus einem *einzigen* Bakterium. Wären sie in einer Flüssigkeit, würden die Nachkommen aller Bakterien durcheinanderwirbeln. Auf dem festen Nährboden aber können sie sich nicht fortbewegen, sie bleiben nahe zusammen und werden, da es mittlerweile sehr viele sind, mit bloßem Auge als Haufen erkennbar. Einen solchen Haufen nennt man Kolonie (vgl. Abb. A.2). Alle

Bakterien einer Kolonie haben sich aus 1 einzigen Bakterium entwickelt, sie sind (vorausgesetzt, es haben keine Mutationen während der Vermehrung stattgefunden) alle gleich, d. h., sie bilden einen Klon. Einen solchen Klon kann man nun abnehmen, also isolieren, und weiter untersuchen. Die Zahl der Kolonien auf dem Nährboden ist also gleich der Zahl an lebenden Bakterien, die man auf dem Nährboden verstrichen hat.

Um dieses Prinzip bei einer quantitativen Bestimmung von z. B. Bodenbakterien anzuwenden, verfährt man folgendermaßen: Man entnimmt eine Bodenprobe bekannten Volumens, sagen wir 1 cm^3, und schwemmt sie in einer bekannten Menge Flüssigkeit auf. (Diese Flüssigkeit, und das gilt für alle Medien und Geräte, die man benutzt, muß sterilisiert, d. h. keimfrei, sein, was man durch Erhitzen erreichen kann. Man will nämlich nur die Bakterien bestimmen, die sich im Boden befinden, nicht auch noch diejenigen, die in den verwendeten Medien oder an den Geräten sind.) Angenommen, in dem cm^3 Erde wären 10^7 Bakterien. Nach der Aufschwemmung in 9 ml Flüssigkeit sind es 10^6 Bakterien im ml. Würde man davon auch nur 0,1 ml auf dem Nährboden in einer Petrischale verteilen, hätte man dort 100 000 Bakterien. Wenn sie zu Kolonien ausgewachsen sind, liegen diese so dicht nebeneinander auf dem Nährboden, daß einzelne nicht zu unterscheiden sind; sie bilden einen Rasen. 100 Kolonien in einer Petrischale sind dagegen gut als einzelne erkennbar. Um eine Kolonienzahl in dieser Größenordnung zu erhalten, muß die Aufschwemmung weiter verdünnt werden. Man nimmt 1 ml ab und gibt sie zu 9 ml Flüssigkeit, hat dann 10^5 Bakterien im ml. Das sind immer noch zu viel, man muß noch 2mal diese 1:10-Verdünnungsschritte durchführen, um 1000 Bakterien pro ml zu erhalten. Gibt man davon dann 0,1 ml auf den Nährboden, zählt man 100 Kolonien.

Nun haben wir mit der fiktiven Ausgangszahl von 10^7 Bakterien gearbeitet, um das Prinzip der Verdünnung deutlich zu machen. Da wir aber gar nicht wissen, wieviele Bakterien tatsächlich in der Bodenprobe waren – es können z. B. 5 · 10^6 oder 4 · 10^8 gewesen sein –, müssen mehrere Verdünnungsschritte ausgestrichen werden. Aus der Anzahl der Kolonien (z. B. 150) multipliziert mit der Verdünnung (z. B. Aufschwemmung der Probe 1:10, 4 weitere Verdünnungsschritte je 1:10, Auftragen von 0,1 ml ergibt eine Verdünnung von 1:10^6) errechnet sich die Zahl der Bakterien in der Bodenprobe (z. B. 1,5 · 10^8).

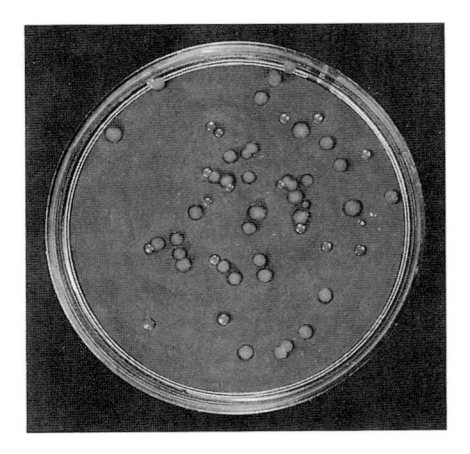

Abb. A.2.
Zwei verschiedene Arten von Bakterienkolonien. (Aus STARLINGER et al. 1980)

pH-Wert

Der pH-Wert ist definiert als:

$$pH = -\lg c_{H^+}$$

In Worten: der pH-Wert ist der negative dekadische Logarithmus der Konzentration (c) der Wasserstoffionen (H^+).

Was bedeutet diese Formel?

Es handelt sich um eine Konzentrationsangabe, also um die Angabe einer Menge in einer anderen Menge. Wir müssen uns demnach mit den Mengenangaben bei chemischen Substanzen befassen:

$6 \cdot 10^{23}$ Elementareinheiten (wie Moleküle, Atome oder Ionen) werden zu einer Mengeneinheit zusammengefaßt. Diese hat den Namen Mol. Ein Mol ist also die Einheit für eine Stoffmenge, so wie das Meter die Einheit der Längenmaße ist.

1 l Wasser enthält 55,5 mol Wassermoleküle (H_2O). Das sind also $55{,}5 \cdot 6 \cdot 10^{23} = 3{,}3 \cdot 10^{25}$ Moleküle H_2O.

Ein sehr geringer Anteil der Wassermoleküle ist in Ionen (OH^- und H^+) „zerfallen", dissoziiert, wie der Fachausdruck lautet. In Kurzform schreibt man:

$$H_2O \rightarrow H^+ + OH^-$$

(Das entstandene H^+-Ion reagiert aber weiter. Es geht sofort auf ein anderes Wassermolekül über, so daß H_3O^+ und OH^--Ionen vorliegen. Da dies für das Verständnis des hier zu erläuternden Prinzips unerheblich ist, soll die einfachere Schreibweise beibehalten werden.)

Von 550 Mio. Wassermolekülen ist nur 1 Molekül dissoziiert: In 1 l reinen Wassers befinden sich 10^{-7} mol H^+-Ionen und 10^{-7} mol OH^--Ionen. Das Produkt dieser Konzentrationen (= Ionenprodukt) ist 10^{-14} und immer gleich hoch. (Warum, kann hier nicht näher erläutert werden.)

Fügt man dem Wasser z. B. ein wenig Salzsäure (HCl) hinzu, die in Wasser ganz in H^+- und Cl^--Ionen dissoziiert ist, so erhöht sich die Konzentration der H^+-Ionen. Dafür muß die der OH^--Ionen abnehmen, damit das Ionenprodukt erhalten bleibt. (Ein Teil der H^+-Ionen reagiert nach der obigen Gleichung, die auch in umgekehrter Richtung abläuft, mit OH^--Ionen zu Wassermolekülen.) Die Konzentration an H^+-Ionen ist also höher als 10^{-7}, z. B. 10^{-2}. Entsprechend ist die Konzentration der OH^--Ionen nur noch 10^{-12}. Durch den Überschuß an H⁺-Ionen ist die Lösung sauer. Vergleichbares gilt, wenn man dem Wasser statt Salzsäure Natronlauge, NaOH, zufügt. Dann erhöht sich die OH⁻-Ionenkonzentration auf Kosten der H⁺-Ionen. Ihre Konzentration mag nun 10^{-3} betragen und die der H⁺-Ionen 10^{-11}. Die Lösung ist basisch (= alkalisch).

Nun ist die Angabe von 10^{-2} oder 10^{-12}, wie sie bisher gemacht wurden, um die Konzentration der Ionen zu charakterisieren, ziemlich umständlich. Da das Ionenprodukt des Wassers konstant ist, reicht es, wenn man die Konzentration nur *einer* Ionenart angibt, die der anderen leitet sich unmittelbar daraus ab. Man hat sich auf die Angabe der H⁺-Ionenkonzentration geeinigt. Zudem gibt man auch nur die Hochzahl, den Logarithmus, an, und das auch ohne das negative Vorzeichen. Damit bleibt beispielsweise von der umständlichen Formulierung 10^{-7} für die Konzentration der H⁺-Ionen nur die Angabe 7 übrig. Da die Hochzahl sich auf die Basis 10 bezieht, folgt die oben schon erwähnte Definition für die Wasserstoffionenkonzentration pH in einer Lösung:

Der pH-Wert ist der negative dekadische Logarithmus des Zahlenwertes der Wasserstoffionenkonzentration (in mol/Liter anzugeben):

$$pH = -\lg c_{H^+}$$

In *sauren* Lösungen ist die Wasserstoffionenkonzentration *größer* als 10^{-7} mol/l, anders ausgedrückt: Lösungen mit einem pH-Wert *kleiner* als 7 reagieren sauer.

In neutralen Lösungen ist die Konzentration der Wasserstoffionen gleich 10^{-7} mol/l, anders ausgedrückt: Lösungen mit einem pH-Wert von 7 reagieren neutral.

In *basischen* (= alkalischen) Lösungen ist die Wasserstoffionenkonzentration *kleiner* als 10^{-7} mol/l, anders ausgedrückt: Lösungen mit einem pH-Wert *größer* als 7 reagieren basisch (= alkalisch).

Verschiedene Zweige der Landwirtschaft

(nach Sick 1983)

Jagd- und Sammelwirtschaft. Dies sind die ältesten Formen der Bodennutzung und eigentlich noch nicht der Landwirtschaft zuzurechnen. Diese auch Aneignungswirtschaft genannte Lebensweise setzt eine geringe Bevölkerungsdichte voraus (weniger als 2 Einwohner pro km^2), bedeutet also einen hohen Flächenbedarf und Nichtseßhaftigkeit.

Ackerbau. Damit ist der planmäßige Anbau von Pflanzen gemeint, durch den die Abhängigkeit vom natürlichen Nahrungsangebot verringert wird. Er ist mit einer seßhaften Lebensweise verbunden. Es haben sich im Laufe der Entwicklung verschiedene Methoden der Bodenbearbeitung herausgebildet: Verwendung von Grabstock, Hakke, Haken und dann Pflug. Die Einführung des Pfluges führte zur Kombination des Ackerbaus mit der Großviehhaltung. Durch das Großvieh fiel Dünger an, mit dem die Bodenfruchtbarkeit regeneriert werden konnte.

Gartenbau. Im Gartenbau werden Gemüse, Beerenobst, Blumen, Arznei- und Gewürzkräuter angebaut. Zur Bodenbearbeitung werden dabei v. a. Spaten und Hacke verwendet.

Grünlandwirtschaft. Sie umfaßt Weiden für das Vieh und Wiesen zur Futtergewinnung; sie ist also stets mit Viehhaltung verbunden. Im Verhältnis zum Ackerbau handelt es sich hierbei um eine Nutzung von niedriger Intensität.

Baum- und Strauchkulturen. Diese umfassen alle Obstanlagen, Ölbäume, aber auch den Anbau von Kaffee, Kakao etc.

Viehwirtschaft. Sie hat sich als Begleitform von Hack- und Pflugbau entwickelt. Es gibt in Anpassung an die besiedelten Lebensräume unterschiedliche Ausprägungen, die von der Wanderviehzucht bis zur stationären Weidewirtschaft reichen.

Waldwirtschaft. Im Rahmen der Feld-Gras-Wirtschaft oder als Waldweide war sie mit Formen des Ackerbaus bzw. der Viehwirtschaft verknüpft. Erst mit der modernen Forstwirtschaft erhielt sie einen anderen Stellenwert.

Bodenbearbeitung bei der Pflugkultur

(nach HABER u. SALZWEDEL 1992)

Die Bodenbearbeitung ist eine wesentliche Maßnahme, um für die Kulturpflanzen optimale Wachstumsvoraussetzungen zu schaffen. Zum einen entsteht durch die Bodenbearbeitung ein stabiles Bodengefüge, das für eine gute Nährstoff-, Wasser-, Wärme- und Luftzufuhr sorgt. Zum anderen werden Pflanzen beseitigt, die für die Nutzpflanzen Konkurrenten um Licht, Wasser und Nährstoffe darstellen könnten.

Durch die Bearbeitung wird die natürliche Gliederung der Böden verändert: Ackerböden bestehen aus einem bearbeiteten Oberboden, der Ackerkrume, die heute maximal 35 cm umfaßt, und dem nicht bearbeiteten Unterboden.

Die Bodenbearbeitung findet in 2 Arbeitsgängen statt: der Grundbodenbearbeitung und der Nachbearbeitung.

1. Grundbodenbearbeitung

Sie dient der Wiederauflockerung nach der Ernte und wirkt der Bodenverdichtung entgegen. Durch das Wenden der Erde mit dem Pflug wird das Bodengefüge neugestaltet und dadurch Luft- und Wasserhaushalt des Bodens beeinflußt. „Unkräuter" und „Bodenschädlinge" werden zer- bzw. gestört. Gleichzeitig kann organisches und anorganisches Material eingearbeitet werden. Danach muß eine Rückverfestigung des aufgelockerten Bodens erfolgen. Das wird zunächst durch einfaches Liegenlassen erreicht. Anschließend wird gewalzt, damit der Anschluß an die wasserführenden Schichten wiederhergestellt wird.

2. Nachbearbeitung

Nach dem Pflügen wird der Boden innerhalb von 14 Tagen etwa 3- bis 4mal mit der Egge oder der Walze bearbeitet. Dadurch entsteht ein feinkrümeliger Boden, in den dann eingesät werden kann.

Methoden der Bodenbearbeitung

(nach Planck u. Ziche 1979)

Nach den eingesetzten Hilfsmitteln, mit denen das Saatbett für den Anbau vorbereitet wird, lassen sich verschiedene Methoden der Bodenbearbeitung unterscheiden.

Eine Vorbereitung des Bodens ist nicht notwendig, wenn der Anbau in Überschwemmungs- und Uferzonen erfolgt. Die Samen oder Stecklinge können dann direkt in den lockeren, sandigen feuchten Boden eingebracht werden.

Verwendung von Pflanz- oder Grabstöcken

Nach der Entfernung der Vegetation, z. B. durch Brandrodung, muß der Boden gelockert werden. Dazu dient der Pflanz- oder Grabstock (Abb. A.3), der weltweit verbreitet ist und bereits von Sammlergesellschaften zum Ausgraben von Knollen und Wurzeln verwendet wurde. Der Grabstock ist ein einfacher Stab, der am unteren Ende abgeschrägt oder zugespitzt ist.

Abb. A.3. Arbeit mit zwei Grabstöcken; Batak (Sumatra). (Aus Werth 1954)

Hackbau

Wenn eine Brandrodung nicht möglich oder der Boden zu schwer ist, ist eine Bearbeitung des Bodens mit der Hacke und dem Spaten notwendig (Abb. A.4). Diese Art von Anbau erfordert eine sehr hohe Arbeitsintensität. Hackbau wird meist von Frauen betrieben; in Kulturen, die auf Hackbau basieren, findet man häufig matrilineare Erbregeln. Heute wird die Hacke im Gartenbau und ebenso im gartenmäßigen Anbau von Knollen- und Hülsenfrüchten, Hirse und Mais verwendet.

Weltweit arbeiten heute noch 75 % der in der Landwirtschaft Tätigen mit Grabstock, Hacke und Spaten!

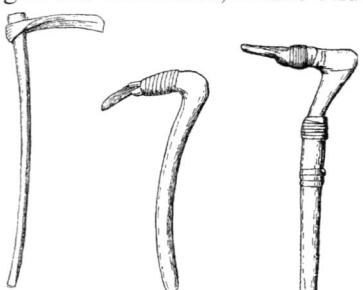

Abb. A.4. Verschiedene Hacken aus dem südostasiatischen Raum. (Aus Werth 1954)

Hakenkultur

Mit der Entwicklung des Hakens konnte der Ackerbau stark ausgeweitet werden. Gleichzeitig ging die Bodenbearbeitung in die Hände der Männer über.

Der besser durchgearbeitete Boden lieferte höhere Erträge und erschloß Gebiete, die vorher nicht bebaut werden konnten. Der Haken wird durch den Boden *gezogen,* was gegenüber den anderen Formen der Bodenbearbeitung weniger kraftaufwendig ist. Die menschliche Arbeitskraft wurde später durch die von Ochsen ersetzt (Abb. A.5).

Der Haken reißt den Boden auf und lockert ihn. Er hinterläßt eine Furche, in welche direkt eingesät werden kann und die dann mit der lockeren Erde bedeckt wird (Abb. A.6). Durch die Verwendung des Hakens wird nur oberflächlich in den Boden eingegriffen. Daher eignet er sich besonders für trockene Gebiete, in denen die Nährstoffe in den oberen Bodenschichten zu finden sind. Gleichzeitig bleiben die unteren Schichten unberührt, wodurch ein Verdunsten der dort gebundenen Feuchtigkeit verhindert wird.

Abb. A.5.
Verbesserungen beim Einsatz des Hakens von der Jungsteinzeit bis zur Bronzezeit. (Aus SCHULTZ-KLINKEN 1981)

Abb. A.6.
Beim Ziehen des Hakens produzierte Furchen mit aufliegender lockerer Erde. (Aus SCHULTZ-KLINKEN 1981)

Pflugkultur

Pflüge stellen die technische Weiterentwicklung des Hakens dar. Charakteristisch für die Bearbeitung mit Pflügen ist, daß der Boden nicht nur tiefgründiger gelockert, sondern auch gewendet wird. Das wird durch die Verwendung einer geschwungenen Pflugschar erreicht. Die Bearbeitung mit dem Pflug eignet sich besonders für feuchtere Klimazonen, da dort die Nährstoffe tiefer im Boden liegen und durch das Wenden an die Oberfläche geholt werden (Abb. A.7).

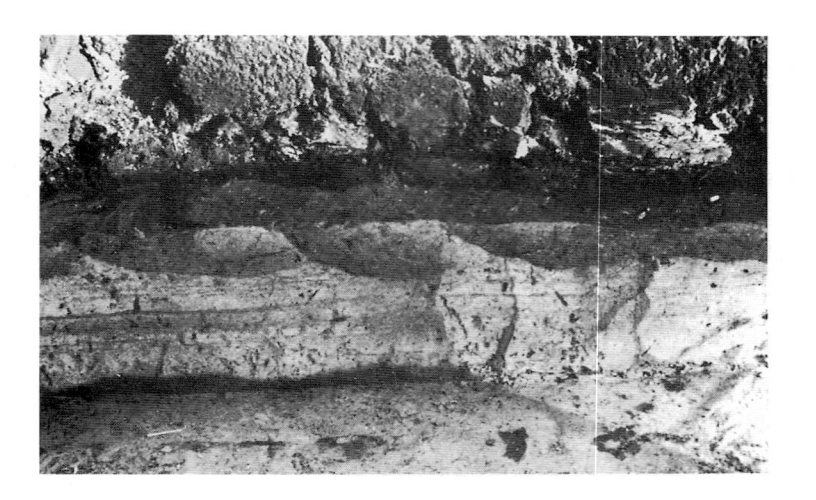

Abb. A.7.
Fossile Pflugschollen, 1. Jahrhundert v. Chr.; Ausgrabung Feddersen Wirde, Nordseeküste (Schollenwendung um 180°, überdeckt von verschiedenen Bodenschichten. (Aus SCHULTZ-KLINKEN 1981)

Knollenkulturen

(nach SCHÜTT 1972)

Maniok (Manihot esculenta)

Herkunft: Diese zu den Wolfsmilchgewächsen (Euphorbiaceae) zählende Pflanze stammt aus dem tropischen Südamerika (Amazonasbecken). Zur Kolonialzeit wurde Maniok nach Afrika und dann weiter nach Südostasien eingeführt, wo er inzwischen in großem Umfang angebaut wird.

Beschreibung: Maniok ist ein mehrjähriges Kraut mit langgestielten gefingerten Blättern, das bis zu 3 m hoch wird. Geerntet werden die 30 – 50 cm langen Wurzelknollen, die bis zu 4 kg Gewicht erreichen können. Wie alle Wolfsmilchgewächse besitzt auch Maniok den charakteristischen Milchsaft, der giftige Blausäure enthält. Vor der Verwendung als Nahrungsmittel muß dieser durch besondere Verfahren entfernt werden.

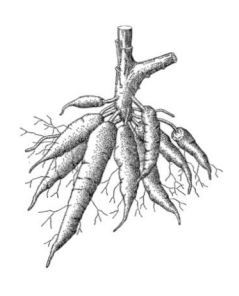

Abb. A.8.
Maniok, Sproßabschnitt mit Wurzelknollen. (Aus SCHÜTT 1972, Weltwirtschaftspflanzen, © Parey Buchverlag)

Kultur: Die Vermehrung erfolgt vegetativ durch Sproßstecklinge. Die Ernte kann je nach Standort nach 6 – 18 Monaten erfolgen. Die Knollen werden zu unterschiedlichen Zeiten reif, so daß kontinuierlich geerntet werden kann. Geerntete Knollen müssen gleich verarbeitet werden, da sie leicht verderblich sind.

Zusammensetzung:

Wasser	65 %	Fette	0,4 %
Kohlenhydrate	32 %	Rohfaser	0,8 %
Proteine	0,9 %	Mineralstoffe	0,4 %

Verwendung: Die Knollen werden zu Mehl verarbeitet, aus dem Brei oder Fladen hergestellt wird. Als Exportprodukt ist v. a. Tapioka bekannt, das sind zu Pellets verarbeitete Maniokknollen, der in Europa als Kraftfutter für Schweine verwendet wird.

Yams (Dioscorea spec.)

Herkunft: Etwa 10 der insgesamt 250 Dioscorea-Arten aus der Familie der Yamswurzelgewächse (Dioscoreaceae) werden in tropischen und subtropischen Gebieten angebaut. Ursprünglich stammen sie aus dem tropischen Amerika, aus China und Ozeanien.

Beschreibung: Yams-Pflanzen sind windende Stauden mit großen herzförmigen Blättern. Die verschiedenen Arten bilden Sproßknollen, Rhizome bzw. Wurzelknollen aus, die bis zu 20 kg schwer sein können.

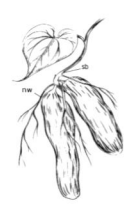

Abb. A.9.
Yamspflanze, verdickte sproßbürtige Wurzel. (Aus FRANKE 1981)

Kultur: Die Vermehrung erfolgt durch Stengelstecklinge oder kleine Saatknollen. Geerntet werden kann nach etwa 9 – 11 Monaten, wenn die Blätter vergilben. Die Pflanzen verlangen tropisches Klima, d. h. 25 – 30 °C, hohe Luftfeuchtigkeit und regelmäßige Niederschläge. Die Knollen können bis zum Verbrauch im Boden bleiben.

Zusammensetzung:

Wasser	72 %	Fette	0,25 %
Kohlenhydrate	23,8 %	Rohfaser	0,7 %
Proteine	1,8 %	Mineralstoffe	1 %

Verwendung: Yamswurzeln werden gekocht und gebraten gegessen. In Westafrika stellt man einen Brei aus gestampften gekochten Knollen her. Man kann sie auch zu Chips, Mehl oder Stärke verarbeiten.

Taro (Colocasia esculenta)

Herkunft: Die zu den Aronstabgewächsen (Araceae) gehörende Pflanze stammt vom Sunda-Archipel. Sie wird heute weltweit in den Tropen angebaut. Im englischen Sprachraum ist sie unter dem Namen Coco-Yam bekannt.

Beschreibung: Die Pflanze ähnelt unserem Aronstab mit einem kolbenförmigen Blütenstand. Speicherorgan ist ein Rhizom, das Blattnarben und sproßbürtige Wurzeln besitzt. Das Rhizom kann ein Gewicht von 4 kg erreichen.

Kultur: Die Vermehrung erfolgt vegetativ durch Tochterknollen. Die Sumpfpflanze wächst nur in tiefgründigen Böden und feuchtwarmem Klima.

Zusammensetzung:

Wasser	68,65 %	Fette	0,25 %
Kohlenhydrate	24 %	Rohfaser	3,86 %
Proteine	2 %	Mineralstoffe	1 %

Verwendung: Taro wird in gekochtem Zustand verzehrt. Man kann auch Mehl und Stärke daraus herstellen.

Kartoffel (Solanum tuberosum)

Herkunft: Die zu den Nachtschattengewächsen (Solanaceae) zählende Kartoffel stammt aus den Hochanden. Sie wird heute v. a. in den subtropischen und gemäßigten Klimazonen der Erde angebaut. Hauptproduzenten sind die GUS und Europa.

Beschreibung: Die Kartoffel ist eine krautige Pflanze, die charakteristische Sproßknollen ausbildet. Dabei handelt es sich um umgewandelte Sproßachsen, die Niederblätter tragen. Alle grünen Teile der Kartoffel sind wegen des darin enthaltenen Solanins giftig.

Kultur: Die Vermehrung erfolgt vegetativ durch Auslegen der Knollen im Frühjahr. Nach dem Absterben des Krautes können die Knollen geerntet werden, die zu diesem Zeitpunkt den höchsten Stärkeanteil enthalten.

Zusammensetzung:

Wasser	77,8 %	Fette	0,1 %
Kohlenhydrate	18,5 %	Rohfaser	0,5 %
Proteine	2 %	Mineralstoffe	1 %

Verwendung: Die Knollen werden in gekochtem oder gebratenem Zustand verzehrt oder zu Stärkemehl verarbeitet. Ein großer Teil der Ernte wird zur Schweinemast eingesetzt.

Süßkartoffel (Ipomoea batatas)

Herkunft: Die wahrscheinlich aus Südamerika (oder Mexiko) stammende Süßkartoffel oder Batate zählt zu den Windengewächsen (Convolvulaceae). Sie wird heute auch in einigen subtropischen und tropischen Gebieten Afrikas und Asiens angebaut.

Beschreibung: Süßkartoffeln sind 1jährige windende Pflanzen, deren gelappte Blätter aus dem am Boden liegenden Stengel entspringen. Die Knollen sind verdickte sproßbürtige Wurzeln. Sie erreichen bis zu 3 kg Gewicht.

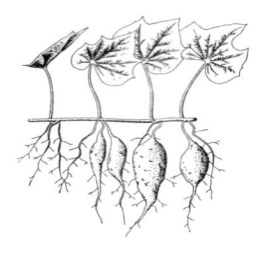

Abb. A.10.
Batate, Sproßabschnitt mit Knollen (aus SCHÜTT 1972, Weltwirtschaftspflanzen, © Parey Buchverlag)

Kultur: Die Vermehrung erfolgt vegetativ. Geerntet wird mit Handgeräten, da die ohnehin kurze Haltbarkeit der Knollen durch Beschädigungen noch weiter herabgesetzt wird.

Zusammensetzung: Süßkartoffeln haben einen hohen Stärke- und Zuckeranteil.

Wasser	60 – 80 %	Proteine	0,8 – 2,0 %
Zucker	2 – 34 %	Fette	0,5 – 1,0 %
Stärke	8 – 22 %	Pektin	9,0 %

Verwendung: Süßkartoffeln werden gekocht oder geröstet. In getrocknetem Zustand können sie gehandelt werden. Außerdem kann man sie zu Mehl, Stärke, Sirup und Alkohol weiterverarbeiten.

Getreidekulturen

(nach SCHÜTT 1972)

Kulturweizen (Triticum spec.)

Herkunft: Der zu den Gräsern (Gramineae) gehörende Kulturweizen entstand im Fruchtbaren Halbmond etwa 8000 v. Chr. Innerhalb des Kulturweizens sind 3 Reihen bekannt, die sich in der Anzahl der Chromosomensätze unterscheiden: Einkorn-, Emmer- und Dinkelreihe. Weizen wird in Europa, Nordamerika und Asien angebaut.

Beschreibung: Weizen ist ein 1jähriges Gras. Der Fruchtstand ist eine Ähre mit 2zeiliger Spindel.

Abb. A.11.
Ähre des Saatweizens (Triticum aestivum)

Kultur: Man kennt Winter- und Sommerweizen, der im Oktober bzw. im Frühjahr gesät wird. Er wird mit Mähdreschern geerntet, wenn der Wassergehalt der Körner auf etwa 15 % gesunken ist.

Zusammensetzung:

Wasser	13 %	Fette	2 %
Kohlenhydrate	69 %	Rohfaser	2 %
Proteine	12 %	Mineralstoffe	2 %

Verwendung: Die Körner werden gemahlen und dann zu Backwaren, v. a. Brot oder auch Grieß verarbeitet.

Reis (Oryza sativa)

Herkunft: Der ebenfalls zu den Gräsern (Gramineae) gehörende Reis wurde zuerst vor 7000 Jahren in Südostasien kultiviert. Er ist nach Weizen das wichtigste Getreide. Er wird in tropischen und subtropischen Gebieten Asiens, Afrikas und Amerikas angebaut.

Beschreibung: Reis ist ein bis 1,80 m hohes 1jähriges Gras. Der Fruchtstand ist eine Rispe mit kurzen Ährchen. Die Körner besitzen Spelzen, die durch Schälen entfernt werden.

Abb. A.12.
Reispflanzen. (Aus SWAMINATHAN 1984)

Kultur: Es wird vorzugsweise der Sumpfreis angebaut, der während seiner vegetativen Entwicklung im Wasser steht. Erst nach der Blüte wird das Wasser abgelassen. Die Zeit von Aussaat bis Ernte beträgt etwa ein halbes Jahr.

Zusammensetzung:

Wasser	11 %	Fette	2 %
Kohlenhydrate	65 %	Rohfaser	9 %
Proteine	8 %	Mineralstoffe	5 %

Verwendung: Nach der Ernte erfolgt meistens eine Weiterverarbeitung durch Schälen (Entfernen der Spelzen) und Polieren (Entfernung der Frucht- und Samenschale). Reis wird gekocht verzehrt oder auch zu Reismehl, -stärke ,-schnaps verarbeitet. Auch das Reisstroh wird verwendet.

Mais (Zea mays)

Herkunft: Eine Wildart des ebenfalls zur Familie der Gräser gehörenden Mais ist nicht bekannt. Es ist bis heute nicht geklärt, ob sich Mais aus einem Wildgras, der Teosinte, entwickelt hat oder ob er aus einer Kreuzung von einem ausgestorbenen Wildmais mit der Teosinte hervorgegangen ist. Die ältesten Funde stammen aus Mexiko (5000 v. Chr.). Hauptproduzenten von Mais sind heute die USA (etwa die Hälfte der Weltproduktion), China, Brasilien sowie Südafrika.

Beschreibung: Mais wird bis zu 2,50 m hoch und entwickelt dabei etwa 5 cm dicke Sprosse. Die männlichen Blütenorgane bilden eine endständige Rispe, die weiblichen Blütenorgane einen von Hüllblättern umgebenen Kolben, der aus den Blattachseln entspringt.

Abb. A.13.
Maispflanze. (Aus BEADLE 1980)

Zusammensetzung:

Wasser	13 %	Fette	4 %
Kohlenhydrate	70 %	Rohfaser	2 %
Proteine	10 %	Mineralstoffe	1 %

Kultur: Der Anbau von Mais ähnelt dem einer Hackfrucht. Die Aussaat erfolgt in unseren Breiten im April, geerntet werden kann Ende August/Anfang September. Die Kolben müssen noch nachgetrocknet werden.

Verwendung: Mais weist eine schlechte Backfähigkeit auf, wird aber dennoch in manchen Ländern zu Brot verarbeitet. Mais enthält viel Zucker und eignet sich zur Herstellung von Stärke, Zucker und Sirup. Aus den Keimen wird ein hochwertiges Öl produziert. Der größte Anteil der Ernte wird aber als Viehfutter (Schrot aus den Kolben) verwendet. Häufig wird auch die ganze Pflanze geerntet, in Silos vergoren und an Schweine verfüttert.

Hirse

Bei Hirsen muß zwischen den *echten* oder *Millet-Hirsen*, zu denen die Rispenhirse (Panicum miliaceum) und die Kolbenhirse (Setaria italica) gehören, und den *Sorghum-Hirsen*, z. B. Mohrenhirse (Sorghum vulgare), unterschieden werden.

Herkunft: Gattungen der echten Hirsen sind weltweit verbreitet und an mehreren Stellen unabhängig voneinander in Kultur genommen worden. Sorghum-Hirsen stammen aus Afrika; sie werden heute in allen Kontinenten angebaut.

Beschreibung: Rispen- und Kolbenhirse erreichen eine Höhe bis 2 m; Mohrenhirse wird noch größer. Der Fruchtstand von Rispenhirse und

Mohrenhirse ist eine Rispe; der von Mohrenhirse kann bis zu 60 cm lang werden. Der Fruchtstand der Kolbenhirse ist eine Scheinähre.

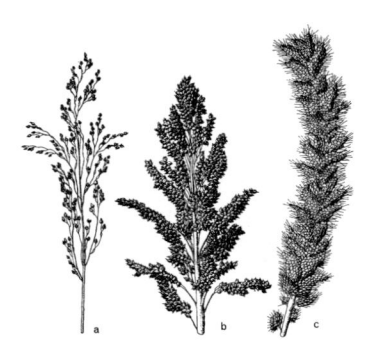

Abb. A.14.
Blütenstände von Hirsearten, *a* Panicum miliaceum, *b* Sorghum vulgare, *c* Setaria italica. (Aus Schütt 1972, Weltwirtschaftspflanzen, © Parey Buchverlag)

Kultur: Hirsearten sind sehr wärmebedürftig (32 – 35 °C). Wegen ihrer kurzen Vegetationszeit können sie als Sommergetreide auch in unseren Breiten angebaut werden, wie es beispielsweise im Mittelalter üblich war.

Zusammensetzung:

Wasser	12 %	Fette	4 %
Kohlenhydrate	70 %	Rohfaser	2 %
Proteine	10 %	Mineralstoffe	2 %

Verwendung: Hirsen eignen sich nicht zum Backen, sie werden v. a. als Brei gegessen. Sie besitzen einen hohen Vitamin-B-Gehalt, Sorghum enthält viel Protein. Außerdem werden Traubenzucker und Stärke aus Hirsen hergestellt.

Sukzession von Ökosystemen

„Ökosysteme, die längere Zeit hindurch ungestört bleiben, scheinen sich in einem Gleichgewichtszustand zu befinden, denn ihre Zusammensetzung ändert sich nicht oder nur wenig. Im Gegensatz hierzu stehen Ökosysteme, die sich neu zu etablieren beginnen, sei es in bislang unberührten oder neu entstandenen Biotopen (z. B. Verlandungsgebieten, Pfützen, Aaskörpern, Tanganwürfen am Strand), sei es in Arealen, in denen durch drastische Ereignisse das bestehende Ökosystem stark gestört oder zerstört wurde (z. B. Überschwemmungsgebiete, Kahlschläge, abgeerntete Felder, durch Feuer zerstörte Biotope). Hier beobachtet man eine scheinbar zielstrebige *Aufeinanderfolge von Zuständen unterschiedlicher Artenzusammensetzung und Struktur*, in deren Verlauf Populationen entstehen, ein Maximum der Größe und Dichte erreichen und nach einer gewissen Zeit wieder verschwinden ... Dieses Kontinuum der Ökosystementwicklung bezeichnet man als *Sukzession*[1]. Im Laufe der Zeit erfolgt meist eine *Zunahme des Artenreichtums* und eine *Abnahme der Veränderungsgeschwindigkeit*. Allmählich nähert sich das Ökosystem dem eingangs erwähnten unveränderlichen, endgültigen Stadium an, welches als *Klimax*[2] oder *Klimaxgesellschaft* bezeichnet wird. Der Prozeß erscheint vergleichbar mit der Ontogenie eines Individuums, das ein endgültiges adultes Stadium erreicht" (CZIHAK et al. 1976, S. 733 f.).

Ein Beispiel zeigt die Abb. A.15 mit verschiedenen Sukzessionsphasen auf brachliegendem Ackerland an. Grassamen werden vom Wind angeweht, außerdem keimen Samen aus, die sich schon längere Zeit im Boden befinden, z. B. von Birken oder Salweiden. Pionierpflanzen siedeln sich an. Das Stadium c ist nach 2 – 3 Jahren erreicht. Weitere Pflanzenarten werden von Tieren durch Samen eingetragen. Das Stadium d kann über einen Zeitraum von mehreren Jahrzehnten erhalten bleiben, bevor als Endstufe ein Laubmischwald vorliegt.

Anmerkung:
1 Lat. successio = Nachfolge.
2 Griech. klimax = Treppe, Steigerung.

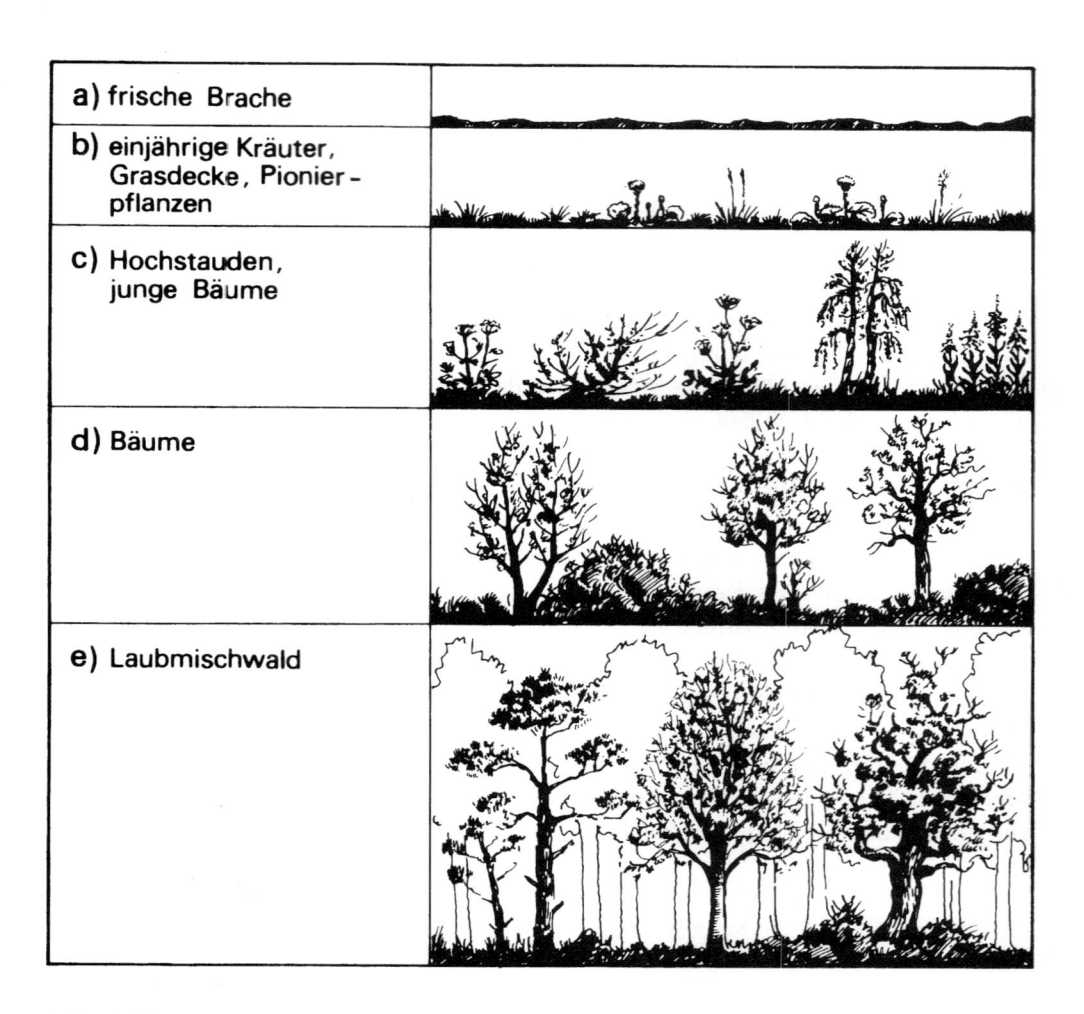

a) frische Brache	
b) einjährige Kräuter, Grasdecke, Pionierpflanzen	
c) Hochstauden, junge Bäume	
d) Bäume	
e) Laubmischwald	

Abb. A.15.
Stadien einer Sukzession auf Brachland. (Aus SCHILKE 1992)

Physiokraten

Die Physiokraten[3] waren Vertreter einer französischen Schule der Volkswirtschaftslehre, die von dem Nationalökonomen und Naturrechtsphilosophen François Quesnay (1694 – 1774) begründet wurde. Der Physiokratismus basierte auf Quesnays Modell eines natürlichen Wirtschaftskreislaufs, in den die 3 sozialen Klassen (Grundeigentümer, Landwirte, Handel- und Gewerbetreibende) eingebunden waren. Vom Staat erwarteten die Physiokraten, daß er die Ordnung von Gesellschaft und Wirtschaft durch eine entsprechende Gesetzgebung an die vollkommene natürliche Ordnung möglichst anglich, was am besten mit einem absolutistischen Regierungssystem zu bewerkstelligen wäre.

Grund und Boden und dessen Bewirtschaftung wurden als die Hauptquellen des Nationalreichtums angesehen. Entsprechend wurde als einzige Steuer eine einheitliche Grundsteuer gefordert, die von den Grundeigentümern (Adel, Kirche, König) zu zahlen war. Nur die Landwirte galten als produktive Klasse. Handel- und Gewerbetreibende waren dagegen nur in der Lage, die von der Natur erzeugten Stoffe umzuwandeln; sie wurden daher als die „sterile" Klasse bezeichnet.

Die Physiokraten machten Vorschläge für eine Veränderung der bestehenden Ordnung, welche Wirtschafts- und Finanzreformen sowie eine Änderung der Agrarverfassung enthielten. So forderten sie beispielsweise die Schaffung von landwirtschaftlichen Großbetrieben nach englischem Vorbild. Der Physiokratismus war nur in der 2. Hälfte des 18. Jahrhunderts von Bedeutung. Er wurde bald durch die von Adam Smith begründete klassische Schule der Nationalökonomie verdrängt.

Anmerkung:
3   Griech. physis = Natur; kratos = Herrschaft.

Salzlagerstätten

(aus HOLLEMAN u. WIBERG 1985, S. 937 und 944)

„Natriumchlorid (Kochsalz) NaCl findet sich als „Steinsalz" in mächtigen Lagern vor allem in der Norddeutschen Tiefebene (z. B. Staßfurt), in Galizien (z. B. Wieliczka), im Salzkammergut, an der Golfküste der Pyrenäen-Halbinsel, in den USA und im Ural-Emba-Gebiet. Die Entstehung dieser Lager, deren Alter auf 200 – 250 Mio. Jahre geschätzt wird, ist meist auf die Abschnürung und Eintrocknung vorzeitlicher Meeresteile zurückzuführen. Bei dieser Eindunstung schied sich das schwerer lösliche Natriumchlorid zuerst, das leichter lösliche Kaliumchlorid zuletzt ab, so daß die Steinsalzlager nach der völligen Eintrocknung von einer aus Kalisalzen bestehenden Schicht bedeckt waren. Meist wurde diese oberste Schicht später durch eindringende Regen- und Flußwässer wieder weggewaschen. Nur an einigen Stellen (z. B. bei Staßfurt) blieben die Kalisalzschichten durch Überlagerung von wasserundurchlässigem Ton vor dem Wasser geschützt; sie sind heute als Kalisalzlagerstätten von großer Bedeutung. Früher räumte man die Kalisalzschicht ab, um zu dem damals allein gesuchten Steinsalz zu gelangen; daher der Name „Abraumsalze" für diese Kalisalze. Heute sind umgekehrt die Kalisalze – namentlich für Düngezwecke – so wertvoll, daß man vielfach die Lager nur ihretwegen abbaut und das Steinsalz zur Ausfüllung der Lücken benutzt."

„Die norddeutschen Salzlager sind durch Eintrocknen eines großen, vom Ozean her mit Wassernachfluß versorgten Nebenmeeres entstanden, welches sich in der Urzeit vom Niederrhein bis an die Weichsel sowie im Untergrund der südlichen Ost- und Nordsee bis Mittelengland erstreckte. Bei dieser Eindunstung, deren Dauer auf rund 100 000 Jahre geschätzt wird, schieden sich die im Meerwasser gelösten Salze gemäß ihrer Konzentration und Löslichkeit bei den verschiedenen Temperaturen des Sommers und Winters aus. Zuerst fiel das im Wasser am schwersten lösliche Calciumcarbonat $CaCO_3$ aus, das daher unter den eigentlichen Salzlagern liegt („Zechsteinkalk"). Über dem Calciumcarbonat wechseln sich in ziemlich regelmäßiger Folge 8 – 10 cm starke Schichten von Natriumchlorid (als „Steinsalz" NaCl) mit schwachen Schichten von Calciumsulfat (als „Gips" $CaSO_4 \cdot 2\,H_2O$ und „Anhydrit" $CaSO_4$) ab. Diese „Jahresringe" (beim älteren Staßfurter Steinsalz etwa 3000) sind darauf zurückzuführen, daß sich im Sommer vorwiegend das Calciumsulfat, im Winter vorwiegend das Natriumchlorid abschied. ... Nachdem das Binnenmeer eingetrocknet war, bedeckten Sand und tonige Massen („Salzton") die Salzablagerungen und schützten die zuletzt ausgeschiedenen und dementsprechend in Wasser besonders leicht löslichen Kaliumsalze vor späterer Wiederauflösung. Durch eine Senkung des Bodens folgte eine zweite (an einzelnen Stellen noch eine dritte und vierte) Überflutung und Salzfolge. Zuerst schied sich wieder Anhydrit in einer 40 – 80 m tiefen Schicht und auf diesem das „jüngere Steinsalz" ab, dessen Jahresringe oft kaum bemerkbar sind und das infolgedessen reiner als das ältere Steinsalz ist.

Die elsässischen Kalisalzlager sind keine direkten Meeresausscheidungen, sondern durch Herauslösen von Kaliumsalzen aus ursprünglichen Lagerstätten, Weitertransport und Wiederausscheidung entstanden. Ihnen fehlen dementsprechend die schwerlöslichen Sulfate."

Wasserhärte

(nach HOLLEMAN u. WIBERG 1985)

Die Härte von Wasser wird in mmol Erdalkaliionen pro l Wasser bzw. in Deutschland in Härtegraden, d. i. die Anzahl mg CaO je 100 cm^3 Wasser gemessen. Dabei entspricht 1 ° deutsche Härte (dH) 0,056 ppm $CaCO_3$.

MgO, das als Erdalkaliion ebenfalls zur Wasserhärte beiträgt, wird bei der Berechnung der deutschen Härte in CaO umgerechnet durch die Multiplikation mit einem Faktor, der sich aus den relativen Molekülmassen der beiden Verbindungen ergibt.

– „Weich" ist Wasser mit weniger als 7 °dH (das sind < 1,3 mmol Ca^{2+} und Mg^{2+} pro l Wasser),

– „mittelhart" Wasser mit 7 – 14 ° (1,3 – 2,5 mmol/l),

– „hart" Wasser mit 14 – 21 ° (2,5 – 3,8 mmol/l) und

– „sehr hart" Wasser mit mehr als 21 ° (> 38 mmol/l).

Die Bezeichnungen „hart" und „weich" leiten sich von dem Gefühl ab, das Wasser beim Waschen mit Seife vermittelt. Werden Seifen (Alkalisalze schwacher organischer Fettsäuren) in Wasser gebracht, so entsteht Alkalilauge, die sich „weich" anfühlt. In „hartem" Wasser, also Wasser mit einer großen Menge an Ca- oder Mg-Salzen, fallen beim Einbringen von Seife Alkalisalze als schwerlösliche „Kalkseifen" aus; Alkalilauge entsteht dann nicht.

Zur ökologischen Funktion der Brache

(nach KNAUER 1993)

*Als **Brache** wird die 1- oder mehrjährige Unterbrechung des Anbaus von Nutzpflanzen bezeichnet.*

Bei früheren Anbauformen, wie Feld-Gras-Wirtschaft oder Dreifelderwirtschaft, wurden die Anbauphasen in regelmäßigen Abständen von mehr- bzw. 1jährigen Bracheperioden unterbrochen. Mit der Intensivierung der landwirtschaftlichen Produktion, seit Einführung der verbesserten Dreifelderwirtschaft, wurde diese Nutzungsfolge aufgegeben. Die Brachezeit hatte eine wichtige Funktion zur Unkrautbekämpfung und zum Aufschluß von Nährstoffen. Besonders die Voll- oder Schwarzbrache, bei der 1 ganzes Jahr lang kein Anbau erfolgt, dafür der Boden aber mehrmals umgebrochen wird, war eine wirksame Maßnahme zur Unkrautreduzierung.

Bei der Wirkung der Brache muß man zwischen den Auswirkungen auf den Boden und denen auf die Pflanzen- und Tierwelt unterscheiden.

Wirkungen der Brache auf den Boden

Im Vergleich zu den Anbaujahren sind Brachezeiten dadurch gekennzeichet, daß die Fläche nicht gedüngt wird und keine Pestizide ausgebracht werden. Wenn keine Bodenbearbeitung (z. B. Umpflügen) erfolgt, fällt jede mechanische Bodenbelastung (durch Befahren) weg.

Dies wirkt sich folgendermaßen auf die Bodenprozesse aus:

Die Aktivitäten der Regenwürmer bleiben ungestört; diese können bis in den Unterboden vordringen, ohne daß die Wurmgänge durch die mechanische Belastung wieder zusammengedrückt würden. Durch diese Lockerung des Bodens wird die Aufnahme- und Ableitungsfähigkeit des Bodens für Niederschläge verbessert.

Die Maßnahmen führen zu einer Zunahme der Umsetzungsprozesse im Boden. Wird die Fläche im Herbst begrünt, können die aufwachsenden Pflanzen den noch im Boden vorhandenen Stickstoff binden, wodurch eine Verlagerung in tiefere Bodenschichten und eine mögliche Versickerung ins Grundwasser verhindert werden. Durch die Begrünung kommt es zu einer Humusanreicherung. – Wird der Anbau wieder aufgenommen, setzt der Humusabbau ein, wodurch der Stickstoff als Nitrat wieder freigesetzt wird. Kann dieses nicht sofort von den Pflanzen aufgenommen werden, versickert es in tiefere Bodenschichten und kann dadurch ins Grundwasser gelangen.

Wirkung der Brache auf Pflanzen- und Tierwelt

Wie sich die Vegetation auf einer aus der Nutzung genommenen Fläche entwickelt, hängt von der Anzahl der ruhenden Samen im Boden ab. Recht häufig können Mengen von 15 000 – 20 000 keimfähigen Samen pro m^2 Ackerkrume gefunden werden. Beim Anbau mit Nutzpflanzen können sich aufgrund der landbaulichen Maßnahmen jedoch nur 3 – 5 % dieser Samen entwickeln.

Bei brachliegenden Flächen kommt ein sehr viel höherer Anteil zur Blüten- und Samenentwicklung, da das Wachstum nur vom Konkurrenzdruck durch andere Ackerwildkräuter sowie durch Konsumenten gehemmt wird. Bei mehrjähriger Brache findet man bereits in den ersten Jahren 30 – 80 verschiedene Pflanzenarten – mehr als das im Boden ruhende Pflanzenpotential ausmacht. Es hat demnach eine Zuwanderung von anderen Flächen stattgefunden. Dabei kommt es zu einer Veränderung der Florenzusammensetzung in Richtung mehrjähriger Arten mit Ausbildung unterirdischer Speicherorgane. Eine Langzeitbrache führt der natürlichen Sukzession entsprechend zur Verbuschung der Fläche – dabei wandern die ersten Gehölzarten bereits im 3. Jahr ein – bis zur Vorwaldphase.

Die Entwicklung der Vegetation zieht entsprechende Bestände von Tierarten nach sich. Der sich entwickelnden Vielfalt von Blumentypen folgt eine entsprechende Vielfalt von blütenbesuchenden Insektenarten. Dazu gehören Bienen, Blattwespen, Hummeln, Schwebfliegen und Schmetterlinge.

Brachflächen haben eine hohe Bedeutung für die Agrarlandschaft, aber nur dann, wenn sie einen dauerhaften Bestandteil von ihr bilden. Dabei sind mehrjährige Brachen vorzuziehen, da sich nur auf ihnen eine hohe Artenvielfalt entwickeln kann. Allerdings sollten die Flächen nach einigen Jahren gewechselt werden, weil sich andernfalls aufgrund der Sukzession ein Wald entwickeln würde.

Agrarpolitik der Europäischen Gemeinschaft

(nach Heissenhuber 1994)

Die Grundlagen der Agrarpolitik der Europäischen Wirtschaftsgemeinschaft wurden im EWG-Vertrag vom 25. März 1957 festgeschrieben. Artikel 39 lautet:

„Ziel der gemeinsamen Agrarpolitik ist es,

a) die Produktivität der Landwirtschaft durch Förderung des technischen Fortschritts, Rationalisierung der landwirtschaftlichen Erzeugung und den bestmöglichen Einsatz der Produktionsfaktoren, insbesondere der Arbeitskräfte zu steigern;

b) auf diese Weise der landwirtschaftlichen Bevölkerung, insbesondere durch Erhöhung des Pro-Kopf-Einkommens der in der Landwirtschaft tätigen Personen, eine angemessene Lebenshaltung zu gewährleisten;

c) die Märkte zu stabilisieren;

d) die Versorgung sicherzustellen;

e) für die Belieferung der Verbraucher zu angemessenen Preisen Sorge zu tragen."

Im Rahmen der gemeinsamen Agrarpolitik entstand ein Marktordnungssystem mit 3 verschiedenen Bereichen: einem Bereich mit staatlicher Einflußnahme auf Preis und Menge (z. B. bei Zucker), einem Bereich mit staatlicher Einflußnahme auf den Preis (z. B. bei Milch, Getreide, Rindfleisch) und einem Bereich ohne wesentliche staatliche Einflußnahme (etwa bei Eiern). Durch dieses System konnte die Landwirtschaft weitgehend ohne Konkurrenz vom Weltmarkt produzieren. Die propagierte und massiv unterstützte Rationalisierung und Spezialisierung der Betriebe führte zu einer starken Produktionssteigerung, so daß sich bei einigen Erzeugnissen bald eine Bildung von Überschüssen abzeichnete. Für diesen Fall war ein Interventionssystem, das eine staatliche Abnahmeverpflichtung beinhaltete, eingerichtet worden: Die Überschüsse wurden zu garantierten Preisen übernommen und auf dem Weltmarkt verkauft (wofür Exporterstattungen gezahlt werden mußten, da die Garantiepreise über dem Weltmarktniveau lagen) oder inferior verwertet: beispielsweise wurde aus Wein Alkohol hergestellt, der dann im Nichtnahrungsbereich verwendet wurde.

Obwohl die Rahmenbedingungen für die Landwirtschaft recht positiv ausgestaltet waren (relativ hohes Lohnniveau, relativ günstige Produktionsmittel, weitgehende Preissicherheit und staatliche Abnahmeverpflichtung bei Marktordnungsprodukten, steigende Nachfrage nach Nahrungsmitteln tierischer Herkunft, tendenziell sinkende Nachfrage nach Nahrungsmitteln pflanzlicher Herkunft), waren hohe Wachstumsraten erforderlich, um eine dem Anstieg der Lebenshaltungskosten entsprechende Gewinnsteigerung zu erreichen. Die hohen Wachstumsraten führten bald bei verschiedenen Produkten zu einem Selbstversorgungsgrad von über 100 %, sowohl innerhalb der Bundesrepublik als auch EG-weit. Die hohen Überschüsse erforderten zunehmende Ausgaben für die Marktordnung. Waren in den 60er Jahren im EG-Haushalt noch Marktordnungskosten von etwa 1 Mrd. DM pro Jahr eingeplant, kam es zwischen 1970 und 1980 zu einem Anstieg um 23 Mrd. DM.

Aufgrund dieser hohen Zunahmen wurden eine Kursänderung der gemeinsamen Agrarpolitik beschlossen und produktionshemmende Maßnahmen eingeführt: Die Preise für Marktordnungsprodukte wurden gesenkt bzw. der Anstieg der Preise verlangsamt. Gleichzeitig wurden die Interventionsmengen begrenzt, am radikalsten bei Milch. Die Milchgarantiemengenregelung von 1984 schreibt für jeden Hof eine Höchstmenge von Milch vor, die zum Interventionspreis abgenommen wird. Für jeden weiteren Liter Milch wird ein weitaus geringerer Preis gezahlt.

Zu den Veränderungen in der Agrarpolitik zählt auch die am 12. März 1985 vom EG-Rat verabschiedete Effizienz-Verordnung[4]. Durch diese Verordnung wurde eine Honorierung von ökologischen Leistungen der Landwirtschaft möglich. In der Bundesrepublik wurde diese Verordnung u. a. in eine ganze Reihe von Arten- und Biotopschutzprogrammen umgesetzt.

Im Jahr 1988 wurde zur Marktentlastung ein 5jähriges Flächenstillegungsprogramm eingeführt, nach dem Landwirte für die freiwillige Stillegung von Flächen, auf denen zuvor Marktordnungsprodukte angebaut wurden, eine Ausgleichszahlung erhielten.

Trotz all dieser Maßnahmen zur Marktentlastung fielen weiterhin hohe Exportsubventionen für die Marktordnungsprodukte an, die nicht nur den Hauptanteil des Agraretats der EG verschlangen: Sie führten auch zu massiven Auseinandersetzungen mit den Handelspartnern der EG, die einen Abbau der Agrarsubventionen forderten. Daher war eine durchgreifende Agrarreform notwendig geworden, die 1992 verabschiedet wurde und am 1. Juli 1993 in Kraft trat. Ziel dieser Agrarreform waren der Abbau von Überschüssen, die Stabilisierung der Weltmärkte, die Entschärfung der Konflikte mit den Handelspartnern sowie die Förderung umweltfreundlicher Bewirtschaftungsformen. Dies sollte durch die folgenden 5 Maßnahmen erreicht werden:

- *Deutliche Senkung der Interventionspreise.* Dadurch sollten die Preise der Marktordnungsprodukte langsam an das Weltmarktniveau angeglichen und anschließend wieder durch Angebot und Nachfrage geregelt werden. Diese Regelung betrifft die Produkte Getreide (einschließlich Mais), Ölsaaten und Hülsenfrüchte sowie Rindfleisch.

- *Maßnahmen zur Produktionseinschränkung.* Dazu gehören ein verpflichtendes Flächenstillegungsprogramm, nach dem 15 % der Fläche mit Marktordnungsprodukten stillgelegt werden müssen, sowie eine Fortführung der Milchquotenregelung.

- *Ausgleichszahlungen.* Die durch die oben genannten Maßnahmen verursachten finanziellen Einbußen der Landwirte sollten durch mengenunabhängige Direktzahlungen ausgeglichen werden.

- *Beibehaltung des Außenschutzes.* Der Import von Getreide wurde durch die Auferlegung von Zöllen in einem maßvollen Rahmen gehalten.

- *Flankierende Maßnahmen.* Hierzu gehören die Förderung von umweltgerechten und den natürlichen Lebensraum schützenden landwirtschaftlichen Produktionsverfahren, die Förderung der Aufforstung landwirtschaftlicher Flächen sowie die Förderung des Vorruhestands in der Landwirtschaft.

Anmerkung:

4   VO 797/85/EWG des Rates vom 12.3.1985 zur Effizienz der Agrarstruktur, geändert am 12.12.1989 in der VO 3808/89/EWG.

Bäuerlichkeit – eine Chance für die Zukunft?

(aus Muschner 1995, S. 103 – 105)

„... Der Ursprung jeder Kultur ist eng mit bäuerlichen Lebensformen verbunden. Mit „cultura" wird im Lateinischen die Bearbeitung und Verehrung des Bodens und mit „cultus" wird die Pflege, das Verpflegen, aber auch das Bewohnen oder die Lebensweise bezeichnet. Das Wesen jeder Kultur zeigt sich – auch heute noch – stärker in der Art und Weise, wie gearbeitet und gelebt wird, als durch Musik, Theater und Literatur.

Bäuerliches Leben hat – noch – keine ausgeprägte Aufteilung in verschiedene Lebensbereiche wie Arbeit, Freizeit und Wohnen erfahren. Der bäuerlichen Arbeit fällt hoher sinngebender Gehalt zu. Doch zunehmender Glaube und Vertrauen in eine wissenschaftliche und technische Lösbarkeit und Beherrschbarkeit aller Probleme (siehe z. B. Gentechnik) verdrängt in unserer Gesellschaft mehr und mehr das Gefühl, auf natürliche Bedingungen angewiesen zu sein und vermindert das Verantwortungsbewußtsein gegenüber der Natur und gegenüber der Mitwelt.

Für die Bauern – zu allen Zeiten und weltweit – ist jedoch ihre positive Einstellung zu den Produktionsgrundlagen (Boden, Pflanze, Tiere) und zu ihrem Produktionsumfeld (Natur und Mitmenschen) charakteristisch. Daraus resultiert ein sorgsamer „Umgang mit dem Lebendigen" und eine Ausrichtung auf Nachhaltigkeit. Bäuerliches Wirtschaften richtet sich aus an natürlichen Kreisläufen (Geburt, Leben und Tod, Wechsel der Jahreszeiten). Gleichzeitig erzeugt die Bodengebundenheit und die Standortabhängigkeit eine Beständigkeit und ein verantwortliches Denken und Handeln im Hinblick auf künftige Generationen.

Bäuerlich betriebene Landwirtschaft erweist sich in der Regel sowohl ökologisch als auch sozial als verträglich. Selbstverständlich sind auch hier technische Ausstattungen und betriebswirtschaftliche Kalkulationen. Bäuerliches Wirtschaften widerspricht aber seinem Wesen nach jeder Form einer industrialisierten Agrarproduktion, in der letztendlich sowohl ein großer Teil der Arbeit als auch die Verantwortung für die Folgen des eigenen Tuns wegrationalisiert werden.

...

Merkmale bäuerlicher Landwirtschaft

– Lebensmittel erzeugen

– Leben in und mit Gemeinschaften (Familie und/oder Hofgemeinschaft, Nachbarn, Dorf u. a.)

– Ganzheitlich leben und arbeiten

– Generationsübergreifend denken und handeln

– Respektierender und einfühlsamer Umgang mit dem Lebendigen (Mensch, Tier, Pflanze, Boden, ...)

– Kulturlandschaft nutzen, pflegen, bewahren

– Artenvielfalt erhalten

– Keine Ausbeutung von Natur und Menschen

– Gerechtigkeit und Verantwortlichkeit gegenüber Mensch und Natur

– Kreislaufwirtschaft; wenig Arbeitsteilung

– Ausrichtung auf das Wohl des ganzen Hofes

– Ortsgebundenheit; Heimat

– Unabhängigkeit, Selbstbestimmung und Freiheit trotz vielfältiger Bindungen

– Haushalten und maßvoll leben

Biologische Landwirtschaft muß nicht zwingend bäuerlich sein. Wo biologische Landwirtschaft einzig als Produktionstechnik zur Gewinnmaximierung gesehen wird, kann sie nicht als bäuerlich bezeichnet werden.

Bäuerliche Landwirtschaft stellt sich allein durch die Menschen dar, die sie betreiben und leben.

Die Größenordnung bildet der überschaubare Raum des Betriebs, der von seinen Betreiber/innen verantwortlich nach den oben genannten Grundsätzen bewirtschaftet werden kann."

Funktion, Anlage und Pflege von Feldhecken

In ihrem Aufbau entsprechen Hecken, die aus Bäumen und Sträuchern oder nur aus Sträuchern zusammengesetzt sein können, den Waldrändern. Als ein sog. Übergangsstandort beherbergen sie eine besonders vielfältige Lebensgemeinschaft, die sich sowohl aus Tier- und Pflanzenarten des Freilandes als auch des Waldes zusammensetzt. In ihrem inneren Teil halten Hecken die Feuchtigkeit, dort herrscht immer Schatten. Vielen Tieren bieten sie Unterschlupf, Brutplatz und Nahrungsquelle.

Hecken übernehmen in der Agrarlandschaft eine Vielzahl wichtiger **Funktionen**, auf die im folgenden näher eingegangen wird:

- Schutz vor Wind
  Hecken verbessern die Luft- und Bodenfeuchte angrenzender Ackerflächen. Wind wirkt austrocknend auf die obersten Bodenschichten sowie auf die Pflanzen. Zur Regulierung ihres Wasserhaushaltes schließen Pflanzen bei starker Windentwicklung ihre Spaltöffnungen. Dadurch wird auch die Aufnahme von CO_2 eingeschränkt bzw. unterbunden und die Photosyntheserate herabgesetzt. Daher bleiben Pflanzen, die Windeinwirkung ausgesetzt sind, kleiner als Pflanzen an geschützten Standorten.
  Aufgrund der Beschattung und der Konkurrenzwirkung sind die Erträge von Nutzpflanzen in Heckennähe geringer. Dieser Nachteil wird aber durch höhere Erträge in größerer Entfernung von den Hecken aufgewogen. Bei optimaler Windschutzpflanzung sind höhere Erträge von insgesamt 10 – 25 % zu erwarten.

- Schutz vor Erosion durch Wasser und Wind,

- Speicherung von Regenwasser,

- Ausgleich von Temperaturschwankungen durch gleichmäßige Verdunstung,

- Filterung von Staub und Abgasen,

- Schutz vor Schneeverwehungen,

- Lebensraum für Insekten, Kleintiere und Vögel; Hecken bieten Lebensräume für parasitische Insekten, insekten- und mäusefressende Säugetiere und Vögel, die Schädlinge auf den angrenzenden Ackerflächen dezimieren,

- Biotopvernetzung,

- lärmdämpfende Wirkung,

- Belebung der Landschaft; durch die Anlage von Hecken kann der Erholungswert einer Landschaft entscheidend gesteigert werden.

Anlage und Pflege von Hecken

(aus SCHLABERG-KOCH 1994, S. 18 – 21)

„Um eine heckentypische *Zonierung* in Heckensaum, -mantel und -kern zu erreichen, wird in der Fachliteratur eine Breite von mindestens 15 Metern empfohlen: 3 – 5 Meter für die Heckensäume und 5 Meter und mehr für den Heckenkern. Solche Streifenbreiten werden, außer an Fernstraßen, kaum zu finden sein. Jedoch kann auf schmaleren Streifen eine Zonierung in Längsrichtung geschaffen werden. Hierfür nimmt man Bereiche, etwa im Anschluß an Feldzufahrten, von der Bepflanzung aus. Durch entprechende Pflegemaßnahmen kann sich eine heckensaumtypische Kräuter- oder Hochstaudengesellschaft entwickeln. ...

Üblicherweise wird eine Feldhecke als mehrreihige Anpflanzung mit einer Pflanze oder mehr pro Quadratmeter angelegt. Von der hohen Pflanzdichte wird eine rasche Unterdrückung von Unkraut und eine genügende Ausfallkompensation erwartet. Um Wildschaden vorzubeugen, wird die Anpflanzung eingezäunt. Unerwünschte Kräuter werden 2 – 4mal im Jahr ausgemäht.

Dieser Art der Durchführung stellt Hermann BENJES seine nach ihm benannte Form der Heckenanlage gegenüber: Auf der als zukünftiger Standort vorgesehenen Fläche wird Gehölzschnitt aufgeschichtet, mindestens 3 – 4 Meter breit und einen Meter hoch. Dieses Gehölz wird von Vögeln aufgesucht, welche darin die in ihren Mägen mitgeführten Samen von Wildfrüchten abkoten. Vom Regen werden diese Samen auf den Boden gewaschen und können, vor Wild und Unkraut geschützt, keimen und heranwachsen. Nach 5 – 7 Jahren ist der Gehölzschnitt verrottet und eine Feldhecke entstanden.

In der Praxis werden bei beiden Systemen *Nachteile* deutlich: Bei der konventionellen Anlage sind dies vor allem die hohen Kosten, verursacht durch Zaunbau, hohe Pflanzdichte und Pflegegänge. Dazu kommt, daß durch Einzäunung und Ausmähen diese Anlageform in den ersten Jahren sehr artenarm und aus ökologischer Sicht bedeutungslos ist.

Die Benjes-Hecke hingegen stellt vom ersten Augenblick an ein wertvolles System dar, das vielen Arten Lebensraum gewährt. Jedoch wird vielfach über ungenügende Anwuchserfolge und starke Verunkrautung geklagt, was zum Teil auf falsche Ausführung oder ungeeignete Materialwahl zurückzuführen ist. Vielen dauert es zu lange, bis die ersten Jungpflanzen sichtbar über den Gehölzschnitt herausragen. Aus diesen Gründen resultiert auch die vielfach geringe Akzeptanz von Benjes-Hecken durch Bevölkerung und Behörden.

Eine in der Praxis bewährte Synthese aus herkömmlicher Heckenanlage und Benjes-Hecke ist die *modifizierte* oder *bepflanzte Benjes-Hecke*. In ihr werden beide Formen der Feldheckenanlage kombiniert: Zuerst werden Feldgehölze gepflanzt und anschließend mit Gehölzschnitt eingedeckt.

Um in exponierten Lagen ein Herauswehen von Gehölzschnitt zu vermeiden, hat sich eine Verankerung mit Pfählen, etwa alle 5 Meter und ein Beschweren mit Starkholz und Baumstumpen bewährt.

Diese Form der Heckenanlage ist relativ billig, da Pflegegänge und Einzäunung wegfallen. Außerdem kann die Pflanzdichte um 2/3 reduziert werden, da der Anwuchserfolg wesentlich höher ist, denn der Gehölzschnitt verbessert die Anwuchsbedingungen entscheidend:

– Schatten und verringerte Luftbewegung im Heckeninneren schützen Pflanzen und Boden vor Austrocknung durch Sonne und Wind.

– Durch den Gehölzschnitt werden die Pflanzen gestützt, mechanische Schäden durch Loswehen oder Abriß von Feinwurzeln bleiben aus.

– Der Lichtmangel im Heckeninneren läßt Keimlinge von konkurrierenden Kräutern verkümmern.

Entsprechend größer sind die jährlichen Zuwächse, wodurch die eingepflanzten Feldgehölze schon im Pflanzjahr über den Gehölzschnitt herausragen und im zweiten Jahr blühen und fruchten.

...

So wichtig wie die Neuanlage sind der **Erhalt** und die **Pflege** vorhandener Hecken. Vielfach sind Feldhecken überaltert und zu einem Ärgernis für betroffene Anlieger geworden. Zu starke Beschattung führt zu Kümmerwuchs auf angrenzenden Flächen, auf Feldwege ragende Äste können Fahrzeuge und Ladung beschädigen.

Eine aus mangelnder Pflege entstandene Baumhecke ist auch ökologisch minderwertig, da sie gekennzeichnet ist durch Uniformität, Durchlässigkeit in Bodennähe und geringen Bewuchs im Traufbereich.

Eine solche Hecke muß „auf den Stock gesetzt" oder „geknickt" werden. Um den ökologischen Schock eines solchen Eingriffs zu verringern, sollte diese Maßnahme nur abschnittsweise erfolgen, etwa 1/3 der zu pflegenden Hecke alle 3 – 5 Jahre.

Ein anderes Heckenpflegekonzept knüpft teilweise an alte Nutzungsformen an: Durch selektive Entnahme wird die Hecke an sich stets erhalten. Des weiteren wird versucht, vielfältige Kleinbiotope in der Hecke zu schaffen. Zum Beispiel werden bei Starkholzentnahme Baumstümpfe in unterschiedlicher Höhe belassen und teilweise zu Vogeltränken ausgehöhlt, einzelne Starkholz- und Gehölzschnitthaufen werden in der Hecke belassen, durch Ringeln von unerwünschten Gehölzen wird stehendes Totholz geschaffen.

Um von einer Baumreihe mit Unterwuchs zu einer Feldhecke zu gelangen, wird nur ein überragender Baum alle 30 – 50 Meter belassen. Umstritten ist das vielfach praktizierte Einblasen des gehäckselten Gehölzschnitts in die Hecke. Einerseits bieten diese Häckselhäufen dem Nashornkäfer und anderen Arten gute Vermehrungsmöglichkeiten. Andererseits können aus diesen Häufen giftige Sickersäfte austreten, und die hohe Konzentration freiwerdender Nährstoffe aus der sich zersetzenden Holzmasse führt zu untypischen Pflanzenansiedlungen in der Hecke.

Wird ein Bereich auf den Stock gesetzt, sollte ein Teil des Gehölzschnitts auf den Stumpen belassen werden, damit der Neuausschlag vor Wildverbiß geschützt ist und Unterschlupf und Nistmöglichkeiten sowie die schattenliebende Flora erhalten bleiben."

Biotopverbundsysteme

(nach PLACHTER 1991; KNAUER 1993)

*Als **Biotopverbund** bezeichnet man die räumliche Verbindung von Biotopen, durch welche der Fragmentierung und Isolation dieser Lebensräume in der Agrarlandschaft entgegengewirkt werden soll.*

Dabei müssen die Lebensräume nicht ununterbrochen miteinander verbunden werden. Durch eine geeignete Vernetzung der Biotopinseln soll den dort angesiedelten Lebensgemeinschaften die Möglichkeit gegeben werden, Nachbarbiotope zu erreichen, um Ausbreitung und gegenseitigen Austausch zu fördern.

Ursache für die Fragmentierung ist die Ausräumung der Landschaft durch die Anlage von großen Feldschlägen, wobei die ursprüngliche Mosaikstruktur der verschiedenen Ökosysteme in eine Landschaft mit großen intensiv genutzten Flächen und wenigen kleinen Restbiotopen umgewandelt wurde. Die Isolation der Biotope entsteht durch Barrieren in der Landschaft. Dabei unterscheidet man flächige Barrieren – die intensiv genutzten Felder – und bandartige Barrieren wie Fließgewässer, Straßen und v. a. das umfangreiche Netz der befestigten Feldwege.

Solche Biotopinseln in der Agrarlandschaft sind beispielsweise Kleinmoore, Tümpel, Trockenrasen, Heiden, trockene Böschungen, Bruchwälder, Feldgehölze, Streuobstbestände, Kiesgruben etc., aber auch extensiv genutzte Agrarflächen wie artenreiche Wiesenbestände, Felder mit hohem Wildpflanzenanteil, Ackerbrachen etc.

Hinsichtlich der Arten, die ein Biotop besiedeln, unterscheidet man zwischen solchen, die dieses dauerhaft als Lebensraum nutzen, und solchen, die nur vorübergehend, beispielsweise während einer bestimmten Entwicklungsphase, in diesem Areal leben und dann abwandern. Für die dauerhaft siedelnden Arten müssen die Größe und die Lebensbedingungen des Areals so gestaltet sein, daß eine stabile Population dort langfristig existieren kann. Voraussetzung dafür ist, daß der Bestand dieser Art groß genug ist, um die genetische Vielfalt zu erhalten. Eine genetische Verarmung würde das Aussterberisiko der Population drastisch erhöhen.

Eine Vernetzung von Biotopen kann auf 2 Wegen geschehen (Abb. A.16):

1. durch lineare Strukturen, wie Hecken, Feldraine, Uferrandstreifen, Straßenböschungen u. ä. und

2. über „Trittsteine", kleine flächige Elemente, die bestimmten Arten zeitweise als Lebensräume dienen können.

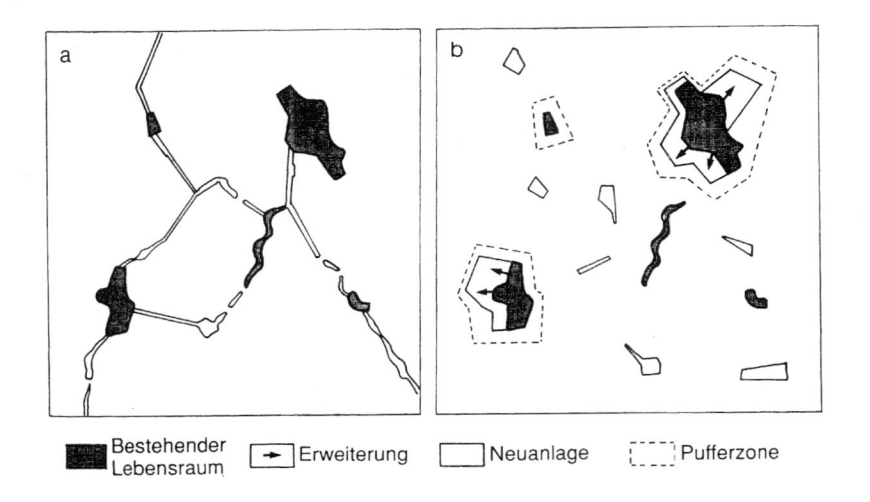

Bestehender Lebensraum → Erweiterung ☐ Neuanlage ⌐⌐⌐ Pufferzone

Abb. A.16.
Modelle für Biotopverbundsysteme. *a* Vernetzung über lineare Strukturen, *b* Vernetzung über Trittsteine. (Aus PLACHTER 1991)

1. Vernetzung über lineare Strukturen

Dieses Modell wurde im Naturschutz bislang am häufigsten realisiert, obwohl keine gesicherten Ergebnisse über seine Wirksamkeit vorliegen. Allerdings konnte gezeigt werden, daß verschiedene Arten diese Strukturen zur Orientierung in der Landschaft nutzen (z. B. Vögel, Fledermäuse, Libellen).

Aufgrund der Spezialisierung vieler, besonders der gefährdeten Arten auf bestimmte Lebensräume kommt nur dann eine wirksame Verbindung zwischen Biotopen zustande, wenn gleichartige Ökosysteme auch durch ähnliche Strukturen verbunden werden, z. B. 2 Feuchtgebiete durch ein Fließgewässer. Möglicherweise ist ein Austausch nur für solche Arten möglich, die wenig spezialisiert sind. Gerade diese Arten gehören aber nicht unbedingt zu denen, die aktuell gefährdet sind. Ob die Strukturen durch Arten zur Ausbreitung überhaupt genutzt werden können, hängt u. a. von der Ausbreitungsgeschwindigkeit und -strategie der betreffenden Art ab. Ein Austausch zwischen mehreren Biotopen kann auch nur stattfinden, wenn in einem Areal ein Überschuß von Individuen produziert wird. Eine Abwanderung findet häufig erst statt, wenn bestimmte Populationsdichten in einem Areal überschritten werden. Bedrohte Arten leben aber häufig unter nichtoptimalen Bedingungen, so daß die Vermehrungsraten bei ihnen nicht sehr hoch sind. Eine starke Abwanderung von Individuen einer Art könnte sogar zum Unterschreiten der Mindestpopulationsgröße in einem Biotop führen. Deshalb kann dieses System nur funktionieren, wenn Lebensräume mit ausreichenden Flächen und optimalen Bedingungen untereinander vernetzt werden. Für die einzelnen Biotoptypen sind Schätzwerte für die erforderlichen Mindestgrößen erarbeitet worden.

2. Vernetzung über Trittsteine

Voraussetzung für die Wirksamkeit von Trittsteinen ist, daß Biotope miteinander verbunden werden, die eine ausreichende Fläche sowie optimale Lebensgrundlagen für die verschiedenen Arten bieten. Diese Art der Strukturierung begünstigt besonders solche Arten, die sich auf dem Luftweg ausbreiten.

Nicht nur die zu verbindenden Flächen, auch die einzelnen Trittsteine müssen eine ausreichende Größe besitzen, damit ein typischer Lebensraum überhaupt entstehen kann. Sie müssen so angelegt sein, daß eine zeitweise Besiedlung und Reproduktion für einzelne Arten möglich ist, dauerhaft stabile Populationen müssen sich aber nicht entwickeln. Die Trittsteine sind besonders hoch belastet, da sie völlig in lebensfeindliche Flächen eingebettet sind. Es wird daher empfohlen, diese Trittsteine mit einem breiten Saum anzulegen, der möglichst aus mehreren Zonen bestehen sollte. Diese Übergangszone hat als Begegnungsstätte zwischen Fauna und Flora der intensiv genutzten Flächen und der naturnahen Biotope eine besondere Bedeutung.

Zusammenfassend kann festgehalten werden, daß eine Biotopvernetzung nur dann effektiv sein kann, wenn es gleichzeitig gelingt, die zahlreichen Barrieren in der Landschaft abzubauen. Bei der Anlage von Biotopverbundsystemen ist es wesentlich, die bestehenden Lebensräume zu vergrößern sowie breite Pufferzonen zwischen intensiv genutzten und geschützten Flächen herzustellen. Dies gilt sowohl für flächige als auch für bandartige Barrieren.

Zur Art der Durchführung und über die Größe der Flächen können allgemein keine genauen Angaben gemacht werden. Die Maßnahmen müssen jeweils auf den speziellen Fall zugeschnitten werden; sie sind beispielsweise abhängig von der vorhandenen Landschaftsstruktur oder auch davon, ob die Flächen in Gebieten mit starker Winderosion liegen.

Als Beispiel ist ein Vorschlag für einen Biotopverbund in einem größeren landwirtschaftlichen Betrieb dokumentiert (Abb. A.17). Zur Vernetzung der Biotope wurden neue Hecken (Knicks) und Feldraine integriert. Zur Vergrößerung der Saumbiotope wurden Ackerrandstreifen angelegt. Außerdem wurde eine veränderte Bewirtschaftungsweise empfohlen: Verringerung der Düngegaben, kein Einsatz von Pflanzenschutzmitteln, geringe Bestandesdichte auf den genutzten Flächen.

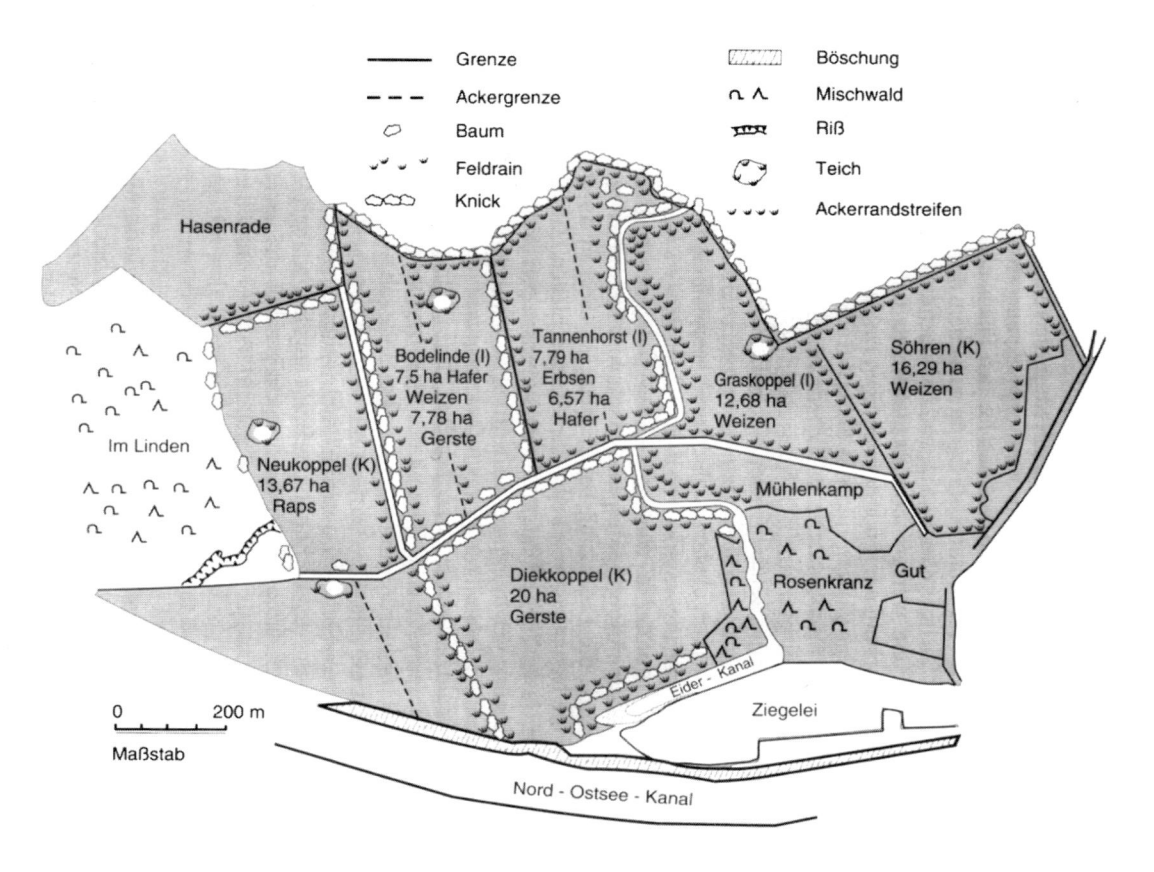

Abb. A.17.
Vorschlag für den Aufbau eines mehrzonigen Biotopverbundsystems innerhalb eines landwirtschaftlichen Betriebes. Die Vernetzung erfolgt v. a. über lineare Elemente, wobei die Saumbiotope häufig aus mehreren Zonen aufgebaut sind: So sind den Knicks vielfach noch Feldraine oder Ackerrandstreifen vorgelagert. Die Barrierewirkung der Feldwege wird durch die wegnahe Anlage der Hecken vermindert. (Aus Knauer 1993)

Flurbereinigung

Grundlage der Flurbereinigung war ein 1953 erlassenes Gesetz, in dem der Zweck dieser Maßnahme folgendermaßen definiert wird:

§ 1 Flurbereinigungsgesetz:

„Zur Förderung der landwirtschaftlichen und forstwirtschaftlichen Erzeugung und der allgemeinen Landeskultur kann zersplitterter oder unwirtschaftlich geformter ländlicher Grundbesitz nach neuzeitlichen betriebswirtschaftlichen Gesichtspunkten zusammengelegt, wirtschaftlich gestaltet und durch andere landeskulturelle Maßnahmen verbessert werden."

Ziel der Flurbereinigung war zuvorderst, die Arbeits- und Produktionsbedingungen der Bauern zu verbessern, um eine Steigerung der Produktion zu erreichen. Dazu wurde die Struktur des ländlichen Grundbesitzes an technische und betriebswirtschaftliche Erfordernisse angepaßt. Die landeskulturellen Maßnahmen, wie Kultivierung, Bodenverbesserung oder Neulandgewinnung, zielten ebenfalls auf eine Intensivierung der Nutzung ab.

Die Flurbereinigung umfaßte die folgenden Maßnahmen:

– Zusammenlegung zersplitterten Grundbesitzes,

– Umgestaltung unwirtschaftlich geformter Grundstücke,

– Ausbau des Wegenetzes,

– Gewässerausbau,

– Bodenverbesserungen (Meliorationen[5]).

Von 1945 (vor 1953 war die ländliche Neuordnung durch die Reichsumlegeordnung von 1936 geregelt) bis 1983 wurden ca. 2 Drittel der landwirtschaftlich genutzten Fläche von der Flurbereinigung erfaßt. Das entspricht etwa einer Fläche von 7,8 Mio. ha.

Umgestaltung der bewirtschafteten Flächen

Um die neuen Maschinen besser einsetzen zu können, waren größere Felder notwendig, die zudem möglichst rechteckig sein sollten. Daher wurden Felder zusammengelegt und Hecken und Feldgehölze entfernt. Die durchschnittliche Größe der zwischen 1975 und 1983 bereinigten Felder betrug das 3fache der ursprünglichen Größe.

Ausbau der Wirtschaftswege

Dieser wurde gefördert, um zum einen die zurückzulegenden Wege für die Bauern zu verkürzen und um zum anderen die Wege an die

Befahrung durch die schwereren Maschinen anzupassen. Etwa Dreiviertel der heutigen landwirtschaftlichen Wege wurden im Rahmen der Flurbereinigung gebaut. In dem Zeitraum von 1975 – 1983 kamen pro Jahr 4,9 km neue gebaute Wege pro 100 ha bereinigter Fläche hinzu.

Gewässerausbau

Im Rahmen dieser Maßnahme wurden auch die Wasserläufe an die neuen Erfordernisse angepaßt. Das bedeutete: Begradigung von Bächen, Entfernung der Vegetation von Ufersäumen, Fassung von Wasserläufen in Rohrleitungen. 1983 wurden durch die Flurbereinigung 1305 km von insgesamt 2430 km Wasserläufen umgebaut.

Bodenverbesserung

Bodenverbessernde Maßnahmen, beispielsweise Eingriffe in den Boden wie Untergrundlockerung etc., wurden zwischen 1975 und 1983 auf etwa 11 000 – 20 000 ha pro Jahr durchgeführt. Am häufigsten wurden Enwässerungen vorgenommen, auf etwa der Hälfte bis zu 2 Drittel der pro Jahr bereinigten Fläche. (Daten zur Flurbereinigung aus HABER u. SALZWEDEL 1992, S. 24)

Eine wesentliche Auswirkung der Neuordnung der Feldflur und der Vergrößerung der Feldgröße ist die drastische Strukturverarmung der bereinigten Flächen (Abb. A.18).

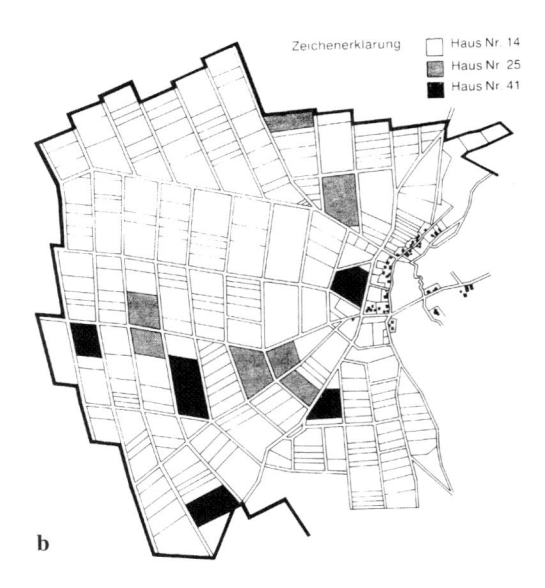

Abb. A.18.
Flurbereinigung Bayerdilling, Landkreis Neuburg a. d. Donau (Bayern). Grundstücksgrenzen und Wege vor *a* und nach *b* dem Verfahren. (Aus DIERCKS 1986)

Dabei wirken sich die verschiedenen Flurbereinigungsmaßnahmen auf unterschiedliche Weise auf den Naturhaushalt aus.

Übersicht über die biologisch besonders relevanten Flurbereinigungsmaßnahmen und deren Auswirkungen auf den Naturhaushalt. (Aus ULLRICH 1987)

1. Dränung und Entwässerung durch offene Gräben	Zweck:	– Verminderung der Bodenfeuchtigkeit, – Verbesserung von Struktur und Textur des Bodens.
	Folge:	– Veränderung der Lebensbedingungen für Tier und Pflanze durch Veränderung der Biotopstruktur, besonders bei der Umwandlung von Grünland in Ackerland.
2. Ausbau der Vorfluter	Zweck:	– Vertiefung des Bettes zur Aufnahme von Einleitungen, – Vermeidung von Rückstaus, – Erhöhung der Aufnahmefähigkeit.
	Folge:	– Erhöhung der Fließgeschwindigkeit und Ausräumung des Bettes verändern die Wasserführung, Selbstreinigungskraft und somit die Lebensbedingungen für Wasserpflanzen und -tiere.
3. Planierung, Terrassierung, Auffüllung	Zweck:	– Nutzung auch ungünstiger topographischer Gegebenheiten, Vergrößerung der Wirtschaftsfläche.
	Folge:	– Umgestaltung des Landschaftsbildes, Veränderung der Abflußverhältnisse und Strömungsverhältnisse für Luft, Veränderung der Bodenstruktur und Bodentextur. Beseitigung der Vegetation bedingt Veränderungen des Ökotops.
4. Gestaltung und Ausbau des Wegenetzes	Zweck:	– Erschließung der Flur und Verbesserung der Verkehrsverhältnisse.
	Folge:	– Die umfangreichen Erdarbeiten schädigen oder verändern den Waldsaum, beseitigen wegebegleitende Baum- und Strauchbestände.
5. Festlegung der Schlaglänge und der Bewirtschaftungsrichtung	Zweck:	– Ermöglichung mechanischer Bearbeitung und Einsatz von Großmaschinen.
	Folge:	– Große Furchenlänge begünstigt das Zusammenfließen des Wassers, erschwert die Versickerung, erhöht den Oberflächenabfluß und die Gefahr der Bodenerosion. Für Flora und Fauna bedeuten die Maßnahmen eine künftige Egalisierung durch Monotonisierung.
6. Änderung der Nutzungsform	Zweck:	– Optimierung der Erträge auf gegebenem Standort.
	Folge:	– Am stärksten betroffen ist die Vegetation, – Realisierung erfordert biotopzerstörende Maßnahmen wie Nr. 1 und 7, ferner Veränderung von Wasserretentionsvermögen, Oberflächenabfluß, Verdunstungsrate, Landschaftsbild; auch Eutrophierungsgefahr.
7. Beseitigung von Flurgehölzen und Hecken	Zweck:	– Schaffung größerer Bewirtschaftungseinheiten, – Verbesserung der Mechanisierbarkeit.
	Folge:	– Habitatzerstörung der spezifischen Agrarfauna und -flora, Verminderung der landschaftlichen Diversität.

Die derzeit gültige Fassung des Flurbereinigungsgesetzes stammt von 1976 (es wurde bis 1994 aber bereits mehrfach verändert). Als neue

Aufgabe der Flurbereinigung wird die umfassende Neuordnung des ländlichen Raumes genannt, bei der auch die Interessen des Natur- und Landschaftsschutzes berücksichtigt werden. Deshalb wird im Flurbereinigungsverfahren eine frühzeitige Abstimmung der Maßnahmen mit dem Naturschutz vorgeschrieben. Die Aufgabenstellung der Flurbereinigung wandelte sich durch die Einbeziehung der Dorfentwicklung und die stärkere Berücksichtigung ökologischer Belange mehr zu einer ganzheitlichen Planung. Die Neugestaltung der Flur muß unter Beachtung der jeweiligen Landschaftsstruktur erfolgen. Das bedeutet u. a., daß schutzwürdige Biotope und landschaftsbestimmende Grünbestände erhalten bleiben und gefährdete Lebensräume für Tiere und Pflanzen gesichert werden müssen. In die Novelle von 1976 wurde als fester Bestandteil des Flurbereinigungsplanes ein „landschaftspflegerischer Begleitplan" mitaufgenommen.

In § 41 des Flurbereinigungsgesetzes (Plan über gemeinschaftliche und öffentliche Anlagen) heißt es:

„(1) Die Flurbereinigungsbehörde stellt im Benehmen mit dem Vorstand der Teilnehmergemeinschaft einen Plan auf über die gemeinschaftlichen und öffentlichen Anlagen insbesondere über die Einbeziehung, Änderung oder Neuausweisung öffentlicher Wege und Straßen sowie über die wasserwirtschaftlichen, bodenverbessernden und landschaftsgestaltenden Anlagen (Wege- und Gewässerplan mit landschaftspflegerischem Begleitplan)."

Inhalt des landschaftspflegerischen Begleitplanes sind beispielsweise:

– Darstellung aller landschaftsprägenden Grünbestände,

– Festlegung aller vorgesehenen Veränderungen am Grünbestand,

– Festlegung erforderlicher Ausgleichsmaßnahmen,

– Darstellung aller Maßnahmen und Pflanzungen zur Verbesserung der Landschaftsstruktur, zur Beseitigung vorhandener und Vermeidung künftiger Landschaftsschäden.

Im Rahmen der Flurbereinigung werden nun immer häufiger Flächen für ausgedehnte Schutzpflanzungen, für besondere Biotope, Gewässerschutzstreifen etc. zur Verfügung gestellt. Die Flurbereinigung umfaßt auch Maßnahmen zur Biotoperhaltung, wie eine Verlagerung von Kleinstrukturen an neue Standorte, Anpassung des Wegenetzes und der Bewirtschaftungsrichtung an vorhandene Kleinstrukturen sowie die Ablehnung von Planierungs- oder Meliorationswünschen auf erhaltungsnotwendigem Grünland.

Anmerkung:
5   Lat. melior = besser.

Anwendung der Gentechnik in der Landwirtschaft

In der Landwirtschaft können 2 Anwendungsbereiche der Gentechnik unterschieden werden: der Einsatz gentechnisch produzierter Stoffe und die Verwendung gentechnisch veränderter Lebewesen.

Gentechnisch produzierte Stoffe

Die Produktion dieser Stoffe erfolgt durch Mikroorganismen, die in großen Fermentern kultiviert werden. Diese Mikroorganismen wurden gentechnisch verändert, indem man das Enzym zur Synthese dieser Stoffe in das Erbgut dieser Organismen eingeschleust hat.

Ein Beispiel für ein solches Produkt, das für den Einsatz in der Landwirtschaft hergestellt wird, ist das rekombinante bovine Somatotropin (rBST). Das Hormon Somatotropin wird in der Hypophyse von Wirbeltieren gebildet und spielt bei der Steuerung von Nährstoffverteilung, Stoffwechsel und Wachstum sowie – bei Säugetieren – von der Milchbildung eine Rolle. Das Gen für Somatotropin von Rindern (Bovinae) wurde in das Erbgut von Bakterien eingeschleust. Somit kann das Hormon im technischen Maßstab produziert werden. rBST unterscheidet sich gegenüber dem natürlichen Hormon in einer zusätzlichen Aminosäure.

Durch die Injektion von rBST wird die Milchleistung von Rindern gesteigert. Das betrifft nicht nur die täglich produzierte Milchmenge, auch die Phase der Milchproduktion von Kühen wird durch rBST verlängert.

Angesichts einer Milchquotenregelung zur Begrenzung der Überschüsse, gesundheitlicher Beeinträchtigungen der behandelten Kühe (häufige Euterentzündungen, Verdauungs- und Fruchtbarkeitsstörungen) und nicht einschätzbarer Folgen für die Gesundheit der Menschen, die die Milch trinken, ist der Einsatz dieses Hormons sehr umstritten, zumal es auch eine hochwertigere Ernährung der behandelten Kühe (mit importierten Futtermitteln) notwendig macht.

Gentechnisch veränderte Lebewesen

Inzwischen gibt es auch eine Reihe von Pflanzen, die durch das Einschleusen neuer Gene verändert wurden. Bei Tieren ist dies bisher mit Erfolg nur bei der Labormaus (Krebsmaus) gelungen; bei Nutztieren hat dieses Verfahren noch keine Bedeutung.

Ziel der genetischen Veränderungen ist v. a. die Induktion von Resistenzen gegen Schädlinge (z. B. Insekten), Krankheitserreger (Pilze, Viren) und Streßfaktoren. Außerdem gibt es Bemühungen, den ernährungsphysiologischen Wert von Nutzpflanzen durch das Einbringen spezifischer Gene zu fördern.

Beispiele

Zum Schutz vor Fraßschäden wurde beispielsweise in Tomaten das Toxingen des Bakteriums Bacillus thuringiensis eingeschleust. Das Toxin wirkt spezifisch auf Insekten (es wurde z. B. bei der Bekämpfung der Mückenplage am Rhein eingesetzt). Es konnte gezeigt werden, daß Raupen verschiedener Schmetterlingsarten, die an den Tomatenpflanzen gefressen hatten, verendeten.

Zur Induktion einer Virusresistenz kann z. B. das Gen für ein Hüllprotein in die Nutzpflanze übertragen werden. Bei einer nachfolgenden Infektion der Pflanze durch das Virus wird die Vermehrung der Viren – aus bisher nicht bekannten Gründen – gestört. Kartoffelvirusresistente Pflanzen wurden bereits 1991 in der Schweiz in einem Feldversuch getestet.

Besonders umstritten ist die „Herstellung" von Kulturpflanzen, die resistent gegenüber Herbiziden sind. Es wird befürchtet, daß der Anbau dieser veränderten Pflanzen zum „hemmungslosen" Einsatz von nichtselektiven Herbiziden führt. Dadurch wird nach Meinung der Kritiker die Gefährdung der angrenzenden Flächen bzw. – durch den Austrag des Herbizids – des Grundwassers noch erhöht.

Um den Anbau von Kulturpflanzen zu sichern bzw. auf weitere Flächen ausdehnen zu können, ist die Übertragung von Genen aus bestimmten Wildpflanzen geplant, die eine höhere Resistenz gegenüber Streßfaktoren wie Kälte, Trockenheit, erhöhte Salz- oder Schwermetallkonzentrationen im Boden bedingen.

Zu den ernährungsphysiologischen Verbesserungen von Pflanzen gehören beispielsweise die Erhöhung des Fettsäureanteils in Sonnenblumen, des Stärkeanteils in Kartoffeln, das Ausschalten der Solaninproduktion in Tomaten und Kartoffeln (Solanin ist das Gift der Nachtschattengewächse, das in allen grünen Pflanzenteilen produziert wird) oder das Ausschalten der Koffeinsynthese in der Kaffeepflanze, um ein nachträgliches Entfernen von Koffein durch Lösungsmittel zur Herstellung von koffeinfreiem Kaffee überflüssig zu machen.

Auswirkungen der Intensivierung auf Acker- und Grünlandlebensgemeinschaften

(nach PLACHTER 1991)

Ackerland

Neben der Vergrößerung der Feldflächen, der verstärkten Düngung und dem Einsatz von Pestiziden sowie der Strukturverarmung der Landschaft wirken sich v. a. die folgenden Faktoren der modernen Landwirtschaft negativ auf das Agrarökosystem Acker aus: die vollmechanisierte Bodenbearbeitung, der Anbau weniger Hochertragssorten, die Einengung der Fruchtfolge sowie veränderte Bewirtschaftungstechniken.

Die Folgen dieser Entwicklung zeigen sich besonders deutlich am Rückgang der Ackerwildkräuter (Tabelle A.1). Die meisten dieser etwa 300 Arten kamen mit der Einführung des Ackerbaus nach Mitteleuropa.

Grünland

Durch Umwandlung in Ackerland gingen in Deutschland seit 1950 insgesamt etwa 15 % des Grünlandes verloren. In manchen Gebieten liegen die Werte sehr viel höher.

Neben diesem mengenmäßigen Rückgang ist es im gleichen Zeitraum auch zu einer qualitativen Veränderung des Grünlandes gekommen, die sich an der Abnahme der typischen Grünlandpflanzenarten ablesen läßt. Von den 700 höheren Pflanzen der Grünlandvegetation sind 183 in der Kategorie „gefährdet" in der Roten Liste der Farn- und Blütenpflanzen verzeichnet, von denen 93 % an stickstoffarme Standorte gebunden sind. Daneben läßt sich auch ein Rückgang von Pflanzenarten nachweisen, die in bestimmten Grünlandgesellschaften dominant vertreten waren.

In Norddeutschland betrifft dieser Rückgang 54 Pflanzenarten, beispielsweise Schafgarbe (*Achillea millefolium*), Sumpfdotterblume (*Caltha palustris*), Wiesenflockenblume (*Centaurea jacea*), Kuckuckslichtnelke (*Lychnis flos-cuculi*), Spitzwegerich (*Plantago lanceolata*) und Wiesenklee (*Trifolium pratense*) (nach MEISEL 1984).

Tabelle A.1. Arten der Ackerwildkrautvegetation, die auf der Roten Liste der Bundesrepublik Deutschland geführt sind. (Aus PLACHTER 1991)

Gefährdungskategorien: *0* ausgestorben oder verschollen, *1* vom Aussterben bedroht, *2* stark gefährdet, *3* gefährdet; Rückgangsursachen: *a* Herbizidanwendung, Saatgutreinigung, *b* Nutzungsaufgabe, *c* Bodeneutrophierung, *d* Aufgabe des Anbaus bestimmter Feldfrüchte (z. B. Lein), *e* Beseitigung von Übergangszonen und anthropogenen Sonderstandorten, *f* Aufhören von Bodenverwundungen

Art	Gefährdungsgrad	Rückgangsursachen
Sommer-Adonisröschen (*Adonis aestivalis*)	3	a, b, c
Flammendrotes Adonisröschen (*Adonis flammea*)	1	a, b, c
Kornrade (*Agrostemma githago*)	1	a, b, c
Großer Mannsschild (*Androsace maxima*)	0	b, c
Acker-Meister (*Asperula arvensis*)	0	c
Acker-Trespe (*Bromus arvensis*)	3	a, c
Spelz-Trespe (*Bromus grossus*)	1	a, c
Rundblättriges Hasenohr (*Bupleurum rotundifolium*)	2	a, b, c
Gezähnter Leindotter (*Camelina alyssum*)	0	d
Hornköpfchen (*Ceratocephalus falcatus*)	0	c
Ackerkohl (*Conringia orientalis*)	2	a, b, c
Flachs-Seide (*Cuscuta epilinum*)	0	d
Acker-Filzkraut (*Filago arvensis*)	3	c
Dreikörniges Labkraut (*Galium tricornutum*)	3	a, c
Kahles Ferkelkraut (*Hypochoeris glabra*)	2	c
Bittere Schleifenblume (*Iberis amara*)	1	b, c
Echter Frauenspiegel (*Legousia speculum-veneris*)	3	b, c
Lein-Lolch (*Lolium remotum*)	0	d
Taumel-Lolch (*Lolium temulentum*)	0	a
Acker-Schwarzkümmel (*Nigella arvensis*)	2	b, c, e
Gelbmilchender Mohn (*Papaver lecoquii*)	3	b, e
Acker-Knorpelkraut (*Polycnemum arvense*)	2	c
Acker-Hahnenfuß (*Ranunculus arvensis*)	2	c
Aufrechtes Mastkraut (*Sagina micropetala*)	3	c, f
Venuskamm (*Scandix pecten-veneris*)	2	a, b, c
Saat-Schuppenmiere (*Spergularia segetalis*)	0	c, f
Lauch-Hellerkraut (*Thlaspi alliaceum*)	0	c
Breitblättrige Haftdolde (*Turgenia latifolia*)	0	a, c
Gefurchtes Rapünzchen (*Valerianella rimosa*)	3	c
Glanzloser Ehrenpreis (*Veronica opaca*)	3	c

Die qualitative Veränderung des Grünlandes stellt neben dem Einsatz von Pestiziden den Hauptgrund für den Rückgang der Tagfalterarten dar. Betroffen sind vor allem Arten, die an feuchte bis nasse Standorte bzw. an Magerrasen gebunden sind, aber auch solche der halbintensiv genutzten Kulturlandschaft. Ein Vergleich der Tagfalterarten auf extensiv gegenüber intensiv genutzten Wiesen in Niederbayern ergab eine Reduktion der Artenzahlen um 53 % (von 21 auf 9 Arten) und der Häufigkeit um 94 % (REICHHOLF 1988).

Eine Betrachtung der Vogelarten, die auf feuchten bis nassen Wiesen brüten, fällt noch negativer aus. Die sog. „Wiesenbrüter", wie z. B. Großer Brachvogel (*Numenius arquata*), Uferschnepfe (*Limosa limosa*), Bekassine (*Gallinago gallinago*), sind alle in die Kategorie „gefährdet" der Roten Liste eingestuft.

Im folgenden werden die Auswirkungen auf verschiedene Grünlandformen beschrieben.

Die pro Jahr 1mal gemähten ungedüngten Streuwiesen[6], die früher im Alpenvorland weit verbreitet waren, sind fast völlig verschwunden. Diese Grünlandform gehört zu den artenreichsten Lebensgemeinschaften des Grünlandes.

Eine Nutzung der Halbtrockenrasen[7], die früher mit Schafen beweidet oder auch regelmäßig gemäht wurden, gibt es heute kaum noch. Sie wurden aufgeforstet oder ganz aus der Nutzung herausgenommen und verbuschen daher. Nur wenige werden noch als Schafweide genutzt, denn die Wanderschäferei wird nur noch in geringem Umfang betrieben. Die Verbindungen zwischen den einzelnen Standorten, die früher in Form von Trittwegen mit ähnlichen Lebensgemeinschaften bestanden, sind verlorengegangen. Die kleinen Restflächen sind isoliert.

Anmerkungen:
6   Extensiv bewirtschaftete Wiesen, die nicht gedüngt und höchstens 1mal im Jahr gemäht werden. Das Mähgut wird als Einstreu für den Stall verwendet.
7   Durch die Bewirtschaftung des Menschen entstandenes Biotop auf trockenem, basischem Untergrund, das beweidet (Schafe) oder gemäht wird.

Klärschlammanwendung in der Landwirtschaft

(aus Heissenhuber u. Ring 1994, S. 57 – 59)

„In der Bundesrepublik Deutschland (alte Bundesländer) werden von rund 50 Millionen Tonnen Klärschlamm, die jährlich anfallen, etwa 60 % deponiert, ca. 10 % verbrannt und geringe Mengen kompostiert. Etwa 20 bis 25 % des anfallenden Klärschlammes kommen auf landwirtschaftlich genutzte Flächen, so daß dieser Nährstoffquelle eine gewisse Bedeutung zukommt (Ambros, 1992). Nach Angaben von Kraus (1991), werden im Landkreis Rosenheim 76 % des anfallenden Klärschlamms landwirtschaftlich und 10 % industriell (in einer Ziegelei) verwendet und nur 14 % deponiert. Generell wäre es sinnvoll, für einen weitgehend geschlossenen Nährstoffkreislauf zu sorgen, d. h., die in den Klärschlämmen befindlichen Nährstoffe wieder den Pflanzen zuzuführen. Bezüglich der Nährstoffgehalte bestehen in der Praxis relativ große Unterschiede.

Die konkreten Angaben zweier Kommunen (Rosenheim und Straßkirchen) ergeben für Klärschlamm einen Gehalt an Stickstoff von etwa 5 %, an P_2O_5 von 3,7 bis 5,0 % und einen Gehalt an K_2O von 0,7 % in der Trockensubstanz. Damit entspricht der Stickstoffgehalt des Klärschlamms in etwa dem Stickstoffgehalt der Rindergülle bezogen auf die Trockensubstanz. Im Einzelfall muß die jeweilige Nährstoffmenge in der Düngerplanung berücksichtigt werden. Aus mehreren Gründen wurde in der Vergangenheit Klärschlamm als Dünger immer weniger verwendet. In den 80er Jahren war vor allem der hohe Gehalt an Schwermetallen ein Hinderungsgrund für die landwirtschaftliche Verwertung, derzeit sind es die Gehalte an persistenten organischen Verbindungen, wie z. B. Dioxine, Furane, PCB[8] (vgl. Ambros, 1992). Das sich daraus ergebende Risiko wird als Argument gegen eine Verwendung von Klärschlamm als Dünger für landwirtschaftlich genutzte Flächen angeführt. Der Einsatz von Klärschlamm ist – unabhängig von den Vorschriften der Klärschlammverordnung – in einzelnen Anbaurichtlinien für die pflanzliche Produktion sogar ausdrücklich verboten. Dies trifft z. B. für Betriebe des ökologischen Landbaues ebenso zu wie für Betriebe, die sog. kontrollierten Anbau von Getreide durchführen.

Mit der Novellierung der Klärschlammverordnung im Jahr 1992 (Bundesregierung, 1992) wurde eine Vielzahl von zusätzlichen Regelungen festgelegt.

Folgende Aspekte der neuen Klärschlammverordnung seien besonders erwähnt:

– Klärschlamm darf bestimmte Grenzwerte bezüglich des Gehaltes an Schwermetallen in Abhängigkeit vom pH-Wert des Bodens sowie bestimmte Gehalte an organischen Schadstoffen nicht überschreiten.

– Landwirtschaftliche Flächen dürfen nur mit Klärschlamm gedüngt werden, wenn sie vorher auf Schwermetalle und Nährstoffe untersucht wurden. Die Untersuchungen haben in zehnjährigen Abständen zu erfolgen.

– Die Aufbringmenge an Klärschlamm ist auf maximal 5 t/ha in drei Jahren begrenzt (entsprechend etwa 8 kg N/ha).

– Auf bestimmten Flächen ist die Klärschlammaufbringung generell verboten (z. B. Gemüse- und Obstanbauflächen, Dauergrünland, forstwirtschaftlich genutzte Flächen, Wasserschutzgebiete (Zone I und II), Uferrandstreifen bis 10 m Breite).

– Die durch Klärschlamm ausgebrachten Nährstoffe sind bei der Düngerplanung zu berücksichtigen.

Die neue Verordnung sieht demnach bei bestimmten Stoffen sowohl für den Klärschlamm als auch für den Boden Grenzwerte vor (…) Problematisch werden in diesem Zusammenhang die bislang unzureichenden wissenschaftlichen Erkenntnisse bei organischen Schadstoffen bewertet (AMBROS, 1992). Vor allem die Anreicherung und das Verhalten im Boden sowie der Übergang in Pflanzen und tierische Erzeugnisse sind teilweise noch unbekannt.

Trotz der strengen Vorschriften der neuen Klärschlammverordnung besteht für den Klärschlamm abnehmenden Landwirt noch ein Restrisiko, vor allem bezüglich bisher nicht erfaßter Schadstoffe. Durch eine Haftungsübernahmevereinbarung mit der den Klärschlamm abgebenden Kommune soll dieses Risiko abgesichert werden (AMBROS, 1992) und damit die Akzeptanz der Klärschlammdüngung verbessert werden (vgl. KRAUS, 1991)."

Anmerkung:
8   Polychlorierte Biphenyle.

Auswirkungen von biologischem und konventionellem Ackerbau auf Flora und Fauna

(aus KÖCK 1989, S. 286 – 288)

„Um die Auswirkungen des konventionellen Ackerbaus auf Flora und Fauna zu ermitteln, wurde von Ulrich AMMER (Professor für Landschaftstechnik an der Universität München) im Landkreis Weilheim (Südbayern) von April bis August 1987 eine vegetationskundliche und faunistische Vergleichsuntersuchung an zwei Weizenfeldern, einem konventionell bewirtschafteten und einem „organischbiologisch" bewirtschafteten, durchgeführt.

... Während im konventionellen Feld mittelschwere Traktoren auch nach der Aussaat im Oktober im folgenden Frühjahr häufig im Einsatz waren, um diverse Dünger, Herbizide und Fungizide auszubringen, wurde im biologischen Feld der Traktoreinsatz stark eingeschränkt. Zum Ausbringen des Düngers wurde auf „echte Pferdestärken" zurückgegriffen, auf Herbizide und Fungizide wurde vollkommen verzichtet.

Aufgrund des fehlenden Herbizideinsatzes im biologisch bewirtschafteten Feld ist die Verbreitung der Acker-„Unkräuter" hier deutlich ausgeprägter als auf dem konventionellen Feld (Abb. 2; A.19, d. Bearb.). Im biologischen Feld finden sich Unkräuter verschiedenster Höhe, einige stehen sogar höher als der Weizen selbst (über 1 m). Im

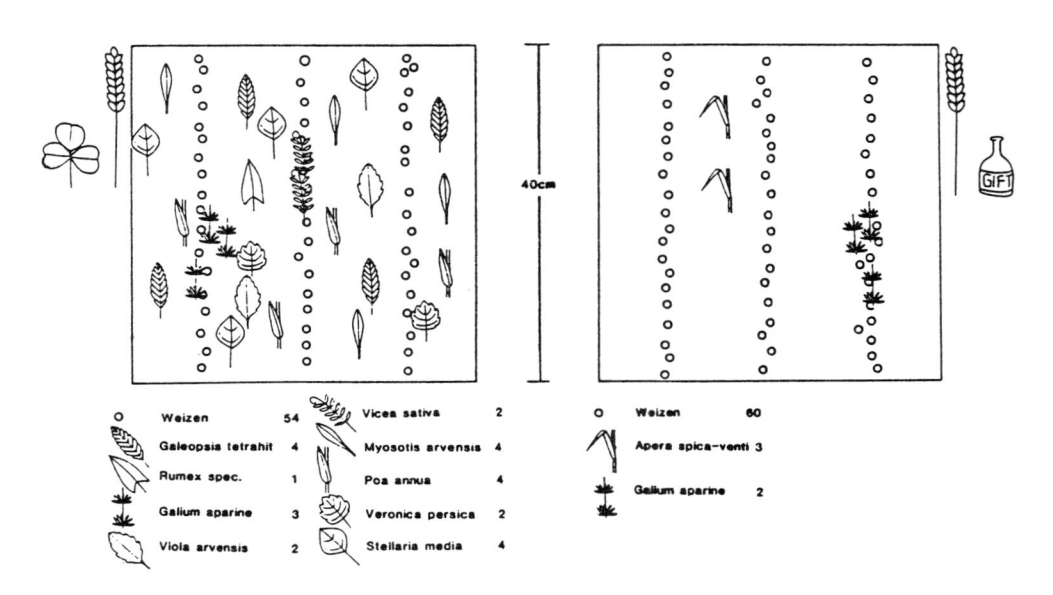

Abb. 2 (A.19).
Verteilung der Weizenhalme und der Unkräuter im konventionellen *(rechts)* und biologischen Feld *(links)* am 17.8.1987 in zwei repräsentativen Testparzellen

konventionellen Feld befinden sich die Unkräuter dagegen lediglich im Unterbau (bis 20 cm Höhe). Diese auf den ersten Blick nachteilig erscheinende Entwicklung macht AMMER unter anderem (keine Bodenverdichtung durch schwere Fahrzeuge) dafür verantwortlich, daß im biologischen Feld, trotz des Verzichts auf Fungizide, seit 10 Jahren keine spürbaren Pilzkrankheiten mehr aufgetreten sind.

Die nischenreiche Struktur dieser „Mischvegetation" hat auch entscheidenden Einfluß auf das faunistische Arteninventar. Während man zum Beispiel in 5minütigen Beobachtungsphasen Anfang Mai im biologischen Feld 7 Tagfalter, 13 Bienen und 16 Hummeln in zehn 16 m² großen Beobachtungsquadranten zählte, fand man im konventionellen Feld nur eine einzige Biene auf dem ganzen Feld. Ende August war das Verhältnis noch eklatanter: 10 Tagfalter, 33 Bienen und 10 Hummeln pro 10 Zählquadranten im biologischen Feld und keines dieser Insekten auf dem konventionellen Feld. Obwohl diese Ergebnisse nicht statistisch abgesichert sind, ist die Tendenz eindeutig.

Aufschlußreich waren auch die Netzfänge: Vergleicht man die Summe aller mit dem Netz gefangenen Tiere pro Flächen- und Zeiteinheit, so erscheint der Unterschied zwischen biologischem Acker (580 Tiere) und konventionellem Acker (511) zunächst nicht erheblich. Schlüsselt man die Fänge jedoch nach Gruppen auf, so erkennt man, daß der Hauptanteil der gefangenen Tiere auf dem konventionellen Weizenfeld Blattläuse (48,9 %) sind, während auf dem biologischen Feld die Blattläuse mit 20,8 % eine deutlich geringere Rolle spielen. Häufigere Gruppen sind hier Fliegen und Hautflügler sowie Wanzen.

Beim Vergleich der in Barberfallen (in die Erde versenkte Becher mit Formalinlösung) gefangenen Bodentiere liegt die Individuenzahl pro Falle beim biologischen Feld über den Gesamtzeitraum hinweg um etwa 30 % höher als im konventionell bewirtschafteten Feld (Abb. 3; A.20, d. Bearb.). Während der Phase der Spritzungen im konventionellen Feld beträgt der Unterschied allerdings bis zu 65 Prozent.

In beiden Feldern wurden überwiegend Käfer, Spinnen und Collembolen gefangen (Abb. 3; A.20, d. Bearb.). Im konventionellen Feld stellen jedoch kleine Spinnen mit etwa 1 mm Durchmesser den überwiegenden Anteil der gefangenen Tiere dar, die vermutlich, bedingt durch die geringe Größe des Weizenfeldes, vom Wind aus benachbarten Gehölzen eingetragen wurden. Mangels einer hinreichenden Anzahl von Freßfeinden konnten sich diese stärker vermehren als im biologischen Acker, in dem auch viele Käfer und größere Spinnen gefangen wurden.

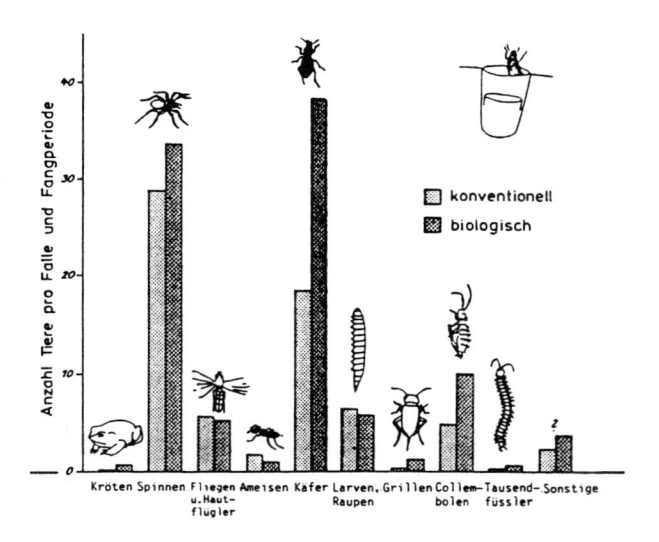

Abb. 3 (A.20).
Gruppenvergleich der Barberfallenfänge zwischen konventionellem und biologischem Weizenfeld. Vor allem Käfer und Collembolen (Springschwänze, d. Bearb.) leiden stark bei konventioneller Wirtschaftsweise

Folgende Schlußfolgerungen lassen sich ziehen: Die aufgrund des fehlenden Biozideinsatzes und einer schonenden Bodenbewirtschaftung auf dem biologischen Feld wachsenden Wildpflanzen (also keine „Unkräuter") ermöglichen einem breiten Artenspektrum von Tieren (insbesondere Bienen, Tagfalter, Hummeln, Wanzen, Fliegen, Hautflügler, Blattläuse, Käfer, Collembolen, Tausendfüßer u. a.) ein Leben in einem relativen ökologischen Gleichgewicht, was der Vermehrung einer einzigen Tierart entgegenwirkt; die Massenvermehrung eines Schädlings ist damit erschwert. Dagegen ruft die chemieorientierte Bewirtschaftung nicht nur starke Floren- und Faunenverluste hervor, sie fördert zudem einseitige Massenvermehrungen durch das Fehlen von Freßfeinden, was wiederum den Einsatz von noch mehr Bioziden erforderlich macht. In einer stärker ausgeprägten Monokultur als der untersuchten dürften die Effekte entsprechend noch ausgeprägter sein."

Verschiedene Kohlenarten: Entstehung, Eigenschaften und Verwendung

(nach HOLLEMAN u. WIBERG 1964, S. 310; KUKUK u. HAHNE 1962, S. 7f. und SPECK 1988, S. 41f.)

Kohle entsteht aus abgestorbenen Pflanzen durch den Prozeß der Inkohlung.

***Inkohlung** ist die allmähliche Umwandlung organischer Pflanzensubstanz (v. a. Lignin und Zellulose) in kohlenstoffreiche feste Kohlenwasserstoffe.*

Bei der Inkohlung entweichen Wasserstoff, Sauerstoff und Stickstoff in Form von Gasen (z. B. CH_4, CO_2), so daß es zu einer Anreicherung von zurückbleibendem Kohlenstoff kommt. So entstehen aus der pflanzlichen Substanz nacheinander Torf, Braunkohle, Steinkohle, Anthrazit und Graphit.

Bis zum Stadium der Braunkohle sind v. a. biochemische Prozesse an der Umwandlung beteiligt, wie die anfangs aerobe (d. h. in Gegenwart von Sauerstoff), später jedoch anaerobe Zersetzung des Pflanzenmaterials. Im anschließenden geochemischen Stadium werden die chemischen Veränderungen durch geologische Vorgänge verursacht. Durch Ablagerungen von weiterem Material sinken die pflanzlichen Reste in die Tiefe, der auf ihnen lastende Druck nimmt zu, ebenso die Temperatur. Dadurch entweichen weitere flüchtige Bestandteile, und der Kohlenstoffgehalt steigt. Verallgemeinernd kann man sagen, daß der Inkohlungsgrad mit dem Alter der Sedimente steigt, d. h., in paläozoischen Ablagerungen findet sich meist Steinkohle, in tertiären Ablagerungen Braunkohle und in quartären Ablagerungen Torf.

Die Tabelle A.2 vermittelt einen Überblick über die verschiedenen Kohlenarten.

Tabelle A.2. Überblick über verschiedene Kohlearten

	Enthalten in Gewichtsprozent			Gehalt der Kohle an flüssigen Bestandteilen %*	Heizwert kcal/kg	Verwendung
	C	H	O			
Holz	50	6	43		4000	
Torf	60	6	33		5000 – 6000	
Braunkohle	70	6	23		6000 – 7000	
Flammkohle	82	5,8	10	40	7550 – 7950	Vergasung, Verschmelzung, Gas- u. Dampferzeugung
Gasflammkohle	84	5,7	8	35 – 40	7950 – 8350	Gaserzeugung, Kesselfeuerung, Feinkohlen als Beimischung für die Okserzeugung
Gaskohle	87	5,5	6	28 – 35		
Fettkohle	89	5,0	4	19 – 28	8350 – 8450	Feinkohlen für Kokserzeugung, Industriekohlen
Eßkohle	90	4,3	3	4 – 19	8450	Kesselfeuerung, Schmiedezwecke, Feinkohle für Brikettherstellung und Beimischung für die Kokserzeugung
Magerkohle	91	3,9	2,5	3 – 14	8430	Hausbrand- und Industriezwecke, Feinkohle für Brikettherstellung, Schmiedekohle
Anthrazit	92	3,7	2,0		8000 – 9000	
Graphit	100	–	–			

* Bezogen auf die wasser- und aschefreie Substanz

Häufige Bodenschadstoffe: Herkunft und toxikologische Daten

(nach BEYER u. WALTER 1991; DEUTSCHE FORSCHUNGSGEMEINSCHAFT 1993; HEINTZ u. REINHARDT 1990; RÖMPP, 1972 – 1977; ROTH 1992; STARKE et al. 1991; QUELLMATZ 1977)

Benzol

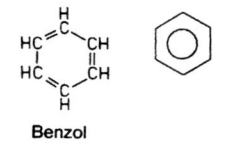

Farblose, leichtentzündliche Flüssigkeit von charakteristischem Geruch, die bei 80 °C siedet.

Giftig beim Einatmen, Verschlucken und bei Berührung mit der Haut. Einatmen von Dämpfen in hoher Konzentration kann innerhalb kurzer Zeit zu Bewußtlosigkeit und Tod führen, längeres Einatmen verdünnter Dämpfe verursacht in Haut und Zahnfleisch fettige Entartung der Blutgefäße, Abnahme weißer Blutkörperchen, Knochenmarkschädigungen. Benzol kann Krebs erzeugen.

Es kommt im Steinkohlenteer und Rohgas vor.

Benzol wird Motorkraftstoffen beigemischt sowie als Lösungsmittel für u. a. Wachse, Harze und Öle verwendet. Es ist Ausgangssubstanz für die Herstellung von Anilin, Nitrobenzol, Styrol, Nylon, vielen Kunststoffen, waschaktiven Substanzen, Phenol, Insektiziden, Farbstoffen u. v. m.

„Für erwiesenermaßen oder potentiell krebserzeugende Substanzen sind besondere Vorsichtsmaßnahmen hinsichtlich der Gesundheitsfürsorge erforderlich. Es kann keine Konzentration (MAK-Wert) angegeben werden, die als noch unbedenklich gelten könnte" (QUELLMATZ 1977, S. 286).

Toluol

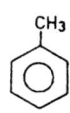

Farblose, leichtentzündliche Flüssigkeit, angenehm aromatisch riechend, feuergefährlich, siedet bei 110,6 °C.

Toluol verursacht beim Einatmen Kopfschmerzen, Benommenheit oder leichte Übelkeit; in größeren Mengen wirkt es narkotisch. Nach heutigen Erkenntnissen ist es weder blutschädigend noch kanzerogen. Eine Gefahr geht davon aus, daß technische Lösungen von Toluol meist mit Benzol verunreinigt sind. Maximale Arbeitsplatzkonzentration 380 mg/m^3.

Toluol kommt im Steinkohlenteer und Erdöl vor.

Toluol wird Motorkraftstoffen beigemischt (oft kann es das schädliche Benzol ersetzen); es ist Ausgangssubstanz für die Synthese von Sprengstoffen, Phenol, Farbstoffen, Pharmazeutika u. v. m.

Xylol

Farblose, leichtentzündliche, charakteristisch aromatisch riechende Flüssigkeit, brennfähig. Normalerweise liegt ein Gemisch von 3 stereoisomeren Xylolen vor, die sich durch die relative Position der beiden CH_3-Gruppen am Benzolring unterscheiden. Siedepunkte: 138,4, 139,1, und 144,4 °C.

Die Toxizität ist geringer als die des Benzols. Flüssiges Xylol reizt Haut- und Schleimhäute, kann Entzündungen der Haut hervorrufen. Die Dämpfe reizen Augen und Nase, erzeugen Benommenheit. Maximale Arbeitsplatzkonzentration 440 mg/m³.

Xylol kommt im Steinkohlenteer und im Erdöl vor.

Xylol dient als Lösungsmittel (häufig statt des erheblich toxischeren Benzols) für Harze, Fette, Wachse, Bitumen, Teer, die bei der Herstellung von Lacken, Farben, Klebstoffen, Bauschutzmitteln, Insektiziden verwendet werden. Zusatz zu Motorkraftstoffen.

Polyzyklische aromatische Kohlenwasserstoffe (PAK)

Organische Verbindungen mit 4 oder mehr aneinandergelagerten Benzolringen, z. B. Pyren (4 Ringe), Benzo[a]pyren (5 Ringe, gelbliche Plättchen oder Nadeln). Ein Teil der PAK sind Schadstoffe: auf der Prioritätsliste für Kontaminanten der amerikanischen Umweltbehörde (US-EPA Priority Pollutant List) stehen 16 Substanzen aus der Gruppe der PAK. Einige PAK wirken mit Sicherheit mutagen, von anderen ist die Mutagenität noch nicht bekannt. Einige sind kanzerogen, teilweise stark: 0,002 mg/kg Benzo[a]pyren wirken krebsauslösend. Benzo[a]pyren kommt auch im Zigarettenrauch vor!

Viele PAK befinden sich in Kohle und Erdöl. Sie entstehen allgemein bei Erhitzen vieler organischer Stoffe unter Sauerstoffmangel. Besonders hoch ist ihr Anteil in Braun- und Steinkohlenteeren, Steinkohlenteerpechen und -ölen und in Kokereirohgasen.

Polychlorierte Biphenyle (PCB)

Organische Verbindungen aus 2 Phenylringen mit 1–10 Chloratomen, schwerflüchtige und schwer entflammbare Öle, fettlöslich, schwer abbaubar. Die Verbindungen sind kanzerogen (Tierversuche). Wegen ihrer Fettlöslichkeit reichern sie sich in der Nahrungskette an. Seit 1978 ist ihr Einsatz in der Bundesrepublik verboten, Ausnahme: im Bergbau als (schwer entflammbares) Hydrauliköl. Seit 1983 werden keine PCB in der Bundesrepublik mehr produziert.

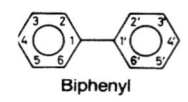

Verwendet wurden PCB als Isolierflüssigkeiten in Kondensatoren und Transformatoren, Hydraulik- und Sperrflüssigkeiten, Schmiermittel,

Weichmacher in Kunststoffen, Zusätze in Durchschlagpapier, Imprägnier- und Flammschutzmittel, Zusätze in Kitten, Spachtel- und Vergußmassen u. a.

Blei (Pb)

Bläulich-weiß glänzendes Metall, das an blanken Oberflächen durch Oxidation rasch stumpf-grau anläuft.

Schmelzpunkt 327 °C, Siedepunkt 1750 °C.

Bei andauernder längerer Aufnahme von Bleidämpfen, Bleistaub, auch von Bleiverbindungen reichert sich Blei im Körper an. Es kommt zur Zerstörung roter Blutkörperchen, zu Magen- und Darmkoliken, Krämpfen, Lähmungen, Leberschäden, Schwäche, Appetitlosigkeit, fahlgelber Gesichtsfarbe und grauem Saum am Zahnfleisch. Diese sog. Bleikrankheit dauert meist mehrere Monate, die Lähmungen können jahrelang nachwirken. Maximale Arbeitsplatzkonzentration 0,1 mg/m^3.

Blei kommt insgesamt in zwar geringer Menge in der Erdkruste vor, es bildet aber wenige große Lagerstätten in Form von Bleierzen (z. B. Bleiglanz), aus denen das Metall leicht zu gewinnen ist. Es ist ein relativ billiges Gebrauchsmetall, weil es u. a. Nebenprodukt der Silbergewinnung ist. Wegen seiner Widerstandsfähigkeit gegenüber vielen Chemikalien dient es zur Herstellung von Rohren und Behältern und als Kabelummantelung. Es wird gebraucht bei der Herstellung von Akkumulatoren u. v. a. Vielfach werden Legierungen verwendet. – Blei wird in Pflanzen und im Boden akkumuliert; es gelangt so in die Nahrungsmittel.

Cadmium (Cd)

Silbrig-glänzendes, ziemlich weiches und plastisches Metall. Schmelzpunkt 321 °C, Siedepunkt 767 °C.

Einatmen von Cadmiumdämpfen hat Kopfschmerzen zur Folge, Cadmiumoxid kann Prostatakrebs hervorrufen. Cadmium verursachte in Japan eine Krankheit, die mit Knochendemineralisation verbunden und oft tödlich ist (Itai Itai).

Cadmium kommt als seltenes Mineral in der Erdkruste vor. Häufig findet man es zusammen mit Zinkerzen (z. B. mit Galmei). Es dient als Korrosionsschutz; Cadmiumlegierungen dienen als Lagermetalle, Cadmiumverbindungen zur Herstellung von Photozellen, Leuchtstoffen und Farben.

Zink (Zn)

Ein bläulichweißes Metall, Schmelzpunkt 419 °C, Siedepunkt 907 °C.

Zink ist ein lebensnotwendiges Spurenelement (kleine Mengen werden dauernd mit Nahrungsmitteln aufgenommen). Größere Mengen von Zinksalzen verursachen äußerlich Verletzungen, innerlich stark schmerzhafte Entzündungen der Verdauungsorgane, Erbrechen. Zinkchromat und Zinkoxidstäube können zu chronischen Vergiftungen führen. Einnahme größerer Zinksalzmengen (z. B. bei längerem Aufbewahren von sauren Lebensmitteln in verzinkten Geschirren) kann zu stärkeren Verdauungsbeschwerden führen.

Zink kommt nicht gediegen, sondern nur als Erz vor, z. B. Zinkspat (Galmei), Zinkblende u.v.a. Es ist häufig mit Cadmium und Blei vergesellschaftet. Spuren von Zink finden sich in den meisten Böden.

Verwendet wird Zink größtenteils als Korrosionsschutz und in Legierungen.

Zur Festlegung von Richt- und MAK-Werten

(nach DEUTSCHE FORSCHUNGSGEMEINSCHAFT 1993; WORLD HEALTH ORGANIZATION 1972, 1989; BUNDESGESUNDHEITSAMT 1990)

Nach einer Veröffentlichung des Bundesgesundheitsamtes von 1990 werden die *Richtwerte* nach statistischen, gesundheitlichen, aber auch die Versorgung der Bevölkerung berücksichtigenden Gesichtspunkten festgelegt. Allein toxikologisch zu begründen ist der einzelne Richtwert nicht, da nur die Gesamtzufuhr des jeweiligen Schadstoffes über alle zu verzehrenden Lebensmittel zu bewerten ist. Demzufolge erfolgt die Richtwertfindung unter Berücksichtigung der aktuellen Belastungssituation der Lebensmittel, der durchschnittlichen Verzehrmengen des Erwachsenen und der sog. World–Health–Organization-Werte, die vorläufig duldbare wöchentliche Aufnahmen – so z. B. für Blei, Cadmium und Quecksilber – darstellen (WORLD HEALTH ORGANIZATION 1972, 1989).

Ein anderer Weg wird bei den *MAK-Werten* (maximale Arbeitsplatz-Konzentration) beschritten. Laut Definition charakterisiert der MAK-Wert „die höchstzulässige Konzentration eines Arbeitsstoffes als Gas, Dampf oder Schwebstoff in der Luft am Arbeitsplatz, die nach dem gegenwärtigen Stand der Kenntnis auch bei wiederholter und langfristiger, in der Regel täglich 8stündiger Exposition, jedoch bei Einhaltung einer durchschnittlichen Wochenarbeitszeit von 40 Stunden (in Vierschichtbetrieben 42 Stunden je Woche im Durchschnitt von 4 aufeinanderfolgenden Wochen) im allgemeinen die Gesundheit der Beschäftigten nicht beeinträchtigt und diese nicht unangemessen belästigt" (DEUTSCHE FORSCHUNGSGEMEINSCHAFT 1993, S. 7).

Für die Aufstellung eines MAK-Wertes sind dabei ausreichende toxikologische und arbeitsmedizinische bzw. industriehygienische Erfahrungen beim Umgang mit dem Stoff Voraussetzung. Eine Ankündigung vorgesehener Änderungen und Hinzunahmen von Stoffgruppen erfolgt mit der Herausgabe einer jährlichen Liste, die gleichzeitig im „Bundesarbeitsblatt" sowie in den Zeitschriften „Zentralblatt für Arbeitsmedizin" und „Arbeitsmedizin, Sozialmedizin, Präventivmedizin" veröffentlicht wird. Nach der Verabschiedung der jährlichen Listen werden der Länderausschuß für Arbeitsschutz und Sicherheitstechnik, der Berufsverband der deutschen Industrie, der Hauptverband der gewerblichen Berufsgenossenschaften und der Deutsche Gewerkschaftsbund offiziell über die diskutierten Änderungen informiert (DEUTSCHE FORSCHUNGSGEMEINSCHAFT 1993, S. 7).

Die Festlegung von Grenzwerten: Entscheidungsprozesse im interdisziplinären Zusammenhang und beteiligte Gruppen

A Entscheidungsprozesse:
(nach SCHMÖLLING 1986, S. 74)

– Ermittlung einer naturwissenschaftlich begründeten Dosis-Wirkungs-Schwelle.

  Angemerkt sei aber, daß die Einengung auf einzelne Stoffe einem pragmatischen Vorgehen entspricht, dem komplexen Erscheinungsbild eines ökologischen Systems aber nur unvollkommen gerecht wird.

– Risikobetrachtungen. Hierzu gehören Expositions- und Betroffenheitsuntersuchungen bzw. -überlegungen (insbesondere über die Zahl und die Verteilung der betroffenen „Objekte", z.B. von Risikogruppen). Auch die Berücksichtigung verschiedener Belastungspfade (z. B. über die Nahrung), bekannter oder vermuteter Kombinationswirkungen, von Langzeiteffekten und der Wirkung der Folgeprodukte ist wünschenswert.

– Ermittlung und Festlegung von Methoden zur Feststellung und Beurteilung von Einwirkungen (Messen, Bewerten).

– Ermittlung und Feststellung von Realisierungsmöglichkeiten für die Vermeidung oder Verminderung von Belastungen. (Hierzu gehört die Ermittlung von Verursachergruppen und ihren Handlungsspielräumen oder auch von Minderungspotentialen.)

– Abwägungsprozeß, der aus den vorangegangen Elementen zur Entscheidung führt, ob und in welchem Maße eine Festlegung von Grenzwerten erfolgen soll.

B An den Entscheidungen beteiligte Gruppen:

– Wissenschaftler,
– Unternehmer (Hersteller, Betreiber),
– Berufsgenossenschaften,
– Länderregierungen, Bundesregierung,
– Sachverständigenrat für Umweltschutz (SRU),
– Umweltministerkonferenz des Bundes und der Länder,
– Ausschuß für gefährliche Arbeitsstoffe.

Anhang: Materialiensammlung

Rückbau der Stembergstraße in Bochum-Riemke

(aus Ministerium für Umwelt, Raumordnung und Landwirtschaft des Landes Nordrhein-Westfalen 1989, S. 20 – 26)

„Ausgangslage

Die Stembergstraße diente als Anlieger- und Zufahrtsstraße zur Kleingartenanlage „Düppe in der Wanne". Durch die Anreicherung des Naherholungsgebietes „Tippelsberg/Berger Mühle" mit Gewässern und anderen naturnahen Bereichen war die Straße wegen der Staub- und Lärmbelästigungen und der damit verbundenen Auswirkungen auf die angrenzenden Naturbereiche nicht mehr tragbar. Sie wurde daher als Zufahrtsstraße entwidmet und dient jetzt nur noch als Anliegerstraße.

Planerische Einbindung

Im Flächennutzungsplan ist der Bereich als Grünfläche ausgewiesen.

Die Landschaftsplanung sieht die Festsetzung des Gesamtbereiches als Landschaftsschutzgebiet vor mit dem Entwicklungsziel des Erhalts für den Arten- und Biotopschutz. Da die Stembergstraße das Naturschutzgebiet „Mühlenbachtal" tangiert, wird die Einziehung der Straße besonders begrüßt.

Ziele und Maßnahmen

Ziel ist der Rückbau der Stembergstraße innerhalb des Naherholungsgebietes.

Die 6 m breite alte Straßendecke wurde in einer Breite von 3 m aufgenommen und abtransportiert. Auf die so entsiegelten Flächen wurde Oberboden aufgetragen und Wiesenflächen erstellt. An einigen Stellen ist durch die Pflanzung von bodenständigen Gehölzen der Waldrand ergänzt worden. Der Rückbau des Wendebereiches der Anliegerstraße erfolgte auf gleiche Art." (Abb. A.21 und Abb. A.22).

Abb. A.21.
Die rückgebaute Stembergstraße mit den zurückgewonnenen Wiesenflächen am Waldrand

Abb. A.22.
Entsiegelung im Wendebereich der Anliegerstraße; der Baumstamm schützt die Neueinsaat vor dem Befahren

Industriebrachen als Refugien für seltene Arten

(aus Dettmar 1992, S. 20 – 26)

Die Untersuchungsflächen

„Der größte Teil der genutzten und brachliegenden Flächen entfällt auf die drei Industriezweige Eisen- und Stahlindustrie, Bergbau und Chemische Industrie. Zu ihnen gehören derzeit 66 Prozent aller genutzten Industrieflächen im Ruhrgebiet.

Für das Vorhaben wurden insgesamt 15 Einzelflächen der drei Industriezweige mit insgesamt ca. 1600 Hektar Fläche ausgewählt. Dies sind nahezu 10 Prozent der Industrieflächen im Ruhrgebiet. Es handelt sich sowohl um genutzte als auch um brachgefallene Flächen. ...

Ergebnisse der floristischen Untersuchung

Insgesamt wurden auf den Untersuchungsflächen in zwei Vegetationsperioden (1988/89) 699 wildwachsende Farn- und Blütenpflanzensippen festgestellt. Nach notwendigen Abgleichungen mit der Florenliste von Nordrhein-Westfalen ..., z. B. hinsichtlich unterschiedlicher Differenzierungsgrade bei Artaggregaten, verbleiben 579 Sippen, das sind rund 31 Prozent der Gesamtflora von NRW.

Die Artenzahlen auf den einzelnen Werken schwanken beträchtlich, sie sind einerseits abhängig von der Flächengröße (Art-Areal-Kurve), andererseits lassen sich deutliche Beziehungen zur Nutzungsintensität und zum Versiegelungsgrad nachweisen. Je intensiver eine Industriefläche genutzt wird, je höher die Versiegelung ist, desto geringer ist die zu erwartende Gesamtartenzahl bei der Flora. ...

Insgesamt 72 Sippen können nach Vergleichen mit den vorliegenden floristischen Daten für das Ruhrgebiet ... als selten eingestuft werden, darunter sind u. a. 33 Arten, die auf der Roten Liste der Farn- und Blütenpflanzen von Nordrhein-Westfalen ... stehen (siehe Tabelle 1; A.3, d. Bearb.). Die Rote Liste von Nordrhein-Westfalen läßt sich allerdings nur bedingt verwenden, da in ihr u. a. Neophyten nicht berücksichtigt sind, was wissenschaftlich umstritten ist ...

Tabelle 1 (A.3). Festgestellte Arten der Roten Liste NRW auf den Industrieflächen

Abkürzungen und Symbole:
Bem. = Gefährdungsstufen nach der Roten Liste der Farn- und Blütenpflanzen NRW. Landesweite Einstufung sowie Angaben zu verwilderten Kulturpflanzen und Ansalbungen
NRTLD = Gefährdungseinstufung für die Großlandschaft Niederrheinisches Tiefland
WB/WT = Gefährdungseinstufung für die Großlandschaft Westfälische Bucht/Westfälisches Tiefland
Ste = Stetigkeit bezogen auf das Vorkommen in den 15 Untersuchungsflächen

Stufe	%	absolute Flächenzahl
1	0 – 20	1 – 3
2	20 – 40	4 – 6
3	40 – 60	7 – 9
4	60 – 80	10 – 12
5	80 – 100	13 – 15

	Bem.	NRTLD	WB/WT	Ste
Acinos arvensis	3	1		1
Anthemis tinctoria (Färberhundskamille+)	3		1	1
Anthyllis vulneraria (Wundklee)	3	0		1
Artemisia absinthium (Wermut)	3	3	3	2
Asplenium trichomanes (Brauner Streifenfarn)	*		3	1
Atriplex rosea (Rosen-Melde)	0	–		1
Ballota alba (Andorn)	*		3	2
Barbarea stricta (Steifes Barbenkraut)	4		–	1
Bromus arvensis (Ackertrespe)	2	0		1
Carex panicea (Hirsen-Segge)	3		3	1
Carlina vulgaris (Gemeine Eberwurz)	*	3		1
Centaurea cyanus (Kornblume)	3	*	*	1
Cerastium pumilum s. str. (Niedriges Hornkraut)	*	–	–	4
Corrigiola litoralis (Hirschsprung)	3		2	1
Dianthus armeria (Rauhe Nelke)	3	0	2	1
Dianthus deltoides (Heide-Nelke)	3		3	1
Equisetum ramosissimum (Ästiger Schachtelhalm)	3	3		1
Equisetum telmateia (Riesen-Schachtelhalm)	3	2		1
Eryngium campestre (Feld-Mannstreu)	*	*	2	1
Filago minima (Kleines Fadenkraut)	3	3		1
Galeopsis speciosa (Bunter Hohlzahn)	3	3		1
Genista anglica (Englischer Ginster)	3		3	1
Gymnocarpium robertianum	3	–		1
Hieracium caespitosum (Wiesen-Habichtskraut)	2		4	1
Juncus squarrosus (Sparrige Binse)	3		*	1
Kickxia elatine (Echtes Tännelkraut)	*	3		1
Lepidium campestre (Feldkresse)	3	3		1
Nepeta cataria (Echte Katzenminze)	2	0	2	1
Petrorhagia prolifera	*	3	1	2
Puccinellia distans (Abstehender Salzschwaden)	2	*	2	2
Schoenoplectus tabernaem.	3		3	1
Sherardia arvensis (Ackerröte)	3	3	3	1
Stachys arvensis (Acker-Ziest)	3	3	3	2

+ Deutsche Namen ergänzt – DIFF

... Im Vergleich zu anderen urbanen Flächennutzungstypen ist der Anteil seltener Arten bei den Industrieflächen ausgesprochen hoch.

Die Häufigkeit aller festgestellten Sippen wurde für jede Untersuchungsfläche individuen- und flächenbezogen mittels einer Schätzskala bestimmt. Dabei stellte sich heraus, daß es auf den Flächen der verschiedenen Industriezweige Unterschiede bei den jeweils dominierenden Sippen in der spontanen Vegetation gibt. So zählt z. B. bei der Eisen- und Stahlindustrie *Arenaria serpyllifolia* agg. zu den häufigsten Sippen, bei der chemischen Industrie *Holcus lanatus* und beim Bergbau *Epilobium ciliatum*.

Im Vergleich der einzelnen Florenlisten wird darüber hinaus deutlich, daß es Sippen gibt, die ausschließlich oder mit deutlichem Schwerpunkt entweder auf den Flächen der Eisen- und Stahlindustrie oder auf den Flächen der Chemischen Industrie und des Bergbaus vorkommen (siehe Tabelle 2; A.4, d. Bearb.).

Tabelle 2 (A.4). Industriezweigspezifische Vorkommen von Sippen

Industriezweigspezifisch für die Eisen- und Stahlindustrie sind u. a.:
Apera interrupta (Unterbrochener Windhalm[+])
Artemisia absinthium (Wermut)
Ballota alba (Andorn)
Chenopodium botrys (Klebriger Gänsefuß)
Hieracium bauhini (Bauhin's Habichtskraut)
Lathyrus tuberosus (Knollen-Platterbse)
Malva neglecta (Wegmalve)
Petrorhagia prolifera
Puccinellia distans (Abstehender Salzschwaden)
Saxifraga tridactylites (Dreifingriger Steinbrech)
Sedum spurium (Fetthenne)
Senecio vernalis (Frühlings-Greiskraut)
Tragopogon dubius (Großer Bocksbart)

Industriezweigspezifisch für die Chemische Industrie und den Bergbau sind u. a.:
Anthoxanthum odoratum (Wohlriechendes Ruchgras)
Cardamine impatiens (Spring-Schaumkraut)
Corrigiola litoralis (Hirschsprung)
Juncus tenuis (Zarte Binse)
Illecebrum verticillatum (Knorpelblume)

[+] Deutsche Namen ergänzt – DIFF

Als Hauptursache für diese „industriezweigspezifischen Vorkommen" können die Unterschiede bei den jeweils auf den Werksflächen dominierenden Substraten angenommen werden.

Auf den Flächen der Eisen- und Stahlindustrie herrschen produktionsbedingt anfallende Schlacken vor, die oftmals nahe den Produktionsanlagen abgelagert wurden. Man unterscheidet verschiedene Schlackenarten: die Hauptgruppen sind Eisenhütten- und Stahlwerksschlacken. Insgesamt haben sie überwiegend eine kalksilikatische Zusammensetzung. Besonders bei den Stahlwerksschlacken gibt es größere Anteile an freiem Kalk. Aus den Schlacken entwickeln sich meist skelettreiche, feinmaterialarme, basenhaltige, stellenweise auch stark alkalische Böden. Auf den Flächen des Bergbaus und ebenso auf den ausgewählten Flächen der Chemischen Industrie ist das dominierende Substrat Bergematerial. Im Gegensatz zur Schlacke handelt es sich hierbei um ein natürliches mit der Kohle zutage gefördertes Gesteinsmaterial. Im Ruhrgebiet sind es vorwiegend Gesteine aus dem Karbon, vor allem Sand-, Silt- und Tonsteine. Das aus großer Tiefe hervorgeholte Gestein weist zunächst kaum verfügbare Nährstoffe auf, und so entwickeln sich nährstoffarme Böden, deren pH-Wert meist im sauren Bereich liegt.

Bedeutung für den Naturschutz

... Neben der im Vergleich zu anderen urbanen Flächennutzungstypen außerordentlich hohen Vielfalt an Arten und Vegetationseinheiten mit zahlreichen seltenen und gefährdeten Elementen wurden auch zweigspezifische und typische Vorkommen belegt. Vor allem das festgestellte ausschließliche oder schwerpunkthafte Auftreten von Arten und Vegetationseinheiten auf Industrieflächen ist ein gravierender Beleg für die Arten- und Biotopschutzbedeutung der Flächennutzung.

Als Ursachen für diese hohe Wertigkeit können im wesentlichen folgende Punkte angeführt werden. Kein anderer urbaner Flächennutzungstyp weist so hohe Anteile brachliegender oder nur extensiv genutzter Flächenteile auf. Dies gilt generell für ältere Industrie- und Gewerbegebiete und im besonderen Maße für entsprechende Flächen in den traditionellen Regionen der Schwerindustrie, wie z. B. dem Ruhrgebiet.

Eine weitere Ursache liegt in der großen Standortheterogenität dieser Gebiete. Kennzeichnend sind stark variierende Bodenverhältnisse (Substrate, Verdichtung, Versiegelung), spezifische klimatische Situationen (Aufheizung, Emissionen) und ein Nutzungsmosaik mit unterschiedlichsten Einwirkungsintensitäten. – All dies bewirkt eine vergleichsweise große Vielfalt an Arten und ermöglicht es auch Spezialisten, Lebensräume zu finden, die sie zum Teil in anderen Flächennutzungen verloren haben. Auf seit Jahrzehnten nicht genutzten Werksteilen oder völlig stillgelegten Flächen können sich Lebensräume entwickeln, die es aufgrund des Nutzungsdruckes auf anderen urbanen Flächentypen nicht gibt."

Natürliche Sukzession nach Beendigung anthropogener Eingriffe

(aus BAUER 1987, S. 17 – 18)

„Die vorübergehend zerstörten Areale der Abgrabungsbereiche zeigen den gesamten Formenschatz fluviatiler[9] Erosion in Miniaturformen mit Erosionsrinnen, Schwemmfächern, Steilhängen, Schuttkegeln etc. Die abiotischen Faktoren ... bieten unterstützt durch bewußte Reliefgestaltung der natürlichen Wiederbesiedlung speziell angepaßter Pflanzen- und Tierarten die Möglichkeit spontaner, rasch fortschreitender dynamischer Pionierbesiedlung, die sich allmählich verlangsamt und ein relativ stabiles Endstadium erreicht. Dabei erreichen die einzelnen Pflanzen- und Tierarten in unterschiedlichen Sukzessionsstadien[10] ihre optimale Entfaltung.

1. Pflanzensamen und Tiere erreichen durch zufällige Verdriftung bzw. durch aktives Aufsuchen das Neuland. Edaphisch[11]-hydrologische und mikroklimatische Voraussetzungen, schnelle Keimfähigkeit und eventuelle Toleranz gegenüber extremen ökologischen Bedingungen treffen die Auswahl aus der Vielzahl der zufällig anfliegenden oder von Tieren verschleppten Pflanzenarten mit hoher Vermehrungsrate. „Zu den Erstbesiedlern gehören in nahezu allen Pflanzen- und Tiergruppen zerstreut vorkommende Arten mit sehr spezialisierten Ansprüchen an ihren Lebensraum ..." (PLACHTER 1983).

Tiere suchen die ihnen zusagenden Kleinbiotope zur Nahrung, Brut oder als ständigen Lebensraum auf. ... Die Pflanzenart, die als erste ankommt, besetzt die Fläche und wird häufig dominant und kann dann je nach Lebensform (Rosette, Ausläufer) auch für lange Zeit stabile Stadien bilden ...

2. Das Ergebnis ist eine Pioniervegetation, die zunächst aus einer zufälligen Artenkombination ohne Rücksicht auf Zugehörigkeit zu den definierten Pflanzengesellschaften besteht. ... Erst wenn durch Vegetation und Fauna solche Ökotope ausgewogener werden, formieren sich die bekannten Pflanzengesellschaften. Allerdings verläuft die Sukzession in Ökotopen mit annähernd konstantem Wasserstand (zum Beispiel am Seeufer) schon vom Pionierstadium an in den geschlossenen Formationen der zukünftigen Pflanzengesellschaften, und zwar in der bekannten Vegetationszonierung.

3. Auch die Fauna – zufällig verdriftete oder das Neuland aktiv aufsuchende Arten – formiert sich im Bereich kleiner Gewässer sehr rasch, auf trockenen Biotopen langsam zu einer für den Ökotopzustand typischen Artenkombination, so daß man bereits vom Pionierstadium an die Sukzession der Biozönosen[12] verfolgen kann. Selbstverständ-

lich sind es zunächst nur fragmentarisch ausgebildete Biozönosen, zu deren vollständiger Entwicklung der ökologisch bedeutsame Faktor Zeit eine große Rolle spielt.

4. Die angedeutete Ergänzung der geringen Artenzahl oft nur inselhaft keimender Pflanzen des Pionierstadiums erfolgt durch einzelne neue Arten, die jedoch nicht die Erstbesiedler verdrängen, sondern zunächst die Lücken ausfüllen. So entwickelt sich in den ersten Jahren ein Mosaik der verschiedensten Arten.

5. Solange die Pflanzendecke nicht geschlossen ist, ... bleiben die typischen Pionierwuchsformen (Horste, Polster, Ausläufer, Rosetten) erhalten. Wenn die Vegetationsdecke geschlossen wird, behaupten die Pionierpflanzen in ihren typischen Wuchsformen ihr Areal und verhindern die Keimung neuer Pflanzenarten. So erfolgt vom Zeitpunkt der Vegetationsbedeckung an ein stark verminderter Artenzuwachs. Obwohl bereits im ersten oder zweiten Jahr Birken oder Weidenarten keimen, können trockene Kies- oder Sandflächen über viele Jahre strauch- und baumlos bleiben, wenn sich sehr rasch geschlossene Rasen bzw. „Steppen" bilden ...

6. In den Lücken keimen jedoch an den geeigneten Standorten auch Strauch- und Baumarten. In diesem Fall ändern sich mit deren Heranwachsen die ökologischen Bedingungen rascher. Nur Arten mit Wüchsigkeit und Produktivität (z. B. vegetative Vermehrung) oder Arten mit großer ökologischer Amplitude überdauern. Lichtkeimer können sich nicht mehr entwickeln. Waldarten kommen hinzu.

7. Eine Sonderentwicklung vollzieht sich im Bereich der Gewässer. Infolge der klaren Zonierung der edaphisch-hydrologisch-klimatischen Verhältnisse steigt vom Initialstadium[13] der Vegetationszonierung an von Jahr zu Jahr die Artenzahl der Flora und Fauna, wobei die Wasservögel zahlreiche Pflanzensamen aus entfernten Gebieten herbeibringen. Sowohl bei Pflanzen als auch bei Tieren nimmt die Zahl der Rote-Liste-Arten im Laufe der Sukzession zu. Bei der Sukzession am Ufer der Seen und Kleingewässer in Abgrabungsbereichen können im Primär- und Übergangsstadium kurzlebige, hochgefährdete Pflanzengesellschaften entstehen, zum Beispiel auf oligotrophem Substrat:
o Kleinseggenbestände
o Sumpfbinsenbestände
o Zyperngrasbestände
o Strandlingsgesellschaften.

Diese kurzlebigen Bestände bilden Initialstadien von Niedermooren, in denen dann entsprechend dem Karbonat- und Nährstoffgehalt Flachmoorarten einwandern können ... Diese Entwicklung ist in vielen Bereichen von Kies-, Sand- und Tongruben zu beobachten. Bei einigen Tiergruppen und Pflanzengesellschaften ist im Endstadium der Sukzession allerdings ein Verlust an Spezifität der Gemeinschaften eingetreten, das heißt spezialisierte (stenöke[14]) Arten, die in der übernutzten Kulturlandschaft kaum noch eine Chance haben, verschwinden wieder (vgl. PLACHTER 1983).

8. Um die meist zu den gefährdeten Pflanzen- und Tierarten gehörenden Arten der Pionierbesiedlung über längere Zeiträume zu halten, muß im Rahmen eines Biotopmanagements eingegriffen werden. Es bestätigt sich die Beobachtung TÜXENS (1965), daß die Zahl der Anfangsarten und Anfangsgesellschaften größer ist als die Zahl der Schlußgesellschaften.

9. Obwohl die biozönotischen Grundgesetze von THIENEMANN besagen, daß in wenig strukturierten Biotopen nur wenige Arten gleichzeitig nebeneinander aktiv sind, fallen in Pionierbiotopen die hohen Artenzahlen im ersten Besiedlungsstadium auf. Entweder gelten diese biozönotischen Grundgesetze nur für ausgereifte Biotope oder diese verallgemeinernden Aussagen der Grundgesetze gelten nicht für Siedlungsprozesse bzw. die Strukturarmut eines Rohbodenstandortes ... .

10. Während sich an den Seen eine rasche Sukzession zum Endstadium hin vollzieht, ist die Dynamik auf den Trockenstandorten wesentlich langsamer. Selbst nach 15 Jahren ... ist auf Kies und Sand noch keineswegs ein Abschluß der Sukzessionsentwicklung festzustellen, wodurch auch keine stabilen Artenkombinationen der Biozönosen erreicht werden können. Dies zeigt, welch enorme Zeiträume für Regulations- und Stabilisationsprozesse notwendig sind, um flächendeckende anthropogene Eingriffe wieder auszugleichen."

Anmerkungen:
9   Lat. flumen = Fluß; fluviatil = von fließenden Gewässern abgelagert.
10 Lat. successio = Nachfolge.
11 Griech. edaphos = der Boden; Edaphon = Gesamtheit der Bodenorganismen.
12 Griech. bios = Leben; griech. koinos = gemeinsam; Biozönose = Lebensgemeinschaft in einem bestimmten Lebensraum.
13 Lat. initium = Anfang.
14 Griech. stenos = eng, schmal; griech. oikos = Haus.

Praxisnaher Begrünungsversuch auf einer Bergematerialhalde

(aus JOCHIMSEN 1991, S. 189 – 194)

„Auf der Grundlage dieser Ergebnisse konnte im Herbst 1986 der erste Großversuch (circa 1 ha) auf der Halde Waltrop gestartet werden. Dabei kam allein das Saatgemisch „Dauco-Melilotion"[15], das derzeit 49 Arten umfaßt, zur Anwendung. Neben dem reinen Bergematerial wurde auch mit anderen Substratformen gearbeitet, weil nach landläufiger Meinung ein „echter" Boden (sprich: kulturfähiges Substrat) die beste Voraussetzung für eine gute und schnelle Vegetationsentwicklung darstellt.

Zur Erprobung kamen zwei auf ihren pH-Wert bezogen leicht differierende Bergearten ..., wobei einzelne Flächen entweder dem Anflug überlassen oder eingesät wurden. Substratvariation erfolgte weiterhin durch Zugabe von reinem Sand (S), durch Übererdung mit sandigem Lehm (5 cm) (E) und durch Einmischung von diesem in die Berge (Verhältnis 1 : 3) auf 1 m Tiefe (U). Gedüngt wurde ausschließlich mit Blaukorn[16] und zur Erhöhung der Speicherkapazität (nur in der Substratvariante SD) mit Agrosil[17] in Mengen von je 25 g und 120 g/m². Diese Mengen waren ausreichend, um das Wachstum der Pflanzen zu intensivieren.

Die vegetationskundlichen Untersuchungen umfassen

– die floristische Zusammensetzung der sich entwickelnden Pflanzendecke, wobei die Zu- und Abwanderung von Arten als Anzeichen dafür gewertet werden kann, inwieweit sich das ausgebrachte Artengemisch für die Begrünung dieses „Rohbodens" eignet und welche Arten an der Sukzession maßgeblich beteiligt sind;

– die Entwicklung des Deckungsgrades, dem vor allem in Pioniergemeinschaften besondere Bedeutung zukommt, weil er nicht nur ein indirektes Maß für die Biomasseproduktion darstellt, die in Form des organischen Abfalls die Bodenbildung vorantreibt und die Nährstoffsituation verbessert, sondern weil von ihm auch das Ausmaß der Erosion abhängt und nicht zuletzt die mikroklimatischen Verhältnisse beeinflußt werden. Daneben ist ebenso die Artmächtigkeit der einzelnen Spezies von Bedeutung, d. h. ihr Anteil an der horizontalen Zusammensetzung der Pflanzendecke;

– den vertikalen Aufbau der Vegetation, wie er sich in Struktur und Schichtung darstellt, weil sich daraus, abgesehen von erosionstechnischen Eigenschaften, nicht nur zwischenartliche Konkurrenzprobleme, sondern auch Habitatbildungen (Nischen) für weitere Ökosystempartner, insbesondere Tiere, ablesen lassen

– und die pflanzliche Biomassegesamtproduktion sowie in bezug auf einzelne, für die Sukzession bedeutsam erscheinende Arten als Maß für die Leistungsfähigkeit der sich entwickelnden Pflanzendecke.

Vorläufige Ergebnisse

Obwohl eine abschließende Wertung des bisher gewonnenen Datenmaterials zu diesem frühen Zeitpunkt der Sukzession noch nicht möglich ist, sollen hier einige Trends aufgezeigt werden.

Nach drei Jahren enthielten die Artenspektren auf den unterschiedlich behandelten Parzellen noch folgende Prozentsätze des ausgebrachten Saatgemisches (Legende siehe Abb. 6.4.1; A.23, d. Bearb.):

SD	68,8 %	ED	62,3 %
UD	65,8 %	S	57,5 %
U	64,8 %		

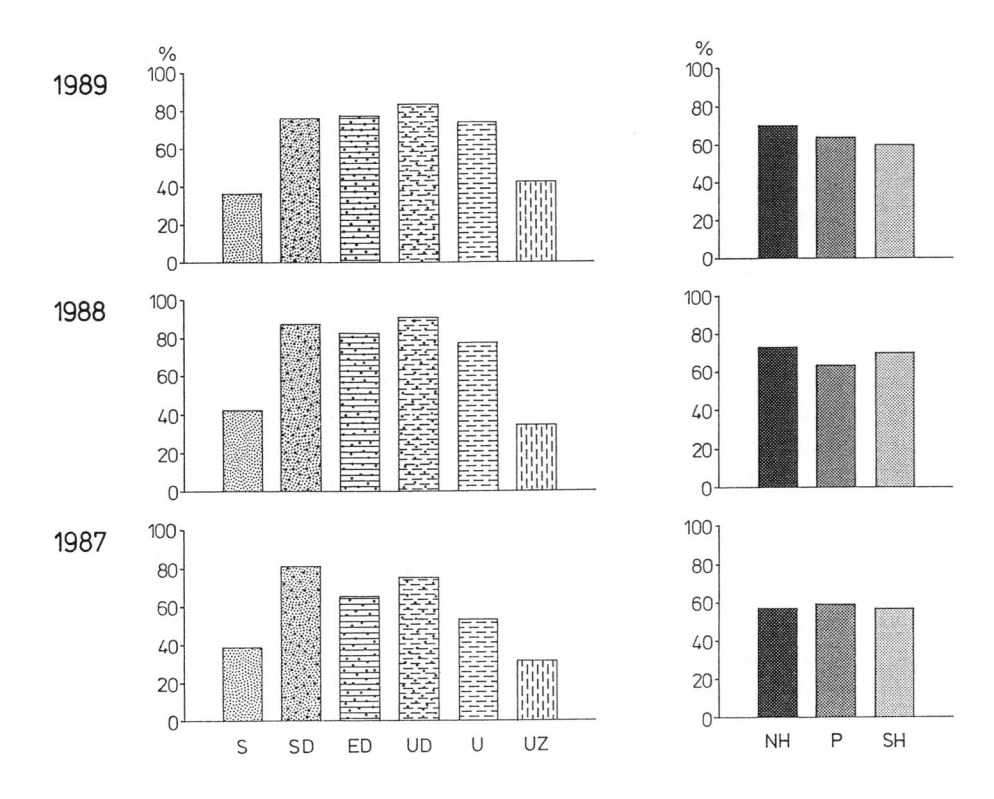

Abb. 6.4.1 (A.23).
Die Entwicklung des Deckungsgrades auf Bergematerial in Abhängigkeit von Behandlungsart und Exposition in den Jahren 1987 – 1989 (Durchschnittswerte in Prozent). Behandlungsart: Bergematerial plus Sand (S), Dünger (D), Übererdung (E), Untermischung von sandigem Lehm (U), ohne Einsaat (Z). Exposition: Nordhang (NH), Südhang (SH), Plateau (P)

Damit erweist sich die SD-Behandlung (Sand, Blaukorn und Agrosil) hinsichtlich des floristischen Merkmals zumindest anfangs als die vorteilhafteste, die ED-Behandlung (Übererdung und Blaukorn) dagegen als weniger günstig, abgesehen von der S-Variante, die allerdings keinen Dünger erhielt. Es muß aber betont werden, daß auf den unterschiedlich behandelten Parzellen jedoch nicht immer dieselben Arten vom Ausfall betroffen waren.

Die für den Deckungsgrad durchschnittlich erzielten Werte sind in Abbildung 6.4.1 (A.23, d. Bearb.) nach Behandlung und Exposition getrennt dargestellt. Aus ihnen geht hervor, daß eine Düngung die Vegetationsentwicklung beträchtlich fördert und daß sich, entsprechende Bedingungen vorausgesetzt, bereits innerhalb kurzer Zeit eine nahezu geschlossene Pflanzendecke bilden kann (siehe Behandlung SD, 1987). Während sich der Deckungsgrad 1988 noch etwas verbesserte, ging er im darauffolgenden Jahr, wahrscheinlich aufgrund geringer Niederschläge, wieder leicht zurück, ohne jedoch (auf den gedüngten Versuchsflächen) unter die 70%-Marke zu fallen.

Der Einfluß der Exposition – die Durchschnittswerte lassen es nicht so klar erkennen – erfolgte über das Mikroklima, wobei die Vegetationsentwicklung am Südhang von den günstigeren Temperaturen im zeitigen Frühjahr profitierte, während sich der Nordhang, vor allem die Schattenlage, im Hochsommer als vorteilhaft erwies, weil sich der Wasserverlust infolge niedrigerer Verdunstungsraten in Grenzen hielt.

Im Vergleich zum Deckungsgrad zeigte die Biomasseproduktion ... weitaus größere Schwankungen. Bereits in der ersten Vegetationsperiode lieferten die gedüngten Parzellen mit fast 400 g/m^2 beachtliche Ergebnisse. (Zum Vergleich: Grünland produziert in der gemäßigten Zone im Durchschnitt 500 g/m^2 und a.) Dieser Betrag wurde 1988 um mehr als das Dreifache übertroffen, was allerdings nicht nur auf die günstige Witterung und die fortschreitende Vegetationsentwicklung zurückzuführen war, sondern vor allem auf dem Lebenszyklus der zweijährigen Arten, die in dieser Vegetationsperiode zur Blüte kamen, beruhte. Selbst die ungewöhnliche Trockenheit, die 1989 während des Sommers herrschte, vermochte die Biomassewerte nicht unter den Betrag von 1987 zu drücken. Obwohl die Pflanzen, besonders die Gräser, sichtlich unter Wasserstreß litten, erholte sich die Vegetation jedoch immer wieder und bewies damit, daß sie an diesen extremen Standort weitgehend angepaßt ist.

Aus ökologischer Sicht, aber auch um abschätzen zu können, inwieweit sich das verwendete Artengemisch zur Begrünung des Standortes „Berge" eignet, ist es wichtig zu wissen, in welchem Ausmaß die einzelnen Arten am Aufbau der Vegetation teilnehmen. Das wurde neben den bereits genannten Untersuchungen außerdem sowohl mit Hilfe zeichnerisch angefertigter Strukturtransekte dargestellt als auch über die Biomassewerte der einzelnen Arten bestimmt, die in Beziehung zur Gesamtproduktion gesetzt wurden. Es kann keinen Zweifel daran geben, daß Bestände, in denen von Anfang an im wesentlichen ein bis zwei Arten dominieren, im Vergleich zu jenen, deren Arten- und Strukturvielfalt wesentlich mehr Möglichkeiten für die Entwicklung bieten ..., im Hinblick auf Sukzession und ökologische Funktionen als weniger wertvoll anzusehen sind.

Wenn auch ein Zeitraum von drei Vegetationsperioden nicht ausreicht, um eine abschließende Bewertung der in Gang gesetzten Sukzession vorzunehmen, haben die vorliegenden Versuche dennoch gezeigt, daß die Begrünung von Bergematerial sofort und ökologisch erfolgreich vorgenommen werden kann, wenn vegetationskundliche und pflanzensoziologische Grundsätze beachtet werden. Gemessen an der Zeit, die heute normalerweise vergeht (circa zehn Jahre), bis ein annähernd vergleichbares Entwicklungsstadium ohne menschlichen Zugriff erreicht ist, und der Qualität der an diesem Standort erzielten Pflanzengemeinschaft, dem bereits nach zwei Jahren (im Fall der Halde Waltrop) der Rang eines biozönologischen Ausgleichsbiotops zugesprochen werden kann, dürfte die Begrünung nach dem Muster der natürlichen Sukzession nicht nur aufgrund ökologischer, sondern auch ökonomischer Gesichtspunkte sinnvoll sein."

Anmerkungen:
15 Dauco-Melilotion: pflanzensoziologischer Verband der Honigkleeflur.
16 Blaukorn: Nitrat-, Phosphat-, Kalium-, Magnesium-Dünger.
17 Agrosil: Speichergel mit 16 % Phosphorpentoxid (P_2O_5).

Zur Folgenutzung von Altlasten: Standort einer ehemaligen Kokerei

(nach FISCHER et al. 1993)

Zur Geschichte des Standortes. Seit 1855 wurde zunächst mit 1, später mit 2 Schachtanlagen Kohle gefördert. Eine Erweiterung zu Beginn dieses Jahrhunderts umfaßte eine Kohlenwaschanlage, eine Kokerei mit 2 Batterien von je 60 Koksöfen sowie eine Anlage zur Gewinnung von Teeröl, Ammoniak und Benzol. 1930 wurde die Kokerei aufgegeben und abgebrochen; 1967 wurde die gesamte Anlage stillgelegt und die Gebäude abgerissen. Ca. 20 Jahre lang lag die Zeche brach.

Charakteristik des Standortes heute. Das insgesamt 21 ha umfassende Industriegelände liegt in einem nördlichen Stadtteil Essens. Er entwickelte sich nicht aus einem dörflichen Kern heraus, sondern aufgrund der Erfordernisse von Bergbau und Industrie. Dementsprechend fehlt ein organisch gewachsenes Stadtbild. Seit dem Niedergang der industriellen Produktion wanderten Teile der Bevölkerung ab, die bauliche Substanz wurde vernachlässigt. Der Anteil an einkommenschwachen Gruppen und kinderreichen Familien ist heute hoch, die Wohnqualität gering, es gibt wenige, zumal nicht miteinander vernetzte Grünflächen. Die Belastung durch Luftschadstoffe ist hoch, ebenso die Lärmbelästigung insbesondere durch den Verkehr. Andererseits ist die Gegend durch den öffentlichen Nahverkehr sowie den Individualverkehr gut erschlossen.

Nutzungsmöglichkeiten des aufgegebenen Industriegeländes. Es ist ein Ziel der Stadtplaner, die Wohnqualität – und zwar sowohl hinsichtlich des Wohnraums als auch der Freiflächen – des günstig gelegenen Stadtteils zu verbessern sowie neue Arbeitsplätze zu schaffen. Bei diesen Bemühungen spielt das aufgelassene Industriegelände eine wichtige Rolle. Aus der beschriebenen Situation heraus folgen verschiedenartige Nutzungsansprüche: Wohnbebauung, gewerbliche Nutzung, Park-and-Ride-Platz, Grünfläche.

Geschichte der Planung einer erneuten Nutzung. 1980 wurde beschlossen, einen Bebauungsplan für eine Wohnbebauung aufzustellen. Als im Laufe der folgenden Jahre die Altlastenproblematik ins Bewußtsein rückte, wurden auf dem ehemaligen Industriegelände mehrmals Baugrunduntersuchungen und Grundwasseranalysen durchgeführt und verschiedene Gutachten erstellt. Erst 1987 wurden auch die Bauakten und Lagepläne der Kokerei miteinbezogen. Um das gesamte Verfahren nicht noch weiter zu verzögern, wurde das Genehmigungsverfahren geteilt: für den nördlichen Teil, bei dem kein

Verdacht auf Bodenverunreinigungen bestand, wurde die Bebauung beschlossen. 1989 waren 50 Wohnreihenhäuser bezugsfertig. Der südliche Teil hingegen, auf dem ehemals die Kokerei gestanden hatte, wurde weiteren Analysen unterzogen mit dem Ergebnis, daß eine Wohnbebauung nur möglich sei, wenn zuvor eine umfangreiche Bodensanierung durchgeführt wird. Zudem ist der Verdacht eines Schadstoffübergangs ins Grundwasser noch nicht ausgeräumt. Wegen des Aufwandes und der Kosten wurden daraufhin von seiten der Stadt Überlegungen hinsichtlich einer weniger empfindlichen gewerblichen Nutzung angestellt. Im Augenblick (1992) ist die Fläche teilweise vom U-Bahnbauamt mit Baubaracken und Maschinen belegt, teilweise ungenutzt.

Ein mögliches Nutzungskonzept. Diese Situation war Anlaß für den Fachbereich Geologie der Universität GHS Essen, ein Planungskonzept zu erarbeiten, das sowohl auf die Schadstoffsituation als auch auf die städtebaulichen Erfordernisse Rücksicht nimmt und eine Alternative darstellt zu den Extremen einer ausschließlichen Wohnbebauung bzw. einer ausschließlichen Gewerbeansiedlung. Das Konzept beruht auf umfangreichen Untersuchungen zur Geologie, Hydrogeologie und Vegetation des ehemaligen Industriegeländes und seiner Umgebung, auf den Erkenntnissen der vorausgegangenen, oben kurz genannten Untersuchungen, auf zusätzlichen Rammkernsondierungen in zuvor ungenügend untersuchten Bereichen. Es führte zu einer ausführlichen Bewertung der Schadstoffsituation, des ökologischen Wertes der Fläche im Gesamtzusammenhang mit Grünflächen der näheren und weiteren Umgebung sowie zur Analyse der Nutzungspotentiale und Konflikte. 3 Nutzungsvarianten wurden erarbeitet und begründet. Die 2. wurde als städtebaulich sinnvollste angesehen, da hier durch eine teilweise gewerbliche Nutzung, nämlich nur in dem besonders belasteten Teil, der Sanierungsaufwand in Grenzen gehalten werden kann."

Die folgenden Abbildungen (A.24 bis A.26) mögen als Zusammenfassung der Gesamtsituation dienen.

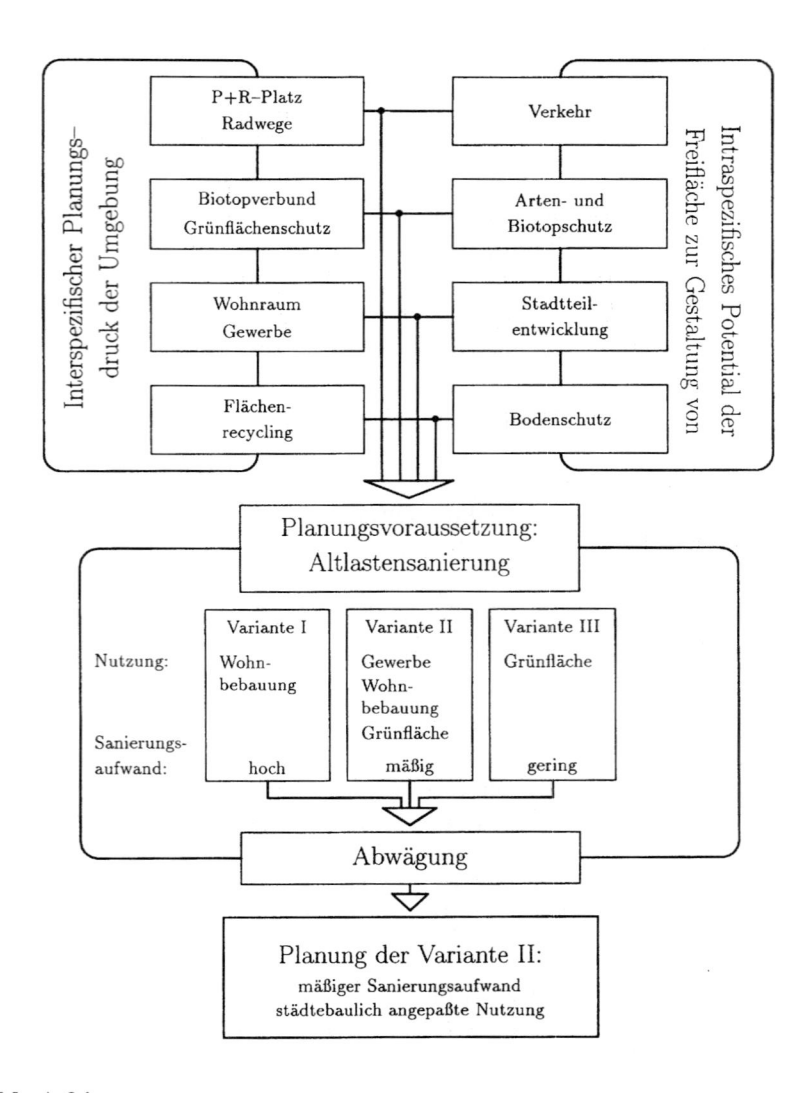

Abb. A.24.
Auf die Fläche wirkender Planungsdruck und von der Fläche ausgehendes Planungspotential: Nutzungsansprüche und Sanierung müssen aufeinander abgestimmt werden. (Aus FISCHER et al. 1993)

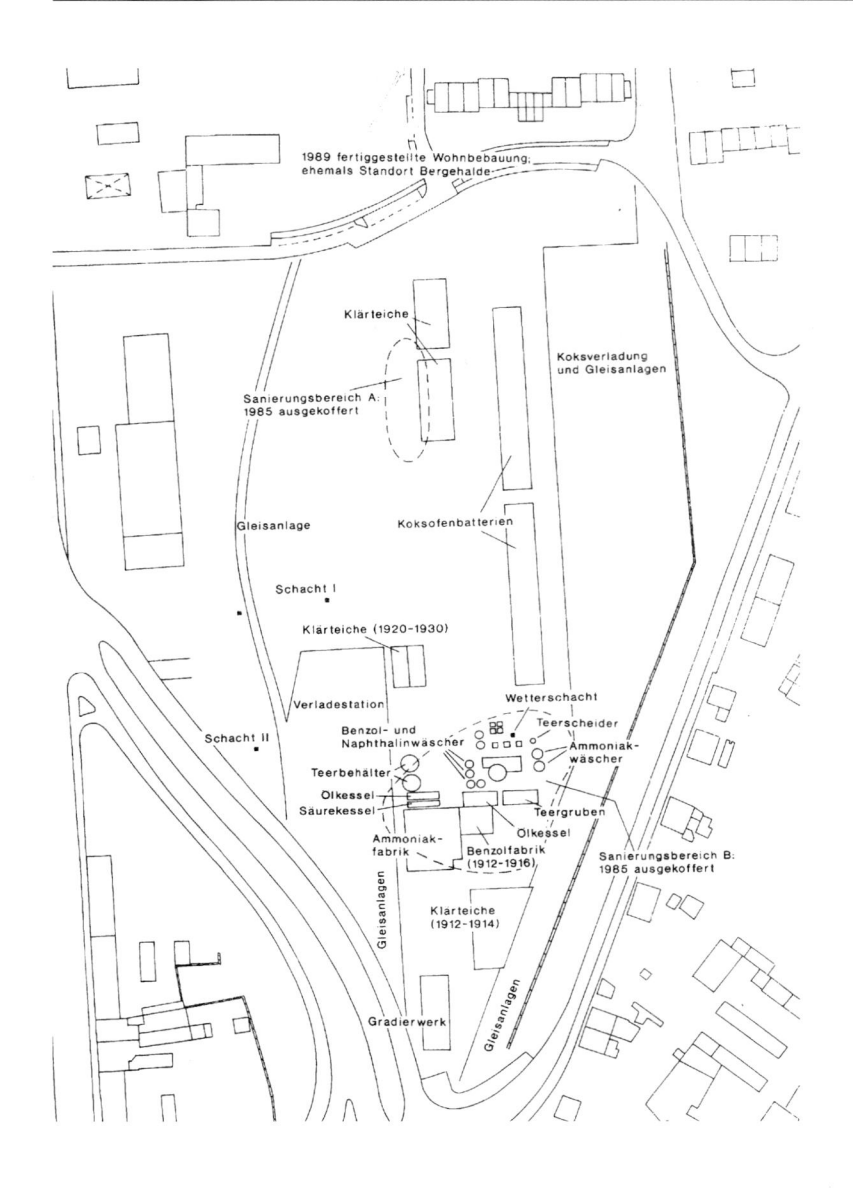

Anhang: Materialiensammlung

←

Abb. A.25.
Schadstoffemittierende Anlageteile der ehemaligen Schachtanlage und Kokerei; Zusammenstellung nach Bauakten und Lageplänen. (Aus FISCHER et al. 1993)

Abb. A.26.
Planungsvarianten der Untersuchungsfläche.
(Aus FISCHER et al. 1993)
↓

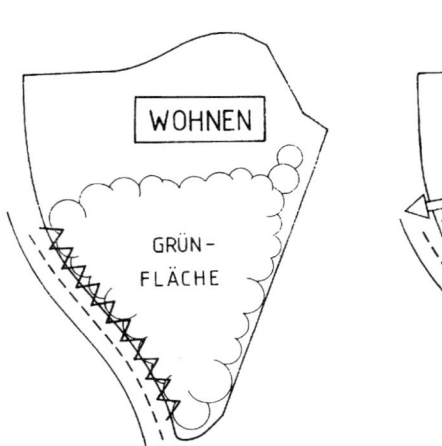

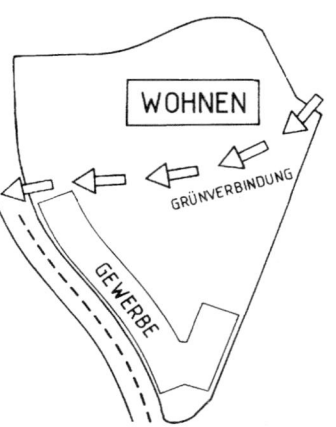

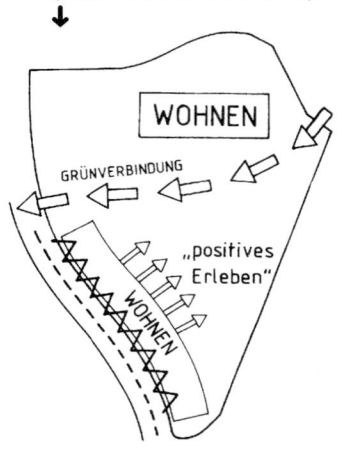

Nachhaltiger Umgang mit Rohstoffen

(aus SRU 1994, S. 135 – 137)

„**276.** Die Schonung der Rohstoffe muß schon bei der Erkundung, Erschließung und Gewinnung beginnen. Hierzu sind Planungen und daraus abzuleitende verfahrenstechnische Maßnahmen anzuwenden, durch die die Flächeninanspruchnahme, die Rohstoffverluste und die Abfallmengen (z. B. Bergematerial) verringert werden (WIGGERING, 1993).

Zur Schonung nicht-regenerierbarer Rohstoffe können entsprechende Produktgestaltungen beitragen. Daneben gibt es auch die Möglichkeit der Substitution durch regenerierbare Rohstoffe.

277. Bereits eingeführte Ersatzstoffe haben oft den Vorteil, daß ihre Auswirkungen auf die Gesundheit des Menschen und auf die belebte und unbelebte Umwelt durch Erfahrungen weitgehend bekannt sind. Nachteilig ist in aller Regel, daß sie nur teilweise die technischen Eigenschaften des auszutauschenden Stoffes mitbringen.

Wesentlich problematischer ist die Situation mit neuen Ersatzstoffen, die den technischen Anforderungen entsprechen, deren Umweltauswirkungen jedoch teilweise noch unbekannt sind. Entsprechend ist das Umweltrisiko nicht ohne weiteres abschätzbar.

Findet sich keine Alternative, so ist der Nutzen gegen die damit verbundenen Umweltauswirkungen abzuwägen. Daraus kann sich ein Verzicht auf die Nutzung bestimmter technischer Eigenschaften oder in letzter Konsequenz ein Stoffverbot ergeben.

278. Ein entscheidender Beitrag zur Schonung von Rohstoffen kann durch den Einsatz von Sekundärrohstoffen aus Stoffkreisläufen erreicht werden. Der Stand in der Recycling-Technik ist weiter auszubauen. Voraussetzung dafür sind aber eine recycling-gerechte Produktplanung und ein Recycling-Informationsmanagement (VDI, 1993a).

In jedem Einzelfall ist eine Betrachtung der mit der Verwertung verbundenen Umweltbelastungen im Rahmen einer vergleichenden Risikoanalyse notwendig (SRU, 1991). Für die Realisierung der Stoffkreisläufe mit Sekundärrohstoffen ist ein sukzessives Vorgehen empfehlenswert, besonders in den Fällen, in denen große Mengen an verwertbaren Materialien anfallen. Heute bestehende Technologien, Verfahren und Qualitätsanforderungen müssen vielfach für einen Produktionskreislauf mit Sekundärrohstoffen noch angepaßt werden.

279. Bei dem Aufbau von Sekundärstoff-Kreisläufen ist zu berücksichtigen, daß ein „geschlossener" Kreislauf ein idealisiertes Modell darstellt. Technische Stoffkreisläufe können aus naturgesetzlichen Gründen nie vollkommen geschlossen sein (CLAUS, 1991; MÖLLER, 1989). Das zeigt sich in mehrfacher Hinsicht:

– Qualitätsverschlechterung durch Anreicherung unerwünschter Nebenbestandteile (Stör- und Schadstoffe) sowie durch Abnahme der Nutzeigenschaften des Hauptmaterials. Als Folge muß ein Teil des Stoffinhalts aus dem Kreislauf als Abfall ausgeschleust werden.

– Hoher primärenergetischer sowie wasserseitiger Aufwand für die Rückführung in den Kreislauf. Als Folge übersteigt oft der primärenergetische Aufwand den energetischen Wert des Sekundärrohstoffes; außerdem entsteht ein neues Abfallproblem.

Dem ökologisch sinnvollen Recycling – und somit dem durch energetische Bilanzierung nachprüfbaren Entlastungspotential durch die Sekundärrohstoffwirtschaft – sind Grenzen gesetzt; sie sollten unter dem Leitziel einer dauerhaft-umweltgerechten Stoff- und Energiewirtschaft (Entropieminimierung) erfolgen (BEHRENS, 1993; ESSER, 1992; FLEISCHER, 1992; MÖLLER, 1989).

280. Von Bedeutung für eine am Leitbild der dauerhaft-umweltgerechten Entwicklung orientierten Rohstoffnutzung ist auch die Langlebigkeit von Produkten. Das Potential ist hier besonders groß. Durch eine reparaturfreundliche Konstruktion und vorgesehene Möglichkeiten der Instandsetzung lassen sich für Produkte Nutzungskreisläufe aufbauen. Die hierdurch bedingte längere Lebensdauer führt zu Einsparungen an Rohstoffressourcen und Energie, aber auch zur Verminderung von Emissionen. Divergierende Anforderungen der Ressourcen- und Umweltpolitik können dabei jedoch zu Zielkonflikten führen, insbesondere in Fällen, in denen die Ressourcenschonung mit hohen Emissionen verbunden ist. Die Forderung nach Langlebigkeit soll nur die Produkte und Produktteile einschließen, die während der Herstellung und des Gebrauchs keine oder nur geringe Emissionen (...) verursachen und im Energieverbrauch schon weitgehend optimiert sind.

281. Ein Trendwechsel von immer schnelleren Produktzyklen, wie sie heute in der Regel noch angestrebt werden, zu länger- oder langlebigen Produkten und Gütern bedingt eine Änderung in den technischen Auslegungen. Hierfür sind einige Grundvoraussetzungen einzuhalten:

– eine der Beanspruchung angepaßte und auf Dauerhaftigkeit ausgelegte Konstruktion

– entsprechend ausgewählte Ersatzstoffe

- auf Fehlerfreiheit ausgerichtete Herstellung mit Maßnahmen zur Qualitätssicherung
- wartungsfreundliche Konstruktion mit geringem Wartungsaufwand
- Möglichkeiten für Reparaturen und Austauschbarkeit von Komponenten
- Verfügbarkeit von Ersatzteilen und kundenfreundlicher Service
- Verlängerung der Garantiezeit
- Anpassungsmöglichkeiten für vorhersehbare technische Weiterentwicklungen
- ein über längere Zeit akzeptiertes (zeitloses, naturkonformes) Design (TÜRCK, 1990; VDI 2243).

282. Längere Lebensdauer, Reparaturfreundlichkeit und Instandsetzungsmöglichkeiten der Erzeugnisse müssen mit einer Abkehr der Gesellschaft von der Wegwerfmentalität verbunden werden. Die entscheidenden Triebkräfte für diese Abkehr können für Konsumenten wie Produzenten Entsorgungskosten und Rücknahmeverpflichtungen sein.

283. Zur Schonung der Rohstoff-Ressourcen tragen auch Produkte bei, die nach einer Erstnutzung für den gleichen Verwendungszweck erneut genutzt werden können (z. B. Austauschmotoren). Daneben sind auch jene Produkte rohstoffschonend, deren erneute Nutzung für einen anderen Verwendungszweck möglich ist."

Nachwachsende Rohstoffe

(aus SRU 1994, S. 307 – 308)

„906. Die Rahmenbedingungen für den Anbau und die Verwendung nachwachsender Rohstoffe werden von der Bundesregierung und der Europäischen Union zunehmend verbessert. Die Vielfalt von Maßnahmen zur Förderung der nachwachsenden Rohstoffe zeigt u. a. der Agrarbericht 1993 (vgl. auch BMELF, 1993a und 1991). Durch die Agrarreform soll die Erzeugung nachwachsender Rohstoffe zusätzliche Impulse erhalten. Danach ist es zulässig, bei vollem Anspruch auf die für die konjunkturelle Flächenstillegung gewährte Ausgleichszahlung auf der gesamten Stillegungsfläche Kulturpflanzen für Nichtnahrungsmittel- und Nichtfuttermittelzwecke anzubauen (vgl. 1765/92/EWG). Dennoch wird der Anbau von nachwachsenden Rohstoffen auf stillgelegten Flächen mittelfristig wegen mangelnder Wettbewerbsfähigkeit vermutlich geringe Bedeutung haben. Umweltrelevante Fehlentwicklungen sollten jedoch von vornherein vermieden werden. Nutzungsmöglichkeiten für nachwachsende Rohstoffe dürften derzeit vorrangig im chemisch-technischen Anwendungsbereich und im Bereich der Naturstoffchemie zu sehen sein.

907. Zum Anbau auf stillgelegten Flächen zugelassen sind die in einer Positivliste aufgeführten Kulturpflanzen (BMELF, 1993a). Eine zusammenfassende Darstellung über die Verwendungsmöglichkeiten und die Produktlinien von nachwachsenden Rohstoffen zeigt der Bund-Länder-Bericht (BMELF, 1990). Die Enquête-Kommission „Technikfolgen-Abschätzung und -Bewertung" hat in ihrem Bericht (1990b) bereits die wesentlichen Umweltauswirkungen durch den Anbau und die Verarbeitung von nachwachsenden Rohstoffen dargestellt. Probleme, die sich aus der Flächenbereitstellung und dem Anbau von nachwachsenden Rohstoffen besonders für den Arten- und Biotopschutz ergeben können, verdeutlicht u. a. HEYDEMANN (1986).

Aus landschaftsökologischer Sicht ist es zunächst unerheblich, ob der Anbau von Kulturpflanzen für den Nahrungsmittel- oder für den Nicht-Nahrungsmittelbereich erfolgt, sofern geltende umweltrechtliche Bestimmungen, insbesondere zum Dünge- und Pflanzenschutzmitteleinsatz, eingehalten werden. Im Grundsatz gilt, je umweltverträglicher das Anbauverfahren einer Kulturart ist, desto eher ist deren Anbau und Verwendung als nachwachsender Rohstoff – zumindest in diesem Punkt – zu befürworten. Aus landschaftsökologischen Gründen kann beispielsweise nur ein naturgemäß bewirtschafteter Dauerwald mit dem Ziel eines langen Umtriebs anstelle eines kurzfristigen Plantagenanbaus mit schnellwachsenden

Baumarten für die Holzgewinnung empfohlen werden. Für die ökologische Bewertung des Anbaus und der Verwendung einzelner Kulturpflanzen sind folgende Kriterien von Bedeutung:

– Auswirkungen auf den Landschaftswasserhaushalt

– Einwirkungen auf die Regulationsfunktionen des Bodens, auf Bodenabtrag und -verdichtung, auf Humusgehalt und Bodenlebewelt

– Einfluß auf die Artenvielfalt der Agrarlandschaft, insbesondere bei nicht-einheimischen Kulturpflanzen oder Monokulturen

– Einfluß auf die generelle Stabilität der Kulturbestände sowie ihre Abhängigkeit von systemfremden Stoffen

– Art der Bewirtschaftung und Aufwand (einjährige oder mehrjährige Kulturen oder Dauerkulturen).

908. Aus der Sicht des Umweltschutzes verlangt die Förderung des Anbaus und der Verwendung von nachwachsenden Rohstoffen eine vergleichende ökologische Bilanzierung der Umweltwirkungen sowie eine Risikoeinschätzung für nicht quantifizierbare Wirkungsdimensionen, die sowohl eine Betrachtung der Stoff- und Energieströme als auch der strukturellen und funktionellen Auswirkungen auf Natur und Landschaft einschließt ... Einen ersten, wenn auch vorläufigen Ansatz hierfür liefert die vom UBA (1993) erarbeitete Ökobilanz von Rapsöl bzw. Rapsölmethylester.

Es sollte umweltpolitisches Ziel sein, nur solche Anbauverfahren und Produktlinien auf der Basis von nachwachsenden Rohstoffen zu etablieren, die im Vergleich zu herkömmlichen Verfahren und Produkten (einschließlich Recyclingprodukten) nachweislich naturverträglicher, energetisch effizienter und ressourcenschonender sind, um dem Anliegen einer dauerhaft-umweltgerechten Landnutzung näher zu kommen.

Bisher ist vielen Bilanzen – zum Beispiel Energie- und Kohlendioxid-Bilanzen – anzulasten, daß nicht eindeutig ist, welche Einflußgrößen auf der Aufwandsseite einbezogen werden (ARMBRUSTER und WERNER, 1991; Enquête-Kommission „Technikfolgen-Abschätzung und -Bewertung", 1990b). Beispielsweise wird bei der energetischen Verwendung von Pflanzen häufig CO_2-Neutralität unterstellt; dabei wird aber der für ihren Anbau notwendige erhebliche Energieaufwand, der u. a. bei der Anwendung von Dünge- und Pflanzenschutzmitteln erbracht werden muß, außer acht gelassen.

Bei vergleichbaren Nettoendenergie- oder Kohlendioxideinsparungspotentialen ist letztlich entscheidend, welche anderen Umweltfolgen eine Rolle spielen (ARMBRUSTER und WERNER, 1991). Wenn in relevantem Umfang Energie aus dem Anbau von Kulturpflanzen bereitgestellt werden soll, ist beispielsweise zu beachten, daß angesichts des hohen Flächenbedarfs eine monotone Anbaustruktur mit entsprechenden ökologischen Folgewirkungen zu erwarten ist (vgl. SRU, 1985, Tz. 278ff.). Außerdem setzt der hohe Flächenbedarf im Energiepflanzenanbau voraus, daß in agrarstrukturellen Gunstgebieten Flächen aus der Nahrungsmittelerzeugung in weitaus höherem Maße als bisher freigesetzt und verbleibende Flächen mit wachsender Intensität bewirtschaftet werden. Der hohe Wettbewerbsdruck gegenüber billigen Rohölimporten zwingt die Landwirtschaft zu einer intensiven Produktionsweise mit den bekannten Folgen für die Umwelt.

909. Wichtige offene Fragestellungen zu den bisher vernachlässigten Auswirkungen des Anbaus von nachwachsenden Rohstoffen auf Tiere, Pflanzen und Lebensräume sollten im Rahmen einer Vorlauf- und Begleitforschung geklärt werden. Solange die ökologischen Wirkungen eines großflächigen Anbaus so unklar sind wie heute, im Zweifel aber eher negativ eingeschätzt werden, solange weiterhin die Wettbewerbsfähigkeit selbst von Befürwortern des verstärkten Anbaus bislang und in der absehbaren Zukunft sehr skeptisch beurteilt wird, empfiehlt der Umweltrat bei der Förderung des Anbaus nachwachsender Rohstoffe Zurückhaltung. Dagegen sollte die Erstellung von Ökobilanzen und Produktlinienanalysen des Anbaus und der Verwendung von nachwachsenden Rohstoffen einschließlich dazu erforderlicher Versuche verstärkt gefördert werden, um über das notwendige Regulierungswissen zu verfügen, falls der Anbau von Rohstoff- und Energiepflanzen zukünftig bei hoher Umweltverträglichkeit wirtschaftlich werden sollte.

Neben dem Anbau von nachwachsenden Rohstoffen sollte grundsätzlich auch die dauerhafte Anlage von Pflanzenbeständen zur Unterstützung der Regelungsfunktionen der Landschaft berücksichtigt werden (z. B. Nutzung von semi-aquatischen Ökosystemen als biologischer Flächenfilter für Abwässer; SUCCOW, 1993)."

Empfehlungen für eine nachhaltige Landwirtschaft

(Zitate aus SRU 1994, S. 302 und S. 318 – 319 und ARBEITSGEMEINSCHAFT BÄUERLICHE LANDWIRTSCHAFT 1994)

Wegen der hochsubventionierten Produktion von Überschüssen mit ihren negativen sozialen und ökologischen Folgen steht die Landwirtschaft immer wieder im Kreuzfeuer der Kritik. Die Agrarpolitiker haben zwar durch verschiedene Reformen versucht, Abhilfe zu schaffen, aber eine durchgreifende Änderung ist bisher nicht eingetreten und wird von vielen Kritikern auch bei der Art der bisher verwendeten Instrumente nicht erwartet.

Eine wesentliche Verbesserung der Situation wird von vielen Seiten nur für möglich gehalten, wenn Agrarpolitik und Agrarproduktion grundlegend verändert werden. Für eine solche Reform liegen verschiedene Vorschläge auf dem Tisch, von denen im folgenden 2 exemplarisch vorgestellt werden sollen.

Der eine Vorschlag stammt vom Rat von Sachverständigen für Umweltfragen. In seinem „Umweltgutachten 1994" hat er versucht darzustellen, durch welche Maßnahmen das „Leitbild einer dauerhaft-umweltgerechten Entwicklung" umgesetzt werden könnte. Einen anderen Weg schlägt die Arbeitsgemeinschaft bäuerliche Landwirtschaft vor, in der Bauern, Umwelt- und Verbraucherschützer sowie Mitglieder von Dritte-Welt-Gruppen engagiert sind.

In dem Kapitel: **„Umwelt und Landwirtschaft – Elemente und Chancen einer dauerhaft-umweltgerechten Landbewirtschaftung"** des Umweltgutachtens 1994 wird zum Konflikt zwischen Umwelt und Landwirtschaft ausgeführt:

„890. Eine drastische Rücknahme der Bewirtschaftungsintensität sowie räumlich gezielte, langfristige Flächenstillegung und -umwidmung wären in der Lage, traditionelle Zielkonflikte zwischen Agrar- und Umweltpolitik abzubauen. Dabei ist aus der Sicht eines umfassenden Naturschutzes der Verminderung der Bewirtschaftungsintensität (bezogen auf Dünge- und Pflanzenschutzmittelaufwand) eindeutig Vorrang einzuräumen. Landschaftsökologisch orientierte Brachlegung oder Umwidmung von Landwirtschaftsflächen in waldbauliche Nutzung ist nur in ausgewählten Räumen und unter Abwägung der unterschiedlichen Wirkungen auf den Landschaftshaushalt sinnvoll.

Wenn keine weitergehende Reform der Agrarpolitik stattfindet, wird der Rückzug der Landwirtschaft aus der Fläche auf Dauer nicht aufgehalten. Eine für den Umwelt- und Naturschutz wertvolle Kulturlandschaft setzt jedoch eine bezogen auf die Agrarstruktur und

Betriebstypen (GANZERT, 1992) und der davon ausgehenden biologischen Diversität vielfältige und umweltgerechte landwirtschaftliche Nutzung voraus. Dies erzwingt weitergehende Maßnahmen als die medial und sektoral bezogene Umweltschutzpraxis der achtziger Jahre, die sich auf einzelne voneinander abgegrenzte Umweltprobleme, wie die zunehmende Landschaftsverödung, die Ausrottung von Pflanzen- und Tierarten sowie Gewässer- und Bodenverschmutzung, beschränkte. Vielmehr ist eine integrierte Agrarumweltpolitik zu betreiben und auf eine dauerhaft-umweltgerechte Landwirtschaft hinzuwirken. Dabei darf die Landwirtschaft nicht nur eine reine Produktionsfunktion ausüben, sondern muß zugleich zahlreiche ökologische Funktionen übernehmen. Gewährleistet sein muß der Erhalt einer vielfältigen Tier- und Pflanzenwelt, die quantitative und qualitative Stabilisierung des Landschaftswasserhaushalts sowie der Erhalt des Regulationsvermögens und des Erlebniswertes einer Landschaft."

In seinem Ausblick fordert der Umweltrat:

„942. Die aktuellen agrarpolitischen Beschlüsse beinhalten keine klare und langfristige Perspektive für eine ökonomische und ökologische Konzeption zukünftiger Landbewirtschaftung. Das Extensivierungsprogramm wird weder seiner marktentlastenden noch seiner ökologischen Zielsetzung gerecht werden. Mit dem Ziel einer dauerhaft-umweltgerechten Entwicklung muß sich die künftige Landbewirtschaftung stärker an natürlichen Kreisläufen orientieren. Eine verstärkte Extensivierung der landwirtschaftlichen Nutzung, die sich an weitgehend ausgeglichenen Energie- und Nährstoffbilanzen orientiert, ist dringend voranzutreiben. ...

943. ... Erster Grundsatz der Weiterentwicklung der europäischen Agrarpolitik muß deshalb sein, die einkommenssichernden Transferzahlungen umfangreicher und entschiedener an ökologische Leistungen zu binden. Auf Dauer darf es keine Einkommenstransfers an Landwirte ohne konkrete ökologische Gegenleistung geben, auch wenn der Vertrauensschutz gegenüber den Landwirten eine gewisse Übergangszeit bis zu diesem Zustand erzwingt.

944. Wenn die ökologischen Leistungen der Landwirtschaft – also die von ihr ausgehenden positiven externen Effekte – künftig durch entsprechende Einkommen honoriert werden, dann ist es nur konsequent, die von der Landwirtschaft ausgehenden negativen externen Effekte – wie in anderen Sektoren auch – gemäß dem Verursacherprinzip mit Abgaben zu belegen. Dies betrifft vor allem den Einsatz von Dünge- und Pflanzenschutzmitteln. Im Hinblick auf diesen zweiten Grundsatz der künftigen Agrarpolitik kann sich der Umweltrat auf früher bereits ausgesprochene Forderungen, insbesondere nach

einer Stickstoffabgabe, beziehen. Entsprechende Maßnahmen sind deshalb nachdrücklich anzumahnen. Auch bislang unerfüllte Forderungen des Umweltrates zum ordnungsrechtlichen Rahmen der Landwirtschaft haben nach wie vor Gültigkeit (SRU, 1985, Tz. 1259ff. und 1356ff.) ...

946. Welche ökologischen Leistungen die Landwirtschaft erbringen soll, kann nach den vorangegangen Analysen nur im Rahmen ganzheitlicher Landnutzungskonzepte auf der regionalen Ebene entschieden werden. Denn dort ist eine genügend detaillierte Kenntnis der jeweiligen naturräumlichen Potentiale und der Landnutzungsansprüche gegeben. Insofern wird sich die künftige Rolle der Landwirtschaft und ihr Anteil an der Gesamtproduktion aus der Aggregation regionsspezifischer Entscheidungen über die Landnutzung und deren Implikationen für die regionale Landwirtschaft sowie aus der Entwicklung eines liberalisierten und internationalisierten Agrarmarktes ergeben. Dies läuft auf einen erheblichen Bedeutungsverlust der EU und der nationalen Regierungen in der Landwirtschaftspolitik hinaus, denen derzeit die Bestimmung der Rolle und des Umfangs der Landwirtschaft weitgehend obliegt. Sie würden dann zukünftig insofern eine Rolle in der Landwirtschaftspolitik spielen, als es um die allgemeinen Rahmenbedingungen des Agrarmarktes und der Agrarproduktion oder um den Einfluß auf die Landnutzung in Regionen von nationaler oder supranationaler Bedeutung geht."

Auch im Positionspapier der Arbeitsgemeinschaft bäuerlicher Landwirtschaft („**Agrarpolitische Positionen**") wird eine neue Agrarpolitik auf europäischer Ebene als Voraussetzung für eine nachhaltige Landwirtschaft gefordert.

„Die europäische Landwirtschaft produziert erhebliche Agrarüberschüsse, weil Millionen Tonnen von Futtermittelimporten zu Billigpreisen in die EU eingeführt werden. Die Nichtgetreidefuttermittel aus Drittländern machen umgerechnet zirka 45 Millionen Tonnen Getreideeinheiten aus und kommen zu niedrigen Zöllen oder zollfrei nach Europa. Würden die Nettoeinfuhren an eiweiß- und stärkehaltigen Futtermitteln aus Drittländern auf landwirtschaftlichen Flächen der EU erzeugt, wären hierzu über 17 Millionen Hektar erforderlich, das entspricht z. B. der gesamten landwirtschaftlichen Nutzfläche in Deutschland. ... Mit der Abschaffung der Agrarexportsubventionierung und der Verringerung der Futtermittelimporte ist nicht automatisch das Überschußproblem gelöst und eine nachhaltige Landwirtschaft umgesetzt. Die EU hat darüber hinaus Regelungen für einen Außenschutz zu treffen, damit die Mengenbegrenzungen nicht unterlaufen werden können. Ex- und Importbeziehungen zwischen den verschiedenen Staaten sind sinnvoll. Sie können Zeichen einer weltweiten Solidarität setzen. Um faire Handelsbeziehungen durchzusetzen und um allen beteiligten Staaten im Handel eine solide Wirtschaftsentwicklung zu ermöglichen, müssen vernünftige Außenschutzregelungen getroffen werden und sich vernünftige Preise entwickeln."

Innerhalb dieser Rahmenbedingungen soll die Landbewirtschaftung wie im folgenden beschrieben durchgeführt werden. Als ein Leitbild für die bäuerliche Wirtschaftsweise wird der ökologische Landbau angesehen.

„Nachhaltige Landwirtschaft heißt für uns: lebendige, vielfältige ländliche Räume durch landwirtschaftliche Produktion, keine entleerten Regionen und Flächenstillegung in großem Umfang, schonend mit unseren Lebensgrundlagen Wasser, Luft und Boden umgehen und Energie sparsam verwenden, für den Bedarf umweltschonend und tiergerecht produzieren, durch Aufrechterhaltung der landwirtschaftlichen Produktion stabilisierend auf die wirtschaftliche Entwicklung von Regionen Einfluß nehmen. Nachhaltige Landwirtschaft verlangt die Einsicht, daß ökonomisch, ökologisch und kulturell in Politik und Gesellschaft umgedacht werden muß, daß eine sinnvolle Landwirtschaft Bedingung dafür ist, ein lebenswertes Überleben unserer Gesellschaft zu ermöglichen. Eine solche landwirtschaftliche Produktion ist zum Nulltarif nicht zu haben – die Gesellschaft muß bereit sein, dafür angemessen zu bezahlen. Eine solche nachhaltige Landwirtschaft darf auch nicht durch soziales und ökologisches Dumping von außen unterlaufen werden. Durch einen sinnvollen Außenschutz sowie durch ökologische Maßnahmen ist eine nachhaltige Landwirtschaft politisch zu sichern."

Die folgenden ökologischen Mindeststandards werden von der Arbeitsgemeinschaft bäuerliche Landwirtschaft vorgeschlagen:

„– Verbot aller wassergefährdenden Pestizide

– Verbot aller Wachstumsregulatoren im Getreidebau

– Gestaffelte Stickstoffabgabe einführen

– Grundwasserverträgliche Landwirtschaft flächendeckend

– Flächengebundene Tierhaltung

– Dungeinheitenbegrenzung auf 2 Großvieheinheiten pro Hektar

– Verbot der Massentier- und Käfighaltung

– Keine Leistungsförderer in der Tiermast

– Keine Gentechnik

– Verbot des gentechnischen Rinderwachstumshormons

– Keine Patentierung von Pflanzen und Tieren

– Reduzierung von Futtermittelimporten ...

Eine nachhaltige Landwirtschaft ist nicht zum Billigtarif durchführbar. Sie muß ausreichend bezahlt werden. Dies kann nicht auf die Dauer durch Subventionen geschehen. Mit der EU-Agrarreform von 1992 ist die Landwirtschaft verstärkt an den Subventionstropf der europäischen und nationalen Finanzhaushalte gehängt worden. Die Subventionsoptimierung ist mittlerweile für viele Betriebe sinnvoller als die landwirtschaftliche Arbeit. Das hat mit nachhaltiger Landwirtschaft nichts zu tun. Ein solches System, in dem die Entwicklung der Landwirtschaft von der öffentlichen Finanzlage abhängig ist, kann auf Dauer kein tragfähiges Konzept sein. Mehr noch: Die Abhängigkeit von Subventionen isoliert die Landwirtschaft in der Gesellschaft und erniedrigt Bäuerinnen und Bauern als „Subventionsschlucke". Die berechtigte Forderung nach ausreichender Bezahlung der landwirtschaftlichen Arbeit wird mit dem Hinweis der Milliarden an Subventionen vom Tisch gefegt. Der wirkliche Wert, die wirklichen Kosten der Lebensmittelproduktion verschwinden aus dem allgemeinen Bewußtsein."

Vorkommen und Gewinnung des Eisens

(nach Holleman u. Wiberg 1964, S. 541ff.)

Vorkommen

Eisen (Fe) ist ein weitverbreitetes Metall, das zu 4,7 % am Aufbau der Erdrinde beteiligt ist. Sehr selten kommt es in gediegener Form (elementares Fe; Meteoreisen) vor; normalerweise findet man es als oxidisches Erz (d. h. in Verbindung mit Sauerstoff, O), als sulfidisches Erz (in Verbindung mit Schwefel, S) oder als carbonatisches Erz (in Verbindung mit dem Carbonation, CO_3^{2-}). In deutschen Lagerstätten kommen Roteisenstein (Fe_2O_3, Lahn-Dill-Gebiet), Brauneisenstein ($Fe_2O_3 \cdot H_2O$, Salzgitter, Peine, Siegerland) oder Spateisenstein (Siderit, $FeCO_3$, Siegerland) vor.

Gewinnung des Eisens aus Erz; chemisches Prinzip

Um das metallische Eisen aus Erzen zu gewinnen, müssen die Erze (ggf. erst nach oxidativer Entfernung des Schwefels) reduziert werden, d. h., der Sauerstoff muß entfernt werden. Dies geschieht, indem das Erz zusammen mit Kohlenstoff auf Temperaturen weit über 1000 °C gebracht wird, wobei die sich aus Gangart (und ggf. Zuschlägen, s. u.) bildende Schlacke sowie das Eisen schmelzflüssig werden. Hierbei setzt sich der Kohlenstoff mit dem Sauerstoff des Erzes um, d. h., er wird oxidiert, während das Eisen reduziert wird. Als Kohlenstofflieferant diente früher Holzkohle, heute Koks, die gleichzeitig die Energielieferanten sind. Der Schmelzpunkt reinen Eisens liegt hoch, bei 1536 °C. So einfach das chemische Prinzip (nämlich: Reduktion des Eisens, dafür Oxidation des Kohlenstoffs) aussehen mag, die tatsächlich stattfindenden chemischen Umsetzungsprozesse bei der Reduktion der Erze sind vergleichsweise kompliziert, weil, abhängig von der jeweiligen Temperatur, verschiedene Reaktionen ablaufen. Zudem nimmt das Eisen bei hohen Temperaturen auch Kohlenstoff auf:

– Eisen mit einem Kohlenstoffgehalt von über 1,7 % ist spröde und nicht schmiedbar, schmilzt plötzlich und ist nicht schweißbar. Es wird *Roheisen* genannt. Es kann aber gut gegossen werden und wird deshalb als *Gußeisen* („Gußstahl") verwendet.

– Eisen mit einem Kohlenstoffgehalt unter 1,7 % ist schmiedbar und härtbar. Es ist *Schmiedestahl*.

– Eisen mit einem Kohlenstoffgehalt zwischen 0,5 und 1,7 % läßt sich härten: das Metall wird auf ca. 800 °C erhitzt und rasch abgekühlt. Es ist *Stahl* in engerem Sinne.

– Eisen mit einem Kohlenstoffgehalt unter 0,5 % läßt sich nicht härten: es ist *Schmiedeeisen*, resp. Weicheisen.

Es wundert also nicht, daß die Gewinnung eines brauchbaren Eisens in hohem Maße von dem technischen Geschick und der Kunstfertigkeit des Herstellers abhängt – mehr als dies für die Gewinnung anderer Metalle gilt.

Der moderne Hochofenprozeß und seine Produkte

Moderne Hochöfen (Abb. A.27) sind 25 – 30 m hoch, dadurch werden die entstehenden heißen Gase optimal ausgenützt. Der Ofen wird von oben abwechselnd mit Koks und Eisenerz plus Zuschlag beschickt. Der Zuschlag dient dazu, die nichtmetallischen Beimengungen des Eisenerzes, die Gangart, dadurch vom Metall zu trennen, daß sie zusammen mit dem Zuschlagsmaterial die spezifisch leichtere Schlacke bilden. Dementsprechend muß sich die Art des Zuschlags nach der Zusammensetzung der Gangart richten. Enthält sie überwiegend saure Bestandteile wie Kieselsäure, (Siliciumdioxid) von Tonerde (Aluminiumoxid) begleitet, so setzt man basische Stoffe zu, wie Kalkstein (Calciumcarbonat) oder Dolomit (Calciummagnesiumcarbonat). Umgekehrt verwendet man bei kalkhaltigen Gangarten tonerdereiche Kieselsäure. In jedem Fall entstehen Calciumaluminiumsilikate, die eine leicht schmelzbare Schlacke bilden.

Die untere Lage Kohle wird angezündet, die für die Verbrennung notwendige Luft wird als sog. „Wind" auf 700 – 800 °C vorgeheizt und von unten zugeführt. Im unteren Teil des Hochofens wird eine Temperatur von 1600 °C erreicht.

Die Produkte des Hochofenprozesses sind:

– flüssiges *Roheisen*, das sich unterhalb der spezifisch leichteren Schlacke ansammelt und durch ein Loch von Zeit zu Zeit abgestochen wird,

– die ebenfalls flüssige *Schlacke,* die kontinuierlich abgelassen wird,

– sowie *Gichtgas*, das nach oben entweicht.

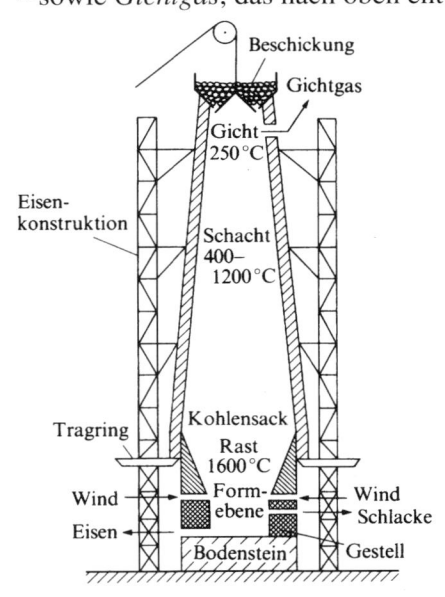

Die Wärme des Gichtgases dient zum Vorheizen des „Windes" sowie für weitere industrielle Zwecke. Die Schlacke wird je nach ihrer Zusammensetzung verwendet, z. B. als Wegematerial oder zur Herstellung von Baustoffen u. a. Das Roheisen, das durchschnittlich 4 % Kohlenstoff enthält, wird direkt in Blöcke gegossen oder – meistens – noch flüssig den Stahlwerken zugeliefert. Dort stellt man den gewünschten Kohlenstoffgehalt ein, indem das flüssige Roheisen mit heißer Luft durchblasen wird, wobei ein Teil des Kohlenstoffs zu gasförmigem CO_2 oxidiert wird.

Abb. A.27.
Schematische Darstellung eines Hochofens zur Eisenerzeugung. (Aus HOLLEMAN u. WIBERG 1985)

Literatur und Quellennachweis

Wir möchten an dieser Stelle Autoren und Verlagen für die Erlaubnis zur Übernahme der Abbildungen bzw. Texte danken.

AMBROS W (1992) Klärschlammverordnung. AID-Informationen, Nr 23. Bonn

ARBEITSGEMEINSCHAFT BÄUERLICHE LANDWIRTSCHAFT (1994) Agrarpolitische Positionen. Rheda-Wiedenbrück, dokumentiert in der Frankfurter Rundschau vom 22. April 1994, S 10

ARMBRUSTER M, WERNER R (1991)Klimaänderungen und Landwirtschaft. Agrarwirtschaft **40**(11): 353 – 362

BAUER H J (1987) Renaturierung oder Rekultivierung von Abgrabungsbereichen? Illusion und Wirklichkeit. Seminarberichte des Naturschutzzentrums NW 1: 10 – 20

BEADLE G W (1980) Die Vorfahren des Mais. Spektrum der Wissenschaft 3: 92 – 99

BEHRENS S (1993) Recyclingquote bei begrenzter Anzahl von Umläufen. Mathematische Berechnungen zu den Grenzen des Recyclings. Wirtschaft und Statistik (3) 1993

BEYER H, WALTER W (^{22}1991) Lehrbuch der organischen Chemie. Hirzel, Stuttgart

BMELF (Bundesministerium für Ernährung, Landwirtschaft und Forsten) (Hrsg) (^{2}1990) Bericht des Bundes und der Länder über Nachwachsende Rohstoffe. Schriftenreihe des BMELF, Reihe A: Angewandte Wissenschaft (Sonderheft). Landwirtschaftsverlag, Münster-Hiltrup

BMELF (Bundesministerium für Ernährung, Landwirtschaft und Forsten) (Hrsg) (1991) Produktions- und Verwendungsalternativen für die Landwirtschaft – Nachwachsende Rohstoffe (Forschungsdokumentation). Schriftenreihe des BMELF, Reihe A: Angewandte Wissenschaft (Sonderheft). Landwirtschaftsverlag, Münster-Hiltrup

BMELF (Bundesministerium für Ernährung, Landwirtschaft und Forsten) (1993) Die EG-Agrarreform – Hinweise zum Anbau nachwachsender Rohstoffe. Informationen vom 20. Januar 1993

BUNDESGESUNDHEITSAMT (1990) Richtwerte für Schadstoffe in Lebensmitteln. Bundesgesundhbl **5:** 224 – 226

BUNDESREGIERUNG (1992) Klärschlammverordnung vom 15.4.1992. Bundesgesetzblatt, Teil I, Bonn. S 912 – 934

CLAUS F (1991) Recycling bei Kunststoffen? Das Fallbeispiel PVC – Entropie setzt geschlossenen Kreisläufen Grenzen. In: M HELD (Hrsg) Leitbilder der Chemiepolitik: stoffökologische Perspektiven der Industriegesellschaften. Campus, Frankfurt a. M.

CZIHAK G, LANGER H., ZIEGLER H (Hrsg) (1976) Biologie. Springer, Berlin Heidelberg New York Tokyo

DETTMAR J (1992) Vegetation auf Industrieflächen. In: Landesanstalt für Ökologie, Landschaftsentwicklung und Forstplanung Nordrhein-Westfalen (Hrsg) Mitteilungen 2: 20 – 26

DEUTSCHE FORSCHUNGSGEMEINSCHAFT (1993) MAK- und BAT-Werte-Liste 1993. Senatskommission zur Prüfung gesundheitsschädlicher Arbeitsstoffe, Mitteilung 29. VCH Weinheim

DIERCKS R (^{2}1986) Alternativen im Landbau. Eugen Ulmer, Stuttgart

ENQUÊTE-KOMMISSION (1990) Gestaltung der technischen Entwicklung; Technikfolgen-Abschätzung und -Bewertung: Nachwachsende Rohstoffe. – Dt. Bundestag: Ref. Öffentlichkeitsarbeit. – Zur Sache 23/90

ESSER R (1992) Thermodynamische Aspekte der Abfallverwertung. Abfallwirtschafts-Journal **4**(3): 227 – 238

FISCHER J, LUDESCHER S, STOLZENBURG M, WIGGERING H (1993) Folgenutzung einer teilsanierten Altlast. Geowissenschaften **11**(1): 17 – 30

FLEISCHER G (1992) Grenzen des ökologisch sinnvollen Recyclings. Abfallwirtschafts-Journal **4**(5): 376

FRANKE W (^{2}1981) Nutzpflanzenkunde. Georg Thieme, Stuttgart New York

GANZERT Ch (1992) Eine intelligente, energie- und nährstoffeffiziente Naturnutzung. Zum Leitbild einer nachhaltigen Landwirtschaft. In: Ch GANZERT (Hrsg) Lebensräume. Vielfalt der Natur durch Agrikultur. Dokumentation einer Tagung in der Ev. Akademie Bad Boll. Beiheft zum Naturschutzforum. Kornwestheim. S 53 – 66

HABER W, SALZWEDEL J (1992) Umweltprobleme der Landwirtschaft
– Sachbuch Ökologie. Metzler-Poeschel, Stuttgart

HEINTZ A, REINHARDT G (1990) Chemie und Umwelt. Vieweg & Sohn,
Braunschweig

HEISSENHUBER A (1994) Landwirtschaft in Deutschland. In: A HEISSENHUBER, J KATZEK, F MEUSEL, H RING (Hrsg) Landwirtschaft und Umwelt. Bd 9 der Reihe: Umweltschutz – Grundlagen und Praxis. Economica, Bonn. S 1 – 37

HEISSENHUBER A, RING H (1994) Landwirtschaft und Umweltschutz. In: A HEISSENHUBER, J KATZEK, F MEUSEL, H RING: Landwirtschaft und Umwelt. Bd 9 der Reihe: Umweltschutz – Grundlagen und Praxis. Economica, Bonn. S 38 – 137

HEYDEMANN B (1986) Probleme des Arten- und Ökosystemschutzes – insbesondere der Vegetation und Fauna bei der Bereitstellung und Konversion nachwachsender Rohstoffe. In: BMFT (Hrsg) Nachwachsene Rohstoffe. Expertenkolloquium „Nachwachsende Rohstoffe", 14./15. Oktober 1986 in Bonn, Bd **2**

HOLLEMAN A F, WIBERG E (1964, 1985, [101]1995) Lehrbuch der anorganischen Chemie. Walter de Gruyter, Berlin New York

JOCHIMSEN M (1991) Begrünung von Bergehalden auf der Grundlage der natürlichen Sukzession. In: H WIGGERING, M KERTH (Hrsg) Bergehalden des Steinkohlenbergbaus. Vieweg, Braunschweig Wiesbaden. S 189 – 194

JOGER U (Hrsg) (1989) Praktische Ökologie. Diesterweg, Sauerländer, Frankfurt Salzburg

KNAUER N (1993) Ökologie und Landwirtschaft. Situation, Konflikte, Lösungen. Eugen Ulmer, Stuttgart

KÖCK H (1989) Auswirkungen von biologischem und konventionellem Ackerbau auf Flora und Fauna. Naturwiss. Rdschau **42**(7): 286 – 288

KORNECK D, SUKOPP H (1988) Rote Liste der in der Bundesrepublik Deutschland ausgestorbenen, verschollenen und gefährdeten Farn- und Blütenpflanzen und ihre Auswertung für den Arten- und Biotopschutz. Schriftenreihe für Vegetationskunde, Heft 19. Bonn – Bad Godesberg

Kraus W (1991) Klärschlammverordnung in der Landwirtschaft unter besonderer Berücksichtigung des ATV-Klärschlammfonds. ATV Landesgruppentagung Bayern vom 10. – 11.10.1991 in Lichtenfels

Kukuk P, Hahne C (1962) Die Geologie des Niederrheinisch-Westfälischen Steinkohlengebietes (Ruhrreviers). C. Th. Kartenberg, Herne

Meisel K (1984) Landwirtschaft und „Rote Liste"-Pflanzenarten. Natur Landschaft **59**: 301 – 307

Ministerium für Umwelt, Raumordnung und Landwirtschaft des Landes Nordrhein-Westfalen (MURL) und Kommunalverband Ruhrgebiet (Hrsg) (1989) Naturschutzprogramm Ruhrgebiet

Möller E (1989) Ökologische Abfallwirtschaft – Möglichkeiten und Grenzen unter dem Blickwinkel der Entropieproblematik. In: Institut für ökologisches Recycling (Hrsg) Ökologische Abfallwirtschaft – Umweltvorsorge durch Abfallvermeidung. Dokumentation des Fachkongresses vom 30.11. bis 2.12.1989 in Berlin. Selbstverlag, Berlin

Muschner U (1995) Bäuerlichkeit – eine Chance für die Zukunft? In: Agrarbündnis e.V. Arbeitsgemeinschaft bäuerliche Landwirtschaft Bauernblatt e.V. (Hrsg) Der kritische Agrarbericht. Landwirtschaft 1995. Rheda-Wiedenbrück. S 103 – 105

Plachter H (1983) Die Lebensgemeinschaften aufgelassener Abbaustellen. Schriftenreihe Bayerisches Landesamt für Umweltschutz, Heft 56: S 1 – 109

Plachter H (1991) Naturschutz. G. Fischer, Stuttgart, (UTB für Wissenschaft/Uni-Taschenbücher; 1563)

Planck U, Ziche J (1979) Land- und Agrarsoziologie. Eine Einführung in die Soziologie des ländlichen Siedlungsraumes. Eugen Ulmer, Stuttgart

Quellmatz E (1977) Verordnungen über gefährliche Arbeitsstoffe. Bd 2 Technische Regeln (TRgA). Weka, Kissing

Reichholf J (1988) Die Verarmung unserer Umwelt aus der Sicht des Zoologen. Forstw Centralbl **107**: 263 – 273

Römpp H (^{7}1972) Chemie-Lexikon. Franckh, Stuttgart

Roth-Katalog III (1992/93) Carl Roth, Karlsruhe

SCHILKE K (Hrsg) (1992) Agrarökologie. Schroedel Schulbuchverlag GmbH, Hannover

SCHLABERG-KOCH D (1994) Natur- und Landschaftsschutz. Fachplanung am Beispiel der Verwaltung für Agrarordnung. In: Deutsches Institut für Fernstudien an der Universität Tübingen, Tübingen. Umweltplanung. (Kommunalökologie 4) S 19 – 21

SCHMÖLLING J (1986) Grenzwerte in der Luftreinhaltung; Entscheidungsprozesse bei der Festlegung. In: G WINTER (Hrsg) Grenzwerte. Interdisziplinäre Untersuchungen zu einer Rechtsfigur des Umwelt-, Arbeits- und Lebensmittelschutzes. Werner, Düsseldorf. S 73 – 85

SCHÜTT P (1972) Weltwirtschaftspflanzen. Parey Buchverlag, Berlin Hamburg

SCHULTZ-KLINKEN K-R (1981) Haken, Pflug und Ackerbau. Verlag Lax GmbH & Co, Andreas-Passage 1, Hildesheim

SICK W-D (1983) Agrargeographie. Westermann, Braunschweig

SPECK T (1988) Geschichte der Pflanzen, 1. Teil. In: Deutsches Institut für Fernstudien an der Universität Tübingen, Tübingen. Fernstudium Naturwissenschaften, Evolution der Pflanzen- und Tierwelt.

SRU (Der Rat von Sachverständigen für Umweltfragen) (1985) Umweltprobleme der Landwirtschaft (Sondergutachten). Kohlhammer, Stuttgart

SRU (Der Rat von Sachverständigen für Umweltfragen) (1991) Abfallwirtschaft (Sondergutachten). Metzler-Poeschel, Stuttgart

SRU (Der Rat von Sachverständigen für Umweltfragen) (1994) Umweltgutachten. Metzler-Poeschel, Stuttgart

STARKE U, HERBERT M, EINSELE G (1988) Polyzyklische aromatische Kohlenwasserstoffe (PAK) in Boden und Grundwasser. In: D ROSENKRANZ, G EINSELE, H-M HARRESS (Hrsg) Bodenschutz. – Ergänzbares Handbuch der Maßnahmen und Empfehlungen für Schutz, Pflege und Sanierung von Böden, Landschaft und Grundwasser. Erich Schmidt, Berlin. 9. Lfg X/91

STARLINGER P, KNESER H, BÖHNKE H, ROTTLÄNDER E (1980) Molekularbiologie. 1. Bakterien und Bakteriophagen. Deutsches Institut für Fernstudien an der Universität Tübingen, Tübingen

STRASBURGER E, NOLL F, SCHENK H, SCHIMPER A F W (^{33}1991) Lehrbuch der Botanik für Hochschulen. Gustav Fischer, Stuttgart Jena New York

SUCCOW M (1993) Neuorientierung der Landnutzung. In: A KOHLER, R BÖCKER (Hrsg) Die Zukunft der Kulturlandschaft. Margraf, Weikersheim

SWAMINATHAN M S (1984) Reis. Spektrum der Wissenschaft 3: 24 – 34

TÜRCK R (1990) Das ökologische Produkt. Wissenschaft und Praxis, Ludwigsburg

TÜXEN R (1965) Wesenszüge der Biozönose: Gesetz für das Zusammenleben von Pflanzen und Tieren. In: Biosoziologie, Bericht über das Internationale Symposium in Stolzenau 1960, Den Haag

UBA (Umweltbundesamt) (Hrsg) (1993 a) Studienführer Umweltschutz, Bd I und II, Berlin

UBA (Umweltbundesamt) (1993 b) Ökologische Bilanz von Rapsöl bzw. Rapsölmethylester als Ersatz von Dieselkraftstoff (Ökobilanz Rapsöl). Berlin, UBA-Texte 4/93

ULLRICH B (1987) Flurbereinigung. In: J HÖLZINGER (Hrsg) Die Vögel Baden-Württembergs. Eugen Ulmer, Stuttgart. S 698 – 722

VDI (Verein Deutscher Ingenieure) (1993) EDV bringt Effizienz in die Entsorgung. VDI-Nachrichten vom 20. August 1993

VDI (Verein Deutscher Ingenieure) 2243 Richtlinie „Recyclingorientierte Gestaltung technischer Produkte" des Vereins Deutscher Ingenieure. Beuth, Berlin

WERTH E (1954) Grabstock, Hacke und Pflug. Eugen Ulmer, Stuttgart

WIGGERING H (Hrsg) (1993) Steinkohlenbergbau. Steinkohle als Grundstoff, Energieträger und Umweltfaktor. Ernst, Berlin

WORLD HEALTH ORGANIZATION (WHO) (1972) Technical Report Series 505: 9 – 24, 32

WORLD HEALTH ORGANIZATION (WHO) (1989) Technical Report Series 776: 28 – 31

Glossar

Glossar

abiotische Faktoren: Faktoren der physikalischen und chemischen Umwelt, die das Leben beeinflussen, vgl. > biotische Faktoren
griech. a = un..., ohne, nicht; griech. bios = Leben

Abplaggen: Zur Nährstoffanreicherung der Felder wurden zu Zeiten vor der Entdeckung der Mineraldüngung humose Oberbodenbereiche von Heidelandschaften oder anderen Gebieten durch flaches Abhacken entfernt und direkt, oder über den Umweg als Stalleinstreu, auf zumeist hofnahe Felder als Dünger aufgebracht

Abwassergrenzwerte: Bis zum 1. Weltkrieg gab es keine staatlichen Institutionen, die Grenzwerte verbindlich vorschreiben konnten. Gleichwohl wurden die Vorgaben des Reichsgesundheitsrates in Preußen weitgehend als Richtwerte akzeptiert, nicht so dagegen in den kleineren Bundesstaaten im Kaligebiet

Ackerschätzungsrahmen: Bewertungsgrundlage für ackerbaulich genutzte Flächen. Die darin festgelegten > Bodenzahlen sind ein Maß für die Fruchtbarkeit von Ackerböden (> Bodenfruchtbarkeit)

Ackerwildkräuter: eigentlich Ackerbegleitflora. Wildpflanzen, die neben den Kulturpflanzen auf Ackerflächen vorkommen und für diese Konkurrenten um Wasser, Licht und Nährstoffe darstellen. Dabei handelt es sich etwa um 300 Arten von Wildpflanzen. Durch Herbizideinsatz und starke Düngung – viele dieser Pflanzen sind an magere Standorte angepaßt – sind viele Arten vom Aussterben bedroht

Adsorption: Anlagerung eines Stoffes an der Oberfläche eines Festkörpers
lat. ad = zu, bei; lat. sorbere = saugen

aerob: in Gegenwart von Sauerstoff (Luft), vgl. > anaerob
griech. aer = Luft; griech. bios = Leben

Aerosol: feste oder flüssige Schwebstoffe, die in der Luft oder anderen Gasen feinst verteilt sind. Flüssige Schwebstoffe bilden Nebel, feste Schwebstoffe Rauch
griech. aer = luft; lat. solutio = Lösung

Agrarökosysteme: vom Menschen gestaltete Ökosysteme, die einer landwirtschaftlichen Nutzung unterliegen. Energiefluß, Stoffkreislauf und Organismenbestand werden vom Menschen gesteuert
lat. ager = Acker; griech. oikos = Haushalt; griech. systema = Zusammenfassung

Agrarsystem: die von dem übergeordneten Wirtschafts- und Sozialsystem geprägten Verhältnisse in der Landwirtschaft in institutioneller, wirtschafts- und sozialorganisatorischer sowie wirtschafts- bzw. sozial-

ethischer Hinsicht. So unterscheidet man beispielsweise feudalistische, kapitalistische und sozialistische Agrarsysteme
lat. ager = Acker; griech. systema = Zusammenfassung

Agrarverfassung: Gesamtheit der rechtlich-sozialen Ordnungen landwirtschaftlicher Nutzung. Dazu gehören alle Ordnungssysteme, die alle land- und forstwirtschaftlichen Berufszugehörigen betreffen. Als die wesentlichsten Ordnungen sind die > Bodenordnung, die Arbeits- und die Herrschaftsordnung zu nennen

Alkalimetalle: Elemente der ersten Hauptgruppe des Periodensystems: Lithium, Natrium, Kalium, Rubidium, Cäsium, Franzium. Ihre > Hydroxide (z. B. Natronlauge, NaOH) reagieren in wäßriger Lösung alkalisch (basisch) und sind Laugen (Basen)
arab. al-qali = salzhaltige Pflanzenasche; griech. metallon = Bergwerk

Alkane: lineare Ketten aus CH_2-Gruppen mit endständigen CH_3-Gruppen. Das Molekül enthält nur C-H-Einfachbindungen. Veralteter Name: Paraffine

Alluvialböden: junge nacheiszeitliche Schwemmlandböden, die aus Sedimenten in den Auen von Flüssen entstanden sind
lat. alluvio = Anschwemmung

Altlast: Altlasten sind Altablagerungen und Altstandorte, sofern von ihnen Gefährdungen für die Umwelt, insbesondere die menschliche Gesundheit, ausgehen oder zu erwarten sind

Aminosäuren: > organische Säuren mit einer Carboxylgruppe (-COOH) und ein oder mehreren Aminogruppen (-NH_2). Sie können sich zu Ketten zusammenlagern und bilden damit die Bausteine der Polypeptide (bis ca. 100 Aminosäurebausteine) und der > Proteine (mehr als 100 Aminosäuren)

anaerob: unter Ausschluß von Sauerstoff (Luft), vgl. > aerob
griech. aer = Luft; griech. bios = Leben

Anbauflächenwechsel: älteste Form der Landbewirtschaftung, bei der man die gerodete Fläche nach 1 – 2 Jahren Bewirtschaftung wieder brachliegen läßt. Nach einigen Jahren Brache kann sie erneut bebaut werden. Ist der Flächenwechsel mit einem Siedlungswechsel verbunden, spricht man von > Wanderfeldbau

Anerbenregelung: besonders in nordischen Ländern und Nordwestdeutschland verbreitetes Sonderrecht für ländlichen Grundbesitz, bei dem der Boden nicht unter den Erbberechtigten aufgeteilt wird, sondern an einen Hoferben = Anerben übergeht. Dies kann z. B. der älteste, aber auch der jüngste Sohn sein. Diese Regelung begünstigt – im Gegensatz zur > Realteilung – die Entstehung großer Flurparzellen

Anion: negativ geladenes > Ion, vgl. > Kation
griech. ana = hinauf; griech. ion = das Gehende, Wandernde

anorganisch: unbelebter Bereich der Natur. Als anorganische Stoffe bezeichnet man alle Stoffe, die keinen Kohlenstoff (C) enthalten, mit Ausnahme von Kohlenstoff selber, und einigen wenigen Kohlenstoffverbindungen wie Kohlenmonoxid (CO), Kohlendioxid (CO_2), Carbonaten (wie das gesteinsbildende Calciumcarbonat, $CaCO_3$), vgl. > organisch
griech. a, an = nicht, ohne; griech. organon = Werkzeug, Organ

arid: Bezeichnung für trockenes Klima, bei dem die jährliche Verdunstungsmenge die der Niederschläge übertrifft
lat. aridus = trocken

Atlantikum: geologischer Zeitabschnitt in der Nacheiszeit zwischen 5500 und 2500 v. Chr. Es handelt sich um eine Warmphase (mittlere Wärmezeit) zwischen den beiden kälteren Zeiten des Boreals und des Subboreals. Die höheren Temperaturen während des A. begünstigten die Ausbreitung wärmeliebender Pflanzen und den Anstieg der Waldgrenze. Es herrschte Eichenmischwald vor. Moorbildungen waren häufig

Atmosphäre: Gashülle der Erde (oder von Sternen). Die Lufthülle der Erde besteht zu 77,1 % aus Stickstoff (N), 20,8 % aus Sauerstoff (O), 1,1 % aus Wasserdampf (H_2O), 0,9 % aus dem Edelgas Argon sowie zu 0,1 % aus Wasserstoff (H), Kohlendioxid (CO_2) und Edelgasen
griech. atmos = Dampf; griech. sphaira = Kugel, Bereich

Atmung: Gasaustausch der Lebewesen mit ihrer Umwelt, bei dem Sauerstoff aufgenommen und Kohlendioxid abgegeben wird. Die Stoffwechselprozesse dienen der Energiegewinnung lebender Systeme
griech. atmos = Dampf

Atrazin: Herbizid aus der Gruppe der > Triazine, das v. a. im Mais-, Spargel-, Tomaten- und Kartoffelbau angewendet wurde. A. hemmt die > Photosynthese am Photosystem II. Die Zulassung wurde zum 1.4.1991 aufgehoben, nachdem festgestellt worden war, daß dieser Wirkstoff nicht – wie angenommen – im Boden abgebaut, sondern an die Bodenpartikel gebunden worden war und nun langsam freigesetzt wurde. Der Wirkstoff wird noch heute in den meisten Trinkwasserproben nachgewiesen. Er steht in Verdacht, krebserregend zu wirken

auskoffern: Ausheben des Bodens (z. B. um ihn zu sanieren)

Autotrophie: Ernährungsweise von grünen Pflanzen und vielen Mikroorganismen, die für Wachstum und Vermehrung lediglich > anorganische Stoffe (z. B. Mineralsalze, Kohlendioxid, Ammoniumionen) und als Energiequelle Sonnenenergie oder chemische Energie benötigen, vgl. > Heterotrophie
griech. autos = selbst, derselbe; griech. trophe = Nahrung

Bänke: beim Torfabbau: stehengebliebene Torfdämme, über die die Wege zum Abtransport des Torfes führten

Bauernbefreiung: Herauslösung der Bauern aus den Bindungen an die Grundherrschaft durch die Agrarreformen. Sie wurde durch die Französische Revolution beschleunigt. In Preußen erfolgte die Bauernbefreiung v. a. durch die Reformen des Freiherrn VON STEIN (1807) und des Staatskanzlers von HARDENBERG (1811 und 1816). Da Eigentumsrechte an Land nur an „spannfähige" Bauern vergeben wurden, erhielten nicht alle Bauern eigene Betriebe. Es entstand eine Landarbeiterschicht, gleichzeitig wurde der Großgrundbesitz vermehrt, da an die Grundherren bei Übernahme des Landes durch die Bauern Land als Entschädigung abgegeben werden mußte

Beizmittel: Wirkstoffe zur Behandlung von Saatgut, die als Schutzschicht um das Samenkorn vor pilzlichen oder tierischen Schädlingen schützen sollen. Als B. werden z. B. Fungizide, Quecksilber- oder Schwefel-Kupfer-Verbindungen eingesetzt

Berg- oder Bergbaufreiheit: Recht auf Bergbau weitgehend ungeachtet der Rechte der Grundbesitzer

Bergregal: Monopol der regierenden Fürsten, Bergbau zu betreiben und zu genehmigen

Bioindikatoren: Organismen, die sich für den Nachweis von Umweltschadstoffen eignen, weil eine Korrelation zwischen dem Grad der Umweltbelastung und dem Ausmaß der Schädigung bei den Organismen besteht, z. B. Flechten zum Nachweis von Luftverunreinigungen

Bionik: (zusammengesetzt aus Biologie und Technik) kybernetische Disziplin, Erforschung der Konstruktionsprinzipien und Funktionsweisen der Natur und Anwendung auf technische Problemlösestrategien, z. B. Bauprinzip von Schneckenhäusern angewendet auf Überdachungskonstruktionen, Temperaturunterscheidungsorgan der Klapperschlange als Modell für das Wärmespürgerät von Raketen

Biosphäre: Gesamtheit der von Lebewesen bewohnten Schichten der Erde (oberste Schicht der Erdkruste einschließlich Wasser und unterste Schicht der Atmosphäre)
griech. bios = Leben, belebte Welt; griech. sphaira = Kugel, Bereich

biotische Faktoren: Faktoren der lebenden Umwelt, vgl. > abiotische Faktoren
griech. bios = Leben

Biotop: Lebensraum einer Lebensgemeinschaft von Tieren und Pflanzen, z. B. Trockenwiese, Moor
griech. bios = Leben; griech. topos = Ort

Bioturbation: Bodendurchmischung durch wühlende Bodentiere
griech. bios = Leben; lat. turbare = in Unruhe bringen, aufwühlen

Biozönose: Lebensgemeinschaft von Organismen (Pflanzen und Tieren) in einem bestimmten > Biotop
griech. bios = Leben; griech. koinos = gemeinsam

Blattfrucht: im Gegensatz zu Halmfrucht = Getreide. Zu den Blattfrüchten gehören > Hackfrüchte, Ölpflanzen (Raps), Faserpflanzen (Hanf, Lein), Erbsen, Mohn, Tabak

„Blaue Banane": in der Raumplanung Bezeichnung für die zentrale Achse wirtschaftlicher Entwicklung in Europa. Die „Blaue Banane" erstreckt sich von Mittelengland über Südengland und die Niederlande den Rhein entlang durch die Schweiz bis nach Oberitalien

Bodenart (auch Körnungs- oder Texturklasse): Gemisch verschiedener Korngrößenfraktionen > Sand, > Schluff, > Ton

Bodenfruchtbarkeit: die auf seinen chemischen, physikalischen und biologischen Eigenschaften beruhende Fähigkeit des Bodens, den darauf wachsenden Pflanzen als Standort zu dienen und durch Vermittlung von Wasser, Nährstoffen und Luft regelmäßige Pflanzenerträge zu erzeugen. Für die Ertragsfähigkeit eines Bodens sind außer den Bodeneigenschaften das Klima und das landwirtschaftliche Nutzungssystem von Bedeutung

Bodenordnung: Gesetze zur Regelung der Beziehungen der Menschen zum nutzbaren Boden. Sie betreffen die Aufteilung und Nutzung des Bodens, die Verfügungsgewalt über den Boden sowie die Weitergabe der Verfügungsgewalt über den Boden

Bodenzahl: relatives Maß für die > Bodenfruchtbarkeit, das von der > Bodenart, der Entstehungsart und der Zustandsstufe des Bodens bestimmt wird. Sie wird in Relation zu den fruchtbarsten Böden (= 100) der Magdeburger Börde angegeben

Bohnerz: bohnenförmige oder runde, erbsengroße oft in konzentrischen Schalen aufgebaute Aggregate aus Brauneisenstein ($Fe_2O_3 \cdot H_2O$). Sie entstanden in Senken mit wechselndem Grundwasserstand, in denen sich eisenhaltiges Material ausschied. Durch Verwitterungsvorgänge wurde das B. verlagert, es sammelte sich im Verwitterungslehm in Spalten, Trichtern etc. verkarsteter Kalkgesteine (> Karst) an

Börde: lößbedeckte, klimatisch begünstigte Ebenen am Nordrand der Mittelgebirgsschwelle

Brandrodungswirtschaft: Wirtschaftsform, bei der auf einem zur Nutzung vorgesehenen Waldareal zunächst das Unterholz herausgeschlagen wird und die größeren Stämme durch Ringelung zum Absterben gebracht werden. Ist das Holz getrocknet, wird das Areal abgebrannt. Der lockere, unkrautfreie, nährstoffreiche Boden kann dann bebaut werden, bis die > Bodenfruchtbarkeit erschöpft ist. Die Fläche läßt man anschließend brachfallen und bebaut eine weitere günstig erscheinende Fläche (> Wanderfeldbau)

Braunerde: Bodentyp, der aus einer 10 – 20 cm dicken Humuszone und einem darunterliegenden 20 – 40 cm dicken ocker- bis kaffee- bzw. rostbraunen Horizont auf schwach verwittertem Gestein besteht. Braunerden entwickeln sich auf unterschiedlichen Gesteinen. Sie sind v. a. in Mittelgebirgen mit nährstoffarmen Gesteinen zu finden

Bruchwald: nährstoffreicher, vorwiegend aus Schwarzerle (Alnus glutinosus) bestehender Laubwald auf Böden mit hohem Grundwasserstand

Bulte: kleinräumige, bucklige Erhebung im Hochmoor, durch spezielles Wachstum entstandener hutförmiger Pflanzenhorst, vgl. > Schlenken

Carbamate: Salze der Carbaminsäure $H_2N–COOH$. Bei den als Insektizid verwendeten Carbamaten handelt es sich um Ester der Carbaminsäure, bei denen ein H-Atom der NH_2-Gruppe durch einen Molekülrest ersetzt ist

Cellulose: > Polysaccharid aus Glucoseeinheiten, wasserunlöslich. Neben > Hemicellulose und > Pektinen ist C. der Hauptbestandteil der Gerüstsubstanz pflanzlicher Zellwände
lat. cellula = Kämmerchen, Zelle

Charge: in der Hüttentechnik: das bei einem einzelnen Verarbeitungsansatz in den Schmelzofen gegebene Material

Chelate: metallorganische Komplexe, bei denen ein Metallion klammer- oder scherenartig von einer organischen Verbindung gebunden wird
griech. chele = Schere

Chitin: ein > Polysaccharid aus N-Acetylglucosaminbausteinen, das Hauptbestandteil des Außenskeletts der Gliederfüßer und der Zellwände von Pilzen ist
griech. chiton = Kleid

chlorierte Kohlenwasserstoffe: Kohlenstoff-Wasserstoff-Verbindungen, in denen Wasserstoffatome (oder OH-Gruppen) durch Chlor ersetzt sind. Sind mehrere Chloratome vorhanden, spricht man auch von polychlorierten > organischen Verbindungen. Chlorierte Kohlenwasserstoffe sind Ausgangsstoffe für PVC, Treibgase, Lösungsmittel und stellen die Wirkstoffe von > Pflanzenschutzmitteln, z. B. DDT, Hexachlorcyclohexan (HCH), dar. Sie sind besonders problematisch, da sie schwer abbaubar sind und sich in Fettgewebe anreichern

Chlorkaliumfabriken: die verarbeitenden Betriebe des Kalibergbaus. Sie wurden häufig zusammen mit den Bergwerken in einer Gesellschaft betrieben

Chlorophyll: Blattgrün, Gruppe von Farbstoffen der grünen Pflanzen; befähigen diese Pflanzen zur > Photosynthese, indem sie das sichtbare Licht absorbieren
griech. chloros = grün; griech. phyllon = Blatt

Contingent Valuation Method: direkte Methode zur Ermittlung der Zahlungsbereitschaft, bei der die Wirtschaftssubjekte nach ihrer Wertschätzung für Güter gefragt werden, die nicht am Markt käuflich sind, um somit die hypothetische Nachfrage nach diesen Gütern zu ermitteln

Cyanide: stark giftige Salze der Blausäure, $(HCN)_2$. Mit Schwermetallen, wie Eisen, können sich stabile Komplexe bilden, die wenig giftig sind. In stark saurer Lösung wird aber die Blausäure freigesetzt

Deflation: Abtragung von Bodenmaterial durch Wind
lat. de = weg, ent...; lat. flare = blasen

Destruenten: Mikroorganismen (Bakterien, Pilze), die > organische Substanzen zu > anorganischen Stoffen abbauen (= remineralisieren)
lat. destruere = zerstören

Devon: geologische Formation des Erdaltertums. Die Bildung erfolgte vor 395 – 345 Mio. Jahren

Diluvialböden: auch Eiszeit- oder Schwemmlandböden genannte Ablagerungen der Eiszeit
lat. diluvium = Überschwemmung

Dolinen: Karsttrichter. Schlot-, trichter- oder schüsselförmige Vertiefung im > Karst, entstanden durch Auswaschen oder auch durch Einfallen unterirdischer Hohlräume

Dreifelderwirtschaft: Anbausystem, bei dem ein 2jähriger Getreideanbau (Wintergetreide: Roggen oder Weizen, Sommergetreide: Hafer oder Gerste) mit 1 Jahr Brache abwechselt. Wie bei der > Zweifelderwirtschaft kann in diesem System die > Bodenfruchtbarkeit nur bei starkem Einsatz von Dünger über längere Zeit aufrechterhalten werden

Dreifelderwirtschaft, verbesserte: > verbesserte Dreifelderwirtschaft

Dünger, mineralischer: > mineralischer Dünger

Edaphon: Gesamtheit der Bodenorganismen
griech. edaphos = der Boden

Element: Grundstoff der Materie, der sich mit chemischen Methoden nicht weiter zerlegen läßt. Die Elemente sind im sog. Periodensystem der Elemente angeordnet
lat. elementum = Grundstoff

Emissionen: im Zusammenhang mit Umweltbelastungen: Ausstoß von Luftverunreinigungen, Geräuschen, Erschütterungen, Strahlen, Wärme in die Umwelt, vgl. > Immissionen
lat. emittere = aussenden

Glossar

Emittent: Verursacher von > Emissionen
lat. emittere = aussenden

Enzyme: Biokatalysatoren, die an den meisten biochemischen Umsetzungen im Organismus beteiligt sind, indem sie die Aktivierungsenergie (= diejenige Energie, die aufgebracht werden muß, eine chemische Reaktion in Gang zu setzen) von chemischen Reaktionen herabsetzen und damit deren Ablauf um ein Vielfaches beschleunigen können. Wie alle Katalysatoren gehen auch E. unverändert aus den Reaktionen hervor, an denen sie beteiligt waren. Jedes E. katalysiert nur eine ganz bestimmte Reaktion im Zellstoffwechsel, was die überragende Bedeutung der E. für den Stoffwechsel erklärt. Chemisch betrachtet sind E. > Proteine
griech. en = hinein, ein..., innerhalb, an, auf; griech. zyme = Sauerteig

Erdalkalimetalle: Elemente der 2. Hauptgruppe des Periodensystems: Calcium, Strontium, Barium, Radium

Ergußgestein: > Vulkanit

Erosion: Abtrag von festem Bodenmaterial durch oberflächenparallele Wasser- und Windströmungen
lat. erosio = Zernagung

Erstarrungsgestein: > Magmatit

Erz: metallführendes > Mineral oder auch ein Mineralgemenge mit so weit angereichertem Metall, daß dieses sich gewinnbringend abbauen läßt

eutroph: nährstoffreich. Überdüngung, Überernährung von Wasser- oder Landpflanzen durch einen erhöhten Eintrag von Nährstoffen in Boden oder Wasser, vgl. > oligotroph
griech. eu = gut; griech. trophe = Nahrung

Fabales: auch Leguminosen genannt. Ordnung der Höheren Pflanzen mit etwa 17 000 Arten, auch Hülsenfrüchtler (nach der Art der Frucht) oder Schmetterlingsblütler genannt. Sie bilden an den Wurzeln Knöllchen aus, in denen symbiontische Bakterien (> Knöllchenbakterien) leben. Diese fixieren Luftstickstoff (N_2) und bauen ihn zu Ammonium (NH_4^+) um. Daher können F. auch stickstoffarme Böden besiedeln. Zu den F. gehören beispielsweise Klee und Lupine

Feld-Gras-Wirtschaft: Anbausystem, bei dem auf eine ackerbauliche Nutzungsphase (z. B. 4 Jahre: Getreide, Getreide, > Blattfrucht, Getreide) eine langjährige (z. B. 16 Jahre) Grasbrache folgt. Man erhält dadurch einen Boden mit hoher Fruchtbarkeit (> Bodenfruchtbarkeit)

Feldkapazität: maximale > Haftwassermenge im Boden

ferritisches Eisen: Eisen kommt in mehreren verschiedenen Zustandsformen (Modifikationen) vor, die sich u. a. in der Anordnung der Eisenatome und der Magnetisierbarkeit unterscheiden. Die Modifikation des α-Eisens oder Ferrits kommt bis über 900 °C vor, ist magnetisierbar und löst wenig Kohlenstoff (bei höheren Temperaturen liegt γ-Eisen vor, das unmagnetisch ist und viel Kohlenstoff löst)

Feuchtwiese: durch menschliche Eingriffe beeinflußtes, in Flußauen oder Versumpfungsmulden gelegenes > Biotop, das weniger durch die Wasserverhältnisse als durch die menschliche Nutzung gekennzeichnet ist. Die Vegetation der Feuchtwiesen ist abhängig von der Intensität der Nutzung, d. h. von der Häufigkeit der Mahd und der Düngung, sowie vom Basengehalt des Bodens. Charakteristisch für die intensivste Form der Nutzung ist beispielsweise die Sumpfdotterblume (*Caltha palustris*)

Filterwirkung des Bodens: mechanisches Zurückhalten fester Stoffe beim Durchtritt durch den Boden. Je feiner das Porensystem des Bodens, um so kleinere (Schadstoff-) Teilchen können zurückgehalten werden

Flächenwechsel: > Anbauflächenwechsel

Flurzwang: die strenge Fruchtfolge der > Dreifelderwirtschaft, die beispielsweise eine Beweidung der Stoppelfelder und der Brache vorsah, machte eine Koordination und zeitliche Abstimmung der Bewirtschaftung von aneinandergrenzenden Feldern notwendig, um die Flurschäden durch das Befahren bzw. die Beweidung zu minimieren

Fruchtbarer Halbmond: Gebiet in Vorderasien, welches das Zweistromland zwischen Euphrat und Tigris umfaßt sowie das Land um den Jordan. Heute liegen die Staaten Irak, Syrien, Jordanien, Israel, Libanon, Teile der südlichen Türkei und des westlichen Iran in dem Gebiet

Fruchtwechselwirtschaft: Anbausystem, das in einem jährlichen Wechsel zwischen Halmfrucht (Getreide) und > Blattfrucht (z. B. Hackfrucht, Ölpflanzen) besteht

Fünffelderwirtschaft: im 19. Jahrhundert eingeführtes Anbausystem, auch „rheinische Fruchtfolge" genannt. Es ist durch einen 5jährigen Turnus gekennzeichnet: Getreide, Getreide, > Hackfrucht, Getreide, Hackfrucht

Gangart: das nichtmetallführende Gestein, das zusammen mit den > Erzen vorkommt, auch taubes Gestein genannt

Gefüge: das Bodengefüge gibt die Art der räumlichen Anordnung der festen Bestandteile des Bodens an und erlaubt damit auch Aussagen über sein Porenvolumen

Geldpacht: Überlassung eines Gegenstandes (hier: Boden) zum Gebrauch und zur Nutzung auf Zeit gegen Zahlung einer bestimmten Geldsumme. Im Unterschied zur Miete erhält der Pächter den aus der Nutzung erwirtschafteten Gewinn, vgl. > Naturalpacht

Gerüstsilicate: Silicate, deren SiO_4-Tetraeder in allen 3 Raumrichtungen miteinander vernetzt sind, vgl. > Schichtsilicate
lat. silex = Kiesel

gesättigt: bei Zugabe einer zu lösenden Substanz in ein Lösungsmittel (z. B. Wasser) wird ein Punkt erreicht, ab dem trotz fortdauernder Zugabe keine weitere Lösung der Substanz mehr zu beobachten ist. Man spricht dann von einer mit diesem Stoff gesättigten Lösung. Der Sättigungspunkt ist für jede Substanz spezifisch sowie lösungsmittel- und temperaturabhängig

Gestein: vielkörnige Aggregate von > Mineralen. Sie sind im Gegensatz zu Mineralen heterogen

Grauwacke: graues, graubraunes oder grünliches Sedimentgestein mit eckigen Mineral- oder Gesteinbruchstücken. Verbreitet in paläolithischen Schichten

Grünland: Graslandflächen mit verschiedenen Pflanzenarten (Gräsern, Kräutern), die zur Futtergewinnung für Vieh dienen und mehrjährig bewirtschaftet werden

Grünlandgrundzahl: relatives Maß für die > Bodenfruchtbarkeit von Grünland, das von der > Bodenart, der Zustandsstufe des Bodens, den Wasserverhältnissen und dem Klima bestimmt wird

Grünlandschätzungsrahmen: Bewertungsgrundlage für Grünlandflächen. Die darin festgelegten > Grünlandgrundzahlen sind ein Maß für die Ertragsfähigkeit des Grünlandes

Grünplaggen: humose Oberbodenbereiche von > Grünland, die durch flaches Abhacken entfernt, zunächst als Einstreu für das Vieh verwendet und dann zur Nährstoffanreicherung auf Felder ausgebracht werden. Durch das Ausbringen der Plaggen entstand über lange Zeiträume hinweg auf armen Sandböden ein fruchtbarer Oberboden (die sog. Plaggenesch)

Gülle: in Wasser aufgeschwemmter Kot und Urin von Haustieren, die v. a. bei Massentierhaltung in einstreuarmen oder -losen Ställen anfällt

Hackfrucht: Nutzpflanze, bei deren Anbau der Boden mehrmals gehackt werden muß, um Unkraut zu entfernen und den Boden zu lockern. Dazu zählen Kartoffeln, Rüben und alle Feldgemüsearten

Haftwasser: das in den Poren des Bodens festgehaltene, nicht versickernde Wasser

Halbtrockenrasen: durch die Bewirtschaftung des Menschen entstandenes trockenes > Biotop, das sich auf basischem Untergrund entwickelt hat. Es wird unterschieden zwischen den beweideten (z. B. Schwäbische Alb) und den gemähten H. Für die gemähte Form sind neben Gräsern (Aufrechte Trespe) Arten wie Wundklee, Hufeisenklee oder Karthäuser-Nelke charakteristisch. Bei den beweideten H. dominieren die Arten, die von den Schafen gemieden werden, z. B. Wacholder, Enzian, Kratzdistel

Hämoglobin: roter Blutfarbstoff in den roten Blutkörperchen von Wirbeltieren. Das > Protein besteht aus 4 Untereinheiten, die jeweils eine eisenhaltige Hämgruppe besitzen. Diese Hämgruppe ist in der Lage, Sauerstoff reversibel zu binden. In der Lunge werden die Hämgruppen mit Sauerstoff beladen. Durch den Transport der roten Blutkörperchen im Blutkreislauf wird der Sauerstoff im Körper verteilt und bei Bedarf abgegeben

Hangwind: schwache Luftströmung an Hängen, die tagsüber aufwärts, nachts abwärts fließt

Hartsalz: ein Gemenge aus den > Mineralien Sylvin, Kieserit und Steinsalz

Hedonic-Price-Ansatz (auch „Marktpreismethode"): indirekte Methode zur Zahlungsbereitschaftsermittlung, die auf der Theorie beruht, daß der Preis eines Gutes eine Funktion seiner Charakteristika ist und daß eine Preisänderung aufgrund der Veränderung eines Charakteristikums den impliziten Preis dieses Merkmals widerspiegelt. Ein Beispiel: Der Preis des Gutes „Wohnung" ist eine Funktion verschiedener Charakteristika wie Wohnungsgröße, Wohnlage, Verkehrsanbindung etc. Werden nun Preisunterschiede zwischen ruhigen und lauteren Wohnlagen bei sonst gleichen oder ähnlichen Bedingungen (gleiche Größe etc.) festgestellt, läßt sich dieser Preisunterschied in erster Annäherung als Wertschätzung für das Gut „Ruhe" interpretieren

Heide: durch die Bewirtschaftung des Menschen entstandenes > Biotop, das auf nährstoffarmen, sandreichen Böden des Flachlandes bzw. sauren Böden des Mittelgebirges entstanden ist. Charakteristisch für die Heide des Flachlandes ist das Heidekraut (*Calluna vulgaris*), dessen Wachstum durch die Schafbeweidung und das Plaggen der H. (> Abplaggen) gefördert wurde. Im Rheinischen Schiefergebirge und im Schwarzwald haben sich Heideflächen entwickelt, die durch Heidekraut, Besenginster und Borstgras (*Nardus stricta*) gekennzeichnet sind

Hemicellulose: wasserunlösliche > Polysaccharide aus verschiedenen Zuckerbausteinen. Kommt in pflanzlichen Zellwänden vor

Heterotrophie: Ernährungsweise von Organismen (Tiere, Pilze, viele Bakterien), die für Wachstum und Vermehrung auf > organische Kohlenstoffverbindungen angewiesen sind, vgl. > Autotrophie
griech. heteros = verschieden, anders; griech. trophe = Nahrung

Hochertragssorten: durch aufwendige Züchtungsarbeiten entstandene Kulturpflanzensorten (High Yield Varieties), die einen kaum noch steigerbaren Ertrag von hoher Qualität liefern. Bei den Sorten handelt es sich um Hybridsorten, die aus einer Kreuzung zwischen verschiedenen Sorten hervorgegangen sind. Sie sind steril, so daß das Saatgut jährlich gekauft werden muß. Zur Erreichung der hohen Erträge ist allerdings der umfangreiche Einsatz von Dünge- und Pflanzenschutzmitteln notwendig

Hochmoor: Moor mit mächtiger Torfschicht, die keinen Grundwasserkontakt mehr hat. Die Vegetation erhält Nährstoffe also nur über die Niederschläge und über Flugstaub. Das H. ist ein ausgesprochen nährstoffarmer (> oligotropher) Standort

Hochwald: möglichst gleichaltriger, gleichartiger Bestand hochwüchsiger Laub- oder Nadelbäume, ohne nennenswerten Unterwuchs. Die Bäume werden gezielt angepflanzt, vgl. > Niederwald

humid: feucht, Bezeichnung für ein Klima, in dem die jährliche Verdunstung kleiner ist als die Niederschlagsmenge
lat. humidus = feucht

Humifizierung: Prozeß, der zur Bildung von > Humus durch Umwandlung > organischer Substanz in > Humine führt
lat. humus = Erde; lat. facere = machen

Humine (Huminstoffe): hochpolymere, schwach saure Verbindungen mit hohem Kohlenstoffgehalt und chemisch sehr heterogener Zusammensetzung, dunkel gefärbt
lat. humus = Erde

Humus: Gesamtheit der abgestorbenen > organischen Stoffe im Boden, die beim Ab- und Umbau von pflanzlichem und tierischem Material entstehen
lat. humus = Erde

Hutung: nicht eingezäuntes Weideland, meist Schafweide, früher normalerweise in Gemeindebesitz

Hydrolyse: chemische Reaktion, bei der eine Verbindung durch Einwirkung von Wasser gespalten wird
griech. hydor = Wasser; griech. lysis = Zerlegung, Zerfall

Hydrosphäre: der mit Wasser bedeckte Teil der Erde
griech. hydor = Wasser; griech. sphaira = Kugel

Hydroxid: Bezeichnung für chemische Verbindungen mit der Atomgruppierung –OH, sofern diese aus der Verbindung (als OH^-) frei dissoziierbar (abtrennbar) ist
griech. hydor = Wasser; griech. oxys = sauer, scharf

Hyphen: für Pilze charakteristische fädige Vegetationsorgane (Zellfäden)
griech. hyphe = Gewebe

Hyperinflation: extrem hohe Geldentwertung der Jahre 1922 – 1923. Die Inflation begann schon im 1. Weltkrieg und hatte ihre Ursache zunächst in der Art und Weise, wie das Deutsche Kaiserreich den Weltkrieg finanzierte. Sie wurde seit 1921 extrem beschleunigt, als man versuchte, durch die Inflation die Zahlungsbilanz des Deutschen Reiches zu verschleiern. Damit beabsichtigte man ein Ende der Reparationsleistungen

Imago (Mehrzahl: Imagines): bei Insekten das geschlechtsreife (adulte) Entwicklungsstadium
lat. imago = Bild

Immissionen: im Zusammenhang mit Umweltbelastungen: Einwirkungen von Luftverunreinigungen, Geräuschen, Erschütterungen, Strahlen, Wärme auf die Umwelt. Gemessen wird v. a. die Konzentration eines Schadstoffes in der Luft, bei Staub zudem die Menge, die sich auf einer bestimmten Fläche pro Tag niederschlägt, vgl. > Emissionen
lat. immittere = hineinschicken

in situ (bei Bodensanierungstechniken): Die Sanierung erfolgt direkt im belasteten Bodenbereich
lat. situs = Lage, Stellung

Ion: Atom oder Atomgruppe, die eine oder mehrere, positive oder negative elektrische Ladungen tragen. Aufgrund der Ladung wandern negativ geladene Ionen (> Anionen) im elektrischen Feld zum positiv geladenen Pol (Anode) und positiv geladene Ionen (> Kationen) zum negativ geladenen Pol (Kathode). Beispiele: K^+ (Kaliumion), Ca^{2+} (Calciumion), NO_3^- (Nitration), Cl^- (Chloridion). Pflanzen nehmen die Nährelemente in Ionenform auf
griech. ion = das Gehende, Wandernde

Kainit: Summenformel $KCl \cdot MgSO_4 \cdot 3H_2O$, ein zuerst 1864 in Leopoldshall gefundenes Kalimineral, das hauptsächlich als Dünger verwendet wird

Karnallit: Summenformel $KMgCl_3 \cdot 6H_2O$, das häufigste Kalimineral in den deutschen Salzlagern. Es dient als Ausgangsmaterial für die Gewinnung von Kaliumchlorid

Karst: geologische Formen, die in chemisch leicht angreifbaren („löslichen") > Gesteinen, v. a. Kalken, entstehen; die freie Kohlensäure enthaltenden Niederschläge versickern rasch (sie laufen kaum oberirdisch ab) und lösen dabei Gestein unterirdisch chemisch auf. Es bilden sich Spalten und Hohlräume. Wenn sie einstürzen, entstehen oberirdisch > Dolinen, > Karstschlotten u. a.

Karstschlotten: steile, schacht- oder trichterartige Vertiefungen im > Karst, die hauptsächlich dadurch entstehen, daß vorhandene Spalten weiter ausgespült werden. Eine Reihe solcher Schlotten nennt man auch „geologische Orgel"

Kation: positiv geladenes > Ion, vgl. > Anion
griech. kata = von ... herab, abwärts; griech. ion = das Gehende, Wandernde

Kationenaustauschkapazität: Fähigkeit des Bodens, > Kationen (z. B. Ca^{2+}, K^+, Mg^{2+} u. a.) im Austausch gegen H^+-Ionen (= Protonen) zu binden und diese dadurch vor einer Auswaschung und Verlagerung in tiefere Bodenschichten zu bewahren. Die wichtigsten Bodenbestandteile, die

Kationen austauschen, sind > Tonminerale, > Huminstoffe sowie Eisen-, Aluminium- und Manganoxide

Knick: Bezeichnung für die in Norddeutschland verbreiteten, auf einem Erdwall angelegten Hecken (Wallhecken), die als Einfriedung für Felder und Weiden dienen

Knöllchenbakterien: gramnegative Bakterien der Gattung Rhizobium und Bradyrhizobium, die symbiontisch in Wurzelknöllchen der > Fabales leben. Sie sind in der Lage, Luftstickstoff (N_2) zu fixieren und in Ammonium (NH_4^+) umzuwandeln. Auf diese Weise werden dem Boden durchschnittlich 100 kg Stickstoff/ha und Jahr, unter sehr guten Bedingungen bis zu 600 kg Stickstoff/ha und Jahr zugeführt

Komplexbildner: Moleküle, die in der Lage sind, sich mit anderen Molekülen zu komplexeren Verbindungen zusammenzulagern

Kondensation: Übergang von Gas in den flüssigen Zustand
lat. condensatio = Verdichtung

Konsumenten: Lebewesen, die auf von > Produzenten gelieferte organische Substanz als Nahrung angewiesen sind
lat. consumere = verbrauchen

Körnung: = Textur: gibt den Mengenanteil der verschiedenen Korngrößenfraktionen (> Ton, > Schluff, > Sand) in einem Boden an

Kulturlandschaft: durch Eingriffe des Menschen veränderte Landschaft, die aus anthropogenen > Ökosystemen besteht. Hauptnutzer der Kulturlandschaft, zu der auch die verschiedenen Siedlungen zählen, ist die Landwirtschaft

Legierung: Mischung eines > Metalls mit einem oder mehreren metallischen oder nichtmetallischen Elementen. Im Gegensatz zur > chemischen Verbindung braucht das Mischungsverhältnis der Atome nicht konstant zu sein. Durch die Mischung können sich die Eigenschaften des Metalls erheblich verändern. Beispiele: Gold-Silber-Legierungen, > Stahl (Eisen-Kohlenstoff)
lat. ligare = verbinden

Leguminosen: > Fabales

Lehm: ertragreicher Boden mit mittlerem Mischungsverhältnis der verschiedenen Korngrößenfraktionen (> Ton, > Schluff, > Sand)

Leitsektor: für eine bestimmte Epoche dominierender Wirtschaftszweig. Diese Funktion hatte seit der Industrialisierung zuerst die Textilindustrie, sodann die Montan-, Elektro-, Chemie-, Automobil- und Computerindustrie

Liberalisierung: „Deregulierung", d. h. Aufhebung von Gesetzen oder Normen, die einen Markt „künstlich" regulieren

Liebigs Mineralstofftheorie: Theorie des Chemikers J. v. LIEBIG (1803 – 1873), nach der die Pflanzenernährung auch durch > anorganische Nährstoffe erfolgen kann. In Pflanzenasche fand er einen gewissen Gehalt an anorganischen Salzen, die beim Wachstum der Pflanze dem Boden entzogen worden waren und diesem bei der Ernte verlorengehen. Da bei intensivem Pflanzenbau die Nährstoffe nicht schnell genug durch natürliche Prozesse regeneriert werden können, müssen sie durch > mineralischen Dünger ersetzt werden

Lignin: harzartige Substanz, die u. a. am Aufbau der Zellwand des Holzes beteiligt ist
lat. lignum = Holz

Lithosphäre: Gesteinsmantel der Erde
griech. lithos = Stein; griech. sphaira = Kugel

Löß: äolisches (= durch Wind verfrachtetes) > Sediment. Besonders fruchtbar durch hohes Wasserspeichervermögen

Luftkapazität (LK, in Vol.%): Luftgehalt des Bodens bei > Feldkapazität; konventionell der Volumenanteil der Bodenporen mit einem Durchmesser von mehr als 50 μm

Luftleitfähigkeit (kl, in cm/s): Luftmenge, die je Flächen- und Zeiteinheit durch den Boden tritt, geteilt durch das Druckgefälle; konventionell gemessen bei > pF 1,8. Die kl ist wichtig für den Gasaustausch zwischen Bodenluft und Atmosphärenluft

Magmatit: = Erstarrungsgestein. Entstehung durch Erstarrung von Magma (= Gesteinsschmelzen des Erdinnern). Nach dem Erstarrungsort werden > Plutonite und > Vulkanite unterschieden
griech. magma = Knetmasse, v. masso = kneten

Marktordnung: System von Maßnahmen, durch welches Angebot und Nachfrage sowie die Entwicklung der Preise beeinflußt bzw. gelenkt werden. Das Marktordnungssystem im Agrarbereich wurde eingeführt, um sowohl die Preise für die Erzeuger als auch die für die Verbraucher von Angebot und Nachfrage unabhängig zu machen und Schwankungen der Preise zu verhindern. Damit sollten die Existenzfähigkeit der Erzeuger und eine gleichmäßige Versorgung der Verbraucher gewährleistet werden

Mergel: Sedimentgestein mit bestimmten Mischungsverhältnissen von Kalk und Ton

Merkantilismus: wirtschaftspolitisches System des 17. und 18. Jahrhunderts in Europa. Es ist durch wirtschaftlichen Nationalismus und staatlichen Dirigismus gekennzeichnet. In seinem Rahmen wurden Handel und Gewerbe stark gefördert

mesotroph: Bezeichnung für einen Standort von mittlerer Produktivität, die zwischen Oligotrophie (> oligotroph) und Eutrophie (> eutroph) liegt. Speziell bezieht sich mesotroph auf Übergangsmoore mit einem relativ nährstoffarmen Grundwasser
griech. mesos = der mittlere; griech. trophe = Nahrung

Metalle: Gruppe chemischer > Elemente mit charakteristischen Eigenschaften. Abgesehen von Quecksilber sind die M. bei Raumtemperatur Feststoffe. Sie haben „metallischen" Glanz, leiten gut den elektrischen Strom, sind überwiegend leicht verformbar, unlöslich in Wasser und organischen Lösungsmitteln und teilweise resistent gegen Säuren und Basen. Durch Zusammenschmelzen entstehen > Legierungen

Metamorphite: = metamorphe Gesteine. Sie entstehen unter der Erdoberfläche durch Einwirkung hohen Drucks und hoher Temperatur auf > Magmatite und > Sedimentgesteine. Diese Gesteinsumwandlung nennt man Metamorphose
griech. metamorphosis = Umwandlung

Methämoglobin: Form des > Hämoglobins, bei dem die Eisenionen der Hämgruppe vom 2- in den 3wertigen Zustand übergegangen sind. Dadurch haben sie die Fähigkeit verloren, Sauerstoffmoleküle reversibel zu binden

Mikroklima: = Kleinklima. Klima bodennaher Luftschichten, das kleinräumig sehr unterschiedlich ausgeprägt sein kann

Minerale (Mineralien): chemisch einheitliche (homogene), meist kristalline Stoffe in der Erdkruste, gesteinsbildend

mineralischer Dünger: > anorganische Salze (sowie Harnstoff), die aus natürlichen Lagerstätten gewonnen oder synthetisch hergestellt werden. Die wichtigsten Düngemittel sind Stickstoff-, Phosphat- und Kalidünger

Monokultur: Anbau eines Feldes mit nur einer Kulturpflanzenart, bei der andere Pflanzen (> Ackerunkräuter) durch Bodenbearbeitung oder > Pflanzenschutzmittel unterdrückt werden

Montanunion: Europäische Gemeinschaft für Kohle und Stahl. Der Vertrag wurde am 18.4.1951 zwischen Belgien, der Bundesrepublik Deutschland, Frankreich, Italien, Luxemburg und den Niederlanden geschlossen; er trat am 25.7.1952 in Kraft. Mit ihm wurde eine Gemeinschaft zur Einrichtung eines gemeinsamen Marktes für Kohle und Stahl begründet. Ein Ziel war die Ablösung der direkten Kontrollbefugnisse der Siegermächte über die Ruhrindustrie im Zuge der Einleitung einer friedlichen Vereinigung der westeuropäischen Staaten in Hinblick auf eine politische Union

Morphologie: Lehre von den Formen, Gestalten, Organisationsprinzipien
griech. morphe = Gestalt, Form, Bildung; griech. logos = Lehre, Wort

Mycel: Gesamtheit der > Hyphen
griech. mykes = Pilz

naturalistischer Fehlschluß: der unzulässige Versuch, aus Seinsaussagen (Tatsachenaussagen) Sollensaussagen (ethische Normen) ableiten und rechtfertigen zu wollen

Naturalpacht: Überlassung von Boden zur Nutzung auf Zeit gegen Zahlung eines bestimmten Bruchteils des Früchteertrags, vgl. > Geldpacht

natürliche Sukzession: im Rahmen der Ökologie: Abfolge von Organismengemeinschaften an einem Wuchsort. Aufeinanderfolge verschiedener Organismengemeinschaften, hervorgerufen durch Klima, Bodenentwicklung (allogene Sukzession) oder die Lebenstätigkeit der Organismen selbst (autogene Sukzession, z. B. Torfbildung). Das zeitliche Nacheinander, das Hinweise auf den Verlauf der Sukzession liefern kann, ist nicht zu verwechseln mit dem räumlichen Nebeneinander. Man unterscheidet zwischen primärer Sukzession auf unbesiedelten Rohbodenflächen (z. B. nach einem Gletscherrückzug) und sekundärer Sukzession auf vorher besiedelten Flächen, deren Standortbedingungen meist aufgrund menschlichen Einflusses, aber auch z. B. durch Brand, verändert wurden
lat. successio = Nachfolge

neolithische Revolution: Übergang von der Lebensweise der > Wildbeuter (Aneignungswirtschaft) zur seßhaften Lebensweise mit Ackerbau und Viehzucht (Produktionswirtschaft). Der Übergang fand in den verschiedenen Kulturkreisen zu unterschiedlichen Zeiten statt, im > Fruchtbaren Halbmond vor etwa 10 000 Jahren. Der Begriff wurde von V.G. CHILDE geprägt
griech. neos = neu, jung; griech. lithos = Stein

Niedermoor: auch Flachmoor genannt. Moor mit dünner Torfdecke, die mit dem Grundwasser in Kontakt steht. Dessen Nährstoffgehalt (> Ionen aus dem mineralischen Untergrund) entsprechend ist die Torfschicht mehr oder weniger nährstoffreich, vgl. auch > Hochmoor

Niederwald: Laubwald, der alle 20 – 40 Jahre geschlagen wird. Aus den zurückgelassenen Baumstümpfen entwickeln sich Stockausschläge, die über verschiedene Gebüschstadien nach einigen Jahrzehnten wieder hiebreifes Holz liefern. Niederwaldwirtschaft ist nur mit Laubholz möglich (Eiche, Hainbuche, Buche, Birke u. a.), da Nadelholz keine Stockausschläge liefert, vgl. > Hochwald

Nitrifikation oder Nitrifizierung: > Oxidation von NH_4^+ (Ammonium) zu NO_2^- (Nitrit) und weiter zu NO_3^- (Nitrat). Die nitrifizierenden Bakterien gehören zu den wichtigsten Organismen im Stickstoffkreislauf, weil sie das durch Mineralisation der > organischen Verbindungen entstandene Ammonium in das leicht lösliche Nitrat umwandeln
griech. nitron = Salpeter; lat. facere = machen

Nitrile: Kohlenwasserstoffverbindungen, bei denen ein Stickstoffatom durch eine Dreifachbindung an ein C-Atom angelagert ist; sie sind häufig als Lösungsmittel im Gebrauch

Nomadismus: Lebensweise, die in Steppen- und Savannengebieten verbreitet ist. Die Nomaden ziehen in den Trockengebieten mit ihren Herden zu den Weidegründen, die in der jeweiligen Jahreszeit ausreichendes Futter für das Vieh bieten. Sie sind auf ackerbaubetreibende Bevölkerungsgruppen angewiesen, bei denen sie pflanzliche Nahrung einkaufen oder -tauschen

Nord-Süd-Gefälle: Wohlstands- und Entwicklungsgefälle zugunsten des Südens in der alten Bundesrepublik. Es ist weitgehend umstritten, ob dieses Gefälle auf „endogenes", „natürliches" Wirtschaftswachstum oder aber auf Umverteilung durch Staatsaufträge zurückzuführen ist. Besonders bei der Region München wird zunehmend der 2. Aspekt betont (Rüstungsindustrie)

„off site" (bei Bodensanierungstechniken): Der Boden wird ausgekoffert (> Auskoffern) und in stationären Anlagen behandelt, zu denen der Boden transportiert werden muß

Ökosphäre: > Biosphäre
griech. oikos = Haus; griech. sphaira = Kugel

Ökosystem: Beziehungsgefüge zwischen Organismen und ihrer Umwelt, das einer Selbstregulation unterliegt und charakteristische Energieflüsse und Stoffkreisläufe aufweist
griech. oikos = Haus, Haushalt; griech. systema = Zusammenfassung

oligotraphente Arten: Arten, die > oligotrophe Standorte besiedeln
griech. oligos = wenige; griech. trophe = Nahrung

oligotroph: nährstoffarm. Bezeichnung für einen Standort, der durch Nährstoffarmut gekennzeichnet ist, vgl. > eutroph
griech. oligos = wenige; griech. trophe = Nahrung

„on site" (bei Bodensanierungstechniken): Der Boden wird ausgekoffert (> Auskoffern) und an Ort und Stelle in transportablen Sanierungsanlagen behandelt

organisch: der belebten Natur zugehörend. Die organische Chemie beschäftigt sich mit allen Kohlenstoffverbindungen (sie bauen die lebenden Systeme auf) mit Ausnahme von Kohlenstoff selber und einigen wenigen Kohlenstoffverbindungen wie Kohlenmonoxid (CO), Kohlendioxid (CO_2), Carbonaten (wie das gesteinsbildende Calciumcarbonat, $CaCO_3$), vgl. > anorganisch
griech. organon = Werkzeug, Organ

organisierter Kapitalismus: politische und wirtschaftliche Ordnung des Deutschen Kaiserreichs nach 1890; geprägt durch das Arrangement v. a. der Montanunternehmer an der Saar, Ruhr und Oder mit dem politisch-militärischen Berliner Machtkartell

Oxidation: ursprüngliche Definition: Aufnahme von Sauerstoff. Bei der Verbindung eines Metalles (z. B. Eisen, Fe) mit Sauerstoff (O) entzieht O dem Fe Elektronen. Analoge Vorgänge laufen auch bei anderen Umsetzungen ab, z. B. bei derjenigen von Metall mit Chlor (Cl), so daß man auch hierbei von einer O. spricht, d. h., man hat den Oxidationsbegriff erweitert: O. ist der Entzug von Elektronen. Mit der O. eines Elements (oder einer Verbindung) ist immer die > Reduktion eines anderen Elementes (oder einer anderen Verbindung), nämlich die Zufuhr von Elektronen, verbunden. Man spricht deshalb auch von sog. Redoxreaktionen
griech. oxys = sauer, scharf

Oxide: Verbindungen eines Elements mit Sauerstoff
griech. oxys = sauer, scharf

PAK: polyzyklische, aromatische Kohlenwasserstoffe, teilweise krebserregend; sie entstehen u. a. bei unvollständigen Verbrennungsprozessen

Parabraunerde: häufigster Bodentyp in Deutschland, der im Tiefland und in Gebieten mit kalk- und nährstoffreichen Ablagerungen verbreitet ist. Er ist gekennzeichnet durch eine dünne Humuszone (> Humus), unter der sich ein heller, etwa 50 cm dicker Oberboden anschließt. Darunter liegt oft ein mehrere Meter mächtiger rotbrauner Horizont

Partialdruck: in einem Gemisch von idealen Gasen, die nicht miteinander reagieren, ist der P. eines Gases derjenige Druck, den dieses Gas ausüben würde, wenn es alleine wäre
lat. pars = Teil

PCB: polychlorierte Biphenyle werden wegen ihrer Eigenschaften (unbrennbar, thermisch stabil, zähflüssig, hoher Siedepunkt u. a.) als Kühlmittel, Hydraulikflüssigkeit und Transformatorenöl verwendet. PCB reichern sich über die Nahrungskette, besonders im menschlichen Körper an; bei PCB werden krebserzeugende Wirkungen vermutet

Pedosphäre: Boden
griech. pedon = Boden; griech. sphaira = Kugel

Pektine: > Polysaccharide, hauptsächlich aus Galakturonsäure, die in den Zellwänden von Pflanzen vorkommen
griech. pektos = steif, geronnen

Peuplierungspolitik: eine aktive Bevölkerungspolitik, die im Rahmen des > Merkantilismus eine wichtige Rolle spielte
frz. peuple = Volk

Pflanzenschutzmittel: Stoffe und Zubereitung von Stoffen, die Nutzpflanzen bzw. Pflanzenerzeugnisse vor Schädlingen, Krankheitserregern und Konkurrenten schützen sollen. Man unterscheidet z. B. Mittel gegen Milben und Insekten, Pilze und > Ackerunkräuter

pF-Wert: dekadischer Logarithmus der Wasserspannung (cm Wassersäule) im Boden

Phosphorsäureester: organische Ester der Phosphorsäure. Ester, die mit einem Alkanrest (z. B. einer Methylgruppe $-CH_3$) oder einem Arylrest, also einer aromatischen Gruppe (z. B. Phenylgruppe $-C_6H_5$, abgeleitet vom Benzol), gebildet werden, sind Ausgangsstoffe für die Synthese von Schädlingsbekämpfungsmitteln, z. B. E 605

Photosynthese: die Synthese energiereicher > organischer Verbindungen (Glucose, Stärke) aus energiearmen > anorganischen Molekülen (CO_2, H_2O) mit Hilfe von Strahlungsenergie des Sonnenlichts. Die P. findet bei den grünen Pflanzen mit Hilfe des > Chlorophylls statt, dem sog. Blattgrün, das Sonnenlicht absorbieren kann
griech. phos, photos = Licht; griech. synthesis = Zusammensetzung

pH-Wert: negativer dekadischer Logarithmus der Wasserstoffionenkonzentration in einer Lösung

Physiokraten: frz. Schule der Volkswirtschaftslehre, die von dem Nationalökonomen und Naturrechtsphilosophen F. Quesnay (1694 – 1744) begründet wurde. Die Lehre basierte auf Quesnays Modell eines natürlichen Wirtschaftskreislaufs. Grund und Boden und dessen Bewirtschaftung wurden als die Hauptquellen des Nationalreichtums angesehen. Entsprechend wurde als einzige Steuer eine einheitliche Grundsteuer gefordert, die von den Grundeigentümern (Adel, Kirche, König) zu zahlen war. Nur die Landwirte galten als produktive Klasse. Handel- und Gewerbetreibende waren dagegen nur in der Lage, die von der Natur erzeugten Stoffe umzuwandeln; sie wurden als die „sterile" Klasse bezeichnet
griech. physis = Natur; griech. kratos = Herrschaft

Pionierarten: Pflanzenarten, die in der Lage sind, als Erstbesiedler vegetationsfreie Flächen zu besiedeln

Plutonit: Tiefengestein, ein in der Erdkruste erstarrter > Magmatit. P. sind grobkörnig infolge langsamer Abkühlung der Gesteinsschmelze. Häufigster P. ist Granit
lat. granum = Korn; nach dem griech. Gott der Unterwelt Pluto

Polymere: Makromoleküle, die aus vielen gleichen oder ähnlichen Grundbausteinen, sog. Monomeren, aufgebaut sind. Biologisch bedeutsam sind etwa die > Proteine, die > Polysaccharide, die Nukleinsäuren, aus denen die Erbsubstanz aufgebaut ist, oder die > Humine. Die chemische Struktur kann linear, verzweigt oder auch dreidimensional vernetzt sein
griech. polys = viel; griech. meros = Teil

Polysaccharide: > polymere Moleküle aus Zuckereinheiten
griech. polys = viel; griech. sakcharon = Zucker

polyzentrischer Ballungsraum: Ballungsgebiet, das mehr als einen Stadtkern besitzt. Beispiele: Großraum Frankfurt, Rhein-Ruhr-Gebiet, Los Angeles. Historisch junge Stadtregionen bilden nur noch selten monozentrische Strukturen aus

Population: eine Gruppe von Individuen einer Art, die räumlich so zusammengehören, daß 2 beliebige Individuen verschiedenen Geschlechts die gleiche Wahrscheinlichkeit haben, sich miteinander zu paaren und Nachkommen zu erzeugen

Prämisse: Annahme, Voraussetzung. In der Logik eine als wahr vorausgesetzte Aussage, aus der ein Schluß gewonnen wird
lat. praemissus = vorausgeschickt

Produzenten: Lebewesen, meist grüne Pflanzen, die aus > anorganischen Substanzen mit Hilfe von Sonnenenergie (Licht) > organische Substanz aufbauen können (> Photosynthese)
lat. producens = erzeugend

Property Rights: übersetzt mit Eigentums- oder Verfügungsrechte. Im ökonomischen Sinn interessiert Eigentum weniger als „absolute Sachherrschaft", sondern als ein Bündel unterschiedlich ausgeprägter bzw. unterschiedlich eingeschränkter Nutzungsrechte an Ressourcen und der damit zusammenhängenden Anreizwirkungen zur Bewirtschaftung dieser Ressourcen

Proteine: aus > Aminosäuren aufgebaute > polymere Makromoleküle
griech. protos = der erste

Puffer: wäßrige Lösung (Pufferlösung), deren > pH-Wert trotz Zugabe von Säure oder Base innerhalb eines begrenzten Bereiches konstant bleibt

Pütten: im Moor kleinräumige Abgrabung infolge zumeist bäuerlichen Torfstichs
lat. puteus = Brunnen

Pyrethroide: synthetisch hergestellte Abkömmlinge des natürlich vorkommenden Pyrethrums, eines als Insektizid wirkenden Inhaltsstoffes verschiedener Chrysanthemum-Arten. Ursprünglich glaubte man, P. seien ungefährlich für Wirbeltiere. Inzwischen wurde festgestellt, daß P. bei diesen nervenschädigend wirken

Quartär: jüngster Abschnitt der Erdgeschichte. Gliedert sich in Eiszeitalter = Pleistozän (Beginn vor ca. 2,5 Mio. Jahren) und die Nacheiszeit = Holozän (Beginn vor ca. 10 000 Jahren)
lat. quartus = vierter

Raseneisenerz: auch Wiesen- oder Sumpferz genannt. Es entsteht, indem eisenhaltiges Grundwasser, das in flachen Senken zutage tritt, mit Luftsauerstoff in Berührung kommt, wobei das Eisen als Brauneisenstein $Fe_2O_3 \cdot H_2O$ ausfällt

Raubbautheorie: geht auf die Erkenntnis Justus v. LIEBIGS zurück, daß alle Nährstoffe für die Pflanzenentwicklung unentbehrlich sind. Fehlt ein einzelner Nährstoff, bleiben Überschüsse der anderen wirkungslos. Der Ertrag ist somit von der Menge desjenigen Stoffes abhängig, von dem am wenigsten vorhanden ist (= Gesetz des Minimums)

Realteilung: landwirtschaftliches Erbrecht, das v. a. in Baden-Württemberg, Rheinland-Pfalz, dem Saarland und Hessen verbreitet war. Danach wurde der Boden unter den Erbberechtigten aufgeteilt, was zur starken Flurzersplitterung führte. Daher findet man in solchen Gebieten sehr viele Nebenerwerbsbetriebe, vgl. > Anerbenregelung

Reduktion: ursprüngliche Definition: Entzug von Sauerstoff. Heutige erweiterte Definition: Zufuhr von Elektronen, vgl. > Oxidation
lat. reducere = zurückführen

Regierungspräsidien: waren Teil der preußischen Verwaltungshierarchie. Der Ministerebene waren die Oberpräsidien, den Oberpräsidien die R. nachgeordnet. In bestimmten Fragen, die sich auf ihren Bezirk bezogen (hier: Gewerbeaufsicht), waren die Regierungspräsidenten die Entscheidungsinstanz

Rekultivierung: gezieltes Wiederherstellen eines zerstörten Kulturbodens als Kulturpflanzenstandort und Lebensraum für Tiere
lat. re = zurück..., wieder..., gegen...; lat cultura = Pflege

Renaturierung: Rückführung eines genutzten Landschaftsteiles in einen naturnahen Zustand durch > natürliche Sukzession, also durch Selbstregeneration der Natur
lat. re = zurück..., wieder..., gegen...; lat. natura = Schöpfung, Welt

Reparationslasten: Zahlungsverpflichtungen eines Staates, zur Entschädigung für kriegsbedingte Zerstörungen und andere Schäden. Vor allem nach dem 1. Weltkrieg erlegten die Siegermächte dem Deutschen Reich enorme R. auf

Rohboden: Boden im Stadium beginnender Bodenentwicklung. Der > Humus ist oft nur wenige Zentimeter mächtig und noch lückig ausgebildet

Rösten von Erzen: Erhitzen bei Luftzutritt, um Schwefel zu entfernen. Beispiel: Pyrit (= Eisensulfid, FeS_2) wird durch Rösten in Eisenoxid überführt. Chemische Formel: $2FeS_2 + 5\frac{1}{2}O_2 \rightarrow Fe_2O_3 + 4SO_2$

Safe Minimum Standard: erstmals von CIRIACY-WANTRUP (1952) postuliertes Konzept, wonach alle wirtschaftliche Aktivität nur so weit gehen darf, daß die Biosphäre in ihrer Substanz erhalten bleibt; es gibt also Mindeststandards der „Umweltqualität", die nicht unterschritten werden dürfen

säkulärer Trend: Entwicklungsrichtung eines sozialen, wirtschaftlichen oder kulturellen Prozesses

Sand: Korngrößenfraktion des Feinbodens von 63 µm bis 2 mm Korndurchmesser

saprophytisch: eine Lebensweise heterotropher (> Heterotrophie) Organismen, bei der faulende oder verwesende Stoffe verwertet werden (Fäulnisbewohner)
griech. sapros = faul; griech. phyton = Pflanze

Schichtsilicate: Silicate, deren SiO_4-Tetraeder in einer Ebene miteinander verknüpft sind, vgl. > Gerüstsilicate
lat. silex = Kiesel

Schlacken: Abfallprodukte, die beim Verhütten von Erzen aus der > Gangart und ggf. dem > Zuschlag entstehen. S. der frühen Eisenverhüttung bestehen in der Regel aus Eisensilicaten, moderne S. dagegen aus Calciumaluminumsilicaten

Schlenken: kleinräumige, unregelmäßige und nasse Vertiefungen im > Hochmoor, durch ungleichmäßiges Wachstum entstanden, vgl. > Bulte

Schluff: Korngrößenfraktion des Feinbodens von 2 µm bis 63 µm Korndurchmesser

Schwemmkanalisation: entsorgte die Abwässer der Städte. Dabei werden häusliche Abwässer und Fäkalien z. T. mit Regenwasser vermischt. Seit den 1860er Jahren wurden diese Abwässer – zum großen Teil ungereinigt – in die Flüsse abgeleitet

Sediment: = Ablagerungsgestein
lat. sedimentum = Ablagerung, Niederschlag, Bodensatz

sedimentäre Lagerstätte: Lagerstätte von > Erzen, Kohle, Salzen u. a., die durch > Sedimentation entstanden ist

Sedimentation: Transport und Ablagerung von durch Verwitterung entstandenem Gesteinsmaterial

Seifen: örtliche Anreicherung von spezifisch schweren, oft besonders widerstandsfähigen > Mineralien (z. B. Gold, Diamant, Zinnstein). Die Mineralien reichertern sich dadurch an, daß die ursprünglich vorhandenen spezifisch leichteren Gesteinsarten weggeführt wurden

Sial: Bezeichnung für die obere Schicht der Erdkruste, in der die > Elemente <u>Si</u>licium und <u>Al</u>uminium vorherrschen

Sima: Bezeichnung für die untere Schichte der Erdkruste, in der die > Elemente *Si*licium und *Ma*gnesium vorherrschen

Sode: kleines Rasen- oder auch Torfstück

Sozialpflichtigkeit (des Eigentums): im Grundgesetz neben dem Eigentum als Freiheitsrecht festgeschriebene Erklärung des Eigentums als „dem Wohl der Allgemeinheit" verpflichtet. Danach ist das Eigentumsrecht ein sozialgebundenes Recht (und kein uneingeschränktes Herrschaftsrecht), das privatrechtlichen und auch öffentlich-rechtlichen Einschränkungen unterworfen ist

Städtehygiene: stützte sich im 19. Jahrhundert im wesentlichen auf 2 Forschungsrichtungen. Die ältere „Bodentheorie" (Max v. PETTENKOFER) maß den verunreinigten Böden ein starkes Gewicht bei der Übertragung von Infektionskrankheiten zu, die jüngere „Trinkwassertheorie" (Robert KOCH) konnte mit bakteriologischen Methoden belegen, daß in erster Linie verunreinigtes Trinkwasser maßgeblich war

Stahl: Eisen mit einem Kohlenstoffgehalt bis zu 1,7 % läßt sich besonders im erwärmten Zustand walzen, pressen und schmieden (hämmern). Auch > Legierungen des Eisens mit anderen > Elementen wie Mangan, Chrom, Titan werden als S. bezeichnet

Stickstoff- und Phosphatdünger: sind die notwendigen Ergänzungen zur Kalidüngung. Nach dem „Gesetz des Minimums" ist eine ausschließliche Kalidüngung zwecklos

Stickstoffixierung: Aufnahme von Luftstickstoff (N_2) durch Bakterien der Gattung Rhizobium und Bradyrhizobium, die symbiontisch in Wurzelknöllchen von > Fabales (z. B. Lupinen, Klee) leben und Umwandlung in Ammonium (NH_4^+). Auf diese Weise werden dem Boden durchschnittlich 100 kg Stickstoff/ha und Jahr, unter sehr guten Bedingungen bis zu 600 kg Stickstoff/ha und Jahr zugeführt

Streuobstwiese: Obstwiese, die höchstens 1mal im Jahr gemäht wird. Das Mähgut wird als Einstreu im Stall verwendet. Durch die extensive Nutzung (seltene Mahd, keine Düngung) haben sich artenreiche Lebensgemeinschaften entwickelt, deren Zusammensetzung vom Basengehalt des Bodens abhängig ist

Sukzession, natürliche: > natürliche Sukzession

Sustainable Development (nachhaltige oder dauerhafte Entwicklung): von der Brundlandt-Kommission definiert als „... Entwicklung, die die Bedürfnisse der Gegenwart befriedigt, ohne zu riskieren, daß künftige Generationen ihre eigenen Bedürfnisse nicht befriedigen können". Zentrales Element ist der aus der Forstwirtschaft stammende Begriff der Nachhaltigkeit (Sustainability), der dort im wesentlichen besagt, daß pro Periode nur so viele Bäume gefällt werden dürfen, wie in gleicher Zeit nachwachsen

Symbiose: Vergesellschaftung von Organismenarten zum Vorteil aller Partner
griech. syn = mit, zusammen; griech. bios = Leben

Take Off: entscheidender Sprung während der Industrialisierung, durch den der Trend zur Entstehung der Industriewirtschaft nicht mehr umkehrbar ist. Die Take-Off-Theorie stammt von Walt Whitman ROSTOW

taubes Gestein: > Gangart

Tensid: grenzflächenaktiver Stoff (z. B. in Waschmitteln). T. besitzen die Eigenschaft, sich an Grenzflächen von Lösungen anzureichern und dadurch die Oberflächenspannung zu erniedrigen. Die Moleküle von T. besitzen einen hydrophoben („wasserfeindlichen", „fettfreundlichen") und einen hydrophilen („wasserfreundlichen", „fettfeindlichen") Teil. Sie fördern die Benetzung von Partikeln

Teufe: bergmännisch für Tiefe

Textur: > Körnung
lat. textura = Gewebestruktur

Tiefbauzeche: Kohlenzeche, aus der auch unterhalb der grundwasserführenden Schichten Kohle gefördert werden kann

Tiefengestein: > Plutonit

Ton: Korngrößenfraktion des Feinbodens mit weniger als 2 µm Korndurchmesser

Tonminerale: zu den Schichtsilicaten gehörende Bestandteile der Tonfraktion (Durchmesser kleiner als 0,01 mm). Sie bestehen aus einer Folge von Siliciumoxid-Tetraeder- und Aluminiumhydroxid-Oktaeder-Schichten. Wegen ihrer großen Quell- und Schrumpffähigkeit durch reversible Ein- und Anlagerung von Wassermolekülen und ihr Vermögen, > Ionen und Moleküle zu adsorbieren und wieder freizusetzen, sind sie von entscheidender Bedeutung für die > Bodenfruchtbarkeit

Transhumanz: halbnomadische Lebensweise, bei der die Besitzer der Viehherden seßhaft leben und Ackerbau betreiben. Die Herden werden von Hirten begleitet. Die Weidegebiete wechseln im jahreszeitlichen Rhythmus
lat. trans humus = jenseits der bebauten Erde

Transpiration: Abgabe von Wasserdampf, bei Pflanzen durch die Spaltöffnungen
lat. trans = hinüber, durch; lat. spirare = atmen

Triazine: 6gliedrige heterozyklische Verbindungen, also Molekülringe, deren Molekülring aus 6 Atomen besteht, von denen 3 Stickstoff- und 3 Kohlenstoffatome sind. T. sind Ausgangsstoffe für Kunst- und Farbstoffe sowie Textilhilfsmittel und Herbizide

Trockenrasen: Rasen und Halbsträucher auf trockenen, nährstoffarmen Böden

Trophie: Intensität der organischen Produktion, v. a. der Pflanzen
griech. trophe = Nahrung

übersättigt: Zustand einer Lösung, in der mehr Substanz gelöst ist, als zur Sättigung (> gesättigt) erforderlich ist. Schon durch leichte Erschütterung oder durch die Zugabe eines (Staub-) Körnchens kann der Überschuß an gelöster Substanz zum Auskristallisieren gebracht werden

Urwechselwirtschaft: > Anbauflächenwechsel

Utilitarismus: Der ethische Utilitarismus vertritt bei der Aufstellung von ethischen Normen und Werten den Nützlichkeitsstandpunkt, wobei entweder das Wohl des einzelnen oder das der Gesellschaft im Vordergrund stehen kann
lat. utilis = nützlich

verbesserte Dreifelderwirtschaft: Form der > Dreifelderwirtschaft, bei der das Brachejahr durch den Anbau einer > Hackfrucht (Futterrüben, Kartoffeln, Zuckerrüben) ersetzt ist

Verwitterung: Abbau und Umsetzung von > Gesteinen und > Mineralen aufgrund von physikalischen, chemischen und biologischen Faktoren. Unter physikalischer V. versteht man die mechanische Zerkleinerung der Gesteine. Bei der chemischen V. werden die Mineralien mit Wasser, Kohlendioxid, Sauerstoff und Wasserstoffionen umgesetzt. Die chemischen und physikalischen Verwitterungsprozesse, die auf der Lebenstätigkeit von Organismen beruhen, werden unter dem Begriff biologische V. zusammengefaßt

Verwitterungsböden: Bei diesen Böden wird das durch > Verwitterung entstandene Material nicht weitertransportiert, sondern bleibt auf dem Muttergestein liegen

Vierfelderwirtschaft: Anbausystem mit einem 4jährigen Turnus: z. B. Wintergetreide, Sommergetreide, Wintergetreide, > Hackfrucht

Vorfluter: natürlicher oder künstlicher Wasserablauf, der den reibungslosen Abfluß von Abwässern gewährleistet

Vulkanit: Erguẞgestein, an der Erdoberfläche erstarrter > Magmatit. Vulkanite sind feinkörnig infolge schneller Erstarrung. Beispiel: Basalt
nach dem römischen Gott des Feuers Vulkanus

Wanderfeldbau: Wirtschaftsform, bei der nach mehrjähriger Nutzung die Felder und damit auch die Siedlungen verlegt werden. Der W. setzt eine geringe Bevölkerungsdichte und große Flächenreserven voraus. Er ist mit einem bestimmten Wirtschafts- und Sozialsystem verknüpft. W. wird heute noch von etwa 10 % der Weltbevölkerung betrieben

Wasserhaltung (im Bergbau): Hebung des sich in den Gruben ansammelnden Wassers über Tage

Wassersättigung des Bodens: der Boden steht im Gleichgewicht mit dem freien Wasserspiegel, d. h., der Porenraum ist vollständig mit Wasser gefüllt

Welkepunkt: Wassergehalt des Bodens, bei dem die meisten Pflanzen dauerhaft welken

Wildbeuter: andere Bezeichnung für Jäger- und Sammlergesellschaften. Lebensweise des Menschen während der Hauptzeit der menschlichen Entwicklung – Ackerbau wird erst seit etwa 10 000 Jahren betrieben

Zuschlag: Zusatz bei der Verhüttung der > Erze, um die > Gangart in leichter flüssige > Schlacke umzuwandeln, damit sich Schlacke und > Metall trennen

Zweifelderwirtschaft: Anbausystem, bei dem ein 1jähriger Getreideanbau (Roggen oder Dinkel) mit 1 Jahr Brache abwechselt. Die > Bodenfruchtbarkeit wird in diesem System nur bei starkem Einsatz von Dünger über längere Zeit aufrechterhalten

Glossary

Register

Register

Die Seitenzahlen, die auf das Glossar verweisen, sind kursiv dargestellt.

A

A-Horizont 99
A-Werte 328
Abbauprozesse
　lebender Substanz 48
Abbrennen 417
Abfallstoffe aus der Produktion
　Bodenbelastung 309f.
Abholzen
　von Birken 416
abiotische Faktoren *613*
Abluft
　bei Bodensanierung 338
Abplaggen *613*
Absatzgesteine. *Siehe* Sedimente
Abwasser 172ff.
　Grenzwerte 177ff., 181ff., *613*
Abwässerabschwemmumg 167
Acarinen 59
Acceptable Daily Intake 326
Acetonitril
　mikrobiologischer Abbau 343
Ackerbau 216
　Einfluß auf Bodenentwicklung 95
Ackerbau, biologischer
　Auswirkungen auf Flora und Fauna 561ff.
Ackerbau, konventioneller
　Auswirkungen auf Flora und Fauna 561ff.
Ackerbegleitflora 245
Ackerrandstreifenprogramm 245
Ackerschätzungsrahmen 132, *613*
Ackerwildkräuter 137, 207, 210, 251, *613*
ADENAUER
　Politik der Westintegration 283
ADI-Wert 326
Adsorption *613*
Adsorptionswasser 68
　Definition 67
aerob *613*
Aerobier 73
Aerosol 217, *613*
Agenda 21 445
Aggregatgefüge 77f.
AGÖL 239f.

Agrar- und Landschaftskultur 220
Agrarindustrialisierung
　2. Phase 167
agrarische Gesellschaften 156
Agrarökologie 134
Agrarökosystem 135, 150, 208, *613*
　Definition 134
Agrarpolitik 202, 220, 237, 537ff.
Agrarreformen 201
Agrarsystem 157, *613*
Agrarverfassung 157, *614*
　germanische 436
AGRICOLA, G. 311
Akarizide 211
Aktinomyceten 54, 57
aktuelle Bodenacidität 87
Algen 54, 56f.
　Funktion im Boden 57
Alkalimetalle *614*
Alkane *614*
　mikrobiologischer Abbau 343
Allmende 159
Alluvialböden 131f., *614*
alte Böden 95
„Alter Mann" 465
Altlasten 271, 315, 334, *614*
　Definition 309
　Erfassung 316
　Folgenutzung 584ff.
　Gefährdungsabschätzung 316, 318
　Kataster 316
　Sondergutachten 337
Altlastensanierung
　gesetzliche Regelungen 334
Altstandorte 316, 334
Aluminium 15, 112
Ameisen 59
Aminosäuren *614*
Ammoniak 218
Ammonifikation 49
Ammonium
　Dünger 214
　Ion 214
　Stickstoff 214, 417

Amöbe 58
Amphibole 28
anaerob *614*
Anaerobier 73
Anbau
    konventioneller 241
    ökologischer 241
Anbauflächenwechsel 135f., 146, *614*
Andenregion 149
Andromeda polifolia 409
Anerbenregelung 159, *614*
Anion *614*
Anneliden 56, 59f.
anorganisch *615*
anorganische Schadstoffe 111, 310
Anreicherungen 325
    Definition 326
Anreizinstrumente, ökonomische 433
Anthrazit 20, 286
    Eigenschaften
Antibiotika 216, 223
Antimon
    Gehalt in Pflanzen und Entzug 342
Apatitdünger 389
Arbeiten im Park 349
Arbeitsgemeinschaft für naturnahen Obst-,
    Gemüse- und Feldfruchtanbau (ANOG) 240
Arbeitsgemeinschaft Ökologischer Landbau
    (AGÖL) 239f.
    Rahmenrichtlinien 240f.
Arbeitskräfte
    in der Landwirtschaft 204, 221
Archäometallurgie 471
arid *615*
Arsen
    Gehalt in Pflanzen und Entzug 342
    Schadstoffgehalt im Boden 314
Artenrückgang 207f.
    Ursachen 207f.
Artenschutz 249f., 252
Artenvielfalt
    Abnahme 207
    Erhaltung 249f.
Arthropoden 56, 59
Arzneimittel 217
Asseln 54, 59
Atemgift 211
Atlantikum 411, *615*
Atmosphäre 8, *615*
Atmung 73, *615*
Atrazin 212, *615*

Aufforstung
    Einfluß auf Bodenentwicklung 95
Ausgangsgestein
    als Faktor der Bodenentwicklung 93
Ausgleichszahlungen 226ff., 237, 244
Ausgrabungen
    Vorgehen bei Rekultivierung 351
auskoffern *615*
Ausräumung der Landschaft 207, 209, 222
austauschbare Kationen 85
Austauschkapazität. *Siehe* Kationenaustausch-
    kapazität
Auswaschung
    Nährstoffe 218
    Nitrat 214, 218, 233, 238
autotroph 10
Autotrophie *615*

B

B-Horizont 99
B-Werte 328
Baden-Württemberg 213f., 218, 244
Bakterien 54ff.
    Bestimmung der Anzahl 55
    Funktion im Boden 57
Ballungsraum, polyzentrischer *633*
Bandkeramiker 18, 478
    Siedlungen 18
Bänke 409, 413, *615*
Barren 470
Bärtierchen 59
Basalt 16f., 22
Baskenland 276
bäuerliche Landwirtschaft 201, 204, 540f.
Bauern
    Verhältnis zur Stadt 154
Bauernbefreiung 161, 200, *615*
bauliche Maßnahmen
    zur Moorregeneration 412
Bayerisches Kulturlandschaftsprogramm 244
Bayern 212, 214, 244
Begrünung
    von Bergehalden 384ff., 580ff.
    von Brache 229
Beizmittel 211, *616*
Belastung mit Schadstoffen 325
    Definition 326
Belgien 276f.
Benzin
    Verdampfungs- und Zersetzungstemperatur 344

Benzo[a]pyren 311
    Schadstoffgehalt im Boden 314
Benzol 310, 314
    mikrobiologischer Abbau 343
    Verdampfungs- und Zersetzungstemperatur 344
Bergamt
    in Bochum 282
Bergbau
    Entwicklung im Ruhrgebiet 279f.
Bergbauernprogramm 244
Bergbaufreiheit 282, *616*
Bergehalden. *Siehe auch* Halden
    Auswirkung auf Grundwasser 307
    Begrünung 384ff., 580ff.
    Flächenbedarf 306
    in Herten 329
    Rahmenvertrag 306
    Rekultivierung 383ff.
    Standortfaktoren 384
    Vorgehen bei Rekultivierung 350f.
Bergematerial 304
    Versauerung 388, 390
Bergeversatz 170
Berggesetzgebung 282
Bergregal 281, *616*
Bergschäden 308f.
    Abwicklung 308
Bergsenkungen 304, 308
Beruhigungsmittel 216, 223
Beryllium
    Gehalt in Pflanzen und Entzug 342
Besenheide 414
Besenried. *Siehe* Pfeifengras
Besömmerung 161
Betriebe
    Haupterwerb 205f., 241f.
    landwirtschaftliche 204f., 221
    milchviehhaltende 226
    Nebenerwerb 205f.
    Vollerwerb 204, 221
Betriebseinkommen 203
Betriebsertrag 222
Betriebsmittel 241
Bevölkerungsentwicklung im Ruhrgebiet 272, 274
Bevölkerungsexplosion 166
Bewässerung
    Einfluß auf Bodenentwicklung 95
Bewässerungskultur 157
Beweidung 417
    im Rahmen der Moorregeneration 415

Bewertung von Böden. *Siehe* Bodenbewertung
Bewertungslücke 432, 436f.
Bewirtschaftungsintensität
    Definition 134
Biodiesel 233f.
Biodiversität 454f.
Bioethanol 232
biogene Sedimente 19
Bioindikation 89
Bioindikatoren *616*
Bioland-Verband 240
biologisch-dynamische Wirtschaftsweise 240
biologische Verwitterung 32
biologischer Ackerbau
    Auswirkungen auf Flora und Fauna 561ff.
Biologismus 460
Biomasse, mikrobielle
    eines gereinigten Bodens 400
Bionik *616*
Biosphäre 8, *616*
biotische Faktoren *616*
Biotit 27
Biotop 207ff., 237, 249, 251f., *616*
    Inseln 209
    Kartierung 350
    Pflege 250
    Schutz 250
    Verbund 229
    Verlust 222
Biotopverbundsysteme 546ff.
Bioturbation 60, *616*
Biozönose 134, *617*
Birken 414
    Abholzen im Rahmen der Moorregeneration 415f.
    als Pionierart 347
    Ansiedlung im Hochmoor 410
    Verdunstungsrate 415
Blattherbizide 211
Blattfrucht 137, 199f., *617*
Blattgrün. *Siehe* Chlorophyll
Blaue Banane 278, *617*
Blausucht 219
Blei 111, 310
    Gehalt in Pflanzen und Entzug 342
    Grenzwerte für Böden 327
    Schadstoffgehalt im Boden 312, 314
Bleicherde. *Siehe* Podsol
Blockmeer 34
Blütenpflanzen 207
Bochum 282, 287, 417

Bochum-Riemke 572
Bode
    Gutachten 171, 175
Boden
    als Durchdringungssystem 7
    Definition 6f.
    Funktionen 143f.
    Zustandsstufe 131
Böden
    alte 95
    schwere 39
    tropische 37
Bodenacidität 86
    aktuelle 87
    Folgen erhöhter B. 88
    potentielle 87
    Ursachen 87
Bodenalkalität 86
Bodenart 39f., 43, 131, *617*
    Bestimmung der Bodenzahl 130f., 511
    Definition 39
    eines gereinigten Bodens 397
Bodenbearbeitung 206, 212, 240
    Einfluß auf Ökosystem 133
    Methoden 518ff.
    Pflugkultur 517
Bodenbelastung
    Abfallstoffe aus der Produktion 309f.
    Erfassung 316
    historische Perspektive 270, 290
Bodenbestandteile 60f.
Bodenbewertung 130ff.
Bodenentwicklung 95
    Dauer 95
    Faktoren 93f.
    Prozesse 95
Bodenerosion 209f., 215, 223. *Siehe auch*
    Erosion
Bodenfauna 56, 58ff., 212
Bodenflächen
    Nutzungsarten 275
Bodenflora 56ff.
Bodenfruchtbarkeit 128ff., 133, 200, 217, 241, *617*
    Definition 128f.
    im Laufe der Bodenentstehung 129
    kühlgemäßigter Zonen 129
Bodengefüge 77ff.
    Definition 77
    Einfluß auf Fruchtbarkeit 80
Bodenherbizide 211
Bodenhorizonte 96ff.

Bodenkunde 6
bodenkundliche Standortkartierung 350
Bodenluft 72f.
Bodenmobilität 159
Bodennutzung
    Recht auf B. 159
Bodenordnung 159, *617*
Bodenorganismen 54ff., 213, 216, 218
    Anzahl 54
    Beitrag zur Bodenentwicklung 56
Bodenprofil 97f.
Bodenreaktion 85ff.
    Definition 85
    eines gereinigten Bodens 400
Bodenreinigung, thermische 394ff.
Bodenruhe 137
Bodensanierung 334ff.
    biologische Verfahren 338ff.
    chemisch-physikalische Verfahren 337ff.
    höhere Pflanzen 339ff.
    in situ 336
    Mikroorganismen 343
    off site 336
    on site 336
    thermische Verfahren 344ff.
Bodenschadstoffe
    Herkunft 566ff.
    toxikologische Daten 566ff.
Bodenschutz
    gesetzliche Regelungen 323f.
Bodenschutzkonzeption 324, 330
Bodenskelett 38
Bodenstruktur 77. *Siehe auch* Bodengefüge
Bodensubstanz, organische 47f.
Bodensystematik 96
Bodentypen 99ff.
Bodenverdichtung 38, 108, 206, 210, 223
    Folgen 108
    Gegenmaßnahmen 108
    Ursachen 108
Bodenverluste 210
Bodenwaschanlagen 338
Bodenwäsche 337ff.
Bodenwasser 65ff.
Bodenzahl 130ff., 226f., *617*
Bohnen 227
Bohnerz 466, *617*
Bor 111
    Gehalt in Pflanzen und Entzug 342
Börde *617*
Borstenwürmer 54, 59

Bottrop 287
Brache 228, 235
   Begrünung 229
   ökologische Funktion 535f.
   Selbstbegrünung 228
Brachflächen
   im Ruhrgebiet 315
   Neubesiedlungsmaßnahmen 347
Brackwasserformen 177
Brandrodungswirtschaft 146, *617*
Braunerde 101, 129, *618*
Braunkohle 20
Braunkohlentagebau
   Bergbaufolgelandschaft 353
Brom
   Gehalt in Pflanzen und Entzug 342
Bruchwald *618*
Brundtland-Bericht 444f.
Brundtland-Kommission 444
BRUNNER, O. 158
Bruttowertschöpfung
   Entwicklung im Ruhrgebiet 289
Bulte 409, *618*
Bundesberggesetz 348
Bundesrepublik Deutschland (BRD) 207, 212, 218, 222, 226ff., 231
Butter 222

C

C-Horizont 99
C-Werte 328
C/N-Verhältnis 50
Cadmium 111, 216, 310
   Aufnahme durch Pflanzen 341
   Gehalt in Pflanzen und Entzug 342
   Grenzwerte für Böden 327
   Richtwerte für Lebensmittel 327
   Schadstoffgehalt im Boden 314
Calcit 27f.
Calcium 15
Calciumcarbonat
   Verwitterung 30
Carbamate 211, *618*
Carotinoide 48
Cellulose 51f., *618*
Charge *618*
Chelate 53, *618*
chemische Sedimente 18
chemische Verwitterung 29
CHILDE, V.G. 146
Chinaschilf 230, 233f.

Chitin 52, *618*
chlorierte Kohlenwasserstoffe 211, *618*
Chlorkaliumfabriken 168, 176, *618*
Chlorophyll 8, *618*
   Abbau 48
Chrom 111, 216
   Gehalt in Pflanzen und Entzug 342
   Grenzwerte für Böden 327
   Schadstoffgehalt im Boden 314
Ciliaten 54, 58
CO_2-Gehalt
   im Boden 73
CO_2-Neutralität 233, 235
Cobalt
   Gehalt in Pflanzen und Entzug 342
COHN, F. 175
Collembolen 59
Commission on Sustainable Development 445
Contingent Valuation Method 439, *619*
conuco-Kultur 156
Cyanide *619*
   mikrobiologischer Abbau 343
   Verdampfungs- und Zersetzungstemperatur 344
Cycloalkane
   mikrobiologischer Abbau 343
Cyclohexan
   mikrobiologischer Abbau 343

D

Dammschüttung 300f.
Dampfmaschine 279
Dampfpflug 201f.
Dauerbrache 226f.
Deflation 94, 107, *619*
DEMETER-Bund 240
Denitrifikation 73
Destruenten 9, 48, 57, *619*
Deutsches Naturschutzgesetz 221
Deutscher Krieg 272
Deutsches Kalisyndikat 169
Deutschland 216, 222
Devon 477, *619*
Dichlormethan
   mikrobiologischer Abbau 343
Diesel 233
   Ersatz 232
   Verbrauch 233
Dieselöl
   Verdampfungs- und Zersetzungstemperatur 344
Diluvialböden 131f., *619*
Dinkel 235

Diorit 16, 22
Diplopoden 59
Dipol 66
Dolinen 466, *619*
Dolomit 19, 27f.
Doppelfüßer 59
Doppelschachtanlagen 280
Dortmund 287
Dortmund–Ems-Kanal 300
Dosis-Wirkung-Messungen 326
Dreifelderwirtschaft 138f., 161, *619*
   verbesserte 139, 199
Dreischicht-Tonminerale 36
   Aufbau 37
Drosera rotundifolia 409
Druckentlastung 28
Duisburg 287
Düngemittel 241
Dünger 203, 216, 222, 228f., 234f., 238
   Bedarf 110
   mineralischer 140, *628*
   organischer 238
   Steuer 238
   stickstoffhaltiger 238
Düngeverordnung 238
Düngung 240, 245, 249
   Definition 109
   Einfluß auf Bodenentwicklung 95
   zur Begrünung von Bergehalden 388

E

Edaphon 144, *619*
   Definition 56
Effizienz 456f.
   Umsetzung nachhaltiger Entwicklung 456
EG-
   Agrarpolitik 537ff.
   Agrarreform 227f., 236, 243, 245
   Extensivierungsprogramm 245
   Haushalt 222
Eichenlohe 482
Einkommen 203
Einkommenspolitik, kombinierte 221
Einstreu 138
Einzelkorngefüge 77
Einzeller 56
Eisen 15
   Bedeutung zur Zeit der Römer 463
   ferritisches 468, *620*
   Gewinnung 599f.
   Hochofenprozeß 601
   Verhüttung 464f., 468
   Vorkommen 599
Eisenerz
   im Siegerland 478
Eisenerzlagerstätten 464ff.
Eisenzeit 463
Elbe 174f., 177, 180
Element *619*
Elsbett, L. 234
Elsbett-Motor 234
Embeddingeffekt 439
Emissionen *619*
Emittenten 310, *620*
Emscher 304
Emscherzone 287
Enchytraeiden 54, 59
„Enclosures" 436
Endlaugen 170ff., 176, 180f.
   gewässerökologische Fragen 175
   Streit in Magdeburg 171
   Wirkung auf Organismen 177
Energie 241
   Bilanz 233, 235
Energiepflanzen 229, 232ff.
England 276f.
Entsiegelung 332
Entstehungsart
   des Bodens 131
Entwaldungen
   im Mittelmeerraum 473
Entwässerung 207, 249
Entwicklung, nachhaltige. *Siehe* nachhaltige Entwicklung
Enzyme *620*
Erbsen 227
Erbstollen 279
Erdalkalimetalle *620*
Erdbeeren 213
Erdkruste 15, 27f.
   chemische Zusammensetzung 15
   Gesteinsbestand 22
Ergußgestein 16. *Siehe auch* Vulkanite
Erhaltungskalkungen 88
Eriophorum vaginatum 409. *Siehe* Scheidenwollgras
Erlebniswert 438
Erosion 11, 38, 80, 94, 107f., 148, 209f., 229, *620*
   Ausmaß 108
   Definition 107
Erosionsschutz 107
Ersatzbiotope 347f.

Erstarrungsgestein 14f. *Siehe auch* Magmatite
Ertragsfähigkeit 130
Ertragsleistung 129f.
ertragssteigernde Produktionsmittel 244
Erz *620*
Erzbergbau
    im Siegerland 488
Erzeugerpreise 221, 226
Erzpochen 464
Essen 287
    Bevölkerungswachstum 296
    Stadtplan für Altstandorte 316f.
Eßkohle 286f.
europäische Gemeinschaft für Kohle und Stahl 284
europäisches Kalifornien 168
eutroph *620*
Eutrophierung 210, 215
Existenzwert 438
Exkremente 217, 223
Extensivgrünland 134
Extensivierung 225, 235ff., 244, 250, 252
    produktionstechnische Methode 235f.
    quantitative Methode 235
Extensivierungsprogramm 236, 240
Externalisierung von Kosten 459

F

Fabales *620*
Fadenwürmer 54ff., 59
    Anzahl 55
Faktoren
    abiotische *613*
    biotische *616*
Familie 158
Farbstoffe 229
Farnpflanzen 207
Fasern 229
Faserpflanzen 230
Fauna
    als Faktor der Bodenentwicklung 94
Fehlschluß, naturalistischer 460
Feinboden 38
Feinporen 79f.
Feld-Gras-Wirtschaft 136f., *620*
Feldgehölze 222, 249
Feldgemüse 218
Feldkapazität 71, 398, *620*
    Bestimmung 69
    Definition 69

Feldspat 24ff.
    Verwitterung 31
Feldversuch
    zur Rekultivierung eines gereinigten Bodens 395ff.
Fenan/Jordanien
    Kupferbergbau 467
Fensterfraß 48
ferritisches Eisen 468, *620*
Ferrum Noricum 470
Festlegung
    von Schwermetallen im Boden 345
Fette, pflanzliche 229
Fettkohle 280, 286f., 486
Feuchtwiese 249, *621*
Fichtenmonokulturen 487
Filterwirkung 11, *621*
FK. *Siehe* Feldkapazität
Flächenertrag 251f.
flächengebundene Tierhaltung 238
Flächennutzung 329
Flächenproduktivität 251
„Flächenrecycling" 315
Flächenstillegung 226ff.
Flächenstillegungsprogramm 227ff., 235
Flächenverbund 229
Flachs 200, 230f.
Flagellaten 54, 58
Flammkohle 287
Flechten
    Funktion im Boden 57
Flora
    als Faktor der Bodenentwicklung 94
Flugstaubkammer 311, 313
Fluor
    Gehalt in Pflanzen und Entzug 342
Fluoranthen
    mikrobiologischer Abbau 343
Flurbereinigung 209, 550ff.
Flurzwang 201, *621*
Flußschotter 17
Folgenutzung
    von Altlasten 584ff.
    von Industriebrachen 349
Folgenutzungen gebrauchter Flächen
    Auswahl verschiedener Möglichkeiten 381
Fränkische Alb 466
Fraßgift 211
Freiflächenverbrauch 275, 300
    im Ruhrgebiet 295ff.
Fremdenergie 203

Fremdkapital 203, 222
FRIEDRICH der Große 405
FRIEDRICH WILHELM I. 281
FRIEDRICH WILHELM III. 183
Frischgemüse 212
Frischobst 212
Frostverwitterung 29, 34
Fruchtbarer Halbmond 149, 152, *621*
Fruchtbarkeit des Bodens 23. *Siehe auch* Bodenfruchtbarkeit
Fruchtfolge 207, 228, 234f., 238, 240, 244
Fruchtwechselwirtschaft 139, 200, *621*
Führungsregion
    für industrielle Revolution 277
Fulvosäuren 51
Fünffelderwirtschaft 139, *621*
Fungizide 211
Funktionen von Ökosystemen 451f.
Futteranbau 216
Futtermittel 222, 241f.
    Bedarf 218
    Importe 218
Futterpflanze 199, 202, 216
Futterzusätze 217, 223

G

Gangart 468, *621*
ganzes Haus 158
Garantiemengenbegrenzung (Milch) 225
Garantiepreis 225
Gartenbaugesellschaften 156
Gas
    aus Koksöfen 280
Gasaustausch
    zwischen Boden und Atmosphäre 73
Gashülle 8
Gaskohle 287
Gaswerkstandorte
    Bodenbelastung 309
Gefährdungsabschätzung 316, 318
Gefüge *621*
Gefügebildung 78
Gefügemorphologie 77
Gehölzpflanzen
    Begrünung von Bergehalden 387
Geißeltierchen 54, 58
Geldpacht 160, *621*
gelenkte Renaturierung 379f.
Gelsenkirchen-Buer 287
Gemüse 242
    Sorten 213, 219

Gentechnik
    Anwendung in der Landwirtschaft 554f.
Gentleman Farmers 161
geologischer Kreislauf 22
Gerbereigewerbe 486
Gerbstoffe 229
germanische Agrarverfassung 436
Gerste 149, 214
Gerüstsilicate *622*
Gesamtacidität
    des Bodens 87
Gesamttrophie
    eines Moores 418
gesättigt *622*
geschichtswissenschaftliche Erklärungsweise 270
Gesellschaften
    agrarische 156
    hydraulische 157
Gesetz über den Gemeinschaftswald im Lande Nordrhein-Westfalen 488
Gesetz über die Schätzung des Kulturbodens 130
Gesteine 14, *622*
    Definition 23
Gesteinsschicht 8
gesteuerte Renaturierung 380
Gesundungskalkungen 88
Getreide 200, 222, 227f., 232f.
    Anbau 211, 216, 228
    Ernte 204
    Erträge 222
    Substitute 218
    Überschüsse 226
Getreidekultur 147ff., 152, 525ff.
    soziale Bedingungen 151
Gewerbeordnung
    für das Deutsche Reich 172
Gewinn 203, 222, 228
Gift 324f.
Ginster 484
Gips 19
Gladbeck 287
Gley 102
Gliederfüßer 56, 59
Glimmer 26ff.
Globalität 446f.
Gneise 20, 22
Goldbergbau
    in Spanien 467
Grabstock 148
Graf JOHANN 484
Granit 16f., 22ff.

Granodiorite 22
Grasbrache 137
Gräser 73
Grauwacke *622*
Grenzwert 111, 172, 177ff., 212, 214, 216, 218, 326f.
    Definition 325
    Ermittlung von G. 326
    Festlegung 571
    für Chlorid 177
Grenzwertkonzept 182f.
Grobboden 38
Grobporen 79f.
Großschmetterlinge 207
Großzechen 295
Grundsätze für die Wiedernutzbarmachung von Bergematerialhalden 385
Grundstücksfonds NRW 315
Gründüngung 240
grüne Pflanzen 8
Grundwasser 65, 68, 212, 214, 218, 223, 228
    Beeinträchtigung durch Halden 307
    Nitrateintrag 214, 223
    Pestizideintrag 212
Grünland *622*
Grünlandboden 7
Grünlandgrundzahl 132, *622*
Grünlandschätzungsrahmen 132, *622*
Grünlandwirtschaft
    Bewirtschaftungsintensität 135
Grünplaggen 138, *622*
Gruppenrevier 145
Gülle 214, 217f., 223, 238, *622*
    Verordnungen 218
Gußeisen 470
Gutachten
    des Reichsgesundheitsrates von 1907 176
    von 1925 zu Kaliabwässern 178

H

Hackbaukultur, tropische 147
Hacke 148
Hackfrucht 73, 139, 200, *622*
HAECKEL, E. 19
Hafer 214, 235
Haftwasser 65ff., *622*
Haftwassermenge, pflanzenverfügbare 72
Halbkulturlandschaft 250
Halbmond, Fruchtbarer. *Siehe* Fruchtbarer Halbmond

Halbtrockenrasen 249, 251, *622*
Halde Waltrop. *Siehe* Waltrop
Halden 304ff. *Siehe auch* Bergehalden
    Auswirkung auf Umwelt 307
    Gestalt 304ff.
    Neubesiedlungsmaßnahmen 347ff.
    Sickerwässer 307
Haldenbegrünung
    Anwuchserfolge 384
Haltbarkeit 242
Hamburg 212
Hamburger-Liste 328
Hämoglobin 219f., *623*
Handelsdünger 223
Hanf 230ff., 235
Hangwind *623*
HANIEL, F. 280
v. HARDENBERG 201
Hardenberg-Reformen 200
HARRIS 156
Hartsalze 170, *623*
Haselnußsträucher
    als Pionierart 347
Hauberg 481, 487, 489
    Genossen 480
    historischer 488
    Wirtschaft 476, 480, 483, 490
Haubergsordnung 485
Haue 480
Haupterwerbsbetriebe 205f., 241f.
Hauptnährelemente 15
Haushalt 158
Heavy Metal Harvesting 339
Hecken 207, 210, 222, 240
    Anlage und Pflege 543ff.
    Funktion 542
Hedonic-Price-Ansatz 439, *623*
Heide 249, *623*
Heidelandschaften 415
Hellweg 286
Hellwegachse 287
Hemicellulose *623*
Herbizide 211f.
    Behandlung 245
    Einsatz 228, 245
Herten
    Haldenlandschaft 329, 331
heterotroph 10
Heterotrophie *623*
historischer Hauberg 488
Hochertragssorten 140, 211, *623*

Hochmoor *624*
    Aufbau 407f.
    Entstehung 407ff.
    Kultivierung 405
Hochmoorpflanzen 409
Hochofenprozeß 601
Hochtemperaturverfahren
    Bodensanierung 344f.
Hochwald 478f., *624*
höhere Pflanzen
    Dekontamination von Böden 339
HOESCH 287
Hoheward 329
Holz 233
    Nutzung im Siegerland 478, 482
    Verbrauch 472
Holzasche 138
Holzkohle 468, 470
    Knappheit 277
    Wert 486
Holzkohleeinschlüsse
    Untersuchung von 472
Holzordnungen 484
Hopfen 200
Horde 158
Hühner 216
Hülsenfrüchtler 137
humid *624*
Humifizierung 51ff., 57, *624*
    Ablauf 53
    Definition 51
Humine 51, *624*
Huminsäuren 51
Huminstoffe 51f.
    eines gereinigten Bodens 402
Humus 140, 210, *624*
    Bestandteile 213
    Formen 53
Humusgehalt
    von Böden 53
Humuswirtschaft 240
Hunnen 147
Hutung *624*
Hydratation 67
Hydrauliköle 234
hydraulische Gesellschaften 157
Hydrobiologie 175
Hydrolyse 29, *624*
hydrolytische Verwitterung 29
Hydrosphäre 8, *624*
Hydroxid *624*

Hyperinflation 283
Hyperphos 389
Hyphen 57, *624*
Hyperinflation *624*
Hypothetical Bias 439

I

Imago *625*
Immissionen *625*
Immission, anthropogene
    Einfluß auf Bodenentwicklung 95
Industrialisierung 486
    Rolle des Ruhrgebietes 278
Industriebrachen
    als Refugien für seltene Arten 573ff.
    im Ruhrgebiet 315
    Neubesiedlungsmaßnahmen 347ff.
    Rekultivierung 393
industrielle Revolution 276
Industriepflanzen 229
Industriestandorte
    Vorgehen bei Rekultivierung 350
Inhaltsstoffe 229, 242f.
Initiative Ruhrgebiet 316
Innerste 181
Insekten 54, 59, 211
Insektizide 211
In-situ-Bodensanierung 336, *625*
Integration 250
Intensivierung 140, 200, 203, 207, 210, 213, 222, 237, 249
    Auswirkungen auf Acker- und Grünlandlebensgemeinschaften 556ff.
Intensivlandwirtschaft 220
Intergenerationalität 446f.
intergenerationelle Verantwortung 448
Internalisierung der Umweltkosten 459
Internationale Bauausstellung IBA Emscher Park 316, 349
internationale Umweltkonferenz der Vereinten Nationen 445
Interventionspreise 227
intragenerative Gerechtigkeit 447, 451
Ion *625*
Irreversibilität von Entscheidungen 434
Isopoden 59

J

JUNG-STILLING 485

K

Käfer 59
Kainit 170, *625*
Kaiserliche Biologische Anstalt für Land- und Forstwirtschaft 178
KAK. *Siehe* Kationenaustauschkapazität
Kälbermastskandale 217
Kalbfleisch 222
Kaliabwässer. *Siehe* Endlaugen
Kalidünger 216, 223
Kalifeldspat 24ff.
Kaliindustrie 165ff.
   Entwicklung 167
Kalisalze 241
Kalium 15, 216
   Chlorid 216
   Sulfat 216
Kalkgesteine 22
Kalknatronfeldspäte 24
Kalkschwämme 19
Kalkspat 27
Kalkstein 19
Kalkung 88
Kanalisation 167
Kaolin 36
Kaolinit 36f.
   Entstehung 32
Kapillarwasser
   Definition 68
Kapitalismus, organisierter 283
KAPP 432
Karnallit 170, *625*
Karst 11, *625*
Karstschlotten *625*
Kartoffeln 73, 200, 211, 214
Käse 220
Kataster
   von Altlasten 316
Kationen 83, *625*
   austauschbare 85
Kationenaustausch
   Definition 83
   Funktion für Bodenfruchtbarkeit 85
   Mechanismus 84
Kationenaustauschkapazität 37, *626*
   Definition 85
   eines gereinigten Bodens 401
Kationenbelag 85
Kelten 478

Kiesgrube 348
   Lebensraum 374
   Pionierhabitate 379
Kittgefüge 77
Klärschlamm 110
   Anwendung in der Landwirtschaft 559f.
   Verordnung 327
Klassiker der Ökonomie 435
klastische Sedimente 17
Klee 199
Klee-Apostel 161
Klee-Gras-Mischungen
   zur Begrünung von Bergehalden 386
Kleinerzeugerregelung 227f.
Kleinseggenrieder 251
Klima
   als Faktor der Bodenentwicklung 94
Klimakonvention 445
Kloke-Liste 328
Knappheitspreise 436
KNAUER 237
Knick *626*
Knöllchenbakterien 137, *626*
Knollenfrüchte 148
Knollenkultur 147f., 521ff.
   soziale Bedingungen 151
!Ko-Buschleute 145
Kohärentgefüge 77
Kohle 20
   als Rohstoffquelle 277
   Nachfrage nach neuer Energiequelle 277
   Verwendung 281
Kohlechemie 280, 287
   Abfallprodukte 277
Kohlenarten
   Entstehung 564
   Eigenschaften 565
   Verwendung 565
Kohlenpott 279
Kohlenstoff 15, 210
Kohlenstoff-Stickstoff-Verhältnis 50
Kohlenwasserstoffe 233
   chlorierte 211
   mikrobiologischer Abbau 343
Kokerei
   Bodenreinigung 393
Kokereistandorte
   Bodenbelastung 310
Koks 486
   erste Herstellung im Ruhrgebiet 277, 280
   Nebenprodukte der Kokserzeugung 280f.

Koksofengas 280
KOLKWITZ 176
Köln–Mindener-Bahn 300
Kombination 250ff.
Kombinationsprinzip 250, 252f.
kombinierte Einkommenspolitik 221
Komplementarität knapper Güter 434
Komplexbildner 626
Komplexbildungen 29
    Rolle bei Verwitterung 29
Kompostdüngung
    von Bergehalden 390
Kondensation 626
Konferenz der Vereinten Nationen zu Umwelt und Entwicklung 443
Konglomerate 17
KÖNIG 177
konservierender Naturschutz 250
Konsistenzstrategie
    Umsetzung nachhaltiger Entwicklung 456f.
Konsument 9, 626
Kontaktgift 211
Kontingentierung 225f.
Konvention zum Schutz der biologischen Vielfalt 445, 454
konventionell erzeugtes Obst und Gemüse 242f.
konventioneller Ackerbau
    Auswirkungen auf Flora und Fauna 561ff.
konventioneller Anbau 241
konventioneller Landbau 239, 241f.
Kopfsalat 213
Körnerleguminosen 228
Korngrößenfraktionen 38
Korngrößenverteilung 38, 42. Siehe Körnung
Körnung 38, 77, 626
    Definition 38
Körnungsklasse 39
Kosten-Nutzen-Analyse 432, 436ff.
Kraichgau 210
kreativer Naturschutz 250
Kreislauf, geologischer 22
Kreislaufwirtschaft 240
kristalline Schiefer 22
Krümelgefüge 78
KRUPP 287, 310
Kryoklastik 29
Kuh 222
kühlgemäßigte Zonen
    Bodenfruchtbarkeit 129
Kulturlandschaft 209, 236f., 243f., 249, 253, 626
    Nutzungen 373

Kulturlandschaftsprogramm 245
Kulturpflanzen 207, 216, 232
künstliche Düngung 129
Kupfer 111
    Abbau in Fenan, Jordanien 467
    Gehalt in Pflanzen und Entzug 342
    Grenzwerte für Böden 327
    Schadstoffgehalt im Boden 314

L

Lachgas 233
Ladung
    permanente 84
    variable 84
Lagerbestände 222
Lagerstätte, sedimentäre 635
Lametteffekt 311
Landbau
    Anfänge 148, 153
    konventioneller 239, 241f.
    ökologischer 235f., 238f., 241f.
    organisch-biologischer 240
Landesentwicklungsgesellschaft Nordrhein-Westfalen (LEG NW) 315
Landesoberbergamt (LOBA) 385
Landhunger 156
Landschaftsbauwerke 306
Landschaftspark Duisburg-Nord 316
Landschaftspflege 221
Landschaftsplanung 253
Landverbrauch 329f.
Landwirtschaft
    bäuerliche 201, 204, 540f.
    nachhaltige 594ff.
    verschiedene Zweige der L. 516
landwirtschaftliche Betriebe 204f., 221
landwirtschaftliche Nutzfläche 204f., 227, 234, 239
Las Medulas
    Goldbergbau 467
Laubfall 48
Laubmischwald 249
Laugenkanäle 179
LD_{50} 326
Lebensgemeinschaft 207, 249f.
Lebensraumfunktion 154, 159
    des Bodens 144
Legebatterien 217
Legierung 626
Leguminosen 137, 227, 242, 626
    Anbau 240

Lehm 39, 80, *626*
Lehmböden 77
   Beschreibung 40
   Wasserspeichervermögen 69
Leitfähigkeit
   eines gereinigten Bodens 400f.
Leitsektoren *626*
   wirtschaftliche 274, 288
LENSKI 156
v. LERSNER 183
letale Dosis 326
Libellen 207
Liberalisierung *627*
   des Steinkohlenbergbaus 282
v. LIEBIG, J. 161, 166f.
Liebigs Mineralstofftheorie 140, *627*
Lignin *627*
Lippe-Seitenkanal 300
Lippezone 287
Lithosphäre 8, *627*
Lochfraß 48
Lohegewinnung 486
Lohkuchen 482
Löhne 241
Lohrinde 481
LÖLF-Liste 328
Löß *627*
   Entstehung 17f.
Lößboden 131, 210
Losungstapeten 60
Luftkapazität *627*
   eines gereinigten Bodens 399
Luftleitfähigkeit 399, *627*
Luftschadstoffe
   Bodenschädigung durch L. 310
Luftverunreinigung
   im Ruhrgebiet 290
Lumbriciden 60. *Siehe auch* Regenwürmer
Lupinen 200, 227
Luppe 468f.
Luzulo-Fagetum 478

M

Magdeburger Wasserkonflikt 171ff.
Magerkohle 286
Magermilchpulver 222
Magma 15
Magmatite 14f., 17, 20ff., *627*
   chemische Zusammensetzung 15
   Entstehung 14

Magnesium 15
Magnetit 28
Mahd 249
   zur Moorregeneration 414
Mahdnutzung 135
Mais 149, 153, 210f., 251
   Anbau 244
Maiskleberfutter 218
MAK-Werte
   Festlegung 570
Makrofauna 54, 59
MALTHUS 161
Managementregeln
   nachhaltige Nutzung von Naturkapital 453
Mangan 15, 111
Märkische Bahn 300
Markt 431ff.
Marktentlastungs- und
   Kulturlandschaftsausgleichsprogramm 244
Marktordnung 225f., *627*
   Ausgaben 222
   Bereiche 226
   Früchte 235
   Kosten 225
   Produkte 226f.
Marktpreismethode 439
Marmor 20, 22
MARSSON 176
Maschinen 204, 206, 209f., 222f., 234, 241
Massentierhaltung 214, 216ff., 223, 241
menschliche Tätigkeit
   als Faktor der Bodenentwicklung 94
Mergel 138, *627*
Merkantilismus 281, *628*
Mesofauna 54, 59
mesotroph *628*
Metalle *628*
Metallurgiekette 464
Metamorphite 14, 20ff., *628*
Methämoglobin 219, *628*
Mexiko 149, 153
MEZ 175
mikrobielle Biomasse
   eines gereinigten Bodens 400
Mikrofauna 54, 58
Mikroflora 54
Mikroklima *628*
Mikronährstoffe 15
Mikroorganismen
   als Krankheitserreger 172
   Dekontamination von Böden 343

Mikroorganismenaktivität
    in einem gereinigten Boden 399
Milben 54, 59, 211
Milch 222, 225f.
    Kontingentierung 225
    Kühe 226
    Preis 226
    Produktion 225
milchviehhaltende Betriebe 226
Milchviehhaltung 225f.
milpa-Kultur 156
Mindestuntersuchungsprogramm Kulturboden 318
Mineraldünger 110, 167, 211, 213f., 238, 241
    Verbrauch 213
Minerale 23ff., *628*
    Definition 23
    primäre 27
    sekundäre 35
mineralischer Dünger 140, *628*
Mineralisierung
    Definition 50
Mineralöle 234
Mineralölschäden
    mikrobiologischer Abbau 343
Mineralphosphate 215
Mineralstofftheorie, Liebigs 140, *627*
Mittelmeerraum 11
Mittelporen 79f.
Mobilisierung
    von Stoffen 33
    von Schadstoffen im Boden 314
    von Schwermetallen im Boden 112, 345
Moder 53
Molinia coerulea. *Siehe* Pfeifengras
Mollusken 54, 56
Molybdän 111
    Gehalt in Pflanzen und Entzug 342
Monokulturen 134, 223, *628*
Monostruktur des Ruhrgebietes 289
Montanindustrie
    Bedeutung in 1. Hälfte des 20. Jh. 283
    Entwicklung 288
Montanunion 284, 288, *628*
Montmorillonit 37
Moorböden 103
Moore 249f.
    Nutzung 405f.
    Regeneration 351
Moorschnucken 415
Moorwasserstand 408

Moose
    als Pionierart 347
Morphologie *629*
Mull 53
Mycel 57, *629*
Mykorrhiza 57

N

nachhaltige Entwicklung 443ff.
    ethische Dimensionen 446
    Förderinstrumente 459
    individuelles Handeln 459
    ökologische Ziele 449
    ökonomische Ziele 450
    soziale Ziele 451
    Umsetzungsstrategien 456
    umweltethischer Imperativ 461
    umweltpolitische Ziele 451
    Ziele 449
nachhaltige Landwirtschaft 594ff.
nachhaltiger Umgang mit Rohstoffen 588ff.
Nachhaltigkeit 445
nachwachsende Rohstoffe 229f., 233, 458
    Anbau 229
Nährelemente
    eines gereinigten Bodens 402
Nährstoffe 210, 213f., 216, 218, 223, 228, 238, 505ff.
    Anreicherung 210, 218, 223
    Auswaschung 218
    Überschuß im Boden 214
    von Pflanzen 15
Nährstoffentzug
    im Rahmen der Moorregeneration 413
Nährstoffsituation
    eines Moores 417f.
Nahrungsmittel 212, 214, 223
    Nitrateintrag 219
Nahrungspflanzen
    Schwermetallaufnahme 339f.
Naphthalin 314
    mikrobiologischer Abbau 343
    Verdampfungs- und Zersetzungstemperatur 344
Naßsaatverfahren 387
Natrium 15
naturalistischer Fehlschluß 460, *629*
Naturalpacht 160, *629*
natürliche Ökosysteme 133
natürliche Sukzession 150, 347, 374, 380, 577ff., *629*

Naturschutz 249f.
　Gebiete 220
　konservierender 250
　kreativer 250
　regenerierender 250
　Wert 251f.
　Ziele 252f.
Nebenerwerbsbetrieb 205f.
Nebenprodukte
　der Kokserzeugung 280
Nematoden 54, 56, 59
neolithische Revolution 146, *629*
Nickel
　Gehalt in Pflanzen und Entzug 342
　Grenzwerte für Böden 327
　Schadstoffgehalt im Boden 314
Niederländischer Leitfaden zur Bodensanierung 328
Niedermoor *629*
　Entstehung 407
Niedertemperaturverfahren
　Bodensanierung 344f., 394
Niederwald 249, 478ff., 484, *629*
　heutige Situation 488
Niederwaldbewirtschaftung 476
Niederwaldwirtschaft 277
Nitrat 73, 214, 218ff., 223
　Auswaschung 214, 218, 233, 238
　Belastung 218, 242
　Dünger 214
　Einträge in Oberflächengewässer 218
　in Lebensmitteln 219, 242
　im Trinkwasser 218f.
　Ion 214
Nitrifikation 49, 73, 214, *630*
Nitrile
　mikrobiologischer Abbau 343
Nitrit 219f., *630*
Nitrosamine 220
Nomadismus 147, *630*
No-Effect-Level 326
No-Observed-Effect-Level 111
Nordrhein-Westfalen (NRW) 212, 218
Nordsee 182
Nord-Süd-Gefälle 289, *630*
Normalgehalt
　Definition 325
NO_x 111
Nutzfläche, landwirtschaftliche 204f., 227, 234, 239
Nutztierrassen 244

Nutzungseinschränkungen
　für Altstandorte 335

O

Oberflächenwasser 65, 218
Oberflächengewässer
　Eutrophierung 215
　Nitrateinträge 218
Oberhausen
　Flächenentwicklung 296
Oberhausen-Sterkrade 287
Obst 242
　konventionell erzeugtes 242
　ökologisch erzeugtes 242
　Sorten 213
off-site-Bodensanierung 336, *630*
Ökobilanz 233, 235
ökologisch erzeugtes Obst und Gemüse 242f.
ökologische Ökonomie 434
ökologischer Anbau 241
ökologischer Landbau 235f., 238f., 241f.
ökologisches Optimum 89
Ökologismus 460
Ökonomie
　ökologische 434
　zirkuläre 450
ökonomische Anreizinstrumente 433
Ökosphäre *630*
Ökosteuern 459
Ökosysteme 133, 148, 150, 249, *630*
　Funktionen 451f.
　menschlich beeinflußte 133
　natürliche 133
　Sukzession 529f.
Oktaeder 26
Öle, pflanzliche 229
oligotraphente Arten *630*
oligotroph *630*
Olivine 28
Öllein 227
Ölsaaten 227
on-site-Bodensanierung 336, *630*
Opelwerke 330
Optimum, ökologisches 89
Optionswert 438
Ordnungsfunktion
　des Bodens 144
organisch *630*
organisch-biologischer Landbau 240
organische Bodensubstanz 47f.
　Bedeutung 47

organische Schadstoffe 112
    mikrobiologischer Abbau 343
organischer Dünger 238
organisierter Kapitalismus 283, *631*
Orientierungswert 325
    Definition 326
Orthoklas 24
Ortstein 102
Osnabrück 208
Ostasien 234
Österreich 238
Oszillieren eines Moores 409
Oxidation 29, *631*
    Rolle bei Verwitterung 33
Oxide *631*

P

PAK 233, 310f., *631*
    Belastung im Boden 312
    Gehalte nach Bodenreinigung 395
    mikrobiologischer Abbau 343
    Verdampfungs- und Zersetzungstemperatur 344
Parabraunerde 18, 102, 129, *631*
Partialdruck *631*
    von Sauerstoff und Kohlendioxid 73
PCB 310, *631*
    Schadstoffgehalt im Boden 314
Pedogenese. *Siehe* Bodenentwicklung
    Definition 93
Pedosphäre 8, *631*
Pektine *631*
permanente Ladung 84
Pestizidwirkstoffe 212
Pestizide 112, 211f., 235, 237, 241f.
    Eintrag ins Grundwasser 212
v. PETTENKOFER, M. 167
Peuplierungspolitik 200, *632*
pF-Wert 70, *632*
    Definition 70
Pfeifengras 412, 414, 416
Pferde 202
Pflanzen, grüne 8
Pflanzen, höhere. *Siehe* höhere Pflanzen
Pflanzenbau 240
Pflanzengesellschaften 245
Pflanzennährstoffe 207. *Siehe auch* Nährstoffe
Pflanzenorgane, unterirdische 58
Pflanzenschutz 240

Pflanzenschutzmittel 112f., 211f., 223, 228f., 235, 238, *632*
    Einsatz 212
    Wirkstoffe 211f.
    Rückstände 212, 223
pflanzenverfügbare Haftwassermenge 72
pflanzenverfügbares Wasser 69
Pflanzenwurzeln
    Sprengwirkung 32
pflanzliche Fette 229
pflanzliche Öle 229
Pflug 201
Pflugkultur 152
    Bodenbearbeitung 517
pH-Optimum, physiologisches 89
pH-Wert *632*
    Definition 86, 514f.
    eines gereinigten Bodens 400
    Entwicklung im Bergematerial 388
    und Kationenaustausch 84
    und Zeigerpflanzen 89
    Wirkung im Boden 86
Pharmaka 216, 223
Phosphat 210, 215, 223, 241
    Anreicherung im Boden 218
    Dünger 216
    Gehalt im Boden 215
Phosphatdüngung
    von Bergehalden 388ff.
Phosphor 15
Phosphorsäureester 211, *632*
Photosynthese *632*
physikalische Verwitterung 28
Physiokraten 154, 161, 434, 531, *632*
physiologisches pH-Optimum 89
PIGOU 432
Pilze 54ff., 211
    Funktion im Boden 57
Pingen 279
Pionierarten 347, *632*
Pionierhabitate
    in Kiesgrube 379
Plagioklase 24f., 28
Planetensystem
    Entstehung 14
Plattenkulturverfahren 512f.
PLINIUS 463f., 467, 470
Plutonit 16, *632*
Podsol 53, 102, 108

Podsolierung 96
Polderwirtschaft 309
Pollenanalyse 472
polychlorierte Biphenyle. *Siehe* PCB
Polymere *632*
Polysaccharide *633*
polyzentrischer Ballungsraum *633*
polyzyklische aromatische Kohlenwasserstoffe.
  Siehe PAK
Population 209, 237, *633*
Populonia
  Rohstoffverbrauch bei Eisengewinnung 473
Poren
  in einem gereinigten Boden 398
Porenvolumen 79f.
Porzellanerde 36
potentielle Bodenacidität 87
Prämisse *633*
Preußen 272
  Kontrolle des Kohlenbergbaus 282
preußisches Zollgesetz 486
primäre Minerale 27
Produktionsfunktion
  des Bodens 144
  von Ökosystemen 451
Produktionsmittel 235f.
  ertragssteigernde 244
produktionstechnische Methode 235f.
Produzenten 8, *633*
Property Rights *633*
Property-Rights-Ansatz 435
Proteine *633*
Protozoen 56
Pseudogley 103
Puffer 11, *633*
  Definition 88
Pufferkapazität
  der Bodens 88
Puffersysteme 88
Putt 279
Pütt 279
Pütten 409, 413, *633*
Pyren 311f.
Pyrethroide 211, *633*
Pyrit
  Versauerung von Bergematerial 388
Pyroxene 28

Q

quantitative Methode 235

Quartär *634*
Quarz 23f., 27f.
Quecksilber 111
  Gehalt in Pflanzen und Entzug 342
  Grenzwerte für Böden 327
  Schadstoffgehalt im Boden 314
Quote 225f.
Quotenregelung 226

R

Rädertierchen 59
Rahmenrichtlinien der AGÖL 240
Ranker 100
Raps 227f., 232f.
  Anbau 233f.
  Ernte 233
Rapsöl 229, 233f.
Rapsölmethylester (RME) 233f.
Rasenhaarbinse 409
Raseneisenerz 466, *634*
Rationalisierung 204, 207, 222, 249
Raubbautheorie 166, *634*
Raubwirtschaft 166
Realteilung 159, *634*
Recht
  auf Bodennutzung 159
Recklinghausen 287
Recycling 455
Reduktion *634*
Reduzenten 9
Regelungsfunktion
  des Bodens 144
  von Ökosystemen 451f.
regenerierender Naturschutz 250
Regenwaldzonen
  Anbauflächenwechsel 146
Regenwasserversickerung 333
Regenwürmer 54f.
  Anzahl 55
  Funktion im Boden 60
Regierungspräsidien 171, *634*
Reisekostenmethode 439
Reitervölker 147
Rekultivierung *634*
  Argumente pro und kontra 375
  Definition 347
  Kombination mit Renaturierung 378
  Konzept 374
  Phasen 380
  von Steinkohlenbergehalden 383ff.
  Vorgehen bei R. 350ff.

Relief
    als Faktor der Bodenentwicklung 94
Renaturierung *634*
    Argumente pro und kontra 374f.
    Definition 346
    gelenkte 379f.
    Kombination mit Rekultivierung 378
    Konzept 374
    Phasen 380
    Vorgehen bei R. 350ff.
Rendzina 100
Rennfeuerprozeß
    Abschätzung des Rohstoffverbrauchs 473
Rennfeuerverfahren 468f.
Reparationslasten *634*
Repräsentanzproblem 439
Retinität 446
Revier. *Siehe* Ruhrgebiet
Revolution, industrielle
    Definition 276
Revolution, neolithische. *Siehe* neolithische Revolution
Rhein–Herne–Kanal 300
Rheinland 277
Rhizopoden 54, 58
RICARDO 435
RICHTER
    Gutachten über Kohlenbergbau 281
Richtwert 218, 326
    Definition 325
    Festlegung 570
    von Schwermetallen 327
Rindfleisch 222
Ringelwürmer 56, 59f.
Rio de Janeiro
    Umweltkonferenz 1992 443, 445
Rio Tinto
    Silbergruben 467
Rio-Deklaration 445
Risikogruppen 325
Rodung
    Einfluß auf Bodenentwicklung 95
Roggen 214, 235
Rohboden 100, *634*
    Erstbesiedlung 347
Rohhumus 53
Rohstoffe
    nachhaltiger Umgang mit R. 588ff.
    nachwachsende 229, 233, 458, 591ff.
Rohstoffverbrauch
    beim Rennfeuerprozeß 473

Rosmarinheide 409
Rost 29
Rösten von Erzen 465, *634*
Rotationsbrache 226ff.
Rotatorien 59
Rote Liste 207, 250
Rüben 200, 211
Rückbau einer Straße 572
Ruhrgebiet 486
    Besetzung durch Franzosen 283
    Bevölkerungsentwicklung 272, 274
    Entwicklung der Industrie 285ff., 289
    Entwicklung der Stahlproduktion 275
    Entwicklung der Steinkohlenförderung 274f.
    Entwicklung des Kohlenbergbaus 279f.
    Freiflächenverbrauch 276, 295ff.
    frühe Kenntnis über Bodenbelastungen 290
    früher Bergbau 279
    früher Umweltschutz 284
    heutige Entwicklung 287ff.
    Industriebrachen 315
    Kanalnetz 333
    Kohlevorkommen 280
    Landverbrauch 329f.
    Lage im europäischen Wirtschaftsraum 278f.
    Monostruktur 289
    naturräumliche Gegebenheiten 272f.
    politische Bedingungen in 1. Hälfte des 20. Jh. 283f.
    politische Einflüsse 281ff.
    Siedlungsdichte 274
    Siedlungsentwicklung 285f., 296ff.
    Siedlungsfläche 296
    Standortvorteile 278, 288
    Steinkohle als Ressource 276ff.
    Strukturwandel 289
    technische Entwicklung 279ff.
    Verkehrsanbindung 279
    Verkehrsnetz 300
    Waldanteil 296
    Wasserwege 279
    wirtschaftliche Monostruktur 288
Ruhrtal 279
Ruhrzone 286
Rüstungspolitik
    Einfluß auf das Ruhrgebiet 283

S

Saale 177
Safe Minimum Standard 434, 438, *635*

SAHLINS 145
säkularer Trend 288, *635*
Salatsorten 219
Salzlagerstätten 19, 532f.
Salzmonopol, staatliches 168
Salzverwitterung 29
Sand 24, 38f., 80, *635*
    Definition 39
    Wasserspeichervermögen 69
Sandböden 77
    Beschreibung 39
Sandsteine 22
    Entstehung 17
Sanierung. *Siehe* Bodensanierung
Sanierungstechnologien 336ff.
Saprobiensystem 176
saprophytisch *635*
Sauerhumusbuchenwald 478
Sauerstoff 15
Sauerstoffgehalt
    im Boden 73
Säuglinge 219
Säuren
    Rolle bei Verwitterung 33
Schädlinge 207, 211, 234, 240
Schädlingsbekämpfung 242
Schädlingsbekämpfungsmittel 207, 232
Schadstoffe 111
    anorganische 111, 310
    Definition 111
    Herkunft 566ff.
    in Böden 314
    Mobilisierung im Boden 314
    organische 112. *Siehe auch* PAK und PCB
    toxikologische Daten 566ff.
Schadstoffverbreitung 311
Schalenaufbau der Erde 14
Schanzen 481
Scheidenwollgras 409, 415f.
Schichtsilicate *635*
Schiefer, kristalline 22
Schlacken 471, *635*
Schlackenhalden 478
Schlenken 409, *635*
Schlepper 202, 204
Schluff 17, 38f., 80, 210, *635*
Schluffböden 77
    Beschreibung 40
Schluffgesteine
    Entstehung 17
Schmelzöfen 478

Schmieden 465, 470
SCHUBART VOM KLEEFELD 200
SCHÜLER 171
Schuttablagerungen
    überdeckte 313
Schutzgemeinschaft Deutscher Wald 218
Schwäbische Alb 466
Schwarzerde 18, 101
Schwarztorf 410, 412
Schweden 238
Schwefel 15
Schwefeldioxid 111
Schweine 216
Schwemmkanalisation 167, *635*
schwere Böden 39
Schwerkraft
    als Faktor der Bodenentwicklung 94
Schwermetallrichtwerte 327
Schwermetalle 216, 310f.
    Anreicherung in Pflanzen 339f.
    Aufnahme durch Pflanzen 340f.
    Gehalt in Pflanzen und Entzug 342
    Grenzwerte für Böden 327
    Schadstoffverbreitung 311
    Verhalten im Boden 345
Schwermetallfresser 342
sedimentäre Lagerstätte *635*
Sedimentation *635*
Sedimente 14, 17, 20ff., *635*
    biogene 17, 19
    chemische 17f.
    klastische 17
Segerothviertel 310
Segregation 250ff.
Segregationsprinzip 253
Seifen *635*
Sekundärbiotope 350
sekundäre Minerale 27, 35
Selbstbegrünung 228
Selbstversorgungsgrad 222, 226
Selen
    Gehalt in Pflanzen und Entzug 342
Shifting Cultivation 146
Sial 15, *636*
Sickerwasser 65f.
Siedlungsdichte im Ruhrgebiet 274
Siedlungsfläche im Ruhrgebiet 296
Siedlungsverband Ruhr 284
Sieg 477
Siegen 477

Siegerland 300, 466, 477f., 486
    Produktionsverlagerung aus S. 278
Siegtalbahn 300, 486
Silbergruben am Rio Tinto 467
Silicium 15
Silicate 24ff.
    chemischer Aufbau 508ff.
Silicatverwitterung 31f.
Silomaisanbau 251
Sima 15, *636*
Sisal 231
SMITH 435
SO_2 111
Sode *636*
Sommergerste 235
Sommerweizen 210
Sondergutachten „Altlasten" 337
Sonnenblumen 227
Sonnentau, Rundblättriger 409
Sozialpflichtigkeit des Eigentums 143, *636*
Sozialsystem
    Auswirkungen des Bergbaus 467
Soziokulturfunktion 453
    von Ökosystemen 451
Spaltenfrost 29
Spanien
    Goldbergbau 467
Spezialisierung 206, 216, 220, 223
Spinnen 54
Spitzbarren 470
Spitzkegelhalden 304ff.
Spitzried 409
Springschwänze 54, 59
Spurenelemente 111
staatliches Salzmonopol 168
Stadt
    Verhältnis zu Bauern 154
Stadt-Umland-Beziehung 154
Stadtbodenkartierung 319
Städtehygiene 166, *636*
Städtereinigungsfrage 167
Stadterneuerungsmaßnahmen 332
Stadtkern 296
Stadtklima
    Auswirkung der Versiegelung 301
Stadtplan
    für Altstandorte 316f.
Stahl 464, 470, *636*
Stahlproduktion
    Entwicklung im Ruhrgebiet 275
Stallmist 213, 217, 240

Standortfaktoren
    haldenspezifische 384
Standortfunktion 154
    des Bodens 144
Standortkartierung, bodenkundliche 350
Stärke 229
Staßfurt 168
Steinbrüche
    als Lebensraum 374
STEINER 240
Steinkohle 20, 485. *Siehe auch* Kohle
    als Zentralressource 278
Steinkohlenbergehalden
    Rekultivierung 383ff.
Steinkohlenförderung
    Entwicklung im Ruhrgebiet 274
Steinkohlenteer 280
Steins Reformen 200
Stickoxide 111
Stickstoff 210, 214, 223, 238
    Abgabe 237ff.
    Belastung des Bodens 214
    Bilanzen 214f.
    Dünger 168, 219, 223, 232, 237f., 242, *636*
    Düngung 109, 214, 233
    Eintrag 417
Stickstoffauswaschung
    Folgen 110
Stickstoffixierung *636*
stickstoffhaltiger Dünger 238f.
Stiftungsland 159
Stockausschlag 415
STÖCKHARDT, A. 290
Stoffkreislauf 9
Strahlenpilze 54, 57
Strategic Bias 439
strategisches Verhalten 439
Streuobstbau 244
Streuobstwiese 249, *636*
Streustoffe
    Definition 48
Strukturwandel 204f.
    im Ruhrgebiet 289
Substituierbarkeit knapper Güter 433
Substitution
    Umsetzung nachhaltiger Entwicklung 456, 458
Südoldenburg 217
Suffizienz 457
    Umsetzung nachhaltiger Entwicklung 456
Sukzession, natürliche 150, 347, 374, 380, *629*
Summengrenzwert 212

Superphosphat 389
Sustainable Development 434, 444, *636*
Symbiose *637*

T

Tabak 200
Tafelberge mit terrassierter Böschung 305f.
Tagebau
    Vorgehen bei Rekultivierung 351
Take Off 280, 286f., *637*
Tapioka 218
Tardigraden 59
Tätigkeit, menschliche
    als Faktor der Bodenentwicklung 94
Technisierung
    der Bodennutzung 160
Teerölschlammgemische 310
Teilversiegelung 301f.
Tensid *637*
Tetraeder
    Struktur von Silicaten 25
Tetrahydrocannabinol 231
Textur. *Siehe* Körnung
Texturklasse. *Siehe* Bodenart
Thallium
    Schadstoffgehalt im Boden 314
thermische Bodenreinigung 394ff.
v. THÜNEN 154f.
THYSSEN 287
Tiefbauzeche 280, *637*
Tiefengestein 16. *Siehe auch* Plutonite
Tierhaltung 216, 237, 240f.
    flächengebundene 238
Titan 15
Toluol 310
    mikrobiologischer Abbau 343
    Verdampfungs- und Zersetzungstemperatur 344
Ton 22, 38f., 79, *637*
    Eigenschaften 35
    schluffiger 39
    Wasserspeichervermögen 69
Ton-Humus-Komplexe 53, 60
Tonböden 77
    Beschreibung 39
Tongesteine 17
Tonminerale 28, 35, 53, 84, 129, *637*
    Aufbau 36
    Eigenschaften 35
    eines gereinigten Bodens 398
    Entstehung 31f.

Tonschiefer 22
Torf 20
    Abbau 406, 409
    Verwendung 406
Torfmoos 408, 416
Traktor 161
Transformation 95
Transhumanz 147, *637*
Translokation 95
Transpiration *637*
Treibhauseffekt 233
Treibstoff 203, 235
Trend, säkularer 288
Triazine 212, *638*
Trichophorum caespitosum 409
Trinkwasser 212, 218ff., 223
    Nitrateintrag 218
    Verordnung 212, 218
Trinkwasserproblem
    der Stadt Magdeburg 171ff.
Triplephosphat 389
Trockenrasen *638*
Tropen 129
Trophie *638*
tropische Böden 37
tropische Hackbaukultur 147
Trümmerbeseitigung 313
Typisierung von Umweltproblemen 448

U

Überdüngung 109
Übernutzung des Waldes 476
übersättigt *638*
Überschüsse 220, 222, 225f., 243
Überschußproduktion 238
Umstellung 225, 235, 245
Umtriebszeit 480
Umwandlungsgesteine. *Siehe* Metamorphite
Umweltbundesamt 212, 233
umweltethischer Imperativ 446
Umweltgeschichte 165
Umweltkonferenz 1992 in Rio de Janeiro 443, 445
Umweltökonomie 432ff.
umweltökonomische Ansätze 450
Umweltprobleme
    Typisierung 448
Umweltschutzkonferenz in Stockholm 1972 444
Unkrautbekämpfung 242

Unkräuter 207, 210f., 232. *Siehe auch* Ackerwildkräuter
Unterboden 99
Unterflurversiegelung 301f.
unterirdische Pflanzenorgane 58
Unternehmensgewinn 241
Urbanisierung 166
Urbarmachungsedikt von 1765 405
Urwechselwirtschaft 146
Utilitarismus 461, *638*

V

Vanadium
　Gehalt in Pflanzen und Entzug 342
variable Ladung 84
Vegetationsentwicklung
　auf Bergehalde 388
　Steuerung 348
verbesserte Dreifelderwirtschaft 139, 199, 216, *638*
Verdampfungstemperaturen organischer Stoffe 344
Verdichtung 79, 206, 210, 223. *Siehe auch* Bodenverdichtung
Verdunstungsrate für Birke 415
Verein der Kaliinteressenten 178
Vererbung 159
Verfügungsrecht
　am Boden 159
Verhalten, strategisches 439
Verhüttung des Eisens 464f., 468
Verkarstung 30
Verkehrsnetz
　des Ruhrgebietes 300
Vermächtniswert 438
Vernetzung 250ff.
Vernetzungsprinzip 252f.
Verpachtung 160
Versauerung 111
　des Bergematerials 388, 390
　des Bodens. *Siehe* Bodenacidität
Verschuldung 203
Versenktechnik 181f.
Versiegelung 300ff.
　Definition 300
　Obergrenze 330
　Verminderung 329ff.
Versuchshalde Waltrop 384, 388
Verteilungsgerechtigkeit 433f.
Verunreinigungsindikatoren 175

Verwesung 49f.
　Definition 49
Verwitterung 28, 129, *638*
　biologische 32
　chemische 29
　durch Frost 29, 34
　durch Hydrolyse 29, 31
　durch Komplexbildung 29
　durch Oxidation 29, 33
　durch Pflanzenwurzeln 32
　durch Salz 29
　durch Säuren 33
　Geschwindigkeit 34
　hydrolytische 29, 31
　physikalische 28
　thermische 28
Verwitterungsböden 131, *638*
Vestische Zone 287
Viehhaltung 216, 237, 241
Viehzucht 216
Vierfelderwirtschaft 139, *638*
VIRCHOW 183
Vögel 207, 245
Vollerwerb 204f., 221
　Betriebe 204, 221
Vollversiegelung 300, 302
Vorfluter 303, *638*
Vorleistungen 203, 222
Vorratswirtschaft 151f.
Vulkanismus 15
Vulkanite 16, *638*

W

wachstumsfördernde Mittel 216
Wachstumsregulatoren 237, 241
Walderklärung 445
Waldnutzung
　Phasen in Mittelalter und Neuzeit 475
Waldökosystem 134f.
Waldordnungen 484
Waltrop
　Versuchshalde 384, 388
Wanderfeldbau 146, 148, *639*
Wanderviehzucht 147
Waschmittelaufbereitung 338
Wasser, pflanzenverfügbares 69
Wassererosion 107, 209
Wasserhaltung *639*
Wasserhärte 534
Wasserhaushalt 10
　Auswirkung der Versiegelung 302ff.

Wasserhülle 8
Wasserkreislauf 10f., 65f.
Wassermolekül
  Struktur 66
Wassersättigung *639*
Wasserspannung
  Definition 70
  verschiedener Böden 71
Wasserspeichervermögen 69
Wasserstoff 15
Wasserstoffbrückenbindung 36
WEBER, M. 152
Weichtiere 54, 56
Weidenutzung 135
Weidewirtschaft 216
Weißtorf 410, 412
Weizen 149, 214, 251
Welkepunkt *639*
  Definition 71
Werkskolonien 295
Werra 181f.
Weser 180f.
West-Virginia 276
Westintegration
  Adenauers Politik, Einfluß auf Ruhrgebiet 283
Wiedervernässung
  zur Moorregeneration 412f.
Wiesenbrüterprogramm 245
Wildbeuter 145f., *639*
Wildkräuter 211. *Siehe auch* Ackerwildkräuter
WILHELM II. 272, 282
Wimpertierchen 54, 58
Winderosion 107, 209
WINKELMANN, A. 269f.
Wintergerste 235
Winterweizen 235
Wirbeltiere 54, 207
Wirtschaftsdünger 228, 237f., 241f.
Wirtschaftsweise, biologisch-dynamische 240
WITTFOGEL 157
Wurmröhren 60
Württemberg 212
Wurzelfüßer 54, 58

X

Xylol 310
  mikrobiologischer Abbau 343
  Verdampfungs- und Zersetzungstemperatur 344

Z

Zahlungsbereitschaft 438
  Methoden der Ermittlung 439
Zeche Ewald 329
Zeigerwerte 89
Zeit 152
  verschiedene Einstellungen zur Z. 151
Zeitökologie 457
Zentralressource 475
Zersetzung 49ff., 57
  Definition 49
Zersetzungstemperaturen
  organischer Stoffe 344
Ziele des Naturschutzes 249, 252
Zink 111, 310
  Gehalt in Pflanzen und Entzug 342
  Grenzwerte für Böden 327
  Schadstoffgehalt im Boden 312, 314
Zinn
  Gehalt in Pflanzen und Entzug 342
zirkuläre Ökonomie 450
Zitrusfrüchte 213
Zitruspellets 218
Zollgesetz, preußisches 486
Zucker 222, 229
Zuckerrüben 210, 214, 218
Zukunftsinitiative Montanregionen (ZIM) 316
Zuschlag *639*
Zustandsstufe
  des Bodens 131
Zweifelderwirtschaft 138, *639*
Zweiflügler 59
Zweischicht-Tonminerale
  Aufbau 36

Springer Verlag und Umwelt

Als internationaler wissenschaftlicher Verlag sind wir uns unserer besonderen Verpflichtung der Umwelt gegenüber bewußt und beziehen umweltorientierte Grundsätze in Unternehmensentscheidungen mit ein. Von unseren Geschäftspartnern (Druckereien, Papierfabriken, Verpackungsherstellern usw.) verlangen wir, daß sie sowohl beim Herstellungsprozess selbst als auch beim Einsatz der zur Verwendung kommenden Materialien ökologische Gesichtspunkte berücksichtigen. Das für dieses Buch verwendete Papier ist aus chlorfrei bzw. chlorarm hergestelltem Zellstoff gefertigt und im pH-Wert neutral.

Springer